COURS

D'ANALYSE MATHÉMATIQUE

PARIS. — IMPRIMERIE GAUTHIER-VILLARS ET Cie,

Quai des Grands-Augustins, 55.

83772-28

COURS
D'ANALYSE MATHÉMATIQUE

PAR

Édouard GOURSAT

Membre de l'Institut
Professeur à la Faculté des Sciences de Paris

CINQUIÈME ÉDITION
REVUE ET CORRIGÉE

TOME II

THÉORIE DES FONCTIONS ANALYTIQUES
ÉQUATIONS DIFFÉRENTIELLES
ÉQUATIONS AUX DÉRIVÉES PARTIELLES DU PREMIER ORDRE

PARIS

GAUTHIER-VILLARS ET Cⁱᵉ, ÉDITEURS

LIBRAIRES DU BUREAU DES LONGITUDES, DE L'ÉCOLE POLYTECHNIQUE
55, Quai des Grands-Augustins, 55

1929

PRÉFACE

Le texte de la précédente édition n'a subi que des modifications peu importantes. J'ai ajouté, au Chapitre XVI, plusieurs paragraphes consacrés à quelques propositions de la théorie des fonctions analytiques, qui sont dues à des géomètres de notre temps. Ces théorèmes sont aujourd'hui presque classiques, et il m'a semblé qu'ils avaient leur place marquée dans un Cours d'Analyse. Le Volume se termine par une Note sur les suites de fonctions analytiques où j'ai résumé les résultats les plus importants acquis à la Science sur ce sujet.

C'est pour moi un agréable devoir de renouveler mes affectueux remercîments à M. René Gosse, qui continue à me prêter son aide pour la correction des épreuves.

22 décembre 1924.

E. GOURSAT.

ERRATA.

Tome I (4ᵉ édition).

Page 519, ligne 14, *au lieu de* $-p'$, *lire* $+p'$.

Page 551, ligne 2, *au lieu de* $\dfrac{\mathrm{arc}\,MM'}{\omega}$, *lire* $\dfrac{\omega}{\mathrm{arc}\,MM'}$.

Même page, ligne 4, *au lieu de* $\dfrac{\omega}{\mathrm{arc}\,MM'}$, *lire* $\dfrac{\mathrm{arc}\,MM'}{\omega}$.

Page 557, ligne 3 en remontant, *au lieu de* $t^3.(a_2 + \varepsilon)$, *lire* $t^2\,(a_2 + \varepsilon)$.

Page 567, ligne 4 en remontant, *au lieu de* M, *lire* T.

Tome II.

Page 35, ligne 5 en remontant, *au lieu de* $e^{i\Phi}$, *lire* $e^{i\Phi}$.

Page 152, titre du paragraphe 310, *au lieu de* nombre infini, *lire* nombre fini.

Page 155, ligne 7 en descendant, *au lieu de* il y toujours, *lire* il y a toujours.

Même page, ligne 3 en remontant, *au lieu de* fonctien, *lire* fonction.

Page 288, ligne 6 en remontant, mettre le nᵒ 23 à la formule.

Page 345, ligne 18, *au lieu de* atteignent, *lire* atteigne.

Page 350, ligne 7, *au lieu de* (82), *lire* (81).

Même page, ligne 10 en remontant, *au lieu de* (81), *lire* (82).

Page 359, ligne 8 en remontant, *au lieu de* $C^z_x C'$, *lire* $Cx^z + C'$.

COURS
D'ANALYSE MATHÉMATIQUE

CHAPITRE XIII.

FONCTIONS ÉLÉMENTAIRES D'UNE VARIABLE COMPLEXE.

I. — GÉNÉRALITÉS. — FONCTIONS MONOGÈNES.

255. Définitions. — On appelle *quantité imaginaire*, ou *quantité complexe*, toute expression de la forme $a + bi$, a et b étant deux nombres réels quelconques, et i un symbole particulier qu'on a été conduit à introduire en vue de donner à l'Algèbre plus de généralité. Une quantité complexe n'est au fond qu'un système de deux quantités réelles, rangées dans un certain ordre. Quoique des expressions telles que $a + bi$ n'aient par elles-mêmes aucune signification concrète, on convient de leur appliquer les règles ordinaires du calcul algébrique, en convenant en outre de remplacer partout le carré i^2 par -1.

Deux quantités imaginaires $a + bi$ et $a' + b'i$ sont dites *égales* si l'on a $a' = a$, $b' = b$. La somme de deux quantités imaginaires $a + bi$ et $c + di$ est un symbole de même forme $a + c + i(b + d)$; de même la différence $a + bi - (c + di)$ est égale à $a - c + i(b - d)$. Pour obtenir le produit de $a + bi$ par $c + di$, on effectue ce produit par la règle habituelle de la multiplication algébrique, et l'on remplace i^2 par -1, ce qui donne

$$(a + bi)(c + di) = ac - bd + i(ad + bc)$$

Le quotient de $a + bi$ par $c + di$ est un troisième symbole imaginaire $x + yi$ qui, multiplié par $c + di$, reproduit $a + bi$.

L'égalité

$$a + bi = (c + di)(x + yi)$$

équivaut, d'après la règle de la multiplication, aux deux relations

$$cx - dy = a, \qquad dx + cy = b,$$

d'où l'on tire

$$x = \frac{ac + bd}{c^2 + d^2}, \qquad y = \frac{bc - ad}{c^2 + d^2}.$$

Le quotient de $a + bi$ par $c + di$ se représente par la notation habituelle des fractions algébriques, et l'on écrit

$$x + yi = \frac{a + bi}{c + di};$$

pour calculer commodément x et y, il suffit de multiplier les deux termes de cette fraction par $c - di$ et de développer les produits indiqués.

Toutes les propriétés des opérations fondamentales de l'Algèbre s'étendent aux opérations effectuées sur les symboles imaginaires; A, B, C, ... désignant des symboles imaginaires, on a

$$A.B = B.A, \qquad A.B.C = A.(B.C), \qquad A(B + C) = AB + AC, \qquad ....$$

et ainsi de suite. Les deux imaginaires $a + bi$ et $a - bi$ sont des *imaginaires conjuguées*. Les deux imaginaires $a + bi$ et $- a - bi$, dont la somme est nulle, sont *opposées* ou *symétriques*.

Étant donné, dans un plan, un système de deux axes rectangulaires ayant la disposition habituelle, on représente la quantité imaginaire $a + bi$ par le point M du plan xOy, dont les coordonnées sont $x = a$, $y = b$. On donne ainsi une signification concrète à des expressions purement symboliques, et toute proposition établie pour les quantités imaginaires correspond à un théorème de Géométrie plane. Mais les plus grands avantages de cette représentation apparaîtront encore mieux dans la suite. Les quantités réelles correspondent à des points de l'axe Ox qui, pour cette raison, est appelé aussi *axe réel*. Deux imaginaires conjuguées $a + bi$ et $a - bi$ correspondent à deux points symétriques par rapport à Ox; deux quantités opposées $a + bi$ et $- a - bi$

sont représentées par des points symétriques relativement au point O.

La quantité $a + bi$ qui correspond au point M de coordonnées (a, b) s'appelle aussi quelquefois l'*affixe* de ce point. Quand il n'y aura aucune ambiguïté à craindre, nous désignerons par la même lettre une quantité imaginaire et le point qui la représente.

Joignons l'origine au point m de coordonnées (a, b). La distance Om s'appelle le *module* de $a + bi$, et l'angle dont il faut faire tourner une demi droite couchée sur Ox pour l'amener sur Om (cet angle étant compté comme en Trigonométrie de Ox vers Oy) est l'*argument* de $a + bi$. Soient ρ et ω le module et l'argument de $a + bi$; entre les quantités réelles a, b, ρ, ω, on a les deux relations $a = \rho \cos \omega$, $b = \rho \sin \omega$, d'où l'on tire

$$\rho = \sqrt{a^2 + b^2}, \qquad \cos \omega = \frac{a}{\sqrt{a^2 + b^2}}, \qquad \sin \omega = \frac{b}{\sqrt{a^2 + b^2}}.$$

Le module, nombre essentiellement positif, est déterminé sans ambiguïté, tandis que l'argument, n'étant connu que par ses lignes trigonométriques, n'est déterminé qu'à un multiple près de 2π, ce qui etait évident d'après la définition même. Toute quantité imaginaire admet donc une infinité d'arguments, formant une progression arithmétique de raison 2π. Pour que deux quantités imaginaires soient égales, les modules doivent être égaux ; il faut de plus que les arguments diffèrent d'un multiple de 2π et ces conditions sont suffisantes. Le module d'une quantité imaginaire z se représente par la même notation $|z|$ que la valeur absolue d'une quantité réelle.

Soient $z = a + bi$, $z' = a' + b'i$ deux quantités imaginaires, et m, m' les points correspondants; la somme $z + z'$ est représentée par le point m'', sommet du parallélogramme construit sur Om et Om'. Les trois côtés du triangle Omm'' (*fig.* 43) sont égaux respectivement aux modules des quantités z, z', $z + z'$. On en conclut que *le module d'une somme de deux quantités est inférieur ou au plus égal à la somme des modules des deux termes, et supérieur ou au moins égal à leur différence*. Deux quantités opposées ayant le même module, le théorème est vrai aussi pour le module d'une différence. Enfin, on voit de la même façon que le module de la somme d'un nombre quelconque de quantités imaginaires est au plus égal à la somme des modules, l'égalité ne pouvant avoir lieu que si tous les points qui repré-

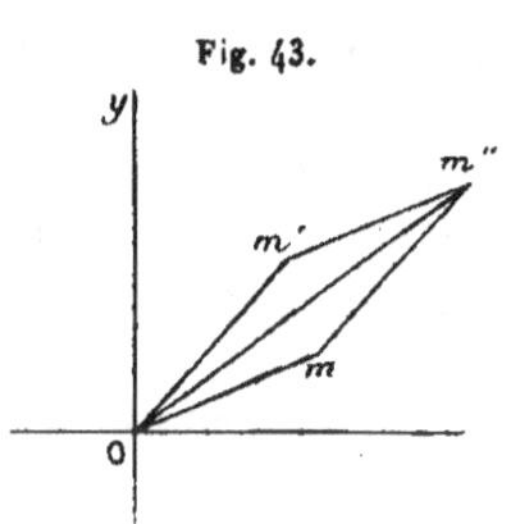

Fig. 43.

sentent ces diverses quantités sont sur une demi-droite issue de l'origine.

Si par le point m on mène les deux droites mx', my', parallèles à Ox et à Oy, les coordonnées du point m' dans ce système d'axes sont $a' - a$ et $b' - b$ (*fig.* 44). Le point m' représente donc

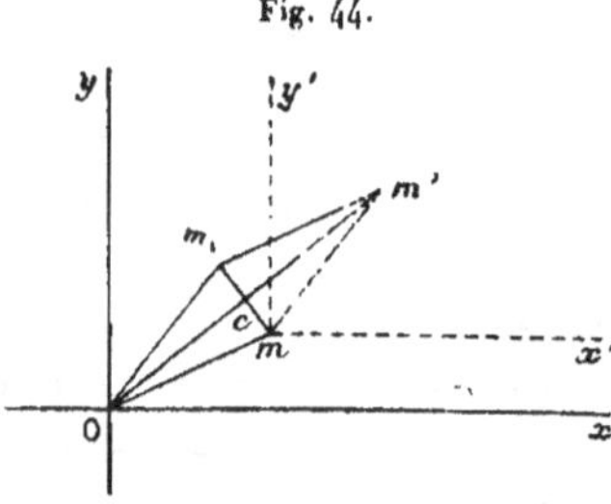

Fig. 44.

$z' - z$ dans le nouveau système; le module de $z' - z$ est égal à la longueur mm' et l'argument est égal à l'angle θ que fait la direction mm' avec mx'. Menons par O un segment Om_1 égal et parallèle au segment mm'; l'extrémité m_1 de ce segment représente $z' - z$ dans le système d'axes Ox, Oy. Mais la figure $Omm'm_1$ est un parallélogramme; le point m_1 est donc le point symétrique de m par rapport au milieu c du segment Om'.

Rappelons encore la formule qui donne le module et l'argument du produit d'un nombre quelconque de facteurs. Soient

$$z_k = \rho_k(\cos\omega_k + i\sin\omega_k) \qquad (k = 1, 2, \ldots, n)$$

ces facteurs ; la règle de multiplication, combinée avec les formules d'addition des lignes trigonométriques, donne pour le produit

$$z_1 z_2 \ldots z_n = \rho_1 \rho_2 \ldots \rho_n [\cos(\omega_1 + \omega_2 + \ldots + \omega_n) + i \sin(\omega_1 + \omega_2 + \ldots + \omega_n)],$$

ce qui montre que *le module du produit est égal au produit des modules, et l'argument du produit égal à la somme des arguments*. On en déduit sans peine la célèbre formule de Moivre

$$\cos m\omega + i \sin m\omega = (\cos\omega + i \sin\omega)^m,$$

qui renferme, sous une forme extrêmement condensée, toutes les formules de multiplication des fonctions circulaires.

L'introduction des symboles imaginaires a permis de donner à la théorie des équations algébriques une généralité et une symétrie parfaites. C'est du reste à propos des équations du second degré que ces expressions se sont offertes pour la première fois. Leur importance n'est pas moins grande en Analyse, et nous allons d'abord expliquer d'une façon précise ce qu'il faut entendre par ces mots : *fonction d'une variable imaginaire.*

256. Fonctions continues d'une variable complexe. — Une quantité complexe $z = x + yi$, où x et y sont deux variables réelles indépendantes, est une variable complexe. Si l'on conserve au mot de *fonction* son acception la plus générale, il paraît naturel de dire que toute autre quantité imaginaire u, dont la valeur dépend de celle de z, est *une fonction de z*. Un certain nombre de définitions s'étendent d'elles-mêmes. Ainsi, on dira qu'une fonction $u = f(z)$ est continue si le module de la différence $f(z + h) - f(z)$ tend vers zéro lorsque le module de h tend vers zéro, c'est-à-dire si à tout nombre positif ε on peut faire correspondre un autre nombre positif η tel qu'on ait

$$|f(z + h) - f(z)| < \varepsilon,$$

pourvu que $|h|$ soit inférieur à η.

Une série

$$u_0(z) + u_1(z) + \ldots + u_n(z) + \ldots.$$

dont les différents termes sont fonctions de la variable complexe z est *uniformément convergente* dans un domaine D du plan si à tout nombre positif ε on peut faire correspondre un nombre entier N tel qu'on ait

$$|R_n| = |u_{n+1}(z) + u_{n+2}(z) + \ldots| < \varepsilon,$$

pour toutes les valeurs de z prises dans le domaine D, pourvu que n soit $\geq$ N. On démontre comme plus haut (I, n° 30) que la somme d'une série uniformément convergente dans un domaine D, et dont tous les termes sont des fonctions continues de z dans ce domaine, est elle-même une fonction continue de la variable z dans le même domaine. Une série est encore uniformément convergente si, pour toutes les valeurs de z considérées, le module d'un terme quelconque $|u_n|$ est inférieur au terme correspondant v_n d'une série convergente, dont tous les termes sont des nombres constants et positifs. La série est alors à la fois absolument et uniformément convergente.

Toute fonction continue de la variable complexe z est de la forme $u = P(x, y) + iQ(x, y)$, P et Q étant des fonctions réelles continues des deux variables réelles x, y. Si l'on n'ajoutait pas d'autres conditions, l'étude des fonctions d'une variable complexe z reviendrait donc au fond à l'étude d'un système de deux fonctions de deux variables réelles : l'emploi du symbole i n'amènerait que des simplifications illusoires. Pour que la théorie des fonctions d'une variable complexe présente quelque analogie avec la théorie des fonctions d'une variable réelle, nous chercherons avec Cauchy à quelles conditions doivent satisfaire les fonctions P et Q pour que l'expression $P + iQ$ possède la propriété fondamentale des fonctions d'une variable réelle auxquelles s'applique le calcul infinitésimal.

257. Fonctions monogènes. — Si $f(x)$ est une fonction de la variable réelle x admettant une dérivée, le rapport $\dfrac{f(x+h) - f(x)}{h}$ tend vers $f'(x)$ lorsque h tend vers zéro. Cherchons de même dans quels cas le quotient

$$\frac{\Delta u}{\Delta z} = \frac{\Delta P + i\,\Delta Q}{\Delta x + i\,\Delta y}$$

tend vers une limite déterminée, lorsque le module de Δz tend vers zéro, c'est-à-dire lorsque Δx et Δy tendent séparément vers zéro. Il est facile de prévoir que cela n'aura pas lieu si les fonctions $P(x, y)$ et $Q(x, y)$ sont quelconques, car la limite du rapport précédent dépend en général de la limite du rapport $\frac{\Delta y}{\Delta x}$, c'est-à-dire de la façon dont le point qui représente la valeur de $z + \Delta z$ se rapproche du point qui représente la valeur de z.

Laissons d'abord y constant et attribuons à x une valeur voisine $x + \Delta x$, il vient

$$\frac{\Delta u}{\Delta z} = \frac{P(x + \Delta x, y) - P(x, y)}{\Delta x} + i\frac{Q(x + \Delta x, y) - Q(x, y)}{\Delta x};$$

pour que ce rapport ait une limite, il faut que les fonctions P et Q admettent des dérivées partielles par rapport à x, et cette limite a pour expression

$$\lim \frac{\Delta u}{\Delta z} = \frac{\partial P}{\partial x} + i\frac{\partial Q}{\partial x}.$$

Supposons ensuite x constant, et donnons à y la valeur $y + \Delta y$, nous avons

$$\frac{\Delta u}{\Delta z} = \frac{P(x, y + \Delta y) - P(x, y)}{i\,\Delta y} + \frac{Q(x, y + \Delta y) - Q(x, y)}{\Delta y},$$

et le rapport aura une limite égale à

$$\frac{\partial Q}{\partial y} - i\frac{\partial P}{\partial y},$$

pourvu que les fonctions P et Q admettent des dérivées partielles par rapport à y. Pour que les limites du rapport $\frac{\Delta u}{\Delta z}$ soient les mêmes dans les deux cas, il faut qu'on ait

$$(1) \qquad \frac{\partial P}{\partial x} = \frac{\partial Q}{\partial y}, \qquad \frac{\partial P}{\partial y} = -\frac{\partial Q}{\partial x}.$$

Supposons que les fonctions P et Q vérifient ces conditions, et que les dérivées partielles $\frac{\partial P}{\partial x}$, $\frac{\partial P}{\partial y}$, $\frac{\partial Q}{\partial x}$, $\frac{\partial Q}{\partial y}$ soient des fonctions continues. Si nous attribuons maintenant à x et à y des accroissements quelconques Δx, Δy, nous pouvons écrire, en désignant par θ et θ' des nombres positifs plus petits que *un*,

$$
\begin{aligned}
\Delta P &= P(x + \Delta x, y + \Delta y) - P(x + \Delta x, y) + P(x + \Delta x, y) - P(x, y) \\
&= \Delta y\, P'_y(x + \Delta x, y + \theta\, \Delta y) + \Delta x\, P'_x(x + \theta'\, \Delta x, y) \\
&= \Delta x[\,P'_x(x, y) + \varepsilon\,] + \Delta y[\,P'_y(x, y) + \varepsilon_1\,],
\end{aligned}
$$

et l'on a de même

$$
\Delta Q = \Delta x\,[\,Q'_x(x, y) + \varepsilon'\,] + \Delta y\,[\,Q'_y(x, y) + \varepsilon'_1\,],
$$

ε, ε', ε_1, ε'_1 étant infiniment petits en même temps que Δx et Δy. La différence $\Delta u = \Delta P + i\,\Delta Q$ peut s'écrire, en tenant compte des conditions (1),

$$
\begin{aligned}
\Delta u &= \Delta x \left(\frac{\partial P}{\partial x} + i\,\frac{\partial Q}{\partial x} \right) + \Delta y \left(-\frac{\partial Q}{\partial x} + i\,\frac{\partial P}{\partial x} \right) + \eta\,\Delta x + \eta'\,\Delta y \\
&= (\Delta x + i\,\Delta y) \left(\frac{\partial P}{\partial x} + i\,\frac{\partial Q}{\partial x} \right) + \eta\,\Delta x + \eta'\,\Delta y,
\end{aligned}
$$

η_1 et η' étant infiniment petits. Il vient donc

$$
\frac{\Delta u}{\Delta z} = \frac{\partial P}{\partial x} + i\,\frac{\partial Q}{\partial x} + \frac{\eta\,\Delta x + \eta'\,\Delta y}{\Delta x + i\,\Delta y};
$$

si $|\eta|$ et $|\eta'|$ sont plus petits qu'un nombre α, le module du terme complémentaire est inférieur à 2α. Ce terme tend donc vers zéro lorsque Δx et Δy tendent vers zéro, et l'on a

$$
\lim \frac{\Delta u}{\Delta z} = \frac{\partial P}{\partial x} + i\,\frac{\partial Q}{\partial x}.
$$

Les conditions (1) sont donc nécessaires et suffisantes pour que le rapport $\dfrac{\Delta u}{\Delta z}$ ait une limite unique pour chaque valeur de z, pourvu que les dérivées partielles des fonctions P et Q soient continues. La fonction u est dite une fonction *monogène* ou *analytique* ([1]) de la variable z; si on la représente par $f(z)$, la dérivée $f'(z)$ est égale à l'une quelconque des expressions suivantes qui sont équivalentes :

$$
(2)\qquad f'(z) = \frac{\partial P}{\partial x} + i\,\frac{\partial Q}{\partial x} = \frac{\partial Q}{\partial y} - i\,\frac{\partial P}{\partial y} = \frac{\partial P}{\partial x} - i\,\frac{\partial P}{\partial y} = \frac{\partial Q}{\partial y} + i\,\frac{\partial Q}{\partial x}.
$$

([1]) Le mot *monogène* a été souvent employé par Cauchy. On dit aussi quelquefois *synectique*. Nous emploierons plutôt le mot *analytique;* on montrera plus loin que cette définition est bien d'accord avec celle qui a été donnée antérieurement (I, n° 188).

Il est essentiel de remarquer qu'aucune des deux fonctions $P(x, y)$, $Q(x, y)$ ne peut être prise arbitrairement. En effet, supposons que les fonctions P et Q admettent des dérivées du second ordre; si l'on différentie la première des relations (1) par rapport à x, la seconde par rapport à y, il vient, en ajoutant les deux relations obtenues,

$$\Delta_2 P = \frac{\partial^2 P}{\partial x^2} + \frac{\partial^2 P}{\partial y^2} = 0,$$

et l'on démontre de la même façon qu'on a $\Delta_2 Q = 0$. Les deux fonctions $P(x, y)$, $Q(x, y)$ sont donc deux solutions de l'équation de Laplace.

Inversement, toute solution de l'équation de Laplace peut être prise pour l'une des fonctions P ou Q. Soit par exemple $P(x, y)$ une solution de cette équation; les deux relations (1), où Q est considérée comme une fonction inconnue, sont compatibles, et l'expression

$$u = P(x, y) + i\left[\int_{x_0, y_0}^{(x, y)} \left(\frac{\partial P}{\partial x}\, dy - \frac{\partial P}{\partial y}\, dx \right) + C \right],$$

qui est déterminée à une constante près C, est une fonction monogène dont la partie réelle est $P(x, y)$.

L'étude des fonctions analytiques d'une variable complexe z revient donc au fond à l'étude d'un système de deux fonctions $P(x, y)$, $Q(x, y)$ de deux variables réelles x et y, satisfaisant aux relations (1), et l'on pourrait développer toute la théorie sans employer le symbole i (¹). Nous continuerons cependant à nous servir du symbolisme de Cauchy, tout en faisant remarquer que la différence des deux méthodes est au fond plus apparente que réelle. Tout théorème établi pour une fonction analytique $f(z)$ se traduit immédiatement par un théorème équivalent relatif aux fonctions P et Q, et inversement.

Exemples. — La fonction $u = x^2 - y^2 + 2ixy$ est une fonction analytique, car les relations (1) sont vérifiées, et la dérivée est $2x + 2iy = 2z$; cette fonction u n'est autre que $(x + iy)^2 = z^2$. Au contraire, l'expres-

---

(¹) C'est en général à ce point de vue que se placent les géomètres allemands de l'école de Riemann.

sion $v = x - iy$ n'est pas une fonction analytique; on a, en effet,

$$\frac{\Delta v}{\Delta z} = \frac{\Delta x - i\Delta y}{\Delta x + i\Delta y} = \frac{1 - i\dfrac{\Delta y}{\Delta x}}{1 + i\dfrac{\Delta y}{\Delta x}},$$

et il est clair que la limite du rapport $\dfrac{\Delta v}{\Delta z}$ dépend de la limite du rapport $\dfrac{\Delta y}{\Delta x}$.

Quand on pose $x = \rho \cos\omega$, $y = \rho \sin\omega$, en appliquant les formules du changement de variables (I, n° 60, p. 146), les relations (1) deviennent

$$(3) \qquad \frac{\partial P}{\partial \omega} = -\rho \frac{\partial Q}{\partial \rho}, \qquad \frac{\partial Q}{\partial \omega} = \rho \frac{\partial P}{\partial \rho};$$

et la dérivée a pour expression

$$f'(z) = \left(\frac{\partial P}{\partial \rho} + i \frac{\partial Q}{\partial \rho} \right)(\cos\omega - i\sin\omega).$$

On vérifie aisément, au moyen de ces formules, que la fonction

$$z^m = \rho^m(\cos m\omega + i\sin m\omega)$$

est une fonction analytique de z, dont la dérivée est égale à

$$m\rho^{m-1}(\cos m\omega + i\sin m\omega)(\cos\omega - i\sin\omega) = m z^{m-1}.$$

258. Fonctions holomorphes. — Les généralités qui précèdent sont encore un peu vagues, car il n'a pas été question jusqu'ici des limites entre lesquelles on fait varier la variable z.

Une portion D du plan est dite *connexe* ou *d'un seul tenant* lorsqu'on peut joindre deux points quelconques pris dans cette portion par un chemin continu qui est situé lui-même tout entier dans cette portion du plan. Une portion connexe, et située tout entière à distance finie, peut être limitée par une ou plusieurs courbes fermées, parmi lesquelles il y a toujours une courbe fermée qui la limite extérieurement. Une portion du plan s'étendant à l'infini peut se composer de l'ensemble des points situés à l'extérieur d'une ou de plusieurs courbes fermées; elle peut aussi être limitée par des courbes ayant des branches infinies. Quand il n'y aura pas d'ambiguïté à craindre. nous emploierons indifféremment les mots *domaine* ou *région* pour désigner une portion connexe du plan

Une fonction $f(z)$ de la variable complexe z est dite *holomorphe* dans une région connexe D du plan, si elle satisfait aux conditions suivantes :

1° A tout point z de D correspond une valeur déterminée de $f(z)$;

2° $f(z)$ est une fonction continue de z lorsque le point z se déplace dans D, c'est-à-dire que le module de $f(z+h)-f(z)$ tend vers zéro avec le module de h;

3° $f(z)$ admet en chaque point z de D une dérivée unique $f(z)$, c'est-à-dire qu'à tout point z correspond un nombre complexe $f'(z)$ tel que le module de la différence

$$\frac{f(z+h)-f(z)}{h} - f'(z)$$

tend vers zéro lorsque $|h|$ tend vers zéro. A tout nombre positif ε on peut alors faire correspondre un autre nombre positif η tel qu'on ait

$$(4) \qquad |f(z+h)-f(z)-hf'(z)| \leqq \varepsilon |h|$$

pourvu que $|h|$ soit inférieur à η.

Nous ne ferons pour le moment aucune hypothèse relativement aux valeurs de $f(z)$ le long du contour qui limite D. Quand nous dirons qu'une fonction $f(z)$ est holomorphe à l'intérieur d'un domaine D limité par un contour fermé Γ *et sur le contour lui-même*, il faudra entendre par là que $f(z)$ est holomorphe dans une région ⊕ renfermant le contour Γ et le domaine D.

Une fonction analytique $f(z)$ n'est pas nécessairement holomorphe dans tout son domaine d'existence; elle admet en général des points singuliers, qui peuvent être d'espèces très variées. Il serait prématuré d'indiquer dès maintenant une classification de ces points singuliers, dont la nature nous sera révélée précisément par l'étude qui va être faite.

259. Fonctions rationnelles. — Les règles qui donnent la dérivée d'une somme, d'un produit, d'un quotient, étant des conséquences logiques de la définition de la dérivée, s'étendent aux fonctions d'une variable complexe. Il en est de même de la règle de dérivation d'une fonction de fonction. Soit $u = f(Z)$ une fonction analytique de la variable complexe Z; si l'on remplace Z par une autre fonction analytique $\varphi(z)$ d'une autre variable complexe z, u est encore une fonction analytique de la variable z. On a, en effet,

$$\frac{\Delta u}{\Delta z} = \frac{\Delta u}{\Delta Z} \times \frac{\Delta Z}{\Delta z};$$

lorsque $|\Delta z|$ tend vers zéro, il en est de même de $|\Delta Z|$ et chacun des rapports $\frac{\Delta u}{\Delta Z}$, $\frac{\Delta Z}{\Delta z}$ tend vers une limite déterminée. Le rapport $\frac{\Delta u}{\Delta z}$ tend donc lui-même vers une limite

$$\lim \frac{\Delta u}{\Delta z} = f'(Z)\,\varphi'(z).$$

Nous avons déjà vérifié plus haut (n° 257) que la fonction

$$z^m = (x + iy)^m$$

était une fonction analytique de z, ayant pour dérivée mz^{m-1}. On peut le voir directement comme dans le cas d'une variable réelle. En effet, la formule du binome, qui repose uniquement sur les propriétés de la multiplication, s'étend évidemment aux quantités complexes. Nous pouvons donc écrire, m étant un nombre entier positif,

$$(z + h)^m = z^m + \frac{m}{1} z^{m-1} h + \frac{m(m-1)}{1.2} z^{m-2} h^2 + \ldots$$

et, par suite,

$$\frac{(z+h)^m - z^m}{h} = m z^{m-1} + h \left[\frac{m(m-1)}{1.2} z^{m-2} + \ldots + h^{m-2} \right];$$

il est clair que le second membre a pour limite mz^{m-1} lorsque le module de h tend vers zéro.

Tout polynome entier à coefficients quelconques est donc aussi une fonction analytique, qui est holomorphe dans tout le plan. Une fonction rationnelle, c'est-à-dire le quotient de deux polynomes entiers $P(z)$, $Q(z)$, qu'on peut supposer premiers entre eux, est aussi une fonction analytique, mais elle admet un certain nombre de points singuliers. les racines de l'équation $Q(z) = 0$. Elle est holomorphe dans toute région du plan ne renfermant aucune de ces racines.

- **260. Étude de quelques fonctions irrationnelles.** — Lorsque le
point z décrit une courbe continue, les coordonnées x et y, ainsi
que le module ρ, varient d'une manière continue, et il en est de
même de l'argument, pourvu que la courbe décrite ne passe pas
par l'origine. Si le point z décrit une courbe fermée, x, y et ρ
reviennent à leurs valeurs initiales, mais il n'en est pas toujours
ainsi de l'argument. Si l'origine est en dehors de l'aire enveloppée
par la courbe fermée (*fig.* 45^a), il est clair que l'argument revient
à sa valeur initiale; mais il n'en est plus de même si le point z
décrit une courbe telle que $M_0 NPM_0$ ou $M_0 npq M_0$ (*fig.* 45^b).

Fig. 45^a　　　　　　　Fig. 45^b

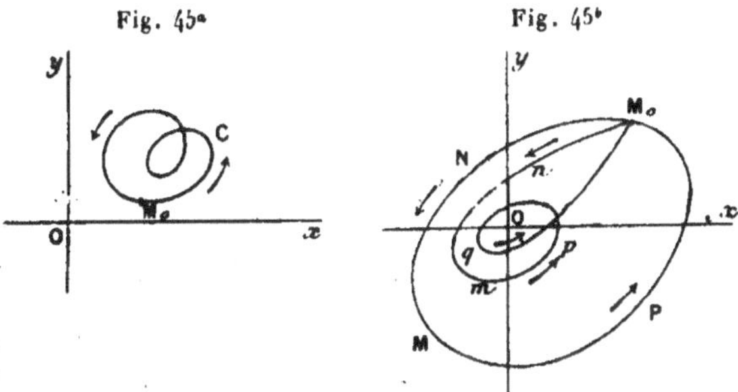

Dans le premier cas, l'argument reprend sa valeur initiale augmentée de 2π, et, dans le second cas, il reprend sa valeur initiale augmentée de 4π. Il est clair qu'on peut faire décrire à la
variable z des courbes fermées telles que, si l'on suit la variation
continue de l'argument le long de l'une d'elles, la valeur finale
diffère de la valeur initiale de $2n\pi$, n étant un nombre entier
arbitraire, positif ou négatif. D'une façon générale, lorsque z
décrit une courbe fermée, l'argument de $z-a$ reprend sa valeur
initiale pourvu que le point a soit en dehors de l'aire enveloppée
par cette courbe fermée, mais on peut toujours choisir la courbe
décrite par z de façon que la valeur finale de l'argument de $z-a$
soit égale à la valeur initiale augmentée de $2n\pi$.

Cela posé, considérons l'équation.

$$(5) \qquad\qquad u^m = z,$$

où m est un nombre entier positif. A toute valeur de z, sauf $z = 0$,
cette relation fait correspondre m valeurs distinctes de u. Si nous

posons en effet

$$z = \rho(\cos\omega + i\sin\omega), \qquad u = r(\cos\varphi + i\sin\varphi),$$

la relation (5) est équivalente aux deux suivantes :

$$r^m = \rho, \qquad m\varphi = \omega + 2k\pi;$$

on tire de la première $r = \rho^{\frac{1}{m}}$, c'est-à-dire que r est égal à la racine $m^{\text{ième}}$ arithmétique du nombre positif ρ. Nous avons ensuite $\varphi = \dfrac{\omega + 2k\pi}{m}$ et, pour obtenir toutes les valeurs distinctes de u, il suffit de donner au nombre entier arbitraire k les m valeurs entières consécutives $0, 1, 2, \ldots, m-1$; nous obtenons ainsi les expressions des m racines de l'équation (5)

$$(6) \quad u_k = \rho^{\frac{1}{m}}\left[\cos\left(\frac{\omega + 2k\pi}{m}\right) + i\sin\left(\frac{\omega + 2k\pi}{m}\right)\right] \quad (k = 0, 1, 2, \ldots, m-1);$$

on représente encore par $z^{\frac{1}{m}}$ l'une quelconque de ces racines.

Lorsque la variable z décrit une courbe continue, chacune de ces racines varie elle-même d'une manière continue. Si z décrit une courbe fermée laissant l'origine à l'extérieur, l'argument ω revient à sa valeur initiale, et chacune des racines $u_0, u_1, \ldots, u_{m-1}$ décrit également une courbe fermée ($fig.$ 46^a). Mais si le point z

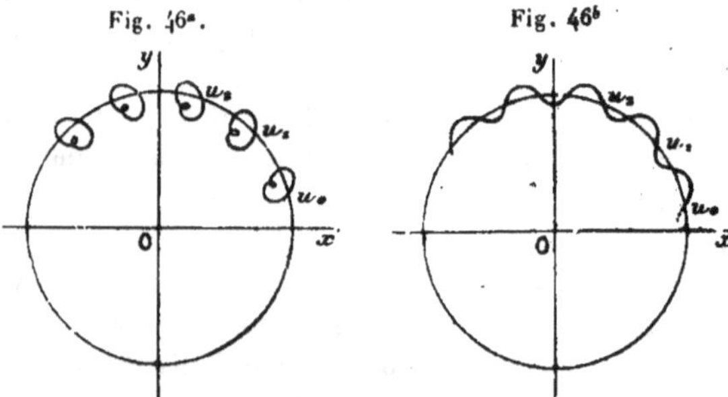

Fig. 46^a.　　　　　Fig. 46^b.

décrit la courbe $M_0 N P M_0$ ($fig.$ 45^b), ω se change en $\omega + 2\pi$, la valeur finale de la racine u_i est égale à la valeur initiale de u_{i+1}, et les courbes décrites par les différents points racines forment une seule courbe fermée ($fig.$ 46^b).

Ces m racines u_0, u_1, ..., u_{m-1} se permutent donc circulairement lorsque la variable z décrit dans le sens direct une courbe fermée sans point double renfermant l'origine. Il est clair qu'on peut faire décrire à z un chemin fermé tel que l'une des racines partant de la valeur initiale u_0, par exemple, sa valeur finale soit égale à l'une quelconque des autres racines. A moins de rejeter la continuité, on ne peut donc considérer les m racines de l'équation (5) comme autant de fonctions distinctes de z, mais on doit les regarder comme m *branches* distinctes d'une même fonction. Le point $z = 0$, autour duquel se permutent ces m valeurs de u, est appelé *point critique* ou *point de ramification*.

Pour que les m valeurs de u puissent être considérées comme des fonctions distinctes de z, il faut interrompre la continuité de ces racines le long d'une ligne indéfinie issue de l'origine. On peut se représenter d'une façon concrète cette solution de continuité de la manière suivante : imaginons que, dans le plan où l'on représente la valeur de z, on trace une coupure indéfinie suivant une demi-droite issue de l'origine, par exemple suivant la demi-droite OL (*fig.* 47), et qu'on écarte légèrement les deux bords de

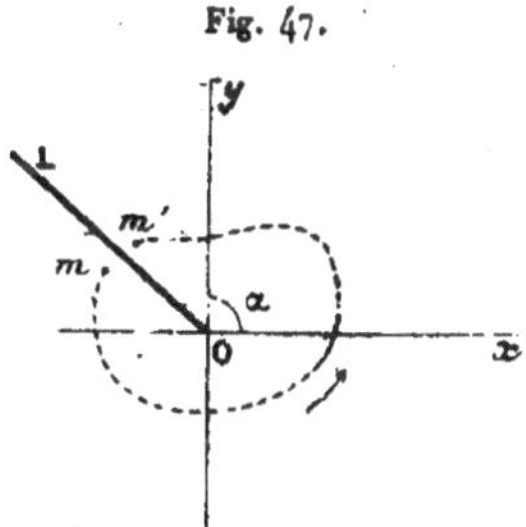

cette coupure, de façon que le chemin suivi par la variable ne puisse passer d'un bord à l'autre. Dans ces conditions, un chemin fermé quelconque ne peut entourer l'origine ; à chaque valeur de z correspond une valeur bien déterminée des m racines u_i, que l'on obtiendra en prenant pour l'argument ω la valeur comprise entre α et $\alpha - 2\pi$. Mais il faut observer que les valeurs de u_i en deux points infiniment voisins m, m de part et d'autre de la coupure, ne sont pas les mêmes. La valeur de u_i au point m' est égale à la valeur de u_i au point m, multipliée par $\left(\cos \dfrac{2\pi}{m} + i \sin \dfrac{2\pi}{m} \right)$.

Chacune des racines de l'équation (5) est une fonction monogène. Soit u_0 une des racines pour une valeur donnée z_0 ; à une valeur de z voisine de z_0 correspond une valeur u voisine de u_0. Au lieu de chercher la limite du rapport $\dfrac{u - u_0}{z - z_0}$, on peut chercher la limite du rapport inverse

$$\frac{z - z_0}{u - u_0} = \frac{u^m - u_0^m}{u - u_0};$$

cette limite est égale à mu_0^{m-1}. On a donc, pour la dérivée de u, l'expression

$$u' = \frac{1}{m}\, \frac{1}{u^{m-1}} = \frac{1}{m}\, \frac{u}{z},$$

qu'on peut encore écrire, en introduisant les exposants négatifs,

$$u' = \frac{1}{m}\, z^{\frac{1}{m} - 1} :$$

mais, pour avoir sans ambiguïté la valeur de la dérivée qui correspond à l'une des racines, il vaut mieux prendre l'expression $\dfrac{1}{m}\dfrac{u}{z}$. A l'intérieur d'une courbe fermée ne renfermant pas l'origine, chacune des déterminations de $\sqrt[m]{z}$ est une fonction holomorphe. L'équation $u^m = A(z - a)$ admet de même m racines qui se permutent circulairement autour du point critique $z = a$.

Considérons encore l'équation

$$(7) \qquad u^2 = A(z - e_1)(z - e_2)\ldots(z - e_n),$$

où $e_1, e_2, \ldots, e_n$ sont n quantités distinctes. Désignons par les mêmes lettres les points qui représentent ces n quantités. Posons

$$A = R(\cos \alpha + i \sin \alpha),$$
$$z - e_k = \rho_k(\cos \omega_k + i \sin \omega_k) \qquad (k = 1, 2, \ldots, n),$$
$$u = r(\cos \theta + i \sin \theta);$$

ω_k représente l'angle que fait avec la direction Ox la direction $e_k z$ du point e_k au point z. On tire de l'équation (7)

$$r^2 = R\rho_1 \rho_2 \ldots \rho_n, \qquad 2\theta = \alpha + \omega_1 + \ldots + \omega_n + 2m\pi;$$

cette équation admet donc deux racines opposées

$$
(8) \quad
\begin{cases}
u_1 = (R\,\rho_1\rho_2\ldots\rho_n)^{\frac{1}{2}} \left[\cos\left(\dfrac{\alpha + \omega_1 + \ldots + \omega_n}{2} \right) \right. \\
\qquad\qquad \left. + i \sin\left(\dfrac{\alpha + \omega_1 + \ldots + \omega_n}{2} \right) \right], \\[2ex]
u_2 = (R\,\rho_1\rho_2\ldots\rho_n)^{\frac{1}{2}} \left[\cos\left(\dfrac{\alpha + \omega_1 + \ldots + \omega_n + 2\pi}{2} \right) \right. \\
\qquad\qquad \left. + i \sin\left(\dfrac{\alpha + \omega_1 + \ldots + \omega_n + 2\pi}{2} \right) \right].
\end{cases}
$$

Lorsque la variable z décrit une courbe fermée C renfermant à l'intérieur p des points $e_1, e_2, \ldots, e_n$, il y a p des arguments ω_1, $\omega_2, \ldots, \omega_n$ qui augmentent de 2π; l'argument de u_1 et celui de u_2 augmentent donc de $p\pi$. Si p est pair, les deux racines reprennent leurs valeurs initiales ; si p est impair, elles se permutent. En particulier, si le contour renferme un seul point e_i, les deux racines se permutent. Les n points e_i sont des points de ramification. Pour que les deux racines u_1 et u_2 restent des fonctions bien déterminées de z, il suffira de tracer un système de coupures de façon qu'une courbe fermée quelconque renferme toujours un nombre pair de points critiques. On pourra par exemple tracer une coupure indéfinie suivant une demi-droite issue de chacun des points e_i, de façon que ces coupures ne se croisent pas. Mais on peut opérer de bien d'autres façons. Si, par exemple, il y a quatre points critiques e_1, e_2, e_3, e_4, on pourra tracer une coupure suivant le segment de droite $e_1 e_2$, et une seconde coupure suivant le segment $e_3 e_4$.

261. Fonctions uniformes et multiformes. — Les exemples élémentaires que nous venons de traiter mettent en évidence un fait très important. La valeur d'une fonction $f(z)$ de la variable z ne dépend pas toujours uniquement de la valeur même de z ; mais elle peut aussi dépendre dans une certaine mesure de la loi de succession des valeurs prises par la variable pour parvenir d'une valeur initiale à la valeur *actuelle ;* en d'autres termes, du chemin suivi par la variable.

Reprenons, par exemple, la fonction $u = \sqrt[m]{z}$. Si nous allons du point M_0 au point M par les deux chemins $M_0 NM$ et $M_0 PM$

(*fig.* 45*b*) en prenant dans les deux cas la même valeur initiale pour u, nous n'obtiendrons pas en M la même valeur, car les deux valeurs obtenues pour l'argument de z différeront de 2π. On est donc conduit à introduire une nouvelle distinction.

Une fonction analytique $f(z)$ est dite *uniforme* ou *monodrome* dans une région D lorsque tous les chemins situés dans D, qui vont d'un point z_0 à un autre point quelconque z, conduisent à la même valeur finale pour $f(z)$. Lorsque la valeur finale de $f(z)$ n'est pas la même pour tous les chemins possibles, la fonction est *multiforme*. Une fonction holomorphe dans une région D est forcément uniforme dans cette région. D'une façon générale, pour qu'une fonction $f(z)$ soit uniforme dans un domaine D, il faut et il suffit qu'un chemin fermé quelconque décrit par la variable ramène la fonction à sa valeur initiale. Si, en effet, en allant du point A au point B par les deux chemins AMB (*fig.* 48) et ANB,

Fig. 48.

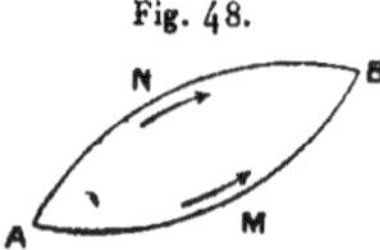

on arrive dans deux cas au point B avec la même détermination pour $f(z)$, il est clair que, en faisant décrire à la variable le contour fermé AMBNA, on reviendra au point A avec la valeur initiale de $f(z)$.

Réciproquement, supposons que, la variable z décrivant le contour AMBNA, on revienne au point de départ avec la valeur initiale u_0, et soit u_1 la valeur de la fonction au point B. après que z a décrit le chemin AMB. Lorsque z décrit l'arc BNA, la fonction part de la valeur u_1 pour arriver à la valeur u_0 ; donc inversement le chemin ANB conduira de la valeur u_0 à la valeur u_1, c'est-à-dire à la même valeur que le chemin AMB.

Il est à remarquer qu'une fonction peut ne pas être uniforme dans un domaine, sans présenter de points critiques dans ce domaine. Considérons par exemple la portion du plan comprise entre deux cercles concentriques C, C', ayant pour centre l'origine. La fonction $u = \sqrt[m]{z}$ ne présente aucun point critique dans cette région; cependant, elle n'y est pas uniforme, car si l'on fait décrire à la

variable z un cercle concentrique, compris entre C et C', la fonction $\sqrt[m]{z}$ est multipliée par $\cos \frac{2\pi}{m} + i \sin \frac{2\pi}{m}$.

II. — SÉRIES ENTIÈRES A TERMES IMAGINAIRES. TRANSCENDANTES ÉLÉMENTAIRES.

262. Cercle de convergence. — Les raisonnements employés
dans l'étude des séries entières (**I**, Chap. **IX**) s'étendent d'eux-
mêmes aux séries entières à termes imaginaires ; il suffit de remplacer la *valeur absolue* par le *module*. Nous rappellerons succinctement la suite des théorèmes et les résultats.

Soit

$$(9) \qquad a_0 + a_1 z + a_2 z^2 + \ldots + a_n z^n + \ldots$$

une série entière où les coefficients et la variable peuvent avoir
des valeurs imaginaires quelconques. Considérons en même temps
la série des modules

$$(10) \qquad A_0 + A_1 r + A_2 r^2 + \ldots + A_n r^n + \ldots,$$

où $A_i = |a_i|$, $r = |z|$; on a démontré (I, n° **172**) l'existence d'un
nombre positif R tel que la série (10) est convergente pour toute
valeur de $r < R$, et divergente pour toute valeur de $r > R$. Ce
nombre R est égal à l'inverse de la plus grande des limites des
termes de la suite

$$A_1, \quad \sqrt[2]{A_2}, \quad \sqrt[3]{A_3} \quad \ldots, \quad \sqrt[n]{A_n}, \quad \ldots,$$

et, comme cas particulier, il peut être nul ou infini.

De ces propriétés du nombre R, il résulte immédiatement que
la série (9) est absolument convergente lorsque le module de z est
inférieur à R. Elle ne peut être convergente pour une valeur z_0
de z de module supérieur à R, car la série des modules (10) serait
convergente pour des valeurs de r supérieures à R (I, n° **172**). Si,
de l'origine comme centre, on décrit, dans le plan de la variable z,
un cercle C de rayon R (*fig.* 49), la série entière (9) est absolument convergente pour tout point intérieur au cercle C, et divergente pour tout point extérieur ; ce qui explique le nom de *cercle de
convergence* donné à ce cercle. En un point du cercle C lui-même,

la série peut être convergente ou divergente, suivant les cas [1].

À l'intérieur d'un cercle C′ concentrique au premier, et dont le rayon R′ est inférieur à R, la série (9) est uniformément convergente. Car pour tout point intérieur à C′ on a évidemment

$$|a_{n+1}z^{n+1} + \ldots + a_{n+p}z^{n+p}| < A_{n+1}R'^{n+1} + \ldots + A_{n+p}R'^{n+p},$$

et l'on peut choisir le nombre n assez grand pour que le second membre soit inférieur à tout nombre positif donné ε, quel que soit p. On en conclut que la somme de la série (9) est une fonction continue $f(z)$ de la variable z en tout point intérieur au cercle de convergence (n° 256).

En différentiant terme à terme la série (9) un nombre quelconque de fois, on obtient un nombre indéfini de séries entières $f_1(z)$,

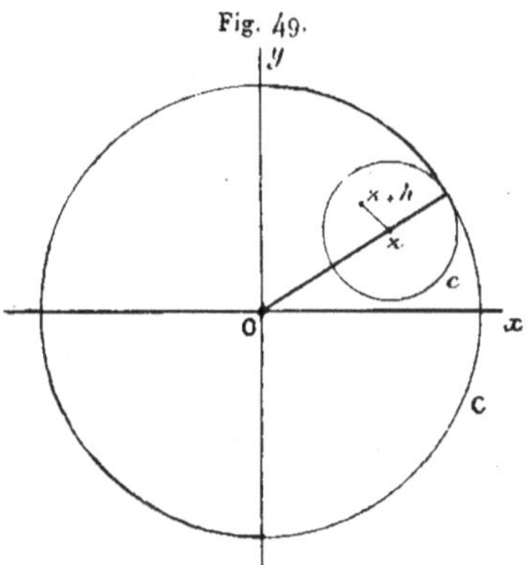

$f_2(z)\ldots f_n(z)\ldots$ qui admettent le même cercle de convergence que la première (I, n° 174). On démontre de la même façon

---

[1] Soit $f(z) = \Sigma a_n z^n$ une série entière dont le rayon de convergence $R = 1$. Si les coefficients $a_0, a_1, a_2, \ldots$ sont des nombres positifs décroissants, a_n tendant vers zéro, lorsque n croît indéfiniment, la série est convergente en tous les points du cercle de convergence, sauf peut-être pour $z = 1$. En effet, la série Σz^n, où $|z| = 1$, est indéterminée, sauf pour $z = 1$, car le module de la somme des n premiers termes est inférieur à $\dfrac{2}{|1 - z|}$; il suffira donc d'appliquer le raisonnement du n° 158, en s'appuyant sur le lemme d'Abel généralisé. De même la série $a_0 - a_1 z + a_2 z^2 - \ldots$, qui se déduit de la précédente en changeant z en $-z$, est convergente en tous les points du cercle $|z| = 1$, sauf peut-être pour $z = -1$ (Cf. n° 158.)

qu'au n° **175** que $f_1(z)$ est la dérivée de $f(z)$, et d'une façon générale que $f_n(z)$ est la dérivée de $f_{n-1}(z)$. *Toute série entière représente donc une fonction holomorphe à l'intérieur du cercle de convergence.* La suite des dérivées de cette fonction est illimitée, et toutes ces dérivées sont également des fonctions holomorphes dans le même cercle.

Étant donné un point z intérieur au cercle C, de ce point comme centre, décrivons un cercle c tangent intérieurement au cercle C, et prenons un point $z + h$ intérieur à c; si r et ρ sont les modules de z et de h, on a $r + \rho < R$ (*fig.* 49). La somme $f(z+h)$ de la série est égale à la somme de la série à double entrée

$$(11) \quad \begin{aligned} a_0 + a_1 z + a_2 z^2 \ &+ \ldots + a_n z^n + \ldots \\ + a_1 h + 2a_2 z h &+ \ldots + n a_n z^{n-1} h + \ldots \\ + a_2 h^2 \ &+ \ldots + \frac{n(n-1)}{1.2} a_n z^{n-2} h^2 + \ldots \\ + \ldots\ldots &\ldots\ldots\ldots\ldots\ldots\ldots \end{aligned}$$

quand on fait la somme par colonnes. Mais cette série est absolument convergente, car si l'on remplace chaque terme par son module on a une série double à termes positifs dont la somme est

$$A_0 + A_1(r + \rho) + \ldots + A_n(r + \rho)^n + \ldots.$$

On peut donc faire la somme de la série double (11) par lignes horizontales, et l'on a, par conséquent, pour tout point $z + h$ intérieur au cercle c, la relation

$$(12) \quad f(z + h) = f(z) + h f_1(z) + \frac{h^2}{1.2} f_2(z) + \ldots + \frac{h^n}{1.2 \ldots n} f_n(z) + \ldots.$$

La série du second membre est certainement convergente dès que le module de h est inférieur à $R - r$, mais elle peut l'être dans une plus grande étendue. Les fonctions $f_1(z), f_2(z), \ldots, f_n(z), \ldots$ étant égales aux dérivées successives de $f(z)$, la formule (12) est identique à la formule de Taylor.

Si la série (9) est convergente en un point Z du cercle de convergence, la somme $f(Z)$ de la série est la limite vers laquelle tend la somme $f(z)$ lorsque le point z tend vers le point Z en restant sur le rayon qui aboutit à ce point. On le démontre comme au n° **173** en posant $z = Z\theta$ et faisant croître θ de 0 à 1.

Plus généralement, la somme $f(z)$ a pour limite $f(Z)$ lorsque le point z tend vers Z de telle façon que l'angle que fait la droite joignant Z à z avec le rayon allant de Z à l'origine reste inférieur à un angle $\omega < \dfrac{\pi}{2}$. En particulier, $f(z)$ tend vers $f(Z)$ lorsque z, tout en restant à l'intérieur du cercle de convergence, tend vers Z *suivant une courbe dont la tangente en Z est différente de la tangente au cercle.*

Il suffit de prouver que la série (9) est uniformément convergente dans la région du plan intérieure à un cercle de rayon très petit ayant pour centre le point Z et limitée par deux rayons de ce cercle faisant avec le rayon qui va passer par l'origine un angle $\varphi < \dfrac{\pi}{2}$. On peut, pour la démonstration, supposer $Z = 1$, car il suffit de poser $z = Zu$, u étant la nouvelle variable, pour être ramené à ce cas.

La série (9) étant supposée convergente pour $z = 1$, posons

$$s_n^p = a_n + a_{n+1} + \ldots + a_{n+p},$$

et supposons que l'on ait choisi n assez grand pour que l'on ait, quel que soit p, $|s_n^p| < \varepsilon$, le nombre positif ε étant choisi à volonté. La somme $\sigma_n^p = a_n z^n + a_{n+1} z^{n+1} + \ldots + a_{n+p} z^{n+p}$ peut s'écrire

$$\sigma_n^p = s_n^0 z^n + (s_n^1 - s_n^0) z^{n+1} + \ldots + (s_n^p - s_n^{p-1}) z^{n+p},$$

ou encore (O. Stolz)

$$\sigma_n^p = (1 - z) z^n \left\{ s_n^0 + s_n^1 z + \ldots + s_n^{p-1} z^{p-1} \right\} + s_n^p z^{n+p}.$$

On a donc, en posant $|z| = \rho < 1$, $|1 - z| = r$,

$$|\sigma_n^p| < \rho^n r \varepsilon \frac{1 - \rho^p}{1 - \rho} + \varepsilon \rho^{n+p} < \varepsilon \left\{ \frac{r}{1 - \rho} + 1 \right\}.$$

D'autre part, dans le triangle ayant pour sommets l'origine, le point variable z et le point $Z = 1$, on a la relation $\rho^2 = 1 - 2r \cos\alpha + r^2$, α étant l'angle qui a son sommet au point $Z = 1$, et par suite

$$\frac{r}{1 - \rho} = \frac{1 + \rho}{2 \cos\alpha - r}.$$

Supposons l'angle α inférieur à un angle $\varphi < \dfrac{\pi}{2}$, et la distance r inférieure à un nombre $\delta < 2 \cos\varphi$. On aura, quel que soit p,

$$|\sigma_n^p| < \varepsilon \left\{ \frac{2}{2 \cos\varphi - \delta} + 1 \right\}$$

dans le domaine que nous venons de définir. La série (9) est donc uniformément convergente dans ce domaine, y compris le point $z = 1$, et le raisonnement s'achève comme plus haut (n°s 30, 173).

Lorsque le rayon R est infini, le cercle de convergence embrasse tout le plan, et la fonction $f(z)$ est holomorphe pour toute valeur de z. On dit que c'est une *fonction transcendante entière*; l'étude de ces transcendantes est un des objets les plus importants de l'Analyse. Nous allons étudier dans les paragraphes suivants les transcendantes classiques élémentaires.

263. Séries de séries. — Étant donnée une série entière (9) à coefficients quelconques, nous dirons encore qu'une autre série entière $\Sigma \alpha_n z^n$. dont tous les coefficients sont réels et positifs, est *majorante* pour la première série, si l'on a, pour toute valeur de n, $|a_n| \leqq \alpha_n$. Toutes les conséquences déduites de l'emploi des fonctions majorantes (n°ˢ 177-180) s'appliquent sans modification au cas des variables imaginaires. Voici une autre application :

Soit

$$(13) \qquad f_0(z) + f_1(z) + f_2(z) + \ldots + f_n(z) + \ldots$$

une série dont chaque terme est lui-même la somme d'une série entière convergente dans un cercle de rayon égal ou supérieur à un nombre $R > 0$,

$$f_i(z) = a_{i0} + a_{i1} z + \ldots + a_{in} z^n + \ldots.$$

Imaginons chaque terme de la série (13) remplacé par son développement suivant les puissances de z : nous obtenons une série à double entrée dont chaque colonne est formée par le développement d'une fonction $f_i(z)$. Lorsque cette série est absolument convergente pour une valeur de z de module ρ, c'est-à-dire lorsque la série double $\displaystyle\sum_i \sum_n |a_{in}| \rho^n$ est convergente, on peut faire la somme de la première série double par lignes horizontales, pour toute valeur de z dont le module ne depasse pas ρ, et l'on obtient le développement de la somme $F(z)$ de la série (13) suivant les puissances de z :

$$F(z) = b_0 + b_1 z + \ldots + b_n z^n + \ldots$$
$$b_n = a_{0n} + a_{1n} + \ldots + a_{in} + \ldots \qquad (n = 0, 1, 2, \ldots).$$

C'est au fond le même raisonnement qui donne le développement de $f(z + h)$ suivant les puissances de h.

Supposons, par exemple, que la série $f_i(z)$ admette une fonction majorante de la forme $\dfrac{M_i r}{r - z}$, et que la série $\displaystyle\sum M_i$ soit elle-même convergente. Dans la série à double entrée, le module du terme général est plus petit que $M_i \dfrac{|z|^n}{r^n}$. Pourvu que l'on ait $|z| < r$, cette série est absolument convergente, car la série des modules est convergente, et sa somme est infé-

rieure à $\dfrac{r \sum M_i}{r - |z|}$.

264. Développement en série entière d'un produit infini. — Soit

$$F(z) = (1 + u_0)(1 + u_1)\ldots(1 + u_n)\ldots$$

un produit infini où chacune des fonctions u_i est une fonction continue de la variable complexe z dans un domaine D. Si la série $\sum |u_i|$ est uniformément convergente dans ce domaine, $F(z)$ est égale à la somme d'une série uniformément convergente dans D, et par suite représente une fonction continue (n°s 166-167). Lorsque ces fonctions u_i sont des fonctions analytiques de z, il résulte d'un théorème général qui sera démontré plus loin (n° 290, Chap. XIV) qu'il en est de même de $F(z)$.

Par exemple le produit infini

$$F(z) = z(1 - z^2)\left(1 - \frac{z^2}{4}\right)\ldots\left(1 - \frac{z^2}{n^2}\right)\ldots$$

représente une fonction holomorphe de la variable z dans tout le plan, car la série $\sum \dfrac{z^2}{n^2}$ est uniformément convergente à l'intérieur d'une courbe fermée quelconque. Ce produit est nul pour $z = 0, \pm 1, \pm 2, \ldots$ et pour ces valeurs seulement.

On peut démontrer directement que le produit $F(z)$ peut être développé en une série entière lorsque, chacune des fonctions u_i étant développée en série entière

$$u_i(z) = a_{i0} + a_{i1} z + \ldots + a_{in} z^n + \ldots \qquad (i = 0, 1, 2, \ldots),$$

la série double $\sum\limits_i \sum\limits_n |a_{in}| r^n$ est convergente pour une valeur positive de r choisie convenablement.

Posons, comme au n° 165,

$$v_0 = 1 + u_0, \qquad v_n = (1 + u_0)(1 + u_1)\ldots(1 + u_{n-1})u_n;$$

il suffit de démontrer que la somme de la série

$$(4) \qquad\qquad v_0 + v_1 + \ldots + v_n + \ldots,$$

qui est égale au produit infini $F(z)$, est développable en série entière. Or, si l'on pose encore

$$u_i' = |a_{i0}| + |a_{i1}| z + \ldots + |a_{in}| z^n + \ldots,$$

il est clair que le produit

$$v'_n = (1 + u'_0)(1 + u'_1)\ldots(1 + u'_{n-1})u'_n$$

est une fonction majorante pour v_n. La série (14) pourra donc être ordonnée suivant les puissances de z s'il en est de même de la série auxiliaire

$$(15) \qquad v'_0 + v'_1 + \ldots + v'_n + \ldots.$$

Si l'on développe chaque terme de cette dernière en série entière, on a une série double dont chaque coefficient est positif, et il suffit pour notre objet de prouver que cette série double est convergente quand on y remplace z par r. Désignons par U'_n et V'_n les valeurs des fonctions u'_n et v'_n pour $z = r$; nous avons

$$V'_n = (1 + U'_0)(1 + U'_1)\ldots(1 + U'_{n-1})U'_n$$

et par conséquent

$$V'_0 + V'_1 + \ldots + V'_n = (1 + U'_0)\ldots(1 + U'_n)$$

ou encore

$$V'_0 + V'_1 + \ldots + V'_n < e^{U'_0 + \ldots + U'_n}.$$

Lorsque n augmente indéfiniment, la somme $U'_0 + \ldots + U'_n$ tend vers une limite, puisque la série $\sum U'_n$ est supposée convergente. La série double (15) est donc absolument convergente si l'on a $|z| \leqq r$; la serie double obtenue en développant chaque terme v_n de la série (14) est donc *a fortiori* absolument convergente à l'intérieur du cercle C, et l'on peut l'ordonner suivant les puissances entières de z.

Le coefficient b_p de z^p dans le développement de $F(z)$ est égal, d'après cela, à la limite pour n infini du coefficient b_{pn} de z^p dans la somme $v_0 + v_1 + \ldots + v_n$, ou, ce qui revient au même, dans le développement du produit

$$P_n = (1 + u_0)(1 + u_1)\ldots(1 + u_n);$$

ce coefficient s'obtiendra donc en étendant aux produits infinis la règle ordinaire qui donne le coefficient d'une puissance de z dans le produit d'un nombre fini de polynomes.

Par exemple, le produit infini

$$F(z) = (1 + z)(1 + z^2)(1 + z^4)\ldots(1 + z^{2^n})\ldots.$$

est développable suivant les puissances de z, pourvu qu'on ait $|z| < 1$. Une puissance quelconque de z, soit z^N, figurera dans ce développement avec un coefficient égal à un, car tout nombre entier N peut être écrit, d'une façon et d'une seule, sous la forme d'une somme de puissances de 2. On a donc, si $|z| < 1$,

$$(16) \qquad \mathrm{F}(z) = 1 + z + z^2 + \ldots + z^n + \ldots = \frac{1}{1-z},$$

ce qu'on peut aussi démontrer très simplement au moyen de l'identité

$$\frac{1 - z^{2n}}{1 - z} = (1 + z)(1 + z^2)(1 + z^4)\ldots(1 + z^{2n-1}).$$

265. La fonction exponentielle. — La définition arithmétique de la fonction exponentielle n'a évidemment aucun sens lorsque l'exposant est imaginaire. Pour généraliser la définition, il faut donc partir d'une propriété susceptible de s'étendre au cas d'une variable complexe. Nous partirons de la propriété exprimée par la relation fonctionnelle $a^x \times a^{x'} = a^{x+x'}$. Proposons-nous de déterminer une série entière $f(z)$, convergente dans un cercle de rayon R, telle qu'on ait

$$(17) \qquad f(z + z') = f(z)f(z'),$$

pourvu que les modules de z, z', $z + z'$ soient inférieurs à R, ce qui aura lieu certainement si $|z|$ et $|z'|$ sont inférieurs a $\frac{\mathrm{R}}{2}$. Si l'on fait $z' = 0$ dans la relation précédente, elle devient

$$f(z) = f(z)f(0);$$

on doit donc avoir $f(0) = 1$, et nous écrirons la série cherchée

$$f(z) = 1 + \frac{a_1}{1}z + \frac{a_2}{1.2}z^2 + \ldots + \frac{a_n}{1.2\ldots n}z^n + \ldots.$$

Remplaçons successivement dans cette série z par λt, puis par $\lambda' t$, λ et λ' étant deux constantes et t une variable auxiliaire, et faisons le produit des deux séries; il vient

$$f(\lambda t)f(\lambda' t) = 1 + \frac{a_1}{1}(\lambda + \lambda')t + \ldots$$
$$+ \frac{t^n}{1.2\ldots n}\left(a_n\lambda^n + \frac{n}{1}a_{n-1}a_1\lambda^{n-1}\lambda' + \ldots + a_n\lambda'^n\right) + \ldots.$$

D'autre part, on a

$$f(\lambda t + \lambda' t) = 1 + \frac{a_1}{1}(\lambda + \lambda')t + \ldots + \frac{a_n}{1.2\ldots n}(\lambda + \lambda')^n t^n + \ldots.$$

L'égalité $f(\lambda t + \lambda' t) = f(\lambda t)f(\lambda' t)$ doit avoir lieu pour toutes les valeurs de λ, λ', t, telles que $|\lambda| < 1$, $|\lambda'| < 1$, $|t| < \dfrac{R}{2}$; il faut donc que les deux séries soient identiques, c'est-à-dire qu'on ait

$$a_n(\lambda + \lambda')^n = a_n \lambda^n + \frac{n}{1} a_{n-1} a_1 \lambda^{n-1} \lambda'$$
$$+ \frac{n(n-1)}{1.2} a_{n-2} a_2 \lambda^{n-2} \lambda'^2 + \ldots + a_n \lambda \ ,$$

ce qui entraîne les relations $a_n = a_{n-1} a_1$, $a_n = a_{n-2} a_2$, ..., que l'on peut réunir en une condition unique

$$(18) \qquad a_{p+q} = a_p a_q,$$

p et q étant deux nombres entiers positifs quelconques. Pour en trouver la solution générale, supposons $q = 1$, et faisons successivement $p = 1$, $p = 2$, $p = 3$, ...; il vient $a_2 = a_1^2$, puis $a_3 = a_2 a_1 = a_1^3$, ..., et enfin $a_n = a_1^n$. Les expressions ainsi obtenues satisfont bien à la condition (18), et la série cherchée est de la forme

$$f(x) = 1 + \frac{a_1 z}{1} + \frac{(a_1 z)^2}{1.2} + \ldots + \frac{(a_1 z)^n}{1.2\ldots n} + \ldots;$$

cette série est convergente dans tout le plan, et la relation

$$f(z + z') = f(z)f(z')$$

est vérifiée, d'après le calcul précédent, quels que soient z et z'.

La série précédente dépend d'une constante arbitraire a_1; nous poserons, en supposant $a_1 = 1$,

$$e^z = 1 + \frac{z}{1} + \frac{z^2}{1.2} + \ldots + \frac{z^n}{1.2\ldots n} + \ldots,$$

de sorte que la solution générale du problème posé est $e^{a_1 z}$.

La fonction entière e^z coïncide avec la fonction exponentielle étudiée en Algèbre e^x, lorsque z a une valeur réelle x, et l'on a toujours, quels que soient z et z', $e^{z+z'} = e^z \times e^{z'}$. La dérivée de e^z est encore égale à la fonction elle-même. On a, d'après la formule d'addition,

$$e^{x+yi} = e^x e^{yi},$$

pour pouvoir calculer e^z lorsque z a une valeur imaginaire $x+yi$, il suffit de savoir calculer e^{yi}. Or le développement de e^{yi} peut s'écrire, en groupant ensemble les termes de même parité,

$$e^{yi} = 1 - \frac{y^2}{1.2} + \frac{y^4}{1.2.3.4} - \ldots + i\left(\frac{y}{1} - \frac{y^3}{1.2.3} + \frac{y^5}{1.2.3.4.5} - \ldots \right);$$

on reconnaît au second membre les développements de $\cos y$ et de $\sin y$, et l'on a, y *étant réel*,

$$e^{yi} = \cos y + i \sin y.$$

Remplaçons e^{yi} par cette expression dans la formule précédente, il vient

$$(19) \qquad e^{x+yi} = e^x(\cos y + i \sin y);$$

la fonction e^{x+yi} *a pour module* e^x *et pour argument* y.

Cette formule met en évidence une propriété importante de e^z ; quand on change z en $z+2\pi i$, x ne change pas et y augmente de 2π, ce qui ne change pas la valeur du second membre de la formule (19). On a donc $e^{z+2\pi i} = e^z$; *la fonction exponentielle* e^z *admet la période* $2\pi i$.

Proposons-nous encore de résoudre l'équation $e^z = A$, où A est une quantité imaginaire quelconque différente de zéro. Soient ρ et ω le module et l'argument de A ; on doit avoir

$$e^{x+yi} = e^x(\cos y + i \sin y) = \rho(\cos \omega + i \sin \omega),$$

ce qui exige qu'on ait

$$e^x = \rho, \qquad y = \omega + 2k\pi.$$

On tire de la première relation $x = \log \rho$, le signe log désignant toujours le logarithme népérien d'un nombre positif. Quant à y, il n'est déterminé qu'à un multiple de 2π près. Si l'on avait $A = 0$, l'équation $e^x = 0$ conduirait à une impossibilité. Donc *l'équation* $e^z = A$, *où* A *est différent de zéro, admet une infinité de racines, comprises dans la formule* $\log \rho + i(\omega + 2k\pi)$; *l'équation* $e^z = 0$ *n'admet aucune racine, réelle ou imaginaire*.

Remarque. — On pourrait aussi définir e^z comme la limite du polynome $\left(1 + \frac{z}{m} \right)^m$, lorsque m croît indéfiniment. La méthode employée en Algèbre pour démontrer que ce polynome a pour limite la série e^z s'applique encore lorsque z est imaginaire.

266. Fonctions circulaires. — Pour définir $\sin z$ et $\cos z$ lorsque z est imaginaire, nous étendrons immédiatement aux valeurs imaginaires les séries entières établies dans le cas où la variable est réelle, et nous poserons

$$(20) \quad \begin{cases} \sin z = \dfrac{z}{1} - \dfrac{z^3}{1.2.3} + \dfrac{z^5}{1.2.3.4.5} - \cdots \\[2mm] \cos z = 1 - \dfrac{z^2}{1.2} + \dfrac{z^4}{1.2.3.4} - \cdots \end{cases}$$

Ce sont là des transcendantes entières, auxquelles s'étendent toutes les propriétés des fonctions circulaires. Ainsi on voit, sur les formules (20), que la dérivée de $\sin z$ est $\cos z$, et que la dérivée de $\cos z$ est $-\sin z$; $\sin z$ se change en $-\sin z$, tandis que $\cos z$ ne change pas, quand on change z en $-z$.

Ces nouvelles transcendantes se ramènent à la fonction exponentielle. Écrivons en effet le développement de e^{zi}, en réunissant ensemble les termes de même parité,

$$e^{zi} = 1 - \frac{z^2}{1.2} + \frac{z^4}{1.2.3.4} - \cdots + i\left(\frac{z}{1} - \frac{z^3}{1.2.3} + \cdots \right);$$

cette égalité peut s'écrire, d'après les formules (20),

$$e^{zi} = \cos z + i \sin z.$$

En changeant z en $-z$, il vient encore

$$e^{-zi} = \cos z - i \sin z,$$

et l'on tire inversement de ces deux relations

$$(21) \qquad \cos z = \frac{e^{zi} + e^{-zi}}{2}, \qquad \sin z = \frac{e^{zi} - e^{-zi}}{2i}.$$

Ce sont les formules bien connues d'Euler qui ramènent les fonctions circulaires à la fonction exponentielle. Elles mettent en évidence la périodicité de ces fonctions, car les seconds membres ne changent pas quand on change z en $z + 2\pi$. Si on les ajoute après les avoir élevées au carré, il vient

$$\cos^2 z + \sin^2 z = 1.$$

Prenons encore la formule d'addition $e^{(z+z')i} = e^{zi}e^{z'i}$, ou

$$\cos(z + z') + i\sin(z + z')$$
$$= (\cos z + i\sin z)(\cos z' + i\sin z')$$
$$= \cos z \cos z' - \sin z \sin z' + i(\sin z \cos z' + \sin z' \cos z):$$

changeons dans cette formule z en $-z$, z' en $-z'$, il vient

$$\cos(z + z') - i\sin(z + z')$$
$$= \cos z \cos z' - \sin z \sin z' - i(\sin z \cos z' + \sin z' \cos z),$$

et l'on tire de ces deux formules

$$\cos(z + z') = \cos z \cos z' - \sin z \sin z',$$
$$\sin(z + z') = \sin z \cos z' + \sin z' \cos z.$$

Les formules d'addition s'étendent donc au cas des arguments imaginaires, ainsi que toutes leurs conséquences. Proposons-nous, par exemple, de calculer la partie réelle et le coefficient de i dans $\cos(x + yi)$ et $\sin(x + yi)$. Nous avons d'abord, d'après les formules d'Euler,

$$\cos yi = \frac{e^{-y} + e^y}{2} = \cos \operatorname{hyp} y,$$
$$\sin yi = \frac{e^{-y} - e^y}{2i} = i \sin \operatorname{hyp} y;$$

les formules d'addition donnent ensuite

$$\cos(x + yi) = \cos x \cos yi - \sin x \sin yi = \cos x \cos \operatorname{hyp} y - i\sin x \sin \operatorname{hyp} y,$$
$$\sin(x + yi) = \sin x \cos yi + \cos x \sin yi = \sin x \cos \operatorname{hyp} y + i\cos x \sin \operatorname{hyp} y.$$

Les autres fonctions circulaires se ramènent aux précédentes. On a par exemple

$$\tang z = \frac{\sin z}{\cos z} = \frac{1}{i}\frac{e^{zi} - e^{-zi}}{e^{zi} + e^{-zi}},$$

ce qui peut encore s'écrire

$$\tang z = \frac{1}{i}\frac{e^{2zi} - 1}{e^{2zi} + 1};$$

le second membre est une fonction rationnelle de e^{2zi} ; la tangente admet donc la période π.

267. Logarithmes. — Étant donnée une quantité imaginaire z, différente de zéro, nous avons déjà vu (n° 265) que l'équation $e^u = z$ admet une infinité de racines. Soit $u = x + iy$; ρ et ω désignant le module et l'argument de z, on doit avoir

$$e^x = \rho, \qquad y = \omega + 2k\pi.$$

L'une quelconque de ces racines est dite le *logarithme* de z, et on la représente par Log (z). On peut donc écrire

$$\mathrm{Log}(z) = \log\rho + i(\omega + 2k\pi),$$

le signe log étant réservé au logarithme népérien ordinaire d'un nombre positif. Toute quantité réelle ou imaginaire, différente de zéro, admet donc une infinité de logarithmes, formant une progression arithmétique de raison $2\pi i$. En particulier, si z est un nombre réel et positif x, on a $\omega = 0$, et en prenant $k = 0$, on retrouve le logarithme ordinaire ; mais il y a en outre une infinité de valeurs imaginaires pour le logarithme, de la forme $\log x + 2k\pi i$. Si z est réel et négatif, on peut prendre $\omega = \pi$, et toutes les déterminations du logarithme sont imaginaires ([1]).

Soit z' une autre quantité imaginaire de module ρ' et d'argument ω'. On a

$$\mathrm{Log}(z') = \log\rho' + i(\omega' + 2k'\pi);$$

en ajoutant les deux logarithmes, il vient

$$\mathrm{Log}(z) + \mathrm{Log}(z') = \log\rho\rho' + i[\omega + \omega' + 2(k + k')\pi].$$

Comme $\rho\rho'$ est égal au module de zz', et $\omega + \omega'$ égal à son argument, on peut encore écrire cette formule

$$\mathrm{Log}(z) + \mathrm{Log}(z') = \mathrm{Log}(zz'),$$

ce qui montre que, quand on ajoute à l'une quelconque des valeurs de Log (z) l'une quelconque des valeurs de Log (z'), la somme est une des déterminations de Log (zz').

Imaginons maintenant que la variable z décrive dans son plan une courbe continue quelconque, ne passant pas par l'origine ; le long de cette courbe, ρ et ω varient d'une manière continue et

---

[1] On appelle quelquefois *valeur principale* ou *valeur réduite* de Log(z) la détermination où le coefficient de i est compris entre $-\pi$ (exclu) et $+\pi$ (inclus) ; c'est aussi celle dont le module est minimum.

il en est de même des différentes déterminations du logarithme. Mais il peut se présenter deux cas bien distincts lorsque la variable z décrit une courbe fermée. Quand z partant d'un point z_0 revient à ce point après avoir décrit une courbe fermée ne renfermant pas l'origine à son intérieur, l'argument ω de z reprend sa valeur initiale ω_0, et les différentes déterminations du logarithme reviennent respectivement à leurs valeurs initiales. Si l'on représentait chaque valeur du logarithme par un point, chacun de ces points décrirait une courbe fermée. Au contraire, si la variable z décrit une courbe fermée telle que la courbe $M_0 NMP$ (*fig.* 45^b), l'argument de z augmente de 2π, et chaque détermination du logarithme reprend sa valeur initiale augmentée de $2\pi i$. D'une façon générale, lorsque z décrit une courbe fermée quelconque, la valeur finale du logarithme est égale à la valeur initiale augmentée de $2k\pi i$, k désignant un nombre entier positif ou négatif qu'on obtiendra en mesurant l'angle dont a tourné le rayon vecteur joignant l'origine au point z. Il est donc impossible de considérer les différentes déterminations de $\mathrm{Log}(z)$ comme autant de fonctions distinctes de z, si l'on n'apporte aucune restriction à la variation de cette variable, puisqu'on peut passer de l'une à l'autre par continuité. Ce sont autant de branches d'une même fonction, qui se permutent autour du point critique $z = 0$.

A l'intérieur d'un domaine limité par une seule courbe fermée et ne renfermant pas l'origine, chacune des déterminations de $\mathrm{Log}(z)$ est une fonction continue et uniforme de z. Pour prouver que c'est une fonction holomorphe, il suffit de montrer qu'elle admet une dérivée unique en chaque point. Soient z et z_1 deux valeurs voisines de la variable et $\mathrm{Log}(z)$, $\mathrm{Log}(z_1)$ les valeurs voisines de la détermination choisie du logarithme ; lorsque z_1 tend vers z, le module de $\mathrm{Log}(z_1) - \mathrm{Log}(z)$ tend vers zéro. Posons $\mathrm{Log}(z) = u$, $\mathrm{Log}(z_1) = u_1$: nous avons

$$\frac{\mathrm{Log}(z_1) - \mathrm{Log}(z)}{z_1 - z} = \frac{u_1 - u}{e^{u_1} - e^{u}} ;$$

or, lorsque u_1 tend vers u, le quotient $\dfrac{e^{u_1} - e^{u}}{u_1 - u}$ a pour limite la dérivée de e^{u}, c'est-à-dire e^{u} ou z. Le logarithme a donc une dérivée unique en chaque point qui est égale à $\dfrac{1}{z}$.

D'une façon générale, $\mathrm{Log}(z-a)$ admet une infinité de déterminations qui se permutent autour du point critique $z=a$, et la dérivée de cette fonction est égale à $\dfrac{1}{z-a}$.

La fonction z^m, où m est un nombre quelconque, réel ou complexe, se définit au moyen de l'égalité

$$z^m = e^{m\,\mathrm{Log}\,z};$$

à moins que m ne soit un nombre réel et commensurable, cette fonction admet, comme le logarithme lui-même, une infinité de déterminations, qui se permutent quand la variable tourne autour du point $z=0$. Il suffira de tracer une coupure indéfinie suivant une demi-droite issue de l'origine pour que chaque branche soit une fonction holomorphe dans tout le plan. La dérivée a pour expression

$$\frac{m}{z}\,e^{m\,\mathrm{Log}(z)} = m\,z^{m-1},$$

et il est clair qu'on doit prendre la même valeur pour l'argument de z dans la fonction et dans sa dérivée.

268. Fonctions inverses : arc $\sin z$, arc $\tan z$. — Les fonctions inverses de $\sin z$, $\cos z$, $\tan z$ se définissent d'une façon analogue Ainsi on définit la fonction $u = \mathrm{arc}\sin z$ par la relation

$$z = \sin u;$$

pour résoudre cette équation par rapport à u, on l'écrit

$$z = \frac{e^{ui} - e^{-ui}}{2i} = \frac{e^{2ui} - 1}{2i\,e^{ui}},$$

et l'on est conduit à une équation du second degré

$$(22) \qquad U^2 - 2iz\,U - 1 = 0$$

pour déterminer l'inconnue auxiliaire $U = e^{ui}$ On tire de cette équation

$$(23) \qquad U = iz \pm \sqrt{1 - z^2}$$

et, par suite,

$$(24) \qquad u = \mathrm{arc}\sin z = \frac{1}{i}\,\mathrm{Log}\left(iz \pm \sqrt{1 - z^2}\right).$$

L'équation $z = \sin u$ admet donc deux séries de racines, provenant, d'une part, des deux valeurs du radical $\sqrt{1-z^2}$, d'autre part, des déterminations en nombre infini du logarithme. Mais si l'on connaît l'une de ces déterminations, on peut en déduire aisément toutes les autres. Soient $U' = \rho' e^{i\omega'}$ et $U'' = \rho'' e^{i\omega''}$ les deux racines de l'équation (22); on a entre ces racines la relation $U'U'' = -1$, et par suite $\rho'\rho'' = 1$, $\omega' + \omega'' = (2n+1)\pi$. On peut évidemment supposer $\omega'' = \pi - \omega'$, et l'on a

$$\operatorname{Log}(U') = \log\rho' + i(\omega' + 2k'\pi),$$
$$\operatorname{Log}(U'') = -\log\rho' + i(\pi - \omega' + 2k''\pi).$$

Toutes les déterminations de $\arcsin z$ sont donc comprises dans l'une des deux formules

$$\arcsin z = \omega' + 2k'\pi - i\log\rho', \quad \arcsin z = \pi + 2k''\pi - \omega' + i\log\rho',$$

qu'on peut encore écrire, en posant $u' = \omega' - i\log\rho'$,

$$(\mathrm{A}) \qquad\qquad \arcsin z = u' + 2k'\pi,$$
$$(\mathrm{B}) \qquad\qquad \arcsin z = (2k''+1)\pi - u'.$$

Lorsque la variable z décrit une courbe continue, les diverses déterminations du logarithme de la formule (24) varient en général d'une manière continue. Les seuls points critiques qu'on puisse avoir sont les points $z = \pm 1$, autour desquels les deux valeurs du radical $\sqrt{1-z^2}$ se permutent; il ne peut y avoir de valeur de z annulant $iz \pm \sqrt{1-z^2}$, car en élevant au carré les deux membres de l'équation $iz = \mp\sqrt{1-z^2}$, on en tire $1 = 0$.

Imaginons qu'on trace deux coupures le long de l'axe réel, l'une allant de $-\infty$ au point -1, l'autre du point $+1$ à $+\infty$. Si le chemin décrit par la variable est assujetti à ne pas franchir ces deux coupures, les diverses déterminations de $\arcsin z$ sont des fonctions uniformes de z. En effet, lorsque la variable z décrit un chemin fermé ne franchissant aucune de ces coupures, les deux racines U', U'' de l'équation (22) décrivent aussi des courbes fermées. Aucune de ces courbes ne renferme l'origine à l'intérieur; si la courbe décrite par la racine U' par exemple comprenait l'origine à l'intérieur, cette courbe couperait au moins une fois l'axe Oy, en un point situé au-dessus de Ox. Or à une valeur de U de la forme $i\alpha(\alpha > 0)$, la relation (22) fait correspondre une valeur $\frac{1+z^2}{2z}$ de z, réelle et > 1. La courbe décrite par le point z devrait donc traverser la coupure qui va de $+1$ à $+\infty$.

Les diverses déterminations de arc sin z sont en outre des fonctions holomorphes de z [1]. En effet, soient u et u_1 deux valeurs voisines de arc sin z, correspondant à deux valeurs voisines z et z_1 de la variable. On a

$$\frac{u_1 - u}{z_1 - z} = \frac{u_1 - u}{\sin u_1 - \sin u};$$

lorsque le module de $u_1 - u$ tend vers zéro, le rapport précédent a pour limite $\frac{1}{\cos u} = \frac{\pm 1}{\sqrt{1-z^2}}$. Les deux valeurs de la dérivée correspondent aux deux séries de valeurs (A) et (B) de arc sin z.

Quand on n'impose aucune restriction à la variation de z, on peut passer d'une valeur initiale déterminée de arc sin z à une quelconque des déterminations, en faisant décrire à la variable z une courbe fermée convenable. En effet, on voit d'abord que lorsque z décrit, autour du point $z = 1$, une courbe fermée laissant le point $z = -1$ à l'extérieur, les deux valeurs du radical $\sqrt{1-z^2}$ se permutent et l'on passe d'une détermination de la série (A) à une détermination de la série (B). Supposons ensuite qu'on fasse décrire à z une circonférence de rayon R supérieur à un, ayant pour centre l'origine ; les deux points U', U" décrivent chacun une courbe fermée. Au point $z = +R$, l'équation (22) fait correspondre deux valeurs de U, $U' = i\alpha$, $U'' = i\beta$, où α et β sont positifs ; au point $z = -R$, la même équation fait correspondre les valeurs $U' = -i\alpha'$, $U'' = -i\beta'$, α' et β' étant encore positifs. Les courbes fermées décrites par chacun des deux points

---

[1] Si l'on prend dans $U = iz + \sqrt{1-z^2}$ la détermination du radical qui se réduit à 1 pour $z = 0$, la partie réelle de U reste positive lorsque la variable z ne franchit pas les coupures, et l'on peut poser $U = Re^{i\Phi}$, Φ étant compris entre $-\frac{\pi}{2}$ et $+\frac{\pi}{2}$. La valeur correspondante de $\frac{1}{i}\operatorname{Log} U$,

$$\text{arc } \sin z = \frac{1}{i}\operatorname{Log} U = \Phi - i\log R,$$

s'appelle parfois la détermination *principale* de arc sin z : elle se réduit à la détermination ordinaire lorsque z est réel et compris entre -1 et $+1$.

U', U" coupent donc l'axe Oy en deux points, l'un au-dessus, l'autre au-dessous du point O; chacun des logarithmes Log(U'), Log(U") augmente ou diminue de $2\pi i$.

On définit de même la fonction arc tang z au moyen de la relation tang $u = z$, ou

$$z = \frac{1}{i} \frac{e^{2ui} - 1}{e^{2ui} + 1};$$

en tire

$$e^{2ui} = \frac{1 + iz}{1 - iz} = \frac{i - z}{i + z}$$

et, par suite,

$$\text{arc tang } z = \frac{1}{2i} \text{Log}\left(\frac{i - z}{i + z}\right).$$

Cette expression met en évidence les deux points critiques logarithmiques $\pm i$ de la fonction arc tang z. Quand la variable z tourne autour d'un de ces point , $\text{Log}\left(\frac{i - z}{i + z}\right)$ augmente ou diminue de $2\pi i$, et arc tang z augmente ou diminue de π.

269. Application au calcul intégral. — Les dérivées des fonctions que nous venons de définir ont les mêmes expressions que lorsque la variable est réelle. Inversement, les règles qui donnent les fonctions primitives s'étendent aussi aux fonctions élémentaires de variables complexes. Ainsi, en désignant par $\int f(z)\,dz$ toute fonction de la variable complexe z dont la dérivée est $f(z)$, on a

$$\int \frac{A\,dz}{(z - a)^m} = -\frac{A}{m - 1} \frac{1}{(z - a)^{m-1}} \qquad (m \neq 1),$$

$$\int \frac{A\,dz}{z - a} = A\,\text{Log}(z - a).$$

Ces deux formules permettent de trouver une fonction primitive d'une fonction rationnelle quelconque, à coefficients réels ou imaginaires, pourvu qu'on connaisse les racines du dénominateur.

Considérons en particulier une fonction rationnelle à coefficients réels d'une variable réelle x. Si le dénominateur a des racines imaginaires, elles sont conjuguées deux à deux, et avec le même degré de multiplicité. Soient $\alpha + \beta i$ et $\alpha - \beta i$ deux racines conjuguées d'ordre p de multiplicité. Dans la décomposition en fractions simples, si l'on opère pour les racines imaginaires comme pour les racines réelles, la racine $\alpha + \beta i$ fournira une suite de fractions simples

$$\frac{M_1 + N_1 i}{x - \alpha - \beta i} + \frac{M_2 + N_2 i}{(x - \alpha - \beta i)^2} + \ldots + \frac{M_p + N_p i}{(x - \alpha - \beta i)^p},$$

et la racine $\alpha - \beta i$ fournira une suite analogue dont les numérateurs seront conjugués des précédents. Réunissons, dans la fonction primitive, les termes qui proviennent des fractions conjuguées ; nous aurons, si $p > 1$,

$$\int \frac{M_p + N_p i}{(x - \alpha - \beta i)^p} dx + \int \frac{M_p - N_p i}{(x - \alpha + \beta i)^p} dx,$$
$$= - \frac{1}{p - 1} \left[\frac{M_p + N_p i}{(x - \alpha - \beta i)^{p-1}} + \frac{M_p - N_p i}{(x - \alpha + \beta i)^{p-1}} \right]$$
$$= - \frac{1}{p - 1} \frac{(M_p + N_p i)(x - \alpha + \beta i)^{p-1} + \ldots}{[(x - \alpha)^2 + \beta^2]^{p-1}},$$

et le numérateur est évidemment la somme de deux polynomes imaginaires conjugués. Si $p = 1$, on a

$$\int \frac{M_1 + N_1 i}{x - \alpha - \beta i} dx + \int \frac{M_1 - N_1 i}{x - \alpha + \beta i} dx$$
$$= (M_1 + N_1 i) \operatorname{Log} [(x - \alpha) - \beta i] + (M_1 - N_1 i) \operatorname{Log} [(x - \alpha) + \beta i].$$

Remplaçons les logarithmes par leurs expressions développées, il reste au second membre

$$M_1 \log [(x - \alpha)^2 + \beta^2] + 2 N_1 \arctan \frac{\beta}{x - \alpha} ;$$

il suffit de remplacer $\arctan \dfrac{\beta}{x - \alpha}$ par $\left(\dfrac{\pi}{2} - \arctan \dfrac{x - \alpha}{\beta} \right)$ pour retrouver le résultat qui s'obtient directement sans l'introduction de symboles imaginaires.

Considérons encore l'intégrale indéfinie

$$\int \frac{dx}{\sqrt{A x^2 + 2 B x + C}}$$

qui a deux formes essentiellement différentes suivant le signe de A. L'introduction d'une variable complexe ramène les deux formules à une seule; en effet, si, dans la formule

$$\int \frac{dx}{\sqrt{1+x^2}} = \mathrm{Log}\big(x + \sqrt{1+x^2}\big),$$

nous changeons x en ix, il vient

$$\int \frac{dx}{\sqrt{1-x^2}} = \frac{1}{i}\,\mathrm{Log}\big(ix + \sqrt{1-x^2}\big),$$

et le second membre représente précisément arc sin x.

L'introduction de symboles imaginaires dans le calcul intégral permet donc de ramener l'une à l'autre des formules dont on ne pourrait saisir la parenté, si l'on ne sortait pas du domaine réel. Voici encore un exemple de simplification dû à l'emploi des imaginaires. On a, a et b étant réels,

$$\int e^{(a+bi)x}\,dx = \frac{e^{(a+bi)x}}{a+bi} = \frac{a-bi}{a^2+b^2}\,e^{ax}(\cos bx + i\sin bx);$$

égalons les parties réelles et les coefficients de i, et nous avons du même coup deux intégrales déjà calculées (I, n° 103)

$$\int e^{ax}\cos bx\,dx = \frac{e^{ax}(a\cos bx + b\sin bx)}{a^2+b^2},$$

$$\int e^{ax}\sin bx\,dx = \frac{e^{ax}(a\sin bx - b\cos bx)}{a^2+b^2}.$$

On ramène de même les intégrales

$$\int x^m e^{ax}\cos bx\,dx, \qquad \int x^m e^{ax}\sin bx\,dx.$$

à l'intégrale $\int x^m e^{(a+bi)x}\,dx$, qu'on calcule par une suite d'intégrations par parties.

270. Décomposition en éléments simples d'une fonction rationnelle de $\sin z$ et de $\cos z$. — Étant donnée une fonction rationnelle de $\sin z$ et de $\cos z$, $F(\sin z, \cos z)$, si l'on y remplace $\sin z$ et $\cos z$ par leurs expressions tirées des formules d'Euler, elle se change en une fonction rationnelle $R(t)$ de $t = e^{zi}$. Cette fonction $R(t)$, décomposée en éléments simples, se composera d'abord d'une partie entière et d'une suite de fractions provenant des racines du dénominateur de $R(t)$. Si ce dénominateur admet la racine $t = o$, nous réunirons à la partie entière les fractions provenant de cette racine, ce qui donnera un polynome ou une fonction rationnelle

$$R_1(t) = \Sigma\, K_m\, t^m,$$

l'exposant m pouvant avoir des valeurs négatives.

Soit $t = a$ une racine différente de zéro du dénominateur. Cette racine donnera une suite de fractions simples

$$f(t) = \frac{A_1}{t-a} + \frac{A_2}{(t-a)^2} + \ldots + \frac{A_n}{(t-a)^n}.$$

La racine a n'étant pas nulle, soit α une racine de l'équation $e^{\alpha i} = a$; $\dfrac{1}{t-a}$ peut s'exprimer très simplement au moyen de $\cot \dfrac{z-\alpha}{2}$. On a, en effet,

$$\cot \frac{z-\alpha}{2} = i\, \frac{e^{zi} + e^{\alpha i}}{e^{zi} - e^{\alpha i}} = i\left(1 - \frac{2\, e^{\alpha i}}{e^{zi} - e^{\alpha i}} \right),$$

et l'on en tire inversement

$$\frac{1}{t-a} = \frac{1}{e^{zi} - e^{\alpha i}} = -\frac{1}{2\, e^{\alpha i}}\left(1 + i \cot \frac{z-\alpha}{2} \right);$$

la fraction rationnelle $f(t)$ se change donc en un polynome de degré n en $\cot \dfrac{z-\alpha}{2}$,

$$A_0' + A_1 \cot \frac{z-\alpha}{2} + A_2 \cot^2\left(\frac{z-\alpha}{2} \right) + \ldots + A_n' \cot^n\left(\frac{z-\alpha}{2} \right).$$

Les puissances successives de la cotangente jusqu'à la $n^{\text{ième}}$ peuvent à leur tour s'exprimer au moyen des dérivées successives jusqu'à la $(n-1)^{\text{ième}}$; en effet, on a d'abord

$$\frac{d \cot z}{dz} = -\frac{1}{\sin^2 z} = -1 - \cot^2 z,$$

ce qui permet d'exprimer $\cot^2 z$ au moyen de $\dfrac{d \cot z}{dz}$, et l'on démontre aisément de proche en proche que, si la loi est vraie jusqu'à $\cot^n z$, elle est encore vraie pour $\cot^{n+1} z$. Le polynome précédent de degré n en $\cot \dfrac{z-\alpha}{2}$ se changera en une expression linéaire par rapport à $\cot \dfrac{z - \alpha}{2}$ et à ses dérivées,

$$\mathcal{A}_0 + \mathcal{A}_1 \cot \frac{z - \alpha}{2} + \mathcal{A}_2 \frac{d}{dz}\left(\cot \frac{z - \alpha}{2}\right) + \ldots + \mathcal{A}_n \frac{d^{n-1}}{dz^{n-1}}\left(\cot \frac{z - \alpha}{2}\right).$$

Opérons de même avec toutes les racines b, c, ..., l du dénominateur de $R(t)$ différentes de zéro, et ajoutons les résultats obtenus après avoir remplacé t par e^{zi} dans $R_1(t)$. La fonction rationnelle considérée $F(\sin z, \cos z)$ se composera de deux parties

(25)
$$F(\sin z, \cos z) = \Phi(z) + \Psi(z);$$

la fonction $\Phi(z)$, qui est l'analogue de la partie entière d'une fonction rationnelle de la variable, est de la forme

(26)
$$\Phi(z) = C + \Sigma(\alpha_m \cos m z + \beta_m \sin m z);$$

où m est un nombre entier non nul. Quant à $\Psi(z)$, qui est l'analogue de la partie fractionnaire d'une fonction rationnelle, c'est une expression de la forme

(27)
$$\left\{ \begin{aligned} \Psi(z) = {}&\mathcal{A}_1 \cot\left(\frac{z - \alpha}{2}\right) + \mathcal{A}_2 \frac{d}{dz}\cot\left(\frac{z - \alpha}{2}\right) + \ldots + \mathcal{A}_n \frac{d^{n-1}}{dz^{n-1}}\cot\left(\frac{z - \alpha}{2}\right) \\ &+ \mathcal{B}_1 \cot\left(\frac{z - \beta}{2}\right) + \mathcal{B}_2 \frac{d}{dz}\cot\left(\frac{z - \beta}{2}\right) + \ldots + \mathcal{B}_p \frac{d^{p-1}}{dz^{p-1}}\cot\left(\frac{z - \beta}{2}\right) \\ &+ \ldots\ldots\ldots\ldots\ldots\ldots\ldots\ldots\ldots\ldots\ldots\ldots\ldots\ldots\ldots \end{aligned} \right.$$

C'est la fonction $\cot\left(\dfrac{z - \alpha}{2}\right)$ qui joue ici le rôle d'élément simple, comme la fraction $\dfrac{1}{z - a}$ pour une fonction rationnelle. Cette décomposition de $F(\sin z, \cos z)$ se prête facilement à l'intégration; on a en effet

$$\int \cot \frac{z - \alpha}{2} \, dz = 2 \operatorname{Log}\left[\sin\left(\frac{z - \alpha}{2}\right)\right],$$

et les autres termes s'intègrent immédiatement. Pour que la fonction primitive soit périodique, il faut et il suffit que tous les coefficients C, $\mathcal{A}_1$, $\mathcal{B}_1$, ... soient nuls.

Pratiquement, il n'est pas toujours nécessaire de passer par toutes ces transformations successives pour mettre la fonction $F(\sin z, \cos z)$ sous la forme finale (25). Soit α une valeur de z rendant la fonction F infinie; on peut toujours, par une simple division, calculer les coefficients de $\dfrac{1}{z-\alpha}$, $\dfrac{1}{(z-\alpha)^2}$, ..., dans la partie infinie pour $z = \alpha$ (I, n° 179). D'autre part, on a

$$\cot \frac{z-\alpha}{2} = \frac{2}{z-\alpha} + \mathrm{P}(z-\alpha),$$

$\mathrm{P}(z-\alpha)$ étant une série entière; en égalant les coefficients des puissances successives de $\dfrac{1}{z-\alpha}$ dans les deux membres de la formule (25), on aura donc facilement $\mathcal{A}_1$, $\mathcal{A}_2$, ..., $\mathcal{A}_n$.

Prenons par exemple la fonction $\dfrac{1}{\cos z - \cos \alpha}$ qui devient, en posant $e^{zi} = t$, $e^{\alpha i} = a$,

$$\frac{2 a t}{a(t^2+1) - t(a^2+1)};$$

le dénominateur admet les deux racines simples $t = a$, $t = \dfrac{1}{a}$ et le numérateur est de degré inférieur à celui du dénominateur. On aura donc une décomposition de la forme

$$\frac{1}{\cos z - \cos \alpha} = C + \mathcal{A} \cot \frac{z-\alpha}{2} + \mathcal{B} \cot \frac{z+\alpha}{2}.$$

Pour déterminer $\mathcal{A}$, multiplions les deux membres par $z - \alpha$, et faisons ensuite $z = \alpha$; il vient $\mathcal{A} = -\dfrac{1}{2 \sin \alpha}$. On trouve de même $\mathcal{B} = \dfrac{1}{2 \sin \alpha}$. Remplaçons $\mathcal{A}$ et $\mathcal{B}$ par ces valeurs et faisons $z = 0$, on trouve $C = 0$, et il reste la formule

$$\frac{1}{\cos z - \cos \alpha} = \frac{1}{2 \sin \alpha} \left(\cot \frac{z+\alpha}{2} - \cot \frac{z-\alpha}{2} \right).$$

Appliquons encore la méthode générale aux puissances entières de $\sin z$ et de $\cos z$. On a, par exemple, $(\cos z)^m = \left(\dfrac{e^{zi} + e^{-zi}}{2} \right)^m$; en réunissant les termes à égale distance des extrêmes du développement du numérateur et appliquant les formules d'Euler, on a immédiatement

$$(2 \cos z)^m = 2 \cos m z + 2 m \cos(m-2)z + 2 \frac{m(m-1)}{1.2} \cos(m-4)z + \ldots$$

Si m est impair, le dernier terme est un terme en $\cos z$; si m est pair, le terme qui termine le développement est indépendant de z et égal à $\dfrac{m!}{\left(\dfrac{m}{2}! \right)^2}$.

On a de même, si m est impair,

$$(2i\sin z)^m = 2i\sin mz - 2im\sin(m-2)z + 2i\frac{m(m-1)}{1.2}\sin(m-4)z\ldots$$

et, si m est pair,

$$(2i\sin z)^m = 2\cos mz - 2m\cos(m-2)z + \ldots + (-1)^{\frac{m}{2}}\frac{m!}{\left(\frac{m}{2}!\right)^2}.$$

Ces formules montrent immédiatement que les fonctions primitives de $(\sin z)^m$ et de $(\cos z)^m$ sont des fonctions périodiques de z, lorsque m est *impair*, et dans ce cas seulement.

Remarque. — Lorsque la fonction $F(\sin z, \cos z)$ admet la période π, on peut l'exprimer rationnellement au moyen de e^{2zi}, et prendre pour éléments simples $\cot(z-\alpha)$, $\cot(z-\beta)$, ...

271. Développement de $\mathrm{Log}(1+z)$. — Les transcendantes que nous avons définies sont de deux sortes : les unes, comme e^z, $\sin z$, $\cos z$, sont holomorphes dans tout le plan, tandis que $\mathrm{Log}(z)$, arc tang z, ... présentent des points singuliers et ne peuvent être représentées par des développements en séries entières convergentes dans tout le plan. Mais on a encore des développements valables pour certaines parties du plan ; nous allons le montrer pour la fonction logarithmique.

Une simple division conduit à la formule élémentaire

$$\frac{1}{1+z} = 1 - z + z^2 - z^3 + \ldots + (-1)^n z^n \pm \frac{z^{n+1}}{1+z};$$

si l'on a $|z| < 1$, le reste $\frac{z^{n+1}}{1+z}$ tend vers zéro, lorsque n croît indéfiniment, et, à l'intérieur du cercle C de rayon un, on a

$$\frac{1}{1+z} = 1 - z + z^2 - z^3 + \ldots + (-1)^n z^n \pm \ldots.$$

Soit $F(z)$ la série obtenue en intégrant terme à terme

$$F(z) = \frac{z}{1} - \frac{z^2}{2} + \frac{z^3}{3} - \frac{z^4}{4} + \ldots + (-1)^n \frac{z^{n+1}}{n+1} + \ldots;$$

cette série est convergente dans le cercle C, et représente une fonction holomorphe dont la dérivée $F'(z) = \frac{1}{1+z}$. Nous connaissons déjà une fonction dont la dérivée est la même ; c'est $\mathrm{Log}(1+z)$. La

différence $\mathrm{Log}(1 + z) - \mathrm{F}(z)$ se réduit donc à une constante [1] ;
pour déterminer cette constante, il faut préciser la détermination
choisie du logarithme. Si nous prenons celle qui s'annule
pour $z = 0$, on a, pour tout point intérieur à C,

$$(28) \qquad \mathrm{Log}(1 + z) = \frac{z}{1} - \frac{z^2}{2} + \frac{z^3}{3} - \frac{z^4}{4} + \dots$$

Joignons le point A au point M qui représente z (*fig.* 50) ; le
module de $1 + z$ est représenté par la longueur $r = \mathrm{AM}$, et l'on

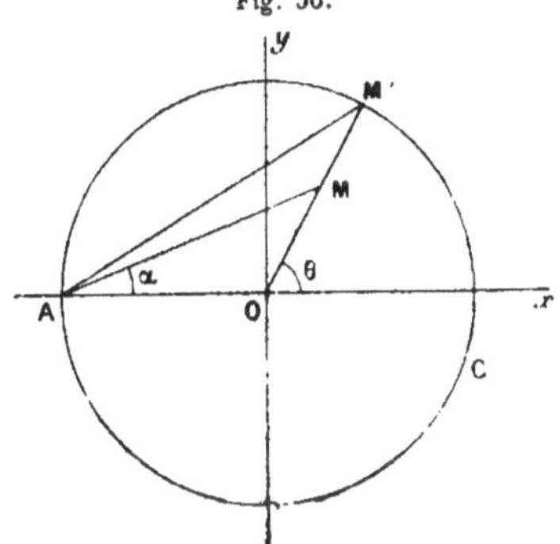

Fig. 50.

peut prendre pour argument l'angle α que fait AM avec AO, angle
qui reste compris entre $-\frac{\pi}{2}$ et $+\frac{\pi}{2}$ lorsque le point M reste à l'intérieur de C. La détermination du logarithme qui s'annule pour $z = 0$
est égale à $\log r + i\alpha$, et la formule (28) ne présente aucune
ambiguïté.

En changeant dans cette formule z en $-z$, et retranchant les
deux formules, on a encore

$$\mathrm{Log}\left(\frac{1 + z}{1 - z}\right) = 2\left(\frac{z}{1} + \frac{z^3}{3} + \frac{z^5}{5} + \dots\right) ;$$

---

si l'on remplace ensuite z par iz, on retrouve le développement de arc tang z

$$\text{arc tang}\, z = \frac{1}{2i}\,\text{Log}\left(\frac{1+iz}{1-iz}\right) = \frac{z}{1} - \frac{z^3}{3} + \frac{z^5}{5} - \ldots$$

La série (28) reste convergente en tout point du cercle de convergence sauf au point A (page 20, note), et par suite les deux séries

$$\cos\theta - \frac{\cos 2\theta}{2} + \frac{\cos 3\theta}{3} - \frac{\cos 4\theta}{4} + \ldots,$$

$$\sin\theta - \frac{\sin 2\theta}{2} + \frac{\sin 3\theta}{3} - \frac{\sin 4\theta}{4} + \ldots$$

sont l'une et l'autre convergentes sauf pour $\theta = (2k+1)\pi$ (*cf.* n° **158**). D'après le théorème d'Abel, la somme de la série au point M′ est la limite vers laquelle tend la somme de la série en un point M situé sur le rayon OM′. Si l'on suppose θ compris entre $-\pi$ et $+\pi$, l'angle α a pour limite $\frac{\theta}{2}$, et le module AM a pour limite $2\cos\frac{\theta}{2}$. Nous pouvons donc écrire

$$\log\left(2\cos\frac{\theta}{2}\right) = \cos\theta - \frac{\cos 2\theta}{2} + \frac{\cos 3\theta}{3} - \frac{\cos 4\theta}{4} + \ldots,$$

$$\frac{\theta}{2} = \sin\theta - \frac{\sin 2\theta}{2} + \frac{\sin 2\theta}{3} - \ldots \qquad (-\pi < \theta < \pi).$$

Si, dans la dernière formule, on remplace θ par $\theta - \pi$, on retrouve une formule déjà établie directement (I, n° **195**).

272. Extension de la formule du binome. — Dans un Mémoire fondamental pour la théorie des séries entières, Abel s'est proposé de déterminer la somme de la série convergente

$$(29) \qquad \varphi(m, z) = 1 + \frac{m}{1}z + \frac{m(m-1)}{1.2}z^2 + \ldots$$
$$+ \frac{m(m-1)\ldots(m-p+1)}{1.2\ldots p}z^p + \ldots,$$

pour toutes les valeurs réelles ou imaginaires de m et de z, pourvu qu'on ait $|z| < 1$. On pourrait y arriver au moyen d'une équation différentielle, comme on l'a indiqué à propos des variables réelles (I, n° **174**). La méthode suivante, qui offre une application du n° **265**, se rapproche davantage de la marche suivie par Abel. Pour cela, nous supposerons z donné et $|z| < 1$, et nous étudierons les propriétés de $\varphi(m, z)$ considérée comme fonction de m. Si m est un nombre entier positif, cette fonction se réduit évidemment au polynome $(1 + z)^m$. *Si m et m' sont deux valeurs quelconques du paramètre m, on a toujours*

$$(30) \qquad \varphi(m, z)\varphi(m', z) = \varphi(m + m', z).$$

En effet, effectuons le produit des deux séries $\varphi(m, z)$, $\varphi(m', z)$ par la règle ordinaire; le coefficient de z^p dans le produit est égal à

$$(31) \qquad m_p + m_{p-1}m'_1 + m_{p-2}m'_2 + \ldots + m_1 m'_{p-1} + m'_p$$

en posant pour abréger

$$m_k = \frac{m(m-1)\ldots(m-k+1)}{1.2\ldots k},$$

et la relation fonctionnelle sera établie si l'on montre que l'expression (31) est identique au coefficient de z^p dans $\varphi(m + m', z)$, c'est-à-dire à $(m + m')_p$. On pourrait vérifier directement l'identité

$$(32) \qquad (m + m')_p = m_p + m_{p-1}m'_1 + \ldots + m'_p,$$

mais le calcul est inutile si l'on observe que la relation (30) est certainement vérifiée toutes les fois que m et m' sont des nombres entiers positifs. Les deux membres de la formule (32) sont des polynomes entiers en m et m' qui sont égaux toutes les fois que m et m' sont des nombres entiers positifs; donc ils sont identiques.

D'autre part, $\varphi(m, z)$ peut être développée en série entière ordonnée suivant les puissances croissantes de m. En effet, si nous effectuons tous les produits indiqués, $\varphi(m, z)$ peut être considérée comme la somme d'une série double

$$(33) \qquad \varphi(m, z) = 1 + \frac{m}{1} z - \frac{m}{2} z^2 + \frac{m}{3} z^3 - \ldots \mp \frac{m}{p} z^p \mp \ldots$$
$$+ \frac{m^2}{2} z^2 - \frac{m^4}{2} z^3 + \ldots$$
$$+ \frac{m^3}{6} z^4 - \ldots$$
$$+ \frac{m^p}{1.2\ldots p} z^p - \ldots,$$

quand on fait la somme par colonnes. Cette série double est absolument convergente. En effet, soient $|z| = \rho$ et $|m| = \sigma$; si l'on remplace chaque terme par son module, la somme des termes de la nouvelle série compris dans la $(p+1)^{\text{ième}}$ colonne est égale à

$$\frac{\sigma(\sigma+1)\ldots(\sigma+p-1)}{1.2.. \; p}\, \rho^p,$$

ce qui est le terme général d'une série convergente. On peut donc faire la somme de la série double (33) par lignes, et l'on obtient pour $\varphi(m, z)$ un développement en série entière

$$\varphi(m, z) = 1 + \frac{a_1}{1}\, m + \frac{a_2}{1.2}\, m^2 + \ldots.$$

D'après la relation (30) et les résultats établis plus haut (n° 265), cette série doit être identique à $e^{a_1 m}$. Or le coefficient de m

$$a_1 = \frac{z}{1} - \frac{z^2}{2} + \frac{z^3}{3} - \ldots = \mathrm{Log}(1+z);$$

on a donc

$$(34) \qquad \varphi(m, z) = e^{m \, \mathrm{Log}(1+z)},$$

la détermination du logarithme étant celle qui s'annule pour $z = 0$. On représente encore cette expression par $(1+z)^m$; mais, pour savoir sans ambiguïté la valeur dont il s'agit, il est commode de se reporter à l'expression $e^{m \, \mathrm{Log}(1+z)}$.

Soit $m = \mu + \nu i$; r et α ayant la même signification qu'au paragraphe précédent, on a

$$e^{m \, \mathrm{Log}(1+z)} = e^{(\mu+\nu i)(\log r + i\alpha)}$$
$$= e^{\mu \log r - \nu \alpha}\left[\cos(\mu\alpha + \nu\log r) + i\sin(\mu\alpha + \nu\log r)\right].$$

Pour terminer ce sujet, étudions encore la série sur le cercle de convergence. Soit U_n le module du terme général, pour un point z de ce cercle; le rapport de deux termes consécutifs de la série des modules est

égal à $\left|\dfrac{m-n+1}{n}\right|$, c'est-à-dire, si $m = \mu + \nu i$, à

$$\frac{\sqrt{(\mu-1-n)^2+\nu^2}}{n} = 1 - \frac{\mu+1}{n} + \frac{\varphi(n)}{n^2},$$

la fonction $\varphi(n)$ restant finie lorsque n croît indéfiniment. D'après une règle de convergence connue (1, n° 155), cette série est convergente lorsque $\mu + 1 > 1$, et divergente dans tous les autres cas. *La série* (29) *est* *donc absolument convergente en tous les points du cercle de conver-gence lorsque μ est positif.*

Si $\mu + 1$ est négatif ou nul, le module du terme général ne va jamais en décroissant, puisque le rapport $\dfrac{U_{n+1}}{U_n}$ n'est jamais inférieur à l'unité. *La série est divergente en tous les points du cercle, lorsqu'on a $\mu = -1$.*

Il reste à étudier le cas où l'on a $-1 < \mu \leqq 0$. Considérons la série dont le terme général est U_n^p; le rapport de deux termes consécutifs est égal à

$$\left[1 - \frac{\mu + 1}{n} + \frac{\varphi(n)}{n^2} \right]^p = 1 - \frac{p(\mu + 1)}{n} + \frac{\varphi_1(n)}{n^2},$$

et si l'on choisit p assez grand pour qu'on ait $p(\mu + 1) > 1$, cette série sera convergente. Il s'ensuit que U_n^p et par suite le module du terme général U_n tendent vers zéro. Cela étant, dans l'identité

$$\varphi(m, z)(1 + z) = \varphi(m + 1, z)$$

prenons seulement dans les deux membres les termes de degré inférieur ou égal a $n + 1$; il reste la relation

$$S_n(1 + z) = S'_n + \frac{m(m - 1)\ldots(m - n + 1)}{1.2\ldots n} z^{n+1},$$

S_n et S'_n désignant respectivement la somme des $(n+1)$ premiers termes de $\varphi(m, z)$ et de $\varphi(m + 1, z)$. Si la partie réelle de m est comprise entre -1 et 0, la partie réelle de $m + 1$ est positive. Supposons $|z| = 1$; lorsque le nombre n croît indéfiniment, S'_n tend vers une limite, et le terme complémentaire tend vers zéro; il en résulte que S_n tend aussi vers une limite, à moins qu'on n'ait $1 + z = 0$. Donc, *lorsque $-1 < \mu \leqq 0$, la série est convergente en tous les points du cercle de convergence, sauf au point $z = -1$.*

III. — TRANSFORMATIONS CONFORMES DU PLAN.

273. Interprétation géométrique de la dérivée. — Les condi-tions (2), qui expriment que $P + iQ$ est une fonction monogène de $x + iy$ sont identiques aux équations (78) de la page 643 (t. I), qui ont été rencontrées dans un problème tout différent. Soient Ox, Oy un système d'axes rectangulaires dans un plan; OX, OY un autre système d'axes rectangulaires dans le même plan, ou dans un autre plan. Les formules $X = P(x, y)$, $Y = Q(x, y)$ définissent une transformation ponctuelle faisant correspondre à un point $m(x, y)$ du premier plan un point $M(X, Y)$ du second plan, et nous avons vu que cette transformation conserve les angles si les fonctions P et Q vérifient un des deux systèmes de relations

$$(35) \qquad \frac{\partial P}{\partial x} = \frac{\partial Q}{\partial y}, \qquad \frac{\partial P}{\partial y} = - \frac{\partial Q}{\partial x};$$

$$(35\ bis) \qquad \frac{\partial P}{\partial x} = - \frac{\partial Q}{\partial y}, \qquad \frac{\partial P}{\partial y} = \frac{\partial Q}{\partial x}.$$

et dans ce cas seulement.

Le premier système de relations exprime que $P + iQ$ est une fonction analytique de $x + iy$, et le second que $P - iQ$ est une fonction analytique de $x + iy$. D'ailleurs ce second système se ramène au premier en changeant Q en $- Q$, ce qui revient à dire qu'une transformation de la seconde espèce s'obtient en combinant une transformation de la première espèce avec un retournement autour d'une droite du plan. En définitive, à toute représentation conforme d'un plan sur un plan correspond une fonction analytique et inversement.

Si l'on suppose les axes OX et OY respectivement parallèles aux axes Ox et Oy, et de même direction, le sens de rotation des angles est conservé ou non, suivant que les fonctions P et Q vérifient les relations (35) ou (35 bis). Le jacobien $\frac{D(P, Q)}{D(x, y)}$ a en effet pour expression $\left(\frac{\partial P}{\partial x}\right)^2 + \left(\frac{\partial Q}{\partial x}\right)^2$ dans le premier cas, et cette expression doit être précédée du signe $-$ dans le second cas.

Pour expliquer ce résultat, il suffit de se reporter à la définition même de la dérivée. Soit $u = X + Yi = f(z)$ une fonction de la variable complexe $z = x + yi$, holomorphe dans un domaine D. Lorsque le point z décrit ce domaine D, le point (X, Y) décrit dans son plan un domaine D', et nous supposerons, pour fixer les idées, que les axes OX, OY sont respectivement parallèles aux axes Ox, Oy, et de même direction.

Soient z et z_1 deux points voisins du domaine D; u et u_1 les points correspondants du domaine D'; d'après la définition même de la dérivée, le quotient $\frac{u_1 - u}{z_1 - z}$ a pour limite la dérivée $f'(z)$ lorsque le module de $z_1 - z$ tend vers zéro, de quelque façon que $z_1 - z$ tende vers zéro. Supposons que le point z_1 se rapproche du point z en décrivant une courbe C, dont la tangente au point z fait un angle α avec la parallèle à la direction Ox; le point u_1

décrira lui-même une courbe C' passant par le point u. Écartons le cas où $f'(z)$ serait nul, et soient ρ et ω le module et l'argument de $f'(z)$; soient de même r et r_1 les distances zz_1 et uu_1, α l'angle que fait la direction zz_1 avec la parallèle zx' à Ox, β l'angle que fait la direction uu_1 avec la parallèle uX' à OX. Le module du quotient $\dfrac{u_1 - u}{z_1 - z}$ est égal à $\dfrac{r_1}{r}$, et l'argument à $\beta' - \alpha'$. On a donc les deux relations

$$\lim \frac{r_1}{r} = \rho, \qquad \lim(\beta' - \alpha') = \omega + 2k\pi.$$

Occupons-nous seulement de la seconde de ces relations; on peut y supposer $k = 0$, puisque cela revient à augmenter l'argument ω d'un multiple de 2π. Lorsque le point z_1 se rapproche du point z en décrivant la courbe C, α' tend vers la limite α, β' tend donc vers une limite β, et l'on a $\beta = \alpha + \omega$, ce qui exprime que, *pour avoir la direction de la tangente à la courbe décrite par le point u, il suffit de faire tourner d'un angle constant ω la direction de la tangente à la courbe décrite par z.* On suppose bien entendu dans cet énoncé qu'on fait correspondre les directions des deux tangentes qui correspondent à un même sens de parcours des points z et u.

Soit D une autre courbe du plan xOy passant par le point z, et soit D' la courbe correspondante du plan XOY; les lettres γ et δ

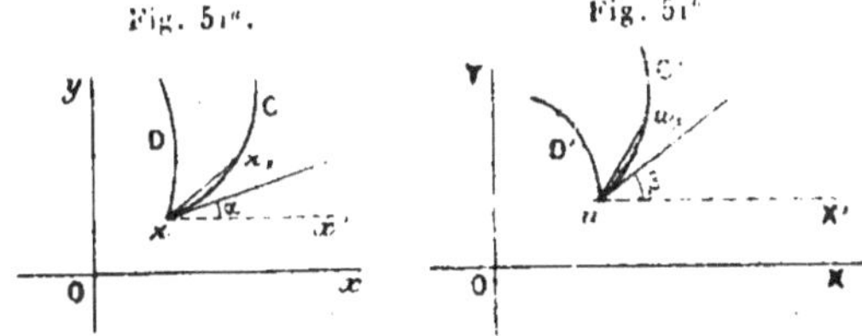

désignant les angles que font les directions correspondantes des tangentes à ces deux courbes avec zx' ou uX' (*fig.* 51ᵃ et 51ᵇ). nous avons à la fois

$$\beta = \alpha + \omega, \qquad \delta = \gamma + \omega$$

et par suite $\delta - \beta = \gamma - \alpha$. *Les courbes C' et D' se coupent sous le même angle que les courbes C et D. Nous voyons de plus que* le sens de rotation des angles est conservé. Il est à remarquer que la démonstration ne s'applique plus si $f'(z) = 0$

Si en particulier on considère dans l'un des deux plans xOy ou XOY deux familles de courbes orthogonales, les courbes correspondantes dans l'autre plan formeront aussi deux familles de courbes orthogonales. Par exemple, les deux familles de courbes $X = C$ $Y = C'$, et les deux familles de courbes

$$(36) \qquad \operatorname{mod} f(z) = C, \qquad \operatorname{arg} f(z) = C'$$

forment sur le plan xOy des réseaux orthogonaux, car les courbes correspondantes sur le plan XOY sont, d'une part, les deux systèmes de parallèles aux axes de coordonnées, d'autre part, les cercles ayant pour centre l'origine et les droites issues de l'origine.

Exemples. — 1° Soit $z' = z^{\alpha}$, α étant un nombre réel et positif. En désignant par r et θ les coordonnées polaires de z, par r' et θ' les coordonnées polaires de z', la relation précédente est équivalente aux deux relations $r' = r^{\alpha}$, $\theta' = \alpha\theta$. On passe donc du point z au point z' en élevant le rayon vecteur à la puissance α et multipliant l'angle polaire par α. Les angles sont conservés, sauf ceux qui ont leur sommet à l'origine qui sont tous multipliés par un facteur constant α.

2° Considérons la transformation bilinéaire

$$(37) \qquad z' = \frac{az + b}{cz + d},$$

où a, b, c, d sont des constantes quelconques. Dans certains cas particuliers, on voit immédiatement comment on passe du point z au point z'. Prenons par exemple la transformation $z' = z + b$; soient $z = x + yi$, $z' = x' + y'i$, $b = \alpha + \beta i$; la relation précédente donne $x' = x + \alpha$, $y' = y + \beta$, ce qui montre qu'on passe du point z au point z' par une translation. Soit de même $z' = az$; ρ et ω désignant le module et l'argument de a, on aura $r' = \rho r$, $\theta' = \omega + \theta$. On passe donc du point z au point z' en augmentant le rayon vecteur dans un rapport constant ρ, et faisant tourner le nouveau rayon vecteur d'un angle constant ω. On obtient donc la transformation définie par la formule $z' = az$; en combinant une transformation par homothétie avec une rotation. Considérons enfin la relation

$$z' = \frac{1}{z};$$

r, θ, r', θ' ayant toujours la même signification, on doit avoir $rr' = 1$, $\theta + \theta' = 0$. Le produit des rayons vecteurs est donc égal à l'unité, tandis que les angles polaires sont égaux et de signes contraires. Étant donné un cercle C de centre A et de rayon R, nous appellerons *inversion* par rapport à ce cercle la transformation par rayons vecteurs réciproques de pôle A et de module R^2. On obtient donc la transformation définie par la formule $z'z = 1$ en effectuant d'abord une inversion par rapport au cercle de rayon 1 décrit de l'origine comme centre, puis en prenant le symétrique du point obtenu par rapport à l'axe Ox.

La transformation la plus générale de la forme (37) peut être obtenue en combinant les transformations particulières que nous venons d'étudier. Si $c = 0$, on peut remplacer la transformation (37) par la suite des deux transformations

$$z_1 = \frac{a}{d} z, \qquad z' = z_1 + \frac{b}{d};$$

si c n'est pas nul, on peut écrire, en effectuant la division,

$$z' = \frac{a}{c} + \frac{bc - ad}{c^2 z + cd},$$

et la transformation peut être remplacée par la suite des transformations

$$z_1 = z + \frac{d}{c}, \qquad z_2 = c^2 z_1, \qquad z_3 = \frac{1}{z_2},$$

$$z_4 = (bc - ad) z_3, \qquad z' = z_4 + \frac{a}{c}.$$

Toutes ces transformations particulières conservent les angles et le sens de rotation, et changent les cercles en cercles; il en est donc de même de la transformation générale (37), appelée pour cette raison *transformation circulaire*. Les lignes droites doivent, dans cet énoncé, être considérées comme des cercles de rayon infini.

3° Soit

$$z' = (z - e_1)^{m_1} (z - e_2)^{m_2} \ldots (z - e_p)^{m_p}.$$

$e_1, e_2, \ldots, e_p$ étant des quantités quelconques, et les exposants $m_1, m_2, \ldots, m_p$ étant des nombres réels, positifs ou négatifs. Soient M, E_1, E_2, .., E_p les points qui représentent respectivement les quantités z, e_1, $e_2, \ldots, e_p$; soient de plus $r_1, r_2, \ldots, r_p$ les distances ME_1, ME_2, ..., ME_p et $\theta_1, \theta_2, \ldots, \theta_p$ les angles que font les directions $E_1 M$, $E_2 M$, ..., $E_p M$ avec les parallèles à Ox. Le module et l'argument de z' sont respectivement $r_1^{m_1} r_2^{m_2} \ldots r_p^{m_p}$ et $m_1 \theta_1 + \ldots + m_p \theta_p$; les deux familles de courbes

$$r_1^{m_1} r_2^{m_2} \ldots r_p^{m_p} = C, \qquad m_1 \theta_1 + m_2 \theta_2 + \ldots + m_p \theta_p = C'$$

forment donc un réseau orthogonal. Lorsque les exposants $m_1, m_2, \ldots, m_p$ sont des nombres rationnels, toutes ces courbes sont algébriques ([1]). Si

___

[1] *Voir* sur ces courbes les *Principes de Géométrie analytique* de G. Darboux (Paris, Gauthier-Villars, 1917: p 152-159).

l'on a par exemple $p = 2$, $m_1 = m_2 = 1$, une des familles se compose de cassinoïdes à deux foyers, et la seconde famille est formée par des hyperboles équilatères.

274. Théorème de Riemann. — Étant donné, dans le plan de la variable z, une région D limitée par un seul contour (ou contour simple), et dans le plan de la variable u un cercle C, Riemann a démontré qu'il existait une fonction analytique $u = f(z)$, holomorphe dans D, et telle qu'à chaque point de cette région corresponde un point du cercle et qu'inversement à un point du cercle corresponde un point et un seul de D. La fonction $f(z)$ dépend encore de trois constantes arbitraires réelles dont on peut disposer de façon que le centre du cercle corresponde à un point déterminé de la région D, tandis qu'un point arbitrairement choisi sur la circonférence corresponde à un point déterminé du contour de D. Nous ne donnerons pas ici la démonstration de ce théorème dont nous indiquerons seulement quelques exemples.

Remarquons seulement qu'on peut remplacer le cercle C par un demi-plan. En effet, supposons que, dans le plan des u, la circonférence C passe par l'origine ; la transformation $u' = \dfrac{1}{u}$ remplace cette circonférence par une droite, et le cercle lui-même par la portion du plan des u' située d'un côté de cette droite, prolongée indéfiniment dans les deux sens.

Exemples. — 1° Soit $u = z^{\frac{1}{\alpha}}$, α étant réel et positif ; considérons la portion D du plan des z comprise entre la direction $O.x$ et une demi-droite indéfinie issue de l'origine et faisant l'angle $\alpha \pi$ avec $O x$ ($\alpha \leqq 2$). Soient $z = r e^{i\theta}$, $u = R e^{i\omega}$, on a

$$R = r^{\frac{1}{\alpha}}, \qquad \omega = \frac{\theta}{\alpha};$$

lorsque le point z décrit la portion D du plan, r varie de o à $+\infty$ et θ de o à $\alpha \pi$: R varie donc de o à $+\infty$ et ω de o à π. Le point u décrit donc le demi-plan situé au-dessus de l'axe OX, et à un point de ce demi-plan ne correspond qu'un point de D, car on a inversement $r = R^\alpha$, $\theta = \alpha \omega$.

Prenons encore la portion B du plan des z limitée par deux arcs de cercle qui se coupent. Soient z_0, z_1 les points d'intersection ; si l'on effectue d'abord la transformation

$$z' = \frac{z - z_0}{z - z_1}$$

l'aire B est remplacée par une portion A du plan des z' comprise entre deux rayons indéfinis issus de l'origine, car le long d'un arc de cercle passant par les points z_0, z_1, l'argument de $\dfrac{z - z_0}{z - z_1}$ conserve une valeur constante. En appliquant ensuite la transformation précédente $u = (z')^{\frac{1}{\alpha}}$, nous voyons que la fonction

$$u = \left(\frac{z - z_0}{z - z_1} \right)^{\frac{1}{\alpha}}$$

permet d'effectuer la représentation conforme de l'aire B sur un demi-plan, en choisissant α convenablement.

2° Soit $u = \cos z$. Faisons décrire à z la demi-bande indéfinie R, ou

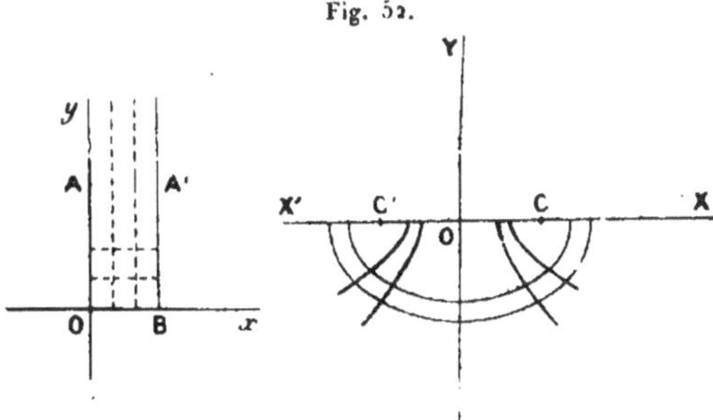

Fig. 52.

AOBA (*fig.* 52), définie par les inégalités $0 \leq x \leq \pi, y \geq 0$, et cherchons la région décrite par le point $u = X + Y i$. Nous avons ici (n° 266)

$$(38) \qquad X = \cos x \, \frac{e^y + e^{-y}}{2}, \qquad Y = - \sin x \, \frac{e^y - e^{-y}}{2}.$$

Lorsque x varie de 0 à π, Y est constamment négatif, et le point u reste dans le demi-plan situé au dessous de l'axe X'OX. A tout point de la région R correspond donc un point du demi-plan des u, et lorsque le point z est sur le contour de R, on a $Y = 0$, car l'un des deux facteurs $\sin x$ ou $\frac{e^y - e^{-y}}{2}$ est nul. Inversement, à tout point du demi-plan des u au dessous de OX correspond un point et un seul de la bande R dans le plan des z. En effet, si z' est une racine de l'équation $u = \cos z$, toutes les autres racines sont comprises dans la formule $2 k \pi \pm z'$. Supposons le coefficient de i dans z' positif, il ne peut y avoir qu'un de ces points racines dans la bande R, car tous les points $2 k \pi - z'$ sont au-dessous de Ox. Il y a toujours un de ces points $2 k \pi + z'$ situé dans R; en effet, il y a toujours un de ces points dont l'abscisse est comprise entre 0 et 2π. Cette abscisse ne peut être comprise entre π et 2π, car la valeur correspondante de Y serait positive. Ce point est donc situé dans R.

On voit aisément, au moyen des formules (38), que lorsque le point z décrit une portion de parallèle à Ox dans la bande R, le point u décrit une demi-ellipse. Lorsque le point z décrit une parallèle à Oy, le point u

décrit une demi-branche d'hyperbole. Toutes ces coniques ont pour foyers les points C, C' de l'axe OX, d'abscisses $+1$ et -1.

$3°$ Soit $Z = e^{\frac{\pi z}{2a}}$, a étant réel et positif. Si l'on pose $z = x + iy$, on a

$$|Z| = e^{\frac{\pi x}{2a}}; \qquad \arg Z = \frac{\pi y}{2a};$$

lorsque le point Z décrit la bande indéfinie comprise entre les deux droites $y = \pm a$, le module de Z varie de o à $+\infty$, et son argument de $-\dfrac{\pi}{2}$ à $+\dfrac{\pi}{2}$. Le point Z décrit donc le demi-plan situé à droite de l'axe OY, et inversement à tout point de ce demi-plan correspondent une seule valeur de x, et une seule valeur de y comprise entre $-a$ et $+a$. Si l'on pose ensuite

$$u = \frac{Z-1}{Z+1},$$

il est clair que u décrit dans son plan le cercle de rayon un ayant pour centre l'origine, lorsque Z décrit le demi-plan à droite de OY. La combinaison de ces deux transformations permet donc de réaliser l'application conforme sur un cercle d'une bande indéfinie comprise entre deux droites parallèles [1].

275. Courbes isothermes. — Soit $U(x,y)$ une solution de l'équation de Laplace

$$(39) \qquad \Delta_2 U = \frac{\partial^2 U}{\partial x^2} + \frac{\partial^2 U}{\partial y^2} = 0;$$

les courbes représentées par l'équation

$$(40) \qquad U(x,y) = C,$$

où C est une constante arbitraire, forment une famille de courbes *isothermes*. A toute solution $U(x,y)$ de l'équation de Laplace, on peut en associer une autre $V(x.y)$ telle que $U + iV$ soit une fonction analytique de $x + yi$; les relations

$$\frac{\partial U}{\partial x} = \frac{\partial V}{\partial y}, \qquad \frac{\partial U}{\partial y} = -\frac{\partial V}{\partial x}$$

montrent que les deux familles de courbes isothermes

$$U(x,y) = C, \qquad V(x,y) = C'$$

---

[1] Les points $z = x + iy$, pour lesquels on a $|u| < \rho < 1$, sont compris entre les deux parallèles $x = \pm \dfrac{2a}{\pi} \log\left(\dfrac{1+\rho}{1-\rho}\right)$. (CARATHEODORY.)

sont orthogonales, car les coefficients angulaires des tangentes aux courbes C et C' sont respectivement

$$-\frac{\partial U}{\partial x} : \frac{\partial U}{\partial y}; \qquad -\frac{\partial V}{\partial x} : \frac{\partial V}{\partial y}.$$

Donc les trajectoires orthogonales d'une famille de courbes isothermes forment une autre famille de courbes isothermes. Les deux familles sont dites *conjuguées*. On obtiendra tous les systèmes conjugués de courbes isothermes en considérant une fonction analytique $f(z)$, et en prenant les courbes pour lesquelles la partie réelle de $f(z)$, ou le coefficient de i, conserve une valeur constante. Les courbes pour lesquelles le module R, ou l'argument Ω de $f(z)$, reste constant forment aussi deux systèmes conjugués isothermes; car la partie réelle de la fonction analytique Log $[f(z)]$ est égale à log R, et le coefficient de i à Ω.

On obtient également des systèmes isothermes conjugués en considérant les courbes décrites par le point de coordonnées X, Y, où $f(z) = X + iY$, lorsqu'on attribue à x ou à y une valeur constante. Il suffit en effet de regarder inversement $x + iy$ comme une fonction analytique de $X + iY$. Plus généralement, toute transformation entre les points de deux plans qui conserve les angles change une famille de courbes isothermes en une nouvelle famille de courbes isothermes. Soient

$$x = p(x', y'), \qquad y = q(x', y')$$

des formules définissant une transformation qui conserve les angles, et soit $\mathfrak{F}(x', y')$ le résultat obtenu en remplaçant x et y par $p(x', y')$ et $q(x', y')$ dans U (x, y). Tout revient à démontrer que $\mathfrak{F}(x', y')$ est une solution de l'équation de Laplace, pourvu qu'il en soit ainsi de U (x, y). Le calcul n'offre aucune difficulté (*voir* Chap. III : Exercice 8, p. 158); mais le théorème peut aussi s'établir sans aucun calcul. En effet, nous pouvons supposer que les fonctions $p(x', y')$ et $q(x', y')$ vérifient les relations

$$\frac{\partial p}{\partial x'} = \frac{\partial q}{\partial y'}, \qquad \frac{\partial p}{\partial y'} = -\frac{\partial q}{\partial x'},$$

car une transformation par symétrie change évidemment une famille de courbes isothermes en une nouvelle famille de courbes isothermes. La fonction $x + iy = p + iq$ est alors une fonction analytique de $z' = x' + iy'$, et U $+ iV$ devient également après la substitution une fonction analytique $\mathfrak{F}(x', y') + i\Phi(x', y')$ de la même variable z' (n° 259). Les deux familles de courbes.

$$\mathfrak{F}(x', y') = C, \qquad \Phi(x', y') = C'$$

donnent donc un nouveau réseau orthogonal formé de deux familles isothermes conjuguées.

Par exemple, des cercles concentriques et des rayons issus du centre forment deux familles isothermes conjuguées, comme on le voit immédiatement en considérant la fonction analytique Log(z). En effectuant une transformation par rayons vecteurs réciproques, on en conclut que les cercles passant par deux points fixes forment également un système isotherme. Le système conjugué est également composé de cercles.

De même des ellipses homofocales forment un système isotherme. Nous avons vu plus haut en effet que le point $u = \cos z$ décrit des ellipses homofocales lorsqu'on fait décrire au point z des parallèles à l'axe Ox (n° **274**). Le système conjugué se compose des hyperboles homofocales et orthogonales.

Remarque. — Pour qu'une famille de courbes représentée par une équation $P(x, y) = C$ soit isotherme, il n'est pas nécessaire que la fonction $P(x, y)$ soit solution de l'équation de Laplace. En effet, ces courbes sont aussi représentées par l'équation $\varphi[P(x, y)] = C$, quelle que soit la fonction φ, et il suffit qu'on puisse prendre pour cette fonction φ une forme telle que $U(x, y) = \varphi(P)$ vérifie l'équation de Laplace. En faisant le calcul, on trouve qu'on doit avoir

$$\frac{d^2\varphi}{dP^2}\left[\left(\frac{\partial P}{\partial x}\right)^2 + \left(\frac{\partial P}{\partial y}\right)^2\right] + \frac{d\varphi}{dP}\left(\frac{\partial^2 P}{\partial x^2} + \frac{\partial^2 P}{\partial y^2}\right) = 0 ;$$

il faudra donc que le rapport

$$\frac{\dfrac{\partial^2 P}{\partial x^2} + \dfrac{\partial^2 P}{\partial y^2}}{\left(\dfrac{\partial P}{\partial x}\right)^2 + \left(\dfrac{\partial P}{\partial y}\right)^2}$$

ne dépende que de P et, si cette condition est satisfaite, on obtiendra la fonction φ par deux quadratures.

EXERCICES.

---

1. Déterminer la fonction analytique $f(z) = X + iY$ dont la partie réelle X est égale à

$$\frac{2\sin 2x}{e^{2y} + e^{-2y} - 2\cos 2x};$$

même question en supposant que $X + Y$ est égale à la fonction précédente.

2. Soit $\varphi(m, p) = 0$ l'équation tangentielle d'une courbe algébrique réelle, c'est-à-dire la condition pour que la droite $y = mx + p$ soit tan-

gente à cette courbe. Les racines de l'équation $\varphi(i. - iz) = 0$ sont les affixes des foyers réels de cette courbe.

3. Si p et q sont deux nombres entiers premiers entre eux, les deux expressions $(\sqrt[q]{z})^p$ et $\sqrt[q]{z^p}$ sont équivalentes. Qu'arrive-t-il, lorsque p et q ont un plus grand commun diviseur $d > 1$?

4. Trouver le module et l'argument de e^{x+yi}, en le considérant comme la limite du polynome $\left(1 + \dfrac{x + yi}{m}\right)^m$, lorsque le nombre entier m augmente indéfiniment.

5. Démontrer les formules

$$\cos a + \cos(a + b) + \ldots + \cos(a + nb) = \frac{\sin\left(\dfrac{n + 1}{2}\,b\right)}{\sin\left(\dfrac{b}{2}\right)}\cos\left(a + \frac{nb}{2}\right),$$

$$\sin a + \sin(a + b) + \ldots + \sin(a + nb) = \frac{\sin\left(\dfrac{n + 1}{2}\,b\right)}{\sin\left(\dfrac{b}{2}\right)}\sin\left(a + \frac{nb}{2}\right).$$

6. On demande la valeur finale de arc sin z lorsque la variable z décrit le segment de droite allant de l'origine au point $1 + i$, la valeur initiale de arc sin z étant o.

7. Démontrer la continuité d'une série entière au moyen de la formule (12) $(n° 262)$

$$f(z + h) - f(z) = h f_1(z) + \frac{h^2}{1.2}f_2(z) + \ldots + \frac{h^n}{n!}f_n(z) + \ldots.$$

[On prend une fonction majorante convenable pour la série du second membre.]

8. Calculer les intégrales

$$\int x^m e^{ax}\cos bx\, dx, \qquad \int x^m e^{ax}\sin bx\, dx,$$

$$\int \cot(x - a)\cot(x - b)\ldots\cot(x - l)\, dx.$$

9. Étant donnée dans le plan xOy une courbe fermée C, présentant un nombre quelconque de points doubles, et décrite dans un sens convenu, on affecte chaque région du plan déterminée par cette courbe d'un coefficient numérique d'après la règle du n° 93 (t. I). Soient R, R' deux régions limi-

trophes séparées par un arc ab du contour parcouru de a vers b, le coefficient de l'aire à gauche est supérieur d'une unité au coefficient de l'aire à droite et la région extérieure au contour C a le coefficient o

Soient z_0 un point pris dans l'une de ces régions et N le coefficient correspondant. Démontrer que $2N\pi$ représente la variation de l'argument de $z - z_0$, lorsque le point z décrit la courbe C dans le sens convenu.

10. En étudiant le développement de $\text{Log}\left(\dfrac{1 + z}{1 - z}\right)$ sur le cercle de convergence, démontrer que la somme de la série

$$\frac{\sin \theta}{1} + \frac{\sin 3\theta}{3} + \frac{\sin 5\theta}{5} + \ldots + \frac{\sin (2n + 1)\theta}{2n + 1} + \ldots$$

est égale à $\pm\dfrac{\pi}{4}$, suivant qu'on a $\sin \theta \gtrless 0$ ($cf.$ I, n° 195).

11. Étudier les courbes décrites par le point $Z = z^2$, lorsque le point z décrit une ligne droite ou une circonférence.

12. La relation $2Z = z + \dfrac{c^2}{z}$ permet d'effectuer la représentation conforme de l'aire comprise entre deux ellipses homofocales sur une couronne circulaire comprise entre deux cercles concentriques.

[On prendra par exemple $z = Z + \sqrt{Z^2 - c^2}$ en convenant de tracer, dans le plan des Z, une coupure rectiligne ($- c, + c$) et de choisir pour le radical une valeur positive lorsque Z est réel et plus grand que c.]

13. Toute transformation circulaire $z' = \dfrac{a z + b}{c z + d}$ peut s'obtenir par la combinaison d'un nombre *pair* d'inversions. Réciproque.

14. Toute transformation définie par la relation $z' = \dfrac{a z_0 + b}{c z_0 + d}$, où z_0 désigne la quantité conjuguée de z, résulte d'un nombre *impair* d'inversions. Réciproque.

15. **Transformations fuchsiennes.** — Toute transformation circulaire $z' = \dfrac{a z + b}{c z + d}$, où a, b, c, d sont des nombres réels satisfaisant à la relation $ad - bc = 1$, fait correspondre à tout point z situé au-dessus de Ox un point z' situé du même côté.

Les deux intégrales définies

$$\int \frac{\sqrt{dx^2 + dy^2}}{y}, \qquad \iint \frac{dx\, dy}{y^2}$$

sont des *invariants*, relativement à toutes ces transformations.

La transformation précédente admet deux points doubles qui correspondent aux racines, α, β, de l'équation $cz^2 + (d - a)\,z - b = 0$. Si α et β sont réels et distincts, on peut écrire l'équation $z' = \dfrac{a z + b}{c z + d}$ sous la forme équivalente

$$\frac{z' - \alpha}{z' - \beta} = k\,\frac{z - \alpha}{z - \beta},$$

k étant réel, et la transformation est dite *hyperbolique*. Si α et β sont imaginaires conjuguées, on peut écrire l'équation

$$\frac{z' - \alpha}{z' - \beta} = e^{i\omega}\,\frac{z - \alpha}{z - \beta},$$

ω étant réel (transformation *elliptique*). Si $\beta = \alpha$. on peut écrire

$$\frac{1}{z' - \alpha} = \frac{1}{z - \alpha} + k,$$

α et k étant reels. La transformation est appelée *parabolique*.

16. Soit $z' = f(z)$ une transformation fuchsienne. Posons

$$z_1 = f(z), \qquad z_2 = f(z_1), \qquad \ldots, \qquad z_n = f(z_{n-1}).$$

Démontrer que tous les points z, z_1, z_2, ..., z_n sont sur une circonférence. Le point z_n tend-il vers une position limite lorsque n augmente indéfiniment?

17. Soit T un triangle ayant pour sommets les deux points $+1$, -1, et un autre point quelconque z. Par l'origine on mène une parallèle à la bissectrice intérieure de l'angle en z, sur laquelle on porte, de part et d'autre de l'origine, deux segments égaux à $\sqrt{|z - 1|\,|z + 1|}$. Les extrémités de ces deux segments représentent les deux déterminations de $\sqrt{z^2 - 1}$.

Que devient l'énoncé, quand on remplace la bissectrice intérieure par la bissectrice extérieure?

18. Quelle est la fonction analytique $Z = f(z)$ permettant de passer de la projection de Mercator à la projection stéréographique ?

19°. Si $|q| < 1$, on a l'identité

$$(1 + q)(1 + q^2) \ldots (1 + q^n) \ldots = \frac{1}{(1 - q)(1 - q^3) \ldots (1 - q^{2n+1}) \ldots},$$

[EULER]

[Pour le démontrer, on transforme le produit infini du premier membre en un produit infini à deux indices, en mettant sur une première ligne les facteurs $1 + q$, $1 + q^2$, $1 + q^4$, …. $1 + q^{2n}$, …, sur une seconde ligne les facteurs $1 + q^3$, $1 + q^6$, …. $1 + (q^3)^{2n}$, …, et l'on applique la formule (16) du texte.]

20   Développer, suivant les puissances de z, les produits infinis

$$F(z) = (1 + xz)(1 + x^2 z)\ldots(1 + x^n z)\ldots,$$
$$\Phi(z) = (1 + xz)(1 + x^3 z)\ldots(1 + x^{2n+1} z)\ldots.$$

[On peut, par exemple, se servir des relations $F(xz)(1 + xz) = F(z)$, $\Phi(x^2 z)(1 + xz) = \Phi(z)$.]

21*. En supposant $|x| < 1$, démontrer la formule d'Euler

$$(1 - x)(1 - x^2)(1 - x^3)\ldots(1 - x^n)\ldots$$
$$= 1 - x - x^2 + x^5 - x^7 + x^{12} - \ldots + x^{\frac{3n^2 - n}{2}} - x^{\frac{3n^2 + n}{2}} + \ldots.$$

[*Voir* J. BERTRAND, *Calcul différentiel*, p. 328.]

22. Étant donnée une sphère de rayon égal à l'unité, on fait la projection stéréographique de cette sphère sur le plan de l'équateur, le point de vue étant l'un des pôles. A un point M de la sphère on fait correspondre le nombre complexe $s = x + iy$, x et y étant les coordonnées rectangulaires de la perspective m de M par rapport à deux axes rectangulaires du plan de l'équateur, l'origine étant le centre de la sphère. A deux points diamétralement opposés de la sphère correspondent deux nombres complexes s, $-\dfrac{1}{s_0}$, où s_0 est l'imaginaire conjuguée de s. Toute transformation linéaire de la forme

$$(A) \qquad \frac{s' - \alpha}{s' - \beta} = e^{i\omega} \frac{s - \alpha}{s - \beta},$$

où $\beta \alpha_0 + 1 = 0$, définit une rotation de la sphère autour d'un diamètre. Aux groupes de rotations, qui font revenir sur lui-même un polyèdre régulier, correspondent les groupes d'ordre fini de substitutions linéaires de la forme (A). (*Voir* KLEIN, *Das Ikosaeder*, p. 32.)

CHAPITRE XIV.

THÉORIE GÉNÉRALE DES FONCTIONS ANALYTIQUES D'APRÈS CAUCHY.

I. — INTÉGRALES DÉFINIES PRISES ENTRE DES LIMITES IMAGINAIRES.

276. Définitions et généralités. — Nous allons reprendre dans ce chapitre l'étude des fonctions analytiques à un point de vue systématique, et poursuivre les conséquences logiques de la définition même de ces fonctions. Nous rappellerons qu'une fonction $f(z)$ est dite holomorphe dans un domaine D : 1° si à tout point pris dans ce domaine correspond une valeur déterminée de $f(z)$; 2° si cette valeur varie d'une manière continue avec z; 3° si, pour tout point z pris dans D, le rapport

$$\frac{f(z+h)-f(z)}{h}$$

tend vers une limite $f'(z)$ lorsque le module de h tend vers zéro.

La considération des intégrales définies, quand la variable passe par une suite de valeurs imaginaires, est due à Cauchy ([1]); c'est l'origine de méthodes nouvelles et fécondes.

Soit $f(z)$ une fonction continue de z le long d'un arc de courbe AMB (*fig.* 53); marquons sur cet arc de courbe un certain nombre de points de division $z_0, z_1, z_2, \ldots, z_{n-1}, z'$, se succédant dans l'ordre des indices croissants quand on parcourt l'arc de A vers B, les points z_0 et z' coïncidant avec les extrémités A et B.

Prenons ensuite une seconde série de points $\zeta_1, \zeta_2, \ldots, \zeta_n$ sur l'arc AB, le point ζ_k étant situé sur l'arc $z_{k-1} z_k$, et considérons la

---

([1]) *Mémoire sur les intégrales définies, prises entre des limites imaginaires*, 1825. On trouvera une reproduction de ce Mémoire dans les Tomes VII et VIII du *Bulletin des Sciences mathématiques* (1re série).

somme

$$S = f(\zeta_1)(z_1 - z_0) + f(\zeta_2)(z_2 - z_1) + \ldots + f(\zeta_k)(z_k - z_{k-1}) + \ldots$$
$$+ f(\zeta_n)(z' - z_{n-1});$$

lorsque le nombre des points de division $z_1, \ldots, z_{n-1}$ augmente indéfiniment de façon que les modules de toutes les différences $z_1 - z_0$, $z_2 - z_1$, ... deviennent plus petits que tout nombre

Fig. 53.

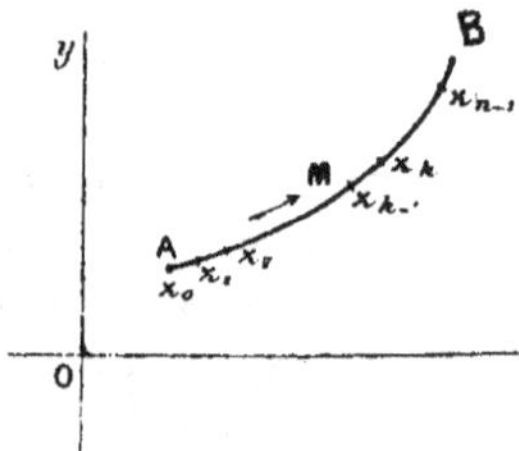

positif choisi arbitrairement, la somme S tend vers une limite qu'on appelle l'*intégrale définie* de $f(z)$ le long de AMB, et que l'on représente par le symbole

$$\int_{(AMB)} f(z)\,dz.$$

Séparons en effet la partie réelle et le coefficient de i dans S; soient

$$f(z) = X + Yi, \qquad z_k = x_k + y_k i, \qquad \zeta_k = \xi_k + \eta_k i,$$

X et Y étant des fonctions continues le long de AMB. Nous pouvons écrire la somme S, en réunissant les termes analogues

$$S = X(\xi_1, \eta_1)(x_1 - x_0) + \ldots + X(\xi_k, \eta_k)(x_k - x_{k-1}) + \ldots$$
$$+ X(\xi_n, \eta_n)(x' - x_{n-1})$$
$$- [Y(\xi_1, \eta_1)(y_1 - y_0) + \ldots + Y(\xi_k, \eta_k)(y_k - y_{k-1}) + \ldots]$$
$$+ i[X(\xi_1, \eta_1)(y_1 - y_0) + \ldots] + i[Y(\xi_1, \eta_1)(x_1 - x_0) + \ldots].$$

Lorsque le nombre des divisions augmente indéfiniment, la somme des termes d'une même ligne a pour limite une intégrale curviligne prise le long de AMB, et la limite de S est égale à la somme de quatre intégrales curvilignes [1]

$$\int_{(AMB)} f(z)\, dz = \int_{(AMB)} (X\, dx - Y\, dy) + i \int_{(AMB)} (Y\, dx + X\, dy).$$

Il résulte immédiatement de la définition qu'on a

$$\int_{(AMB)} f(z)\, dz + \int_{(BMA)} f(z)\, dz = 0.$$

On a souvent besoin de connaître une limite supérieure du module d'une intégrale. Soient s la longueur de l'arc AM, L la longueur de l'arc AB, s_{k-1}, s_k, σ_k les longueurs des arcs $A z_{k-1}$, $A z_k$, $A \zeta_k$ du chemin d'intégration. On a, en posant $F(s) = |f(z)|$,

$$|f(\zeta_k)(z_k - z_{k-1})| = F(\sigma_k)\, |z_k - z_{k-1}| \leqq F(\sigma_k)(s_k - s_{k-1}),$$

car $|z_k - z_{k-1}|$ représente la longueur de la corde et $s_k - s_{k-1}$ la longueur de l'arc. Le module de S est donc inférieur ou au plus égal à la somme $\Sigma F(\sigma_k)(s_k - s_{k-1})$, et, en passant à la limite, il vient

$$\left| \int_{(AMB)} f(z)\, dz \right| \leqq \int_0^L F(s)\, ds$$

Soit M une limite supérieure du module de $f(z)$ le long de AB. Il est clair que le module de la seconde intégrale est inférieur a ML, et l'on a, *a fortiori*,

$$\left| \int_{(AMB)} f(z)\, dz \right| < ML.$$

277. Changements de variable. — Considérons le cas, très

---

[1] Pour éviter des complications inutiles dans les démonstrations, nous supposons que les coordonnées x, y d'un point de l'arc AMB sont des fonctions continues $x = \varphi(t)$, $y = \psi(t)$ d'un paramètre t qui ne présentent qu'un nombre fini de maxima et de minima entre A et B. On peut alors décomposer le chemin d'intégration en un nombre fini d'arcs, dont chacun est représenté par une équation telle que $y = F(x)$, la fonction F étant continue entre les limites correspondantes, ou encore en un nombre fini d'arcs dont chacun est représenté par une équation telle que $x = G(y)$. Il n'y a aucun inconvénient à faire cette hypothèse, car, dans toutes les applications, le choix du chemin d'intégration présente toujours un certain degré d'arbitraire. Il suffirait d'ailleurs de supposer que $\varphi(t)$ et $\psi(t)$ sont des fonctions à variation bornée. Nous avons vu que l'arc de courbe AMB est alors rectifiable (t. I; notes des pages 173, 196, 223).

fréquent dans les applications, où les coordonnées x, y d'un point de l'arc AB sont des fonctions continues d'un paramètre variable t, $x = \varphi(t)$, $y = \psi(t)$, admettant des dérivées elles-mêmes continues $\varphi'(t)$, $\psi'(t)$ de telle façon que, t variant de α à β, le point (x, y) décrive le chemin d'intégration de A vers B. Soient $P(t)$ et $Q(t)$ les fonctions de t obtenues en remplaçant dans X et Y les variables x et y par $\varphi(t)$ et $\psi(t)$ respectivement. D'après la formule établie pour les intégrales curvilignes (I, n° 91), nous avons

$$\int_{(AB)} X\,dx - Y\,dy = \int_{\alpha}^{\beta} [P(t)\varphi'(t) - Q(t)\psi'(t)]\,dt,$$

$$\int_{(AB)} X\,dy + Y\,dx = \int_{\alpha}^{\beta} [P(t)\psi'(t) + Q(t)\varphi'(t)]\,dt.$$

Ajoutons ces deux relations, après avoir multiplié les deux membres de la seconde par i; il vient

$$(1) \qquad \int_{(AB)} f(z)\,dz = \int_{\alpha}^{\beta} [P(t) + iQ(t)]\,[\varphi'(t) + i\psi'(t)]\,dt.$$

C'est précisément le résultat qu'on obtient en appliquant à l'intégrale $\int f(z)\,dz$ la formule établie pour les intégrales définies dans le cas de fonctions et de variables réelles; pour avoir la nouvelle intégrale, il suffit de remplacer, dans $f(z)\,dz$, z par $\varphi(t) + i\psi(t)$, et dz par $[\varphi'(t) + i\psi'(t)]\,dt$. Le calcul de $\int f(z)\,dz$ se trouve ainsi ramené au calcul de deux intégrales définies ordinaires. Si le chemin AMB se compose de plusieurs segments de courbes distinctes, on appliquera la formule à chacun de ces segments séparément.

Considérons par exemple l'intégrale définie $\int_{-1}^{+1} \dfrac{dz}{z^2}$. On ne peut intégrer le long de l'axe réel, puisque la fonction à intégrer devient infinie pour $z = 0$, mais on peut suivre un chemin quelconque ne passant pas par l'origine. Faisons décrire à z une demi-circonférence de rayon un décrite de l'origine pour centre; il suffit pour cela de poser $z = e^{it}$ et de faire varier t de π à 0. Il vient

$$\int_{-1}^{+1} \frac{dz}{z^2} = \int_{\pi}^{0} i e^{-it}\,dt = i \int_{\pi}^{0} \cos t\,dt + \int_{\pi}^{0} \sin t\,dt = -2;$$

c'est précisément le résultat qu'on obtiendrait en appliquant la formule fondamentale du calcul intégral à la fonction primitive $-\dfrac{1}{z}$ (I, n° 75).

Plus généralement, soit $z = \varphi(u)$ une fonction continue d'une nouvelle variable complexe $u = \xi + \eta i$ telle que, lorsque u décrit dans son plan un chemin CND, la variable z décrive l'arc AMB. Aux points de division de l'arc AMB correspondent sur l'arc CND des points de division u_0, u_1, u_2, ..., u_{k-1}, u_k, ..., u'. Si la fonction $\varphi(u)$ admet une dérivée $\varphi'(u)$ le long de l'arc CND, nous pouvons écrire

$$\frac{z_k - z_{k-1}}{u_k - u_{k-1}} = \varphi'(u_{k-1}) + \varepsilon_k,$$

ε_k tendant vers zéro lorsque u_k se rapproche de u_{k-1} en restant sur la courbe CND. La somme S considérée plus haut devient, en prenant $\zeta_{k-1} = z_{k-1}$ et en remplaçant $z_k - z_{k-1}$ par l'expression tirée de l'égalité précédente,

$$S = \sum_{k=1}^{n} f(z_{k-1}) \varphi'(u_{k-1})(u_k - u_{k-1}) + \sum_{k=1}^{n} \varepsilon_k f(z_{k-1})(u_k - u_{k-1}).$$

La première partie du second membre a pour limite l'intégrale définie

$$\int_{(CND)} f[\varphi(u)] \varphi'(u)\, du.$$

Quant au terme complémentaire, son module est plus petit que $\eta ML'$, η étant un nombre positif supérieur à tous les modules $|\varepsilon_k|$ et L' étant la longueur de l'arc CND. Si l'on peut prendre les points de division assez rapprochés pour que tous les modules $|\varepsilon_k|$ soient inférieurs à un nombre positif arbitraire, ce terme complémentaire tend vers zéro et l'on a la formule générale du changement de variable

$$(2) \qquad \int_{(AMB)} f(z)\, dz = \int_{(CND)} f[\varphi(u)] \varphi'(u)\, du.$$

Cette formule est applicable toutes les fois que $\varphi(u)$ est une fonction holomorphe; on démontrera en effet un peu plus loin que la dérivée d'une fonction holomorphe est aussi une fonction holomorphe [1] (*voir* n° 284).

---

[1] **Cette** propriété étant admise, on démontre sans peine la proposition suivante :

Soit $f(z)$ une fonction holomorphe dans une région finie A du plan. A tout nombre positif ε on peut faire correspondre un autre nombre positif η tel

278. Formules de Weierstrass et de Darboux. — La démonstration de la formule de la moyenne (I, n° 73) repose sur des inégalités, qui n'ont plus de sens précis quand il s'agit de quantités complexes. Cependant, Weierstrass et Darboux ont obtenu dans cette voie des résultats intéressants, en considérant des intégrales prises le long d'un segment de l'axe réel. Nous avons vu plus haut qu'on pouvait ramener le cas d'un chemin quelconque à ce cas particulier, moyennant certaines hypothèses d'un caractère très général sur le chemin d'intégration.

Soit I une intégrale définie de la forme suivante :

$$I = \int_\alpha^\beta f(t)\,[\varphi(t) + i\psi(t)]\,dt,$$

$f(t)$, $\varphi(t)$, $\psi(t)$ étant trois fonctions réelles de la variable réelle t, continues dans l'intervalle (α, β); d'après la définition même de l'intégrale, on a évidemment

$$I = \int_\alpha^\beta f(t)\,\varphi(t)\,dt + i\int_\alpha^\beta f(t)\,\psi(t)\,dt.$$

---

qu'on ait

$$\left| \frac{f(z+h) - f(z)}{h} - f'(z) \right| < \varepsilon,$$

lorsque z et $z + h$ sont deux points de A dont la distance $|h|$ est inférieure à η

Soit en effet $f(z) = P(x, y) + iQ(x, y)$, $h = \Delta x + i\Delta y$. D'après le calcul fait plus haut pour trouver les conditions d'existence d'une dérivée unique (n° 257), on peut écrire

$$\frac{f(z+h) - f(z)}{h} - f'(z) = \frac{[\,P'_x(x + \theta\Delta x, y) - P'_x(x, y]\,\Delta x}{\Delta x + i\Delta y}$$

$$+ \frac{[\,P'_y(x + \Delta x, y + \theta\Delta y) - P'_y(x, y)]\,\Delta y}{\Delta x + i\Delta y}$$

$$+ \ldots\ldots\ldots\ldots\ldots\ldots\ldots\ldots\ldots\ldots\ldots\ldots$$

Les dérivées P'_x, P'_y, Q'_x, Q'_y étant continues dans la région A, on peut trouver un nombre η tel que les modules des coefficients de Δx et de Δy soient inférieurs à $\frac{\varepsilon}{4}$, lorsque $\sqrt{\Delta x^2 + \Delta y^2}$ est $< \eta$. L'inégalité écrite plus haut sera donc assurée si l'on a $|h| < \eta$. Cela étant, si la fonction $\varphi(u)$ est holomorphe, tous les modules $|\varepsilon_k|$ seront plus petits qu'un nombre positif donné ε, pourvu que la distance de deux points de division consécutifs de l'arc CND soit inférieure au nombre correspondant η, et la formule (2) sera établie.

Supposons, pour fixer les idées, $\alpha < \beta$; $t - \alpha$ représente alors la longueur du chemin d'intégration comptée à partir de l'origine, et la formule générale qui donne une limite supérieure du module d'une intégrale définie devient ici

$$|\,\mathrm{I}\,| \leqq \int_{\alpha}^{\beta} |f(t)\,[\varphi(t) + i\psi(t)]|\,dt,$$

ou, en supposant que $f(t)$ est *positif* entre α et β,

$$|\,\mathrm{I}\,| \leqq \int_{\alpha}^{\beta} f(t)\,|\varphi(t) + i\psi(t)|\,dt.$$

En appliquant la formule de la moyenne à cette nouvelle intégrale, et désignant par ξ une valeur de t comprise entre α et β, on a aussi

$$|\,\mathrm{I}\,| \leqq |\varphi(\xi) + i\psi(\xi)| \int_{\alpha}^{\beta} f(t)\,dt.$$

Ce résultat peut encore s'écrire, en posant $\mathrm{F}(t) = \varphi(t) + i\psi(t)$,

$$(3) \qquad \mathrm{I} = \lambda\,\mathrm{F}(\xi) \int_{\alpha}^{\beta} f(t)\,dt,$$

λ étant un nombre complexe *de module inférieur ou égal à un*; c'est la formule de Darboux.

On doit à Weierstrass une expression plus précise, qu'on peut rattacher à des considérations élémentaires de statique. Lorsque t varie de α à β, le point de coordonnées $x = \varphi(t)$, $y = \psi(t)$ décrit un certain arc de courbe L. Soient (x_0, y_0), (x_1, y_1), ..., (x_{k-1}, y_{k-1}), ... les points de L qui correspondent aux valeurs α, t_1, ..., t_{k-1}, ... de t. Posons

$$\mathrm{X} = \frac{\Sigma\,\varphi(t_{k-1})\,f(t_{k-1})\,(t_k - t_{k-1})}{\Sigma\,f(t_{k-1})\,(t_k - t_{k-1})},$$

$$\mathrm{Y} = \frac{\Sigma\,\psi(t_{k-1})\,f(t_{k-1})\,(t_k - t_{k-1})}{\Sigma\,f(t_{k-1})\,(t_k - t_{k-1})};$$

d'après un théorème connu, X et Y sont les coordonnées du centre de gravité d'un système de masses placées aux points (x_0, y_0), (x_1, y_1), ..., (x_{k-1}, y_{k-1}). ... de la ligne L, la masse placée au point (x_{k-1}, y_{k-1}) étant égale à $f(t_{k-1})\,(t_k - t_{k-1})$. Il est clair que ce centre de gravité est à l'intérieur de tout contour fermé convexe C, enveloppant la ligne L. Lorsque le nombre des intervalles augmente indéfiniment, le point (X, Y) a pour limite un point (u, v) de coordonnées

$$u = \frac{\int_\alpha^\beta f(t)\,\varphi(t)\,dt}{\int_\alpha^\beta f(t)\,dt} \qquad v = \frac{\int_\alpha^\beta f(t)\,\psi(t)\,dt}{\int_\alpha^\beta f(t)\,dt},$$

qui est lui-même à l'intérieur de C. On peut réunir ces deux formules en une seule, en écrivant

$$(4) \qquad 1 = (u + iv) \int_\alpha^\beta f(t)\,dt = Z \int_\alpha^\beta f(t)\,dt,$$

Z étant l'affixe d'un point *situé à l'intérieur de tout contour fermé convexe enveloppant la ligne* L.

Il est clair que, dans le cas général, le facteur Z de Weierstrass peut varier dans un domaine beaucoup plus restreint que le facteur $\lambda F(\xi)$ de Darboux.

279. Intégrales le long d'un contour fermé. — Dans les paragraphes précédents, il suffit de supposer que $f(z)$ est une fonction continue de la variable complexe z le long du chemin d'intégration. Nous allons maintenant supposer de plus que $f(z)$ est une fonction analytique, et nous avons d'abord à étudier l'influence du chemin suivi par la variable, pour aller de A en B, sur la valeur de l'intégrale définie.

Si une fonction $f(z)$ est holomorphe à l'intérieur d'une courbe fermée, et sur la courbe elle-même, l'intégrale $\int f(z)\,dz$, prise le long de cette courbe, est égale à zéro.

Pour démontrer ce théorème fondamental, dû à Cauchy, nous établirons d'abord quelques lemmes :

1° Les intégrales $\int dz$, $\int z\,dz$, prises le long d'une courbe fermée quelconque, sont nulles. En effet, d'après la définition même, l'intégrale $\int dz$, prise suivant un chemin quelconque entre deux points a, b, est égale à $b - a$, et cette intégrale est nulle, si le chemin est fermé, puisqu'on a alors $b = a$. Quant à l'intégrale $\int z\, dz$, prise le long d'une courbe quelconque joignant deux points a, b, en prenant successivement $\zeta_k = z_{k-1}$, puis $\zeta_k = z_k$ (n° **276**), on voit que cette intégrale est aussi la limite de la somme

$$\sum_i \frac{z_i(z_{i+1} - z_i) + z_{i+1}(z_{i+1} - z_i)}{2} = \sum_i \frac{z_{i+1}^2 - z_i^2}{2} = \frac{b^2 - a^2}{2};$$

elle est donc nulle si la courbe est fermée.

$2°$ Si l'on décompose l'aire limitée par un contour quelconque C en parties plus petites par des courbes transversales menées d'une façon arbitraire, la somme des intégrales $\int f(z)\, dz$ prises dans le même sens le long du contour de chacune de ces parties est égale à l'intégrale $\int f(z)\, dz$ prise le long du contour total C. Il est clair en effet que chaque portion des courbes auxiliaires tracées sépare deux régions contiguës et doit être parcourue deux fois dans des sens opposés. En ajoutant toutes les intégrales, il restera donc seulement les intégrales prises le long des arcs du contour, dont la somme est l'intégrale $\int_{(C)} f(z)\, dz$.

Cela posé, imaginons qu'on décompose le domaine A : d'une part, en parties régulières qui seront des carrés ayant leurs côtés parallèles aux axes Ox, Oy ; d'autre part, en parties irrégulières qui seront des portions de carrés dont une partie serait en dehors du contour C. Ces carrés n'ont d'ailleurs pas nécessairement le même côté. Par exemple, on peut imaginer qu'on ait d'abord tracé deux réseaux de parallèles à Ox et à Oy, la distance de deux parallèles voisines étant constante et égale à l, puis qu'on décompose quelques-uns des carrés ainsi obtenus en carrés plus petits par de nouvelles parallèles aux axes. Quel que soit le mode de subdivision adopté, supposons qu'il y ait N parties régulières et N′ parties irrégulières ; numérotons les parties régulières dans un ordre quelconque de 1 à N, et les parties irrégulières de 1 à N′. Soient l_i le côté du $i^{\text{ième}}$ carré et l_k le côté du carré auquel appartient la $k^{\text{ième}}$ partie irrégulière, L la longueur du contour C et $\mathcal{A}$ l'aire d'un polygone qui renferme la courbe C à l'intérieur.

Soit $abcd$ le $i^{\text{ième}}$ carré ($fig.$ 54); z_i étant un point pris à l'in-

Fig. 54.

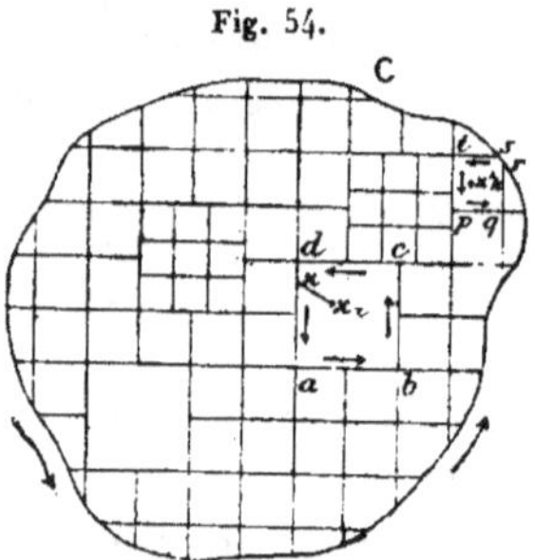

térieur ou sur l'un des côtés de ce carré, et z un point quelconque sur le contour, on a

$$(5) \qquad \frac{f(z) - f(z_i)}{z - z_i} = f'(z_i) + \varepsilon_i,$$

$|\varepsilon_i|$ étant très petit, pourvu que le côté du carré soit lui-même très petit. On en déduit

$$f(z) = z f'(z_i) + f(z_i) - z_i f'(z_i) + \varepsilon_i(z - z_i),$$

$$\int_{(c_i)} f(z)\,dz = f'(z_i) \int_{(c)} z\,dz + [f(z_i) - z_i f'(z_i)] \int_{(c_i)} dz + \int_{(c_i)} \varepsilon_i(z - z_i)\,dz,$$

les intégrales étant prises le long du contour c_i du carré; d'après le premier lemme énoncé plus haut, il reste

$$(6) \qquad \int_{(c_i)} f(z)\,dz = \int_{(c_i)} \varepsilon_i(z - z_i)\,dz.$$

Soit de même $pqrst$ la $k^{\text{ième}}$ partie irrégulière; z_k étant un point pris à l'intérieur ou sur le contour de cette région, et z un point quelconque du contour, on peut encore poser

$$(7) \qquad \frac{f(z) - f(z'_k)}{z - z'_k} = f'(z'_k) + \varepsilon'_k,$$

ε_k étant infiniment petit en même temps que l'_k, et l'on en déduit

$$(8) \qquad \int_{(c'_k)} f(z)\,dz = \int_{(c'_k)} \varepsilon'_k(z - z'_k)\,dz.$$

Cela posé, soit η un nombre positif supérieur aux modules de tous les facteurs ε_i et ε'_k. Le module de $z - z_i$ est inférieur à $l_i\sqrt{2}$, et de la formule (6) on déduit qu'on a

$$\left| \int_{(c_i)} f(z)\,dz \right| < 4\,l_i^2\,\eta\,\sqrt{2} = 4\,\eta\,\sqrt{2}\,\omega_i,$$

ω_i désignant l'aire de la $i^{\text{ième}}$ partie régulière. De la relation (8) on tire de même

$$\left| \int_{(c'_k)} f(z)\,dz \right| < \eta\,l'_k\sqrt{2}\,(4\,l'_k + \operatorname{arc} rs) = 4\,\eta\,\sqrt{2}\,\omega'_k + \eta\,l'_k\sqrt{2}\,\operatorname{arc} rs,$$

ω'_k étant l'aire du carré qui renferme la $k^{\text{ième}}$ partie irrégulière. En ajoutant toutes ces inégalités, on voit qu'on aura, *a fortiori*,

$$(9) \qquad \left| \int_{(C)} f(z)\,dz \right| < \eta\,[\,4\sqrt{2}\,(\Sigma\,\omega_i + \Sigma\,\omega'_k) + \lambda\sqrt{2}\,L\,],$$

λ étant une limite supérieure des côtés l'_k. Lorsque le nombre des carrés augmente indéfiniment, de façon que tous les côtés l_i et l'_k tendent vers zéro, la somme $\Sigma\,\omega_i + \Sigma\,\omega'_k$ finit par être inférieure à $\mathcal{A}$. Dans le second membre de l'inégalité (9) nous avons donc le produit d'un facteur qui reste fini par le facteur η qui peut être supposé plus petit que tout nombre positif donné. Ceci ne peut avoir lieu que si le premier membre est nul ; on a donc

$$\int_{(C)} f(z)\,dz = 0.$$

280. Examen des hypothèses nécessaires pour la démonstration. — Pour que la conclusion précédente soit légitime, il faut être assuré qu'on peut prendre les dimensions des carrés assez petites pour qu'en choisissant convenablement les points z_i et z'_k, les modules de toutes les quantités ε_i, ε'_k soient moindres qu'un nombre positif donné à l'avance η [1]. Nous dirons pour abréger qu'une région limitée par une courbe fermée γ, située dans la région du plan limitée par le contour C, satisfait à la condition (α) relativement au nombre η s'il est possible de trouver à l'intérieur de la courbe γ ou sur cette courbe elle-même un point z' tel qu'on ait constamment

$$(\alpha) \qquad |f(z) - f(z') - (z - z')\,f'(z')| \leqq |z - z'|\,\eta,$$

---

[1] *Transactions of the American mathematical Society*, vol. I, 1900, p. 14.

lorsque z décrit la courbe γ. Tout revient à démontrer qu'*on peut choisir les dimensions des carrés assez petites pour que toutes les parties considérées, régulières et irrégulières, satisfassent à la condition* (α) *relativement au nombre* η.

Nous établirons ce nouveau lemme par le procédé bien connu des subdivisions successives. Imaginons d'abord qu'on ait mené deux réseaux de parallèles aux axes Ox, Oy, la distance de deux parallèles voisines étant constante et égale à l. Parmi les parties obtenues, les unes peuvent satisfaire à la condition (α), tandis que les autres n'y satisfont pas. Sans rien changer aux parties qui satisfont à la condition (α), nous partagerons les autres en parties plus petites en joignant les milieux des côtés opposés dans les carrés qui forment ces parties ou qui les renferment. Si, après cette nouvelle opération, il reste des parties ne satisfaisant pas à la condition (α), nous recommencerons la même opération sur ces parties, et ainsi de suite. En continuant de la sorte, il ne peut se présenter que deux cas : ou bien on arrivera à n'avoir que des régions qui satisfont à la condition (α), et alors le lemme sera démontré ; ou bien, aussi loin qu'on aille dans la suite des opérations, on trouvera toujours des parties qui ne satisfont pas à cette condition.

S'il en est ainsi, il faudra qu'en subdivisant indéfiniment par le procédé indiqué l'une des parties régulières ou irrégulières obtenues après la première division, on n'arrive jamais à des régions satisfaisant toutes à la condition (α) ; soit A_1 cette partie. Après la seconde subdivision, cette partie A_1 en renferme une autre A_2, qui ne peut pas non plus être subdivisée en régions satisfaisant toutes à la condition (α). Le raisonnement pouvant se continuer indéfiniment, nous aurions une suite de régions

$$A_1, \quad A_2, \quad A_3, \quad \ldots, \quad A_n, \quad \ldots,$$

qui sont des carrés ou des portions de carrés, dont chacune est comprise dans la précédente et dont les dimensions tendent vers zéro, lorsque n augmente indéfiniment. Il y a donc un point limite z_0 situé à l'intérieur du contour C ou sur ce contour lui-même. Puisque, par hypothèse, la fonction $f(z)$ admet une dérivée $f'(z_0)$ pour $z = z_0$, on peut trouver un nombre ρ tel qu'on ait

$$|f(z) - f(z_0) - (z - z_0)f'(z_0)| \leqq \eta \, |z - z_0|$$

pourvu que $|z - z_0|$ soit $< \rho$. Soit c le cercle de rayon ρ décrit du point z_0 comme centre. A partir d'une valeur de n assez grande, l'aire A_n sera intérieure au cercle c et l'on aura pour tous les points du contour de l'aire A_n

$$|f(z) - f(z_0) - (z - z_0)f'(z_0)| \leqq |z - z_0| \, \eta.$$

D'ailleurs il est clair que le point z_0 est à l'intérieur de A_n ou sur le contour ; cette région devrait donc satisfaire à la condition (α) relativement à η. Nous sommes par conséquent conduits à une contradiction en admettant que le lemme n'est pas exact.

281. Généralisation de l'énoncé. — Le théorème s'étend aussi aux contours formés de plusieurs courbes fermées distinctes, moyennant une convention convenable sur le sens de parcours. Considérons, par exemple, une fonction $f(z)$ holomorphe à l'intérieur de la région A limitée par la courbe fermée C et les deux courbes intérieures C', C'', et sur ces courbes elles-mêmes (*fig.* 55). Le contour total Γ de A est formé de ces trois courbes distinctes, et nous dirons que ce contour est décrit dans le sens direct quand on laisse à gauche la région A ; les flèches indiquent sur la figure

Fig. 55.

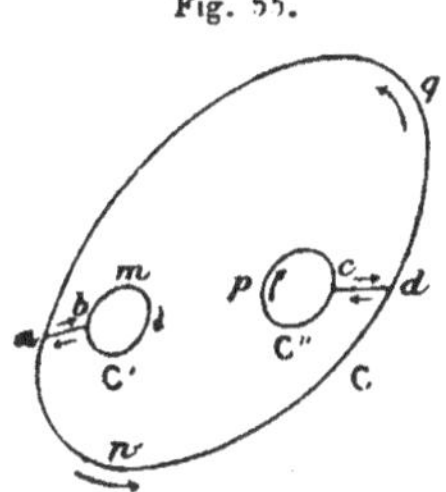

le sens du parcours direct pour chacune des courbes. Moyennant cette convention, on a toujours

$$\int_{(\Gamma)} f(z)\,dz = o,$$

l'intégrale étant prise le long du contour total dans le sens direct. La démonstration donnée pour un domaine à un seul contour s'applique encore ici ; on peut aussi ramener ce cas au précédent, en menant les transversales ab, cd et en appliquant le théorème à la courbe fermée $abmbandcpcdqa$ (1, n° 146).

Il est quelquefois commode dans les applications d'écrire la formule précédente

$$\int_{(C)} f(z)\,dz = \int_{(C')} f(z)\,dz + \int_{(C'')} f(z)\,dz,$$

les trois intégrales étant prises alors dans le même sens, c'est-à-dire que les deux dernières doivent être prises en sens inverse de celui indiqué par les flèches.

Revenons à la question proposée au début du paragraphe 279 ;

la réponse est maintenant bien facile. Soit $f(z)$ une fonction holomorphe dans une région D du plan ; étant donnés deux chemins AMB, ANB, ayant mêmes extrémités, et situés tout entiers dans cette région, ils donneront la même valeur pour l'intégrale $\int f(z)\,dz$, pourvu que la fonction $f(z)$ soit holomorphe à l'intérieur de la courbe fermée formée par le chemin AMB, suivi du chemin BNA. (Nous supposerons, pour fixer les idées, que cette courbe fermée ne présente pas de point double.) En effet, la somme des deux intégrales le long de AMB et le long de BNA étant nulle, les deux intégrales le long de AMB et le long de ANB sont égales. On peut encore énoncer le résultat comme il suit : *Deux chemins* AMB *et* ANB, *ayant les mêmes extrémités donnent la même valeur pour l'intégrale* $\int f(z)\,dz$, *si l'on peut passer de l'un à l'autre par une déformation continue sans rencontrer aucun point où la fonction cesse d'être holomorphe.*

Cet énoncé s'applique alors même que les deux chemins auraient un nombre quelconque de points communs, outre les deux extrémités (I n° 145). On en conclut que, lorsqu'une fonction $f(z)$ est holomorphe dans une région limitée par *une* seule courbe fermée, l'intégrale $\int f(z)\,dz$, prise le long d'un contour fermé quelconque situé dans cette région, est égale à zéro. Mais il ne faudrait pas étendre cette conclusion au cas d'une région limitée par plusieurs courbes fermées distinctes. Considérons, par exemple, une fonction $f(z)$ holomorphe dans la couronne comprise entre deux cercles concentriques C, C'. Soit C″ un cercle ayant le même centre et compris entre C et C' ; l'intégrale $\int f(z)\,dz$, prise le long de C″, n'est pas nulle en général. Le théorème de Cauchy prouve seulement que la valeur de cette intégrale reste la même, quand on fait varier le rayon du cercle C″ (¹).

____

(¹) Le théorème général de Cauchy est encore vrai, sans qu'il soit nécessaire de supposer l'existence de la fonction $f(z)$ en dehors de la région D limitée par le contour C, ni l'existence d'une dérivée en chaque point de C. Il suffit que la fonction $f(z)$ soit holomorphe en tout point de D, et *continue sur le contour* C, cette fonction $f(z)$ est alors continue, et par suite uniformément continue, dans tout le domaine *fermé* composé des points intérieurs à C et des points de la courbe C elle-même. Lorsque le point z tend vers un point Z de C

282. Extension des formules du calcul intégral. — Soit $f(z)$ une fonction holomorphe dans une région D limitée par un contour simple C. L'intégrale définie

$$\Phi(Z) = \int_{z_0}^{Z} f(z)\,dz,$$

prise depuis un point fixe z_0 jusqu'à un point variable Z suivant un chemin situé dans D, est, d'après ce que nous venons de voir, une fonction bien déterminée de la limite supérieure Z. Nous allons montrer que cette fonction $\Phi(Z)$ est aussi une fonction holomorphe de Z dont la dérivée est $f(Z)$. Soit en effet $Z+h$ un point voisin ; nous avons

$$\Phi(Z + h) - \Phi(Z) = \int_{Z}^{Z+h} f(z)\,dz,$$

et nous pouvons supposer cette dernière intégrale prise suivant le segment de droite qui joint les deux points Z et $Z + h$. Si les deux points sont très rapprochés, $f(z)$ diffère très peu de $f(Z)$ le long de ce chemin, et l'on peut écrire

$$f(z) = f(Z) + \delta,$$

$|\delta|$ étant moindre que tout nombre positif donné η pourvu que $|h|$ soit assez petit. Il vient alors, en divisant par h,

$$\frac{\Phi(Z + h) - \Phi(Z)}{h} = f(Z) + \frac{1}{h} \int_{Z}^{Z+h} \delta\,dz \, ;$$

---

en décrivant une courbe située dans ce domaine aboutissant au point Z, la limite de $f(z)$ est toujours égale à $f(Z)$, quelle que soit la courbe décrite, et non pas seulement pour certains chemins particuliers.

Cela posé, considérons un domaine D limité par deux segments de droites parallèles à Oy, $x = a$, $x = b$, et deux arcs de courbe $y_1 = f_1(x)$, $y_2 = f_2(x)$. L'intégrale $\int f(z)\,dz$, prise le long du contour de ce domaine est la limite, il est facile de le prouver, lorsque ε tend vers zéro, de l'intégrale prise le long du contour du domaine D', intérieur à D, limité par les droites $x = a + \varepsilon$, $x = b - \varepsilon$, $Y_1 = f_1(x) + \varepsilon$, $Y_2 = f_2(x) - \varepsilon$. Cette nouvelle intégrale étant nulle, puisque le contour de D' est à l'intérieur de D, il en est de même de la première intégrale.

D'après les hypothèses faites sur le contour C (page 63), le domaine D peut être décomposé en un nombre fini de domaines tels que le précédent par des transversales parallèles à Oy. Le théorème est donc général.

le module de la dernière intégrale est inférieur à $\eta \mid h \mid$, et par suite le premier membre a pour limite $f(Z)$ lorsque h tend vers zéro.

Si l'on connaît déjà une fonction $F(Z)$ ayant pour dérivée $f(Z)$, les deux fonctions $\Phi(Z)$ et $F(Z)$ ne diffèrent que par une constante (n° **271**, note), et l'on voit que la formule fondamentale du calcul intégral s'étend au cas des variables imaginaires

$$(10) \qquad \int_{z_0}^{z_1} f(z)\,dz = F(z_1) - F(z_0).$$

Cette formule, établie en supposant que les deux fonctions $f(z)$, $F(z)$ sont holomorphes à l'intérieur de D, est applicable à des circonstances plus générales. Il peut se faire que la fonction $F(z)$, ou les deux à la fois, $f(z)$ et $F(z)$, admettent des déterminations multiples ; l'intégrale a un sens précis pourvu que le chemin d'intégration ne passe par aucun des points critiques de ces fonctions. Dans l'application de la formule, il faudra choisir une détermination initiale $F(z_0)$ de la fonction primitive, et suivre la variation continue de cette fonction lorsque la variable z décrit le chemin d'intégration ; de plus, si $f(z)$ est elle-même une fonction multiforme, parmi les déterminations de $F(z)$, il faudra en choisir une dont la dérivée soit égale à la détermination prise pour $f(z)$.

Toutes les fois qu'on peut enfermer le chemin d'intégration à l'intérieur d'une région à contour simple, où les branches considérées des deux fonctions $f(z)$, $F(z)$ sont holomorphes, nous pouvons considérer la formule comme démontrée. Or on peut toujours, quel que soit le chemin d'intégration, le décomposer en plusieurs arcs pour lesquels la condition précédente soit remplie, et appliquer la formule (10) à chacun d'eux séparément. En ajoutant les résultats, on voit que la formule est générale, pourvu qu'on l'applique avec les précautions nécessaires.

Soit, par exemple, à calculer l'intégrale définie $\int_{z_0}^{z_1} z^m\,dz$, prise suivant un chemin quelconque ne passant pas par l'origine, m étant un nombre réel ou complexe différent de -1. Une fonction primitive est $\dfrac{z^{m+1}}{m+1}$, et la formule générale (10) devient ici

$$\int_{z_0}^{z_1} z^m\,dz = \frac{z_1^{m+1} - z_0^{m+1}}{m+1};$$

pour lever l'ambiguïté que présente cette formule lorsque m n'est
pas un nombre entier, écrivons-la

$$\int_{z_0}^{z_1} z^m \, dz = \frac{e^{(m+1)\,\mathrm{Log}(z_1)} - e^{(m+1)\,\mathrm{Log}(z_0)}}{m+1}.$$

La valeur initiale $\mathrm{Log}(z_0)$ étant choisie, la valeur de z^m est
fixée par là même tout le long du chemin d'intégration, ainsi que
la valeur finale $\mathrm{Log}(z_1)$. La valeur de l'intégrale dépend à la fois
de la valeur initiale choisie pour $\mathrm{Log}(z_0)$ et du chemin d'intégration. De même, la formule

$$\int_{z_0}^{z_1} \frac{f'(z)}{f(z)} \, dz = \mathrm{Log}[f(z_1)] - \mathrm{Log}[f(z_0)]$$

ne présente aucune difficulté d'interprétation, pourvu que le long
du chemin d'intégration la fonction $f(z)$ soit continue et ne s'annule pas. Le point $u = f(z)$ décrit dans son plan un arc de courbe
ne passant pas par l'origine, et le second membre est égal à la
variation de $\mathrm{Log}(u)$ le long de cet arc de courbe.

Observons encore, sans qu'il soit nécessaire d'y insister, que la
formule d'intégration par parties, étant une conséquence de la formule (10), s'étend par là même aux intégrales de fonctions d'une
variable conplexe.

283. Autre démonstration des résultats précédents. — Les propriétés des intégrales $\int f(z)\, dz$ offrent une grande analogie avec
les propriétés des intégrales curvilignes, où la condition d'intégrabilité est vérifiée (1, n° 145). Riemann a montré en effet que le
théorème de Cauchy se déduisait immédiatement du théorème
analogue relatif aux intégrales curvilignes. Soit $f(z) = X + iY$
une fonction holomorphe de z à l'intérieur d'une région D à contour
simple ; l'intégrale prise le long d'un contour fermé C situé dans
cette région est la somme de deux intégrales curvilignes :

$$\int_{(C)} f(z)\,dz = \int_{(C)} X\,dx - Y\,dy + i \int_{(C)} Y\,dx + X\,dy,$$

et, d'après les relations qui lient les dérivées des fonc-.

tions X, Y,

$$\frac{\partial X}{\partial x} = \frac{\partial Y}{\partial y}, \qquad \frac{\partial X}{\partial y} = -\frac{\partial Y}{\partial x},$$

ces deux intégrales curvilignes sont nulles ([1]) (I, n° 145).

Il en résulte que l'intégrale $\int_{z_0}^{z} f(z)\,dz$, prise d'un point fixe z_0 jusqu'à un point variable z, est une fonction uniforme $\Phi(z)$ dans le domaine D. Séparons la partie réelle et le coefficient de i dans cette fonction,

$$\Phi(z) = P(x,y) + i\,Q(x,y),$$

$$P(x,y) = \int_{(x_0,y_0)}^{(x,y)} X\,dx - Y\,dy, \qquad Q(x,y) = \int_{(x_0,y_0)}^{(x,y)} Y\,dx + X\,dy\,;$$

les fonctions P et Q admettent les dérivées partielles

$$\frac{\partial P}{\partial x} = X, \qquad \frac{\partial P}{\partial y} = -Y, \qquad \frac{\partial Q}{\partial x} = Y, \qquad \frac{\partial Q}{\partial y} = X$$

qui satisfont aux conditions

$$\frac{\partial P}{\partial x} = \frac{\partial Q}{\partial y}, \qquad \frac{\partial P}{\partial y} = -\frac{\partial Q}{\partial x}.$$

Par conséquent, $P + iQ$ est une fonction holomorphe de z dont la dérivée est $X + iY$, c'est-à-dire $f(z)$.

Si la fonction $f(z)$ est discontinue en un certain nombre de points dans D, il en est de même de l'une au moins des fonctions X, Y, et les intégrales curvilignes $P(x,y)$, $Q(x,y)$ admettent en général des périodes provenant de lacets décrits autour des points de discontinuités (I, n° 146). Il en sera donc de même de l'intégrale $\int_{z_0}^{z} f(z)\,dz$. Nous reprendrons l'étude de ces periodes, après avoir approfondi la nature des points singuliers de $f(z)$.

Considérons, pour donner au moins un exemple, l'intégrale $\int_{1}^{z} \frac{dz}{z}$; nous avons, en séparant la partie réelle et le coefficient de i,

$$\int_{1}^{z} \frac{dz}{z} = \int_{(1,0)}^{(x,y)} \frac{dx + i\,dy}{x + iy} = \int_{(1,0)}^{(x,y)} \frac{x\,dx + y\,dy}{x^2 + y^2} + i \int_{(1,0)}^{(x,y)} \frac{x\,dy - y\,dx}{x^2 + y^2}.$$

([1]) Il est à remarquer que la démonstration de Riemann suppose la continuité des dérivées $\frac{\partial X}{\partial x}$, $\frac{\partial X}{\partial y}$, ..., c'est-à-dire de $f'(z)$.

La partie réelle est égale à $\frac{1}{2}\log(x^2+y^2)$, quel que soit le chemin suivi.

Quant au coefficient de i, nous avons vu qu'il admet la période 2π; il est égal à l'angle dont a tourné le rayon vecteur joignant l'origine au point (x,y). Nous retrouvons bien les diverses déterminations de $\mathrm{Log}(x)$.

II. — INTÉGRALE DE CAUCHY. — SÉRIES DE TAYLOR ET DE LAURENT. POINTS SINGULIERS. — RÉSIDUS.

Nous allons maintenant exposer une suite de résultats nouveaux et importants, que Cauchy a déduits de la considération des intégrales définies prises entre des limites imaginaires.

284. Formule fondamentale. — Soit $f(z)$ une fonction holomorphe dans une région finie A, limitée par un contour Γ, formé par une ou plusieurs courbes fermées distinctes, et continue sur ce contour lui-même. Si x est un point ([1]) de la région A, la fonction

$$\frac{f(z)}{z-x}$$

est holomorphe dans la même région, sauf au point $z=x$.

Du point x comme centre, décrivons un cercle γ de rayon ρ, situé tout entier dans A; la fonction précédente est alors holomorphe dans la région du plan limitée par le contour Γ et le cercle γ, et l'on peut lui appliquer le théorème général (n° 279). Supposons, pour fixer les idées, que le contour Γ soit composé de deux courbes fermées C, C' ($fig.$ 56), nous avons alors

$$\int_{(C)}\frac{f(z)\,dz}{z-x}=\int_{(C')}\frac{f(z)\,dz}{z-x}+\int_{(\gamma)}\frac{f(z)\,dz}{z-x};$$

les trois intégrales étant prises dans le sens indiqué par les flèches, ce qu'on peut écrire

$$\int_{\Gamma}\frac{f(z)\,dz}{z-x}=\int_{(\gamma)}\frac{f(z)\,dz}{z-x};$$

([1]) Dans ce qui suit nous aurons souvent à considérer simultanément plusieurs quantités complexes. Nous les désignerons indifféremment par les lettres $x, z, u,\ldots$ A moins que cela ne soit indiqué, la lettre x ne sera plus réservée pour désigner une variable réelle.

l'intégrale $\int_{(\Gamma)}$ désignant l'intégrale prise le long du contour total T

Fig. 56.

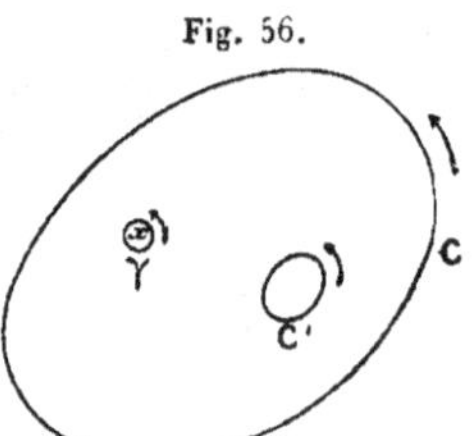

dans le sens direct. Si le rayon ρ du cercle γ est très petit, la valeur de $f(z)$ en un point de ce cercle diffère très peu de $f(x)$.

$$f(z) = f(x) + \delta,$$

$|\delta|$ étant très petit. Remplaçons $f(z)$ par cette expression, il vient

$$(11) \qquad \int_{(\Gamma)} \frac{f(z)\,dz}{z-x} = f(x) \int_{(\gamma)} \frac{dz}{z-x} + \int_{(\gamma)} \frac{\delta\,dz}{z-x}.$$

La première intégrale du second membre se calcule aisément; si l'on pose $z = x + \rho\,e^{\theta i}$, elle devient

$$\int_{(\gamma)} \frac{dz}{z-x} = \int_0^{2\pi} \frac{i\rho\,e^{\theta i}}{\rho\,e^{\theta i}}\,d\theta = 2\pi i.$$

La seconde intégrale $\int_{(\gamma)} \frac{\delta\,dz}{z-x}$ est donc indépendante du rayon ρ de la circonférence γ; d'autre part, si $|\delta|$ reste inférieur à un nombre positif η, le module de cette intégrale est plus petit que $\frac{\eta}{\rho}\,2\pi\rho = 2\pi\eta$. Or, puisque la fonction $f(z)$ est continue pour $z = x$, on peut choisir le rayon ρ assez petit pour que η soit aussi petit qu'on le veut. Cette intégrale est donc nulle, et, en divisant par $2\pi i$ les deux membres de la formule (11), il vient

$$(12) \qquad f(x) = \frac{1}{2\pi i} \int_{(\Gamma)} \frac{f(z)\,dz}{z-x}.$$

C'est la formule fondamentale de Cauchy. Elle exprime la valeur de la fonction $f(z)$ en un point quelconque x intérieur au contour au moyen des valeurs de la même fonction tout le long de ce contour.

Soit $x + \Delta x$ un point voisin de x, que nous supposerons par exemple à l'intérieur du cercle γ de rayon ρ. Nous avons aussi

$$f(x + \Delta x) = \frac{1}{2\pi i} \int_{(\Gamma)} \frac{f(z)\,dz}{z - x - \Delta x}$$

et par suite, en retranchant membre à membre et divisant par Δx,

$$\frac{f(x + \Delta x) - f(x)}{\Delta x} = \frac{1}{2\pi i} \int_{(\Gamma)} \frac{f(z)\,dz}{(z - x)(z - x - \Delta x)}.$$

Lorsque Δx tend vers zéro, la fonction sous le signe $\int$ a pour limite $\frac{f(z)}{(z - x)^2}$. Pour démontrer rigoureusement qu'on a le droit d'appliquer la formule de différentiation habituelle, écrivons cette intégrale

$$\int_{(\Gamma)} \frac{f(z)\,dz}{(z - x)(z - x - \Delta x)} = \int_{(\Gamma)} \frac{f(z)\,dz}{(z - x)^2} + \int_{(\Gamma)} \frac{\Delta x\, f(z)\,dz}{(z - x)^2 (z - x - \Delta x)}$$

Soient M une limite supérieure de $|f(z)|$ le long de Γ, L la longueur de ce contour et δ une limite inférieure de la distance d'un point quelconque du cercle γ à un point quelconque de Γ. Le module de la dernière intégrale est inférieur à $\frac{ML}{\delta^3} |\Delta x|$ et par conséquent tend vers zéro en même temps que $|\Delta x|$. En passant à la limite, on a donc

$$(13) \qquad f'(x) = \frac{1}{2\pi i} \int_{(\Gamma)} \frac{f(z)\,dz}{(z - x)^2}.$$

On démontre de la même façon que la formule habituelle de différentiation sous le signe $\int$ est applicable à cette nouvelle intégrale [1] et à toutes celles qui s'en déduisent, et l'on obtient successivement

$$f''(x) = \frac{1.2}{2\pi i} \int_{(\Gamma)} \frac{f(z)\,dz}{(z - x)^3}, \qquad f'''(x) = \frac{1.2.3}{2\pi i} \int_{(\Gamma)} \frac{f(z)\,dz}{(z - x)^4}$$

et, d'une façon générale,

$$(14) \qquad f^{(n)}(x) = \frac{1.2\ldots n}{2\pi i} \int_{(\Gamma)} \frac{f(z)\,dz}{(z - x)^{n+1}}.$$

---

[1] La formule générale de différentiation sous le signe $\int$ sera établie plus loin (Chap. XVII).

6

Nous voyons donc que, si une fonction $f(z)$ est holomorphe dans une certaine région du plan, la suite des dérivées successives de cette fonction est illimitée, et toutes ces dérivées sont aussi des fonctions holomorphes dans la même région. Il est à remarquer que nous sommes arrivés à ce résultat en supposant seulement l'existence de la première dérivée.

Remarque. — Les raisonnements de ce paragraphe conduisent à des conclusions plus générales. Soit $\varphi(z)$ une fonction continue (mais pas nécessairement analytique) de la variable complexe z le long d'un arc de courbe Γ, fermé ou non.

L'intégrale définie

$$F(x) = \int_{(\Gamma)} \frac{\varphi(z)\,dz}{z-x}$$

a une valeur déterminée pour toute valeur de x, non située sur le chemin d'intégration. Les calculs faits tout à l'heure prouvent que le rapport $\dfrac{F(x + \Delta x) - F(x)}{\Delta x}$ a pour limite l'intégrale définie

$$F'(x) = \int_{(\Gamma)} \frac{\varphi(z)\,dz}{(z-x)^2},$$

lorsque $|\Delta x|$ tend vers zéro ; $F(x)$ est donc une fonction analytique holomorphe dans toute région du plan ne contenant aucun point de Γ, mais, si la fonction $\varphi(z)$ est donnée arbitrairement sur Γ, la valeur de $F(x)$ en un point x en dehors du contour ne tend pas en général vers $\varphi(z)$ lorsque le point x tend vers un point z du contour ([1]). On trouve tout pareillement que la dérivée $n^{\text{ième}}$ $F^{(n)}(x)$ a pour expression

$$F^{(n)}(x) = n! \int_{(\Gamma)} \frac{\varphi(z)\,dz}{(z-x)^{n+1}};$$

285. Théorème de Morera. — Le théorème fondamental de Cauchy admet une proposition réciproque due à Morera, qui s'énonce ainsi: *Si une fonction $f(z)$ de la variable complexe z est continue dans une région* A, *et si l'intégrale définie* $\int_C f(z)\,dz$, *prise le long d'un contour*

([1]) Par exemple, si le contour Γ est le cercle de rayon un ayant son centre à l'origine, et si l'on prend $\varphi(z) = \dfrac{1}{z}$ sur ce contour, on vérifie facilement que l'intégrale $F(x)$ est nulle en tout point x intérieur au cercle.

fermé quelconque C *situé dans* A *est nulle,* $f(z)$ *est une fonction holomorphe dans* A.

En effet, l'intégrale définie $F(z) = \int_{z_0}^{z} f(t)\,dt$ prise entre les deux points z_0, z de la région A, le long d'un chemin quelconque situé dans cette région, a une valeur déterminée indépendante de ce chemin; si le point z_0 est supposé fixe, c'est une fonction de z. Les raisonnements du n° 282 montrent que le rapport $\dfrac{\Delta F}{\Delta z}$ a pour limite $f(z)$ lorsque $|\Delta z|$ tend vers zéro. La fonction $F(z)$ est donc une fonction holomorphe de z, ayant pour dérivée $f(z)$, et par suite cette dérivée est aussi une fonction holomorphe.

286. Série de Taylor. — *Soit* $f(z)$ *une fonction holomorphe à l'intérieur d'un cercle* C *de centre* a; *la valeur de cette fonction en un point quelconque* x *pris dans ce cercle est égale à la somme de la série convergente*

$$(15) \qquad f(x) = f(a) + \frac{x-a}{1} f'(a)$$
$$+ \frac{(x-a)^2}{1 \cdot 2} f''(a) + \ldots + \frac{(x-a)^n}{1 \cdot 2 \ldots n} f^{(n)}(a) + \ldots .$$

Nous pouvons supposer pour la démonstration que la fonction $f(z)$ est holomorphe sur la circonférence C elle-même; en effet, x étant un point quelconque intérieur au cercle, on peut toujours trouver une circonférence C′ de centre a et de rayon inférieur à celui de C, qui renferme le point x à l'intérieur, et l'on raisonnera sur ce cercle C′ comme nous allons le faire avec C. Cela posé, x étant un point à l'intérieur de C, nous avons, d'après la formule fondamentale,

$$(12 \; bis) \qquad f(x) = \frac{1}{2\pi i} \int_{(C)} \frac{f(z)}{z-x}\,dz ;$$

écrivons $\dfrac{1}{z-x}$ sous la forme suivante :

$$\frac{1}{z-x} = \frac{1}{z-a-(x-a)} = \frac{1}{z-a}\left(\frac{1}{1 - \dfrac{x-a}{z-a}} \right)$$

ou, en effectuant la division jusqu'à un reste de degré $n+1$

en $x - a$:

$$\frac{1}{z-x} = \frac{1}{z-a} + \frac{x-a}{(z-a)^2} + \frac{(x-a)^2}{(z-a)^3} + \dots$$
$$+ \frac{(x-a)^n}{(z-a)^{n+1}} + \frac{(x-a)^{n+1}}{(z-x)(z-a)^{n+1}} + \dots$$

Remplaçons $\dfrac{1}{z-x}$ par cette expression dans la formule (12 *bis*) et faisons sortir du signe $\int$ les facteurs $x-a$, $(x-a)^2$, $\dots$ indépendants de z; il vient

$$f(x) = \mathrm{J}_0 + \mathrm{J}_1(x-a) + \dots + \mathrm{J}_n(x-a)^n + \mathrm{R}_n,$$

les coefficients J_0, J_1, $\dots$, J_n et le reste R_n ayant pour valeurs

$$(16) \begin{cases} \mathrm{J}_0 = \dfrac{1}{2\pi i} \displaystyle\int_{(C)} \frac{f(z)\,dz}{z-a}, & \mathrm{J}_1 = \dfrac{1}{2\pi i} \displaystyle\int_{(C)} \frac{f(z)\,dz}{(z-a)^2}, & \dots, \\[2em] \mathrm{J}_n = \dfrac{1}{2\pi i} \displaystyle\int_{(C)} \frac{f(z)\,dz}{(z-a)^{n+1}}, & \mathrm{R}_n = \dfrac{1}{2\pi i} \displaystyle\int_{(C)} \left(\frac{x-a}{z-a}\right)^{n+1} \frac{f(z)\,dz}{z-x}. \end{cases}$$

Lorsque le nombre n augmente indéfiniment, le reste R_n tend vers zéro. Soient en effet M une limite supérieure du module de $f(z)$ tout le long du cercle C, R le rayon de ce cercle et r le module de $x-a$. On a $|z-x| > \mathrm{R} - r$ et, par suite, $\left|\dfrac{1}{z-x}\right| < \dfrac{1}{\mathrm{R}-r}$, lorsque z décrit le cercle C; le module de R_n est donc inférieur à $\dfrac{1}{2\pi} \left(\dfrac{r}{\mathrm{R}}\right)^{n+1} \dfrac{\mathrm{M}}{\mathrm{R}-r} 2\pi\mathrm{R} = \dfrac{\mathrm{MR}}{\mathrm{R}-r} \left(\dfrac{r}{\mathrm{R}}\right)^{n+1}$, et le facteur $\left(\dfrac{r}{\mathrm{R}}\right)^{n+1}$ tend vers zéro lorsque n augmente indéfiniment. Il s'ensuit que $f(x)$ est égal à la somme de la série convergente

$$f(x) = \mathrm{J}_0 + \mathrm{J}_1(x-a) + \dots + \mathrm{J}_n(x-a)^n + \dots.$$

Or, si l'on fait $x = a$ dans les formules (12), (13), (14), le contour Γ étant le cercle C, il vient

$$\mathrm{J}_0 = f(a), \qquad \mathrm{J}_1 = f'(a), \qquad \dots, \qquad \mathrm{J}_n = \frac{f^{(n)}(a)}{1.2\dots n}, \qquad \dots;$$

la série obtenue est donc identique à la série (15), c'est-à-dire à la série de Taylor.

Le cercle C est un cercle de centre a à l'intérieur duquel la fonc-tion est holomorphe; il est clair qu'on obtiendra le plus grand cercle satisfaisant à cette condition en prenant pour rayon la distance du point a au point singulier de $f(z)$ le plus rapproché de a. C'est aussi le cercle de convergence de la série qui est au second membre ([1]).

Cet important théorème met en évidence l'identité des deux définitions que nous avons données pour les fonctions analytiques (n°s 188 et 257). En effet, toute série entière représente une fonction holomorphe dans son cercle de convergence (n° 262), et inversement nous venons de voir que toute fonction holomorphe dans un cercle de centre a peut être développée en série entière ordonnée suivant les puissances de $x - a$, et convergente dans ce cercle. Remarquons aussi qu'un certain nombre de résultats établis antérieurement deviennent presque intuitifs; par exemple, en appliquant le théorème aux fonctions $\mathrm{Log}(1+z)$ et $(1+z)^m$, qui sont holomorphes dans le cercle de rayon un ayant pour centre l'origine, on retrouve les formules des n°s 271 et 272. Considérons encore le quotient de deux séries entières $\dfrac{f(x)}{\varphi(x)}$, convergentes l'une et l'autre dans un cercle de rayon R; si la série $\varphi(x)$ n'est pas nulle pour $x = 0$, comme elle est continue, on peut décrire un cercle de rayon $r \leqq \mathrm{R}$, à l'intérieur duquel elle ne s'annule pas. La fonction $\dfrac{f(x)}{\varphi(x)}$ est alors holomorphe dans le cercle de rayon r, et par suite peut être développée en série entière dans le voisinage de l'origine (I, n° 179). On pourra vérifier de même le théorème relatif à la substitution d'une série dans une autre série, etc.

Remarque. — Soit $f(z)$ une fonction holomorphe à l'intérieur d'un cercle C de centre a et de rayon r, et continue sur ce cercle lui-même. Le module $|f(z)|$ de la fonction sur le cercle C est une fonction continue, dont nous désignerons la valeur maximum par $\mathfrak{M}(r)$. D'autre part, le coefficient a_n de $(x - a)^n$ dans le développement de $f(z)$ est égal à $\dfrac{1}{n!} f^{(n)}(a)$, c'est-à-dire à

$$\frac{1}{2i\pi} \int_{(\mathrm{C})} \frac{f(z)\,dz}{(z-a)^{n+1}};$$

([1]) Cette dernière conclusion exige, sur la nature des points singuliers, quelques explications qui seront données dans le Chapitre consacré au prolongement analytique.

on a donc

$$(17) \qquad A_n = |a_n| < \frac{1}{2\pi} \frac{\mathfrak{M}(r)}{r^{n+1}} 2\pi r = \frac{\mathfrak{M}(r)}{r^n},$$

de sorte que $\mathfrak{M}(r)$ est supérieur à tous les produits $A_n r^n$ ([1]). On pourra prendre $\mathfrak{M}(r)$ à la place de M dans l'expression de la fonction majorante (I, n° 177).

Voici une application importante de la première de ces inégalités. Si $f(z)$ est holomorphe dans un domaine D, le module de $f(z)$ ne peut passer par un maximum *à l'intérieur de ce domaine.* Supposons en effet que ce module prenne une valeur maximum H pour un point $z = a$ intérieur au domaine D Du point a pour centre, décrivons un cercle situé dans D et de rayon r assez petit pour que le module maximum de $f(z)$ le long de ce cercle $\mathfrak{M}(r)$ soit au plus égal à H. D'après la première des inégalités (17) on a $H = |f(a)| < \mathfrak{M}(r)$, ce qui est incompatible avec la condition $\mathfrak{M}(r) \leq H$.

Le raisonnement ne pourrait être en défaut que si le module de $f(z)$ conservait une valeur constante dans un cercle de centre a. La fonction $f(z)$ se réduit alors à une constante (page 43, note).

On voit de même que $f(z)$ ne peut avoir dans D de minimum différent de zéro, car le module de la fonction inverse passerait par un maximum.

287. Théorème de Liouville. — Si la fonction $f(x)$ est holomorphe pour toute valeur finie de x. le développement par la formule de Taylor est valable, quel que soit a, dans toute l'étendue du plan, et la fonction considérée est une *fonction entière.* Des expressions obtenues pour les coefficients on conclut aisément la proposition suivante, due à Liouville :

Toute fonction entière, dont le module reste inférieur à un nombre fixe **M**, *se réduit a une constante.*

([1]) Les inégalités (17) sont comprises dans une inégalité plus générale

$$\{\mathfrak{M}(r)\}^2 \geqq \Sigma |a_n|^2 r^{2n}.$$

[GUTZMER, *Ein Satz über Potenzreihen* (*Mathematische Annalen*, t. **XXXII** 1888, p. 596-600).]

Les coefficients $a_i (i > 0)$ peuvent aussi s'exprimer au moyen de la partie réelle de $f(z)$ sur le cercle C (*Exercice* n° 30).

Supposons en effet qu'on développe $f(x)$ suivant les puissances de $x-a$, et soit a_n le coefficient de $(x-a)^n$. Il est clair que $\mathfrak{M}(r)$ est inférieur à M, quel que soit le rayon r, et par suite $|a_n|$ est $< \dfrac{M}{r^n}$. Mais le rayon r peut être pris aussi grand qu'on le veut; on a donc $a_n = 0$, si $n \geqq 1$, et $f(x)$ se réduit à une constante $f(a)$.

Plus généralement, soit $f(x)$ une fonction entière telle que le module de $\dfrac{f(x)}{x^m}$ reste inférieur à un nombre fixe M, pour les valeurs de x de module supérieur à un nombre positif R; *la fonction $f(x)$ se réduit à un polynome, de degré m au plus.* Imaginons en effet qu'on développe $f(x)$ suivant les puissances de x, et soit a_n le coefficient de x^n. Si le rayon r du cercle C est supérieur à R, on a $\mathfrak{M}(r) < M r^m$, et par suite $|a_n| < M r^{m-n}$. Si $n > m$, on a donc $a_n = 0$, puisque $M r^{m-n}$ peut être rendu plus petit que tout nombre donné, en choisissant r assez grand.

288. Série de Laurent. — Le raisonnement par lequel Cauchy démontre la formule de Taylor est susceptible de généralisations étendues. Ainsi, soit $f(z)$ une fonction holomorphe dans une couronne circulaire comprise entre deux cercles concentriques C et C', ayant pour centre le point a; nous allons montrer que *la valeur $f(x)$ de la fonction en un point quelconque x pris dans cette région est égale à la somme de deux séries convergentes, l'une ordonnée suivant les puissances positives de $x-a$, l'autre suivant les puissances positives de $\dfrac{1}{x-a}$* [1]

Nous pouvons supposer, comme tout à l'heure, que la fonction $f(z)$ est holomorphe sur les cercles C, C' eux-mêmes. Soient R, R' les rayons de ces cercles et r le module de $x-a$; si C' est le cercle intérieur, on a $R' < r < R$. Du point x comme centre décrivons un petit cercle γ, situé tout entier entre C et C'. Nous avons l'égalité

$$\int_{(C)} \frac{f(z)\,dz}{z-x} = \int_{(C')} \frac{f(z)\,dz}{z-x} + \int_{(\gamma)} \frac{f(z)\,dz}{z-x},$$

---

[1] *Comptes rendus de l'Académie des Sciences*, t. XVII. — Voir *Œuvres de Cauchy*, 1ʳᵉ série, t. VIII, p. 115.

les intégrales étant prises dans un sens convenable; la dernière intégrale, prise le long de γ, est égale à $2\pi i f(x)$, et nous pouvons encore écrire la relation précédente

$$(18) \qquad f(x) = \frac{1}{2\pi i} \int_{(C)} \frac{f(z)\,dz}{z - x} + \frac{1}{2\pi i} \int_{(C')} \frac{f(z)\,dz}{x - z},$$

les intégrales étant toujours prises dans le même sens.

Nous trouvons encore, en reprenant les raisonnements du n° 286, qu'on a

$$(19) \quad \frac{1}{2\pi i} \int_{(C)} \frac{f(z)\,dz}{z - x} = J_0 + J_1(x - a) + \ldots + J_n(x - a)^n + \ldots,$$

les coefficients J_0, J_1, ..., J_n, ... étant donnés par les formules (16). Pour développer en série la seconde intégrale, observons qu'on a

$$\frac{1}{x - z} = \frac{1}{x - a}\left(\frac{1}{1 - \dfrac{z - a}{x - a}}\right) = \frac{1}{x - a} + \frac{z - a}{(x - a)^2} + \ldots$$
$$+ \frac{(z - a)^{n-1}}{(x - a)^n} + \frac{(z - a)^n}{(x - z)(x - a)},$$

et que l'intégrale du terme complémentaire

$$\frac{1}{2\pi i} \int_{(C')} \left(\frac{z - a}{x - a}\right)^n \frac{f(z)}{x - z}\,dz$$

tend vers zéro lorsque n augmente indéfiniment. En effet, si M' est le module maximum de $f(z)$ le long de C', le module de cette intégrale est inférieur à

$$\frac{1}{2\pi}\left(\frac{R'}{r}\right)^n \frac{M'}{r - R'}\, 2\pi R' = \frac{M'R'}{r - R'}\left(\frac{R'}{r}\right)^n,$$

et le facteur $\dfrac{R'}{r}$ est inférieur à un. Nous avons donc aussi

$$(20) \quad \frac{1}{2\pi i} \int_{(C')} \frac{f(z)\,dz}{x - z} = \frac{K_1}{x - a} + \frac{K_2}{(x - a)^2} + \ldots + \frac{K_n}{(x - a)^n} + \ldots,$$

le coefficient K_n étant égal à l'intégrale définie

$$(21) \qquad K_n = \frac{1}{2\pi i} \int_{(C')} (z - a)^{n-1} f(z)\,dz.$$

Il suffit maintenant d'ajouter les deux développements (19) et (20) pour avoir le développement de $f(x)$.

Dans les formules (16) et (21) qui donnent les coefficients J_n et K_n, on peut prendre les intégrales le long d'un cercle quelconque Γ compris entre C et C', ayant pour centre le point a, car les fonctions sous le signe $\int$ sont holomorphes dans la couronne. Si l'on convient de faire varier l'indice n de $-\infty$ à $+\infty$, on peut alors écrire le développement de $f(x)$

$$(22) \qquad f(x) = \sum_{n=-\infty}^{+\infty} J_n (x-a)^n,$$

le coefficient J_n ayant pour expression, quel que soit le signe de n,

$$(23) \qquad J_n = \frac{1}{2\pi i} \int_{(\Gamma)} \frac{f(z)\,dz}{(z-a)^{n+1}}.$$

Remarques. — 1° Une même fonction $f(x)$ peut admettre des développements tout à fait différents, suivant la région considérée. Prenons par exemple une fraction rationnelle $f(x)$, dont le dénominateur n'a que des racines simples de modules différents; soient a, b, c, ..., l ces racines rangées par ordre de modules croissants. En faisant abstraction de la partie entière qui n'intervient pas ici, on a

$$f(x) = \frac{A}{x-a} + \frac{B}{x-b} + \frac{C}{x-c} + \ldots + \frac{L}{x-l}.$$

Dans le cercle de rayon $|a|$, ayant pour centre l'origine, chacune des fractions simples peut être développée suivant les puissances positives de x, et le développement de $f(x)$ est identique à celui que donne la formule de Maclaurin

$$f(x) = -\left(\frac{A}{a} + \ldots + \frac{L}{l}\right) - \left(\frac{A}{a^2} + \ldots + \frac{L}{l^2}\right) x - \ldots$$
$$- \left(\frac{A}{a^{n+1}} + \ldots + \frac{L}{l^{n+1}}\right) x^n - \ldots.$$

Dans la couronne comprise entre les deux cercles de rayons $|a|$ et $|b|$, les fractions $\dfrac{1}{x-b}$, $\dfrac{1}{x-c}$, ..., $\dfrac{1}{x-l}$ peuvent être développées suivant les puissances positives de x, mais $\dfrac{1}{x-a}$ doit être développée suivant les puissances positives de $\dfrac{1}{x}$, et l'on a

$$f(x) = -\left(\frac{B}{b} + \ldots + \frac{L}{l}\right) - \left(\frac{B}{b^2} + \ldots + \frac{L}{l^2}\right)x - \ldots$$
$$-\left(\frac{B}{b^{n+1}} + \ldots + \frac{L}{l^{n+1}}\right)x^n - \ldots + \frac{A}{x} + \frac{Aa}{x^2} + \ldots + \frac{Aa^{n-1}}{x^n} + \ldots.$$

Dans la couronne suivante, on aura un développement analogue, et ainsi de suite. Enfin, à l'extérieur du cercle de rayon $|l|$, on n'aura que des puissances de $\dfrac{1}{x}$:

$$f(x) = \frac{A + \ldots + L}{x} + \frac{Aa + \ldots + Ll}{x^2} + \ldots + \frac{Aa^{n-1} + \ldots + Ll^{n-1}}{x^n} + \ldots.$$

2° D'une façon générale, soient

$$f_1(x) = a_0 + a_1 x + \ldots + a_n x^n + \ldots$$

une série entière en x convergente dans un cercle C de rayon R, et

$$f_2(x) = b_0 + b_1 \frac{1}{x} + \ldots + b_n \left(\frac{1}{x}\right)^n + \ldots$$

une série entière en $\dfrac{1}{x}$ convergente à l'extérieur d'un cercle C′ de rayon R′ (R′ < R), les deux cercles C et C′ ayant pour centre l'origine. Il est clair que la somme

$$f(x) = f_1(x) + f_2(x)$$

est une fonction holomorphe dans la couronne circulaire comprise entre C et C′, et l'on a son développement en série de Laurent en ajoutant les deux séries. Le produit $\varphi(x) = f_1(x)f_2(x)$ est aussi une fonction holomorphe dans cette couronne, et, comme les deux séries sont absolument convergentes dans ce domaine, on peut faire leur produit en les multipliant terme à terme et groupant les produits partiels dans un ordre arbitraire (I, n°ˢ 160 et 161); on peut donc réunir tous les produits partiels de même degré en x. On obtient ainsi une série de Laurent qui représente le produit $\varphi(x) = f_1 f_2$:

$$\varphi(x) = \sum_{-\infty}^{+\infty} c_m x^m,$$

où

$$c_m = a_m b_0 + a_{m+1} b_1 + \ldots + a_{m+n} b_n + \ldots,$$

lorsque m est positif ou nul, les coefficients où m est négatif ayant une expression analogue.

Par exemple, la fonction $f(x) = \sqrt{\dfrac{(x-a)(b-x)}{x}}$, où l'on suppose

$|a| < |b|$, est holomorphe dans la couronne circulaire comprise entre les deux cercles C_a, C_b, de rayons $|a|$ et $|b|$, décrits de l'origine pour centre. Pour avoir son développement dans ce domaine, il suffit de l'écrire $f(x) = \sqrt{1 - \dfrac{a}{x}} \times \sqrt{b - x}$, et de faire le produit des deux séries entières en $\dfrac{1}{x}$ et en x, qui représentent respectivement les deux facteurs $\sqrt{1 - \dfrac{a}{x}}$ et $\sqrt{b - x}$ à l'extérieur du cercle C_a et à l'intérieur du cercle C_b.

289. Séries diverses. — Les démonstrations de la formule de Taylor et de la formule de Laurent reposent en définitive sur un développement particulier de la fraction simple $\dfrac{1}{z - x}$, lorsque le point x reste à l'intérieur ou à l'extérieur d'un cercle fixe. M. Appell a montré qu'on pouvait encore généraliser ces formules, en considérant une fonction $f(x)$ holomorphe à l'intérieur d'une région A limitée par un nombre quelconque d'arcs de cercle ou de circonférences entières [1]. Considérons par exemple une fonction $f(x)$ holomorphe dans le triangle curviligne PQR (*fig.* 57) formé

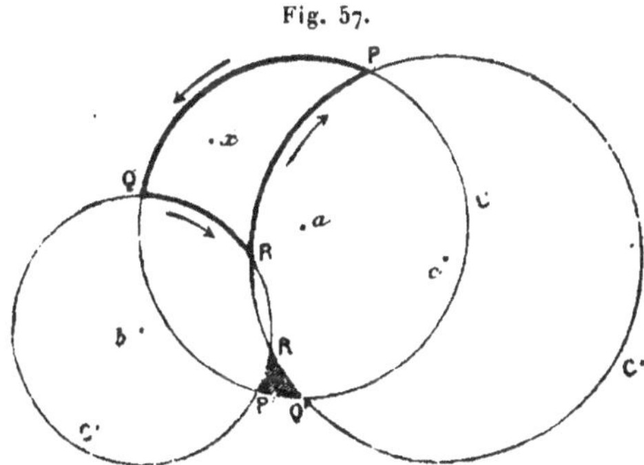

Fig. 57.

par les trois arcs de cercle PQ, QR, RP appartenant respectivement aux trois circonférences C, C', C". Nous avons, x désignant un point quelconque à l'intérieur de ce triangle curviligne,

$$(24) \qquad f(x) = \frac{1}{2\pi i} \int_{(PQ)} \frac{f(z)\,dz}{z - x} + \frac{1}{2\pi i} \int_{(QR)} \frac{f(z)\,dz}{z - x} + \frac{1}{2\pi i} \int_{(RP)} \frac{f(z)\,dz}{z - x}.$$

---

[1] *Acta mathematica*, t. I, 1883, p. 145.

Le long de l'arc PQ, on peut écrire, a étant le centre de C,

$$\frac{1}{z-x} = \frac{1}{z-a} + \frac{x-a}{(z-a)^2} + \ldots + \frac{(x-a)^n}{(z-a)^{n+1}} + \frac{1}{z-x}\left(\frac{x-a}{z-a}\right)^{n+1};$$

mais quand z décrit l'arc PQ, le module de $\dfrac{x-a}{z-a}$ est inférieur à un et, par suite, le module de l'intégrale

$$\frac{1}{2\pi i}\int_{(PQ)} \frac{f(z)}{z-x}\left(\frac{x-a}{z-a}\right)^{n+1} dz$$

tend vers zéro lorsque n croît indéfiniment. On a donc

$$(\alpha) \qquad \frac{1}{2\pi i}\int_{(PQ)} \frac{f(z)\,dz}{z-x} = J_0 + J_1(x-a) + \ldots + J_n(x-a)^n + \ldots,$$

les coefficients J_0, $J_1, \ldots$ étant des constantes dont il serait facile d'avoir l'expression. Le long de l'arc QR, on peut écrire de même, b étant le centre de C',

$$\frac{1}{x-z} = \frac{1}{x-b} + \frac{z-b}{(x-b)^2} + \ldots + \frac{(z-b)^{n-1}}{(x-b)^n} + \frac{1}{x-z}\left(\frac{z-b}{x-b}\right)^n;$$

comme le module de $\left(\dfrac{z-b}{x-b}\right)^n$ tend vers zéro lorsque n augmente indéfiniment, on en déduit, pour la seconde intégrale, un développement de la forme

$$(\beta) \qquad \frac{1}{2\pi i}\int_{(QR)} \frac{f(z)\,dz}{z-x} = \frac{K_1}{x-b} + \frac{K_2}{(x-b)^2} + \ldots + \frac{K_n}{(x-b)^n} + \ldots$$

On trouve de même, c étant le centre du cercle C'',

$$(\gamma) \qquad \frac{1}{2\pi i}\int_{(RP)} \frac{f(z)\,dz}{z-x} = \frac{L_1}{x-c} + \frac{L_2}{(x-c)^2} + \ldots + \frac{L_n}{(x-c)^n} + \ldots.$$

En ajoutant les trois formules (α), (β), (γ), nous obtenons pour $f(x)$ la somme de trois séries ordonnées respectivement suivant les puissances positives de $x-a$, de $\dfrac{1}{x-b}$ et de $\dfrac{1}{x-c}$. Il est clair qu'on peut transformer cette somme en une série dont tous les termes sont des fonctions rationnelles de x, par exemple en réunissant tous les termes de même degré en $x-a$, $\dfrac{1}{x-b}$, $\dfrac{1}{x-c}$. Le raisonnement qui précède s'applique quel que soit le nombre des arcs de cercle

On peut remarquer sur l'exemple précédent que les trois séries (α), (β), (γ) sont encore convergentes lorsque le point x est à l'intérieur du triangle P' Q' R', et la somme de ces trois séries est encore égale à l'intégrale $\int \dfrac{f(z)\,dz}{z-x}$, prise le long du contour du triangle PQR dans le sens direct. Or, lorsque le point x est dans le triangle $P'Q'R'$, la fonction $\dfrac{f(z)}{z-x}$ est holomorphe à l'intérieur du triangle PQR et, par suite, l'intégrale précédente est nulle. Nous obtenons donc de cette façon une série de fractions rationnelles qui est convergente lorsque x est à l'intérieur de l'un des deux triangles PQR, $P'Q'R'$, et dont *la somme est égale à $f(x)$ ou à zéro, suivant que le point x est dans le triangle* PQR *ou dans le triangle* $P'Q'R'$.

En restant dans le même ordre d'idées, M. Painlevé a obtenu des résultats plus généraux (¹). Considérons, pour rester dans un cas très simple, une courbe fermée convexe Γ, admettant une tangente qui se déplace d'une manière continue, et dont le rayon de courbure reste inférieur à une certaine limite. On peut alors, comme il est bien aisé de le voir, faire correspondre à chaque point M de Γ un cercle C tangent en ce point à Γ et renfermant cette courbe tout entière à l'intérieur, et cela de telle façon que le centre de ce cercle se déplace d'une manière continue avec M. Soit $f(z)$ une fonction holomorphe à l'intérieur du contour Γ et continue sur ce contour lui-même ; dans la formule fondamentale

$$f(x) = \frac{1}{2\pi i} \int \frac{f(z)\,dz}{z-x},$$

où x est un point intérieur à Γ, nous pouvons encore écrire

$$\frac{1}{z-x} = \frac{1}{z-a} + \frac{x-a}{(z-a)^2} + \ldots + \frac{(x-a)^n}{(z-a)^{n+1}} + \frac{1}{z-x}\left(\frac{x-a}{z-a}\right)^{n+1},$$

a désignant le centre du cercle C qui correspond au point z du contour ; a n'est plus constant, comme dans les cas déjà examinés, mais c'est une fonction continue de z, lorsque le point M décrit la courbe Γ. Malgré cela, le module de $\dfrac{x-a}{z-a}$, qui est une fonction continue de z, reste inférieur à un nombre fixe ρ plus petit que un, puisqu'il ne peut atteindre la valeur un, et par suite l'intégrale du terme complémentaire tend vers zéro lorsque n augmente indéfiniment. Nous avons donc encore

$$(25) \qquad f(x) = \frac{1}{2\pi i} \sum_{n=0}^{+\infty} \int_{(\Gamma)} \frac{(x-a)^n}{(z-a)^{n+1}} f(z)\,dz,$$

et il est clair que le terme général de cette série est un polynome

---

(¹) *Sur les lignes singulières des fonctions analytiques* (*Annales de la Faculté de Toulouse*, t. II, 1888).

entier $P_n(x)$, de degré n au plus. *La fonction $f(x)$ est donc développable en une série de polynomes à l'intérieur du contour Γ.*

La théorie des transformations conformes permet d'obtenir, pour le développement des fonctions holomorphes, des séries d'une autre espèce. Soit $f(x)$ une fonction holomorphe à l'intérieur d'une région A pouvant s'étendre jusqu'à l'infini. Supposons qu'on sache effectuer la représentation conforme de A sur un cercle C, de telle façon qu'à un point de A corresponde un point du cercle et un seul, et inversement; soit $u = \varphi(z)$ la fonction analytique qui fait correspondre à la région A un cercle C ayant pour centre le point $u = o$ dans le plan des u. Lorsque la variable u décrit ce cercle, la valeur correspondante de z est une fonction holomorphe de u. Il en est de même de $f(z)$ qui peut par conséquent être développée en série convergente ordonnée suivant les puissances de u, ou de $\varphi(z)$, lorsque la variable z reste dans la région A.

Supposons, par exemple, que la région A soit la bande indéfinie comprise entre les deux parallèles $y = \pm a$ à l'axe réel. On a vu (n° 274) qu'en posant $u = \dfrac{e^{\frac{\pi z}{2a}} - 1}{e^{\frac{\pi z}{2a}} + 1}$, on fait correspondre à cette bande un cercle de rayon un ayant pour centre le point $u = o$. Toute fonction $f(z)$ holomorphe dans la bande indéfinie considérée peut donc être développée dans cette bande en série convergente de la forme

$$f(z) = \sum_{n=0}^{+\infty} A_n \left(\frac{e^{\frac{\pi z}{2a}} - 1}{e^{\frac{\pi z}{2a}} + 1} \right).$$

290. Séries de fonctions holomorphes. Théorème de Weierstrass.

— La somme d'une série uniformément convergente, dont les termes sont des fonctions holomorphes de z, est une fonction continue de z, mais on ne pourrait pas affirmer sans autre preuve que cette somme est aussi une fonction holomorphe. Il faut encore démontrer qu'elle admet en chaque point une dérivée unique; c'est ce qu'il est aisé de faire, au moyen de l'intégrale de Cauchy.

Observons d'abord qu'une série uniformément convergente, dont les termes sont des fonctions continues d'une variable complexe z, peut être intégrée terme à terme comme dans le cas d'une variable réelle. La démonstration donnée pour les variables réelles (I, n° 107) s'applique sans modification, pourvu que le chemin d'intégration ait une longueur finie.

Cela posé, soit

$$(26) \qquad f_1(z) + f_2(z) + \ldots + f_n(z) + \ldots$$

une série dont tous les termes sont des fonctions holomorphes dans un domaine D, et qui est *uniformément convergente* dans tout ce domaine.

Étant donné un point quelconque x intérieur à D, entourons-le d'une courbe fermée Γ, située dans le domaine D, de façon que la série (26) soit uniformément convergente à l'intérieur de Γ et sur cette courbe elle-même.

Soit $\varphi(z)$ la somme de la série (26) en un point de Γ; $\varphi(z)$ est une fonction continue de z le long de ce contour, et nous avons vu (n° **284** : *Remarque*) que l'intégrale définie

$$(27) \qquad \mathrm{F}(x) = \frac{1}{2\pi i} \int_{(\Gamma)} \frac{\varphi(z)\,dz}{z-x} = \frac{1}{2\pi i} \int_{(\Gamma)} \frac{\displaystyle\sum_{\nu=1}^{+\infty} f_\nu(z)}{z-x}\,dz,$$

où x est un point quelconque de la région A intérieure à Γ, représente une fonction holomorphe dans cette région, dont la dérivée $p^{\text{iéme}}$ a pour expression

$$(28) \quad \mathrm{F}^{(p)}(x) = \frac{1.2\ldots p}{2\pi i} \int_{(\Gamma)} \frac{\varphi(z)\,dz}{(z-x)^{p+1}} = \frac{1.2\ldots p}{2\pi i} \int_{(\Gamma)} \frac{\displaystyle\sum_{\nu=1}^{+\infty} f_\nu(z)}{(z-x)^{p+1}}\,dz.$$

Mais la série (26) étant uniformément convergente sur Γ, il en est de même de la série obtenue en divisant tous les termes par $z-x$, et l'on peut écrire

$$\mathrm{F}(x) = \sum_{\nu=1}^{+\infty} \frac{1}{2\pi i} \int_{(\Gamma)} \frac{f_\nu(z)\,dz}{z-x},$$

ou encore, puisque $f_\nu(z)$ est une fonction holomorphe à l'intérieur de Γ [formule (12)],

$$\mathrm{F}(x) = f_1(x) + f_2(x) + \ldots + f_\nu(x) + \ldots.$$

La formule (28) peut de même s'écrire

$$\mathrm{F}^{(p)}(x) = f_1^{(p)}(x) + \ldots + f_\nu^{(p)}(x) + \ldots,$$

et l'on peut énoncer la proposition générale suivante due à Weierstrass :

Toute série uniformément convergente dans une région D

du plan, et dont tous les termes sont des fonctions holomorphes dans D, *représente une fonction* F(z) *holomorphe dans la même région. La dérivée* $p^{i\text{ème}}$ *de* F(z) *est égale à la somme de la série obtenue en différentiant p fois chaque terme de la série qui représente* F(z).

291. Pôles. — Toute fonction holomorphe dans un cercle de centre a est égale, à l'intérieur de ce cercle, à la somme d'une série entière

$$(29) \qquad f(z) = A_0 + A_1(z-a)\ldots + A_m(z-a)^m + \ldots$$

Nous dirons, pour abréger, que la fonction est *régulière* au point a, qui est pour la fonction un *point ordinaire;* nous appellerons *domaine* du point a l'intérieur d'un cercle C de rayon ρ, décrit du point a comme centre, où la formule (29) est applicable. Il n'est pas nécessaire, d'ailleurs, que ce soit le plus grand cercle à l'intérieur duquel la formule (29) a lieu; le rayon ρ du domaine sera souvent précisé par quelque autre propriété particulière.

Si le premier coefficient A_0 est nul, on a $f(a) = 0$, et le point a est un zéro de la fonction $f(z)$. L'ordre du zéro se définit comme pour les polynomes; si le développement de $f(z)$ commence par un terme de degré m en $z - a$,

$$f(z) = A_m(z-a)^m + A_{m+1}(z-a)^{m+1} + \ldots \qquad (m > 0),$$

où A_m n'est pas nul, on a

$$f(a) = 0, \qquad f'(a) = 0, \qquad \ldots, \qquad f^{(m-1)}(a) = 0, \qquad f^{(m)}(a) \neq 0,$$

et le point a est dit un *zéro d'ordre m.* On peut encore écrire la formule précédente

$$f(z) = (z-a)^m \varphi(z),$$

$\varphi(z)$ étant une série entière qui ne s'annule pas pour $z = a$. Cette série étant une fonction continue de z, on peut choisir le rayon ρ du domaine assez petit pour que $\varphi(z)$ ne s'annule pas dans ce domaine, et l'on voit que la fonction $f(z)$ n'aura pas d'autre zéro que le point a à l'intérieur de ce domaine. *Les zéros d'une fonction holomorphe sont des points isolés.*

Tout point non ordinaire d'une fonction uniforme $f(z)$ est dit un *point singulier*. Un point singulier a d'une fonction $f(z)$ est un *pôle*, si ce point est un point ordinaire pour l'inverse $\dfrac{1}{f(z)}$. Le développement de $\dfrac{1}{f(z)}$ suivant les puissances de $z - a$ ne peut renfermer de terme constant, car le point a serait alors un point ordinaire pour $f(z)$. Supposons que le développement commence par un terme de degré m en $z - a$,

$$(30) \qquad \frac{1}{f(z)} = (z - a)^m \varphi(z),$$

$\varphi(z)$ désignant une fonction régulière dans le domaine du point a, qui n'est pas nulle pour $z = a$. On en déduit inversement

$$(31) \qquad f(z) = \frac{1}{(z - a)^m}\, \frac{1}{\varphi(z)} = \frac{\psi(z)}{(z - a)^m},$$

$\psi(z)$ désignant encore une fonction régulière dans le domaine du point a, qui n'est pas nulle pour $z = a$. Cette formule peut s'écrire sous la forme équivalente

$$(31\ bis) \qquad f(z) = \frac{B_m}{(z - a)^m} + \frac{B_{m-1}}{(z - a)^{m-1}} + \ldots + \frac{B_1}{z - a} + P(z - a),$$

en désignant par $P(z - a)$, comme nous le ferons souvent par la suite, une fonction régulière pour $z = a$, et $B_m, B_{m-1}, \ldots, B_1$ étant des constantes. Quelques-uns des coefficients $B_1, B_2, \ldots, B_{m-1}$ peuvent être nuls, mais le coefficient B_m est certainement différent de zéro; le nombre entier m est dit *l'ordre du pôle*. On voit qu'un pôle d'ordre m de $f(z)$ est un zéro d'ordre m pour $\dfrac{1}{f(z)}$ et inversement.

Dans le domaine d'un pôle a, le développement de $f(z)$ se compose d'une partie régulière $P(z - a)$ et d'un polynome entier en $\dfrac{1}{z - a}$; ce polynome est appelé la *partie principale* de $f(z)$ dans le domaine du pôle. *Lorsque le module de $z - a$ tend vers zéro, le module de $f(z)$ augmente indéfiniment, de quelque façon que le point z se rapproche du pôle.* En effet, la fonction $\psi(z)$ n'étant pas nulle pour $z = a$, supposons le rayon du domaine assez petit pour que, dans ce domaine, le module de $\psi(z)$ reste supérieur à un nombre positif M. En désignant par r le module de $z - a$, on a

$|f(z)| > \dfrac{M}{r^m}$ et, par suite, $|f(z)|$ augmente indéfiniment lorsque r tend vers zéro. La fonction $\psi(z)$ étant régulière pour $z = a$, soit C un cercle de centre a à l'intérieur duquel $\psi(z)$ est holomorphe. Le quotient $\dfrac{\psi(z)}{(z-a)^m}$ est une fonction holomorphe pour tous les points de ce cercle, sauf pour le point a lui-même. Dans le domaine a d'un pôle, la fonction $f(z)$ n'admet donc pas d'autre point singulier que le pôle lui-même; en d'autres termes, les *pôles sont des points singuliers isolés.*

292. Fonctions méromorphes. — Toute fonction uniforme qui, dans une région A, n'admet pas d'autres points singuliers que des pôles, est dite une fonction *méromorphe* dans cette région. Une fonction méromorphe dans tout le plan peut avoir une infinité de pôles, mais elle ne peut en avoir qu'un nombre fini dans une région située tout entière à distance finie. Soit en effet $f(z)$ une fonction méromorphe à l'intérieur d'un domaine A à distance finie et sur le contour Γ de ce domaine. Si elle admettait une infinité de pôles dans A, l'ensemble (E) de ces pôles aurait au moins un point limite (I, n° 4), c'est-à-dire qu'il y aurait au moins un point z, situé dans A ou sur Γ dans le voisinage duquel il y aurait une infinité de pôles. Ce point Z ne pourrait être ni un pôle, ni un point ordinaire. On voit de même que la fonction $f(z)$ ne peut admettre qu'un nombre fini de zéros dans la même région. Nous pouvons donc énoncer la proposition suivante :

Toute fonction méromorphe dans une région A, tout entière à distance finie, et sur son contour, n'admet dans cette région qu'un nombre fini de zéros et qu'un nombre fini de pôles.

Dans le voisinage d'un point quelconque a, une fonction méromorphe $f(z)$ peut se mettre sous la forme

$$(32) \qquad f(z) = (z-a)^{\mu}\varphi(z),$$

$\varphi(z)$ étant une fonction régulière qui n'est pas nulle pour $z = a$. L'exposant μ est appelé *l'ordre* de $f(z)$ au point a. Cet ordre est nul, si le point a n'est ni un pôle ni un zéro pour $f(z)$; il est égal à m, si le point a est un zéro d'ordre m de $f(z)$, et à $-n$, si a est un pôle d'ordre n pour $f(z)$.

293. Points singuliers essentiels. — Tout point singulier d'une fonction uniforme, qui n'est pas un pôle, est un *point singulier essentiel*. Un point singulier essentiel a est *isolé*, s'il est possible de décrire un cercle C de centre a, à l'intérieur duquel la fonction $f(z)$ n'ait pas d'autre point singulier que le point a lui-même; nous nous bornerons pour le moment à ceux-là.

Le théorème de Laurent fournit immédiatement un développement de la fonction $f(z)$ valable dans le voisinage d'un point singulier essentiel isolé. Soit C un cercle de centre a, à l'intérieur duquel la fonction $f(z)$ n'a pas d'autre point singulier que a; soit, d'autre part, c un cercle concentrique et intérieur à C. Dans la couronne circulaire comprise entre les deux cercles C et c, la fonction $f(z)$ est holomorphe, et par suite elle est égale à la somme d'une série ordonnée suivant les puissances, positives et négatives, de $z - a$,

$$(33) \qquad f(z) = \sum_{m=-\infty}^{+\infty} A_m (z - a)^m.$$

Ce développement est valable pour tous les points intérieurs au cercle C, sauf pour le point a, car on peut toujours prendre le rayon du cercle c inférieur à $|z - a|$, quel que soit le point z différent de a, pris dans C, et les coefficients A_m ne dépendent pas non plus de ce rayon (n° 288). Le développement (33) contient d'abord une partie régulière au point a, soit $P(z - a)$, formée par les termes à exposants positifs, d'autre part une série ordonnée suivant les puissances de $\dfrac{1}{z - a}$,

$$(34) \qquad \frac{A_{-1}}{z - a} + \frac{A_{-2}}{(z - a)^2} + \ldots + \frac{A_{-m}}{(z - a)^m} + \ldots;$$

c'est la *partie principale* de $f(z)$ dans le domaine du point singulier. Cette partie principale ne se réduit pas à un polynome, car le point $z = a$ serait alors un pôle, contrairement à l'hypothèse [1]. C'est une *fonction entière de* $\dfrac{1}{z - a}$. En effet, soit r un

____

[1] Pour n'oublier aucune hypothèse, il faudrait aussi examiner le cas où le développement de $f(z)$ à l'intérieur de C ne renferme que des puissances positives de $z - a$, la valeur $f(a)$ de la fonction au point a étant différente du terme indépendant de $z - a$ dans la série. Le point $z = a$ serait pour $f(z)$ un *point de discontinuité*. Nous écarterons cette singularité, d'un caractère tout à fait artificiel (*voir* plus loin, Chap. XVI).

nombre positif quelconque inférieur au rayon du cercle C; le coefficient A_{-m} de la série (34) a pour expression (n° **288**)

$$A_{-m} = \frac{1}{2\pi i} \int_{(C')} (z - a)^{m-1} f(z)\, dz,$$

l'intégrale étant prise suivant le cercle C' de centre a et de rayon r. On a donc

$$(35) \qquad\qquad |A_{-m}| < \mathfrak{M}(r)\, r^m,$$

$\mathfrak{M}(r)$ désignant le maximum du module de $f(z)$ le long du cercle C'. La série (34) est donc convergente pourvu que $|z - a|$ soit supérieur à r, et, comme r est un nombre positif qu'on peut supposer aussi petit qu'on le veut, la série (34) est convergente pour toute valeur de z différente de a, et nous pouvons écrire

$$f(z) = P(z - a) + G\left(\frac{1}{z - a}\right),$$

$P(z - a)$ étant une fonction régulière au point a, et $G\left(\frac{1}{z - a}\right)$ une fonction entière (¹) de $\frac{1}{z - a}$.

Lorsque le module de $z - a$ diminue indéfiniment, la valeur de $f(z)$ ne tend vers aucune limite déterminée. D'une façon plus précise, *si, du point a comme centre, on décrit un cercle C, avec un rayon arbitraire ρ, il existe toujours à l'intérieur de ce cercle des points z pour lesquels $f(z)$ diffère d'aussi peu qu'on le veut de tout nombre donné à l'avance* (**Weierstrass**).

Démontrons d'abord que, quels que soient les deux nombres positifs ρ et M, il existe des valeurs de z pour lesquelles on a à la fois $|z - a| < \rho$, $|f(z)| > M$. Si, en effet, le module de $f(z)$ était au plus égal à M lorsqu'on a $|z - a| < \rho$, $\mathfrak{M}(r)$ serait inférieur ou égal à M pour $r < \rho$, et, d'après l'inégalité (35), tous les coefficients A_{-m} seraient nuls, car le produit $\mathfrak{M}(r)\, r^m \leqq M\, r^m$ tendrait vers zéro avec r.

Considérons maintenant une valeur quelconque A. Si l'équation $f(z) = A$ admet des racines à l'intérieur du cercle C, aussi petit que soit le rayon ρ, le théorème est établi. Si l'équa-

---

(¹) Nous désignerons souvent par $G(x)$ une fonction entière de x.

tion $f(z) = A$ n'admet pas une infinité de racines dans le voisinage du point a, on peut prendre le rayon ρ assez petit pour qu'à l'intérieur du cercle C de rayon ρ, ayant pour centre a, cette équation n'ait aucune racine. La fonction $\varphi(z) = \dfrac{1}{f(z) - A}$ est alors holomorphe pour tout point z intérieur à C, sauf pour le point a; ce point a ne peut être qu'un point singulier essentiel pour $\varphi(z)$, car dans le cas contraire, ce point a serait un pôle ou un point ordinaire pour $f(z)$. Donc, d'après ce qu'on vient de démontrer, il existe des valeurs de z à l'intérieur du cercle C pour lesquelles on a

$$|\varphi(z)| > \frac{1}{\varepsilon} \qquad \text{ou} \qquad |f(z) - A| < \varepsilon,$$

aussi petit que soit le nombre positif ε.

Cette propriété distingue nettement les pôles des points singuliers essentiels. Tandis que, dans le voisinage d'un pôle, le module de la fonction $f(z)$ augmente indéfiniment, la valeur de $f(z)$ est complètement indéterminée pour un point singulier essentiel. M. Picard[1] a obtenu une proposition plus précise en montrant que toute équation $f(z) = A$ admet une infinité de racines dans le voisinage d'un point singulier essentiel, une exception ne pouvant se produire que pour une valeur particulière de A.

Exemple — Le point $z = 0$ est un point singulier essentiel pour la fonction

$$e^{\frac{1}{z}} = 1 + \frac{1}{z} + \frac{1}{1 \cdot 2} \frac{1}{z^2} + \ldots + \frac{1}{1 \cdot 2 \ldots n} \frac{1}{z^n} + \ldots,$$

il est facile de vérifier que l'équation $e^{\frac{1}{z}} = A$ admet une infinité de racines de module inférieur à ρ, aussi petit que soit ρ, pourvu que A ne soit pas nul. Soit $A = r(\cos\theta + i\sin\theta)$, on tire de l'équation précédente

$$\frac{1}{z} = \log r + i(\theta + 2k\pi):$$

pour que $|z|$ soit $< \rho$, il suffira qu'on ait

$$(\log r)^2 + (\theta + 2k\pi)^2 \geq \frac{1}{\rho^2}.$$

Il y a évidemment une infinité de valeurs du nombre entier k qui satis-

---

[1] *Annales de l'École Normale supérieure*, 2ᵉ série, t. IX, 1880, p. 145.

font à cette condition. Dans cet exemple, il y a une valeur exceptionnelle de A, à savoir $A = o$. Mais il peut aussi arriver qu'il n'y ait aucune valeur exceptionnelle; tel est le cas, par exemple, de la fonction $\sin \frac{1}{z}$.

294. Résidus. — Soit a un pôle ou un point singulier essentiel isolé d'une fonction $f(z)$. Proposons-nous de calculer l'intégrale $\int f(z)\,dz$ le long d'un cercle C de centre a, tracé dans le domaine du point a. Nous avons la partie régulière $P(z-a)$, qui donne zéro dans cette intégrale. Quant à la partie principale $G\left(\frac{1}{z-a}\right)$, on peut l'intégrer terme à terme; en effet, si le point a est un point singulier essentiel, on a une série entière qui est uniformément convergente. L'intégrale du terme général

$$\int_{(C)} \frac{A_{-m}\,dz}{(z-a)^m}$$

est nulle si l'exposant m est plus grand que un, car la fonction primitive $-\dfrac{A_{-m}}{(m-1)(z-a)^{m-1}}$ reprend la même valeur après que la variable a décrit un chemin fermé. Au contraire, si $m = 1$, l'intégrale définie $A_{-1}\int \dfrac{dz}{z-a}$ a pour valeur $2\pi i A_{-1}$, comme le prouve le calcul déjà fait au n° **284**. On a donc la formule

$$2\pi i A_{-1} = \int_{(C)} f(z)\,dz,$$

qui n'est au fond qu'un cas particulier de la formule (23), donnant les coefficients de la série de Laurent. Le coefficient A_{-1} est appelé le *résidu* de la fonction $f(z)$ relatif au point singulier a.

Considérons maintenant une fonction uniforme $f(z)$, continue sur un contour fermé Γ, et n'ayant à l'intérieur de ce contour Γ qu'un nombre fini de points singuliers a, b, c, ..., l. Soient A, B, C, ..., L les résidus correspondants; si l'on entoure chacun de ces points singuliers d'un cercle de rayon très petit, l'intégrale $\int f(z)\,dz$, prise le long de Γ dans le sens direct, est égale à la somme des intégrales prises le long des petits cercles, dans le même sens, et nous avons la formule très importante

$$(36) \qquad \int_{(\Gamma)} f(z)\,dz = 2\pi i(A + B + C + \ldots + L),$$

qui exprime que *l'intégrale $\int f(dz)$, prise le long de Γ dans le sens direct, est égale au produit de $2\pi i$ par la somme des résidus relatifs aux points singuliers de $f(z)$ intérieurs à ce contour.*

Il est clair que le théorème s'applique aussi aux contours Γ formés par plusieurs courbes fermées distinctes.

On voit, d'après cela, le rôle important des résidus : il est utile de savoir les calculer rapidement. Si un point a est un pôle d'ordre m pour $f(z)$, le produit $(z-a)^m f(z)$ est régulier au point a, et le résidu de $f(z)$ est évidemment le coefficient de $(z-a)^{m-1}$ dans le développement de ce produit. La règle se simplifie dans le cas d'un pôle simple; le résidu est alors égal à la limite du produit $(z-a)f(z)$ pour $z = a$. Le plus souvent, la fonction $f(z)$ se présente sous la forme

$$f(z) = \frac{P(z)}{Q(z)},$$

les fonctions $P(z)$ et $Q(z)$ étant régulières pour $z = a$, et $P(a)$ n'étant pas nul, tandis que a est un zéro simple pour $Q(z)$. Soit $Q(z) = (z-a)R(z)$; le résidu est égal au quotient $\frac{P(a)}{R(a)}$, ou encore, comme on le vérifie immédiatement, à $\frac{P(a)}{Q'(a)}$.

III. — APPLICATION DES THÉORÈMES GÉNÉRAUX.

Les applications du dernier théorème sont innombrables. Nous allons en donner quelques-unes, se rapportant principalement au calcul des intégrales définies et à la théorie des équations.

295. Remarques diverses. — Soit $f(z)$ une fonction telle que le produit $(z-a)f(z)$ tende vers zéro, en même temps que $|z-a|$. L'intégrale de cette fonction le long d'un cercle γ, de centre a et de rayon ρ, tend vers zéro avec le rayon de ce cercle. On peut écrire en effet

$$\int_{(\gamma)} f(z)\,dz = \int_{(\gamma)} (z-a)f(z)\frac{dz}{z-a};$$

si η est le maximum du module de $(z-a)f(z)$ le long du cercle γ, le module de l'intégrale est inférieur à $2\pi\eta$, et par conséquent tend vers zéro, puisque η est lui-même infiniment petit avec ρ. On verrait de même que, si le produit $(z-a)f(z)$ tend vers zéro lorsque le module de $z-a$ augmente indéfiniment, l'intégrale $\int_{(C)} f(z)\,dz$, prise le long d'un cercle C de centre a, tend vers zéro lorsque le rayon du cercle augmente indéfiniment. Ces remarques subsistent, si, au lieu d'intégrer le long de la circonférence entière, on intègre seulement le long d'une partie, pourvu que le produit considéré tende vers zéro le long de cette partie.

En général, on applique cette propriété à des fonctions $f(z)$ de la forme $\dfrac{\varphi(z)}{(z-a)^{\mu}}$, μ étant un exposant positif, et $\varphi(z)$ restant finie et différente de zéro pour $z=a$ ou pour z infini. Il faudra qu'on ait $\mu < 1$ dans le premier cas et $\mu > 1$ dans le second cas pour que l'intégrale ait un sens (*cf.* t. I, n°s 87 et 89).

On a souvent à chercher la limite supérieure du module d'une intégrale définie de la forme $\int_a^b f(x)\,dx$, prise le long de l'axe réel. Supposons, pour fixer les idées, $a < b$. On a vu plus haut (n° 276) que le module de cette intégrale est au plus égal à l'intégrale $\int_a^b |f(x)|\,dx$, et, par conséquent, inférieur à $\mathrm{M}(b-a)$, si M est une limite supérieure du module de $f(x)$.

296. Calcul d'intégrales définies élémentaires. — L'intégrale définie $\int_{-\infty}^{+\infty} \mathrm{F}(x)\,dx$, où $\mathrm{F}(x)$ est une fonction rationnelle, prise le long de l'axe réel, a un sens, pourvu que le dénominateur ne s'annule pour aucune valeur réelle de x et que le degré du numérateur soit inférieur au degré du dénominateur d'au moins deux unités. De l'origine comme centre, décrivons un cercle C de rayon R assez grand pour que toutes les racines du dénominateur de $\mathrm{F}(x)$ soient à l'intérieur de ce cercle, et considérons un contour d'intégration formé du diamètre BA, tracé suivant l'axe réel, et de la demi-circonférence C′ située au-dessus de l'axe réel. Les seuls points singuliers de $\mathrm{F}(z)$ situés à l'intérieur de ce contour sont des pôles, qui proviennent des racines du dénominateur de $\mathrm{F}(z)$ pour lesquelles le coefficient de i est positif. En désignant par ΣR_k la somme des résidus relatifs à ces pôles, on peut donc écrire

$$\int_{-R}^{+R} F(z)\,dz + \int_{(C')} F(z)\,dz = 2\pi i \Sigma R_k;$$

lorsque le rayon R augmente indéfiniment, l'intégrale le long de C′ tend vers zéro, puisque le produit $z F(z)$ est nul pour z infini, et il vient à la limite

$$\int_{-\infty}^{+\infty} F(x)\,dx = 2\pi i \Sigma R_k.$$

On ramène facilement aux précédentes les intégrales définies

$$\int_0^{2\pi} F(\sin x,\ \cos x)\,dx,$$

où F est une fonction rationnelle de $\sin x$ et de $\cos x$, ne devenant infinie pour aucune valeur réelle de x, et l'intégrale étant prise le long de l'axe réel. Observons d'abord qn'on ne change pas la valeur de cette intégrale en prenant pour limites x_0 et $x_0 + 2\pi$, x_0 étant un nombre quelconque; on peut donc prendre pour limites $-\pi$ et $+\pi$ par exemple. Or le changement de variable classique $\tan g \dfrac{x}{2} = t$ ramène l'intégrale considérée à l'intégrale d'une fonction rationnelle de t, prise entre les limites $-\infty$, $+\infty$, car $\tan g \dfrac{x}{2}$ croît de $-\infty$ à $+\infty$ lorsque x croît de $-\pi$ à $+\pi$.

On peut encore opérer autrement. En posant $e^{xi} = z$, on a $dx = \dfrac{dz}{iz}$, et les formules d'Euler donnent

$$\cos x = \frac{z^2 + 1}{2z}, \qquad \sin x = \frac{z^2 - 1}{2iz},$$

et l'intégrale proposée se change en une intégrale

$$\int F\left(\frac{z^2 - 1}{2iz},\ \frac{z^2 + 1}{2z} \right) \frac{dz}{iz}.$$

Quant au nouveau chemin d'intégration, lorsque x croît de o à 2π, la variable z décrit dans le sens direct le cercle de rayon un ayant pour centre l'origine. Il suffira donc de calculer les résidus de la nouvelle fonction rationnelle de z, relatifs aux pôles dont le module est inférieur à un.

Prenons par exemple l'intégrale $\int_0^{2\pi} \cot\left(\dfrac{x-a-bi}{2}\right) dx$ qui a une valeur finie, pourvu que b ne soit pas nul. Nous avons

$$\cot\left(\frac{x-a-bi}{2}\right) = i\,\frac{e^{i\left(\frac{x-a-bi}{2}\right)} + e^{-i\left(\frac{x-a-bi}{2}\right)}}{e^{i\left(\frac{x-a-bi}{2}\right)} - e^{-i\left(\frac{x-a-bi}{2}\right)}},$$

ou encore

$$\cot\left(\frac{x-a-bi}{2}\right) = i\,\frac{e^{ix} + e^{-b+ai}}{e^{ix} - e^{-b+ai}}.$$

Le changement de variable $e^{xi} = z$ conduit donc à l'intégrale

$$\int_{(C)} \frac{z + e^{-b+ai}}{z - e^{-b+ai}}\,\frac{dz}{z}.$$

La fonction à intégrer admet les deux pôles simples $z = 0$, $z = e^{-b+ai}$, et les résidus correspondants sont -1 et $+2$. Si b est positif, ces deux pôles sont à l'intérieur du contour d'intégration, et l'intégrale est égale à $2\pi i$; si b est négatif, le pôle $z = 0$ est seul à l'intérieur du contour, et l'intégrale est égale à $-2\pi i$. L'intégrale proposée est donc égale à $\pm 2\pi i$, suivant que b est positif ou négatif. Nous allons donner maintenant quelques exemples moins élémentaires.

297. Intégrales définies diverses. — 1° La fonction $\dfrac{e^{imz}}{1+z^2}$ admet les deux pôles $+i$ et $-i$, avec les résidus $\dfrac{e^{-m}}{2i}$ et $-\dfrac{e^m}{2i}$. Supposons, pour fixer les idées, m positif, et considérons le contour formé d'une demi-circonférence de rayon très grand R, ayant l'origine pour centre et située au-dessus de l'axe réel, et du diamètre qui coïncide avec l'axe réel. A l'intérieur de ce contour, la fonction $\dfrac{e^{miz}}{1+z^2}$ admet le seul pôle $z = i$, et l'intégrale prise le long du contour total est égale à πe^{-m}. Or l'intégrale le long de la demi-circonférence tend vers zéro lorsque le rayon R augmente indéfiniment, car le module du produit $\dfrac{z}{1+z^2} e^{imz}$ le long de cette courbe tend vers zéro. En effet, si l'on remplace z par $R(\cos\theta + i\sin\theta)$, on a

$$e^{miz} = e^{-mR\sin\theta + im R\cos\theta}$$

et le module $e^{-mR\sin\theta}$ reste inférieur à l'unité quand θ varie de 0 à π. Quant au module du facteur $\dfrac{z}{1+z^2}$, il est nul pour z infini. On a donc à la limite

$$\int_{-\infty}^{+\infty} \frac{e^{mix}}{1+x^2}\,dx = \pi e^{-m};$$

si l'on remplace e^{mix} par $\cos mx + i\sin mx$, le coefficient de i dans le premier membre est évidemment nul, car les éléments de l'intégrale se détruisent deux à deux. Comme on a, de plus, $\cos(-mx) = \cos mx$, on peut écrire la formule précédente

$$(37) \qquad \int_{0}^{+\infty} \frac{\cos mx}{1+x^2}\,dx = \frac{\pi}{2}\,e^{-m}.$$

2° La fonction $\dfrac{e^{iz}}{z}$ est holomorphe à l'intérieur du contour ABMB'A'NA (*fig.* 58) formé des deux demi-circonférences BMB', A'NA, décrites de

Fig. 58.

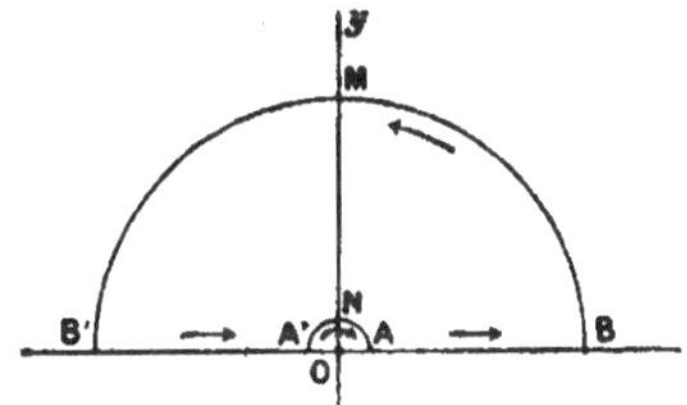

l'origine pour centre avec les rayons R et r, et des lignes droites AB, B'A'.
. On a donc la relation

$$\int_{r}^{R} \frac{e^{iz}}{x}\,dx + \int_{(\text{BMB}')} \frac{e^{iz}}{z}\,dz + \int_{-R}^{-r} \frac{e^{iz}}{x}\,dx + \int_{(\text{A'NA})} \frac{e^{iz}}{z}\,dz = 0$$

que nous pouvons aussi écrire

$$\int_{r}^{R} \frac{e^{ix}-e^{-ix}}{x}\,dx + \int_{(\text{BMB}')} \frac{e^{iz}}{z}\,dz + \int_{(\text{A NA})} \frac{e^{iz}}{z}\,dz = 0.$$

Lorsque r tend vers zéro, la dernière intégrale tend vers $-\pi i$; nous avons, en effet,

$$\frac{e^{iz}}{z} = \frac{1}{z} + P(z),$$

$P(z)$ étant une fonction régulière à l'origine,

$$\int_{(\text{A'NA})} \frac{e^{iz}}{z}\,dz = \int_{(\text{A'NA})} P(z)\,dz + \int_{(\text{A'NA})} \frac{dz}{z}.$$

L'intégrale de la partie régulière $P(z)$ devient infiniment petite avec la longueur du chemin d'intégration; quant à la dernière intégrale, elle est égale à la variation de $\mathrm{Log}(z)$ le long de $A'NA$, c'est-à-dire à $-\pi i$.

L'intégrale le long de BMB' tend vers zéro lorsque R augmente indéfiniment. On ne peut appliquer à cette intégrale la remarque du n° 295, car le produit $zf(z) = e^{iz}$ ne tend pas vers zéro en tous les points de l'arc BMB' lorsque le rayon R augmente indéfiniment; le module de ce produit a pour valeur $e^{-R\sin\theta}$, en posant $z = R(\cos\theta + i\sin\theta)$ et ne peut être supérieur à un. Mais une intégration par parties permet d'écrire

$$\int_{(BMB')} \frac{e^{iz}}{z}\,dz = \frac{1}{i}\left[\frac{e^{iz}}{z}\right]_{BMB'} + \frac{1}{i}\int_{BMB'} \frac{e^{iz}}{z^2}\,dz.$$

Le module du terme intègré est égal à $\dfrac{2}{R}$, et la nouvelle intégrale tend vers zéro quand R augmente indéfiniment, d'après la remarque du n° 295. Il en est donc de même du premier membre.

En passant à la limite, on a donc (*voir* I, n° 196)

$$\int_0^{+\infty} \frac{e^{ix} - e^{-ix}}{x}\,dx = \pi i.$$

ou

$$\int_0^{+\infty} \frac{\sin x}{x}\,dx = \frac{\pi}{2}.$$

3° L'intégrale de la fonction entière e^{-z^2} le long du contour $OABO$ formé de deux rayons OA et OB, faisant un angle de $45°$, et de l'arc de cercle AB (*fig.* 59), est égale à zéro, ce qu'on peut écrire

$$\int_0^R e^{-x^2}dx + \int_{(AB)} e^{-z^2}\,dz = \int_{OB} e^{-z^2}dz.$$

Fig. 59.

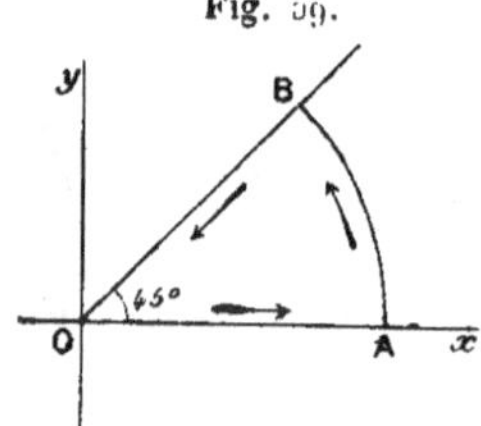

Le long de l'arc AB, le produit ze^{-z^2} ne tend pas vers zéro en tous les points de cet arc lorsque le rayon croît indéfiniment, mais le module de e^{-z^2} est au plus égal à un. Nous pouvons écrire, en opérant comme pour l'intégrale précédente,

$$\int_{(AB)} e^{-z^2}dz = \int_{(AB)} \frac{ze^{-z^2}}{z}\,dz = \left[-\frac{1}{2}\frac{e^{-z^2}}{z}\right]_{(AB)} - \frac{1}{2}\int_{(AB)} \frac{e^{-z^2}}{z^2}\,dz$$

et les deux termes du second membre tendent vers zéro lorsque le rayon R de la circonférence à laquelle appartient l'arc AB augmente indéfiniment; il en est donc de même de l'intégrale $\int_{(AB)} e^{-z^2}\,dz$.

Le long du rayon OB, on peut poser $z = \rho\left(\cos\dfrac{\pi}{4} + i\sin\dfrac{\pi}{4}\right)$, ce qui donne $e^{-z^2} = e^{-i\rho^2}$, et, en faisant croître R indéfiniment, il vient à la limite (*voir* I, n° 127)

$$\int_0^{+\infty} e^{-i\rho^2}\left(\cos\frac{\pi}{4} + i\sin\frac{\pi}{4}\right) d\rho = \int_0^{+\infty} e^{-x^2}\,dx = \frac{\sqrt{\pi}}{2},$$

ou encore

$$\int_0^{+\infty} e^{-i\rho^2}\,d\rho = \frac{\sqrt{\pi}}{2}\left(\cos\frac{\pi}{4} - i\sin\frac{\pi}{4}\right).$$

En égalant les parties réelles et les coefficients de i, on obtient la valeur des intégrales de Fresnel

$$(38) \qquad \int_0^{+\infty} \cos\rho^2\,d\rho = \frac{1}{2}\sqrt{\frac{\pi}{2}}, \qquad \int_0^{+\infty} \sin\rho^2\,d\rho = \frac{1}{2}\sqrt{\frac{\pi}{2}}.$$

298. Calcul de $\Gamma(p)\,\Gamma(1-p)$. — L'intégrale définie $\displaystyle\int_0^{+\infty} \frac{x^{p-1}\,dx}{1+x}$, où la variable x et l'exposant p sont réels, a une valeur finie pourvu que p soit positif et inférieur à un; elle est égale au produit $\Gamma(p)\Gamma(1-p)$ [1].
Pour évaluer cette intégrale, considérons la fonction $\dfrac{z^{p-1}}{1+z}$, qui admet un pôle, le point $z = -1$, et un point de ramification, le point $z = 0$. Considérons le contour $ab\,mb'a'\,na$ (*fig.* 60) formé par deux circonférences C et C', décrites de l'origine avec les rayons r et ρ respectivement, et les deux droites ab et $a'b'$, infiniment voisines, situées de part et d'autre d'une coupure tracée suivant Ox. La fonction $\dfrac{z^{p-1}}{1+z}$ est uniforme à l'intérieur de ce contour qui ne renferme qu'un point singulier, le pôle $z = -1$; pour achever de la déterminer, nous conviendrons de prendre pour argument de z celui qui est compris entre 0 et 2π. En appelant R le résidu relatif au pôle $z = -1$, nous avons donc

$$\int_{ab} \frac{z^{p-1}}{1+z}\,dz + \int_{(C)} \frac{z^{p-1}\,dz}{1+z} + \int_{b'a'} \frac{z^{p-1}}{1+z}\,dz + \int_{(C')} \frac{z^{p-1}\,dz}{1+z} = 2i\pi R.$$

---

[1] Il suffit de remplacer t par $\dfrac{1}{1+x}$ dans la formule du haut de la page 332 (t. I). La formule (39), ci-après démontrée en supposant p réel, est exacte, pourvu que la partie réelle de p soit comprise entre 0 et 1.

Les intégrales, le long des circonférences C et C', tendent vers zéro lorsque r croit indéfiniment ou lorsque ρ diminue indéfiniment, car il en est ainsi du produit $\dfrac{z^p}{1+z}$, puisqu'on a $0 < p < 1$.

Fig. 60.

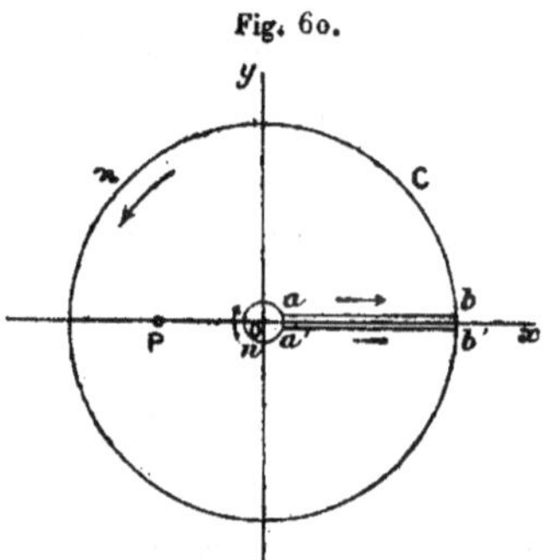

Le long de ab, z est réel; pour plus de clarté, représentons-le par x L'argument de z étant nul, z^{p-1} est égal à la valeur arithmétique x^{p-1}. Le long de $a'b'$, z est encore réel, mais son argument étant 2π, on a

$$z^{p-1} = e^{(p-1)(\log x + 2\pi i)} = e^{2\pi i (p-1)} x^{p-1}.$$

La somme des deux intégrales le long de ab et le long de $b'a'$ a donc pour limite

$$\left[1 - e^{2\pi i (p-1)} \right] \int_0^{+\infty} \frac{x^{p-1}}{1+x}\, dx.$$

Le résidu R est égal à $(-1)^{p-1}$, c'est-à-dire à $e^{(p-1)\pi i}$, car l'argument de -1 doit être pris égal à π, d'après notre convention. On a donc

$$\int_0^{+\infty} \frac{x^{p-1}}{1+x}\, dx = \frac{2\pi i\, e^{(p-1)\pi i}}{1 - e^{2\pi i (p-1)}} = \frac{2\pi i}{e^{-(p-1)\pi i} - e^{(p-1)\pi i}} = \frac{-\pi}{\sin(p-1)\pi},$$

ou enfin

$$(39) \qquad \int_0^{+\infty} \frac{x^{p-1}}{1+x}\, dx = \frac{\pi}{\sin p\pi}.$$

299. Application aux fonctions méromorphes. — Étant données deux fonctions $f(z)$, $\varphi(z)$, dont l'une $f(z)$ est méromorphe à l'intérieur d'un contour fermé C, et l'autre $\varphi(z)$ holomorphe à l'intérieur du même contour [les trois fonctions $f(z)$, $f'(z)$, $\varphi(z)$ étant continues sur le contour C], cherchons les points singuliers de la fonction $\varphi(z)\dfrac{f'(z)}{f(z)}$ intérieurs à C. Un point a qui n'est ni un pôle ni un zéro pour $f(z)$ est évidemment un point ordinaire pour la fonction $\dfrac{f'(z)}{f(z)}$ et, par suite, pour $\varphi(z)\dfrac{f'(z)}{f(z)}$. Si un point a est un pôle ou un zéro de $f(z)$, on peut écrire, dans le domaine de ce point.

$$f(z) = (z-a)^{\mu}\psi(z),$$

μ désignant un nombre entier, positif ou négatif, qui est égal à l'ordre de la fonction en ce point (n° **292**), et $\psi(z)$ étant une fonction régulière qui n'est pas nulle pour $z=a$. On en déduit, en prenant les dérivées logarithmiques,

$$\frac{f'(z)}{f(z)} = \frac{\mu}{z-a} + \frac{\psi'(z)}{\psi(z)}.$$

Comme, d'autre part, on a, dans le domaine du point a,

$$\varphi(z) = \varphi(a) + (z-a)\varphi'(a) + \ldots,$$

le point a est un pôle du premier ordre pour le produit $\varphi(z)\dfrac{f'(z)}{f(z)}$, et le résidu est égal à $\mu\varphi(a)$, c'est-à-dire à $m\varphi(a)$, si le point a est un zéro d'ordre m de $f(z)$, et à $-n\varphi(a)$, si le point a est un pôle d'ordre n de $f(z)$. Nous avons donc, d'après le théorème général des résidus, en supposant qu'il n'y ait pas de racine de $f(z)$ sur le contour C,

$$(40) \qquad \frac{1}{2\pi i}\int_{(C)}\varphi(z)\frac{f'(z)}{f(z)}\,dz = \Sigma\varphi(a) - \Sigma\varphi(b),$$

a étant l'un quelconque des zéros de $f(z)$ intérieurs à C, b l'un quelconque des pôles de $f(z)$ intérieurs à C, et chacun des pôles et des zéros étant compté autant de fois que l'exige son degré de multiplicité. La formule (40) fournit une infinité de relations, puisqu'il suffit de prendre pour $\varphi(z)$ une fonction holomorphe.

Faisons en particulier $\varphi(z) = 1$; la formule précédente devient

$$(41) \qquad N - P = \frac{1}{2\pi i}\int_{(C)}\frac{f'(z)}{f(z)}\,dz,$$

N et P désignant respectivement le nombre des zéros et le nombre des pôles de $f(z)$ à l'intérieur du contour C. Cette formule conduit

à un théorème important. En effet, $\dfrac{f'(z)}{f(z)}$ est la dérivée de $\operatorname{Log}[f(z)]$;
pour calculer l'intégrale définie du second membre de la for-
mule (41), il suffit donc de connaître la variation de

$$\log|f(z)| + i\arg f(z)$$

lorsque la variable z décrit le contour C dans le sens direct.
Mais $|f(z)|$ revient à sa valeur initiale, tandis que l'argument
de $f(z)$ augmente de $2\,\mathrm{K}\pi$, K étant un nombre entier positif ou
négatif. On a donc

$$(42) \qquad \mathrm{N} - \mathrm{P} = \frac{2\,\mathrm{K}\pi i}{2\pi i} = \mathrm{K},$$

c'est-à-dire que *la différence* $\mathrm{N} - \mathrm{P}$ *est égale au quotient
par* 2π *de la variation de l'argument de* $f(z)$, *lorsque la
variable* z *décrit le contour* C *dans le sens direct.*

Séparons dans $f(z)$ la partie réelle et le coefficient de i

$$f(z) = \mathrm{X} + \mathrm{Y}i;$$

lorsque le point $z = x + yi$ décrit le contour C dans le sens direct,
le point dont les coordonnées sont X, Y, par rapport à un système
d'axes rectangulaires de même disposition que les premiers, décrit
aussi une courbe fermée C_1, et il suffirait d'avoir tracé approxima-
tivement cette courbe C_1, pour en déduire aussitôt, à la seule ins-
pection, le nombre entier K. Il n'y aurait en effet qu'à compter le
nombre de circonférences dont a tourné, dans un sens ou dans
l'autre, le rayon vecteur joignant au point (X, Y) l'origine des
axes. On peut encore écrire la formule (42)

$$(43) \qquad \mathrm{N} - \mathrm{P} = \frac{1}{2\pi} \int_{(\mathrm{C})} d\operatorname{arc\,tang}\left(\frac{\mathrm{Y}}{\mathrm{X}}\right) = \frac{1}{2\pi} \int_{(\mathrm{C})} \frac{\mathrm{X}\,d\mathrm{Y} - \mathrm{Y}\,d\mathrm{X}}{\mathrm{X}^2 + \mathrm{Y}^2};$$

comme la fonction $\dfrac{\mathrm{Y}}{\mathrm{X}}$ reprend la même valeur après que z a décrit
le contour fermé C, l'intégrale définie

$$\int_{(\mathrm{C})} \frac{\mathrm{X}\,d\mathrm{Y} - \mathrm{Y}\,d\mathrm{X}}{\mathrm{X}^2 + \mathrm{Y}^2}$$

est égale à $\pi\mathrm{I}\left(\dfrac{\mathrm{Y}}{\mathrm{X}}\right)$, le nombre I étant égal à l'indice du quotient $\dfrac{\mathrm{Y}}{\mathrm{X}}$
le long du contour C, c'est-à-dire à l'excès du nombre de fois où

ce quotient devient infini en passant de $+\infty$ à $-\infty$ sur le nombre de fois où il devient infini en passant de $-\infty$ à $+\infty$ (I, n° **76**). Nous pouvons donc encore écrire la formule (43) sous la forme équivalente

$$(44) \qquad \mathrm{N} - \mathrm{P} = \tfrac{1}{2} \mathrm{I}\left(\frac{\mathrm{Y}}{\mathrm{X}}\right).$$

300. Application à la théorie des équations. — Lorsque la fonction $f(z)$ est elle-même holomorphe à l'intérieur du contour C, et n'admet ni pôle ni zéro sur ce contour, les formules précédentes ne renferment que les racines de l'équation $f(z) = 0$, qui sont situées à l'intérieur de C. Les formules (42), (43) et (44) font connaître le nombre N de ces racines au moyen de la variation de l'argument de $f(z)$ le long du contour C, ou au moyen de l'indice de $\frac{\mathrm{Y}}{\mathrm{X}}$. Lorsque la fonction $f(z)$ est un polynome entier en z, à coefficients quelconques, et que le contour C se compose d'un nombre fini de segments de courbes unicursales, on peut calculer cet indice par des opérations élémentaires, c'est-à-dire des multiplications et divisions de polynomes. Soit en effet AB un arc du contour qu'on peut représenter par les formules

$$x = \varphi(t), \qquad y = \psi(t),$$

$\varphi(t)$ et $\psi(t)$ désignant des fonctions rationnelles d'un paramètre t, qu'il faudra faire varier de α à β pour que le point (x, y) décrive l'arc AB dans le sens direct. En remplaçant z par $\varphi(t) + i\psi(t)$ dans le polynome $f(z)$, il vient

$$f(z) = \mathrm{R}(t) + i\mathrm{R}_1(t),$$

$\mathrm{R}(t)$ et $\mathrm{R}_1(t)$ étant des fonctions rationnelles de t à coefficients réels. L'indice de $\frac{\mathrm{Y}}{\mathrm{X}}$ le long de l'arc AB est donc égal à l'indice de la fonction rationnelle $\frac{\mathrm{R}_1}{\mathrm{R}}$ lorsque t varie de α à β, indice que nous avons appris à calculer (I, n° **76**). Si le contour C est formé de segments de courbes unicursales, il suffira donc de calculer l'indice pour chacun de ces segments, et de prendre leur demi-somme, pour avoir le nombre des racines de $f(z) = 0$ intérieures au contour C.

Remarque I. — Lorsqu'une fonction $f(z)$ est holomorphe dans un domaine D à un seul contour, et ne s'annule pas dans ce domaine, il résulte du théorème précédent que toutes les déterminations de $\sqrt[n]{f(z)}$ sont holomorphes dans le même domaine, car l'argument de $f(z)$ reprend toujours sa valeur initiale, lorsque z décrit une courbe fermée quelconque dans le domaine D (*cf.* n° 260).

Remarque II. — Le théorème de d'Alembert se déduit aisément des résultats précédents. Démontrons d'abord un lemme, dont on se servira plusieurs fois. Soient $F(z)$, $\Phi(z)$ deux fonctions holomorphes à l'intérieur d'une courbe fermée C, continues sur la courbe elle-même, et telles que, tout le long de C, on ait $|\Phi(z)| < |F(z)|$: dans ces conditions, *les deux équations*

$$F(z) = 0, \qquad F(z) + \Phi(z) = 0$$

ont le même nombre de racines à l'intérieur de C. On peut écrire en effet

$$F(z) + \Phi(z) = F(z)\left[1 + \frac{\Phi(z)}{F(z)} \right];$$

lorsque le point z décrit le contour C, le point $Z = 1 + \dfrac{\Phi(z)}{F(z)}$ décrit une courbe fermée située tout entière à l'intérieur du cercle de rayon un décrit du point $Z = 1$ comme centre, puisqu'on a $|Z - 1| < 1$ tout le long de C. L'argument de ce facteur revient donc à sa valeur initiale après que la variable z a décrit le contour C, et la variation de l'argument de $F(z) + \Phi(z)$ est égale à la variation de l'argument de $F(z)$; les deux équations ont par conséquent le même nombre de racines à l'intérieur de C.

Cela posé, soit $f(z)$ un polynome de degré m a coefficients quelconques ; nous poserons

$$F(z) = A_0 z^m, \qquad \Phi(z) = A_1 z^{m-1} + \ldots + A_m, \qquad f(z) = F(z) + \Phi(z).$$

Choisissons un nombre positif R assez grand pour qu'on ait

$$\left| \frac{A_1}{A_0} \right| \frac{1}{R} + \left| \frac{A_2}{A_0} \right| \frac{1}{R^2} + \ldots + \left| \frac{A_m}{A_0} \right| \frac{1}{R^m} < 1 :$$

tout le long d'un cercle C de rayon supérieur à R, décrit de l'origine comme centre, on aura évidemment $\left| \dfrac{\Phi}{F} \right| < 1$. L'équation $f(z) = 0$

a donc le même nombre de racines à l'intérieur du cercle C que l'équation $F(z) = o$, c'est-à-dire m

301. Formule de M. Jensen.

— Soit $f(z)$ une fonction méromorphe dans un cercle C de rayon r ayant pour centre l'origine, holomorphe et n'ayant pas de zéros sur C. Soient $a_1, a_2, ..., a_n$ les zéros et $b_1, b_2, ..., b_m$ les pôles de $f(z)$ à l'intérieur de ce cercle, chacun d'eux étant compté avec son degré de multiplicité; nous supposerons de plus que l'origine n'est ni un pôle ni un zéro pour $f(z)$. Nous nous proposons de calculer l'intégrale définie

$$(45) \qquad I = \int_{(C)} \operatorname{Log}[f(z)] \frac{dz}{z},$$

prise le long de C dans le sens direct; nous supposerons, par exemple, que la variable z part du point $z = r$ sur l'axe réel, l'argument de $f(z)$ ayant une valeur choisie à l'avance. En intégrant par parties, nous avons

$$(46) \qquad I = \big\{ \operatorname{Log}(z) \operatorname{Log}[f(z)] \big\}_{(C)} - \int_{(C)} \operatorname{Log}(z) \frac{f'(z)}{f(z)} dz,$$

la première partie du second membre désignant l'accroissement du produit $\operatorname{Log}(z)\operatorname{Log}[f(z)]$ lorsque la variable z décrit le cercle C. Si nous prenons zéro pour valeur initiale de l'argument de z, cet accroissement est égal à

$$(\log r + 2\pi i)\big\{ \operatorname{Log}[f(r)] + 2\pi i(n - m) \big\} - \log r \operatorname{Log}[f(r)]$$
$$= 2\pi i \operatorname{Log}[f(r)] + 2\pi i(n - m)\log r - 4(n - m)\pi^2.$$

Pour calculer la nouvelle intégrale définie, considérons le contour fermé Γ, formé de la circonférence C, de la circonférence c décrite de l'origine avec un rayon infiniment petit ρ, et des deux bords infiniment voisins ab, $a'b'$ d'une coupure tracée suivant l'axe réel du point $z = \rho$ au point $z = r$ (*fig.* 60). [Nous admettrons, pour fixer les idées, que $f(z)$ n'a ni pôle ni zéro sur cette portion de l'axe réel; dans le cas contraire, il suffirait de tracer une coupure faisant un angle infiniment petit avec l'axe réel.] La fonction $\operatorname{Log} z$ est holomorphe à l'intérieur de Γ et, d'après la formule générale (40), nous avons la relation

$$\int_{(ab)} \operatorname{Log}(z) \frac{f'(z)}{f(z)} dz + \int_{(C)} \operatorname{Log}(z) \frac{f'(z)}{f(z)} dz + \int_{(b'a')} \operatorname{Log}(z) \frac{f'(z)}{f(z)} dz$$
$$+ \int_{(c)} \operatorname{Log}(z) \frac{f'(z)}{f(z)} dz = 2\pi i \operatorname{Log}\left(\frac{a_1 a_2 \ldots a_n}{b_1 b_2 \ldots b_m} \right).$$

L'intégrale le long du cercle c tend vers zéro avec ρ, car le produit $z \operatorname{Log} z$ est infiniment petit avec ρ. D'autre part, si l'argument de z est nul le long de ab, il est égal à 2π le long de $a'b'$, et la somme des deux intégrales correspondantes a pour limite

$$-\int_0^r 2\pi i \frac{f'(z)}{f(z)}\,dz = -2\pi i \operatorname{Log}[f(r)] + 2\pi i \operatorname{Log}[f(\mathrm{o})].$$

Il reste donc

$$\int_{(\mathrm{C})} \operatorname{Log}(z)\frac{f'(z)}{f(z)}\,dz = 2\pi i \operatorname{Log}\left(\frac{a_1 a_2 \ldots a_n}{b_1 b_2 \ldots b_m}\right) + 2\pi i \operatorname{Log}\left[\frac{f(r)}{f(\mathrm{o})}\right],$$

et la formule (46) devient

$$\begin{aligned}
\mathrm{I} = {}& 2\pi i (n-m)\log r \\
& + 2\pi i \operatorname{Log}[f(\mathrm{o})] - 2\pi i \operatorname{Log}\left(\frac{a_1 a_2 \ldots a_n}{b_1 b_2 \ldots b_m}\right) - 4(n-m)\pi^2.
\end{aligned}$$

Pour intégrer le long du cercle C, on peut poser $z = r e^{i\varphi}$ et faire varier φ de o à 2π. On tire de là $\dfrac{dz}{z} = i\,d\varphi$; soit $f(z) = \mathrm{R}\,e^{i\Phi}$, R et Φ étant des fonctions continues de φ le long de C. En égalant les coefficients de i dans la formule précédente, nous obtenons la formule de M. Jensen ([1]) :

$$(47)\qquad \frac{1}{2\pi}\int_0^{2\pi}\log \mathrm{R}\,d\varphi = \log|f(\mathrm{o})| + \log\left| r^{n-m}\frac{b_1 b_2 \ldots b_m}{a_1 a_2 \ldots a_n}\right|,$$

où ne figurent plus que des logarithmes népériens ordinaires.

Lorsque la fonction $f(z)$ est holomorphe à l'intérieur de C, il est clair qu'on doit remplacer le produit $b_1 b_2 \ldots b_m$ par l'unité, et la formule devient

$$(48)\qquad \frac{1}{2\pi}\int_0^{2\pi}\log \mathrm{R}\,d\varphi = \log|f(\mathrm{o})| + \log\left|\frac{r^n}{a_1 a_2 \ldots a_n}\right|.$$

Cette relation offre cela d'intéressant qu'elle ne renferme que les modules des racines de $f(z)$ intérieures au cercle C, et le module de $f(z)$ le long de ce cercle et pour le centre de ce cercle.

302. **Formule de Lagrange.** — La formule de Lagrange, que nous avons établie déjà par la méthode de Laplace (I, n° **186**), peut aussi se démontrer très aisément au moyen des théorèmes généraux de Cauchy. La marche que nous allons suivre est due a M. Hermite.

Soit $f(z)$ une fonction holomorphe dans un certain domaine D

([1]) *Acta mathematica*, t. XXII, p. 359.

renfermant le point a. L'équation

$$(49) \qquad F(z) = z - a - \alpha f(z) = 0,$$

où α est un paramètre variable, admet la racine $z = a$, pour $\alpha = 0$. Supposons $\alpha \neq 0$; soit un cercle C de centre a et de rayon r situé dans le domaine D, et tel qu'on ait, tout le long de ce cercle, $|\alpha f(z)| < |z - a|$; l'équation $F(z) = 0$ aura, d'après un lemme établi plus haut (n° 300), le même nombre de racines à l'intérieur du contour C que l'équation $z - a = 0$, c'est-à-dire une seule racine. Appelons ζ cette racine, et soit $\Pi(z)$ une fonction holomorphe dans le cercle C.

La fonction $\dfrac{\Pi(z)}{F(z)}$ admet un seul pôle à l'intérieur de C, le point $z = \zeta$, et le résidu correspondant est $\dfrac{\Pi(\zeta)}{F'(\zeta)}$. On a donc, d'après le théorème général,

$$\frac{\Pi(\zeta)}{F'(\zeta)} = \frac{1}{2\pi i}\int_{(C)}\frac{\Pi(z)\,dz}{F(z)} = \frac{1}{2\pi i}\int_{(C)}\frac{\Pi(z)\,dz}{z - a - \alpha f(z)}.$$

Pour développer l'intégrale qui est au second membre suivant les puissances de α, nous procéderons exactement comme pour démontrer la formule de Taylor, et nous écrirons

$$\frac{1}{z - a - \alpha f(z)} = \frac{1}{z - a} + \frac{\alpha f(z)}{(z - a)^2} + \dots$$
$$+ \frac{[\alpha f(z)]^n}{(z - a)^{n+1}} + \frac{1}{z - a - \alpha f(z)}\left[\frac{\alpha f(z)}{z - a}\right]^{n+1};$$

en portant cette valeur dans l'intégrale, il vient

$$\frac{\Pi(\zeta)}{F'(\zeta)} = J_0 + \alpha J_1 + \dots + \alpha^n J_n + R_{n+1},$$

où

$$J_0 = \frac{1}{2\pi i}\int_{(C)}\frac{\Pi(z)\,dz}{z - a}, \qquad \dots, \qquad J_n = \frac{1}{2\pi i}\int_{(C)}\frac{[f(z)]^n\,\Pi(z)\,dz}{(z - a)^{n+1}},$$

$$R_{n+1} = \frac{1}{2\pi i}\int_{(C)}\frac{\Pi(z)}{z - a - \alpha f(z)}\left[\frac{\alpha f(z)}{z - a}\right]^{n+1}\,dz.$$

Soit m la valeur maximum du module de $\alpha f(z)$ tout le long du cercle C; m est, par hypothèse, inférieur à r. M étant la valeur maximum du module de $\Pi(z)$ le long de C, nous avons

$$|R_{n+1}| < \frac{1}{2\pi}\left(\frac{m}{r}\right)^{n+1}\frac{2\pi r\,M}{r-m},$$

ce qui montre que R_{n+1} tend vers zéro lorsque n croît indéfiniment. On a d'ailleurs, d'après les expressions mêmes des coefficients J_0, J_1, …, J_n, … et les formules (14),

$$J_0 = \Pi(a). \quad \dots \quad J_n = \frac{1}{n!}\frac{d^n}{da^n}\big\{[f(a)]^n\,\Pi(a)\big\},$$

et nous obtenons le développement en série suivant :

$$(50) \qquad \frac{\Pi(\zeta)}{F'(\zeta)} = \Pi(a) + \sum_{n=1}^{+\infty}\frac{\alpha^n}{n!}\frac{d^n}{da^n}\big\{\Pi(a)[f(a)]^n\big\}.$$

On peut encore écrire cette formule sous une forme un peu différente. Posons $\Pi(z) = \Phi(z)[1 - \alpha f'(z)]$, $\Phi(z)$ étant une fonction holomorphe dans la même région; le premier membre de la formule (50) ne renfermera plus α et se réduira à $\Phi(\zeta)$. Quant au second membre, remarquons qu'il renfermera deux termes de degré n en α, dont la somme sera

$$\frac{\alpha^n}{n!}\frac{d^n}{da^n}\big\{\Phi(a)[f(a)]^n\big\} - \frac{\alpha^n}{(n-1)!}\frac{d^{n-1}}{da^{n-1}}\big\{\Phi(a)[f(a)]^{n-1}f'(a)\big\}$$

$$= \frac{\alpha^n}{n!}\frac{d^{n-1}}{da^{n-1}}\big\{\Phi'(a)[f(a)]^n + n\Phi(a)f'(a)[f(a)]^{n-1} - n\Phi(a)f'(a)[f(a)]^{n-1}\big\}$$

$$= \frac{\alpha^n}{n!}\frac{d^{n-1}}{da^{n-1}}\big\{\Phi'(a)[f(a)]^n\big\},$$

et nous retrouvons la formule de Lagrange sous sa forme habituelle [*voir* I, n° 166, formule (52)]

$$(51)\ \Phi(\zeta) = \Phi(a) + \frac{\alpha}{1}\Phi'(a)f(a) + \dots + \frac{\alpha^n}{n!}\frac{d^{n-1}}{da^{n-1}}\big\{\Phi'(a)[f(a)]^n\big\} + \dots$$

Nous avons supposé que, le long du cercle C, on a $|\alpha f(z)| < r$, ce qui aura lieu si $|\alpha|$ est assez petit. Pour trouver la valeur maximum de $|\alpha|$, bornons nous au cas où $f(z)$ est un polynome ou une fonction entière. Soit $\mathfrak{M}(r)$ la valeur maximum de $|f(z)|$ le long du cercle C de rayon r décrit du point a pour centre; la démonstration s'appliquera à ce cercle, pourvu qu'on ait $|\alpha|\mathfrak{M}(r) < r$.

Nous sommes ainsi conduits à chercher la valeur maximum du rapport $\dfrac{r}{\mathfrak{M}(r)}$, lorsque r varie de 0 à $+\infty$. Ce rapport est nul pour $r = 0$, car si $\mathfrak{M}(r)$ tendait vers zéro avec r, le point $z = a$ serait un zéro de $f(z)$, et $F(z)$ serait divisible par le facteur $z - a$; ce même rapport est nul aussi pour $r = \infty$, car autrement $f(z)$ serait un polynome du premier degré (n° **287**). Il s'ensuit que $\dfrac{r}{\mathfrak{M}(r)}$ passe par une valeur maximum μ, pour une valeur r_1 de r. Le raisonnement prouve que l'équation (49) admet une racine et une seule de module inférieur à r_1, pourvu qu'on ait $|a| < \mu$; les développements (50) et (51) sont donc applicables tant que $|x|$ ne dépasse pas μ, pourvu que les fonctions $\Pi(z)$ et $\Phi(z)$ soient elles-mêmes holomorphes dans le cercle C_1 de rayon r_1.

Exemple. — Soit $f(z) = \dfrac{z^2 - 1}{2}$; l'équation (49) admet la racine

$$\zeta = \frac{1 - \sqrt{1 - 2 a x + x^2}}{a}$$

qui tend vers a lorsque a tend vers zéro. Prenons $\Pi(z) = 1$; la formule (50) devient

$$(52) \qquad \frac{1}{\sqrt{1 - 2 a x + a^2}} = 1 + \sum_1^{+\infty} \frac{\alpha^n}{n!} \frac{d^n}{da^n}\left[\frac{(a^2 - 1)^n}{2^n}\right] = 1 + \sum_1^{+\infty} \alpha^n X_n(a),$$

X_n étant le $n^{\text{ième}}$ polynome de Legendre (*voir* I, n° **180**). Pour savoir entre quelles limites la formule est applicable, supposons a réel et supérieur à un. Sur le cercle de rayon r, on a évidemment $\mathfrak{M}(r) = \dfrac{(a + r)^2 - 1}{2}$, et l'on est conduit à chercher la valeur maximum de $\dfrac{2 r}{(a + r)^2 - 1}$, lorsque r croît de 0 à $+\infty$. Ce maximum a lieu pour $r = \sqrt{a^2 - 1}$, et il est égal à $a - \sqrt{a^2 - 1}$. De même, si a est compris entre -1 et $+1$, on trouve, par un calcul élémentaire bien simple, que $\mathfrak{M}(r) = \dfrac{r^2 + 1 - a^2}{2\sqrt{1 - a^2}}$. Le maximum de $\dfrac{2 r \sqrt{1 - a^2}}{r^2 + 1 - a^2}$ a lieu pour $r = \sqrt{1 - a^2}$, et il est égal à un.

Il est facile de vérifier ces résultats. En effet, le radical $\sqrt{1 - 2 a x + x^2}$, considéré comme fonction de x, admet les deux points critiques $a \pm \sqrt{a^2 - 1}$. Si l'on a $a > 1$, le point critique le plus rapproché de l'origine est $a - \sqrt{a^2 - 1}$. Lorsque a est compris entre -1 et $+1$, les deux points critiques $a \pm i \sqrt{1 - a^2}$ ont pour module l'unité

On trouvera dans le Cours lithographié de M. Hermite (4ᵉ édition, p. 185) une discussion très complète de l'équation de Képler $z - a = \alpha \sin z$ par cette méthode. On est conduit à calculer la racine de l'équation transcendante $e^r(r - 1) = e^{-r}(r + 1)$ qui est comprise entre 1 et 2. M. Stieltjes a obtenu les valeurs

$$r_1 = 1,19967864025773\dot{4}, \ldots, \qquad \mu = 0,6627434193492, \ldots.$$

303. Étude d'une fonction pour les valeurs infiniment grandes de la variable. — Pour étudier une fonction $f(z)$ pour les valeurs de la variable dont le module augmente indéfiniment, on peut poser $z = \dfrac{1}{z'}$ et étudier la fonction $f\left(\dfrac{1}{z'}\right)$ dans le voisinage de l'origine. Mais il est facile de supprimer cette transformation intermédiaire. Nous supposerons d'abord qu'on peut trouver un nombre positif R tel que *toute valeur finie de z*, de module supérieur à R, soit un point ordinaire pour $f(z)$. Si, de l'origine comme centre, avec un rayon égal à R, on décrit un cercle C, la fonction $f(z)$ sera régulière en tout point z, à distance finie, situé à l'extérieur de C. Nous appellerons *domaine du point à l'infini* la région du plan extérieure à C.

Considérons, en même temps que le cercle C, un cercle concentrique C′, de rayon $R' > R$. La fonction $f(z)$, étant holomorphe dans la couronne circulaire comprise entre C et C′, est égale, d'après le théorème de Laurent, à la somme d'une série ordonnée suivant les puissances entières, positives ou négatives de z,

$$(53) \qquad f(z) = \sum_{m=-\infty}^{+\infty} A_{-m} z^m;$$

les coefficients A_{-m} de cette série sont indépendants du rayon R′, et, comme ce rayon peut être pris aussi grand qu'on le veut, il s'ensuit que la formule (53) s'applique à tout le domaine du point à l'infini, c'est-à-dire à toute la région extérieure à C. Cela posé, nous avons plusieurs cas à distinguer :

1° Lorsque le développement de $f(z)$ ne renferme que des puissances négatives de z,

$$(54) \qquad f(z) = A_0 + A_1 \frac{1}{z} + A_2 \frac{1}{z^2} + \ldots + A_m \frac{1}{z^m} + \ldots,$$

la fonction $f(z)$ tend vers A_0 lorsque $|z|$ augmente indéfiniment; on dit que la fonction $f(z)$ *est régulière au point à l'infini*, ou encore que *le point à l'infini est un point ordinaire* de $f(z)$. Si les coefficients A_0, A_1, ..., A_{m-1} sont nuls, A_m n'étant pas nul, *le point à l'infini est un zéro d'ordre m de $f(z)$*.

$2°$ Lorsque le développement de $f(z)$ contient un nombre fini de puissances positives de z,

$$(55) \quad f(z) = B_m z^m + B_{m-1} z^{m-1} + \ldots + B_1 z + A_0 + A_1 \frac{1}{z} + A_2 \frac{1}{z^2} + \ldots,$$

le premier coefficient B_m n'étant pas nul, *le point à l'infini est un pôle d'ordre m de $f(z)$*, et le polynome $B_m z^m + \ldots + B_1 z$ est la *partie principale* relative à ce pôle. Lorsque $|z|$ augmente indéfiniment, il en est de même de $|f(z)|$, de quelque façon que la variable z se déplace.

$3°$ Enfin, lorsque le développement de $f(z)$ contient une infinité de puissances positives de z, *le point à l'infini est un point singulier essentiel de $f(z)$*. La série formée par les puissances positives de z représente une fonction entière $G(z)$ qui est la *partie principale*, dans le domaine du point à l'infini. Nous voyons en particulier qu'une fonction transcendante entière admet le point à l'infini comme point singulier essentiel.

Les définitions précédentes étaient en quelque sorte imposées par celles qui avaient déjà été adoptées pour un point à distance finie Si l'on pose en effet $z = \frac{1}{z'}$, la fonction $f(z)$ se change en une fonction de z', $\varphi(z') = f\left(\frac{1}{z'}\right)$, et l'on voit immédiatement que nous n'avons fait que transporter au point à l'infini les dénominations adoptées pour le point $z' = 0$, relativement à la fonction $\varphi(z')$. En raisonnant par analogie, on serait tenté d'appeler *résidu* le coefficient A_{-1} de z dans le développement (53), mais ce serait à tort. Pour conserver la propriété caractéristique, nous appellerons *résidu relatif au point à l'infini le coefficient de $\frac{1}{z}$ changé de signe*, c'est-à-dire $-A_1$. Ce nombre est encore égal à

$$\frac{1}{2\pi i} \int f(z)\,dz,$$

l'intégrale étant prise dans le sens direct le long du contour du domaine du point à l'infini. Mais ici, le domaine du point à l'infini étant la portion du plan extérieure à C, le sens direct correspondant est le sens opposé au sens habituel. Cette intégrale se réduit en effet à

$$\frac{1}{2\pi i}\int_{(C)}\frac{A_1\,dz}{z} = \frac{A_1}{2\pi i}(\mathrm{Log}\,z)_{(C)},$$

et, lorsque z décrit le cercle C dans le sens voulu, l'argument de z diminue de 2π : ce qui donne $-A_1$ pour l'intégrale.

Il est essentiel de remarquer qu'une fonction peut fort bien être régulière à l'infini, sans que le résidu soit nul; par exemple, la fonction $1 + \dfrac{1}{z}$.

Si le point à l'infini est un pôle ou un zéro pour $f(z)$, on peut écrire, dans le domaine de ce point,

$$f(z) = z^\mu \varphi(z),$$

μ étant un nombre entier, positif ou négatif, qui est égal à l'ordre de la fonction changé de signe, et $\varphi(z)$ étant une fonction régulière à l'infini, qui n'est pas nulle pour $z = \infty$. On en déduit

$$\frac{f'(z)}{f(z)} = \frac{\mu}{z} + \frac{\varphi'(z)}{\varphi(z)};$$

la fonction $\dfrac{\varphi'(z)}{\varphi(z)}$ est donc régulière au point à l'infini, mais son développement commence par un terme en $\dfrac{1}{z^2}$, ou de degré supérieur. Le résidu de $\dfrac{f'(z)}{f(z)}$ est donc égal à $-\mu$, c'est-à-dire à l'ordre de la fonction $f(z)$ au point à l'infini. L'énoncé est le même que pour un pôle ou un zéro à distance finie.

Soit $f(z)$ une fonction uniforme n'admettant qu'un nombre fini de points singuliers. La convention qui vient d'être faite pour le point à l'infini permet d'énoncer, sous une forme très simple, le théorème général suivant :

La somme des résidus de la fonction $f(z)$ dans tout le plan, y compris le point à l'infini, est nulle.

La démonstration est immédiate. Décrivons de l'origine comme centre un cercle C renfermant tous les points singuliers de $f(z)$ (autres que le point à l'infini). L'intégrale $\int f(z)\,dz$, prise le long de ce cercle dans le sens ordinaire, est égale au produit de $2\pi i$ par la somme des résidus relatifs à tous les points singuliers de $f(z)$ à distance finie. D'autre part, la même intégrale, prise le long du même cercle en sens inverse, est égale au produit de $2\pi i$ par le résidu relatif au point à l'infini. La somme des deux intégrales étant nulle, il en est de même de la somme des résidus.

Cauchy appelait *résidu intégral* d'une fonction $f(z)$ la somme des résidus de cette fonction pour tous les points singuliers à distance finie. Lorsqu'il n'y a qu'un nombre fini de points singuliers, nous voyons que le résidu intégral est égal au résidu relatif au point à l'infini changé de signe.

Exemple. — Soit

$$f(z) = \frac{P(z)}{\sqrt{Q(z)}},$$

$P(z)$ et $Q(z)$ étant deux polynomes, le premier de degré p, le second de degré pair $2q$. A l'extérieur d'un cercle C, de rayon R supérieur aux modules des racines de $Q(z)$, la fonction $f(z)$ est uniforme, et on peut l'écrire

$$f(z) = z^{p-q}\varphi(z),$$

$\varphi(z)$ étant une fonction régulière à l'infini, qui n'est pas nulle pour $z = \infty$. Le point à l'infini est un pôle pour $f(z)$, si $p > q$, et un point ordinaire, si $p \leqq q$. Le résidu sera certainement nul si p est inférieur à $q - 1$.

IV. — PÉRIODES DES INTÉGRALES DÉFINIES.

304. Périodes polaires. — L'étude des intégrales curvilignes nous a révélé l'existence de périodes pour ces intégrales, lorsque certaines circonstances se présentent. Toute intégrale d'une fonction $f(z)$ de la variable complexe z étant une somme d'intégrales curvilignes, il est clair que cette intégrale pourra aussi posséder certaines périodes. Considérons d'abord une fonction analytique $f(z)$ ne possédant, à l'intérieur d'une courbe fermée C, qu'un nombre fini de points singuliers isolés, pôles ou points singuliers essentiels. Ce cas est absolument analogue à celui que nous avons étudié pour les intégrales curvilignes (I, n° 145), et les raisonnements s'y appliquent sans modification. Tous les chemins intérieurs au contour C qu'on peut tracer entre deux points z_0, Z de cette région, et ne passant par aucun des points singuliers de $f(z)$, se ramènent à un chemin déterminé joignant ces deux points, précédé d'un nombre quelconque de lacets décrits, en partant de z_0, autour des points singuliers a_1, a_2, ..., a_n de $f(z)$. Soient A_1, A_2, ..., A_n les résidus correspondants de $f(z)$; l'intégrale $\int f(z)\,dz$, prise le long du lacet entourant le point a_1, est égale à $\pm 2\pi i A_1$, et de même pour les autres. Les diverses valeurs de l'intégrale $\int_{z_0}^{Z} f(z)\,dz$ sont donc comprises dans la formule

$$(56) \qquad \int_{z_0}^{Z} f(z)\,dz = F(Z) + 2\pi i(m_1 A_1 + m_2 A_2 + \ldots + m_n A_n),$$

$F(Z)$ étant l'une des valeurs de cette intégrale, qui correspond à un chemin déterminé, et m_1, m_2, ... étant des nombres entiers arbitraires, positifs ou négatifs; les périodes sont

$$2\pi i A_1, \quad 2\pi i A_2, \quad \ldots, \quad 2\pi i A_n.$$

Dans la plupart des cas, les points a_1, a_2, ..., a_n sont des pôles, et les périodes proviennent de circuits infiniment petits décrits autour de ces pôles, d'où le nom de *périodes polaires* qu'on leur donne ordinairement, pour les distinguer de périodes d'une autre espèce dont nous parlerons plus loin.

Au lieu d'une région du plan intérieure à une courbe fermée, on peut considérer une portion du plan s'étendant à l'infini; la fonction $f(z)$ peut alors avoir une infinité de pôles, et l'intégrale une infinité de périodes. Si le résidu relatif à un point singulier a de $f(z)$ est nul, la période correspondante est nulle et le point a est aussi un pôle ou un point singulier essentiel de l'intégrale. Mais, si ce résidu n'est pas nul, le point a est un point critique logarithmique pour l'intégrale. Si, par exemple, le point a est un pôle d'ordre m de $f(z)$, on a, dans le domaine de ce point,

$$f(z) = \frac{B_m}{(z-a)^m} + \frac{B_{m-1}}{(z-a)^m} + \ldots + \frac{B_1}{z-a} + A_0 + A_1(z-a) + \ldots$$

et, par suite,

$$\int_{z_0}^{z} f(z)\,dz = C - \frac{B_m}{(m-1)(z-a)^{m-1}} + \ldots + B_1 \operatorname{Log}(z-a)$$
$$+ A_0(z-a) + A_1 \frac{(z-a)^2}{2} + \ldots,$$

C étant une constante qui dépend de l'origine z_0 et du chemin suivi par la variable.

En appliquant ces considérations générales aux fonctions rationnelles, on rend intuitifs un certain nombre de résultats bien connus. Ainsi, pour que l'intégrale d'une fonction rationnelle soit elle-même une fonction rationnelle, il est nécessaire que cette intégrale n'ait pas de périodes, c'est-à-dire que tous les résidus soient nuls. Cette condition est d'ailleurs suffisante. L'intégrale définie

$$\int_{z_0}^{z} \frac{dz}{z-a}$$

admet un seul point critique $z = a$, et la période correspondante est $2\pi i$; c'est donc dans le Calcul intégral que se trouve la véritable origine des valeurs multiples de $\operatorname{Log}(z-a)$, comme on l'a déjà expliqué en détail pour $\int_{1}^{z} \frac{dz}{z}$ (n° **282**). Prenons de même l'intégrale définie

$$F(z) = \int_{0}^{z} \frac{dz}{1+z^2};$$

elle admet les deux points critiques logarithmiques $+i$ et $-i$, mais il n'y a qu'une seule période qui est π. Quand on se borne aux valeurs réelles de la variable, les diverses déterminations de arc tang x se présentent comme autant de fonctions distinctes de la variable x. Nous voyons, au contraire, comment la conception de Cauchy nous conduit à les considérer comme autant de branches distinctes d'une même fonction analytique.

Remarque. — Lorsqu'il y a plus de trois périodes, la valeur de l'intégrale définie en un point quelconque z peut être tout à fait indéterminée. Rappelons d'abord ce résultat emprunté à la théorie des fractions continues [1] : Étant donné un nombre réel irrationnel α, on peut toujours trouver deux nombres entiers p et q, positifs ou négatifs, tels qu'on ait $|p + q\alpha| < \varepsilon$, ε étant un nombre positif arbitraire.

Les nombres p et q étant choisis de cette façon, imaginons qu'on forme la suite des multiples de $p + q\alpha$. Tout nombre réel A est égal à l'un de ces multiples, ou compris entre deux multiples consécutifs. On pourra donc aussi trouver deux nombres entiers m et n tels que $|m + n\alpha - \text{A}|$ soit plus petit que ε. Cela posé, considérons la fonction

$$f(z) = \frac{1}{2\pi i}\left(\frac{1}{z-a} + \frac{\alpha}{z-b} + \frac{i}{z-c} + \frac{i\beta}{z-d}\right),$$

a, b, c, d étant quatre pôles différents, et α, β désignant des nombres réels irrationnels. L'intégrale $\int_{z_0}^{z} f(z)\,dz$ admet les quatre périodes 1, α, i, $i\beta$. Soient $\text{I}(z)$ la valeur de l'intégrale prise suivant un chemin particulier de z_0 en z, et $\text{M} + \text{N}i$ un nombre complexe quelconque. On peut toujours trouver quatre nombres entiers m, n, m', n' tels que le module de la différence

$$\text{I}(z) + m + n\alpha + i(m' + n'\beta) - (\text{M} + \text{N}i)$$

soit inférieur à un nombre positif ε. Il suffira pour cela qu'on ait

$$|m + n\alpha - \text{A}| < \frac{\varepsilon}{2}, \qquad |m' + n'\beta - \text{B}| < \frac{\varepsilon}{2},$$

en posant $\text{M} + \text{N}i - \text{I}(z) = \text{A} + i\text{B}$. Il est donc possible de faire décrire à la variable un chemin réunissant deux points donnés à l'avance z_0, z, tel que la valeur de l'intégrale $\int f(z)\,dz$ prise le long de ce chemin diffère d'aussi peu qu'on le veut de tout nombre donné à l'avance. Nous voyons, une fois de plus, le rôle prépondérant du chemin suivi par la variable pour la valeur finale d'une fonction analytique.

305. **Étude de l'intégrale** $\int_{0}^{z} \dfrac{dz}{\sqrt{1-z^2}}$. — Le Calcul intégral explique de même de la façon la plus simple les valeurs multiples de la fonction arc sin z ; elles proviennent en effet des diverses déterminations de l'intégrale définie

$$(57) \qquad \text{F}(z) = \int_{0}^{z} \frac{dz}{\sqrt{1-z^2}},$$

---

[1] On en trouvera un peu plus loin une démonstration directe (n° 317).

suivant le chemin décrit par la variable. Pour fixer les idées, nous supposerons qu'on part de l'origine avec la valeur initiale $+ 1$ pour le radical, et nous désignerons par I la valeur de cette intégrale, prise suivant un chemin déterminé (ou chemin direct), par exemple, suivant la ligne droite lorsque le point z n'est pas situé sur l'axe réel et en dehors du segment compris entre $- 1$ et $+ 1$; lorsque z est réel et $|z| > 1$, nous prendrons pour chemin direct un chemin situé au-dessus de l'axe réel.

Cela posé, les points $z = + 1$, $z = - 1$ étant les seuls points critiques de $\sqrt{1 - z^2}$, tout chemin conduisant de l'origine au point z peut être remplacé par une suite de lacets décrits autour de deux points critiques $+ 1$ et $- 1$, suivi du chemin direct. Nous sommes donc conduits à étudier la valeur de l'intégrale le long d'un lacet. Considérons, par exemple, le lacet $O\,a\,m\,a\,O$, décrit autour du point $z = + 1$; ce lacet se compose du segment $O\,a$ allant de l'origine au point $1 - \varepsilon$, du cercle ama de

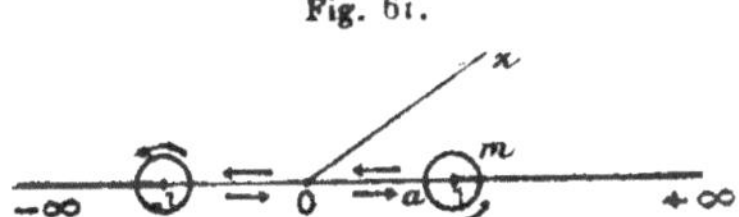

Fig. 61.

rayon ε décrit de $z = 1$ comme centre et du segment aO. L'intégrale le long du lacet est donc égale à la somme des intégrales

$$\int_0^{1-\varepsilon} \frac{dx}{\sqrt{1 - x^2}} + \int_{(ama)} \frac{dz}{\sqrt{1 - z^2}} + \int_{1-\varepsilon}^0 \frac{dx}{\sqrt{1 - x^2}};$$

l'intégrale le long du petit cercle tend vers zéro avec ε, car le produit $(z - 1)f(z)$ tend aussi vers zéro. D'autre part, lorsque z a décrit ce petit cercle, le radical a changé de signe et, dans l'intégrale le long du segment aO, on doit prendre pour $\sqrt{1 - x^2}$ la valeur négative. L'intégrale le long du lacet est donc égale à la limite de $2 \int_0^{1-\varepsilon} \frac{dx}{\sqrt{1 - x^2}}$ lorsque ε tend vers zéro, c'est-à-dire à π. Nous remarquerons que la valeur de cette intégrale ne dépend pas du sens dans lequel le lacet est décrit, mais on revient au point de départ avec la valeur $- 1$ pour le radical.

Si l'on décrivait le même lacet autour du point $z = + 1$, le

radical ayant la valeur initiale -1, la valeur de l'intégrale le long
du lacet serait égale à $-\pi$, et l'on reviendrait au point de départ
avec la valeur $+1$ pour le radical. On voit de la même façon
qu'un lacet décrit autour du point critique $z = -1$ donne $-\pi$
ou $+\pi$ dans l'intégrale, suivant qu'on part de l'origine avec la
valeur initiale $+1$ ou -1 pour le radical.

Si nous faisons décrire à la variable deux lacets successifs, on
reviendra à l'origine avec la valeur initiale $+1$ pour le radical,
et la valeur de l'intégrale le long de ces deux lacets sera $+2\pi$, 0,
ou -2π, suivant l'ordre dans lequel ces deux lacets sont par-
courus. Un nombre pair de lacets donnera donc $2m\pi$ pour valeur
de l'intégrale, et ramènera le radical à sa valeur initiale $+1$. Un
nombre impair de lacets donnera au contraire $(2m+1)\pi$ pour
valeur de l'intégrale, et la valeur finale du radical à l'origine
sera -1. Il s'ensuit que la valeur de l'intégrale $F(z)$ sera de
l'une des deux formes

$$I + 2m\pi, \quad (2m+1)\pi - I,$$

suivant que le chemin décrit par la variable peut être remplacé
par le chemin direct, précédé d'un nombre *pair* ou d'un nombre
impair de lacets.

306. Périodes des intégrales ultra-elliptiques. — On peut étudier de la même façon les valeurs diverses de l'intégrale définie

$$(58) \qquad F(z) = \int_{z_0}^{z} \frac{P(z)\,dz}{\sqrt{R(z)}},$$

où $P(z)$ et $R(z)$ sont deux polynomes entiers, dont le second $R(z)$,
de degré n, s'annule pour n valeurs distinctes de z,

$$R(z) = A(z - e_1)(z - e_2)\ldots(z - e_n).$$

Nous supposerons que le point z_0 est distinct des points $e_1, e_2, \ldots, e_n$;
l'équation $u^2 = R(z_0)$ admet alors deux racines distinctes, $+u_0$
et $-u_0$; nous appellerons u_0 la valeur initiale du radical $\sqrt{R(z)}$.
Si l'on fait décrire à la variable z un chemin de forme quelconque
ne passant par aucun des points critiques $e_1, e_2, \ldots, e_n$, la valeur
du radical $\sqrt{R(z)}$ en chaque point de ce chemin est déterminée par

la continuité. Imaginons que de chacun des points e_1, e_2, ..., e_n on trace dans le plan une coupure indéfinie, de façon que ces coupures ne se croisent pas entre elles. L'intégrale, prise depuis z_0 jusqu'à un point quelconque z suivant un chemin assujetti à ne traverser aucune de ces coupures (ou chemin direct), a une valeur bien déterminée $I(z)$ pour chaque point z du plan. Nous avons encore à étudier l'influence d'un lacet décrit, à partir de z_0, autour de l'un quelconque des points critiques e_i, sur la valeur de l'intégrale. Soit $2\,E_i$ la valeur de l'intégrale prise le long d'un contour fermé, partant de z_0 et entourant le seul point critique e_i, la valeur initiale du radical étant u_0; cette valeur ne dépend pas du sens dans lequel ce contour est décrit, mais seulement de la valeur initiale du radical au point z_0. Appelons en effet $2\,E_i'$ la valeur de l'intégrale prise le long du même contour dans le sens opposé, la valeur initiale du radical étant la même u_0. Si nous faisons décrire à la variable z le contour considéré deux fois de suite et dans deux sens opposés, il est clair que la somme des intégrales obtenues est nulle; mais l'intégrale le long du premier contour est $2\,E_i$, et l'on revient au point z_0 avec la valeur $-u_0$ pour le radical. L'intégrale le long du contour décrit en sens inverse est donc égale à $-2\,E_i'$, et par suite $E_i' = E_i$. Le contour fermé considéré peut se réduire à un lacet formé par une ligne droite z_0a, le

Fig. 62.

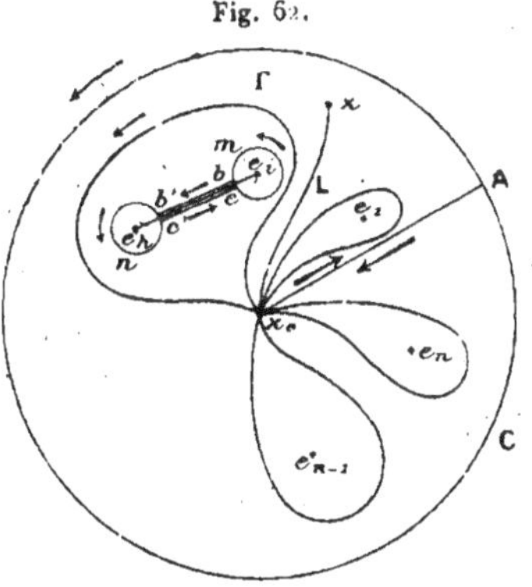

cercle c_i de rayon infiniment petit décrit autour de e_i et la droite az_0 (*fig.* 62); l'intégrale le long de c_i est infiniment petite, puisque le produit $(z - e_i) \dfrac{P(z)}{\sqrt{R(z)}}$ tend vers zéro avec le module de $z - e_i$. Quant aux intégrales le long de $z_0\, a$ et le long de $a\, z_0$, leurs éléments s'ajoutent, et il reste

$$E_i = \int_{z_0}^{e_i} \frac{P(z)\, dz}{\sqrt{R(z)}},$$

l'intégrale étant prise suivant la ligne droite, et la valeur initiale du radical étant u_0.

Cela étant, l'intégrale prise le long d'un chemin qui se ramène à la suite de deux lacets décrits autour des points e_α, e_β est égale à $2\,E_\alpha - 2\,E_\beta$, car, après le premier lacet, on revient au point z_0 avec la valeur $- u_0$ pour le radical, et l'intégrale le long du second lacet est égale à $- 2\,E_\beta$. Après avoir décrit ce nouveau lacet, on revient au point z_0 avec la valeur initiale primitive u_0. Si le chemin décrit par la variable se ramène à un nombre pair de lacets décrits autour des points e_α, e_β, e_γ, e_δ, ..., $e_\varkappa$, e_λ successivement (les indices α, β, ..., $\varkappa$, λ, étant pris parmi les nombres 1, 2, ..., n) suivis du chemin direct allant de z_0 en z, la valeur de l'intégrale le long de ce chemin est, d'après cela,

$$F(z) = I + 2(E_\alpha - E_\beta) + 2(E_\gamma - E_\delta) + \ldots + 2(E_\varkappa - E_\lambda).$$

Au contraire, si le chemin suivi par la variable peut se ramener à un nombre impair de lacets décrits successivement autour des points critiques e_α, e_β, ..., $e_\varkappa$, e_λ, e_μ, la valeur de l'intégrale est

$$F(z) = 2(E_\alpha - E_\beta) + \ldots + 2(E_\varkappa - E_\lambda) + 2\,E_\mu - I.$$

L'intégrale considérée admet donc pour périodes toutes les expressions $2(E_i - E_h)$, mais toutes ces périodes se ramènent à $(n - 1)$ d'entre elles :

$$\omega_1 = 2(E_1 - E_n), \qquad \omega_2 = 2(E_2 - E_n), \qquad \ldots, \qquad \omega_{n-1} = 2(E_{n-1} - E_n);$$

il est clair en effet qu'on peut écrire

$$2(E_i - E_h) = 2(E_i - E_n) - 2(E_h - E_n) = \omega_i - \omega_h.$$

Comme d'autre part on a $2\,E_\mu = \omega_\mu + 2\,E_n$, on voit que toutes les valeurs de l'intégrale définie $F(z)$ au point z sont comprises dans les deux formules

$$F(z) = I + m_1 \omega_1 + \ldots + m_{n-1} \omega_{n-1},$$
$$F(z) = 2E_n - I + m_1 \omega_1 + \ldots + m_{n-1} \omega_{n-1},$$

$m_1, m_2, \ldots, m_{n-1}$ étant des nombres entiers arbitraires.

Ce résultat donne lieu à un certain nombre de remarques importantes. Il est à peu près évident que les périodes doivent être indépendantes du point z_0 choisi pour origine; il est facile de le vérifier. Considérons par exemple la période $2E_i - 2E_h$; cette période est égale à la valeur de l'intégrale le long d'un contour fermé I' passant par le point z_0 et ne renfermant que les deux points critiques e_i, e_h. Si, pour fixer les idées, nous supposons qu'il n'y ait aucun autre point critique à l'intérieur du triangle de sommets z_0, e_i, e_h, ce contour fermé peut se ramener au contour $bb' nc'$ cmb (*fig.* 62) et, en faisant diminuer indéfiniment les rayons des deux petites circonférences, on voit que la période est égale au double de l'intégrale

$$\int_{e_i}^{e_h} \frac{P(z)\,dz}{\sqrt{R(z)}},$$

prise le long de la ligne droite qui joint les deux points critiques e_i et e_h.

Il peut arriver que les $(n-1)$ périodes ω_1, ω_2, $\ldots$, ω_{n-1} ne soient pas distinctes. C'est ce qui a lieu toutes les fois que le polynome $R(z)$ est de *degré pair, pourvu que le degré de* $P(z)$ *soit inférieur à* $\frac{n}{2} - 1$. Du point z_0 comme centre décrivons un cercle C de rayon assez grand pour que ce cercle renferme tous les points critiques, et imaginons, pour simplifier, qu'on ait numéroté ces points critiques de 1 à n dans l'ordre où ils sont rencontrés par une demi-droite indéfinie tournant autour de z_0 dans le sens direct.

L'intégrale

$$\int \frac{P(z)\,dz}{\sqrt{R(z)}},$$

prise le long du contour fermé $z_0 \, AMA \, z_0$, formé du rayon $z_0 \, A$, du cercle C et du rayon $A \, z_0$ parcouru en sens inverse, est nulle : les intégrales le long de $z_0 \, A$ et le long de $A \, z_0$ se détruisent, car le cercle C renferme un nombre *pair* de points critiques et, après avoir décrit ce cercle, on revient au point A avec la même valeur pour le radical. D'autre part, l'intégrale le long de C tend vers zéro lorsque le rayon augmente indéfiniment, puisqu'il en est ainsi du produit $\dfrac{z\,P(z)}{\sqrt{R(z)}}$, d'après l'hypothèse faite sur le degré du polynome $P(z)$; comme cette intégrale ne dépend pas du rayon de C, il s'ensuit qu'elle est nulle.

Or, le contour considéré z_0 AMA z_0 peut se ramener à la suite des lacets décrits autour des points critiques e_1, e_2, ..., e_n, dans l'ordre même des indices. Nous avons donc la relation

$$2\,E_1 - 2\,E_2 + 2\,E_3 - 2\,E_4 + \ldots + 2\,E_{n-1} - 2\,E_n = 0,$$

qui peut encore s'écrire

$$\omega_1 - \omega_2 + \omega_3 - \omega_4 + \ldots + \omega_{n-1} = 0,$$

et nous voyons que les $n-1$ périodes de l'intégrale se réduisent aux $n-2$ périodes ω_1, ω_2, ..., ω_{n-2}.

Considérons encore l'intégrale de forme plus générale

$$F(z) = \int_{z_0}^{z} \frac{P(z)\,dz}{Q(z)\sqrt{R(z)}},$$

où P, Q, R sont trois polynomes dont le dernier $R(z)$ n'a que des racines simples. Parmi les racines de $Q(z)$, quelques-unes peuvent appartenir à $R(z)$; soient α_1, α_2, ..., α_s les racines qui n'annulent pas $R(z)$. L'intégrale $F(z)$ admet comme plus haut les périodes $2(E_l - E_h)$, $2\,E_l$ désignant toujours l'intégrale prise le long d'un contour fermé partant de z_0 et laissant à l'extérieur toutes les racines des deux polynomes $Q(z)$ et $R(z)$ sauf e_l. Mais elle admet en outre un certain nombre de périodes polaires provenant de lacets décrits autour des pôles α_1, α_2, ..., α_s. Le nombre total de ces périodes est encore diminué d'une unité lorsque $R(z)$ est de degré pair n, et qu'on a la relation

$$p < q + \frac{n}{2} - 1,$$

p et q étant les degrés des polynomes P et Q.

Exemple. — Soit $R(z)$ un polynome du quatrième degré ayant une racine multiple. Cherchons le nombre de périodes de l'intégrale

$$\int_{z_0}^{z} \frac{dz}{\sqrt{R(z)}}.$$

Si $R(z)$ a une racine double e_1 et deux racines simples e_2, e_3, l'intégrale

$$F(z) = \int_{z_0}^{z} \frac{dz}{(z-e_1)\sqrt{A(z-e_2)(z-e_3)}}$$

admet la période $2E_2 - 2E_3$ et en outre une période polaire provenant d'un lacet autour du pôle e_1; d'après la remarque faite tout à l'heure, ces deux périodes sont égales. Si $R(z)$ a deux racines doubles, on voit aussitôt que l'intégrale a une seule période polaire.

Si $R(z)$ a une racine triple, l'intégrale

$$F(z) = \int_{z_0}^{z} \frac{dz}{(z-e_1)\sqrt{(z-e_1)(z-e_2)}}$$

admet la période $2E_1 - 2E_2$, mais cette période est nulle, d'après la remarque générale. Il en est de même si $R(z)$ a une racine quadruple. En résumé, *si $R(z)$ a une ou deux racines doubles, l'intégrale a une période; si $R(z)$ a une racine triple ou une racine quadruple, l'intégrale n'a pas de périodes.*

Tous ces résultats sont faciles à vérifier par l'intégration directe.

307. Périodes de l'intégrale elliptique de première espèce. — L'intégrale elliptique de première espèce

$$F(z) = \int_{z_0}^{z} \frac{dz}{\sqrt{R(z)}},$$

où $R(z)$ est un polynome du troisième ou du quatrième degré, premier avec sa dérivée, admet deux périodes, d'après la théorie générale qui précède. Nous allons démontrer que *le rapport de ces deux périodes est imaginaire.*

Nous pouvons supposer, sans nuire à la généralité, que $R(z)$ est du troisième degré. Soit, en effet, $R_1(z)$ un polynome du quatrième degré; si a est une racine de ce polynome, en posant $z = a + \dfrac{1}{y}$, il vient (I, n° 100, p. 257)

$$\int \frac{dz}{\sqrt{R_1(z)}} = \int \frac{dy}{\sqrt{R(y)}},$$

$R(y)$ étant un polynome du troisième degré, et il est évident que les deux intégrales ont les mêmes périodes. Si $R(z)$ est du troisième degré, on peut supposer qu'il admet les racines o et 1, car il suffit d'une substitution linéaire $z = \alpha + \beta y$ pour être ramené à ce cas. En définitive, tout revient à établir que l'intégrale

$$(59) \qquad F(z) = \int_{z_0}^{z} \frac{dz}{\sqrt{z(1-z)(a-z)}},$$

où a est différent de zéro et de un, admet deux périodes dont le rapport est imaginaire.

Si a est réel, la propriété est évidente; si, par exemple, a est supérieur à un, l'intégrale admet les deux périodes

$$2 \int_{0}^{1} \frac{dz}{\sqrt{z(1-z)(a-z)}}, \quad 2 \int_{1}^{a} \frac{dz}{\sqrt{z(1-z)(a-z)}},$$

dont la première est réelle, tandis que la seconde est égale au produit de i par un nombre réel. Aucune de ces périodes ne peut d'ailleurs être nulle.

Supposons maintenant que a est imaginaire, par exemple que le coefficient de i dans a est positif. On peut encore prendre pour l'une des périodes

$$\Omega_1 = 2 \int_{0}^{1} \frac{dz}{\sqrt{z(1-z)(a-z)}};$$

nous appliquerons à cette intégrale la formule de Weierstrass (n° 278). Lorsque z varie de 0 à 1, le facteur $\dfrac{1}{\sqrt{z(1-z)}}$ reste positif, et le point d'affixe $\dfrac{1}{\sqrt{a-z}}$ décrit une courbe L dont il est facile de se faire une idée. Soit A le point d'affixe a; lorsque z

Fig. 63.

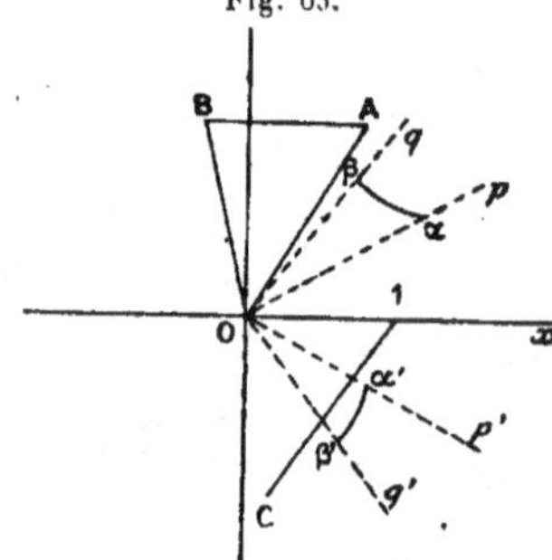

varie de 0 à 1, le point $a - z$ décrit le segment AB parallèle à Ox et de longueur égale à un (*fig.* 63).

Soient Op et Oq les bissectrices des angles que font avec Ox

les droites OA et OB, Op' et Oq' leurs symétriques par rapport à Ox. Si nous prenons pour détermination de $\sqrt{a-z}$ celle dont l'argument est compris entre 0 et $\frac{\pi}{2}$, le point d'affixe $\sqrt{a-z}$ décrit un arc d'hyperbole $\alpha\beta$, allant d'un point α sur Op à un point β sur Oq; le point $\dfrac{1}{\sqrt{a-z}}$ décrira donc un arc $\alpha'\beta'$ allant d'un point α' de Op' à un point β' de Oq'. La formule de Weierstrass nous donne ici

$$\Omega_1 = 2\,Z_1 \int_0^1 \frac{dz}{\sqrt{z(1-z)}} = 2\pi Z_1,$$

Z_1 étant l'affixe d'un point situé à l'intérieur de tout contour convexe enveloppant l'arc $\alpha'\beta'$. Il est clair que ce point Z_1 est situé dans l'angle $p'Oq'$, et qu'il ne peut être à l'origine; *son argument est donc compris entre* $-\frac{\pi}{2}$ *et* 0.

On peut prendre pour seconde période

$$\Omega_2 = 2 \int_{OA} \frac{dz}{\sqrt{z(1-z)(a-z)}} = 2 \int_0^a \frac{dz}{\sqrt{z(1-z)(a-z)}},$$

ou, en posant $z = at$,

$$\Omega_2 = 2 \int_0^1 \frac{dt}{\sqrt{t(1-t)(1-at)}}.$$

Pour appliquer la formule de Weierstrass à cette intégrale, remarquons que, t croissant de 0 à 1, le point at décrit le segment OA et le point d'affixe $1-at$ décrit le segment égal et parallèle allant de $z=1$ au point C. En choisissant convenablement la valeur du radical, on voit comme tout à l'heure qu'on peut écrire

$$\Omega_2 = 2\,Z_2 \int_0^1 \frac{dt}{\sqrt{t(1-t)}} = 2\pi Z_2,$$

Z_2 étant une quantité imaginaire différente de zéro, *dont l'argument est compris entre* 0 *et* $\frac{\pi}{2}$. Le rapport des périodes $\frac{\Omega_2}{\Omega_1}$ ou $\frac{Z_2}{Z_1}$ est donc imaginaire.

EXERCICES

1. Développer la fonction

$$y = \frac{1}{2}\left(x + \sqrt{x^2-1}\right)^m + \frac{1}{2}\left(x - \sqrt{x^2-1}\right)^m,$$

suivant les puissances de x, m étant un nombre quelconque.

Trouver le rayon du cercle de convergence.

2. Trouver les différents développements de la fonction $\dfrac{1}{(z^2 + 1)(z - 2)}$ suivant les puissances positives ou négatives de z, d'après la position du point z dans le plan.

3. Calculer l'intégrale définie $\int z^2 \operatorname{Log}\left(\dfrac{z + 1}{z - 1}\right) dz$ le long d'un cercle de rayon égal à 2, décrit de l'origine pour centre, la valeur initiale du logarithme au point $z = 2$ étant réelle. Calculer l'intégrale définie

$$\int \frac{dz}{\sqrt{z^2 + z + 1}}$$

le long du même contour.

4. Soit $f(z)$ une fonction holomorphe à l'intérieur d'une courbe fermée C renfermant l'origine. Calculer l'intégrale définie $\displaystyle\int_{(C)} f'(z) \operatorname{Log} z\, dz$ prise le long de la courbe C à partir d'une valeur initiale z_0.

5. Démontrer la formule

$$\int_{-\infty}^{+\infty} \frac{dt}{(1 + t^2)^{n+1}} = \frac{1.3.5\ldots(2n - 1)}{2.4.6\ldots 2n}\,\pi;$$

en déduire les intégrales définies

$$\int_{-\infty}^{+\infty} \frac{dt}{[(t - \alpha)^2 + \beta^2]^{n+1}}, \qquad \int_{-\infty}^{+\infty} \frac{dt}{(A\,t^2 + 2B\,t + C)^{n+1}}.$$

6. Calculer, au moyen de la théorie des résidus, les intégrales définies suivantes :

$$\int_{-\infty}^{+\infty} \frac{\sin mx\, dx}{x(x^2 + a^2)^2}, \qquad\qquad m \text{ et } a \text{ étant réels,}$$

$$\int_{-\infty}^{+\infty} \frac{\cos ax}{1 + x^4}\, dx, \qquad\qquad a \text{ étant réel,}$$

$$\int_{-\infty}^{+\infty} \frac{dx}{(x^2 - 2\alpha i x - \beta^2 - \alpha^2)^{n+1}}, \qquad\qquad \alpha \text{ et } \beta \text{ étant réels,}$$

$$\int_{-\infty}^{+\infty} \frac{\cos x\, dx}{(x^2 + 1)(x^2 + 4)},$$

$$\int_0^1 \frac{\sqrt[3]{x^2(1 - x)}}{(1 + x)^3}\, dx, \qquad\qquad \int_0^{+\infty} \frac{x \log x\, dx}{(1 + x^2)^3},$$

$$\int_0^{+\infty} \frac{\cos ax - \cos bx}{x^2}\, dx, \qquad\qquad a \text{ et } b \text{ étant réels et positifs.}$$

$\left(\text{Pour évaluer cette dernière intégrale, on intègre la fonction } \dfrac{e^{aiz} - e^{biz}}{z^2}\right.$

$\left. \text{le long du contour de la figure 58.}\right)$

7 L'intégrale définie $\displaystyle\int_0^\pi \frac{d\varphi}{A + C - (A - C)\cos\varphi}$ est égale, quand elle a une valeur finie, à $\dfrac{\varepsilon}{2}\dfrac{\pi}{\sqrt{AC}}$, ε étant égal à ± 1, et choisi de telle façon que le coefficient de i dans $\dfrac{\varepsilon\,i\sqrt{AC}}{A}$ soit positif.

8. Soient $F(z)$ et $G(z)$ deux fonctions holomorphes, et $z = a$ une racine double de $G(z) = 0$, n'annulant pas $F(z)$; le résidu correspondant de $\dfrac{F(z)}{G(z)}$ est égal à $\dfrac{6\,F'(a)\,G''(a) - 2\,F(a)\,G'''(a)}{3\,[G''(a)]^2}$.

Le résidu de $\dfrac{F(z)}{[G(z)]^2}$ pour une racine simple a de $G(z) = 0$ est de même égal à $\dfrac{F'(a)\,G'(a) - F(a)\,G''(a)}{[G'(a)]^3}$.

9. Démontrer la formule

$$\int_{-1}^{+1} \frac{dx}{(x - a)\sqrt{1 - x^2}} = \frac{\pi i}{\sqrt{1 - a^2}},$$

l'intégrale étant prise suivant l'axe réel, avec la valeur positive du radical, et a étant un nombre complexe quelconque ou un nombre réel dont le module est supérieur à un. Préciser la valeur qu'on doit prendre pour $\sqrt{1 - a^2}$.

10. On considère les intégrales $\displaystyle\int_{(S)} \frac{dz}{\sqrt{1 + z^3}}$, $\displaystyle\int_{(S_1)} \frac{dz}{\sqrt{1 + z^3}}$, dans lesquelles S et S_1 désignent deux contours formés de la manière suivante : le contour S se compose d'une droite OA (qu'on fait grandir indéfiniment) placée suivant Ox, du cercle de centre O et de rayon AO, enfin de la droite AO. Le contour S_1 est la suite des trois lacets qui enveloppent les points a, b, c, dont les affixes sont les racines de l'équation $z^3 + 1 = 0$. Établir la relation entre les deux intégrales

$$\int_0^{+\infty} \frac{dx}{\sqrt{1 + x^3}}, \quad \int_0^1 \frac{dt}{\sqrt{1 - t^3}},$$

à laquelle on est conduit par cette comparaison.

11. En intégrant la fonction e^{-z^2} le long du contour du rectangle formé par les droites $y = 0$, $y = b$, $x = +R$, $x = -R$, et faisant croître R indéfiniment, établir la relation

$$\int_{-\infty}^{+\infty} e^{-x^2}\cos 2bx\, dx = \sqrt{\pi}\, e^{-b^2}.$$

12. On intègre la fonction $e^{-z}\, z^{n-1}$, où n est réel et positif, le long d'un contour formé par un rayon OA placé suivant Ox, un arc de

cercle AB décrit du point O pour centre avec OA pour rayon, et un rayon BO tel que l'angle $\alpha = \widehat{AOB}$ soit compris entre o et $\dfrac{\pi}{2}$. En faisant croître OA indéfiniment, déduire du résultat obtenu les intégrales définies

$$\int_0^{+\infty} u^{n-1} e^{-au} \cos bu \, du, \qquad \int_0^{+\infty} u^{n-1} e^{-au} \sin bu \, du,$$

a et b étant réels et positifs. Les formules obtenues subsistent pour $\alpha = \dfrac{\pi}{2}$, pourvu qu'on ait $n < 1$.

. 13. Soient m, m', n des nombres entiers positifs $(m < n, \ m' < n)$. Etablir la formule

$$\int_0^{+\infty} \frac{t^{2m} - t^{2m'}}{1 - t^{2n}} \, dt = \frac{\pi}{2n} \left[\cot \left(\frac{2m+1}{2n} \right) \pi - \cot \left(\frac{2m'+1}{2n} \right) \pi \right].$$

14. Déduire de la formule précédente la formule d'Euler

$$\int_0^{+\infty} \frac{t^{2m} \, dt}{1 + t^{2n}} = \frac{\pi}{2n \sin \left(\dfrac{2m+1}{2n} \pi \right)} \cdot$$

15. Si la partie réelle de a est positive et inférieure à l'unité, on a

$$\int_{-\infty}^{+\infty} \frac{e^{ax} dx}{1 + e^x} = \frac{\pi}{\sin a\pi} \cdot$$

[On peut le déduire de la formule (39) (n° 298), ou intégrer la fonction $\dfrac{e^{az}}{1 + e^z}$ le long du contour du rectangle formé par les droites $y = 0$, $y = 2\pi$, $x = +R$, $x = -R$, et faire croître ensuite R indéfiniment.]

16. Démontrer de même la formule

$$\int_{-\infty}^{+\infty} \frac{e^{ax} - e^{bx}}{1 - e^x} \, dx = \pi (\cot a\pi - \cot b\pi),$$

les parties réelles de a et de b étant positives et plus petites que un.

[On prendra pour contour d'intégration le rectangle formé par les droites $y = 0$, $y = \pi$, $x = R$, $x = -R$, et l'on se servira de l'exercice précédent.]

17. De la formule

$$\int_{(C)} \frac{(1 + z)^n}{z^{k+1}} \, dz = 2\pi i \frac{n(n-1)\ldots(n-k+1)}{1.2\ldots k},$$

où n et k sont des nombres entiers positifs, et C un cercle ayant pour centre l'origine, déduire les formules

$$\int_0^\pi (2\cos u)^{n+k}\cos(n-k)u\,du = \pi\,\frac{(n+1)(n+2)\ldots(n+k)}{1.2\ldots k},$$

$$\int_{-1}^{+1}\frac{x^{2n}\,dx}{\sqrt{1-x^2}} = \frac{1.3.5\ldots(2n-1)}{2.4.6\ldots 2n}.$$

[On pose $z = e^{2iu}$, puis $\cos u = x$, et l'on remplace n par $n+k$ et k par n.]

*18. L'intégrale définie

$$\Phi(x) = \int_0^\pi \frac{d\varphi}{1-\alpha(x+\sqrt{x^2-1}\cos\varphi)},$$

quand elle a une valeur finie, est égale à $\pm\,\dfrac{\pi}{\sqrt{1-2\alpha x+\alpha^2}}$, suivant les positions relatives des deux points z et x. Déduire de là l'expression du $n^{\text{ième}}$ polynome de Legendre, due à Jacobi,

$$X_n = \frac{1}{\pi}\int_0^\pi (x+\sqrt{x^2-1}\cos\varphi)^n\,d\varphi.$$

19. Etudier de même l'intégrale définie $\displaystyle\int_0^\pi \frac{d\varphi}{x-z+\sqrt{x^2-1}\cos\varphi}$, et déduire du résultat la formule de Laplace

$$X_n = \frac{\epsilon}{\pi}\cdot\int_0^\pi \frac{d\varphi}{(x+\sqrt{x^2-1}\cos\varphi)^{n+1}},$$

où $\epsilon = \pm 1$, suivant que la partie réelle de x est positive ou négative.

20. Établir cette dernière formule en intégrant la fonction

$$\frac{1}{z^{n+1}\sqrt{1-2xz+z^2}}$$

le long d'un cercle ayant pour centre l'origine, et dont on fait grandir le rayon indéfiniment.

*21. Sommes de Gauss. — Soit $T_s = e^{\frac{2\pi i s^2}{\pi}}$ (n et s étant entiers) et soit S_n la somme $T_0 + T_1 + \ldots + T_{n-1}$. Démontrer la formule

$$S_n = \frac{(1+i)(1+i^{3n})}{2}\sqrt{n}.$$

[On applique le théorème des résidus à la fonction $\varphi(z) = \dfrac{e^{\frac{2\pi i z^2}{n}}}{e^{2\pi i z}-1}$, en prenant pour contour d'intégration les côtés du rectangle formé par les droites $x = 0$, $x = n$, $y = + R$, $y = — R$, en y joignant deux demi-circonférences de rayon ε décrites des points $z = 0$, $z = n$ pour centres, afin d'éviter les pôles $z = 0$, $z = n$ de $\varphi(z)$; puis on fait croître R indéfiniment.]

22. Soit $f(z)$ une fonction holomorphe à l'intérieur d'un contour fermé Γ renfermant les points $a, b, c, \ldots, l : \alpha, \beta, \ldots, \lambda$ étant des nombres entiers positifs, la somme des résidus de la fonction

$$\varphi(z) = \frac{f(z)}{x - z} \left(\frac{x - a}{z - a}\right)^{\alpha} \left(\frac{x - b}{z - b}\right)^{\beta} \cdots \left(\frac{x - l}{z - l}\right)^{\lambda}$$

relatifs aux pôles a, b, c, $\ldots$, l est un polynome $F(x)$ de degré $\alpha + \beta + \ldots + \lambda — 1$, satisfaisant aux relations

$$F(a) = f(a), \quad F'(a) = f'(a), \quad \ldots, \quad F^{(\alpha-1)}(a) = f^{(\alpha-1)}(a),$$
$$F(b) = f(b), \quad F'(b) = f'(b), \quad \ldots, \quad F^{(\beta-1)}(b) = f^{(\beta-1)}(b),$$
$$\ldots\ldots\ldots\ldots, \quad \ldots\ldots\ldots\ldots, \quad \ldots, \quad \ldots\ldots\ldots\ldots\ldots;$$

$$\left[\text{On s'appuie sur la relation } F(x) = f(x) + \frac{1}{2\pi i} \int_{(\Gamma)} \varphi(z)\, dz.\right]$$

***23.** Soit $f(z)$ une fonction holomorphe à l'intérieur d'un cercle C de centre a. Soient d'autre part $a_1, a_2, \ldots, a_n, \ldots$ une suite indéfinie de points intérieurs à ce cercle C, le point a_n ayant pour limite le point a lorsque n croît indéfiniment. Pour tout point z intérieur à C, on a le développement

$$f(z) = f(a_1) + \ldots + (z - a_1)(z - a_2)\ldots(z - a_{n-1}) \sum_{h=1}^{n} \frac{f(a_h)}{F'_n(a_h)} + \ldots,$$

où

$$F_n(z) = (z - a_1)(z - a_2)\ldots(z - a_n).$$

[LAURENT, *Journal de Mathématiques*, 5ᵉ série, t. VIII, p. 325.]
[On s'appuie sur la formule suivante, facile à vérifier,

$$\frac{1}{z - x} = \frac{1}{z - a_1} + \frac{x - a_1}{(z - a_1)(z - a_2)} + \ldots$$
$$+ \frac{(x - a_1)\ldots(x - a_{n-1})}{(z - a_1)\ldots(z - a_{n-1})(z - a_n)} + \frac{1}{z - x} \frac{(x - a_1)\ldots(x - a_n)}{(z - a_1)\ldots(z - a_n)},$$

et l'on procède comme pour établir la formule de Taylor.]

24. Soit $z_0 = a + bi$ une racine d'ordre n de l'équation $f(z) = X + Yi = 0$, la fonction $f(z)$ étant holomorphe dans le voisinage. Le point $x = a, y = b$ est un point multiple d'ordre n des deux courbes $X = 0$, $Y = 0$; les tangentes en ce point à chacune de ces courbes forment une rose des vents et les rayons de l'une sont les bissectrices des rayons de l'autre.

25. Soit $f(z) = X + iY = A_0 z^m + A_1 z^{m-1} + \ldots + A_m$ un polynome d'ordre m à coefficients quelconques. Toutes les asymptotes des deux courbes $X = 0$, $Y = 0$ passent par le point d'affixe $-\dfrac{A_1}{m A_0}$, et sont disposées comme les droites de l'exercice précédent.

***26.** Étant données deux fonctions $f(x)$, $F(x)$ d'une variable x, la formule de Lagrange donne le développement de l'une d'elles suivant les puissances de l'autre. Pour préciser le problème, prenons une racine simple a de l'équation $F(x) = 0$ et supposons que les deux fonctions $f(x)$ et $F(x)$ soient holomorphes dans le domaine du point a. Dans ce domaine, on a

$$F(x) = \frac{x-a}{\varphi(x)},$$

la fonction $\varphi(x)$ étant régulière pour $x = a$ si a est racine simple de $F(x) = 0$. En représentant $F(x)$ par y, la relation précédente est équivalente à

$$x - a - y\varphi(x) = 0$$

et l'on est ramené à calculer le développement de $f(x)$ suivant les puissances de y. La formule obtenue est souvent attribuée à tort à Burmann. (Voir NIELSEN, *Bulletin des Sciences mathématiques*, 2ᵉ série, t. 48, 1924, p. 141).

***27. Équation de Kepler.** — L'équation $z - a - e \sin z = 0$, ou a et e sont deux nombres positifs, $a < \pi$, $e < 1$, admet une racine réelle comprise entre 0 et π, deux racines dont la partie réelle est comprise entre $m\pi$ et $(m+1)\pi$, lorsque m est un nombre positif pair, ou négatif impair; si m est un nombre positif impair, ou négatif pair, il n'y a aucune racine dont la partie réelle soit comprise entre $m\pi$ et $(m+1)\pi$. [BRIOT et BOUQUET, *Théorie des fonctions elliptiques*, 2ᵉ édit., p. 199.]

[On étudie la courbe décrite par le point $u = z - a - e \sin z$, lorsque la variable z décrit les quatre côtés du rectangle formé par les droites $x = m\pi$, $x = (m+1)\pi$, $y = +R$, $y = -R$, R étant un nombre très grand.]

***28.** Pour des valeurs très grandes de m, les deux racines de l'exercice précédent dont la partie réelle est comprise entre $2m\pi$ et $(2m+1)\pi$ sont à peu près égales à $2m\pi + \dfrac{\pi}{2} \pm i \left[\log\left(\dfrac{2}{e}\right) + \log\left(2m\pi + \dfrac{\pi}{2}\right) \right]$.

[GOURIER, *Annales de l'École Normale*, 2ᵉ série, t. VII, p. 73.]

***29. Extension de la formule de Lagrange.** — Soient $f(z)$, $\varphi(z)$ deux fonctions holomorphes dans le domaine d'un point a, C un cercle de centre a et de rayon r tel que l'on ait, tout le long de ce cercle,

$$|\alpha f(z)| + |\beta \varphi(z)| < r.$$

L'équation $F(z) = z - a - \alpha f(z) - \beta \varphi(z) = 0$ a une racine et une seule ζ à l'intérieur du cercle C. Toute fonction holomorphe $\Pi(\zeta)$ de cette racine peut être développée suivant les puissances de α, β en partant de la formule

$$\frac{\Pi(\zeta)}{F'(\zeta)} = \frac{1}{2\pi i} \int \frac{\Pi(z)\,dz}{z - a - \alpha f(z) - \beta \varphi(z)},$$

qui donne, en procédant comme au n° 302,

$$\frac{\Pi(\zeta)}{1 - \alpha f'(\zeta) - \beta \varphi'(\zeta)} = \Pi(a) + \sum \frac{\alpha^m \beta^n}{m!\,n!} \frac{d^{m+n}}{da^{m+n}} \left\{ \Pi(a)[f(a)]^m [\varphi(a)]^n \right\},$$

la combinaison $m = n = 0$ étant exclue de la sommation. En posant

$$\Pi(z) = \Phi(z)[1 - \alpha f'(z) - \beta \varphi'(z)],$$

on a aussi

$$\Phi(\zeta) = \Phi(a) + \sum \frac{\alpha^m \beta^n}{m!\,n!} \frac{d^{m+n-1}}{da^{m+n-1}} \left\{ \Phi'(a)[f(a)]^m [\varphi(a)]^n \right\},$$

la combinaison $m = n = 0$ étant encore exclue de la sommation.

***30. Définition d'une fonction holomorphe par sa partie réelle. —** Soit $f(x) = a_0 + a_1 x + \ldots + a_n x^n + \ldots$ une fonction holomorphe à l'intérieur d'un cercle de rayon R ayant pour centre l'origine; nous écrirons aussi, en séparant la partie réelle et le coefficient de i, $f(x) = P + iQ$. Le long d'un cercle C_r, concentrique au premier et de rayon $r < R$, P et Q sont des fonctions continues et périodiques de l'argument θ, et tous les coefficients a_1, a_2, $\ldots$, a_n, $\ldots$ peuvent s'exprimer par des intégrales où figure seulement la partie réelle $P_r(\theta)$ de $f(x)$ le long de C_r. Nous avons en effet, d'après les formules classiques (n° 286),

$$a_n r^n = \frac{1}{2\pi} \int_0^{2\pi} [P_r(\theta) + i Q_r(\theta)] e^{-ni\theta}\,d\theta;$$

d'autre part on a, pour $n > 0$,

$$\int_0^{2\pi} [P_r(\theta) + i Q_r(\theta)] e^{n\theta i}\,d\theta = 0,$$

car cette intégrale est identique, à un facteur près, à l'intégrale

$$\int_C f(z) z^{n-1}\,dz.$$

On peut écrire la relation précédente, en changeant i en $-i$,

$$\int_0^{2\pi} [P_r(\theta) - i Q_r(\theta)] e^{-n\theta i}\,d\theta = 0,$$

et par suite on a, pour $n > 0$,

$$(1) \qquad \pi a_n r^n = \int_0^{2\pi} P_r(\theta)\, e^{-ni\theta}\, d\theta.$$

Cette relation ne s'applique plus pour $n = 0$; si $a_0 = P_0 + i Q_0$, on a

$$(2) \qquad 2\pi P_0 = \int_0^{2\pi} P_r(\theta)\, d\theta, \qquad 2\pi Q_0 = \int_0^{2\pi} Q_r(\theta)\, d\theta.$$

Ces formules s'appliquent encore pour $r = R$, si la fonction $f(x)$ est continue sur le cercle de rayon R.

Soit $x = \rho e^{i\varphi}\,(\rho < r)$ l'affixe d'un point intérieur à C_r; on a

$$\pi f(x) = \pi(P_0 + i Q_0) + \pi \sum_{n=1}^{+\infty} a_n \rho^n e^{ni\varphi},$$

ce que l'on peut écrire, d'après les formules (1) et (2),

$$\pi f(x) = \pi i Q_0 + \int_0^{2\pi} P\, d\theta \left[\frac{1}{2} + \sum_{n=1}^{+\infty} \left(\frac{\rho}{r} \right)^n e^{ni(\varphi-\theta)} \right],$$

puisque la série sous le signe intégral est uniformément convergente. La somme de cette série est $\dfrac{\frac{\rho}{r} e^{i(\varphi-\theta)}}{1 - \frac{\rho}{r} e^{i(\varphi-\theta)}}$, c'est-à-dire $\dfrac{x}{z - x}$, ou $z = r e^{i\theta}$ est un point du cercle C_r; on a donc finalement

$$(3) \qquad 2\pi f(x) = 2\pi i Q_0 + \int_0^{2\pi} P_r(\theta) \frac{z + x}{z - x}\, d\theta.$$

La fonction holomorphe $f(x)$ est donc complètement déterminée à l'intérieur du cercle C_r, si l'on connaît la valeur de la partie réelle le long de ce cercle et le coefficient de i à l'origine. En particulier, la valeur de la partie réelle P est déterminée en tout point intérieur à C_r par les valeurs qu'elle prend le long de C_r. (*Principe de Dirichlet.*)

Il est facile de déduire de la formule (3) une limite supérieure du module de $f(x)$ en un point intérieur. Lorsque z décrit le cercle C_r, $\left| \dfrac{z + x}{z - x} \right|$ reste plus petit que $\dfrac{r + |x|}{r - |x|} = q$. On a donc, pour tout point intérieur à C_r,

$$(4) \qquad |f(x)| < |Q_0| + \frac{1}{2\pi} q \int_0^{2\pi} |P_r(\theta)|\, d\theta.$$

Soit $\mathcal{A}(r)$ le maximum de $|P_r(\theta)|$ le long de C_r; il est clair que

$$\int_0^{2\pi} |P_r(\theta)|\, d\theta < 2\pi\, \mathcal{A}_0(r), \text{ et par suite on a aussi}$$

$$(5) \qquad\qquad |f(x)| < |Q_0| + \mathcal{A}_0(r)q.$$

On peut trouver une autre limite pour $|f(x)|$. Soit $A(r)$ un nombre positif ou nul, égal au maximum de $P_r(\theta)$ le long de C_r, lorsque cette partie réelle prend des valeurs positives le long de C_r, et égal à zéro lorsque l'on a, en tout point de C_r, $P_r(\theta) \leqq 0$. On a, d'après les relations (2),

$$P_0 + \frac{1}{2\pi}\int_0^{2\pi} |P|\, d\theta = \frac{1}{2\pi}\int_0^{2\pi} [\,|P| + P\,]\, d\theta;$$

en un point où $P \leqq 0$, on a $P + |P| = 0$, et en un point de C_r où $P > 0$, $P + |P|$ est au plus égal à $2A(r)$. On a donc

$$P_0 + \frac{1}{2\pi}\int_0^{2\pi} |P|\, d\theta \leqq 2A(r)$$

et par suite

$$\frac{1}{2\pi}\int_0^{2\pi} |P|\, d\theta \leqq 2A(r) - P_0,$$

l'égalité ne pouvant avoir lieu que si $A(r) = 0$, c'est-à-dire si P ne prend pas de valeurs positives sur C_r. La formule (4) donne donc la nouvelle inégalité

$$(6) \qquad\qquad |f(x)| < |Q_0| + [\,2A(r) - P_0\,]q.$$

Il est clair que ces inégalités subsistent si l'on y remplace $A(r)$ et $\mathcal{A}_0(r)$ par des nombres plus grands; ainsi, dans la dernière, on peut remplacer $A(r)$ par un nombre positif quelconque, supérieur au maximum de P le long de C_r.

*31. Séries récurrentes. — Soit

$$(1) \qquad\qquad \varphi(x) = u_0 + u_1 x + \ldots + u_m x^m + \ldots$$

une série entière dont les coefficients $u_0,\ u_1,\ \ldots,\ u_m,\ \ldots$ forment une suite récurrente, $n+1$ coefficients consécutifs $u_p,\ u_{p+1},\ \ldots,\ u_{n+p}$ étant liés par une relation linéaire *à coefficients constants*

$$(2) \quad u_{n+p} + a_1 u_{n+p-1} + \ldots + a_n u_p = 0 \qquad (a_n \neq 0;\ p = 0, 1, 2, \ldots),$$

qui permet de déterminer de proche en proche tous les coefficients de cette série connaissant les n premiers coefficients $u_0,\ u_1,\ \ldots,\ u_{n-1}$ que l'on peut choisir arbitrairement.

La relation (2) exprime que le coefficient de $x^{n+p}\,(p \geqq 0)$ dans le produit de la série $\varphi(x)$ par le polynome de degré n

$$(3) \qquad f(x) = 1 + a_1 x + a_2 x^2 + \ldots + a_n x^n$$

est nul. Ce produit $\varphi(x) f(x)$ est donc un polynome $\psi(x)$ de degré au plus égal à $n - 1$. Réciproquement, si l'on développe en série entière le quotient $\dfrac{\psi(x)}{f(x)}$, où $\psi(x)$ est un polynome à coefficients arbitraires de degré inférieur à n, on obtient une série entière dont $n + 1$ coefficients consécutifs vérifient la relation (2).

Il est facile de déduire de cette remarque l'expression générale du coefficient u_m d'une suite récurrente. Soient α, β, $\ldots$, λ les n racines de l'équation $f\left(\dfrac{1}{x}\right) = 0$. Si ces racines sont distinctes, la fraction rationnelle $\dfrac{\psi(x)}{f(x)}$ est egale à une somme de fractions simples

$$\frac{\psi(x)}{f(x)} = \frac{A}{1 - \alpha x} + \frac{B}{1 - \beta x} + \ldots + \frac{L}{1 - \lambda x},$$

et le coefficient de x^m dans le développement en série est

$$(4) \qquad u_m = A \alpha^m + B \beta^m + \ldots + L \lambda^m.$$

Si α est une racine multiple d'ordre r de l'équation $f\left(\dfrac{1}{x}\right) = 0$, on doit remplacer $\dfrac{A}{1 - \alpha x}$ par un polynome de degré $r - 1$ en $\dfrac{1}{1 - \alpha x}$, dont les coefficients peuvent être choisis arbitrairement, et le coefficient de x^m dans le développement est de la forme $\alpha^m P_{r-1}(m)$, $P_{r-1}(m)$ étant un polynome de degré $r - 1$ à coéfficients arbitraires.

Si la relation (2) ne s'applique que pour $p \geqq q > 0$, les q premiers termes de $\varphi(x)$ forment un polynome $P(x)$ à coefficients arbitraires et la série $\dfrac{\varphi(x) - P(x)}{x^q}$ rentre dans la classe qui vient d'être étudiée.

CHAPITRE XV.

FONCTIONS UNIFORMES.

La première partie de ce Chapitre est consacrée à la démonstration des théorèmes généraux de Weierstrass ([1]) et de M. Mittag-Leffler sur les fonctions entières, et les fonctions uniformes ayant une infinité de points singuliers. J'en fais ensuite l'application aux fonctions elliptiques. Je ne pouvais songer à développer cette théorie d'une façon quelque peu complète dans un petit nombre de pages; aussi me suis-je borné à indiquer à grands traits les points essentiels, de façon que le lecteur puisse se rendre compte de l'importance de ces fonctions. Quant à ceux qui voudront pousser plus loin l'étude des fonctions elliptiques, ou en faire des applications, un simple *Cours d'Analyse* ne saurait leur suffire; ils seront toujours obligés d'avoir recours aux Traités spéciaux.

I. — FACTEURS PRIMAIRES DE WEIERSTRASS. — THÉORÈME DE MITTAG-LEFFLER.

308. Expression d'une fonction entière par un produit de facteurs primaires. — Tout polynome de degré m est égal au produit d'une constante par m facteurs de la forme $x - a$, égaux ou inégaux, et cette décomposition met en évidence les racines de ce polynome. Euler avait obtenu le premier pour $\sin z$ un développe-

---

[1] Les théorèmes de Weierstrass qui vont être exposés ont été publiés dans son *Mémoire sur les fonctions uniformes d'une variable* (*Mémoires de l'Académie de Berlin*, 1876). M. Picard a donné une traduction de ce Mémoire, revu et complété par Weierstrass, dans les *Annales de l'École Normale supérieure*, 2ᵉ série, t. VIII, 1879, p. 111-150. L'ensemble des recherches de M. Mittag-Leffler se trouve dans un Mémoire des *Acta mathematica* (t. IV).

ment en produit infini analogue, mais les facteurs de ce produit, que nous verrons plus loin, sont du second degré en z. Cauchy avait reconnu que, dans certains cas, on est conduit à adjoindre à chacun des facteurs binomes, tels que $x - a$, un facteur exponentiel convenable. Mais c'est Weierstrass qui a traité le premier la question dans toute sa généralité, en montrant que toute fonction entière, admettant une infinité de racines, peut être exprimée par le produit d'un nombre infini de facteurs, dont chacun ne s'annule que pour une seule valeur de la variable.

Nous connaissons déjà une fonction entière ne s'annulant pour aucune valeur de z, c'est e^z; il en est même de $e^{g(z)}$, $g(z)$ étant un polynome ou une fonction entière. Réciproquement, toute fonction entière qui ne s'annule pour aucune valeur de z est de cette forme. En effet, si la fonction entière $G(z)$ ne s'annule pour aucune valeur de z, tout point $z = a$ est un point ordinaire pour $\dfrac{G'(z)}{G(z)}$, qui est par conséquent une fonction entière $g_1(z)$:

$$\frac{G'(z)}{G(z)} = g_1(z);$$

en intégrant les deux membres entre les limites z_0, z, il vient

$$\operatorname{Log}\left[\frac{G(z)}{G(z_0)}\right] = \int_{z_0}^{z} g_1(z)\,dz = g(z) - g(z_0),$$

$g(z)$ étant une nouvelle fonction entière de z, et l'on a

$$G(z) = G(z_0)e^{g(z)-g(z_0)} = e^{g(z)-g(z_0)+\operatorname{Log}(G(z_0))}.$$

Le second membre est bien de la forme voulue.

Si une fonction entière $G(z)$ n'admet que n racines a_1, a_2, ..., a_n, distinctes ou non, la fonction $G(z)$ est évidemment de la forme

$$G(z) = (z - a_1)(z - a_2)\dots(z - a_n)e^{g(z)}.$$

Considérons maintenant le cas où l'équation $G(z) = 0$ admet une infinité de racines. Comme il ne peut y avoir qu'un nombre fini de racines de module inférieur ou égal à un nombre quelconque R (n° 292), si nous rangeons ces racines de façon que le module n'aille jamais en diminuant, chacune des racines figure à un rang déterminé dans la suite obtenue

$$(1) \qquad a_1, \quad a_2 \quad \ldots, \quad a_n, \quad a_{n+1}, \quad \ldots,$$

où l'on a $|a_n| \leqq |a_{n+1}|$, et où $|a_n|$ augmente indéfiniment avec l'indice n. Nous supposerons que chacune des racines figure dans cette suite autant de fois que l'exige son degré de multiplicité, et qu'on n'y fait pas figurer la racine $z = 0$, si $G(0) = 0$. Nous allons d'abord montrer comment on peut former une fonction entière $G_1(z)$ admettant pour racines les termes de la suite (1), et celles-là seulement.

Le produit $\left(1 - \dfrac{z}{a_n}\right) e^{Q_\nu(z)}$, où $Q_\nu(z)$ désigne un polynome, est une fonction entière qui ne s'annule que pour $z = a_n$. Nous prendrons pour $Q_\nu(z)$ un polynome de degré ν qu'on détermine de la manière suivante; nous pouvons écrire le produit précédent

$$e^{Q_\nu(z) + \mathrm{Log}\left(1 - \frac{z}{a_n}\right)},$$

et en remplaçant $\mathrm{Log}\left(1 - \dfrac{z}{a_n}\right)$ par son développement en série entière, le développement de l'exposant commencera par un terme de degré $\nu + 1$, pourvu qu'on prenne

$$Q_\nu(z) = \frac{z}{a_n} + \frac{z^2}{2\,a_n} + \ldots + \frac{z^\nu}{\nu\,a_n^\nu}.$$

Le nombre entier ν est encore indéterminé. Nous allons montrer qu'on peut choisir ce nombre ν en fonction de n de façon que le produit infini

$$(2) \qquad \prod_{n=1}^{+\infty} \left(1 - \frac{z}{a_n}\right) e^{Q_\nu(z)}$$

soit absolument et uniformément convergent dans tout cercle C de rayon R, décrit de l'origine comme centre, aussi grand que soit R. Le nombre R étant fixé, soit α un nombre positif inférieur a un. Mettons à part dans le produit (2) les facteurs correspondant aux racines a_n dont le module ne dépasse pas $\dfrac{R}{\alpha}$. S'il y a q racines satisfaisant à cette condition, le produit des q facteurs

$$F_1(z) = \prod_{n=1}^{q} \left(1 - \frac{z}{a_n}\right) e^{Q_\nu(z)}$$

représente évidemment une fonction entière de z; considérons le
produit des facteurs à partir du $(q + 1)^{\text{ième}}$

$$F_2(z) = \prod_{n=q+1}^{+\infty} \left(1 - \frac{z}{a_n}\right) e^{Q_\nu z}.$$

Lorsque z reste à l'intérieur du cercle de rayon R, on a $|z| \leqq R$,
et comme on a $|a_n| > \frac{R}{\alpha}$, lorsque $n > q$, il s'ensuit que l'on a
aussi $|z| < \alpha |a_n|$. Un facteur de ce produit peut donc s'écrire,
d'après la façon dont on a pris $Q_\nu(z)$,

$$\left(1 - \frac{z}{a_n}\right) e^{Q_\nu(z)} = e^{-\frac{1}{\nu+1}\left(\frac{z}{a_n}\right)^{\nu+1} - \frac{1}{\nu+2}\left(\frac{z}{a_n}\right)^{\nu+2} - \cdots}$$

si l'on désigne ce facteur par $1 + u_n$, on a

$$u_n = e^{-\frac{1}{\nu+1}\left(\frac{z}{a_n}\right)^{\nu+1} - \frac{1}{\nu+2}\left(\frac{z}{a_n}\right)^{\nu+2} - \cdots} - 1.$$

Tout revient à démontrer qu'en choisissant convenablement le
nombre ν la série dont le terme général est $U_n = |u_n|$ est unifor-
mément convergente dans le cercle de rayon R (I, n° **167**). D'une
façon générale, m étant un nombre quelconque réel ou imaginaire,
on a

$$|e^m - 1| < e^{|m|} - 1;$$

on a donc, *a fortiori*,

$$U_n < e^{\frac{1}{\nu+1}\left|\frac{z}{a_n}\right|^{\nu+1}\left(1 + \frac{\nu+1}{\nu+2}\left|\frac{z}{a_n}\right| + \frac{\nu+1}{\nu+3}\left|\frac{z}{a_n}\right|^2 + \cdots\right)} - 1,$$

ou, en observant que $|z| < \alpha |a_n|$, lorsque $|z|$ est $< R$,

$$U_n < e^{\frac{1}{\nu+1}\left|\frac{z}{a_n}\right|^{\nu+1}\frac{1}{1-\alpha}} - 1.$$

Mais, x étant un nombre réel et positif, $e^x - 1$ est inférieur à $x e^x$;
par suite, on a encore

$$U_n < \frac{1}{\nu+1}\left|\frac{z}{a_n}\right|^{\nu+1}\frac{1}{1-\alpha} e^{\frac{1}{\nu+1}\left|\frac{z}{a_n}\right|^{\nu+1}\frac{1}{1-\alpha}} < \frac{1}{\nu+1}\left|\frac{z}{a_n}\right|^{\nu+1}\frac{e^{\frac{1}{1-\alpha}}}{1-\alpha}.$$

Pour que la série dont le terme général est U_n soit uniformément convergente dans le cercle de rayon R, il suffira qu'il en soit

de même de la série dont le terme général est $\left|\dfrac{z}{a_n}\right|^{\nu+1}$. S'il existe un nombre entier p tel que la série $\sum\left|\dfrac{1}{a_n}\right|^{p}$ soit convergente, il suffira de prendre $\nu = p - 1$. S'il n'existe pas de nombre entier p jouissant de cette propriété ([1]), il suffira de prendre $\nu = n - 1$. En effet, la série dont le terme général est $\left|\dfrac{z}{a_n}\right|^{n}$ est uniformément convergente dans le cercle de rayon R, car ses termes sont plus petits que ceux de la série $\sum\left|\dfrac{R}{a_n}\right|^{n}$, et la racine $n^{\text{ième}}$ du terme général de cette dernière série, ou $\left|\dfrac{R}{a_n}\right|$, tend vers zéro lorsque n augmente indéfiniment ([2]).

On peut donc toujours choisir le nombre entier ν de façon que le produit infini $F_2(z)$ soit absolument et uniformément convergent dans le cercle de rayon R ; ce produit peut être remplacé par la somme d'une série uniformément convergente (I, n° 167) dont tous les termes sont holomorphes. Ce produit $F_2(z)$ est donc lui-même une fonction holomorphe dans ce cercle (n° 290). En multipliant $F_2(z)$ par le produit $F_1(z)$ qui ne contient qu'un nombre fini de facteurs holomorphes, on voit que le produit infini

$$(3) \qquad G_1(z) = \prod_{n=1}^{+\infty}\left(1 - \frac{z}{a_n}\right)e^{Q_\nu(z)}$$

est lui-même absolument et uniformément convergent à l'intérieur du cercle C de rayon R, et représente une fonction holomorphe dans ce cercle. Comme le rayon R peut être pris arbitrairement et que ν ne dépend pas de ce rayon, ce produit est une fonction

---

([1]) Soit, par exemple, $a_n = \log n$ $(n \geq 2)$. La série dont le terme général est $(\log n)^{-p}$ est divergente, quel que soit le nombre positif p, car la somme des $(n-1)$ premiers termes est supérieure à $\dfrac{n-1}{(\log n)^p}$, expression qui augmente indéfiniment avec n.

([2]) M. Borel a fait remarquer qu'il suffit de prendre pour ν un nombre tel que $\nu + 1$ soit plus grand que $\log n$. En effet, la série $\sum\left|\dfrac{R}{a_n}\right|^{\log n}$ est convergente, car le terme général peut s'écrire $e^{\log n \log\left|\frac{R}{a_n}\right|} = n^{\log\left|\frac{R}{a_n}\right|}$. A partir d'une valeur de n assez grande, $\dfrac{|a_n|}{R}$ sera supérieur à e^2, et le terme général inférieur à $\dfrac{1}{n^2}$,

entière $G_1(z)$ qui admet pour racines les différents termes de la suite (1), et celles-là seulement.

Si la fonction entière $G(z)$ admet en outre le point $z = 0$ comme zéro d'ordre p, le quotient $\dfrac{G(z)}{z^p G_1(z)}$ est une fonction analytique qui n'admet dans tout le plan ni pôle, ni zéro. C'est donc une fonction entière de la forme $e^{g(z)}$, $g(z)$ étant un polynome ou une fonction entière, et nous avons pour la fonction $G(z)$ l'expression suivante :

$$(4) \qquad G(z) = e^{g(z)} z^p \prod_{n=1}^{+\infty} \left(1 - \frac{z}{a_n}\right) e^{Q_\nu(z)}.$$

La fonction entière $g(z)$ peut à son tour être remplacée d'une infinité de manières par la somme d'une série uniformément convergente de polynomes

$$g(z) = g_1(z) + g_2(z) + \ldots + g_n(z) + \ldots$$

et la formule précédente peut encore s'écrire

$$G(z) = z^p \prod \left(1 - \frac{z}{a_n}\right) e^{Q_\nu(z) + g_n(z)};$$

les facteurs de ce produit, dont chacun ne s'annule que pour *une* valeur de z, sont appelés *facteurs primaires*.

Le produit (4) étant absolument convergent, on peut ranger les facteurs primaires dans un ordre arbitraire, ou les associer entre eux à volonté. Dans ce produit, les polynomes $Q_\nu(z)$ ne dépendent que des racines elles-mêmes une fois qu'on a choisi la loi qui fait connaître le nombre ν en fonction de n. Mais le facteur exponentiel $e^{g(z)}$ ne peut être déterminé si l'on connait seulement les racines de la fonction $G(z)$. Prenons par exemple la fonction $\sin \pi z$, qui admet pour racines simples tous les nombres entiers, positifs ou négatifs. Dans ce cas, la série $\sum' \left|\dfrac{1}{a_n}\right|^2$ est convergente ; on peut donc prendre $\nu = 1$, et la fonction

$$G(z) = z \prod_{-\infty}^{+\infty}{}' \left(1 - \frac{z}{n}\right) e^{\frac{z}{n}},$$

où l'accent placé à droite de Π indique qu'on ne doit pas donner à l'indice n la valeur zéro (^{1}), admet les mêmes racines que $\sin \pi z$. On a donc $\sin \pi z = e^{g(z)} G(z)$, mais le raisonnement ne nous apprend rien sur le facteur $e^{g(z)}$. Nous démontrerons plus loin que ce facteur se réduit à π.

309. Genre d'une fonction entière. — Étant donnée une suite indéfinie quelconque $a_1, a_2, \ldots, a_n, \ldots$, où $|a_n|$ augmente indéfiniment avec n, nous venons de voir comment on peut former une infinité de fonctions entières admettant pour zéros tous les termes de cette suite, et n'en admettant pas d'autres. Lorsqu'il existe un nombre entier p tel que la série $\Sigma |a_n|^{-p}$ soit convergente, on peut prendre tous les polynomes $Q_\nu(z)$ de degré $p - 1$.

Étant donnée une fonction entière de la forme

$$G(z) = z^r e^{P(z)} \prod_{n=1}^{+\infty} \left(1 - \frac{z}{a_n}\right) e^{\frac{z}{a_n} + \frac{1}{2}\left(\frac{z}{a_n}\right)^2 + \ldots + \frac{1}{p-1}\left(\frac{z}{a_n}\right)^{p-1}},$$

où $P(z)$ est un polynome de degré $p - 1$ au plus, le nombre $p - 1$ est dit le *genre* de cette fonction. Ainsi la fonction $\prod_{n=1}^{+\infty} \left(1 - \frac{z}{n^2}\right)$ est de genre *zéro*; la fonction $\frac{\sin \pi z}{\pi}$ écrite plus haut est de genre *un*. L'étude du genre d'une fonction entière a donné lieu depuis quelques années à un grand nombre de travaux (^{2}).

310. Fonctions uniformes avec un nombre infini de points singuliers. — Lorsqu'une fonction uniforme $F(z)$ n'a dans tout le plan qu'un nombre fini de points singuliers, ces points singuliers sont nécessairement des points singuliers isolés; ce sont des pôles ou des points essentiels isolés. Le point $z = \infty$ est lui-même un point ordinaire ou un point singulier isolé (n° 303). Inversement, *si une fonction uniforme n'a dans tout le plan (y compris le point à l'infini) que des points singuliers isolés, ces points singuliers*

---

sont en nombre fini. En effet, le point à l'infini est un point ordinaire pour la fonction ou un point singulier isolé. Dans les deux cas, on peut décrire un cercle C de rayon assez grand pour qu'à l'extérieur de ce cercle la fonction n'ait pas d'autre point singulier que le point à l'infini lui-même. A l'intérieur du cercle C, la fonction ne peut avoir qu'un nombre fini de points singuliers; car, si elle en avait une infinité, il y aurait au moins un point limite (n° 292), et ce point limite ne serait pas un point singulier isolé. Ainsi *une fonction uniforme qui n'a que des pôles en a nécessairement un nombre fini,* car un pôle est un point singulier isolé.

Toute fonction uniforme qui est régulière pour toute valeur finie de z, et pour $z = \infty$, se réduit à une constante. — En effet si cette fonction ne se réduisait pas à une constante, comme elle est régulière pour toute valeur finie de z, ce serait un polynome ou une fonction entière, et le point à l'infini serait pour cette fonction un pôle ou un point singulier essentiel.

Cela posé, soit $F(z)$ une fonction uniforme admettant n points singuliers distincts a_1, a_2, ..., a_n à distance finie, et soit $G_i\left(\dfrac{1}{z - a_i}\right)$ la partie principale du développement de $F(z)$ dans le domaine du point a_i; G_i est un polynome ou une fonction entière. Dans les deux cas cette partie principale est régulière pour toute valeur de z (y compris $z = \infty$), sauf pour $z = a_i$. Soit de même $P(z)$ la partie principale du développement de $F(z)$ dans le domaine du point à l'infini; $P(z)$ est nul si le point à l'infini est un point ordinaire de $F(z)$. La différence

$$D = F(z) - P(z) - \sum_{i=1}^{n} G_i\left(\frac{1}{z - a_i}\right)$$

est évidemment régulière pour toute valeur de z, y compris $z = \infty$; c'est donc une constante C, et nous avons l'égalité [1]

$$(5) \qquad F(z) = P(z) + \sum_{i=1}^{n} G_i\left(\frac{1}{z - a_i}\right) + C,$$

---

[1] On arrive encore à cette formule en égalant à zéro la somme des résidus

qui montre que la fonction $F(z)$ est complètement déterminée, à une constante additive près, par la connaissance des parties principales dans le domaine de chacun des points singuliers. Ces parties principales, ainsi que les points singuliers, peuvent d'ailleurs être choisies arbitrairement.

Lorsque tous les points singuliers sont des pôles, les parties principales G_i sont des polynomes; $P(z)$ est aussi un polynome, s'il n'est pas nul, et le second membre de la formule (5) se réduit à une fraction rationnelle. Comme, d'autre part, une fonction uniforme qui n'admet que des pôles comme points singuliers en a un nombre fini, on en conclut *qu'une fonction uniforme, dont tous les points singuliers sont des pôles, est une fraction rationnelle.*

311. Fonctions uniformes avec une infinité de points singuliers. — Si une fonction uniforme admet une infinité de points singuliers dans un domaine fini, il y aura au moins un point limite à l'intérieur ou sur la frontière de ce domaine. Par exemple la fonction $\dfrac{1}{\sin\frac{1}{z}}$ admet comme pôles toutes les racines de l'équation $\sin\left(\frac{1}{z}\right) = 0$, c'est-à-dire tous les points $z = \dfrac{1}{k\pi}$, k étant un nombre entier quelconque; l'origine est un point limite. La fonction $\dfrac{1}{\sin\left(\dfrac{1}{\sin\frac{1}{z}}\right)}$ admet de même pour points singuliers toutes les racines de l'équation $\sin\left(\frac{1}{z}\right) = \dfrac{1}{k\pi}$, parmi lesquels sont tous les points $z = \dfrac{1}{2k'\pi + \arcsin\left(\frac{1}{k\pi}\right)}$, k et k' étant deux nombres entiers arbitraires. Tous les points $\dfrac{1}{2k'\pi}$ sont des points limites, car si, k' restant fixe, k augmente indéfiniment, l'expression précédente a pour limite $\dfrac{1}{2k'\pi}$. Il serait aisé de former des exemples de plus en

---

de la fonction $F(x)\left(\dfrac{1}{x-z} - \dfrac{1}{x-z_0}\right)$, z, z_0 étant considérés comme des constantes et x comme la variable (*voir* n° 303).

plus compliqués du même genre en multipliant les signes *sin*. Il
existe aussi, comme nous le verrons un peu plus loin, des fonctions admettant pour points singuliers tous les points d'une ligne.

Il peut se faire qu'une fonction uniforme n'ait qu'un nombre fini
de points singuliers dans tout domaine fini du plan, quoiqu'elle
en ait une infinité dans tout le plan. A l'extérieur d'un cercle C,
aussi grand qu'en soit le rayon, il y a toujours une infinité de
points singuliers, et nous dirons que le point à l'infini est un point
limite. Nous allons nous occuper, dans les paragraphes suivants,
des fonctions uniformes admettant une infinité de points singuliers
isolés, ayant pour seul point limite le point à l'infini.

312. Théorème de M. Mittag-Leffler. — S'il n'y a qu'un nombre
fini de points singuliers dans toute portion du plan à distance
finie, on peut, comme on l'a déjà remarqué pour les zéros d'une
fonction entière, ranger ces points singuliers en une suite

$$(6) \qquad a_1, \quad a_2, \quad \ldots, \quad a_n, \quad \ldots,$$

de façon qu'on ait $|a_n| \leqq |a_{n+1}|$, et il est clair que $|a_n|$ croît
indéfiniment avec n. Nous pouvons supposer de plus que tous les
termes de cette suite sont différents. À chaque terme a_i de la
suite (6) faisons correspondre un polynome ou une fonction
entière en $\dfrac{1}{z-a_i}$, $G_i\left(\dfrac{1}{z-a_i}\right)$ pris d'une façon tout à fait arbitraire. Le théorème de Mittag-Leffler peut s'énoncer ainsi :

*Il existe une fonction analytique uniforme qui est régu-
lière pour toute valeur finie de z ne faisant pas partie de la
suite (6), et dont la partie principale, dans le domaine du
point $z = a_i$, est* $G_i\left(\dfrac{1}{z-a_i}\right)$.

Nous allons démontrer pour cela qu'il est possible d'associer à
chaque fonction $G_i\left(\dfrac{1}{z-a_i}\right)$ un polynome $P_i(z)$, tel que la série

$$\sum_{i=1}^{+\infty}\left[G_i\left(\dfrac{1}{z-a_i}\right) + P_i(z)\right]$$

définisse une fonction analytique jouissant de ces propriétés.

Si le point $z = o$ fait partie de la suite (6), nous prendrons le polynome correspondant égal à zéro. A chacun des autres points a_i faisons correspondre un nombre positif ε_i tel que la série $\Sigma \varepsilon_i$ soit convergente; désignons en outre par α un nombre positif inférieur à l'unité. Soient C_i le cercle ayant pour centre l'origine et passant par le point a_i, C'_i le cercle concentrique au précédent et de rayon égal à $\alpha \, |a_i|$. La fonction $G_i \left(\dfrac{1}{z - a_i} \right)$ étant holomorphe dans le cercle C_i, on a, pour tout point intérieur à ce cercle,

$$G_i \left(\frac{1}{z - a_i} \right) = \alpha_{i0} + \alpha_{i1} z + \ldots + \alpha_{in} z^n + \ldots.$$

La série entière qui est au second membre est uniformément convergente dans le cercle C'_i; on peut donc trouver un nombre entier ν assez grand pour qu'on ait, à l'intérieur de C'_i,

$$(7) \qquad \left| G_i \left(\frac{1}{z - a_i} \right) - \alpha_{i0} - \alpha_{i1} z - \ldots - \alpha_{i\nu} z^\nu \right| < \varepsilon_i,$$

et le nombre ν étant ainsi déterminé, nous prendrons pour $P_i(z)$ le polynome $- \alpha_{i0} - \alpha_{i1} z - \ldots - \alpha_{i\nu} z^\nu$.

Cela posé, soit C un cercle de rayon R ayant pour centre le point $z = o$. Mettons à part dans la suite (6) les points singuliers a_i dont le module ne dépasse pas $\dfrac{R}{\alpha}$. S'il y en a q, nous poserons

$$F_1(z) = \sum_{i=1}^{q} \left[G_i \left(\frac{1}{z - a_i} \right) + P_i(z) \right].$$

Quant à la série

$$F_2(z) = \sum_{i=q+1}^{+\infty} \left[G_i \left(\frac{1}{z - a_i} \right) + P_i(z) \right],$$

elle est absolument et uniformément convergente dans le cercle C; car on a, pour tout point pris dans ce cercle, $|z| < R < \alpha |a_i|$, si l'indice i est supérieur à q. D'après l'inégalité (7) et la façon dont on a pris le polynome $P_i(z)$, le module du terme général de la seconde série est inférieur à ε_i, lorsque z est intérieur à C. La fonction $F_2(z)$ est donc une fonction holomorphe dans ce cercle, et il est clair qu'en lui ajoutant $F_1(z)$, la somme

$$(8) \qquad F(z) = \sum_{i=1}^{+\infty} \left[G_i \left(\frac{1}{z - a_i} \right) + P_i(z) \right]$$

aura dans le cercle C les mêmes points singuliers que $F_1(z)$ avec les mêmes parties principales. Ces points singuliers sont précisément les termes de la série (6) dont le module est inférieur à R, et la partie principale dans le domaine du point a_i est $G_i\left(\dfrac{1}{z-a_i}\right)$. Comme le rayon R est quelconque, il s'ensuit que la fonction $F(z)$ satisfait à toutes les conditions de l'énoncé.

Il est clair qu'en ajoutant à $F(z)$ un polynome ou une fonction entière quelconque $G(z)$, la somme $F(z)+G(z)$ admet les mêmes points singuliers que $F(z)$ avec les mêmes parties principales. Inversement, on a ainsi l'expression générale des fonctions uniformes possédant les points singuliers donnés avec les parties principales correspondantes, car la différence de deux pareilles fonctions, étant régulière pour toute valeur finie de z, est un polynome ou une fonction entière. La fonction $G(z)$ pouvant à son tour être représentée par la somme d'une série de polynomes, la fonction $F(z)+G(z)$ peut donc elle-même être réprésentée par la somme d'une série dont chaque terme s'obtient en ajoutant à la partie principale $G_i\left(\dfrac{1}{z-a_i}\right)$ un polynome convenable.

Si toutes les parties principales G_i sont des polynomes, la fonction est méromorphe dans toute région du plan à distance finie et inversement. On voit donc que toute fonction méromorphe peut être représentée par la somme d'une série dont chaque terme est une fraction rationnelle ne devenant infinie que pour une valeur finie de la variable. Cette représentation est analogue à la décomposition d'une fraction rationnelle en éléments simples. Toute fonction méromorphe $\Phi(z)$ peut aussi se représenter par le quotient de deux fonctions entières. Supposons en effet que les pôles de $\Phi(z)$ soient les termes de la suite (6), chacun d'eux étant compté avec son degré de multiplicité. Soit $G(z)$ une fonction entière admettant ces zéros; le produit $\Phi(z)G(z)$ n'a plus de pôles. C'est donc une fonction entière $G_1(z)$, et l'on a l'égalité

$$\Phi(z) = \frac{G_1(z)}{G(z)}.$$

313. Étude de quelques cas particuliers. — La démonstration précédente du théorème général ne donne pas toujours le moyen le plus simple de former une fonction uniforme satisfaisant aux conditions voulues. Supposons par exemple qu'il s'agisse de construire une fonction $\Phi(z)$ admettant pour pôles du premier ordre tous les points de la suite (6), le résidu étant égal à un; nous supposerons que $z = 0$ n'est pas un pôle. La partie principale relative au pôle a_i est $\dfrac{1}{z - a_i}$, et l'on peut écrire

$$\frac{1}{z - a_i} = - \frac{1}{a_i} - \frac{z}{a_i^2} - \ldots - \frac{z^{\nu-1}}{a_i^\nu} + \frac{1}{z - a_i}\left(\frac{z}{a_i}\right)^\nu;$$

si nous prenons

$$P_i(z) = \frac{1}{a_i} + \frac{z}{a_i^2} + \ldots + \frac{z^{\nu-1}}{a_i^\nu},$$

tout revient à déterminer le nombre entier ν en fonction de l'indice i de façon que la série

$$\sum_{i=1}^{+\infty} \frac{1}{z - a_i}\left(\frac{z}{a_i}\right)^\nu = - \sum_{i=1}^{+\infty} \frac{z^\nu}{\left(1 - \dfrac{z}{a_i}\right)} \frac{1}{a_i^{\nu+1}}$$

soit absolument et uniformément convergente dans tout cercle décrit de l'origine pour centre, en négligeant un nombre suffisant de termes au début. Il suffit encore que la série $\sum \left(\dfrac{z}{a_i}\right)^{\nu+1}$ soit elle-même absolument et uniformément convergente dans le même domaine. S'il existe un nombre p tel que la série $\sum \left|\dfrac{1}{a_i}\right|^p$ soit convergente, il suffira de prendre $\nu = p - 1$. S'il n'existe pas de nombre entier jouissant de cette propriété, on prendra comme plus haut (n° **308**) $\nu = i - 1$, ou $\nu + 1 > \log i$. Le nombre ν étant choisi convenablement, la fonction méromorphe

$$(9) \qquad \Phi(z) = \sum_{i=1}^{+\infty} \left[\frac{1}{z - a_i} + \frac{1}{a_i} + \frac{1}{a_i^2} + \ldots + \frac{z^{\nu-1}}{a_i^\nu} \right]$$

admet pour pôles du premier ordre tous les points de la suite (6) avec un résidu égal à l'unité.

Il est facile d'en déduire une nouvelle démonstration du théorème de Weierstrass sur la décomposition d'une fonction entière en facteurs primaires. En effet, on peut intégrer terme à terme la série (9) tout le long d'un chemin quelconque ne passant par aucun des pôles; car, si ce chemin est situé dans un cercle C ayant pour centre l'origine, la série (9) peut être remplacée par une série uniformément convergente dans ce cercle, augmentée de la somme d'un nombre *fini* de fonctions méromorphes [cela résulte de la démonstration même de la formule (9)]. Si nous intégrons en prenant le point $z = o$ pour limite inférieure, il vient

$$\int_0^z \Phi(z)\,dz = \sum_{i=1}^{+\infty} \left[\mathrm{Log}\left(1 - \frac{z}{a_i}\right) + \frac{z}{a_i} + \frac{z^2}{2\,a_i^2} + \ldots + \frac{z^\nu}{\nu\,a_i^\nu} \right]$$

et par suite

$$(10) \qquad e^{\int_0^z \Phi(z)\,dz} = \prod_{i=1}^{+\infty} \left(1 - \frac{z}{a_i}\right) e^{\frac{z}{a_i} + \frac{z^2}{2a_i^2} + \ldots + \frac{z^\nu}{\nu a_i^\nu}}.$$

Il est facile de vérifier que le premier membre de cette formule (10) est une fonction entière de z. Dans le voisinage d'une valeur a de z, n'appartenant pas à la suite (6), l'intégrale $\int_0^z \Phi(z)\,dz$ est holomorphe; la fonction $e^{\int_0^z \Phi(z)\,dz}$ est aussi holomorphe et différente de zéro pour $z = a_i$. Dans le voisinage du point a_i, on a

$$\Phi(z) = \frac{1}{z - a_i} + \mathrm{P}(z - a_i),$$

$$\int_0^z \Phi(z)\,dz = \mathrm{Log}(z - a_i) + \mathrm{Q}(z - a_i),$$

$$e^{\int_0^z \Phi(z)\,dz} = (z - a_i)\,e^{\mathrm{Q}(z - a_i)},$$

les fonctions P et Q étant holomorphes. On voit que cette fonction entière admet pour racines les termes de la suite (6), et la formule (10) est identique à la formule (3) établie plus haut.

La même démonstration s'appliquerait encore aux fonctions entières ayant des racines multiples. Si a_i est une racine multiple d'ordre r, il suffirait de supposer que $\Phi(z)$ admet le pôle $z = a_i$ avec un résidu égal à r.

Cherchons encore à former une fonction méromorphe admettant pour pôles du second ordre tous les points de la suite (6), la partie principale dans le domaine du point a_i étant $\left(\dfrac{1}{z - a_i}\right)^2$.

Nous supposerons que $z = 0$ est un point ordinaire, et que la série $\sum \left| \dfrac{1}{a_i} \right|^3$ est convergente; il est clair qu'il en sera de même de la série $\sum \left| \dfrac{1}{a_i} \right|^4$. En limitant le développement de $\dfrac{1}{(z - a_i)^2}$ suivant les puissances de z à son premier terme, on peut écrire

$$\frac{1}{(z - a_i)^2} - \frac{1}{a_i^2} = \frac{2 a_i z - z^2}{a_i^2 (z - a_i)^2} = \frac{2 a_i z - z^2}{a_i^4 \left(1 - \dfrac{z}{a_i} \right)^2},$$

et la série

$$(11) \qquad \Phi(z) = \sum_{i=1}^{+\infty} \left[\frac{1}{(z - a_i)^2} - \frac{1}{a_i^2} \right] = \sum_{i=1}^{+\infty} \frac{2 a_i z - z^2}{a_i^4 \left(1 - \dfrac{z}{a_i} \right)^2}$$

répondra à la question, pourvu qu'elle soit uniformément convergente dans tout cercle C décrit de l'origine pour centre, en négligeant un nombre suffisant de termes au début. Or si l'on ne prend que les termes de la série provenant des pôles a_i, pour lesquels on a $|a_i| > \dfrac{R}{\alpha}$, R étant le rayon de C et α un nombre positif inférieur à un, le module de $\left(1 - \dfrac{z}{a_i} \right)^{-2}$ reste inférieur à une certaine limite, et la série dont le terme général est $\dfrac{2z}{a_i^3} - \dfrac{z^2}{a_i^4}$ est absolument et uniformément convergente dans le cercle C, d'après les hypothèses faites sur les pôles a_i.

314. **Méthode de Cauchy.** — Étant donnée une fonction méromorphe $F(z)$, le théorème de M. Mittag-Leffler permet de former une série à termes rationnels dont la somme $F_1(z)$ admet les mêmes pôles que $F(z)$ avec les mêmes parties principales. Mais il reste encore à trouver la fonction entière qui est égale à la différence $F(z) - F_1(z)$. Longtemps avant les travaux de Weierstrass, Cauchy avait déduit de la théorie des résidus une méthode pour décomposer une fonction méromorphe en une somme d'une infinité de termes rationnels, moyennant quelques hypothèses d'un caractère très général sur cette fonction. Il est du reste facile de présenter la méthode sous une forme plus générale.

Soit $F(z)$ une fonction méromorphe, régulière dans le domaine de l'origine; et soient C_1, C_2, ..., C_n, ... une suite indéfinie

de contours fermés, entourant le point $z = 0$, ne passant par aucun
des pôles, et tels qu'à partir d'une valeur de n assez grande, la
distance de l'origine à un point quelconque de C_n reste supérieure
à tout nombre donné. Il est clair qu'un pôle quelconque de $F(z)$
finira par rester compris à l'intérieur de tous les contours successifs C_n, C_{n+1}, ..., pourvu que l'indice n soit assez grand. L'intégrale définie

$$\frac{1}{2\pi i} \int_{(C_n)} \frac{F(z)}{z - x} \, dz,$$

où x est un point quelconque intérieur à C_n, et différent des
pôles, est égale à $F(x)$, augmenté de la somme des résidus relatifs
aux différents pôles de $F(z)$ intérieurs à C_n. Soit a_k un de ces
pôles; la partie principale correspondante $G_k\left(\dfrac{1}{z - a_k}\right)$ est une
fonction rationnelle, et l'on a, dans le domaine du point a_k,

$$F(z) = \frac{A_m}{(z - a_k)^m} + \frac{A_{m-1}}{(z - a_k)^{m-1}} + \ldots + \frac{A_1}{z - a_k} + B_0 + B_1(z - a_k) + \ldots.$$

Dans le domaine de ce point, on peut écrire aussi

$$\frac{1}{z - x} = -\frac{1}{x - a_k - (z - a_k)} = -\frac{1}{x - a_k} - \frac{z - a_k}{(x - a_k)^2} - \frac{(z - a_k)^2}{(x - a_k)^3} - \ldots$$

**et en faisant le produit, il est visible que le résidu de $\dfrac{F(z)}{z - x}$ relatif
au pôle a_k est égal à**

$$-\frac{A_1}{x - a_k} - \ldots - \frac{A_{m-1}}{(x - a_k)^{m-1}} - \frac{A_m}{(x - a_k)^m} = -G_k\left(\frac{1}{x - a_k}\right).$$

On a donc la relation

$$(12) \qquad F(x) = \sum_{C_n} G_k\left(\frac{1}{x - a_k}\right) + \frac{1}{2\pi i} \int_{(C_n)} \frac{F(z)\,dz}{z - x},$$

le signe $\displaystyle\sum_{C_n}$ indiquant une sommation étendue à tous les pôles a_k
intérieurs au contour C_n. D'autre part, nous pouvons remplacer
$\dfrac{1}{z - x}$ par

$$\frac{1}{z} + \frac{x}{z^2} + \ldots + \frac{x^\mu}{z^{\mu+1}} + \frac{1}{z - x}\left(\frac{x}{z}\right)^{\mu+1}$$

et écrire la formule précédente

$$(13) \qquad \mathrm{F}(x) = \sum_{C_n} \mathrm{G}_k \left(\frac{1}{x - a_k} \right) + \frac{1}{2\pi i} \int_{(C_n)} \frac{\mathrm{F}(z)\,dz}{z} + \ldots$$

$$+ \frac{x^p}{2\pi i} \int_{(C_n)} \frac{\mathrm{F}(z)}{z^{p+1}}\,dz + \frac{1}{2\pi i} \int_{(C_n)} \frac{\mathrm{F}(z)}{z - x} \left(\frac{x}{z} \right)^{p+1}\,dz.$$

L'intégrale $\dfrac{1}{2\pi i} \displaystyle\int_{(C_n)} \dfrac{\mathrm{F}(z)\,dz}{z}$ est égale à $\mathrm{F}(o)$, augmenté de la
somme des résidus de $\dfrac{1}{z}\,\mathrm{F}(z)$ relatifs aux pôles de $\mathrm{F}(z)$ intérieurs
à C_n. D'une manière générale, l'intégrale définie $\dfrac{1}{2\pi i} \displaystyle\int_{(C_n)} \dfrac{\mathrm{F}(z)\,dz}{z^r}$
est égale à $\dfrac{\mathrm{F}^{(r-1)}(o)}{1.2\ldots(r-1)}$, plus la somme des résidus de $z^{-r}\mathrm{F}(z)$
relatifs aux pôles de $\mathrm{F}(z)$ intérieurs à C_n. Si nous représentons
par $s_k^{(r-1)}$ le résidu de $\mathrm{F}(z)\,z^{-r}$ relatif au pôle a_k, nous pouvons
écrire la formule (13)

$$(14) \qquad \mathrm{F}(x) = \mathrm{F}(o) + \frac{x}{1}\,\mathrm{F}'(o) + \ldots + \frac{x^p}{1.2\ldots p}\,\mathrm{F}^{(p)}(o)$$

$$+ \sum_{C_n} \left[\mathrm{G}_k \left(\frac{1}{x - a_k} \right) + s_k^{(0)} + s_k^{(1)} x + \ldots + s_k^{(p)} x^p \right]$$

$$+ \frac{1}{2\pi i} \int_{(C_n)} \frac{\mathrm{F}(z)}{z - x} \left(\frac{x}{z} \right)^{p+1}\,dz.$$

Pour avoir une limite supérieure du terme complémentaire,
écrivons ce terme

$$\mathrm{R}_n = \frac{x^{p+1}}{2\pi i} \int_{(C_n)} \frac{\mathrm{F}(z)}{z^p} \frac{dz}{z(z - x)};$$

supposons que, le long de C_n, le module de $\dfrac{\mathrm{F}(z)}{z^p}$ reste inférieur à M,
et le module de z supérieur à δ. Comme le nombre n doit croître
indéfiniment, nous pouvons supposer qu'on l'a pris assez grand
pour que δ soit supérieur à $|x|$, et, le long de C_n, on aura

$$\left| \frac{1}{z - x} \right| < \frac{1}{\delta - |x|}.$$

Si S_n est la longueur du contour C_n, on a donc

$$|\mathrm{R}_n| < \frac{|x|^{p+1}}{2\pi}\,\mathrm{M}\,\frac{\mathrm{S}_n}{\delta(\delta - |x|)}.$$

On pourra affirmer que ce terme complémentaire tend vers zéro lorsque n grandit indéfiniment si l'on peut trouver une suite de contours fermés $C_1, C_2, \ldots, C_n, \ldots$, et un nombre entier positif p satisfaisant aux conditions suivantes :

1° Le module de $F(z)z^{-p}$ reste inférieur à un nombre fixe M, le long de tous ces contours.

2° Le rapport $\dfrac{S_n}{\delta}$ de la longueur du contour C_n à la distance minima δ de l'origine à un point de ce contour reste inférieur à une limite L, lorsque n augmente indéfiniment.

Si ces conditions sont vérifiées, $|R_n|$ est inférieur au quotient d'un nombre fixe par un nombre $\delta - |x|$ qui croît indéfiniment avec n. Ce reste R_n tend donc vers zéro, et nous avons à la limite

$$(15) \quad F(x) = F(o) + x F'(o) + \ldots + \frac{x^p}{1.2\ldots p} F^{(p)}(o)$$
$$+ \lim_{n=\infty} \sum_{C_n} \left[G_k\left(\frac{1}{x - a_k} \right) + s_k^{(0)} + s_k^{(1)} x + \ldots + s_k^{(p)} x^p \right].$$

La fonction $F(x)$ est donc développée en une somme d'une infinité de termes rationnels. L'ordre dans lequel ils se succèdent est déterminé par la loi de succession des contours $C_1, C_2, \ldots, C_n, \ldots$. Si la série obtenue est absolument convergente, on pourra les écrire dans un ordre arbitraire.

Remarque. — Si le point $z = o$ était un pôle pour $F(z)$, avec la partie principale $G\left(\dfrac{1}{z} \right)$, il suffirait d'appliquer la méthode précédente à la fonction $F(z) - G\left(\dfrac{1}{z} \right)$.

315. Développement de $\cot x$ et de $\sin x$. — Appliquons cette méthode à la fonction $F(z) = \cot z - \dfrac{1}{z}$, qui admet pour pôles du premier ordre les points $z = k\pi$, k étant un nombre entier quelconque différent de zéro, et le résidu étant égal à un. Nous prendrons pour contour C_n un carré tel que $BCB'C'$ ayant pour centre l'origine et dont les côtés, parallèles aux axes, ont pour longueur $2n\pi + \pi$; aucun des pôles ne se trouve sur ce contour, et le rapport de la longueur S_n à la distance minima δ de l'origine à un point du contour est constant et égal à 8. Le carré du module de $\cot(x + yi)$ est égal à

$$\frac{e^{2y} + e^{-2y} + 2\cos 2x}{e^{2y} + e^{-2y} - 2\cos 2x}.$$

Sur les côtés BC et B'C', on a $\cos 2x = -1$, et le module est inférieur à un. Sur les côtés BB' et CC', le carré de ce module est inférieur à

$$\frac{e^{2y} + e^{-2y} + 2}{e^{2y} + e^{-2y} - 2} = \left(\frac{1 + e^{-2y}}{1 - e^{-2y}}\right)^2;$$

on doit remplacer dans cette formule $2y$ par $\pm(2n+1)\pi$, et

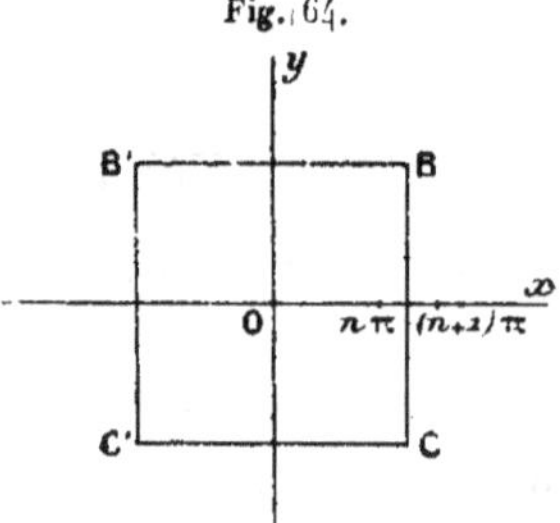

Fig. 64.

l'expression obtenue tend vers l'unité lorsque n augmente indéfiniment. Comme le module de $\frac{1}{z}$ le long de C_n tend vers zéro lorsque n augmente indéfiniment, il s'ensuit que le module de la fonction $\cot z - \frac{1}{z}$ sur le contour C_n reste moindre qu'un nombre fixe M, quel que soit n. On peut donc appliquer à cette fonction la formule (15), en supposant $p = 0$. On a ici

$$F(0) = \lim_{x=0}\left(\frac{x\cos x - \sin x}{x\sin x}\right) = 0,$$

et s_k^0 qui représente le résidu de $\frac{1}{z}\cot z - \frac{1}{z^2}$ pour le pôle $k\pi$ est égal à $\frac{1}{k\pi}$. On a donc

$$(16) \qquad \cot x - \frac{1}{x} = \lim_{n=\infty}\sum_{-n}^{n}{}'\left(\frac{1}{x - k\pi} + \frac{1}{k\pi}\right),$$

la valeur $k = 0$ étant exceptée de la sommation. La série obtenue en faisant croître n infiniment est absolument et uniformément convergente, car le terme général peut s'écrire

$$\frac{1}{x - k\pi} + \frac{1}{k\pi} = \frac{x}{k\pi(k\pi - x)} = \frac{1}{k^2\pi^2} \frac{x}{\left(1 - \dfrac{x}{k\pi}\right)}$$

et le module du facteur $\dfrac{x}{1 - \dfrac{x}{k\pi}}$ reste inférieur à une certaine limite,

pourvu que x ne soit pas un multiple de π. Nous avons donc en définitive

$$(17) \qquad \cot x = \frac{1}{x} + \sum_{-\infty}^{+\infty}{}' \left(\frac{1}{x - k\pi} + \frac{1}{k\pi}\right).$$

En intégrant les deux membres de cette relation le long d'un chemin partant de l'origine et ne passant par aucun des pôles, il vient

$$\int_0^x \left(\cot x - \frac{1}{x}\right) dx = \mathrm{Log}\left(\frac{\sin x}{x}\right) = \sum_{-\infty}^{+\infty}{}' \left[\mathrm{Log}\left(1 - \frac{x}{k\pi}\right) + \frac{x}{k\pi}\right],$$

d'où l'on tire

$$(18) \qquad \sin x = x \prod_{-\infty}^{+\infty}{}' \left(1 - \frac{x}{k\pi}\right) e^{\frac{x}{k\pi}}.$$

Le facteur $e^{g(x)}$ est ici égal à l'unité. Si dans la série (17) nous associons les deux termes qui proviennent des valeurs opposées de k, nous obtenons la formule

$$(17)' \qquad \cot x = \frac{1}{x} + 2x \sum_{1}^{+\infty} \frac{1}{x^2 - k^2\pi^2}.$$

En associant de même les deux facteurs du produit (18) qui correspondent à des valeurs opposées de k, nous avons la nouvelle formule ([1])

$$(18)' \qquad \sin x = x \prod_{1}^{+\infty} \left(1 - \frac{x^2}{k^2\pi^2}\right),$$

([1]) Cette décomposition de $\sin x$ en produit infini est due à Euler qui l'a obtenue par une voie élémentaire (*Introductio in Analysin infinitorum*).

et l'on peut encore écrire, en remplaçant x par πx,

$$\frac{\sin \pi x}{\pi} = x \prod_{1}^{+\infty} \left(1 - \frac{x^2}{k^2} \right).$$

Remarques diverses. — 1° Les dernières formules mettent facilement en évidence la périodicité de $\sin x$, qui n'apparaît pas avec le développement en série entière. Nous voyons en effet que $\dfrac{\sin \pi x}{\pi}$ est la limite pour n infini du polynome

$$\varphi_n(x) = \left(1 - \frac{x}{n} \right) \left(1 - \frac{x}{n-1} \right) \cdots (1-x)x(1+x) \cdots \left(1 + \frac{x}{n} \right);$$

si l'on y change x en $x+1$, on voit facilement qu'on a

$$\varphi_n(x+1) = - \varphi_n(x) \frac{n+1+x}{n-x},$$

ce qui donne, en faisant croître n indéfiniment, $\sin(\pi x + \pi) = -\sin \pi x$, ou $\sin(z + \pi) = -\sin z$, et par suite $\sin(z + 2\pi) = \sin z$.

2° Il est aisé de se rendre compte, sur cet exemple particulier, de la nécessité d'associer à chacun des facteurs binomes de la forme $1 - \dfrac{x}{a_k}$ un facteur exponentiel convenable, si l'on veut obtenir un produit absolument convergent. Supposons, pour fixer les idées, x réel et positif. La série $\sum \dfrac{x}{n}$ étant divergente, le produit

$$P_m = x \left(1 + \frac{x}{1} \right) \cdots \left(1 + \frac{x}{m} \right)$$

augmente indéfiniment avec m, tandis que le produit

$$Q_n = (1-x) \left(1 - \frac{x}{2} \right) \cdots \left(1 - \frac{x}{n} \right)$$

tend vers zéro lorsque n croît indéfiniment (I, n° **168**). Si l'on prend $m = n$, le produit $P_m Q_m$ a pour limite $\dfrac{\sin \pi x}{\pi}$; mais, si l'on fait croître m et n indépendamment l'un de l'autre, la limite de ce produit est complètement indéterminée. Il est facile de le vérifier, quelle que soit la valeur de x, au moyen des facteurs primaires de Weierstrass. Remarquons d'abord que les deux produits infinis

$$F_1(x) = x \prod_{n=1}^{+\infty} \left(1 + \frac{x}{n} \right) e^{-\frac{x}{n}}, \qquad F_2(x) = \prod_{n=1}^{+\infty} \left(1 - \frac{x}{n} \right) e^{\frac{x}{n}}$$

sont l'un et l'autre absolument convergents et leur produit $F_1(x)\,F_2(x)$ est égal à $\dfrac{\sin \pi x}{\pi}$.

Cela posé, nous pouvons écrire le produit $P_m\,Q_n$ comme il suit :

$$P_m\,Q_n = x \prod_{\nu=1}^{m}\left(1 + \frac{x}{\nu}\right) e^{-\frac{x}{\nu}} \prod_{\nu=1}^{n}\left(1 - \frac{x}{\nu}\right) e^{\frac{x}{\nu}} e^{x\left(1 + \frac{1}{2} + \ldots + \frac{1}{m} - 1 - \frac{1}{2} - \ldots - \frac{1}{n}\right)}.$$

Lorsque les deux nombres m et n augmentent indéfiniment, le produit de tous les facteurs du second membre, en négligeant le dernier, a pour limite $F_1(x)\,F_2(x) = \dfrac{\sin \pi x}{\pi}$. Quant au dernier facteur, on a vu que l'expression

$$1 + \frac{1}{2} + \ldots + \frac{1}{m} - 1 - \frac{1}{2} - \ldots - \frac{1}{n}$$

a pour limite $\log \omega$, en désignant par ω la limite du rapport $\dfrac{m}{n}$ (I, n° 153).

Le produit $P_m\,Q_n$ a donc pour limite $\dfrac{\sin \pi x}{\pi}\, e^{x \log \omega}$; on voit comment cette limite dépend de la loi suivant laquelle les deux nombres m et n augmentent indéfiniment.

3° On peut faire des remarques tout à fait analogues sur le développement de $\cot x$. Nous montrerons seulement comment on peut déduire la périodicité de cette fonction de la série (17). Observons d'abord que la série dont le terme général est $\dfrac{1}{k\pi} - \dfrac{1}{(k-1)\pi} = -\dfrac{1}{k(k-1)\pi}$, où l'indice k prend toutes les valeurs entières depuis $-\infty$ jusqu'à $+\infty$, sauf $k = 0$, $k = 1$, est absolument convergente, et sa somme est $-\dfrac{2}{\pi}$, comme on le voit en faisant d'abord varier k de 2 à $+\infty$, puis de -1 à $-\infty$. Nous pouvons donc écrire le développement de $\cot x$

$$\cot x = \frac{1}{x} + \frac{1}{x-\pi} - \frac{1}{\pi} + \sum_{-\infty}^{+\infty}{}''\left[\frac{1}{x - k\pi} + \frac{1}{(k-1)\pi}\right],$$

les valeurs $k = 0$, $k = 1$ étant exclues de la sommation. Cela revient à retrancher de chaque terme de la série (17) le terme correspondant de la série convergente formée par la série précédente augmentée de $\dfrac{2}{\pi}$. En changeant x en $x + \pi$, il vient

$$\cot(x + \pi) = \frac{1}{x} + \frac{1}{x+\pi} - \frac{1}{\pi} + \sum_{-\infty}^{+\infty}{}'\left[\frac{1}{x - (k-1)\pi} + \frac{1}{(k-1)\pi}\right],$$

ou encore

$$\cot(x + \pi) = \frac{1}{x} + \sum_{-\infty}^{+\infty} \left[\frac{1}{x - (k-1)\pi} + \frac{1}{(k-1)\pi} \right],$$

$k - 1$ prenant toutes les valeurs entières sauf o. Le second membre est identique à $\cot x$.

II. — FONCTIONS DOUBLEMENT PÉRIODIQUES. FONCTIONS ELLIPTIQUES.

316. Fonctions périodiques. Développements en séries. — Une fonction analytique uniforme $f(z)$ est dite *périodique* s'il existe un nombre ω, réel ou complexe, tel qu'on ait, quel que soit z, $f(z + \omega) = f(z)$; ce nombre ω est appelé *période*. Marquons dans le plan le point d'affixe ω, et sur la droite indéfinie passant par l'origine et par le point ω, portons à partir de l'origine, dans un sens ou dans l'autre, une longueur égale à $|\omega|$, un nombre quelconque de fois. Nous obtenons ainsi les points ω, 2ω, 3ω, ..., $n\omega$, ..., et les points $-\omega$, -2ω, ..., $-n\omega$, ... Par ces différents points et par l'origine menons des parallèles à une direction quelconque différente de $O\omega$; le plan est ainsi décomposé en une infinité de bandes d'égale largeur (*fig.* 65).

Fig. 65.

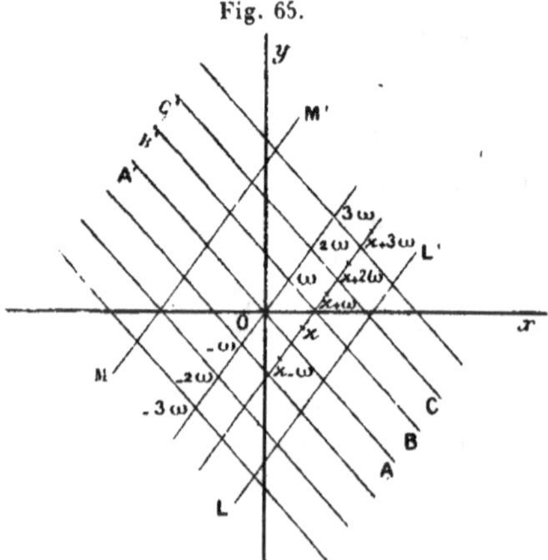

Si par un point quelconque z on mène une parallèle à la direction $O\omega$, on obtiendra tous les points de cette droite en faisant

varier le paramètre réel λ de $-\infty$ à $+\infty$ dans l'expression $z+\lambda\omega$.
En particulier, si le point z décrit la première bande AA′BB′, le
point homologue $z+\omega$ décrira la bande contiguë BB′CC′, le
point $z+2\omega$ décrira la troisième bande, et ainsi de suite. Toutes
les valeurs de la fonction $f(z)$ dans la première bande se repro-
duiront périodiquement dans les suivantes.

Soient LL′ et MM′ deux droites indéfinies parallèles à la direc-
tion Oω. Posons $u = e^{\frac{2i\pi z}{\omega}}$, et cherchons la région du plan des u
décrite par la variable u lorsque le point z reste dans la bande
indéfinie comprise entre les deux parallèles LL′, MM′. Si $\alpha+\beta i$
est l'affixe d'un point de LL′, on obtiendra tous les autres points
de cette droite en posant $z = \alpha+\beta i+\lambda\omega$, et faisant varier λ de
$-\infty$ à $+\infty$. Il vient alors

$$u = e^{\frac{2i\pi}{\omega}(\alpha+\beta i+\lambda\omega)} = e^{2\pi i\lambda}\, e^{2\pi i\frac{\alpha+\beta i}{\omega}};$$

lorsque λ varie de $-\infty$ à $+\infty$, u décrit un cercle C_1 ayant pour
centre l'origine. On voit de même que, lorsque z décrit la
droite MM′, u reste sur un cercle C_2 concentrique au premier;
lorsque le point z décrit la bande indéfinie comprise entre les deux
droites LL′, MM′, le point u décrit la couronne comprise entre les
deux cercles C_1, C_2. Mais, tandis qu'à une valeur de z ne correspond qu'une valeur de u, à une valeur de u correspondent une
infinité de valeurs de z formant une progression arithmétique de
raison ω, illimitée dans les deux sens.

Une fonction périodique $f(z)$, admettant la période ω et holomorphe dans la bande indéfinie comprise entre les deux droites LL′
et MM′, est égale à une fonction $\varphi(u)$ de la nouvelle variable u,
holomorphe dans la couronne comprise entre les deux cercles C_1
et C_2. En effet, à une valeur de u correspondent bien une infinité de
valeurs de z; mais ces valeurs de z donnent toutes la même valeur
de $f(z)$, en vertu de la périodicité. D'autre part, si u_0 est une
valeur particulière de u, et z_0 une valeur correspondante de z, la
valeur de z qui tend vers z_0 est une fonction holomorphe de u dans
le domaine de u_0; il en est donc de même de $\varphi(u)$. Nous pouvons
donc appliquer à cette fonction $\varphi(u)$ le théorème de Laurent;
dans la couronne comprise entre les deux cercles C_1, C_2, cette

fonction est égale à la somme d'une série de la forme suivante :

$$\varphi(u) = \sum_{m=-\infty}^{+\infty} A_m u^m;$$

en revenant à la variable z, on en conclut que la fonction périodique $f(z)$ est égale, à l'intérieur de la bande considérée, à la somme de la série

$$(19) \qquad f(z) = \sum_{-\infty}^{+\infty} A_m e^{\frac{2mi\pi z}{\omega}}$$

Si la fonction périodique $f(z)$ est holomorphe dans tout le plan, on peut supposer que les deux droites LL', MM', qui limitent la bande, s'éloignent indéfiniment, l'une vers le haut, l'autre vers le bas. *Toute fonction périodique entière est donc développable en une série ordonnée suivant les puissances, positives et négatives, de $e^{\frac{2\pi iz}{\omega}}$, convergente pour toute valeur finie de z.*

317. **Impossibilité d'une fonction uniforme à trois périodes.** — D'après un théorème célèbre de Jacobi, une fonction uniforme ne peut admettre plus de deux périodes distinctes. Pour le montrer, il suffit évidemment de prouver qu'une fonction uniforme ne peut avoir *trois* périodes distinctes. Nous démontrerons d'abord le lemme suivant :

Soient a, b, c trois quantités quelconques, réelles ou imaginaires, et m, n, p trois nombres entiers arbitraires, positifs ou négatifs, *dont l'un au moins est différent de zéro*. Si l'on attribue aux entiers m, n, p tous les systèmes de valeurs possibles, sauf $m = n = p = 0$, *la borne inférieure de $|ma+nb+pc|$ est égale à zéro.*

Imaginons l'ensemble (E) des points du plan dont l'affixe est de la forme $ma+nb+pc$. Si deux points correspondant à deux systèmes d'entiers différents coïncident, on a par exemple

$$ma + nb + pc = m_1 a + n_1 b + p_1 c$$

et par suite

$$(m - m_1)a + (n - n_1)b + (p - p_1)c = 0,$$

l'un au moins des nombres $m-m_1$, $n-n_1$, $p-p_1$ n'étant pas nul. Dans ce cas la proposition est évidente. Si tous les points de l'ensemble (E) sont distincts, soit 2δ la borne inférieure de $|ma+nb+pc|$; ce nombre 2δ est aussi la borne inférieure de la distance de deux points quelconques de l'ensemble (E). En effet la distance des deux points d'affixes $ma+nb+pc$ et $m_1 a + n_1 b + p_1 c$ est égale à $|(m-m_1)a+(n-n_1)b+(p-p_1)c|$.

Nous allons montrer qu'on est conduit à une conclusion absurde en supposant $\delta > 0$.

Soit N un nombre entier positif; donnons à chacun des nombres entiers m, n, p, l'une des valeurs de la suite $-N$, $-(N-1)$, ..., 0, ..., $N-1$, N et associons, de toutes les manières possibles, ces valeurs de m, n, p. Nous obtenons ainsi $(2N+1)^3$ points de l'ensemble (E), et, par hypothèse, ces points sont tous distincts. Supposons $|a| \geqq |b| \geqq |c|$; la distance de l'un quelconque de ces points à l'origine est au plus égale à $3N|a|$. Ces points sont donc situés à l'intérieur d'un cercle C de rayon $3N|a|$ ayant pour centre l'origine, ou sur le cercle lui-même. Si de chacun de ces points comme centre on décrit une circonférence de rayon δ, tous ces cercles seront intérieurs au cercle C_1 décrit de l'origine pour centre avec un rayon égal à $3N|a| + \delta$, et seront extérieurs les uns aux autres, car la distance des centres de deux d'entre eux ne peut être plus petite que 2δ. La somme des aires de tous ces cercles est donc inférieure à l'aire du cercle C_1 et l'on a

$$(3N|a| + \delta)^2 > (2N+1)^3 \delta^2$$

ou

$$\delta < \frac{3N|a|}{(2N+1)^{\frac{3}{2}} - 1} \cdot$$

Le second membre tend vers zéro lorsque N croît indéfiniment; cette inégalité ne peut donc être vérifiée, quel que soit N, par un nombre positif δ. Par conséquent la borne inférieure de $|ma + nb + pc|$ ne peut être un nombre positif; cette borne est donc zéro, et le lemme est établi.

Nous voyons donc que, lorsqu'il n'existe pas de systèmes de nombres entiers m, n, p (sauf $m = n = p = 0$), tels qu'on ait $ma + nb + pc = 0$, on peut toujours trouver pour ces nombres entiers des valeurs telles que $|ma + nb + pc|$ soit plus petit qu'un nombre positif arbitraire ε. Dans ce cas une fonction uniforme $f(z)$ ne peut admettre à la fois les trois périodes a, b, c. En effet, soit z_0 un point ordinaire de $f(z)$; du point z_0 comme centre décrivons un cercle de rayon ε assez petit pour qu'à l'intérieur l'équation $f(z) = f(z_0)$ n'ait pas d'autre racine que $z = z_0$ (n° 291). Si a, b, c sont des périodes de $f(z)$, il est clair que $ma + nb + pc$ est aussi une période, quels que soient les nombres entiers m, n, p, et l'on a

$$f(z_0 + ma + nb + pc) = f(z_0).$$

Si l'on a choisi m, n, p de façon que $|ma + nb + pc|$ soit $< \varepsilon$, l'équation $f(z) = f(z_0)$ aurait donc une racine z_1 différente de z_0, et telle que $|z_1 - z_0|$ soit $< \varepsilon$, ce qui est impossible.

Lorsqu'il existe entre a, b, c une relation de la forme

$$(20) \qquad\qquad ma + nb + pc = 0,$$

sans que les nombres m, n, p soient tous nuls, une fonction uniforme $f(z)$ peut admettre les périodes a, b, c, mais ces périodes se réduisent à deux ou à une seule. Nous pouvons supposer que les trois nombres entiers, m, n, p sont premiers entre eux dans leur ensemble. Soit D le plus grand commun diviseur des deux nombres, m, n; $m = \mathrm{D}\, m'$, $n = \mathrm{D}\, n'$. Les deux nombres m', n' étant premiers entre eux, on peut trouver deux autres nombres entiers m'', n'' tels que $m'n'' - m''n' = 1$. Posons

$$m'a + n'b = a', \qquad m''a + n''b = b',$$

on aura inversement $a = n''a' - n'b'$, $b = m'b' - m''a'$; si a et b sont des périodes de $f(z)$ il en est de même de a' et de b', et réciproquement. On peut donc remplacer le système des deux périodes a et b par le système des deux périodes a' et b'. La relation (20) devient $\mathrm{D}a' + pc = 0$; D et p étant premiers entre eux, prenons deux autres nombres entiers D' et p' tels que $\mathrm{D}p' - \mathrm{D}'p = 1$, et posons $\mathrm{D}'a' + p'c = c'$. On tire des relations précédentes $a' = -pc'$, $c = \mathrm{D}c'$, et l'on voit que les trois périodes a, b, c sont des combinaisons des deux périodes b' et c'.

Remarque. — On déduit comme corollaire du lemme précédent que, si α et β sont deux quantités réelles et m, n deux nombres entiers arbitraires (dont l'un au moins n'est pas nul), la limite inférieure de $|\, m\alpha + n\beta\,|$ est égale à zéro. Car si l'on pose $a = \alpha$, $b = \beta$, $c = i$, le module de $m\alpha + n\beta + pi$ ne peut être inférieur à un nombre $\varepsilon < 1$ que si l'on a $p = 0$, $|\, m\alpha + n\beta\,| < \varepsilon$. Il en résulte qu'une fonction uniforme $f(z)$ ne peut admettre deux périodes réelles distinctes α et β. Si le rapport $\dfrac{\beta}{\alpha}$ est irrationnel, on pourra trouver deux nombres m et n tels que $|\, m\alpha + n\beta\,|$ soit $< \varepsilon$, et le raisonnement s'achèvera comme tout à l'heure. Si le rapport $\dfrac{\beta}{\alpha}$ est rationnel et égal à une fraction irréductible $\dfrac{m}{n}$, choisissons deux nombres m' et n' tels que $mn' - m'n = 1$, et posons $m'\alpha - n'\beta = \gamma$. Le nombre γ est aussi une période, et des deux relations $m\alpha - n\beta = 0$, $m'\alpha - n'\beta = \gamma$ on tire $\alpha = -n\gamma$, $\beta = -m\gamma$, de sorte que α et β sont des multiples de la période unique γ. D'une façon plus générale, une fonction uniforme $f(z)$ ne peut admettre deux périodes distinctes a et b *dont le rapport soit réel*, car la fonction $f(az)$ admettrait les deux périodes, réelles 1 et $\dfrac{b}{a}$.

318. Fonctions doublement périodiques. — Une fonction doublement périodique est une fonction uniforme admettant deux périodes, dont le rapport est imaginaire. Pour nous conformer aux notations de Weierstrass, nous désignerons la variable indépendante par u, les deux périodes par 2ω et $2\omega'$, et nous supposerons que le coefficient de i dans $\dfrac{\omega'}{\omega}$ est positif. Marquons dans le plan les points 2ω, 4ω, 6ω, ... et les points $2\omega'$, $4\omega'$, $6\omega'$, ...; par les points $2m\omega$ menons des parallèles à la direction $O\omega'$ et par les points $2m'\omega'$ des parallèles à la direction $O\omega$. Nous décomposons ainsi le plan en un réseau de parallélogrammes égaux (*fig*. 66). Soit $f(u)$ une fonction uniforme admettant les deux périodes 2ω, $2\omega'$; des deux relations $f(u+2\omega)=f(u)$, $f(u+2\omega')=f(u)$ on déduit aussitôt $f(u+2m\omega+2m'\omega')=f(u)$, de sorte que $2m\omega+2m'\omega'$ est aussi une période, quels que soient les nombres entiers m et m'; nous la représenterons par $2w$.

Les points-périodes sont précisément les sommets du réseau de parallélogrammes précédents. Lorsque le point u décrit le parallélogramme OABC, ayant pour sommets les points o, 2ω, $2\omega+2\omega'$, $2\omega'$, le point $u+2w$ décrit le parallélogramme ayant pour sommets les points $2w$, $2w+2\omega$, $2w+2\omega+2\omega'$, $2w+2\omega'$, et la fonction $f(u)$ reprend la même valeur aux points homologues des deux parallélogrammes. Tout parallélogramme ayant pour sommets quatre points u_0, $u_0+2\omega$, $u_0+2\omega'$, $u_0+2\omega+2\omega'$ s'appelle un *parallélogramme des périodes;* on considère en général le parallélogramme OABC, mais on pourrait remplacer

Fig. 66.

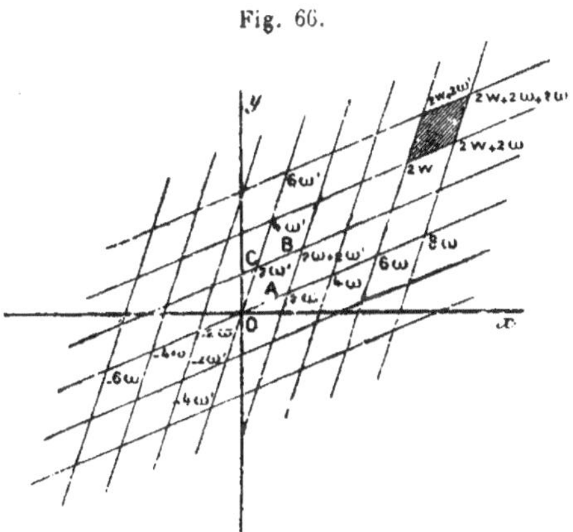

l'origine par un point quelconque du plan. La période $2\omega+2\omega'$ sera désignée, pour abréger, par $2\omega''$; le centre du parallélogramme OABC est le point ω'', tandis que les points ω et ω' sont les milieux des côtés OA et OC.

Toute fonction entière doublement périodique est une constante. En effet, soit $f(u)$ une fonction doublement périodique ; si elle est entière, elle est holomorphe dans le parallélogramme OABC, et le module de $f(u)$ reste toujours inférieur dans ce parallélogramme à un nombre fixe M. Mais la valeur de $f(u)$ en un point quelconque du plan est égale, d'après la double périodicité, à la valeur de $f(u)$ en un point du parallélogramme OABC. Le module de cette fonction reste donc inférieur à un nombre fixe M ; c'est une constante, d'après le théorème de Liouville.

319. Fonctions elliptiques. Propriétés générales. — Il résulte du théorème précédent qu'une fonction doublement périodique admet des points singuliers à distance finie, à moins de se réduire à une constante. On appelle *fonctions elliptiques* les fonctions méromorphes doublement périodiques. Dans un parallélogramme des périodes, une fonction elliptique a un certain nombre de pôles ; on appelle *ordre* de la fonction le nombre de ces pôles, chacun d'eux étant compté avec son degré de multiplicité. Remarquons que, si une fonction elliptique $f(u)$ a un pôle u_0 sur le côté OC, le point $u_0 + 2\omega$ situé sur le côté opposé AB est aussi un pôle ; mais en évaluant le nombre des pôles compris dans OABC, on ne doit compter qu'un seul de ces pôles. De même, si l'origine est un pôle, tous les sommets du réseau sont aussi des pôles de $f(u)$, mais on ne doit en compter qu'un dans chaque parallélogramme. Il suffirait par exemple de déplacer infiniment peu le sommet du réseau qui est à l'origine pour que la fonction considérée $f(u)$ n'ait plus aucun pôle sur le contour du parallélogramme. Quand nous aurons à intégrer une fonction elliptique $f(u)$ le long du contour du parallélogramme des périodes, nous supposerons toujours qu'on a déplacé, s'il est nécessaire, ce parallélogramme de façon que $f(u)$ n'ait pas de pôles sur le contour.

L'application des théorèmes généraux de la théorie des fonctions analytiques conduit bien aisément à des propositions fondamentales :

1° *La somme des résidus d'une fonction elliptique, relatifs aux pôles situés dans un parallélogramme des périodes, est nulle.*

Supposons, pour fixer les idées, que $f(u)$ n'ait aucun pôle sur le contour OABCO. La somme des résidus relatifs aux pôles situés à l'intérieur du contour est égale à $\frac{1}{2\pi i}\int f(u)\,du$, l'intégrale étant prise le long de OABCO. Cette intégrale est nulle, car la somme des intégrales prises le long de deux côtés opposés est nulle. On a, par exemple,

$$\int_{(OA)} f(u)\,du = \int_0^{2\omega} f(u)\,du, \qquad \int_{(BC)} f(u)\,du = \int_{2\omega+2\omega'}^{2\omega'} f(u)\,du;$$

si nous remplaçons, dans cette dernière intégrale, u par $u+2\omega'$, on a encore

$$\int_{(BC)} f(u)\,du = \int_{2\omega}^0 f(u+2\omega')\,du = \int_{2\omega}^0 f(u)\,du = -\int_{(OA)} f(u)\,du.$$

On verrait de même que la somme des intégrales le long de AB et de CO est nulle. Du reste, la propriété est presque évidente sur la figure (*fig.* 67); considérons en effet deux éléments corres-

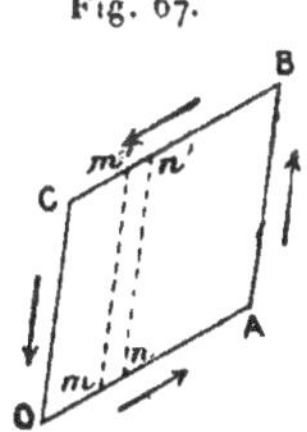

Fig. 67.

pondants des deux intégrales le long de OA et le long de BC. Aux points m et m' la valeur de $f(u)$ est la même, tandis que les valeurs de du sont opposées. Le théorème précédent prouve qu'une fonction elliptique $f(u)$ ne peut avoir un seul pôle du premier ordre dans un parallélogramme des périodes. *Une fonction elliptique est au moins du second ordre.*

2° *Le nombre des zéros d'une fonction elliptique dans un parallélogramme des périodes est égal à l'ordre de cette fonction* (chacun des zéros étant compté avec son degré de multiplicité).

Soit $f(u)$ une fonction elliptique; le quotient $\dfrac{f'(u)}{f(u)} = \varphi(u)$ est

aussi une fonction elliptique, et la somme des résidus de $\varphi(u)$
dans un parallélogramme est égale au nombre des zéros de $f(u)$
diminué du nombre des pôles (n° 299). En appliquant le théorème précédent à la fonction $\varphi(u)$, on en conclut la proposition
énoncée. D'une façon générale, le nombre des racines de l'équation $f(u) = C$, dans un parallélogramme des périodes, est égal à
l'ordre de la fonction, car $f(u) - C$ a les mêmes pôles que $f(u)$,
quelle que soit la constante C.

3° *La différence entre la somme des zéros et la somme des
pôles d'une fonction elliptique, dans un parallélogramme des
périodes, est égale à une période.*

Considérons l'intégrale $\dfrac{1}{2\pi i}\int u\dfrac{f'(u)}{f(u)}\,du$ le long du contour du
parallélogramme OABC. Cette intégrale est égale, nous l'avons
vu (n° 299), à la somme des zéros de $f(u)$ situés à l'intérieur de
ce contour diminuée de la somme des pôles de $f(u)$ dans le même
contour. Évaluons la somme des intégrales provenant des deux
côtés opposés OA et BC

$$\int_0^{2\omega} u\frac{f'(u)}{f(u)}\,du + \int_{2\omega+2\omega'}^{2\omega'} u\frac{f'(u)}{f(u)}\,du\,;$$

si nous changeons, dans la dernière intégrale, u en $u+2\omega'$, cette
somme est encore égale à

$$\int_0^{2\omega} u\frac{f'(u)}{f(u)}\,du + \int_{2\omega}^{0}(u+2\omega')\frac{f'(u+2\omega')}{f(u+2\omega')}\,du$$

ou, en ayant égard à la périodicité $f(u)$, à

$$-\int_0^{2\omega} 2\omega'\frac{f'(u)}{f(u)}\,du.$$

L'intégrale $\displaystyle\int_0^{2\omega}\frac{f'(u)}{f(u)}\,du$ est égale à la variation de $\mathrm{Log}\,[f(u)]$
lorsque u décrit le côté OA; $f(u)$ revient à sa valeur initiale et
par conséquent la variation de $\mathrm{Log}\,[f(u)]$ est égale à $-2m_2\pi i$,
m_2 étant un nombre entier. La somme des intégrales le long des
côtés opposés OA et BC est donc égale à $\dfrac{1}{2\pi i}(4m_2\pi i\omega') = 2m_2\omega'$.
On verrait de même que la somme des intégrales le long de AB et

de CO est de la forme $2 m_1 \omega$. La différence considérée est donc égale à $2 m_1 \omega + 2 m_2 \omega'$, c'est-à-dire à une période.

La proposition s'applique aussi aux racines de l'équation $f(u) = C$, comprises dans un parallélogramme de périodes, quelle que soit la constante C, pour la même raison que plus haut.

4° *Entre deux fonctions elliptiques, aux mêmes périodes, il existe une relation algébrique.*

Soient $f(u)$, $f_1(u)$ deux fonctions elliptiques, admettant les mêmes périodes, 2ω, $2\omega'$. Dans un parallélogramme des périodes prenons les points a_1, a_2, ..., a_m qui sont des pôles pour l'une ou l'autre des deux fonctions $f(u)$, $f_1(u)$, ou pour les deux à la fois, et soit μ_i l'ordre de multiplicité le plus élevé du pôle a_i relativement à ces deux fonctions; nous poserons $\mu_1 + \mu_2 + \ldots + \mu_m = N$. Soit d'autre part F$(x, y)$ un polynome entier de degré n à coefficients constants; si l'on remplace dans ce polynome x et y par $f(u)$ et $f_1(u)$ respectivement, le résultat est une nouvelle fonction elliptique $\Phi(u)$ dont les pôles ne peuvent être que les points a_1, a_2, ..., a_m, et ceux qui s'en déduisent par l'addition d'une période. Pour que cette fonction $\Phi(u)$ se réduise à une constante, il faut et il suffit que les parties principales disparaissent, dans le domaine de chacun des points a_1, a_2, ..., a_m. Or le point a_i est un pôle d'ordre au plus égal à $n\mu_i$ pour $\Phi(u)$. En écrivant que tous les coefficients des parties principales sont nuls, on aura donc en tout au plus

$$n(\mu_1 + \mu_2 + \ldots + \mu_m) = N n$$

relations linéaires et homogènes entre les coefficients du polynome F(x, y), le terme indépendant de x et de y n'y figurant pas. Ces coefficients sont au nombre de $\dfrac{n(n+3)}{2}$; si l'on choisit n assez grand pour qu'on ait $n(n+3) > 2Nn$, ou $n+3 > 2N$, on aura un système d'équations linéaires et homogènes, avec un nombre d'inconnues supérieur à celui des équations. Ces équations admettent toujours un système de solutions non toutes nulles; si F(x, y) est le polynome ainsi obtenu, les fonctions elliptiques $f(u)$, $f_1(u)$ satisfont à la relation algébrique

$$F[f(u), f_1(u)] = C.$$

C désignant une constante.

Remarques. — Avant de quitter ces généralités, faisons encore quelques remarques dont on aura besoin par la suite.

Une fonction uniforme $f(u)$ est *paire*, si l'on a $f(-u) = f(u)$; elle est *impaire* si l'on a $f(-u) = -f(u)$. La dérivée d'une fonction paire est une fonction impaire, et la dérivée d'une fonction impaire est une fonction paire. D'une façon générale, les dérivées d'ordre pair d'une fonction paire sont elles-mêmes des fonctions paires, et les dérivées d'ordre impair des fonctions impaires. Au contraire, les dérivées d'ordre pair d'une fonction impaire sont des fonctions impaires, et les dérivées d'ordre impair sont des fonctions paires.

Soit $f(u)$ une fonction elliptique impaire; si w est une demi-période, on doit avoir à la fois $f(w) = -f(-w)$, et $f(w) = f(-w)$, puisque $w = -w + 2w$. Il faut donc que $f(w)$ soit nul ou infini, c'est-à-dire que w soit un zéro ou un pôle de $f(u)$. L'ordre de multiplicité de ce zéro ou de ce pôle est forcément impair; si w était un zéro d'ordre pair $2n$ de $f(u)$, la dérivée $f^{(2n)}(u)$, qui est impaire, serait holomorphe et différente de zéro pour $u = w$. Si w était un pôle d'ordre pair de $f(u)$, ce serait un zéro d'ordre pair de $\frac{1}{f(u)}$. En résumé, *toute demi-période est un zéro ou un pôle d'ordre impair d'une fonction elliptique impaire.*

Si une fonction elliptique paire $f(u)$ admet une demi-période w pour pôle ou pour zéro, *l'ordre de multiplicité de ce pôle ou de ce zéro est un nombre pair.* En effet, si par exemple w était un zéro d'ordre impair $2n+1$, ce serait un zéro d'ordre pair de la dérivée $f'(u)$ qui est une fonction impaire, et de même pour les pôles. Comme le double d'une période est aussi une période, tout ce que nous venons de dire des demi-périodes s'applique aussi aux périodes elles-mêmes.

320. La fonction pu. — Nous avons déjà remarqué que toute fonction elliptique a au moins deux pôles simples, ou un pôle double, dans un parallélogramme de périodes. Dans la notation de Jacobi, on prend pour éléments simples des fonctions ayant deux pôles simples; dans la notation de Weierstrass, on prend au contraire pour élément simple une fonction elliptique ayant un seul pôle double dans un parallélogramme. Comme le résidu doit être nul, la partie principale, dans le domaine du pôle a, doit être de la forme $\dfrac{A}{(u-a)^2}$. Pour achever de préciser le problème, il suffit de prendre $A = 1$, et de supposer que les pôles de la fonction sont l'origine $u = 0$ et tous les points-périodes $2w = 2m\omega + 2m'\omega'$. Nous sommes donc conduits à résoudre d'abord le problème suivant :

Former une fonction elliptique, admettant comme pôles du second ordre tous les points $2w = 2m\omega + 2m'\omega'$, où m et m' sont deux nombres entiers quelconques, et n'admettant pas d'autres pôles, de telle façon que la partie principale, dans le domaine du point $2w$, soit $\dfrac{1}{(u-2w)^2}$.

Avant d'appliquer à ce problème la méthode générale du n° **313**, nous démontrerons d'abord que la série double

$$(21) \qquad \sum' \frac{1}{|\,m\omega + m'\omega'\,|^\mu},$$

où m et m' prennent toutes les valeurs entières de $-\infty$ à $+\infty$ (la combinaison $m = m' = 0$ étant exceptée), est convergente, *pourvu que l'exposant μ soit un nombre positif supérieur à* 2. Considérons le triangle ayant pour sommet les trois points $u = 0$, $u = m\omega$, $u = m\omega + m'\omega'$; les trois côtés du triangle sont respectivement $|m\omega|$, $|m'\omega'|$, $|m\omega + m'\omega'|$. Nous avons donc la relation

$$|\,m\omega + m'\omega'\,|^2 = m^2|\,\omega\,|^2 + m'^2|\,\omega'\,|^2 + 2mm'|\,\omega\omega'\,|\cos\theta,$$

θ étant l'angle des deux directions $O\omega$, $O\omega'$ ($0 < \theta < \pi$). Soit pour abréger $|\,\omega\,| = a$, $|\,\omega'\,| = b$, et supposons $a \leqq b$. La relation précédente peut encore s'écrire

$$|\,m\omega + m'\omega'\,|^2 = m^2a^2 + m'^2b^2 \pm 2mm'\,ab\cos\theta,$$

l'angle Θ étant égal à θ, si $\theta \leqq \dfrac{\pi}{2}$, et à $\pi - \theta$, si $\theta > \dfrac{\pi}{2}$; cet angle Θ ne peut être nul puisque les trois points O, ω, ω' ne sont pas en ligne droite, et l'on a $0 \leqq \cos\Theta < 1$. On a donc aussi

$$|\,m\omega + m'\omega'\,|^2 = (1 - \cos\Theta)(m^2a^2 + m'^2b^2) + \cos\Theta(ma \pm m'b)^2,$$

et par suite

$$| m\omega + m'\omega'|^2 \geqq (1 - \cos\theta)(m^2 a^2 + m'^2 b^2) \gtrless (1 - \cos\theta)a^2(m^2 + m'^2).$$

Il suit de là que les termes de la série (21) sont respectivement

inférieurs ou égaux à ceux de la série $\sum' \left(\dfrac{1}{m^2 + m'^2}\right)^{\frac{\mu}{2}}$, multipliés

par un facteur constant, et nous savons que cette dernière série
est convergente si l'exposant $\frac{\mu}{2}$ est plus grand que 1 (I, n° **163**).

La série (21) est donc convergente si l'on fait $\mu = 3$, ou $\mu = 4$.
D'après un résultat démontré plus haut (n° **313**), la série

$$\wp(u) = \frac{1}{u^2} + \sum' \left[\frac{1}{(u - 2w)^2} - \frac{1}{4w^2} \right] \qquad (w = m\omega + m'\omega')$$

représente une fonction méromorphe admettant les mêmes pôles
avec les mêmes parties principales que la fonction elliptique
cherchée. Nous allons montrer que cette fonction $\wp(u)$ admet précisément les deux périodes 2ω, $2\omega'$. Considérons d'abord la
série

$$\sum'' \left[\frac{1}{(2w + 2\omega)^2} - \frac{1}{(2w)^2} \right],$$

où $2w = 2m\omega + 2m'\omega'$, la sommation s'étendant à toutes les valeurs entières de m et de m', sauf $m = m' = 0$, et $m = -1, m' = 0$.
Cette série est absolument convergente, car c'est la série $\varphi(u)$, où
l'on aurait remplacé u par -2ω, après avoir supprimé deux
termes. On voit aisément que la somme est nulle, en la considérant comme une série double, et en évaluant séparément chacune
des lignes du tableau. En retranchant cette série de $\varphi(u)$, nous
pouvons donc écrire encore

$$\varphi(u) = \frac{1}{u^2} + \frac{1}{(u - 2\omega)^2} - \frac{1}{4\omega^2} + \sum'' \left[\frac{1}{(u - 2w)^2} - \frac{1}{(2w + 2\omega)^2} \right],$$

les combinaisons $(m = m' = 0)$, $(m = -1, m' = 0)$ étant toujours
exclues de la sommation. Changeons maintenant u en $u - 2\omega$;
il vient

$$\varphi(u - 2\omega) = \frac{1}{u^2} + \sum' \left[\frac{1}{(u - 2\omega - 2w)^2} - \frac{1}{(2w + 2\omega)^2} \right],$$

la combinaison $m = -1$, $m' = 0$ étant seule exclue de la sommation. Mais le second membre de cette égalité est identique à $\varphi(u)$. Cette fonction admet donc la période 2ω, et l'on vérifierait de même qu'elle admet la période $2\omega'$. C'est la fonction que Weierstrass représente par la notation pu, et qui est ainsi définie par l'égalité

$$(22) \qquad pu = \frac{1}{u^2} + \sum{}' \left[\frac{1}{(u - 2w)^2} - \frac{1}{4w^2} \right] \qquad (w = m\omega + m'\omega').$$

Si l'on fait $u = 0$ dans la différence $pu - \dfrac{1}{u^2}$, tous les termes de la somme double sont nuls, et cette différence est nulle elle-même. La fonction pu jouit donc des propriétés suivantes :

1° Elle est doublement périodique, et admet pour pôles tous les points $2w$, et ceux-là seulement ;

2° La partie principale, dans le domaine de l'origine, est $\dfrac{1}{u^2}$;

3° La différence $pu - \dfrac{1}{u^2}$ est nulle pour $u = 0$.

Ces propriétés caractérisent la fonction pu. En effet, toute fonction $f(u)$, possédant les deux premières propriétés, ne diffère de pu que par une constante, puisque la différence est une fonction doublement périodique n'ayant aucun pôle. Si la fonction est telle en outre que $f(u) - \dfrac{1}{u^2}$ soit nul pour $u = 0$, $f(u) - pu$ est nul pour $u = 0$; on a donc $f(u) = pu$.

La fonction $p(-u)$ possède évidemment ces trois propriétés ; on a donc $p(-u) = pu$ et la fonction pu est paire, ce qu'on voit aussi facilement sur la formule (22).

Considérons la période, dont le module est le plus petit, et soit δ son module. Dans le cercle C_δ de rayon δ, décrit de l'origine comme centre, la différence $pu - \dfrac{1}{u^2}$ est holomorphe et peut être développée suivant les puissances positives de u. Le terme général de la série (22), développée suivant les puissances de u, donne

$$\frac{1}{(u - 2w)^2} - \frac{1}{4w^2} = \frac{2u}{(2w)^3} + \frac{3u^2}{(2w)^4} + \ldots + \frac{(n+1)u^n}{(2w)^{n+1}} + \ldots$$

et l'on s'assure aisément que cette série admet pour fonction majorante $\dfrac{5}{16|w|^3} \dfrac{u}{1 - \dfrac{u}{|w|}}$, et à plus forte raison l'expression

obtenue en remplaçant $1 - \dfrac{u}{|w|}$ par $1 - \dfrac{2u}{\delta}$. Comme la série $\sum{}' \dfrac{1}{|w|^3}$

est convergente, il en résulte qu'on a le droit d'ajouter terme à terme les séries entières obtenues (n° 263). Les coefficients des puissances impaires de u sont nuls, car les termes provenant des périodes opposées se détruisent, et nous pouvons écrire le développement de pu :

$$(23) \qquad pu = \frac{1}{u^2} + c_2 u^2 + c_3 u^4 + \ldots + c_\lambda u^{2\lambda-2} + \ldots$$

en posant

$$(24') \qquad \begin{cases} c_2 = 3 \sum{}' \frac{1}{(2w)^4}, \qquad c_3 = 5 \sum{}' \frac{1}{(2w)^6}, \qquad \ldots, \\[2mm] c_\lambda = (2\lambda - 1) \sum{}' \frac{1}{(2w)^{2\lambda}}, \qquad \ldots \end{cases}$$

Tandis que la formule (22) s'applique dans tout le plan, le nouveau développement (23) n'est valable qu'à l'intérieur du cercle C_δ, ayant pour centre l'origine et passant par le point-période le plus voisin.

La dérivée $p'u$ est elle-même une fonction elliptique, admettant pour pôles du troisième ordre tous les points $2w$; elle est représentée dans tout le plan par le développement en série

$$(25) \qquad p'u = - \frac{2}{u^3} - 2 \sum{}' \frac{1}{(u - 2w)^3}.$$

D'une façon générale, la dérivée d'ordre n, $p^{(n)}u$, est une fonction elliptique admettant tous les points $u = 2w$ pour pôles d'ordre $n+2$

$$(26) \quad p^{(n)}u = (-1)^n \frac{1.2\ldots(n+1)}{u^{n+2}} + (-1)^n 1.2\ldots(n+1) \sum{}' \frac{1}{(u - 2w)^{n+2}}.$$

Nous laissons au lecteur le soin de vérifier la légitimité de ces développements, ce qui n'offre aucune difficulté, d'après les propriétés établies plus haut (n°ˢ 290 et 312).

321. **Relation algébrique entre** pu **et** $p'u$. — D'après un théorème général (n° 319), il existe une relation algébrique entre pu et $p'u$. On l'obtient aisément comme il suit : dans le

domaine de l'origine, on a, d'après la formule (23),

$$p'u = -\frac{2}{u^3} + 2c_2 u + 4c_3 u^3 + \ldots,$$

$$(p'u)^2 = \frac{4}{u^6} - \frac{8c_2}{u^2} - 16c_3 + \ldots,$$

$$(pu)^3 = \frac{1}{u^6} + \frac{3c_2}{u^2} + 3c_3 + \ldots,$$

les termes non écrits étant tous nuls pour $u=0$. La différence $p'^2 u - 4p^3 u$ admet donc l'origine comme pôle du second ordre et, dans le domaine de ce point, on a

$$p'^2 u - 4p^3 u = -\frac{20c_2}{u^2} - 28c_3 + \ldots,$$

les termes non écrits étant nuls pour $u=0$.

La fonction elliptique $-20c_2 pu - 28c_3$ possède donc les mêmes pôles avec les mêmes parties principales que la fonction elliptique $p'^2 - 4p^3$, et leur différence est nulle pour $u=0$. Ces deux fonctions elliptiques sont donc identiques, et nous avons la relation cherchée, que nous écrirons

$$(27) \qquad (p'u)^2 = 4p^3 u - g_2 pu - g_3,$$

en posant

$$g_2 = 20c_2 = 60 \sum' \left(\frac{1}{2w}\right)^4, \qquad g_3 = 28c_3 = 140 \sum' \left(\frac{1}{2w}\right)^6.$$

La relation (27) est fondamentale dans la théorie des fonctions elliptiques ; les quantités g_2 et g_3 sont appelées les *invariants*.

Tous les coefficients c_λ du développement (23) sont des fonctions entières des invariants g_2 et g_3 ; de la relation (27) on déduit, en effet, en prenant les dérivées et divisant par $2p'u$,

$$(28) \qquad p''u = 6p^2 u - \frac{g_2}{2}.$$

D'autre part on a, dans le domaine de l'origine,

$$p''u = \frac{6}{u^4} + 2c_2 + 12c_3 u^2 + \ldots + (2\lambda - 2)(2\lambda - 3)c_\lambda u^{2\lambda - 4} + \ldots .$$

En remplaçant pu et $p''u$ par leurs développements dans la relation (28), et en identifiant les deux membres, on obtient la relation de récurrence

$$c_\lambda = \frac{3}{(2\lambda+1)(\lambda-3)} \sum_\nu c_\nu c_{\lambda-\nu} \qquad [\nu = 2, 3, \ldots, (\lambda-2)],$$

qui permet de calculer de proche en proche tous les coefficients c_λ au moyen de c_2 et de c_3 et par conséquent de g_2 et de g_3; on trouve ainsi

$$c_4 = \frac{g_2^2}{2^4 \cdot 3 \cdot 5^2}, \qquad c_5 = \frac{3g_2 g_3}{2^4 \cdot 5 \cdot 7 \cdot 11}, \qquad \ldots$$

Ce calcul met en évidence ce fait algébrique remarquable, que toutes les sommes $\sum' \dfrac{1}{(2w)^{2n}}$ s'expriment par des fonctions entières des deux premières.

Nous connaissons *a priori* les racines de $p'u$. Cette fonction, étant du troisième ordre, admet trois racines dans un parallélogramme. Comme elle est impaire, elle admet les racines $u = \omega$, $u = \omega'$, $u = \omega'' = \omega + \omega'$ (n° **319** : *Remarques*). D'après la relation (27), les racines de l'équation $4p^3 - g_2 p - g_3 = 0$ sont précisément les valeurs de pu pour $u = \omega$, ω', ω''. On représente ces trois racines par e_1, e_2, e_3 :

$$e_1 = p\omega, \qquad e_2 = p\omega', \qquad e_3 = p\omega'';$$

ces trois racines sont différentes. En effet, si l'on avait par exemple $e_1 = e_2$, l'équation $pu = e_1$ aurait deux racines doubles ω et ω' à l'intérieur d'un parallélogramme des périodes, ce qui est impossible puisque pu est du second ordre. On peut encore écrire

$$4p^3 u - g_2 pu - g_3 = 4(pu - e_1)(pu - e_2)(pu - e_3),$$

et, entre les invariants g_2, g_3 et les racines e_1, e_2, e_3, on a les relations

$$e_1 + e_2 + e_3 = 0, \qquad e_1 e_2 + e_1 e_3 + e_2 e_3 = -\frac{g_2}{4}, \qquad e_1 e_2 e_3 = \frac{g_3}{4}.$$

Le discriminant $\dfrac{1}{16}(g_2^3 - 27 g_3^2)$ est nécessairement différent de zéro.

322. La fonction ζu. — Si nous intégrons la fonction $pu - \dfrac{1}{u^2}$, suivant un chemin quelconque partant de l'origine et ne passant par aucun pôle, nous avons la relation

$$\int_0^u \left(p\,u - \frac{1}{u^2} \right) du = - \sum{}' \left[\frac{1}{u - 2w} + \frac{1}{2w} + \frac{u}{(2w)^2} \right].$$

La série qui est au second membre représente une fonction méromorphe admettant tous les points $u = 2w$, sauf $u = 0$, pour pôles du premier ordre. En changeant le signe et en ajoutant la fraction $\frac{1}{u}$, nous poserons

$$(29) \qquad \zeta u = \frac{1}{u} + \sum{}' \left[\frac{1}{u - 2w} + \frac{1}{2w} + \frac{u}{(2w)^2} \right];$$

la relation précédente peut s'écrire

$$(30) \qquad \int_0^u \left(p\,u - \frac{1}{u^2} \right) du = - \zeta u + \frac{1}{u}$$

et, en prenant les dérivées des deux membres, il vient

$$(31) \qquad \zeta' u = - p\,u.$$

On voit facilement, sur l'une ou l'autre de ces formules, que la fonction ζu est impaire. Dans le domaine de l'origine, on a, d'après le développement (23) et la formule (30),

$$\zeta u = \frac{1}{u} - \frac{c_2}{3} u^3 - \frac{c_3}{5} u^5 + \ldots$$

La fonction ζu ne peut admettre les périodes 2ω et $2\omega'$, car elle n'aurait qu'un pôle du premier ordre dans un parallélogramme de périodes. Mais, les deux fonctions $\zeta(u + 2w)$ et ζu ayant la même dérivée $- p\,u$, ces deux fonctions ne diffèrent que par une constante; la fonction ζu augmente donc d'une quantité constante lorsque l'argument u augmente d'une période. Il est facile d'avoir l'expression de cette constante. Écrivons, pour plus de clarté, la formule (30) sous la forme

$$\int_0^u \left(p\,v - \frac{1}{v^2} \right) dv = \frac{1}{u} - \zeta u;$$

en changeant u en $u + 2w$ et en retranchant les deux formules, il vient

$$\zeta(u + 2\omega) - \zeta u = - \int_{u}^{u+2\omega} p v \, dv.$$

Nous poserons

$$2\eta = - \int_{u}^{u+2\omega} p v \, dv, \qquad 2\eta' = - \int_{u}^{u+2\omega'} p v \, dv.$$

η et η' sont des constantes, indépendantes de la limite inférieure u et du chemin d'intégration. Ce dernier point est évident *a priori* puisque tous les résidus de $p v$ sont nuls. La fonction ζu satisfait donc aux deux relations

$$\zeta(u + 2\omega) = \zeta u + 2\eta, \qquad \zeta(u + 2\omega') = \zeta u + 2\eta'.$$

Si l'on fait dans ces formules $u = -\omega$, ou $u = -\omega'$, on trouve $\eta = \zeta\omega$, $\eta' = \zeta\omega'$.

Entre les quatre quantités ω, ω', η, η' il existe une relation très simple. Pour l'établir, il suffit d'évaluer de deux façons l'intégrale $\int \zeta u \, du$, prise le long d'un parallélogramme de sommets u_0, $u_0 + 2\omega$, $u_0 + 2\omega + 2\omega'$, $u_0 + 2\omega'$. Nous supposerons que ζu n'a aucun pôle sur le contour et que le coefficient de i dans $\dfrac{\omega'}{\omega}$ est positif, de façon qu'on rencontre les sommets dans l'ordre où ils sont écrits quand on décrit le contour de ce parallélogramme dans le sens direct. Il y a un seul pôle de ζu à l'intérieur de ce contour, avec un résidu égal à $+1$; l'intégrale considérée est donc égale à $2\pi i$. D'autre part, la somme des intégrales prises le long du côté joignant les sommets u_0, $u_0 + 2\omega$, et du côté opposé est égale (*voir* n° **319**) à

$$\int_{u_0}^{u_0+2\omega} [\zeta u - \zeta(u + 2\omega')] \, du = - 4\omega\eta',$$

et l'on voit de même que la somme des intégrales provenant des deux autres côtés est égale à $4\omega'\eta$. On a donc la relation annoncée

$$(32) \qquad\qquad \omega'\eta - \omega\eta' = \frac{\pi}{2} i.$$

Calculons encore l'intégrale définie $F(u) = \displaystyle\int_{u}^{u+2\omega} \zeta v \, dv$, prise le long d'un chemin quelconque ne passant par aucun des pôles.

On a

$$\mathrm{F}'(u) = \zeta(u + 2\omega) - \zeta u = 2\eta,$$

de sorte que $\mathrm{F}(u)$ est de la forme $\mathrm{F}(u) = 2\eta u + \mathrm{K}$, la constante K n'étant déterminée qu'à un multiple de $2\pi i$ près, car on peut toujours modifier le chemin d'intégration, sans changer les extrémités, de façon à augmenter l'intégrale d'un multiple quelconque de $2\pi i$. Pour trouver cette constante K, calculons l'intégrale définie $\int_{-\omega}^{+\omega} \left(\zeta v - \frac{1}{v} \right) dv$ le long d'un chemin très voisin du segment de droite qui joint les deux points ω et $-\omega$. Cette intégrale est nulle, car on peut remplacer le chemin d'intégration par le chemin rectiligne, et les éléments de la nouvelle intégrale se détruisent deux à deux. Mais, en remplaçant u par $-\omega$ dans la formule qui donne $\mathrm{F}(u)$, on a

$$\int_{-\omega}^{+\omega} \zeta v \, dv = -2\eta\omega + \mathrm{K},$$

et l'intégrale $\int_{-\omega}^{+\omega} \frac{1}{v} \, dv$ est égale à $\pm \pi i$, de sorte qu'on peut prendre $\mathrm{K} = 2\eta\omega \pm \pi i$; en ne faisant aucune hypothèse sur le chemin d'intégration, on a donc, d'une façon générale,

$$(33) \qquad \int_{u}^{u+2\omega} \zeta v \, dv = 2\eta(u + \omega) + (2m + 1)\pi i,$$

m étant un nombre entier, et l'on a une formule analogue pour l'intégrale $\int_{u}^{u+2\omega'} \zeta v \, dv$.

323. La fonction σu. — En intégrant la fonction $\zeta u - \frac{1}{u}$ le long d'un chemin quelconque partant de l'origine et ne passant par aucun pôle, nous avons

$$\int_{0}^{u} \left(\zeta u - \frac{1}{u} \right) du = \sum{}' \left[\mathrm{Log}\left(1 - \frac{u}{2w} \right) + \frac{u}{2w} + \frac{u^2}{8w^2} \right]$$

et, par suite,

$$(34) \qquad u \, e^{\int_{0}^{u} \left(\zeta u - \frac{1}{u} \right) du} = u \prod{}' \left(1 - \frac{u}{2w} \right) e^{\frac{u}{2w} + \frac{u^2}{8w^2}}.$$

La fonction entière qui est au second membre est la plus simple
des fonctions entières qui admettent pour racines simples toutes
les périodes $2w$; c'est la fonction σu :

$$(35) \qquad \sigma u = u \prod{}' \left(1 - \frac{u}{2w} \right) e^{\frac{u}{2w} + \frac{u^2}{8w^2}}$$

L'égalité (34) peut s'écrire

$$(34\ bis) \qquad \sigma u = u\, e^{\int_0^u \left(\zeta u - \frac{1}{u} \right) du}$$

et, en prenant les dérivées logarithmiques des deux membres, il
vient

$$(36) \qquad \frac{\sigma' u}{\sigma u} = \frac{1}{u} + \zeta u - \frac{1}{u} = \zeta u.$$

La fonction σu, étant une fonction entière, ne peut être doublement
périodique; quand l'argument augmente d'une période, elle est
multipliée par un facteur exponentiel qu'on peut déterminer
comme il suit. On tire par exemple de la formule (34 bis)

$$\frac{\sigma(u + 2\omega)}{\sigma u} = \frac{u + 2\omega}{u}\, e^{\int_u^{u+2\omega} \left(\zeta u - \frac{1}{u} \right) du} = e^{\int_u^{u+2\omega} \zeta u\, du};$$

ce facteur a été calculé plus haut, et l'on a

$$(37) \qquad \sigma(u + 2\omega) = e^{2\eta(u+\omega) + (2m+1)\pi i}\sigma u = -\, e^{2\eta(u+\omega)}\sigma u.$$

On trouve de même la formule

$$(38) \qquad \sigma(u + 2\omega') = -\, e^{2\eta'(u+\omega')}\sigma u.$$

Les formules (35) ou (34 bis) mettent en évidence l'une et l'autre
que σu est une fonction *impaire*.

Si l'on développe cette fonction σu suivant les puissances de u,
le développement obtenu sera valable dans tout le plan. Il est
facile de montrer que tous les coefficients sont des fonctions
entières de g_2 et de g_3. Nous avons en effet

$$\int_0^u \left(\zeta u - \frac{1}{u} \right) du = -\, \frac{c_2}{3.4}\, u^4 - \frac{c_3}{5.6}\, u^6 - \ldots - \frac{c_\lambda}{2\lambda(2\lambda - 1)}\, u^{2\lambda} - \ldots$$

$$\sigma u = u\, e^{-\frac{c_2}{3.4}\, u^4 - \frac{c_3}{5.6}\, u^6 - \ldots}$$

On voit qu'il n'y a pas de terme en u^3 et qu'un coefficient quelconque est une fonction entière des c_λ et par suite des invariants g_2 et g_3 ; les cinq premiers termes sont les suivants :

$$(39)\quad \sigma u = u - \frac{g_2 u^5}{2^4.3.5} - \frac{g_3 u^7}{2^3.3.5.7} - \frac{g_2^2 u^9}{2^9\,3^2.5.7} - \frac{g_2 g_3 u^{11}}{2^7.3^2.5^2.7.11} - \ldots$$

Les trois fonctions pu, ζu, σu sont les éléments essentiels de la théorie des fonctions elliptiques. Les deux premières se déduisent de σu au moyen des deux relations $\zeta u = \dfrac{\sigma' u}{\sigma u}$, $pu = -\zeta' u$.

324. Expressions générales des fonctions elliptiques.

— Toute fonction elliptique $f(u)$ peut s'exprimer, soit au moyen de la seule fonction σu, soit au moyen de la fonction ζu et de ses dérivées, soit au moyen des deux fonctions pu et $p'u$. Nous exposerons succinctement les trois méthodes.

1° *Expression de $f(u)$ au moyen de la fonction σu.* — Soient a_1, a_2, ..., a_n les zéros de la fonction $f(u)$ dans un parallélogramme des périodes, et b_1, b_2, ..., b_n les pôles de $f(u)$ dans le même parallélogramme, chacun des zéros et des pôles étant compté autant de fois que l'exige son degré de multiplicité. Entre ces zéros et ces pôles on a la relation

$$(40)\qquad a_1 + a_2 + \ldots + a_n = b_1 + b_2 + \ldots + b_n + 2\Omega,$$

2Ω étant une période. Cela posé, considérons la fonction

$$\varphi(u) = \frac{\sigma(u - a_1)\ldots\sigma(u - a_n)}{\sigma(u - b_1)\ldots\sigma(u - b_n - 2\Omega)}.$$

Cette fonction a les mêmes pôles et les mêmes zéros que la fonction $f(u)$, car les seuls zéros du facteur $\sigma(u - a_i)$ sont $u = a_i$ et les valeurs de u qui ne diffèrent de a_i que d'une période. D'autre part, cette fonction $\varphi(u)$ est doublement périodique, car si l'on change u en $u + 2\omega$, par exemple, la relation (37) prouve que le numérateur et le dénominateur de $\varphi(u)$ sont multipliés respectivement par les deux facteurs

$$(-1)^n\,e^{2\eta(nu+n\omega - a_1 - a_2 - \ldots - a_n)}, \quad (-1)^n\,e^{2\eta(nu+n\omega - b_1 - b_2 - \ldots - b_n - 2\Omega)},$$

et ces deux facteurs sont égaux d'après la relation (40). On verrait

de même qu'on a $\varphi(u+2\omega')=\varphi(u)$. Le quotient $\dfrac{f(u)}{\varphi(u)}$ est
donc une fonction doublement périodique de u, n'ayant aucun
infini, c'est-à-dire une constante, et nous pouvons écrire

$$(41) \qquad f(u) = C\,\frac{\sigma(u-a_1)\,\sigma(u-a_2)\ldots\sigma(u-a_n)}{\sigma(u-b_1)\,\sigma(u-b_2)\ldots\sigma(u-b_n-2\Omega)}.$$

Pour déterminer la constante C, il suffira de donner à la variable u
une valeur qui ne soit ni un pôle ni un zéro.

D'une façon plus générale, pour exprimer la fonction elliptique $f(u)$ au moyen de la fonction σu, quand on connaît ses
pôles et ses zéros, il suffira de choisir n zéros $(a'_1, a_2, \ldots, a'_n)$
et n pôles $(b'_1, b'_2, \ldots, b'_n)$, de façon que toute racine de $f(u)$
s'obtienne en ajoutant une période à l'une des quantités a'_i, et
tout pôle de $f(u)$, en ajoutant une période à l'une des quantités b'_i,
et qu'on ait en outre $\Sigma a'_i = \Sigma b'_i$. Ces pôles et ces zéros peuvent
être situés dans le plan d'une façon quelconque, pourvu qu'ils
vérifient les conditions précédentes.

$2°$ *Expression de $f(u)$ au moyen de la fonction ζ et de ses dérivées.* — Considérons k pôles $a_1, a_2, \ldots, a_k$ de la fonction $f(u)$,
tels que tout autre pôle s'obtienne en ajoutant une période à l'un
de ceux-là. On peut prendre par exemple les pôles situés dans un
même parallélogramme, mais cela n'est pas nécessaire. Soit

$$\frac{A_1^{(i)}}{u-a_i} + \frac{A_2^{(i)}}{(u-a_i)^2} + \ldots + \frac{A_{n_i}^{(i)}}{(u-a_i)^{n_i}}$$

la partie principale de $f(u)$ dans le domaine du point a_i.
La différence

$$f(u) - \sum_{i=1}^{k}\Bigg[A_1^{(i)}\zeta(u-a_i) - A_2^{(i)}\zeta'(u-a_i)\ldots$$
$$+ \frac{(-1)^{n_i-1}A_{n_i}^{(i)}}{1.2\ldots(n_i-1)}\zeta^{(n_i-1)}(u-a_i)\Bigg]$$

est une fonction holomorphe dans tout le plan ; c'est de plus
une fonction doublement périodique, car lorsqu'on change u
en $u+2\omega$, cette fonction est augmentée de $-2\eta\,\Sigma A_1^{(i)}$, quantité
qui est nulle puisque $\Sigma A_1^{(i)}$ représente la somme des résidus dans
un parallélogramme. Cette différence est donc une constante et

l'on a

$$(42)\quad f(u) = C + \sum_{i=1}^{k}\left[A_1^{(i)}\zeta(u-a_i) - A_2^{(i)}\zeta'(u-a_i)\ldots \right.$$
$$\left. + (-1)^{n-1}\frac{A_{n_i}^{(i)}}{1.2\ldots(n_i-1)}\zeta^{(n_i-1)}(u-a_i)\right].$$

La formule précédente est due à M. Hermite. Pour pouvoir l'appliquer, il faut connaître les pôles de la fonction elliptique $f(u)$ et les parties principales correspondantes. De même que la formule (41) est l'analogue de la formule qui donne l'expression d'une fonction rationnelle par un quotient de deux polynomes décomposés en leurs facteurs linéaires, la formule (42) est l'analogue de la formule de décomposition d'une fraction rationnelle en éléments simples. C'est ici la fonction $\zeta(u-a)$ qui joue le rôle d'élément simple.

3° *Expression de $f(u)$ au moyen de pu et de $p'u$.* — Considérons d'abord une fonction elliptique paire $f(u)$. Les zéros de cette fonction, *qui ne sont pas des périodes*, sont deux à deux opposés ; nous pouvons donc trouver n zéros $(a_1, a_2, \ldots, a_n)$ tels que tous les zéros autres que les périodes soient compris dans les formules

$$\pm a_1 + 2w, \quad \pm a_2 + 2w, \quad \ldots, \quad \pm a_n + 2w.$$

On prendra, par exemple, le parallélogramme ayant pour sommets les points $\omega+\omega'$, $\omega'-\omega$, $-\omega-\omega'$, $\omega-\omega'$, et les zéros situés dans ce parallélogramme du même côté d'une droite passant par l'origine. Si un zéro a_i n'est pas une demi-période, on fera figurer ce zéro a_i dans la suite $a_1, a_2, \ldots, a_n$ autant de fois qu'il y a d'unités dans son degré de multiplicité. Si le zéro a_1 par exemple est une demi-période, ce sera un zéro d'ordre pair $2r$ (319 : *Remarques*) ; nous ferons figurer ce zéro r fois seulement dans la suite $a_1, a_2, \ldots, a_n$. Cela étant, le produit

$$(pu - pa_1)(pu - pa_2)\ldots(pu - pa_n)$$

admet les mêmes zéros que $f(u)$, au même degré de multiplicité, sauf si l'on a $f(0)=0$. On formera de même un autre produit

$$(pu - pb_1)(pu - pb_2)\ldots(pu - pb_m),$$

admettant pour zéros les pôles de $f(u)$ au même degré de multiplicité, en faisant abstraction des points-périodes. Posons

$$\varphi(u) = \frac{(pu - pa_1)(pu - pa_2)\ldots(pu - pa_n)}{(pu - pb_1)(pu - pb_2)\ldots(pu - pb_m)};$$

le quotient $\dfrac{f(u)}{\varphi(u)}$ est une fonction elliptique qui a une valeur finie et *différente de zéro* pour toute valeur de u qui n'est pas une période. Cette fonction elliptique se réduit à une constante, car elle ne pourrait avoir pour pôles que les périodes et, s'il en était ainsi, l'inverse n'aurait pas de pôles. On a donc

$$f(u) = C \frac{(pu - pa_1)(pu - pa_2)\ldots(pu - pa_n)}{(pu - pb_1)(pu - pb_2)\ldots(pu - pb_m)}.$$

Si $f_1(u)$ est une fonction elliptique impaire, $\dfrac{f_1(u)}{p'u}$ est une fonction paire, et par conséquent ce quotient est une fonction rationnelle de pu. Enfin une fonction elliptique quelconque $F(u)$ est la somme d'une fonction paire et d'une fonction impaire

$$F(u) = \frac{F(u) + F(-u)}{2} + \frac{F(u) - F(-u)}{2};$$

en appliquant les résultats précédents, on voit que toute fonction elliptique peut être mise sous la forme

$$(43) \qquad F(u) = R(pu) + p'u\,R_1(pu),$$

R et R_1 étant des fonctions rationnelles.

325. Formules d'addition. — La formule d'addition pour la fonction $\sin x$ permet d'exprimer $\sin(a+b)$ au moyen des valeurs de cette fonction et de sa dérivée pour $x=a$ et $x=b$. Il existe une formule analogue pour la fonction pu; seulement l'expression de $p(u+v)$ au moyen de pu, pv, $p'u$, $p'v$ est un peu plus compliquée, à cause de la présence d'un dénominateur.

Proposons-nous d'abord d'appliquer la formule générale (41), où figure la fonction σu, à la fonction elliptique $pu - pv$. On voit immédiatement que $\dfrac{\sigma(u+v)\sigma(u-v)}{\sigma^2 u}$ est une fonction elliptique admettant les mêmes zéros et les mêmes pôles que $pu - pv$. On a donc

$$p u - p v = C \frac{\sigma(u + v) \sigma(u - v)}{\sigma^2 u};$$

pour déterminer la constante C, il suffit de multiplier les deux membres par $\sigma^2 u$, et de faire tendre u vers zéro. On trouve ainsi la relation $1 = - C \sigma^2 v$, d'où l'on tire

$$(44) \qquad p u - p v = - \frac{\sigma(u + v) \sigma(u - v)}{\sigma^2 u \sigma^2 v}.$$

Prenons les dérivées logarithmiques des deux membres, en regardant v comme une constante et u comme la variable indépendante. Il vient

$$\frac{p' u}{p u - p v} = \zeta(u + v) + \zeta(u - v) - 2 \zeta u;$$

en permutant u et v dans cette formule, elle devient

$$\frac{- p' v}{p u - p v} = \zeta(u + v) - \zeta(u - v) - 2 \zeta v;$$

enfin, en ajoutant les deux formules, on obtient la relation

$$(45) \qquad \zeta(u + v) - \zeta u - \zeta v = \frac{1}{2} \frac{p' u - p' v}{p u - p v},$$

qui constitue la formule d'addition pour la fonction ζu.

En différentiant les deux membres par rapport à u, on obtiendrait l'expression de $p (u + v)$; le second membre renfermerait la dérivée seconde $p'' u$ qu'il faudrait remplacer par $6 p^2 u - \frac{g_2}{2}$. Le calcul est un peu long, et l'on arrive au résultat d'une façon plus élégante en démontrant d'abord la formule

$$(46) \qquad p(u + v) + p u + p v = [\zeta(u + v) - \zeta u - \zeta v]^2.$$

Considérons toujours u comme la variable indépendante ; les deux membres sont des fonctions elliptiques admettant comme pôles du second ordre $u = 0$, $u = - v$, et toutes les valeurs qui s'en déduisent par l'addition d'une période. Dans le domaine de l'origine, on a

$$\zeta(u + v) - \zeta u - \zeta v = \zeta v + u \zeta' v + \ldots - \zeta u - \zeta v$$
$$= - \frac{1}{u} + u \zeta' v + z u^2 + \ldots$$

et, par suite,

$$[\zeta(u+v) - \zeta u - \zeta v]^2 = \frac{1}{u^2} - 2\zeta'v - 2\alpha u + \ldots$$

La partie principale est $\frac{1}{u^2}$, comme dans le premier membre. Comparons de même les parties principales dans le domaine du pôle $u = -v$. En posant $u = -v + h$, nous avons

$$\zeta h - \zeta(-v+h) - \zeta v = \frac{1}{h} - h\zeta'v + \beta h^2 + \ldots,$$

$$[\zeta h - \zeta(h - v) - \zeta v]^2 = \frac{1}{h^2} - 2\zeta'v + \ldots$$

La partie principale du second membre de la formule (46), dans le domaine du point $u = -v$, est donc $\frac{1}{(u+v)^2}$, comme pour le premier membre. La différence ne peut donc être qu'une constante. Pour évaluer cette constante, comparons par exemple les développements dans le domaine de l'origine; on a, dans ce domaine,

$$p(u+v) + pu + pv = \frac{1}{u^2} + 2pv + up'v + \ldots$$

En comparant ce développement à celui de $[\zeta(u+v) - \zeta u - \zeta v]^2$, on voit que la différence est nulle pour $u = 0$. La formule (46) est donc établie. En rapprochant les deux formules (45) et (46), on obtient la formule d'addition pour la fonction pu

$$(47) \qquad p(u+v) + pu + pv = \frac{1}{4}\left(\frac{p'u - p'v}{pu - pv}\right)^2.$$

326. Intégration des fonctions elliptiques. — La formule de décomposition de M. Hermite se prête immédiatement à l'intégration d'une fonction elliptique. On déduit en effet de la formule (42)

$$(48) \quad \int f(u)\,du = \mathrm{C}u + \sum_{i=1}^{k}\left\{ A_1^{(i)} \mathrm{Log}[\sigma(u - a_i)] - A_2^{(i)}\zeta(u - a_i) + \ldots \right.$$
$$\left. + (-1)^{n_i-1}\frac{A_{n_i}^{(i)}}{(n_i-1)!}\zeta^{(n_i-2)}(u - a_i)\right\}.$$

Nous voyons que l'intégrale d'une fonction elliptique s'exprime au moyen des mêmes transcendantes σ, ζ, p que les fonctions elles-mêmes ; mais la fonction σu peut y figurer sous le signe log. Pour que l'intégrale d'une fonction elliptique soit elle-même une fonction elliptique, il faut d'abord que l'intégrale ne présente pas de points critiques logarithmiques, c'est-à-dire que tous les résidus $A_1^{(i)}$ soient nuls. S'il en est ainsi, l'intégrale est une fonction méromorphe ; pour qu'elle soit elliptique, il suffira qu'elle ne change pas par l'addition d'une période, c'est-à-dire qu'on ait

$$2\,C\omega - 2\eta \sum_i A_2^{(i)} = 0, \qquad 2\,C\omega' - 2\eta' \sum_i A_2^{(i)} = 0;$$

d'où l'on tire $C = 0$, $\Sigma A_2^{(i)} = 0$. Si ces conditions sont remplies, l'intégrale se trouve mise sous la forme indiquée par le théorème de M. Hermite.

Lorsque la fonction elliptique qu'il s'agit d'intégrer est exprimée au moyen de $p\,u$ et de $p'\,u$, il est souvent avantageux de partir de cette forme au lieu d'employer la méthode générale. Soit à intégrer la fonction elliptique $R(p\,u) + p'\,u\,R_1(p\,u)$, R et R_1 étant des fonctions rationnelles. Nous n'avons pas à nous occuper de l'intégrale $\int R_1(p\,u)\,p'\,u\,du$, que le changement de variable $p\,u = t$ ramène à l'intégrale d'une fonction rationnelle. Quant à l'intégrale $\int R(p\,u)\,du$, on pourrait, par des opérations rationnelles, combinées avec des intégrations par parties convenablement choisies, la ramener à un certain nombre d'intégrales types, mais cela reviendrait à refaire sous une autre forme des calculs qui ont été déjà effectués (Chap. V, p. 252-257). Si nous faisons en effet le changement de variable $p\,u = t$, qui donne $p'\,u\,du = dt$, ou

$$du = \frac{dt}{p'\,u} = \frac{dt}{\sqrt{4\,t^3 - g_2 t - g_3}},$$

l'intégrale $\int R(p\,u)\,du$ prend la forme

$$\int \frac{R(t)\,dt}{\sqrt{4\,t^3 - g_2 t - g_3}};$$

Nous avons vu comment cette intégrale se décompose en une fonction rationnelle de t et du radical $\sqrt{4\,t^3 - g_2 t - g_3}$, en une somme d'un certain nombre d'intégrales de la forme $\int \frac{t^n\,dt}{\sqrt{4\,t^3 - g_2 t - g_3}}$, et enfin en un certain nombre d'intégrales de la forme

$$\int \frac{Q(t)}{P(t)} \frac{dt}{\sqrt{4\,t^3 - g_2 t - g_3}},$$

P (t) étant un polynome premier avec sa dérivée et avec $4t^3 - g_2 t - g_3$, et Q (t) un polynome premier avec P (t) et de degré moindre.

En revenant à la variable u, on voit donc que l'intégrale $\int$ R $(pu)\,du$ est égale à une fonction rationnelle de pu et de $p'u$, augmentée d'un certain nombre d'intégrales telles que $\int (pu)^n\,du$, et d'autres intégrales de la forme

$$(49) \qquad \int \frac{Q(pu)\,du}{P(pu)},$$

et cette réduction peut être effectuée par des opérations rationnelles (multiplications et divisions de polynomes) combinées avec certaines intégrations par parties.

On obtient aisément une formule de récurrence pour le calcul des intégrales $I_n = \int (pu)^n\,du$. Dans la relation

$$\frac{d}{du}\left[(pu)^{n-1}p'u\right] = (n-1)(pu)^{n-2}p'^2u + (pu)^{n-1}p''u$$

remplaçons p'^2u et $p''u$ par $4p^3u - g_2 pu - g_3$ et $6p^2u - \frac{1}{2}g_2$ respectivement ; il vient, en ordonnant par rapport à pu,

$$\frac{d}{du}\left[(pu)^{n-1}p'u\right]$$
$$= (4n+2)(pu)^{n+1} - \left(n - \frac{1}{2}\right)g_2(pu)^{n-1} - (n-1)g_3(pu)^{n-2},$$

et l'on en tire, en intégrant les deux membres,

$$(50) \quad (pu)^{n-1}p'u = (4n+2)I_{n+1} - \left(n - \frac{1}{2}\right)g_2 I_{n-1} - (n-1)g_3 I_{n-2}.$$

En faisant successivement dans cette formule $n = 1, 2, 3, \ldots$, on calculera de proche en proche toutes les intégrales I_n au moyen des deux premières $I_0 = u$, $I_1 = -\zeta u$.

Pour pousser plus loin la réduction des intégrales de la forme (49), il faut connaître les racines du polynome P (t). Si l'on connait ces racines, on ramènera le calcul à celui d'un certain nombre d'intégrales de la forme

$$\int \frac{du}{pu - pv},$$

pv étant différent de e_1, e_2, e_3, puisque le polynome P (t) est premier avec $4t^3 - g_2 t - g_3$. La valeur de v n'est donc pas une demi-période, et $p'v$ n'est pas nul. La formule

$$\frac{-p'v}{pu - pv} = \zeta(u+v) - \zeta(u-v) - 2\zeta v$$

établie plus haut (n° 325) nous donne alors

$$(51) \qquad \int \frac{du}{pu - pv} = \frac{-1}{p'v} \left[\operatorname{Log} \sigma(u + v) - \operatorname{Log} \sigma(u - v) - 2u\zeta v \right] + C.$$

327. La fonction θ. — Les séries par lesquelles nous avons défini les fonctions pu, ζu, σu se prêtent difficilement aux calculs numériques, y compris le développement en série entière de σu qui est valable dans tout le plan. Les fondateurs de la théorie des fonctions elliptiques, Abel et Jacobi, avaient introduit une autre transcendante remarquable, déjà rencontrée par Fourier dans ses travaux sur la théorie de la chaleur, et qu'on peut développer en une série très rapidement convergente ; c'est la fonction θ. Nous allons établir brièvement les principales propriétés de cette fonction, et montrer comment on peut en déduire aisément la fonction σu de Weierstrass.

Soit τ une quantité imaginaire $r + si$, où le coefficient s de i est *positif* ; v désignant une variable complexe, la fonction $\theta(v)$ est définie par le développement en série

$$(52) \qquad \theta(v) = \frac{1}{i} \sum_{-\infty}^{+\infty} (-1)^n q^{\left(n + \frac{1}{2}\right)^2} e^{(2n+1)\pi i v}, \qquad q = e^{\pi i \tau}.$$

qu'on peut regarder comme une série de Laurent, où l'on aurait remplacé z par $e^{\pi i v}$. Cette série est absolument convergente, car le module U_n du terme général a pour expression

$$U_n = e^{-\pi s \left(n + \frac{1}{2}\right)^2 - (2n+1)\pi \beta}$$

si $v = \alpha + \beta i$; $\sqrt[n]{U_n}$ tend vers zéro lorsque n augmente indéfiniment par valeurs positives, et il en est de même de $\sqrt[n]{U_{-n}}$. La fonction $\theta(v)$ est donc une fonction transcendante entière de la variable v. C'est une fonction impaire ; en effet, si nous réunissons les termes de la série qui correspondent aux valeurs n et $-n-1$ de l'indice (en faisant varier n de 0 à $+\infty$), le développement (52) est remplacé par le suivant

$$(53) \qquad \theta(v) = 2 \sum_{0}^{+\infty} (-1)^n q^{\left(n + \frac{1}{2}\right)^2} \sin(2n + 1) \pi v,$$

qui montre qu'on a

$$\theta(-v) = -\theta(v), \qquad \theta(0) = 0.$$

Lorsque v augmente de l'unité, le terme général de la série (52) est multiplié par $e^{(2n+1)\pi i} = -1$. On a donc $\theta(v + 1) = -\theta(v)$. Lorsqu'on change v en $v + \tau$, on ne voit pas immédiatement de relation simple entre les deux séries. Mais nous pouvons écrire

$$\theta(v+\tau) = \frac{1}{i}\sum_{-\infty}^{+\infty}(-1)^n\, q^{\left(n+\frac{1}{2}\right)^2+2n-1}\, e^{(2n+1)\pi i v};$$

changeons dans cette série n en $n-1$, le terme général de la nouvelle série

$$(-1)^{n-1}\, q^{\left(n-\frac{1}{2}\right)^2+2n-1}\, e^{(2n+1)\pi i v}\, e^{-2\pi i v}$$

est égal au terme général de la première série (52), multiplié par $-q^{-1}e^{-2\pi i v}$. La fonction $\theta(v)$ satisfait donc aux deux relations

$$(54)\qquad \theta(v+1) = -\theta(v),\qquad \theta(v+\tau) = -q^{-1}e^{-2\pi i v}\theta(v);$$

ces relations montrent que la fonction $\theta(v)$ admet pour zéros tous les points $m_1+m_2\tau$, m_1 et m_2 étant des nombres entiers arbitraires, positifs ou négatifs, puisque l'origine est une racine.

Ce sont là les seules racines de l'équation $\theta(v)=0$. Considérons en effet un parallélogramme ayant pour sommets les quatre points v_0, v_0+1, $v_0+1+\tau$, $v_0+\tau$, le premier sommet v_0 étant pris dé telle façon qu'aucune des racines de $\theta(v)$ ne soit sur le contour. Nous allons montrer que l'équation $\theta(v)=0$ a une seule racine dans ce parallélogramme. Il suffit pour cela de calculer l'intégrale $\displaystyle\int\frac{\theta'(v)}{\theta(v)}\,dv$ prise le long du contour dans le sens direct; d'après l'hypothèse faite sur τ, on rencontre les sommets dans l'ordre où ils sont écrits.

Des relations (54) on déduit

$$\frac{\theta'(v+1)}{\theta(v+1)} = \frac{\theta'(v)}{\theta(v)},\qquad \frac{\theta'(v+\tau)}{\theta(v+\tau)} = \frac{\theta'(v)}{\theta(v)} - 2\pi i.$$

La première de ces relations montre qu'aux points correspondants n (*fig.* 68) et n' des côtés AD, BC, la fonction $\dfrac{\theta'(v)}{\theta(v)}$ reprend la même valeur.

Fig. 68

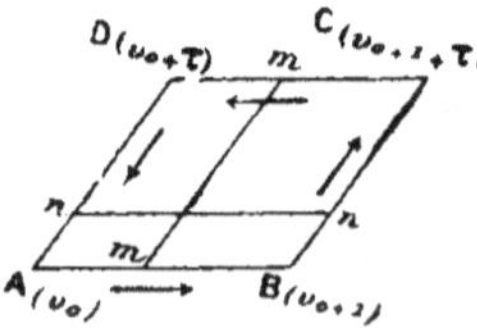

Comme ces deux côtés sont décrits dans des sens opposés, la somme des intégrales correspondantes est nulle. Au contraire, si nous prenons deux points correspondants m, m' sur les côtés AB, DC, la valeur de $\dfrac{\theta'(v)}{\theta(v)}$ au point m' est égale à la valeur de la même fonction au point m, diminuée de $2\pi i$. La somme des intégrales provenant de ces deux côtés est donc égale à $\displaystyle\int_{(CD)} -2\pi i\, dv$, c'est-à-dire à $2\pi i$. Comme il y a évidemment dans le parallélogramme ABCD un point et un seul dont l'affixe est de la forme $m_1 + m_2\tau$, il s'ensuit que la fonction $\theta(v)$ n'a pas d'autres zéros que ceux-là.

En résumé, la fonction $\theta(v)$ est une fonction entière impaire, admettant pour zéros simples tous les points $m_1 - m_2\tau$, et ceux-là seulement, et vérifiant les relations (54). Soient maintenant 2ω, $2\omega'$ deux périodes telles que le coefficient de i dans $\dfrac{\omega'}{\omega}$ soit positif. Remplaçons dans $\theta(v)$ la variable v par $\dfrac{u}{2\omega}$ et τ par $\dfrac{\omega'}{\omega}$, et soit $\varphi(u)$ la fonction

$$(55) \qquad \varphi(u) = \theta\left(\frac{u}{2\omega}\right):$$

$\varphi(u)$ est une fonction entière impaire, admettant pour zéros du premier ordre toutes les périodes $2w = 2m\omega + 2m'\omega'$, et les relations (54) sont remplacées par les suivantes :

$$(56) \qquad \varphi(u + 2\omega) = -\varphi(u), \qquad \varphi(u + 2\omega') = -e^{-\pi i\left(\frac{u+\omega'}{\omega}\right)}\varphi(u).$$

Ces propriétés sont très voisines des propriétés de la fonction σu. Pour retrouver σu, il suffit de multiplier φ par un facteur exponentiel. Posons en effet

$$(57) \qquad \psi(u) = \frac{2\omega}{\theta'(0)}\, e^{\frac{\eta}{2\omega}u^2}\, \varphi(u),$$

η étant la fonction de ω et de ω' définie comme on l'a vu plus haut (n° 322); $\psi(u)$ est encore une fonction entière impaire admettant les mêmes zéros que $\varphi(u)$. La première des relations (56) devient

$$(58) \qquad \psi(u + 2\omega) = -\frac{2\omega}{\theta'(0)}\, e^{\frac{\eta}{2\omega}(u+2\omega)^2}\, \varphi(u) = -e^{2\eta(u+\omega)}\psi(u).$$

Nous avons ensuite

$$\psi(u + 2\omega') = -\frac{2\omega}{\theta'(0)}\, e^{\frac{\eta}{2\omega}(u+2\omega')^2}\, e^{-\frac{\pi i}{\omega}(u+\omega')}\, \varphi(u)$$

ou, en tenant compte de la relation $\eta\omega' - \eta'\omega = \dfrac{\pi i}{2}$,

$$(59) \qquad \psi(u + 2\omega') = -e^{2\eta'(u+\omega')}\psi(u).$$

Les relations (58) et (59) sont identiques aux relations établies plus haut pour la fonction σu. Le quotient $\dfrac{\psi(u)}{\sigma u}$ admet donc les deux périodes 2ω et $2\omega'$, puisque les deux termes de ce rapport sont multipliés par un même facteur lorsque u augmente d'une période. Les deux fonctions ayant les mêmes zéros, ce rapport est constant; d'ailleurs le coefficient de u dans les deux développements est égal à un. On a donc $\sigma u = \psi(u)$, ou

$$(60) \qquad \sigma u = \frac{2\omega}{\theta'(o)} \, e^{\frac{\eta}{2\omega} u^2} \, \theta\left(\frac{u}{2\omega}\right),$$

et la fonction σu est ramenée à la fonction θ, comme nous l'avions annoncé. Lorsqu'on donne à l'argument v des valeurs réelles, le module de q étant inférieur à l'unité, la série (53) est très rapidement convergente. Nous ne développerons pas davantage ces indications qui suffisent pour faire prévoir le rôle fondamental de la fonction θ dans les applications des fonctions elliptiques.

III. — INVERSION. — COURBES DU PREMIER GENRE.

328. Relations entre les périodes et les invariants. — A tout système de deux nombres complexes ω, ω', dont le rapport $\dfrac{\omega'}{\omega}$ n'est pas réel, correspond une fonction elliptique pu, complètement déterminée, admettant les deux périodes 2ω, $2\omega'$, et régulière pour toutes les valeurs de u qui ne sont pas de la forme $2m\omega + 2m'\omega'$, toutes les périodes étant des pôles du second ordre. Les fonctions ζu et σu, qui se déduisent de pu par une ou deux intégrations, sont également déterminées par le système des périodes $(2\omega, 2\omega')$. Quand il y a lieu de mettre ces périodes en évidence, on peut employer la notation $p(u\,|\,\omega, \omega')$. $\zeta(u\,|\,\omega, \omega')$, $\sigma(u\,|\,\omega, \omega')$ pour désigner les trois fonctions fondamentales.

Mais il est à remarquer qu'on peut remplacer le système (ω, ω') par une infinité d'autres systèmes (Ω, Ω') sans changer la fonction pu. Soient en effet m, m', n, n' quatre nombres entiers, positifs ou négatifs, tels qu'on ait $mn' - m'n = \pm 1$. Si nous posons $\Omega = m\omega + n\omega'$, $\Omega' = m'\omega + n'\omega'$, nous aurons inversement $\omega = \pm(n'\Omega - n\Omega')$. $\omega' = \pm(m\Omega' - m'\Omega)$, et il est clair que toutes les périodes de la fonction elliptique pu sont des combinaisons des deux périodes 2Ω, $2\Omega'$. tout aussi bien que des deux périodes 2ω, $2\omega'$. On dit que les deux systèmes de périodes $(2\omega, 2\omega')$ et $(2\Omega, 2\Omega')$ sont équivalents. La fonction $p(u|\Omega, \Omega')$ admet les mêmes périodes, les mêmes pôles avec les mêmes parties principales que la fonction $p(u|\omega, \omega')$, et leur différence est nulle pour $u = 0$. Elles sont donc identiques : ce qui résulte aussi du développement (22), car l'ensemble des quantités $2m\omega + 2m'\omega'$ est identique à l'ensemble des quantités $2m\Omega + 2m'\Omega'$. On a, pour la même raison, $\zeta(u|\Omega, \Omega') = \zeta(u|\omega, \omega')$, $\sigma(u|\Omega, \Omega') = \sigma(u|\omega, \omega')$.

De même, les trois fonctions pu, ζu, σu sont entièrement déterminées par les invariants g_2, g_3. Nous avons vu en effet que la fonction σu est représentée par un développement en série entière dont tous les coefficients sont des polynomes entiers en g_2, g_3; on a ensuite $\zeta u = \dfrac{\sigma' u}{\sigma u}$, puis $pu = -\zeta' u$. Pour indiquer les fonctions qui correspondent aux invariants g_2 et g_3, on emploie la notation $p(u; g_2, g_3)$, $\zeta(u; g_2, g_3)$, $\sigma(u; g_2, g_3)$.

Ici se présente une question essentielle : tandis qu'il est évident, d'après le mode même de formation de pu, qu'à un système (ω, ω') correspond une fonction elliptique pu, pourvu que le rapport $\dfrac{\omega'}{\omega}$ ne soit pas réel, rien ne prouve *a priori* qu'à tout système de valeurs g_2, g_3 pour les invariants correspond une fonction elliptique. Nous savons bien que l'expression $g_2^3 - 27 g_3^2$ doit être différente de zéro, mais il n'est pas certain que cette condition soit suffisante. Le problème qu'il s'agit de traiter revient au fond à résoudre les équations transcendantes établies plus haut

$$(61) \qquad g_2 = 60 \sum' \frac{1}{(2m\omega + 2m'\omega')^4} \cdot \qquad g_3 = 140 \sum \frac{1}{(2m\omega + 2m'\omega')^6}$$

par rapport aux inconnues ω, ω', ou tout au moins à reconnaître si ces équations admettent, lorsque $g_2^3 - 27 g_3^2$ n'est pas nul, un système de solutions tel que $\dfrac{\omega'}{\omega}$ ne soit pas réel. S'il existe un seul système de solutions, il en existe une infinité d'autres, mais l'étude directe des équations précédentes paraît difficile. On arrive à la solution par une voie détournée en étudiant d'abord le problème de l'inversion de l'intégrale elliptique de première espèce.

Remarque. — Soient ω, ω' deux nombres complexes tels que $\dfrac{\omega'}{\omega}$ ne soit pas réel. La fonction $p(u\,|\,\omega, \omega')$ correspondante satisfait à l'équation différentielle

$$\left(\frac{dp\,u}{du}\right)^2 = 4p^3 - g_2 p - g_3,$$

g_2 et g_3 étant définies par les équations (61). Pour $u = \omega$, $p\omega$ est égal à l'une des racines e_1 de l'équation $4p^3 - g_2 p - g_3 = 0$. Lorsque u varie de 0 à ω, $p u$ décrit une ligne L allant de l'infini au point e_1; comme on a la relation $du = \dfrac{dp}{\sqrt{4p^3 - g_2 p - g_3}}$, on en conclut que la demi-période ω est égale à l'intégrale définie

$$\omega = \int_\infty^{e_1} \frac{dp}{\sqrt{4p^3 - g_2 p - g_3}}$$

prise suivant la ligne L. On a une expression analogue pour ω', qu'on obtient en remplaçant e_1 par e_2 dans l'intégrale précédente.

Nous avons ainsi les deux demi-périodes ω, ω' exprimées au moyen des invariants g_2, g_3. Pour pouvoir en déduire la solution du problème qui nous occupe, il faudrait établir que ce nouveau système est *équivalent* au système (61), c'est-à-dire qu'il définit g_2 et g_3 comme fonctions uniformes de ω, ω'.

329. La fonction inverse de l'intégrale elliptique de première espèce. — Soit $R(z)$ un polynome du troisième ou du quatrième degré, premier avec sa dérivée. Nous écrirons ce polynome

$$R(z) = A(z - a_1)(z - a_2)(z - a_3)(z - a_4),$$

a_1, a_2, a_3, a_4 désignant quatre racines différentes, lorsque $R(z)$ est du quatrième degré; si $R(z)$ est du troisième degré, nous désignerons les trois racines par a_1, a_2, a_3 et nous poserons en outre $a_4 = \infty$, en convenant de remplacer $z - \infty$ par l'unité dans l'expression de $R(z)$. L'intégrale elliptique de première espèce est de la forme

$$(62) \qquad u = \int_{z_0}^{z} \frac{dz}{\sqrt{R(z)}},$$

l'origine z_0 étant supposée, pour fixer les idées, différente d'une des racines de $R(z)$ et à distance finie, et le radical ayant une valeur initiale déterminée. Lorsque $R(z)$ est du quatrième degré, le radical $\sqrt{R(z)}$ admet quatre points critiques a_1, a_2, a_3, a_4, et

chacune des déterminations de $\sqrt{\overline{R(z)}}$ admet le point $z = \infty$ pour
pôle du second ordre. Lorsque $R(z)$ est du troisième degré, le
radical $\sqrt{\overline{R(z)}}$ n'a plus que trois points critiques a_1, a_2, a_3, à
distance finie ; mais si la variable z décrit une circonférence renfermant les points a_1, a_2, a_3, les deux valeurs du radical se permutent entre elles. Le point $z = \infty$ est donc un point de ramification pour la fonction $\sqrt{\overline{R(z)}}$.

Rappelons encore les propriétés déjà établies pour l'intégrale
elliptique u (n°° 306 et 307). Si $\overline{u(z)}$ désigne une des valeurs de
cette intégrale quand on va du point z_0 au point z suivant un
chemin déterminé, cette intégrale peut acquérir au même point z
une infinité de déterminations qui sont comprises dans les formules

$$(63) \quad u = \overline{u(z)} + 2\,m\,\omega + 2\,m'\,\omega', \qquad u = I - \overline{u(z)} + 2\,m\,\omega + 2\,m'\,\omega'.$$

Dans ces formules, m et m' sont deux nombres entiers tout à
fait arbitraires, $2\,\omega$ et $2\,\omega'$ deux périodes dont le rapport n'est pas
réel, et I une constante qu'on peut prendre égale, par exemple, à
l'intégrale le long du lacet décrit autour du point a_1.

Soit $p(u\,|\,\omega,\,\omega')$ la fonction elliptique formée avec les périodes
2ω, $2\omega'$ de l'intégrale elliptique (62). Remplaçons dans cette
fonction la variable u par l'intégrale (62) elle-même diminuée
de $\dfrac{I}{2}$, et soit $\Phi(z)$ la fonction de z ainsi obtenue

$$(64) \quad \Phi(z) = p\left[\int_{z_0}^{z} \frac{dz}{\sqrt{R(z)}} - \frac{I}{2}\,\Big|\,\omega,\,\omega'\right] = p\left(u - \frac{I}{2}\,\Big|\,\omega,\,\omega'\right).$$

Cette fonction $\Phi(z)$ *est une fonction uniforme de z.* En effet, si
l'on remplace u par l'une quelconque des déterminations (63), on
trouve toujours, quels que soient m et m',

$$\Phi(z) = p\left[\overline{u(z)} - \frac{I}{2}\,\Big|\,\omega,\,\omega'\right] \qquad \text{ou} \qquad \Phi(z) = p\left[\frac{I}{2} - \overline{u(z)}\,|\,\omega,\,\omega'\right].$$

c'est-à-dire une valeur unique pour $\Phi(z)$.

Cherchons quels peuvent être les points singuliers de cette
fonction $\Phi(z)$. Soit d'abord z_1 une valeur finie de z, différente
d'un point de ramification : supposons qu'on aille du point z_0
au point z_1 par un chemin déterminé. On arrive en ce point avec
une certaine valeur pour le radical, et une valeur u_1 pour l'inté-

grale. Dans le domaine du point z_1, $\dfrac{1}{\sqrt{R(z)}}$ est une fonction holomorphe de z, et l'on a un développement de la forme

$$\frac{1}{\sqrt{R(z)}} = \alpha_0 + \alpha_1(z - z_1) + \alpha_2(z - z_1)^2 + \ldots \qquad (\alpha_0 \neq 0),$$

on en tire

$$(65) \qquad u = u_1 + \alpha_0(z - z_1) + \frac{\alpha_1}{1.2}(z - z_1)^2 + \ldots.$$

Si $u_1 - \dfrac{1}{2}$ n'est pas égal à une période, la fonction $p\left(u - \dfrac{1}{2}\right)$ est holomorphe dans le domaine du point u_1, par suite, $\Phi(z)$ est holomorphe dans le domaine du point z_1. Si $u_1 - \dfrac{1}{2}$ est une période, le point u_1 est un pôle du second ordre pour $p\left(u - \dfrac{1}{2}\right)$ et, par suite, z_1 est un pôle du second ordre pour $\Phi(z)$, car dans le domaine du point u_1, on aura

$$p\left(u - \frac{1}{2}\right) = \frac{P(u - u_1)}{(u - u_1)^2},$$

P étant une fonction holomorphe.

Supposons en second lieu que z tende vers un point crititique a_i. Dans le domaine du point a_i, on a

$$[R(z)]^{-\frac{1}{2}} = (z - a_i)^{-\frac{1}{2}} P_i(z - a_i),$$

P_i étant holomorphe pour $z = a_i$, ou

$$\frac{1}{\sqrt{R(z)}} = \frac{1}{\sqrt{z - a_i}}[\alpha_0 + \alpha_1(z - a_i) + \alpha_2(z - a_i)^2 + \ldots] \qquad (\alpha_0 \neq 0);$$

on en tire, en intégrant terme à terme,

$$(66) \qquad u = u_i + \sqrt{z - a_i}\left[2\alpha_0 + \frac{2}{3}\alpha_1(z - a_i) + \ldots\right].$$

Si $u_i - \dfrac{1}{2}$ n'est pas une période, $p\left(u - \dfrac{1}{2}\right)$ est une fonction holomorphe de u dans le domaine du point u_i. En remplaçant, dans le développement de cette fonction suivant les puissances de $u - u_i$, la différence $u - u_i$ par sa valeur tirée de la formule (66), les puissances fractionnaires de $(z - a_i)$ doivent disparaître, puisque nous savons que le premier membre est une fonction uniforme de z, et la fonction $\Phi(z)$ est holomorphe dans le domaine du point a_i. Ceci montre, remarquons-le en passant, que $u_i - \frac{1}{2}$ doit être égal à une demi-période. On voit de la même façon que si $u_i - \frac{1}{2}$ est égal à une période, le point a_i est un pôle du premier ordre pour $\Phi(z)$.

Étudions enfin la fonction $\Phi(z)$ pour les valeurs infinies de z. Nous avons deux cas à distinguer suivant que $R(z)$ est du quatrième degré ou du troisième degré. Si le polynome $R(z)$ est du quatrième degré, à l'extérieur d'un cercle C décrit de l'origine pour centre et renfermant les quatre racines, chacune des déterminations de $\frac{1}{\sqrt{R(z)}}$ est une fonction holomorphe de $\frac{1}{z}$. On a, par exemple, pour l'une d'elles,

$$\frac{1}{\sqrt{R(z)}} = \frac{\alpha_0}{z^2} + \frac{\alpha_1}{z^3} + \frac{\alpha_2}{z^4} + \ldots \qquad (\alpha_0 \neq 0),$$

et il suffirait de changer tous les signes pour avoir le développement de la seconde détermination. Si le module de z augmente indéfiniment, le radical $\frac{1}{\sqrt{R(z)}}$ ayant la valeur qu'on vient d'écrire, l'intégrale u tend vers une valeur finie u_∞ et l'on a, dans le domaine du point à l'infini,

$$(67) \qquad u = u_\infty - \frac{\alpha_0}{z} - \frac{\alpha_1}{2\,z^2} - \frac{\alpha_2}{3\,z^3} - \ldots.$$

Si $u_\infty - \frac{1}{2}$ n'est pas une période, la fonction $p\left(u - \frac{1}{2}\right)$ est régulière pour le point u_∞, et par suite le point $z = \infty$ est un point ordinaire pour $\Phi(z)$. Si $u_\infty - \frac{1}{2}$ est une période, le point u_∞ est un pôle du second ordre pour $p\left(u - \frac{1}{2}\right)$, et comme on peu écrire, dans le domaine de $z = \infty$,

$$\frac{1}{u - u_\infty} = z\left(\beta_0 + \frac{\beta_1}{z} + \frac{\beta_2}{z^2} + \ldots\right),$$

le point $z = \infty$ est aussi un pôle du second ordre pour la fonction $\Phi(z)$.

Si $R(z)$ est du troisième degré, à l'extérieur d'un cercle ayant pour centre l'origine et renfermant les trois points critiques a_1, a_2, a_3, on a un développement de la forme

$$\frac{1}{\sqrt{R(z)}} = \frac{1}{z^{\frac{3}{2}}}\left(z_0 + \frac{\alpha_1}{z} + \frac{\alpha_2}{z^2} + \ldots\right) \qquad (z_0 \neq 0).$$

et, par suite,

$$(68) \qquad u = u_\infty - \frac{1}{\sqrt{z}}\left(2\alpha_0 + \frac{2\alpha_1}{3}\frac{1}{z} + \ldots\right).$$

En raisonnant comme plus haut, on voit que le point à l'infini est un point ordinaire ou un pôle du premier ordre pour $\Phi(z)$. En définitive, cette fonction $\Phi(z)$ n'admet que des pôles pour points singuliers; *c'est donc une fonction rationnelle de* z, et l'intégrale elliptique de première espèce (62) satisfait à une relation de la forme

$$(69) \qquad p\left(u - \frac{1}{2}\right) = \Phi(z),$$

$\Phi(z)$ étant une fonction rationnelle. Nous ne connaissons pas encore le degré de cette fonction; nous allons montrer qu'il est égal à *un*, et pour cela nous allons étudier la fonction inverse. En d'autres termes, nous allons maintenant considérer u comme la variable indépendante et rechercher les propriétés de la limite supérieure z de l'intégrale (62), considérée comme fonction de cette intégrale u. Nous diviserons cette étude, qui est assez délicate, en plusieurs parties :

1° *A toute valeur finie de u correspondent m valeurs de z, si m est le degré de la fonction rationnelle $\Phi(z)$.*

Soit en effet u_1 une valeur finie de u; l'équation $\Phi(z) = p\left(u_1 - \frac{1}{2}\right)$ détermine, pour z, m valeurs, en général distinctes et finies, quelques-unes de ces racines pouvant venir se confondre ou devenir infinies pour des valeurs particulières de u_1. Soit z_1 l'une de ces valeurs de z; les valeurs de l'intégrale elliptique u qui correspondent à cette valeur de z satisfont à l'équation

$$p\left(u - \frac{1}{2}\right) = \Phi(z_1) = p\left(u_1 - \frac{1}{2}\right).$$

Nous avons donc l'une des deux relations

$$u = u_1 + 2m_1\omega + 2m_2\omega', \qquad u = 1 - u_1 + 2m_1\omega + 2m_2\omega';$$

dans l'un et l'autre cas, nous pouvons faire décrire à la variable z un chemin allant de z_0 à z_1, et tel que la valeur de l'intégrale prise le long de ce chemin soit précisément u_1. Si la fonction $\Phi(z)$ est de degré m, il y a donc m valeurs de z, pour lesquelles l'intégrale (62) prend une valeur donnée u.

2° Soit u_1 une valeur finie de u à laquelle correspond une valeur finie z_1 de z; *la valeur de z qui tend vers z_1, lorsque u tend vers u_1, est une fonction holomorphe de u dans le domaine du point u_1.*

En effet, si z_1 est différent d'un point critique, les valeurs de u et de z qui tendent respectivement vers u_1 et z_1 sont liées par la relation (65) établie tout à l'heure, où le coefficient α_0 n'est pas nul. D'après le théorème général sur les fonctions implicites (I, n° 184), on en déduit inversement pour $z - z_1$ un développement suivant les puissances entières et positives de $u - u_1$.

Si, pour la valeur particulière u_i, z était égal à la valeur critique a_i, on pourrait de même considérer le second membre de la formule (66) comme un développement suivant les puissances de $\sqrt{z - a_i}$; α_0 n'étant pas nul, on en tirera inversement pour $\sqrt{z - a_i}$, et par suite pour $z - a_i$, un développement suivant les puissances entières de $u - u_i$.

3° Soit u_∞ une des valeurs que prend l'intégrale u lorsque $|z|$ augmente indéfiniment; *le point u_∞ est un pôle pour la valeur de z dont le module augmente indéfiniment.*

En effet, la valeur de l'intégrale u qui tend vers u_∞ est représentée, dans le domaine du point à l'infini, par l'un ou l'autre des développements (67) ou (68). Dans le premier cas, on obtiendra pour $\frac{1}{z}$ un développement en série entière ordonnée suivant les puissances de $u - u_\infty$

$$\frac{1}{z} = \beta_1(u - u_\infty) + \beta_2(u - u_\infty)^2 + \ldots \qquad (\beta_1 \neq 0);$$

dans le second cas, on aura un développement analogue pour $\frac{1}{\sqrt{z}}$, et par suite

$$\frac{1}{z} = (u - u_\infty)^2 [\beta_1 + \beta_2(u - u_\infty) + \ldots]^2.$$

Le point u_∞ est donc un pôle du premier ou du second ordre pour z suivant que le polynome $R(z)$ est du quatrième ou du troisième degré.

4° Enfin nous allons démontrer *qu'à une valeur de u il ne peut correspondre plus d'une valeur de z.* Supposons en effet qu'en faisant décrire à la variable z deux chemins allant du point z_0 à deux points différents z_1, z_2, les deux valeurs de l'intégrale prises suivant ces deux chemins soient égales. On pourrait alors trouver un chemin L joignant les deux points z_1, z_2, et tel que l'intégrale $\int_L \dfrac{dz}{\sqrt{R(z)}}$ soit nulle. Si nous représentons l'intégrale $u = X + iY$ par le point de coordonnées (X, Y) dans un système d'axes rectangulaires OX, OY, nous voyons que le point u décrirait une courbe fermée Γ lorsque le point z décrit la ligne non fermée L. Or, ceci est incompatible avec les propriétés qui viennent d'être établies, comme nous allons le démontrer.

A chaque valeur de u, la relation $p\left(u - \dfrac{1}{2}\right) = \Phi(z)$ fait correspondre un nombre *fini* de valeurs de z, dont chacune varie d'une manière continue avec u pourvu que le chemin décrit par la variable u ne passe par aucun des points qui correspondent à la valeur $z = \infty$ [1]. D'après ce qui a été admis, lorsque la variable décrit dans son plan la courbe fermée Γ, en partant du point A (u_0) et revenant à ce point, z décrit un arc de courbe continu non fermé allant du point z_1 au point z_2. Prenons sur la courbe Γ deux

Fig. 69.

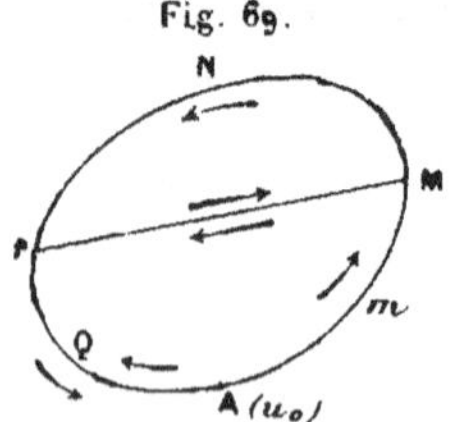

points M et P (*fig.* 69), et soient z', z'' les valeurs avec lesquelles

---

[1] Nous admettons les propriétés qui seront établies plus tard pour les fonctions implicites (Chap. XVII).

on arrive en ces points M et P lorsque la valeur initiale de z
étant z_1, on fait décrire à u les chemins AM et AMNP. Soit
encore z_1'' la valeur avec laquelle on arrive au point P lorsqu'on
fait décrire à u l'arc AQP; par hypothèse, z'' et z_1'' sont différents.
Joignons les deux points M et P par une transversale MP intérieure au contour Γ, et imaginons que la variable u décrive l'arc
AmM, puis la transversale MP; soit z_2'' la valeur avec laquelle
on arrive au point P. Cette valeur z_2'' sera différente de z'' ou
de z_1''. Si elle est différente de z_1'', les deux chemins AmMP
et AQP ne conduisent pas à la même valeur de z au point P.
Si z'' et z_2'' sont différents, les deux chemins AmMP et AmMNP
ne conduisent pas à la même valeur en P; donc si l'on part du
point M avec la valeur z' pour z et qu'on aille de M en P par le
chemin MP ou par le chemin MNP, on obtiendra pour z des
valeurs différentes. Dans les deux cas on voit qu'on peut remplacer
le contour fermé Γ par un contour fermé plus petit Γ_1, en partie
intérieur à Γ, tel que, u décrivant ce contour fermé, z décrive un
arc de courbe non fermé. En répétant la même opération sur le
contour Γ_1, et ainsi de suite indéfiniment, on obtiendrait une suite
illimitée de contours fermés Γ, Γ_1, Γ_2, ... possédant la même propriété que le premier contour Γ. Comme on peut évidemment
s'arranger de façon que les dimensions de ces contours successifs
décroissent indéfiniment, on en conclut que le contour Γ_n tend
vers un point limite λ. D'après la façon dont ce point est défini, à
l'intérieur d'un cercle de rayon ε décrit du point λ pour centre, il
existerait toujours un chemin fermé ne ramenant pas la variable z
à sa valeur initiale, aussi petit que soit ε. Or cela est impossible,
car le point λ est un point ordinaire ou un pôle pour les différentes
valeurs de z; dans les deux cas, z est une fonction uniforme de u
dans le voisinage du point λ. Nous sommes donc conduits à une
contradiction en admettant que l'intégrale $\int \dfrac{dz}{\sqrt{R(z)}}$, prise le
long d'une ligne L non fermée puisse être nulle, ou, ce qui revient
au même, en admettant qu'à une valeur de u correspondent deux
valeurs différentes de z

Nous avons remarqué plus haut que si l'on a, pour deux valeurs
différentes de z, $\Phi(z_1) = \Phi(z_2)$, on peut trouver un chemin L
allant de z_1 en z_2 et tel quel l'intégrale $\int_L \dfrac{dz}{\sqrt{R(z)}}$ soit nulle. Il faut

donc que la fonction rationnelle $\Phi(z)$ ne puisse prendre la même valeur pour deux valeurs différentes de z, c'est-à-dire que $\Phi(z)$ soit du premier degré, $\Phi(z) = \dfrac{az + b}{cz + d}$. On déduit alors de la relation (69)

$$(70) \qquad z = \frac{b - d\, p\left(u - \dfrac{1}{2}\right)}{c\, p\left(u - \dfrac{1}{2}\right) - a},$$

et nous arrivons à l'importante proposition que voici : *La limite supérieure z d'une intégrale elliptique de première espèce, considérée comme fonction de cette intégrale, est une fonction elliptique du second ordre.*

Les intégrales elliptiques avaient été étudiées d'une façon approfondie par Legendre ; mais c'est en renversant le problème qu'Abel et Jacobi ont été conduits à la découverte des fonctions elliptiques.

La détermination effective de la fonction elliptique $z = f(u)$ constitue le *problème de l'inversion*. De la relation (62), on tire

$$\frac{dz}{du} = \sqrt{R(z)}.$$

et par suite $\sqrt{R(z)} = f'(u)$. Nous voyons que le radical $\sqrt{R(z)}$ est lui-même une fonction elliptique de u. En langage géométrique, on peut résumer tous les résultats qui précèdent de la façon suivante :

Soit $R(x)$ un polynome du troisième ou du quatrième degré, premier avec sa dérivée; les coordonnées d'un point quelconque de la courbe C,

$$(71) \qquad\qquad y^2 = R(x),$$

peuvent s'exprimer par des fonctions elliptiques de l'intégrale de première espèce

$$u = \int_{x_0}^{x} \frac{dx}{y} = \int_{x_0}^{x} \frac{dx}{\sqrt{R(x)}},$$

de telle façon qu'à un point (x, y) de cette courbe ne corresponde qu'une valeur de u, abstraction faite d'une période quelconque.

Pour établir la dernière partie de la proposition, il suffit d'observer que toutes les valeurs de u qui correspondent à une valeur donnée de x sont comprises dans les deux formules

$$u_0 + 2\,m_1\omega + 2\,m_2\omega', \qquad 1 - u_0 + 2\,m_1\omega + 2\,m_2\omega'.$$

Toutes les valeurs de u, comprises dans la première formule, proviennent d'un nombre pair de lacets décrits autour des points critiques, suivis du chemin direct allant de x_0 en x, et correspondent à une même valeur du radical $\sqrt{R(x)}$. Les valeurs de u, comprises dans la seconde formule, proviennent d'un nombre impair de lacets décrits autour des points critiques, suivis du chemin direct allant de x_0 en x; la valeur correspondante du radical $\sqrt{R(x)}$ est opposée à la première. Si l'on se donne à la fois x et y, les valeurs correspondantes sont donc comprises dans une seule des deux formules.

Il résulte des calculs qui ont été faits plus haut que la fonction elliptique $x = f(u)$ a un pôle double dans un parallélogramme si $R(x)$ est du troisième degré, et deux pôles simples si $R(x)$ est du quatrième degré; $y = f'(u)$ est donc du troisième ou du quatrième ordre suivant le degré du polynome $R(x)$.

Remarque. — Supposons que, par un moyen quelconque, on ait exprimé les coordonnées (x, y) d'un point de la courbe $y^2 = R(x)$ par des fonctions elliptiques d'un paramètre v, soit $x = \varphi(v)$, $y = \varphi_1(v)$. L'intégrale de première espèce u devient alors

$$u = \int \frac{dx}{y} = \int \frac{\varphi'(v)\,dv}{\varphi_1(v)};$$

la fonction elliptique $\dfrac{\varphi'(v)}{\varphi_1(v)}$ ne peut avoir de pôle, puisque u doit conserver une valeur finie pour toute valeur finie de v; elle se réduit donc à une constante k, et l'on a $u = kv + l$. La constante l dépend évidemment de la valeur choisie pour limite inférieure de l'intégrale u; quant au coefficient k, il suffira de donner a v une valeur particulière pour le déterminer.

330. Nouvelle définition de pu au moyen des invariants. — Il est maintenant bien facile de répondre à la question posée plus haut (n° **328**). Étant donnés deux nombres g_2, g_3 tels que $g_2^3 - 27 g_3^2$ ne soit pas nul, *il existe toujours une fonction elliptique pu dont g_2 et g_3 sont les invariants.* Le polynome

$$R(z) = 4 z^3 - g_2 z - g_3$$

est en effet premier avec sa dérivée et l'intégrale elliptique $\int \dfrac{dz}{\sqrt{R(z)}}$ admet deux périodes 2ω, $2\omega'$ dont le rapport est imaginaire. Soit $p(u \mid \omega, \omega')$ la fonction elliptique correspondante. Nous remplacerons dans cette fonction l'argument u par l'intégrale

$$(72) \qquad u = \int_{z_0}^{z} \frac{dz}{\sqrt{R(z)}} - H,$$

H étant une constante choisie de telle façon que l'une des valeurs de u, pour $z = \infty$, soit égale à zéro. On prendra par exemple une demi-droite indéfinie L partant de z_0 et l'on prendra pour H la valeur de l'intégrale $\int_{z_0}^{\infty} \dfrac{dz}{\sqrt{R(z)}}$ suivant cette demi-droite L. Montrons d'abord que la fonction ainsi obtenue est une fonction uni-

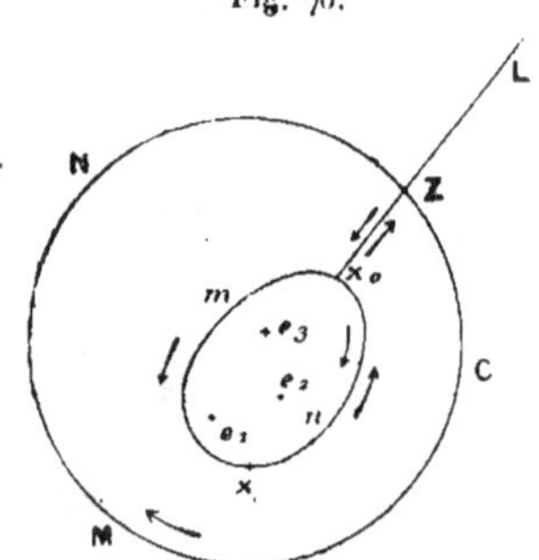

Fig. 70.

forme de z. Soit z un point quelconque du plan ; désignons par v et v' les valeurs de l'intégrale

$$v = \int_{(z_0 m z)} \frac{dz}{\sqrt{R(z)}}, \qquad v' = \int_{(z_0 n z)} \frac{dz}{\sqrt{R(z)}},$$

prises, avec la même valeur initiale pour $\sqrt{R(z)}$, le long des deux chemins $z_0 m z$, $z_0 n z$ qui, par leur réunion, forment un contour fermé renfermant les trois points critiques e_1, e_2, e_3 du radical. Considérons le contour fermé $z_0\,m\,z\,n\,z_0\,\mathrm{ZMNZ}\,z_0$ formé par le contour $z_0\,m\,z\,n\,z_0$, le segment $z_0\,\mathrm{Z}$, le cercle C de rayon très grand et le segment $\mathrm{Z}\,z_0$. La fonction $\dfrac{1}{\sqrt{\mathrm{R}(z)}}$ est holomorphe à l'intérieur de ce contour, et nous avons la relation

$$v + v' - \int_{z_0}^{\mathrm{Z}} \frac{dz}{\sqrt{\mathrm{R}(z)}} + \int_{(\mathrm{C})} \frac{dz}{\sqrt{\mathrm{R}(z)}} - \int_{z_0}^{\mathrm{Z}} \frac{dz}{\sqrt{\mathrm{R}(z)}} = 0,$$

qui devient, en faisant croître indéfiniment le rayon du cercle C,

$$v + v' - 2\mathrm{H} = 0.$$

Les valeurs de u provenant des deux chemins $z_0\,m\,z$, $z_0\,n\,z$ satisfont donc à la relation $u + u' = 0$. On en conclut que la fonction

$$\mathrm{p}(u \mid \omega,\, \omega') = \mathrm{p}\left(\int_{z_0}^{z} \frac{dz}{\sqrt{\mathrm{R}(z)}} - \mathrm{H} \mid \omega,\, \omega' \right)$$

est une fonction uniforme de z. Nous avons vu que c'est une fonction linéaire de la forme $\dfrac{az+b}{cz+d}$. Pour déterminer a, b, c, d, il suffit d'étudier le développement de cette fonction dans le domaine du point à l'infini. On a, dans ce domaine,

$$\frac{1}{\sqrt{\mathrm{R}(z)}} = \frac{1}{2\,z^{\frac{3}{2}}}\left(1 - \frac{g_2}{4\,z^2} - \frac{g_3}{4\,z^3} \right)^{-\frac{1}{2}} = \frac{1}{2\,z^{\frac{3}{2}}} + \frac{g_2}{16\,z^{\frac{7}{2}}} + \dots ;$$

la valeur de u, qui est nulle pour z infini, est donc représentée par le développement

$$u = - \frac{1}{z^{\frac{1}{2}}}\left(1 + \frac{g_2}{40\,z^2} + \dots \right).$$

On en tire

$$\frac{1}{u^2} = z\left(1 - \frac{g_2}{40\,z^2} + \dots \right)^{-2} = z - \frac{g_2}{20\,z} + \dots$$

de sorte que la différence $\mathrm{p}u - z$ est nulle pour $z = \infty$. Mais la différence $\dfrac{az+b}{cz+d} - z$ ne peut s'annuler pour z infini que si l'on a $c = 0$, $b = 0$, $a = d$, et la fonction $\mathrm{p}(u \mid \omega,\, \omega')$ se réduit à z, quand on y remplace u par l'intégrale (72). Cette intégrale peut encore s'écrire, en prenant pour limite inférieure le point à l'infini lui-même,

$$(72)' \qquad u = \int_{\infty}^{z} \frac{dz}{\sqrt{R(z)}},$$

et cette relation entraîne la suivante $pu = z$, la fonction pu étant formée avec les périodes 2ω, $2\omega'$ de l'intégrale $\int \frac{dz}{\sqrt{R(z)}}$. En comparant les valeurs de $\frac{du}{dz}$ déduites de ces relations, on a $p'u = \sqrt{R(z)}$, ou, en élevant au carré,

$$(73) \qquad p'^2 u = R(z) = 4p^3 u - g_2 pu - g_3.$$

Les nombres g_2, g_3 sont donc les invariants de la fonction elliptique pu, formée avec les périodes 2ω, $2\omega'$. Par là se trouve résolue la question posée plus haut (n° **328**). Si $g_2^3 - 27g_3^2$ n'est pas nul, les équations (61) sont vérifiées par une infinité de systèmes de valeurs de ω, ω. Si e_1, e_2, e_3 sont les trois racines de $R(z) = 4z^3 - g_2 z - g_3 = 0$, on aura un système de solutions en posant, par exemple,

$$(74) \qquad \omega = \int_{e_1}^{\infty} \frac{dz}{\sqrt{R(z)}}, \qquad \omega' = \int_{e_3}^{\infty} \frac{dz}{\sqrt{R(z)}},$$

et l'on en déduira tous les autres systèmes de solutions comme il a été expliqué.

Dans les applications de l'analyse où interviennent les fonctions elliptiques, la fonction pu est le plus souvent définie par ses invariants. Pour effectuer les calculs numériques, il faut pouvoir calculer un système de périodes, connaissant g_2 et g_3 et en outre savoir trouver une racine de l'équation $pu = A$, la constante A étant donnée. Pour les détails de la méthode à suivre, ainsi que pour tout ce qui concerne l'usage des Tables, nous ne pouvons que renvoyer aux Ouvrages spéciaux (¹).

331. Application aux cubiques planes. — Lorsque $g_2^3 - 27g_3^2$

(¹) La formule (39) qui donne le développement en série entière de σu, et celles qu'on en déduit par dérivation, permettent, du moins théoriquement, de calculer σu, $\sigma' u$, $\sigma'' u$, et par suite ζu et pu, pour tous les systèmes de valeurs de u, g_2, g_3.

n'est pas nul, l'équation

$$(75) \qquad y^2 = 4x^3 - g_2 x - g_3$$

représente une cubique sans point double. On satisfait à cette équation en posant $x = pu$, $y = p'u$, les invariants de la fonction pu étant précisément g_2 et g_3. A tout point de la cubique correspond une seule valeur de u dans un parallélogramme des périodes. En effet, l'équation $pu = x$ a deux racines u_1 et u_2 dans un parallélogramme des périodes; la somme $u_1 + u_2$ est une période, et les deux valeurs $p'u_1$, $p'u_2$ sont opposées. Elles sont donc égales respectivement aux deux valeurs de y qui correspondent à une même valeur de x.

D'une façon générale, les coordonnées d'un point d'une cubique plane sans point double peuvent s'exprimer par des fonctions elliptiques d'un paramètre. On sait en effet qu'on peut, par une transformation homographique, ramener l'équation d'une cubique à la forme (75), mais on ne peut effectuer cette transformation que si l'on connaît un point d'inflexion de la cubique, et la détermination des points d'inflexion dépend de la résolution d'une équation du neuvième degré, d'une forme spéciale. Nous allons montrer qu'on peut obtenir la représentation paramétrique d'une cubique par des fonctions elliptiques d'un paramètre, sans avoir à résoudre aucune équation, pourvu que l'on connaisse les coordonnées d'un point de la cubique.

Supposons d'abord que l'équation de la cubique soit de la forme

$$(76) \qquad y^2 = b_0 x^3 + 3b_1 x^2 + 3b_2 x + b_3,$$

ce qui exige que le point à l'infini soit un point d'inflexion. On ramène cette équation à la forme précédente en posant $y = \dfrac{4}{b_0} y'$, $x = -\dfrac{b_1}{b_0} + \dfrac{4}{b_0} x'$, ce qui nous donne

$$y'^2 = 4x'^3 - g_2 x' - g_3,$$

les invariants g_2, g_3 ayant les valeurs

$$g_2 = \frac{12(b_1^2 - b_0 b_2)}{16}, \qquad g_3 = \frac{3b_0 b_1 b_2 - 2b_1^3 - b_0^2 b_3}{16};$$

on obtient donc pour les coordonnées d'un point de la cubique (76) les expressions

$$x = -\frac{b_1}{b_0} + \frac{4}{b_0}\, p\, u, \qquad y = \frac{4}{b_0}\, p'\, u.$$

Considérons maintenant une cubique C_3, et soient (α, β) les coordonnées d'un point de cette cubique. La tangente à la cubique en ce point (α, β) rencontre la cubique en un second point (α', β') dont les coordonnées s'obtiennent rationnellement. Si ce point (α', β') est pris pour origine des coordonnées, l'équation de la cubique est de la forme

$$\varphi_3(x, y) + \varphi_2(x, y) + \varphi_1(x, y) = 0,$$

$\varphi_i(x, y)$ désignant un polynome homogène de degré i $(i = 1, 2, 3)$. Coupons par la sécante $y = tx$; x est déterminé par l'équation du second degré

$$x^2 \varphi_3(1, t) + x\, \varphi_2(1, t) + \varphi_1(1, t) = 0.$$

d'où l'on tire

$$x = \frac{-\varphi_2(1, t) \pm \sqrt{R(t)}}{2\varphi_3(1, t)}, \qquad y = tx,$$

$R(t)$ désignant le polynome $\varphi_2^2(1, t) - 4\varphi_3(1, t)\, \varphi_1(1, t)$ qui est en général du quatrième degré. Les racines de ce polynome sont précisément les coefficients angulaires des tangentes à la cubique qui passent par l'origine. Nous connaissons *a priori* une racine de ce polynome, le coefficient angulaire t_0 de la droite qui joint l'origine au point (α, β). En posant $t = t_0 + \dfrac{1}{t'}$, il vient

$$\sqrt{R(t)} = \sqrt{\frac{R_1(t')}{t'^2}},$$

le polynome $\sqrt{R_1(t')}$ n'étant plus que du troisième degré. Les coordonnées (x, y) d'un point de la cubique C_3 s'expriment donc rationnellement au moyen d'un paramètre t' et de la racine carrée d'un polynome $R_1(t')$ du troisième degré. Nous venons de voir comment on peut exprimer t' et $\sqrt{R_1(t')}$ par des fonctions elliptiques d'un paramètre u, et l'on aura ainsi pour x et y des fonctions elliptiques de u

D'après la façon même dont on a opéré, à un point (x, y) de la cubique correspondent une valeur unique de t et une valeur bien déterminée de $\sqrt{R(t)}$, par suite des valeurs bien déterminées de t' et de $\sqrt{R_1(t')}$. Or à tout système de valeurs de t' et de $\sqrt{R_1(t')}$ ne corpond, comme on l'a fait remarquer, qu'une valeur de u dans un parallélogramme de périodes. Les expressions obtenues $x = f(u)$, $y = f_1(u)$ pour les coordonnées d'un point de C_3 sont donc telles que toutes les valeurs de u qui donnent le même point de la cubique s'obtiennent en ajoutant une période, d'ailleurs quelconque, à l'une d'elles.

Cette représentation paramétrique des cubiques planes au moyen des fonctions elliptiques est très importante ([1]). Nous montrerons, pour donner un exemple, comment elle permet de déterminer les points d'inflexion. Soient $x = f(u)$, $y = f_1(u)$ les expressions des coordonnées ; les arguments des points d'intersection de la cubique avec la droite $Ax + By + C = 0$ sont racines de l'équation $Af(u) + Bf_1(u) + C = 0$. Comme à un point (x, y) ne correspond qu'une valeur de u dans un parallélogramme des périodes, il s'ensuit que la fonction elliptique $Af(u) + Bf_1(u) + C$ doit être du troisième ordre. Les pôles de cette fonction sont évidemment indépendants de A, B, C ; si u_1, u_2, u_3 sont trois arguments correspondant respectivement aux trois points d'intersection de la cubique et d'une droite, on doit donc avoir (n° 319)

$$u_1 + u_2 + u_3 = K + 2m_1\omega + 2m_2\omega',$$

K étant la somme des pôles dans un parallélogramme. En remplaçant, dans f et f_1, u par $\dfrac{K}{3} + u$, la relation peut s'écrire plus simplement

$$u_1 + u_2 + u_3 = \text{période}.$$

Inversement, cette condition est suffisante pour que les trois points $M_1(u_1)$, $M_2(u_2)$, $M_3(u_3)$ soient en ligne droite. En effet, soient M'_3 le troisième point de rencontre de la droite $M_1 M_2$ avec la cubique, et u'_3 l'argument correspondant. La somme $u_1 + u_2 + u'_3$ étant égale à une période, u_3 et u'_3 ne diffèrent que d'une période, et par suite M'_3 coïncide avec M_3.

Si u est l'argument d'un point d'inflexion, la tangente en ce point rencontre la courbe en 3 points confondus, et $3u$ doit être égal à une période. On doit donc avoir $u = \dfrac{2m_1\omega + 2m_2\omega'}{3}$, et il suffit évidemment de donner aux entiers m_1 et m_2 les valeurs 0, 1, 2 pour obtenir tous les points d'in-

---

([1]) CLEBSCH, *Ueber diejenigen Curven deren Coordinaten sich als elliptische Functionen eines Parameters darstellen lassen* (*Journal de Crelle*, t. LXIV, 1865, p. 210).

flexion ; il y a donc *neuf* points d'inflexion. La droite qui passe par les deux points d'inflexion $\dfrac{2\,m_1\omega + 2\,m_2\omega'}{3}$ et $\dfrac{2\,m'\,\omega + 2\,m'_2\,\omega'}{3}$ rencontre la cubique en un troisième point dont l'argument

$$-\ \frac{2(m_1 + m'_1)\omega + 2(m_2 + m'_2)\omega'}{3}$$

est encore le tiers d'une période, c'est-à-dire en un nouveau point d'inflexion. Le nombre des droites qui rencontrent ainsi la cubique en 3 points d'inflexion est égal à $\dfrac{8.9}{2.3}$, c'est-à-dire à *douze*.

Remarque. — Les points d'intersection de la cubique normale (75) avec la droite $y = mx + n$ sont donnés par l'équation $p'u - mpu - n = 0$ dont le premier membre admet le pôle triple $u = 0$. La somme des arguments des points d'intersection est donc égale à une période. Si u_1 et u_2 sont les arguments de deux de ces points, on peut prendre $-u_1 - u_2$ pour argument du dernier point d'intersection, et les abscisses de ces trois points sont respectivement $p\,u_1$, $p\,u_2$, $p(u_1 + u_2)$.

On peut déduire de là une nouvelle démonstration de la formule d'addition pour $p\,u$. En effet, les abscisses des points d'intersection sont racines de l'équation

$$4x^3 - g_2 x - g_3 = (mx + n)^2\,;$$

on a donc

$$x_1 + x_2 + x_3 = p\,u_1 + p\,u_2 + p(u_1 + u_2) = \frac{m^2}{4}.$$

D'autre part, la droite passant par les deux points $M_1(u_1)$, $M_2(u_2)$, on a les deux relations $p'u_1 = mpu_1 + n$, $p'u_2 = mpu_2 + n$, d'où l'on tire $m = \dfrac{p'u_2 - p'u_1}{pu_2 - pu_1}$, et par suite nous obtenons la relation, déjà trouvée (n° 325),

$$p\,u_1 + p\,u_2 + p(u_1 + u_2) = \frac{1}{4}\left(\frac{p'u_2 - p'u_1}{pu_2 - pu_1}\right)^2.$$

332. Formules générales d'inversion. — Soit $R(x)$ un polynome du quatrième degré, premier avec sa dérivée. Considérons la courbe C_4 représentée par l'équation

$$(77)\qquad y^2 = R(x) = a_0 x^4 + 4a_1 x^3 + 6a_2 x^2 + 4a_3 x + a_4\,;$$

nous nous proposons de montrer comment on peut exprimer les coordonnées x et y d'un point de cette courbe par des fonctions elliptiques d'un paramètre. Si l'on connaît une racine a de l'équation $R(x) = 0$, on a déjà vu, à propos des cubiques, comment on peut opérer. En posant $x = a + \dfrac{1}{x'}$, la relation (77) devient

$$y^2 = R\left(a + \frac{1}{x'}\right) = \frac{R_1(x')}{x'^4},$$

$R_1(x')$ étant un polynome du troisième degré. La courbe proposée C_4 correspond donc point par point à la courbe C_3' du troisième ordre qui a pour équation $y'^2 = R_1(x')$, au moyen des formules $x = a + \dfrac{1}{x'}$, $y = \dfrac{y'}{x'^2}$. Or on peut exprimer x' et y' au moyen d'un paramètre u par des expressions de la forme $x' = \alpha\, p\, u + \beta$, $y' = \alpha\, p'\, u$, en choisissant convenablement α, β et les invariants de $p\, u$. On en déduit, pour x et y, les formules suivantes :

$$(78) \qquad x = a + \frac{1}{\alpha\, p\, u + \beta}, \qquad y = \frac{\alpha\, p'\, u}{(\alpha\, p\, u + \beta)^2};$$

on en tire $du = -\dfrac{dx}{y}$, de sorte que le paramètre u est identique, au signe près, à l'intégrale de première espèce $\displaystyle\int \frac{dx}{\sqrt{R(x)}}$, et les formules (78) résolvent complètement le problème de l'inversion.

Prenons maintenant le cas général où l'on ne connaît aucune racine de l'équation $R(x) = 0$. Nous allons montrer qu'*on peut, sans introduire d'autre irrationalité qu'une racine carrée, exprimer rationnellement x et y au moyen d'une fonction elliptique $p\, u$, d'invariants connus, et de sa dérivée $p'\, u$.* Remplaçons pour un moment x et y par t et v respectivement, de sorte que la relation (77) devient

$$(77\ bis) \qquad v^2 = R(t) = a_0 t^4 + 4a_1 t^3 + 6a_2 t^2 + 4a_3 t + a_4.$$

Le polynome $\overset{\bullet}{R}(t)$ peut se mettre d'une infinité de manières sous la forme $R(t) = [\varphi_2(t)]^2 - \varphi_1(t)\,\varphi_3(t)$, φ_1, φ_2, φ_3 étant des polynomes d'un degré marqué par leur indice. Soient en effet (α, β) les coordonnées d'un point quelconque de la courbe C_4. Prenons un polynome $\varphi_2(t)$ tel que $\varphi_2(\alpha) = \beta$, ce qu'on peut faire évidemment d'une infinité de manières ; l'équation

$$R(t) - [\varphi_2(t)]^2 = 0$$

admettra la racine $t = \alpha$, et l'on pourra poser $\varphi_1(t) = t - \alpha$. Le polynome $R(t)$ étant mis sous la forme précédente, considérons la cubique auxiliaire C_3 représentée par l'équation

$$(79) \qquad x^3 \varphi_3\left(\frac{y}{x}\right) + 2x^2 \varphi_2\left(\frac{y}{x}\right) + x \varphi_1\left(\frac{y}{x}\right) = 0;$$

si nous coupons cette cubique par la sécante $y = tx$, les abscisses des deux points variables d'intersection sont racines de l'équation

$$x^2 \varphi_3(t) + 2x \varphi_2(t) + \varphi_1(t) = 0$$

et ont pour expression

$$x = \frac{-\varphi_2(t) + v}{\varphi_3(t)},$$

v étant déterminée par l'équation (77 *bis*). On voit qu'inversement t et v peuvent s'exprimer rationnellement au moyen des coordonnées x, y d'un point de C_3 par les formules

$$(80) \qquad t = \frac{y}{x}, \qquad v = x \varphi_3\left(\frac{y}{x}\right) + \varphi_2\left(\frac{y}{x}\right).$$

Or on peut exprimer x et y par des fonctions elliptiques d'un paramètre u, puisque l'on connaît un point de la cubique C_3, qui est l'origine. Il en est donc de même de t et de v. Le procédé peut évidemment être varié de bien des manières, et l'on n'introduit que l'irrationnelle $\beta = \sqrt{R(\alpha)}$, α restant arbitraire.

Nous allons développer le calcul en supposant, ce qu'on peut toujours faire, qu'on a d'abord fait disparaître le coefficient a_1 de t^3 dans $R(t)$. On peut alors écrire

$$a_0 R(t) = (a_0 t^2)^2 - 6a_0 a_2 t^2 + 4 a_0 a_3 t + a_0 a_4$$

et poser

$$\varphi_1(t) = -1, \qquad \varphi_2(t) = a_0 t^2, \qquad \varphi_3(t) = 6a_0 a_2 t^2 + 4a_0 a_3 t + a_0 a_4.$$

La cubique auxiliaire C_3 a pour équation

$$(81) \qquad 6a_0 a_2 xy^2 + 4a_0 a_3 x^2 y + a_0 a_4 x^3 + 2a_0 y^2 - x = 0.$$

Conformément à la méthode générale, coupons cette cubique par la sécante $y = tx$; l'équation obtenue peut s'écrire

$$\left(\frac{1}{x}\right)^2 - 2a_0 t^2 \frac{1}{x} - (6a_0 a_2 t^2 + 4a_0 a_3 t + a_0 a_4) = 0,$$

et l'on en tire

$$\frac{1}{x} = a_0 t^2 + \sqrt{a_0 R(t)}.$$

Inversement, nous pouvons exprimer t et $\sqrt{a_0 R(t)}$ au moyen de x et de y

$$(82) \qquad t = \frac{y}{x}, \qquad \sqrt{a_0 R(t)} = \frac{1}{x} - a_0 \left(\frac{y}{x}\right)^2.$$

D'autre part. en résolvant l'équation (81) par rapport à y, nous avons

$$y = \frac{-2 a_0 a_3 x^2 + \sqrt{4 a_0^2 a_3^2 x^4 - x(a_0 a_4 x^2 - 1)(6 a_0 a_2 x + 2 a_0)}}{6 a_0 a_2 x + 2 a_0}.$$

Le polynome sous le radical admet la racine $x = 0$; en appliquant la méthode qui a été expliquée, on pourra donc exprimer x et y par des fonctions elliptiques d'un paramètre. En développant les calculs, on arrive aux formules

$$(83) \qquad x = \frac{1}{2 a_0 p u - a_2}, \qquad y = \frac{a_0 p' u - a_3}{2(a_0 p u + a_2)(2 a_0 p u - a_2)},$$

les invariants g_2, g_3 de la fonction elliptique $p u$ ayant les valeurs suivantes :

$$(84) \qquad g_2 = \frac{a_0 a_4 + 3 a_2^2}{a_0^2}, \qquad g_3 = \frac{a_0 a_2 a_4 - a_2^3 - a_0 a_3^2}{a_0^3}.$$

En remplaçant x et y par les valeurs précédentes dans les formules (82), il vient

$$(85) \qquad \begin{cases} t = \frac{1}{2}\left(\dfrac{p' u - \dfrac{a_3}{a_0}}{p u + \dfrac{a_2}{a_0}}\right), \\[2em] \sqrt{R(t)} = \sqrt{a_0}\left[2 p u - \dfrac{a_2}{a_0} - \dfrac{1}{4}\left(\dfrac{p u' - \dfrac{a_3}{a_0}}{p u - \dfrac{a_2}{a_0}}\right)^2\right]. \end{cases}$$

On peut écrire ces formules sous une forme un peu plus simple en observant que les relations

$$(86) \qquad p v = -\frac{a_2}{a_0}, \qquad p' v = \frac{a_3}{a_0}$$

sont compatibles d'après la valeur des invariants g_2 et g_3. D'autre part, on peut remplacer $\frac{1}{4}\left(\frac{p'u - p'v}{pu - pv}\right)^2$ par $p(u+v) + pu + pv$. En réunissant ces résultats, et en remplaçant t et $\sqrt{R(t)}$ par x et y respectivement, nous pouvons donc énoncer la proposition suivante :

Les coordonnées (x, y) d'un point quelconque de la courbe C_4, représentée par l'équation (77) *(où $a_1 = 0$), peuvent s'exprimer au moyen d'un paramètre variable u par les formules.*

$$(87) \qquad x = \frac{1}{2}\frac{p'u - p'v}{pu - pv}, \qquad y = \sqrt{a_0}[pu - p(u+v)],$$

les invariants g_2 et g_3 ayant les valeurs données par les relations (84), *et pv, $p'v$ étant déterminées par les équations compatibles* (86).

De la formule (45) établie plus haut (n° **325**) on tire, en différentiant les deux membres,

$$\frac{1}{2}\frac{d}{du}\left(\frac{p'u - p'v}{pu - pv}\right) = pu - p(u+v),$$

c'est-à-dire $\frac{dx}{du} = \frac{y}{\sqrt{a_0}}$, ou $du = \sqrt{a_0}\frac{dx}{y}$. Le paramètre u représente donc l'intégrale elliptique de première espèce $\sqrt{a_0}\int\frac{dx}{\sqrt{R(x)}}$, et les formules (87) résolvent le problème de l'inversion.

333. Courbes du premier genre. — Une courbe plane algébrique C_n de degré n ne peut avoir plus de $\frac{(n-1)(n-2)}{2}$ points doubles sans se décomposer en plusieurs courbes distinctes. Si la courbe C_n est indécomposable et possède d points doubles, la différence $p = \frac{(n-1)(n-2)}{2} - d$ est appelée le *genre* de cette courbe. Les courbes de genre zéro sont les courbes unicursales dont les coordonnées peuvent s'exprimer par des fonctions rationnelles d'un paramètre. Les courbes les plus simples après celles-là sont les courbes de genre *un* ou du premier genre; une courbe C_n du premier genre possède $\frac{(n-1)(n-2)}{2} - 1 = \frac{n(n-3)}{2}$ points doubles.

Les coordonnées d'un point d'une courbe du premier genre peuvent s'exprimer par des fonctions elliptiques d'un paramètre.

Pour démontrer ce théorème, considérons les courbes *adjointes* d'ordre $n - 2$, c'est-à-dire les courbes C_{n-2} qui passent par les $\dfrac{n(n-3)}{2}$ points doubles de C_n. Comme il faut $\dfrac{(n-2)(n+1)}{2}$ points pour déterminer une courbe d'ordre $n - 2$, les courbes adjointes C_{n-2} dépendent encore de $\dfrac{(n-2)(n+1)-n(n-3)}{2} = (n-1)$ paramètres arbitraires. Si l'on assujettit ces courbes à passer encore par $n - 3$ points simples pris à volonté sur C_n, on obtient un réseau de courbes adjointes, qui ont en commun avec C_n les $\dfrac{n(n-3)}{2}$ points doubles de C_n et $n - 3$ points simples. Soient $F(x, y) = 0$ l'équation de C_n et

$$f_1(x, y) + \lambda f_2(x, y) + \mu f_3(x, y) = 0$$

l'équation de ce réseau de courbes C_{n-2}, λ et μ étant deux paramètres arbitraires. Une courbe quelconque de ce réseau rencontre C_n en trois points variables seulement, car chaque point double compte pour deux points communs, et l'on a

$$n(n - 3) + n - 3 = n(n - 2) - 3.$$

Posons maintenant

$$(88) \qquad x' = \frac{f_2(x, y)}{f_1(x, y)}, \qquad y' = \frac{f_3(x, y)}{f_1(x, y)};$$

lorsque le point (x, y) décrit la courbe C_n, le point (x', y') décrit une courbe algébrique C' dont on obtiendrait l'équation en éliminant x et y entre les équations (88) et $F(x, y) = 0$. Les deux courbes C' et C_n se correspondent point par point par une *transformation birationnelle*, c'est-à-dire qu'inversement les coordonnées (x, y) d'un point de C_n s'expriment rationnellement au moyen des coordonnées (x', y') du point correspondant de C'. Il suffit, pour le prouver, de montrer qu'à un point (x', y') de C' il ne peut correspondre qu'un point de C_n, ou que les équations (88), jointes à $F(x, y) = 0$, ne peuvent avoir en x et y qu'un seul système de solutions variable avec x' et y'.

Supposons en effet qu'à un point de C' correspondent deux points (a, b), (a', b') de C_n, ne faisant pas partie des points de base du réseau de courbes C_{n-2}. On aurait

$$\frac{f_1(a', b')}{f_1(a, b)} = \frac{f_2(a', b')}{f_2(a, b)} = \frac{f_3(a', b')}{f_3(a, b)},$$

et toutes les courbes du réseau qui passent par le point (a, b) passeraient aussi par le point (a', b'). Les courbes du réseau qui passent par ces deux points dépendraient encore *linéairement* d'un paramètre variable, et rencontreraient la courbe C_n en un seul point variable. Les coordonnées de ce dernier point d'intersection avec C_n seraient donc des fonctions rationnelles d'un paramètre variable, et la courbe C_n serait unicursale; ce qui est impossible puisqu'elle n'a que $\dfrac{n(n-3)}{2}$ points doubles.

A un point (x', y') de C' ne correspond par conséquent qu'un point (x, y) de C_n, et les coordonnées de ce point sont, d'après la théorie de l'élimination, des fonctions rationnelles de x', y',

$$(89) \qquad x = \varphi_1(x', y'), \qquad y = \varphi_2(x', y').$$

Pour avoir le degré de la courbe C', cherchons le nombre des points communs à cette courbe et à une droite quelconque $ax' + by' + c = o$. Cela revient à chercher le nombre des points communs à la courbe C_n et à la courbe

$$af_2(x, y) + bf_3(x, y) + cf_1(x, y) = o,$$

puisqu'à un point de C' correspond un seul point de C_n et inversement. Or il n'y a que trois points d'intersection variables avec a, b, c. La courbe C' est donc du troisième degré. En résumé, les coordonnées d'un point de la courbe C_n peuvent s'exprimer rationnellement au moyen des coordonnées d'un point d'une cubique plane, et, comme les coordonnées d'un point d'une cubique sont des fonctions elliptiques d'un paramètre, il en est de même des coordonnées d'un point de C_n.

Il résulte aussi de la démonstration et de ce qui a été vu plus haut pour les cubiques, qu'on peut faire cette représentation de telle façon qu'à un point (x, y) de C_n ne corresponde qu'une valeur de u dans un parallélogramme des périodes.

Soient $x = \psi(u)$, $y = \psi_1(u)$ les formules qui donnent x et y; toute intégrale abélienne $w = \int R(x, y)\, dx$ attachée à la courbe C_n (I, n° 98) se ramène, par ce changement de variable, à l'intégrale d'une fonction elliptique; cette intégrale w s'exprime donc elle-même à l'aide des transcendantes p, ζ, σ de la théorie des fonctions elliptiques. L'introduction de ces transcendantes dans l'Analyse a doublé la puissance du calcul intégral.

Exemple. — *Quartiques bicirculaires.* — Une courbe du quatrième degré ayant deux points doubles est du premier genre. Lorsque les points doubles sont les points circulaires à l'infini, la courbe C_4 est une *quartique bicirculaire*. Si l'on a pris pour origine un point de cette courbe, on peut prendre pour courbes adjointes C_{n-2} des cercles passant par l'origine

$$x^2 + y^2 + \lambda x + \mu y = 0;$$

pour avoir une cubique correspondant point par point à la quartique C_4. il suffit, d'après la méthode générale, de poser $x' = \dfrac{x}{x^2 + y^2}$, $y' = \dfrac{y}{x^2 + y^2}$. On a inversement $x = \dfrac{x'}{x'^2 + y'^2}$, $y = \dfrac{y'}{x'^2 + y'^2}$, et ces formules définissent une inversion par rapport au cercle de rayon *un* décrit de l'origine pour centre. Pour avoir l'équation de la cubique C'_3, il suffira de remplacer x et y par les valeurs précédentes dans l'équation de C_4. Supposons, par exemple, que l'équation de la quartique C_4 soit $(x^2 + y^2)^2 - ay = 0$, la cubique C'_3 aura pour équation $ay(y'^2 + x'^2) - 1 = 0$.

Remarque. — Lorsqu'une courbe plane C_n admet des points singuliers d'espèce supérieure, elle est du premier genre pourvu que tous ces points singuliers soient équivalents à $\dfrac{n(n-3)}{2}$ points doubles ordinaires. Par exemple, une courbe du quatrième ordre ayant un seul point double, où deux branches de courbe sont tangentes l'une à l'autre sans présenter aucune singularité, est du premier genre; il suffit, pour le voir, de couper cette quartique par un réseau de coniques tangentes aux deux branches au point double et passant par un autre point de la quartique. La courbe $y^2 = R(x)$, où $R(x)$ est un polynome du quatrième degré premier avec sa dérivée, présente une singularité de cette espèce à l'infini. On la ramène à une cubique par une transformation birationnelle en posant

$$x = x', \qquad y = y' + \sqrt{a_0 x'^2},$$

ce qui permet de retrouver facilement les formules d'inversion (87).

<hr>

EXERCICES.

1. Démontrer qu'une fonction doublement périodique entière est une constante, au moyen du développement

$$f(z) = \sum_{-\infty}^{+\infty} A_n\, e^{\frac{2ni\pi z}{\omega}}.$$

[La condition $f(z + \omega') = f(z)$ exige qu'on ait $A_n = 0$, si $n \neq 0$.]

2. Si a n'est pas un multiple de π, on a la formule

$$\frac{\sin(z + a)}{\sin a} = \left(1 + \frac{z}{a}\right) \prod_{-\infty}^{+\infty}{}' \left(1 + \frac{z}{a - n\pi}\right) e^{\frac{z}{n\pi}}$$

[On change z en $z + a$ dans la formule qui donne le développement de $\cot z$, puis on intègre entre les limites 0 et z.]

3. Déduire de la formule précédente les nouveaux produits infinis

$$\frac{\cos(z + a)}{\cos a} = \left(1 + \frac{2z}{2a + \pi}\right) \prod_{-\infty}^{+\infty}{}' \left[1 + \frac{2z}{2a - (2n-1)\pi}\right] e^{\frac{z}{n\pi}},$$

$$\frac{\sin a - \sin z}{\sin a} = \left(1 - \frac{z}{a}\right)\left(1 + \frac{z}{a + \pi}\right) \prod_{-\infty}^{+\infty}{}' \left(1 - \frac{z}{a + 2n\pi}\right)\left[1 - \frac{z}{(2n-1)\pi - a}\right] e^{\frac{z}{n\pi}},$$

$$\frac{\cos z - \cos a}{1 - \cos a} = \left(1 - \frac{z^2}{a^2}\right) \prod_{-\infty}^{+\infty}{}' \left(1 - \frac{z}{2n\pi + a}\right)\left(1 - \frac{z}{2n\pi - a}\right) e^{\frac{z}{n\pi}}.$$

Transformer ces nouveaux produits en produits de facteurs primaires, ou en produits ne renfermant plus de facteurs exponentiels, tels que

$$\cos z = \left(1 - \frac{4z^2}{\pi^2}\right)\left(1 - \frac{4z^2}{9\pi^2}\right) \cdots \left[1 - \frac{4z^2}{(2n+1)^2\pi^2}\right] \cdots$$

4. Démontrer les formules

$$\tan z = 2z\left[\frac{1}{\frac{\pi^2}{4} - z^2} + \frac{1}{\frac{9\pi^2}{4} - z^2} + \cdots + \frac{1}{\frac{(2n+1)^2\pi^2}{4} - z^2} + \cdots\right],$$

$$\frac{1}{\sin z} = \frac{1}{z} - 2z\left[\frac{1}{z^2 - \pi^2} - \frac{1}{z^2 - 4\pi^2} + \cdots + (-1)^{n-1}\frac{1}{z^2 - n^2\pi^2} + \cdots\right].$$

Établir des formules analogues pour $\dfrac{1}{\sin z - \sin a}$, $\dfrac{1}{\cos z - \cos a}$.

5. De la formule (17) (p. 165) qui donne le développement de $\cot x$, déduire par des différentiations les sommes des séries $\displaystyle\sum_{-\infty}^{+\infty} \frac{1}{(x + n\pi)^m}$, où $m > 1$. En remplaçant x par $\dfrac{1}{2i}$ $\mathrm{Log}\,z$ dans la première de ces formules, on obtient la relation de Stieltjes

$$\frac{z}{(z - 1)^2} = \sum_{-\infty}^{+\infty} \frac{1}{[\mathrm{Log}\,z + 2ni\pi]^2}.$$

6. Décomposer en éléments simples les fonctions $\dfrac{1}{\mathrm{p}'u}$, $\dfrac{1}{\mathrm{p}^2 u}$.

7. Lorsque $g_2 = 0$, on a

$$\mathrm{p}(\alpha u; 0, g_3) = \alpha\,\mathrm{p}(u; 0, g_3), \qquad \mathrm{p}'(\alpha u; 0, g_3) = \mathrm{p}'(u; 0, g_3),$$

α étant une racine cubique de l'unité. En déduire la décomposition en éléments simples de $\dfrac{1}{\mathrm{p}'u - \mathrm{p}'v}$ lorsque $g_2 = 0$.

8. Étant données les intégrales

$$\int \frac{ax + b}{(x - 1)\sqrt{x^3 - 1}}\,dx, \quad \int \frac{ax^2 + b}{\sqrt{1 + x^4}}\,dx,$$
$$\int \frac{dx}{x^3\sqrt{x^3 - x}}, \quad \int \frac{ax^2 + b}{\sqrt{(1 - x^2)(1 - k^2 x^2)}}\,dx,$$

on demande d'exprimer la variable x et l'une quelconque de ces intégrales au moyen des transcendantes p, ζ, σ.

9. Établir la formule de décomposition de M. Hermite (n°s 324) en égalant à zéro la somme des résidus de la fonction $\mathrm{F}(z)[\zeta(x - z) - \zeta(x_0 - z)]$ dans un parallélogramme de périodes, $\mathrm{F}(x)$ étant une fonction elliptique, et x, x_0 étant considérées comme des constantes.

10. Déduire de la formule (60) la relation $\eta_1 = -\dfrac{\theta'''(0)}{12\,\omega\theta'(0)}$.
[On observe que la série σu ne renferme pas de terme en u^3.]

11*. Exprimer par des fonctions elliptiques d'un paramètre les coordonnées x et y de l'une des courbes suivantes :

$$y^3 = A[(x-a)(x-b)(x-c)]^2, \qquad y^3 = A[(x-a)(x-b)]^2,$$
$$y^4 = A(x-a)^2(x-b)^3(x-c)^3, \qquad y^4 = A(x-a)^2(x-b)^3,$$
$$y^4 = A(x-a)^3(x-b)^3,$$
$$y^6 = A(x-a)^3(x-b)^4(x-c)^5. \qquad y^6 = A(x-a)^3(x-b)^4,$$
$$y^6 = A(x-a)^3(x-b)^5, \qquad\qquad y^6 = A(x-a)^4(x-b)^5,$$
$$y^3 + (lx^2 + mx + n)y^2 + A[(x-a)(x-b)(x-c)]^2 = 0.$$

$$y^4 + Axy^3 + x^3\left(Bx + \frac{3^3}{4^4}\frac{A^4}{4B}\right)^2 = 0, \qquad y^4 + Axy^3 + x^2\left(Bx^2 + \frac{3^3}{4^4}\frac{A^4}{4B}\right)^2 = 0,$$

$$y^4 + Axy^3 + \left(Bx^4 + \frac{3^3}{4^4}\frac{A^4}{4B}\right)^2 = 0, \qquad y^5 + Axy^4 + x^4\left(Bx - \frac{4^4}{5^5}\frac{A^4}{4B}\right)^2 = 0,$$

$$y^5 + Axy^4 + \left(Bx^5 - \frac{4^4}{5^5}\frac{A^5}{4B}\right)^2 = 0.$$

Le paramètre variable est égal, à une constante près, à l'intégrale $\displaystyle\int \frac{dx}{y}$.

[BRIOT et BOUQUET, *Théorie des fonctions doublement périodiques*, 2ᵉ édition, p. 388-412.]

CHAPITRE · XVI.

LE PROLONGEMENT ANALYTIQUE.

I. — DÉFINITION D'UNE FONCTION ANALYTIQUE PAR UN DE SES ÉLÉMENTS,

334. Première idée du prolongement analytique. — Soit $f(z)$ une fonction holomorphe dans une portion connexe A du plan, limitée par une ou plusieurs courbes, fermées ou non ; nous prenons toujours le mot de *courbes* (I, n° 13) dans le sens élémentaire habituel comme nous l'avons fait jusqu'ici.

Si l'on connaît la valeur de la fonction $f(z)$ et de toute ses dérivées successives en un point déterminé a de la région A, on peut en déduire la valeur de cette fonction en un autre point quelconque b de la même région. Pour le demontrer, joignons les deux points a et b par un chemin L situé tout entier dans la région A, par exemple par une ligne polygonale, ou par une courbe de forme quelconque. Soit δ la limite inférieure de la distance d'un point quelconque du chemin L à un point quelconque du contour de la région A, de telle sorte qu'un cercle de rayon δ ayant pour centre un point quelconque de L soit situé tout entier dans cette région. Par hypothèse, nous connaissons la valeur de la fonction $f(a)$ et de ses dérivées successives $f'(a)$, $f''(a)$, …, pour $z = a$. Nous pouvons donc écrire la série entière qui représente la fonction $f(z)$ dans le domaine du point a :

$$(1) \qquad f(z) = f(a) + \frac{z-a}{1} f'(a) + \ldots + \frac{(z-a)^n}{1.2\ldots n} f^n(a) + \ldots .$$

Le rayon de convergence de cette série est au moins égal à δ, mais il peut être plus grand. Si le point b est situé dans le cercle de convergence C_0 de la série précédente, il suffira d'y remplacer z par b pour avoir $f(b)$. Supposons que le point b soit extérieur

à C_0, et soit α_1 le point où le chemin L sort de C_0 ([1]) (*fig.* 71).
Sur ce chemin prenons à l'intérieur de C_0 un point z_1 voisin de α_1
tel que la distance des deux points z_1 et α_1 soit inférieure à $\frac{\delta}{2}$. La
série (1) et celles qu'on en déduit par des différentiations suc-
cessives permettent de calculer les valeurs de la fonction $f(z)$
et de toutes ses dérivées $f(z_1)$, $f'(z_1)$, ..., $f^{(n)}(z_1)$, ..., pour
$z = z_1$. Les coefficients de la série qui représente la fonction $f(z)$

Fig. 71.

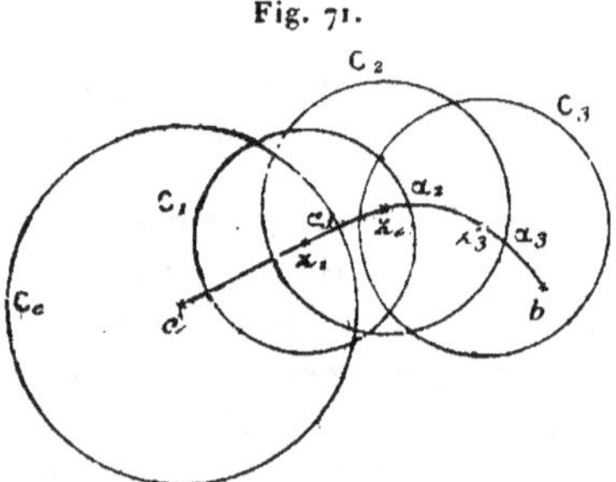

dans le domaine du point z_1 sont donc déterminés si l'on connaît
les coefficients de la première série (1), et l'on a, dans le voisinage
du point z_1,

$$(2) \quad f(z) = f(z_1) + \frac{z - z_1}{1}! \, f'(z_1) + \ldots + \frac{(z - z_1)^n}{1.2\ldots n} \, f^{(n)}(z_1) + \ldots$$

Le rayon du cercle de convergence C_1 de cette série est au moins
égal à δ; ce cercle renferme donc le point α_1 à l'intérieur et, par
suite, il a une partie en dehors du premier cercle C_0. Si le point b
est dans ce nouveau cercle C_1, il suffira de faire $z = b$ dans la
série (2) pour avoir la valeur de $f(b)$. Supposons que le point b
soit encore en dehors de C_1 et soit α_2 le point où le chemin $z_1 b$
sort de ce cercle. Prenons sur le chemin L un point z_2 intérieur
à C_1 et tel que la distance des deux points z_2 et α_2 soit inférieure

---

([1]) La valeur de $f(z)$ au point b ne dépendant pas du chemin L, tant que ce
chemin ne sort pas de l'aire A, on peut supposer, comme c'est le cas de la figure,
que ce chemin ne rencontre qu'en un point le cercle C_0 et en deux points au plus
les cercles successifs C_1, C_2, ... Cela revient, si l'on veut, à prendre pour α_1 le
dernier point de rencontre de L et de C_0, et de même pour les autres.

à $\frac{\delta}{2}$. La série (2) et celles qu'on en déduit par des différentiations successives permettront de calculer les valeurs de $f(z)$ et de ses dérivées $f(z_2)$, $f'(z_2)$, $f''(z_2)$, ..., au point z_2. On pourra donc former une nouvelle série

$$(3) \quad f(z) = f(z_2) + \frac{z-z_2}{1} f'(z_2) + \ldots + \frac{(z-z_2)^n}{1.2\ldots n} f^{(n)}(z_2) + \ldots,$$

qui représentera la fonction $f(z)$ dans un nouveau cercle C_2, de rayon supérieur ou égal à δ. Si le point b est dans ce cercle C_2, on remplacera z par b dans l'égalité précédente (3) ; sinon, on continuera à appliquer le même procédé. Au bout d'un nombre fini d'opérations, on finira par obtenir un cercle renfermant le point b à l'intérieur ; dans le cas de la figure, b est à l'intérieur de C_3. En effet, on peut toujours choisir les points z_1, z_2, z_3, ..., de façon que la distance de deux points consécutifs soit supérieure à $\frac{\delta}{2}$; soit d'autre part S la longueur du chemin L. La longueur de la ligne polygonale $a z_1 z_2 \ldots z_{p-1} z_p b$ est toujours inférieure à S ; on a donc $p \frac{\delta}{2} + |z_p - b| <$ S. Soit p un nombre entier tel que $\left(\frac{p}{2} + 1\right) \delta >$ S. L'inégalité précédente prouve qu'après p opérations au plus on tombera sur un point z_p du chemin L dont la distance au point b sera inférieure à δ ; le point b sera à l'intérieur du cercle de convergence C_p de la série entière qui représente la fonction $f(z)$ dans le domaine du point z_p, et il suffira de remplacer z par b dans cette série pour avoir $f(b)$. On pourra calculer de même toutes les dérivées $f'(b)$, $f''(b)$, ...

Le raisonnement qui précède prouve qu'il est possible, du moins théoriquement, de calculer la valeur d'une fonction holomorphe dans une région A, et de toutes ses dérivées, en un point quelconque de cette région, pourvu que l'on connaisse la suite des valeurs

$$(4) \qquad f(a), \quad f'(a), \quad f''(a), \quad \ldots, \quad f^{(n)}(a), \quad \ldots$$

de la fonction et de ses dérivées successives en un point *déterminé a* de la même région. Il en résulte que toute fonction holomorphe dans l'aire A est complètement déterminée dans toute cette aire, si elle est connue dans une région, aussi petite qu'on la suppose, entourant un point quelconque a pris dans A, et même si elle est connue tout le long d'un arc de courbe, aussi petit qu'on le suppose, aboutissant au point a. Si, en effet, la fonction $f(z)$ est déterminée tout le long d'un arc de courbe, il en est de même de la dérivée $f'(z)$, car la valeur $f'(z_1)$ en un point quelconque de cet arc est égale à la limite du rapport $\dfrac{f(z_2)-f(z_1)}{z_2 - z_1}$ lorsque le point z_2 se rapproche de z_1 en restant sur l'arc considéré ; la dérivée $f'(z)$ étant connue, on en déduira de même $f''(z)$, puis $f'''(z)$, ... Toutes les dérivées successives de la fonction $f(z)$ seront donc déterminées pour $z = a$. Nous dirons, pour abréger, que la connaissance des valeurs numériques de tous les termes de la suite (4) détermine un *élément* de la fonction $f(z)$. Le résultat obtenu peut alors s'énoncer comme il suit : *Une fonction holomorphe dans l'aire* A *est complètement déterminée si l'on connaît un quelconque de ses éléments*. On peut dire encore que deux fonctions holomorphes dans la même région ne peuvent avoir un élément commun sans être identiques.

Nous avons supposé, pour fixer les idées, qu'il s'agissait d'une fonction holomorphe $f(z)$; mais le raisonnement peut être étendu à une fonction analytique quelconque, pourvu que le chemin L suivi par la variable pour aller de a en b ne passe par aucun point singulier de la fonction. Il suffit pour cela, comme nous l'avons déjà fait (n° **282**), de décomposer ce chemin en plusieurs arcs, tels que chacun d'eux puisse être renfermé dans un contour fermé, à l'intérieur duquel la branche considérée de la fonction $f(z)$ soit holomorphe. La connaissance de l'élément initial et du chemin décrit par la variable suffit, du moins en théorie, pour trouver l'élément final, c'est-à-dire les valeurs numériques de tous les termes de la suite analogue

$$(5) \qquad f(b), \quad f'(b), \quad \ldots, \quad f^{(n)}(b), \quad \ldots$$

335. Nouvelle définition des fonctions analytiques. — Les fonctions analytiques que nous avons étudiées jusqu'à présent étaient définies par des expressions permettant de les calculer pour toute valeur de la variable, dans le champ où on les étudiait. Nous concevons maintenant, d'après ce qui précède, qu'il soit possible de définir une fonction analytique pour une valeur quelconque de la variable dès que l'on connaît un seul élément de la fonction. Mais, pour exposer la théorie à ce nouveau point de vue d'une façon complète, il nous faut ajouter à la définition des fonctions analytiques d'après Cauchy une nouvelle convention, qu'il nous paraît utile d'énoncer d'une façon explicite.

Soient $f_1(z)$, $f_2(z)$ deux fonctions holomorphes respectivement dans deux aires A_1, A_2, ayant une partie commune et une seule A' (*fig.* 72).

Si dans la partie commune A' on a $f_2(z) = f_1(z)$, ce qui aura lieu si ces deux fonctions ont un seul élément commun dans cette région, nous regarderons $f_1(z)$ et $f_2(z)$ comme formant une seule fonction holomorphe $F(z)$ définie dans la région $A_1 + A_2$ par les

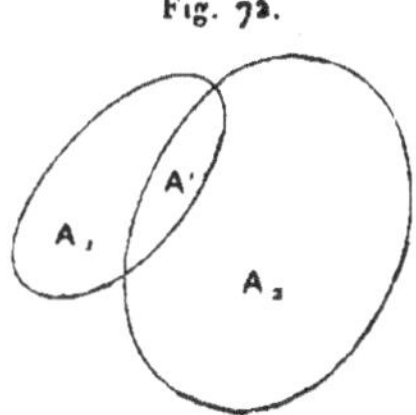

Fig. 72.

égalités : $F(z) = f_1(z)$ dans A_1, et $F(z) = f_2(z)$ dans A_2. Nous dirons aussi que $f_2(z)$ est le *prolongement analytique* dans la région $A_2 - A'$ de la fonction holomorphe $f_1(z)$, qui n'est supposée définie que dans la région A_1. Il est clair que le prolongement analytique de $f(z)$ dans la région de A_2 extérieure à A_1 n'est possible que d'une seule manière (¹).

(¹) Pour prouver que la convention précédente est distincte de la définition des fonctions analytiques, il suffit de remarquer qu'elle entraîne immédiatement la conséquence suivante : *si une fonction $f(z)$ est holomorphe dans une région* A, *toute autre fonction* $f_1(z)$, *qui coïncide avec* $f(z)$ *dans une portion de l'aire* A, *est identique à* $f(z)$ *dans* A. Or, considérons une fonction $F(z)$ définie de la manière suivante pour toutes les valeurs de la variable complexe z :

$$F(z) = \sin z, \qquad \text{si} \qquad z \gtrless \frac{\pi}{2}; \qquad F\left(\frac{\pi}{2}\right) = 0.$$

Quelque bizarre que paraisse cette convention, elle n'a rien de contradictoire avec la définition antérieure des fonctions analytiques. La fonction ainsi définie $F(z)$ serait holomorphe pour toute valeur de z, sauf pour $z = \frac{\pi}{2}$, qui serait

Cela posé, considérons une suite infinie de nombres réels ou imaginaires

$$(6) \qquad a_0, \quad a_1, \quad a_2, \quad a_n, \quad \ldots$$

assujettis à la seule condition de rendre la série

$$(7) \qquad a_0 + a_1 z + a_2 z^2 + \ldots + a_n z^n + \ldots$$

convergente pour quelque valeur de z différente de zéro. (Nous prenons $z = 0$ pour valeur initiale de la variable, ce qui ne restreint pas la généralité.) La série (7) a donc par hypothèse un cercle de convergence C_0 dont le rayon R n'est pas nul. Si R est infini, cette série est convergente pour toute valeur de z, et représente une fonction entière de la variable. Lorsque le rayon R a une valeur finie, différente de zéro, la somme de la série (7) est une fonction holomorphe $f(z)$ à l'intérieur du cercle C_0. Mais, comme on ne connaît que la suite des coefficients (6), nous ne savons rien *a priori* sur la nature de cette fonction en dehors du cercle C_0. Nous ne savons pas s'il est possible d'ajouter au cercle C_0 une région voisine formant avec le cercle une aire connexe A, telle qu'il existe une fonction holomorphe dans A, coïncidant avec $f(z)$ à l'intérieur de C_0. La méthode du paragraphe précédent permet de reconnaître s'il en est ainsi. Prenons dans le cercle C_0 un point a différent de l'origine; on peut, au moyen de la série (7) et des séries obtenues en dérivant terme à terme. calculer l'élément de la fonction $f(z)$ qui correspond au point a

---

un point singulier d'une espèce particulière. Mais les propriétés de cette fonction $F(z)$ seraient en contradiction avec la convention que nous venons d'adopter, puisque les deux fonctions $F(z)$ et $\sin z$ seraient identiques pour toutes les valeurs de z, sauf pour $z = \dfrac{\pi}{2}$, qui serait un point singulier pour une seule d'entre elles.

Weierstrass, en Allemagne, et Méray, en France, ont développé la théorie des fonctions analytiques, en s'appuyant uniquement sur les propriétés des séries entières; leurs recherches sont d'ailleurs complètement indépendantes. La théorie de Méray est exposée dans son grand Ouvrage *Leçons nouvelles sur l'Analyse infinitésimale*. Nous montrons dans le texte comment on peut définir de proche en proche une fonction analytique, connaissant un de ses éléments, mais en supposant toujours connus les théorèmes de Cauchy sur les fonctions holomorphes.

et, par suite, former la série entière

$$(8) \qquad f(a) + \frac{z-a}{1} f'(a) + \ldots + \frac{(z-a)^n}{1.2 \ldots n} f^{(n)}(a) + \ldots,$$

qui représente la fonction $f(z)$ dans le domaine du point a. Cette série est certainement convergente dans un cercle de centre a et de rayon $R - |a|$ (n° 262), mais elle peut être convergente dans un cercle plus grand, dont le rayon ne peut dépasser $R + |a|$; car, si elle était convergente dans un cercle de rayon $R + |a| + \delta$, il en résulterait que la série (7) serait convergente dans le cercle de rayon $R + \delta$ décrit de l'origine pour centre, contrairement à l'hypothèse. Supposons d'abord que le rayon du cercle de convergence de la série (8) soit toujours égal à $R - |a|$, quel que soit le point a pris dans le cercle C_0. Alors il n'existe aucun moyen de prolonger analytiquement la fonction $f(z)$ en dehors du cercle, du moins si l'on n'emploie que des séries entières. Nous pouvons affirmer qu'il n'existe pas de fonction holomorphe $F(z)$ définie dans une région A du plan plus grande que le cercle C_0 et coïncidant avec $f(z)$ dans C_0; car la méthode du prolongement analytique permettrait, comme nous l'avons vu, de déterminer la valeur de cette fonction en un point extérieur au cercle C_0. On dit alors que la portion du plan extérieur au cercle C_0 est un *espace lacunaire*, pour la fonction $f(z)$. Nous en verrons des exemples un peu plus loin.

Supposons en second lieu que, en choisissant convenablement le point a dans le cercle C_0, le cercle de convergence C_1 de la série (8) ait un rayon plus grand que $R - |a|$. Ce cercle C_1 a une partie extérieure à C_0 (*fig.* 73) et la somme de la série (8) est une fonction holomorphe $f_1(z)$ dans le cercle C_1. A l'intérieur du cercle γ de centre a, qui est tangent intérieurement au cercle C_0, on a $f_1(z) = f(z)$ (n° 262); donc cette égalité subsiste dans toute la région commune aux deux cercles C_0, C_1. La série (8) nous fait connaître le prolongement analytique de la fonction $f(z)$ dans la portion du cercle C_1 extérieure au cercle C_0. Soit a' un nouveau point pris dans cette région; en opérant de la même façon, nous formerons une nouvelle série entière ordonnée suivant les puissances de $z - a'$, qui sera convergente dans un cercle C_2. Si ce cercle C_2 n'est pas tout entier à l'intérieur de C_1,

la nouvelle série donnera le prolongement de $f(z)$ dans une région
plus étendue, et ainsi de suite. On conçoit donc qu'il est possible

Fig. 73.

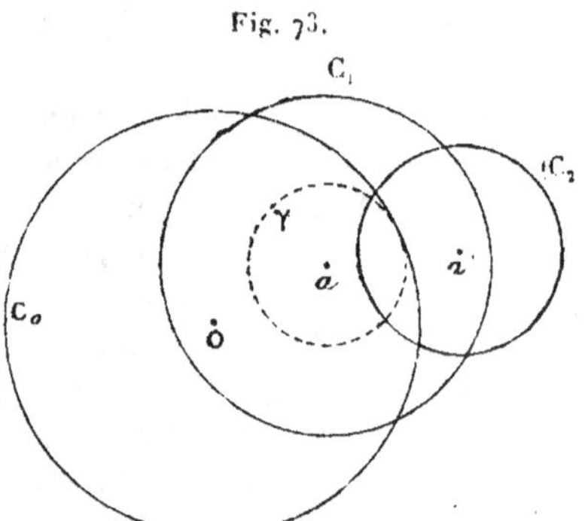

d'étendre ainsi de proche en proche le domaine d'existence de la
fonction $f(z)$, qui n'était définie d'abord qu'à l'intérieur du
cercle C_0.

Il est clair qu'on peut faire les opérations précédentes d'une
infinité de manières. Pour s'y reconnaître, il faut définir avec
précision le chemin suivi par la variable. Supposons qu'on puisse
obtenir, comme on vient de l'expliquer, le prolongement analytique de la fonction définie par la série (7) le long du chemin L.
Chaque point x du chemin L est le centre d'un cercle de rayon r
à l'intérieur duquel la fonction est représentée par une série
entière convergente ordonnée suivant les puissances de $z-x$.
Le rayon r de ce cercle varie d'une manière continue avec x.
Soient en effet x et x' deux points voisins du chemin L, r et r' les
rayons correspondants; si x' est assez voisin de x pour qu'on ait
$|x'-x| < r$, le rayon r' est compris entre $r-|x'-x|$ et
$r+|x'-x|$, comme on l'a remarqué tout à l'heure. La différence
$r'-r$ tend donc vers zéro en même temps que $|x'-x|$. Cela
étant, soit C_0' le cercle de rayon $\frac{R}{2}$ décrit de l'origine pour centre;
a étant un point quelconque de C_0, le rayon de convergence de
la série (8) est au moins égal à $\frac{R}{2}$, mais il peut être plus grand
Puisque ce rayon varie d'une manière continue avec la position du
point a, il passe donc par une valeur *minimum* $\frac{R}{2}+r$ pour un

$$|z'-z| > z'-z > |z'-z|$$

$$z + |z'-z| > |z'| > z - |z'-z|$$

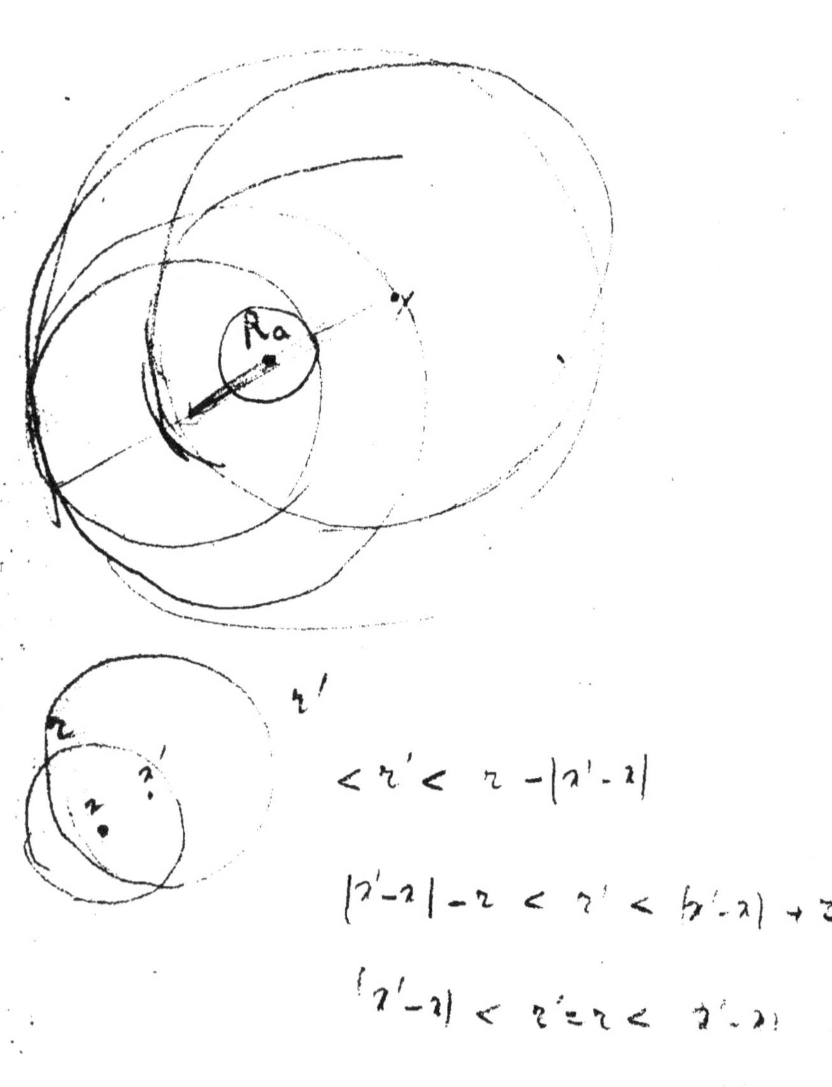

$$< r' < r - |r'-r|$$

$$|r'-r| - r < r' < |r'-r| + r$$

$$|r'-r| < r'=r < r'-r|$$

$$\frac{\delta}{2} - S < 3_p - \ell \qquad \frac{p}{1}\delta > S - \delta$$

$$3_\beta - \theta < 2\delta\, S - \frac{\delta}{2}$$

$$< S - (S + \delta) < \delta$$

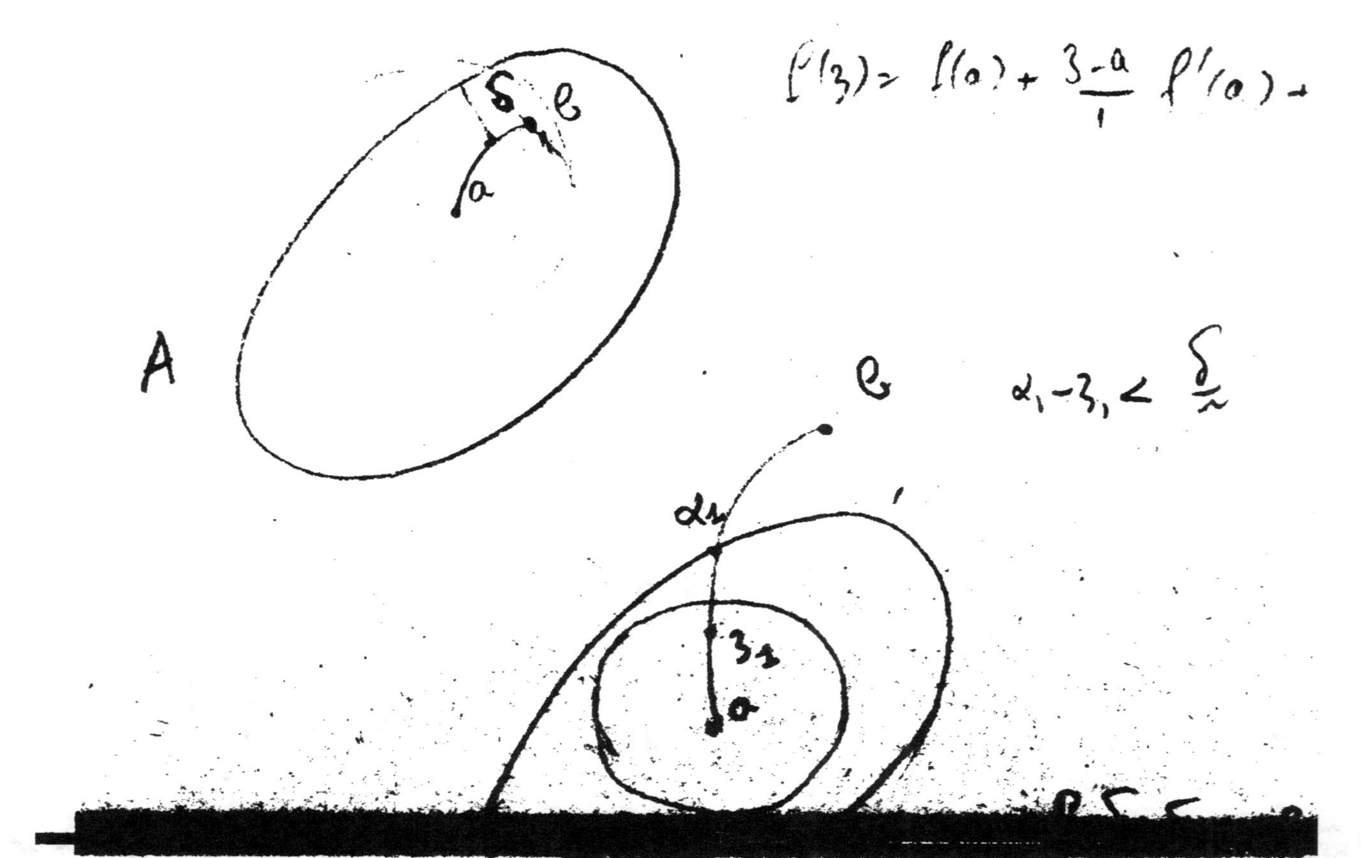

A
a
δ
ℓ
$f(3) = f(a) + \frac{3-a}{1} f'(a) +$
ℓ
$a_1 - 3_1 < \frac{\delta}{2}$
d_1
3_1
a

$$f(z) = f(a) + \frac{z-a}{1} f'(a) + \cdots$$

A

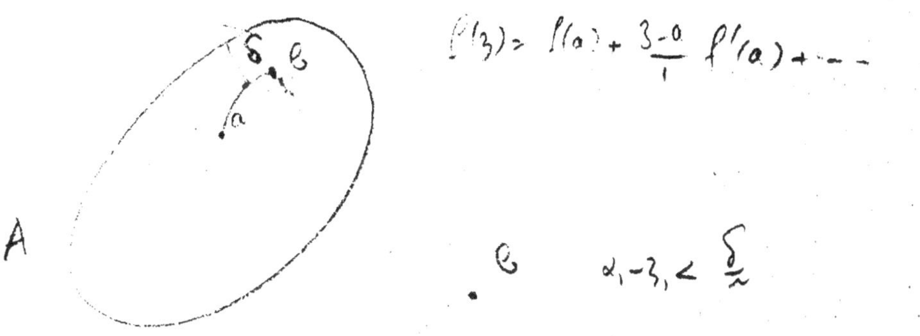

$$\alpha_1 - z_1 < \frac{\delta}{2}$$

$$\frac{\rho}{2}\delta + \delta > S$$

$$|a_1| - S < z_\rho - b \qquad \frac{\rho}{2}\delta > S - \delta$$

$$z_\rho - b < \frac{\rho \delta}{1} - S + \frac{\delta}{2}$$
$$< S - S + \delta) < \delta$$

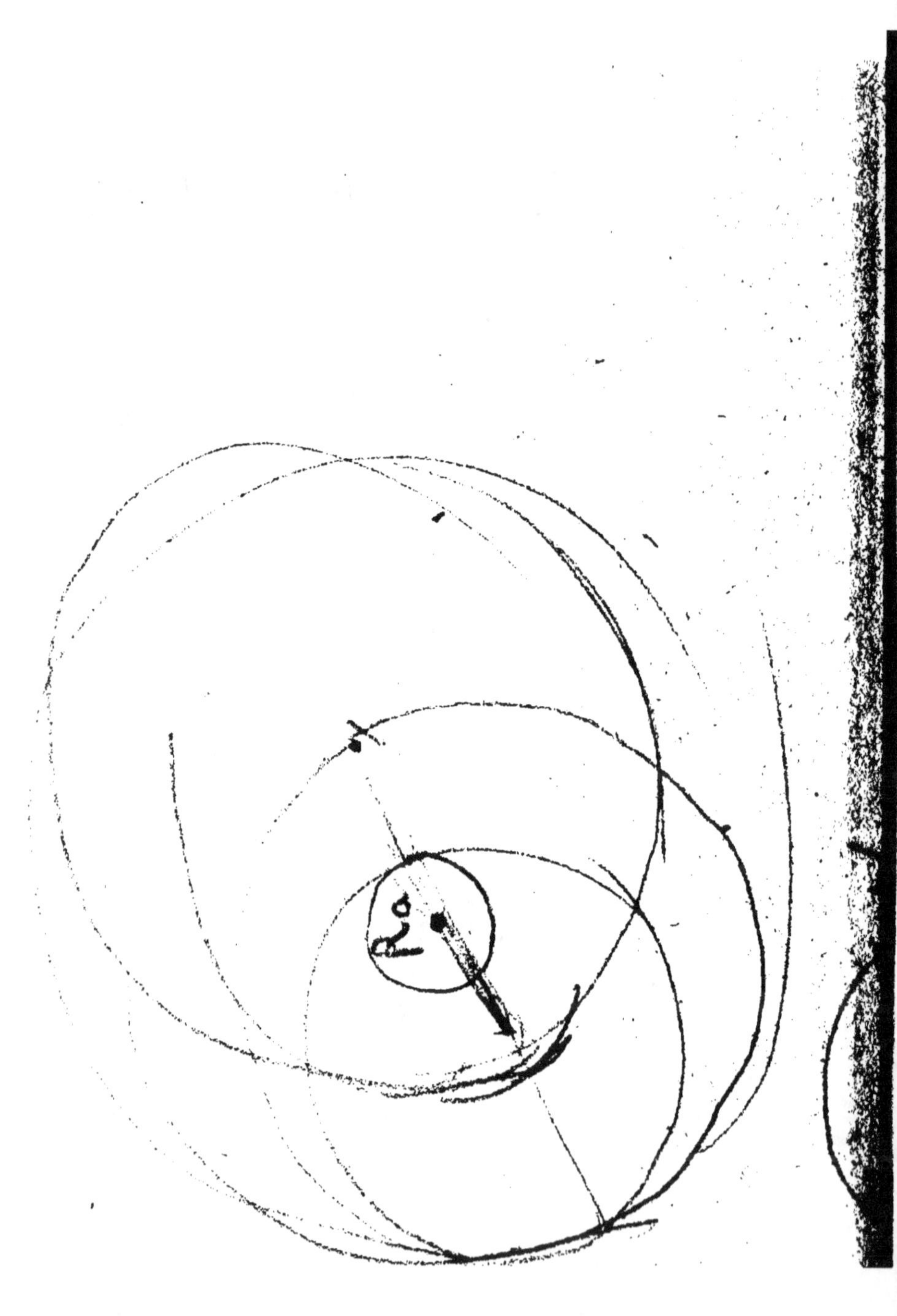

point du cercle C_0. *On ne peut avoir $r > 0$.* Si, en effet, r était positif, il existerait une fonction $F(z)$ holomorphe dans le cercle de rayon $R + r$, ayant pour centre l'origine, et coïncidant avec $f(z)$ à l'intérieur de C_0. Pour une valeur de z dont le module serait compris entre R et $R + r$, $F(z)$ serait égal à la somme de l'une quelconque des séries (8), a étant un point de C'_0 tel qu'on ait $|z - a| < \dfrac{R}{2} + r$. D'après le théorème de Cauchy, $F(z)$ serait égal à la somme d'une série entière convergente dans le cercle de rayon $R + r$, et cette série devrait être identique à la série (7), ce qui est impossible.

Il y a donc sur C'_0 un point a au moins tel que le cercle de convergence de la série (8) ait pour rayon $\dfrac{R}{2}$, et ce cercle est tangent intérieurement au cercle C_0 au point α où le rayon Oa rencontre ce cercle. Le point α est un point *singulier* de $f(z)$ sur le cercle C_0. Dans un cercle c, ayant pour centre le point α, aussi petit que soit le rayon, il ne peut exister de fonction holomorphe qui soit identique à $f(z)$ dans la partie commune aux deux cercles C_0 et c. Il est clair aussi que le cercle de convergence de la série (8) ayant pour centre un point quelconque du rayon $O\alpha$ est tangent intérieurement au point α au cercle C_0 (¹).

(¹) Si tous les coefficients a_n de la série (7) sont *réels et positifs, le point $z = R$ est forcément un point singulier sur C_0*. En effet s'il n'en était pas ainsi, la série entière

$$f\left(\frac{R}{2}\right) + \left(z - \frac{R}{2}\right) f'\left(\frac{R}{2}\right) + \ldots + \frac{\left(z - \dfrac{R}{2}\right)^n}{n!} f^{(n)}\left(\frac{R}{2}\right) + \ldots,$$

qui représente $f(z)$ dans le voisinage du point $z = \dfrac{R}{2}$, aurait un rayon de convergence supérieur à $\dfrac{R}{2}$. Il en serait de même *a fortiori* de la série

$$f\left(\frac{R\,e^{i\omega}}{2}\right) + \left(z - \frac{R\,e^{i\omega}}{2}\right) f'\left(\frac{R\,e^{i\omega}}{2}\right) + \ldots,$$

quel que soit l'argument ω, car on a évidemment, tous les coefficients a_n étant positifs,

$$\left| f^{(n)}\left(\frac{R\,e^{i\omega}}{2}\right) \right| \leqq f^{(n)}\left(\frac{R}{2}\right).$$

Le minimum du rayon de convergence de la série (8), lorsque a décrit le cercle C'_0, serait donc supérieur à $\dfrac{R}{2}$.

Considérons maintenant un chemin L partant de l'origine et aboutissant à un point quelconque Z en dehors du cercle C_0, et imaginons un mobile décrivant ce chemin en marchant toujours dans le même sens de O vers Z. Soit α_1 le point ou le mobile sort du cercle; si ce point α_1 était un point singulier, il serait impossible de poursuivre sur le chemin L au delà de ce point. Nous supposerons que ce n'est pas un point singulier; on peut alors former une série entière ordonnée suivant les puissances de $z - \alpha_1$ et convergente dans un cercle C_1 de centre α_1, dont la somme coïncide avec $f(z)$ dans la partie commune aux deux cercles C_0 et C_1. Pour calculer $f(\alpha_1)$, $f'(\alpha_1)$, ..., on pourra par exemple employer un point intermédiaire sur le rayon $O\alpha_1$. La somme de la seconde série nous fait connaître le prolongement analytique de $f(z)$ le long du chemin L, à partir de α_1, tant que le mobile décrivant L ne sort pas du cercle C_1. En particulier, si tout ce chemin à partir de α_1 est situé à l'intérieur de C_1, cette série donnera la valeur de la fonction au point Z. Si le chemin sort du cercle C_1 au point α_2, on formera de même une nouvelle série entière convergente dans un cercle C_2 de centre α_2, et ainsi de suite. Nous admettrons d'abord qu'au bout d'un nombre fini d'opérations on arrive à un cercle C_p de centre α_p, renfermant toute la portion du chemin L qui suit α_p, et en particulier le point Z. Il suffira de remplacer z par Z dans la dernière série employée et dans celles qu'on en tire en différentiant terme à terme pour avoir les valeurs de $f(Z)$, $f'(Z)$, $f''(Z)$, ..., avec lesquelles on arrive au point Z, c'est-à-dire l'élément final de la fonction.

Il est clair qu'on arrive à un point quelconque du chemin L avec des valeurs bien déterminées pour la fonction et toutes ses dérivées. Remarquons aussi qu'on pourrait remplacer les cercles C_0, C_1, C_2, ..., C_p par une suite de cercles définis de la même façon ayant pour centres des points quelconques z_1, z_2, ..., z_q du chemin L, pourvu que le cercle du centre z_i renferme la portion du chemin L comprise entre z_i et z_{i+1}. On peut aussi modifier le chemin L, en conservant les mêmes extrémités, sans changer la valeur finale de $f(z)$, $f'(z)$, $f''(z)$, ... En effet, les cercles C_0, C_1, ..., C_p recouvrent une portion du plan formant une espèce de bande dans laquelle est situé le chemin L; on peut remplacer le chemin L par tout autre chemin L' allant de

$z = 0$ au point Z, et situé dans cette bande. Supposons, pour fixer les idées, qu'on soit obligé d'employer trois cercles consécutifs C_0, C_1, C_2 (*fig.* 74). Soit L′ un nouveau chemin situé dans

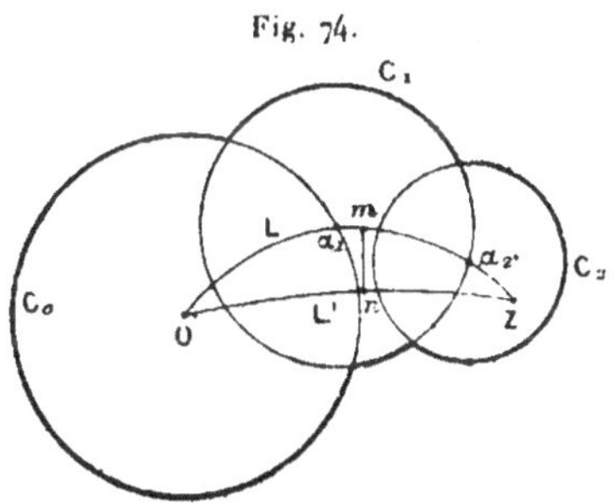

la bande formée par ces trois cercles ; joignons les deux points m et n. Si l'on va de O en m d'abord par le chemin O$\alpha_1 m$, puis par le chemin Onm, il est clair qu'on arrive en m avec le même élément, puisqu'on a une fonction holomorphe dans la région formée par C_0 et C_1. De même, si l'on va de m en Z par le chemin $m\alpha_2 Z$ ou par le chemin mnZ, on arrive dans les deux cas au point Z avec le même élément. Le chemin L est donc équivalent au chemin O$nmnZ$, c'est-à-dire au chemin L′. La méthode est la même, quel que soit le nombre des cercles successifs. En particulier, on peut toujours remplacer un chemin de forme quelconque par une ligne brisée (¹).

336. Points singuliers.

336. Points singuliers. — En procédant comme il vient d'être expliqué, il peut arriver qu'on ne puisse trouver un cercle renfermant toute la partie du chemin L qui reste à décrire, aussi loin que l'on poursuive les opérations. Il en sera ainsi lorsque le point α_p sera un point singulier sur le cercle C_{p-1}, car on sera arrêté à ce moment-là. Si l'opération peut être continuée indéfiniment, sans qu'on arrive à un cercle renfermant toute la portion

---

(¹) Le raisonnement exige un peu plus d'attention, lorsque le chemin L présente des points doubles, parce qu'alors la bande formée par les cercles successifs C_0, C_1, C_2, ... peut se recouvrir partiellement elle-même. Mais il n'y a au fond aucune difficulté véritable.

du chemin L qui reste à décrire, les points α_{p-1}, α_p, α_{p+1}, ...
tendent vers un point limite λ du chemin L, qui peut être soit le
point Z lui-même, soit un point compris entre O et Z. Le point λ
est encore un *point singulier*, et il est impossible de poursuivre
le prolongement analytique de $f(z)$ le long du chemin L au delà
du point λ. Mais, si λ est différent de Z, cela ne prouve pas que
le point Z soit lui-même un point singulier, et qu'on ne puisse
aller de O en Z par un autre chemin. Prenons par exemple les
fonctions $\sqrt{1+z}$ ou $\mathrm{Log}(1+z)$; on ne pourrait aller de l'origine
au point $z = -2$ le long de l'axe réel, puisqu'on ne pourrait franchir le point singulier $z = -1$. Mais, si l'on fait décrire à la
variable z un chemin ne passant pas par ce point, il est clair qu'on
arrivera au point $z = -2$ au bout d'un nombre fini d'opérations,
car tous les cercles successifs passeront par le point $z = -1$. Remarquons aussi que la définition précédente des points singuliers
dépend du chemin suivi par la variable; un point λ peut être un
point singulier pour un chemin déterminé, et ne pas l'être pour un
autre chemin, si la fonction admet plusieurs branches distinctes

Lorsque deux chemins L_1, L_1', allant de l'origine au point Z,
conduisent à des éléments différents en Z, il existe au moins un
point singulier à l'intérieur de l'aire qui serait balayée par l'un de
ces chemins, L_1 par exemple, si on le déformait d'une manière
continue en conservant les extrémités de façon à l'amener à coïncider avec L_1'. Supposons, ce qu'on peut toujours faire, que les

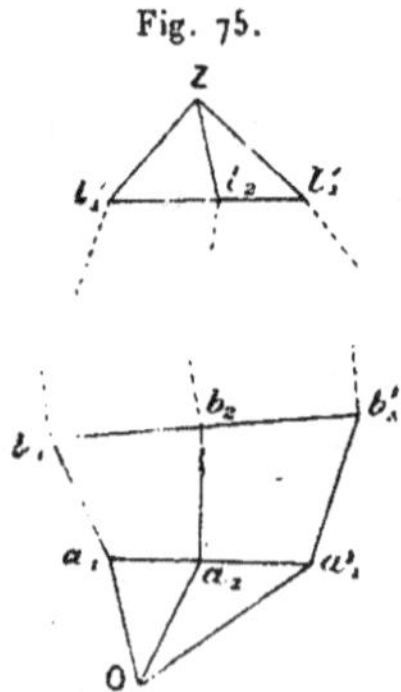

Fig. 75.

deux chemins L_1, L_1' soient des lignes brisées d'un même nombre
de côtés $Oa_1 b_1 c_1 \ldots l_1 Z$ et $O a_1' b_1' \ldots l_1' Z$ (*fig.* 75). Soient a_2,

b_2, c_2, ..., l_2 les milieux des segments $a_1 a'_1$, $b_1 b'_1$, ..., $l_1 l'_1$; le chemin L_2 formé par la ligne brisée $O a_2 b_2 ... l_2 Z$ ne peut être équivalent à la fois aux deux chemins L_1, L'_1, lorsqu'il ne renferme pas de point singulier. Si ce chemin L_2 renferme un point singulier, le théorème est établi. Si les deux chemins L_1 et L_2 ne sont pas équivalents, on en déduira un nouveau chemin L_3 compris entre L_1 et L_2 par le même procédé. En continuant de la sorte, ou bien on arrivera à un chemin L_p renfermant un point singulier, ou bien on aura une suite indéfinie de chemins L_1, L_2, ... Ces chemins tendront vers un chemin-limite Λ, car les points a_1, a_2, a_3, ... tendront vers un point-limite compris entre a_1 et a'_1, ... et de même pour les autres. Ce chemin-limite Λ doit renfermer nécessairement un point singulier, puisque l'on peut tracer de part et d'autre de Λ, deux chemins infiniment voisins de Λ et conduisant à des éléments différents pour la fonction au point Z. Il ne pourrait en être ainsi, si Λ ne renfermait pas de point singulier, puisque les chemins infiniment voisins de Λ doivent être équivalents à ce chemin lui-même.

La définition précédente des points singuliers est purement négative et ne nous apprend rien sur la nature de la fonction dans le voisinage. Aucune hypothèse sur ces points singuliers ou sur leur distribution dans le plan ne peut être écartée *a priori*, à moins d'impliquer contradiction. C'est l'étude seule du prolongement analytique qui peut nous apprendre les différentes circonstances possibles ([1]).

337. Problème général. — Il résulte de ce qui précède qu'une fonction analytique est *virtuellement* déterminée quand on en

---

([1]) Soit $f(x)$ une fonction analytique holomorphe tout le long d'un segment ab de l'axe réel. Dans le voisinage d'un point quelconque α de ce segment, la fonction peut être représentée par une série entière dont le rayon de convergence $R(\alpha)$ n'est pas nul. Ce rayon R, étant une fonction continue de α, admet un minimum *positif* r. Soient ρ un nombre positif inférieur à r et E la région du point balayée par un cercle de rayon ρ dont le centre décrit le segment ab. La fonction $f(x)$ est holomorphe dans la région E et sur son contour ; soit M une limite supérieure de son module ; il résulte des formules générales (14) (n° 281) qu'en un point quelconque x de ab on a l'inégalité

$$|f^{(n)}_{(x)}| < \frac{M\,n!}{\rho^n}.$$

(*Cf.* I, p. 476.)

16

connaît un élément, c'est-à-dire quand on connaît une suite de
coefficients a_0, a_1, a_2, ..., a_n, ... tels que la série

$$a_0 + a_1(x - \alpha) + \ldots + a_n(x - \alpha)^n + \ldots$$

ait un rayon de convergence différent de zéro. Ces coefficients
étant connus, on est conduit à se poser le problème général suivant : *trouver la valeur de la fonction en un point quelconque* β
*du plan quand on fait décrire à la variable un chemin déter-
miné allant du point* α *au point* β. On peut aussi se proposer
de déterminer *a priori* les points singuliers de la fonction analytique ; il est clair d'ailleurs que les deux problèmes sont étroite-
ment liés l'un à l'autre. La méthode même du prolongement analytique fournit une solution, au moins théorique, de ces deux
problèmes ; mais elle n'est praticable que dans des cas très particuliers. Par exemple, comme rien n'indique *a priori* le nombre
des séries intermédiaires qu'il faudra employer pour aller du
point α au point β, et qu'on ne peut calculer les sommes de ces
séries qu'avec une certaine approximation, il paraît impossible de
se rendre compte de l'approximation finale que l'on obtiendra.
Aussi la recherche de solutions plus simples, au moins dans des cas
particuliers, était-elle nécessaire. Ce n'est cependant que depuis
quelques années que ce problème a fait l'objet de travaux suivis,
qui ont déjà conduit à d'importants résultats, dont nous allons
exposer rapidement quelques-uns dans les paragraphes suivants.
Si ces recherches sont aussi récentes, ce n'est pas uniquement
à la difficulté de la question, quelque considérable qu'elle soit,
qu'il faut l'attribuer. En effet, les fonctions qui ont été étudiées
successivement par les géomètres n'ont pas été choisies par eux
d'une façon arbitraire ; l'étude de ces fonctions s'imposait par la
nature même des problèmes qui s'offraient à leurs efforts. Or,
à part un petit nombre de transcendantes, toutes-ces fonctions,
après les fonctions explicites élémentaires, sont définies soit
comme racines d'équations non susceptibles d'une résolution for-
melle, soit comme intégrales d'équations différentielles algébriques.
On conçoit donc que l'étude des fonctions implicites et des fonctions définies par des équations différentielles a dû précéder
logiquement l'étude du problème général dont ces deux problèmes ne sont au fond que des cas très particuliers.

Il est facile de montrer comment l'étude des équations différentielles algébriques se rattache à la théorie du prolongement analytique. Considérons, pour fixer les idées, deux séries entières $y(x)$, $z(x)$, ordonnées suivant les puissances positives de x et convergentes dans un cercle C de rayon R décrit du point $x = 0$ pour centre. Soit d'autre part $F(x, y, y', y' \ldots, y^{(p)}, z, z', \ldots, z^{(q)})$ un polynome entier en $x, y, y', \ldots, y^{(p)}, z, z', \ldots, z^{(q)}$. Supposons que l'on remplace dans ce polynome y et z par les séries précédentes, $y', y'', \ldots, y^{(p)}$ par les dérivées successives de la série $y(x)$, et $z', z'', \ldots, z^{(q)}$ par les dérivées de la série $z(x)$; le résultat est encore une série entière convergente dans le cercle C. Si tous les coefficients de cette série sont nuls, les fonctions holomorphes $y(x)$ et $z(x)$ satisfont, *dans le cercle* C, à la relation

$$(9) \qquad F(x, y, y', \ldots, y^{(p)}, z, z', \ldots, z^{(q)}) = 0.$$

Nous allons maintenant établir que les *fonctions obtenues par le prolongement analytique des séries $y(x)$ et $z(x)$ satisfont à la même relation dans tout leur domaine d'existence.* D'une façon plus précise, si l'on fait décrire à la variable x un chemin L partant de l'origine et sortant du cercle C pour aboutir à un point quelconque α du plan, et si l'on peut poursuivre le prolongement analytique des deux séries $y(x)$ et $z(x)$ tout le long de ce chemin sans rencontrer aucun point singulier, les séries entières $Y(x - \alpha)$ et $Z(x - \alpha)$ avec lesquelles on arrive au point α représentent, dans le domaine de ce point, deux fonctions holomorphes qui vérifient la relation (9). Soit, en effet, x_1 un point du chemin L intérieur au cercle C et voisin du point où ce chemin L sort du cercle C; du point x_1 comme centre on peut décrire un cercle C_1, en partie extérieur au cercle C, et il existe deux séries entières $y(x - x_1)$, $z(x - x_1)$ convergentes dans le cercle C_1 et dont les sommes sont identiques aux sommes des deux séries $y(x)$ et $z(x)$ dans la partie commune aux deux cercles C, C_1. En remplaçant dans F les fonctions y et z par ces deux séries, le résultat obtenu est une série entière $P(x - x_1)$ convergente dans le cercle C_1. Or, dans la partie commune aux deux cercles C, C_1, on a $P(x - x_1) = 0$; la série $P(x - x_1)$ a donc tous ses coefficients nuls, et les deux nouvelles séries $y(x - x_1)$ et $z(x - x_1)$ satisfont à la relation (9) dans le cercle C_1. En continuant de la sorte, on voit que cette relation ne cesse jamais d'être vérifiée par les prolongements analytiques des deux séries $y(x)$ et $z(x)$, quel que soit le chemin suivi par la variable ; ce qui démontre la proposition.

L'étude d'une fonction définie par une équation différentielle n'est donc au fond qu'un cas particulier du problème général du prolongement analytique. Mais, d'un autre côté, il est aisé de comprendre que la connaissance d'une relation particulière entre une fonction analytique et quelques-unes de ses dérivées puisse dans certains cas faciliter la solution du problème. Nous aurons à revenir sur ce point dans l'étude des équations différentielles.

Cette méthode ne peut évidemment s'appliquer à une série entière donnée *a priori*, sans qu'on en connaisse l'origine,

II. — MÉTHODES DIVERSES DE PROLONGEMENT ANALYTIQUE.

338. Changement de variable. — Une fonction analytique $f(z)$ étant définie, dans le domaine D limité par une circonférence C de rayon R, par un développement en série entière

$$(10) \qquad f(z) = a_0 + a_1 z + \ldots + a_n z^n + \ldots,$$

ou, plus simplement, par un élément de fonction, pour obtenir le prolongement analytique de cette fonction dans un domaine plus étendu, lorsque cela est possible, on s'est servi de bien des méthodes, très diverses en apparence, qui se rattachent à une idée générale très simple. On remplace la série de Taylor par une expression analytique définissant une fonction holomorphe dans un domaine D' simplement connexe, ayant une partie extérieure à D, et une partie commune avec D, et représentant la même fonction $f(z)$ dans la partie commune aux deux domaines. Dans la partie de D' extérieure à D, la nouvelle expression représente le prolongement analytique de la fonction définie par la série (10) à l'intérieur de D. Comme expressions analytiques représentant des fonctions holomorphes, on prend en général des séries uniformément convergentes de fonctions analytiques (n° 290), ou encore des intégrales définies où la variable figure comme paramètre sous le signe d'intégration (*voir* n° 352).

Le procédé général employé jusqu'ici pour définir de proche

en proche le prolongement analytique de la fonction définie par la
série (10) n'est qu'une application très particulière, car il consiste
à remplacer la série (10) par une autre série entière ordonnée
suivant les puissances de $z - z_0$, z_0 étant un point intérieur à C,
et dont la somme est identique à la somme de la première série
dans la partie commune aux deux cercles de convergence.

Cela revient en somme à faire dans la série (10) le changement
de variable $z = z_0 + Z$. D'une façon générale, soit

$$(11) \qquad \varphi(Z) = b_0 + b_1 Z + b_2 Z^2 + \dots$$

une fonction holomorphe dans un domaine ω du plan des Z ren-
fermant l'origine, et telle que $|b_0|$ soit inférieur à R. En faisant le
changement de variable $z = \varphi(Z)$ dans la série (10), on peut la
remplacer par une série entière ordonnée suivant les puissances
de Z

$$(12) \qquad F(Z) = c_0 + c_1 Z + c_2 Z^2 + \dots$$

dont les coefficients c_n se calculent au moyen des coefficients des
deux séries (10) et (11), et qui est convergente dans le voisinage
du point $Z = 0$ (I, n° 178). On a établi au paragraphe cité que l'égalité $f[\varphi(Z)] = F(Z)$ est exacte dans le voisinage du point $Z = 0$.
Nous allons maintenant étudier la question d'une façon plus
approfondie.

Soit Γ un cercle de centre $Z = 0$, situé dans le domaine ω et
dans la région de convergence de la série (12); lorsque le point Z
décrit le domaine Δ limité par Γ, le point $z = \varphi(Z)$ décrit un
domaine D′ limité par une courbe fermée C′, et ce domaine D′ a
certainement une portion intérieure à D, puisqu'il renferme le
point $z = b_0$, qui correspond à $Z = 0$. Nous supposerons que les
domaines Δ et D′ se correspondent point par point d'une façon
univoque, de façon que la relation $z = \varphi(Z)$ fournisse l'application
conforme du domaine D′ sur le cercle Δ. La fonction inverse de
$\varphi(z)$, soit $Z = \psi(z)$, est à son tour holomorphe dans le domaine D′.
Si dans la série $F(Z)$ on remplace maintenant Z par $\psi(z)$, nous
obtenons une fonction $F[\psi(z)]$, qui représente une fonction holomorphe de z dans le domaine D′, et qui coïncide avec la fonction
$f(z)$ dans un domaine entourant le point $z = b_0$. On a donc l'égalité $f(z) = F[\psi(z)]$ dans toute la région commune aux deux

domaines D, D′, et, si le domaine D′ a des portions extérieures au domaine D, la nouvelle série (12) fait connaître le prolongement analytique de $f(z)$ dans la portion de D′ extérieure à D.

On est ainsi conduit à deux problèmes distincts dont l'un a déjà été signalé (n° 289). Si l'on sait *a priori* que la fonction définie par la série (10) est holomorphe dans un domaine D′ en partie extérieur à D, pour avoir un développement de $f(z)$ valable dans ce nouveau domaine, il suffira de savoir effectuer la représentation conforme de D′ sur un cercle.

Mais c'est un problème tout différent qui se présente ici, si l'on ne sait rien sur les singularités de $f(z)$; il faut chercher au contraire s'il est possible de choisir la fonction $\varphi(Z)$ de façon que, les autres conditions énoncées étant remplies, la série (12) soit convergente en des points extérieurs à D. Il est évident que l'on ne peut formuler à ce sujet de règles précises [1] :

Supposons R $=$ 1, et faisons le changement de variable $z = \dfrac{Z}{1+Z}$, d'où l'on tire inversement $Z = \dfrac{z}{1-z}$. La série $f(z)$ se change en une série

$$F(Z) = c_0 + c_1 Z + c_2 Z^2 + \ldots + c_n Z^n + \ldots,$$

où le coefficient c_n, qui se calcule facilement par la méthode générale, a pour expression

$$(13) \quad c_n = a_n - (n-1) a_{n-1} + \frac{(n-1)(n-2)}{1.2} a_{n-2} - \ldots \pm (n-1) a_2 \mp a_1.$$

Dans le voisinage de l'origine, on a certainement la relation $f(z) = F\left(\dfrac{z}{1-z}\right)$. Pour savoir dans quel domaine cette relation est vérifiée, remarquons que la transformation homographique $Zz + z - Z = 0$ fait correspondre les cercles des deux plans, et à un cercle Γ de rayon ρ du plan des Z ayant pour centre l'origine correspond, dans le plan des z, un cercle C′ conjugué par rapport aux deux points $z = 0$, $z = 1$, et tel que pour tout point de ce cercle on ait $|z| = \rho|z-1|$.

Si ρ est inférieur ou égal à $\dfrac{1}{2}$, le cercle C′ est à l'intérieur de la circonférence C de rayon R $=$ 1, ayant son centre à l'origine, ou tangent intérieurement à C au point $z = -1$. La série $F(Z)$ est donc convergente en tout point intérieur au cercle Γ de rayon $\dfrac{1}{2}$, et l'égalité

---

[1] E. Lindelöf. *Remarques sur un principe général de la théorie des fonctions analytiques* (*Acta Societatis Fennicæ*, t. XXIV, n° 7, Helsingfors, 1898).

$f(z) = F\left(\dfrac{z}{1-z}\right)$ s'applique à tous les points intérieurs du cercle correspondant du plan des z, qui est tangent intérieurement au cercle C au
point $z = -1$. Si le point $z = -1$ est un point singulier pour $f(z)$, le
point $Z = -\dfrac{1}{2}$ est un point singulier pour $F(Z)$, et la seconde série ne peut

être convergente dans un cercle de rayon supérieur à $\dfrac{1}{2}$. Si le point $z = -1$
n'est pas un point singulier pour $f(z)$, la série $F(Z)$ est convergente dans
un cercle de rayon $\rho > \dfrac{1}{2}$, et la nouvelle série permettra de prolonger
analytiquement $f(z)$ en dehors de C.

Nous distinguerons plusieurs cas :

$1°$ $\dfrac{1}{2} < \rho < 1$. Au cercle Γ de rayon ρ du plan des Z correspond un cercle
C' du plan des z renfermant les deux points $z = 0$, $z = -1$ à l'intérieur, et
à l'intérieur de Γ correspond l'intérieur de C'. L'égalité $f(z) = F\left(\dfrac{z}{1-z}\right)$
fait donc connaître le prolongement analytique de $f(z)$ dans la portion
intérieure à C' et extérieure à C.

$2°$ $\rho = \dfrac{1}{2}$. A l'intérieur du cercle Γ correspond la portion du plan des z à
gauche de la perpendiculaire à l'axe réel élevée au point $z = \dfrac{1}{2}$. La fonction
définie par la série (10) à l'intérieur de C est donc holomorphe dans toute
la région du plan à gauche de cette droite, et elle est représentée dans ce
domaine par $F\left(\dfrac{z}{1-z}\right)$.

$3°$ $\rho > 1$. Au domaine du plan des Z intérieur au cercle Γ de rayon ρ
correspond, dans le plan des z, la région *extérieure* au cercle correspondant C', entourant le point $z = 1$, et laissant l'origine à l'extérieur. La
fonction $f(z)$ est donc holomorphe dans cette région infinie du plan,
y compris le point à l'infini qui correspond au point $z = 1$ du plan des z.
En particulier, si $f(z)$ n'admet pas d'autre point singulier que le point $z = 1$,
pôle ou point singulier essentiel isolé, ρ sera infini, et la série $F\left(\dfrac{z}{1-z}\right)$
sera convergente quel que soit z, sauf pour $z = 1$.

339. Suites partielles. — Étant donnée une série absolument convergente, on sait (I, n°156) que l'on peut la remplacer par une autre série
dont chaque terme est la somme d'un nombre quelconque de termes consécutifs de la première. En d'autres termes, au lieu de considérer la suite
formée par toutes les sommes successives S_1, S_2, ..., S_n ... des termes
de la série, on peut se borner à considérer la suite formée par quelques-
unes d'entre elles, S_{n_1}, S_{n_2}, ... S_{n_p}, ..., où n_1, n_2, ..., n_p, ... sont des
nombres entiers croissants. Si la première suite est convergente, il en est
évidemment de même de la seconde, et la limite est la même pour les deux,
mais la réciproque n'est pas toujours vraie.

Appliquons cette remarque à la série entière (10); la suite formée par les sommes successives $S_{n_1}(z)$, $S_{n_2}(z)$, ..., $S_{n_p}(z)$, ... converge uniformément vers $f(z)$ dans tout domaine intérieur au cercle de convergence; mais il peut arriver que, par un choix convenable des nombres n_1, n_2, ..., n_p, ..., cette suite converge uniformément dans un domaine plus étendu. La limite de cette suite donnera ainsi le prolongement analytique de $f(z)$ dans la portion du nouveau domaine de convergence, qui est extérieure à C.

Considérons par exemple une série entière dont tous les exposants sont de la forme $2^n - 1$,

$$(14) \qquad f(z) = a_0 + a_1 z + a_3 z^3 + a_7 z^7 + \ldots + a_{2^n - 1} z^{2^n - 1} + \ldots,$$

ayant un rayon de convergence fini R. En posant $z = x(1 + x)$, on obtient une nouvelle série

$$(15) \quad a_0 + a_1 x(1 + x) + a_3 x^3 (1 + x)^3 + \ldots + a_{2^n - 1}[x(1 + x)]^{2^n - 1} + \ldots,$$

que l'on peut écrire sous forme de série de Taylor, en ordonnant chaque terme de la série (15) par rapport aux puissances croissantes de x,

$$(16) \qquad F(x) = b_0 + b_1 x + b_2 x^2 + \ldots + b_p x^p + \ldots.$$

Inversement la série (15) se déduit de la série (16) en groupant ensemble les termes, du degré $2^n - 1$ jusqu'au degré $2^{n+1} - 2$, de sorte que les sommes successives des termes de la série (15) font partie des sommes successives des termes de la série (16).

Cela posé, soit r le rayon de convergence de la série (16); la suite formée par *toutes* les sommes successives des termes de cette série est convergente à l'intérieur de ce cercle et a pour limite la fonction $F(x)$. Mais cette fonction $F(x)$ est aussi la limite de la suite formée par les sommes successives des termes de la série (15), et cette suite est convergente pourvu que l'on ait $|x(1 + x)| < R$. Le nouveau domaine de convergence, qui contient nécessairement le premier, est limité par une cassinoïde ayant pour foyers les deux points $x = 0$, $x = -1$. Si cette cassinoïde se compose d'un seul trait continu, la fonction $F(x)$ est holomorphe dans tout l'intérieur, et elle est représentée dans tout ce domaine par la série (15). Si la cassinoïde se compose de deux courbes fermées distinctes, le prolongement analytique de la fonction $F(x)$ n'est défini par la série (15) qu'à l'intérieur de la branche de cassinoïde qui contient l'origine. Remarquons que le cercle de rayon r a un seul point commun avec la cassinoïde, le point $x = \dfrac{-1 + \sqrt{1 + 4R}}{2}$, et que ce point est nécessairement un point singulier.

Dans cet exemple, le résultat s'explique facilement parce que la série (14) présente des lacunes. On doit à M. Ostrowski le théorème général suivant (¹):

____

(¹) *Ueber vollständige Gebiete gleichmässiger Konvergenz von Folgen analytischer Funktionen* (*Abhandlungen aus dem Mathematischen Seminär der Hamburgischen Universität*, I. Band, 1922, p. 327).

Toutes les fois que l'on peut extraire d'une série entière (10) *une suite partielle de sommes* S_{n_1}, S_{n_2}, ..., S_{n_p}, ... *convergeant uniformément en dehors du cercle de convergence, la série* (10) *est la somme de deux séries entières, dont l'une a un rayon de convergence plus grand, et dont l'autre présente des lacunes.*

340. Transformation en une intégrale. — On peut quelquefois obtenir le prolongement analytique d'une série entière en la remplaçant par une intégrale définie, qui est équivalente à la série à l'intérieur du cercle de convergence, et qui conserve encore un sens pour des points extérieurs. En voici un exemple emprunté à la théorie de la série hypergéométrique de Gauss. Cette série célèbre

$$(17) \quad F(\alpha, \beta, \gamma, x) = 1 + \frac{\alpha \cdot \beta}{1 \cdot \gamma} x + \ldots$$
$$+ \frac{\alpha(\alpha+1)\ldots(\alpha+n-1)\,\beta(\beta+1)\ldots(\beta+n-1)}{1 \cdot 2 \ldots n \cdot \gamma(\gamma+1)\ldots(\gamma+n-1)} x^n + \ldots,$$

où aucun des nombres α, β, γ n'est égal à un nombre entier négatif, admet le cercle de rayon *un* pour cercle de convergence. Pour trouver le prolongement analytique en dehors de ce cercle, il suffit dans certains cas de remplacer la série (17) par une intégrale définie due à Euler. Supposons que les parties réelles de β et de $\gamma - \beta$ soient positives, l'intégrale définie

$$(18) \qquad \Phi(x) = \int_0^1 t^{\beta-1}(1-t)^{\gamma-\beta-1}(1-tx)^{-\alpha}\,dt,$$

prise suivant le segment de l'axe réel allant du point $t = 0$ au point $t = 1$, a un sens pourvu que le point d'affixe x ne soit pas situé sur la portion indéfinie de l'axe réel allant du point $x = 1$ à $+\infty$. Pour achever de préciser le sens de cette intégrale, nous conviendrons de prendre zéro pour argument de t et de $1 - t$, et de prendre pour argument de $1 - tx$ celui qui est nul pour $t = 0$. Cela posé, si $|x|$ est inférieur à un, $(1-tx)^{-\alpha}$ peut être développé en une série uniformément convergente pour toutes les valeurs réelles de t, de zéro à un,

$$(1-tx)^{-\alpha} = 1 + \alpha t x + \frac{\alpha(\alpha+1)}{1 \cdot 2} t^2 x^2 + \ldots$$
$$+ \frac{\alpha(\alpha+1)\ldots(\alpha+n-1)}{1 \cdot 2 \ldots n} t^n x^n + \ldots;$$

en multipliant tous les termes de cette série par $t^{\beta-1}(1-t)^{\gamma-\beta-1}$, on obtient une nouvelle série qui peut être intégrée terme à terme, et l'on a encore

$$\Phi(x) = \int_0^1 t^{\beta-1}(1-t)^{\gamma-\beta-1}\,dt$$

$$+\sum_{n=1}^{+\infty}\int_0^1 \frac{\alpha(\alpha+1)\ldots(\alpha+n-1)}{1.2\ldots n}\,t^{\beta+n-1}(1-t)^{\gamma-\beta-1}x^n\,dt.$$

Mais l'intégrale $\displaystyle\int_0^1 t^{\beta+n-1}(1-t)^{\gamma-\beta-1}\,dt$ est égale à

$$\frac{\Gamma(\beta+n)\,\Gamma(\gamma-\beta)}{\Gamma(\gamma+n)},$$

c'est-à-dire (I, n°s 90 et 143) à

$$\frac{\beta(\beta+1)\ldots(\beta+n-1)}{\gamma(\gamma+1)\ldots(\gamma+n-1)}\,\frac{\Gamma(\beta)\,\Gamma(\gamma-\beta)}{\Gamma(\gamma)}.$$

On a donc, pour toute valeur de x à l'intérieur du cercle de convergence,

$$(19) \qquad \Phi(x) = \frac{\Gamma(\beta)\,\Gamma(\gamma-\beta)}{\Gamma(\gamma)}\,F(\alpha,\,\beta,\,\gamma,\,x).$$

Nous verrons au Chapitre suivant que l'intégrale $\Phi(x)$ est une fonction holomorphe de la variable x dans tout le plan, pourvu que le chemin suivi par cette variable ne traverse pas la coupure $1\ldots+\infty$. Le prolongement analytique de la série $F(\alpha,\beta,\gamma,x)$ est donc holomorphe dans tout ce domaine. Nous voyons en particulier que cette fonction est holomorphe dans toute la portion du plan à gauche de la droite $\mathcal{R}(x)=\frac{1}{2}$. Elle peut donc (n° 338) être développée dans cette région en une série entière ordonnée suivant les puissances de $\dfrac{x}{x-1}$. Il est facile de déduire ce développement de l'intégrale $\Phi(x)$. En effet, si, dans cette intégrale, on remplace x par $\dfrac{X}{X-1}$, puis qu'on change t en $1-v$, elle devient

$$\Phi\left(\frac{X}{X-1}\right) = (1-X)^{\alpha}\int_0^1 v^{\gamma-\beta-1}(1-v)^{\beta-1}(1-Xv)^{-\alpha}\,dv,$$

et la nouvelle intégrale ne diffère de la première que par le changement de β en $\gamma - \beta$. On a donc

$$\Phi\left(\frac{X}{X-1}\right) = \frac{\Gamma(\beta)\,\Gamma(\gamma-\beta)}{\Gamma(\gamma)}\,(1-X)^{\alpha}\,F(\alpha,\ \gamma-\beta,\ \gamma,\ X).$$

Remplaçons maintenant X par $\dfrac{x}{x-1}$, et rapprochons la formule obtenue de la formule (19), il vient

$$(20) \qquad F(\alpha,\ \beta,\ \gamma,\ x) = (1-x)^{-\alpha}\,F\left(\alpha,\ \gamma-\beta,\ \gamma,\ \frac{x}{x-1}\right),$$

formule qui permet de calculer le prolongement analytique de $F(\alpha,\ \beta,\ \gamma,\ x)$ dans un demi-plan.

L'exemple précédent peut être rattaché à une méthode générale de M. Hadamard ([1]). Nous donnerons d'abord quelques définitions. Imaginons que l'on effectue le prolongement analytique de la fonction $f(z)$ définie par la série (10) en faisant décrire à la variable une demi-droite issue de l'origine. Si l'on ne peut atteindre ainsi tous les points de cette demi-droite, on ne peut atteindre que les points situés entre l'origine et un point α de cette demi-droite qui est nécessairement un point singulier. Sur chaque demi-droite issue de l'origine, il y a ainsi un point α, à distance finie ou à l'infini. Si l'on supprime sur chaque demi-droite la portion située au delà du point α par rapport à l'origine, la portion restante du plan constitue l'*étoile rectiligne* E de la fonction $f(z)$ relativement au point O. On peut dire plus brièvement que cette étoile est formée par l'ensemble des points du plan que l'on peut atteindre en partant du point O par prolongement analytique rectiligne. Si la fonction $f(z)$ n'a qu'un nombre fini de points singuliers, l'étoile n'a qu'un nombre fini de rayons ; au contraire, si la fonction $f(z)$ ne peut être prolongée analytiquement en dehors d'une courbe fermée entourant l'origine, comme nous en verrons des exemples plus loin, l'étoile se composera d'une portion du domaine intérieur à cette courbe fermée. Remarquons aussi que tout point β situé sur le prolongement du segment $O\alpha$ qui aboutit à un point singulier n'est pas nécessairement un point singulier de la fonction (n° **336**).

On a aussi considéré des étoiles curvilignes, définies comme l'ensemble des points que l'on peut atteindre en partant de O et en

---

([1]) *Journal de Mathématiques*, 4ᵉ série, t. VIII, 1892, p. 163.

faisant décrire à la variable des courbes semblables à un arc donné. Dans les énoncés qui vont suivre, il ne s'agira que d'étoiles rectilignes.

Cela posé, soit $f(z)$ une fonction analytique définie par l'élément (10), et soit $V(t)$ une fonction continue [1] de t le long du segment $o-1$ de l'axe réel. Considérons l'intégrale définie

$$f_1(z) = \int_0^1 V(t) f(tz)\, dt;$$

cette intégrale $f_1(z)$ est une fonction holomorphe de z dans tout domaine D intérieur à l'étoile E de $f(z)$, car la fonction sous le signe intégral $V(t) f(tz)$ satisfait bien à la condition énoncée plus loin (n° 352); t étant une valeur réelle comprise entre zéro et un, si le point z décrit un domaine D intérieur à E, le point tz décrit lui-même un domaine intérieur à E, et par suite $V(t) f(tz)$ est une fonction holomorphe de z dans le domaine D. Il s'ensuit que cette fonction $f_1(z)$ est aussi une fonction holomorphe dans l'étoile E. Pour avoir son développement taylorien dans le voisinage de l'origine, il suffit de remplacer $f(tz)$ par son développement

$$f(tz) = a_0 + a_1 tz + \ldots + a_n (tz)^n + \ldots;$$

pour une valeur de z de module inférieur à R, cette série est uniformément convergente lorsque t varie de o à 1. On peut donc intégrer terme à terme la série $V(t)\,\Sigma a_n (tz)^n$ et le coefficient de z^n dans l'intégrale est $a_n \int_0^1 V(t)\, t^n dt$. Le développement taylorien de $f_1(z)$ est donc le suivant:

$$(21) \qquad f_1(z) = a_0 b_0 + a_1 b_1 z + \ldots + a_n b_n z^n + \ldots,$$

où l'on a posé

$$b_n = \int_0^1 V(t)\, t^n dt.$$

La fonction $f_1(z)$, définie par l'élément (21), est donc holo-

---

[1] Il suffit même de supposer que l'intégrale $\int_0^1 |V(t)|\, dt$ a un sens.

morphe dans l'étoile E *de la fonction* $f(z)$, *définie par l'élément*
(10), *quelle que soit* V (t).

Prenons par exemple $f(z) = \dfrac{1}{1-z}$; on a $a_n = 1$, et l'étoile E a
un seul rayon allant du point $z = 1$ à $+\infty$. On voit donc que la
fonction $f(z)$ définie par l'élément

$$\sum_{n=1}^{+\infty} b_n z^n, \qquad \text{où} \qquad b_n = \int_0^1 \mathrm{V}(t)\, t^n\, dt$$

est holomorphe dans tout le plan, abstraction faite de la coupure
$+1 \ldots +\infty$. On obtient l'exemple d'Euler en prenant

$$\mathrm{V}(t) = t^{\beta-1}(1-t)^{\gamma-\beta-1},$$

$f(z) = (1-z)^{-\alpha}$, et l'étoile E est la même que dans le premier
exemple.

341. Théorème d'Hadamard. — La proposition précédente a encore
été généralisée par M. Hadamard [1]. Soient toujours $f(z)$ une fonction analytique définie par l'élément (10), E l'étoile rectiligne de cette fonction,
z un sommet quelconque de cette étoile, c'est-à-dire le point d'une demi-
droite issue de O le plus rapproché de l'origine, que l'on ne peut atteindre
par cheminement rectiligne. Soient de même $\varphi(z)$ une autre fonction analytique définie par un développement taylorien

$$(22) \qquad\qquad \varphi(z) = b_0 + b_1 z + \ldots + b_n z^n + \ldots$$

convergent dans un cercle C' de rayon R', E' l'étoile rectiligne de cette
nouvelle fonction, β un sommet quelconque de cette étoile. Nous traiterons
d'abord la question suivante : soit Γ un contour fermé sans point double
entourant l'origine situé dans E; x étant une valeur fixe quelconque,
lorsque z décrit Γ, le point $\dfrac{x}{z}$ décrit un contour fermé Γ' entourant aussi
l'origine. *Est-il possible de choisir la courbe* Γ *dans* E *de façon que* Γ'
soit tout entier dans E' ? La transformation $z' = \dfrac{x}{z}$ fait correspondre à la
demi-droite indéfinie allant de $z = x$ à l'infini un segment de droite allant
de l'origine au point $\dfrac{x}{z}$. Soit C la région indéfinie du plan extérieure à tous
ces segments de droite. Lorsque z décrit une courbe fermée entourant
l'origine, dans E, le point $\dfrac{x}{z}$ décrit une courbe fermée Γ' entourant l'origine

---

[1] *Acta mathematica*, t. XXII, 1908.

dans la region $\mathcal{C}$. Pour que cette courbe fermée Γ' soit située dans l'étoile E', il faut nécessairement qu'aucun des points $\dfrac{x}{\alpha}$ ne soit situé sur un des rayons de l'étoile E', et cette condition est aussi suffisante. Si cette condition n'était pas vérifiée, on aurait une relation $\dfrac{x}{\alpha} = k\beta$, α étant un sommet de l'étoile E, β un sommet de l'étoile E', et k un nombre positif au moins égal à un ; le point x serait donc sur un des rayons de l'étoile E″ qui a pour sommets les différents points d'affixe $\alpha\beta$, α étant un sommet quelconque de E, et β un sommet quelconque de E'. En résumé, *pour qu'on puisse tracer un contour Γ satisfaisant à la condition énoncée, il faut et il suffit que x soit à l'intérieur de l'étoile E″.*

Si x est situé dans E″, il est évident que l'on peut trouver une infinité de courbes fermées Γ' entourant l'origine, situées à la fois dans $\mathcal{C}$ et dans E', et par suite une infinité de courbes Γ satisfaisant à la condition énoncée.

Cela posé, soit x un point intérieur à E″. L'intégrale définie

$$(23) \qquad I(x) = \int_{\Gamma'_x} f(z)\,\varphi\left(\frac{x}{z}\right)\frac{dz}{z},$$

prise le long d'un contour fermé Γ_x satisfaisant à la condition énoncée et entourant l'origine, *est une fonction holomorphe de x dans l'étoile E″.* En effet, cette intégrale a une valeur déterminée pour chaque point x de E″, car si l'on remplace le contour Γ_x par un autre contour Γ'_x satisfaisant à la même condition, la valeur de l'intégrale $I(x)$ ne change pas, puisque $f(z)\varphi\left(\dfrac{x}{z}\right)$ est holomorphe dans une région renfermant les deux contours. D'autre part, un même contour Γ_x convient au point x et à tous les points d'un domaine suffisamment petit entourant ce point. L'intégrale $I(x)$ est donc une fonction holomorphe de x dans le domaine de tout point x de E″. En particulier, cette intégrale est une fonction holomorphe à l'intérieur du cercle décrit de l'origine avec RR' pour rayon. Si $|x|$ est inférieur à RR', on peut prendre pour contours Γ, Γ' deux cercles de rayon $r < R$, $r' < R'$, et tels que $|x| = rr'$. Le long de Γ, les deux fonctions $f(z)$, $\varphi\left(\dfrac{x}{z}\right)$ peuvent être développées en séries absolument et uniformément convergentes :

$$f(z) = a_0 + a_1 z + \ldots + a_n z^n + \ldots,$$
$$\varphi\left(\frac{x}{z}\right) = b_0 + b_1 \frac{x}{z} + \ldots + b_n \left(\frac{x}{z}\right)^n + \ldots.$$

Le produit $f(z)\varphi\left(\dfrac{x}{z}\right)\dfrac{1}{z}$ est développable en série de Laurent dans le domaine défini par les inégalités $\dfrac{|x|}{R'} < |z| < R$ et le coefficient de $\dfrac{1}{z}$ dans le développement est égal à la somme de la série

$$(24) \qquad \psi(x) = a_0 b_0 + a_1 b_1 x + \ldots + a_n b_n x^n + \ldots.$$

Cette série, qui est certainement convergente dans le cercle de rayon RR′,
d'après les inégalités classiques (n° 284), est donc égale dans ce domaine à
l'intégrale

$$\frac{I(x)}{2\pi i} = \frac{1}{2\pi i}\int_\Gamma f(z)\,\varphi\left(\frac{x}{z}\right)\frac{dz}{z},$$

et par conséquent *la fonction analytique définie par l'élément* (24) *est
holomorphe dans l'étoile* E″.

On peut dire encore que *la fonction analytique définie par cet
élément ne peut avoir pour points singuliers que les points que l'on
obtient en multipliant les affixes des différents points singuliers de* $f(x)$
par les affixes des différents points singuliers de $\varphi(x)$.

La démonstration qui vient d'être donnée montre bien le sens précis qu'il
faut attacher à cet énoncé[1].

342. Théorème de Mittag-Leffler. — Le résultat le plus général sur
le problème du prolongement analytique a été obtenu par M. Mittag-Leffler,
qui a démontré le théorème suivant :

La fonction analytique $f(x)$ *définie par un élément* (10), *peut être
représentée, dans tout domaine* D, *intérieur à l'étoile rectiligne de
cette fonction, par une série uniformément convergente de polynomes,
dont les coefficients s'expriment linéairement au moyen des coefficients
de la série* (10).

Parmi les diverses démonstrations de ce théorème, la plus élémentaire
est due à M. Borel, qui a montré qu'on pouvait déduire très facilement le
théorème de M. Mittag-Leffler de l'intégrale de Cauchy, en s'appuyant sur
un résultat qui sera établi plus tard (n° 392) et dont on possède d'ailleurs
plusieurs démonstrations.

La fonction $\dfrac{1}{A-x}$ *peut être développée en série uniformément convergente de polynomes dans toute région du plan à distance finie n'ayant
aucun point commun avec la portion indéfinie* $+1 \ldots +\infty$ *de l'axe
réel.* Soit

$$\frac{1}{1-x} = P_0(x) + P_1(x) + \ldots + P_n(x) + \ldots$$

un de ces développements, qui est convergent tant que x n'a pas une
valeur réelle égale ou supérieure à un. Le terme général de ce développe-

(1) Pour plus de détails sur ce sujet, voir le Mémoire de M. Hadamard, une
Note de M. Borel dans le *Bulletin de la Société mathématique de France*
(t. XXVI, p. 238), et différentes généralisations de MM. Hurwitz (*Comptes rendus*,
6 février 1899), Pincherle et dell' Agnola (*Rendiconti de l'Acad. de Bologne*,
1899; *Atti dei Lincei*, 1899, *Atti dell Institute Veneto*, 14 mai et 18 juin 1899).

ment $P_n(x)$ est un polynome de degré m que nous écrirons

$$P_n(x) = c_{0n} + c_{1n}x + \ldots + c_{pn}x^p + \ldots + c_{mn}x^m.$$

Soit x un point quelconque de l'étoile rectiligne E de la fonction $f(z)$ définie par l'élément (10), et soit Γ une courbe fermée située dans E, entourant le point x et telle que toute demi-droite issue de l'origine la rencontre en un point et en un seul. La valeur de $f(x)$ est donnée par l'intégrale de Cauchy

$$f(x) = \frac{1}{2\pi i} \int_\Gamma \frac{f(z)\,dz}{z - x};$$

au lieu de remplacer $\dfrac{1}{z - x}$ par un développement suivant les puissances de x, nous écrirons

$$\frac{1}{z - x} = \frac{1}{z}\,\frac{1}{1 - \dfrac{x}{z}}.$$

Lorsque z décrit la courbe Γ, le point $\dfrac{x}{z}$ décrit un contour fermé Γ' qui n'a aucun point commun avec la coupure $+1 \ldots + \infty$. Tout le long de Γ, $\left(1 - \dfrac{x}{z}\right)^{-1}$ peut donc être remplacée par une série uniformément convergente de polynomes en $\dfrac{x}{z}$,

$$(25) \qquad \frac{z}{z - x} = P_0\left(\frac{x}{z}\right) + P_1\left(\frac{x}{z}\right) + \ldots + P_n\left(\frac{x}{z}\right) + \ldots,$$

et la formule qui donne $f(x)$ peut encore s'écrire

$$f(x) = \frac{1}{2\pi i} \int_\Gamma \frac{f(z)}{z} \left\{ P_0\left(\frac{x}{z}\right) + P_1\left(\frac{x}{z}\right) + \ldots + P_n\left(\frac{x}{z}\right) + \ldots \right\} dz.$$

La série (25) étant uniformément convergente le long de Γ, on peut intégrer terme à terme, et l'on a

$$f(x) = \sum_{n=0}^{+\infty} \frac{1}{2\pi i} \int_\Gamma \frac{f(z)}{z} P_n\left(\frac{x}{z}\right) dz.$$

Le terme général de la série du second membre est un polynome entier en x, dont les coefficients s'expriment au moyen des coefficients a_i de la série (10) et des coefficients c_{pn} du polynome P_n. Nous avons en effet, en remplaçant $P_n\left(\dfrac{x}{z}\right)$ par son développement,

$$\frac{f(z)}{z} P_n\left(\frac{x}{z}\right) = \frac{f(z)}{z} \left\{ c_{0n} + c_{1n}\frac{x}{z} + \ldots + c_{pn}\left(\frac{x}{z}\right)^p + \ldots + c_{mn}\left(\frac{x}{z}\right)^m \right\}$$

$$= c_{0n}\frac{f(z)}{z} + c_{1n}\frac{xf(z)}{z^2} + \ldots + c_{pn}x^p\frac{f(z)}{z^{p+1}} + \ldots,$$

et le coefficient de x^p dans l'intégrale est égal à

$$\frac{c_{pn}}{2\pi i}\int_\Gamma \frac{f(z)\,dz}{z^{p+1}},$$

c'est-à-dire à $c_{pn}\,a_p$. Si donc on pose

$$Q_n(x) = \sum_{p=0}^{m} a_p\,c_{pn}\,x^p,$$

on voit que, pour tout point x de l'étoile rectiligne E, on a le développement, qui est lui-même uniformément convergent dans tout domaine D intérieur à l'étoile [1],

$$(26) \qquad f(x) = Q_0(x) + Q_1(x) + \ldots + Q_n(x) + \ldots,$$

ce qui démontre le théorème de Mittag-Leffler.

Si l'on connaît *a priori* l'étoile E de la fonction $f(x)$, la formule (26) permet de calculer cette fonction en tout point de l'étoile. Pour résoudre le problème inverse, il faudrait pouvoir trouver le domaine de convergence de la série (20), connaissant les coefficients a_n. Aussi ce théorème, malgré sa généralité, ne diminue pas l'intérêt des méthodes plus particulières des paragraphes précédents.

343. Théorème de Painlevé. — Le théorème suivant, dû à M. Painlevé [2], se rattache aussi à la théorie du prolongement analytique.

Soient $f_1(z)$, $f_2(z)$ deux fonctions holomorphes respectivement dans deux domaines D_1, D_2, séparés par un arc AB, et n'ayant aucun point commun en dehors de la frontière commune. *Si ces deux fonctions prennent la même suite continue de valeurs sur l'arc AB, $f_2(z)$ est le prolongement analytique de $f_1(z)$ quand la variable z passe du domaine D_1 au domaine D_2 en traversant l'arc AB.*

Prenons en effet dans le domaine D_1 un arc APB limitant avec BA un domaine simplement connexe Δ_1 situé tout entier dans D_1, et prenons de même dans D_2 un arc AQB limitant avec BA un domaine Δ_2 situé dans D_2. Nous supposerons, pour fixer les idées, qu'en décrivant le contour ABPA on laisse à gauche le domaine Δ_1; en décrivant le contour AQBA, on laisse de même à gauche le domaine Δ_2. Soit x un point quelconque de Δ_1; l'intégrale de Cauchy nous donne

$$f_1(x) = \frac{1}{2\pi i}\left[\int_{AB}\frac{f_1(z)\,dz}{z-x} + \int_{BPA}\frac{f_1(z)\,dz}{z-x}\right];$$

---

[1] On peut choisir en effet une courbe Γ renfermant tout ce domaine D à l'intérieur; la série (25) est alors uniformément convergente quand x décrit le domaine D, et z la courbe Γ.

[2] *Sur les lignes singulières des fonctions analytiques* (*Annales de la Faculté de Toulouse*, II; 1888.

mais, d'autre part, $\dfrac{f_2(z)}{z-x}$ est holomorphe dans Δ_2, et par suite on a

$$0 = \frac{1}{2\pi i}\left[\int_{BA}\frac{f_2(z)\,dz}{z-x} + \int_{AQB}\frac{f_2(z)\,dz}{z-x}\right].$$

En ajoutant il vient, puisque le long de AB, $f_1 = f_2$,

$$f_1(x) = \frac{1}{2\pi i}\int_{AQBPA}\frac{g(z)}{z-x}\,dz,$$

$g(z)$ désignant une fonction continue le long du contour, qui est égale à $f_1(z)$ le long de BPA, et à $f_2(z)$ le long de AQB. On trouverait évidemment la même expression pour $f_2(x)$, x étant un point de Δ_2. Or la fonction

$$F(x) = \frac{1}{2\pi i}\int_{AQBPA}\frac{g(z)\,dz}{z-x}$$

est une fonction holomorphe dans tout le domaine $\Delta_1 + \Delta_2$ intérieur au contour d'intégration. Cette fonction est identique à f_1 dans Δ_1 et à f_2 dans Δ_2; il s'ensuit que $f_2(z)$ est bien le prolongement de $f_1(z)$ quand z traverse l'arc AB pour passer du domaine D_1 au domaine D_2 et réciproquement.

Application. — Supposons qu'une fonction $f_1(z)$ holomorphe dans un domaine D_1 soit nulle en tous les points d'un arc AB de la frontière de ce domaine. On peut prendre pour D_2 un domaine extérieur à D_1 et limité par une courbe fermée dont fait partie l'arc AB, puis supposer $f_2 = 0$. Nous sommes bien dans les conditions de l'énoncé, et par suite la fonction $f_2(z)$ prolongement analytique de $f_1(z)$, est identiquement nulle. Donc *une fonction holomorphe dans un domaine D ne peut s'annuler en tous les points d'un arc de la frontière, aussi petit soit-il, sans être identiquement nulle.*

III. — ESPACES LACUNAIRES. COUPURES.

L'étude des fonctions modulaires elliptiques avait fourni à M. Hermite le premier exemple d'une fonction analytique définie dans une portion du plan seulement. Il avait semblé d'abord que les fonctions de cette espèce devaient être considérées comme exceptionnelles, tandis que l'étude approfondie du prolongement analytique a conduit à une conclusion tout à fait opposée. Il résulte en effet des travaux de MM. E. Borel et E. Fabry qu'une série de Taylor, *prise au hasard*, ne peut pas être prolongée analytiquement en dehors de son cercle de convergence. Je renverrai aux

Mémoires de ces deux géomètres pour le sens précis qu'il faut attacher à cet énoncé; et j'indiquerai seulement, en raison de son caractère élémentaire, une méthode très simple permettant de définir des fonctions analytiques, qui admettent pour espace lacunaire une région quelconque du plan, moyennant une hypothèse très générale sur la courbe qui limite cette région.

344. Lignes singulières. Espaces lacunaires. — Nous démontrerons d'abord une proposition préliminaire ([1]). Soient $a_1, a_2, \ldots, a_n, \ldots$, et $c_1, c_2, \ldots, c_n, \ldots$ deux suites à termes quelconques, dont la seconde a tous ses termes différents de zéro, et telle que la série Σc_i soit absolument convergente. Soit C un cercle de centre z_0 ne contenant à son intérieur aucun point a_i et passant par *un seul* de ces points : la série

$$(27) \qquad F(z) = \sum_{\nu=1}^{+\infty} \frac{c_\nu}{a_\nu - z}$$

représente dans le cercle C une fonction holomorphe qui peut être développée en série ordonnée suivant les puissances de $z - z_0$.

Le cercle de convergence de cette série est précisément le cercle C.

On peut évidemment supposer $z_0 = 0$, car, si l'on change z en $z_0 + z'$, a_ν est remplacé par $a_\nu - z_0$, et c_ν ne change pas. Nous supposerons aussi que l'on a $|a_1| = R$, en désignant par R le rayon du cercle C, et $a_i > R$, pour $i > 1$. Dans le cercle C, le terme général $\frac{c_\nu}{a_\nu - z}$ peut être développé en série entière, et cette série admet, comme il est facile de le voir, la fonction majorante $\frac{|c_\nu|}{R} \dfrac{1}{1 - \dfrac{z}{R}}$. D'après une proposition générale démontrée plus haut (n° **263**), la série $\Sigma |c_\nu|$ étant convergente, la fonction $F(z)$ peut être développée en série entière dans le cercle C, et cette série peut être obtenue en ajoutant terme à terme les séries entières qui

---

([1]) H. Poincaré, *Acta Societatis Fennicæ*, t. XIII, 1881. — E. Goursat. *Bulletin des Sciences mathématiques*, 2ᵉ série. t. XI. p 109. et t. XVII, p. 147.

représentent les différents termes. On a donc, dans ce cercle C,

$$(10)' \quad F(z) = A_0 + A_1 z + A_2 z^2 + \ldots + A_n z^n + \ldots \qquad A_n = \sum_{\nu=1}^{+\infty} \frac{c_\nu}{a_\nu^{n+1}}.$$

Choisissons un nombre entier p tel que $\sum_{\nu=p+1}^{+\infty} |c_\nu|$ soit plus petit que $\frac{1}{2}|c_1|$, ce qui est possible puisque c_1 n'est pas nul et que la série $\Sigma|c_\nu|$ est convergente. Le nombre p étant choisi de cette façon, nous pouvons écrire $F(z) = F_1(z) + F_2(z)$, en posant

$$F_1(z) = \sum_{\nu=2}^{p} \frac{c_\nu}{a_\nu - z}, \qquad F_2(z) = \frac{c_1}{a_1 - z} + \sum_{\nu=p+1}^{+\infty} \frac{c_\nu}{a_\nu - z};$$

$F_1(z)$ est une fonction rationnelle qui n'a que des pôles extérieurs au cercle C; elle est donc développable en série entière dans un cercle C' de rayon $R' > R$. Quant à $F_2(z)$, on a

$$(28) \qquad F_2(z) = B_0 + B_1 z + \ldots + B_n z^n + \ldots,$$

où

$$B_n = \frac{c_1}{a_1^{n+1}} + \frac{c_{p+1}}{(a_{p+1})^{n+1}} + \frac{c_{p+2}}{(a_{p+2})^{n+1}} + \ldots.$$

On peut encore écrire ce coefficient

$$B_n = \frac{1}{a_1^{n+1}} \left[c_1 + \sum_{\nu=p+1}^{+\infty} c_\nu \left(\frac{a_1}{a_\nu} \right)^{n+1} \right];$$

mais on a par hypothèse $\left| \dfrac{a_1}{a_\nu} \right| < 1$, et le module de la somme

$$\sum_{\nu=p+1}^{+\infty} c_\nu \left(\frac{a_1}{a_\nu} \right)^{n+1}$$

est, d'après la façon dont on a choisi le nombre p, inférieur à $\frac{1}{2}|c_1|$. Le module du coefficient B_n est donc compris entre $\frac{1}{2R^{n+1}}|c_1|$ et $\frac{3}{2R^{n+1}}|c_1|$, et le module du terme général de la série (28) est compris entre $\frac{|c_1|}{2R}\left|\frac{z}{R}\right|^n$ et $\frac{3|c_1|}{2R}\left|\frac{z}{R}\right|^n$; cette série est donc divergente si l'on a $|z| > R$. En ajoutant à la série $F_2(z)$, convergente dans le cercle de rayon R, une série $F_1(z)$ convergente dans un cercle de rayon $R' > R$, il est clair que la somme $F(z)$ admet le cercle C de rayon R pour cercle de convergence ; ce qui démontre la proposition énoncée.

Cela posé, soit L une courbe, fermée ou non, admettant en chaque point un rayon de courbure déterminé non nul. La série $\Sigma|c_\nu|$ étant absolument convergente, supposons que les points de la suite $a_1, a_2, \ldots, a_i, \ldots$ soient tous sur la courbe L, et y soient distribués de telle sorte que, sur un arc fini de la courbe L, il y ait toujours une infinité de points de cette suite. La série

$$(29) \qquad F(z) = \sum_{\nu=1}^{+\infty} \frac{c_\nu}{a_\nu - z}$$

est convergente pour tout point z_0 n'appartenant pas à la courbe L et représente une fonction holomorphe dans le domaine de ce point ; pour le voir, il suffirait de reprendre la première partie de la démonstration précédente, en prenant pour le cercle C un cercle quelconque de centre z_0 et ne renfermant aucun point a_i. Si la courbe L n'est pas fermée et ne présente pas de point double, la série (29) représente une fonction holomorphe dans toute l'étendue du plan, sauf pour les points de la courbe L. Nous ne pouvons en conclure que cette courbe L est une ligne singulière ; il faut encore être assuré que le prolongement analytique de $F(z)$ n'est pas possible à travers une portion, aussi petite qu'elle soit, de L. Il suffit de vérifier pour cela que le cercle de convergence de la série entière qui représente $F(z)$ dans le domaine d'un point quelconque z_0, non situé sur L, ne peut jamais renfermer un arc de cette ligne, quelque petit qu'il soit. Supposons en effet que le cercle C de centre z_0 renferme un arc $\alpha\beta$ de la ligne L. Sur cet arc $\alpha\beta$ prenons un point a_i, ce qui est possible, par hypothèse, et sur la normale en a_i à cet arc prenons un point z' assez voisin du point a_i pour que le cercle C_i décrit du point z' comme centre avec $|z' - a_i|$ pour rayon soit tout entier à l'intérieur de C et n'ait pas d'autre point commun avec l'arc $\alpha\beta$ que le point a_i lui-même. D'après le théorème qui vient d'être démontré, le cercle C_i est le cercle de convergence de la série entière qui représente $F(z)$ dans le donaine du point z'. Mais ceci est en contradiction avec les propriétés générales des séries entières, car ce cercle de convergence ne peut être plus petit que le cercle de centre z' qui est tangent intérieurement au cercle C.

Si la ligne L est fermée, la série (29) représente deux fonctions analytiques distinctes, dont l'une n'existe que dans l'aire A intérieure à la ligne L et pour laquelle la portion du point extérieure à cette ligne est un espace lacunaire; l'autre fonction, au contraire, n'existe qu'à l'extérieur de la ligne L et admet la région intérieure pour espace lacunaire. On dit aussi que la ligne L est une *coupure essentielle* pour chacune de ces fonctions.

Étant données plusieurs lignes, fermées ou non, $L_1, L_2, \ldots, L_p$, on pourra former de cette façon des séries de la forme (29) admettant ces lignes pour coupures essentielles; la somme de ces séries admettra toutes ces lignes pour coupures essentielles.

345. Exemples. — Soient AB un segment de droite et α, β les affixes des extrémités A, B. Tous les points $\gamma = \dfrac{m\alpha + n\beta}{m + n}$, où m et n sont deux nombres entiers positifs variant de 1 à $+\infty$, sont situés sur le segment AB, et sur une portion finie de ce segment il y a toujours une infinité de points de cette espèce, puisque le point γ divise le segment AB dans le rapport $\dfrac{m}{n}$. Soit d'autre-part $C_{m,n}$ le terme général d'une série à deux indices absolument convergente. La série à deux indices

$$F(z) = \sum \frac{C_{m,n}}{\dfrac{m\alpha + n\beta}{m + n} - z}$$

représente une fonction analytique admettant le segment AB pour coupure essentielle. On peut, en effet, transformer cette série en une série à un seul indice d'une infinité de manières. Il est clair qu'en ajoutant plusieurs séries de cette espèce on pourra former une fonction analytique admettant pour espace lacunaire un polygone quelconque.

Voici un autre exemple où la ligne L est une circonférence. Soient α un nombre positif irrationnel, ν un nombre entier positif. Posons

$$a = e^{2i\pi\alpha}, \qquad a_\nu = a^\nu = e^{2i\pi\nu\alpha};$$

tous les points a^ν sont distincts et situés sur le cercle C de rayon *un* ayant pour centre l'origine. De plus, nous savons qu'on peut trouver deux nombres entiers m et n tels que la différence $2\pi(n\alpha - m)$ soit moindre en valeur absolue qu'un nombre ε, aussi petit qu'on le suppose (n° 317, *Remarque*).

Il existe donc des puissances de a dont l'argument est aussi voisin de zéro qu'on le veut et, par suite, sur un arc fini de la circonférence, il y aura toujours une infinité de points a^ν. Posons ensuite $c_\nu = \dfrac{a^\nu}{2^\nu}$; la série

$$F(z) = \sum_{\nu=1}^{+\infty} \frac{1}{2^\nu} \; \frac{1}{1 - \dfrac{z}{a_\nu}}$$

représente, d'après le théorème général, une fonction holomorphe dans le cercle C, qui admet comme espace lacunaire toute la portion du plan extérieure à ce cercle. En développant chaque terme suivant les puissances de z, on trouve pour le développement de $F(z)$ la série entière

$$(30) \qquad F(z) = 1 + \frac{z}{2a - 1} + \frac{z^2}{2a^2 - 1} + \ldots + \frac{z^n}{2a^n - 1} + \ldots$$

Il est facile de vérifier directement que la fonction représentée par cette série entière ne peut pas être prolongée analytiquement au delà du cercle C. Si nous lui ajoutons en effet la série $\dfrac{1}{1 - z}$, il vient

$$F(z) - \frac{1}{1 - z} = 2 + z\left(\frac{1}{2a - 1} + 1\right) + \ldots + z^n\left(\frac{1}{2a^n - 1} - 1\right) + \ldots = 2 F(az)$$

ou

$$F(az) = \frac{1}{2} F(z) + \frac{1}{2} \frac{1}{1 - z}.$$

En changeant dans cette relation z en az, puis en $a^2 z$,..., on trouve la relation générale

$$(31) \quad F(a^n z) = \frac{1}{2^n} F(z) + \frac{1}{2^n(1 - z)} + \frac{1}{2^{n-1}(1 - az)} + \ldots + \frac{1}{2(1 - a^{n-1} z)},$$

qui montre que la différence $2^n F(a^n z) - F(z)$ est une fonction rationnelle $\varphi(z)$ admettant les n pôles du premier ordre $1, \dfrac{1}{a}, \ldots, \dfrac{1}{a^{n-1}}$.

La formule (31) a été établie en supposant que l'on a $|z| < 1$, et $|a| = 1$. Si l'argument de a est commensurable avec π, cette formule montre que $F(z)$ est une fonction rationnelle; il suffirait de prendre pour n un nombre entier tel que $a^n = 1$. Si l'argument de a est incommensurable avec π, il est impossible que la fonction $F(z)$ soit holomorphe sur un arc fini AB de la circonférence, aussi petit qu'on le suppose. En effet, soient a^{-p} et a^{n-p} deux points situés sur l'arc AB $(n > p)$. Les nombres n et p étant ainsi choisis, imaginons que l'on fasse tendre z vers a^{-p}, $a^n z$ tendra vers a^{n-p}, et les deux fonctions $F(z)$ et $F(a^n z)$ devraient tendre vers des limites finies. Or, la relation (14) montre que ceci est impossible, puisque la fonction $\varphi(z)$ admet le pôle a^{-p}.

Une méthode analogue s'applique, comme l'a démontré M. Hadamard, à la série considérée par Weierstrass

$$(32) \qquad\qquad F(z) = \Sigma\, b^n z^{a^n},$$

où a est un entier positif, et b une constante de module inférieur à *un*. Cette série est convergente pourvu que $|z|$ ne dépasse pas l'unité, et divergente si $|z| > 1$. Le cercle C de rayon *un* est donc le cercle de convergence. La circonférence est une coupure essentielle de la fonction $F(z)$. Supposons en effet que, sur un arc fini $\alpha\beta$ de la circonférence, il n'y ait aucun point singulier de cette fonction. Si l'on remplace dans $F(z)$ la variable z par $z e^{\frac{2ki\pi}{c^h}}$, k et h étant deux entiers positifs, et c un diviseur de a, tous les termes de la série (15) ne changent pas à partir du terme de rang h, et la différence $F(z) - F\left(z e^{\frac{2k\pi i}{c^h}} \right)$ est un polynome. La fonction $F(z)$ n'aurait donc pas non plus de point singulier sur l'arc $\alpha_k\beta_k$ que l'on déduit de l'arc $\alpha\beta$ par une rotation d'un angle $\dfrac{2k\pi}{c^h}$ autour de l'origine. Prenons h assez grand pour que $\dfrac{2\pi}{c^h}$ soit inférieur à l'arc $\alpha\beta$; en faisant successivement $k = 1, 2, \ldots, c^h$, il est clair que les arcs $\alpha_1\beta_1, \alpha_2\beta_2, \ldots$ recouvriraient complètement la circonférence. La fonction $F(z)$ n'aurait donc aucun point singulier sur la circonférence, ce qui est absurde (n° 335).

Cet exemple offre une particularité intéressante : la série (32) est absolument et uniformément convergente le long du cercle C. Elle représente donc sur ce cercle une fonction continue de l'argument θ (¹).

(¹) M. Fredholm a démontré de même que la somme de la série $\displaystyle\sum_0^\infty a^n z^{n^2}$, où a est une quantité positive inférieure à l'unité, ne peut être prolongée au delà du cercle de convergence (*Comptes rendus*, 24 mars 1890). Cet exemple conduit à une conséquence qui mérite d'être signalée. Sur le cercle de rayon 1, la série est convergente et la somme

$$F(\theta) = \Sigma\, a^n \left[\cos(n^2\theta) + i \sin(n^2\theta) \right]$$

est une fonction continue de l'argument θ, dont la suite des dérivées est illimitée. Cependant cette fonction $F(\theta)$ ne peut être développée par la formule de Taylor dans aucun intervalle, aussi petit qu'il soit. Supposons en effet que, dans l'intervalle $(\theta_0 - \alpha, \theta_0 + \alpha)$, on ait

$$F(\theta) = A_0 + A_1(\theta - \theta_0) + \ldots + A_n(\theta - \theta_0)^n + \ldots$$

La série qui est au second membre représente une fonction holomorphe de la

346. Singularités des expressions analytiques. — Toute expression analytique, telle qu'une série dont les différents termes sont des fonctions d'une variable z, ou une intégrale définie dans laquelle cette variable figure comme paramètre, représente, moyennant certaines conditions, une fonction holomorphe dans le voisinage de chacune des valeurs de z pour lesquelles elle a un sens. Si l'ensemble de ces valeurs de z recouvre complètement une région connexe du plan A, l'expression considérée représente une fonction holomorphe dans cette région A. Mais si l'ensemble de ces valeurs de z forme deux ou plusieurs régions distinctes *séparées*, il peut se faire que l'expression analytique considérée représente dans ces différentes régions des fonctions complètement distinctes. Nous en avons déjà rencontré un exemple au n° 289. Nous avons vu, en effet, comment on peut former une série à termes rationnels, convergente dans les deux triangles curvilignes PQR, P'Q'R' (*fig.* 57), dont la somme est égale à une fonction holomorphe $f(z)$ dans le triangle PQR et à zéro dans le triangle P'Q'R'. En ajoutant deux séries analogues, on obtiendra une série à termes rationnels, dont la somme sera égale à $f(z)$ dans le triangle PQR, et à une autre fonction holomorphe $\varphi(z)$, absolument quelconque, dans le triangle P'Q'R'. Ces deux fonctions $f(z)$ et $\varphi(z)$ étant arbitraires, il est clair que la somme de la série dans le triangle P'Q'R' n'aura en général aucun rapport avec le prolongement analytique de la somme de cette série dans le triangle PQR.

Voici encore un exemple très simple, analogue à un exemple signalé par Schröder et par M. Tannery. L'expression $\frac{1-z^n}{1+z^n}$, où n est un entier positif qui augmente indéfiniment, a pour limite $+1$ si $|z| < 1$, et -1, si $|z| > 1$: si $|z| = 1$, cette expression n'a pas de limite, sauf pour $z = 1$. Or la somme des n premiers termes

---

variable complexe θ dans le cercle c de rayon α décrit du point θ_0 pour centre. A ce cercle c la relation $z = e^{\theta}$ fait correspondre, dans le plan de la variable z, une aire fermée A renfermant l'arc γ du cercle de rayon 1 allant du point d'argument $\theta_0 - \alpha$ au point d'argument $\theta_0 + \alpha$. Il existerait donc dans cette aire A une fonction holomorphe de z coïncidant avec la somme de la série $\Sigma a^n z^{n^2}$, le long de γ ; ce qui est impossible, puisqu'on ne peut prolonger la somme de cette série au delà du cercle.

de la série

$$S(z) = \frac{1-z}{1+z} + \left(\frac{1-z^2}{1+z^2} - \frac{1-z}{1+z}\right) + \ldots + \left(\frac{1-z^n}{1+z^n} - \frac{1-z^{n-1}}{1+z^{n-1}}\right) + \ldots$$

est égale à l'expression précédente. Cette série est donc convergente pourvu que $|z|$ soit différent de l'unité ; elle représente $+1$ à l'intérieur du cercle C de rayon *un* qui a pour centre l'origine, et -1 à l'extérieur de ce cercle. Cela posé, soient $f(z)$, $\varphi(z)$ deux fonctions analytiques quelconques, par exemple deux fonctions entières ; l'expression

$$\psi(z) = \frac{1}{2}[f(z) + \varphi(z)] + \frac{1}{2}S(z)[f(z) - \varphi(z)]$$

est égale à $f(z)$ à l'intérieur de C, et à $\varphi(z)$ à l'extérieur de C. La circonférence elle-même est pour cette expression une *coupure*, mais d'une nature bien différente des coupures essentielles dont nous venons de parler. La fonction qui est égale à $\psi(z)$ à l'intérieur de C peut être prolongée analytiquement en dehors du cercle, et de même la fonction qui est égale à $\psi(z)$ à l'extérieur de C peut être prolongée analytiquement à l'intérieur.

Des singularités analogues se présentent pour les fonctions représentées par des intégrales définies. L'exemple le plus simple est fourni par l'intégrale de Cauchy ; si $f(z)$ est une fonction holomorphe à l'intérieur d'un contour fermé Γ et sur ce contour lui-même, l'intégrale $\dfrac{1}{2\pi i}\displaystyle\int_\Gamma \frac{f(z)\,dz}{z-x}$ représente $f(x)$ si le point x est à l'intérieur de Γ. La même intégrale est nulle si le point x est à l'extérieur du contour Γ, car la fonction $\dfrac{f(z)}{z-x}$ est alors holomorphe à l'intérieur du contour. La ligne Γ est encore une coupure non essentielle pour l'intégrale définie. De même l'intégrale définie $\displaystyle\int_0^{2\pi} \cot\left(\frac{z-x}{2}\right) dz$ admet comme coupure l'axe réel ; elle est égale à $+2\pi i$ ou à $-2\pi i$, suivant que le point x est au-dessus ou au-dessous de cette coupure (n° 296).

347. Formule de M. Hermite. — On peut rattacher au même ordre d'idées un résultat intéressant de M. Hermite [1]. Soient $F(t, z)$, $G(t, z)$

---

[1] HERMITE, *Sur quelques points de la théorie des fonctions* (*Journal de Crelle*, t. 91).

deux fonctions holomorphes des deux variables t et z, par exemple deux
polynomes, ou deux séries entières convergentes pour toutes les valeurs
de ces deux variables. L'intégrale définie

$$(33) \qquad \Phi(z) = \int_{\alpha}^{\beta} \frac{F(t, z)}{G(t, z)}\, dt,$$

prise suivant le segment de droite qui unit les deux points α et β, représente, ainsi que nous le démontrerons plus loin (n° 352), une fonction
holomorphe de z, sauf pour les valeurs de z qui sont racines de l'équation
$G(t, z) = 0$, t étant l'affixe d'un point pris sur le segment $\alpha\beta$. Cette équation détermine ainsi un nombre fini ou infini de courbes pour lesquelles
l'intégrale $\Phi(z)$ cesse d'avoir un sens. Soit AB une de ces courbes, ne présentant pas de point double; nous supposerons, pour nous placer dans un
cas bien précis, que, lorsque t décrit le segment $\alpha\beta$, une des racines de
l'équation $G(t, z) = 0$ décrit l'arc AB, et que toutes les autres racines de
la même équation, s'il en existe, restent en dehors d'un contour fermé
convenablement choisi entourant l'arc AB, de telle façon que le segment $\alpha\beta$
et l'arc AB se correspondent point par point. L'intégrale (33) n'a aucun
sens lorsque z vient sur l'arc AB; nous nous proposons de calculer la différence des valeurs de la fonction $\Phi(z)$ en deux points, N, N' infiniment
voisins d'un point M de la ligne AB, pris de part et d'autre de cette ligne.
Soient ζ, $\zeta + \varepsilon$, $\zeta + \varepsilon'$ les affixes des trois points M, N, N' respectivement.
A ces trois points la relation $G(t, z) = 0$ fait correspondre dans le plan de
la variable t le point m sur $\alpha\beta$ et les deux points infiniment voisins n, n'
pris de part et d'autre de $\alpha\beta$; soient θ, $\theta + \eta$, $\theta + \eta'$ les valeurs correspondantes de t. Prenons dans le voisinage du segment $\alpha\beta$ un point γ assez
rapproché pour qu'à l'intérieur du triangle $\alpha\beta\gamma$ (*fig.* 76) l'équation

Fig. 76.

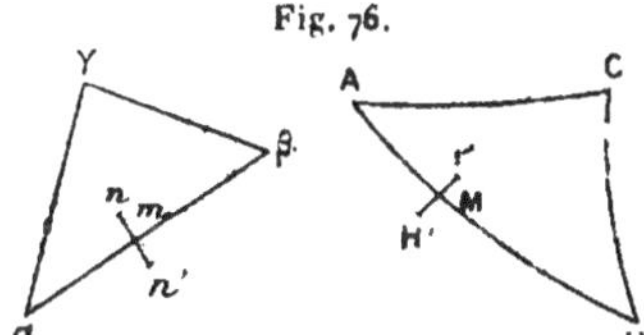

$G(t, \zeta + \varepsilon) = 0$ n'ait pas d'autre racine que $t = \theta + \eta$. La fonction $\dfrac{F(t, \zeta + \varepsilon)}{G(t, \zeta + \varepsilon)}$
de la variable t n'a donc qu'un seul pôle $\theta + \eta$ à l'intérieur du triangle $\alpha\beta\gamma$,
et, d'après les hypothèses qui ont été faites, ce pôle est un pôle simple.
En appliquant le théorème de Cauchy, on a donc la relation

$$(34) \quad \int_{\alpha}^{\beta} \frac{F(t, \zeta + \varepsilon)}{G(t, \zeta + \varepsilon)}\, dt + \int_{\beta}^{\gamma} \frac{F(t, \zeta + \varepsilon)}{G(t, \zeta + \varepsilon)}\, dt$$
$$+ \int_{\gamma}^{\alpha} \frac{F(t, \zeta + \varepsilon)}{G(t, \zeta + \varepsilon)}\, dt = 2 i \pi \frac{F(\theta + \eta, \zeta + \varepsilon)}{G'_t(\theta + \eta, \zeta + \varepsilon)}.$$

Les deux intégrales $\int_\beta^\gamma$, $\int_\gamma^\alpha$ sont de la même forme que $\Phi(z)$; elles représentent respectivement deux fonctions $\Phi_1(z)$, $\Phi_2(z)$ qui sont holomorphes tant que la variable n'est pas située sur certaines coupures. Soient AC et BC les coupures qui correspondent aux deux segments $\alpha\gamma$ et $\beta\gamma$ du plan des t, et qui sont infiniment voisines de la coupure AB de $\Phi(z)$. Donnons maintenant à z la valeur $\zeta + \varepsilon'$; la valeur correspondante de t est $\theta + \eta'$, représentée par le point n', et la fonction $\dfrac{F(t, \zeta + \varepsilon')}{G(t, \zeta + \varepsilon')}$ de t est holomorphe à l'intérieur du triangle $\alpha\beta\gamma$. Nous avons donc la relation

$$(35) \qquad \int_\alpha^\beta \frac{F(t, \zeta + \varepsilon')}{G(t, \zeta + \varepsilon')}\, dt + \int_\beta^\gamma \frac{F(t, \zeta + \varepsilon')}{G(t, \zeta + \varepsilon')}\, dt + \int_\gamma^\alpha \frac{F(t, \zeta + \varepsilon')}{G(t, \zeta + \varepsilon')}\, dt = 0;$$

en retranchant membre à membre les deux formules (34) et (35) on peut écrire la relation obtenue

$$\Phi(\zeta + \varepsilon) - \Phi(\zeta + \varepsilon') + [\Phi_1(\zeta + \varepsilon) - \Phi_1(\zeta + \varepsilon')]$$
$$+ [\Phi_2(\zeta + \varepsilon) - \Phi_2(\zeta + \varepsilon')] = 2i\pi \frac{F(\theta + \eta_1, \zeta + \varepsilon)}{G_t(\theta + \eta_1, \zeta + \varepsilon)}.$$

Mais les deux fonctions $\Phi_1(z)$, $\Phi_2(z)$, n'admettant pas la ligne AB comme coupure, sont holomorphes dans le voisinage du point $z = \zeta$ et, en faisant tendre ε et ε' vers zéro, on obtient à la limite la différence des valeurs de $\Phi(z)$ en deux points infiniment rapprochés de part et d'autre de AB. Nous écrirons le résultat sous forme abrégée

$$(36) \qquad\qquad \Phi(N) - \Phi(N') = 2i\pi \frac{F(\theta, \zeta)}{\dfrac{\partial G(\theta, \zeta)}{\partial \theta}};$$

c'est la formule de M. Hermite. On voit qu'elle se rattache très simplement au théorème de Cauchy [1]. La démonstration indique bien comment on doit prendre les deux points N et N'; le point $N(\zeta + \varepsilon)$ doit être tel qu'un observateur décrivant le segment $\alpha\beta$ laisse à sa gauche le point $\theta + \eta_1$ correspondant.

Il est à remarquer que la ligne AB n'est pas une coupure essentielle pour la fonction $\Phi(z)$. Dans le voisinage du point N', on peut remplacer, d'après la formule (35), $\Phi(z)$ par $- [\Phi_1(z) + \Phi_2(z)]$; or, la somme $\Phi_1(z) + \Phi_2(z)$ est une fonction holomorphe dans le triangle curviligne ACB et sur la ligne AB elle-même, ainsi que dans le voisinage de N'. On peut donc faire traverser à la variable z la ligne AB en un point quelconque M de cette ligne, différent des extrémités A et B, sans rencontrer aucun obstacle au

---

[1] Goursat, *Sur un théorème de M. Hermite* (*Acta mathematica*, t. I).

prolongement analytique. Il en serait évidemment de même si l'on faisait franchir à la variable z la ligne AB dans le sens opposé.

Exemple. — Considérons l'intégrale

$$(20) \qquad \Phi(z) = \int_\alpha^\beta \frac{f(t)\,dt}{t-z},$$

l'intégrale étant prise suivant un segment AB de l'axe réel, et $f(t)$ désignant une fonction holomorphe le long de ce segment AB. Représentons z sur le même plan que t. La fonction $\Phi(z)$ est une fonction holomorphe de z dans le voisinage de tout point non situé sur le segment AB lui-même qui est une coupure pour l'intégrale. La différence $\Phi(\mathrm{N}) - \Phi(\mathrm{N}')$ est ici égale à $\pm 2\pi i f(\zeta)$, ζ étant un point du segment AB. Lorsque la variable z franchit la ligne AB, le prolongement analytique de $\Phi(z)$ est représenté par $\Phi(z) \pm 2\pi i f(z)$.

Cet exemple donne lieu à une remarque importante. La fonction $\Phi(z)$ est encore une fonction holomorphe de z, sans que $f(t)$ soit une fonction analytique de t, pourvu qu'elle soit continue entre α et β (n° **284**). Mais, dans ce cas, les raisonnements précédents ne s'appliquent plus, et le segment AB est en général une coupure essentielle pour la fonction $\Phi(z)$.

Soit ζ un nombre réel compris entre α et β. La différence

$$\Phi(\zeta + i\varepsilon) - \Phi(\zeta - i\varepsilon),$$

où ε est un nombre positif infiniment petit, ne peut plus être calculée par l'application du théorème des résidus, puisque $f(t)$ n'est pas une fonction analytique. Cette différence est égale à

$$\Phi(\zeta + i\varepsilon) - \Phi(\zeta - i\varepsilon) = \int_\alpha^\beta f(t)\left[\frac{1}{t-\zeta-i\varepsilon} - \frac{1}{t-\zeta+i\varepsilon}\right] dt$$
$$= \int_\alpha^\beta \frac{2i\varepsilon f(t)\,dt}{(t-\zeta)^2+\varepsilon^2}$$

et l'on peut encore l'écrire

$$\int_\alpha^\beta \frac{2i\varepsilon f(\zeta)}{(t-\zeta)^2+\varepsilon^2}\,dt + \int_\alpha^\beta \frac{2i\varepsilon[f(t)-f(\zeta)]}{(t-\zeta)^2+\varepsilon^2}\,dt.$$

La première intégrale est égale à $2if(\zeta)\left[\operatorname{Arc\,tang}\left(\frac{t-\zeta}{\varepsilon}\right)\right]_\alpha^\beta$ et a pour limite $2\pi i f(\zeta)$ lorsque ε tend vers zéro. Quant à la seconde intégrale, on peut la partager en trois intégrales prises respectivement de α à $\zeta - h$, de $\zeta - h$ à $\zeta + h$ et de $\zeta + h$ à β, h étant un nombre positif très petit. Si η est la valeur maximum de $|f(t)-f(\zeta)|$ dans l'intervalle $(\zeta - h, \zeta + h)$, le calcul précédent prouve que le module de la seconde intégrale est inférieur à $2\pi\eta$. Quant à la première et à la troisième, elles tendent vers zéro avec ε, et le module de la somme de ces trois intégrales peut être rendu plus petit que tout nombre donné. On a donc encore, en passant à la limite ([1]),

$$\lim_{\varepsilon=0} [\Phi(\zeta + i\varepsilon) - \Phi(\zeta - i\varepsilon)] = 2i\pi f(\zeta).$$

EXERCICES.

1. Trouver les lignes de discontinuité des intégrales définies

$$F(z) = \int_0^1 \frac{z\,dt}{1 + z^2 t^2}, \qquad \Phi(z) = \int_a^b \frac{dt}{t + iz}$$

prises suivant la ligne droite qui joint les points $(o, 1)$, ou (a, b); préciser la valeur de ces intégrales, pour un point z non situé sur les coupures.

2. On considère quatre cercles de rayons $\dfrac{1}{\sqrt{2}}$, ayant pour centres les points $+1, +i, -1, -i$. L'espace situé *à l'extérieur* de ces quatre cercles se compose d'une aire finie A_1 renfermant l'origine et d'une aire indéfinie A_2. Former, par la méthode du n° 289, une série de fonctions rationnelles qui converge dans ces aires, et dont la somme est égale à 1 dans A_1 et a o dans A_2. Vérifier le résultat en faisant la somme de la série obtenue.

3. Traiter les mêmes questions en considérant les deux aires *intérieures* au cercle de rayon 2 ayant pour centre l'origine, et *extérieures* aux deux cercles de rayon 1 ayant pour centres les points $+1$ et -1 respectivement.

[APPELL, *Acta mathematica*, t. I.]

4. L'intégrale définie

$$\Phi(z) = \int_0^{+\infty} \frac{t^a \sin z}{1 + 2t \cos z + t^2}\,dt,$$

prise le long de l'axe réel, admet comme coupures les droites $x = (2k+1)\pi$, k étant entier. Soit $\zeta = (2k+1)\pi + i\zeta$ un point de l'une de ces coupures. La différence des valeurs de l'intégrale en deux points infiniment voisins de celui-là, de part et d'autre de la coupure, est égale à $\pi(e^{a\zeta} + e^{-a\zeta})$.

[HERMITE, *Journal de Crelle*, t. 91.]

([1]) *Voir* PLEMELJ, *Monatshefte für Mathematik und Physik* (t. XIX, 1908, p. 205).

5*. Les intégrales définies, prises le long de l'axe réel,

$$J = \int_{-\infty}^{+\infty} \frac{e^{i(t-z)}}{t-z}\,dt, \qquad J_0 = \int_{-\infty}^{+\infty} \frac{e^{-i(t-z)}}{t-z}\,dt,$$

admettent comme coupure l'axe réel dans le plan de la variable z. Au-dessus de cet axe, on a $J = 2\,i\pi$, $J_0 = 0$, et au-dessous on a $J = 0$, $J_0 = -2\,i\pi$. Déduire de ces formules les valeurs des intégrales définies

$$\int_{-\infty}^{+\infty} \frac{e^{it}}{t-z}\,dt. \qquad \int_{-\infty}^{+\infty} \frac{\cos(t-z)}{t-z}\,dt,$$

$$\int_{-\infty}^{+\infty} \frac{e^{-it}}{t-z}\,dt, \qquad \int_{-\infty}^{+\infty} \frac{\sin(t-z)}{t-z}\,dt.$$

[HERMITE, *Journal de Crelle*, t. 91.]

6*. Établir, au moyen des coupures, la formule (Chap. XIV, *Ex.* 13)

$$\int_{-\infty}^{+\infty} \frac{e^{at}}{1+e^t}\,dt = \frac{\pi}{\sin a\pi}\cdot$$

[HERMITE, *Journal de Crelle*, t. 91.]

On considère l'intégrale $\Phi(z) = \displaystyle\int_{-\infty}^{+\infty} \frac{e^{a(t+z)}}{1+e^{(t+z)}}\,dt$, qui admet comme coupures toutes les droites $y = (2k+1)\pi$, et qui reste constante dans la bande comprise entre deux coupures consécutives. Puis on établit les relations, z et $z + 2\,i\pi$ étant deux points séparés par la coupure $y = \pi$,

$$\Phi(z + 2i\pi) = \Phi(z) + 2i\pi\,e^{i\pi a}, \qquad \Phi(z + 2i\pi) = e^{2i\pi a}\,\Phi(z).$$

CHAPITRE XVII.

FONCTIONS ANALYTIQUES DE PLUSIEURS VARIABLES.

I — PROPRIÉTÉS GÉNÉRALES.

Nous allons nous occuper dans ce Chapitre des fonctions analytiques de plusieurs variables complexes indépendantes. Pour simplifier le langage et les formules, nous supposerons qu'il y a *deux* variables seulement; mais il n'y a aucune difficulté à étendre les propriétés générales aux fonctions d'un nombre quelconque de variables.

348. Définitions. — Soient $z = u + iv$, $z' = w + it$ deux variables complexes indépendantes; toute autre quantité complexe Z dont la valeur dépend des valeurs de z et de z' peut être dite *fonction* des deux variables z et z'. Représentons les valeurs des deux variables z et z' par les deux points de coordonnées (u, v) et (w, t) dans deux systèmes d'axes rectangulaires, situés dans deux plans P, P', et soient A, A' deux portions quelconques de ces deux plans. Nous dirons qu'une fonction $Z = f(z, z')$ est *holomorphe* dans les domaines A, A', lorsque, à tout système de deux points z, z', pris respectivement dans les domaines A, A', correspond une valeur bien déterminée de $f(z, z')$, variant d'une manière continue avec z et z', et lorsque chacun des rapports

$$\frac{f(z + h, z') - f(z, z')}{h}, \qquad \frac{f(z, z' + k) - f(z, z')}{k}$$

tend vers une limite déterminée quand, z et z' restant fixes, les modules de h et de k tendent vers zéro. Ces limites sont les dérivées partielles de la fonction $f(z, z')$ et on les représente par la même notation que dans le cas des variables réelles.

Séparons dans $f(z, z')$ la partie réelle et le coefficient de i, $f(z, z') = X + iY$; X et Y sont des fonctions réelles des quatre variables indépendantes réelles u, v, w, t, vérifiant les quatre relations

$$\frac{\partial X}{\partial u} = \frac{\partial Y}{\partial v}, \qquad \frac{\partial X}{\partial v} = -\frac{\partial Y}{\partial u}, \qquad \frac{\partial X}{\partial w} = \frac{\partial Y}{\partial t}, \qquad \frac{\partial X}{\partial t} = -\frac{\partial Y}{\partial w},$$

dont la signification est évidente [1]. On peut éliminer Y de six manières différentes, en passant aux dérivées du second ordre; mais les six relations obtenues se réduisent à quatre équations seulement

$$(1) \quad \begin{cases} \dfrac{\partial^2 X}{\partial u\,\partial t} - \dfrac{\partial^2 X}{\partial v\,\partial w} = 0, & \dfrac{\partial^2 X}{\partial u\,\partial w} + \dfrac{\partial^2 X}{\partial v\,\partial t} = 0, \\[2.5ex] \dfrac{\partial^2 X}{\partial u^2} + \dfrac{\partial^2 X}{\partial v^2} = 0, & \dfrac{\partial^2 X}{\partial w^2} + \dfrac{\partial^2 X}{\partial t^2} = 0. \end{cases}$$

La multiplicité de ces relations explique aisément pourquoi l'on s'en est peu servi jusqu'ici pour l'étude des fonctions analytiques de deux variables.

349. Cercles de convergence associés. — Les propriétés des séries entières à deux variables réelles (I, n°s 181-183) s'étendent aisément au cas où les coefficients et les variables ont des valeurs complexes. Soit

$$(2) \qquad F(z, z') = \Sigma\, a_{mn}\, z^m\, z'^n$$

une série double à coefficients quelconques. Soit

$$A_{mn} = |\,a_{mn}\,|;$$

nous avons vu (I, n° 181) qu'il existe en général une infinité de systèmes de deux nombres *positifs* R, R', tels que la série des modules

$$(3) \qquad \Sigma\, A_{mn}\, Z^m\, Z'^n$$

---

[1] Si z et z' sont des fonctions analytiques d'une autre variable x, ces relations permettent aisément d'établir que la dérivée de $f(z, z')$ par rapport à x s'obtient par la règle habituelle qui donne la dérivée d'une fonction composée. Les formules du calcul différentiel, en particulier les formules du changement de variables, s'étendent donc aux fonctions analytiques de variables complexes.

soit convergente si l'on a à la fois $Z < R$, $Z' < R'$, et divergente si l'on a $Z > R$ et $Z' > R'$. Soit C le cercle décrit dans le plan de la variable Z de l'origine comme centre avec le rayon R ; soit de même C' le cercle décrit dans le plan de la variable z' du point $z' = o$ comme centre avec le rayon R $(fig.\ 77)$. La série double (2) est

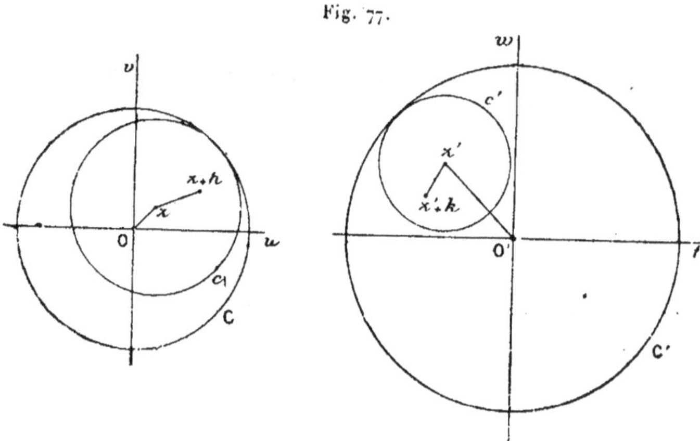

Fig. 77.

absolument convergente lorsque les variables z et z' sont respectivement à l'intérieur des deux cercles C, C', et divergente lorsque ces variables sont respectivement à l'extérieur de ces deux cercles (I, n° 182). On dit que les cercles C, C' forment un système de cercles de convergence *associés*. Cet ensemble de deux cercles joue le même rôle que le cercle de convergence pour une série entière à une variable ; mais, au lieu d'un cercle unique, il y a une infinité de systèmes de cercles associés pour une série entière à deux variables. Par exemple, la série $\sum \dfrac{(m+n)!}{m!\,n!}\,z^{m}\,z'^{n}$ est absolument convergente, pourvu qu'on ait $|z| + |z'| < 1$ et dans ce cas seulement. Tout système de cercles C, C', dont les rayons R, R' vérifient la relation $R + R' = 1$, est un système de cercles de convergence associés. Il peut arriver qu'on puisse se borner à considérer un seul système de cercles associés ; c'est ce qui a lieu pour la série $\sum z^{m}\,z'^{n}$, qui n'est convergente que si l'on a, à la fois, $|z| < 1$, $|z'| < 1$.

Soit C_1 un cercle de rayon $R_1 < R$ concentrique à C ; soit de même C'_1 un cercle de rayon $R'_1 < R'$ concentrique à C'; lorsque les variables z et z' restent comprises respectivement à l'intérieur des cercles C_1 et C'_1, la série (2) est uniformément convergente (*voir* I, n° **182**) et la somme est par conséquent une fonction continue $F(z, z')$ des deux variables z, z', à l'intérieur des deux cercles C et C'.

En différentiant terme à terme la série (2), par rapport à la variable z par exemple, la nouvelle série obtenue $\Sigma m a_{mn} z^{m-1} z'^n$ est encore absolument convergente lorsque z et z' restent respectivement dans les deux cercles C et C', et a pour somme la dérivée $\frac{\partial F}{\partial z}$ de $F(z, z')$ par rapport à z. La démonstration est tout à fait pareille à celle qui a été donnée pour les variables réelles (I, n° **182**). De même $F(z, z')$ admet une dérivée partielle $\frac{\partial F}{\partial z'}$ par rapport à z', qui est représentée par la série double obtenue en différentiant terme à terme la série (2) par rapport à z'. La fonction $F(z, z')$ est donc une fonction analytique des deux variables z, z', dans le domaine précédent. Il en est évidemment de même des deux dérivées $\frac{\partial F}{\partial z}$, $\frac{\partial F}{\partial z'}$, et par suite $F(z, z')$ peut être différentiée terme à terme un nombre quelconque de fois; toutes ses dérivées partielles sont aussi des fonctions analytiques.

Prenons à l'intérieur de C un point quelconque z de module r, et de ce point comme centre décrivons un cercle c de rayon $R - r$ tangent intérieurement au cercle C. Soient de même z' un point quelconque de module $r' < R'$, et c' le cercle décrit du point z' comme centre avec $R' - r'$ pour rayon. Soient enfin $z + h$ et $z' + k$ deux points quelconques pris respectivement dans les cercles c et c', de telle sorte que l'on ait

$$|z| + |h| < R, \qquad |z'| + |k| < R'.$$

Si l'on remplace z et z' par $z + h$ et $z' + k$ dans la série (2), on peut développer chaque terme en une série ordonnée suivant les puissances de h et de k, et la série multiple ainsi obtenue est absolument convergente. En ordonnant cette série suivant les puissances de h et de k, nous obtenons la formule de Taylor

$$(4) \qquad F(z + h, z' + k) = \sum \frac{\frac{\partial^{m+n} F}{\partial z^m \partial z'^n}}{1.2\ldots m.1.2\ldots n} h^m k^n.$$

350. Intégrales doubles. — Quand on se propose d'étendre aux fonctions de plusieurs variables complexes les théorèmes généraux que Cauchy a déduits de la considération des intégrales définies prises entre des limites imaginaires, on rencontre des difficultés, qui ont été complètement élucidées par M. Poincaré (¹). Nous n'étudierons ici qu'un cas particulier bien simple qui nous suffira pour la suite. Soit $f(z, z')$ une fonction holomorphe lorsque les variables z, z' restent comprises respectivement dans les deux régions A, A' (*fig.* 78). Considérons une courbe ab

Fig. 78.

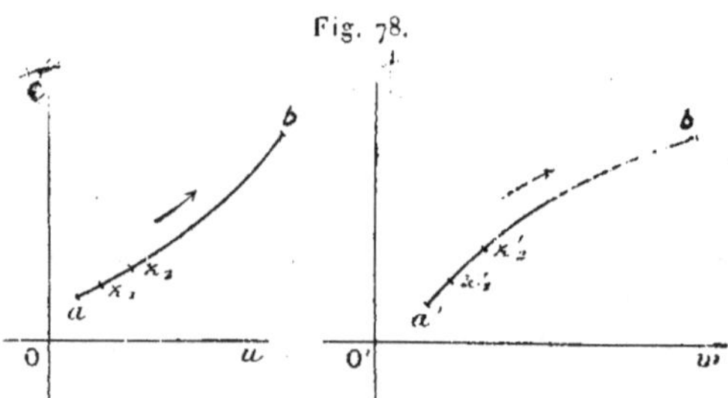

située dans A et une courbe $a'b'$ dans A', et divisons chacune de ces courbes en arcs plus petits par des points de division en nombre quelconque; appelons z_0, z_1, z_2, ..., z_{k-1}, z_k, ..., z_{n-1}, Z les points de division de ab. z_0 et Z coïncidant avec a et b, et z'_0, z'_1, z'_2, ..., z'_{h-1}, z'_h, ..., z_{m-1} Z' les points de division de $a'b'$, z'_0 et Z' coïncidant avec a' et b'. La somme à deux indices

$$(5) \qquad S = \sum_{k=1}^{n} \sum_{h=1}^{m} f(z_{k-1}, z'_{h-1})(z_k - z_{k-1})(z'_h - z'_{h-1})$$

tend vers une limite lorsque les deux nombres m et n augmentent indéfiniment de façon que tous les modules $|z_k - z_{k-1}|$ et $|z'_h - z'_{h-1}|$ tendent vers zéro. Soit $f(z, z') = X + iY$, X et Y étant des fonctions réelles des quatre variables u, v, w, t; posons encore $z_k = u_k + iv_k$, $z_h = w_h + it_h$. Le terme général de la somme S peut

---

(¹) POINCARÉ, *Sur les résidus des intégrales doubles* (*Acta mathematica*, t. IX).

s'écrire

$$[X(u_{k-1}, v_{k-1}, w_{h-1}, t_{h-1}) + i Y(u_{k-1}, v_{k-1}; w_{h-1}, t_{h-1})]$$
$$\times [u_k - u_{k-1} + i(v_k - v_{k-1})][w_h - w_{h-1} + i(t_h - t_{h-1})]$$

et, si l'on effectue les produits indiqués, on a huit produits partiels. Démontrons par exemple que la somme des produits partiels

$$(6) \qquad \sum_{k=1}^{n} \sum_{h=1}^{m} X(u_{k-1}, v_{k-1}; w_{h-1}, t_{h-1})(u_k - u_{k-1})(w_h - w_{h-1})$$

tend vers une limite. Nous supposerons, comme c'est le cas dans la figure, que la courbe ab n'est rencontrée qu'en un point par une parallèle à l'axe Ov, et de même qu'une parallèle à l'axe Ot ne rencontre qu'en un point au plus la courbe $a'b'$. Soient $v = \varphi(u)$, $t = \psi(w)$ les équations de ces deux courbes, u_0 et U les limites entre lesquelles varie u, w_0 et W les limites entre lesquelles varie w. Si l'on remplace dans X les variables v et t par $\varphi(u)$ et $\psi(w)$ respectivement, elle devient une fonction continue $P(u, w)$ des variables u et w et la somme (6) peut encore s'écrire :

$$(6)' \qquad \sum_{k=1}^{n} \sum_{h=1}^{m} P(u_{k-1}, w_{h-1})(u_k - u_{k-1})(w_h - w_{h-1}).$$

Lorsque m et n croissent indéfiniment, cette somme a pour limite l'intégrale double $\iint P(u, w)\, du\, dw$ étendue au rectangle limité par les droites $u = u_0$, $u = U$, $w = w_0$, $w = W$.

Cette intégrale double a aussi pour expression

$$\int_{u_0}^{U} du \int_{w_0}^{W} P(u, w)\, dw,$$

ou encore, en introduisant les intégrales curvilignes,

$$(7) \qquad \int_{(ab)} du \int_{(a'b')} X(u, v; w, t)\, dw.$$

Dans cette dernière expression, on suppose que u et v sont les coordonnées d'un point quelconque de l'arc ab, et w, t les coordonnées d'un point quelconque de l'arc $a'b'$. Le point (u, v) étant supposé fixe, on fait décrire au point (w, t) l'arc $a'b'$ et l'on prend l'intégrale curviligne $\int X\,dw$ le long de $a'\,b'$. Le résultat est une fonction de u, v, soit $R(u, v)$, et l'on calcule ensuite l'intégrale curviligne $\int R(u, v)\,du$ le long de l'arc ab.

La dernière expression obtenue (7) pour la limite de la somme (6) s'applique quels que soient les chemins ab et $a'\,b'$. Il suffit, comme on l'a déjà fait plusieurs fois, de décomposer chacune des courbes ab et $a'\,b'$ en arcs assez petits pour satisfaire aux conditions requises, d'associer de toutes les manières possibles une portion de ab à une portion de $a'\,b'$, puis d'ajouter les résultats. En opérant de la même façon avec toutes les sommes de produits partiels analogues à la somme (6), on voit que S a pour limite la somme de huit intégrales doubles analogues à l'intégrale (7). Représentons cette limite par $\int\int F(z, z')\,dz\,dz'$, nous avons l'égalité

$$(8) \qquad \int\int F(z, z')\,dz\,dz' = \int_{(ab)} du \int_{(a'b')} X\,dw - \int_{(ab)} dv \int_{(a'b')} X\,dt$$
$$- \int_{(ab)} du \int_{(a'b')} Y\,dt - \int_{(ab)} dv \int_{(a'b')} Y\,dw$$
$$+ i \int_{(ab)} du \int_{(a'b')} Y\,dw - i \int_{(ab)} dv \int_{(a'b')} Y\,dt$$
$$+ i \int_{(ab)} du \int_{(a'b')} X\,dt + i \int_{(ab)} dv \int_{(a'b')} X\,dw,$$

que l'on peut écrire d'une façon abrégée

$$\int\int F(z, z')\,dz\,dz' = \int_{(ab)} (du + i\,dv) \int_{(a'b')} (X + iY)(dw + i\,dt)$$

ou encore

$$(9) \qquad \int\int F(z, z')\,dz\,dz' = \int_{(ab)} dz \int_{(a'b')} F(z, z')\,dz'.$$

La formule (9) est tout à fait semblable à celle qui permet de calculer une intégrale double ordinaire, étendue à la surface d'un rectangle, au moyen de deux quadratures successives (I, n° 113). On calcule d'abord l'intégrale $\int F(z, z')\,dz'$ le long de l'arc $a'\,b'$, en y supposant z constant; le résultat est une fonction $\Phi(z)$ de z, que l'on intègre ensuite le long de l'arc ab. Comme les deux chemins ab et $a'b'$ jouent un rôle analogue, il est clair que l'on peut intervertir l'ordre des intégrations. ·

Soit M un nombre positif supérieur au module de $F(z, z')$ lorsque z et z' décrivent les arcs ab et $a'b'$; si L et L' désignent les longueurs respectives de ces arcs, le module de l'intégrale double est inférieur à MLL' (n° 276). Lorsqu'un des chemins, $a'b'$ par exemple, forme une courbe fermée, l'intégrale $\int_{(a'b')} F(z, z')\,dz'$ sera nulle si la fonction $F(z, z')$ est holomorphe pour les valeurs de z' à l'intérieur de cette courbe et les valeurs de z situés sur ab. Il en sera donc de même de l'intégrale double.

351. Extension des théorèmes de Cauchy. — Soient C, C' deux courbes fermées sans point double, situées respectivement dans les plans des variables z et z', $F(z, z')$ une fonction holomorphe lorsque z et z' restent dans les domaines limitées par ces deux courbes et sur ces courbes elles-mêmes. Considérons l'intégrale double

$$I = \int_{(C)} dz \int_{(C')} \frac{F(z, z')\,dz'}{(z-x)(z'-x')},$$

où x est un point intérieur au contour C et x' un point intérieur au contour C', et supposons ces deux contours décrits dans le sens direct. L'intégrale

$$\int_{(C')} \frac{F(z, z')\,dz'}{(z-x)(z'-x')},$$

où z désigne un point fixe du contour C, est égale à $2\pi i\, \dfrac{F(z, x')}{z-x}$. On a donc

$$I = 2\pi i \int_{(C)} \frac{F(z, x')}{z-x}\,dz$$

et, en appliquant encore une fois le théorème de Cauchy,

$$I = -4\pi^2 F(x, x');$$

ce qui nous conduit à la formule

$$(10) \qquad F(x, x') = -\frac{1}{4\pi^2} \int_{(C)} dz \int_{(C')} \frac{F(z, z')\,dz'}{(z-x)(z'-x')}$$

tout à fait pareille à la formule fondamentale de Cauchy, et d'où l'on peut tirer des conséquences analogues. On en déduit l'existence des dérivées partielles de tous les ordres de la fonction $F(z, z')$ dans les régions considérées, la dérivée $\frac{\partial^{m+n}F}{\partial x^m \partial x'^n}$ ayant pour expression

$$(11) \quad \frac{\partial^{m+n}F}{\partial x^m \partial x'^n} = - \frac{1.2\ldots m.1.2\ldots n}{4\pi^2} \int_{(C)} dz \int_{(C')} \frac{F(z, z')\, dz'}{(z-x)^{m+1}(z'-x')^{n+1}}$$

Pour obtenir la formule de Taylor, supposons que les contours C et C' soient des circonférences; soient a le centre de C et R son rayon, b le centre de C' et R' le rayon. Les points x et x' étant pris respectivement à l'intérieur de ces circonférences, on a $|x-a|=r<R$, et $|x'-b|=r'<R'$, et la fraction rationnelle

$$\frac{1}{(z-x)(z'-x')} = \frac{1}{[z-a-(x-a)][z'-b-(x'-b)]}$$

peut être développée suivant les puissances de $x-a$ et de $x'-b$,

$$\frac{1}{(z-x)(z'-x')} = \sum_{m=0}^{+\infty} \sum_{n=0}^{+\infty} \frac{(x-a)^m(x'-b)^n}{(z-a)^{m+1}(z'-b)^{n+1}},$$

la série du second membre étant uniformément convergente lorsque z et z' décrivent respectivement les cercles C et C', car le module du terme général est $\frac{1}{RR'}\left(\frac{r}{R}\right)^m\left(\frac{r'}{R'}\right)^n$. On peut donc remplacer $\frac{1}{(z-x)(z'-x')}$ par la série précédente dans la formule (10) et intégrer terme à terme, ce qui donne

$$F(x, x') = - \frac{1}{4\pi^2} \sum_{m=0}^{+\infty} \sum_{n=0}^{+\infty} (x-a)^m(x'-b)^n \int_{(C)} dz \int_{(C')} \frac{F(z, z')\, dz'}{(z-a)^{m+1}(z'-b)^{n+1}};$$

en tenant compte des formules obtenues en remplaçant x et x' par a et b dans les relations (10) et (11), on retrouve la formule de Taylor

$$(12) \quad F(x, x') = F(a, b) + \sum_{m=0}^{+\infty} \sum_{n=0}^{+\infty} \frac{\partial^{m+n}F}{\partial a^m \partial b^n} \frac{(x-a)^m(x'-b)^n}{m!\, n!},$$

la combinaison $m=n=0$ étant exclue de la sommation.

Remarque. — Le coefficient a_{mn} de $(x-a)^m(x'-b)^n$ dans la série précédente est égal à l'intégrale double

$$-\frac{1}{4\pi^2}\int_{(C)}dz\int_{(C')}\frac{F(z,\,z')\,dz'}{(z-a)^{m+1}(z'-b)^{n+1}};$$

si M est une limite supérieure de $|F(z,\,z')|$ le long des cercles C et C', on a, d'après une remarque générale,

$$|a_{mn}|<\frac{1}{4\pi^2}\frac{M}{R^{m+1}R'^{n+1}}\,2\pi R\,.\,2\pi R'=\frac{M}{R^m R'^n}.$$

La fonction

$$\frac{M}{\left(1-\dfrac{x-a}{R}\right)\left(1-\dfrac{x'-b}{R'}\right)}$$

est donc une fonction majorante pour $F(x,\,x')$ (I, n° 183).

352. Fonctions représentées par des intégrales définies. — Pour étudier certaines fonctions, on cherche souvent à les exprimer par des intégrales définies, où la variable indépendante figure comme paramètre sous le signe intégral. Nous avons déjà donné les conditions suffisantes pour qu'on puisse appliquer la formule habituelle de différentiation lorsque les variables sont réelles (I, n°ˢ 94-96).

. Nous allons reprendre la question pour les variables complexes. Soit $F(t,\,z)$ une fonction de deux variables t, z, qui est uniforme et continue lorsque la variable complexe z reste dans un domaine D, tandis que la variable t prend des valeurs réelles comprises entre deux limites a et b, ou des valeurs complexes représentées par les points d'un certain arc AB admettant en chaque point une tangente qui varie d'une manière continue, ou composé d'un nombre fini d'arcs de cette espèce. Nous supposons de plus que, lorsque t a une valeur déterminée sur AB, $F(t,\,z)$ est une fonction holomorphe de z dans le domaine D. Ces conditions sont certainement satisfaites, si $F(t,\,z)$ est une fonction analytique holomorphe des deux variables complexes t et z, lorsque t reste dans un domaine Δ renfermant l'arc AB, et z dans le domaine D, mais elles sont plus générales.

Soit x un point quelconque du domaine D; l'intégrale définie

$$(13)\qquad\qquad\Phi(x)=\int_{AB}F(t,\,x)\,dt$$

est évidemment une fonction uniforme et continue de x dans ce domaine. Pour démontrer que c'est une fonction analytique, il suffit de prouver qu'elle a une dérivée unique en chaque point. Puisque $F(t, x)$ est une fonction holomorphe de x, on peut encore écrire, d'après la formule de Cauchy,

$$\Phi(x) = \frac{1}{2\pi i} \int_{AB} dt \int_C \frac{F(t, z)\, dz}{z - x},$$

C étant une circonférence de centre x située dans le domaine D. Soit $x + \Delta x$ un point voisin de x dans le cercle C; on a de même

$$\Phi(x + \Delta x) = \frac{1}{2\pi i} \int_{AB} dt \int_C \frac{F(t, z)\, dz}{z - x - \Delta x},$$

et par suite, en reprenant un calcul déjà fait (n° **284**),

$$\frac{\Phi(x + \Delta x) - \Phi(x)}{\Delta x} = \frac{1}{2\pi i} \int_{AB} dt \int_C \frac{F(t, z)\, dt}{(z - x)^2}$$
$$+ \frac{\Delta x}{2\pi i} \int_{AB} dt \int_C \frac{F(t, z)\, dz}{(z - x)^2 (z - x - \Delta x)}.$$

Soient M une limite supérieure du module de $F(t, z)$ lorsque t décrit l'arc AB et z le cercle C, L la longueur de l'arc AB, et ρ le module de Δx. Le module de la seconde intégrale est inférieur à

$$\frac{\rho}{2\pi} \frac{M}{R^2(R - \rho)} 2\pi R L = \frac{\rho M L}{R(R - \rho)}$$

et par conséquent tend vers zéro lorsque le point $x + \Delta x$ se rapproche indéfiniment du point x. La fonction $\Phi(x)$ admet donc une dérivée unique qui a pour expression

$$\Phi'(x) = \frac{1}{2\pi i} \int_{(L)} dt \int_{(C)} \frac{F(t, z)\, dz}{(z - x)^2}.$$

Mais on a aussi (n° **284**)

$$\frac{\partial F}{\partial x} = \frac{1}{2\pi i} \int_{(C)} \frac{F(t, z)\, dz}{(z - x)^2},$$

et la formule précédente peut encore s'écrire

$$(14) \qquad \Phi'(x) = \int_{(C)} \frac{\partial F}{\partial x}\, dt.$$

Nous retrouvons la formule habituelle de différentiation sous le signe intégral.

Le raisonnement ne s'applique plus lorsque le chemin d'intégration L s'étend à l'infini. Supposons, pour fixer les idées, que L soit une demi-droite indéfinie issue d'un point a_0 et faisant un angle θ avec l'axe réel. Nous dirons que l'intégrale

$$\Phi(x) = \int_0^\infty F(t, x)\, dt$$

est uniformément convergente si à tout nombre positif ε on peut faire correspondre un nombre positif N tel que l'on ait

$$\left| \int_{a_0 + \rho e^{i\theta}}^\infty F(t, x)\, dt \right| < \varepsilon,$$

pourvu que ρ soit supérieur à N, quel que soit x dans D. En partageant le chemin d'intégration en une infinité de segments rectilignes, on démontre que toute intégrale uniformément convergente est égale à la somme d'une série uniformément convergente dont les termes sont des intégrales prises le long de certains segments de la demi-droite indéfinie L. Toutes ces intégrales sont des fonctions holomorphes de x ; il en est donc de même de l'intégrale $\int_{a_0}^\infty F(t, x)\, dt$ (n° 290).

On voit de la même façon que l'on peut appliquer la formule habituelle de différentiation, pourvu que l'intégrale obtenue $\int_{a_0}^\infty \frac{\partial F}{\partial x}\, dt$ soit elle-même uniformément convergente.

Si la fonction $F(t, z)$ devient infinie pour une limite a_0 de la ligne d'intégration, on dira de même que l'intégrale est uniformément convergente dans un certain domaine si à tout nombre positif ε on peut faire correspondre sur la ligne L un point $a_0 + \eta$, tel que l'on ait

$$\left| \int_{a_0 + \eta}^b F(t, x)\, dt \right| < \varepsilon,$$

b étant un point quelconque de la ligne L compris entre a_0 et $a_0 + \eta$, cette inégalité devant avoir lieu pour toutes les valeurs de x dans le domaine considéré. Les conclusions sont les mêmes que dans le cas où une limite de l'intégrale est rejetée à l'infini, et s'établissent de la même façon.

353. Application à la fonction Γ. — L'intégrale définie prise le long de l'axe réel

$$(15) \qquad \int_0^{+\infty} t^{z-1} e^{-t}\, dt,$$

que nous n'avons étudiée que pour les valeurs réelles et positives de z (I, n° 90), a une valeur finie pourvu que la partie réelle de z, que nous désignerons par $\mathcal{R}(z)$, soit positive. Soit en effet $z = x + iy$; on en déduit $|t^{z-1} e^{-t}| = t^{x-1} e^{-t}$. Comme l'intégrale $\displaystyle\int_0^{+\infty} t^{x-1} e^{-t}\, dt$ a une valeur finie lorsque x est positif, il en est évidemment de même de l'intégrale (15) (I, n°° 87-88). Cette intégrale est uniformément convergente dans tout le domaine défini par les conditions $N > \mathcal{R}(z) > \eta$, N et η étant deux nombres positifs arbitraires. Nous pouvons écrire en effet

$$\Gamma(z) = \int_0^1 t^{z-1} e^{-t}\, dt + \int_1^{+\infty} t^{z-1} e^{-t}\, dt$$

et il suffit de prouver que chacune des intégrales du second membre est uniformément convergente. Démontrons-le par exemple pour la seconde. Soit l un nombre positif supérieur à un; si $\mathcal{R}(z) < N$, on a

$$\left| \int_l^{+\infty} t^{z-1} e^{-t}\, dt \right| < \int_l^{+\infty} t^{N-1} e^{-t}\, dt,$$

et l'on peut trouver un nombre positif A assez grand pour que la dernière intégrale soit inférieure à tout nombre positif ε, pourvu que l'on ait $l \geqq A$. La fonction $\Gamma(z)$ définie par l'intégrale (15) est donc une fonction holomorphe dans toute la région du plan située à droite de l'axe Oy. Cette fonction $\Gamma(z)$ satisfait encore à la relation

$$(16) \qquad \Gamma(z+1) = z\,\Gamma(z)$$

obtenue par une intégration par parties, et par suite à la relation plus générale

$$(17) \qquad \Gamma(z+n) = z(z+1)\ldots(z+n-1)\Gamma(z)$$

qui en est une conséquence immédiate.

Cette propriété permet d'étendre la définition de la fonction $\Gamma(z)$ aux valeurs de z dont la partie réelle est négative. Considérons en effet la fonction

$$(18) \qquad \psi(z) = \frac{\Gamma(z+n)}{z(z+1)\ldots(z+n-1)},$$

où n est un nombre entier positif; le numérateur $\Gamma(z+n)$ est une fonction holomorphe de z, définie pourvu que l'on ait $\mathcal{R}(z) > - n$; la fonction $\psi(z)$ est donc une fonction méromorphe définie pour toutes les valeurs de la variable dont la partie réelle est supérieure à $- n$. Or cette fonction $\psi(z)$ coïncide avec la fonction holomorphe $\Gamma(z)$ à droite de l'axe Oy, d'après la formule (17); elle est donc identique au prolongement analytique de la fonction holomorphe $\Gamma(z)$ dans la bande comprise entre les deux droites $\mathcal{R}(z) = 0$, $\mathcal{R}(z) = - n$. Comme le nombre entier n est arbitraire, on en conclut qu'il existe une fonction méromorphe, admettant comme pôles du premier ordre tous les points $z = 0$, $z = - 1$, $z = - 2, \ldots$, $z = - n, \ldots$, et qui, à droite de l'axe Oy, est égale à l'intégrale (15). On représente encore cette fonction méromorphe par $\Gamma(z)$, mais la formule (15) ne permet de calculer sa valeur numérique que si l'on a $\mathcal{R}(z) > 0$. Si $\mathcal{R}(z) < 0$, il faut en outre se servir de la relation (17) pour avoir la valeur numérique de cette fonction.

Voici une expression de la fonction $\Gamma(z)$ qui est valable pour toute valeur de z. Soit $S(z)$ la fonction entière

$$S(z) = z \prod_{n=1}^{+\infty} \left(1 + \frac{z}{n}\right) e^{-\frac{z}{n}}$$

qui admet pour zéros les pôles de $\Gamma(z)$. Le produit $S(z)\,\Gamma(z)$ doit être une fonction entière. On démontre que cette fonction entière est égale à e^{-Cz}, C étant la constante d'Euler ([1]) (I, p. 41), et l'on en déduit la formule

$$(19) \qquad \frac{1}{z\,\Gamma(z)} = \frac{1}{\Gamma(z+1)} = e^{Cz} \prod_{n=1}^{+\infty} \left(1 + \frac{z}{n}\right) e^{-\frac{z}{n}},$$

qui montre que $\dfrac{1}{\Gamma(z+1)}$ est une transcendante entière.

354. Prolongement analytique d'une fonction de deux variables. — Soit $u = F(z, z')$ une fonction holomorphe des deux variables z et z' lorsque ces deux variables restent respectivement dans deux régions connexes A et A′ des deux plans où on les représente. On démontre, comme dans le cas d'une seule variable (n° 334), que la valeur de cette fonction pour un système quelconque de points z, z' pris dans les régions A, A′ est déterminée si l'on connaît les valeurs de F et de toutes ses dérivées partielles pour un système de deux points $z = a$, $z' = b$, pris dans les mêmes régions. Il semble facile, d'après cela, d'étendre aux fonctions de deux variables complexes la notion du prolongement analytique. Considérons une série à deux indices $\Sigma\, a_{mn}$ telle qu'il existe deux nombres positifs r, r',

---

([1]) HERMITE, *Cours d'Analyse*, 4ᵉ édition, p. 142.

jouissant de la propriété suivante : la série

$$(20) \qquad F(z, z') = \Sigma a_{mn} z^m z'^n$$

est convergente si l'on a à la fois $|z| < r$, $|z'| < r'$, et divergente si l'on a
à la fois $|z| > r$, $|z'| > r'$. La série précédente définit alors une fonc-
tion $F(z, z')$, qui est holomorphe lorsque les variables z, z' restent respectivement dans les cercles C, C', de rayons r et r'; mais elle ne nous
apprend rien sur le mode d'existence de cette fonction lorsque l'on a $|z| > r$,
ou $|z'| > r'$. Imaginons, pour fixer les idées, que l'on fasse décrire à la
variable z un chemin L allant de l'origine à un point Z extérieur au
cercle C. et à la variable z' un autre chemin L' allant du point $z' = o$ à un
point Z' extérieur au cercle C'. Soient α et β deux points pris respectivement sur les deux chemins L et L', α étant à l'intérieur de C et β à l'intérieur de C'. La série (20) et celles qu'on en déduit par des différentiations
répétées permettent de former une nouvelle série entière

$$(21) \qquad \Sigma b_{mn}(z - \alpha)^m (z' - \beta)^n$$

qui est absolument convergente lorsque l'on a $|z - \alpha| < r_1$, et $|z - \beta| < r'_1$,
r_1 et r'_1 étant deux nombres positifs convenablement choisis. Appelons C_1
le cercle de rayon r_1 décrit du point α pour centre dans le plan des z, et C'_1
le cercle de rayon r'_1 décrit du point β pour centre dans le plan de la variable z'. Lorsque z est dans la partie commune aux deux cercles C et C_1,
et le point z' dans la partie commune aux deux cercles C' et C'_1, la somme
de la série (21) est identique à la somme de la série (20). Si l'on peut
choisir les deux nombres r_1 et r'_1 de façon que le cercle C_1 soit en partie
extérieur au cercle C, ou le cercle C'_1 en partie extérieur au cercle C', on
aura étendu la définition de la fonction $F(z, z')$ à un domaine en partie
extérieur au premier. En continuant de la sorte, on conçoit bien la possi-
bilité d'étendre de proche en proche la fonction $F(z, z')$. Mais il intervient
ici un nouvel élément important. En effet, *il est nécessaire de tenir
compte des manières relatives dont les variables se déplacent sur leurs
chemins respectifs*, comme il est facile de le montrer par un exemple
presque banal. Soit $f(z + z')$ une fonction analytique de la variable $Z = z + z'$
ayant des points de ramification. Si l'on fait décrire aux deux variables z
et z' deux chemins fermés C, C'. il est évident que la variable $Z = z + z'$
décrira aussi une courbe fermée Γ, mais cette courbe Γ dépend de la façon
dont les variables z et z' décrivent leurs chemins respectifs. On conçoit
qu'il est facile de former des exemples, où, en faisant décrire aux variables z et z' les chemins C, C' de deux façons différentes, les deux chemins décrits par Z ne conduisent pas à la même valeur finale pour $f(Z)$.

Soit, par exemple. $f(z + z') = \sqrt{z + z' - 3} = \sqrt{Z - 3}$; prenons la valeur
initiale égale à $i\sqrt{3}$ pour $z = z' = o$. Supposons que le chemin C décrit
par z se compose du segment de l'axe réel allant du point $z = o$ au point A
d'affixe $z = 2$, et du segment AO: pour C' nous prendrons la circonférence

de rayon un décrite du point $z' = 1$ pour centre. Imaginons d'abord que le point z décrive le segment OA, z' conservant la valeur $z' = o$ puis, que z' décrive la circonférence C' entièrement, z restant égal à 2, et enfin que z décrive le segment AO, z' restant nul. Il est visible que le chemin Γ décrit par $Z = z + z'$ se composera du segment OA, du cercle de rayon un décrit du point critique $Z = 3$ pour centre et enfin du segment AO. On reviendra donc aux valeurs initiales avec la valeur $- i \sqrt{3}$ pour le radical. Au contraire, si z' décrit d'abord le cercle C', z restant nul, puis que z décrive successivement les deux segments OA, AO, z' restant nul, il est évident que le chemin décrit par Z n'entoure pas le point critique $Z = 3$, et par suite le radical $\sqrt{Z - 3}$ reviendra à sa valeur initiale $i \sqrt{3}$.

La nature des singularités des fonctions analytiques de plusieurs variables est beaucoup moins bien connue que celle des fonctions d'une seule variable. Une des plus grandes difficultés du problème tient à ce que les couples de valeurs singulières ne sont pas isolés ([1]).

II. — FONCTIONS IMPLICITES. — FONCTIONS ALGÉBRIQUES

355. Théorème de Weierstrass. — Nous avons déjà établi (I, n° 184) l'existence des fonctions implicites définies par des équations dont le premier membre peut être développé en série ordonnée suivant les puissances positives et croissantes des deux variables. Les raisonnements, qui étaient faits en supposant les variables et les coefficients réels. s'appliquent sans modification lorsque les variables et les coefficients ont des valeurs quelconques réelles ou imaginaires, pourvu que l'on conserve les autres hypothèses. Nous allons établir maintenant un théorème plus général, et nous conserverons les notations déjà employées dans cette étude; les variables complexes seront désignées par x et y.

Soit $F(x, y)$ une fonction holomorphe dans le domaine d'un système de valeurs $x = \alpha$, $y = \beta$, et telle que l'on ait $F(\alpha, \beta) = o$; nous supposerons, ce qui est toujours permis, $\alpha = \beta = o$. L'équation $F(o, y) = o$ admet la racine $y = o$ à un certain degré de multiplicité. Le cas qui a été étudié est celui où $y = o$ est une

---

([1]) Pour tout ce qui concerne cette question, *voir* un Mémoire de **M.** Poincaré dans les *Acta mathematica* (t. XXVI), la Thèse de **M. P.** Cousin (*Ibid.*, t. XIX), et l'Ouvrage de **W.-F.** Osgood : *Topics in the Theory of functions of several complex variables* (*The Madison Colloquium, published by the American mathematical Society*; 1914).

racine simple; on va maintenant étudier le cas général où $y = 0$
est une racine multiple d'ordre n de l'équation $F(0, y) = 0$. Si
l'on ordonne le développement de $F(x, y)$ dans le domaine du
point $x = y = 0$, suivant les puissances de y, ce développement
est de la forme

$$(22) \qquad F(x, y) = A_0 + A_1 y + \ldots + A_n y^n + A_{n+1} y^{n+1} + \ldots,$$

les coefficients A_i étant des séries entières en x dont les n premières sont nulles pour $x = 0$, tandis que A_n ne s'annule pas
pour $x = 0$. Soient C et C′ deux cercles de rayons R et R′ décrits
de l'origine comme centre dans les plans des x et des y respectivement. Nous supposerons que la fonction $F(x, y)$ est holomorphe
dans le domaine défini par ces deux cercles et aussi sur les cercles
eux-mêmes; comme A_n n'est pas nul pour $x = 0$, nous pouvons
supposer le rayon R du cercle C assez petit pour que la fonction A_n ne s'annule pas à l'intérieur de C, ni sur ce cercle. Soient M
une limite supérieure de $|F(x, y)|$ dans le domaine précédent et B
une limite inférieure de $|A_n|$. D'après le théorème fondamental de
Cauchy, on a

$$F(x, y) = \frac{1}{2\pi i} \int_{(C')} \frac{F(x, y')\, dy'}{y' - y},$$

x et y étant deux points quelconques pris dans les cercles C et C′;
on en conclut que le module du coefficient A_m de y^m dans la formule (22) est inférieur à $\dfrac{M}{R'^m}$, quelle que soit la valeur de x dans
le cercle C.

Cela posé, nous pouvons écrire

$$F(x, y) = A_n y^n (1 + P + Q)$$

en posant

$$P = \frac{A_{n+1}}{A_n} y + \frac{A_{n+2}}{A_n} y^2 + \ldots,$$

$$Q = \frac{A_0}{A_n} \frac{1}{y^n} + \ldots + \frac{A_{n-1}}{A_n} \frac{1}{y}.$$

Soit ρ le module de y; on a

$$|P| < \frac{M}{BR'^n} \left(\frac{\rho}{R'} + \frac{\rho^2}{R'^2} + \ldots \right) = \frac{M}{BR'^n} \frac{\dfrac{\rho}{R'}}{1 - \dfrac{\rho}{R'}},$$

et ce module sera inférieur à $\frac{1}{2}$ pourvu que l'on ait

$$(24) \qquad \rho < R' \frac{BR'^n}{BR'^n + 2M}.$$

Soit d'autre part $\mu(r)$ la valeur maximum du module des fonctions A_0, A_1, ..., A_{n-1} pour toutes les valeurs de x dont le module ne dépasse pas un nombre $r < R$. Ces n fonctions étant nulles pour $x = 0$, $\mu(r)$ tend vers zéro avec r, et l'on peut toujours prendre r assez petit pour que l'on ait

$$(25) \qquad \frac{\mu(r)}{B}\left(\frac{1}{\rho} + \frac{1}{\rho^2} + \ldots + \frac{1}{\rho^n}\right) < \frac{1}{2} \qquad (r < R),$$

ρ étant un nombre positif déterminé. Les nombres r et ρ ayant été choisis de façon à satisfaire aux conditions précédentes, remplaçons le cercle C par le cercle C_r décrit dans le plan des x, du point $x = 0$ pour centre, avec le rayon r, et de même le cercle C', du plan de la variable y, par le cercle concentrique C'_ρ de rayon ρ. Si l'on donne à x une valeur telle que $|x| \leqq r$, et que l'on fasse décrire à la variable y le cercle C''_ρ, tout le long de ce cercle on a, d'après la façon dont on a choisi les nombres r et ρ, $|P| < \frac{1}{2}$, $|Q| < \frac{1}{2}$, et par suite $|P + Q| < 1$. Lorsque la variable y décrit le cercle C'_ρ dans le sens direct, l'argument de $1 + P + Q$ revient à sa valeur initiale, tandis que l'argument du facteur $A_n y^n$ augmente de $2n\pi$. *L'équation* $F(x, y) = 0$, *où* $|x| \leqq r$, *a donc n racines dont le module est inférieur à ρ et n seulement.*

Toutes les autres racines de l'équation $F(x, y) = 0$, s'il en existe, ont leurs modules supérieurs à ρ. Comme on peut remplacer le nombre ρ par un nombre aussi petit qu'on le voudra, inférieur à ρ, à la condition de remplacer en même temps r par un nombre plus petit vérifiant toujours la condition (25), on voit que l'équation $F(x, y) = 0$ admet n racines et n seulement qui tendent vers zéro en même temps que x.

Lorsque la variable x reste à l'intérieur de C_r ou sur ce cercle lui-même, les n racines $y_1, y_2, \ldots, y_n$, dont le module est inférieur à ρ, restent dans le cercle C'_ρ. Ces racines ne sont pas en général des fonctions holomorphes de x dans le cercle C_r, mais *toute fonction symétrique entière de ces n racines est une* *fonction holomorphe de x dans ce cercle.* Il suffit évidemment de le démontrer pour la somme $y_1^k + y_2^k + \ldots + y_n^k$, où k est un nombre entier positif. Considérons pour cela l'intégrale double

$$I = \int_{(C_\rho')} dy' \int_{(C_r)} y'^k \frac{\dfrac{\partial F(x', y')}{\partial y'}}{F(x', y')} \cdot \frac{dx'}{x' - x},$$

où l'on suppose $|x| < r$. Si $|y'| = \rho$, la fonction $F(x', y')$ ne peut s'annuler pour aucune valeur de la variable x' à l'intérieur de C_r ou sur C_r, et le seul pôle de la fonction sous le signe intégral à l'intérieur de C_r est le point $x' = x$. On a donc

$$\int_{(C_r)} y'^k \frac{\dfrac{\partial F(x', y')}{\partial y'}}{F(x', y')} \frac{dx'}{x' - x} = 2\pi i y'^k \frac{\dfrac{\partial F(x, y')}{\partial y'}}{F(x, y')},$$

et par suite

$$I = 2\pi i \int_{(C_\rho')} y'^k \frac{\dfrac{\partial F(x, y')}{\partial y'}}{F(x, y')} dy'.$$

D'après une propriété générale (n° **299**), cette intégrale est égale à $-4\pi^2 (y_1^k + y_2^k + \ldots + y_n^k)$, $y_1, y_2, \ldots, y_n$ étant les n racines de l'équation $F(x, y) = 0$ de module inférieur à ρ. D'autre part, l'intégrale I est une fonction holomorphe de x dans C_r, car on peut développer $\dfrac{1}{x' - x}$ en série uniformément convergente ordonnée suivant les puissances de x, et calculer ensuite l'intégrale terme à terme. Les diverses sommes Σy_i^k étant des fonctions holomorphes dans le cercle C_r, il en est de même de la somme de ces racines, de la somme des produits deux à deux, etc., et par conséquent les n racines $y_1, y_2, \ldots, y_n$ sont aussi les racines d'une équation de degré n

$$(26) \qquad f(x, y) = y^n + a_1 y^{n-1} + a_2 y^{n-2} + \ldots + a_{n-1} y + a_n = 0,$$

dont les coefficients $a_1, a_2, \ldots, a_n$ sont des fonctions holomorphes de x dans le cercle C_r, s'annulant pour $x = 0$.

Les deux fonctions $F(x, y)$ et $f(x, y)$ s'annulent pour les mêmes systèmes de valeurs des variables x, y, à l'intérieur des cercles C_r et C_ρ'. Nous allons montrer que le rapport $\dfrac{F(x, y)}{f(x, y)}$ est une fonction holomorphe dans ce domaine. Prenons pour ces variables des valeurs déterminées telles que $|x| < r$, $|y| < \rho$, et considérons l'intégrale double

$$J = \int_{(C'_\rho)} dy' \int_{(C_r)} \frac{F(x', y')}{f(x', y')} \frac{dx'}{(x' - x)(y' - y)}.$$

Pour une valeur de y' de module ρ, la fonction $f(x', y')$ de la variable x' ne peut s'annuler pour aucune valeur de x' intérieure à C_r ou située sur le cercle. La fonction sous le signe intégral admet donc le seul pôle $x' = x$ à l'intérieur de C_r, et le résidu correspondant est $\dfrac{F(x, y')}{f(x, y')} \dfrac{1}{y' - y}$. Par suite, on a encore

$$J = 2\pi i \int_{(C'_\rho)} \frac{F(x, y')}{f(x, y')} \frac{dy'}{y' - y};$$

mais les deux fonctions holomorphes $F(x, y')$, $f(x, y')$ de la variable y' ont les mêmes zéros avec les mêmes degrés de multiplicité à l'intérieur de C'_ρ. Leur quotient est donc une fonction holomorphe de y' dans C'_ρ, et le seul pôle de la fonction à intégrer dans ce cercle est $y' = y$; on a donc

$$J = -4\pi^2 \frac{F(x, y)}{f(x, y)}.$$

D'autre part, on peut remplacer, dans l'intégrale, $\dfrac{1}{(x' - x)(y' - y)}$ par une série entière uniformément convergente, ordonnée suivant les puissances positives de x et de y. En intégrant terme à terme, on voit que cette intégrale est égale à la somme d'une série entière ordonnée suivant les puissances de x et de y, et convergente dans les cercles C_r, C'_ρ. Nous pouvons donc écrire

$$F(x, y) = f(x, y) H(x, y)$$

ou

$$(27) \qquad F(x, y) = (y^n + a_1 y^{n-1} + \ldots + a_n) H(x, y),$$

la fonction $H(x, y)$ étant holomorphe dans les cercles C_r, C'_ρ.

Le coefficient A_n de y^n dans $F(x, y)$ contient un terme constant différent de zéro; comme a_1, a_2, ..., a_n sont nuls pour $x = 0$, le développement de $H(x, y)$ contient forcément un terme constant différent de zéro, et la décomposition donnée par la formule (27)

met en évidence ce fait que toutes les racines de $F(x, y) = 0$ qui
tendent vers zéro avec x s'obtiennent en annulant le premier facteur. L'important théorème qui précède est dû à Weierstrass ([1]).
Il généralise, du moins autant que cela est possible pour une fonction de plusieurs variables, la décomposition en facteurs des fonctions d'une seule variable.

356. Points critiques.

— Nous sommes donc ramenés, pour
étudier les n racines de l'équation $F(x, y) = 0$, qui sont infiniment petites en même temps que x, à étudier, pour les valeurs
de x voisines de zéro, les racines d'une équation de la forme

$$(28) \qquad f(x, y) = y^n + a_1 y^{n-1} + a_2 y^{n-2} + \ldots + a_{n-1} y + a_n = 0,$$

où $a_1, a_2, \ldots, a_n$ sont des fonctions holomorphes s'annulant
pour $x = 0$. Lorsque n est > 1 (seul cas dont nous ayons à nous
occuper), le point $x = 0$ est en général un *point critique*. Éli-
minons y entre les deux équations $f = 0$ et $\dfrac{\partial f}{\partial y} = 0$; le résultant $\Delta(x)$ est un polynome entier par rapport aux coefficients a_1,
$a_2, \ldots, a_n$, et par conséquent une fonction holomorphe dans le
domaine de l'origine. Ce résultant ([2]) est nul pour $x = 0$, et,
comme les zéros d'une fonction holomorphe forment un système
de points isolés, nous pouvons supposer qu'on a pris le rayon r
du cercle C_r assez petit pour qu'à l'intérieur de C_r, l'équation
$\Delta(x) = 0$ n'ait pas d'autre racine que $x = 0$. Pour tout point x_0
pris dans ce cercle, autre que l'origine, l'équation $f(x_0, y) = 0$
admettra n racines distinctes; d'après le cas déjà étudié (I, n° **184**),
les n racines de l'équation (28) seront des fonctions holomorphes
de x dans le domaine du point x_0. Il ne peut donc y avoir à l'intérieur du cercle C_r d'autre point critique que l'origine.

Soient $y_1, y_2, \ldots, y_n$ les n racines de l'équation $f(x_0, y) = 0$.

([1]) *Abhandlungen aus der Functionenlehre von K. Weierstrass* (Berlin, 1866).
On peut aussi démontrer la proposition en s'appuyant uniquement sur les pro-
priétés des séries entières et le théorème d'existence des fonctions implicites
(*Bulletin de la Société mathématique*, t. XXXVI, 1908, p. 209-215).

([2]) Nous écartons le cas où ce résultat serait identiquement nul. Dans ce
cas $f(x, y)$ serait divisible par un facteur $[f_1(x, y)]^k$, où $k > 1$, $f_1(x, y)$ étant
de même forme que $f(x, y)$.

Faisons décrire à la variable x un lacet autour du point $x = 0$, en partant du point x_0; tout le long de ce lacet, les n racines de l'équation $f(x, y) = 0$ sont distinctes et varient d'une manière continue. Si l'on part du point x_0 avec la racine y_1 par exemple, en suivant la variation continue de cette racine tout le long du lacet, on reviendra au point de départ avec une valeur finale égale à une des racines de $f(x_0, y) = 0$. Si cette valeur finale est y_1, la racine considérée est uniforme dans le domaine de l'origine. Si cette valeur finale est différente de y_1, supposons qu'elle soit égale à y_2. Un nouveau lacet décrit dans le même sens conduira de la racine y_2 à une autre des racines $y_1, y_2, \ldots, y_n$. La valeur finale ne peut être y_2, puisque le chemin inverse doit conduire de y_2 à y_1. Cette valeur finale doit donc être une des racines $y_1, y_3, \ldots, y_n$; si c'est y_1, on voit que les deux racines y_1 et y_2 se permutent quand la variable décrit un lacet autour de l'origine. Si cette valeur finale n'est pas y_1, c'est une des $(n - 2)$ racines restantes; soit y_3 cette racine. Un nouveau lacet décrit dans le même sens conduira de la racine y_3 à une des racines $y_1, y_2, y_3, y_4, \ldots, y_n$. Ce ne peut être y_3 pour la même raison que tout à l'heure; ce n'est pas non plus y_2, puisque le chemin inverse conduit de y_2 à y_1. Cette valeur finale est donc y_1 ou une des $(n - 3)$ racines restantes $y_4, y_5, \ldots, y_n$. Si c'est y_1, les trois racines y_1, y_2, y_3 se permutent circulairement quand la variable x décrit un lacet autour de l'origine. Si la valeur finale est différente de y_1, on continuera à faire tourner la variable autour de l'origine, et, au bout d'un nombre fini d'opérations, on retombera forcément sur une racine déjà obtenue, qui sera la racine y_1. Supposons, par exemple, que cela arrive après p opérations; les p racines obtenues $y_1, y_2, \ldots, y_p$ se permutent circulairement quand la variable x décrit un lacet autour de l'origine; on dit qu'elles forment un *système circulaire de p racines*. Lorsque $p = n$, les n racines forment un seul système circulaire. Lorsque p est $< n$, on recommencera le raisonnement en partant d'une des $n - p$ racines restantes, et ainsi de suite; il est clair qu'en continuant de la sorte on finira par épuiser toutes les racines, et l'on peut énoncer la proposition suivante : *Les n racines de l'équation* $F(x, y) = 0$, *qui sont nulles pour* $x = 0$, *forment un ou plusieurs systèmes circulaires dans le domaine de l'origine.*

Pour la généralité de l'énoncé, il suffit de convenir qu'un système circulaire peut se composer d'une seule racine ; cette racine est alors une fonction uniforme dans le voisinage de l'origine.

Les racines d'un même système circulaire peuvent être représentées par un développement unique. Soient y_1, y_2, ..., y_p les p racines d'un système circulaire ; posons $x = x'^p$. Chacune de ces racines devient une fonction holomorphe de x' pour toute valeur de x' autre que $x' = 0$; d'autre part, quand x' décrit un lacet autour de $x' = 0$, le point x décrit p lacets successifs dans le même sens autour de l'origine. Chacune des racines y_1, y_2, ..., y_p revient donc à sa valeur initiale : ce sont des fonctions uniformes de x' dans le domaine de l'origine ; comme ces racines tendent vers zéro lorsque x' tend vers zéro, l'origine $x' = 0$ ne peut être qu'un point ordinaire, et l'une de ces racines est représentée par un développement de la forme

$$(29) \qquad y = \alpha_1 x' + \alpha_2 x'^2 + \ldots + \alpha_m x'^m + \ldots$$

ou, en remplaçant x' par $x^{\frac{1}{p}}$,

$$(30) \qquad y = \alpha_1 x^{\frac{1}{p}} + \alpha_2 \left(x^{\frac{1}{p}}\right)^2 + \ldots + \alpha_m \left(x^{\frac{1}{p}}\right)^m + \ldots.$$

Je dis maintenant que *le développement* (30) *représente toutes les racines d'un même système circulaire, pourvu que l'on attribue à* $x^{\frac{1}{p}}$ *ses p déterminations*. En effet, supposons qu'en prenant pour le radical $\sqrt[p]{x}$ une de ses déterminations on ait le développement de la racine y_1 ; si la variable x décrit un lacet dans le sens direct autour de l'origine, y_1 se change en y_2, et $x^{\frac{1}{p}}$ est multiplié par $e^{\frac{2\pi i}{p}}$. On verra de même qu'on aura y_q en remplaçant $x^{\frac{1}{p}}$ par $x^{\frac{1}{p}} e^{\frac{2q\pi i}{p}}$ dans la formule (30). Ce développement unique met bien en évidence la permutation circulaire des p racines. Il nous resterait à montrer comment on peut séparer les n racines de $F(x, y) = 0$ en systèmes circulaires et calculer les coefficients α_i des développements (30). Nous avons déjà traité le cas où le point $x = y = 0$ est un point double (I, n° 190). Nous traiterons encore un autre cas particulier.

Si, pour $x = y = 0$, la dérivée $\dfrac{\partial F}{\partial x}$ n'est pas nulle, le développement de $F(x, y)$ renferme un terme du premier degré en x, et l'on a

$$(31) \qquad F(x, y) = A x + B y^n + \ldots \qquad (AB \neq 0),$$

les termes non écrits étant divisibles par l'un des facteurs x^2,
xy, y^{n+1}. Considérons pour un moment y comme la variable
indépendante; l'équation $F(x, y) = 0$ admet une seule racine
tendant vers zéro avec y, et cette racine est holomorphe dans le
domaine de l'origine. Le développement, que l'on a appris à calculer (I, n° 184), est de la forme

$$(32) \qquad x = y^n(a_0 + a_1 y + \ldots) \qquad (a_0 \neq 0).$$

En extrayant les racines $n^{\text{ièmes}}$ des deux membres, il vient

$$(33) \qquad x^{\frac{1}{n}} = y \sqrt[n]{a_0 + a_1 y + \ldots}.$$

Pour $y = 0$, l'équation auxiliaire $u^n = a_0 + a_1 y + \ldots$ admet
n racines distinctes, dont chacune est développable en série entière
suivant les puissances de y. Comme ces n racines se déduisent de
l'une d'elles en la multipliant par les puissances successives de $e^{\frac{2\pi i}{n}}$,
on peut prendre pour $\sqrt[n]{a_0 + a_1 y + \ldots}$ dans la formule (33) l'une
quelconque de ces racines, à la condition d'attribuer successivement à $x^{\frac{1}{n}}$ ses n déterminations.

On peut donc écrire l'équation (33)

$$x^{\frac{1}{n}} = b_1 y + b_2 y^2) + \ldots \qquad (b_1 \neq 0),$$

et l'on en tire inversement un développement de y suivant les
puissances de $x^{\frac{1}{n}}$:

$$(34) \qquad y = c_1 x^{\frac{1}{n}} + c_2 \left(x^{\frac{1}{n}}\right)^2 + \ldots$$

Ce développement, lorsque l'on donne successivement à $x^{\frac{1}{n}}$ ses
n valeurs, représente les n racines qui tendent vers zéro avec x.
Ces n racines forment donc un seul système circulaire.

Pour l'étude du cas général, nous renverrons aux Ouvrages consacrés à la théorie des fonctions algébriques ([1]).

([1]) Voir aussi le célèbre Mémoire de Puiseux sur les fonctions algébriques
(*Journal de Mathématiques*, t. XV, 1850).

357. Fonctions algébriques. — Les fonctions implicites les mieux étudiées jusqu'ici sont les *fonctions algébriques*, définies par une équation $F(x, y) = 0$, dont le premier membre est un polynome entier *indécomposable* en x et y. On dit qu'un polynome entier est indécomposable lorsqu'il n'est pas possible de trouver deux autres polynomes entiers de degré moindre $F_1(x, y)$ et $F_2(x, y)$ tels que l'on ait identiquement

$$F(x, y) = F_1(x, y) \times F_2(x, y).$$

Si le polynome $F(x, y)$ était égal à un produit de cette espèce, il est clair que l'équation $F(x, y) = 0$ pourrait être remplacée par deux équations distinctes $F_1(x, y) = 0$, $F_2(x, y) = 0$.

Soit donc

$$(35) \quad F(x, y) = \varphi_0(x)y^n + \varphi_1(x)y^{n-1} + \ldots + \varphi_{n-1}(x)y + \varphi_n(x) = 0$$

l'équation proposée de degré n en y, $\varphi_0, \varphi_1, \ldots, \varphi_n$ étant des polynomes entiers en x. En éliminant y entre les deux relations $F = 0$, $\dfrac{\partial F}{\partial y} = 0$, on obtient pour résultant un polynome entier $\Delta(x)$, qui ne peut être identiquement nul, puisque $F(x, y)$ est supposé indécomposable. Marquons dans le plan les points $\alpha_1, \alpha_2, \ldots, \alpha_k$, racines de l'équation $\Delta(x) = 0$, et les points $\beta_1, \beta_2, \ldots, \beta_h$, racines de $\varphi_0(x) = 0$, quelques-uns des points α_i pouvant aussi faire partie des racines de $\varphi_0(x) = 0$. Pour un point a différent des points α_i, β_j, l'équation $F(a, y) = 0$ a n racines distinctes et finies $b_1, b_2, \ldots, b_n$. Dans le domaine du point a, l'équation (35) admet donc n racines holomorphes qui tendent respectivement vers $b_1, b_2, \ldots, b_n$ lorsque x tend vers a. Soit α_i une racine de $\Delta(x) = 0$; l'équation $F(\alpha_i, y) = 0$ admet un certain nombre de racines égales. Supposons, par exemple, qu'elle admette p racines égales à b. Les p racines qui tendent vers b lorsque x tend vers α_i se partagent en un certain nombre de systèmes circulaires et les racines d'un même système circulaire sont représentées par un développement en série ordonnée suivant les puissances fractionnaires de $x - \alpha_i$. Si la valeur α_i n'annule pas $\varphi_0(x)$, toutes les racines de l'équation (35) dans le domaine du point α_i se partagent ainsi en un certain nombre de systèmes circulaires, quelques-uns de ces systèmes pouvant ne comprendre qu'une seule racine. Pour un point β_j qui annule $\varphi_0(x)$, quelques-unes des racines de l'équation (35) deviennent infinies ; pour étudier ces racines, on pose $y = \dfrac{1}{y'}$, et l'on est conduit à étudier les racines de l'équation $F_1(x, y') = y'^n\, F\left(x, \dfrac{1}{y'}\right) = 0$, qui deviennent nulles pour $x = \beta_j$. Ces racines se partagent encore en un certain nombre de systèmes circulaires, les racines d'un même système étant représentées par un développement en série de la forme

$$(36) \qquad y' = a_m(x - \beta_j)^{\frac{m}{p}} + a_{m+1}(x - \beta_j)^{\frac{m+1}{p}} + \ldots; \qquad a_m \neq 0;$$

les racines correspondantes de l'équation en y seront données par le développement

$$(37) \qquad y = (x - \beta_j)^{-\frac{m}{p}}\left[a_m + a_{m+1}(x - \beta_j)^{\frac{1}{p}} + \ldots\right]^{-1},$$

que l'on peut ordonner suivant les puissances croissantes de $(x - \beta_j)^{\frac{1}{p}}$, mais on aura au début un nombre *fini* de termes à exposants négatifs.

Pour étudier les valeurs de y pour les valeurs infinies de x, on pose $x = \dfrac{1}{x'}$, et l'on est ramené à étudier les racines d'une équation de même forme dans le voisinage de l'origine. En résumé, dans le domaine d'un point quelconque $x = a$, les n racines de l'équation (35) sont représentées par un certain nombre de séries ordonnées suivant les puissances croissantes de $x - a$ ou de $(x - a)^{\frac{1}{p}}$, pouvant renfermer un nombre fini de termes à exposants négatifs, et cet énoncé s'applique aussi aux valeurs infinies de x, en remplaçant $x - \infty$ par $\dfrac{1}{x}$.

Il est à remarquer que les puissances fractionnaires ou les exposants négatifs ne se présentent que pour des points exceptionnels. Les seuls points singuliers des racines de l'équation sont donc les points critiques autour desquels quelques-unes de ces racines se permutent circulairement, et les pôles où quelques-unes de ces racines deviennent infinies ; d'ailleurs un point peut être à la fois un pôle et un point critique. On appelle souvent *points singuliers algébriques* ces deux espèces de points singuliers.

Nous n'avons étudié jusqu'ici les racines de l'équation proposée que dans le domaine d'un point déterminé. Supposons maintenant que l'on joigne deux points $x = a$, $x = b$, pour lesquels l'équation (35) a ses n racines distinctes et finies, par un chemin AB ne passant par aucun point singulier de l'équation. Soit y_1 une racine de l'équation $F(a, y) = o$; la racine $y = f(x)$ qui se réduit à y_1 pour $x = a$ est représentée, dans le domaine du point a, par un développement en série entière $P(x - a)$, et l'on peut se proposer d'en trouver le prolongement analytique en faisant décrire à la variable l'arc AB. C'est un cas particulier du problème général, et nous savons d'avance. que l'on arrivera au point B avec une valeur finale qui sera une racine de l'équation $F(b, y) = o$ (n° 337). On arrivera certainement au point b au bout d'un nombre *fini* d'opérations; en effet, les rayons des cercles de convergence des séries représentant les diverses racines de l'équation $F(x, y) = o$, et ayant pour centres les différents points du chemin AB, ont une borne inférieure (^{1}) $\delta > o$, puisque ce chemin ne renferme aucun point critique, et il est clair que l'on pourra toujours prendre les rayons des différents cercles que l'on utilise dans le prolongement analytique au moins égaux à δ.

Parmi tous les chemins joignant les points A et B, on peut toujours en trouver un conduisant de la racine y_1 à l'une quelconque des racines de l'équation $F(b, y) = o$ comme valeur finale. On s'appuie, pour le démontrer, sur la proposition suivante : *Si une fonction analytique z de la variable x n'admet que p valeurs distinctes pour chaque valeur de x, et si elle n'a dans tout le plan (y compris le point à l'infini) que des points singuliers algébriques, les p déterminations de z sont racines d'une équation de degré p, dont les coefficients sont des fonctions rationnelles de x.* Soient z_1, z_2, ..., z_p les p déterminations de z; lorsque la variable x décrit une courbe fermée, ces p valeurs z_1, z_2, ..., z_p ne peuvent que s'échanger entre elles. La fonction symétrique $u_k = z_1^k + z_2^k + \ldots + z_p^k$, où k est un nombre entier positif, est donc une fonction uniforme. D'ailleurs, cette fonction ne peut avoir que des singularités polaires. En effet, dans

---

le domaine d'un point quelconque à distance finie $x = a$, les développements de $z_1, z_2, \ldots, z_p$ ne présentent qu'un nombre fini de termes à exposants négatifs. Il en est donc de même du développement de u_k. D'ailleurs, la fonction u_k étant uniforme, son développement ne peut renfermer de puissances fractionnaires. Le point a est donc un pôle ou un point ordinaire pour u_k, et il en est de même du point à l'infini. La fonction u_k est donc une fonction rationnelle de x, quel que soit le nombre entier k ; il en est par suite de même des fonctions symétriques simples, telles que Σz_i, $\Sigma z_i z_k$, $\ldots$, ce qui démontre le théorème énoncé.

Cela posé, supposons qu'en allant du point a à un autre point quelconque x du plan par tous les chemins possibles on ne puisse obtenir comme valeurs finales que p des racines de l'équation

$$F(x, y) = 0 \qquad (p < n).$$

Ces p racines $y_1, y_2, \ldots, y_p$ ne peuvent évidemment que s'échanger lorsque la variable x décrit un contour fermé, et elles jouissent de toutes les propriétés des p branches $z_1, z_2, \ldots, z_p$ de la fonction analytique z que nous venons d'étudier. On en conclut que $y_1, y_2, \ldots, y_p$ seraient racines d'une équation de degré p $F_1(x, y) = 0$ à coefficients rationnels. L'équation $F(x, y) = 0$ admettrait donc toutes les racines de l'équation $F_1(x, y) = 0$, quel que soit x, et le polynome $F(x, y)$ ne serait pas indécomposable, contrairement à l'hypothèse. Si l'on n'apporte aucune restriction au chemin décrit par la variable x, les n racines de l'équation (35) doivent donc être considérées comme des branches distinctes d'une seule fonction analytique, ainsi qu'on l'a déjà remarqué sur quelques exemples simples (n° 260).

Imaginons que de chacun des points critiques on trace une coupure indéfinie de façon que ces coupures ne se croisent pas entre elles. Si le chemin suivi par x est assujetti à ne franchir aucune coupure, les n racines sont des fonctions uniformes dans tout le plan, car deux chemins ayant les mêmes extrémités pourront se ramener l'un à l'autre par une déformation continue sans traverser aucun point critique (n° 336). Pour pouvoir suivre la variation d'une racine le long d'un chemin quelconque, il suffira de connaître la loi de permutation de ces racines lorsque la variable décrit un lacet autour de chacun des points critiques.

Remarque. — Ce qui rend l'étude des fonctions algébriques relativement facile, c'est qu'on peut déterminer *a priori*, par des calculs algébriques, les points singuliers de ces fonctions. Il n'en est plus de même en général pour les fonctions implicites non algébriques, qui peuvent avoir des points singuliers transcendants. Par exemple, la fonction implicite $y(x)$ définie par l'équation $e^y - x - 1 = 0$ n'admet aucun point critique algébrique, mais elle admet le point singulier transcendant $x = -1$.

358. Intégrales abéliennes. — Toute intégrale $1 = \int R(x, y)\, dx$, où $R(x, y)$ est une fonction rationnelle de x et de y, et où y est la fonction algébrique définie par l'équation $F(x, y) = 0$, est une intégrale abélienne attachée à cette courbe. Pour achever de déterminer cette intégrale, il faut se donner la limite inférieure x_0, et la valeur correspondante y_0 choisie parmi les racines de l'équation $F(x_0, y) = 0$. Voici quelques-unes des propriétés générales les plus importantes de ces intégrales. Quand on va du point x_0 à un point quelconque x par tous les chemins possibles, toutes les valeurs de l'intégrale I sont comprises dans l'une des formules

$$(38) \qquad I = I_k + m_1 \omega_1 + m_2 \omega_2 + \ldots + m_r \omega_r \qquad (k = 1, 2, \ldots, n),$$

I_1, I_2, ..., I'_n étant les valeurs de l'intégrale qui correspondent à certains chemins déterminés, m_1, m_2, ..., m_r des nombres entiers arbitraires et ω_1, ω_2, ..., ω_r des périodes. Ces périodes sont de deux sortes; les unes proviennent de lacets décrits autour des pôles de la fonction $R(x, y)$; ce sont les *périodes polaires*. Les autres proviennent de contours fermés appelés *cycles*, entourant plusieurs points critiques; ce sont les périodes *cycliques*. Le nombre des périodes cycliques distinctes ne dépend que de la relation algébrique considérée $F(x, y) = 0$; il est égal à $2p$, p désignant le genre de cette courbe (n° 333). Au contraire, le nombre des périodes polaires peut être quelconque. Au point de vue des singularités, on distingue trois classes d'intégrales abéliennes. On appelle intégrales de *première espèce* celles qui restent finies dans le voisinage de toute valeur de x; si leur module augmente indéfiniment, ce ne peut être que par l'addition d'une infinité de périodes. Les intégrales de *deuxième espèce* sont celles qui admettent un pôle unique, et les intégrales de *troisième espèce* admettent deux points singuliers logarithmiques. Toute intégrale abélienne est une somme d'intégrales des trois espèces, et le nombre des intégrales distinctes de première espèce est égal au genre.

L'étude de ces intégrales se fait très facilement à l'aide de surfaces planes à plusieurs feuillets, appelés *surfaces de Riemann*. Nous n'avons pas à nous en occuper ici. Nous donnerons seulement, à cause de son caractère tout à fait élémentaire, la démonstration d'une proposition fondamentale, découverte par Abel.

339. Théorème d'Abel. — Pour énoncer les résultats plus facilement, considérons la courbe plane C représentée par l'équation $F(x, y) = o$, et soit $\Phi(x, y) = o$ l'équation d'une autre courbe plane algébrique C'. Ces deux courbes ont N points communs (x_1, y_1), (x_2, y_2), ..., (x_N, y_N) (le nombre N étant égal au produit des degrés des deux courbes). Soit $R(x, y)$ une fonction rationnelle; considérons la somme suivante

$$(39) \qquad I = \sum_{i=1}^{N} \int_{(x_0, y_0)}^{(x_i, y_i)} R(x, y)\, dx,$$

$\int_{(x_0, y_0)}^{(x_i, y_i)} R(x, y)\, dx$ désignant l'intégrale abélienne prise depuis un point fixe x_0 jusqu'au point x_i suivant un chemin qui conduit pour y de la valeur initiale y_0 à la valeur finale y_i, et la valeur initiale y_0 de y étant la même pour toutes ces intégrales. Il est clair que la somme I n'est déterminée qu'à une période près, comme chacune des intégrales elles-mêmes. Imaginons maintenant que quelques-uns des coefficients a_1, a_2, ..., a_k du polynome $\Phi(x, y)$ soient variables. Lorsque ces coefficients varient d'une manière continue, les points x_i varient eux-mêmes d'une manière continue, et si aucun d'eux ne vient coïncider avec un des points de discontinuité de l'intégrale $\int R(x, y)\, dx$, la somme I varie elle-même d'une manière continue, pourvu que l'on suive la variation continue de chacune des intégrales qui y figurent tout le long du chemin décrit par la limite supérieure correspondante. La somme I est donc une fonction des paramètres a_1, a_2, ..., a_k, dont nous allons chercher la forme analytique.

Désignons d'une façon générale par δV la différentielle totale d'une fonction quelconque V par rapport aux variables a_1,

$a_2, \ldots, a_k,$

$$\delta V = \frac{\partial V}{\partial a_1} \delta a_1 + \ldots + \frac{\partial V}{\partial a_k} \delta a_k.$$

Nous avons, d'après la formule (59),

$$\delta I = \sum_{i=1}^{N} R(x_i, y_i) \delta x_i.$$

Des deux relations $F(x_i, y_i) = 0$, $\Phi(x_i, y_i) = 0$, on tire

$$\frac{\partial F}{\partial x_i} \delta x_i + \frac{\partial F}{\partial y_i} \delta y_i = 0, \qquad \frac{\partial \Phi}{\partial x_i} \delta x_i + \frac{\partial \Phi}{\partial y_i} \delta y_i + \delta \Phi_i = 0,$$

et par suite $\delta x_i = \Psi(x_i, y_i) \delta \Phi_i$, $\Psi(x_i, y_i)$ étant une fonction rationnelle de $x_i, y_i, a_1, a_2, \ldots, a_k$, et Φ_i étant mis pour $\Phi(x_i, y_i)$. Nous avons donc

$$\delta I = \sum_{i=1}^{i=N} R(x_i, y_i) \Psi(x_i, y_i) \delta \Phi_i;$$

le coefficient de δa_1 dans le second membre est une fonction rationnelle symétrique des coordonnées des N points $(x_i \; y_i)$ communs aux deux courbes C, C'; la théorie de l'élimination prouve que c'est une fonction rationnelle des coefficients des deux polynomes $F(x, y)$ et $\Phi(x, y)$, et par suite une fonction rationnelle de $a_1, a_2, \ldots, a_k$. Il en est évidemment de même des coefficients de $\delta a_2, \ldots, \delta a_k$, et I s'obtiendra par l'intégration d'une différentielle totale

$$I = \int \pi_1 \delta a_1 + \pi_2 \delta a_2 + \ldots + \pi_k \delta a_k,$$

où $\pi_1, \pi_2, \ldots, \pi_k$ sont des fonctions rationnelles des variables $a_1, a_2, \ldots, a_k$. Or l'intégration ne peut introduire d'autres transcendantes que des logarithmes *La somme I est donc égale à une fonction rationnelle des coefficients $a_1, a_2, \ldots, a_k$, augmentée d'une somme de logarithmes de fonctions rationnelles des mêmes coefficients, chacun de ces logarithmes étant multiplié par un facteur constant* (¹). Telle est, sous sa forme la plus géné-

---

(¹) Voir, par exemple, mon article *Sur l'intégration des différentielles totales rationnelles* dans les *Nouvelles Annales de Mathématiques*, 5ᵉ série, t. II, 1923

rale, l'énoncé du théorème d'Abel. En langage géométrique, on peut dire aussi que *la somme des valeurs d'une intégrale abé-lienne quelconque, prises depuis une origine commune jus-qu'aux* N *points d'intersection de la courbe donnée avec une courbe variable de degré m*, $\Phi(x, y) = $ o, *est égale à une fonc-tion rationnelle des coefficients de* $\Phi(x, y)$, *augmentée d'une somme d'un nombre fini de logarithmes de fonctions ration-nelles des mêmes coefficients, chaque logarithme étant multi-plié par un facteur constant.*

Le second énoncé paraît au premier abord plus frappant; mais, dans les applications, il faut toujours se reporter par la pensée à l'énoncé analytique pour évaluer la variation continue de la somme I qui correspond à une variation continue des paramètres $a_1, a_2, \ldots, a_k$. Le théorème n'a de sens précis que si l'on tient compte des chemins décrits par les N points $x_1, x_2, \ldots, x_N$ sur le plan de la variable x.

L'énoncé devient d'une simplicité remarquable lorsque l'inté-grale est de première espèce. En effet, si $\pi_1, \pi_2, \ldots, \pi_k$ n'étaient pas identiquement nuls, on pourrait trouver un système de valeurs $a_1 = a'_1, \ldots, a_k = a'_k$ pour lequel I deviendrait infini. Soient $(x'_1, y'_1), \ldots, (x'_N, y'_N)$ les points de rencontre de la courbe C avec la courbe C' qui correspond aux valeurs $a'_1, \ldots, a'_k$ des para-mètres. L'intégrale $\int_{(x_0, y_0)}^{(x, y)} R(x, y)\, dx$ augmenterait indéfiniment lorsque la limite supérieure tendrait vers l'un des points (x'_i, y'_i), ce qui est impossible si l'intégrale est de première espèce. Par suite, on a $\delta I =$ o et, lorsque $a_1, a_2, \ldots, a_k$ varient d'une manière continue, I reste constant; le théorème d'Abel peut alors s'énoncer comme il suit :

Étant données une courbe fixe C *et une courbe variable* C' *de degré m, la somme des accroissements d'une intégrale abé-lienne de première espèce attachée à la courbe* C, *le long des lignes continues décrites par les points d'intersection de* C *avec* C', *est égale à zéro.*

Remarques. — Nous supposons que le degré de la courbe C' reste constant et égal à m. Si, pour certaines valeurs particulières des coefficients $a_1, a_2, \ldots, a_k$, ce degré venait à s'abaisser,

quelques-uns des points d'intersection de C avec C' devraient être
considérés comme rejetés à l'infini, et il faudrait en tenir compte
dans l'application du théorème. Mentionnons aussi cette remarque
à peu près évidente que, lorsque quelques-uns des points d'intersection de C avec C' sont fixes, il est inutile de faire figurer les
intégrales correspondantes dans la somme I.

360. **Application aux intégrales ultra-elliptiques.** — Les applications du théorème d'Abel à l'Analyse et à la Géométrie sont
extrêmement nombreuses et importantes. Nous allons calculer
explicitement δI dans le cas des intégrales ultra-elliptiques.

Considérons la relation algébrique

$$(40) \qquad y^2 = R(x) = A_0 x^{2p+2} + A_1 x^{2p+1} + \ldots + A_{2p+2},$$

le polynome $R(x)$ étant premier avec sa dérivée; nous supposerons que A_0 peut être nul, mais que A_0 et A_1 ne sont pas nuls à la
fois, de sorte que $R(x)$ est de degré $2p+1$ ou de degré $2p+2$.
Soit $Q(x)$ un polynome quelconque de degré q; prenons pour
origine une valeur x_0 de x n'annulant pas $R(x)$, et soit y_0 une
racine de l'équation $y^2 = R(x_0)$. Nous poserons

$$v(x, y) = \int_{(x_0, y_0)}^{(x, y)} \frac{Q(x)\, dx}{\sqrt{R(x)}},$$

l'intégrale étant prise suivant un chemin allant de x_0 à x, et y
désignant la valeur finale du radical $\sqrt{R(x)}$ lorsqu'on part de x_0
avec la valeur y_0. Pour étudier le système des points d'intersection de la courbe C représentée par l'équation (40) avec une autre
courbe algébrique C', on peut évidemment remplacer dans l'équation de cette dernière courbe une puissance paire de y, telle que
y^{2r}, par $[R(x)]^r$ et une puissance impaire y^{2r+1} par $y[R(x)]^r$.
Ces substitutions étant faites, l'équation obtenue ne renfermera
plus y qu'au premier degré, et l'on peut supposer l'équation de la
courbe C' de la forme

$$(41) \qquad y\,\varphi(x) - f(x) = 0,$$

$f(x)$ et $\varphi(x)$ étant deux polynomes premiers entre eux, de degrés λ
et μ respectivement, dont nous supposerons quelques-uns des

coefficients variables. Les abscisses des points d'intersection des deux courbes C et C′ sont racines de l'équation

$$(42) \qquad \psi(x) = f^2(x) - R(x)\varphi^2(x) = 0,$$

de degré N. Pour certains systèmes particuliers de valeurs des coefficients variables dans les deux polynomes $f(x)$ et $\varphi(x)$, il peut se faire que le degré de l'équation soit inférieur à N; quelques-uns des points d'intersection sont alors rejetés à l'infini, mais les intégrales correspondantes doivent figurer dans la somme que nous allons étudier. A toute racine x_i de l'équation (42) correspond une valeur de y bien déterminée $y_i = \dfrac{f(x_i)}{\varphi(x_i)}$. Cela posé, considérons la somme

$$I = \sum_{i=1}^{N} \varphi(x_i, y_i) = \sum_{i=1}^{N} \int_{(x_0, y_0)}^{(x_i, y_i)} \frac{Q(x)\,dx}{\sqrt{R(x)}};$$

nous avons

$$\delta I = \sum_{i=1}^{N} \frac{Q(x_i)\,\delta x_i}{\sqrt{R(x_i)}} = \sum_{i=1}^{N} \frac{Q(x_i)\varphi(x_i)}{f(x_i)}\,\delta x_i,$$

car la valeur finale du radical au point x_i doit être égale à y_i, c'est-à-dire à $\dfrac{f(x_i)}{\varphi(x_i)}$. D'autre part, de l'equation $\psi(x_i) = 0$, on tire

$$\psi'(x_i)\,\delta x_i + 2R(x_i)\varphi(x_i)\,\delta\varphi_i - 2f(x_i)\,\delta f_i = 0$$

et, par suite,

$$\delta I = \sum_{i=1}^{N} \frac{Q(x_i)\varphi(x_i)}{f(x_i)} \times \frac{2f(x_i)\,\delta f_i - 2R(x_i)\varphi(x_i)\,\delta\varphi_i}{\psi'(x_i)},$$

ou, en tenant compte de l'équation (42) elle-même,

$$(43) \qquad -\delta I = \sum_{i=1}^{N} \frac{2Q(x_i)(f_i\,\delta\varphi_i - \varphi_i\,\delta f_i)}{\psi'(x_i)}.$$

Calculons par exemple le coefficient de δa_k dans δI, a_k étant le coefficient supposé variable de x^k dans le polynome $f(x)$; δa_k ne figure pas dans $\delta\varphi_i$ et il est multiplié par x_i^k dans δf_i. Le coefficient

20

cherché de δa_k est donc égal à

$$\sum_{i=1}^{N} \frac{2\,Q(x_i)\,\varphi(x_i)\,x_i^k}{\psi'(x_i)} = 2 \sum_{i=1}^{N} \frac{\pi(x_i)}{\psi'(x_i)},$$

en posant $\pi(x) = Q(x)\varphi(x)x^k$. La somme précédente doit être étendue à toutes les racines de l'équation $\psi(x) = 0$; c'est une fonction rationnelle et symétrique de ces racines, et par suite une fonction rationnelle des coefficients des deux polynomes $f(x)$ et $\varphi(x)$. On peut en faciliter le calcul en observant que $\sum \dfrac{\pi(x_i)}{\psi'(x_i)}$ est égal à la somme des résidus de la fonction rationnelle $\dfrac{\pi(x)}{\psi(x)}$ relatifs aux N pôles à distance finie x_1, x_2, ..., x_N. D'après une proposition générale, cette somme est aussi égale au résidu relatif au point à l'infini changé de signe (n° 303). On obtiendra donc le coefficient de δa_k par une simple division.

Il est aisé de vérifier que, si l'intégrale $v(x, y)$ est de première espèce, ce coefficient est nul. On a par hypothèse $q \leqq p - 1$; le degré de $\pi(x)$ est $q + \mu + k$ et l'on a

$$q + \mu + k \leqq \mu + k + p - 1.$$

Cherchons le degré de $\psi(x)$. S'il n'y a aucune réduction entre les termes du plus haut degré de $R(x)\,\varphi^2(x)$ et de $f^2(x)$, on a

$$2\lambda \leqq N, \qquad 2p + 1 + 2\mu \leqq N,$$

d'où

$$\lambda + \mu + p + 1 \leqq N,$$

et *a fortiori*

$$k + \mu + p + 1 \leqq N.$$

S'il y avait réduction entre ces deux termes, on aurait

$$\lambda = \mu + p + 1;$$

mais, le terme $a_k x^{\lambda+k}$ ne pouvant se réduire avec aucun autre, on aurait $\lambda + k \leqq N$, d'où la même inégalité que tout à l'heure. Il s'ensuit que l'on a toujours

$$q + \mu + k \leqq N - 2.$$

Le résidu de la fonction rationnelle $\dfrac{\pi(x)}{\psi(x)}$ relatif au point à l'infini est donc nul, car le développement commencera par un terme en $\frac{1}{x^2}$, ou de degré supérieur. On verra de la même façon que le coefficient de δb_h dans δI, b_h étant un des coefficients variables du polynome $\varphi(x)$, est nul, lorsque le polynome $Q(x)$ est de degré $p-1$ ou de degré inférieur. Le résultat est bien d'accord avec la théorie générale.

Prenons par exemple $\varphi(x) = 1$, et posons

$$f(x) = \sqrt{A_0} x^{p+1} + a_p x^p + a_{p-1} x^{p-1} + \ldots + a_1 x + a_0,$$

$a_0, a_1, \ldots, a_p$ étant $p+1$ coefficients variables. Les deux courbes

$$y^2 = R(x), \quad y = f(x)$$

se coupent en $2p+1$ points variables, et la somme des valeurs de l'intégrale $v(x, y)$ depuis une origine commune jusqu'à ces $2p+1$ points d'intersection est une fonction *algébrico-logarithmique* des coefficients $a_0, a_1, \ldots, a_p$. Or, on peut disposer de ces $p+1$ coefficients de façon que $p+1$ de ces points d'intersection soient des points quelconques donnés à l'avance de la courbe $y^2 = R(x)$, et les coordonnées des p points restants seront des fonctions algébriques des coordonnées des $(p+1)$ points donnés.

La somme des $p+1$ intégrales

$$v(x_1, y_1) + v(x_2, y_2) + \ldots + v(x_{p+1}, y_{p+1}),$$

prises depuis une origine commune jusqu'à $p+1$ points arbitraires, est donc égale à la somme de p intégrales dont les limites sont des fonctions algébriques des coordonnées

$$(x_1, y_1), \quad \ldots, \quad (x_{p+1}, y_{p+1}),$$

augmentée de quantités algébrico-logarithmiques. Il est clair que par des réductions successives la proposition s'étend à la somme de m intégrales, m étant un nombre entier quelconque supérieur à p. En particulier, la somme d'un nombre quelconque d'intégrales de première espèce peut se ramener à la somme de p intégrales seulement. Cette propriété, qui s'étend aux intégrales abéliennes les plus générales de première espèce, constitue le théorème d'addition de ces intégrales.

Dans le cas des intégrales elliptiques de première espèce, le théorème d'Abel conduit précisément à la formule d'addition pour la fonction $p\,u$. Considérons en effet la cubique normale

$$y^2 = 4\,x^3 - g_2 x - g_3,$$

et soient $M_1(x_1, y_1)$, $M_2(x_2, y_2)$, $M_3(x_3, y_3)$ les points d'intersection de cette cubique avec une droite D. D'après le théorème général, la somme

$$\int_\infty^{(x_1, y_1)} \frac{dx}{\sqrt{4x^3 - g_2 x - g_3}} + \int_\infty^{(x_2, y_2)} \frac{dx}{\sqrt{4x^3 - g_2 x - g_3}} + \int_\infty^{(x_3, y_3)} \frac{dx}{\sqrt{4x^3 - g_2 x - g_3}}$$

est égale à une période, car les trois points M_1, M_2, M_3 sont rejetés à l'infini, lorsque la droite D s'en va elle-même à l'infini. Or, si l'on emploie la représentation paramétrique $x = p\,u$, $y = p'\,u$ pour la cubique, le paramètre u est précisément égal à l'intégrale $\int_\infty^{(x,\,y)} \frac{dx}{\sqrt{4x^3 - g_2 x - g_3}}$, et la formule précédente exprime que la somme des arguments u_1, u_2, u_3 qui correspondent aux trois points M_1, M_2, M_3, est égale à une période. Nous avons vu plus haut comment cette relation est équivalente à la formule d'addition relative à la fonction $p\,u$ (n° 331).

361. Extension de la formule de Lagrange. — Le théorème général sur les fonctions implicites définies par un système d'équations simultanées (I, n° 185) s'étend aussi aux variables complexes, pourvu que l'on conserve les autres hypothèses de l'énoncé. Considérons par exemple les deux équations simultanées

$$(44) \quad P(x, y) = x - a - \alpha\,f(x, y) = 0, \qquad Q(x, y) = y - b - \beta\,\varphi(x, y) = 0,$$

où x et y sont des variables complexes, $f(x, y)$ et $\varphi(x, y)$ des fonctions holomorphes de ces deux variables dans le voisinage du système de valeurs $x = a$, $y = b$. Pour $\alpha = 0$, $\beta = 0$, les équations (44) admettent le système de solutions $x = a$, $y = b$, et le déterminant $\dfrac{D(P, Q)}{D(x, y)}$ se réduit à l'unité. Donc, d'après le théorème général, les équations (44) admettent un système de racines et un seul tendant vers a et b respectivement lorsque α et β tendent vers zéro, et ces racines sont des fonctions holomorphes de α et de β. Laplace a étendu le premier à ce système d'équations la formule de Lagrange (n° 302).

Supposons, pour fixer les idées, que des points a et b comme centres on décrive, dans les plans des variables x et y respectivement, deux cercles C et C' de rayons r et r' assez petits pour que les fonctions $f(x, y)$ et $\varphi(x, y)$ soient holomorphes lorsque les variables x et y restent à l'intérieur des

cercles C, C', ou sur ces cercles eux-mêmes ; soient M et M' les valeurs
maxima de $|f(x, y)|$ et de $|\varphi(x, y)|$ dans ce domaine. Nous supposerons
de plus que les constantes α et β satisfont aux conditions $M|\alpha| < r$,
$M'|\beta| < r'$.

Cela étant, donnons à x une valeur quelconque à l'intérieur de C ou sur
le cercle lui-même ; l'équation $Q(x, y) = 0$ est vérifiée pour une seule
valeur de y à l'intérieur de C', car l'argument de $y - b - \beta\varphi(x, y)$
augmente de 2π lorsque y décrit C' dans le sens direct (n° 300). Cette
racine est une fonction holomorphe $y_1 = \psi(x)$ de x dans le cercle C. Si
l'on remplace y par cette racine y_1 dans $P(x, y)$, l'équation obtenue
$x - a - \alpha f(x, y_1) = 0$ admet une racine et une seule à l'intérieur de C,
pour la même raison que tout à l'heure.

Soit $x = \xi$ cette racine, et soit η la valeur correspondante de y, $\eta = \psi(\xi)$.
La formule de Lagrange généralisée a pour but de développer suivant les
puissances de α et de β toute fonction $F(\xi, \eta)$ holomorphe dans le domaine
que nous venons de définir.

Considérons pour cela l'intégrale double

$$(45) \qquad I = \int_{(C)} dx \int_{(C')} \frac{F(x, y)\, dy}{P(x, y)\, Q(x, y)},$$

x étant un point de cercle C, $P(x, y)$ ne peut s'annuler pour aucune
valeur de y intérieure à C', car l'argument de $x - a - \alpha f(x, y)$ revient
forcément à sa valeur initiale lorsque y décrit C', x étant un point fixe
de C. Le seul pôle de la fonction sous le signe intégral, considérée comme
fonction de la seule variable y, est donc le pôle $y = y_1$, donné par la racine
de $Q(x, y) = 0$, qui correspond à la valeur de x située sur le contour C,
et l'on a, après une première intégration,

$$\int_{(C')} \frac{F(x, y)\, dy}{P(x, y)\, Q(x, y)} = 2 i\pi \frac{F(x, y_1)}{P(x, y_1)\left(\dfrac{\partial Q}{\partial y}\right)_1}.$$

Le second membre, si l'on y suppose y_1 remplacé par la fonction holomorphe $\psi(x)$ définie plus haut, admet à son tour un seul pôle du premier
ordre à l'intérieur de C, le point $x = \xi$, auquel correspond la valeur $y_1 = \eta$
et le résidu correspondant, est, comme le prouve un calcul facile,

$$\frac{2 i\pi\, F(\xi, \eta)}{\left[\dfrac{D(P, Q)}{D(x, y)}\right]_{\substack{x=\xi \\ y=\eta}}}.$$

L'intégrale double I a donc pour valeur

$$I = - 4\pi^2 \frac{F(\xi, \eta)}{\left[\dfrac{D(P, Q)}{D(x, y)}\right]_{\substack{x=\xi \\ y=\eta}}}.$$

D'autre part, on peut développer $\dfrac{1}{PQ}$ en série uniformément convergente

$$\frac{1}{(x - a - \alpha f)(y - b - \beta\varphi)} = \sum \frac{\alpha^m \beta^n f^m \varphi^n}{(x - a)^{m+1}(y - b)^{n+1}},$$

ce qui nous donne $I = \Sigma\, J_{mn}\, \alpha^m \beta^n$, où

$$J_{mn} = \int_{(C)} dx \int_{(C')} \frac{F(x, y)\,[f(x, y)]^m\,[\varphi(x, y)]^n\,dy}{(x - a)^{m+1}(y - b)^{n+1}}.$$

Cette intégrale a déjà été calculée (n° 351), et nous avons trouvé qu'elle est égale à

$$- \frac{4\pi^2}{m!\,n!}\; \frac{\partial^{m+n}\,[F(a, b)\,f^m(a, b)\,\varphi^n(a, b)]}{\partial a^m\,\partial b^n}.$$

En égalant les deux valeurs de I, on obtient la formule cherchée qui offre une analogie évidente avec la formule (5o) (n° 302)

$$(46)\quad \frac{F(\xi, \eta)}{\left[\dfrac{D(P, Q)}{D(x, y)}\right]_{\substack{x=\xi \\ y=\eta}}} = \sum_m \sum_n \frac{\alpha^m \beta^n}{m!\,n!}\; \frac{\partial^{m+n}\,[F(a, b)\,f^m(a, b)\,\varphi^n(a, b)]}{\partial a^m\,\partial b^n}.$$

On pourrait obtenir aussi une seconde formule analogue à la formule (51) (n° 302) en posant

$$F(x, y) = \Phi(x, y)\,\frac{D(P, Q)}{D(x, y)},$$

mais les coefficients de cette seconde formule sont moins simples que dans le cas d'une seule variable.

EXERCICES.

---

1. Toute courbe algébrique C_n de degré n et de genre p peut se ramener par une transformation birationnelle à une courbe de degré $p + 2$.

[On procède comme au n° 333, en coupant la courbe donnée par un faisceau de courbes C_{n-2} passant par $\dfrac{n(n-1)}{2} - 3$ points de C_n parmi lesquels sont les $\dfrac{(n - 1)(n - 2)}{2} - p$ points doubles, et l'on pose

$$X = \frac{\varphi_2}{\varphi_1}, \qquad Y = \frac{\varphi_3}{\varphi_1},$$

l'équation du faisceau étant $\varphi_1(x, y) + \lambda\varphi_2(x, y) + \mu\varphi_3(x, y) = 0.$]

2. Déduire de l'exercice précédent que les coordonnées d'un point d'une courbe de genre 2 peuvent s'exprimer par des fonctions rationnelles d'un paramètre t et de la racine carrée d'un polynome $R(t)$, du cinquième ou du sixième degré, premier avec sa dérivée.

[On peut commencer par montrer que la courbe correspond point par point à une courbe du quatrième degré ayant un point double.]

3* Soit $y = \alpha_1 x + \alpha_2 x^2 + \ldots$ le développement en série entière d'une fonction algébrique, racine d'une équation $F(x, y) = 0$, où $F(x, y)$ est un polynome à *coefficients entiers*, le point de coordonnées $x = 0$, $y = 0$, étant un point simple de la courbe représentée par $F(x, y) = 0$. Tous les coefficients $\alpha_1, \alpha_2, \ldots$ sont des fractions, et il suffit de changer x en $K x$, K étant un nombre entier convenable, pour que tous ces coefficients deviennent entiers.   [EISENSTEIN.]

[On remarque qu'il suffit d'une transformation de la forme $x = k^2 x'$ $y = k y'$, pour que le coefficient de y' dans le premier membre de la nouvelle relation soit égal à un, tous les autres coefficients étant entiers.]

CHAPITRE XVIII.

ÉQUATIONS DIFFÉRENTIELLES.
MÉTHODES ÉLÉMENTAIRES D'INTÉGRATION.

362. Élimination des constantes. — Considérons une famille de courbes planes représentées par l'équation

$$(1) \qquad F(x, y, c_1, c_2, \ldots, c_n) = 0,$$

qui dépend de n constantes arbitraires. Si l'on attribue à ces constantes des valeurs déterminées, mais quelconques, les dérivées successives de la fonction y de la variable x définie par l'équation précédente sont fournies par les relations

$$(2) \qquad \begin{cases} \dfrac{\partial F}{\partial x} + \dfrac{\partial F}{\partial y} y' = 0, \\[2ex] \dfrac{\partial^2 F}{\partial x^2} + 2 \dfrac{\partial^2 F}{\partial x\, \partial y} y' + \dfrac{\partial^2 F}{\partial y^2} y'^2 + \dfrac{\partial F}{\partial y} y'' = 0, \\[2ex] \cdots\cdots\cdots\cdots\cdots\cdots\cdots\cdots\cdots\cdots\cdots, \\[2ex] \dfrac{\partial^n F}{\partial x^n} + \ldots + \dfrac{\partial F}{\partial y} y^{(n)} = 0; \end{cases}$$

en s'arrêtant à la relation qui permet de calculer la dérivée d'ordre n, on aura en tout $(n+1)$ relations entre x, y, y', y'', ..., $y^{(n)}$, et les constantes c_1, c_2, ..., c_n. L'élimination de ces n constantes conduit en général à une relation unique entre x, y, y', ..., $y^{(n)}$,

$$(3) \qquad \Phi(x, y, y', y'', \ldots, y^{(n)}) = 0.$$

D'après la façon même dont cette équation (3) est obtenue, il est clair que toute fonction définie par la relation (1) satisfait à l'équation (3), quelles que soient les valeurs attribuées aux constantes c_i; on dit que c'est une intégrale *particulière* de l'équation différentielle (3). L'ensemble de ces intégrales particulières est *l'intégrale générale* de la même équation. Pour employer le langage géométrique, ce qui est souvent commode, nous dirons aussi que toute courbe représentée par l'équation (1) est une *courbe intégrale* de l'équation (3), ou que l'équation (3) est l'équation différentielle de la famille de courbes considérée. Nous voyons que *l'ordre* de l'équation différentielle est égal au nombre des constantes arbitraires dont dépend cette famille de courbes. Il est clair du reste que le raisonnement ne prouve nullement que l'équation (3) n'admet pas d'autres intégrales que celles qui sont représentées par l'équation (1); elle peut en effet en avoir d'autres, comme on le verra un peu plus loin.

Tout ceci ne s'applique pas aux cas exceptionnels où l'élimination des n paramètres c_i entre les $(n+1)$ relations (1) et (2) conduirait à plusieurs relations distinctes entre $x, y, y', y'', \ldots, y^{(n)}$. On pourrait alors en trouver une ne renfermant pas $y^{(n)}$, de sorte que la famille de courbes considérée serait formée par les courbes intégrales d'une équation différentielle d'ordre inférieur à n. Ceci aura lieu si ces courbes ne dépendent en réalité que de $n-p$ paramètres $(p > 0)$; par exemple, les courbes représentées par l'équation $F[x, y, \varphi(a, b)] = 0$ ne dépendent qu'en apparence de deux paramètres arbitraires a et b: en réalité, elles ne dépendent que d'un seul paramètre variable $c = \varphi(a, b)$. Mais il peut aussi se produire un abaissement de l'ordre de l'équation différentielle dans un autre cas. Par exemple, les courbes représentées par l'équation $y^2 = 2\,axy + bx^2$ dépendent bien de deux paramètres distincts a et b, et cependant ces courbes satisfont toujours à l'équation $y = xy'$. Ceci tient à ce que ces courbes se décomposent en un système de deux droites passant par l'origine et que chacune d'elles est une intégrale de l'équation $y = xy'$.

Exemples. — Les droites passant par un point fixe (a, b) sont représentées par l'équation

$$(4) \qquad y - b = C(x - a)$$

et dépendent d'un paramètre arbitraire C. L'élimination de ce paramètre entre la relation précédente et la relation $y' = C$ conduit immédiatement à l'équation différentielle

$$(5) \qquad y - b = y'(x - a)$$

de ce système de droites. Inversement, on peut écrire l'équation (5)

$$\frac{y'}{y - b} = \frac{1}{x - a},$$

et par suite toute intégrale de cette équation vérifie la relation

$$\mathrm{Log}(y - b) = \mathrm{Log}(x - a) + \mathrm{Log}\,\mathrm{C},$$

qui est équivalente à l'équation (4).

L'ensemble des droites du plan, $y = \mathrm{C}_1 x + \mathrm{C}_2$ forme une famille à deux paramètres, dont l'équation différentielle est $y'' = 0$. La réciproque est immédiate.

Les cercles d'un même plan

$$(6) \qquad x^2 + y^2 + 2\,\mathrm{A}\,x + 2\,\mathrm{B}\,y + \mathrm{C} = 0$$

forment une famille à trois paramètres; l'équation différentielle correspondante doit donc être du troisième ordre. En différentiant trois fois la relation précédente, il vient

$$(7) \qquad \left\{ \begin{array}{l} x + yy' + \mathrm{A} + \mathrm{B}y' = 0, \qquad 1 + y'^2 + yy'' + \mathrm{B}y'' = 0, \\ 3y'y'' + yy''' + \mathrm{B}y''' = 0; \end{array} \right.$$

l'élimination de B entre les deux dernières formules conduit à l'équation cherchée

$$(8) \qquad y'''(1 + y'^2) - 3y'y''^2 = 0.$$

Les seules courbes du plan satisfaisant à cette équation sont les *cercles* et les *droites*. On voit d'abord que les droites sont des intégrales, car l'équation est vérifiée si l'on a $y'' = 0$ et, par suite, $y''' = 0$. Supposons $y'' \neq 0$; nous pouvons écrire l'équation (8)

$$\frac{y'''}{y''} = \frac{3y'y''}{1 + y'^2};$$

d'où nous déduisons, C_1 étant une constante non nulle,

$$\mathrm{L}\,y'' = \frac{3}{2}\,\mathrm{Log}(1 + y'^2) + \mathrm{Log}\,\mathrm{C}_1,$$

ou

$$\frac{y''}{(1 + y'^2)^{\frac{3}{2}}} = \mathrm{C}_1.$$

Une nouvelle intégration nous donne

$$\frac{y'}{\sqrt{1 + y'^2}} = \mathrm{C}_1 x + \mathrm{C}_2,$$

ou

$$y' = \frac{\mathrm{C}_1 x + \mathrm{C}_2}{\sqrt{1 - (\mathrm{C}_1 x + \mathrm{C}_2)^2}};$$

en intégrant encore une fois, il vient enfin

$$C_1 y + C_3 = - \sqrt{1 - (C_1 x + C_2)^2},$$

ce qui est l'équation d'un cercle.

On obtient aisément l'équation différentielle des coniques par la méthode suivante indiquée par Halphen. Si la conique n'a pas de direction asymptotique parallèle à Oy, l'équation résolue par rapport à y est de la forme

$$y = mx + n + \sqrt{Ax^2 + 2Bx + C};$$

après deux différentiations, on trouve

$$y'' = \frac{AC - B^2}{(Ax^2 + 2Bx + C)^{\frac{3}{2}}},$$

ou

$$(y'')^{-\frac{2}{3}} = (AC - B^2)^{-\frac{2}{3}}(Ax^2 + 2Bx + C),$$

de sorte que $(y'')^{-\frac{2}{3}}$ est un trinome du second degré en x. Pour éliminer les trois coefficients A, B, C, il suffira donc de différentier trois fois, et l'équation différentielle cherchée peut s'écrire sous forme abrégée

$$\frac{d^3}{dx^3}\left[(y'')^{-\frac{2}{3}}\right] = 0.$$

En effectuant les calculs, on aboutit à l'équation

$$(9) \qquad 40 y'''^3 - 45 y'' y''' y^{IV} + 9 y''^2 y^{V} = 0.$$

Le même calcul donne aussi l'équation différentielle des paraboles. En effet, pour une parabole, on a $A = 0$, et $(y'')^{-\frac{2}{3}}$ est un binome du premier degré. L'équation différentielle est donc, sous forme abrégée,

$$\frac{d^2}{dx^2}\left[(y'')^{-\frac{2}{3}}\right] = 0,$$

ou, en effectuant les calculs,

$$(10) \qquad 5 y'''^2 - 3 y'' y^{IV} = 0.$$

II. — ÉQUATIONS DU PREMIER ORDRE.

Toute équation différentielle d'ordre n, formée par l'élimination des constantes, admet une infinité d'intégrales dépendant de n paramètres arbitraires. Mais il n'est nullement évident qu'une équation différentielle donnée *a priori* possède des intégrales.

C'est là une question fondamentale, que nous reprendrons au Chapitre suivant. Nous allons d'abord passer en revue quelques types simples d'équations différentielles du premier ordre, dont l'intégration se ramène à des quadratures. L'existence des intégrales sera établie par la méthode même qui servira à les obtenir. Si, au point de vue de la logique pure, cette marche peut être critiquée, nous observerons simplement qu'elle est conforme à l'ordre historique.

363. Séparation des variables. — Le type le plus simple d'équation différentielle est l'équation déjà étudiée

$$(11) \qquad \frac{dy}{dx} = f(x),$$

où $f(x)$ est une fonction continue, si la variable x est réelle, et une fonction analytique, si l'on regarde la variable indépendante x comme une variable complexe. Nous avons vu que cette équation admet une infinité d'intégrales que l'on peut représenter par la formule

$$y = \int_{x_0}^{x} f(x)\, dx + C,$$

la limite inférieure x_0 pouvant être considérée comme fixe, et C désignant la constante arbitraire. L'équation

$$(12) \qquad \frac{dy}{dx} = \varphi(y)$$

se ramène à la précédente en y considérant y comme la variable indépendante et x comme la fonction inconnue; on en tire en effet $\dfrac{dx}{dy} = \dfrac{1}{\varphi(y)}$ et par suite

$$x = \int_{y_0}^{y} \frac{dy}{\varphi(y)} + C.$$

D'une façon générale, lorsqu'une équation différentielle du premier ordre est résolue par rapport à la dérivée de la fonction inconnue, il est souvent commode de l'écrire avec la notation différentielle

$$(13) \qquad P(x, y)\, dx + Q(x, y)\, dy = 0;$$

cette forme ne préjuge en rien le choix de la variable indépendante qui peut être x ou y. Si l'on veut substituer aux variables x et y deux nouvelles variables u et v, il suffira de remplacer, dans l'équation (13), x, y, dx, dy par leurs expressions au moyen de u, v, du, dv. Remarquons encore que l'on peut, sans changer les intégrales de l'équation (13), multiplier ou diviser les deux termes par un même facteur $\mu(x, y)$, pourvu que l'on tienne compte des solutions de l'équation $\mu(x, y) = 0$ que l'on peut faire apparaître ou supprimer. Les deux cas particuliers que nous venons de traiter se rattachent à un procédé plus général, la *séparation des variables*. Si une équation différentielle du premier ordre est de la forme

$$(14) \qquad \mathrm{X}\, dx + \mathrm{Y}\, dy = 0,$$

X et Y ne dépendant que de x et de y respectivement, on dit que *les variables sont séparées*. L'équation s'intègre par des quadratures, car, si l'on pose

$$\mathrm{U} = \int_{x_0}^{x} \mathrm{X}\, dx + \int_{y_0}^{y} \mathrm{Y}\, dy,$$

cette équation peut s'écrire $d\mathrm{U} = 0$, et l'intégrale générale est représentée par la relation $\mathrm{U} = \mathrm{C}$.

L'équation

$$(15) \qquad \mathrm{XY_1}\, dx + \mathrm{X_1Y}\, dy = 0,$$

où X et $\mathrm{X_1}$ ne dépendant que de x, Y et $\mathrm{Y_1}$ ne dépendent que de y, se ramène à la forme précédente en divisant les deux termes par $\mathrm{X_1Y_1}$. Observons sur cet exemple que l'on supprime ainsi les solutions des deux équations $\mathrm{X_1} = 0$, $\mathrm{Y_1} = 0$. Il est clair, en effet, que si $y = b$ est une racine de $\mathrm{Y_1} = 0$, $y = b$ est une intégrale de l'équation proposée, tandis qu'elle ne sera pas comprise, en général, dans l'intégrale générale de la nouvelle équation.

364. Équations homogènes. — On appelle *équation homogène* toute équation de la forme

$$(16) \qquad \frac{dy}{dx} = f\left(\frac{y}{x}\right),$$

où le second membre est une fonction homogène *de degré zéro*.
On la ramène à une forme intégrable en posant $y = ux$, les nou-
velles variables étant x et u; on a en effet $\frac{dy}{dx} = u + x\frac{du}{dx}$, et l'équation (16) devient

$$x\frac{du}{dx} + u = f(u).$$

On peut séparer les variables, en écrivant l'équation

$$\frac{dx}{x} = \frac{du}{f(u) - u},$$

et l'intégrale générale s'obtient par une quadrature

$$(17) \qquad x = C\,e^{\int \frac{du}{f(u) - u}};$$

il suffira d'y remplacer u par $\frac{y}{x}$ pour avoir l'équation des courbes
intégrales ([1]).

L'équation générale de cette famille de courbes est de la
forme $x = C\varphi\left(\frac{y}{x}\right)$, C désignant la constante arbitraire. Elles
sont toutes homothétiques à l'une d'elles avec l'origine comme
centre d'homothétie, le rapport d'homothétie étant seul variable;
car on peut déduire l'équation précédente de l'équation $x = \varphi\left(\frac{y}{x}\right)$
en y remplaçant x et y par $\frac{x}{C}$ et $\frac{y}{C}$ respectivement. Inversement,
étant donnée une famille quelconque de courbes homothétiques
par rapport à l'origine, l'équation différentielle du premier ordre
correspondante est homogène. On peut le vérifier par le calcul,
mais ce résultat est évident *a priori;* en effet, les tangentes aux
différentes courbes de cette famille, aux points de rencontre avec
une droite issue de l'origine, doivent être parallèles, et par conséquent le coefficient angulaire y' de la tangente ne doit dépendre
que du rapport $\frac{y}{x}$.

([1]) L'équation (16) admet aussi pour intégrale la droite $y = mx$, pourvu que m
soit racine de l'équation $m = f(m)$. Ces droites peuvent être comprises dans
l'intégrale générale (c'est le cas de l'équation $x + yy' = 0$) ou être des intégrales singulières $(xy'^2 = y)$.

On ramène à la forme homogène les équations

$$(18) \qquad \frac{dy}{dx} = f\left(\frac{ax + by + c}{a'x + b'y + c'}\right).$$

où a, b, c, a', b', c' sont des coefficients quelconques, b et b' n'étant pas nuls à la fois. Il suffit, en effet, pour que cette équation ait la forme voulue, que l'on ait $c = c' = 0$. Or, si l'on pose

$$x = X + \alpha, \qquad y = Y + \beta,$$

X et Y étant les nouvelles variables, α et β deux constantes quelconques, elle devient

$$\frac{dY}{dX} = f\left(\frac{aX + bY + a\alpha + b\beta + c}{a'X + b'Y + a'\alpha + b'\beta + c'}\right)$$

et la nouvelle équation sera homogène pourvu que l'on ait

$$a\alpha + b\beta + c = 0, \qquad a'\alpha + b'\beta + c' = 0.$$

Ces deux conditions déterminent α et β pourvu que $ab' - ba'$ ne soit pas nul. Dans le cas particulier où l'on a $ab' - ba' = 0$, supposons $b \neq 0$; nous aurons $a'x + b'y = k(ax + by)$, k étant un facteur constant qui a une valeur finie, et en posant $ax + by = u$ l'équation prend la forme

$$\frac{1}{b}\frac{du}{dx} = \frac{a}{b} + f\left(\frac{u + c}{ku + c'}\right),$$

où les variables sont séparées.

365. Équations linéaires. — Une équation différentielle linéaire du premier ordre est de la forme

$$(19) \qquad \frac{dy}{dx} + Xy + X_1 = 0,$$

X et X_1 étant des fonctions de x. Lorsque $X_1 = 0$, on peut écrire cette équation

$$(20) \qquad \frac{dy}{y} + X\,dx = 0,$$

et l'intégrale générale s'obtient par une quadrature

$$(21) \qquad y = C\,e^{-\int_{x_0}^{x} X\,dx}$$

Pour intégrer l'équation complète (19), où X_1 est supposé différent de zéro, nous chercherons à satisfaire à cette équation en prenant pour y une expression de la forme (21), en considérant C, non plus comme une constante, mais comme une fonction inconnue de x. Cela revient a faire le changement de variable $y = Y z$, z étant la nouvelle fonction à déterminer, et Y une quelconque des intégrales de l'équation (20). Après cette substitution, l'équation (19) devient, en tenant compte de la relation (20) à laquelle satisfait Y,

$$Y \frac{dz}{dx} + X_1 = 0,$$

et s'intègre par une quadrature. On en tire

$$z = -\int \frac{X_1}{Y} dx + C,$$

C étant la constante arbitraire. L'intégrale générale de l'équation (19) s'obtient donc par *deux quadratures successives*. On peut encore l'écrire, en remplaçant Y par son expression,

$$(22) \qquad y = e^{-\int X\,dx} \left(C - \int X_1 e^{\int X\,dx}\,dx \right),$$

les limites inférieures dans les deux quadratures pouvant être choisies à volonté.

L'intégrale générale *est une fonction entiere et linéaire de la constante d'intégration*, de la forme $y = C f(x) + \varphi(x)$, où $f(x)$ et $\varphi(x)$ sont des fonctions déterminées de x. Cette propriété caractérise les équations linéaires, car, si l'on élimine la constante C entre l'équation précédente et l'équation

$$y' = C f'(x) + \varphi'(x),$$

on est évidemment conduit à une relation linéaire en y et y'. On peut énoncer le résultat sous une autre forme. Soient y_1, y_2, y_3 trois intégrales particulières de l'équation linéaire, correspondant aux valeurs C_1, C_2, C_3 de la constante C; l'élimination des deux fonctions $f(x)$ et $\varphi(x)$ entre les trois relations

$$y_1 = C_1 f(x) + \varphi(x), \qquad y_2 = C_2 f(x) + \varphi(x), \qquad y_3 = C_3 f(x) + \varphi(x)$$

conduit à l'égalité $\dfrac{y_3 - y_1}{y_2 - y_1} = \dfrac{C_3 - C_1}{C_2 - C_1}$, ce qui montre que le rapport $\dfrac{y_3 - y_1}{y_2 - y_1}$ est constant, pour trois intégrales particulières quelconques d'une équation linéaire. Si l'on connaît deux intégrales particulières y_1, y_2, d'une équation linéaire, on peut donc écrire immédiatement l'intégrale générale

$$\frac{y - y_1}{y_2 - y_1} = \text{const.}$$

Remarquons encore que, si l'on connaît une seule intégrale particulière y_1, on obtient l'intégrale générale par une seule quadrature; en effet, en posant $y = y_1 + u$, on est conduit à l'équation $\dfrac{du}{dx} + X u = 0$, identique à l'équation (20).

366. Équation de Bernoulli. — L'équation de Bernoulli

$$(23) \qquad \frac{dy}{dx} + X y + X_1 y^n = 0,$$

où n est un exposant quelconque, différent de zéro et de l'unité, se ramène à une équation linéaire en prenant pour inconnue $y^{1-n} = z$. L'équation précédente peut en effet s'écrire, en divisant tous les termes par y^n.

$$\frac{1}{1 - n} \frac{dz}{dx} + X z + X_1 = 0.$$

On peut rattacher au type précédent l'équation

$$(24) \qquad \varphi\left(\frac{y}{x}\right) dx + \psi\left(\frac{y}{x}\right) dy + k x^m (x\, dy - y\, dx) = 0,$$

où k et m sont deux constantes quelconques. Si l'on pose, en effet, $y = u x$, l'équation obtenue peut s'écrire

$$[\varphi(u) + u\psi(u)]\frac{dx}{du} + x\psi(u) + k x^{m+2} = 0,$$

et, en posant $x^{-(m+1)} = z$, on est conduit à une équation linéaire.

367. Équation de Jacobi. — Considérons l'équation

$$(25) \qquad (a + a'x + a''y)(x\, dy - y\, dx)$$
$$- (b + b'x + b''y)\, dy + (c + c'x + c''y)\, dx = 0.$$

où a, a', a'', b, b', b'', c, c', c'' sont des coefficients constants quelconques. Lorsque l'on a $a = b = c = 0$, l'équation rentre dans le type (24), car il suffit de diviser par $a'x + a''y$. Pour ramener le cas général à ce cas particulier, posons $x = X + \alpha$, $y = Y + \beta$, X et Y étant deux nouvelles variables, α et β deux constantes; nous obtenons une nouvelle équation de même forme, qui peut s'écrire

$$(25)' \quad (a'X + a''Y)(X\,dY - Y\,dX)$$
$$- [B + b'X + b''Y - (A + a'X + a''Y)\alpha - AX]\,dY$$
$$+ [C + c'X + c''Y - (A + a'X + a''Y)\beta - AY]\,dX = 0,$$

en posant

$$A = a + a'\alpha + a''\beta, \quad B = b + b'\alpha + b''\beta, \quad C = c + c'\alpha + c''\beta.$$

Cette équation $(25)'$ sera du type (24) si l'on a $A\alpha - B = 0$, $A\beta - C = 0$. Nous sommes donc conduits à déterminer les constantes α, β par ces deux conditions que l'on peut écrire sous forme plus symétrique, en introduisant une inconnue auxiliaire λ,

$$A - \lambda = 0, \quad B - \lambda\alpha = 0, \quad C - \lambda\beta = 0;$$

l'élimination des inconnues α, β conduit à une équation auxiliaire du troisième degré pour déterminer λ

$$\begin{vmatrix} a - \lambda & a' & a'' \\ b & b' - \lambda & b'' \\ c & c' & c'' - \lambda \end{vmatrix} = 0.$$

L'intégration de l'équation de Jacobi (25) dépend donc avant tout de la résolution de cette équation du troisième degré, comme nous le verrons un peu plus loin par d'autres méthodes (n° 377 et 422).

368. **Équation de Riccati.** — L'équation de Riccati

$$(26) \qquad \frac{dy}{dx} + Xy^2 + X_1 y + X_2 = 0,$$

où X, X_1, X_2 sont des fonctions de x, ne peut pas en général s'intégrer par des quadratures. Les intégrales de cette équation, lorsque les coefficients sont quelconques, constituent des transcendantes nouvelles, dont on étudiera les propriétés. Mais cette équation se rattache au sujet qui nous occupe, à cause de la propriété suivante : *si l'on connaît une intégrale particulière, on peut trouver l'intégrale générale par deux quadratures.*

Soit y_1 une intégrale particulière. Le changement de variable $y = y_1 + z$ conduit à une équation de même forme qui ne doit pas renfermer de terme indépendant de z, puisque $z = 0$ doit être une intégrale; cette équation est en effet

$$(27) \qquad \frac{dz}{dx} + (X_1 + 2 X y_1) z + X z^2 = 0,$$

et il suffira de poser $\frac{1}{z} = u$ pour être ramené à une équation linéaire, ce qui démontre la proposition énoncée.

De là se déduisent plusieurs conséquences importantes. L'intégrale générale de l'équation linéaire en u est de la forme (n° 365)

$$u = C f(x) + \varphi(x);$$

l'intégrale générale de l'équation de Riccati est par conséquent de la forme

$$(28) \qquad y = y_1 + \frac{1}{C f(x) + \varphi(x)} = \frac{C f_1(x) + \varphi_1(x)}{C f(x) + \varphi(x)}.$$

Nous voyons que c'est une *fonction homographique de la constante d'intégration*. Réciproquement, toute équation différentielle du premier ordre qui possède cette propriété est une équation de Riccati. En effet, soient $f(x)$, $\varphi(x)$, $f_1(x)$, $\varphi_1(x)$ quatre fonctions quelconques de x; toutes les fonctions y représentées par la formule (28), où C est une constante arbitraire, sont des intégrales d'une équation du premier ordre que l'on obtient aisément en résolvant la relation (28) par rapport à C et en prenant la dérivée. On a ainsi

$$C = \frac{\varphi_1 - y \varphi}{y f - f_1},$$

et l'équation différentielle correspondante

$$(y f - f_1)(\varphi_1' - \varphi y' - y \varphi') - (\varphi_1 - y \varphi)(y' f + y f' - f_1') = 0$$

est bien de la forme (26).

Soient y_1, y_2, y_3, y_4 quatre intégrales particulières correspondant aux valeurs C_1, C_2, C_3, C_4 de la constante C. D'après la théorie du rapport anharmonique, on a la relation, qu'il est facile de vérifier par le calcul,

$$\frac{y_4 - y_1}{y_4 - y_2} \cdot \frac{y_3 - y_1}{y_3 - y_2} = \frac{C_4 - C_1}{C_4 - C_2} \cdot \frac{C_3 - C_1}{C_3 - C_2},$$

ce qui prouve que *le rapport anharmonique de quatre intégrales particulières quelconques de l'équation de Riccati est constant.*

Ce théorème permet de trouver sans aucune quadrature l'intégrale générale d'une équation de Riccati lorsqu'on en connaît trois intégrales particulières y_1, y_2, y_3. Toute autre intégrale y doit être telle que le rapport anharmonique $\dfrac{y - y_1}{y - y_2} : \dfrac{y_3 - y_1}{y_3 - y_2}$ soit constant. On obtiendra donc l'intégrale générale en égalant ce rapport à une constante arbitraire; on voit que y sera une fonction homographique de la constante, ce qui prouve que la propriété précédente n'appartient qu'aux équations de Riccati.

Remarquons enfin que, si l'on connaît deux intégrales particulières seulement y_1 et y_2, on achève l'intégration par *une* quadrature. En effet, après la première transformation $y = y_1 + z$, l'équation en z obtenue admet l'intégrale $y_2 - y_1$; l'équation linéaire en u a donc aussi une intégrale particulière connue $\dfrac{1}{y_2 - y_1}$. On trouvera donc l'intégrale générale de l'équation en u par une seule quadrature (^{1}).

Application. — Considérons une famille de cercles dépendant d'un paramètre variable, situés dans un même plan. Soient a, b, R les coordonnées du centre du cercle variable et le rayon (les axes étant rectangulaires); a, b, R sont des fonctions supposées connues d'un paramètre variable α. Proposons-nous de trouver les courbes qui coupent chacun de ces cercles sous un angle connu V, constant ou fonction donnée de α. Les coordonnées d'un point quelconque M du cercle C de centre (a, b) et de rayon R peuvent être représentées par les formules

$$x = a + \mathrm{R}\cos\theta, \qquad y = b + \mathrm{R}\sin\theta,$$

(^{1}) On peut établir les propriétés de l'équation de Riccati démontrées dans le texte en observant qu'elle ne change pas de forme par toute transformation homographique $y = \dfrac{fz + \varphi}{f_1 z + \varphi_1}$, f, f_1, φ, φ_1 étant des fonctions de x. Si l'on connaît une, deux ou trois intégrales de l'équation (26), on peut toujours choisir la transformation homographique de façon que, dans l'équation transformée en z, un, deux ou trois des coefficients du polynome du second degré en z soient nuls. Une équation linéaire doit être considérée comme une équation de Riccati admettant l'intégrale particulière $y = \infty$, c'est-à-dire telle que l'équation obtenue en posant $y = \dfrac{1}{z}$ admette la solution $z = 0$.

θ étant l'angle que fait le rayon aboutissant au point M avec la direction Ox. Le problème revient à déterminer cet angle θ en fonction du paramètre x de façon que la courbe décrite par le point M coupe le cercle C sous un angle V. L'équation différentielle du problème est donc

$$\cot V = \frac{\dfrac{dy}{dr} - \tang \theta}{1 + \tang \theta \dfrac{dy}{dr}},$$

qui devient, en remplaçant dx et dy par leurs valeurs et réduisant,

$$R \frac{d\theta}{dx} + b' \cos \theta - a' \sin \theta - \cot V (R' + a' \cos \theta + b' \sin \theta) = 0,$$

a', b', R' étant les dérivées de a, b, R par rapport à x. En prenant pour nouvelle inconnue $\tang \dfrac{\theta}{2} = t$, nous obtenons une équation de Ricoati

$$(29) \qquad 2 R \frac{dt}{dx} + b'(1 - t^2) - 2 a' t - \cot V [R'(1 + t^2) + a'(1 - t^2) + 2 b' t] = 0.$$

Il suffira donc de connaître une trajectoire pour obtenir toutes les autres par deux quadratures.

Considérons le cas particulier des trajectoires orthogonales; l'angle V est alors un angle droit, et la cotangente est nulle. Si l'on suppose en outre que les cercles considérés ont leurs centres sur une ligne droite, on connaît *a priori* deux intégrales particulières de l'équation (29), car la ligne des centres coupe orthogonalement chaque cercle en deux points. On vérifie aisément que l'intégration n'exige qu'une quadrature, car, si l'on a pris la ligne des centres pour axe des x, l'équation (29) se réduit à $R \dfrac{dt}{dx} - a' t = 0$.

369. Équations non résolues par rapport à y'. — Dans les différents cas que nous venons d'examiner, l'équation était supposée résolue par rapport à y'. Considérons maintenant l'équation générale du premier ordre $F(x, y, y') = 0$. Soit S la surface représentée par l'équation $F(x, y, z) = 0$, obtenue en remplaçant y' par z. A toute intégrale $y = f(x)$ de l'équation proposée on peut faire correspondre une courbe Γ représentée par les relations

$$(\Gamma) \qquad\qquad y = f(x), \qquad z = f'(x),$$

qui est située tout entière sur la surface S, puisque l'on a

$$F[x, f(x), f'(x)] = 0.$$

Mais cette courbe Γ n'est pas une courbe quelconque de la surface S; le long de cette courbe en effet y et z sont des fonctions de x satisfaisant à la relation $dy - z\,dx = 0$, et cette relation garde la même forme, quand on prend, au lieu de x, une variable indépendante quelconque.

Inversement, soit Γ une courbe située sur la surface S; les coordonnées x, y, z d'un point de cette courbe sont fonctions d'un paramètre variable α. Si ces trois fonctions $x = \varphi_1(\alpha)$, $y = \varphi_2(\alpha)$, $z = \varphi_3(\alpha)$ satisfont à la relation $dy = z\,dx$, on peut en déduire une intégrale de l'équation proposée. En effet, les deux premières équations $x = \varphi_1(\alpha)$, $y = \varphi_2(\alpha)$ représentent une courbe plane C; soit $y = f(x)$ l'équation de cette courbe supposée résolue par rapport à y. Tout le long de la courbe Γ on a $z = f'(x)$, et par suite $F[x, f(x), f'(x)] = 0$; la courbe C est donc une courbe intégrale. Il n'y aurait d'exception que si cette courbe C se réduisait à un point, et la courbe Γ à une droite parallèle à Oz. Il revient donc au même d'intégrer l'équation proposée $F(x, y, y') = 0$, ou de chercher les courbes de la surface S pour lesquelles on a

$$dy - z\,dx = 0.$$

Cela étant, supposons qu'on puisse exprimer les coordonnées d'un point x, y, z de la surface S explicitement en fonction de deux paramètres variables u, v,

$$x = f(u, v), \qquad y = \varphi(u, v), \qquad z = \psi(u, v):$$

toute courbe Γ de la surface S s'obtient en établissant une certaine relation entre u et v, et, pour que cette courbe définisse une intégrale, il faut et il suffit que l'on ait $dy = z\,dx$, ou

$$\frac{\partial \varphi}{\partial u}\,du + \frac{\partial \varphi}{\partial v}\,dv = \psi(u, v)\left(\frac{\partial f}{\partial u}\,du + \frac{\partial f}{\partial v}\,dv\right).$$

Nous avons ainsi une équation différentielle $\dfrac{dv}{du} = \pi(u, v)$, résolue par rapport à $\dfrac{dv}{du}$. Il est clair que la méthode précédente s'applique aussi aux équations que l'on peut résoudre par rapport à y'.

Cette transformation est immédiate pour les équations résolues par rapport à l'une des variables x ou y. Soit par exemple l'équation

$$(30) \qquad y = f(x, y');$$

on peut prendre ici pour paramètres variables x et $y' = p$. La surface S est alors représentée par les équations

$$x = x, \qquad z = p, \qquad y = f(x, p)$$

et la relation $dy = z\, dx$ devient

$$(31) \qquad p = \frac{\partial f}{\partial x} + \frac{\partial f}{\partial p}\frac{dp}{dx}.$$

C'est le résultat que l'on obtiendrait directement en différentiant
l'équation (30) et remplaçant y' par p. Soit $p = \varphi(x, C)$ l'intégrale générale de l'équation (31); pour en déduire l'intégrale générale de l'équation (30), il suffira de remplacer y' par $\varphi(x, C)$ dans
la formule (30).

370. Équation de Lagrange. — Considérons en particulier une
équation linéaire par rapport aux deux variables x et y,

$$(32) \qquad y = x\varphi(y') + \psi(y');$$

en différentiant les deux membres, et désignant y' par p, nous
obtenons l'équation

$$p = \varphi(p) + x\varphi'(p)\frac{dp}{dx} + \psi'(p)\frac{dp}{dx}.$$

Si l'on y considère p comme la variable indépendante, et x comme
l'inconnue, cette équation, que l'on peut écrire

$$[\varphi(p) - p]\frac{dx}{dp} + x\varphi'(p) + \psi'(p) = 0,$$

est linéaire et s'intégrera par deux quadratures. Ayant obtenu x
en fonction de p, en portant cette valeur de x dans la formule

$$y = x\varphi(p) + \psi(p),$$

on aura les coordonnées x et y exprimées en fonction du paramètre p et d'une constante arbitraire (¹).

____

(¹) On peut aussi ramener l'équation (32) à une équation linéaire au moyen
de la transformation de Legendre (I, n° 58).
Les équations homogènes $y = x\varphi(y')$, non résolues par rapport à y', peuvent

On peut se rendre compte aisément de la disposition des courbes intégrales, en observant que x et y sont des fonctions entières et linéaires de la constante arbitraire C,

$$(33) \qquad x = CF(p) + \Phi(p), \qquad y = CF_1(p) + \Phi_1(p);$$

mais les fonctions $F(p)$, $F_1(p)$, $\Phi(p)$, $\Phi_1(p)$ ne sont pas quelconques, puisque le paramètre p représente le coefficient angulaire $\dfrac{dy}{dx}$ de la tangente. Il faut pour cela que l'on ait $F_1(p) = p\,F'(p)$, $\Phi_1'(p) = p\,\Phi'(p)$. Soient Γ_0, Γ_1 deux intégrales particulières correspondant aux valeurs $C = 0$, $C = 1$ de la constante

$$\Gamma_0 \begin{cases} x_0 = \Phi(p), \\ y_0 = \Phi_1(p), \end{cases} \qquad\qquad \Gamma_1 \begin{cases} x_1 = F(p) + \Phi(p), \\ y_1 = F_1(p) + \Phi_1(p); \end{cases}$$

les équations (33) qui représentent une intégrale quelconque Γ peuvent encore s'écrire

$$\Gamma \begin{cases} x = C(x_1 - x_0) + x_0, \\ y = C(y_1 - y_0) + y_0. \end{cases}$$

Aux points $M_0(x_0, y_0)$, $M_1(x_1, y_1)$, $M(x, y)$ des courbes Γ_0, Γ_1, Γ, qui correspondent à une même valeur de p, les tangentes à ces courbes sont parallèles. D'autre part on tire des formules précédentes

$$\frac{y - y_0}{y - y_1} = \frac{x - x_0}{x - x_1} = \frac{C}{C - 1},$$

ce qui prouve que les trois points M, M_0, M_1 sont en ligne droite et que le rapport $\dfrac{MM_0}{MM_1}$ est constant. On a donc la construction géométrique suivante : *Étant données les deux courbes* Γ_0, Γ_1, *on joint les points* M_0, M_1 *de ces deux courbes où les tangentes sont parallèles, et l'on prend sur la droite qui les joint le point* M *tel que le rapport* $\dfrac{MM_0}{MM_1}$ *soit égal à une constante donnée* K. *Lorsque les points* M_0, M_1 *décrivent les courbes* Γ_0, Γ_1, *le point* M *décrit une courbe intégrale* Γ, *et l'on obtient l'intégrale générale en faisant varier la constante* K.

être considérées comme des cas particuliers de l'équation de Lagrange et intégrées de la même façon.

L'équation (32) admet aussi comme intégrales les droites $y = mx + \psi(m)$, où m est racine de l'équation $m = \varphi(m)$. Ces droites peuvent, suivant les cas, faire partie de l'intégrale générale, ou être des intégrales singulières. Mais la méthode précédente ne peut les donner puisque p ne peut être pris pour variable indépendante sur ces intégrales.

371. Équation de Clairaut. — Un cas particulier remarquable de l'équation de Lagrange avait déjà été traité par Clairaut; on appelle *équation de Clairaut* une équation de la forme

$$(34) \qquad y = xy' + f(y').$$

Suivant la méthode générale, différentions les deux membres et posons $y' = p$; nous arrivons à l'équation

$$(35) \qquad [x + f'(p)] \frac{dp}{dx} = 0.$$

On satisfait à cette équation en posant $\frac{dp}{dx} = 0$, d'où $p = C$. L'intégrale générale de l'équation de Clairaut est donc

$$(36) \qquad y = Cx + f(C);$$

cette équation représente une famille de droites, et l'on vérifie immédiatement que ce sont bien des intégrales. Mais on satisfait aussi à l'équation (35) en annulant le premier facteur $x + f'(p) = 0$. Il s'ensuit qu'il existe une nouvelle intégrale de l'équation (34), qui est représentée par les deux relations

$$x + f'(p) = 0, \qquad y = px + f(p);$$

or l'élimination de p entre ces deux relations conduirait précisément à l'enveloppe des droites représentées par l'équation (36). L'équation de Clairaut admet donc en outre une intégrale qui est *l'enveloppe des droites formant l'intégrale générale.* Comme on ne peut obtenir cette intégrale en donnant à la constante C une valeur particulière, on dit que c'est une *intégrale singulière.*

On est conduit à une équation de Clairaut quand on se propose de déterminer une courbe plane par une propriété de ses tangentes où n'intervient pas le point de contact. Soit en effet $y = f(x)$ l'équation de la courbe cherchée; l'équation de la tangente étant $Y = y'X + y - xy'$, on sera conduit à une relation entre y' et $y - xy'$, c'est-à-dire à une équation de Clairaut. Il est clair que dans ce cas c'est l'intégrale singulière qui donnera la véritable solution du problème. Proposons-nous par exemple de *trouver une courbe telle que le produit des distances de deux points fixes* F, F' *à l'une quelconque de ses tangentes soit égal à une constante* b^2. Soit $2c$ la distance FF'; le milieu du segment FF' étant pris pour origine, et la droite FF' pour axe des x, on est conduit à l'équation différentielle

$$(y - xy')^2 - c^2 y'^2 = b^2(1 + y'^2),$$

en supposant que la tangente laisse les deux points F, F' du même côté. On en tire $y = xy' \pm \sqrt{b^2 + a^2 y'^2}$; l'intégrale générale se compose de la famille de droites

$$y = C x \pm \sqrt{b^2 + a^2 C^2}, \qquad a^2 = b^2 + c^2.$$

L'intégrale singulière, enveloppe de ces droites, est l'ellipse

$$\frac{x^2}{a^2} + \frac{y^2}{b^2} = 1;$$

c'est la vraie solution du problème.

372. Intégration des équations $F(x, y') = 0$, $F(y, y') = 0$. — Les équations qui ne renferment que l'une des variables x ou y s'intègrent par une quadrature, pourvu que l'on puisse résoudre la relation par rapport à y' (n° 363). Lorsque cette relation est algébrique, y est une intégrale abélienne ou la fonction inverse d'une intégrale abélienne. Toutes les fois que la relation est de genre *zéro* ou de genre *un*, on peut exprimer x et y en fonction d'un paramètre variable, soit rationnellement, soit au moyen de transcendantes classiques. Considérons d'abord les équations $F(y, y') = 0$, de genre *zéro* ; on peut exprimer y et y' par des fonctions rationnelles d'un paramètre u, $y = f(u)$, $y' = f_1(u)$, et la condition $dy = y' dx$ nous donne $f'(u) du = f_1(u) dx$. Les variables x et y s'expriment donc par les formules

$$(37) \qquad y = f(u), \qquad x = \int \frac{f'(u)}{f_1(u)} du,$$

au moyen de la variable auxiliaire u. Le même calcul s'applique aux équations $F(y, y') = 0$, lorsque la relation est du premier genre ; mais on doit prendre pour $f(u)$ et $f_1(u)$ des fonctions elliptiques, et x et y s'expriment au moyen des transcendantes p, ζ, σ (n° 326).

On peut opérer de même avec les équations $F(x, y') = 0$, lorsque la relation est du genre *zéro* ou *un* ; elles se ramènent d'ailleurs à la forme précédente en permutant x et y.

Exemples. — 1° L'équation $y^2(y' - 1) = (2 - y')^2$ est de genre zéro et, en posant $2 - y' = yu$, on en tire $y' = 1 + u^2$, $y = \frac{1}{u} - u$. La relation

$dy = y'\,dx$ devient ici $dx = -\dfrac{du}{u^2}$. On a donc $x = \dfrac{1}{u} + C$, et l'intégrale générale de l'équation proposée est $y = x - C - \dfrac{1}{x-C}$.

2° L'équation $y'^3 - 3y'^2 - 9y^4 - 12y^2 = o$ représente, quand on y regarde y et y' comme les coordonnées d'un point, une quartique unicursale admettant les trois points doubles $(y=o,\ y'=o)$, $\left(y = \pm\sqrt{-\dfrac{2}{3}},\ y'=2\right)$. Nous pouvons, en effet, écrire l'équation précédente

$$(y'-2)^2(y'+1) = (3y^2+2)^2.$$

En posant d'abord $y' = u^2 - 1$, il vient $3y^2 = (u+1)^2(u-2)$; si l'on pose ensuite $u - 2 = 3t^2$, on obtient finalement les expressions suivantes de y et y' en fonction du paramètre t :

$$y = 3(t + t^3), \qquad y' = 3(1 + t^2)(1 + 3t^2).$$

La relation $dy = y'\,dx$ se réduit ici à $dx(1 + t^2) = dt$; on en tire

$$t = \operatorname{tang}(x + C),$$

et l'intégrale générale de l'équation proposée est par conséquent

$$y = 3\operatorname{tang}(x + C) + 3\operatorname{tang}^3(x + C).$$

3° Soit $R(y)$ un polynome du troisième ou du quatrième degré, premier avec sa dérivée ; considérons l'équation différentielle

$$(38) \qquad\qquad y'^2 = R(y).$$

On a vu plus haut (n° 330) qu'on peut satisfaire à cette relation du premier genre en posant $y = f(u),\ y' = f'(u)$, $f(u)$ étant une fonction elliptique du second ordre. La condition $dy = y'\,dx$ devient $du = dx$; l'intégrale générale de l'équation (38) est donc une fonction elliptique $y = f(x + C)$.

Lorsque le polynome $R(y)$ est de degré inférieur à 3, ou lorsque ce polynome, étant de degré 3 ou 4, n'est pas premier avec sa dérivée, la relation (38) est de genre zéro. On peut exprimer y et y' par des fonctions rationnelles d'un paramètre u, et en appliquant la méthode précédente, on vérifie aisément que l'intégrale générale est une fonction rationnelle de x, ou une fonction rationnelle de e^{ax}, a étant une constante.

373. Facteur intégrant. — La méthode d'intégration par séparation des variables a été généralisée par Euler. Le raisonnement du n^o **363** s'applique en effet à toute équation du premier ordre

$$(39) \qquad\qquad P(x, y)\,dx + Q(x, y)\,dy = o,$$

dont les coefficients P et Q contiennent à la fois x et y, pourvu que l'on ait $\frac{\partial P}{\partial y} = \frac{\partial Q}{\partial x}$. Cette condition est nécessaire et suffisante pour que $P\,dx + Q\,dy$ soit la différentielle totale d'une fonction $U(x, y)$, et cette fonction $U(x,y)$ s'obtient, comme on l'a vu, par des quadratures (I, n° 144). L'équation (39) est donc identique à l'équation $dU = 0$, et l'on y satisfait de la façon la plus générale en établissant entre x et y une relation de la forme $U(x, y) = C$. On intègre donc l'équation (39) par des quadratures toutes les fois que les coefficients P et Q vérifient la condition $\frac{\partial P}{\partial y} = \frac{\partial Q}{\partial x}$

Pour que la méthode précédente puisse être appliquée, il n'est pas nécessaire que l'on ait $\frac{\partial P}{\partial y} = \frac{\partial Q}{\partial x}$; il suffit de connaître un *facteur intégrant*, c'est-à-dire un facteur $\mu(x, y)$ tel que le produit

$$\mu(x, y)\,[P\,dx + Q\,dy]$$

vérifie la condition d'intégrabilité $\frac{\partial(\mu P)}{\partial y} = \frac{\partial(\mu Q)}{\partial x}$, ou, en développant,

$$(40) \qquad P\frac{\partial\mu}{\partial y} - Q\frac{\partial\mu}{\partial x} + \mu\left(\frac{\partial P}{\partial y} - \frac{\partial Q}{\partial x}\right) = 0.$$

La recherche des facteurs intégrants est donc ramenée à l'intégration de l'équation précédente, qui est une équation aux dérivées partielles du premier ordre. Il semble qu'en opérant ainsi on fait dépendre l'intégration de l'équation (39) d'un problème en apparence plus difficile ; mais il est à remarquer qu'il suffit de connaître *une solution particulière* de l'équation (40) pour pouvoir appliquer la méthode, et l'on peut, dans bien des cas, trouver une intégrale particulière de l'équation (40) par des procédés plus ou moins directs. Cherchons par exemple dans quel cas l'équation (39) admet un facteur intégrant ne dépendant que de x. Si l'on suppose $\frac{\partial\mu}{\partial y} = 0$, l'équation (40) devient

$$Q\frac{\partial\mu}{\partial x} = \mu\left(\frac{\partial P}{\partial y} - \frac{\partial Q}{\partial x}\right),$$

et l'expression $\dfrac{\frac{\partial P}{\partial y} - \frac{\partial Q}{\partial x}}{Q}$ doit être indépendante de y ; s'il en est ainsi, on obtient un facteur intégrant μ par une quadrature. Supposons de plus $Q = 1$; alors $\dfrac{\partial P}{\partial y}$ doit être une fonction X de la variable x, et l'équation (39) est une équation linéaire

$$(39)' \qquad dy + (X y + X_1)\, dx = 0.$$

L'équation (40) admet la solution $\mu = e^{\int_{x_0}^{x} X\, dx}$, et l'on vérifie aisément qu'en multipliant l'équation $(39)'$ par ce facteur on a au premier membre une différentielle exacte

$$e^{\int_{x_0}^{x} X\, dx}\, (dy + X y\, dx + X_1\, dx) = d\left(y\, e^{\int_{x_0}^{x} X\, dx} + \int_{x_0}^{x} X_1\, e^{\int_{x_0}^{x} X\, dx}\, dx \right) = 0 :$$

les calculs à effectuer pour l'intégration sont exactement les mêmes que dans la première méthode (n° 365).

Nous démontrerons plus loin que l'équation (40) admet une infinité d'intégrales, sous des conditions très générales qui sont toujours remplies dans les cas qui nous occupent. Si l'on connaît *un* facteur intégrant μ_1, on peut obtenir tous les autres de la façon suivante. En posant $\mu = \mu_1\, \nu$, l'équation (40) devient

$$(40)' \qquad P\,\frac{\partial \nu}{\partial y} - Q\,\frac{\partial \nu}{\partial x} = 0 ;$$

or on connaît une fonction satisfaisant à cette relation : c'est la fonction $U(x, y)$ dont la différentielle totale est $\mu_1\,(P\,dx + Q\,dy)$, puisque les dérivées partielles $\dfrac{\partial U}{\partial x}, \dfrac{\partial U}{\partial y}$ sont égales à $\mu_1 P$ et à $\mu_1 Q$. On a donc aussi $\dfrac{\partial \nu}{\partial y}\dfrac{\partial U}{\partial x} - \dfrac{\partial \nu}{\partial x}\dfrac{\partial U}{\partial y} = 0$, ce qui prouve que ν est de la forme $\varphi(U)$, et l'expression générale des facteurs intégrants est $\mu = \mu_1\,\varphi(U)$, φ étant une fonction arbitraire de U. Il est aisé de vérifier que μ est bien un facteur intégrant, car de l'identité

$$\mu_1(P\,dx + Q\,dy) = dU$$

on déduit, en multipliant par $\varphi(U)$,

$$\mu_1\,\varphi(U)\,[P(x, y)\,dx + Q(x, y)\,dy] = \varphi(U)\,dU.$$

et le second membre est la différentielle exacte de la fonction

$$F(U) = \int \varphi(U)\,dU.$$

On déduit de là une conséquence intéressante; μ_1 et μ_2 étant deux facteurs intégrants, le rapport $\dfrac{\mu_2}{\mu_1}$ est une fonction de U. Si ce rapport n'est pas constant, l'intégrale générale de l'équation différentielle peut donc s'écrire $\dfrac{\mu_2}{\mu_1} = \text{const.}$

Le théorème qui précède peut servir quelquefois à trouver un facteur intégrant. Considérons l'équation différentielle

$$(41) \qquad P\,dx + Q\,dy + P_1\,dx + Q_1\,dy = 0,$$

où P, P_1, Q, Q_1 sont des fonctions de x, y, et supposons que l'on sache trouver un facteur intégrant pour chacune des expressions $P\,dx + Q\,dy$, $P_1\,dx + Q_1\,dy$. L'expression générale des facteurs intégrants de $P\,dx + Q\,dy$ est $\mu\varphi(U)$, μ étant le facteur connu, U une fonction de x et de y que l'on obtient par des quadratures, et φ une fonction arbitraire. L'expression générale des facteurs intégrants de $P_1\,dx + Q_1\,dy$ est de même $\mu_1\psi(U_1)$, μ_1 et U_1 étant des fonctions déterminées et ψ une fonction arbitraire. Si l'on peut choisir les fonctions φ et ψ de façon que l'on ait

$$\mu\,\varphi(U) = \mu_1\,\psi(U_1),$$

on aura un facteur intégrant pour l'équation proposée (41).

Soit, par exemple, l'équation

$$a x\,dy + b y\,dx + x^m y^n (\alpha x\,dy + \beta y\,dx) = 0,$$

a, b, α, β étant des constantes. Tout facteur intégrant de $a x\,dy + b y\,dx$ est de la forme $\dfrac{1}{xy}\varphi(x^b y^a)$, et de même tout facteur intégrant de la seconde partie est de la forme $\dfrac{1}{x^{m+1}y^{n+1}}\psi(x^\beta y^\alpha)$. Pour avoir un facteur intégrant commun, il suffira de trouver deux exposants p et q tels que l'on ait $x^m y^n (x^b y^a)^p = (x^\beta y^\alpha)^q$, ce qui conduit aux conditions

$$pa - q\alpha + n = 0, \qquad pb - q\beta + m = 0.$$

Ces conditions sont compatibles pourvu que $a\beta - b\alpha$ ne soit pas nul, et déterminent un facteur intégral de la forme $x^M y^N$. En multipliant par ce facteur intégrant, l'équation prend la forme $v^{p-1}\,dv + v_1^{q-1}\,dv_1 = 0$, où l'on a posé $v = x^b y^a$, $v_1 = x^\beta y^\alpha$, et s'intègre immédiatement.

Dans le cas particulier où $a\beta - b\alpha = 0$, on en tire $\dfrac{\alpha}{a} = \dfrac{\beta}{b} = k$, et l'équation peut s'écrire $(a x\,dy + b y\,dx)(1 + k x^m y^n) = 0$.

Remarque. — Quand on connaît l'intégrale générale d'une équation différentielle du premier ordre, il est bien facile d'obtenir un facteur intégrant. Soit, en effet, $f(x, y) = C$ l'intégrale générale de l'équation (39). L'équation différentielle des courbes représentées par cette relation est aussi $\frac{\partial f}{\partial x} dx + \frac{\partial f}{\partial y} dy = 0$; pour qu'elle soit identique à l'équation (39), il faut que l'on ait $\dfrac{\frac{\partial f}{\partial x}}{P} = \dfrac{\frac{\partial f}{\partial y}}{Q}$, et la valeur commune des deux rapports précédents est évidemment un facteur intégrant pour $P\,dx + Q\,dy$. Tout autre facteur intégrant est égal à celui-là multiplié par une fonction arbitraire de $f(x, y)$.

374. Application à la représentation conforme — La théorie du facteur intégrant trouve une application importante dans le problème de la représentation conforme. Soit

$$ds^2 = E\,du^2 + 2\,F\,du\,dv + G\,dv^2$$

une forme quadratique en du, dv, dont les coefficients E, F, G sont *des fonctions analytiques* de u, v, telles que $EG - F^2$ ne soit pas nul. On peut écrire ds^2 sous la forme

$$ds^2 = (a\,du + b\,dv)(a_1\,du + b_1\,dv),$$

a, b, a_1, b_1 étant aussi des fonctions analytiques de u, v. D'après un résultat qui sera démontré plus loin en toute rigueur, chacune des expressions $a\,du + b\,dv$, $a_1\,du + b_1\,dv$ admet une infinité de facteurs intégrants, qui sont eux-mêmes des fonctions analytiques ; μ, μ_1 étant deux de ces facteurs on a les identités

$$\mu(a\,du + b\,dv) = dU, \qquad \mu_1(a_1\,du + b_1\,dv) = dU_1$$

et, par suite,

$$\mu\mu_1\,ds^2 = dU\,dU_1,$$

ce qui peut encore s'écrire, en posant

$$U = X + iY, \qquad U_1 = X - iY, \qquad \mu\mu_1 = \frac{1}{\lambda},$$

$$E\,du^2 + 2\,F\,du\,dv + G\,dv^2 = \lambda(dX^2 + dY^2).$$

Toute surface analytique peut donc être représentée sur un plan avec conservation des angles. Si la surface est réelle, on peut supposer que les points réels de la surface correspondent à des valeurs réelles des variables u, v; les coefficients E, F, G sont réels, tandis que a et a_1 sont imaginaires conjuguées, ainsi que b et b_1. On peut alors prendre pour μ et μ_1, et par suite pour U et U_1, des imaginaires conjuguées, de sorte qu'à des valeurs réelles de u, v correspondront des valeurs réelles de X et de Y. A des points réels de la surface correspondent donc des points réels du plan.

Toute surface analytique pouvant être représentée sur un plan avec conservation des angles, on en conclut que deux surfaces analytiques quelconques peuvent être représentées conformément l'une sur l'autre.

375. Équation d'Euler. — Des artifices très variés ont été employés pour intégrer des équations différentielles de forme particulière. Euler en a donné un exemple célèbre avec l'équation à laquelle son nom est resté attaché,

$$(42) \qquad \frac{dx}{\sqrt{X}} + \frac{dy}{\sqrt{Y}} = 0,$$

où X et Y sont deux polynomes du quatrième degré en x et y respectivement, ayant les mêmes coefficients,

$$X = a_0 x^4 + a_1 x^3 + a_2 x^2 + a_3 x + a_4,$$
$$Y = a_0 y^4 + a_1 y^3 + a_2 y^2 + a_3 y + a_4.$$

Les variables étant séparées, on obtient l'intégrale générale de l'équation (42) par deux quadratures, qui introduisent deux fonctions transcendantes, dépendant respectivement de x et de y. La découverte fondamentale d'Euler, qui a été le point de départ de la théorie des fonctions elliptiques, c'est d'avoir montré que cette relation entre les variables x et y, qui est transcendante en apparence, est en réalité algébrique.

Considérons d'abord le cas où X est un polynome du second degré non carré parfait; une substitution linéaire permet de le ramener à la forme $X = A(x^2 - 1)$, et l'équation (42) devient dans ce cas particulier

$$(43) \qquad \frac{dx}{\sqrt{1 - x^2}} + \frac{dy}{\sqrt{1 - y^2}} = 0.$$

On peut encore l'écrire, en chassant les dénominateurs,

$$\sqrt{1-y^2}\,dx + \sqrt{1-x^2}\,dy = d\left(x\sqrt{1-y^2} + y\sqrt{1-x^2}\right) + xy\left(\frac{dx}{\sqrt{1-x^2}} + \frac{dy}{\sqrt{1-y^2}}\right) = 0.$$

ce qui montre que l'on a identiquement

$$d\left(x\sqrt{1-y^2} + y\sqrt{1-x^2}\right) = \left[\sqrt{(1-x^2)(1-y^2)} - xy\right]\left(\frac{dx}{\sqrt{1-x^2}} + \frac{dy}{\sqrt{1-y^2}}\right).$$

L'expression $\sqrt{(1-x^2)(1-y^2)} - xy$ est donc un facteur intégrant pour l'équation (43), et l'intégrale générale est donnée par la formule

$$(44) \qquad x\sqrt{1-y^2} + y\sqrt{1-x^2} = C.$$

ou par la formule

$$(45) \qquad \sqrt{(1-x^2)(1-y^2)} - xy = C',$$

puisque l'équation (43) admet les deux facteurs intégrants 1 et $\sqrt{(1-x^2)(1-y^2)} - xy$. On vérifie du reste aisément que les deux formules (44) et (45) sont équivalentes d'après l'identité

$$\left(x\sqrt{1-y^2} + y\sqrt{1-x^2}\right)^2 + \left[\sqrt{(1-x^2)(1-y^2)} - xy\right]^2 = 1.$$

En rendant la dernière formule (45) rationnelle, on peut écrire l'intégrale générale de l'équation (43) sous la forme

$$(46) \qquad x^2 + y^2 + 2C'xy + C'^2 - 1 = 0,$$

C' désignant une constante arbitraire, et cette équation représente des coniques tangentes aux quatre droites $x = \pm 1$, $y = \pm 1$.

Par une induction hardie, Euler a été conduit à une formule de même espèce, mais plus générale, qui convient au cas où X est un polynome quelconque du troisième ou du quatrième degré (*Institutiones calculi integralis*, t. I, Chap. V et VI).

Soit $F(x,y)$ un polynome à deux variables x et y, du second degré et symétrique par rapport à ces deux variables,

$$(47) \qquad F(x,y) = A_1 x^2 y^2 + A_2 xy(x+y)$$
$$+ A_3(x^2 + y^2) + A_4 xy + A_5(x+y) + A_6.$$

Ce polynome dépend de six coefficients arbitraires A_1, A_2, A_3, A_4, A_5, A_6, et la relation $F(x, y) = o$ peut s'écrire sous deux formes équivalentes

$$(48) \qquad \begin{cases} F(x, y) = My^2 + Ny + P = o, \\ F(x, y) = M_1 x^2 + N_1 x + P_1 = o. \end{cases}$$

M, N, P étant trois polynomes du second degré en x

$$M = A_1 x^2 + A_2 x + A_3, \quad N = A_2 x^2 + A_4 x + A_5, \quad P = A_3 x^2 + A_5 x + A_6,$$

et M_1, N_1, P_1 les polynomes obtenus en remplaçant x par y dans M, N, P. De la relation $F(x, y) = o$ on déduit $F'_x \, dx + F'_y \, dy = o$, ou, en remplaçant F'_x et F'_y par leurs expressions,

$$(49) \qquad (2M_1 x + N_1) \, dx + (2My + N) \, dy = o.$$

On tire d'ailleurs des relations (48)

$$2My + N = \pm \sqrt{N^2 - 4MP}, \qquad 2M_1 x + N_1 = \pm \sqrt{N_1^2 - 4M_1 P_1},$$

et la formule précédente (49) peut encore s'écrire

$$(50) \qquad \frac{dx}{\sqrt{N^2 - 4MP}} \pm \frac{dy}{\sqrt{N_1^2 - 4M_1 P_1}} = o.$$

Cette relation sera identique à l'équation proposée (42), pourvu que l'on ait $N^2 - 4MP = X$, ce qui entraîne nécessairement $N_1^2 - 4M_1 P_1 = Y$. Or M, N, P étant du second degré, $N^2 - 4MP$ est du quatrième degré, et l'on est conduit à écrire que deux polynomes du quatrième degré sont identiques, ce qui exige cinq conditions seulement. Comme on dispose de six coefficients A_i, on voit qu'un de ces coefficients restera arbitraire. Il y a donc une infinité de polynomes $F(x, y)$ de la forme (47), dépendant d'une constante arbitraire C, et tels que de la relation

$$(51) \qquad F(x, y) = o,$$

entre les variables x et y, on puisse déduire la relation (42). Cette relation (51) représente donc l'intégrale générale de l'équation proposée.

La détermination effective du polynome $F(x, y)$ exige un calcul d'identification que l'on peut simplifier par une représentation géométrique due à Jacobi. Considérons, pour prendre le cas général, un polynome du quatrième degré $R(t)$ premier avec sa dérivée, et soient t_1, t_2, t_3, t_4 les racines de $R(t) = o$. Soit, d'autre part, Σ une conique quelconque dont les courdonnées x et y sont exprimées en fonction du paramètre variable t par des fractions rationnelles du second degré, de façon qu'à un point (x, y) corresponde une seule valeur de t ; appelons m_1, m_2, m_3, m_4 les points de Σ qui correspondent aux valeurs t_1, t_2, t_3, t_4 du paramètre. Enfin soit Σ' une seconde conique passant par les quatre points m_1, m_2, m_3, m_4. Toute droite tangente à Σ' rencontre Σ en deux points M et M' ; si t et t' sont les valeurs correspondantes du paramètre, la relation entre t et t' est de la forme cherchée. Il est évident, en effet, que cette relation est symétrique en t et t', et qu'elle est du second degré par rapport à chacune des variables, car par un point M' on peut mener deux tangentes à Σ' et par suite à toute valeur de t' correspondent deux valeurs de t seulement.

Soit

$$(52) \qquad F(t, t') = 0$$

cette relation ; on en déduit, comme nous venons de le voir, une relation entre les différentielles dt, dt', de la forme

$$(53) \qquad \frac{dt}{\sqrt{P(t)}} \pm \frac{dt'}{\sqrt{P(t')}} = 0,$$

$P(t)$ étant un polynome du quatrième degré. *Ce polynome* $P(t)$ *est identique à un facteur constant près à* $R(t)$. En effet, d'après la façon même (que l'on vient d'expliquer) dont on déduit le polynome $P(t)$ de $F(t, t') = 0$, les racines de $P(t) = 0$ sont les valeurs de t pour lesquelles les deux valeurs de t' sont confondues. Or, la signification géométrique de la relation (52) montre immédiatement que ceci ne peut avoir lieu que si les tangentes à Σ' issues de M sont confondues, c'est-à-dire si ce point M est l'un des points m_1, m_2, m_3, m_4. Nous sommes donc conduits à la méthode suivante, n'exigeant que des calculs rationnels, pour obtenir l'intégrale générale de l'équation

$$(54) \qquad \frac{dt}{\sqrt{R(t)}} \pm \frac{dt'}{\sqrt{R(t')}} = 0$$

où $R(t) = a_0 t^4 + a_1 t^3 + a_2 t^2 + a_3 t + a_4$, équation qui ne diffère que par les notations de l'équation proposée (42). On commencera par former l'équation générale des coniques Σ' passant par les quatre points m_1, m_2, m_3, m_4 de Σ ; cette équation est de la forme $f(x, y) + C\varphi(x, y) = 0$, C désignant une constante arbitraire. Puis on écrira la condition pour que la droite joignant les deux points M et M' de Σ, qui correspondent aux valeurs t, t' du paramètre, soit tangente à Σ'. La relation obtenue, qui renferme la constante arbitraire C, représente l'intégrale générale de l'équation d'Euler.

Pour développer les calculs, prenons pour Σ la parabole $y^2 = x$, et posons $x = t^2$, $y = t$. La conique Σ' représentée par l'équation

$$(55) \qquad A x^2 + A' y^2 + 2 B'' xy + 2 B' x + 2 B y + A'' = 0$$

coupe Σ en quatre points, donnés par l'équation du quatrième degré en t que l'on obtiendra en remplaçant x par t^2 et y par t. Pour que cette équation soit identique à $R(t) = 0$, il suffira que l'on ait

$$(56) \quad A = a_0. \qquad A' + 2B' = a_2, \qquad 2B'' = a_1, \qquad 2B = a_3, \qquad A'' = a_4.$$

Le coefficient B' restant arbitraire, nous poserons $B' = C$, ce qui donne

$$A' = a_2 - 2C.$$

Rappelons maintenant que l'équation tangentielle de Σ', c'est-à-dire la condition pour que la droite $\alpha x + \beta y + \gamma = 0$ soit tangente à cette conique, est donnée par l'équation

$$(57) \quad \begin{vmatrix} A & B'' & B' & \alpha \\ B'' & A' & B & \beta \\ B' & B & A'' & \gamma \\ \alpha & \beta & \gamma & 0 \end{vmatrix} = 0.$$

La droite joignant les deux points (t^2, t) et (t'^2, t') de Σ a pour équation

$$x - y(t + t') + tt' = 0;$$

nous pouvons donc prendre

$$\alpha = 1, \qquad \beta = -(t + t'), \qquad \gamma = tt'.$$

En substituant les valeurs obtenues pour A, B, A', B', A'', B'', α, β, γ, dans la condition (57), et remplaçant t et t' par x et y respectivement, nous parvenons à l'intégrale générale de l'équation d'Euler sous la forme suivante indiquée par Stieltjes:

$$(58) \quad \begin{vmatrix} a_0 & \dfrac{a_1}{2} & C & 1 \\[2mm] \dfrac{a_1}{2} & a_2 - 2C & \dfrac{a_3}{2} & -(x + y) \\[2mm] C & \dfrac{a_3}{2} & a_4 & xy \\[2mm] 1 & -(x + y) & xy & 0 \end{vmatrix} = 0.$$

Cette équation représente une famille de courbes du quatrième degré, ayant deux points doubles à l'infini sur Ox et Oy respectivement. L'équation étant du second degré par rapport à la constante C, il passe deux courbes de la famille par un point quelconque du plan. ce qu'il était facile de prévoir, puisque l'équation différentielle proposée donne deux valeurs opposées de y' pour un même point (x, y). Ces deux valeurs de y' ne deviennent égales que si le point (x, y) appartient à la courbe $XY = 0$, qui se compose de quatre droites D_1, D_2, D_3, D_4 parallèles à l'axe Oy, et de quatre droites Δ_1, Δ_2, Δ_3, Δ_4 parallèles à Ox. Écrivons l'équation d'Euler sous forme entière $Y\,dx^2 - X\,dy^2 = 0$, et prenons un point $M(x, y)$ sur l'une des droites, Δ_1 par exemple, n'appartenant pas aux droites D. Pour les coordonnées du point M, on a $Y = 0$, $X \neq 0$, et l'équation d'Euler donne pour y' une racine double, $y' = 0$. Par ce point M il passe une première courbe intégrale, la droite Δ_1 elle-même. Mais on peut vérifier que les courbes représentées par la formule (58) admettent pour courbe enveloppe l'ensemble des huit droites données par l'équation $XY = 0$, de sorte que par le point M de Δ_1 il passe une nouvelle courbe intégrale tangente à la première. Nous avons ici un nouvel exemple d'intégrales singulières, car les huit droites D_i, Δ_i ne sont pas comprises parmi les courbes représentées par l'intégrale générale.

Remarque. — Nous avons supposé, pour parvenir à la formule (58), que le polynome $R(x)$ était du quatrième degré et premier avec sa dérivée. Mais il est clair que le résultat est susceptible d'une vérification directe, où cette hypothèse n'intervient pas. On pourrait, par exemple, former l'équation différentielle des courbes représentées par l'équation (58) en appliquant la méthode générale (n° 362), et l'équation obtenue serait forcément identique à l'équation d'Euler, quelles que soient les valeurs des coefficients a_0, a_1, ..., a_5, puisqu'il en est ainsi lorsque ces coefficients ne vérifient aucune relation particulière. La formule (58) convient donc à tous les cas.

376. Méthode déduite du théorème d'Abel. — On peut aussi déduire très aisément l'intégrale générale de l'équation d'Euler du théorème d'Abel. Désignons maintenant par $R(x)$ un polynome du troisième ou du quatrième degré, premier avec sa dérivée, et considérons la courbe C qui a pour équation $y^2 = R(x)$. Si une courbe algébrique variable C' rencontre la courbe C en trois points variables seulement, M_1, M_2, M_3, on a démontré (n° 360) que les coordonnées (x_1, y_1), (x_2, y_2), (x_3, y_3) de ces trois points variables satisfont à la relation

$$(59) \qquad \frac{dx_1}{y_1} + \frac{dx_2}{y_2} + \frac{dx_3}{y_3} = 0.$$

Si la courbe sécante C' dépend de deux paramètres variables dont on peut disposer de façon que deux des points d'intersection (x_1, y_1), (x_2, y_2) viennent coïncider avec deux points quelconques donnés à l'avance de C, les coordonnées (x_3, y_3) du troisième point d'intersection sont des fonctions des coordonnées $(x_1, y_1; x_2, y_2)$ des deux premiers satisfaisant à la relation (59). L'équation $\dfrac{dx_1}{y_1} - \dfrac{dx_2}{y_2} = 0$ est donc équivalente à l'équation $\dfrac{dx_3}{y_3} = 0$, dont l'intégrale générale est $x_3 = $ const. Or les points (x_1, y_1),

(x_2, y_2) étant sur la courbe C, on a $y_1^2 = R(x_1)$, $y_2^2 = R(x_2)$, et l'équation $\dfrac{dx_1}{y_1} + \dfrac{dx_2}{y_2} = 0$, que l'on peut écrire

$$(60) \qquad \frac{dx_1}{\sqrt{R(x_1)}} + \frac{dx_2}{\sqrt{R(x_2)}} = 0,$$

est, sauf la différence des notations, identique à l'équation d'Euler. Dans la formule qui donne l'intégrale générale

$$(61) \qquad x_3 = F(x_1, y_1; x_2, y_2) = \text{const.}$$

on doit remplacer y_1 et y_2 par $\sqrt{R(x_1)}$ et $\sqrt{R(x_2)}$ respectivement, les déterminations des deux radicaux étant les mêmes dans les deux formules (60) et (61). Nous obtenons ainsi, pour l'intégrale générale, une formule renfermant des radicaux, tandis que la formule (58) est rationnelle. Mais la forme irrationnelle est dans certains cas plus avantageuse.

Développons les calculs en supposant le polynome $R(x)$ ramené à la forme normale de Legendre $R(x) = (1 - x^2)(1 - k^2 x^2)$, k^2 étant différent de zéro et de l'unité. La parabole C'

$$(62) \qquad y = a x^2 + b x + 1$$

rencontre de la courbe C représentée par l'équation $y^2 = R(x)$ au point $(x = 0, y = 1)$ et en trois points variables dont les abscisses x_1, x_2, x_3 sont racines de l'équation

$$(63) \qquad (a^2 - k^2) x^3 + 2ab x^2 + (b^2 + 2a + k^2 + 1) x + 2b = 0,$$

obtenue en éliminant y et supprimant le facteur x.

On déduit de cette équation les relations

$$x_1 + x_2 + x_3 = \frac{2ab}{k^2 - a^2}, \qquad x_1 x_2 + x_2 x_3 + x_1 x_3 = \frac{b^2 + 2a + k^2 + 1}{a^2 - k^2},$$

$$x_1 x_2 x_3 = \frac{2b}{k^2 - a^2}$$

et, par suite,

$$(64) \qquad x_1 + x_2 + x_3 = a x_1 x_2 x_3.$$

Mais, en écrivant que la parabole C' passe par les deux points (x_1, y_1), (x_2, y_2), on peut déterminer a et b. On a en particulier

$$a x_1 x_2 = 1 + \frac{y_1 x_2 - y_2 x_1}{x_1 - x_2};$$

portant cette valeur de a dans la formule précédente, on obtient finalement l'expression de x_3 au moyen de x_1, y_1, x_2, y_2 :

$$x_3 = \frac{x_1^2 - x_2^2}{x_2 y_1 - x_1 y_2}.$$

L'intégrale générale de l'équation d'Euler

$$(65) \qquad \frac{dx_1}{\sqrt{R(x_1)}} + \frac{dx_2}{\sqrt{R(x_2)}} = 0$$

est donc représentée par la formule

$$(66) \qquad x_3 = \frac{x_1^2 - x_2^2}{x_2\sqrt{R(x_1)} - x_1\sqrt{R(x_2)}} = C.$$

377. Théorèmes de G. Darboux. — Considérons une équation différentielle de la forme

$$(67) \qquad L\,dy + M\,dx + N(x\,dy - y\,dx) = 0,$$

L, M, N étant trois polynomes entiers en x, y de degré m au plus, l'un au moins étant de degré m. Pour que la relation $u(x,y) = $ const. représente l'intégrale générale, il faut et il suffit que l'équation (67) soit identique à l'équation $\dfrac{\partial u}{\partial x}dx + \dfrac{\partial u}{\partial y}dy = 0$, ce qui exige que l'on ait

$$(68) \qquad L\frac{\partial u}{\partial x} + M\frac{\partial u}{\partial y} - N\left(x\frac{\partial u}{\partial x} + y\frac{\partial u}{\partial y}\right) = 0.$$

Cette condition prend une forme plus symétrique, si l'on remplace x par $\dfrac{x}{z}$ et y par $\dfrac{y}{z}$, z étant une variable fictive que l'on supposera toujours égale à l'unité après les opérations indiquées ; $u(x, y)$ se change en une fonction homogène de degré zéro, et par suite on a

$$x\frac{\partial u}{\partial x} + y\frac{\partial u}{\partial y} + z\frac{\partial u}{\partial z} = 0.$$

La condition (68) prend donc la forme

$$(69) \qquad L\frac{\partial u}{\partial x} + M\frac{\partial u}{\partial y} + N\frac{\partial u}{\partial z} = A(u) = 0,$$

et réciproquement, si l'on a obtenu une fonction $u(x, y, z)$ homogène et de degré zéro, satisfaisant à la relation (69), $u(x, y, 1) = $ const. représente l'intégrale générale de l'équation (67).

G. Darboux [1] a montré que l'on pouvait former une fonction $u(x, y, z)$ satisfaisant à ces conditions, quand on connaît un certain nombre d'intégrales algébriques de l'équation (67). Supposons que l'équation (67)

---

[1] *Sur les équations différentielles algébriques du premier ordre et du premier degré* (*Bulletin des Sciences mathématiques*, 1878).

admette une intégrale algébrique définie par la relation $f(x, y) = 0$, le polynome $f(x, y)$ étant indécomposable et de degré h. En reprenant les calculs de tout à l'heure, on reconnaît que la relation

$$(70) \qquad L\frac{\partial f}{\partial x} + M\frac{\partial f}{\partial y} - N\left(x\frac{\partial f}{\partial x} + y\frac{\partial f}{\partial y}\right) = 0$$

doit être une conséquence de l'équation $f(x, y) = 0$. Si nous remplaçons encore x par $\frac{x}{z}$, y par $\frac{y}{z}$ puis qu'on multiplie par z^h, $f(x, y)$ se change en une fonction homogène de x, y, z, de degré h, vérifiant la relation

$$x\frac{\partial f}{\partial x} + y\frac{\partial f}{\partial y} + z\frac{\partial f}{\partial z} = hf.$$

et la condition (70) devient

$$(71) \qquad A(f) = L\frac{\partial f}{\partial x} + M\frac{\partial f}{\partial y} + N\frac{\partial f}{\partial z} = Nhf.$$

Cette condition n'est pas vérifiée identiquement, mais en tenant compte de $f(x, y, z) = 0$: comme cette dernière relation est par hypothèse irréductible, il faut donc que l'on ait

$$(72) \qquad A(f) = Kf.$$

K désignant un polynome en x, y, z, qui est forcément de degré $m - 1$, car, si f est de degré h, $A(f)$ est de degré $m + h - 1$.

Cela étant, supposons que l'on ait trouvé p solutions algébriques de l'équation (67), définies par les p relations

$$f_1(x, y) = 0, \qquad f_2(x, y) = 0, \qquad \ldots, \qquad f_p(x, y) = 0,$$

$f_1, f_2, \ldots, f_p$ étant des polynomes indécomposables de degré $h_1, h_2, \ldots, h_p$. Ceci exige que l'on ait p identités de la forme suivante:

$$(73) \quad A(f_1) = K_1 f_1, \qquad A(f_2) = K_2 f_2, \quad \ldots, \qquad A(f_p) = K_p f_p,$$

les polynomes $K_1, K_2, \ldots, K_p$ étant tous de degré $m - 1$.

Observons que le symbole d'opération $A(f)$ jouit de propriétés analogues à celles de la dérivée, et en particulier on peut lui appliquer la règle de dérivation des fonctions composées; $F(u, v, w)$ étant une fonction quelconque de u, v, w, on a

$$A(F) = \frac{\partial F}{\partial u} A(u) + \frac{\partial F}{\partial v} A(v) + \frac{\partial F}{\partial w} A(w).$$

Par suite, si nous posons $u = f_1^{\alpha_1} f_2^{\alpha_2} \ldots f_p^{\alpha_p}$, $\alpha_1, \alpha_2, \ldots, \alpha_p$ étant des constantes quelconques, on a

$$A(u) = \alpha_1 f_1^{\alpha_1-1} f_2^{\alpha_2} \ldots f_p^{\alpha_p} A(f_1) + \alpha_2 f_1^{\alpha_1} f_2^{\alpha_2-1} \ldots f_p^{\alpha_p} A(f_2) + \ldots,$$

ou, en tenant compte des formules (73),

$$A(u) = (z_1 K_1 + z_2 K_2 + \ldots + z_p K_p) u.$$

La fonction $u(x, y, z)$ est une fonction homogène et de degré $z_1 h_1 + z_2 h_2 + \ldots + z_p h_p$. Si l'on peut disposer des constantes $z_1, \ldots, z_p$ de façon que l'on ait

$$(74) \qquad \begin{cases} z_1 h_1 + \ldots + z_p h_p = 0, \\ z_1 K_1 + \ldots + z_p K_p = 0, \end{cases}$$

l'équation $u(x, y, 1) = $ const. fournira, d'après ce qu'on vient d'établir, l'intégrale générale de l'équation proposée.

Les équations (74) forment un système de $\dfrac{m(m+1)}{2} + 1$ équations homogènes en $z_1, z_2, \ldots, z_p$, puisque les polynomes K_i de degré $m - 1$ renferment $\dfrac{m(m+1)}{2}$ termes. On sera assuré de pouvoir satisfaire à ces équations par des valeurs des z_i *non toutes nulles*, et par suite de pouvoir achever l'intégration, toutes les fois qu'il y aura plus d'inconnues que d'équations, c'est-à-dire quand on aura

$$(75) \qquad p \geq \frac{m(m+1)}{2} + 2.$$

C'est le *premier théorème de G. Darboux.* Si les équations (74) ne sont pas distinctes, on peut trouver des solutions sans que p atteignent la limite précédente $\dfrac{m(m+1)}{2} + 2$; on trouvera, dans le Mémoire de G. Darboux, un grand nombre d'exemples où il en est ainsi.

Si l'on connait seulement $p = \dfrac{m(m+1)}{2} + 1$ intégrales particulières algébriques, on peut disposer des p constantes z_i de façon à satisfaire aux conditions

$$(76) \qquad \begin{cases} z_1 K_1 + z_2 K_2 + \ldots + z_p K_p = -\dfrac{\partial L}{\partial x} - \dfrac{\partial M}{\partial y} - \dfrac{\partial N}{\partial z}, \\ z_1 h_1 + z_2 h_2 + \ldots + z_p h_p = -m - 2, \end{cases}$$

qui sont équivalentes à un système de $\dfrac{m(m+1)}{2} + 1$ équations linéaires non homogènes. La fonction u ainsi obtenue satisfait aux deux équations

$$L \frac{\partial u}{\partial x} + M \frac{\partial u}{\partial y} + N \frac{\partial u}{\partial z} + u\left(\frac{\partial L}{\partial x} + \frac{\partial M}{\partial y} + \frac{\partial N}{\partial z} \right) = 0,$$

$$x \frac{\partial u}{\partial x} + y \frac{\partial u}{\partial y} + z \frac{\partial u}{\partial z} + (m + 2) u = 0,$$

d'où l'on tire, en éliminant $\dfrac{\partial u}{\partial z}$ et remplaçant z par 1,

$$L \frac{\partial u}{\partial x} + M \frac{\partial u}{\partial y} - N\left[(m + 2) u + x \frac{\partial u}{\partial x} + y \frac{\partial u}{\partial y} \right] + u\left(\frac{\partial L}{\partial x} + \frac{\partial M}{\partial y} + \frac{\partial N}{\partial z} \right) = 0.$$

Mais la fonction N étant rendue homogène en remplaçant x par $\dfrac{x}{z}$, y par $\dfrac{y}{z}$ et multipliant par z^m, on a aussi, en faisant $z = 1$,

$$\frac{\partial N}{\partial z} = m N - x \frac{\partial N}{\partial x} - y \frac{\partial N}{\partial y},$$

de sorte que la relation précédente peut encore s'écrire

$$(77) \qquad \frac{\partial u}{\partial x}(L - Nx) + \frac{\partial u}{\partial y}(M - Ny)$$
$$+ u \left(\frac{\partial L}{\partial x} + \frac{\partial M}{\partial y} - x \frac{\partial N}{\partial x} - y \frac{\partial N}{\partial y} - 2N \right) = 0;$$

il est aisé de vérifier que cette dernière condition exprime que u est un facteur intégrant pour l'équation (67), et nous obtenons ainsi le *second théorème de G. Darboux :*

Si l'on connaît $\dfrac{m(m+1)}{2} + 1$ *intégrales particulières algébriques de l'équation* (67), *on peut former un facteur intégrant.*

La démonstration de ce dernier théorème est en défaut, dans le cas particulier où le déterminant des coefficients des inconnues α_i dans les

$$\frac{m(m+1)}{2} + 1$$

équations déduites des relations (76) serait nul. Mais on peut alors satisfaire aux $\dfrac{m(m+1)}{2} + 1$ équations homogènes obtenues en supprimant les seconds membres par des valeurs des α_i non toutes nulles, et par suite obtenir l'intégrale générale, d'après le premier théorème.

Exemple. — Considérons en particulier l'équation de Jacobi (n° 367); le nombre m est ici égal à 1. Cherchons d'abord les intégrales linéaires de la forme $ux + vy + wz = 0$. On doit avoir identiquement, d'après la méthode générale,

$$u(bz + b'x + b''y) + v(cz + c'x + c''y)$$
$$+ w(az + a'x + a''y) = \lambda(ux + vy + wz),$$

λ étant un facteur constant, ce qui conduit aux trois conditions

$$ub + vc + w(a - \lambda) = 0, \qquad u(b' - \lambda) + vc' + wa' = 0,$$
$$ub'' + v(c'' - \lambda) + wa'' = 0,$$

et en éliminant u, v, w, on retombe sur l'équation en λ obtenue par la première méthode (p. 322).

Bornons-nous au cas général où cette équation en λ a trois racines distinctes $\lambda_1, \lambda_2, \lambda_3$; chacune de ces racines fournit une intégrale linéaire, et nous avons par conséquent trois fonctions linéaires X, Y, Z, donnant lieu aux identités

$$A(X) = \lambda_1 X, \qquad A(Y) = \lambda_2 Y, \qquad A(Z) = \lambda_3 Z.$$

D'après la théorie générale, on peut en déduire l'intégrale générale, puisque dans ce cas $m = 1$. Il faut pour cela déterminer trois nombres α, β, γ vérifiant les relations

$$\alpha + \beta + \gamma = 0, \qquad \alpha\lambda_1 + \beta\lambda_2 + \gamma\lambda_3 = 0.$$

On peut prendre $\alpha = \lambda_2 - \lambda_3$, $\beta = \lambda_3 - \lambda_1$, $\gamma = \lambda_1 - \lambda_2$, et l'intégrale générale de l'équation de Jacobi est par conséquent

$$X^{\lambda_2-\lambda_3}\, Y^{\lambda_3-\lambda_1}\, Z^{\lambda_1-\lambda_2} = \text{const.}$$

378. Applications. — Quand on cherche à déterminer une courbe plane par une relation donnée $F(x, y, m) = 0$ entre les coordonnées (x, y) d'un point de cette courbe et le coefficient angulaire m de la tangente en ce point, les courbes cherchées s'obtiennent évidemment par l'intégration de l'équation différentielle du premier ordre $F(x, y, y') = 0$, que l'on déduit de la relation donnée en y remplaçant m par y'. Si cette équation est de degré q en y', il passe en général, comme nous le démontrerons plus loin, q courbes de cette espèce par un point quelconque du plan. Considérons, par exemple, une famille de courbes C, représentées par l'équation $\Phi(x, y, a) = 0$ dépendant d'un paramètre arbitraire, et proposons-nous de trouver leurs trajectoires orthogonales, c'est-à-dire les courbes C' qui, en chacun de leurs points, coupent orthogonalement une courbe C passant par le même point. Soient m, m' les coefficients angulaires des tangentes aux deux courbes orthogonales C, C' passant par un même point (x, y) ; on doit avoir entre m et m' la relation $1 + mm' = 0$. Soit d'autre part $F(x, y, y') = 0$ l'équation différentielle des courbes données C ; on a $F(x, y, m) = 0$, puisque m est le coefficient angulaire de la tangente à une courbe C passant au point (x, y) et par suite

$$F\left(x, y, -\frac{1}{m'}\right) = 0.$$

D'ailleurs m' est aussi le coefficient angulaire de la tangente à une courbe C' passant au point (x, y); cette courbe C' satisfait donc aussi à l'équation

$$(78) \qquad F\left(x, y, -\frac{1}{y'}\right) = 0,$$

et l'on obtient l'équation différentielle des trajectoires orthogonales des courbes C en remplaçant y' par $-\dfrac{1}{y'}$ dans l'équation différentielle des courbes C elles-mêmes.

Pour obtenir l'équation différentielle des courbes C, on doit éliminer a entre les deux équations $\Phi = 0$, $\dfrac{\partial\Phi}{\partial x} + \dfrac{\partial\Phi}{\partial y} y' = 0$; donc *pour obtenir l'équation différentielle des trajectoires orthogonales, il suffira d'éliminer a entre les deux relations* $\Phi = 0$, $\dfrac{\partial\Phi}{\partial x} y' - \dfrac{\partial\Phi}{\partial y} = 0$. Prenons par exemple les coniques représentées par l'équation

$$y^2 + 3x^2 - 2ax = 0,$$

où a est un paramètre variable. L'application de la règle précédente conduit à l'équation différentielle homogène

$$(y^2 - 3x^2)y' + 2xy = 0,$$

qui devient, en posant $y = ux$ et séparant les variables,

$$\frac{dx}{x} + \frac{3\,du}{u} - \frac{du}{u+1} - \frac{du}{u-1} = 0.$$

On en tire

$$x u^3 = C(u^2 - 1) \qquad \text{ou} \qquad y^3 = C(y^2 - x^2).$$

Les trajectoires orthogonales sont donc des cubiques admettant l'origine comme point double.

D'une façon plus générale, considérons une surface S dont les coordonnées x, y, z sont exprimées en fonction de deux paramètres variables u, v :

$$x = f(u, v), \qquad y = \varphi(u, v), \qquad z = \psi(u, v);$$

on tire de ces formules

$$dx = \frac{\partial f}{\partial u}\,du + \frac{\partial f}{\partial v}\,dv, \qquad dy = \frac{\partial\varphi}{\partial u}\,du + \frac{\partial\varphi}{\partial v}\,dv, \qquad dz = \frac{\partial\psi}{\partial u}\,du + \frac{\partial\psi}{\partial v}\,dv,$$

et à toute valeur du rapport $\dfrac{dv}{du}$ correspond une tangente à la surface passant par le point (u, v). Si l'on se propose de déterminer les courbes de cette surface telles que la tangente à l'une de ces courbes en un point quelconque dépende uniquement de la position de ce point sur la surface, on est encore conduit à intégrer une équation différentielle du premier ordre

$$(79) \qquad F\left(u, v, \frac{dv}{du}\right) = 0;$$

inversement, toute équation de cette forme établit une relation entre un point d'une courbe située sur la surface S et la tangente en ce point.

Proposons-nous, par exemple, de déterminer les trajectoires sous un angle constant V d'une famille de courbes données situées sur la surface. Étant données deux courbes C, C' passant par un point (u, v) et se coupant sous un angle V, on a la formule générale (I, n° 252, p. 640)

$$(80) \quad \cos V = \frac{E\,du\,\delta u + F(\,du\,\delta v + dv\,\delta u\,) + G\,dv\,\delta v}{\sqrt{E\,du^2 + 2F\,du\,dv + G\,dv^2}\,\sqrt{E\,\delta u^2 + 2F\,\delta u\,\delta v + G\,\delta v^2}}$$

E, F, G ayant la signification habituelle, du et dv désignant les différentielles relatives à un déplacement sur C, δu et δv les différentielles relatives à un déplacement sur C'. Les courbes C' étant données, $\dfrac{\delta v}{\delta u}$ est une fonction connue de u et de v, $\dfrac{\delta v}{\delta u} = \pi(u, v)$. et en remplaçant $\dfrac{\delta v}{\delta u}$ par $\pi(u, v)$ dans la relation précédente (80) la relation obtenue $F\left(u, v, \dfrac{dv}{du}\right) = 0$ est l'équation différentielle des trajectoires cherchées.

Considérons en particulier les trajectoires sous un angle constant des méridiens de la surface de révolution

$$x = \rho\cos\omega, \qquad y = \rho\sin\omega, \qquad z = f(\rho).$$

Nous avons ici

$$u = \rho, \qquad v = \omega, \qquad E = 1 + f'^2(\rho), \qquad F = 0, \qquad G = \rho^2, \qquad \delta v = 0;$$

l'équation (80) devient

$$\cos V = \frac{\sqrt{1 + f'^2(\rho)}\,d\rho}{\sqrt{[1 + f'^2(\rho)]\,d\rho^2 + \rho^2\,d\omega^2}}.$$

On en tire, en résolvant par rapport à $d\omega$,

$$d\omega = \tang V \frac{\sqrt{1 + f'^2(\rho)}\, d\rho}{\rho},$$

et ω s'obtient par une quadrature.

III. — ÉQUATIONS D'ORDRE SUPÉRIEUR.

379. Intégration de l'équation $\dfrac{d^n y}{dx^n} = f(x)$. — Étant donnée une équation différentielle d'ordre n,

$$(82) \qquad \frac{d^n y}{dx^n} = F(x, y, y', y'', \ldots, y^{(n-1)}),$$

où $y^{(i)} = \dfrac{d^i y}{dx^i}$, cette équation et celles que l'on en déduit par des différentiations répétées permettent d'exprimer toutes les dérivées, à partir de $y^{(n)}$, au moyen de x, y, y', y'', $\ldots$, $y^{(n-1)}$. Si donc l'on se donne pour une valeur particulière x_0 de la variable indépendante les valeurs correspondantes y_0, y'_0, $\ldots$, $y_0^{(n-1)}$ de la fonction cherchée y et de ses $n-1$ premières dérivées, on peut de cette façon calculer les valeurs de toutes les dérivées successives de la fonction inconnue pour la valeur x_0 de x, et former une série entière

$$(81) \quad y_0 + (x - x_0)\, y'_0 + \frac{(x - x_0)^2}{1 \cdot 2}\, y''_0 + \ldots + \frac{(x - x_0)^n}{1 \cdot 2 \ldots n}\, y_0^{(n)} + \ldots$$

dont la somme représente l'intégrale en question, si toutefois cette intégrale peut être développée par la formule de Taylor. Jusqu'aux travaux de Cauchy, on avait admis sans démonstration la convergence de cette série ([1]). Nous verrons un peu plus loin qu'il en est bien ainsi, moyennant certaines conditions qui seront précisées. Nous indiquerons seulement ici quelques types simples d'équations différentielles d'ordre n dont l'intégration peut se ramener à des quadratures ou à l'intégration d'une équation d'ordre inférieur à n.

([1]) *Voir* par exemple le *Traité* de Lacroix.

L'équation différentielle

$$(83) \qquad \frac{d^n y}{dx^n} = f(x)$$

constitue le type le plus simple possible des équations différentielles d'ordre n. Elle s'intègre au moyen de n quadratures successives; en effet, en désignant par x_0 une constante numérique prise à volonté, on a successivement

$$\frac{d^{n-1} y}{dx^{n-1}} = \int_{x_0}^{x} f(x)\, dx + C_0,$$

$$\frac{d^{n-2} y}{dx^{n-2}} = \int_{x_0}^{x} dx \int_{x_0}^{x} f(x)\, dx + C_0(x - x_0) + C_1,$$

$$\dots\dots\dots\dots\dots\dots\dots\dots\dots\dots\dots\dots\dots\dots\dots\dots,$$

$$y = \int_{x_0}^{x} dx \int_{x_0}^{x} dx \dots \int_{x_0}^{x} f(x)\, dx$$
$$+ \frac{C_0(x - x_0)^{n-1}}{1.2\dots(n-1)} + \frac{C_1(x - x_0)^{n-2}}{1.2\dots(n-2)} + \dots + C_{n-1},$$

C_{n-1}, C_{n-2}, ..., C_0 étant n constantes arbitraires, qui sont égales respectivement aux valeurs de l'intégrale et de ses $(n-1)$ premières dérivées pour $x = x_0$.

On peut remplacer l'expression

$$Y = \int_{x_0}^{x} dx \int_{x_0}^{x} dx \dots \int_{x_0}^{x} f(x)\, dx,$$

qui renferme n signes d'intégration superposés, par une expression ne contenant qu'une seule quadrature portant sur une fonction où la variable x figure comme paramètre. Il est facile de vérifier ce fait qui sera rattaché plus tard à une théorie générale (n° 401). Si nous posons. en effet,

$$(84) \qquad Y_1 = \frac{1}{1.2\dots(n-1)} \int_{x_0}^{x} (x - z)^{n-1} f(z)\, dz,$$

on en déduit successivement, par l'application des règles connues.

$$\frac{dY_1}{dx} = \frac{1}{1.2\dots(n-2)} \int_{x_0}^{x} (x - z)^{n-2} f(z)\, dz, \qquad \dots,$$

$$\frac{d^{n-1} Y_1}{dx^{n-1}} = \int_{x_0}^{x} f(z)\, dz,$$

et enfin $\dfrac{d^n Y_1}{dx^n} = f(x)$. La fonction Y_1 est donc une intégrale de l'équation (83). D'ailleurs, les deux fonctions Y et Y_1 sont nulles, ainsi que leurs $(n-1)$ premières dérivées, pour $x = x_0$. Leur différence, qui est un polynome de degré au plus égal à $n-1$, ne peut être divisible par $(x - x_0)^n$, à moins d'être nulle identiquement. On a donc $Y_1 = Y$.

Si une équation $F\left(x, \dfrac{d^n y}{dx^n}\right) = 0$ peut être résolue par rapport à la dérivée $\dfrac{d^n y}{dx^n}$, on est ramené au calcul qui vient d'être effectué, mais il peut arriver que la résolution de l'équation soit pratiquement impossible, tandis qu'on peut exprimer x et $\dfrac{d^n y}{dx^n}$ au moyen d'un paramètre auxiliaire t par des formules

$$x = g(t), \qquad \frac{d^n y}{dx^n} = h(t).$$

On peut alors exprimer toutes les dérivées $y^{(n-1)}$, $y^{(n-2)}$, ... et la fonction y elle-même au moyen du même paramètre t par des quadratures. On a effet

et, par suite,
$$dy^{(n-1)} = y^{(n)}\, dx = h(t)\, g'(t)\, dt$$

$$y^{(n-1)} = \int h(t)\, g'(t)\, dt + C_1,$$

et d'une façon générale, connaissant $y^{(p)}$ en fonction de t, on aura $y^{(p-1)}$ par la formule

$$y^{(p-1)} = \int y^{(p)} g'(t)\, dt.$$

Prenons en particulier l'intégrale Y qui est nulle, ainsi que ses $n-1$ premières dérivées, pour $x = x_0$, intégrale qui a pour expression

$$Y = \frac{1}{(n-1)!} \int_{x_0}^{x} (x - z)^{n-1} f(z)\, dz,$$

en supposant que de l'équation différentielle donnée l'on ait tiré $\dfrac{d^n y}{dx^n} = f(x)$. Soit t_0 la valeur du paramètre t correspondant à la valeur x_0 de x; si, dans la formule précédente, on fait le changement de variable $z = g(u)$, il vient

$$Y = \frac{1}{(n-1)!} \int_{t_0}^{t} [g(t) - g(u)]^{n-1} g'(u)\, h(u)\, du,$$

car $f[g(u)]$ est évidemment égal à $h(u)$. Il est facile de vérifier, par un calcul direct analogue au précédent, que toutes les dérivées de Y par rapport à x, jusqu'à celle d'ordre $n-1$, sont nulles pour $t=t_0$, et que la dérivée d'ordre n est égale à $h(t)$.

Exemples : 1° Si la relation entre x et $\dfrac{d^n y}{dx^n}$ est algébrique et de genre zéro, on peut prendre pour $g(t)$ et $h(t)$ des fonctions rationnelles, et l'on aura l'intégrale générale par l'intégration d'une fonction rationnelle.

2° Lorsque l'équation donnée est résolue par rapport à x, on peut supposer $h(t)=t$, et le calcul de l'intégrale définie

$$\int_{t_0}^{t} [g(t)-g(\alpha)]^{n-1} g'(\alpha)\, \alpha\, d\alpha$$

peut se ramener, au moyen d'une intégration par parties, au calcul de l'intégrale

$$\int_{t_0}^{t} [g(t)-g(\alpha)]^n\, dt.$$

380. Cas divers d'abaissement. — Les cas les plus fréquents où l'on peut abaisser l'ordre de l'équation sont les suivants :

1° *L'équation ne renferme pas la fonction inconnue.* — Une équation de la forme

$$(85) \qquad F\left(x, \frac{d^k y}{dx^k}, \frac{d^{k+1} y}{dx^{k+1}}, \ldots, \frac{d^n y}{dx^n}\right) = 0 \qquad (1 \leqq k \leqq n)$$

se ramène immédiatement à une équation d'ordre $n-k$ en prenant pour inconnue $\dfrac{d^k y}{dx^k}=u$. Si l'on peut intégrer l'équation auxiliaire en u, on aura ensuite y par des quadratures, comme il vient d'être expliqué.

Si l'on a exprimé x et $u=\dfrac{d^k y}{dx^k}$ au moyen d'un paramètre auxiliaire t par des formules

$$x = f(t), \qquad \frac{d^k y}{dx^k} = \varphi(t),$$

les fonctions f et φ renfermant aussi des constantes arbitraires introduites par l'intégration de l'équation en u, on a vu au paragraphe précédent comment on peut alors exprimer y au moyen de t par des quadratures.

2° *L'équation ne renferme pas la variable indépendante.* —

Si l'on a une équation de la forme

$$(86) \qquad F\left(y, \frac{dy}{dx}, \frac{d^2 y}{dx^2}, \ldots, \frac{d^n y}{dx^n}\right) = 0,$$

on pourrait la ramener à la forme précédente en prenant y pour variable indépendante et x pour inconnue; la nouvelle équation ne contiendrait pas x, et en prenant $\frac{dx}{dy}$ pour nouvelle inconnue, on serait conduit à une équation d'ordre $n-1$. Mais on peut effectuer ces deux transformations simultanément en prenant y pour la variable indépendante et en prenant pour inconnue $\frac{dy}{dx} = p$. Nous avons en effet

$$\frac{d^2 y}{dx^2} = \frac{dp}{dx} = \frac{dp}{dy}\frac{dy}{dx} = p\frac{dp}{dy},$$

$$\frac{d^3 y}{dx^3} = \frac{d}{dx}\left(p\frac{dp}{dy}\right) = \frac{d}{dy}\left(p\frac{dp}{dy}\right)p = p\left(\frac{dp}{dy}\right)^2 + p^2\frac{d^2 p}{dy^2},$$

et ainsi de suite. D'une façon générale, $\frac{d^r y}{dx^r}$ s'exprime au moyen de p et de ses $r-1$ premières dérivées par rapport à y. On aura donc bien une équation différentielle d'ordre $n-1$.

Supposons que l'on ait intégré cette équation auxiliaire d'ordre $n-1$ et, pour prendre une hypothèse générale, supposons que y et p soient exprimées à l'aide d'une variable auxiliaire t, qui peut être l'une de ces variables elles-mêmes, $y = f(t)$, $p = \varphi(t)$, les fonctions f et φ dépendant en outre de constantes arbitraires. De la relation $dy = p\, dx$ on tire $f'(t)dt = \varphi(t)dx$, de sorte que x s'obtient à son tour par une quadrature

$$x = \int \frac{f'(t)}{\varphi(t)}\, dt.$$

Cette méthode est surtout employée pour l'équation du second ordre

$$F(y, y', y'') = 0,$$

que l'on ramène ainsi à l'équation du premier ordre

$$F\left(y, p, p\frac{dp}{dy}\right) = 0.$$

Soit $p = \varphi(y, C)$ l'intégrale générale de cette équation du premier ordre. De la relation $\frac{dy}{dx} = \varphi(y.\ \mathrm{C})$ on déduira x par une quadrature

$$x = x_0 + \int \frac{dy}{\varphi(y,\ \mathrm{C})}\cdot$$

Si l'intégrale générale de l'équation en p est résolue par rapport à y, et se présente sous la forme $y = f(p,\ \mathrm{C})$, on a de même

$$f'(p)\,dp = p\,dx$$

et, par suite,

$$x = x_0 + \int \frac{f'(p)\,dp}{p}\cdot$$

Les coordonnées d'un point d'une courbe intégrale sont ainsi exprimées au moyen d'une variable auxiliaire p qui représente le coefficient angulaire de la tangente à cette courbe.

$3°$ *L'équation est homogène en* y, y', y'', $\ldots$, $y^{(n)}$. — Si m est le degré d'homogénéité, l'équation est de la forme

$$(87) \qquad y^m\,\mathrm{F}\left(x,\ \frac{y'}{y},\ \frac{y''}{y},\ \ldots,\ \frac{y^{(n)}}{y}\right) = 0,$$

et l'on voit que, si y_1 est une intégrale particulière, il en est de même de λy_1, quelle que soit la constante λ. On abaisse l'ordre de cette équation d'une unité en posant $y = e^{\int u\,dx}$; on en déduit en effet

$$y' = u\,e^{\int u\,dx}, \qquad y'' = e^{\int u\,dx}(u' + u^2), \qquad \ldots,$$

et d'une façon générale $y^{(r)}$ est égal au produit de $e^{\int u\,dx}$ par une fonction entière de u, u', u'', $\ldots$, $u^{(r-1)}$. Après la substitution dans l'équation proposée, il restera donc une équation d'ordre $n-1$.

$4°$ *L'équation est homogène par rapport à* x, y, dx, dy, d^2y, $\ldots$, $d^n y$. — Lorsqu'il en est ainsi, l'équation ne change pas quand on change x en $\mathrm{C}x$, y en $\mathrm{C}y$, C étant une constante quelconque. Cela posé, imaginons que l'on prenne $\frac{y}{x} = u$ pour nouvelle inconnue et $t = \mathrm{Log}\,x$ pour nouvelle variable indépendante. La nouvelle équation différentielle ne doit pas changer quand on remplace t par $t + \mathrm{Log}\,\mathrm{C}$, sans changer u, et par suite ne doit pas renfermer explicitement la variable t. Il est facile de le vérifier. L'équation considérée, on le voit aisément, doit être de la forme

$$F\left(\frac{y}{x}, y', xy'', x^2 y''', \ldots, x^{n-1} y^{(n)}\right) = 0.$$

Si l'on pose $y = ux$, on a, d'une façon générale,

$$y^{(p)} = x u^{(p)} + p u^{(p-1)},$$

et les produits xy'', $x^2 y'''$, ... s'expriment au moyen de u, xu', $x^2 u''$, ..., $x^n u^{(n)}$, de sorte que l'équation transformée prend la forme

$$\Phi(u, xu', x^2 u'', \ldots, x^n u^{(n)}) = 0.$$

Si l'on pose ensuite $x = e^t$, on a successivement pour les produits xu', $x^2 u''$, ... des fonctions de $\dfrac{du}{dt}$, $\dfrac{d^2 u}{dt^2}$, ..., et l'on est bien conduit à une équation ne renfermant pas la variable t [1].

Remarque. — Dans les différents cas de réduction précédents, il peut se faire que l'on sache obtenir certaines intégrales de l'équation auxiliaire, sans pouvoir en déterminer l'intégrale générale. Les méthodes précédentes sont encore applicables et permettent d'obtenir par des quadratures des intégrales de l'équation proposée, renfermant moins de n constantes arbitraires.

381. **Applications.** — 1° Les équations de la forme $y'' = f(y)$ rentrent dans l'un des types précédents. On peut les intégrer directement sans aucune transformation, car si l'on multiplie les deux membres par $2y'$, on en déduit, après une première intégration,

$$y'^2 = C + \int_{y_0}^{y} 2f(y)\, dy = F(y) + C,$$

et l'on a ensuite x par une quadrature

$$x = \int \frac{dy}{\sqrt{F(y) + C}} + C'.$$

---

[1] On peut éviter tous ces changements de variables en cherchant les intégrales intermédiaires de la forme $y' = f\left(\dfrac{y}{x}\right) = f(u)$. On en déduit $xy'' = f_1(u)$, $x^2 y''' = f_2(u)$, ..., f_1 s'exprimant au moyen de u, $f(u)$ et $f'(u)$, f_2 au moyen de u, f, f', f''.... En substituant dans l'équation d'ordre n, on est conduit à une équation différentielle d'ordre $n-1$ en $f(u)$.

Considérons par exemple l'équation

$$y'' = a_0 y^3 + a_1 y^2 + a_2 y + a_3,$$

l'un au moins des coefficients a_0, a_1 n'étant pas nul. Nous avons d'abord, en multipliant les deux membres par $2y'$ et en intégrant,

$$y'^2 = \frac{a_0}{2} y^4 + \frac{2}{3} a_1 y^3 + a_2 y^2 + 2 a_3 y + C.$$

L'intégrale générale de cette nouvelle équation est une fonction elliptique (n° 372), pouvant comme cas particulier se réduire à une fonction simplement périodique ou même à une fonction rationnelle, si l'on a choisi la constante C de façon que le polynome qui est au second membre ne soit pas premier avec sa dérivée.

2° Il peut se faire que l'on puisse appliquer successivement plusieurs des méthodes de réduction à une même équation. Prenons par exemple l'équation du quatrième ordre $5(y''')^2 - 3y'' y'^v = 0$. Si l'on pose d'abord $y' = u$ l'on en déduit une équation du second ordre $5u'^2 - 3uu'' = 0$, qui est homogène en u, u', u''. Posons $u = e^{\int v\, dx}$; il vient $3v' = 2v^2$, ou $\frac{v'}{v^2} = \frac{2}{3}$, et l'on en tire

$$v = -\frac{3}{2} \frac{1}{x + a},$$

a étant une constante arbitraire. Nous avons ensuite successivement

$$u = y' = b(x + a)^{-\frac{3}{2}},$$
$$y' = -2b(x + a)^{-\frac{1}{2}} + c,$$
$$y = -4b(x + a)^{\frac{1}{2}} + cx + d,$$

b, c, d étant trois nouvelles constantes. On retrouve donc l'équation générale des paraboles (n° 362).

3° Soit à déterminer les courbes planes dont le rayon de courbure est proportionnel à la portion de la normale comprise entre le pied M et le point de rencontre N de cette normale avec une droite fixe. Cette droite fixe étant prise pour axe des x, l'équation différentielle du problème est

$$(88) \qquad\qquad 1 + y'^2 - \mu y y'' = 0.$$

le coefficient μ étant égal au rapport du rayon de courbure à la longueur MN, précédé du signe $+$ ou $-$, suivant que la direction qui va de M au centre de courbure coïncide avec la direction MN ou avec la direction opposée. Pour intégrer l'équation (88), posons $y' = p$; elle devient

$$1 + p^2 + \mu y p \frac{dp}{dy} = 0,$$

ce qu'on peut encore écrire

$$\frac{dy}{y} + \frac{\mu}{2} \frac{2p\,dp}{1+p^2} = 0,$$

et l'on en tire, après une première intégration,

$$y = C(1+p^2)^{-\frac{\mu}{2}},$$

C étant une constante arbitraire. La relation $dy = p\,dx$ nous donne
ensuite

ou

$$-\mu C p (1+p^2)^{-\frac{\mu}{2}-1}\,dp = p\,dx,$$

$$x = x_0 - \mu C \int (1+p^2)^{-\frac{\mu}{2}-1}\,dp.$$

Posons $p = \tang\alpha$; toutes les courbes obtenues en faisant varier C et x_0
se déduisent, par une translation ou une transformation homothétique, de
la courbe Γ représentée par les équations

$$(\Gamma) \qquad\qquad x = \mu \int_0^\alpha \cos^\mu \alpha\,d\alpha, \qquad y = \cos^\mu \alpha.$$

Il est facile de se faire une idée de la forme de la courbe d'après ces
équations, quelle que soit la valeur de μ. Quand μ est un nombre entier,
on peut effectuer la quadrature. Si μ est un nombre entier positif, la courbe
n'a pas de branches infinies, mais elle peut avoir deux formes d'aspects
très différents suivant la parité de μ. Si μ est un nombre impair, x est
une fonction périodique de α, et la courbe Γ est une courbe algébrique
fermée convexe. Si μ est pair, x augmente d'une quantité constante différente de zéro lorsque α augmente de 2π, y est toujours positif. On a une
courbe périodique, avec une infinité de points de rebroussement sur Ox.
L'aspect est celui d'une cycloïde; c'est du reste une cycloïde pour $\mu = 2$.

Remarque. — Dans les exemples que nous venons d'étudier on cherche
toujours à ramener l'intégration d'une équation différentielle à l'intégration d'une équation d'ordre moindre. Quelque singulier que cela paraisse
au premier abord, le procédé inverse peut quelquefois réussir. Étant
donnée, par exemple, une équation du premier ordre $f(x, y, y') = 0$, en
la combinant avec celle qu'on en déduit par une différentiation, on obtient
évidemment une infinité d'équations du second ordre qui admettent toutes
les intégrales de l'équation proposée. Supposons que l'on puisse trouver
ainsi une équation du second ordre qui soit intégrable, et soit $y = \varphi(x, C, C')$
l'intégrale générale. Toutes les intégrales de l'équation du premier ordre
proposée sont comprises dans cette formule; mais, comme elles ne dépendent
que d'une constante arbitraire, il doit y avoir une relation entre les cons-

tantes C, C'. Pour l'obtenir, il suffit d'écrire que la fonction $\varphi(x, C, C')$ satisfait à l'équation du premier ordre; on est ainsi conduit à un certain nombre de relations entre les constantes C, C', et ces relations doivent se réduire à une seule.

L'exemple le plus intéressant de cet artifice est dû à Monge, qui s'en est servi pour trouver les lignes de courbure de l'ellipsoïde. Soient $2a$, $2b$, $2c$ les trois axes; les projections des lignes de courbure sur le plan du grand axe et de l'axe moyen sont déterminées par l'équation difféntielle

$$(89) \qquad \left\{ \begin{array}{l} A\,xy\,y'^2 + (x^2 - Ay^2 - B)\,y' - xy = 0. \\[2mm] A = \dfrac{a^2(b^2 - c^2)}{b^2(a^2 - c^2)}, \qquad B = \dfrac{a^2(a^2 - b^2)}{a^2 - c^2}. \end{array} \right.$$

En différentiant l'équation (89), puis en éliminant la quantité

$$x^2 - Ay^2 - B.$$

on obtient l'équation différentielle du deuxième ordre

$$\frac{y''}{y'} + \frac{y'}{y} - \frac{1}{x} = 0,$$

d'où l'on tire successivement $yy' = Cx$, puis $y^2 = Cx^2 + C'$

L'intégrale générale de l'équation (89) s'obtiendra en établissant entre C et C' la relation $ACC' + C' + BC = 0$, comme on le vérifie en remplaçant y^2 par $Cx^2 + C'$ dans le premier membre ([1]).

EXERCICES.

1. Trouver l'équation différentielle des coniques en partant de leur équation générale non résolue, et en éliminant les coefficients entre cette équation et les relations obtenues par cinq dérivations successives.

([1]) L'équation (89) s'intègre aussi aisément par les procédés classiques. Il suffit, en effet, de poser $x^2 = X$, $y^2 = Y$, après avoir multiplié tous les termes par $xy\,dx^2$, pour être ramené à une équation de Clairaut.

Lagrange et G. Darboux ont employé des artifices analogues pour intégrer l'équation d'Euler (voir J. BERTRAND, *Traité de Calcul intégral*, p. 569-572). On peut aussi rattacher au même ordre d'idées un théorème de M. Appell (*Comptes rendus*, 12 novembre 1888, t. 107, p. 776).

2. Intégrer les équations différentielles

$$(y'^2 — y)^2 = y(y'^2 + y)^2, \qquad y(1 + 2y'^2) + xy' = 0,$$
$$(1 + y''^2)y'y''' = (3y'^2 — 1)y''^2, \qquad (x^2 + y^2)y'' — yy'^2 + xy'^3 + xy' — y = 0,$$
$$ax^2 y'^2 + 2xy(y — 2a)y' — 2y^2(y — 2a) = 0, \qquad xyy'' + xy'^2 — yy' = 0,$$
$$y'^3 + 3y'^2 + y^6 — 4 = 0.$$

3. Appliquer les méthodes générales d'abaissement à l'intégration de l'équation différentielle des coniques et à l'équation $y''y^{\mathrm{IV}} = K(y''')^2$.

4. On demande les intégrales de l'équation $y'' = 2y^2(y — 1)$ qui sont des fonctions rationnelles ou simplement périodiques de la variable.

[*Licence* : Paris, 1899.]

5. *Réseaux similaires* (ROUQUET). — Un réseau de cercles étant défini par les trois fonctions $a = f(\alpha)$, $b = g(\alpha)$, $R = h(\alpha)$ qui donnent les coordonnées du centre et le rayon au moyen d'un paramètre α, deux réseaux (a, b, R) et (a_1, b_1, R_1) sont dits *similaires*, lorsque ces six fonctions de α vérifient les conditions

$$(\alpha) \qquad\qquad \frac{a'_1}{a'} = \frac{b'_1}{b'} = \frac{R_1}{R}.$$

Les équations différentielles qui déterminent les trajectoires orthogonales de ces deux réseaux de cercles sont alors identiques (page 325). Soient Γ, Γ_1 les deux courbes lieux des centres des cercles de ces deux réseaux, la première condition exprime que les tangentes aux points correspondants des deux courbes Γ, Γ_1 sont parallèles. Le réseau (a, b, R) étant donné, pour trouver tous les réseaux similaires, on peut se donner arbitrairement la courbe Γ_1, faire correspondre les points des deux courbes Γ, Γ_1 par tangentes parallèles, et la seconde des conditions (α) détermine ensuite le rayon R_1.

Parmi les réseaux similaires d'un réseau donné, il y en a toujours une infinité formé de cercles orthogonaux à un cercle donné; en effet, si l'on ajoute aux deux conditions (α) la condition $a_1^2 + b_1^2 — R_1^2 = K^2$, qui exprime que le cercle (a_1, b_1, R_1) est orthogonal au cercle (o, o, K), on a un système de trois équations pour déterminer (a_1, b_1, R_1). (Voir la *Thèse* de M. ROUQUET, Toulouse, Privat-Douladoure, 1882.)

6. Étant donnés un triangle ABC et une courbe Γ dans le plan de ce triangle, soient a, b, c les points de rencontre des côtés du triangle avec la tangente en m à la courbe Γ. On demande les courbes Γ pour lesquelles le rapport anharmonique des quatre points m, a, b, c est constant, lorsque le point m se déplace sur l'une d'elles.

Le rapport anharmonique de la tangente en m et des droites mA, mB, mC est constant aussi.

7. Étant donnés un point O et une droite D, trouver une courbe telle

que la portion de tangente MN comprise entre le point de contact M et le
point N où la tangente rencontre la droite D soit vue du point O sous un
angle constant.   [*Licence :* Besançon, 1885.]

8. Trouver les projections sur le plan des xy des courbes situées sur le
paraboloïde $2az = mx^2 + y^2$, dont les tangentes font un angle constant
donné γ avec l'axe Oz.   [*Licence :* Paris, 1879.]

9. Trouver les trajectoires orthogonales des familles de courbes représentées par l'une des équations suivantes :

$$y^2(2a - x) = x^3, \qquad y^2 + mx^2 - 2ax = 0,$$
$$(x^2 + y^2)^2 = a^2 xy, \qquad x^2 + y^2 = a^2 \log\left(\frac{y}{x}\right),$$

a étant le paramètre variable.

10. Pour que l'équation $\theta(x, y) = C$ représente une famille de courbes
parallèles, il faut et il suffit que l'on ait

$$\left(\frac{\partial\theta}{\partial x}\right)^2 + \left(\frac{\partial\theta}{\partial y}\right)^2 = \varphi(\theta),$$

$\varphi(\theta)$ étant une fonction quelconque de θ.
   [On écrit que les trajectoires orthogonales sont des lignes droites.]

11. Trouver la condition nécessaire et suffisante pour que les courbes
intégrales de l'équation $y' = f(x, y)$ forment une famille de courbes parallèles, et montrer qu'on peut effectuer l'intégration par une quadrature.
                                                   [*Licence :* Paris, 1898.]

12*. Former l'équation générale des coniques qui coupent une conique
donnée C orthogonalement aux quatre points communs. Ces coniques
forment en général plusieurs familles distinctes : trouver les trajectoires
orthogonales de chacune de ces familles. En déduire tous les systèmes
orthogonaux dont les deux familles se composent de coniques. [Si $f = 0$,
$\varphi = 0$ sont les équations de deux coniques se coupant orthogonalement en
leurs quatre points communs, on a une identité de la forme

$$\frac{\partial f}{\partial x}\frac{\partial\varphi}{\partial x} + \frac{\partial f}{\partial y}\frac{\partial\varphi}{\partial y} = \lambda f + \mu\varphi,$$

λ et μ étant deux coefficients constants.]

13. Trouver la condition pour que les courbes intégrales de l'équation
différentielle $y' = f(x, y)$ forment une famille de courbes isothermes, et
montrer qu'on peut obtenir un facteur intégrant.   [Sophus Lie.]

14. Trouver une courbe plane C telle que le triangle, ayant pour sommets un point quelconque M de la courbe, le centre de courbure correspondant et le pied de l'ordonnée du point M, ait une surface constante. On fera voir que l'une des coordonnées s'exprime en fonction de l'autre par une quadrature, et que l'on peut se faire une idée de la forme de la courbe, sans en avoir l'équation en termes finis. [Les axes de coordonnées sont supposés rectangulaires.]   [*Licence :* Paris, 1877]

15. Étant donnée une courbe plane C, soient M un point de cette courbe, P le centre de courbure de la courbe en ce point, et MT la tangente. Par le point T où cette tangente coupe l'axe des x, on mène une parallèle à Oy qui rencontre la normale MP en un point N. Déterminer la courbe C de façon que le rapport de MP à MN soit constant.

[*Licence :* Toulouse, 1884.]

16. Déterminer les surfaces de révolution telles que, en chacun de leurs points, les rayons de courbure des sections principales soient dirigés dans le même sens et aient une somme constante a. On indiquera la figure du méridien de la surface.   [*Licence :* Toulouse, 1878.]

17*. L'intégrale générale de l'équation d'Euler peut s'écrire

$$\left(\frac{\sqrt{X} - \sqrt{Y}}{x - y}\right)^2 - a_0(x + y)^2 - a_1(x + y) - a_2 = C,$$

en supposant $X = a_0 x^4 + a_1 x^3 + a_2 x^2 + a_3 x + a_4$.

[LAGRANGE.]

[Il suffit de résoudre l'équation (58) (n° 375) par rapport à la constante, et, après quelques transformations, on obtient la forme de Lagrange.]

18. Les lignes asymptotiques de la surface représentée par les équations

$$x = A(u - a)^m(v - a)^n,$$
$$y = B(u - b)^m(v - b)^n,$$
$$z = C(u - c)^m(v - c)^n$$

s'obtiennent par l'intégration de l'équation d'Euler lorsque l'on a $m = n$, ou $m + n = 1$. Déduire de ce résultat les lignes asymptotiques de la surface tétraédrale

$$\left(\frac{x}{a}\right)^m + \left(\frac{y}{b}\right)^m + \left(\frac{z}{c}\right)^m = 1.$$

19. Comment peut-on reconnaître si une équation différentielle

$$dy - f(x, y)\,dx = 0$$

admet un facteur intégrant de la forme XY, X ne dépendant que de x et Y ne dépendant que de y, et trouver ce facteur intégrant lorsqu'il existe?   [*Licence :* Paris, octobre 1902.]

20°. Étant donnée une courbe plane C, on prend le milieu m de la corde MM' qui joint deux points quelconques M, M' de cette courbe. Le point M restant fixe, lorsque le point M' décrit la courbe C, le point m décrit une courbe homothétique c. Démontrer que les courbes c satisfont à une équation différentielle du premier ordre qui s'intègre comme l'équation de Clairaut, en y remplaçant y par une constante arbitraire. (*Bulletin de la Société mathématique*, t. XXIII, p. 88.)

21. Intégrer l'équation différentielle

$$F\left(y'', y' - xy'', y - xy' + \frac{x^2}{2} y''\right) = 0.$$

On observe que y''' est en facteur dans la dérivée du premier-membre. Il existe des équations de forme analogue et d'ordre quelconque (*voir* DIXON, *Philosophical Transactions*, t. CLXXXVI, Part. I, p. 523; RAFFY, *Bulletin de la Société mathématique* t. XXV, p. 71; BOUNITZKY, *Bulletin des Sciences mathématiques*, t. XXXI, 2° série, p. 250).

22°. Toute équation de la forme $y''^2 + y'^2 = f(y'' + y)$ admet en général une infinité d'intégrales singulières qui sont déterminées par une équation différentielle du premier ordre. (*Nouvelles Annales de Mathématiques*, 4° série, t. XX, octobre 1920.)

CHAPITRE XIX.

Les premières recherches rigoureuses, pour établir l'existence des intégrales d'un système d'équations différentielles ou d'équations aux dérivées partielles, sont dues à Cauchy. L'illustre géomètre a fait connaître pour les équations analytiques un type de démonstration fondée sur une méthode de comparaison à laquelle il a donné le nom de *Calcul des limites*. On lui doit aussi une autre méthode, qui ne suppose pas les fonctions analytiques, et dont nous parlerons plus loin.

I. — CALCUL DES LIMITES.

382. Généralités. — L'idée fondamentale du *Calcul des limites* consiste dans l'emploi des fonctions majorantes; les raisonnements ont la plus grande analogie avec celui dont on s'est servi pour établir l'existence des fonctions implicites (I, n° 184). Toute fonction analytique admettant une infinité de fonctions majorantes, on conçoit que la méthode puisse être variée de bien des façons. La simplicité des démonstrations tient en grande partie au choix des fonctions majorantes. Depuis les travaux de Cauchy, ses démonstrations ont été perfectionnées et étendues à des cas plus généraux par Briot et Bouquet, Weierstrass, MM. Darboux, Méray, Riquier, Mme de Kowalewski, et beaucoup d'autres. Aujourd'hui encore, on se sert à chaque instant de cette méthode pour traiter des questions analogues, relatives aux équations aux dérivées partielles, avec des conditions initiales variées.

383. Existence des intégrales d'un système d'équations diffé-

rentielles. — Considérons d'abord une seule équation

$$(1) \qquad \frac{dy}{dx} = f(x, y),$$

dont le second membre $f(x, y)$ est holomorphe dans le voisinage d'un système de valeurs x_0, y_0. Nous nous proposons de démontrer que *cette équation admet une intégrale $y(x)$ holomorphe dans le domaine du point x_0, se réduisant à y_0 pour $x = x_0$.*

Supposons, pour abréger les formules, $x_0 = y_0 = 0$, ce qui revient à écrire x et y à la place de $x - x_0$, $y - y_0$. Si l'équation proposée admet une intégrale holomorphe dans le voisinage du point $x = 0$, et s'annulant avec x, il suffira, pour pouvoir écrire le développement en série entière de cette intégrale, de savoir calculer les valeurs de toutes les dérivées successives de cette intégrale pour $x = 0$.

L'équation (1) nous donne d'abord $\left(\dfrac{dy}{dx}\right)_0 = f(0, 0)$; d'autre part, les équations que l'on en déduit par des différentiations répétées permettent de calculer la valeur d'une dérivée d'ordre quelconque au moyen de x, y et des dérivées d'ordre inférieur,

$$(2) \qquad \begin{cases} \dfrac{d^2 y}{dx^2} = \dfrac{\partial f}{\partial x} + \dfrac{\partial f}{\partial y} \dfrac{dy}{dx}, \\[2mm] \dfrac{d^3 y}{dx^3} = \dfrac{\partial^2 f}{\partial x^2} + 2 \dfrac{\partial^2 f}{\partial x \partial y} \dfrac{dy}{dx} + \dfrac{\partial^2 f}{\partial y^2} \left(\dfrac{dy}{dx}\right)^2 + \dfrac{\partial f}{\partial y} \dfrac{d^2 y}{dx^2}, \\[2mm] \dots\dots\dots\dots\dots\dots\dots\dots\dots\dots\dots\dots ; \end{cases}$$

en faisant dans ces relations $x = y = 0$, on calculera de proche en proche les valeurs initiales des dérivées successives $\left(\dfrac{d^2 y}{dx^2}\right)_0$, $\left(\dfrac{d^3 y}{dx^3}\right)_0$, $\dots$, $\left(\dfrac{d^n y}{dx^n}\right)_0$, $\dots$, de l'intégrale cherchée au moyen des coefficients du développement de $f(x, y)$ suivant les puissances de x et de y. Jusqu'aux travaux de Cauchy, on avait admis sans démonstration que la série entière ainsi obtenue

$$(3) \qquad y = \left(\frac{dy}{dx}\right)_0 \frac{x}{1} + \left(\frac{d^2 y}{dx^2}\right)_0 \frac{x^2}{1.2} + \dots + \left(\frac{d^n y}{dx^n}\right)_0 \frac{x^n}{1.2\dots n} + \dots$$

était convergente pour les valeurs de x voisines de zéro.

Pour démontrer en toute rigueur ce point essentiel, observons que les opérations par lesquelles on calcule les coefficients de la

série (3) se réduisent en définitive à des additions et à des multiplications seulement, de sorte que la valeur obtenue pour $\left(\dfrac{d^n y}{dx^n}\right)_0$
peut s'écrire

$$(4) \qquad \left(\frac{d^n y}{dx^n}\right)_0 = \mathbf{P}_n(a_{00},\ a_{01},\ a_{10},\ \ldots,\ a_{0n},\ \ldots,\ a_{n0}).$$

$\mathbf{P}_n$ étant un polynome à coeficients entiers et positifs, et a_{ik} désignant le coefficient de $x^i y^k$ dans le développement de $f(x, y)$. Si
donc on remplace la fonction $f(x, y)$ par une fonction majorante $\varphi(x, Y)$ et que l'on se propose de déterminer une intégrale
holomorphe de l'équation auxiliaire

$$(5) \qquad \frac{d Y}{dx} = \varphi(x, Y)$$

s'annulant avec x. les coefficients de la série obtenue pour le développement de Y seront des nombres positifs respectivement supérieurs aux modules des coefficients du même rang de la série (3).
Si la série obtenue pour Y est convergente dans un certain domaine,
il en sera de même a *fortiori* de la série (3). Or, la série obtenue
pour Y sera certainement convergente si l'équation auxiliaire admet
une intégrale holomorphe, s'annulant pour $x = o$.

Supposons la fonction $f(x, y)$ holomorphe lorsque les variables x et y restent dans les cercles C, C′ de rayons a et b,
décrits de l'origine pour centre dans les plans des deux variables,
et continue sur ces cercles eux-mêmes, et soit M la borne supé-
rieure de $|f(x, y)|$ dans ce domaine. On peut prendre pour fonction
majorante $\varphi(x, Y) = \dfrac{\mathrm{M}}{\left(1 - \dfrac{x}{a}\right)\left(1 - \dfrac{Y}{b}\right)}$, et l'équation auxiliaire (5)
peut s'écrire, en multipliant les deux membres par $\left(1 - \dfrac{Y}{b}\right)$,

$$(6) \qquad \left(1 - \frac{Y}{b}\right)\frac{d Y}{dx} = \frac{\mathrm{M}}{1 - \dfrac{x}{a}}.$$

Nous pouvons vérifier directement que cette équation admet
une intégrale holomorphe nulle pour $x = o$; en effet, les variables
étant séparées, on déduit de cette équation

$$(7) \qquad Y - \frac{Y^2}{2b} = - a\,\mathrm{M}\,\mathrm{Log}\left(1 - \frac{x}{a}\right).$$

La constante qu'il faudrait ajouter au second membre pour avoir
l'intégrale générale de l'équation (6) est nulle, si l'on adopte pour
le logarithme la détermination qui est nulle pour $x = 0$. En résolvant l'équation (7) par rapport à Y, il vient encore

$$(8) \qquad Y = b - b\sqrt{1 + 2a\frac{M}{b}\,\mathrm{Log}\left(1 - \frac{x}{a}\right)};$$

si l'on prend pour le radical la détermination qui se réduit à 1
pour $x = 0$, la formule (8) représente bien une intégrale de l'équation (6) qui est nulle pour $x = 0$. Cette fonction Y est holomorphe dans le domaine de l'origine ; en effet, la fonction sous le
radical est holomorphe à l'intérieur du cercle C de rayon a, et
cette fonction s'annule pour

$$(9) \qquad x = \rho = a\left(1 - e^{-\frac{b}{2aM}}\right).$$

Lorsque la variable x reste à l'intérieur du cercle C_ρ de rayon ρ
décrit de l'origine pour centre, il résulte d'une proposition générale (n° **300**, *Remarque*) que le radical est une fonction holomorphe de x dans ce cercle ([1]). La série obtenue pour le développement de Y est donc convergente dans le cercle de rayon ρ, et il
en est de même à plus forte raison de la première série obtenue (3).

On voit aisément, d'après la formule (8), que tous les coefficients
du développement de Y sont réels et positifs, ce dont nous étions
assurés *a priori*. Si l'on donne à x une valeur quelconque de
module inférieur à ρ, le module de Y est donc inférieur à la somme
de la série obtenue en remplaçant x par ρ. On a donc, pour
tout point pris dans le cercle C_ρ, $|Y| < b$, et par suite $|y| < b$.
Si l'on remplace y par la somme de la série (3) dans $f(x, y)$, le
résultat de la substitution est donc une fonction $\Phi(x)$ holomorphe
dans le cercle de rayon ρ. D'après la façon même dont on a obtenu
les coefficients de la série (3), les deux fonctions $\Phi(x)$ et $\frac{dy}{dx}$ sont
égales, ainsi que toutes leurs dérivées successives, pour $x = 0$.

([1]) Il est aisé de vérifier que, dans le cercle C_ρ, le module de $\frac{2aM}{b}\,\mathrm{Log}\left(1 - \frac{x}{a}\right)$
reste inférieur à l'unité. En effet, tous les coefficients du développement de cette
fonction suivant les puissances de x sont réels et négatifs. Le module, pour $|x| < \rho$,
est donc inférieur au module de la valeur qu'elle prend pour $x = \rho$, c'est-à-dire
à l'unité.

Elles sont donc identiques, et la fonction holomorphe y satisfait à toutes les conditions de l'énoncé.

Pour calculer les coefficients de la série (3), on peut substituer directement, à la place y, dans l'équation (1), une série entière $y = C_1 x + C_2 x^2 + \ldots$, et écrire que les deux membres sont identiques. Le coefficient de x^{n-1} dans $\dfrac{dy}{dx}$ est $n C_n$, tandis que le coefficient de x^{n-1} dans le second membre ne dépend évidemment que de $C_1, C_2, \ldots, C_{n-1}$ et des coefficients a_{ik}. On vérifie bien de cette façon que les coefficients C_n se calculent par les seules opérations d'addition et de multiplication.

La méthode s'étend sans difficulté à un système d'un nombre quelconque d'équations du premier ordre. Soit

$$(10) \qquad \frac{dy_i}{dx} = f_i(x, y_1, y_2, \ldots, y_n) \qquad (i = 1, 2, \ldots, n)$$

un système d'équations différentielles, où les fonctions f_i sont holomorphes dans le voisinage des valeurs $x_0, (y_1)_0, \ldots, (y_n)_0$. *Ces équations admettent un système d'intégrales holomorphes dans le domaine du point x_0, se réduisant respectivement à $(y_1)_0, (y_2)_0, \ldots, (y_n)_0$ pour $x = x_0$.*

En reprenant des raisonnements tout pareils aux précédents, la démonstration de ce théorème se ramène à établir que le système d'équations auxiliaires

$$(11) \qquad \frac{dY_1}{dx} = \frac{dY_2}{dx} = \ldots = \frac{dY_n}{dx} = \frac{M}{\left(1 - \dfrac{x}{a}\right)\left(1 - \dfrac{Y_1}{b}\right) \cdots \left(1 - \dfrac{Y_n}{b}\right)}$$

admet un système d'intégrales holomorphes dans le voisinage de l'origine, s'annulant toutes pour $x = 0$; les fonctions f_i sont supposées holomorphes tant que l'on a $|x - x_0| \leqq a$, $|y_i - (y_i)_0| \leqq b$, et M désigne encore une limite supérieure des $|f_i|$ dans ce domaine. Ces intégrales, ayant leurs dérivées égales, et s'annulant toutes pour $x = 0$, doivent être identiques, et il suffit de considérer l'équation unique

$$\frac{dY}{dx} = \frac{M}{\left(1 - \dfrac{x}{a}\right)\left(1 - \dfrac{Y}{b}\right)^n},$$

où l'on peut encore séparer les variables. Cette équation admet l'intégrale

$$Y = b - b \sqrt[n+1]{1 + \frac{(n+1)Ma}{b} \operatorname{Log}\left(1 - \frac{x}{a}\right)},$$

qui est holomorphe dans le cercle de rayon $\rho = a\left(1 - e^{\frac{-b}{(n+1)Ma}}\right)$, et qui est nulle pour $x = 0$. Les intégrales du système (10) sont donc holomorphes dans le même cercle.

Une équation unique d'ordre n

$$(12) \qquad \frac{d^n y}{dx^n} = F\left(x, y, \frac{dy}{dx}, \ldots, \frac{d^{n-1}y}{dx^{n-1}}\right)$$

peut être remplacée par un système équivalent formé de n équations du premier ordre

$$(13) \qquad \begin{cases} \dfrac{dy}{dx} = y_1, \qquad \dfrac{dy_1}{dx} = y_2, \\[2mm] \dfrac{dy_{n-2}}{dx} = y_{n-1}, \qquad \dfrac{dy_{n-1}}{dx} = F(x, y, y_1, \ldots, y_{n-1}), \end{cases}$$

en introduisant comme inconnues auxiliaires les dérivées successives de y, jusqu'à l'ordre $n - 1$. On déduit alors du théorème général que *l'équation* (12) *admet une intégrale holomorphe dans le domaine du point x_0, et telle que cette fonction et ses $(n-1)$ premières dérivées prennent pour $x = x_0$ des valeurs données à l'avance $y_0, y'_0, \ldots, y_0^{(n-1)}$, pourvu que la fonction* F *soit holomorphe dans le voisinage du système de valeurs x_0, $y_0, y'_0, \ldots, y_0^{(n-1)}$.*

Il résulte de la démonstration qu'il ne peut y avoir plus d'une intégrale holomorphe de l'équation (1) prenant pour $x = x_0$ la valeur y_0. Mais rien ne permet d'affirmer jusqu'ici qu'il n'existe pas d'intégrale non holomorphe satisfaisant à la même condition ([1]). C'est un point qui sera établi plus loin d'une façon rigoureuse (n° 387).

([1]) Voici le raisonnement employé par Briot et Bouquet pour traiter cette question. Soit y_1 l'intégrale holomorphe de l'équation (1) prenant la valeur y_0 pour $x = x_0$. En posant $y = y_1 + z$, l'équation (1) prend la forme

$$(1\ bis) \qquad \frac{dz}{dx} = z\psi(x, z),$$

$\psi(x, z)$ étant holomorphe pour $x = x_0$, $z = 0$. Supposons que cette équation

384. Systèmes d'équations linéaires. — On trouvera plus loin, par une autre méthode, une valeur plus grande en général pour la borne inférieure du rayon de convergence des séries qui représentent les intégrales (n° 390). Lorsque les fonctions f_i ont des formes spéciales, on peut parfois, en se servant toujours du calcul des limites, employer des fonctions majorantes plus avantageuses.

C'est ce qui arrive en particulier dans le cas très important des équations linéaires. Soient

$$(14) \quad \frac{dy_i}{dx} = a_{i1}y_1 + a_{i1}y_2 + \ldots + a_{in}y_n + b_i \quad (i = 1, 2, \ldots, n)$$

un système d'équations linéaires, où les fonctions a_{ik} et b_i sont des fonctions de la seule variable x, holomorphes dans le cercle C de rayon R décrit du point x_0 comme centre. *Ces équations admettent un système d'intégrales holomorphes dans le cercle C, se réduisant respectivement à* $(y_1)_0, (y_2)_0, \ldots, (y_n)_0$ *pour* $x = x_0$.

On peut, pour la démonstration, supposer

$$(y_1)_0 = (y_2)_0 = \ldots = (y_n)_0 = 0,$$

car, si l'on change y_i en $(y_i)_0 + y_i$, le système (14) ne change pas de forme et les nouveaux coefficients sont encore holomorphes dans le cercle C. Soit M la valeur maximum du module de toutes les fonctions a_{ik}, b_i dans un cercle C' de centre x_0 et de rayon $r < R$. La fonction $\dfrac{M}{1 - \dfrac{x - x_0}{r}}(1 + Y_1 + Y_2 + \ldots + Y_n)$

est majorante pour toutes les fonctions $a_{i1}y_1 + \ldots + a_{in}y_n + b_i$,

---

admette une intégrale, autre que $z = 0$, tendant vers zéro lorsque la variable x décrit une courbe C aboutissant au point x_0. Soient x_1, x_2 deux points de cette courbe auxquels correspondent deux valeurs z_1 et z_2 de z. On déduit de l'équation (1 *bis*)

$$\int_{z_1}^{z_2} \frac{dz}{z} = \int_{x_1}^{x_2} \psi(x, z)\, dx.$$

Lorsque x_1 tend vers x_0, z_1 tend vers zéro, et le module du premier membre de cette égalité augmente indéfiniment, tandis que le module du second membre conserve une valeur finie ; il ne peut donc y avoir une intégrale tendant vers zéro, différente de $z = 0$. Mais le raisonnement suppose que le point x tend vers x_0 en décrivant une courbe C de longueur finie.

et nous sommes conduits à considérer le système auxiliaire

$$(15) \quad \frac{dY_1}{dx} = \frac{dY_2}{dx} = \ldots = \frac{dY_n}{dx} = \frac{M}{1 - \dfrac{x - x_0}{r}} (1 + Y_1 + Y_2 + \ldots + Y_n).$$

Les fonctions Y_1, Y_2, ..., Y_n, devant être nulles pour $x = x_0$ et ayant leurs dérivées égales, sont identiques, et le système (15) peut être remplacé par l'équation unique

$$(16) \quad \frac{dY}{dx} = \frac{M}{1 - \dfrac{x - x_0}{r}} (1 + nY),$$

qui s'intègre en séparant les variables. L'intégrale qui est nulle pour $x = x_0$ a pour expression

$$Y = \frac{1}{n} \left[\left(1 - \frac{x - x_0}{r} \right)^{-nMr} - 1 \right]$$

et elle est holomorphe dans le cercle C'. Il en est donc de même des intégrales du système (14), et, comme le nombre r peut être pris aussi voisin de R qu'on le veut, il s'ensuit que ces intégrales sont holomorphes dans le cercle C.

385. Équations aux différentielles totales. — Soient x_1, x_2, ..., x_n un système de n variables indépendantes, z une fonction inconnue de ces variables, et f_1, f_2, ..., f_n, n fonctions données de x_1, x_2, ..., x_n, z.

Une équation aux différentielles totales est une relation de la forme

$$(17) \quad dz = f_1 \, dx_1 + f_2 \, dx_2 + \ldots + f_n \, dx_n:$$

elle est équivalente en réalité à n équations distinctes

$$(18) \quad \frac{dz}{dx_1} = f_1, \quad \frac{dz}{dx_2} = f_2, \quad \ldots, \quad \frac{dz}{dx_n} = f_n.$$

Admettons qu'il existe une fonction z de x_1, x_2, ..., x_n, satisfaisant à ces n relations ; nous pouvons calculer de deux façons différentes la dérivée seconde $\dfrac{d^2 z}{dx_i \, dx_k}$ $(i \neq k)$. En écrivant que les résultats obtenus sont identiques, nous obtenons les $\dfrac{n(n-1)}{1 \cdot 2}$ relations

$$(19) \quad \frac{\partial f_i}{\partial x_k} + \frac{\partial f_i}{\partial z} f_k = \frac{\partial f_k}{\partial x_i} + \frac{\partial f_k}{\partial z} f_i \quad (i, k = 1, 2, \ldots, n);$$

et la fonction z ne peut être prise que parmi les fonctions qui satisfont à ces relations. Nous allons considérer seulement le cas très important où ces relations sont vérifiées *identiquement*. On dit alors que l'équation (17) ou le système équivalent (18) sont *complètement intégrables*.

Étant donnée une équation aux différentielles totales complètement intégrable, où les fonctions f_i sont holomorphes dans le voisinage du système de valeurs $(x_1)_0, (x_2)_0, \ldots, (x_n)_0, z_0$, cette équation admet une intégrale holomorphe dans le voisinage du système de valeurs $(x_1)_0, \ldots, (x_n)_0$, se réduisant à z_0 pour $x_1 = (x_1)_0, \ldots, x_n = (x_n)_0$.

Les équations (18) et celles que l'on en déduit par des différentiations successives permettent d'exprimer toutes les dérivées partielles de la fonction inconnue z au moyen de $z, x_1, x_2, \ldots, x_n$, et, par suite, de calculer les coefficients du développement de l'intégrale holomorphe, si elle existe. Mais, tandis qu'il est évident qu'on ne peut calculer que d'une seule façon les dérivées telles que $\dfrac{d^p z}{dx_i^p}$, il faut un peu plus d'attention pour s'assurer que l'on obtiendra toujours la même expression pour une dérivée d'ordre quelconque, telle que $\dfrac{d^{p+q} z}{dx_i^p \, dx_k^q}$, que l'on peut calculer de plusieurs façons différentes. Il en est ainsi pour les dérivées du second ordre, lorsque les conditions (19) sont vérifiées identiquement. Pour vérifier que la propriété est générale, il suffit de montrer que, si elle est vraie jusqu'aux dérivées partielles d'ordre p, elle est encore vraie pour les dérivées partielles d'ordre $p + 1$. Nous nous appuierons pour cela sur la remarque suivante : Soit $U (x_1, x_2, \ldots, x_n, z)$ une fonction quelconque de $x_1, x_2, \ldots, x_n, z$; posons

$$\frac{dU}{dx_i} = \frac{\partial U}{\partial x_i} + \frac{\partial U}{\partial z} f_i, \qquad \frac{d^2 U}{dx_i \, dx_k} = \frac{d}{dx_k}\left(\frac{dU}{dx_i}\right) \qquad (i, k = 1, 2, \ldots, n);$$

des conditions (19) on déduit immédiatement que l'on a, quelle que soit la fonction U,

$$\frac{d^2 U}{dx_i \, dx_k} = \frac{d^2 U}{dx_k \, dx_i}.$$

Cela posé, soient u et v deux dérivées partielles d'ordre p, qui ne diffèrent qu'en ce qu'une dérivation par rapport à x_i a été remplacée par une dérivation par rapport à x_k. Tout se réduit à démontrer que l'on a

$$\frac{du}{dx_k} + \frac{du}{dz} f_k = \frac{dv}{dx_i} + \frac{dv}{dz} f_i,$$

ou $\dfrac{du}{dx_k} = \dfrac{dv}{dx_i}$. Mais u et v ont été obtenues en prenant les dérivées d'une dérivée partielle w d'ordre $p - 1$, par rapport aux variables x_i et x_k respectivement. On a donc $u = \dfrac{dw}{dx_i}$, $v = \dfrac{dw}{dx_k}$, et l'égalité à établir se réduit à $\dfrac{d^2 w}{dx_i \, dx_k} = \dfrac{d^2 w}{dx_k \, dx_i}$, relation que l'on vient de démontrer.

Pour démontrer la convergence du développement ainsi obtenu, on peut donc remplacer les fonctions f_i par des fonctions majorantes φ_i, pourvu que l'on choisisse ces fonctions φ_i de façon que l'équation aux différentielles totales auxiliaire soit elle-même complètement intégrable. Supposons pour simplifier $(x_1)_0 = (x_2)_0 = \ldots = (x_n)_0 = z_0 = 0$: on peut prendre pour fonction majorante de toutes les fonctions f_i une expression de la forme $\dfrac{M}{\left(1 - \dfrac{x_1 + \ldots + x_n}{r}\right)\left(1 - \dfrac{z}{\rho}\right)}$, et l'équation auxiliaire

$$(20) \qquad dz = \frac{M(dx_1 + dx_2 + \ldots + dx_n)}{\left(1 - \dfrac{x_1 + x_2 + \ldots + x_n}{r}\right)\left(1 - \dfrac{z}{\rho}\right)}$$

est complètement intégrable, d'après la symétrie du second membre relativement aux n variables x_i. Pour obtenir une intégrale holomorphe s'annulant avec ces variables, il suffit de chercher une intégrale qui soit fonction de la seule variable $X = x_1 + x_2 + \ldots + x_n$, ce qui conduit à une équation différentielle ordinaire de la forme (6)

$$\left(1 - \frac{z}{\rho}\right) dz = \frac{M \, dX}{1 - \dfrac{X}{r}}.$$

Cette intégrale étant représentée par un développement en série convergente où le coefficient d'un terme quelconque $x_1^{\alpha_1} \ldots x_n^{\alpha_n}$ est réel et positif, le développement obtenu pour z est *a fortiori* convergent dans le même domaine.

Le théorème s'étend sans difficulté aux systèmes d'équations aux différentielles totales entre n variables indépendantes $x_1, x_2, \ldots, x_n$ et m fonctions de ces variables $z_1, z_2, \ldots, z_m$,

$$(21) \quad dz_h = f_{1h} \, dx_1 + \ldots + f_{ih} \, dx_i + \ldots + f_{nh} \, dx_n \qquad \left(\begin{matrix} h = 1, 2, \ldots, m \\ i = 1, 2, \ldots, n \end{matrix}\right).$$

En calculant de deux façons différentes les dérivées de la forme $\dfrac{\partial^2 z_h}{\partial x_i \, \partial x_k}$, on est conduit aux conditions

$$(22) \quad \frac{\partial f_{ih}}{\partial x_k} + \frac{\partial f_{ih}}{\partial z_1} f_{k1} + \ldots + \frac{\partial f_{ih}}{\partial z_m} f_{km} = \frac{\partial f_{kh}}{\partial x_i} + \frac{\partial f_{kh}}{\partial z_1} f_{i1} + \ldots + \frac{\partial f_{kh}}{\partial z_m} f_{im};$$

le système (21) est dit complètement intégrable lorsque les conditions (22) sont vérifiées identiquement, et l'on a le théorème suivant qui se démontre comme le précédent :

Tout système complètement intégrable, où les fonctions f_{ih} sont holomorphes dans le voisinage d'un système de valeurs $(x_1)_0, (x_2)_0, \ldots, (x_n)_0, (z_1)_0, \ldots, (z_m)_0,$ admet un système d'intégrales holomorphes *dans le domaine du point* $(x_1)_0, \ldots, (x_n)_0,$ *prenant respectivement les valeurs* $(z_1)_0, (z_2)_0, \ldots, (z_m)_0$ *pour* $x_1 = (x_1)_0, \ldots, x_n = (x_n)_0.$

386. Application du calcul des limites aux équations aux dérivées partielles. — Le calcul des limites permet aussi de démontrer l'existence des intégrales d'un système d'équations aux dérivées partielles. Considérons d'abord une équation du premier ordre

$$(23) \qquad \frac{\partial z}{\partial x_1} = f\left(x_1, x_2, \ldots, x_n, z, \frac{\partial z}{\partial x_2}, \frac{\partial z}{\partial x_3}, \ldots, \frac{\partial z}{\partial x_n}\right),$$

où le second membre ne renferme pas la dérivée $\dfrac{\partial z}{\partial x_1}$. Cette équation et celles que l'on en déduit par des différentiations successives permettent d'exprimer toutes les dérivées partielles de z au moyen de $x_1, x_2, \ldots, x_n, z$, et des dérivées partielles de z prises par rapport aux variables $x_2, x_3, \ldots, x_n$ seulement. La propriété est évidente en effet pour les dérivées de la forme $\dfrac{\partial^{\alpha_2 + \ldots + \alpha_n + 1} z}{\partial x_1 \, \partial x_2^{\alpha_2} \ldots \partial x_n^{\alpha_n}}$, comme on le voit en différentiant les deux membres de l'équation (23) α_2 fois par rapport à $x_2, \ldots, \alpha_n$ fois par rapport à x_n. Si l'on différentie les deux membres de l'équation (23) une seule fois par rapport à x_1, et un nombre quelconque de fois par rapport aux autres variables $x_2, x_3, \ldots, x_n$, puis qu'on remplace dans le second membre les dérivées partielles où figure une fois la variable x_1 par les expressions déjà obtenues, on obtiendra de même les dérivées $\dfrac{\partial^{\alpha_2 + \ldots + \alpha_n + 2} z}{\partial x_1^2 \, \partial x_2^{\alpha_2} \ldots \partial x_n^{\alpha_n}}$ exprimées de la façon annoncée, et il est clair qu'on peut continuer à appliquer le même procédé indéfiniment.

Cela posé, supposons la fonction f holomorphe dans le voisinage d'un système de valeurs $(x_1)_0, \ldots, (x_n)_0, z_0, (p_2)_0, \ldots, (p_n)_0$ et soit $\varphi(x_2, x_3, \ldots, x_n)$ une fonction des $(n-1)$ variables $x_2, x_3, \ldots, x_n$, holomorphe dans le domaine du point (¹) $(x_2)_0, (x_3)_0, \ldots, (x_n)_0$, et telle que l'on ait, pour ces valeurs particulières,

$$(\varphi)_0 = z_0, \qquad \left(\frac{\partial \varphi}{\partial x_2}\right)_0 = (p_2)_0, \qquad \left(\frac{\partial \varphi}{\partial x_3}\right)_0 = (p_3)_0, \qquad \ldots, \qquad \left(\frac{\partial \varphi}{\partial x_n}\right)_0 = (p_n)_0.$$

(¹) Pour abréger, nous appellerons *point* tout système de valeurs particulières, réelles ou imaginaires, attribuées aux variables qui figurent dans la question.

Ces conditions étant supposées vérifiées, *l'équation* (23) *admet une intégrale régulière dans le domaine du point* $(x_1)_0, \ldots, (x_n)_0,$ *et se réduisant à* $\varphi(x_2, x_3, \ldots, x_n)$ *pour* $x_1 = (x_1)_0.$

La fonction $\varphi(x_2, x_3, \ldots, x_n)$ peut par hypothèse être développée en série ordonnée suivant les puissances positives des variables $x_i - (x_i)_0$, et les coefficients sont, à des facteurs numériques près, les valeurs des dérivées partielles de cette fonction au point $(x_2)_0, \ldots, (x_n)_0.$ La fonction z, dont nous voulons démontrer l'existence, devant se réduire à $\varphi(x_2, x_3, \ldots, x_n)$ pour $x_1 = (x_1)_0,$ nous connaissons par là même les valeurs au point $(x_1)_0, (x_2)_0, \ldots, (x_n)_0$ de toutes les dérivées partielles de cette fonction où la variable x_1 ne figure pas. On vient de voir à l'instant comment on peut exprimer toutes les autres dérivées partielles de z au moyen de celles-là. Nous pouvons donc calculer de proche en proche tous les coefficients du développement de z suivant les puissances des variables $x_i - (x_i)_0$ au moyen des coefficients des deux développements de la fonction f et de la fonction φ, et ce calcul se fait par les seules opérations d'addition et de multiplication. Pour démontrer la convergence, nous pouvons donc encore employer des fonctions majorantes : si la série obtenue en remplaçant dans le calcul précédent f par une fonction majorante F, et φ par une autre fonction majorante Φ, est convergente, il en est forcément de même de la série obtenue pour z ([1]).

On peut tout d'abord, par une suite de transformations faciles, remplacer les conditions initiales par d'autres plus simples. On

---

([1]) Dans le cas particulier d'une équation de la forme

$$\frac{dz}{dx_1} = f_1 + f_2 \frac{dz}{dx_2} + \ldots + f_n \frac{dz}{dx_n},$$

où $f_1, f_2, \ldots, f_n$ sont des fonctions des variables $x_1, x_2, \ldots, x_n$ seulement, la convergence peut se démontrer plus simplement. Par une série de transformations analogues à celles du texte, on est ramené à démontrer que l'équation auxiliaire

$$(E) \qquad \frac{dz}{dx_1} = \frac{M\left(\dfrac{dz}{dx_2} + \ldots + \dfrac{dz}{dx_n} + 1\right)}{\left(1 - \dfrac{x_1}{a}\right)\left(1 - \dfrac{x_2 + \ldots + x_n}{b}\right)}$$

admet une intégrale holomorphe dans le domaine du point $x_1 = 0, \ldots, x_n = 0,$ s'annulant pour $x_1 = 0.$ Cherchons pour cela une intégrale particulière de la

peut supposer $(x_1)_0 = (x_2)_0 = \ldots = (x_n)_0 = 0$, car cela revient à écrire x_i au lieu de $x_i - (x_i)_0$; si l'on pose de plus

$$z = \varphi(x_2, x_3, \ldots, x_n) + u,$$

forme

$$Z = F(x_1, u),$$

ou $u = x_2 + \ldots + x_n$. L'équation (E) devient

$$(\text{E}_1) \qquad \frac{\partial F}{\partial x_1} = \frac{M\left[1 + (n-1)\dfrac{\partial F}{\partial u}\right]}{\left(1 - \dfrac{x_1}{a}\right)\left(1 - \dfrac{u}{b}\right)},$$

ou, en posant $F = -\dfrac{u}{n-1} + \Phi$,

$$(\text{E}_2) \qquad \frac{\partial \Phi}{\partial x_1} = \frac{M(n-1)\dfrac{\partial \Phi}{\partial u}}{\left(1 - \dfrac{x_1}{a}\right)\left(1 - \dfrac{u}{b}\right)}.$$

On satisfait à l'équation (E_2) en posant

$$\left(1 - \frac{x_1}{a}\right)\frac{\partial \Phi}{\partial x_1} = \frac{M(n-1)}{1 - \dfrac{u}{b}}\frac{\partial \Phi}{\partial u} = 1,$$

d'où l'on tire l'intégrale particulière

$$\Phi_1 = -a\,\mathrm{Log}\left(1 - \frac{x_1}{a}\right) + \frac{1}{M(n-1)}\left(u - \frac{u^2}{2b}\right),$$

et l'équation (E_2) peut s'écrire

$$\frac{D(\Phi, \Phi_1)}{D(x_1, u)} = 0.$$

On en déduit l'intégrale générale de (E_2) et par suite celle de (E_1)

$$F = -\frac{u}{n-1} + \varphi\left\{-a\,\mathrm{Log}\left(1 - \frac{x_1}{a}\right) + \frac{1}{M(n-1)}\left(u - \frac{u^2}{2b}\right)\right\},$$

φ étant une fonction arbitraire. Pour que cette intégrale soit nulle pour $x_1 = 0$, la fonction φ doit satisfaire à la relation

$$\varphi\left[\frac{1}{M(n-1)}\left(u - \frac{u^2}{2b}\right)\right] = \frac{u}{n-1},$$

d'où l'on tire en posant $v = \dfrac{1}{M(n-1)}\left(u - \dfrac{u^2}{2b}\right)$,

$$\varphi(v) = \frac{1}{n-1}\left[b - \sqrt{b^2 - 2Mb(n-1)v}\right].$$

L'intégrale de l'équation (E) ainsi obtenue est bien holomorphe dans le domaine du point $x_1 = x_2 = \ldots x_n = 0$.

la nouvelle fonction inconnue u doit se réduire à zéro pour $x_1 = 0$. On peut supposer aussi qu'après ces transformations le second membre ne renferme pas de terme constant; si le développement commençait par un terme constant a différent de zéro, il suffirait de poser $u = a x_1 + v$ pour le faire disparaître. Toutes ces transformations étant effectuées, si nous remplaçons le second membre par une fonction majorante convenable, la démonstration du théorème se ramène à établir que l'équation

$$(24) \quad \frac{\partial Z}{\partial x_1} = \frac{M}{\left(1 - \dfrac{x_1 + x_2 + \ldots + x_n + Z}{r}\right)\left(1 - \dfrac{\dfrac{\partial Z}{\partial x_2} + \ldots + \dfrac{\partial Z}{\partial x_n}}{\rho}\right)} - M,$$

où M, r, ρ sont des nombres positifs déterminés, admet une intégrale holomorphe dans le domaine de l'origine, se réduisant à zéro pour $x_1 = 0$. Si l'on remplace dans le second membre x_1 par $\frac{x_1}{\alpha}$, α étant un nombre positif moindre que l'unité, on augmente les coefficients, et le théorème sera *a fortiori* établi si l'on démontre la proposition pour la nouvelle équation

$$(25) \quad \frac{\partial Z}{\partial x_1} = \frac{M}{\left(1 - \dfrac{\dfrac{x_1}{\alpha} + x_2 + \ldots + x_n + Z}{r}\right)\left(1 - \dfrac{\dfrac{\partial Z}{\partial x_2} + \ldots + \dfrac{\partial Z}{\partial x_n}}{\rho}\right)} - M.$$

Il suffit même de montrer que cette équation admet une intégrale régulière, représentée par une série entière dont tous les coefficients sont réels et positifs. Car les coefficients de ce troisième développement sont au moins égaux à ceux de la série obtenue en supposant que Z s'annule pour $x_1 = 0$, puisque tous les coefficients se déduisent par voie d'addition et de multiplication des coefficients des termes indépendants de x_1. Pour établir ce dernier point, cherchons à satisfaire à l'équation (25) en prenant pour Z une fonction de la seule variable $X = \frac{x_1}{\alpha} + x_2 + \ldots + x_n$; nous sommes conduits à l'équation différentielle du premier ordre

$$(26) \quad \left(\frac{1}{\alpha} - \frac{n-1}{\rho} \cdot M\right) \frac{dZ}{dX} = \frac{n-1}{\alpha^2} \left(\frac{dZ}{dX}\right)^2 + \frac{M}{1 - \dfrac{X + Z}{r}} - M.$$

Supposons α choisi assez petit pour que le coefficient de $\dfrac{dZ}{dX}$ dans le premier membre soit positif. Pour $X = Z = 0$, l'équation (26) admet deux racines distinctes, dont l'une est égale à zéro. Cette équation admet donc une intégrale holomorphe dans le domaine de l'origine, nulle ainsi que la dérivée première, pour $X = 0$. Il est aisé de vérifier directement que tous les coefficients du développement de cette intégrale sont des nombres positifs. On peut écrire, en effet, l'équation (26)

$$\frac{dZ}{dX} = A\left(\frac{dZ}{dX}\right)^2 + \Phi(X,\ Z),$$

A étant positif, et $\Phi(X,\ Z)$ désignant une série dont tous les coefficients sont positifs. Après une première dérivation, il vient

$$\frac{d^2 Z}{dX^2} = 2A\,\frac{dZ}{dX}\,\frac{d^2 Z}{dX^2} + \frac{\partial\Phi}{\partial X} + \frac{\partial\Phi}{\partial Z}\,\frac{dZ}{dX};$$

pour $X = 0$, Z et $\dfrac{dZ}{dX}$ sont nuls, $\dfrac{d^2 Z}{dX^2}$ est donc positif, et on le vérifie de la même façon pour les dérivées suivantes.

La série obtenue pour le développement de l'intégrale cherchée z est donc convergente tant que les modules des différences $x_i - (x_i)_0$ restent plus petits qu'un nombre positif r'. La somme de cette série est une fonction holomorphe dans le domaine du point $(x_1)_0$, $(x_2)_0$, …, $(x_n)_0$, se réduisant à $\varphi(x_2, x_3, …, x_n)$ pour $x_1 = (x_1)_0$. Cette fonction satisfait bien à l'équation proposée ; en effet, si l'on remplace dans f les variables $z, \dfrac{\partial z}{\partial x_2}, …, \dfrac{\partial z}{\partial x_n}$ par la fonction précédente et par ses dérivées partielles, le résultat est une fonction régulière $\psi(x_1, x_2, …, x_n)$ dans le domaine du point $(x_1)_0$, $(x_2)_0$, …, $(x_n)_0$, et, d'après la façon même dont on a obtenu les coefficients de la série z, les deux fonctions ψ et $\dfrac{\partial z}{\partial x_1}$ sont égales, ainsi que toutes leurs dérivées partielles, au point $(x_1)_0$, $(x_2)_0$, …, $(x_n)_0$; elles sont donc identiques.

La démonstration est la même pour un système d'équations simultanées du premier ordre

$$(27) \qquad \frac{\partial z_1}{\partial x_1} = f_1, \qquad \frac{\partial z_2}{\partial x_1} = f_2, \qquad …. \qquad \frac{\partial z_\mu}{\partial x_1} = f_\mu.$$

dont les seconds membres ne renferment que les variables x_1, x_2, ..., x_n, les fonctions z_1, z_2, ..., z_p, et les dérivées partielles du premier ordre autres que les dérivées par rapport à x_1. En supposant les seconds membres holomorphes dans le voisinage d'un système particulier de valeurs attribuées à toutes les variables qui y figurent $(x_i)_0$, $(z_k)_0$, $(p_i^k)_0$, *ces équations admettent un système d'intégrales holomorphes dans le domaine du point* $(x_1)_0$, ..., $(x_n)_0$, *et se réduisant pour* $x_1 = (x_1)_0$ *à* p *fonctions données* φ_1, φ_2, ..., φ_p *des* $(n-1)$ *variables* x_2, x_3, ..., x_n, *holomorphes dans le domaine du point* $(x_2)_0$, $(x_3)_0$, ..., $(x_n)_0$, *et telles que les valeurs de* φ_k *et de* $\dfrac{\partial \varphi_k}{\partial x_i}$ *en ce point soient précisément* $(z_k)_0$ *et* $(p_i^k)_0$ $(k = 1, 2, ..., p;\ i = 2, 3, ..., n)$.

387. Intégrale générale d'un système d'équations différentielles.

— Le théorème précédent permet de compléter sur plusieurs points importants la théorie des équations différentielles. Ainsi l'existence d'une infinité de facteurs intégrants pour une expression telle que $P(x, y)\, dx + Q(x, y)\, dy$ en est une conséquence immédiate lorsque P et Q sont des fonctions analytiques des variables x et y (n° 373).

Reprenons l'équation du premier ordre $y' = f(x, y)$, et soit (x_0, y_0) un couple de valeurs pour lesquelles la fonction $f(x, y)$ est régulière. L'intégrale holomorphe dont on a établi l'existence, qui prend la valeur y_0 pour $x = x_0$, peut être considérée comme une fonction de trois variables indépendantes x, x_0, y_0 ; c'est à ce point de vue que nous allons l'étudier. Pour fixer les idées, supposons la fonction $f(x, y)$ régulière dans le domaine d'un point $(x = \alpha, y = \beta)$. Nous pouvons évidemment considérer l'équation proposée comme une équation aux dérivées partielles

$$(28) \qquad \frac{\partial y}{\partial x} = f(x, y)$$

définissant une fonction y des trois variables x, x_0, y_0, et nous proposer de déterminer une intégrale de cette équation, holomorphe dans le voisinage du point $x = \alpha$, $x_0 = \alpha$, $y_0 = \beta$, et se réduisant à y_0 pour $x = x_0$. Cette dernière condition n'est pas de la même forme que celle du paragraphe précédent ; mais il suffit, pour tourner la difficulté, de prendre, au lieu de x et de x_0, deux nouvelles variables indépendantes $u = x + x_0$, $v = x - x_0$.

L'équation (28) devient

$$(29) \qquad \frac{\partial y}{\partial u} - \frac{\partial y}{\partial v} = f\left(\frac{u+v}{2}, y\right),$$

et l'on est ramené à trouver une intégrale de cette nouvelle équation, holomorphe dans le voisinage des valeurs $u = 2\alpha$, $v = 0$, $y_0 = \beta$, et se réduisant à y_0 pour $v = 0$. D'après le théorème général, il existe une intégrale holomorphe, et une seule, remplissant ces conditions ; nous la désignerons par $\varphi(x, x_0, y_0)$, en supposant qu'on ait remplacé u et v par leurs expressions. Soit D un domaine défini par les conditions $|x - \alpha| \leqq r$, $|x_0 - \alpha| \leqq r$, $|y_0 - \beta| \leqq \rho$, où cette fonction $\varphi(x, x_0, y_0)$ est régulière. Elle possède dans ce domaine les propriétés suivantes.

D'abord, d'après la façon même dont on l'a obtenue, si x_0 et y_0 sont constants, elle représente l'intégrale de l'équation différentielle $y' = f(x, y)$ qui prend la valeur y_0 pour $x = x_0$. Cette intégrale est certainement holomorphe tant que $|x - \alpha|$ est inférieur à r, quels que soient x_0, y_0 dans le domaine D.

Le développement de $\varphi(x, x_0, y_0)$ est de la forme

$$y = y_0 + (x - x_0) P(x, x_0, y_0),$$

P désignant aussi une fonction régulière. Inversement, d'après la théorie générale des fonctions implicites, on peut tirer de cette relation $y_0 = \psi(x, x_0, y)$, le second membre étant aussi une série entière. *Cette fonction $\psi(x, x_0, y)$ est identique à $\varphi(x_0, x, y)$.* En effet, soient x_0 et x_1 deux points du domaine D ; l'intégrale qui est égale à y_0 pour $x = x_0$ prend au point x_1 une certaine valeur y_1, et l'on a $y_1 = \varphi(x_1, x_0, y_0)$. Mais il y a évidemment réciprocité entre les deux couples de valeurs (x_0, y_0) (x_1, y_1), et l'on a aussi par conséquent $y_0 = \varphi(x_0, x_1, y_1)$.

Soit x'_0 une valeur quelconque de x telle que l'on ait $|x'_0 - \alpha| < r$. Toute intégrale holomorphe de l'équation (28), passant par un point quelconque (x_0, y_0) du domaine D, satisfait à une relation de la forme

$$(30) \qquad \varphi(x'_0, x, y) = C.$$

En effet, considérons l'intégrale holomorphe égale à y_0 pour $x = x_0$; cette intégrale prend pour x'_0 une valeur y'_0, et l'on a par conséquent, d'après la définition de la fonction φ, $\varphi(x'_0, x_0, y_0) = y'_0$. Soient x une autre valeur de la variable dans le même domaine et y la valeur correspondante de l'intégrale; on a aussi $\varphi(x'_0, x, y) = y'_0$, et par suite l'intégrale holomorphe considérée satisfait bien à une relation de la forme (30). En différentiant par rapport à x, et remplaçant y' par sa valeur $f(x, y)$, on en conclut que la fonction $\varphi(x'_0, x, y)$ satisfait à la relation

$$(31) \qquad \frac{\partial \varphi}{\partial x} + \frac{\partial \varphi}{\partial y} f(x, y) = 0;$$

cette relation se réduit forcément à une identité, car elle doit être vérifiée pour $x = x_0$, $y = y_0$, et le point (x_0, y_0) est un point quelconque du domaine D.

Ceci permet de répondre à une question laissée en suspens (n° 383, p. 359). Soit dans le plan de la variable x une courbe quelconque Γ se rapprochant indéfiniment du point x_0; nous dirons qu'une fonction y de la variable x, dont on peut poursuivre le prolongement analytique tout le long de Γ, tend vers y_0 lorsque x tend vers x_0 sur Γ, si à tout nombre positif ε on peut faire correspondre un autre nombre positif η tel que $|y - y_0|$ reste inférieur à ε pour toutes les valeurs de x situées sur Γ à l'intérieur d'un cercle de rayon η et de centre x_0. Le raisonnement de Briot et Bouquet ne prouve pas qu'il n'existe pas d'autre intégrale que l'intégrale holomorphe tendant vers y_0 lorsque x tend vers x_0, au sens qui vient d'être précisé. C'est pourtant ce qui a lieu. En effet, considérons un point déterminé (x_0, y_0) du domaine D, et prenons dans l'équation (28) pour nouvelle inconnue la fonction définie plus haut $Y = \varphi(x_0, x, y)$. On a

$$\frac{dY}{dx} = \frac{\partial \varphi}{\partial x} + \frac{\partial \varphi}{\partial y} \frac{dy}{dx},$$

et, d'après la relation (31), l'équation différentielle proposée se réduit à $\frac{dY}{dx} = 0$. Or, si y tend vers y_0 lorsque x tend vers x_0, il en est de même de Y, et la seule intégrale de l'équation nouvelle $\frac{dY}{dx} = 0$ qui satisfait à cette condition est évidemment $Y = y_0$.

L'intégrale cherchée doit donc satisfaire à la relation

$$\varphi(x_0, x, y) = y_0,$$

ou

$$(32) \qquad y_0 = y + (x - x_0)\, \mathrm{P}(x, y, x_0),$$

et, d'après la théorie des fonctions implicites (I, n° **184**), il n'y a qu'une racine de l'équation (32) tendant vers y_0 lorsque x tend vers x_0, et cette racine est bien une fonction holomorphe [1].

Il s'ensuit que toute intégrale de l'équation (28) qui passe par un point du domaine D vérifie une relation de la forme (30). On dit pour cette raison que cette équation représente *l'intégrale générale* de l'équation différentielle dans ce domaine ; C est la constante d'intégration qui reste arbitraire, au moins entre certaines limites. Nous avons vu que l'on pouvait aussi mettre l'équation (30) sous la forme équivalente $y = \varphi(x, x'_0, y'_0)$, la constante d'intégration étant y'_0.

Toutes ces propriétés peuvent être étendues à un système d'équations différentielles

$$(33) \quad \frac{dy_1}{dx} = f_1(x, y_1, y_2, \ldots, y_n), \qquad \frac{dy_2}{dx} = f_2, \qquad \ldots, \qquad \frac{dy_n}{dx} = f_n.$$

Supposons les seconds membres holomorphes dans le voisinage du système $x = \alpha$, $y_1 = \beta_1$, $\ldots$, $y_n = \beta_n$. On peut encore regarder les équations précédentes comme un système d'équations aux dérivées partielles entre n fonctions y_1, y_2, $\ldots$, y_n et $n + 2$ variables indépendantes x, x_0, $(y_1)_0$, $\ldots$, $(y_n)_0$, et chercher les intégrales de ce système qui sont régulières dans le voisinage des valeurs $x = \alpha$, $x_0 = \alpha$, $(y_1)_0 = \beta_1$, $\ldots$, $(y_n)_0 = \beta_n$ et se réduisent respectivement à $(y_1)_0$, $(y_2)_0$, $\ldots$ $(y_n)_0$ pour $x = x_0$.

Soient

$$(34) \quad \begin{cases} y_1 = \varphi_1[x, x_0, (y_1)_0, \ldots, (y_n)_0], \qquad y_2 = \varphi_2, \qquad \ldots, \\ y_n = \varphi_n[x, x_0, (y_1)_0, \ldots, (y_n)_0] \end{cases}$$

les n fonctions ainsi définies que nous supposons holomorphes dans le domaine D défini par les conditions $|x - \alpha| \leqq r$, $|x_0 - \alpha| \leqq r$,

---

[1] PICARD, *Traité d'Analyse*, t. II, 2° édition, p. 355-358. — PAINLEVÉ, *Leçons de Stockholm*, p. 18-20 et p. 394-396.

$|y_i - (y_i)_0| \leqq \rho$. Des formules (34) on tire inversement

$$(35) \quad (y_1)_0 = \varphi_1(x_0, x, y_1, \ldots, y_n), \quad \ldots, \quad (y_n)_0 = \varphi_n(x_0, x, y_1, \ldots, y_n),$$

et chacune des fonctions φ_i satisfait, quel que soit x_0, à la relation

$$(36) \quad \frac{\partial \varphi_i}{\partial x} + \frac{\partial \varphi_i}{\partial y_1} f_1 + \ldots + \frac{\partial \varphi_i}{\partial y_n} f_n = 0.$$

On le démontre comme tout à l'heure en observant que les intégrales holomorphes qui prennent les valeurs $(y_1)_0, \ldots, (y_n)_0$ pour $x = x_0$ vérifient les relations (35) et par suite les relations (36) que l'on en déduit en différentiant par rapport à la variable indépendante x et remplaçant la dérivée $\frac{dy_i}{dx}$ par f_i. Ces relations (36) doivent se réduire à des identités; en effet, x_0 étant supposé fixe, on montre comme plus haut qu'on peut disposer de $(y_1)_0, \ldots, (y_n)_0$ de façon que la *courbe intégrale* (¹) passe par un point quelconque du domaine D. Le premier membre de la formule (36) doit donc être nul pour les coordonnées d'un point quelconque de ce domaine.

Si dans les équations proposées (33) on prend pour nouvelles fonctions inconnues les n fonctions $Y_i = \varphi_i(x_0, x, y_1, \ldots, y_n)$, x_0 étant constant, ces équations deviennent, d'après les conditions (36),

$$(37) \quad \frac{dY_1}{dx} = 0, \quad \frac{dY_2}{dx} = 0, \quad \ldots, \quad \frac{dY_n}{dx} = 0.$$

Il s'ensuit que toutes les intégrales du système (33) satisfont à des relations de la forme (35), où $(y_1)_0, \ldots, (y_n)_0$ sont des constantes, tout au moins celles de ces intégrales qui ont un point à l'intérieur du domaine D, où les fonctions φ sont régulières. Nous dirons encore que les formules (35) représentent l'intégrale générale du système (33) dans ce domaine.

On peut aussi déduire de ces équations qu'il n'y a pas d'autre système d'intégrales que les intégrales holomorphes, tendant vers $(y_1)_0, \ldots, (y_n)_0$ lorsque x tend vers x_0. On a en effet

$$\varphi_i = y_i + (x - x_0) P_i(x_0, x, y_1, \ldots, y_n),$$

(¹) Par extension, nous dirons que tout système d'intégrales des équations (33) définit une *courbe intégrale*.

et le jacobien $\dfrac{D(\varphi_1, \varphi_2, \ldots, \varphi_n)}{D(y_1, y_2, \ldots, y_n)}$ se réduit à l'unité pour $x = x_0$.
D'après la théorie générale des fonctions implicites, les equations (35) n'admettent qu'un seul système de racines en y_1, $y_2, \ldots, y_n$, tendant vers $(y_1)_0, \ldots, (y_n)_0$ lorsque x tend vers x_0; et ces racines sont holomorphes.

En résumé, par tout point du domaine D il passe une courbe intégrale et une seule, représentée par n équations $y_i = \psi_i(x)$, où les fonctions ψ_i sont holomorphes tant que l'on a $|x - \alpha| \leqq r$.

II. — MÉTHODE DES APPROXIMATIONS SUCCESSIVES.
MÉTHODE DE CAUCHY-LIPSCHITZ.

388. Approximations successives. — La méthode des approximations successives a été employée avec succès par M. E. Picard pour les équations différentielles et pour un grand nombre d'équations aux dérivées partielles. Nous l'appliquerons aux équations différentielles avec un complément important dû à M. Ernst Lindelöf.

Soit $y(x)$ une intégrale de l'équation différentielle $\dfrac{dy}{dx} = f(x, y)$ prenant la valeur y_0 pour $x = x_0$. Cette fonction $y(x)$ satisfait à la relation

$$(38) \qquad y(x) = y_0 + \int_{x_0}^{x} f[t, y(t)]\, dt,$$

et réciproquement. L'équation (38) est une *équation intégrale*, qui peut évidemment remplacer à elle seule les deux conditions $y'(x) = f[x, y(x)]$, $y(x_0) = y_0$, et qui se prête facilement à l'emploi des approximations successives. Nous développerons la méthode sur un système de deux équations du premier ordre

$$(39) \qquad \frac{dy}{dx} = f(x, y, z), \qquad \frac{dz}{dx} = \varphi(x, y, z),$$

en supposant d'abord les variables réelles; nous admettrons que les deux fonctions f et φ sont continues lorsque x varie de x_0 à $x_0 + a$, et que y et z varient respectivement entre les limites $(y_0 - b, y_0 + b)$ et $(z_0 - c, z_0 + c)$, que la valeur absolue de chacune de ces fonctions f et φ reste inférieure à un nombre positif M lorsque les variables x, y, z restent comprises dans les limites précédentes, enfin qu'il existe deux nombres positifs A et B tels que l'on ait

$$(40) \qquad \begin{cases} |f(x, y, z) - f(x, y', z')| < A\,|y - y'| + B\,|z - z'|, \\ |\varphi(x, y, z) - \varphi(x, y', z')| < A\,|y - y'| + B\,|z - z'|, \end{cases}$$

quels que soient les points (x, y, z) et (x, y', z') dans le domaine précédent.

Supposons, pour la commodité du raisonnement, $a > 0$, et soit h le plus petit des trois nombres positifs a, $\dfrac{b}{M}$, $\dfrac{c}{M}$. Nous allons prouver que *les équations* (39) *admettent un système d'intégrales, continues dans l'intervalle* $(x_0, x_0 + h)$, *prenant les valeurs* y_0 *et* z_0 *pour* $x = x_0$. Pour cela, nous écrirons les équations (39) sous forme d'équations intégrales

$$(41)\quad y(x) = y_0 + \int_{x_0}^{x} f[t, y(t), z(t)]\, dt, \quad z(x) = z_0 + \int_{x_0}^{x} \varphi[t, y(t), z(t)]\, dt,$$

et nous résoudrons ces équations par approximations successives de la même façon qu'un système d'équations simultanées (I, n° 33, p. 81), en prenant pour premières valeurs approchées les valeurs initiales elles-mêmes y_0 et z_0. Nous sommes ainsi conduits à poser

$$(42)\quad
\begin{cases}
y_1(x) = y_0 + \displaystyle\int_{x_0}^{x} f(t, y_0, z_0)\, dt, \\[2ex]
z_1(x) = z_0 + \displaystyle\int_{x_0}^{x} \varphi(t, y_0, z_0)\, dt, \\[2ex]
y_2(x) = y_0 + \displaystyle\int_{x_0}^{x} f[t, y_1(t), z_1(t)]\, dt, \\[2ex]
z_2(x) = z_0 + \displaystyle\int_{x_0}^{x} \varphi[t, y_1(t), z_1(t)]\, dt,
\end{cases}$$

et, d'une façon générale,

$$(43)\quad
\begin{cases}
y_n(x) = y_0 + \displaystyle\int_{x_0}^{x} f[t, y_{n-1}(t), z_{n-1}(t)]\, dt, \\[2ex]
z_n(x) = z_0 + \displaystyle\int_{x_0}^{x} \varphi[t, y_{n-1}(t), z_{n-1}(t)]\, dt.
\end{cases}$$

Démontrons d'abord que ce procédé d'approximation peut être continué indéfiniment si x est compris dans l'intervalle $(x_0, x_0 + h)$. En premier lieu, nous avons, si x est compris dans cet intervalle,

$$|y_1 - y_0| < M h < b,$$

et de même $|z_1 - z_0| < c$. Si l'on remplace, dans f et φ, y et z par y_1 et z_1, les fonctions de x ainsi obtenues sont donc continues entre x_0 et $x_0 + h$, et leur valeur absolue reste inférieure à M. Pour la même raison que tout à l'heure, y_2 et z_2 sont des fonctions continues de x dans l'intervalle $(x_0, x_0 + h)$, et l'on a, dans cet intervalle, $|y_2 - y_0| < b$, $|z_2 - z_0| < c$. Le raisonnement peut être poursuivi indéfiniment; toutes les fonctions y_n et z_n sont continues entre x_0 et $x_0 + h$, et l'on a toujours $|y_n - y_0| < b$, $|z_n - z_0| < c$ dans cet intervalle.

Pour prouver que y_n et z_n tendent vers des limites lorsque n augmente indéfiniment, remarquons qu'on déduit d'abord de la première des relations (42)

$$(44) \quad |y_1(x) - y_0| < M(x - x_0), \qquad |z_1(x) - z_0| < M(x - x_0).$$

x étant une valeur quelconque de l'intervalle $(x_0, x_0 + h)$. Il vient ensuite

$$y_2(x) - y_1(x) = \int_{x_0}^{x} \left\{ f[t, y_1(t), z_1(t)] - f(t, y_0, z_0) \right\} dt,$$

et, en tenant compte de la première des inégalités (40),

$$|y_2(x) - y_1(x)| < \int_{x_0}^{x} A |y_1(t) - y_0| dt + \int_{x_0}^{x} B |z_1(t) - z_0| dt,$$

et, par conséquent, d'après les inégalités (44),

$$|y_2(x) - y_1(x)| < (A + B) M \frac{(x - x_0)^2}{1.2}.$$

On a une formule analogue pour $|z_2(x) - z_1(x)|$, et, en continuant de la sorte, on voit que l'on a d'une façon générale

$$(45) \quad \begin{cases} |y_n(x) - y_{n-1}(x)| < M(A + B)^{n-1} \dfrac{(x - x_0)^n}{1.2\ldots n}, \\[2mm] |z_n(x) - z_{n-1}(x)| < M(A + B)^{n-1} \dfrac{(x - x_0)^n}{1.2\ldots n}. \end{cases}$$

Les deux séries

$$(46) \quad \begin{cases} y_0 + (y_1 - y_0) + (y_2 - y_1) + \ldots + (y_n - y_{n-1}) + \ldots, \\ z_0 + (z_1 - z_0) + (z_2 - z_1) + \ldots + (z_n - z_{n-1}) + \ldots, \end{cases}$$

dont tous les termes sont des fonctions continues de x dans l'intervalle $(x_0, x_0 + h)$, sont donc uniformément convergentes dans cet intervalle. Les sommes de ces deux séries $Y(x)$ et $Z(x)$ sont par suite des fonctions continues de x entre x_0 et $x_0 + h$. Lorsque le nombre n augmente indéfiniment, les relations (43) deviennent à la limite

$$Y(x) = y_0 + \int_{x_0}^{x} f[t, Y(t), Z(t)] dt, \qquad Z(x) = z_0 + \int_{x_0}^{x} \varphi[t, Y(t), Z(t)] dt;$$

en effet, nous venons de voir que les différences $Y(x) - y_{n-1}(x)$, $Z(x) - z_{n-1}(x)$ tendent uniformément vers zéro dans l'intervalle $(x_0, x_0 + h)$, et par conséquent, en vertu des relations (40), les intégrales

$$\int_{x_0}^{x} \left\{ f[t, Y(t), Z(t)] - f[t, y_{n-1}(t), z_{n-1}(t)] \right\} dt,$$

$$\int_{x_0}^{x} \left\{ \varphi[t, Y(t), Z(t)] - \varphi[t, y_{n-1}(t), z_{n-1}(t)] \right\} dt$$

tendent vers zéro lorsque n croît indéfiniment. Les fonctions $Y(x)$ et $Z(x)$ satisfont donc à toutes les conditions de l'énoncé.

La méthode précédente s'applique évidemment, quel que soit le nombre des équations du système. Les inégalités (40), qui jouent un rôle essentiel dans la démonstration, sont certainement vérifiées, pour des valeurs convenables de A et de B, toutes les fois que les fonctions f et φ admettent des dérivées partielles par rapport aux variables y et z, continues lorsque les variables restent comprises entre les limites indiquées; c'est une conséquence facile de la formule des accroissements finis (I, n° 17, p. 36-38). Remarquons aussi que, si les fonctions f et φ restent continues lorsque x varie entre $x_0 - a$ et $x_0 + a$, et les variables y et z entre les mêmes limites que plus haut, le même raisonnement prouve l'existence d'un système d'intégrales $Y(x)$ et $Z(x)$, prenant les valeurs y_0 et z_0 pour $x = x_0$ et continues dans l'intervalle $(x_0 - h, x_0 + h)$, h ayant la même signification que tout à l'heure.

Il n'existe pas d'autre système d'intégrales que $Y(x)$ et $Z(x)$ prenant les valeurs y_0 et z_0 pour $x = x_0$. Le raisonnement étant toujours le même, prenons pour simplifier une seule équation $\dfrac{dy}{dx} = f(x, y)$, et posons comme tout à l'heure

$$y_1 = y_0 + \int_{x_0}^{x} f(t, y_0) \, dt, \qquad \dots \qquad y_n = y_0 + \int_{x_0}^{x} f[t, y_{n-1}(t)] \, dt.$$

Soit $Y_1(x)$ une intégrale de l'équation prenant la valeur y_0 pour $x = x_0$, et continue dans un intervalle $(x_0, x_0 + a')$, a' étant inférieur au plus petit des nombres a et $\dfrac{b}{M}$, et tel que, dans cet intervalle, on ait $|Y_1(x) - y_0| < b$. Puisque Y_1 satisfait à l'équation proposée, on peut écrire

$$Y_1(x) - y_0 = \int_{x_0}^{x} f[t, Y_1(t)] \, dt,$$

et, par suite,

$$Y_1(x) - y_n(x) = \int_{x_0}^{x} \left\{ f[t, Y_1(t)] - f[t, y_{n-1}(t)] \right\} dt.$$

Faisons successivement dans cette relation $n = 1, 2, 3, \ldots$; on a d'abord

$$|Y_1(x) - y_1(x)| < A b (x - x_0),$$

puis

$$|Y_1(x) - y_2(x)| < A \int_{x_0}^{x} A\,b(t - x_0)\,dt = A^2 b\,\frac{(x - x_0)^2}{1.2},$$

et d'une façon générale

$$|Y_1(x) - y_n(x)| < A^n b\,\frac{(x - x_0)^n}{1.2\ldots n}.$$

Le second membre de cette inégalité tend vers zéro lorsque n augmente indéfiniment; l'intégrale Y_1 est donc identique à la limite de y_n, c'est-à-dire à Y [1].

389. Cas des équations linéaires. — Le raisonnement général prouve que les intégrales sont sûrement continues dans l'intervalle $(x_0, x_0 + h)$ défini plus haut. Mais on peut dans bien des cas affirmer l'existence d'un intervalle plus étendu où ces intégrales sont continues. Si l'on reprend en effet la démonstration, on voit que les conditions $h < \dfrac{b}{M}$, $h < \dfrac{c}{M}$ n'interviennent que pour assurer que les fonctions intermédiaires $y_1, z_1, y_2, z_2, \ldots$ ne sortent pas des intervalles $(y_0 - b, y_0 + b)$, $(z_0 - c, z_0 + c)$, de façon que les fonctions $f(x, y_i, z_i)$, $\varphi(x, y_i, z_i)$ soient des fonctions continues de x entre x_0 et $x_0 + h$. Lorsque les fonctions $f(x, y, z)$, $\varphi(x, y, z)$ restent continues quand x varie de x_0 à $x_0 + a$, et que y et z varient de $-\infty$ à $+\infty$, il est inutile de tenir compte de ces conditions. Toutes les fonctions y_i, z_i sont continues dans l'intervalle $(0, a)$. Pour pouvoir démontrer la convergence des deux séries (46), il suffit encore qu'il existe deux nombres positifs A et B, tels que les inégalités (40) soient vérifiées quelles que soient les valeurs de y, y', z, z', lorsque x reste compris dans l'intervalle $(x_0, x_0 + a)$. On reconnaît, en effet, en reprenant les calculs faits plus haut, que les inégalités (45) subsistent, pourvu qu'on désigne par M une limite supérieure de $|f(x, y_0, z_0)|$ et de $|\varphi(x, y_0, z_0)|$ dans l'intervalle $(x_0, x_0 + a)$.

Ces conditions sont satisfaites, d'après la formule des accroissements finis, lorsque les fonctions $f(x, y, z)$, $\varphi(x, y, z)$ admettent des dérivées partielles par rapport aux variables y et z, qui restent finies, quels que soient y et z, lorsque x varie de x_0 à $x_0 + a$. Tel est, par exemple, le cas de l'équation

$$\frac{dy}{dx} = x + \sin y;$$

le second membre est une fonction continue, quels que soient x et y, et

---

[1] Pour ce qui concerne l'intégration approchée des équations différentielles, je renverrai le lecteur aux travaux de M. E. Cotton (*Acta mathematica*, t. XXXI; *Bulletin de la Société mathématique de France*, t. XXXVI, XXXVII et XXXVIII; *Annales de l'Université de Grenoble*, t. XXI).

la dérivée partielle $\dfrac{\partial f}{\partial y}$ est au plus égale à un en valeur absolue. Toutes les intégrales de cette équation sont donc des fonctions continues lorsque x varie de $-\infty$ à $+\infty$ ([1]).

Les conclusions précédentes s'appliquent en particulier aux systèmes d'équations linéaires

$$(47) \quad \frac{dy_i}{dx} = a_{i1}y_1 + a_{i2}y_2 + \ldots + a_{in}y_n + b_i \qquad (i = 1, 2, \ldots, n),$$

où les coefficients a_{ik}, b_i sont des fonctions de x. Si toutes ces fonctions sont continues dans un intervalle (x_0, x_1), toutes les intégrales de ce système sont également continues dans cet intervalle. Lorsque les coefficients sont des polynomes, toutes les intégrales sont donc continues lorsque x varie de $-\infty$ à $+\infty$.

En se limitant aux variables réelles, on voit que *les intégrales des équations linéaires ne peuvent avoir d'autres points singuliers que ceux des coefficients*. Cette propriété si importante ne s'étend pas à d'autres équations en apparence aussi simples, par exemple à l'équation $y' = y^2$.

Remarque. — On a souvent à étudier des systèmes d'équations linéaires dont les coefficients sont des fonctions analytiques de certains paramètres. Supposons, pour fixer les idées, que les coefficients a_{ik} et b_i des équations (47) soient des fonctions continues de x dans un intervalle (a, b), et dépendent en outre analytiquement d'un paramètre λ, dont ils sont des fonctions holomorphes dans un domaine D

Les intégrales de ce système qui prennent des valeurs initiales données pour une valeur x_0 de x comprise entre a et b sont représentées dans tout l'intervalle (a, b) par des séries uniformément convergentes, et, d'après la façon même dont on les obtient, il est clair que tous les termes de ces séries sont des fonctions holomorphes du paramètre λ dans D: *Ces intégrales sont donc elles-mêmes des fonctions holomorphes de λ dans le domaine* D (n° 290).

([1]) On peut déduire un théorème analogue du calcul des limites. Soit $f(x, y)$ une fonction analytique *réelle* pour tout système de valeurs réelles de x et de y, et holomorphe dans le voisinage. Supposons en outre que $|f(x, y)|$ reste inférieur à un nombre fixe M lorsqu'on a respectivement $\left|\mathcal{R}\left(\dfrac{x}{i}\right)\right| \leqq a$, et $\left|\mathcal{R}\left(\dfrac{y}{i}\right)\right| \leqq b$ (*voir* p. 284); x_0, y_0 étant un système de valeurs *réelles* quelconques pour x et y, la fonction $f(x, y)$ est holomorphe dans le domaine défini par les inégalités $|x - x_0| \leqq a$, $|y - y_0| \leqq b$, et son module est inférieur à M. Alors, d'après le calcul des limites, l'intégrale de l'équation $y' = f(x, y)$, qui est égale à y_0 pour $x = x_0$, est sûrement holomorphe dans un cercle C dont le rayon r est *indépendant* de x_0, y_0. On peut poursuivre le prolongement analytique de cette intégrale le long de l'axe réel au moyen de cercles de rayon r, et l'on voit qu'elle est holomorphe à l'intérieur de la bande limitée par deux parallèles à l'axe réel à une distance r de cet axe.

Dans les cas les plus fréquents, les coefficients a_{ik} et b_i sont des fonctions entières du paramètre λ; les intégrales sont donc elles-mêmes des fonctions entières de λ. On peut obtenir directement les développements des intégrales, prenant des valeurs initiales données, suivant les puissances de λ, en substituant dans les deux membres des équations (47) des développements de la forme

$$y_i = u_{i0} + u_{i1}\lambda + \ldots + u_{ip}\lambda^p + \ldots \qquad (i = 1, 2, \ldots, n),$$

les u_{ik} étant des fonctions de x, et en identifiant. Les fonctions u_{i0} doivent prendre des valeurs initiales données pour $x = x_0$, tandis que les fonctions u_{ik}, où $k \geq 1$, doivent être nulles pour $x = x_0$.

En opérant ainsi, on trouve, pour déterminer ces coefficients de proche en proche, des systèmes d'équations linéaires. On reviendra plus loin sur ce sujet. (*Voir* les n°s 462-463 du tome III, 3e édition, p. 19-25.)

390. Extension aux fonctions analytiques. — La méthode peut être étendue aux variables complexes. Il suffit d'observer pour cela qu'on a, pour une fonction analytique d'une ou plusieurs variables, des inégalités analogues aux inégalités (40). Soit d'abord $f(x)$ une fonction holomorphe d'une variable complexe x dans une aire Ω limitée par une courbe convexe C et sur cette courbe elle-même, et soit A la valeur maximum de $|f'(x)|$ dans cette région. La différence $f(x_2) - f(x_1)$, où x_1 et x_2 sont deux points quelconques de cette région, est égale à l'intégrale définie $\int f'(x)\,dx$, prise le long de la droite qui joint ces deux points. On a donc

$$|f(x_2) - f(x_1)| < A\,|x_2 - x_1|.$$

Soit de même $f(x, y)$ une fonction holomorphe des deux variables x et y, lorsque ces variables restent respectivement dans deux régions Ω et Ω', limitées par deux courbes fermées convexes C et C', et soient A et B les valeurs maxima de $|f'_x|$ et de $|f'_y|$ dans ce domaine. On peut écrire, x_1 et x_2 étant deux valeurs quelconques de x dans Ω, et y_1, y_2 deux valeurs quelconques de y dans Ω',

$$f(x_2, y_2) - f(x_1, y_1) = [f(x_2, y_2) - f(x_1, y_2)] + [f(x_1, y_2) - f(x_1, y_1)],$$

et, par suite, d'après ce qu'on vient de démontrer, on a

$$|f(x_2, y_2) - f(x_1, y_1)| < A\,|x_2 - x_1| + B\,|y_2 - y_1|.$$

La démonstration est la même, quel que soit le nombre des variables indépendantes.

Cela posé, bornons-nous, pour simplifier l'écriture, au cas d'une équation unique

$$(48) \qquad \frac{dy}{dx} = f(x, y),$$

dont nous supposons le second membre holomorphe dans le domaine défini par les inégalités $|x - x_0| \leq a$, $|y - y_0| \leq b$. Soient M la valeur maximum de $|f(x, y)|$ dans ce domaine, et h le plus petit des deux nombres a et $\dfrac{b}{M}$. Dans le plan de la variable x, décrivons, du point x_0 comme centre, un cercle C_h de rayon h et posons, comme on l'a déjà fait,

$$y_1 = y_0 + \int_{x_0}^{x} f(t, y_0)\, dt, \qquad y_2 = y_0 + \int_{x_0}^{x} f[t, y_1(t)]\, dt, \quad \ldots$$

$$y_n = y_0 + \int_{x_0}^{x} f[t, y_{n-1}(t)]\, dt;$$

a limite supérieure x étant un point intérieur à C_h, on démontre d'abord de proche en proche qu'on a

$$|y_1 - y_0| < b, \qquad |y_2 - y_0| < b, \qquad \ldots \qquad |y_n - y_0| < b, \qquad \ldots$$

Toutes ces fonctions $y_1, y_2, \ldots, y_n, \ldots$ sont donc des fonctions holomorphes de x dans le cercle C_h, et le procédé peut être continué indéfiniment. Nous pouvons encore écrire

$$(49) \quad y_n(x) - y_{n-1}(x) = \int_{x_0}^{x} \{ f[t, y_{n-1}(t)] - f[t, y_{n-2}(t)] \}\, dt,$$

l'intégrale étant prise suivant la ligne droite qui joint les deux points x_0, x. Soit A la valeur maximum de $\dfrac{\partial f}{\partial y}$ lorsqu'on a $|x - x_0| \leq h$, $|y - y_0| \leq b$; d'après la remarque qui vient d'être faite, nous avons toujours

$$|f[t, y_{n-1}(t)] - f[t, y_{n-2}(t)]| < A |y_{n-1}(t) - y_{n-2}(t)|.$$

Pour démontrer qu'on a une égalité analogue aux inégalités (45), supposons qu'on ait

$$|y_{n-1}(t) - y_{n-2}(t)| < M A^{n-2} \frac{|t - x_0|^{n-1}}{1.2\ldots(n-1)}.$$

ce qui a lieu évidemment pour $n = 2$. Soit $x = x_0 + re^{\theta i}$; le changement de variables $t - x_0 = \rho e^{\theta i}$ ramène l'intégrale (49) à une intégrale prise le long de l'axe réel de o à r, et l'on a

$$|y_n(x) - y_{n-1}(x)| < \int_0^r M A^{n-1} \frac{\rho^{n-1}}{1.2\ldots(n-1)}\, d\rho = M A^{n-1} \frac{r^n}{1.2\ldots n}$$

ou

$$|y_n(x) - y_{n-1}(x)| < M A^{n-1} \frac{|x - x_0|^n}{1.2\ldots n}.$$

La suite de la démonstration s'achève comme plus haut. La série dont le terme général est $y_n - y_{n-1}$ est uniformément convergente dans le cercle C_h, et, comme tous ses termes sont des fonctions holomorphes, la somme de cette série est une fonction holomorphe dans le même cercle (n° 290), qui satisfait à l'équation (48) et qui prend la valeur y_0 pour $x = x_0$. Le développement en série entière de cette intégrale est forcément identique à celui que fournit le *calcul des limites*, mais la limite obtenue pour le rayon de convergence est en général supérieure à celle que donne la première méthode.

La remarque relative aux équations linéaires s'étend aussi aux fonctions analytiques. Supposons que les coefficients a_{ik} et b_i des équations (47) soient des fonctions analytiques de la variable complexe x. Soit E l'*étoile rectiligne* (n° 340) formée avec tous les points singuliers de ces coefficients, le point x_0 étant pris pour origine. La droite qui joint le point x_0 à un point x de l'étoile ne passe par aucun des points singuliers, et la méthode du n° 389 prouve que toutes les intégrales du système (47) sont des fonctions holomorphes le long de cette droite. Le point x étant un point quelconque de l'étoile, il s'ensuit que toutes les intégrales du système linéaire (47) sont des fonctions holomorphes dans toute l'étoile, résultat qui sera établi plus tard d'une autre façon (n° 399)

La méthode des approximations successives permet en outre d'obtenir pour les intégrales des développements en séries convergentes dans toute l'étoile. Soit A une région du plan limitée par un contour fermé C appartenant tout entier à l'étoile; les séries fournies par la méthode des approximations successives sont *uniformément convergentes* dans A. Nous laissons au lecteur le soin de développer la démonstration, qui se fait toujours de la même façon.

391. Méthode de Cauchy-Lipschitz. — La première démonstration donnée par Cauchy de l'existence des intégrales d'un système d'équations différentielles nous a été conservée, grâce aux leçons recueillies par l'abbé Moigno et publiées en 1844. Elle a été notablement simplifiée par M. Lipschitz, qui a bien mis en évidence les hypothèses nécessaires pour la validité de la démonstration.

Pour bien saisir la suite des idées, reprenons l'équation simple

$$\frac{dy}{dx} = f(x)$$

On a établi (I, n° 73) que l'intégrale de cette équation qui prend la valeur y_0 pour $x = x_0$ est la limite de la somme

$$(50) \quad y_0 + f(x_0)(x_1 - x_0) + f(x_1)(x_2 - x_1) + \ldots + f(x_{n-1})(x - x_{n-1}),$$

$x_1, x_2, \ldots, x_{n-1}$ étant $n-1$ points dans l'intervalle (x_0, x), lorsque le nombre n augmente indéfiniment de façon que tous les intervalles $(x_i - x_{i-1})$ tendent vers zéro. C'est ce procédé, convenablement généralisé, qui conduit à la première méthode de Cauchy. Pour simplifier l'exposition, nous prendrons le cas d'une seule équation

$$(51) \qquad \frac{dy}{dx} = f(x, y);$$

la fonction $f(x, y)$ des variables réelles x, y est supposée continue lorsque x varie de x_0 à $x_0 + a$, et que y varie de $y_0 - b$ à $y_0 + b$, et il existe un nombre positif K tel qu'on ait, y et y' étant deux nombres quelconques compris entre $y_0 - b$ et $y_0 + b$, et x étant compris entre x_0 et $x_0 + a$,

$$(52) \qquad |f(x, y') - f(x, y)| < K|y - y'|.$$

Cette condition, dont l'importance a été mise en lumière par M. Lipschitz, sera appelée, pour abréger, *condition de Lipschitz;* elle a déjà été utilisée dans la méthode des approximations successives (I, n° 33; II, n° 388).

Soient M la borne supérieure de $|f(x, y)|$ dans le domaine précédent et h le plus petit des deux nombres a et $\frac{b}{M}$ (nous supposerons $a > 0, b > 0$). Pour démontrer que l'équation (51) admet une intégrale prenant la valeur y_0 pour $x = x_0$ et continue dans l'intervalle $(x_0, x_0 + h)$, nous imiterons autant que possible la marche suivie pour établir l'existence d'une fonction primitive de $f(x)$. Soit x une valeur de la variable appartenant à cet intervalle; prenons entre x_0 et x un certain nombre de valeurs intermédiaires $x_1, x_2, \ldots, x_{i-1}, x_i, \ldots, x_{n-1}$ allant en croissant de x_0 à x. Nous poserons successivement

$$(53) \quad y_1 = y_0 + f(x_0, y_0)(x_1 - x_0), \quad y_2 = y_1 + f(x_1, y_1)(x_2 - x_1) \quad \ldots,$$

et d'une façon générale

$$(54) \quad y_i = y_{i-1} + f(x_{i-1}, y_{i-1})(x_i - x_{i-1}) \quad (i = 1, 2, \ldots, n-1).$$

La somme

$$(55) \quad y_n = y_0 + f(x_0, y_0)(x_1 - x_0) + f(x_1, y_1)(x_2 - x_1) + \ldots$$
$$+ f(x_{n-1}, y_{n-1})(x - x_{n-1})$$

offre une analogie évidente avec la somme (50) à laquelle elle se réduit lorsque la fonction $f(x, y)$ ne dépend pas de y. On est donc conduit à rechercher si cette somme tend vers une limite lorsque le nombre n augmente indéfiniment. Nous généraliserons la question en définissant d'abord deux sommes analogues aux quantités S et s (I, n° 69).

Considérons le triangle ABC formé par les droites ayant pour équations

$$X = x_0 + h, \qquad Y = y_0 + M(X - x_0), \qquad Y = y_0 - M(X - x_0).$$

D'après la façon dont on a défini h, la fonction $f(x, y)$ est continue lorsque le point (x, y) reste à l'intérieur ou sur les côtés de ce triangle, et sa valeur absolue est au plus égale à M.

Les parallèles à l'axe des y, $X = x_1$, $X = x_2$, ..., $X = x$ décomposent ce triangle ABC en un certain nombre de trapèzes isocèles dont le premier se réduit à un triangle. Soient M_1 et m_1 les valeurs maximum et minimum de $f(x, y)$ dans ce triangle $A b_1 c_1$; on a $- M \leqq m_1 < M_1 \leqq M$. Par le point A menons les droites de coefficients angulaires M_1 et m_1 qui rencontrent la droite $X = x_1$ en deux points P_1 et p_1 dont les ordonnées sont respectivement $Y_1 = y_0 + M_1(x_1 - x_0)$ et $y_1 = y_0 + m_1(x_1 - x_0)$ [la lettre y_1 ne désignant plus la même quantité que dans les formules (53) à (55)]. Ces points P_1 et p_1 sont évidemment à l'intérieur du triangle ABC ou sur les côtés, et l'on a $Y_1 > y_1$. Par le point P_1 menons la droite de coefficient angulaire M jusqu'à sa rencontre en Q_2 avec la droite $b_2 c_2$, et par p_1 menons de même la droite de coefficient angulaire $- M$ jusqu'à sa rencontre en q_2 avec la même droite $b_2 c_2$. Soient M_2 et m_2 les valeurs maximum et mi-

Fig. 79.

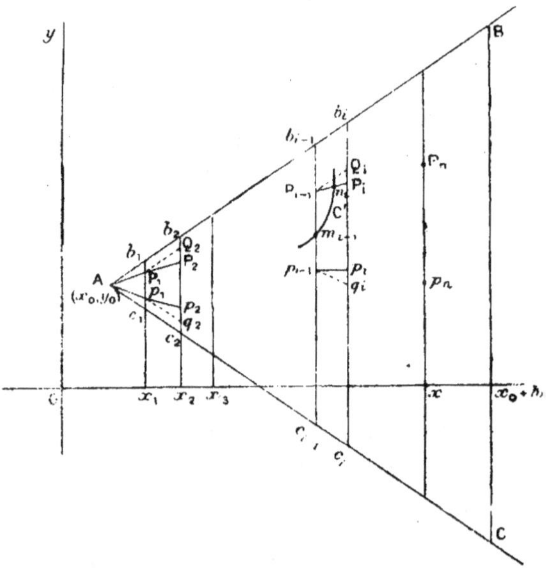

nimum de $f(x, y)$ dans le trapèze $P_1 Q_2 q_2 p_1$; la droite de coefficient angulaire M_2 menée par P_1 rencontre la droite $b_2 c_2$ en un point P_2 dont l'ordonnée est

$$Y_2 = Y_1 + M_2(x_2 - x_1),$$

et la droite de coefficient angulaire m_2 menée par p_1 rencontre $b_2 c_2$ en un point p_2 d'ordonnée $y_2 = y_1 + m_2(x_2 - x_1)$. On a évidemment $Y_2 > y_2$, et $Y_2 - y_2 \geqq Y_1 - y_1$, l'égalité ne pouvant avoir lieu que si la fonction $f(x, y)$

était constante dans le trapèze $P_1 Q_2 q_2 p_1$. Le procédé peut être continué; ayant obtenu deux points P_{i-1} et p_{i-1} sur la droite $c_{i-1} b_{i-1}$, menons par P_{i-1} une parallèle à AB et par p_{i-1} une parallèle à AC; nous formons ainsi un trapèze isoscèle $P_{i-1} Q_i q_i p_{i-1}$. Soient M_i la valeur maximum de $f(x, y)$ dans ce trapèze et m_i la valeur minimum; la droite de coefficient angulaire M_i menée par P_{i-1} rencontre la droite $c_i b_i$ en un point P_i, et la droite de coefficient angulaire m_i menée par p_{i-1} rencontre $c_i b_i$ en un point p_i. Nous formons ainsi deux lignes polygonales partant du point A, $AP_1 P_2 \ldots P_{i-1} P_i \ldots P_n$ ou L, et $Ap_1 p_2 \ldots p_{i-1} p_i \ldots p_n$ ou l, aboutissant à deux points P_n et p_n de la droite $X = x$. D'après la construction même de ces deux lignes, il est évident qu'elles sont l'une et l'autre dans le triangle ABC, que la ligne L est tout entière au-dessus de l, et que la distance de ces deux lignes comptée sur une parallèle à l'axe Oy ne peut diminuer lorsque l'abscisse croît de x_0 à x. Les ordonnées Y_n et y_n des deux points extrêmes sont tout à fait analogues aux sommes S et s (I n° 69). Nous poserons $S = Y_n$, $s = y_n$.

A chaque mode de subdivision de l'intervalle (x_0, x) correspond une somme S et une somme s. Si l'on subdivise chacun des intervalles partiels (x_{i-1}, x_i) en intervalles partiels plus petits d'une façon arbitraire, la construction géométrique précédente montre immédiatement que la ligne L' correspondant à cette nouvelle division est tout entière au dessous de L et la ligne l' au-dessous de l. On a donc $S' \leq S$, $s' \geq s$, en désignant par des lettres accentuées les sommes relatives à la seconde division. On en conclut, comme au n° 69, que si S, s, S_1, s_1 représentent respectivement les sommes relatives à deux modes *quelconques* de division de l'intervalle (x_0, x), on a $s < S_1$, $s_1 < S$. En désignant par I la borne inférieure des sommes S et par I' la borne supérieure des sommes s, on a donc $I' \leqq I$.

Pour que les sommes S et s aient une limite commune lorsque l'amplitude maxima des intervalles partiels tend vers zéro, il faut et il suffit que $S - s$ tende vers zéro. Nous pouvons écrire, en effet,

$$S - s = S - I + I - I' + I' - s;$$

la différence $S - s$ ne peut être inférieure à un nombre ε que si chacun des nombres $S - I$, $I - I'$, $I' - s$ (dont aucun ne peut être négatif) est lui-même inférieur à ε. Le nombre positif ε étant arbitraire, ceci ne peut avoir lieu que si l'on a $I' = I$, et il faut en outre que S et s aient pour limite commune I. Pour établir que $S - s$ a zéro pour limite, il ne suffit pas de supposer la fonction $f(x, y)$ continue, et c'est ici qu'intervient la condition de Lipschitz.

Soient Y_i et y_i les ordonnées des points P_i et p_i, et δ_i la différence $Y_i - y_i$. La fonction $f(x, y)$ étant continue dans le triangle ABC, à tout nombre positif λ nous pouvons faire correspondre un autre nombre positif σ tel qu'on ait

$$|f(x, y) - f(x', y')| < \lambda,$$

pourvu que la distance des deux points (x, y) et (x', y') du triangle ABC soit inférieure à τ; nous supposerons toutes les différences $x_i - x_{i-1}$ inférieures à σ. D'après la construction qui donne les points P_i, p_i au moyen des points P_{i-1}, p_{i-1}, nous avons

$$\delta_i = \delta_{i-1} + (M_i - m_i)(x_i - x_{i-1});$$

d'autre part, on peut écrire

$$M_i - m_i = f(x'_i, y'_i) - f(x''_i, y''_i)$$
$$= f(x'_i, y'_i) - f(x''_i, y'_i) + [f(x''_i, y'_i) - f(x''_i, y''_i)],$$

(x'_i, y'_i) et (x''_i, y''_i) étant les coordonnées de deux points du trapèze $P_{i-1} Q_i q_i p_{i-1}$. On a donc, en tenant compte de la condition (52),

$$M_i - m_i < \lambda + K \,|\, y''_i - y'_i \,|;$$

mais la différence $[\,y''_i - y'_i\,]$ est au plus égale à $\delta_{i-1} + 2M(x_i - x_{i-1})$, et nous avons encore

$$M_i - m_i < \lambda + 2MK(x_i - x_{i-1}) + K \delta_{i-1}.$$

Supposons tous les intervalles assez petits pour que tous les produits $2MK(x_i - x_{i-1})$ soient inférieurs à λ; la différence $M_i - m_i$ sera inférieure à $2\lambda + K\delta_{i-1}$, et, par suite, nous avons l'inégalité

$$(56) \qquad \delta_i < \delta_{i-1}[1 + K(x_i - x_{i-1})] + 2\lambda(x_i - x_{i-1})$$

qu'on peut encore écrire

$$\delta_i + \frac{2\lambda}{K} < \left(\delta_{i-1} + \frac{2\lambda}{K}\right)[1 + K(x_i - x_{i-1})].$$

On a donc *a fortiori*

$$\delta_i + \frac{2\lambda}{K} < e^{K(x_i - x_{i-1})}\left(\delta_{i-1} + \frac{2\lambda}{K}\right).$$

En faisant $i = 1, 2, \ldots, n$ successivement dans cette dernière formule, et en multipliant membre à membre les inégalités obtenues, il vient

$$\delta_n + \frac{2\lambda}{K} < \frac{2\lambda}{K} e^{K(x - x_0)},$$

$$S - s = \delta_n < \frac{2\lambda}{K}\left[e^{K(x - x_0)} - 1\right].$$

Le nombre positif λ, pouvant être pris aussi petit qu'on le veut pourvu que tous les intervalles partiels soient eux-mêmes inférieurs à un autre nombre positif convenablement choisi, on voit que les sommes S et s ont une limite commune. Cette limite est une fonction de x, $F(x)$, définie dans l'intervalle $(x_0, x_0 + h)$. Nous allons montrer maintenant que *cette fonction* $F(x)$ *est une intégrale de l'équation proposée* (51), *se réduisant à* y_0 *pour* $x = x_0$. Nous continuerons pour cela à nous servir de la représentation géométrique.

Lorsque tous les intervalles partiels tendent vers zéro, non seulement les extrémités des deux lignes polygonales L et l tendent vers un *point limite*, mais ces lignes elles-mêmes tendent vers une courbe limite. Une droite quelconque parallèle au côté BC rencontre la ligne L en un point P et la ligne l en un point p, et la distance Pp est inférieure à $S - s$. D'après les propriétés de ces lignes polygonales, tous les points P ont leur ordonnées supérieures aux ordonnées des points p; comme la distance Pp tend vers zéro, il s'ensuit que les points P et p tendent vers un seul point limite π situé sur la droite considérée. Le lieu de ces points π est évidemment une courbe C située entre les deux lignes polygonales L et l et passant au point A. L'ordonnée d'un point de cette courbe d'abscisse x est égale à la fonction $F(x)$ définie tout à l'heure, car, pour avoir la position du point π sur la droite $X = x$, on n'utilise que les portions des deux lignes polygonales qui sont à gauche de cette droite. Supposons les deux lignes polygonales L et l prolongées jusqu'au côté BC, tous les intervalles partiels étant inférieurs au plus petit des deux nombres σ, $\dfrac{\lambda}{2MK}$, et soient $P(x)$, $Q(x)$ les deux fonctions continues qui réprésentent les ordonnées d'un point de la ligne L et de la ligne l dans l'intervalle $(x_0, x_0 + h)$.

La différence $P(x) - Q(x)$ est inférieure à $\dfrac{2\lambda}{K}(e^{Kh} - 1)$, et chacune des fonctions $P(x)$, $Q(x)$ diffère de $F(x)$ d'une quantité moindre. Comme λ peut être rendu aussi petit qu'on le veut, on voit que l'on peut former une série uniformément convergente de fonctions continues ayant pour somme $F(x)$ dans l'intervalle $(x_0, x_0 + h)$; cette fonction est donc aussi continue (*voir* t. I, p. 71).

Toute ligne polygonale comprise entre L et l a évidemment pour limite la même courbe C. Telle serait la ligne polygonale Λ dont les coordonnées (x_i, z_i) des sommets successifs s'obtiendraient par la loi de récurrence

$$z_i - z_{i-1} = f(x_{i-1}, z_{i-1})(x_i - x_{i-1}),$$

le premier sommet étant le point (x_0, y_0); nous retrouvons les expressions (54) qui nous ont servi de point de départ. Remarquons aussi que, si l'on applique la construction à partir d'un point $M'(x', y')$ de la courbe C on obtient deux lignes polygonales L' et l' comprises entre L et l et qui se rapprochent elles-mêmes de plus en plus de la portion C comprise entre M' et la droite BC. Soient d'après cela $M'(x', y')$ et $M''(x'', y'')$ deux points voisins de $C(x'' > x')$. Le coefficient angulaire de la droite $M'M''$ est compris entre les valeurs maximum et minimum de $f(x, y)$ lorsque le point (x, y) décrit le triangle formé par les droites

$$X = x'', \qquad Y - y' = M(X - x'), \qquad Y - y' = -M(X - x');$$

si la différence $x'' - x'$ est inférieure à un nombre positif choisi convenablement, ces deux valeurs de $f(x, y)$ différeront de $f(x', y')$ et de $f(x'', y'')$ d'aussi peu qu'on le voudra. Si l'un des deux points, M'' par exemple, se rapproche indéfiniment du premier, le coefficient angulaire de $M''M'$ a donc pour limite $f(x', y')$. La fonction $F(x)$ satisfait par conséquent à l'équation différentielle proposée (51); il est d'ailleurs évident que la courbe C passe au point A, c'est-à-dire que l'on a $F(x_0) = y_0$.

La courbe C est la seule répondant à la question. S'il en existait une seconde C', cette courbe C' ne pourrait être à la fois au-dessous de toutes les lignes L et au-dessus de toutes les lignes l, puisque ces lignes tendent vers la courbe C. On pourrait donc trouver, par exemple, une ligne L qui serait rencontrée par cette ligne C'. Comme C' est au-dessous de la ligne L dans le voisinage du point A, supposons qu'elle passe au-dessus de L en traversant cette ligne en un point n_i du côté $P_{i-1}P_i$, et soit m_{i-1} le point de C' d'abcisse x_{i-1}. Le coefficient angulaire de la corde $m_{i-1}n_i$ est égal, d'après le théorème des accroissements finis, à la valeur de la fonction $f(x, y)$ en un point de l'arc $m_{i-1}n_i$; ce coefficient angulaire ne peut donc être supérieur au coefficient angulaire du côté $P_{i-1}P_i$, puisque l'arc $m_{i-1}n_i$ est dans le trapèze $P_{i-1}Q_iq_ip_{i-1}$. Or la figure montre qu'il lui devrait être supérieur.

La première méthode de Cauchy, et celle des approximations successives, donnent, on le voit, la même limite pour l'intervalle dans lequel l'intégrale existe certainement. Mais au point de vue théorique, la méthode de Cauchy possède une supériorité incontestable; nous allons montrer, en effet, que *cette méthode permet de trouver l'intégrale dans tout intervalle fini où celle-ci est continue.* D'une façon précise, supposons que l'équation (51) admette une intégrale $Y = F(x)$ continue dans l'intervalle $(x_0, x_0 + l)$, que la fonction $f(x, Y)$ soit elle-même continue dans la région (E) du plan des xy limitée par les deux droites $x = x_0$, $x = x_0 + l$, et les deux courbes $Y = F(x) \pm \eta$, η étant un nombre positif pris à volonté, et vérifie la condition (52) dans ce domaine. Imaginons que l'on décompose l'intervalle $(x_0, x_0 + l)$ en intervalles partiels plus petits et que l'on construise la ligne polygonale Λ, dont on vient d'expliquer la construction, partant du point (x_0, y_0) et relative à ce mode de subdivision. *Pourvu que tous les intervalles partiels soient moindres qu'un nombre positif convenable τ, cette ligne polygonale sera tout entière dans la région E, et la différence des ordonnées de deux points de même abscisse, pris sur la courbe intégrale C et sur la ligne Λ, sera inférieure à un nombre positif donné à l'avance ε.*

Soient $x_0, x_1, x_2, \ldots, x_{i-1} x_i, \ldots, x_{n-1}, x_0 + l$ les abscisses des points de division, $y_0, y_1, \ldots, Y$ les ordonnées correspondantes de la courbe C et $y_0, z_1, z_2, \ldots, z_i, \ldots, z_n$ les ordonnées des sommets de la ligne Λ. Admettons d'abord que tous les sommets à gauche du sommet (x_i, z_i) soient dans la région (E), et proposons-nous de calculer une borne supérieure de la différence $d_i = |z_i - y_i|$.

Nous avons d'une part, d'après la définition même de Λ,

$$z_i = z_{i-1} + f(x_{i-1}, z_{i-1})(x_i - x_{i-1});$$

d'autre part, d'après la formule des accroissements finis, on a aussi

$$y_i = y_{i-1} + f(x'_i, y'_i)(x_i - x_{i-1}),$$

(x'_i, y'_i) étant les coordonnées d'un point de C, et x'_i étant compris entre x_{i-1} et x_i. On en déduit

$$(57) \quad z_i - y_i = z_{i-1} - y_{i-1} + (x_i - x_{i-1})[f(x_{i-1}, z_{i-1}) - f(x'_i, y'_i)]:$$

le coefficient de $(x_i - x_{i-1})$ peut encore s'écrire

$$[f(x_{i-1}, z_{i-1}) - f(x_{i-1}, y_{i-1})] + [f(x_{i-1}, y_{i-1}) - f(x'_i, y'_i)].$$

La valeur absolue de la première différence est, d'après la condition (52), inférieure à Kd_{i-1}. D'un autre côté, la fonction $f(x, y)$, étant continue dans la région (E), est une fonction continue de x le long de C, et l'on peut prendre un nombre positif σ assez petit pour que $[f(x, y) - f(x', y')]$ soit inférieur à un nombre donné positif 2λ, pour deux points quelconques (x, y), (x', y') de la courbe C, pourvu que $|x - x'|$ soit $< \sigma$. Le nombre σ étant choisi de cette façon, on a donc

$$(58) \quad d_i < d_{i-1} + (x_i - x_{i-1})(2\lambda + K d_{i-1}),$$

relation toute pareille à la relation (56), et d'où l'on déduira par conséquent

$$d_i < \frac{2\lambda}{K}[e^{h(x_i - x_0)} - 1].$$

Supposons le nombre λ assez petit pour que l'on ait $2\lambda(e^{Kl} - 1) < K\eta$; on établira de proche en proche que $d_1, d_2, \ldots, d_n$ sont inférieurs à η. Tous les sommets de la ligne polygonale Λ sont donc dans la région (E).

Soit $P(x)$ l'ordonnée d'un point de la ligne Λ; soit de même $Q(x)$ l'ordonnée d'un point de la ligne polygonale auxiliaire Λ' obtenue en joignant les points de C d'abscisses $x_0, x_1, x_2, \ldots, x_{n-1}, x_0 + l$. On a

$$P(x) - F(x) = P(x) - Q(x) + Q(x) - F(x);$$

si l'oscillation de la fonction $F(x)$ dans chacun des intervalles partiels est inférieure à $\frac{\varepsilon}{2}$, on a constamment $|Q(x) - F(x)| < \frac{\varepsilon}{2}$ (*voir* t. I, p. 499).

Si de plus le nombre η est inférieur à $\frac{\varepsilon}{2}$, on aura $|P(x) - Q(x)| < \frac{\varepsilon}{2}$, et par suite $|P(x) - F(x)| < \varepsilon$. La fonction continue $P(x)$ représente donc la fonction $F(x)$ avec une approximation moindre que ε dans tout l'intervalle $(x_0, x_0 + l)$.

La méthode de Cauchy-Lipschitz s'étend aux systèmes d'équations différentielles sans aucune difficulté que quelques complications dans les formules. Elle s'étend aussi aux variables complexes. Les recherches de M. E. Picard (*Traité d'Analyse*, t. II, 2ᵉ édition, p. 332-340) et de M. Painlevé ont montré que la méthode conduisait à des développements en série convergentes des intégrales dans tout leur domaine d'existence lorsque les seconds membres des équations proposées restent holomorphes dans ce domaine.

392. Développement de $\dfrac{1}{1-x}$ en série de polynomes ([1]). Nous allons appliquer la méthode de Cauchy-Lipschitz à l'intégration, dans le domaine complexe, de l'équation $\dfrac{dy}{dx} = y^2$, avec la condition initiale $y = 1$ pour $x = 0$; il est clair que l'intégrale qui satisfait à cette condition est $\dfrac{1}{1-x}$. Supposons que x ne soit pas un nombre réel supérieur à un, et décomposons l'intervalle $(0, x)$ par les points de division $\dfrac{x}{n}, \dfrac{2x}{n}, \ldots, \dfrac{n-1}{n} x$.

L'application de la méthode générale conduit à considérer la suite ci-dessous que nous écrirons, en modifiant un peu les notations

$$U_0^{(n)} = 1, \qquad U_1^{(n)} = 1 + \frac{x}{n}, \qquad U_2^{(n)} = 1 + \frac{2x}{n} + \frac{2x^2}{n^2} + \frac{x^3}{n^3}, \ldots,$$

et en général

$$(\alpha) \qquad U_{p+1}^{(n)} = U_p^{(n)} + \frac{x}{n} \big(U_p^{(n)} \big)^2, \qquad p \leqq n - 1;$$

il est clair que $U_n^{(n)}$ sera un polynome de degré $2^n - 1$. Pour trouver une limite supérieure du module de la différence $U_n^{(n)}(x) - \dfrac{1}{1-x}$ lorsque x n'est pas un nombre réel supérieur à l'unité, considérons en même temps la suite

$$u_0^{(n)} = 1, \qquad u_1^{(n)} = \frac{1}{1 - \dfrac{x}{n}}, \qquad \ldots, \qquad u_p^{(n)} = \frac{1}{1 - \dfrac{px}{n}}, \qquad \ldots, \qquad u_n^{(n)} = \frac{1}{1 - x}.$$

Soit M une limite supérieure du module de $\dfrac{1}{1-z}$ lorsque z décrit le segment de droite allant du point $z = 0$ au point $z = x$; quels que soient les nombres n et p, on a toujours $|u_p^{(n)}| \leqq$ M. D'autre part, on vérifie par un calcul facile que l'on a

$$(\alpha') \qquad u_{p+1}^{(n)} - u_p^{(n)} = \frac{x}{n} u_p^{(n)} u_{p+1}^{(n)} = \frac{x}{n} (u_p^{(n)})^2 + \frac{x^2}{n^2} (u_p^{(n)})^2 u_{p+1}^{(n)}.$$

---

[1] E. Goursat. *Sur quelques développements de* $\dfrac{1}{1-x}$ *en séries de polynomes* (*Bulletin des Sciences mathématiques*, 2ᵉ série, t. XXVII, 1903, p. 226).

Posons encore

$$U_p^{(n)} - u_p^{(n)} = \Delta_p^{(n)},$$

en retranchant membre à membre les relations (α) et (α'), il vient

$$\Delta_{p+1}^{(n)} - \Delta_p^{(n)} = \frac{x}{n}\,\Delta_p^{(n)}[\,U_p^{(n)} + u_p^{(n)}\,] - \frac{x^2}{n^2}\,\} \, u_p^{(n)} \, \{^2 u_{p+1}^{n}.$$

Le module de $U_p^{(n)} + u_p^{(n)}$ est inférieur à $2\,M + |\,\Delta_p^{(n)}\,|$, et par suite, en désignant par ρ le module de x, on a l'inégalité

$$(\beta) \qquad |\,\Delta_{p+1}^{(n)}\,| < |\,\Delta_p^{(n)}\,| + \frac{\rho}{n}\,|\,\Delta_p^{(n)}\,| \, \{\, 2\,M + |\,\Delta_p^{(n)}\,| \,\} + \frac{\rho^2 M^3}{n^2}.$$

Pour prouver que le polynome $U_p^{(n)}(x)$ a pour limite $\dfrac{1}{1-x}$ lorsque n augmente indéfiniment, il suffit de démontrer que $|\,\Delta_n^{(n)}\,|$ tend vers zéro avec $\dfrac{1}{n}$. A cet effet, considérons, en même temps que la suite des nombres positifs $|\,\Delta_1^{(n)}\,|, \ldots, |\,\Delta_p^{(n)}\,|$ les nombres positifs $v_1, v_2, \ldots, v_n$, qui se déduisent de $v_0 = 0$, par la relation de récurrence

$$(\gamma) \qquad v_{p+1} = v_p + \frac{\rho}{n}\, \{\, 2\,M\,v_p + v_p^2 \,\} + \frac{\rho}{n}\,H,$$

où $H = \dfrac{\rho\,M^3}{n}$. On a

$$|\,\Delta_1^{(n)}\,| < \frac{\rho^2 M^3}{n^2} \qquad \text{et} \qquad u_1 = \frac{\rho^2 M^3}{n^2},$$

et par suite

$$|\,\Delta_1^{(n)}\,| < v_1.$$

En comparant les relations (β) et (γ), on en déduit de proche en proche les inégalités

$$|\,\Delta_2^{(n)}\,| < v_2, \qquad \ldots \qquad |\,\Delta_p^{(n)}\,| < v_p,$$

et finalement $|\,\Delta_n^{(n)}\,| < v_n$. Or les nombres $v_1, v_2, \ldots, v_n$ sont précisément les nombres que l'on a à calculer successivement quand on applique la méthode de Cauchy-Lipschitz à la recherche de l'intégrale de l'équation auxiliaire

$$(\delta) \qquad \frac{dv}{dx} = 2\,M\,v + v^2 + H,$$

qui est nulle pour $x = 0$. Supposons n assez grand pour que H soit inférieur à M^2, l'équation $r^2 + 2\,M\,r + H = 0$ a alors deux racines négatives α, β.

$$\alpha = -\,M - \sqrt{M^2 - H}, \qquad \beta = -\,M + \sqrt{M^2 - H}.$$

et cette intégrale a pour expression

$$(\zeta) \qquad v = \alpha\beta\,\frac{1 - e^{(\alpha-\beta)x}}{\beta - \alpha e^{(\alpha-\beta)x}};$$

cette intégrale admet un pôle au point d'abscisse positive

$$\eta_1 = \frac{\mathrm{Log}\left|\dfrac{\beta}{\alpha}\right|}{\alpha - \beta} = \frac{\mathrm{Log}\left\{\dfrac{M + \sqrt{M^2 - H}}{M - \sqrt{M^2 - H}}\right\}}{2\sqrt{M^2 - H}},$$

qui augmente indéfiniment lorsque H tend vers zéro. Supposons n assez grand pour que ρ soit inférieur à η_1, alors la fonction (v) est continue et croissante de o à ρ, et la courbe représentative tourne sa convexité vers le bas. Les points de coordonnées $\left(\dfrac{p\,\rho}{n},\ v_p\right)$ sont les sommets d'une ligne polygonale qui a pour limite la courbe intégrale lorsque n augmente indéfiniment, et, il est visible, d'après les propriétés de cette courbe, que cette ligne polygonale est au-dessous de la courbe. On a donc en particulier

$$v_n < \alpha\beta\,\frac{1 - e^{(\alpha-\beta)\rho}}{\beta - \alpha\,e^{(\alpha-\beta)\rho}} = \frac{\rho\,M^3}{n}\,\frac{1 - e^{(\alpha-\beta)\rho}}{\beta - \alpha\,e^{(\alpha-\beta)\rho}}.$$

Lorsque n augmente indéfiniment, α et β tendent respectivement vers $-2\,M$ et o, et le second facteur a pour limite $\dfrac{1 - e^{-2M\rho}}{2\,M\,e^{-2M\rho}}$. On aura donc, à partir d'une valeur assez grande du nombre entier n,

$$\left|\Delta_n^{(v)}\right| < v_n < \frac{\rho\,M^3}{n}\,\frac{1 - e^{-2M\rho}}{2\,M\,e^{-2M\rho}} = \frac{\rho\,M^2(1 - e^{-2M\rho})}{2\,n\,e^{-2M\rho}}.$$

Le polynome $U_n^{(n)}(x)$ a donc bien pour limite $\dfrac{1}{1 - x}$, lorsque n augmente indéfiniment, *pourvu que x ne soit pas un nombre réel supérieur à l'unité.*

Dans tout domaine fini D du plan limité par un contour C n'ayant aucun point commun avec la partie $+1 \ldots +\infty$ de l'axe réel, le polynome $U_n^{(n)}(x)$ tend uniformément vers $\dfrac{1}{1 - x}$. Soit en effet R le rayon d'un cercle décrit de l'origine pour centre et renfermant le domaine D et $\mathfrak{M}$, la valeur maximum de $\left|\dfrac{1}{1 - z}\right|$ lorsque z décrit le domaine D balayé par le rayon vecteur qui joint l'origine à un point de C. Si l'on remplace ρ par R et M par $\mathfrak{M}$ dans les inégalités précédentes, ces inégalités s'appliquent à tout point x du domaine D et par suite $\Delta_n^{(n)}(x)$ tend uniformément vers zéro avec $\dfrac{1}{n}$ dans le domaine D.

Au moyen des polynomes $U_n^{(n)}(x)$ on pourra former une série de polynomes ayant pour somme $\dfrac{1}{1 - x}$ et convergent uniformément dans la région D (I n° 197).

III. — INTÉGRALES PREMIÈRES. — MULTIPLICATEUR.

393. Intégrales premières. — Étant donné un système de $(n-1)$ équations différentielles *analytiques* du premier ordre, nous écrirons ces équations sous la forme symétrique

$$(59) \qquad \frac{dx_1}{X_1} = \frac{dx_2}{X_2} = \ldots = \frac{dx_n}{X_n},$$

les dénominateurs $X_1, X_2, \ldots, X_n$ étant des fonctions des n variables $x_1, x_2, \ldots, x_n$. Cette forme des équations différentielles ne suppose rien sur le choix de la variable indépendante, qui peut être l'une des variables x_i, ou être prise d'une façon quelconque. Nous avons vu plus haut que, sous certaines conditions qui ont été précisées, toutes les intégrales de ce système qui passent par un point quelconque d'un domaine D sont représentées par un système d'équations de la forme

$$(60) \quad \begin{cases} f_1(x_1, x_2, \ldots, x_n) = C_1, \qquad f_2(x_1, x_2, \ldots, x_n) = C_2, \qquad \ldots \\ \qquad f_{n-1}(x_1, x_2, \ldots, x_n) = C_{n-1}, \end{cases}$$

$f_1, f_2, \ldots, f_{n-1}$ étant $(n-1)$ fonctions holomorphes dans D. et $C_1, C_2, \ldots, C_{n-1}$ des constantes que l'on peut choisir arbitrairement, au moins entre certaines limites (n° 387). Les formules (60) représentent *l'intégrale générale* du système (59) dans le domaine D, qui n'embrasse pas forcément tout l'ensemble des valeurs possibles pour les variables. Il peut se faire que l'on ait plusieurs systèmes de formules différents pour représenter l'intégrale générale dans des domaines différents. Il est clair aussi que, dans un même domaine D, le système des formules (60) n'est pas unique : on peut remplacer les $(n-1)$ fonctions f_i par $(n-1)$ fonctions F_i ne dépendant que des fonctions f_i, pourvu que ces $(n-1)$ fonctions F_i soient des fonctions distinctes des variables f_i.

Quelle que soit la façon dont on ait pris les fonctions f_i, si les formules (60) représentent l'intégrale générale du système (59), les fonctions f_i satisfont à une même équation aux dérivées partielles du premier ordre. En effet, supposons les coordonnées d'un point $x_1, x_2, \ldots, x_n$ d'une courbe intégrale exprimées en fonctions d'un paramètre variable ; si l'on remplace, dans f_i, les coordonnées x_1, x_2, ..., x_n par leurs expressions en fonction de ce paramètre, le résultat se réduit à une constante. On a donc $df_i = 0$, et, en remplaçant, dans df_i, les différentielles dx_1, dx_2, ... par les quantités proportionnelles X_1, X_2, ..., on trouve que f_i satisfait à la relation

$$(61) \qquad X(f) = X_1 \frac{\partial f}{\partial x_1} + X_2 \frac{\partial f}{\partial x_2} + \ldots + X_n \frac{\partial f}{\partial x_n} = 0.$$

Cette relation doit se réduire à une identité, quand f est remplacée par f_i, puisqu'on peut disposer des constantes C_i de façon que la courbe intégrale passe par un point quelconque de D. Les $(n-1)$ fonctions f_1, f_2, ..., f_{n-1} sont donc $(n-1)$ intégrales de l'équation $X(f) = 0$; toute fonction $\Pi(f_1, f_2, ..., f_{n-1})$ est aussi une intégrale de la même équation, quelle que soit la fonction Π, d'après la relation facile à vérifier

$$X(\Pi) = \frac{\partial \Pi}{\partial f_1} X(f_1) + \frac{\partial \Pi}{\partial f_2} X(f_2) + \ldots + \frac{\partial \Pi}{\partial f_{n-1}} X(f_{n-1}).$$

Inversement, on obtient ainsi toutes les intégrales de l'équation $X(f) = 0$. Des n relations

$$X(f) = 0, \qquad X(f_1) = 0, \qquad \ldots, \qquad X(f_{n-1}) = 0,$$

on déduit en effet, en éliminant les coefficients X_i,

$$\frac{D(f, f_1, f_2, \ldots, f_{n-1})}{D(x_1, x_2, \ldots, x_n)} = 0,$$

ce qui montre que f est une fonction $\Pi(f_1, f_2, ..., f_{n-1})$ des $(n-1)$ intégrales particulières f_1, f_2, ..., f_{n-1} (I, n° **52**). On peut encore le vérifier par un changement de variables. Imaginons en effet que l'on prenne un nouveau système de variables indépendantes y_1, y_2, ..., y_n, les $n-1$ variables y_1, y_2, ..., y_{n-1} étant précisément les fonctions f_1, f_2, ..., f_{n-1} elles-mêmes, et la variable y_n étant choisie de façon à former avec y_1, y_2, ..., y_{n-1} un système de n fonctions distinctes des variables primitives x_1, x_2, ..., x_n. L'équation $X(f) = 0$ est remplacée par une équation de même forme

$$(62) \qquad Y(f) = Y_1 \frac{\partial f}{\partial y_1} + Y_2 \frac{\partial f}{\partial y_2} + \ldots + Y_n \frac{\partial f}{\partial y_n} = 0,$$

qui doit admettre les $(n-1)$ intégrales particulières

$$f = y_1, \quad \ldots \quad f = y_{n-1}.$$

On a donc:

$$Y_1 = Y_2 = \ldots = Y_{n-1} = 0,$$

et l'équation (62) se réduit à $\dfrac{\partial f}{\partial y_n} = 0$. L'intégrale générale est donc une fonction arbitraire de $y_1, y_2, \ldots y_{n-1}$ [1].

L'intégration de l'équation aux dérivées partielles $X(f) = 0$ est donc ramenée à l'intégration du système d'équations différentielles proposé (59). Inversement, supposons que par un moyen quelconque on ait obtenu une intégrale f de l'équation $X(f) = 0$. Si l'on remplace dans cette fonction $x_1, x_2, \ldots, x_n$ par les coordonnées d'un point d'une courbe intégrale, supposées exprimées en fonction d'un paramètre variable qui peut être l'une des coordonnées elles-mêmes, *le résultat obtenu se réduit à une constante.* En effet, si l'on suppose que $x_1, x_2, \ldots, x_n$ soient des fonctions d'un paramètre variable vérifiant les relations (59), la différentielle totale df de la fonction précédente se réduit à $KX(f)$, K désignant la valeur commune des rapports $\dfrac{dx_i}{X_i}$. L'équation $f = C$ est donc une conséquence du système d'équations différentielles proposé; on dit pour cette raison que la fonction f est une *intégrale première* de ce système [2].

Si l'on connaît $n-1$ intégrales premières distinctes, on peut écrire immédiatement l'intégrale générale du système (59); si l'on connaît seulement p intégrales premières distinctes $(p < n-1)$, on peut ramener l'intégration du système proposé à l'intégration d'un système de $n-p-1$ équations différentielles. Soient, en

---

[1] Les deux raisonnements n'exigent pas que la fonction f soit analytique. Les seules conditions nécessaires sont celles qui sont exigées pour que l'on puisse appliquer les formules du changement de variables, c'est-à-dire l'existence et la continuité des dérivées partielles de la fonction cherchée f.

[2] Le raisonnement ne s'appliquerait plus si le facteur K était infini pour tous les points de la courbe intégrale, ce qui aurait lieu si les coordonnées de tous les points de cette courbe annulaient les n fonctions X_i. Il faut aussi faire exception pour les intégrales qui sont telles que l'une au moins des fonctions X_1, $X_2, \ldots X_n$ n'est pas holomorphe dans le voisinage d'un point quelconque de cette courbe. Ce cas se présente pour les intégrales singulières.

effet, $f_1, f_2, \ldots, f_p$ ces p intégrales premières ; des p relations

$$f_1 = C_1, \qquad f_2 = C_2, \qquad \ldots, \qquad f_p = C_p$$

on peut tirer p des variables $x_1, x_2, \ldots, x_n$, par exemple x_1, $x_2, \ldots, x_p$ en fonction des $n - p$ variables restantes $x_{p+1}, \ldots, x_n$, et des p constantes arbitraires $C_1, C_2, \ldots C_p$. Il suffira donc de déterminer $x_{p+1}, x_{p+2}, \ldots, x_n$ en fonction d'une seule variable indépendante. Si l'on désigne par $\overline{X_{p+1}}, \overline{X_{p+2}}, \ldots, \overline{X_n}$ ce que deviennent les fonctions $X_{p+1}, \ldots, X_n$ après qu'on y a remplacé $x_1, x_2, \ldots, x_p$ par leurs expressions, il suffira donc d'intégrer le nouveau système

$$(63) \qquad \frac{dx_{p+1}}{\overline{X_{p+1}}} = \frac{dx_{p+2}}{\overline{X_{p+2}}} = \ldots = \frac{dx_n}{\overline{X_n}},$$

où les dénominateurs dépendent de p constantes arbitraires.

On peut encore raisonner d'une autre façon. Si l'on prend un nouveau système de variables indépendantes $y_1, y_2, \ldots, y_n$, où les p variables $y_1, y_2, \ldots, y_p$ soient identiques aux p intégrales premières connues $f_1, f_2, \ldots, f_p$, l'équation $X(f) = 0$ est remplacée par une équation de même forme $Y(f) = 0$ qui doit admettre les intégrales $f = y_1, \ldots, f = y_p$; cette équation est donc de la forme

$$Y_{p+1} \frac{\partial f}{\partial y_{p+1}} + \ldots + Y_n \frac{\partial f}{\partial y_n} = 0$$

et son intégration se ramène à celle d'un système de $n - p - 1$ équations différentielles du premier ordre

$$\frac{dy_{p+1}}{Y_{p+1}} = \ldots = \frac{dy_n}{Y_n}.$$

On voit par là de quelle importance est la recherche des intégrales premières. Dans chaque cas particulier, la découverte d'une intégrale première nouvelle constitue un pas de plus vers la solution complète. On ne saurait donner à cet égard une règle bien précise ; observons seulement que le problème revient à former une *combinaison intégrable* des équations (59), c'est-à-dire à déterminer n facteurs $\mu_1, \mu_2, \ldots, \mu_n$ tels que l'on ait

$$\mu_1 X_1 + \mu_2 X_2 + \ldots + \mu_n X_n = 0,$$

et que

$$\mu_1 dx_1 + \mu_2 dx_2 + \ldots + \mu_n dx_n$$

soit une différentielle exacte $d\varphi$. Il est clair en effet que l'on peut déduire des équations (59) un nouveau rapport égal aux premiers

$$\frac{dx_i}{X_i} = \frac{\mu_1\,dx_1 + \ldots + \mu_n\,dx_n}{\mu_1 X_1 + \ldots + \mu_n X_n};$$

la relation

$$d\varphi = \mu_1\,dx_1 + \ldots + \mu_n\,dx_n = 0$$

est donc une conséquence des équations (59) si l'on a

$$\mu_1 X_1 + \ldots + \mu_n X_n = 0,$$

et l'on aura une intégrale première φ par des quadratures, connaissant les facteurs μ_i. Il en est ainsi en particulier toutes les fois que l'on peut trouver n facteurs μ_1, μ_2, ..., μ_n, le facteur μ_i ne dépendant que de la variable x_i de façon que l'on ait

$$\Sigma \mu_i X_i = 0.$$

Observons aussi que, lorsqu'on a obtenu p intégrales premières du système (59), il peut se faire que le nouveau système (63) puisse être intégré complètement pour des valeurs numériques particulières des constantes C_1, C_2, ..., C_p, tandis que l'intégration effective est impossible pour des valeurs arbitraires de ces constantes.

Exemples. — 1° Soit à intégrer le sytème

$$(64) \qquad \frac{du}{dx} = vw, \qquad \frac{dv}{dx} = wu, \qquad \frac{dw}{dx} = uv;$$

on aperçoit aisément deux combinaisons intégrables $u\,du = v\,dv = w\,dw$. On a donc deux intégrales premières $u^2 - v^2 = C_1$, $u^2 - w^2 = C_2$, et, en portant les valeurs de v et de w tirées de ces relations dans la première des équations (64), on a pour déterminer u l'équation différentielle

$$(65) \qquad \frac{du}{dx} = \sqrt{(u^2 - C_1)(u^2 - C_2)},$$

dont l'intégrale générale est une fonction elliptique (n° 372), pouvant comme cas particulier se réduire à une fonction simplement périodique ou même rationnelle. Comme le système proposé est symétrique en u, v, w, on en conclut que v et w sont aussi des fonctions elliptiques.

2° Considérons le système

$$(66) \qquad \frac{du}{dx} = rv - qw, \qquad \frac{dv}{dx} = pw - ru, \qquad \frac{dw}{dx} = qu - pv,$$

où p, q, r sont des fonctions données de x. On a encore une combinaison intégrable $u\,du + v\,dv + w\,dw = 0$, d'où l'on tire l'intégrale première $u^2 + v^2 + w^2 = C$. Laissant de côté le cas où C serait nul, on peut supposer $C = 1$, car le système (66) ne change pas quand on multiplie u, v, w par un même facteur constant. Au lieu de tirer l'une des inconnues de la relation $u^2 + v^2 + w^2 = 1$, on peut opérer d'une façon plus symétrique en considérant u, v, w comme les coordonnées d'un point d'une sphère de rayon un, et les exprimer au moyen de deux paramètres variables, par exemple au moyen des paramètres qui déterminent les génératrices rectilignes de la sphère. Posons pour cela

$$\frac{u+iv}{1-w} = \frac{1+w}{u-iv} = \lambda, \qquad \frac{u+iv}{1+w} = \frac{1-w}{u-iv} = -\mu,$$

ce qui donne

$$u = \frac{1-\lambda\mu}{\lambda-\mu}, \qquad v = i\frac{1+\lambda\mu}{\lambda-\mu}, \qquad w = \frac{\lambda+\mu}{\lambda-\mu}.$$

En substituant ces valeurs de u, v, w dans le système (66), on trouve, après quelques calculs faciles, que λ et μ doivent vérifier une même équation de Riccati

$$(67) \qquad \frac{d\sigma}{dx} = -ir\sigma + \frac{q-ip}{2} - \frac{q+ip}{2}\sigma^2;$$

l'intégration du système proposé est donc ramenée à l'intégration d'une équation de Riccati ([1]).

3° Prenons encore l'équation intégrée par Liouville

$$y'' + \varphi(x)\,y' + f(y)\,y'^2 = 0:$$

en posant $y' = z$, on la remplace par le système

$$\frac{dx}{1} = \frac{dy}{z} = \frac{-dz}{\varphi(x)\,z + f(y)\,z^2},$$

d'où l'on tire la combinaison intégrable $\dfrac{dz}{z} + \varphi(x)\,dx + f(y)\,dy = 0$.

L'équation du second ordre proposée admet donc l'intégrale première

$$y'\,e^{\int_{x_0}^{x} \varphi \cdot dx}\; e^{\int_{y_0}^{y} f(y) \cdot dy} = C,$$

que l'on pourrait aussi obtenir directement, en divisant par y' tous les

---

([1]) *Voir* DARBOUX, *Théorie des surfaces*, t. I, Chap. II. La méthode précédente ramène à l'intégration d'une équation de Riccati la détermination d'une courbe gauche dont on connaît les équations intrinsèques $R = f(s)$, $T = \varphi(s)$.

termes de l'équation du second ordre; l'équation du premier ordre précédente est de la forme $y' = CXY$, et, les variables étant séparées, on achèvera l'intégration par deux quadratures.

Remarque I. — On remplace quelquefois le système (59) par le système

$$(68) \qquad \frac{dx_1}{X_1} = \frac{dx_2}{X_2} = \ldots = \frac{dx_n}{X_n} = dt,$$

t étant une variable auxiliaire qui, dans bien des cas, n'est introduite que pour plus de symétrie dans les raisonnements. Si l'on a intégré le système primitif (59) on obtiendra t par une quadrature, car, si l'on remplace x_2, x_3, ..., x_n par exemple par leurs expressions en fonction de x_1 et des constantes C_1, C_2 ..., C_{n-1} dans X_1, on est conduit à une relation

$$dt = P(x_1, C_1, C_2, \ldots, C_{n-1}) dx_1,$$

d'où l'on déduira t par une quadrature. Il suit de là que l'intégrale générale du nouveau système (68) sera représentée par les n équations

$$(69) \qquad \begin{cases} f_1 = C_1, \quad f_2 = C_2, \quad \ldots, \quad f_{n-1} = C_{n-1}, \\ f_n(x_1, x_2, \ldots, x_n) = t - t_0, \end{cases}$$

$f_1, f_2, \ldots, f_{n-1}$ étant $(n-1)$ intégrales distinctes de $X(f) = 0$, et t_0 une nouvelle constante arbitraire.

Inversement, pour obtenir la courbe intégrale du système (59) passant par un point donné x_1^0, x_2^0, ..., x_n^0, on peut chercher les intégrales du système (68), où t est considéré comme la variable indépendante, qui pour $t = 0$ prennent les valeurs x_1^0, x_2^0, ... x_n^0 respectivement. Soient

$$(70) \qquad \begin{cases} x_1 = \varphi_1(t; x_1^0, \ldots, x_n^0), \quad x_2 = \varphi_2(t; x_1^0, \ldots, x_n^0), \quad \ldots \\ x_n = \varphi_n(t; x_1^0, \ldots, x_n^0) \end{cases}$$

ces intégrales; il est clair que les formules précédentes représentent la courbe intégrale cherchée. Il n'y aurait exception que si toutes les fonctions X_i étaient nulles pour les valeurs initiales x_0^i et holomorphes dans le voisinage. Dans ce cas les formules (70) se réduiraient à $x_i = x_i^0$. Mais les rapports $\frac{dx_2}{dx_1}$, ..., $\frac{dx_n}{dx_1}$ se présentant sous forme indéterminée, rien ne permet d'affirmer jusqu'ici qu'il n'y a pas de courbe intégrale passant par le point donné. C'est un cas qui sera examiné plus loin (n° 417).

Remarque II. — La liaison qui existe entre le système d'équations différentielles (59) et l'équation linéaire (61) prouve que $X(f)$ est un *covariant* du système (59). Voici ce qu'il faut entendre par là. Imaginons que l'on prenne un nouveau système de variables indépendantes $y_1, y_2, \ldots, y_n$, liées aux variables $x_1, x_2, \ldots, x_n$ par les relations

$$(71) \qquad x_i = \varphi_i(y_1, y_2, \ldots, y_n) \qquad (i = 1, 2, \ldots, n);$$

d'après les formules du changement de variables, $\dfrac{\partial f}{\partial x_i}$ est une fonction linéaire et homogène des dérivées $\dfrac{\partial f}{\partial y_i}$, et $X(f)$ se change en une expression de même forme

$$(72) \qquad Y(f) = Y_1 \frac{\partial f}{\partial y_1} + Y_2 \frac{\partial f}{\partial y_2} + \ldots + Y_n \frac{\partial f}{\partial y_n} = 0.$$

$Y_1, Y_2, \ldots, Y_n$ étant des fonctions de $y_1, y_2, \ldots, y_n$. Cela posé, je dis que le même changement de variables appliqué au système (59) conduit au nouveau système d'équations différentielles

$$(73) \qquad \frac{dy_1}{Y_1} = \frac{dy_2}{Y_2} = \ldots = \frac{dy_n}{Y_n}.$$

On pourrait l'établir par un calcul direct, mais cela résulte aussi des propriétés précédentes. Soit en effet

$$(74) \qquad \frac{dy_1}{Z_1} = \frac{dy_2}{Z_2} = \ldots = \frac{dy_n}{Z_n}$$

le système auquel on est conduit en appliquant au système primitif (59) le changement de variables (71); il suffit de montrer que $Z_1, Z_2, \ldots, Z_n$ sont proportionnels à $Y_1, Y_2, \ldots, Y_n$. Or soient $f(x_1, x_2, \ldots, x_n)$ une intégrale première du système (59) et

$$F(y_1, y_2, \ldots, y_n)$$

la fonction déduite de $f(x_1, x_2, \ldots, x_n)$ par le changement de variables; puisque l'on a $X(f) = 0$, on a aussi $Y(F) = 0$. D'ailleurs $F(y_1, y_2, \ldots, y_n)$ est évidemment une intégrale première du nouveau système (74), c'est-à-dire une intégrale de l'équation linéaire

$$Z(F) = Z_1 \frac{\partial F}{\partial y_1} + \ldots + Z_n \frac{\partial F}{\partial y_n} = 0.$$

Les équations linéaires $Y(F) = 0$, $Z(F) = 0$, ayant les mêmes intégrales, ont leurs coefficients proportionnels, ce qui démontre la proposition.

Ce dernier point résulte de ce qu'une équation linéaire $X(f) = 0$ est complètement déterminée, à un facteur près, quand on en connaît $(n-1)$ intégrales *distinctes* $f_1, f_2, \ldots, f_{n-1}$. En effet, les $(n-1)$ équations $X(f_i) = 0$, linéaires et homogènes en $X_1, X_2, \ldots, X_n$, déterminent les rapports de ces coefficients inconnus, car tous les déterminants d'ordre $(n-1)$ formés avec les dérivées partielles des fonctions f_i ne peuvent être nuls en même temps (I, n° 52). On peut remarquer que l'équation linéaire la plus générale admettant les $(n-1)$ intégrales f_i peut s'écrire

$$H(x_1, x_2, \ldots, x_n) \frac{D(f, f_1, f_2, \ldots, f_{n-1})}{D(x_1, x_2, \ldots, x_n)} = 0,$$

$H(x_1, x_2, \ldots, x_n)$ étant une fonction arbitraire

394. Multiplicateur. — La théorie du facteur intégrant a été étendue par Jacobi aux équations différentielles simultanées. Soient $f_1, f_2, \ldots, f_{n-1}$ des intégrales premières distinctes du système (59); l'équation $X(f) = 0$ est, comme on l'a déjà remarqué, identique à l'équation

$$\Delta = \frac{D(f, f_1, f_2, \ldots, f_{n-1})}{D(x_1, x_2, \ldots, x_n)} = 0.$$

En écrivant que les coefficients des dérivées $\frac{\partial f}{\partial x_i}$ dans les deux équations sont proportionnels, on est conduit à n relations que l'on peut écrire

$$(75) \qquad\qquad \Delta_i = M X_i \qquad (i = 1, 2, \ldots, n),$$

Δ_i désignant les coefficients de $\frac{\partial f}{\partial x_i}$ dans le déterminant Δ; le facteur M s'appelle un *multiplicateur*

Cette fonction M satisfait, quelles que soient les intégrales premières f_1, $f_2, \ldots, f_{n-1}$, à l'équation linéaire aux dérivées partielles

$$(76) \qquad \frac{\partial(M X_1)}{\partial x_1} + \frac{\partial(M X_2)}{\partial x_2} + \ldots + \frac{\partial(M X_n)}{\partial x_n} = 0.$$

En substituant à la place de chacun des produits $M X_i = \Delta_i$ son expression par un déterminant d'ordre $n-1$, et en effectuant les dérivations indiquées, chaque terme du premier membre est en effet le produit d'une dérivée du second ordre telle que $\frac{\partial^2 f_h}{\partial x_i \partial x_k}$ $(i \neq k)$ par $(n-2)$ dérivées partielles du premier ordre. Pour vérifier que le résultat est nul, il suffit de vérifier qu'il ne renferme aucune dérivée du second ordre. Prenons par exemple la dérivée $\frac{\partial^2 f_1}{\partial x_1 \partial x_2}$: cette dérivée figure dans deux termes; dans l'un elle est multipliée par $\frac{D(f_2, f_3, \ldots, f_{n-1})}{D(x_3, x_4, \ldots, x_n)}$, et dans l'autre par le même coefficient changé de signe. La somme de ces deux termes est donc nulle, et de même pour les autres.

Si M_1 est une intégrale particulière de l'équation (76), la substitution $M = M_1 \mu$ ramène cette équation à la forme $X(\mu) = 0$. Si l'on connaît un multiplicateur M du système (59), l'intégrale générale de l'équation (76 est d'après cela $M \Pi(f_1, f_2, \ldots, f_{n-1})$, Π étant une fonction arbitraire. Toute fonction de cette forme est aussi un multiplicateur; en d'autres termes, il existe $n-1$ intégrales premières $F_1, \ldots, F_{n-1}$, telles que $M \Pi(f_1, f_2, \ldots, f_{n-1})$ puisse se déduire de $F_1, F_2, \ldots, F_{n-1}$ de la même façon que M se déduit de $f_1, f_2, \ldots, f_{n-1}$. Il suffit pour cela que l'on ait, en supposant $X_1 \neq 0$,

$$\frac{1}{X_1} \frac{D(F_1, F_2, \ldots, F_{n-1})}{D(x_2, x_3, \ldots, x_n)} = \frac{1}{X_1} \frac{D(F_1, F_2, \ldots, F_{n-1})}{D(f_1, f_2, \ldots, f_{n-1})} \frac{D(f_1, f_2, \ldots, f_{n-1})}{D(x_2, \ldots, x_n)} = M \Pi$$

ou

$$\frac{D(F_1, F_2, \ldots, F_{n-1})}{D(f_1, f_2, \ldots, f_{n-1})} = \Pi(f_1, f_2, \ldots, f_{n-1}).$$

On peut satisfaire à cette condition d'une infinité de manières, et même se donner à l'avance $n-2$ des intégrales premières F_i.

Considérons le système

$$(77) \qquad \frac{dx_1}{X_1} = \frac{dx_2}{X_2} = \ldots = \frac{dx_n}{X_n} = dt,$$

avec la variable auxiliaire t. Ce système peut être ramené à la forme simple

$$(78) \qquad dy_1 = dy_2 = \ldots = dy_{n-1} = 0, \qquad dy_n = dt,$$

en prenant pour variables les $n-1$ intégrales premières $f_1, f_2, \ldots, f_{n-1}$ et la fonction f_n qui figurent dans les formules précédentes (69) ; il est facile d'avoir l'expression générale des multiplicateurs au moyen des variables y_i. En effet, tout multiplicateur est de la forme

$$M = \frac{1}{X_1} \frac{D(y_1, y_2, \ldots, y_{n-1})}{D(x_2, x_3, \ldots, x_n)} \Pi(y_1, y_2, \ldots, y_{n-1});$$

d'autre part, nous avons

$$X_1 = \frac{dx_1}{dt} = \frac{\partial x_1}{\partial y_1} \frac{dy_1}{dt} + \ldots \frac{\partial x_1}{\partial v_n} \frac{dy_n}{dt} = \frac{\partial x_1}{\partial y_n}.$$

des formules $y_1 = f_1, \ldots, y_n = f_n$, qui définissent le changement de variables, on tire, en différentiant par rapport à y_n et en résolvant,

$$\frac{\partial x_1}{\partial y_n} = (-1)^{n-1} \frac{\dfrac{D(y_1, y_2, \ldots, y_{n-1})}{D(x_2, x_3, \ldots, x_n)}}{\dfrac{D(y_1, y_2, \ldots, y_n)}{D(x_1, x_2, \ldots, x_n)}},$$

et l'expression générale du multiplicateur peut s'écrire

$$(79) \qquad \frac{1}{M} = \frac{D(x_1, x_2, \ldots, x_n)}{D(y_1, y_2, \ldots, y_n)} \Phi(y_1, y_2, \ldots, y_{n-1}),$$

Φ étant une fonction arbitraire de $y_1, y_2, \ldots, y_{n-1}$.

Supposons maintenant qu'en effectuant un changement de variables quelconque ne portant que sur les x_i sans changer la variable t, on ait ramené le système (77) à la forme

$$(80) \qquad \frac{dx_1'}{X_1'} = \frac{dx_2'}{X_2'} = \ldots = \frac{dx_n'}{X_n'} = dt,$$

les X_i' étant des fonctions des nouvelles variables x_i' indépendantes de t.

Si M′ est un multiplicateur de ce nouveau système, on a encore

$$(81) \qquad \frac{1}{M'} = \frac{D(x'_1, x'_2, \ldots, x'_n)}{D(y_1, y_2, \ldots, y_n)} \, \Phi(y_1, y_2, \ldots, y_{n-1});$$

en prenant la même fonction Φ dans les deux formules, on en déduit, en les divisant membre à membre,

$$(82) \qquad M' = M \frac{D(x_1, x_2, \ldots, x_n)}{D(x'_1, x'_2, \ldots, x'_n)},$$

ce qui prouve que, *lorsque l'on connaît un multiplicateur* M *pour le système* (77), *on peut en déduire un multiplicateur* M′ *pour le système transformé.*

Cette propriété explique l'importance pratique du multiplicateur Supposons que l'on connaisse $n-2$ intégrales premières du système (59) et de plus un multiplicateur. On peut alors ramener ce système à la forme

$$\frac{dx'_1}{0} = \ldots = \frac{dx'_{n-2}}{0} = \frac{dx'_{n-1}}{X'_{n-1}} = \frac{dx'_n}{X'_n} = dt,$$

par un changement de variables, et l'on connaîtra pour ce nouveau système un multiplicateur M′, c'est-à-dire une solution de l'équation

$$\frac{\partial(M'X'_{n-1})}{\partial x'_{n-1}} + \frac{\partial(M'X'_n)}{\partial x'_n} = 0:$$

M′ est donc un facteur intégrant pour $X'_n \, dx'_{n-1} - X'_{n-1} \, dx'_n$, et l'on achèvera l'intégration par des quadratures.

Un cas particulier qui se présente fréquemment en Mécanique est celui où l'on a $\sum \frac{\partial X_i}{\partial x_i} = 0$. L'équation (76) se réduit alors à $X(M) = 0$, et l'on connaît immédiatement un multiplicateur $M = 1$.

Cette remarque s'applique aussi à l'équation du second ordre $y'' = f(x, y)$ dont l'intégration revient à celle du système

$$\frac{dx}{1} = \frac{dy}{y'} = \frac{dy'}{f(x, y)};$$

si l'on en connaît une intégrale première $\psi(x, y, y') = C$, on peut, d'après ce qui précède, achever l'intégration par une quadrature. Il est facile de le vérifier comme il suit. Supposons l'équation $\psi(x, y, y') = C$ résolue par rapport à y'

$$y' = \varphi(x, y, C):$$

toutes les intégrales de cette équation du premier ordre devant satisfaire à l'équation $y' = f(x, y)$, quelle que soit la constante C, on doit avoir

$\frac{\partial \varphi}{\partial x} + \frac{\partial \varphi}{\partial y} \, \tau = f$, et par suite, puisque $f(x, y)$ ne renferme pas C,

$$\frac{\partial^2 \varphi}{\partial C \, \partial x} + \frac{\partial^2 \varphi}{\partial C \, \partial y} \, \varphi + \frac{\partial \varphi}{\partial y} \frac{\partial \tau}{\partial C} = 0,$$

ce qui exprime que $\frac{\partial \varphi}{\partial C}$ est un facteur intégrant pour $dy - \tau \, dx$.

395. Invariants intégraux. — La propriété d'invariance du multiplicateur, relativement à tout changement de variables, peut être rattachée à la théorie générale des *Invariants intégraux*, due à **H.** Poincaré [1], et dont nous allons dire quelques mots. Considérons en particulier un système de trois équations différentielles

$$(83) \qquad \frac{dx}{X} = \frac{dy}{Y} = \frac{dz}{Z} = dt,$$

X, Y, Z étant des fonctions de x, y, z. Pour faciliter les énoncés, nous regarderons ces équations comme définissant le mouvement d'une molécule dans l'espace, la variable t représentant le temps. La molécule qui au temps $t = 0$ est au point $M_0 (x_0, y_0, z_0)$ est venue au temps t en un point M_t, de coordonnées (x, y, z). Lorsque le point M_0 décrit un certain domaine D_0 de l'espace, le point M_t décrit un domaine correspondant D_t. Cela posé, soit $F(x, y, z)$ une fonction des variables x, y, z : nous dirons que l'intégrale triple $I = \int \int \int F(x, y, z) \, dx \, dy \, dz$ est un *invariant intégral* du système (83) si la valeur de cette intégrale triple

$$\int \int \int_{D_t} F(x, y, z) \, dx \, dy \, dz,$$

étendue au domaine D_t, est indépendante de t et égale à la même intégrale étendue au domaine D_0. Par exemple, si les équations (83) définissent le mouvement d'un fluide *incompressible*, le volume du domaine D_t est constant, et l'intégrale $\int \int \int dx \, dy \, dz$ est un invariant intégral.

On définit de la même façon les invariants intégraux de lignes et de surfaces. Si le point M_0 décrit une ligne L_0 ou une surface Σ_0, le point M_t décrit une ligne L_t ou une surface Σ_t. Une intégrale curviligne

$$\int \alpha \, dx + \beta \, dy + \gamma \, dz$$

est un invariant intégral, si la valeur de cette intégrale le long de la ligne L_t est indépendante de t, et égale à la même intégrale curviligne prise le long

---

[1] *Les méthodes nouvelles de la Mécanique céleste*, t **III, Chap**. XXII et suivants. *Voir* aussi mon Mémoire *Sur les invariants intégraux* (*Journal de Mathématiques*, 6ᵉ série, t. IV).

de L_0. De même une intégrale de surface

$$\iint P\, dy\, dz + Q\, dz\, dx + R\, dx\, dy$$

est un invariant intégral, si la valeur de cette intégrale étendue à la surface Σ_t est indépendante de t.

Ces notions s'étendent sans difficulté aux systèmes d'équations différentielles les plus généraux de la forme (68). Il y a, pour un système de cette espèce, n classes d'invariants intégraux, du 1er ordre, du 2e ordre, ..., du $n^{ième}$ ordre, suivant le nombre de dimensions de la multiplicité à laquelle l'intégrale est étendue. Les conditions pour qu'une intégrale multiple d'ordre p soit un invariant intégral s'obtiennent aisément au moyen des formules du changement de variables dans les intégrales multiples. Nous développerons les calculs pour une intégrale multiple d'ordre n. Soit

$$I(t) = \iint \cdots \int_{D_t} M(x_1,\, x_2,\, \ldots,\, x_n)\, dx_1\, dx_2 \ldots dx_n$$

une intégrale multiple d'ordre n étendue au domaine D_t qui correspond à un domaine déterminé D_0, comme on vient de l'expliquer ; cette intégrale sera un invariant intégral, si elle est indépendante de t, c'est-à-dire si l'on a $I'(t) = 0$. Pour calculer cette dérivée, nous donnerons à t un accroissement h, et nous calculerons le coefficient de h dans le développement de $I(t+h)$. Soit x_i' ce que devient x_i quand on change t en $t+h$; on a

$$I(t+h) = \iint \cdots \int_{D_t} M(x_1',\, \ldots,\, x_n')\, dx_1' \ldots dx_n',$$

la nouvelle intégrale étant étendue au domaine D_t' qui correspond point par point à D_t. Nous pouvons encore écrire

$$I(t+h) = \iint \cdots \int_{D_t'} M(x_1',\, \ldots,\, x_n') \frac{D(x_1',\, x_2',\, \ldots,\, x_n')}{D(x_1,\, x_2,\, \ldots,\, x_n)}\, dx_1\, dx_2 \ldots dx_n;$$

d'autre part, nous avons, en n'écrivant pas les termes en h de degré supérieur au premier,

$$x_i' = x_i + h X_i + \ldots$$

$$M(x_1',\, x_2',\, \ldots,\, x_n') = M(x_1,\, x_2,\, \ldots,\, x_n) + h\left(X_1 \frac{\partial M}{\partial x_1} + \ldots + X_n \frac{\partial M}{\partial x_n} \right) + \ldots$$

$$\frac{D(x_1',\, x_2',\, \ldots,\, x_n')}{D(x_1,\, x_2,\, \ldots,\, x_n)} = \begin{vmatrix} 1 + h\dfrac{\partial X_1}{\partial x_1} & h\dfrac{\partial X_1}{\partial x_2} & \cdots & h\dfrac{\partial X_1}{\partial x_n} \\ h\dfrac{\partial X_2}{\partial x_1} & 1 + h\dfrac{\partial X_2}{\partial x_2} & \cdots & \cdots \\ \cdots & \cdots & \cdots & \cdots \end{vmatrix}$$

$$= 1 + h\left(\frac{\partial X_1}{\partial x_1} + \ldots + \frac{\partial X_n}{\partial x_n} \right) + \ldots$$

et

$$M(x'_1, x'_2, \ldots, x'_n) \frac{D(x'_1, x'_2, \ldots, x'_n)}{D(x_1, x_2, \ldots, x_n)}$$
$$= M(x_1, x_2, \ldots, x_n) + h\left[M\left(\frac{\partial X_1}{\partial x_1} + \ldots + \frac{\partial X_n}{\partial x_n}\right) + X_1 \frac{\partial M}{\partial x_1} + \ldots + X_n \frac{\partial M}{\partial x_n}\right] + \ldots;$$

la dérivée $\dfrac{dI}{dt}$ a donc pour expression

$$\frac{dI}{dt} = \iint \cdots \int_{D_t} \left[\frac{\partial(MX_1)}{\partial x_1} + \ldots + \frac{\partial(MX_n)}{\partial x_n}\right] dx_1\, dx_2 \ldots dx_n.$$

Pour que I soit un invariant intégral, il faut et il suffit que $\dfrac{dI}{dt}$ soit identiquement nul, quel que soit le domaine D, et par suite que l'on ait

$$(84) \qquad \frac{\partial(MX_1)}{\partial x_1} + \ldots + \frac{\partial(MX_n)}{\partial x_n} = 0.$$

Cette condition est identique à l'équation (76), et nous obtenons le théorème de H. Poincaré : *Pour que l'intégrale multiple*

$$\iint \cdots \int M\, dx_1 \ldots dx_n$$

soit un invariant intégral, il faut et il suffit que M *soit un multiplicateur.*

Cela étant, si l'on fait un changement de variables quelconque

$$x_i = \varphi_i(y_1, y_2, \ldots, y_n) \qquad (i = 1, 2, \ldots, n)$$

dans les équations (77), on obtient un nouveau système

$$(77') \qquad \frac{dy_1}{Y_1} = \frac{dy_2}{Y_2} = \ldots = \frac{dy_n}{Y_n} = dt;$$

M étant un multiplicateur du système (77), l'intégrale n^{ple}

$$\iint \cdots \int M\, dx_1\, dx_2 \ldots dx_n$$

est un invariant intégral de ce système, et l'intégrale n^{ple} qui se déduit de celle-là par la même transformation

$$\iint \cdots \int M(x_1, \ldots, x_n) \frac{D(x_1, x_2, \ldots, x_n)}{D(y_1, y_2, \ldots, y_n)}\, dy_1\, dy_2 \ldots dy_n$$

est évidemment aussi un invariant intégral du système transformé (77').
Par suite,

$$M' = M \frac{D(x_1, x_2, \ldots, x_n)}{D(y_1, y_2, \ldots, y_n)}$$

est un multiplicateur des nouvelles équations ($77'$), comme on l'a démontré directement.

Exemple. — Pour que le volume soit un invariant intégral des équations (83), $M = 1$ doit être un multiplicateur ce qui exige que l'on ait

$$(85) \qquad \frac{\partial X}{\partial x} + \frac{\partial Y}{\partial y} + \frac{\partial Z}{\partial z} = 0.$$

C'est la condition d'*incompressibilité* d'un fluide dont les équations (83) définissent un mouvement permanent.

IV. — TRANSFORMATIONS INFINITÉSIMALES.

396 Groupes à un paramètre ([1]). — Tout ensemble d'une infinité de transformations d'une nature quelconque, portant sur n variables x_1, x_2, ..., x_n, forme un groupe si la transformation obtenue en effectuant successivement deux transformations quelconques de cet ensemble fait encore partie de l'ensemble. Considérons, pour fixer les idées, deux variables x, y, et soit T la transformation définie par les formules

$$(86) \qquad x' = f(x, y; a), \qquad y' = \varphi(x, y; a),$$

où a désigne un paramètre arbitraire. Si l'on regarde x et y comme les coordonnées d'un point M dans un plan, x' et y' comme les coordonnées d'un autre point M', les formules précédentes définissent une transformation ponctuelle. A chaque valeur du paramètre a correspond ainsi une transformation déterminée; en faisant varier ce paramètre, on obtient une infinité de transformations différentes. Imaginons que l'on effectue successivement deux transformations différentes de cet ensemble, correspondant à deux valeurs quelconques a et b du paramètre. La première transformation conduira du couple de valeurs (x, y) au couple de valeurs (x', y') données par les formules (86); la seconde transformation conduira ensuite du couple (x', y') à un troisième couple (x'', y'') où l'on a

$$(87) \qquad x'' = f(x', y'; b), \qquad y'' = \varphi(x', y'; b).$$

Remplaçons dans ces dernières formules x' et y' par les valeurs (86); les formules obtenues

$$(88) \qquad x'' = F(x, y; a, b), \qquad y'' = \Phi(x, y; a, b)$$

définissent encore une transformation ponctuelle dépendant des deux para-

---

([1]) La théorie des groupes continus de transformations a été développée par Sophus Lie dans un grand nombre de Mémoires et dans son Ouvrage : *Theorie der Transformationsgruppen*.

mètres a et b. Nous dirons que l'ensemble des transformations (86) forme un *groupe continu à un paramètre* si la nouvelle transformation (88) appartient à cet ensemble. Pour cela, il faut et il suffit que les formules (88) soient de la forme

$$(89) \qquad x'' = f(x, y; c), \qquad y'' = \varphi(x, y; c),$$

c étant une valeur du paramètre ne dépendant que de a et de b, $c = \psi(a, b)$. La définition qui précède s'applique évidemment quel que soit le nombre des variables, en particulier s'il n'y a qu'une seule variable.

Les formules $x' = x + a$, ou

$$
\begin{aligned}
x' &= x + a, & y' &= y + 2a, \\
x' &= x \cos a - y \sin a, & y' &= x \sin a + y \cos a, \\
x' &= a x, & y' &= a^2 y,
\end{aligned}
$$

donnent des groupes à un paramètre. Au contraire, les transformations $x' = x + a$, $y' = y + a^2$ ne forment pas un groupe, car la transformation résultante de deux transformations successives $x'' = x + a + b$, $y'' = y + a^2 + b^2$ ne fait pas partie de l'ensemble.

Si dans les formules (86) qui définissent un groupe de transformations on pose $a = \Pi(\alpha)$, α étant un nouveau paramètre, il est clair que les formules obtenues définissent encore un groupe. Il en est encore de même si l'on fait un changement de variables, comme on peut s'en rendre compte *a priori*. En effet, si un ensemble de transformations ponctuelles dans un plan est tel que la transformation résultante de deux transformations successives fasse partie du même ensemble, il est clair que cette propriété est indépendante du choix des coordonnées à l'aide desquelles on fixe la position d'un point dans le plan. Du reste la vérification est facile.

Supposons que l'on pose $x = \Pi(u, v)$, $y = \Pi_1(u, v)$, et soient inversement $u = \Pi^{-1}(x, y)$, $v = \Pi_1^{-1}(x, y)$, de façon que l'on ait identiquement

$$x = \Pi[\Pi^{-1}(x, y), \Pi_1^{-1}(x, y)], \qquad y = \Pi_1[\Pi^{-1}(x, y), \Pi_1^{-1}(x, y)].$$

Par hypothèse, les transformations considérées forment un groupe et les formules (89) où $c = \psi(a, b)$ sont une conséquence des formules (86) et (87). Soient (u, v), (u', v'), (u'', v'') les couples de valeurs des nouvelles variables qui correspondent respectivement aux couples (x, y), (x', y'), (x'', y''). On a

$$(90) \quad \begin{cases} u' = \Pi^{-1}(x', y') = \Pi^{-1}\left\{ f[\Pi(u,v), \Pi_1(u,v); a], \varphi[\Pi(u,v), \Pi_1(u,v); a] \right\} \\ \qquad = \mathrm{F}(u, v; a); \\ v' = \Pi_1^{-1}(x', y') = \Pi_1^{-1}\left\{ f[\Pi(u,v), \Pi_1(u,v); a], \varphi[\Pi(u,v), \Pi_1(u,v); a] \right\} \\ \qquad = \Phi(u, v; a), \end{cases}$$

et tout revient à démontrer que les formules (90) définissent encore un groupe de transformations. Or on a par exemple $u'' = F(u', v'; b)$, ou

$$u'' = \Pi^{-1}\left\{ f[\Pi(u', v'), \Pi_1(u', v'); b], \varphi[\Pi(u', v'), \Pi_1(u', v'); b] \right\},$$

ce qui est encore égal, puisque les formules (86) définissent un groupe, à

$$\Pi^{-1}[f(x', y'; b), \varphi(x', y'; b)] = \Pi^{-1}[f(x, y; c), \varphi(x, y; c)],$$

c'est-à-dire à

$$\Pi^{-1}\left\{ f[\Pi(u, v), \Pi_1(u, v); c], \varphi[\Pi(u, v), \Pi_1(u, v); c] \right\} = F(u, v, c),$$

et l'on verrait de même que l'on a $v'' = \Phi(u, v; c)$.

Deux groupes de transformations que l'on ramène ainsi l'un à l'autre par un changement de variables sont dits *semblables*. Par exemple, les deux groupes $x' = ax$, $u' = u + b$ sont semblables, car on passe de l'un à l'autre en posant $u = \log x$, $b = \log a$.

Nous allons déterminer tous les groupes à un paramètre en supposant que les fonctions f et φ sont analytiques, et en supposant de plus que le groupe renferme la transformation identique, c'est-à-dire que, pour une valeur particulière a_0 du paramètre, on a $f(x, y; a_0) = x$, $\varphi(x, y; a_0) = y$, quels que soient x et y.

Dans les équations de condition

$$(91) \qquad f(x', y'; b) = f(x, y; c), \qquad \varphi(x', y'; b) = \varphi(x, y; c),$$

on peut considérer x, y, a, c comme des variables indépendantes, et b comme une fonction de a et de c définie par la relation $c = \psi(a, b)$; x' et y' sont des fonctions de x, y, a, définies par les formules (86). En prenant les dérivées par rapport à a, on tire des relations (91)

$$(92) \quad \frac{\partial f}{\partial x'}\frac{\partial x'}{\partial a} + \frac{\partial f}{\partial y'}\frac{\partial y'}{\partial a} + \frac{\partial f}{\partial b}\frac{\partial b}{\partial a} = 0, \quad \frac{\partial \varphi}{\partial x'}\frac{\partial x'}{\partial a} + \frac{\partial \varphi}{\partial y'}\frac{\partial y'}{\partial a} + \frac{\partial \varphi}{\partial b}\frac{\partial b}{\partial a} = 0;$$

mais $\dfrac{\partial b}{\partial a}$ est donné par la relation $\dfrac{\partial \psi}{\partial a} + \dfrac{\partial \psi}{\partial b}\dfrac{\partial b}{\partial a} = 0$, et ne dépend par conséquent que de a et de b. En résolvant les équations précédentes (92) par rapport à $\dfrac{\partial x'}{\partial a}$, $\dfrac{\partial y'}{\partial a}$, on obtient donc des formules de la forme

$$\frac{\partial x'}{\partial a} = \lambda(a, b)\,\xi(x', y', b), \qquad \frac{\partial y'}{\partial a} = \lambda(a, b)\,\eta(x', y', b).$$

Or x' et y' ne dépendent pas de b; on a donc le droit de supposer qu'il en est de même de λ, ξ, η, et par suite x' et y' sont les intégrales du système d'équations différentielles

$$(93) \qquad \frac{dx'}{\xi(x', y')} = \frac{dy'}{\eta(x', y')} = \lambda(a)\,da,$$

qui pour $a = a_0$ prennent respectivement les valeurs x et y. Inversement, quelles que soient les fonctions $\xi(x, y)$, $\eta(x, y)$, les formules $x' = f(x, y, a)$, $y' = \varphi(x, y, a)$, qui représentent les intégrales du système précédent, se réduisant respectivement à x et à y, pour une valeur particulière a_0 du paramètre, définissent un groupe continu de transformations. Nous pouvons d'abord, pour simplifier, introduire un nouveau paramètre t en posant $t = \int_{a_0}^{a} \lambda(a)$, da, ce qui permet d'écrire les équations différentielles (93) sous la forme réduite

$$(94) \qquad \frac{dx'}{\xi(x', y')} = \frac{dy'}{\eta(x', y')} = dt.$$

L'intégrale générale de ce système peut s'écrire, comme on l'a vu plus haut (n° 393),

$$\Omega_1(x', y') = C_1, \qquad \Omega_2(x', y') = t + C_2,$$

Ω_1 et Ω_2 étant des fonctions déterminées de x', y', et C_1, C_2 étant deux constantes arbitraires. Les intégrales qui pour $t = 0$ prennent les valeurs x et y sont données par le système d'équations

$$(95) \qquad \Omega_1(x', y') = \Omega_1(x, y), \qquad \Omega_2(x', y') = \Omega_2(x, y) + t.$$

Les formules précédentes définissent bien un groupe continu, car, si l'on effectue successivement les deux transformations qui correspondent aux valeurs t_1 et t_2 du paramètre, la transformation résultante correspond à la valeur $t_1 + t_2$ du paramètre. Les deux transformations qui correspondent aux valeurs t et $-t$ sont inverses l'une de l'autre. Si l'on a

$$x' = f(x, y; t), \qquad y' = \varphi(x, y; t),$$

inversement on peut écrire

$$x = f(x', y'; -t), \qquad y = \varphi(x', y'; -t).$$

Prenons pour nouvelles variables

$$u = \Omega_1(x, y), \qquad v = \Omega_2(x, y),$$

les formules (95) deviennent

$$(96) \qquad u' = u, \qquad v' = v + t;$$

on dit que le groupe est ramené à la forme réduite. *Tout groupe continu à un paramètre est donc semblable à un groupe de translations.*

Prenons par exemple le groupe $x' = ax$, $y' = a^2 y$. Nous avons, en appliquant la méthode générale,

$$\frac{\partial x'}{\partial a} = x = \frac{x'}{a}, \qquad \frac{\partial y'}{\partial a} = 2 a y = 2 \frac{y'}{a}.$$

Les équations différentielles (93) sont dans ce cas

$$\frac{dx'}{x'} = \frac{dy'}{2y'} = \frac{da}{a} = dt,$$

en posant $t = \log a$. Les équations finies du groupe peuvent s'écrire

$$\frac{y'}{x'^2} = \frac{y}{x^2}, \qquad \log x = \log x + t,$$

et on les mettra sous la forme réduite en prenant pour nouvelles variables $\log x$ et $\dfrac{y}{x^2}$.

397. Application aux équations différentielles. — Supposons qu'une équation différentielle donnée

$$(97) \qquad F\left(x, y, \frac{dy}{dx}, \frac{d^2 y}{dx^2}, \ldots, \frac{d^n y}{dx^n}\right) = 0$$

admette un groupe *connu* de transformations à un paramètre, c'est-à-dire soit identique à l'équation obtenue en effectuant sur les variables x et y le changement de variables défini par les formules (86), quelle que soit la valeur numérique du paramètre a. On peut se servir de cette propriété pour simplifier l'intégration. En effet, imaginons qu'on effectue d'abord un changement de variables de façon à ramener les équations qui définissent le groupe considéré à la forme simple $u' = u$, $v' = v + a$. Le même changement de variables, appliqué à l'équation différentielle proposée, conduit à une nouvelle équation d'ordre n

$$(98) \qquad \Phi\left(u, v, \frac{dv}{du}, \frac{d^2 v}{du^2}, \ldots, \frac{d^n v}{du^n}\right) = 0$$

qui ne doit pas changer quand on y remplace v par $v + a$, quelle que soit la valeur numérique de la constante a. Ceci ne peut avoir lieu que si le premier membre Φ ne renferme pas la variable v. Si l'équation est du premier ordre, on obtiendra l'intégrale générale par une quadrature ; si $n > 1$, on abaissera l'ordre de l'équation d'une unité en prenant $\dfrac{dv}{du}$ pour fonction inconnue.

Prenons par exemple l'équation homogène du premier ordre

$$\frac{dy}{dx} = f\left(\frac{y}{x}\right).$$

Cette équation ne change pas, quand on remplace x et y par ax et ay respectivement, quelle que soit la constante a. Or les formules $x' = ax$, $y' = ay$ définissent un groupe de transformations, que l'on peut encore écrire

$$\frac{y'}{x'} = \frac{y}{x}, \qquad \log y' = \log y + t.$$

En posant $\frac{y}{x} = u$, $\log y = v$, on sera donc conduit à une équation s'intégrant par une quadrature (*voir* n° 364).

Considérons encore l'équation linéaire du premier ordre, et d'abord l'équation homogène $\frac{dy}{dx} + Py = 0$. Cette équation ne changeant pas quand on remplace y par ay, quelle que soit la constante a, on peut dire qu'elle admet le groupe de transformations $x' = x$, $y' = ay$. Elle s'intégrera donc par une quadrature, en prenant $\log y$ pour fonction inconnue. Soit en second lieu

$$(99) \qquad \frac{dy}{dx} + Py + Q = 0$$

l'équation linéaire générale, et soit y_1 une intégrale particulière non nulle de l'équation $\frac{dy}{dx} + Py = 0$. Il est facile de vérifier que l'équation (99) ne change pas quand on remplace y par $y + ay_1$; elle admet donc le groupe de transformations défini par les formules

$$x' = x, \qquad \frac{y'}{y_1} = \frac{y}{y_1} + a.$$

En prenant pour nouvelle inconnue $\frac{y}{y_1}$, on doit donc être conduit à une équation intégrable par une quadrature. On est précisément ramené aux calculs du n° 365, et l'on verrait de même que les différents cas d'abaissement qui ont été signalés (n° 380) pour les équations d'ordre supérieur ne sont au fond que des cas particuliers de la méthode précédente.

Ces différents procédés, qui apparaissent au premier abord comme des artifices de calcul sans aucun lien entre eux, peuvent ainsi être rattachés à un point de vue commun au moyen de la théorie des groupes de transformations. A tout groupe continu de transformations à un paramètre entre deux variables x et y, on peut de cette façon faire correspondre une infinité d'équations du premier ordre qui s'intègrent par une quadrature et d'équations d'ordre supérieur dont on peut abaisser l'ordre d'une unité. Cette remarque peut avoir une importance pratique dans la mise en équation de certains problèmes. Supposons en effet qu'il s'agisse de trouver des courbes planes jouissant d'une certaine propriété et que l'on connaisse *a priori* un groupe (G) de transformations à un paramètre tel que, si l'on applique une transformation quelconque de (G) à une courbe possédant la propriété en question, la nouvelle courbe possède la même propriété. Il est clair que l'équation différentielle de ces courbes admettra le groupe donné de transformations. Si donc on choisit un système de coordonnées (u, v) tel que les équations du groupe (G) soient $u' = u$, $v' = v + a$, l'équation différentielle des courbes cherchées dans ce système de coordonnées ne renfermera que u, $\dfrac{dv}{du}$, $\dfrac{d^2v}{du^2}$, ... Par exemple, supposons que l'on veuille obtenir les projections sur le plan des xy des lignes asymptotiques ou des lignes de courbure d'une surface hélicoïde, l'axe Oz étant l'axe du mouvement hélicoïdal qui fait glisser la surface sur elle-même. Il est clair que, si une courbe C du plan des xy répond à la question, il en sera de même de toutes les courbes que l'on obtient en faisant tourner C d'un angle quelconque autour de l'origine. L'équation différentielle de ces courbes admet donc le groupe formé par les rotations autour de l'origine; les équations de ce groupe sont, avec les coordonnées polaires, $\rho' = \rho$, $\omega' = \omega + a$. Avec le système de variables ρ, ω, l'équation différentielle ne renfermera donc que ρ et $\dfrac{d\omega}{d\rho}$ (*voir* I, n° 237).

Jusqu'ici nous avons supposé le groupe G connu. Nous sommes donc conduits à examiner le problème suivant : *Une équation différentielle étant donnée, reconnaître si elle admet un ou plusieurs groupes continus de transformations à un paramètre, et déterminer ces groupes.* C'est une question très importante, que je ne puis songer à développer ici; je me bornerai à quelques indications.

398. Transformations infinitésimales. — Étant donné un système de transformations effectuées sur n variables, défini par les formules

$$(100) \qquad x'_i = f_i(x_1, x_2, \ldots, x_n; a) \qquad (i = 1, 2. \ldots, n).$$

où les fonctions f_i dépendent d'un paramètre arbitraire a, on dit encore que ces transformations forment un *groupe* si la transformation résultant de deux transformations quelconques de ce système effectuées successivement appartient encore au système. On démontre comme plus haut que tout groupe qui renferme la transformation identique c'est-à-dire tel que l'on ait, pour une valeur a_0 du paramètre, quels que soient $x_1, x_2, \ldots, x_n$,

$$f_i(x_1, x_2, \ldots, x_n; a_0) = x_i \qquad (i = 1, 2. \ldots, n),$$

s'obtient en intégrant un système d'équations différentielles

$$(101) \qquad \begin{cases} \dfrac{dx'_1}{\xi_1(x'_1, x'_2, \ldots, x'_n)} = \dfrac{dx'_2}{\xi_2(x'_1, x'_2, \ldots, x'_n)} = \ldots \\[2ex] \qquad\qquad = \dfrac{dx'_n}{\xi_n(x'_1, \ldots, x'_n)} = dt. \end{cases}$$

Soient

$$(102) \qquad x'_i = \varphi_i(x_1, x_2, \ldots, x_n; t) \qquad (i = 1, 2, \ldots, n)$$

les intégrales de ce système qui se réduisent à $x_1, x_2, \ldots, x_n$ respectivement pour $t = 0$. Les formules (102) définissent un groupe continu à un paramètre, la variable t jouant le rôle de paramètre. Nous avons vu en effet (n° 393) que l'intégrale générale de ce système peut s'écrire

$$\Omega_1(x'_1, x'_2, \ldots, x'_n) = C_1, \qquad \ldots,$$
$$\Omega_{n-1}(x'_1, \ldots, x'_n) = C_{n-1}, \qquad \Omega_n(x'_1, \ldots, x'_n) = t + C_n,$$

$\Omega_1, \Omega_2, \ldots, \Omega_n$ étant n fonctions des variables x'_i que l'on a définies avec précision. Les intégrales qui pour $t = 0$ prennent les valeurs $x_1, x_2, \ldots, x_n$ sont donc fournies par les relations

$$(103) \quad \begin{cases} \Omega_i(x'_1, \ldots, x'_n) = \Omega_i(x_1, \ldots, x_n) & (i = 1, 2, \ldots, n-1), \\ \Omega_n(x'_1, \ldots, x'_n) = \Omega_n(x_1, x_2, \ldots, x_n) + t, \end{cases}$$

équivalentes aux formules (102). Sous cette nouvelle forme, on voit immédiatement que ces transformations forment un groupe.

Soit $F(x_1, x_2, \ldots, x_n)$ une fonction des n variables x_i; si nous y remplaçons les variables x_i par les fonctions x'_i déduites des formules (102), le résultat $F(x'_1, x'_2, \ldots, x'_n)$ est une fonction de $x_1, x_2, \ldots, x_n, t$, qui pour $t = 0$ se réduit à $F(x_1, x_2, \ldots, x_n)$. Proposons-nous de développer cette fonction suivant les puissances croissantes de t.

D'une façon générale, nous désignons par F' ce que devient une fonction $F(x_1, x_2, \ldots, x_n)$ quand on y remplace x_i par x'_i, et nous poserons, f étant une fonction quelconque de $x_1, x_2, \ldots, x_n$,

$$X(f) = \xi_1(x_1, x_2, \ldots, x_n)\frac{\partial f}{\partial x_1} + \ldots + \xi_n(x_1, x_2, \ldots, x_n)\frac{\partial f}{\partial x_n};$$

les variables x_i étant remplacées par x'_i, nous poserons de même

$$X'(f') = \xi_1(x'_1, x'_2, \ldots, x'_n)\frac{\partial f'}{\partial x'_1} + \ldots + \xi_n(x'_1, x'_2, \ldots, x'_n)\frac{\partial f'}{\partial x'_n}.$$

Cela posé, nous avons, d'après les équations différentielles (101),

$$\frac{dF'}{dt} = \xi_1(x'_1, \ldots, x'_n)\frac{\partial F'}{\partial x'_1} + \ldots + \xi_n(x'_1, \ldots, x'_n)\frac{\partial F'}{\partial x'_n} = X'(F');$$

nous avons ensuite

$$\frac{d^2 F'}{dt^2} = \frac{d}{dt}[X'(F')] = X'[X'(F')],$$

et d'une façon générale

$$\frac{d^p F'}{dt^p} = X'^p(F'),$$

$X'^p(F')$ désignant le résultat de l'opération X' effectuée p fois successivement. Pour $t = 0$, $x'_1, x'_2, \ldots, x'_n$ se réduisent à $x_1, x_2, \ldots, x_n$, $\left(\dfrac{d^p F'}{dt^p}\right)_{t=0}$

est égal à $X^{(p)}(F)$, et le développement de F' est donné par la formule

$$(104) \quad \begin{cases} F'(x'_1, \ldots, x'_n) = F(x_1, \ldots, x_n) + t\,X(F) \\ \qquad + \dfrac{t^2}{1.2} X^{(2)}(F) + \ldots + \dfrac{t^p}{p!} X^{(p)}(F) + \ldots \end{cases}$$

La fonction F étant supposée régulière dans le voisinage des valeurs x_1, x_2, ..., x_n, la série du second membre est convergente tant que $|t|$ est suffisamment petit. En particulier, nous avons

$$(105) \qquad x'_i = x_i + \frac{t}{1}\xi_i + \frac{t^2}{1.2} X(\xi_i) + \frac{t^3}{1.2.3} X^{(2)}(\xi_i) + \ldots$$

Donnons à t une valeur infiniment petite δt; les formules précédentes peuvent s'écrire en posant $\delta x_i = x'_i - x_i$, et en négligeant les infiniment petits d'ordre supérieur au premier par rapport à δt,

$$(106) \qquad \delta x_1 = \xi_1\,\delta t, \qquad \delta x_2 = \xi_2\,\delta t, \qquad \ldots, \qquad \delta x_n = \xi_n\,\delta t.$$

On dit que ces formules définissent une *transformation infinitésimale*, et $X(f)$, ou $\sum \xi_i \dfrac{\partial f}{\partial x_i}$, est le symbole de cette transformation infinitésimale. A tout groupe à un paramètre correspond une transformation infinitésimale, et inversement; on peut choisir à volonté n fonctions $\xi_1, \xi_2, \ldots, \xi_n$ de $x_1, x_2, \ldots, x_n$, et $X(f)$ est le symbole d'une transformation infinitésimale définissant un groupe continu dont on obtiendrait les équations en intégrant le système d'équations différentielles (101). L'introduction des transformations infinitésimales a permis d'appliquer à la théorie des groupes les méthodes du calcul infinitésimal. Du reste, dans beaucoup de questions relatives aux groupes, c'est la transformation infinitésimale qui intervient seule, comme nous allons en voir des exemples.

Considérons $x_1, x_2, \ldots, x_n$ comme les coordonnées d'un point dans l'espace à n dimensions, et t comme une variable indépendante mesurant le temps. Lorsque t varie, le point de coordonnées $x'_1, x'_2, \ldots, x'_n$ décrit dans l'espace à n dimensions une courbe ou *trajectoire* partant du point $(x_1, x_2, \ldots, x_n)$. L'espace à n dimensions, ou du moins un domaine pris dans cet espace, est ainsi décomposé en une infinité de multiplicités à une dimension, chaque point de ce domaine appartenant à une seule multiplicité. On dit qu'une fonction $F(x_1, \ldots, x_n)$ est un *invariant* du groupe considéré lorsqu'on a, quel que soit t,

$$F(x'_1, \ldots, x'_n) = F(x_1, \ldots, x_n).$$

Il est aisé d'avoir tous les invariants d'un groupe. En effet, en divisant par t les deux membres de l'équation (104), où l'on suppose $F' = F$, il vient

$$X(F) + \frac{t}{2} X^2(F) + \ldots + \frac{t^{p-1}}{1.2\ldots p} X^{(p)}(F) + \ldots = 0;$$

cette égalité devant avoir lieu quel que soit t, il faut en particulier que l'on ait $X(F) = o$. On dit alors que la fonction F admet la transformation infinitésimale du groupe. Cette condition est d'ailleurs suffisante, car, si l'on a $X(F) = o$, on a aussi $X[X(F)] = o$, ..., et par suite $X^{(p)}(F) = o$, quel que soit p. *Les seuls invariants du groupe à un paramètre sont donc les intégrales de l'équation* $X(f) = o$.

Remarquons que si deux groupes ont respectivement pour transformations infinitésimales $X(f)$ et $H X(f)$, $H(x_1, x_2, ..., x_n)$ étant une fonction quelconque, ces deux groupes ont les mêmes invariants, sans être identiques. Si l'on applique à un même point les transformations des deux groupes, ce point décrira bien la même trajectoire, mais avec des vitesses différentes. Inversement, si deux groupes ont les mêmes invariants, les deux transformations infinitésimales $X(f)$ et $Y(f)$ ne peuvent différer que par un facteur $H(x_1, x_2, ..., x_n)$ ne dépendant que de $x_1, x_2, ..., x_n$, car les deux équations $X(f) = o$, $Y(f) = o$ doivent avoir les mêmes intégrales.

Nous introduirons encore une notion importante. Soit

$$(107) \qquad x_1 = f(x, y; a), \qquad y_1 = \varphi(x, y; a)$$

un groupe continu à deux variables. Si l'on applique une transformation de ce groupe à tous les points d'une courbe plane C, on obtient une autre courbe plane C_1. Soient $y', y'', ..., y^{(n)}$ les dérivées successives de y par rapport à x et $y_1', y_1'', ..., y_1^{(n)}$ les dérivées successives de y_1 par rapport à x_1; nous avons vu (I, n° 57) comment on peut calculer ces dérivées successives au moyen de $x, y, y', ..., y^{(n)}$, ce qui conduit à des formules de la forme

$$(108) \qquad \begin{cases} y_1' = \psi_1(x, y, y'; a), \\ y_1'' = \psi_2(x, y, y', y''; a), \\ \dots\dots\dots\dots\dots\dots\dots, \\ y_1^{(n)} = \psi_n(x, y, y', ..., y^{(n)}; a). \end{cases}$$

Les formules (107) et (108) définissent encore un groupe de transformations à $n+2$ variables $x, y, y', ..., y^{(n)}$, que l'on appelle le *groupe prolongé* du premier. Nous admettrons ce point dont la démonstration n'offre d'autres difficultés que quelques longueurs d'écriture. Nous montrerons seulement comment on peut calculer la transformation infinitésimale du groupe prolongé. Soit $\xi(x, y)\dfrac{\partial f}{\partial x} + \eta(x, y)\dfrac{\partial f}{\partial y}$ la transformation infinitésimale du groupe donné. Nous pouvons écrire les équations de ce groupe

$$(109) \qquad \begin{cases} x_1 = x + \dfrac{t}{1}\xi(x, y) + \dfrac{t^2}{1.2}\left(\xi\dfrac{\partial \xi}{\partial x} + \eta\dfrac{\partial \xi}{\partial y}\right) + \dots \\[2ex] y_1 = y + \dfrac{t}{1}\eta(x, y) + \dfrac{t^2}{1.2}\left(\xi\dfrac{\partial \eta}{\partial x} + \eta\dfrac{\partial \eta}{\partial y}\right) + \dots, \end{cases}$$

et l'on en déduit

$$y'_1 = \frac{dy_1}{d.r_1} = \frac{dy + \frac{t}{1}\left(\frac{\partial\eta}{\partial x}\,dx + \frac{\partial\eta}{\partial y}\,dy\right) + \ldots}{dx + \frac{t}{1}\left(\frac{\partial\xi}{\partial x}\,dx + \frac{\partial\xi}{\partial y}\,dy\right) + \ldots}.$$

Le coefficient de t dans le second membre, le seul dont nous ayons besoin, s'obtient par une division, et il est égal à

$$\frac{\partial\eta}{\partial x} + \left(\frac{\partial\eta}{\partial y} - \frac{\partial\xi}{\partial x}\right)\frac{dy}{dx} - \left(\frac{\partial\xi}{\partial y}\right)\left(\frac{dy}{dx}\right)^2.$$

Le symbole de la transformation infinitésimale du groupe prolongé est donc, pour $n = 1$,

$$\xi(x,y)\frac{\partial f}{\partial x} + \eta(x,y)\frac{\partial f}{\partial y} + \left[\frac{\partial\eta}{\partial x} + \left(\frac{\partial\eta}{\partial y} - \frac{\partial\xi}{\partial x}\right)y' - \frac{\partial\xi}{\partial y}y'^2\right]\frac{\partial f}{\partial y'}.$$

Le procédé est général. Si le coefficient de t dans le développement de $y_1^{(n-1)}$ est $\pi(x, y, y', \ldots, y^{(n-1)})$, on a pour $y_1^{(n)}$

$$y_1^{(n)} = \frac{dy_1^{(n-1)}}{d.r_1} = \frac{dy^{(n-1)} + \frac{t}{1}\,d\pi + \ldots}{dx + \frac{t}{1}\left(\frac{\partial\xi}{\partial x}\,dx + \frac{\partial\xi}{\partial y}\,dy\right) + \ldots},$$

et le coefficient de t dans le second membre est

$$\frac{d\pi}{dx} - y^{(n)}\left(\frac{\partial\xi}{\partial x} + \frac{\partial\xi}{\partial y}y'\right).$$

On peut donc calculer de proche en proche les transformations infinitésimales des groupes prolongés que l'on peut déduire du groupe considéré, en s'arrêtant à telle valeur de n que l'on veut.

On dit qu'un système d'équations différentielles

$$(110) \qquad \frac{dx_1}{X_1} = \frac{dx_2}{X_2} = \ldots = \frac{d.r_n}{X_n}$$

admet le groupe de transformations à un paramètre G défini par les formules (100) lorsqu'il se change en un système de même forme

$$(111) \qquad \frac{dx'_1}{X'_1} = \frac{dx'_2}{X'_2} = \ldots = \frac{dx'_n}{X'_n}$$

quand on prend pour nouvelles variables x'_1, x'_2, ..., x'_n, au lieu de x_1, x_2, ..., x_n, et cela quelle que soit la valeur du paramètre a. D'après la liaison qui a été établie entre le système (110) et l'équation aux dérivées partielles

$$(112) \qquad X(f) = X_1\frac{\partial f}{\partial x_1} + X_2\frac{\partial f}{\partial x_2} + \ldots + X_n\frac{\partial f}{\partial x_n} = 0,$$

il faut et il suffit pour cela que toute transformation du groupe G conduise de l'équation

$$X'(f') = \sum_{i=1}^{i=n} X'_i(x'_1, x'_2, \ldots, x'_n) \frac{\partial f'}{\partial x'_i}$$

à une équation linéaire équivalente à $X(f) = o$, quelle que soit la valeur du paramètre a. Si $f(x_1, x_2, \ldots, x_n)$ est une intégrale de $X(f) = o$, $f(x'_1, x'_2, \ldots, x'_n)$ est aussi une intégrale de $X'(f) = o$, et, par suite, après qu'on y a remplacé $x'_1, \ldots, x'_n$ par leurs expressions (100), $f(x'_1, \ldots, x'_n)$ doit encore être une intégrale de $X(f) = o$. Il s'ensuit que la condition nécessaire et suffisante pour que le système d'équations différentielles (110) admette le groupe de transformations G, c'est que toute transformation de ce groupe change une intégrale de l'équation $X(f) = o$ en une intégrale de la même équation.

Soit

(113) $$T(f) = \xi_1 \frac{\partial f}{\partial x_1} + \xi_2 \frac{\partial f}{\partial x_2} + \ldots + \xi_n \frac{\partial f}{\partial x_n}$$

la transformation infinitésimale du groupe G. Nous pouvons écrire, en remplaçant le paramètre a par le paramètre t défini plus haut,

$$f(x'_1, x'_2, \ldots, x'_n) = f(x_1, x_2, \ldots, x_n) + \frac{t}{1} T(f) + \frac{t^2}{1 \cdot 2} T[T(f)] + \ldots$$

Si $f(x_1, \ldots, x_n)$ est une intégrale quelconque de l'équation (112), il doit en être de même de $f(x'_1, \ldots, x_n)$ et par suite de

$$f(x'_1, \ldots, x'_n) - f(x_1, \ldots, x_n),$$

ou de

$$T(f) + \frac{t}{2} T[T(f)] + \ldots,$$

quel que soit t. En particulier, $T(f)$ doit être une intégrale de l'équation (112). Cette condition est suffisante. Soient, en effet, $f_1, f_2, \ldots, f_{n-1}$ un système de $n-1$ intégrales distinctes; $T(f_1)$, $T(f_2)$, $\ldots$, $T(f_{n-1})$ sont aussi des intégrales, il en est de même de $T(f)$, f étant une autre intégrale quelconque. Nous avons en effet $f = \Pi(f_1, f_2, \ldots, f_{n-1})$, et par suite

$$T(f) = \frac{\partial \Pi}{\partial f_1} T(f_1) + \ldots + \frac{\partial \Pi}{\partial f_{n-1}} T(f_{n-1});$$

$T(f)$ étant une intégrale, il en est de même de $T[T(f)]$, et ainsi de suite; il en est donc de même de $f(x'_1, x'_2, \ldots, x'_n)$.

Donc, *pour que le système* (110) *admette le groupe* G *de transformations, il faut et il suffit que si* f *est une intégrale de* $X(f) = o$, *il en soit de même de* $T(f)$. On dit pour abréger que l'équation $X(f) = o$ admet la transformation infinitésimale $T(f)$.

Cela posé, reprenons une équation différentielle du premier ordre

$$(114) \qquad \frac{dx}{A} = \frac{dy}{B}.$$

Pour que l'équation $X(f) = A\dfrac{\partial f}{\partial x} + B\dfrac{\partial f}{\partial y} = 0$ admette la transformation infinitésimale $\xi\dfrac{\partial f}{\partial y} + \eta\dfrac{\partial f}{\partial y}$, il faudra que l'on ait, en désignant par $\omega(x, y)$ une intégrale (autre qu'une constante) de $X(f) = 0$,

$$A\frac{\partial\omega}{\partial x} + B\frac{\partial\omega}{\partial y} = 0, \qquad \xi\frac{\partial\omega}{\partial x} + \eta\frac{\partial\omega}{\partial y} = \Pi(\omega),$$

$\Pi(\omega)$ étant une fonction déterminée de ω. On tire de ces relations

$$\frac{\partial\omega}{\partial x} = -\frac{B\Pi(\omega)}{A\eta - B\xi}, \qquad \frac{\partial\omega}{\partial y} = \frac{A\Pi(\omega)}{A\eta - B\xi},$$

et, par suite,

$$\frac{d\omega}{\Pi(\omega)} = \frac{B\,dx - A\,dy}{B\xi - A\eta};$$

$\dfrac{1}{B\xi - A\eta}$ est donc un facteur intégrant pour $B\,dx - A\,dy$. Inversement soit $\varphi(x, y)$ une fonction telle que sa différentielle totale soit

$$d\varphi = \frac{B\,dx - A\,dy}{B\xi - A\eta};$$

on a à la fois

$$X(\varphi) = A\frac{\partial\varphi}{\partial x} + B\frac{\partial\varphi}{\partial y} = 0, \qquad T(\varphi) = \xi\frac{\partial\varphi}{\partial x} + \eta\frac{\partial\varphi}{\partial y} = 1;$$

$T(\varphi)$ est donc aussi une intégrale de l'équation $X(\varphi) = 0$. et nous pouvons énoncer le résultat comme il suit :

Pour que l'équation différentielle (114) *admette le groupe de transformations déduit de la transformation infinitésimale* $\xi\dfrac{\partial f}{\partial x} + \eta\dfrac{\partial f}{\partial y}$, *il faut et il suffit que* $\dfrac{1}{B\xi - A\eta}$ *soit un facteur intégrant pour* $B\,dx - A\,dy$.

Cette nouvelle méthode n'exige que la connaissance de la transformation infinitésimale du groupe. Comme il existe une infinité de facteurs intégrants, on voit que toute équation du premier ordre admet une infinité de transformations infinitésimales.

Revenons au cas général du système (110). Soient $X(f) = 0$ l'équation linéaire correspondante et $T(f)$ le symbole d'une transformation infinitésimale. Considérons l'équation

$$(115) \qquad Z(f) = X[T(f)] - T[X(f)] = 0,$$

où $X[T(f)]$ représente le résultat de l'opération $X(f)$ appliquée à $T(f)$, et où $T[X(f)]$ a une signification analogue; $Z(f)$ est encore une fonction linéaire et homogène des dérivées du premier ordre $\dfrac{\partial f}{\partial x_i}$ et ne renferme aucune dérivée du second ordre. Il suffit de vérifier que les coefficients d'une dérivée du second ordre sont les mêmes dans $X[T(f)]$ et dans $T[X(f)]$. Or le coefficient de $\dfrac{\partial^2 f}{\partial x_i^2}$ est $X_i \xi_i$ et celui de $\dfrac{\partial^2 f}{\partial x_i \partial x_k}$ et $X_i \xi_k + X_k \xi_i$ dans $T[X(f)]$, et il est évident que ces coefficients sont les mêmes dans $X[T(f)]$. L'équation $Z(f) = o$ est donc une équation de même forme que l'équation $X(f) = o$; que l'on peut écrire, en mettant les coefficients en évidence,

$$(116) \quad Z(f) = [X(\xi_1) - T(X_1)] \frac{\partial f}{\partial x_1} + \ldots + [X(\xi_i) - T(X_i)] \frac{\partial f}{\partial x_i} + \ldots = o.$$

Cela posé, si $T(f)$ est une intégrale de l'équation $X(f) = o$, lorsque f est une intégrale de cette équation, toute intégrale de $X(f) = o$ satisfait évidemment à l'équation linéaire $Z(f) = o$; on doit donc avoir (n° 393)

$$(117) \qquad X[T(f)] - T[X(f)] = \rho(x_1, x_2, \ldots, x_n) X(f),$$

ρ étant une fonction indéterminée de $x_1, x_2, \ldots, x_n$. Réciproquement, si l'on a une identité de cette forme, toute intégrale de l'équation $X(f) = o$ satisfait aussi à l'équation $X[T(f)] = o$, et par suite $T(f)$ est aussi une intégrale de l'équation $X(f) = o$. *La condition nécessaire et suffisante pour que l'équation linéaire $X(f) = o$ admette la transformation infinitésimale $T(f)$ est exprimée par la relation* (117), *où ρ est une fonction quelconque de $x_1, x_2, \ldots, x_n$.*

Cette relation est équivalente à $(n - 1)$, relations distinctes

$$\frac{X(\xi_1) - T(X_1)}{X_1} = \frac{X(\xi_2) - T(X_2)}{X_2} = . \quad = \frac{X(\xi_n) - T(X_n)}{X_n}.$$

Étant donnée une équation différentielle d'ordre n

$$(118) \qquad \frac{d^n y}{dx^n} = \varphi \left(x, y, \frac{dy}{dx}, \frac{d^2 y}{dx^2}, \ldots, \frac{d^{n-1} y}{dx^{n-1}} \right),$$

pour savoir si elle admet le groupe de transformations G déduit de la transformation infinitésimale $\xi(x, y) \dfrac{\partial f}{\partial x} + \eta(x, y) \dfrac{\partial f}{\partial y}$, il suffira de remplacer l'équation (118) par un système de n équations différentielles du premier ordre, en prenant pour inconnues auxiliaires les $(n - 1)$ premières dérivées $y', y'', \ldots, y^{(n-1)}$, et d'examiner si ce système admet la transformation infinitésimale du groupe prolongé de G.

Prenons, par exemple, l'équation du second ordre $y'' = \varphi(x, y, y')$, que l'on peut remplacer par le système

$$\frac{dx}{1} = \frac{dy}{y'} = \frac{dy'}{\varphi(x, y, y')},$$

ou par l'équation linéaire

$$X(f) = \frac{\partial f}{\partial x} + \frac{\partial f}{\partial y} y' + \frac{\partial f}{\partial y'} \varphi(x, y. y') ;$$

il faudra examiner si cette équation admet la transformation infinitésimale.

$$\xi(x, y) \frac{\partial f}{\partial x} + \eta(x, y) \frac{\partial f}{\partial y} + \left[\frac{\partial \eta}{\partial x} + \left(\frac{\partial \eta}{\partial y} - \frac{\partial \xi}{\partial x} \right) y' - \frac{\partial \xi}{\partial y} y'^2 \right] \frac{\partial f}{\partial y'}.$$

En développant les calculs, on trouve une condition qui renferme x, y et y', et qui doit être vérifiée quelles que soient les valeurs de ces variables. L'équation du second ordre étant donnée, si l'on veut rechercher les transformations infinitésimales qu'elle admet, les indéterminées dont on dispose $\xi(x, y)$, $\eta(x, y)$ ne renferment pas y'. En écrivant que la relation précédente est indépendante de y', on peut avoir, suivant la fonction donnée $\varphi(x, y, y')$, un nombre limité ou illimité d'équations auxquelles doivent satisfaire les fonctions $\xi(x, y)$ et $\eta(x, y)$. En général ces équations seront incompatibles, et l'on voit qu'*une équation du second ordre prise au hasard n'admet pas de transformation infinitésimale.* Il en est de même des équations d'ordre supérieur, et l'on comprend par là comment Sophus Lie a pu classer les équations différentielles, d'après le nombre des transformations infinitésimales distinctes qu'elles admettent.

EXERCICES.

1*. Soit M_0 la plus grande valeur absolue de $f(x, y_0)$ lorsque x varie de x_0 à $x_0 + a$, les lettres a, b, K, x_0, y_0 ayant la même signification qu'au nᵒ 391, l'intégrale de l'équation $y' = f(x, y)$ qui prend la valeur y_0 pour $x = x_0$ est continue dans l'intervalle $(x_0, x_0 + \rho)$, ρ étant le plus petit des deux nombres a et $\frac{1}{K} \log \left(1 + \frac{Kb}{M_0} \right)$.

[E. Lindelöf, *Journal de Mathématiques*, 1894.]

$\Big[$ On établit de proche en proche, comme au nᵒ 388, les inégalités

$$|y_n - y_{n+1}| < M_0 K^{n-1} \frac{(x - x_0)^u}{1.2 \ldots n},$$

et y_n restera compris entre $y_0 - b$ et $y_0 + b$, pourvu que l'on ait

$$e^{K(x-x_0)} < 1 + \frac{bK}{M_0} \Big]$$

2. Trouver deux intégrales premières des systèmes d'équations simultanées

$$(\alpha) \quad \frac{dy}{dx} + \varphi'(x)\,y - \psi'(x)\,z = 0, \qquad \frac{dz}{dx} + \psi'(x)\,y + \varphi'(x)\,z = 0,$$

$$(\beta) \quad (z-y)^2\frac{dy}{dx} = z, \qquad (z-y)^2\frac{dz}{dx} = y,$$

$$(\gamma) \quad \frac{dy}{y(x+y)} = \frac{dz}{(x-y)(2x+2y+z)} = \frac{-dx}{x(x+y)}.$$

3. L'expression $\dfrac{1}{y - xf\left(\frac{y}{x}\right)}$ est un facteur intégrant pour $dy - f\left(\dfrac{y}{x}\right)dx$.

4. La forme générale des équations différentielles du premier ordre qui admettent la transformation infinitésimale $y\,\dfrac{\partial f}{\partial x} - x\,\dfrac{\partial f}{\partial y}$ est

$$\frac{xy' - y}{x + yy'} = \varphi(x^2 + y^2).$$

En déduire un facteur intégrant.

5. Trouver la forme générale des équations différentielles du premier ordre qui admettent la transformation infinitésimale $\dfrac{\partial f}{\partial x} + x\,\dfrac{\partial f}{\partial y}$, ou la transformation infinitésimale $x\,\dfrac{\partial f}{\partial x} + ay\,\dfrac{\partial f}{\partial y}$.

6. Trouver un groupe de transformations pour l'équation différentielle $\dfrac{dy}{dx} = \varphi(x + ay)$, où a est constant, et en déduire un facteur intégrant.

7*. Les équations différentielles de la courbe élastique gauche

$$y'z'' - z'y'' = \delta x' + \frac{1}{2}\beta y,$$

$$z'x'' - x'z'' = \delta y' - \frac{1}{2}\beta x,$$

$$x'y'' - y'x'' = \delta z' - \alpha,$$

où α, β, δ sont des constantes, admettent les deux intégrales premières $x'^2 + y'^2 + z'^2 = C$, $\beta(x^2 + y^2) - 4z' = C'$. On obtient ensuite x et y par l'intégration d'une équation différentielle du deuxième ordre.

[HERMITE, *Sur quelques applications des fonctions elliptiques* (p. 93); *Œuvres*, t. III, p. 361.]

CHAPITRE XX.

ÉQUATIONS DIFFÉRENTIELLES LINÉAIRES.

I. — PROPRIÉTÉS GÉNÉRALES. — SYSTÈMES FONDAMENTAUX.

Les équations différentielles les mieux étudiées jusqu'à présent sont les équations linéaires. Elles jouissent d'un ensemble de propriétés caractéristiques, qui les distinguent nettement et en facilitent l'étude. D'ailleurs, elles interviennent dans un grand nombre d'applications importantes de l'Analyse, et leur étude préliminaire est très utile avant d'aborder les équations différentielles de la forme la plus générale. Nous n'étudierons ici, sauf dans les cas de mention expresse, que les équations dont les coefficients sont des fonctions analytiques de la variable indépendante.

399. Points singuliers d'une équation différentielle linéaire. — Une équation différentielle linéaire d'ordre n est de la forme

$$(1) \qquad \frac{d^n y}{dx^n} + a_1 \frac{d^{n-1} y}{dx^{n-1}} + \ldots + a_{n-1} \frac{dy}{dx} + a_n y + a_{n+1} = 0,$$

$a_1, a_2, \ldots, a_{n+1}$ étant des fonctions de la seule variable x. Son intégration est équivalente à celle du système

$$(2) \qquad \begin{cases} \dfrac{dy_{n-1}}{dx} + a_1 y_{n-1} + \ldots + a_{n-1} y_1 + a_n y + a_{n+1} = 0, \\[2mm] \dfrac{dy}{dx} = y_1, \qquad \dfrac{dy_1}{dx} = y_2, \qquad \ldots, \qquad \dfrac{dy_{n-2}}{dx} = y_{n-1}, \end{cases}$$

obtenu en prenant pour inconnues auxiliaires les $n - 1$ premières dérivées de y. Supposons les coefficients a_i holomorphes dans un cercle C_0 de rayon R ayant son centre au point x_0, et soit y_0, y_0', y_0'', ..., $y_0^{(n-1)}$ un système de n constantes arbitraires. En appliquant aux équations (2) un résultat général établi plus haut (n° **384**), nous voyons que *l'équation* (1) *admet une inté-grale holomorphe dans le cercle* C_0, *prenant la valeur* y_0 *pour* $x = x_0$, *tandis que les* $n - 1$ *premières dérivées ont res-pectivement les valeurs* $y'_0, y''_0, ..., y_0^{(n-1)}$ *pour* $x = x_0$.

Nous savons d'ailleurs, d'après la théorie générale, que c'est la seule intégrale de l'équation (1) satisfaisant à ces conditions ini-tiales; nous dirons, pour abréger, qu'elle est définie par les con-ditions initiales $(x_0, y_0, y'_0, y''_0, ..., y_0^{(n-1)})$. Cela posé, suppo-sons d'abord, pour fixer les idées, que les coefficients a_i sont des fonctions uniformes de x, n'ayant dans tout le plan que des points singuliers isolés. Soit L un chemin joignant deux points non sin-guliers x_0 et X, et ne passant par aucun point singulier; l'intégrale qui est définie par les conditions initales $(x_0, y_0, y'_0, y''_0, ..., y_0^{(n-1)})$ est représentée par une série entière $P(x - x_0)$ convergente dans le cercle C_0 de centre x_0 passant par le point singulier le plus voisin de x_0. On peut, au moyen de cette série, suivre la varia-tion de l'intégrale le long du chemin L, tant que ce chemin ne sort pas du cercle C_0. Si la ligne L sort de C_0 en un point α, pre-nons sur ce chemin un point x_1 intérieur à C_0, et assez voisin de α pour que le cercle C_1 de centre x_1 passant par le point singu-lier le plus voisin ne soit pas tout entier à l'intérieur de C_0. De la série $P(x - x_0)$ et de celles qu'on obtient par des dérivations successives, on peut déduire les valeurs de l'intégrale et de ses $n - 1$ premières dérivées au point x_1. Soient $y_1, y'_1, ...,$ $y_1^{(n-1)}$ ces valeurs; l'intégrale de l'équation (1), qui est définie par les conditions initiales $(x_1, y_1, y'_1, ..., y_1^{(n-1)})$ est représentée par une série entière $P_1(x - x_1)$ convergente dans le cercle C_1. Les sommes des deux séries $P(x - x_0)$ et $P_1(x - x_1)$ sont égales dans la partie commune aux deux cercles C_0 et C_1, puisqu'elles représentent l'une et l'autre une intégrale de l'équation (1) sa-tisfaisant aux mêmes conditions initiales. Il s'ensuit que la série $P_1(x - x_1)$ représente le prolongement analytique dans le cercle C_1 de la fonction analytique définie dans le cercle C_0 par la série $P(x - x_0)$. Si toute la portion de L comprise entre x_1 et X n'est pas située dans un cercle C_1, on prendra un nouveau point x_2 sur ce chemin à l'intérieur de C_1, et ainsi de suite.

On arrivera certainement à un cercle renfermant le point X au bout d'un nombre *fini* d'opérations (*cf.* p. 231). En effet soient S la longueur du chemin L et δ la borne inférieure de la distance d'un point quelconque de L à l'un des points singuliers. Les rayons des cercles successifs, employés sont au moins égaux à δ, et l'on peut choisir les centres de ces cercles de façon que la distance de deux centres consécutifs soit supérieure à $\frac{\delta}{2}$. Après p opérations, la longueur de la ligne brisée obtenue en joignant ces centres successifs sera au moins égale à $p\,\frac{\delta}{2}$. Si l'on a $p\,\frac{\delta}{2} > S$, la longueur de cette ligne brisée sera supérieure à la longueur de L; après $(p-1)$ opérations au plus, on sera donc arrivé à un cercle renfermant toute la portion de L comprise entre le centre de ce cercle et le point X.

On voit, en résumé, qu'on peut poursuivre le prolongement analytique de l'intégrale, tant que le chemin décrit par la variable ne passe par aucun des points singuliers des coefficients a_i. Nous savons donc *a priori* quels sont les seuls points qui puissent être des points singuliers pour les intégrales d'une équation linéaire; il peut d'ailleurs arriver qu'un point α soit un point singulier pour quelques-uns des cofficients a_i sans être un point singulier pour toutes les intégrales. Dans le cas particulier où les coefficients sont des polynomes ou des fonctions entières, toutes les intégrales sont des fonctions holomorphes dans tout le plan, c'est-à-dire des fonctions entières, pouvant se réduire à des polynomes

Les raisonnements s'étendent aussi au cas où les coefficients a_i ont des singularités quelconques. ces fonctions pouvant être multiformes. Si l'on part d'un point x_0, où ces coefficients sont holomorphes, et que l'on fasse décrire à la variable x un chemin L tout le long duquel on puisse poursuivre le prolongement analytique des coefficients a_i, on peut également poursuivre le prolongement analytique des intégrales le long de ce chemin. Les séries entières qui représentent les intégrales sont convergentes dans les mêmes cercles que les séries qui représentent les coefficients.

Ces résultats sont bien d'accord avec ceux que l'on a déduits de la méthode des approximations successives (n° 389).

400. Systèmes fondamentaux. — Considérons une équation linéaire et homogène ne renfermant pas de terme indépendant de y,

$$(3) \qquad F(y) = \frac{d^n y}{dx^n} + a_1 \frac{d^{n-1} y}{dx^{n-1}} + \ldots + a_{n-1} \frac{dy}{dx} + a_n y = 0;$$

nous désignons ici par $F(y)$, non plus une fonction de la variable y, mais le résultat d'une opération effectuée sur une fonction y de la variable x. D'après la définition même de ce symbole d'opération, il est clair que, si $y_1, y_2, \ldots, y_p$ sont p fonctions quelconques de x, et $C_1, C_2, \ldots, C_p$ des constantes quelconques, on a la relation

$$F(C_1 y_1 + C_2 y_2 + \ldots + C_p y_p) = C_1 F(y_1) + C_2 F(y_2) + \ldots + C_p F(y_p);$$

si $y_1, y_2, \ldots, y_p$ sont des intégrales de l'équation (3), il en est donc de même de $C_1 y_1 + C_2 y_2 + \ldots + C_p y_p$, quelles que soient les valeurs numériques des constantes C_i. Lorsque l'on connaît n intégrales particulières $y_1, y_2, \ldots, y_n$ de cette équation, on peut par conséquent en déduire une intégrale

$$(4) \qquad y = C_1 y_1 + C_2 y_2 + \ldots + C_n y_n,$$

dans l'expression de laquelle figurent n constantes arbitraires $C_1, C_2, \ldots, C_n$. On ne peut pas en conclure que la formule (4) représente bien l'intégrale générale de l'équation (3); il faut auparavant s'assurer qu'on peut disposer des constantes $C_1, C_2, \ldots, C_n$ de façon que, pour une valeur particulière x_0 de x, différente des points singuliers, y et ses $n-1$ premières dérivées prennent des valeurs quelconques données à l'avance. Désignons pour abréger par $(y_i^p)_0$ la valeur que prend au point x_0 la dérivée $p^{\text{ième}}$ de l'intégrale particulière y_i. En égalant à des quantités arbitraires les valeurs de l'intégrale y et de ses $n-1$ premières dérivées au point x_0, on obtient un système de n équations linéaires pour déterminer les constantes $C_1, C_2, \ldots, C_n$. Le déterminant, formé par les coefficients de ces inconnues, doit être différent de zéro. Nous désignerons par $\Delta(y_1, y_2, \ldots, y_n)$ ce déterminant qui est formé par les fonctions $y_1, y_2, \ldots, y_n$ et leurs dérivées jusqu'à celles d'ordre $n-1$.

$$(5) \qquad \Delta(y_1, y_2, \ldots, y_n) = \begin{vmatrix} y_1 & y_2 & \cdots & y_n \\ y'_1 & y'_2 & \cdots & y'_n \\ \cdots & \cdots & \cdots & \cdots \\ y_1^{(n-1)} & y_2^{(n-1)} & \cdots & y_n^{(n-1)} \end{vmatrix}$$

Si ce déterminant $\Delta(y_1, y_2, \ldots, y_n)$, qui est une fonction holomorphe de x dans toute région où les coefficients a_i sont holomorphes, n'est pas identiquement nul, choisissons pour x_0 un point où ce déterminant ne soit pas nul; nous pouvons alors déterminer les constantes C_i de façon que y et ses $n-1$ premières dérivées prennent pour x_0 des valeurs initiales quelconques. Toute intégrale de l'équation (3) est donc comprise dans la formule (4); on dit, pour abréger, que cette formule représente l'*intégrale générale* de l'équation (3). Les intégrales $y_1, y_2, \ldots, y_n$, telles que le déterminant $\Delta(y_1, y_2, \ldots, y_n)$ est différent de zéro, forment un *système fondamental*.

Si ce déterminant $\Delta(y_1, y_2, \ldots, y_n)$ est identiquement nul, quelques-unes des intégrales $y_1, y_2, \ldots, y_n$ peuvent se déduire des autres. D'une façon générale, nous dirons que n fonctions $y_1, y_2, \ldots, y_n$ de la variable x ne sont pas *linéairement distinctes* lorsqu'il existe entre ces n fonctions une relation de la forme

$$(6) \qquad C_1 y_1 + C_2 y_2 + \ldots + C_n y_n = 0,$$

$C_1, C_2, \ldots, C_n$ étant des constantes non toutes nulles. *Pour que n fonctions $y_1, y_2, \ldots, y_n$ ne soient pas linéairement distinctes, il faut et il suffit que le déterminant $\Delta(y_1, y_2, \ldots, y_n)$ soit identiquement nul.*

D'abord la condition est nécessaire. On déduit, en effet, de la relation (6) les $(n-1)$ relations de même forme

$$(7) \qquad C_1 y_1^{(p)} + C_2 y_2^{(p)} + \ldots + C_n y_n^{(p)} = 0 \qquad (p = 1, 2, \ldots, n-1)$$

entre les dérivées du premier ordre, du deuxième ordre, etc., des fonctions y_i. Les coefficients C_i n'étant pas tous nuls par hypothèse, les équations (6) et (7) ne peuvent être compatibles que si le déterminant $\Delta(y_1, y_2, \ldots, y_n)$ est identiquement nul.

Réciproquement, supposons $\Delta = 0$, et supposons d'abord que tous les mineurs du premier ordre de Δ relatifs aux éléments de la dernière ligne ne sont pas nuls identiquement, par exemple que le coefficient de $y_n^{(n-1)}$

$$\delta = \begin{vmatrix} y_1 & y_2 & \cdots & y_{n-1} \\ y_1' & y_2' & \cdots & y_{n-1}' \\ \cdots & \cdots & \cdots & \cdots \\ y_1^{(n-2)} & y_2^{(n-2)} & \cdots & y_{n-1}^{(n-2)} \end{vmatrix}$$

est différent de zéro. Soit A une région du plan de la variable x où les fonctions y_i sont holomorphes, et où ce déterminant δ ne s'annule pas. Posons

$$(8)\quad\begin{cases} y_n = K_1 y_1 + K_2 y_2 + \ldots + K_{n-1} y_{n-1}, \\ y'_n = K_1 y'_1 + K_2 y'_2 + \ldots + K_{n-1} y'_{n-1}, \\ \cdots\cdots\cdots\cdots\cdots\cdots\cdots\cdots\cdots\cdots\cdots \\ y_n^{(n-2)} = K_1 y_1^{(n-2)} + K_2 y_2^{(n-2)} + \ldots + K_{n-1} y_{n-1}^{(n-2)}; \end{cases}$$

ces $n - 1$ équations déterminent pour K_1, K_2, ..., K_{n-1} des fonctions holomorphes de x dans la région A, car K_i est le quotient d'une fonction holomorphe par le mineur δ qui ne s'annule pas dans A. Ces fonctions K_1, ..., K_{n-1} satisfont aussi à la relation

$$(9)\qquad y_n^{(n-1)} = K_1 y_1^{(n-1)} + K_2 y_2^{(n-1)} + \ldots + K_{n-1} y_{n-1}^{(n-1)},$$

puisque $\Delta(y_1, y_2, \ldots, y_n)$ est nul en tout point de A. En différentiant une fois chacune des équations (8) et tenant compte de ces équations elles-mêmes et de la relation (9), il vient

$$K'_1 y_1 + \ldots + K'_{n-1} y_{n-1} = 0,$$
$$\cdots\cdots\cdots\cdots\cdots\cdots\cdots\cdots\cdots$$
$$K'_1 y_1^{(n-2)} + \ldots + K'_{n-1} y_{n-1}^{(n-2)} = 0,$$

et par suite, puisque $\delta \neq 0$, $K'_1 = K'_2 = \ldots = K'_{n-1} = 0$. Les fonctions K_1, ..., K_{n-1} sont donc des constantes et l'on a bien, entre les n fonctions $y_1, y_2, \ldots, y_n$, une relation de la forme (6) où tous les coefficients sont constants, le coefficient C_n étant différent de zéro. Cette relation étant établie dans la région A subsiste évidemment dans tout le domaine d'existence des fonctions $y_1, y_2, \ldots, y_n$.

Observons que le mineur δ est précisément égal à

$$\Delta(y_1, y_2, \ldots, y_{n-1});$$

si ce mineur δ est identiquement nul sans que $\Delta(y_1, y_2, \ldots, y_{n-2})$ soit nul aussi, on en déduira de même que les fonctions $y_1, y_2, \ldots, y_{n-1}$ vérifient une relation de la forme (6), où $C_n = 0$, C_{n-1} n'étant pas nul. En continuant de la sorte on finira donc toujours par arriver à une relation de la forme (6), quelques-uns des coefficients C_i pouvant être nuls. Si donc on connaît n intégrales de l'équation (3) telles que $\Delta(y_1, y_2, \ldots, y_n) = 0$, l'une au moins de ces intégrales est une combinaison linéaire à coefficients constants des autres intégrales; il peut d'ailleurs se faire que ces n intégrales se réduisent en réalité à p intégrales distinctes $(p < n - 1)$.

Pour qu'il en soit ainsi, il faut et il suffit que tous les déterminants analogues à Δ que l'on peut former avec $p+1$ de ces intégrales soient tous nuls, l'un au moins des déterminants formes avec p intégrales étant différent de zéro.

Le même lemme permet aussi de démontrer que l'intégrale générale de l'équation (3) est représentée par une formule de la forme (4). Soient en effet $(y_1, y_2, \ldots, y_n)$ un système fondamental d'intégrales, et y une autre intégrale quelconque; des $(n+1)$ équations

$$F(y) = 0, \qquad F(y_1) = 0, \qquad \ldots, \qquad F(y_n) = 0,$$

on déduit, par l'élimination des coefficients $a_1, a_2, \ldots, a_n$, une équation de condition qui n'est autre que

(10)
$$\Delta(y, y_1, y_2, \ldots, y_n) = 0.$$

On a donc, entre ces $n+1$ intégrales, une relation de la forme

$$C y + C_1 y_1 + \ldots + C_n y_n = 0,$$

$C, C_1, C_2, \ldots, C_n$ étant des constantes non toutes nulles; et le coefficient C de y est certainement différent de zéro, puisque les intégrales $y_1, y_2, \ldots, y_n$ sont linéairement distinctes.

Toute équation linéaire d'ordre n possède une infinité de systèmes fondamentaux d'intégrales. Pour en obtenir un, il suffit de prendre n intégrales telles que le déterminant formé par les valeurs initiales de ces n intégrales et de leurs $n-1$ premières dérivées pour un point non singulier x^0 ne soit pas nul. Soit $(y_1, y_2, \ldots, y_n)$ un premier système fondamental; les n intégrales $Y_1, Y_2, \ldots, Y_n$, données par les formules

$$Y_i = c_{i1} y_1 + c_{i2} y_2 + \ldots + c_{in} y_n \qquad (i = 1, 2, \ldots, n),$$

où les coefficients c_{ik} sont constants, forment un système fondamental, pourvu que le déterminant D formé par les n^2 coefficients c_{ik} soit différent de zéro. On a en effet, d'après la règle de multiplication des déterminants,

$$\Delta(Y_1, Y_2, \ldots, Y_n) = D.\Delta(y_1, y_2, \ldots, y_n).$$

On déduit de cette formule que le rapport $\dfrac{1}{\Delta} \dfrac{d\Delta(y_1, \ldots, y_n)}{dx}$ est le même, quel que soit le système fondamental; nous allons le vérifier en calculant ce rapport.

Rappelons d'abord la formule qui donne la dérivée d'un déterminant

$$D = \begin{vmatrix} a_1 & b_1 & c_1 & \dots & l_1 \\ a_2 & b_2 & c_2 & \dots & l_2 \\ \cdot\cdot & \cdot\cdot & \cdot\cdot & \dots & \cdot\cdot \\ a_n & b_n & c_n & \dots & l_n \end{vmatrix}$$

qui, développé, est égal à $\Sigma \pm a_\alpha b_\beta c_\gamma \dots l_\lambda$, la sommation étant étendue à toutes les permutations $(\alpha, \beta, \gamma, \dots, \lambda)$ des n premiers nombres, le signe $\pm$ dépendant de la classe de la permutation. On a donc

$$D' = \Sigma \pm a'_\alpha b_\beta c_\gamma \dots l_\lambda + (\Sigma \pm a_\alpha b'_\beta c_\gamma \dots l_\lambda) + \dots + (\Sigma \pm a_\alpha b_\beta c_\gamma \dots l'_\lambda);$$

mais $\Sigma \pm a'_\alpha b_\beta c_\gamma \dots l_\lambda$ est précisément le développement du déterminant que l'on déduit de D en remplaçant les éléments de la première colonne par leurs dérivées, et il en est de même des groupes de termes suivants de D'. La dérivée d'un déterminant D d'ordre n est donc égale à la somme des n déterminants obtenus en remplaçant tous les éléments d'une colonne ou d'une ligne de D par leurs dérivées. En appliquant cette règle au déterminant $\Delta(y_1, y_2, \dots y_n)$, les $(n-1)$ premiers déterminants obtenus sont nuls comme ayant deux lignes identiques, et il reste

$$\frac{d\Delta(y_1, y_2, \dots, y_n)}{dx} = \begin{vmatrix} y_1 & y_2 & \dots & y_n \\ \dots & \dots & \dots & \dots \\ y_1^{(n-2)} & y_2^{(n-2)} & \dots & y_n^{(n-2)} \\ y_1^{(n)} & y_2^{(n)} & \dots & y_n^{(n)} \end{vmatrix}.$$

Cette formule est exacte, quelles que soient les fonctions $y_1, \dots, y_n$; si ces fonctions sont des intégrales de l'équation (3), on peut remplacer dans la dernière ligne $y_1^{(n)}$ par $-a_1 y_1^{(n-1)} - \dots - a_n y_1$, et de même pour les autres. Il reste en développant par rapport aux éléments de la dernière ligne, et tenant compte des déterminants qui ont deux lignes identiques,

$$(11) \qquad \frac{d\Delta}{dx} = -a_1 \Delta.$$

Le rapport que nous voulons calculer est donc égal à $-a_1$, et l'on déduit aussi de la formule précédente la valeur du déterminant

$$\Delta = \Delta_0 e^{-\int_{x_0}^{x} a_1 \, dx},$$

en désignant par Δ_0 la valeur de Δ pour $x = x_0$. Cette expression de Δ montre que ce déterminant est différent de zéro en tout point non singulier, lorsqu'il n'est pas identiquement nul; résultat que l'on pourrait aussi déduire des propriétés précédentes.

Il est à remarquer que toute équation linéaire dont un système fondamental d'intégrales est $(y_1, y_2, \ldots, y_n)$ peut s'écrire sous la forme (10)

$$\Delta(y, y_1, y_2, \ldots, y_n) = 0,$$

les coefficients ne renfermant que les intégrales y_i et leurs dérivées. Ceci montre que n fonctions quelconques linéairement indépendantes $y_1, y_2, \ldots, y_n$ peuvent toujours être considérées comme formant un système fondamental d'intégrales d'une équation linéaire.

401. Équations linéaires quelconques. — Une équation linéaire non homogène peut s'écrire, en isolant le terme indépendant de y,

$$(12) \qquad F(y) = \frac{d^n y}{dx^n} + a_1 \frac{d^{n-1} y}{dx^{n-1}} + \ldots + a_{n-1} \frac{dy}{dx} + a_n y = f(x);$$

nous dirons pour abréger que c'est une équation avec un second membre, l'équation $F(y) = 0$ étant dite sans second membre. Si l'on connaît une intégrale particulière Y de l'équation (12), la substitution $y = Y + z$ ramène l'intégration de cette équation à celle de l'équation sans second membre $F(z) = 0$, d'après l'identité $F(Y + z) = F(Y) + F(z)$. L'intégrale générale de l'équation avec second membre est donc représentée par la formule

$$(13) \qquad y = Y + C_1 y_1 + C_2 y_2 + \ldots + C_n y_n,$$

$y_1, y_2, \ldots, y_n$ étant n intégrales particulières, formant un système fondamental, de l'équation sans second membre, et C_1, $C_2, \ldots, C_n$ étant n constantes arbitraires. Il arrive souvent dans la pratique qu'on peut obtenir aisément une intégrale particulière d'une équation linéaire avec second membre, et dans ce cas on est ramené à l'intégration de l'équation sans second membre. Cette recherche d'une intégrale particulière peut être facilitée par la remarque suivante qu'il suffit d'énoncer : si $f(x)$ est la somme de p fonctions $f_1(x), f_2(x), \ldots, f_p(x)$, telles que l'on sache trouver une intégrale particulière de chacune des équations

$$F(y) = f_1(x), \qquad F(y) = f_2(x), \qquad \ldots \qquad F(y) = f_p(x),$$

la somme $Y_1 + Y_2 + \ldots + Y_p$ de ces p intégrales particulières est une intégrale de l'équation $F(y) = f(x)$.

D'une façon générale, *si l'on connaît l'intégrale générale de l'équation sans second membre, on peut toujours, par des quadratures, obtenir l'intégrale générale de l'équation avec un second membre* (en supposant, bien entendu, que le premier membre est le même pour les deux équations).

Le procédé suivant, dû à Lagrange, est appelé *méthode de la variation des constantes.* Soit $(y_1, y_2, \ldots, y_n)$ un système fondamental d'intégrales de l'équation $F(y) = o$; en imitant autant que possible le procédé employé pour une équation linéaire du premier ordre (n° 365), nous chercherons à satisfaire à l'équation (12) en prenant pour y une expression de la forme

$$(14) \qquad y = C_1 y_1 + C_2 y_2 + \ldots + C_n y_n,$$

C_1, C_2, ..., C_n désignant n fonctions de x. On peut évidemment établir entre ces n fonctions $n-1$ relations choisies à volonté, pourvu qu'elles ne soient pas incompatibles avec l'équation (12). Nous poserons

$$(15) \qquad \begin{cases} y_1 C_1' + y_2 C_2' + \ldots + y_n C_n' = o, \\ y_1' C_1' + y_2' C_2' + \ldots + y_n' C_n' = o, \\ \cdots\cdots\cdots\cdots\cdots\cdots\cdots\cdots\cdots\cdots, \\ y_1^{(n-2)} C_1' + y_2^{(n-2)} C_2' + \ldots + y_n^{(n-2)} C_n' = o: \end{cases}$$

les dérivées successives de y, jusqu'à la dérivée $(n-1)^{\text{ième}}$, ont alors pour expressions

$$(16) \qquad \begin{cases} y' = C_1 y_1' + C_2 y_2' + \ldots + C_n y_n', \\ y'' = C_1 y_1'' + C_2 y_2'' + \ldots + C_n y_n''. \\ \cdots\cdots\cdots\cdots\cdots\cdots\cdots\cdots\cdots\cdots \\ y^{(n-1)} = C_1 y_1^{(n-1)} + C_2 y_2^{(n-1)} + \ldots + C_n y_n^{(n-1)}. \end{cases}$$

La première des relations (15) a été choisie de façon que la dérivée première y' ait la même expression que si C_1, C_2, ..., C_n étaient des constantes, et de même pour les suivantes. La dérivée d'ordre n a une forme moins simple

$$y^{(n)} = C_1 y_1^{(n)} + C_2 y_2^{(n)} + \ldots + C_n y_n^{(n)}$$
$$y_1^{(n-1)} C_1' + y_2^{(n-1)} C_2' + \ldots + y_n^{(n-1)} C_n'.$$

En substituant les valeurs précédentes de $y, y', y'', \ldots, y^{(n)}$ dans le premier membre de l'équation (12), les coefficients de C_1, C_2, ..., C_n sont respectivement $F(y_1), \ldots, F(y_n)$, et nous sommes conduits à la nouvelle relation

$$(15')\qquad y_1^{(n-1)}C_1' + y_2^{(n-1)}C_2' + \ldots + y_n^{(n-1)}C_n' = f(x)$$

qui, jointe aux relations (15), permet de déterminer $C_1', \ldots, C_n'$.
On obtiendra donc $C_1, C_2, \ldots, C_n$ par des quadratures.

On peut employer aussi la méthode suivante, due à Cauchy.

Soit $(y_1, y_2, \ldots, y_n)$ un système fondamental d'intégrales de l'équation $F(y) = 0$. Déterminons les constantes $C_1, C_2, \ldots, C_n$ de façon que l'intégrale $C_1 y_1 + \ldots + C_n y_n$ soit nulle, ainsi que ses $n-2$ premières dérivées, pour une valeur α de x, tandis que la dérivée $(n-1)^{\text{ième}}$ se réduit à l'unité. L'intégrale ainsi obtenue $\varphi(x, \alpha)$ dépend naturellement de la variable x et aussi de la valeur initiale α, et satisfait aux n conditions

$$(17)\quad \varphi(\alpha, \alpha) = 0, \quad \varphi'(\alpha, \alpha) = 0, \quad \varphi''(\alpha, \alpha) = 0, \quad \ldots, \quad \varphi^{(n-1)}(\alpha, \alpha) = 1,$$

$\varphi^{(p)}(\alpha, \alpha)$ désignant la dérivée $p^{\text{ième}}$ de $\varphi(x, \alpha)$ par rapport à x, où l'on aurait remplacé x par α. Si l'on écrit x à la place de α dans les relations précédentes, ce qui revient à un simple changement de notation, elles peuvent aussi s'écrire :

$$(17^{bis})\qquad \begin{cases} \varphi(x, x) = 0, \quad \varphi'(x, x) = 0, \\ \dotfill \\ \varphi^{(n-2)}(x, x) = 0, \quad \varphi^{(n-1)}(x, x) = 1, \end{cases}$$

$\varphi^{(p)}(x, x)$ désignant maintenant la dérivée $p^{\text{ième}}$ de $\varphi(x, \alpha)$ par rapport à x, où l'on aurait remplacé α par x après la différentiation. Cela posé, considérons la fonction représentée par l'intégrale définie

$$(18)\qquad Y = \int_{x_0}^{x} \varphi(x, \alpha)\, f(\alpha)\, d\alpha$$

prise depuis une limite fixe arbitraire x_0. On a successivement, en appliquant la formule générale de différentiation, et en ayant égard aux relations (17 bis),

$$\frac{dY}{dx} = \int_{x_0}^{x} \varphi'(x, \alpha)\, f(\alpha)\, d\alpha, \quad \ldots, \quad \frac{d^{n-1}Y}{dx^{n-1}} = \int_{x_0}^{x} \varphi^{(n-1)}(x, \alpha)\, f(\alpha)\, d\alpha.$$

$$\frac{d^n Y}{dx^n} = \int_{x_0}^{x} \varphi^{(n)}(x, \alpha)\, f(\alpha)\, d\alpha + f(x):$$

en substituant ces valeurs de $Y, Y', \ldots, Y^{(n)}$ dans $F(Y)$, il vient donc

$$F(Y) = f(x) + \int_{x_0}^{x} \left[\varphi^{(n)}(x, \alpha) + a_1 \varphi^{(n-1)}(x, \alpha) + \ldots + a_n \varphi(x, \alpha) \right] f(\alpha)\, d\alpha.$$

La fonction sous le signe intégral dans le second membre est identiquement nulle, puisque $\varphi(x, \alpha)$ est une intégrale de l'équation sans second membre, quelle que soit la valeur du paramètre α. Il en résulte que la

fonction Y représentée par l'intégrale définie (18) est une intégrale particulière de l'équation linéaire avec second membre. On peut remarquer que
cette intégrale est nulle, ainsi que ses $(n-1)$ premières dérivées, pour la
limite inférieure x_0, qui est supposée différente d'un point singulier [1].

L'application de cette méthode à l'équation $\dfrac{d^n y}{dx^n} = f(x)$ conduit précisément au résultat obtenu plus haut (n° 379).

402. Abaissement de l'ordre d'une équation linéaire. — Quand
on connaît un certain nombre d'intégrales particulières d'une
équation linéaire, on peut en profiter pour diminuer l'ordre de
l'équation. Considérons d'abord une équation homogène d'ordre n,
et soient $y_1, y_2, \ldots, y_p$ $(p < n)$ des intégrales linéairement distinctes de cette équation. La substitution $y = y_1 z$, où z désigne
la nouvelle fonction inconnue, conduit de l'équation proposée $F(y) = 0$ à une nouvelle équation de même forme en z,
car l'expression d'une dérivée quelconque $\dfrac{d^p y}{dx^p}$ est elle-même
linéaire par rapport à z et à ses dérivées. Si y_1 est une intégrale
de l'équation $F(y) = 0$, la nouvelle équation en z doit admettre
la solution $z = 1$, ce qui exige que le coefficient de z soit nul; ce
que l'on vérifie immédiatement par le calcul, car le coefficient

---

[1] Il est facile de vérifier que la méthode de la variation des constantes et la
méthode de Cauchy conduisent aux mêmes calculs. En effet, la fonction $\varphi(x, \alpha)$
de Cauchy est de la forme

$$\varphi(x, \alpha) = \varphi_1(\alpha) y_1(x) + \varphi_2(\alpha) y_2(x) + \ldots + \varphi_n(\alpha) y_n(x),$$

les fonctions $\varphi_i(\alpha)$ étant déterminées par les conditions

$$(A)\quad\begin{cases} \varphi_1(\alpha) y_1'(\alpha) \quad\;\; + \ldots + \varphi_n(\alpha) y_n(\alpha) \quad\; = 0, \\ \cdots\cdots\cdots\cdots\cdots\cdots\cdots\cdots\cdots\cdots\cdots\cdots, \\ \varphi_1(\alpha) y_1^{(n-2)}(\alpha) + \ldots + \varphi_n(\alpha) y_n^{(n-2)}(\alpha) = 0, \\ \varphi_1(\alpha) y_1^{(n-1)}(\alpha) + \ldots + \varphi_n(\alpha) y_n^{(n-1)}(\alpha) = 1. \end{cases}$$

et l'intégrale particulière (18) a pour expression

$$Y = y_1(x) \int_{x_0}^{x} \varphi_1(\alpha) f(\alpha)\, d\alpha + \ldots + y_n(x) \int_{x_0}^{x} \varphi_n(\alpha) f(\alpha)\, d\alpha.$$

Mais si l'on compare les conditions (A) aux relations (15) et (15') qui déterminent les C_i' dans la méthode de la variation des constantes, on reconnaît immédiatement qu'on a $C_i'(x) = \varphi_i(x) f(x)$, et par conséquent la première méthode
nous donne aussi une intégrale particulière par les mêmes quadratures.

de z est précisément $F(y_1)$. Cette équation en z est donc de la forme

$$(19) \qquad y_1 \frac{d^n z}{dx^n} + b_1 \frac{d^{n-1} z}{dx^{n-1}} + \ldots + b_{n-1} \frac{dz}{dx} = 0,$$

$b_1, b_2, \ldots, b_{n-1}$ étant des fonctions de x. Cette équation se réduit à une équation linéaire d'ordre $n-1$

$$(20) \qquad y_1 \frac{d^{n-1} u}{dx^{n-1}} + b_1 \frac{d^{n-2} u}{dx^{n-2}} + \ldots + b_{n-1} u = 0,$$

en posant $u = \dfrac{dz}{dx}$. Si $y_1, y_2, \ldots, y_p$ sont p intégrales de l'équation dont on est parti, l'équation (19) admet les $p-1$ intégrales $\dfrac{y_2}{y_1}, \ldots, \dfrac{y_p}{y_1}$, et par suite l'équation (20) admet les $p-1$ intégrales

$$\frac{d}{dx}\left(\frac{y_2}{y_1}\right), \quad \ldots, \quad \frac{d}{dx}\left(\frac{y_p}{y_1}\right).$$

Ces $p-1$ intégrales sont linéairement distinctes; sinon, il y aurait une relation de la forme

$$C_2 \frac{d}{dx}\left(\frac{y_2}{y_1}\right) + \ldots + C_p \frac{d}{dx}\left(\frac{y_p}{y_1}\right) = 0,$$

$C_2, C_3, \ldots, C_p$ étant des constantes non toutes nulles, et l'on en conclurait en intégrant l'existence d'une relation de même forme $C_2 y_2 + \ldots + C_p y_p + C_1 y_1 = 0$, C_1 étant une nouvelle constante. Si $p > 1$, l'application du même procédé conduira de l'équation (20) à une nouvelle équation linéaire d'ordre $n-2$, et ainsi de suite. *L'intégration d'une équation linéaire et homogène, dont on connaît p intégrales particulières distinctes, se ramène donc à l'intégration d'une équation linéaire et homogène d'ordre $n-p$, suivie de quadratures.* Lorsque $p = n - 1$, la dernière équation s'intégrera elle-même par une quadrature.

Si l'on connaît de même p intégrales $y_1, y_2, \ldots, y_p$ d'une équation avec second membre, telles que les $p-1$ fonctions

$$y_2 - y_1, \quad \ldots, \quad y_p - y_1$$

soient linéairement distinctes, la substitution $y = y_1 + z$ conduira à une équation sans second membre admettant les $p-1$ intégrales $y_2 - y_1, \ldots, y_p - y_1$. On pourra donc ramener cette équation à une équation linéaire d'ordre $n - p + 1$, sans second membre.

Prenons par exemple l'équation linéaire du second ordre

$$(21) \qquad \mathrm{F}(y) = \frac{d^2 y}{dx^2} + p\,\frac{dy}{dx} + qy = 0,$$

et soit y_1 une intégrale particulière de cette équation. Posons $y = y_1 z$, il vient

$$\frac{dy}{dx} = y_1\,\frac{dz}{dx} + z\,\frac{dy_1}{dx}, \qquad \frac{d^2 y}{dx^2} = y_1\,\frac{d^2 z}{dx^2} + 2\,\frac{dy_1}{dx}\,\frac{dz}{dx} + z\,\frac{d^2 y_1}{dx^2},$$

et en substituant dans l'équation (21), il reste, puisque le coefficient de z est nul,

$$(22) \qquad y_1\,\frac{d^2 z}{dx^2} + \left(2\,\frac{dy_1}{dx} + py_1 \right) \frac{dz}{dx} = 0.$$

Cette équation s'écrit, en posant $\dfrac{dz}{dx} = u$,

$$\frac{du}{u} + \left(2\,\frac{dy_1}{dx} + py_1 \right) \frac{dx}{y_1} = 0,$$

et l'on en tire en intégrant

$$\mathrm{Log}\,u + \int_{x_0}^{x} p\,ax + \mathrm{Log}\,y_1^2 = \mathrm{Log}\,\mathrm{C}$$

ou

$$u = \frac{\mathrm{C}}{y_1^2}\, e^{-\int_{x_0}^{x} p\,dx}$$

Une nouvelle quadrature donnera z et par suite y; on voit que l'équation (21) admet l'intégrale y_2 donnée par la formule

$$(23). \qquad y_2 = y_1 \int_{x_0}^{x} \frac{dx}{y_1^2}\, e^{-\int_{x_0}^{x} p\,dx},$$

qui est distincte de y_1. *L'intégrale générale d'une équation linéaire et homogène du second ordre s'obtient donc par deux quadratures, quand on connaît une intégrale particulière* [1].

---

[1] On peut déduire de ces formules une démonstration très simple d'un

Cette propriété rapproche l'équation linéaire du second ordre de l'équation de Riccati (n° 368). Il existe, en effet, entre ces deux espèces d'équations différentielles, une liaison intime. Si l'on applique à l'équation homogène (21) le procédé d'abaissement (n° 380; 3°) en posant $y = e^{\int z\,dx}$, on est conduit à une équation de Riccati

$$(24) \qquad z' + z^2 + pz + q = 0.$$

Inversement, étant donnée une équation quelconque de Riccati

$$(25) \qquad u' + au^2 + bu + c = 0,$$

où a, b, c sont des fonctions de x ($a \neq 0$), on la ramène à la forme (24) en posant $u = \dfrac{z}{a}$, ce qui donne la nouvelle équation

$$z' + z^2 + \left(b - \frac{a'}{a}\right)z + ac = 0,$$

de la forme (24). Il s'ensuit que l'intégrale générale de l'équation (25) est

$$(26) \qquad u = \frac{1}{a}\,\frac{C_1 y'_1 + C_2 y'_2}{C_1 y_1 + C_2 y_2},$$

y_1 et y_2 étant deux intégrales distinctes de l'équation linéaire

$$y'' + \left(b - \frac{a'}{a}\right)y' + acy = 0.$$

cette formule ne renferme en réalité qu'une constante arbitraire, le rapport $\dfrac{C_2}{C_1}$ qui y figure au premier degré ([1]).

---

important théorème de Sturm. Supposons que les coefficients p et q soient des fonctions continues réelles de la variable réelle x, dans un intervalle (a, b), et soient x_0, x_1 deux zéros consécutifs d'une intégrale particulière $y_1(x)$ dans l'intervalle (a, b); $y_2(x)$ étant une autre intégrale particulière distincte de $y_1(x)$, la formule qui donne u peut s'écrire

$$\frac{d}{dx}\left(\frac{y_2}{y_1}\right) = \frac{C}{y_1^2}\,e^{-\int_{x_0}^{x} p\,dx}$$

ce qui montre que le rapport $\dfrac{y_2}{y_1}$ varie constamment dans le même sens lorsque x croît de x_0 à x_1. Or ce rapport est infini pour $x = x_0$ et pour $x = x_1$; donc il croît constamment de $-\infty$ à $+\infty$, ou décroît de $+\infty$ à $-\infty$. *L'équation* $y_2(x) = 0$ *a donc une racine et une seule dans l'intervalle* (x_0, x_1).

([1]) Il semble qu'une quadrature est nécessaire pour déduire l'intégrale géné-

Exemple. — Le polynome X_n de Legendre (I, n° **86**, p. 208) satisfait à l'équation différentielle

$$(27) \qquad (1 - x^2)\frac{d^2 y}{dx^2} - 2x\frac{dy}{dx} + n(n+1)y = 0;$$

pour le démontrer, il suffit d'observer qu'en posant $u = (x^2 - 1)^n$, on a la relation $(x^2 - 1)u' = 2nxu$, et en prenant les dérivées d'ordre $(n + 1)$ des deux membres, on a une équation qui est identique à l'équation (27) quand on y remplace $\frac{d^n u}{dx^n}$ par y. Pour avoir une seconde intégrale particulière de l'équation (27), nous appliquerons la formule générale (23) qui donne ici, p étant égal à $\dfrac{2x}{x^2 - 1} = \dfrac{1}{x + 1} + \dfrac{1}{x - 1}$,

$$y_2 = X_n \int \frac{dx}{(x^2 - 1)X_n^2}.$$

Il semble qu'il est nécessaire de connaître les n racines $\alpha_1, \alpha_2, \ldots, \alpha_n$ du polynome X_n pour calculer cette intégrale, mais il n'en est rien. Écrivons, en effet, en mettant en évidence les fractions simples qui proviennent

---

rale de l'équation linéaire (21) de l'intégrale générale de l'équation de Riccati (24). En réalité, il n'en est rien, ou plutôt cette quadrature se réduit au calcul de $\int p\,dx$. D'une façon générale, soit $z = \varphi(x, C)$ l'intégrale générale d'une équation différentielle du premier ordre, $\frac{dz}{dx} = f(x, z)$; de la relation

$$\frac{\partial \varphi}{\partial x} = f(x, \varphi)$$

on tire, en différentiant par rapport à la constante C,

$$\frac{\partial^2 \varphi}{\partial C\,\partial x} = \frac{\partial f}{\partial \varphi}\frac{\partial \varphi}{\partial C} \qquad \text{ou} \qquad \frac{\partial f}{\partial \varphi} = \frac{\partial}{\partial x}\left(\mathrm{Log}\,\frac{\partial \varphi}{\partial C}\right),$$

et, par suite, $\int \frac{\partial f}{\partial \varphi}\,dx = \mathrm{Log}\left(\frac{\partial \varphi}{\partial C}\right)$, où, bien entendu, on doit prendre la même valeur de la constante C dans les deux membres. En appliquant ceci à l'équation de Riccati (24), on en conclut que, si $z = \varphi(x, C)$ est l'intégrale générale de cette équation, on a

$$\int z\,dx + \int p\,dx + \mathrm{Log}\left(\frac{\partial \varphi}{\partial C}\right) = 0.$$

Si z_1, z_2, z_3 sont trois intégrales de l'équation (24), on trouve en faisant le calcul (*voir* n° 368) que l'intégrale générale de l'équation linéaire (21) a pour expression

$$y = e^{-\frac{1}{2}\int p\,dx}\, \frac{C_1(z_3 - z_1) + C_2(z_3 - z_2)}{\sqrt{(z_1 - z_2)(z_2 - z_3)(z_3 - z_1)}}.$$

des racines $+1$ et -1 du dénominateur (I, p. 209, formule 25),

$$\frac{1}{(x^2-1)X_n^2} = \frac{1}{2}\left(\frac{1}{x-1} - \frac{1}{x+1}\right) + \frac{P_n}{X_n^2},$$

P_n étant un polynome de degré $2n-2$, quotient de $1-X_n^2$ par x^2-1. Il vient donc

$$y_2 = \frac{1}{2}X_n \operatorname{Log}\left(\frac{x-1}{x+1}\right) + X_n \int \frac{P_n}{X_n^2}\,dx.$$

La dernière intégrale est une fonction rationnelle, car si elle renfermait un terme logarithmique tel que $\operatorname{Log}(x-\alpha_i)$, le point α_i serait un point singulier pour y_2 et les intégrales de l'équation (27) ne peuvent avoir d'autres points singuliers que $x = \pm 1$ (n° 399). On peut donc calculer cette intégrale par des opérations rationnelles (I, n° 97, p. 244); comme elle doit être de la forme $\dfrac{Q_{n-1}}{X_n}$, Q_{n-1} étant un polynome de degré $n-1$ au plus, on peut, par exemple, déterminer les coefficients de ce polynome par la condition $Q'_{n-1}X_n - Q_{n-1}X'_n = P_n$.

Le polynome Q_{n-1} une fois obtenu, on a l'intégrale générale de l'équation (27),

$$y = C_1 X_n + C_2\left[Q_{n-1} + \frac{1}{2}X_n \operatorname{Log}\left(\frac{x-1}{x+1}\right)\right].$$

403. Analogies avec les équations algébriques. — Les propriétés précédentes établissent une analogie évidente entre la théorie des équations différentielles linéaires et la théorie des équations algébriques. Cette analogie se poursuit dans un grand nombre de questions. Pour en donner un exemple, nous allons montrer comment on peut étendre aux équations linéaires la théorie du plus grand commun diviseur. Soit, d'une façon générale,

$$F(y) = a_0 \frac{d^n y}{dx^n} + a_1 \frac{d^{n-1}y}{dx^{n-1}} + \ldots + a_{n-1}\frac{dy}{dx} + a_n y$$

un polynome symbolique où $a_0, a_1, \ldots, a_n$ sont des fonctions données de x; si a_0 n'est pas nul, nous dirons, pour abréger, que $F(y)$ est d'ordre n. Si $G(y)$ est un polynome symbolique de même nature et d'ordre p, il est clair que $G[F(y)]$ est encore un polynome symbolique de même espèce et d'ordre $n+p$. Cela posé, soit

$$F_1(y) = b_0 \frac{d^m y}{dx^m} + b_1 \frac{d^{m-1}y}{dx^{m-1}} + \ldots + b_{m-1}\frac{dy}{dx} + b_m y$$

un autre polynome d'ordre m $(m \leqq n)$. On peut trouver un troisième polynome $G(y)$ d'ordre $n-m$ tel que $F(y) - G[F_1(y)]$ soit au plus d'ordre $m-1$ (un polynome d'ordre zéro est de la forme ay, a étant une fonction de x. Posons en effet

$$G(y) = \lambda_0 \frac{d^{n-m} y}{dx^{n-m}} + \lambda_1 \frac{d^{n-m-1} y}{dx^{n-m-1}} + \ldots + \lambda_{n-m} y.$$

Le coefficient de $\dfrac{d^n y}{dx^n}$ dans $G[F_1(y)]$ est $\lambda_0 b_0$, et, si l'on prend $\lambda_0 = \dfrac{a_0}{b_0}$, la différence $F(y) - \lambda_0 \dfrac{d^{n-m}}{dx^{n-m}} [F_1(y)]$ sera d'ordre $n-1$ au plus ; soit a'_1 le coefficient de $\dfrac{d^{n-1} y}{dx^{n-1}}$ dans cette différence. Si l'on prend $\lambda_1 = \dfrac{a'_1}{b_0}$, la différence

$$F(y) - \lambda_0 \frac{d^{n-m}}{dx^{n-m}} [F_1(y)] - \lambda_1 \frac{d^{n-m-1}}{dx^{n-m-1}} [F_1(y)]$$

sera d'ordre $n-2$ au plus. En continuant de la sorte on voit qu'on peut déterminer de proche en proche les coefficients λ_0, λ_1, ..., λ_{n-m} de façon à obtenir une identité de la forme

$$(28) \qquad\qquad F(y) - G[F_1(y)] = F_2(y),$$

$F_2(y)$ étant au plus d'ordre $m-1$, et cette opération est tout à fait analogue à la division de deux polynomes algébriques.

Cela posé, supposons qu'on veuille obtenir les intégrales communes aux deux équations linéaires

$$(29) \qquad\qquad F(y) = 0, \qquad F_1(y) = 0;$$

l'identité (28) prouve que ces intégrales sont les mêmes que les intégrales communes aux deux équations $F_1(y) = 0$, $F_2(y) = 0$. Si $F_2(y)$ n'est pas identiquement nul, on pourra recommencer les mêmes opérations sur $F_1(y)$ et $F_2(y)$, et ainsi de suite jusqu'à ce qu'on arrive à deux polynomes consécutifs $F_{k-1}(y)$ et $F_k(y)$ tels qu'on ait $F_{k-1}(y) = G_{k-1}[F_k(y)]$. Ce dernier polynome symbolique $F_k(y)$ est l'analogue du plus grand commun diviseur algébrique : *toutes les intégrales communes aux deux équations* (29) *satisfont à l'équation linéaire* $F_k(y) = 0$, *et inversement*. Lorsque $F_k(y)$ est de degré zéro, les deux équations n'ont pas d'autre intégrale commune que la solution banale $y = 0$.

Si dans la relation (28) $F_2(y)$ est nul identiquement, l'équation $F(y) = 0$ admet toutes les intégrales de $F_1(y) = 0$; inversement, pour que $F(y) = 0$ admette toutes les intégrales de $F_1(y) = 0$, il faut que $F_2(y)$ soit identiquement nul, car une équation linéaire d'ordre $m-1$ au plus ne peut admettre toutes les intégrales d'une équation linéaire d'ordre m. On a donc identiquement dans ce cas

$$F(y) = G[F_1(y)],$$

et, si l'on pose $F_1(y) = z$, l'intégration de $F(y) = 0$ est ramenée à l'intégration successive des deux équations linéaires

$$G(z) = 0, \qquad F_1(y) = z,$$

d'ordres $n - m$ et m, dont la deuxième seule a un second membre.

Nous pouvons déduire de cette remarque une autre solution d'un problème déjà traité. Supposons que l'on connaisse p intégrales distinctes y_1, $y_2, \ldots, y_p$ ($p < n$) de $F(y) = 0$. Nous pouvons former une équation linéaire d'ordre p admettant ces p intégrales (n° 400); soit $F_1(y) = 0$ cette équation d'ordre p. On aura identiquement $F(y) = G[F_1(y)]$ et, l'équation $G(z) = 0$ d'ordre $n - p$ étant intégrée, on intégrera $F_1(y) = z$ par des quadratures seulement, puisque l'on connaît l'intégrale générale de $F_1(y) = 0$. La réduction est la même que par la première méthode, mais le nouveau procédé est plus symétrique.

MM. Appell, Laguerre, Halphen, E. Picard, et bien d'autres à leur suite, ont étendu aux équations linéaires la théorie des fonctions symétriques des racines, celle des invariants, et les théories si profondes de Galois relatives au groupe d'une équation algébrique. La théorie des invariants est basée sur cette remarque presque évidente qu'une équation linéaire et homogène se change en une nouvelle équation de même espèce par toute transformation telle que

$$x = f(t), \qquad y = z\,\varphi(t),$$

t étant la nouvelle variable indépendante et z la nouvelle inconnue, quelles que soient les fonctions $f(t)$ et $\varphi(t)$. On peut utiliser quelquefois cette transformation pour simplifier une équation linéaire. Par exemple, si l'on cherche à faire disparaître le coefficient de la dérivée d'ordre $n - 1$, on trouve qu'il suffit de poser $y = ze^{-\frac{1}{n}\int a_1\,dx}$ en conservant la variable x. Comme on dispose de deux fonctions arbitraires f et φ, il semble qu'on peut en profiter pour faire disparaître deux coefficients; mais cette réduction, possible en théorie, est le plus souvent illusoire. Par exemple, on peut toujours choisir les fonctions f et φ de façon à ramener une équation linéaire quelconque du second ordre à la forme réduite $z'' = 0$; mais la détermination effective de ces fonctions offre les mêmes difficultés que le problème même de l'intégration.

404. Équation adjointe. — Lagrange a étendu comme il suit aux équations linéaires la théorie du facteur intégrant. Soit $F(y)$ une fonction linéaire de y et de ses dérivées :

$$F(y) = a_0 y^{(n)} + a_1 y^{(n-1)} + \ldots + a_{n-1} y' + a_n y,$$

$a_0, a_1, \ldots, a_n$ étant des fonctions quelconques de x, et $y', y'', \ldots, y^{(n)}$ désignant les dérivées successives de y. Proposons-nous de déterminer une fonction z de x de telle façon que le produit $zF(y)$ soit la dérivée par rapport à x d'une autre fonction linéaire de y et de ses dérivées, jusqu'à

celle d'ordre $n-1$. La formule générale d'intégration par partie (I, n° 84),
appliquée à chacun des termes du produit $z\,F(y)$, nous donne

$$(30)\quad\begin{cases} z\,F(y) = \dfrac{d}{dx}\left[a_0\,z y^{(n-1)} - \dfrac{d}{dx}(a_0 z)\,y^{(n-2)} + \ldots \pm y\,\dfrac{d^{n-1}(a_0 z)}{dx^{n-1}}\right] \\[2mm] \qquad + \dfrac{d}{dx}\left[a_1\,z y^{(n-2)} - \dfrac{d}{dx}(a_1 z)\,y^{(n-3)} + \ldots \pm y\,\dfrac{d^{n-2}(a_1 z)}{dx^{n-2}}\right] \\[2mm] \qquad + \ldots\ldots\ldots\ldots\ldots\ldots\ldots\ldots\ldots\ldots\ldots\ldots\ldots\ldots\ldots \\[2mm] \qquad + \dfrac{d}{dx}\left[a_{n-1}\,z y\right] + y\,G(z), \end{cases}$$

où l'on a posé

$$(31)\quad\begin{cases} G(z) = (-1)^n\,\dfrac{d^n(a_0 z)}{dx^n} + (-1)^{n-1}\,\dfrac{d^{n-1}(a_1 z)}{dx^{n-2}} + \ldots \\[2mm] \qquad\qquad - \dfrac{d(a_{n-1}\,z)}{dx} + a_n z. \end{cases}$$

Si nous désignons par $\Psi(y, z)$ l'expression bilinéaire par rapport à y
et à z, et à leurs dérivées, qui figure dans le second membre de la relation (30), on peut écrire cette relation sous la forme abrégée

$$(32)\qquad\qquad z\,F(y) - y\,G(z) = \dfrac{d}{dx}[\Psi(y, z)],$$

de sorte que, pour toutes les formes possibles des fonctions y et z, le
binome $z\,F(y) - y\,G(z)$ est la dérivée de $\Psi(y, z)$. Cela posé, si l'on prend
pour z une intégrale de l'équation $G(z) = o$, le produit $z\,F(y)$ est la
dérivée d'une expression de même forme, linéaire par rapport à y,
$y', \ldots, y^{(n-1)}$, et l'équation $F(y) = o$ est équivalente à une équation
linéaire d'ordre $n-1$

$$(33)\qquad\qquad \Psi(y, z) = C,$$

qu'on obtient en remplaçant dans Ψ la fonction indéterminée z par l'intégrale en question. Or l'équation $G(z) = o$ est également une équation
linéaire d'ordre n; on l'appelle l'*équation adjointe* de $F(y) = o$, et le
polynome symbolique $G(z)$ est le polynome adjoint de $F(y)$.

On voit donc que, si l'on connait une intégrale de l'équation adjointe,
l'intégration de l'équation proposée est ramenée à l'intégration d'une
équation linéaire d'ordre $n-1$, avec une constante arbitraire pour second
membre. Si l'on connait p intégrales distinctes $z_1, z_2, \ldots, z_p$ de l'équation adjointe, toute intégrale de l'équation proposée satisfait à p relations
de la forme

$$(34)\quad \Psi(y, z_1) = C_1, \qquad \Psi(y, z_2) = C_2, \qquad \ldots, \qquad \Psi(y, z_p) = C_p,$$

$C_1, C_2, \ldots, C_p$ désignant p constantes. Entre ces p équations on peut éliminer les dérivés $y^{(n-1)}$, $y^{(n-2)}$, ..., $y^{(n-p+1)}$, ce qui conduira à une équation linéaire d'ordre $n - p$, avec un second membre dépendant de p constantes arbitraire $C_1, C_2, \ldots, C_p$. En particulier, si $p = n$, c'est-à-dire si l'on connait l'intégrale générale de l'équation adjointe, on pourra résoudre lés n équations (34) par rapport à $y, y', \ldots, y^{(n-1)}$, et l'on aura l'intégrale générale de l'équation proposée sans aucune quadrature.

Il existe, entre les intégrales des deux équations $F(y) = 0$, $G(z) = 0$, des relations remarquables que nous ne pouvons développer ici [1]. Nous montrerons seulement qu'il y a *réciprocité* entre ces deux équations ; d'une façon plus précise, si $G(z)$ est le polynome adjoint de $F(y)$, inversement $F(y)$ est le polynome adjoint de $G(z)$. Soit en effet $F_1(y)$ le polynome adjoint de $G(z)$; on a entre $F_1(y)$ et $G(z)$ une relation de même forme que la relation (32)

$$(32 \; bis) \qquad y\,G(z) - z\,F_1(y) = \frac{d}{dx}[\Psi_1(y, z)];$$

en ajoutant les relations (32) et (32 *bis*), il vient

$$z[F(y) - F_1(y)] = \frac{d}{dx}[\Psi(y, z) + \Psi_1(y, z)].$$

Si $F(y) - F_1(y)$ n'était pas nul, le produit $z[F(y) - F_1(y)]$ serait la dérivée d'une fonction renfermant z et quelques-unes de ses dérivées ; or, la dérivée d'une fonction renfermant z, z', ..., $z^{(p)}$ renferme toujours au moins une dérivée de z, à savoir la dérivée $z^{(p+1)}$. La relation précédente n'est donc possible que si $F_1(y)$ est identique à $F(y)$.

II. — ÉTUDE DE QUELQUES ÉQUATIONS PARTICULIÈRES.

405. Équations à coefficients constants. — Les équations linéaires à coefficients constants ont été intégrées par Euler. Prenons d'abord une équation sans second membre

$$(35) \qquad F(y) = y^{(n)} + a_1 y^{(n-1)} + \ldots + a_{n-1} y' + a_n y = 0,$$

où $a_1, a_2, \ldots, a_n$ sont des constantes quelconques. D'après la théorie générale (n° 399), toutes les intégrales de cette équation n'admettent aucun point singulier à distance finie ; ce sont des fonctions *entières* de x. Soit

$$(36) \qquad y = c_0 + c_1 \frac{x}{1} + c_2 \frac{x^2}{1.2} + \ldots + c_m \frac{x^m}{1.2\ldots m} + \ldots$$

---

[1] *Voir* Darboux. *Théories des surfaces*, t. II. Livre IV, Chap. V. *Voir* aussi l'Exercice 17, p. 524, à la fin du Chapitre.

le développement en série d'une intégrale ; les séries qui représentent les dérivées successives ont une forme analogue. En remplaçant y et ses n premières dérivées par leurs développements en
série dans le premier membre de l'équation (35) et en égalant
à zéro le coefficient d'une puissance quelconque de x, soit x^p, on
obtient la relation suivante entre $n + 1$ coefficients consécutifs :

$$(37) \qquad c_{n+p} + a_1 c_{n+p-1} + a_2 c_{n+p-2} + \ldots + a_{n-1} c_{p+1} + a_n c_p = 0;$$

si l'on y fait successivement $p = 0, 1, 2, \ldots$, on calculera de proche
en proche tous les coefficients $c_n, c_{n+1}, \ldots$ au moyen des n premiers coefficients $c_0, c_1, \ldots, c_{n-1}$, qui peuvent être pris arbitrairement. La série (36) ainsi obtenue est convergente dans tout le
plan et représente l'intégrale qui pour $x = 0$ est égale à c_0, tandis
que les $n - 1$ premières dérivées prennent respectivement les
valeurs $c_1, c_2, \ldots, c_{n-1}$, pour $x = 0$. Nous allons montrer que
cette intégrale s'exprime au moyen de la fonction exponentielle,
quand elle ne se réduit pas à un polynome ([1]).

La relation (37) est une formule de récurrence à coefficients
constants qui lie $n + 1$ coefficients consécutifs. Or, il est facile de
trouver des solutions particulières de cette relation. Considérons,
en effet, l'équation algébrique

$$(38) \qquad f(r) = r^n + a_1 r^{n-1} + a_2 r^{n-2} + \ldots + a_{n-1} r + a_n = 0,$$

que nous appellerons pour abréger l'*équation caractéristique*, le
premier membre $f(r)$ étant le *polynome caractéristique*. Si r est
une racine de cette équation, il est clair qu'on satisfait à la relation (37), quelle que soit la valeur de l'entier p, en posant $c_m = r^m$.
L'intégrale particulière ainsi obtenue est égale à e^{rx}, et nous voyons
que e^{rx} est une intégrale particulière de l'équation (35) *pourvu
que r soit racine de l'équation caractéristique* $f(r) = 0$. La
vérification est immédiate, car, si l'on remplace y par e^{rx} dans le
premier membre de l'équation (35), le résultat de la substitution
est $e^{rx} f(r)$.

Lorsque l'équation (38) a n racines distinctes $r_1, r_2, \ldots, r_n$, on
connaît n intégrales particulières $e^{r_1 x}, e^{r_2 x}, \ldots, e^{r_n x}$, et par suite

---

une intégrale

$$(39) \qquad y = C_1 e^{r_1 x} + C_2 e^{r_2 x} + \ldots + C_n e^{r_n x},$$

dont l'expression renferme n constantes arbitraires $C_1, C_2, \ldots, C_n$.

Cette formule (39) représente bien l'intégrale générale, car le déterminant $\Delta (e^{r_1 x}, e^{r_2 x}, \ldots, e^{r_n x})$ peut s'écrire

$$\Delta = e^{(r_1 + r_2 + \cdots + r_n)x} \begin{vmatrix} 1 & r_1 & r_1^2 & \cdots & r_1^n \\ 1 & r_2 & r_2^2 & \cdots & r_2^n \\ \cdot & \cdots & \cdots & \cdots & \cdots \\ 1 & r_n & r_n^2 & \cdots & r_n^n \end{vmatrix}$$

et le déterminant du second membre est, au signe près, le produit des différences $r_i - r_h$.

Avant d'étudier le cas où l'équation caractéristique a des racines multiples, nous établirons d'abord un lemme. Faisons dans l'équation (35) la substitution $y = e^{\alpha x} z$, α étant une constante quelconque et z la nouvelle inconnue ; d'après la formule de Leibniz, nous avons

$$(40) \quad \begin{cases} y' = e^{\alpha x}(\alpha z + z'), \\ \ldots, \ldots \ldots \ldots \ldots, \\ y^{(p)} = e^{\alpha x}\left[\alpha^p z + \dfrac{p}{1}\alpha^{p-1} z' + \dfrac{p(p-1)}{1\cdot 2}\alpha^{p-2} z + \ldots + z^{(p)}\right], \\ \ldots \ldots \ldots \ldots \ldots \ldots \ldots \end{cases}$$

en substituant ces valeurs de y, y', y'', ... dans le premier membre de l'équation (35), $e^{\alpha x}$ se met en facteur et il vient

$$F(e^{\alpha x} z) = e^{\alpha x}\left[\frac{d^n z}{d x^n} + A_1 \frac{d^{n-1} z}{d x^{n-1}} + \ldots + A_{n-1}\frac{dz}{dx} + A_n z\right],$$

$A_1, A_2, \ldots, A_n$ étant des coefficients constants qui ne dépendent que de $a_1, a_2, \ldots, a_n$, et de α.

Pour déterminer ces coefficients, remplaçons dans l'identité précédente z par $e^{\beta x}$, β étant une nouvelle constante arbitraire. Il vient, en observant que $F(e^{(\alpha + \beta)x}) = e^{(\alpha + \beta)x} f(\alpha + \beta)$,

$$f(\alpha + \beta) = \beta^n + A_1 \beta^{n-1} + \ldots + A_{n-1}\beta + A_n,$$

et $A_1, A_2, \ldots, A_n$ sont identiques aux coefficients du développement du polynome $f(\alpha + \beta)$ suivant les puissances de β,

$$\Lambda_1 = \frac{f^{(n-1)}(\alpha)}{(n-1)!}, \qquad \ldots, \qquad \Lambda_{n-1} = \frac{f'(\alpha)}{1}, \qquad \Lambda_n = f(\alpha),$$

ce qui conduit à la nouvelle équation en z

$$(41) \quad \mathrm{F}(e^{\alpha x} z) = e^{\alpha x}\left[f(\alpha)\, z + f'(\alpha)\, z' + \frac{f''(\alpha)}{1.2} z'' + \ldots + \frac{f^{(n)}(\alpha)}{1.2\ldots n} z^{(n)} \right] = 0.$$

Cela posé, soit r une racine d'ordre p de multiplicité de l'équation caractéristique; si nous remplaçons α par cette racine r dans l'équation (41), les coefficients de z, z', z'', ..., $z^{(p-1)}$ sont nuls dans cette équation, et l'on obtient une intégrale en prenant pour z une fonction dont la dérivée $p^{\text{ième}}$ est nulle, c'est-à-dire un polynome arbitraire de degré $p - 1$. Par conséquent, *si r est une racine multiple d'ordre p de l'équation caractéristique, à cette racine correspondent p intégrales particulières distinctes de l'équation linéaire* (35), e^{rx}, $x\, e^{rx}$, ..., $x^{p-1} e^{rx}$.

Soient r_1, r_2, ..., r_k les k racines distinctes de $f(r) = 0$, μ_1, μ_2, ..., μ_k leurs ordres de multiplicité respectifs ($\Sigma\mu_i = n$); on peut, au moyen de ces racines, former n intégrales particulières de l'équation linéaire. Ces n intégrales sont distinctes, car toute relation linéaire à coefficients constants entre ces n intégrales serait de la forme

$$e^{r_1 x}\, \varphi_1(x) + e^{r_2 x}\, \varphi_2(x) + \ldots + e^{r_k x}\, \varphi_k(x) = 0,$$

φ_1, φ_2, ..., φ_k désignant des polynomes. Une telle relation est impossible, lorsque les k nombres r_1, r_2, ..., r_k sont différents. Soient, en effet, n_1, n_2, ..., n_k les degrés respectifs de ces polynomes; si l'un de ces polynomes était nul, il ne figurerait pas dans la relation précédente. En divisant par $e^{r_1 x}$, on peut encore écrire cette relation

$$\varphi_1(x) + e^{(r_2 - r_1)x}\, \varphi_2(x) + \ldots + e^{(r_k - r_1)x}\, \varphi_k(x) = 0;$$

après une première différentiation, nous avons encore

$$\varphi_1'(x) + e^{(r_2 - r_1)x}[\varphi_2'(x) + (r_2 - r_1)\varphi_2(x)] + \ldots = 0.$$

Le degré du polynome qui multiplie $e^{(r_2 - r_1)x}$ est encore égal à n_2 et de même pour les autres. Après avoir différentié $(n_1 + 1)$ fois, on aura donc une relation de même forme que la relation d'où l'on est parti, avec un terme de moins,

$$e^{s_1 x} \psi_2(x) + e^{s_2 x} \psi_3(x) + \ldots + e^{s_k x} \psi_k(x) = 0,$$

les $k - 1$ nombres s_2. ..., s_k étant différents, et ψ_2, ψ_3, ..., ψ_k étant des polynomes de degré n_2, n_3, ..., n_k respectivement.

En continuant de la sorte, on finirait par arriver à une relation de la forme $e^{tx} \pi(x) = 0$, $\pi(x)$ étant un polynome non identique·ment nul, ce qui est évidemment absurde. L'intégrale générale de l'équation linéaire (35) est donc représentée par la formule

$$(42) \qquad y = e^{r_1 x} P_{\mu_1 - 1} + e^{r_2 x} P_{\mu_2 - 1} + \ldots + e^{r_k x} P_{\mu_k - 1},$$

$P_{\mu_1 - 1}$, ..., $P_{\mu_k - 1}$ étant des polynomes à coefficients arbitraires, d'un degré égal à leur indice.

Si l'équation caractéristique a des racines imaginaires, l'intégrale générale (42) renferme des symboles imaginaires, mais on peut faire disparaître ces symboles lorsque les coefficients $a_1, a_2, \ldots, a_n$ sont réels. Dans ce cas, en effet, si l'équation $f(r) = 0$ admet la racine $\alpha + \beta i$ au degré p de multiplicité, $\alpha - \beta i$ est aussi racine au même degré de multiplicité. La somme des deux termes de la formule (42) provenant de ces deux racines peut s'écrire

$$e^{\alpha x}[(\cos \beta x + i \sin \beta x) \Phi(x) + (\cos \beta x - i \sin \beta x) \Psi(x)],$$

$\Phi(x)$ et $\Psi(x)$ étant deux polynomes de degré $p - 1$ à coefficients arbitraires, ou sous la forme équivalente

$$e^{\alpha x}[\cos \beta x . \Phi_1(x) + \sin \beta x . \Psi_1(x)],$$

Φ_1 et Ψ_1 étant aussi deux polynomes arbitraires de degré $p - 1$.

Remarque. — Pour exprimer l'intégrale générale de l'équation (35) au moyen de la fonction exponentielle, il faut d'abord, comme on le voit, résoudre l'équation $f(r) = 0$. Si cette équation n'est pas résolue, la relation de récurrence (37) permet toujours de calculer de proche en proche autant de coefficients qu'on le voudra de la série entière qui représente l'intégrale correspondant à des conditions initiales données.

On peut prévoir le nombre de coefficients qu'il suffit de calculer pour avoir la valeur de l'intégrale avec une approximation déterminée. Soient A le plus grand des nombres 1, $|a_1|$, ..., $|a_n|$, et B le plus grand des nombre $|c_0|$, $|c_1|$, ..., $|c_{n-1}|$: on vérifie aisément de proche en proche que l'on a $|c_{r+p}| < B(An)^{p+1}$. Le module du reste de la série qui repré-

sente l'intégrale à partir du terme en x^{n+p} est donc moindre que la somme
de la série

$$\mathrm{B}\left[\frac{(\mathrm{A}\,n)^{p+1}\rho^{n+p}}{1.2\ldots(n+p)} + \frac{(\mathrm{A}\,n)^{p+2}\rho^{n+p+1}}{1.2\ldots(n+p+1)} + \cdots\right],$$

où $\rho = |x|$, et par suite moindre que

$$\frac{\mathrm{B}(\mathrm{A}\,n)^{p+1}\rho^{n+p}}{1.2\ldots(n+p)}\,e^{\mathrm{A}n\rho}.$$

Considérons maintenant une équation linéaire à coefficients
constants avec un second membre $\varphi(x)$. On peut éviter l'emploi
des méthodes générales et trouver directement une intégrale particulière lorsque $\varphi(x)$ est un polynome.

En effet, si le coefficient a_n de y dans l'équation

$$\frac{d^n y}{dx^n} + a_1\frac{d^{n-1}y}{dx^{n-1}} + \ldots + a_{n-1}\frac{dy}{dx} + a_n y = b_0 x^m + b_1 x^{m-1} + \ldots$$

n'est pas nul, on peut trouver un autre polynome de degré m

$$y = \psi(x) = c_0 x^m + c_1 x^{m-1} + \ldots,$$

qui, substitue à la place de y dans le premier membre de l'équation
précédente, donne un résultat identique à $\varphi(x)$. Les $m+1$ coefficients c_0, c_1, c_2, ..., c_m se déterminent de proche en proche par
les relations

$$a_n c_0 = b_0 \qquad a_n c_1 + m\,a_{n-1} c_0 = b_1,$$
$$a_n c_2 + (m-1)a_{n-1} c_1 + m(m-1)a_{n-2} c_0 = b_2, \ldots,$$

où a_n est par hypothèse différent de zéro. Ce calcul ne s'applique
plus lorsque $a_n = 0$. Pour plus de généralité, supposons que la dérivée d'ordre le moins élevé qui figure dans le premier membre est
la dérivée d'ordre p. En prenant pour inconnue auxiliaire $z = \dfrac{d^p y}{dx^p}$,
on transforme l'équation proposée en une équation linéaire d'ordre
$n - p$, où le coefficient de z n'est pas nul. D'après le cas qui vient
d'être traité, cette équation en z admet pour intégrale particulière
un polynome de degré m; l'équation en y admet donc elle-même
pour intégrale particulière un polygone de degré $m + p$. On déter-
minera encore les coefficients de ce polynome par une substitution
directe; remarquons que les coefficients de x^{p-1}, x^{p-2}, ..., x, et
le terme constant sont arbitraires

Lorsque le second membre $\varphi(x)$ est de la forme $e^{\alpha x}P(x)$, α étant constant et $P(x)$ désignant un polynome, on ramène ce cas au précédent en posant $y = e^{\alpha x}z$, ce qui conduit à l'équation

$$(43) \quad \frac{f^{(n)}(\alpha)}{1.2\ldots n}\frac{d^n z}{dx^n} + \frac{f^{(n-1)}(\alpha)}{1.2\ldots(n-1)}\frac{d^{n-1}z}{dx^{n-1}} + \ldots + f'(\alpha)\frac{dz}{dx} + f(\alpha)z = P(x).$$

Cette équation admet pour intégrale particulière, comme nous venons de le voir, un polynome dont on peut fixer le degré *a priori*; l'équation en y admet donc une intégrale particulière de la forme $e^{\alpha x}Q(x)$, $Q(x)$ étant aussi un polynome. Supposons en particulier que $P(x)$ se réduise à un facteur constant C. Si α n'est pas racine de l'équation caractéristique, l'équation (43) admet l'intégrale particulière $z = \dfrac{C}{f(\alpha)}$, et l'équation en y admet l'intégrale particulière $\dfrac{Ce^{\alpha x}}{f(\alpha)}$. Si α est racine multiple d'ordre p de l'équation caractéristique, on satisfait à l'équation (43) en posant

$$f^{(p)}(\alpha)\frac{d^p z}{dx^p} = 1.2\ldots p.C$$

ou

$$z = \frac{C x^p}{f^{(p)}(\alpha)},$$

et par suite l'équation en y admet l'intégrale particulière $\dfrac{C x^p e^{\alpha x}}{f^{(p)}(\alpha)}$. En vertu d'une remarque générale (n° **401**, p. **441**), on peut donc trouver directement une intégrale particulière toutes les fois que le second membre est la somme d'un produit d'exponentielles par des polynomes. Ceci a lieu en particulier lorsque le second membre est de la forme $\cos ax\,P(x)$, ou $\sin ax\,P(x)$, car il suffit d'exprimer $\cos ax$ et $\sin ax$ au moyen de e^{axi} et de e^{-axi}. Une fois qu'on a reconnu par les considérations précédentes la forme d'une intégrale particulière, il n'est pas nécessaire, pour calculer les coefficients dont elle dépend, de passer par toutes les transformations indiquées; il est souvent préférable de substituer directement dans le premier membre de l'équation proposée.

Exemple. — Soit à trouver l'intégrale générale de l'équation

$$(44) \qquad F(y) = \frac{d^4 y}{dx^4} - y = ae^x + be^{2x} + c\sin x + g\cos x,$$

a, b, c, g étant constants. L'équation caractéristique $r^4 - 1 = 0$ admet les racines simples $+1, -1, +i, -i$; l'intégrale générale de l'équation sans second membre est donc

$$(45) \qquad y = C_1 e^x + C_2 e^{-x} + C_3 \cos x + C_4 \sin x.$$

Nous avons ensuite à chercher une intégrale particulière de chacune des quatre équations obtenues en prenant successivement pour second membre $a e^x$, $b e^{2x}$, $c \sin x$, $g \cos 2x$. Comme l'unité est racine simple de $f(r) = r^4 - 1 = 0$, la première de ces équations admet l'intégrale particulière $\dfrac{a x e^x}{f'(1)} = \dfrac{a x e^x}{4}$; 2 n'étant pas racine de l'équation $f(r) = 0$, la seconde équation admet l'intégrale particulière $\dfrac{b e^{2x}}{f(2)} = \dfrac{b e^{2x}}{15}$.

Dans la troisième équation $F(y) = c \sin x$, nous pouvons remplacer $\sin x$ par $\dfrac{e^{xi} - e^{-xi}}{2 i}$, et nous avons à chercher une intégrale particulière de chacune des équations

$$F(y) = \frac{c}{2 i} e^{xi}, \qquad F(y) = -\frac{c}{2 i} e^{-xi};$$

or $+i$ et $-i$ étant racines simples de $f(r) = 0$, nous savons, *a priori*, qu'elles admettent respectivement deux intégrales particulières de la forme $M x e^{xi}$, $N x e^{-xi}$. La somme de ces deux intégrales est de la forme $x(m \cos x + n \sin x)$, et l'on peut déterminer ces coefficients m et n en substituant dans $F(y)$ et en écrivant que le résultat est identique à $c \sin x$, méthode qui évite l'emploi du symbole i. On trouve ainsi qu'il faut prendre $m = \dfrac{c}{4}$, $n = 0$. On trouve de même que la dernière équation $F(y) = g \cos 2x$ admet l'intégrale particulière $\dfrac{g}{15} \cos 2x$. En ajoutant toutes ces intégrales particulières au second membre de la formule (45), on obtient l'intégrale générale de l'équation (44).

406. Méthode de d'Alembert. — On a proposé un grand nombre de méthodes pour intégrer les équations linéaires à coefficients constants, en particulier dans le cas où l'équation caractéristique a des racines multiples. Une des plus intéressantes, qui est applicable à beaucoup de questions du même genre, consiste à considérer une équation linéaire, où $f(r) = 0$ a des racines multiples, comme limite d'une équation linéaire où toutes les racines de $f(r) = 0$ seraient distinctes. D'une façon générale, soit

$$(46) \qquad F(y) = \frac{d^n y}{dx^n} + a_1 \frac{d^{n-1} y}{dx^{n-1}} + \ldots + a_{n-1} \frac{dy}{dx} + a_n y = 0$$

une équation linéaire où les coefficients $a_1, a_2, \ldots, a_n$ sont des fonctions de x dépendant en outre de certains paramètres variables $\alpha_1, \alpha_2, \ldots, \alpha_p$. Supposons qu'il existe une fonction $f(x, r)$ jouissant de la propriété suivante : pour q valeurs de r, dépendant des paramètres $\alpha_1, \alpha_2, \ldots, \alpha_p$, et en général distinctes, la fonction $f(x, r)$ de x est une intégrale de l'équation (46). Soient $r_1, r_2, \ldots, r_q$ ces q valeurs de r, de telle sorte que les fonctions

$$f(x, r_1), \quad f(x, r_2), \quad \ldots, \quad f(x, r_q)$$

forment q intégrales particulières distinctes de l'équation (46) lorsque les paramètres $\alpha_1, \alpha_2, \ldots, \alpha_p$ sont quelconques. Si, pour certaines valeurs particulières de ces paramètres, les q valeurs $r_1, r_2, \ldots, r_q$ ne sont pas distinctes, le nombre des intégrales connues est diminué. Supposons par exemple que r_2 devienne égal à r_1; si r_2 est différent de r_1, l'équation admet les deux intégrales $f(x, r_1)$, $f(x, r_2)$, et par suite

$$\frac{f(x, r_2) - f(x, r_1)}{r_2 - r_1}$$

est aussi une intégrale. Or, lorsque r_2 tend vers r_1, la fonction précédente a pour limite la dérivée $[f'_r(x, r)]_{r_1}$. Si une troisième racine r_3 devient égale à r_1, nous prendrons de même, en supposant d'abord r_3 un peu différent de r_1, l'intégrale

$$\frac{f(x, r_3) - f(x, r_1) - (r_3 - r_1)\, [f'_r(x, r)]_{r_1}}{(r_3 - r_1)^2}$$

et cette intégrale a pour limite $\frac{1}{2}[f''_{r_1}(x, r)]_{r_1}$ lorsque r_3 tend vers r_1. Le raisonnement est général; si pour certaines valeurs des paramètres $\alpha_1, \alpha_2, \ldots, \alpha_p$, k des racines $r_1, r_2, \ldots, r_q$ sont égales à r_1, l'équation correspondante (46) admet les intégrales particulières [1]

$$f(x, r_1), \quad \left(\frac{\partial f}{\partial r}\right)_{r_1}, \quad \left(\frac{\partial^2 f}{\partial r^2}\right)_{r_1}, \quad \ldots, \quad \left(\frac{\partial^{k-1} f}{\partial r^{k-1}}\right)_{r_1}.$$

---

[1] Il est facile de présenter le raisonnement sous une forme plus rigoureuse. Supposons qu'en remplaçant y par $f(x, r)$ dans le premier membre $F(y)$ d'une équation linéaire, on ait

$$F[f(x, r)] = a_0 \frac{\partial^n f}{\partial x^n} + a_1 \frac{\partial^{n-1} f}{\partial x^{n-1}} + \ldots + a_n f = \Phi(x, r),$$

les coefficients $a_0, a_1, \ldots, a_n$ étant indépendants du paramètre r. On voit immé-

Dans le cas d'une équation linéaire à coefficients constants, les paramètres α_1, α_2, ..., α_p sont les coefficients eux-mêmes, et la fonction $f(x, r)$ est e^{rx}. Nous retrouvons bien les résultats obtenus directement.

407. Équations linéaires d'Euler. — Les équations linéaires

$$(47) \qquad x^n \frac{d^n y}{dx^n} + \mathrm{A}_1 x^{n-1} \frac{d^{n-1} y}{dx^{n-1}} + \ldots + \mathrm{A}_{n-1} x \frac{dy}{dx} + \mathrm{A}_n y = 0,$$

où A_1, A_2, ..., A_n sont des constantes, se ramènent aux précédentes par le changement de variable [1] $x = e^t$. Nous avons en effet, en observant que $\frac{dt}{dx} = \frac{1}{x}$ $(cf.$ n° **380**, p. 356).

$$\frac{dy}{dx} = \frac{dy}{dt}\frac{dt}{dx} = \frac{1}{x}\frac{dy}{dt}, \qquad \frac{d^2 y}{dx^2} = \frac{1}{x^2}\left(\frac{d^2 y}{dt^2} - \frac{dy}{dt}\right),$$

et l'on vérifie aisément de proche en proche que le produit $x^p \dfrac{d^p y}{dx^p}$ est une expression linéaire à coefficients constants par rapport

---

diatement que, si l'on remplace y par $\dfrac{\partial^p f}{\partial r^p}$, le nouveau résultat de la substitution dans $\mathrm{F}(y)$ est

$$\mathrm{F}\left(\frac{\partial^p f}{\partial r^p}\right) = \frac{\partial^p \Phi}{\partial r^p}.$$

Cela étant, supposons que pour des valeurs arbitraires des paramètres α_i dont dépendent les coefficients a_1, a_2, ..., a_n, on ait

$$\Phi(x, r) = (r - r_1)(r - r_2)\ldots(r - r_q)\,\Psi(x, r).$$

les racines r_1, r_2, ..., r_q étant distinctes. Si pour des valeurs particulières de ces paramètres α_i, p de ces racines deviennent égales à r_1, $\Phi(x, r)$ est divisible par $(r - r_1)^p$: on a

$$\Phi(x, r_1) = 0, \qquad \frac{\partial \Phi}{\partial r_1} = 0. \qquad \ldots, \qquad \frac{\partial^{p-1} \Phi}{\partial r^{p-1}} = 0.$$

et par suite l'équation linéaire admet les p intégrales

$$f(x, r_1), \frac{\partial f}{\partial r_1}, \ldots, \frac{\partial^{p-1} f}{\partial r_1^{p-1}}.$$

[1] La théorie générale (n° 399) nous apprend que les intégrales de l'équation (47) ne peuvent admettre d'autre point singulier que $x = 0$. Or e^t ne peut être nul pour aucune valeur de t; les intégrales de l'équation obtenue par le changement de variable $x = e^t$ doivent donc être des fonctions entières.

à $\dfrac{dy}{dt}$, $\dfrac{d^2y}{dt^2}$, ..., $\dfrac{d^py}{dt^p}$. L'équation linéaire proposée se transforme donc par ce changement de variable en une équation à coefficients constants.

Il est inutile, pour obtenir l'intégrale générale de l'équation (47), d'effectuer le calcul de ce changement de variable. On sait en effet que l'équation transformée admet des intégrales de la forme e^{rt}; l'équation proposée admet donc elle-même un certain nombre d'intégrales de la forme $(e^t)^r = x^r$. En remplaçant y par x^r dans le premier membre de l'équation (47), le résultat de la substitution est $x^r f(r)$, en posant

$$f(r) = r(r-1)\ldots(r-n+1)$$
$$+ A_1 r(r-1)\ldots(r-n+2) + \ldots + A_{n-1} r + A_n.$$

Si l'équation $f(r) = 0$, qui joue ici le même rôle que l'équation caractéristique, a n racines distinctes r_1, r_2, ..., r_n, l'intégrale générale est

$$y = C_1 x^{r_1} + C_2 x^{r_2} + \ldots + C_n x^{r_n};$$

si r est une racine multiple d'ordre μ de $f(r) = 0$, à cette racine correspondent, d'après la méthode de d'Alembert, les μ intégrales particulières

$$x^r, \qquad \frac{\partial}{\partial r}(x^r) = x^r \operatorname{Log} x, \qquad \ldots, \qquad \frac{\partial^{\mu-1} x^r}{\partial r^{\mu-1}} = x^r (\operatorname{Log} x)^{\mu-1}.$$

L'intégrale générale de l'équation (47) est donc, dans tous les cas,

$$(48) \qquad y = x^{r_1} P_{\mu_1-1}(\operatorname{Log} x) + \ldots + x^{r_k} P_{\mu_k-1}(\operatorname{Log} x),$$

r_1, r_2, ..., r_k étant les k racines distinctes de $f(r) = 0$, μ_1, μ_2, ..., μ_k leurs ordres de multiplicité, et $P_{\mu_i-1}(\operatorname{Log} x)$ étant un polynome en $\operatorname{Log} x$ à coefficients arbitraires, de degré $\mu_i - 1$.

Si l'on ajoute à l'équation (47) un second membre de la forme $x^m Q(\operatorname{Log} x)$, Q désignant un polynome, on démontre, comme pour les équations à coefficients constants, que l'équation obtenue admet pour intégrale particulière une expression de même forme, dont on peut calculer les coefficients inconnus par une substitution.

408. Équation de Laplace. — On peut quelquefois représenter les intégrales d'une équation linéaire par des intégrales définies, où la variable indépendante figure comme paramètre sous le signe intégral. Une des applications les plus importantes de cette méthode est due à Laplace; elle concerne l'équation

$$(49) \quad F(y) = (a_0 + b_0 x) \frac{d^n y}{dx^n} + (a_1 + b_1 x) \frac{d^{n-1} y}{dx^{n-1}} + \ldots + (a_n + b_n x) y = 0,$$

dont tous les coefficients sont du premier degré au plus. Cherchons à satisfaire à cette équation en prenant pour y une expression de la forme

$$(50) \qquad y = \int_{(L)} Z e^{zx} dz,$$

Z étant une fonction de la variable z, et L un chemin d'intégration déterminé, indépendant de x. Nous avons, d'une façon générale,

$$\frac{d^p y}{dx^p} = \int_{(L)} Z z^p e^{zx} dz,$$

et, en remplaçant y et ses dérivées par les expressions précédentes dans le premier membre de l'équation (49), le résultat est

$$(51) \qquad F(y) = \int_{(L)} Z e^{zx} (P + Q x) dz,$$

en posant pour abréger

$$P = a_0 z^n + a_1 z^{n-1} + \ldots + a_{n-1} z + a_n,$$
$$Q = b_0 z^n + b_1 z^{n-1} + \ldots + b_{n-1} z + b_n.$$

En intégrant par parties le second terme

$$\int_{(L)} ZQ x e^{zx} dz,$$

on a encore

$$F(y) = (ZQ e^{zx})_{(L)} + \int_{(L)} \left[PZ - \frac{d}{dz}(ZQ) \right] e^{zx} dz$$

et $F(y)$ sera nul si l'on a à la fois

$$(52) \qquad PZ - \frac{d}{dz}(ZQ) = 0, \qquad (ZQ e^{zx})_{(L)} = 0.$$

De la première condition on tire

$$Z = \frac{1}{Q} e^{\int_{z_0}^{z} \frac{P}{Q} dz},$$

a limite inférieure z_0 n'annulant pas $Q(z)$. La fonction Z étant ainsi déterminée, l'intégrale définie (50) sera une intégrale de l'équation linéaire (49) pourvu que la variation de la fonction auxiliaire

$$V = e^{z x} ZQ = e^{z x + \int_{z_0}^{z} \frac{P}{Q} dz}$$

le long du chemin L soit nulle. Il suffira donc, pour obtenir une intégrale de l'équation linéaire proposée (49), de choisir la ligne d'intégration L de façon que cette fonction V reprenne la même valeur après avoir fait décrire à z la ligne L tout entière, et que l'intégrale (50) ait une valeur finie et différente de zéro.

Soient a, b, c,...., l les racines de l'équation $Q(z) = 0$. La fonction auxiliaire V est de la forme

$$(53) \qquad V = e^{z x + R(z)} (z - a)^{\alpha} (z - b)^{\beta} \ldots (z - l)^{\lambda}.$$

$R(z)$ étant une fonction rationnelle dont le dénominateur n'admet pour racines que les racines a, b, c, ..., l de $Q(z)$, à un degré de multiplicité inférieur d'une unité. Appelons $\mathcal{A}$, $\mathcal{B}$, $\mathcal{C}$, .. les lacets décrits autour des points a, b, c, ..., dans le sens direct à partir d'une origine arbitraire, et $\mathcal{A}_{-1}$, $\mathcal{B}_{-1}$, $\mathcal{C}_{-1}$, ... les mêmes lacets décrits dans le sens opposé. La fonction V est multipliée par $e^{2\pi i \alpha}$ lorsque z décrit le lacet $\mathcal{A}$, et par $e^{-2\pi i \alpha}$ lorsque z décrit le lacet $\mathcal{A}_{-1}$, et de même pour les autres. Il s'ensuit que, si l'on fait décrire à la variable les lacets $\mathcal{A}$, $\mathcal{B}$, $\mathcal{A}_{-1}$, $\mathcal{B}_{-1}$, successivement, la fonction V reprend sa valeur initiale. L'intégrale définie (50), prise suivant ce chemin $\mathcal{A}\mathcal{B}\mathcal{A}_{-1}\mathcal{B}_{-1}$, n'est pas nulle en général; elle donne une intégrale particulière de l'équation proposée. En associant deux à deux les p points a, b, c, ..., l de toutes les manières possibles, on obtient $\dfrac{p(p-1)}{2}$ intégrales qui se réduisent en réalité à $p - 1$ intégrales distinctes.

On n'a pas ainsi n intégrales particulières. Pour en obtenir d'autres, on cherche des lignes L terminées à leurs extrémités à certains des points singuliers a, b, c, ..., l et telles que la fonction V s'annule aux deux extrémités. Si a est une racine simple de $Q(z) = 0$, la fonction Z contient le facteur $(z - a)^{\alpha - 1}$, et l'intégrale (50) ne pourra avoir une valeur finie lorsqu'une des extrémités de la ligne L est au point a que si la partie réelle de α est positive, et, dans ce cas, V tend bien vers zéro en même temps que $|z - a|$. Si a est racine multiple d'ordre m de $Q(z) = 0$, la fonction rationnelle $R(z)$ contient un terme de la forme $\dfrac{A_{m-1}}{(z - a)^{m-1}}$, et, pour être renseigné sur le module de V dans le domaine du point $z = a$, il suffit d'étudier le module de la partie principale $(z - a)^{\alpha} e^{\frac{A_{m-1}}{(z - a)^{m-1}}}$. Soit

$$z - a = \rho(\cos\varphi + i\sin\varphi), \qquad A_{m-1} = \Lambda(\cos\psi + i\sin\psi), \qquad \alpha = \alpha' + \alpha'' i;$$

le module de la partie principale est égal à

$$e^{-\alpha'' \varphi} \rho^{\alpha'} e^{\Lambda \rho^{1-m} \cos[\psi - (m-1)\varphi]}.$$

Pour que V tende vers zéro avec $|z-a|$, il suffira de faire décrire à z une ligne telle que l'angle φ de la tangente avec l'axe réel positif vérifie la condition $\cos[\psi - (m-1)\varphi] < 0$; on prendra par exemple $\varphi = \dfrac{\psi + (2k+1)\pi}{m-1}$. Si l'angle φ a été pris de cette façon, le produit $Z e^{zx}$ tend aussi vers zéro avec $|z-a|$. Opérant de même avec les autres points b, c, ..., l, on voit que l'on peut déterminer de nouvelles lignes L, fermées ou non, donnant d'autres intégrales particulières.

Enfin, on peut prendre aussi pour lignes d'intégration des courbes s'éloignant à l'infini. On est encore amené à déterminer une courbe L ayant une branche infinie telle que la fonction V tende vers zéro lorsque le point z s'éloigne indéfiniment sur cette branche. Si par exemple la fonction rationnelle $R(z)$ est nulle, et si l'argument de x reste compris entre 0 et $\dfrac{\pi}{2}$, il suffira de faire décrire à z une branche infinie asymptote à une direction faisant un angle $\dfrac{3\pi}{4}$ avec l'axe réel positif.

Laissant de côté ces généralités (¹), considérons en particulier l'équation de Bessel

$$(54) \qquad x\frac{d^2 y}{dx^2} + (2n+1)\frac{dy}{dx} + xy = 0,$$

où n est une constante donnée. On a ici

$$P = (2n+1)z, \qquad Q = 1 + z^2,$$

et par suite

$$Z = (1+z^2)^{n-\frac{1}{2}}, \qquad V = e^{zx}(1+z^2)^{n+\frac{1}{2}},$$

L'intégrale définie

$$(55) \qquad y = \int_{(L)} e^{zx}(1+z^2)^{n-\frac{1}{2}}\,dz$$

est donc une intégrale particulière de l'équation (54), pourvu que la fonction $e^{zx}(1+z^2)^{n+\frac{1}{2}}$ reprenne la même valeur aux deux extrémités de cette ligne. On peut prendre d'abord une suite de deux lacets décrits, le premier dans le sens direct autour du point $z = +i$, le second dans le sens inverse autour du point $z = -i$. Pour second contour d'intégration on peut prendre ensuite une ligne entourant l'un des points singuliers $\pm i$, et ayant deux branches infinies avec une direction asymptotique telle que la partie réelle de zx tende vers $-\infty$.

La partie réelle de la constante n peut être supposée positive ou nulle, car si l'on pose $y = x^{-2n}z$, l'équation en z ne diffère de l'équation (54)

(¹) *Voir* un important Mémoire de H. Poincaré dans l'*American Journal of Mathematics*, t. VII.

que par le changement de n en $-n$. Lorsqu'il en est ainsi, on peut prendre
aussi pour chemin d'intégration la ligne droite joignant les deux points $+i$
et $-i$; du reste, l'intégrale ainsi obtenue est identique à la première à un
facteur constant près. Pour ramener cette intégrale à la forme habituelle,
posons $z = it$; elle devient

$$y = \int_{-1}^{+1} e^{ixt}(1 - t^2)^{n-\frac{1}{2}}dt$$

ou encore

$$(56) \qquad y = \int_{-1}^{+1} \cos xt(1 - t^2)^{n-\frac{1}{2}}dt.$$

Nous devons signaler ici un cas particulier remarquable, celui où n est
la moitié d'un nombre impair. Si n est positif, l'intégrale (56) existe
toujours et peut même être calculée explicitement, puisque $n - \dfrac{1}{2}$ est un
nombre entier positif. Mais, si la ligne L est une courbe fermée, l'intégrale
définie (55) est toujours nulle. Il semble donc que dans ce cas, l'application
de la méthode générale ne donne qu'une intégrale particulière. Mais on peut
au contraire, dans ce cas en apparence défavorable, exprimer l'intégrale
générale au moyen des fonctions élémentaires. Faisons, en effet, la transformation inverse de la précédente, de façon que n soit la moitié d'un
nombre impair négatif. Alors $n - \dfrac{1}{2}$ est un nombre entier négatif, et l'intégrale définie (55) prise le long d'une ligne fermée quelconque est une intégrale particulière de l'équation linéaire (54). En prenant pour la ligne L
un cercle ayant pour centre l'un des points $\pm i$, on voit que le résidu de
la fonction $e^{izx}(1 + z^2)^{n-\frac{1}{2}}$ relatif à chacun de ces pôles est une intégrale
de l'équation linéaire. Or, il est clair que le résidu relatif au pôle $z = +i$
est le produit de e^{ix} par un polynome, et de même que le résidu relatif au
pôle $z = -i$ est le produit de e^{-ix} par un polynome. Ces deux intégrales
particulières sont distinctes, car leur rapport est égal au produit de e^{2ix}
par une fonction rationnelle. Il est clair que leur somme est une intégrale
réelle, ainsi que le produit de leur différence par i (*voir* Ex. 8, p. 518).

Remarque. — L'équation linéaire à coefficients constants est un cas
particulier de l'équation de Laplace, que l'on obtient en supposant nuls
tous les coefficients b_i. Si l'on suppose de plus $a_0 = 1$, on a $Q(z) = 0$,
tandis que $P(z)$ se réduit au polynome caractéristique $f(z)$. La méthode
générale paraît en défaut, puisque la formule qui donne l'expression de Z
devient illusoire. Mais il suffit d'un peu d'attention pour reconnaître
comment on doit modifier la méthode. En effet, le raisonnement prouve
que l'intégrale définie $\displaystyle\int_{(L)} Z e^{zx}\,dz$ est une intégrale particulière de l'équation linéaire, pourvu que l'intégrale définie $\displaystyle\int_{(L)} Z f(z) e^{zx}\,dz$, prise le long

de la même ligne L, soit nulle. Or, si l'on prend pour L une courbe fermée, il suffira que le produit $Zf(z)$ soit une fonction holomorphe de z à l'intérieur de cette courbe. Si donc $\Pi(z)$ désigne une fonction holomorphe quelconque dans une région R du plan, l'intégrale définie

$$y = \int_{(L)} \frac{\Pi(z)}{f(z)} e^{zx}\, dz,$$

prise le long d'une courbe fermée quelconque L, située dans cette région, est une intégrale particulière de l'équation linéaire à coefficients constants. On voit comment ce résultat, dû à Cauchy, se rattache aisément à la méthode de Laplace.

Il est facile comme vérification de retrouver les intégrales particulières connues. Soit $z = a$ une racine d'ordre p de l'équation caractéristique $f(z) = 0$. Prenons pour ligne d'intégration un cercle de centre a ne renfermant pas d'autres racines de $f(z) = 0$, et soit $\Pi(z)$ une fonction holomorphe dans ce cercle. Le résidu de la fonction $\dfrac{\Pi(z)e^{zx}}{f(z)}$ ou $\dfrac{\Pi(z)e^{zx}}{(z-a)^p f_1(z)}$ est égal au coefficient de h^{p-1} dans le développement du produit

$$\Pi(a+h)\, e^{ax}\, \frac{e^{xh}}{f_1(a+h)}$$

suivant les puissances de h. Soit

$$\frac{\Pi(a+h)}{f_1(a+h)} = A_0 + A_1 h + \ldots + A_{p-1} h^{p-1} + \ldots,$$

les coefficients A_0, A_1, ..., A_{p-1} sont arbitraires, puisque la fonction $\Pi(z)$ est une fonction quelconque holomorphe dans le domaine du point a. Le résidu cherché est donc égal à

$$e^{ax}\left[A_0\, \frac{x^{p-1}}{1.2\ldots(p-1)} + A_1\, \frac{x^{p-2}}{1.2\ldots(p-2)} + \ldots + A_{p-1} \right],$$

c'est-à-dire au produit de l'exponentielle e^{ax} par un polynome arbitraire de degré $p - 1$; ce qui est d'accord avec le résultat connu.

III. — INTÉGRALES RÉGULIÈRES. — ÉQUATIONS A COEFFICIENTS PÉRIODIQUES.

En dehors des cas très élémentaires que nous avons traités, il est, en général, impossible de reconnaître, d'après la forme seule d'une équation linéaire, si l'intégrale générale est algébrique ou peut s'exprimer au moyen de transcendantes classiques. On a donc été conduit à étudier directement les propriétés de ces intégrales, en partant de l'équation elle-même, au lieu de chercher à les exprimer (un peu au hasard) par des combinaisons en nombre fini de fonctions connues. Nous avons déjà reconnu (Chap. XV) que la nature des points singuliers d'une fonction analytique est un élément essentiel permettant dans certains cas de caractériser complètement ces fonctions. Or on connaît *a priori* (n° 399) les points singuliers des intégrales d'une équation linéaire; nous allons montrer comment on peut, dans un cas particulier étendu et très important, faire l'étude complète des intégrales dans le domaine d'un point singulier.

409. Permutation des intégrales autour d'un point critique. — Soit a un point singulier isolé de quelques-uns des coefficients $p_1, p_2, \ldots, p_n$ de l'équation linéaire

$$(57) \qquad F(y) = \frac{d^n y}{dx^n} + p_1 \frac{d^{n-1} y}{dx^{n-1}} + \ldots + p_{n-1} \frac{dy}{dx} + p_n y = 0;$$

nous supposons en outre que ces coefficients sont uniformes dans le voisinage. Soient γ un cercle de centre a à l'intérieur duquel $p_1, p_2, \ldots, p_n$ n'ont pas d'autre point singulier que a, et x_0 un point intérieur à γ voisin de a. Toutes les intégrales sont holomorphes dans le domaine du point x_0; prenons n intégrales particulières $y_1, y_2, \ldots, y_n$ formant un système fondamental. Si la variable x décrit dans le sens direct un cercle de centre a passant par le point x_0, on peut suivre le prolongement analytique des intégrales $y_1, y_2, \ldots, y_n$ tout le long de ce chemin, et l'on revient au point x_0 avec n fonctions $Y_1, Y_2, \ldots, Y_n$ qui sont encore des intégrales de l'équation (57); Y_i désigne ce que devient y_i après une circulation autour du point a dans le sens direct. On a donc, puisque $Y_1, Y_2, \ldots, Y_n$ sont des intégrales de l'équation (57), n relations de la forme

$$(58) \qquad \begin{cases} Y_1 = a_{11} y_1 + a_{12} y_2 + \ldots + a_{1n} y_n, \\ Y_2 = a_{21} y_1 + a_{22} y_2 + \ldots + a_{2n} y_n, \\ \ldots \ldots \ldots \ldots \ldots \ldots \ldots \ldots \ldots \ldots \ldots , \\ Y_n = a_{n1} y_1 + a_{n2} y_2 + \ldots + a_{nn} y_n. \end{cases}$$

les coefficients a_{ik} étant des constantes qui dépendent naturellement du système fondamental choisi. Il est facile d'avoir la valeur du déterminant D formé par ces n^2 coefficients. Nous avons en effet (n° 400)

$$\Delta(y_1, y_2, \ldots, y_n) = C e^{-\int_{x_0}^{x} p_1 \, dx};$$

si x décrit la circonférence γ de centre a dans le sens direct, y_i se change en Y_i, et il vient par conséquent

$$\Delta(Y_1, Y_2, \ldots, Y_n) = \Delta(y_1, y_2, \ldots, y_n) e^{-\int_\gamma p_1 \, dx}.$$

Mais le quotient des deux déterminants de Wronski est égal à D (n° 400).

et l'on a par conséquent $D = e^{-2\pi i R}$, R désignant le résidu de p_1 relatif au point a. Ce déterminant n'est donc jamais nul.

Les coefficients des formules (58) dépendant du système fondamental choisi, il est naturel de chercher un système particulier d'intégrales, de façon que ces formules soient les plus simples possibles. Cherchons d'abord à déterminer une intégrale particulière $u = \lambda_1 y_1 + \lambda_2 y_2 + \ldots + \lambda_n y_n$, telle qu'une circulation autour du point a reproduise cette intégrale multipliée par un facteur constant. Il faudra pour cela qu'on ait $U = su$, U étant la valeur de u après la circulation, et s un facteur constant, ou

$$\lambda_1(a_{11}y_1 + a_{12}y_2 + \ldots + a_{1n}y_n) + \ldots$$
$$+ \lambda_n(a_{n1}y_1 + a_{n2}y_2 + \ldots + a_{nn}y_n) - s(\lambda_1 y_1 + \ldots + \lambda_n y_n) = 0;$$

une telle relation ne peut exister entre les n intégrales que si les coefficients de $y_1, y_2, \ldots, y_n$ sont nuls séparément. Les $n+1$ coefficients indéterminés, $\lambda_1, \lambda_2, \ldots, \lambda_n, s$, doivent satisfaire aux n conditions

$$(59)\quad
\begin{cases}
\lambda_1(a_{11} - s) + \lambda_2 a_{21} + \ldots + \lambda_n a_{n1} = 0. \\
\lambda_1 a_{12} + \lambda_2(a_{22} - s) + \ldots + \lambda_n a_{n2} = 0, \\
\cdots\cdots\cdots\cdots\cdots\cdots\cdots\cdots\cdots\cdots\cdots\cdots \\
\lambda_1 a_{1n} + \lambda_2 a_{2n} + \ldots + \lambda_n(a_{nn} - s) = 0.
\end{cases}$$

Comme $\lambda_1, \lambda_2, \ldots, \lambda_n$ ne peuvent être nuls à la fois, sans quoi on aurait $u = 0$, on voit que s doit être racine d'une équation de degré n

$$(60)\quad F(s) =
\begin{vmatrix}
a_{11} - s & a_{21} & \ldots & a_{n1} \\
a_{12} & a_{22} - s & \ldots & a_{n2} \\
\ldots & \ldots & & \ldots \\
a_{1n} & a_{2n} & \ldots & a_{nn} - s
\end{vmatrix} = 0,$$

que nous appellerons pour abréger *équation caractéristique*; d'après une remarque faite tout à l'heure, cette équation ne peut admettre la racine $s = 0$, car le déterminant D des n^2 coefficients a_{ik} serait nul.

Inversement, soit s une racine de cette équation; les relations (59) déterminent pour les coefficients λ_i des valeurs non toutes nulles, et l'intégrale $u = \lambda_1 y_1 + \ldots + \lambda_n y_n$ est multipliée par s après une circulation de la variable autour du point a. Cela étant, supposons d'abord que l'équation caractéristique ait n racines distinctes $s_1, s_2, \ldots, s_n$. Nous aurons n intégrales particulières $u_1, u_2, \ldots, u_n$ telles qu'après une circulation dans le sens direct autour du point a, on ait

$$(61)\qquad U_1 = s_1 u_1, \qquad U_2 = s_2 u_2, \qquad \ldots, \qquad U_n = s_n u_n,$$

U_i désignant la valeur finale de u_i après la circulation. *Ces n intégrales $u_1, u_2, \ldots, u_n$ forment un système fondamental.* Supposons, en effet, qu'on ait une relation de la forme

$$(62)\qquad C_1 u_1 + C_2 u_2 + \ldots + C_n u_n = 0.$$

les coefficients constants C_1, C_2, ..., C_n n'étant pas tous nuls. Après une,
deux, ..., $(n-1)$ circulations, on aurait des relations de même forme

$$(63) \quad \begin{cases} C_1 s_1 u_1 + C_2 s_2 u_2 + \ldots + C_n s_n u_n = 0. \\ C_1 s_1^2 u_1 + C_2 s_2^2 u_2 + \ldots + C_n s_n^2 u_n = 0. \\ \ldots\ldots\ldots\ldots\ldots\ldots\ldots\ldots\ldots\ldots\ldots\ldots\ldots \\ C_1 s_1^{n-1} u_1 + C_2 s_2^{n-1} u_2 + \ldots + C_n s_n^{n-1} u_n = 0. \end{cases}$$

Les relations linéaires (62) et (63) ne peuvent être vérifiées que si l'on a
en même temps $C_1 u_1 = 0$, ..., $C_n u_n = 0$, car le déterminant correspondant est différent de zéro.

Il est facile de former une fonction analytique qui est multipliée par un
facteur constant s *différent de zéro* après une circulation autour du
point a. En effet, la fonction $(x - a)^r$ ou $e^{r \, \text{Log}(x-a)}$ est multipliée après
une telle circulation par $e^{2\pi i r}$, et si nous déterminons r par la condition $r = \dfrac{1}{2\pi i} \, \text{Log}(s)$, cette fonction $(x - a)^r$ est bien multipliée par s
après une circulation autour de a; toute autre fonction u jouissant de la
même propriété est de la forme $(x - a)^r \varphi(x - a)$, la fonction $\varphi(x - a)$
étant uniforme dans le domaine du point a, car le produit $u(x - a)^{-r}$
revient à sa valeur initiale après une circulation autour du point a. L'intégrale u_k est donc de la forme

$$u_k = (x - a)^{r_k} \varphi_k(x - a),$$

où $r_k = \dfrac{1}{2\pi i} \, \text{Log}(s_k)$, la fonction φ_k étant uniforme dans le voisinage du
point a. Dans un cercle C de rayon R décrit du point a pour centre et où
les coefficients p_1, ..., p_n sont holomorphes, sauf au point a, l'intégrale u_k ne peut avoir d'autre point singulier que a. Il en est donc de même
de la fonction $\varphi_k(x - a)$, et le point a est pour cette fonction un point
ordinaire ou un point singulier isolé. On peut écarter le cas où le point a
serait un pôle. En effet, si le point a était un pôle d'ordre m, comme
l'exposant r_k n'est déterminé qu'à un nombre entier près, on pourrait écrire

$$u_k = (x - a)^{r_k - m} [(x - a)^m \varphi_k(x - a)]$$

et le produit $(x - a)^m \varphi_k(x - a)$ est holomorphe pour $x = a$. Si le point a
n'est pas un point singulier essentiel pour $\varphi_k(x - a)$, on dit que *l'intégrale est régulière pour $x = a$*. On peut alors supposer que la fonction
$\varphi_k(x - a)$ a une valeur finie, différente de zéro, pour $x = a$.

410. Examen du cas général. — Il reste à examiner le cas où l'équation caractéristique a des racines multiples. Nous allons montrer qu'on
peut toujours trouver n intégrales formant un système fondamental et se
décomposant en un certain nombre de groupes tels que, $y_1, y_2, \ldots, y_p$
désignant les p intégrales d'un même groupe, on ait, après une circulation

dans le sens direct autour du point a,

$$(64) \quad Y_1 = s y_1, \quad Y_2 = s(y_1 + y_2), \quad \ldots, \quad Y_p = s(y_{p-1} + y_p).$$

Les différentes valeurs de s sont des racines de l'équation caractéristique, et à une même racine peuvent correspondre plusieurs groupes différents. Lorsque les n racines sont distinctes, cas que nous venons d'examiner, chaque groupe se compose d'une seule intégrale.

Le problème revient en réalité à prouver qu'on peut ramener la substitution linéaire définie par les formules (58) à une forme canonique telle qu'on vient de l'indiquer, en remplaçant $y_1, y_2, \ldots, y_n$ par des combinaisons linéaires convenablement choisies de ces variables. Le théorème étant supposé établi dans le cas de $n - 1$ variables, nous allons montrer, d'après une méthode due à M. Jordan, qu'il est encore vrai pour n.

D'après ce qui a été démontré au paragraphe précédent, on peut toujours trouver une intégrale particulière u telle qu'on ait $U = \mu u$. En remplaçant l'une des intégrales, y_1 par exemple, par cette intégrale u, les formules (58) prennent la forme

$$(65) \quad \begin{cases} U = \mu u, \\ Y_2 = b_2 u + b_{22} y_2 + \ldots + b_{2n} y_n. \\ \cdots\cdots\cdots\cdots\cdots\cdots\cdots\cdots\cdots, \\ Y_n = b_n u + b_{n2} y_2 + \ldots + b_{nn} y_n. \end{cases}$$

Si dans les $n - 1$ dernières formules nous négligeons les termes $b_2 u, \ldots,$ $b_n u$, ces formules définissent une substitution linéaire portant sur les $n - 1$ variables $y_2, y_3, \ldots, y_n$. Le déterminant D' de cette substitution à $n - 1$ variables n'est pas nul, car le déterminant D de la substitution linéaire à n variables est égal à $\mu D'$, et ne peut être nul. Le théorème étant admis pour $n - 1$ variables, supposons cette substitution auxiliaire ramenée à la forme canonique. Cela revient à remplacer $y_2, y_3, \ldots, y_n$ par n combinaisons linéaires distinctes $z_1, z_2 \ldots, z_{n-1}$ telles que les formules qui définissent la substitution linéaire

$$Y_i = b_{i2} y_2 + \ldots + b_{in} y_n \quad (i = 2, 3, \ldots, n)$$

soient remplacées par un certain nombre de groupes de formules telles que

$$Z_1 = s z_1, \quad Z_2 = s(z_1 + z_2), \quad \ldots, \quad Z_p = s(z_{p-1} + z_p).$$

Si l'on effectue la même transformation sur les formules (65), il faudra évidemment ajouter aux seconds membres des formules précédentes des termes renfermant u. Autrement dit, nous pouvons trouver $n - 1$ intégrales formant avec u un système fondamental, et se partageant en un certain nombre de groupes tels qu'on ait, pour les intégrales $z_1, z_2, \ldots,$ z_p d'un seul groupe,

$$(66) \quad Z_1 = s z_1 + K_1 u, \quad Z_2 = s(z_1 + z_2) + K_2 u, \quad \ldots, \quad Z_p = s(z_{p-1} + z_p) + K_p u,$$

K_1, K_2, ..., K_p étant des constantes. Nous allons d'abord chercher à faire disparaître le plus qu'on pourra de ces coefficients. Posons pour cela

$$u_1 = z_1 + \lambda_1 u, \qquad u_2 = z_2 + \lambda_2 u, \qquad \ldots, \qquad u_p = z_p + \lambda_p u,$$

λ_1, λ_2, ..., λ_p étant p coefficients constants. Un calcul facile montre qu'on a pour ces nouvelles intégrales

$$(67) \quad \begin{cases} U_1 = su_1 + [K_1 + (\mu - s)\lambda_1]u, \\ U_i = s(u_{i-1} + u_i) + [K_i + (\mu - s)\lambda_i - s\lambda_{i-1}]u \qquad (i > 1); \end{cases}$$

cela posé, si $\mu - s$ n'est pas nul, on peut choisir λ_1, λ_2, ..., λ_p de façon que les coefficients de u dans les seconds membres soient nuls, et l'on a pour les nouvelles intégrales u_i,

$$U_1 = su_1, \qquad U_2 = s(u_1 + u_2), \qquad \ldots, \qquad U_p = s(u_{p-1} + u_p).$$

La substitution subie par ce groupe d'intégrales après une circulation autour de a est de la forme canonique. Si $\mu = s$, comme s ne peut être nul, on peut choisir λ_1, λ_2, ..., λ_{p-1} de façon à faire disparaître les coefficients de u dans les expressions de U_2. U_3, ..., U_p. Mais on peut avoir plusieurs groupes de variables z_i subissant une transformation de forme canonique pour laquelle la valeur de s est égale à μ. Supposons, pour fixer les idées, qu'il y ait deux pareils groupes, comprenant respectivement p et q variables. Après le changement de variables qui précède, les substitutions subies par ces deux groupes sont de la forme

$$(I) \quad U_1 = su_1 + K_1 u, \qquad U_2 = s(u_2 + u_1), \qquad \ldots, \qquad U_p = s(u_p + u_{p-1})$$
$$(II) \quad U'_1 = su'_1 + K'_1 u, \qquad U'_2 = s(u'_2 + u'_1), \qquad \ldots, \qquad U'_q = s(u'_q + u'_{q-1}).$$

Si $K'_1 = K_1 = 0$, l'on a trois groupes d'intégrales u, $(u_1, u_2, \ldots, u_p)$, $(u'_1, u'_2, \ldots, u'_q)$ subissant une substitution de forme canonique. Soit $p \geqq q$; si K_1 n'est pas nul, en posant $v_i = u'_i - \dfrac{K'_1}{K_1} u_i$, le second groupe d'intégrales est remplacé par un groupe de q intégrales v_i subissant une substitution de forme canonique, et en posant ensuite $u_0 = \dfrac{K_1 u}{s}$, les $(p + 1)$ intégrales $u_0, u_1, \ldots, u_p$ forment un seul groupe subissant une substitution de forme canonique. Si $K_1 = 0$, K'_1 n'étant pas nul, en posant $u'_0 = \dfrac{K'_1 u}{s}$, on a deux groupes d'intégrales $(u_1, u_2, \ldots, u_p)$, $(u_0, u'_1, \ldots, u'_q)$ subissant une substitution de forme canonique. Le théorème énoncé est donc général ([1]).

([1]) Pour tout ce qui concerne l'application de la théorie des *diviseurs élémentaires* de Weierstrass aux équations différentielles linéaires, on pourra consulter le Mémoire de L. Sauvage (*Annales de l'École Normale supérieure*, 1891, p. 285).

411. Forme analytique des intégrales. — Il nous reste à trouver une forme analytique propre à mettre en évidence la loi de permutation des intégrales d'un même groupe après une circulation autour du point a. Soient $y_1, y_2, \ldots, y_p$ un groupe d'intégrales subissant la permutation (64); posons $y_k = (x - a)^r z_k$, r étant égal à $\dfrac{1}{2\pi i} \operatorname{Log} s$. Les p fonctions z_1, z_2, ..., z_p doivent être telles qu'on ait

$$Z_1 = z_1, \qquad Z_2 = z_1 + z_2, \qquad \ldots, \qquad Z_p = z_{p-1} + z_p.$$

La fonction z_1 doit donc être une fonction uniforme $\varphi_1(x - a)$ dans le domaine du point a. Quant à la fonction z_2, on déduit des égalités précédentes $\dfrac{Z_2}{Z_1} = \dfrac{z_2}{z_1} + 1$; la différence $\dfrac{z_2}{z_1} - \dfrac{1}{2\pi i} \operatorname{Log}(x - a)$ est donc une fonction uniforme $\psi_1(x - a)$, et l'on a aussi

$$z_2 = \frac{1}{2\pi i} \operatorname{Log}(x - a) \varphi_1(x - a) + \varphi_2(x - a).$$

$\varphi_2(x - a)$ étant encore une fonction uniforme. D'une façon générale, posons $t = \dfrac{1}{2\pi i} \operatorname{Log}(x - a)$; lorsque x décrit un lacet dans le sens direct autour du point a, t augmente de l'unité, et z_1, z_2, ..., z_p, considérées comme fonctions de t, doivent vérifier les relations

$$(68) \qquad \begin{cases} z_1(t+1) = z_1(t), \qquad z_2(t+1) = z_2(t) + z_1(t), \qquad \ldots, \\ z_p(t+1) = z_p(t) + z_{p-1}(t). \end{cases}$$

Pour trouver la solution la plus générale des équations (68), nous remarquerons qu'on peut satisfaire à ces relations en prenant $z_1 = 1$, $z_2 = t$, et en choisissant pour $z_i(t)$ un polynome de degré $i - 1$ en t dont les coefficients se déterminent de proche en proche. On facilite le calcul en observant que la relation

$$z_i(t+1) - z_i(t) = z_{i-1}(t) \qquad (i \geq 3)$$

est vérifiée pour $t = 0, 1, 2, \ldots, i - 3$, si l'on prend pour $z_i(t)$ un polynome de la forme $K_i t(t-1)\ldots(t-i+2)$. Pour qu'elle soit vérifiée identiquement, il suffira qu'elle soit vérifiée pour une autre valeur de t, par exemple pour $t = i - 2$, puisque les deux membres sont des polynomes de degré $i - 2$ en t. On trouve ainsi la condition $(i - 1)K_i = K_{i-1}$, d'où l'on tire $K_i = \dfrac{1}{(i-1)!}$. Nous obtenons donc une solution particulière des équations (68) en posant

$$\theta_1 = 1, \qquad \theta_i(t) = \frac{t(t-1)\ldots(t-i+2)}{1 . 2 \ldots (i-1)} \qquad (i = 2, 3, \ldots, p).$$

Pour avoir la solution générale, désignons par $\varphi_k(t)$ des fonctions telles qu'on ait $\varphi_k(t+1) = \varphi_k(t)$. La première des relations (68) montre que $z_1(t)$ est une fonction de cette espèce, soit $\varphi_1(t)$: la seconde montre de même que la différence $z_2(t) - \theta_2(t)z_1(t)$ ne change pas quand on change t en $t+1$; $z_2(t)$ est donc de la forme $z_2(t) = \varphi_2(t) + \theta_2\varphi_1(t)$. On peut poursuivre le raisonnement de proche en proche; supposons qu'on ait démontré que $z_{k-1}(t)$ est de la forme

$$z_{k-1}(t) = \varphi_{k-1}(t) + \theta_2\varphi_{k-2}(t) + \ldots + \theta_{k-1}\varphi_1(t) \qquad (k = 3, 4, \ldots, i).$$

La relation générale $z_i(t+1) - z_i(t) = z_{i-1}(t)$ montre que la différence

$$z_i(t) - \theta_2\varphi_{i-1}(t) - \theta_3\varphi_{i-2}(t) - \ldots - \theta_i\varphi_1(t)$$

ne change pas quand on change t en $t+1$; la fonction $z_i(t)$ est donc de la forme

$$z_i(t) = \varphi_i(t) + \theta_2\varphi_{i-1}(t) + \ldots + \theta_i\varphi_1(t).$$

En résumé, la solution générale des équations (68) est donnée par les formules

$$(69) \quad \left\{ \begin{aligned} z_1(t) &= \varphi_1(t), \\ z_2(t) &= \theta_2\varphi_1(t) + \varphi_2(t), \\ z_3(t) &= \theta_3\varphi_1(t) + \theta_2\varphi_2(t) + \varphi_3(t), \\ &\qquad \ldots\ldots\ldots\ldots\ldots\ldots\ldots\ldots \\ z_p(t) &= \theta_p\varphi_1(t) + \theta_{p-1}\varphi_2(t) + \ldots + \theta_2\varphi_{p-1}(t) + \varphi_p(t). \end{aligned} \right.$$

les fonctions $\varphi_1, \varphi_2, \ldots, \varphi_p$ ne changeant pas quand on change t en $t+1$.

Revenons maintenant à la variable x et désignons par $\theta_i[\mathrm{Log}(x-a)]$ le polynome en $\mathrm{Log}(x-a)$ obtenu en remplaçant t par $\dfrac{1}{2\pi i}\mathrm{Log}(x-a)$ dans $\theta_i(t)$. Nous voyons que les p intégrales $y_1, y_2, \ldots, y_p$ du groupe considéré, qui subissent la substitution (64) après une circulation dans le sens direct autour du point a, sont représentées par des expressions analytiques de la forme suivante :

$$(70) \quad \left\{ \begin{aligned} y_1 &= (x-a)^r\Phi_1(x-a), \\ y_2 &= (x-a)^r\{\theta_2[\mathrm{Log}(x-a)]\Phi_1(x-a) + \Phi_2(x-a)\}, \\ &\qquad \ldots\ldots\ldots\ldots\ldots\ldots\ldots\ldots\ldots\ldots\ldots \\ y_p &= (x-a)^r[\theta_p\{\mathrm{Log}(x-a)\}\Phi_1(x-a) + \theta_{p-1}\{\mathrm{Log}(x-a)\}\Phi_2(x-a) + \ldots], \end{aligned} \right.$$

$\Phi_1(x-a), \Phi_2(x-a), \ldots, \Phi_p(x-a)$ étant des fonctions uniformes dans le domaine du point a.

Remarquons que toutes les intégrales de ce groupe peuvent se déduire de la dernière y_p qui est de la forme

$$y_p = (x-a)^r\{\psi_0(x-a) + \psi_1(x-a)\mathrm{Log}(x-a) + \ldots + \psi_{p-1}(x-a)[\mathrm{Log}(x-a)]^{p-1}\},$$

ψ_0, ψ_1, ..., ψ_{p-1} étant des fonctions uniformes dans le domaine du point a dont la dernière ψ_{p-1} est *différente de zéro*. D'après les relations (64), on a

$$y_{p-1} = \frac{Y_p}{s} - y_p,$$

et par suite y_{p-1} est le produit de $(x-a)^r$ par un polynome de degré $p-2$ en $\text{Log}(x-a)$, dont les coefficients sont des fonctions uniformes de x dans le domaine du point a; on déduira de même y_{p-2} de y_{p-1}, et ainsi de suite.

Lorsque le point a n'est un point singulier essentiel pour aucune des fonctions Φ_1, Φ_2, ..., Φ_p, toutes les intégrales du groupe considéré (70) sont dites *régulières* pour $x = a$. D'après une remarque déjà faite (p. 471), on peut alors supposer que toutes ces fonctions $\Phi_i(x-a)$ sont holomorphes pour $x = a$, en remplaçant s'il est nécessaire, r par un autre exposant qui n'en diffère que d'un nombre entier.

412. Théorème de Fuchs. — La détermination des nombres $s_1, s_2, ..., s_n$ ou, ce qui revient au même, des exposants correspondants $r_1, r_2, ..., r_n$, est en général un problème très difficile. On peut obtenir ces exposants r_i par des calculs algébriques lorsque toutes les intégrales de l'équation considérée sont régulières dans le domaine du point a. C'est ce qui résulte d'un important théorème dû à M. Fuchs : *Pour que l'équation* (57) *admette n intégrales distinctes, régulières dans le domaine du point a, il faut et il suffit que le coefficient p_i de $\dfrac{d^{n-i}y}{dx^{n-i}}$ dans cette équation soit de la forme $(x-a)^i P_i(x-a)$, la fonction $P_i(x-a)$ étant holomorphe dans le domaine du point a.*

Si $P_i(a)$ n'est pas nul, le point a est un pôle d'ordre i pour p_i. Mais, si $P_i(a) = 0$, le point a est un pôle d'ordre inférieur à i; il peut même arriver que le point a soit un point ordinaire pour quelques-uns des coefficients p_i. Les conditions précédentes peuvent encore s'énoncer comme il suit : *L'équation linéaire doit être de la forme*

$$(71) \qquad (x-a)^n \frac{d^n y}{dx^n} + (x-a)^{n-1} P_1(x) \frac{d^{n-1}y}{dx^{n-1}}$$
$$+ \dots\dots\dots\dots\dots\dots\dots$$
$$+ (x-a) P_{n-1}(x) \frac{dy}{dx} + P_n(x)y = 0,$$

P_1, P_2, ..., P_n *étant des fonctions holomorphes dans le domaine du point a.*

Nous développerons la démonstration dans le cas d'une équation du second ordre seulement, et nous supposerons, pour simplifier l'écriture, $a = 0$. Dans ce cas particulier, la première partie du théorème de Fuchs s'énonce ainsi : *Toute équation du second ordre, qui admet deux inté-*

grales régulières distinctes dans le domaine de l'origine, est de la forme

$$(72) \qquad x^2 y'' + x\,\mathrm{P}(x)\,y' + \mathrm{Q}(x)\,y = 0,$$

$\mathrm{P}(x)$ et $\mathrm{Q}(x)$ étant holomorphes dans ce domaine.

Si l'équation en s correspondante (60) a deux racines distinctes s_1, s_2, l'équation (72) admet deux intégrales régulières de la forme

$$(\mathrm{I}) \qquad y_1 = x^{r_1}\,\varphi_1(x), \qquad y_2 = x^{r_2}\,\varphi_2(x),$$

les exposants r_1, r_2 étant différents, et $\varphi_1(x)$, $\varphi_2(x)$ étant des fonctions holomorphes *qui ne sont pas nulles pour* $x = 0$. Si l'équation en s a une racine double, sans qu'il y ait de terme logarithmique dans l'expression de l'intégrale générale, on a encore deux intégrales particulières de la forme précédente, la différence $r_2 - r_1$ étant un nombre entier. On peut toujours supposer que cette différence n'est pas nulle; car, si l'on avait $r_2 = r_1$, on remplacerait y_2 par la combinaison $\varphi_1(0)y_2 - \varphi_2(0)y_1$ qui est divisible par x^{r_1+1}. Enfin, si l'expression de l'intégrale renferme un terme logarithmique dans le domaine de l'origine, on peut prendre un système fondamental de la forme

$$(\mathrm{II}) \qquad y_1 = x^{r_1}\,\varphi_1(x), \qquad y_2 = x^{r_1}[\varphi_1(x)\,\mathrm{Log}(x) + \psi_1(x)],$$

$\varphi_1(x)$ étant une fonction holomorphe qui n'est pas nulle pour $x = 0$, et $\psi_1(x)$ une fonction uniforme dans le domaine de l'origine, qui peut admettre pour pôle le point $x = 0$. Tout revient à démontrer que toute équation qui admet deux intégrales distinctes de la forme (I) ou de la forme (II) dans le domaine de l'origine appartient au type de Fuchs. La vérification n'offre aucune difficulté, mais on peut abréger le calcul comme il suit. Si l'on pose $y = x^{r_1}\varphi_1(x)u$, l'équation linéaire en u obtenue par cette transformation a une intégrale générale de l'une des formes

$$u = \mathrm{C}_1 + \mathrm{C}_2\,x^\rho\,\pi(x), \qquad u = \mathrm{C}_1 + \mathrm{C}_2[\mathrm{Log}(x) + \pi(x)],$$

$\pi(x)$ étant holomorphe pour $x = 0$, ou admettant ce point pour pôle. Cette équation est bien de la forme (72), car la dérivée u' est de la forme

$$u' = \mathrm{C}_2\,x^\mu\,\zeta(x),$$

$\zeta(x)$ étant une fonction holomorphe qui n'est pas nulle pour $x = 0$. L'équation linéaire en u est donc

$$\frac{u''}{u'} = \frac{\mu}{x} + \frac{\zeta'(x)}{\zeta(x)} \,\bullet$$

qui est bien du type de Fuchs. Or, il est aisé de s'assurer que cette forme se conserve après une transformation telle que $y = x^{r_1}\varphi_1(x)u$; la première partie de la proposition est donc établie.

Pour démontrer la réciproque, substituons à la place de y, dans le premier membre de l'équation (72), un développement de la forme

$$(73) \qquad y = c_0 x^r + c_1 x^{r+1} + \ldots + c_n x^{r+n} + \ldots \qquad (c_0 \neq 0),$$

et soient

$$P(x) = a_0 + a_1 x + \ldots, \qquad Q(x) = b_0 + b_1 x + \ldots$$

les développements des fonctions P et Q. Le coefficient de x^r dans le résultat de la substitution est

$$[r(r-1) + a_0 r + b_0] c_0.$$

Comme par hypothèse le premier coefficient c_0 n'est pas nul, on doit prendre pour r une racine de l'équation du second degré

$$(74) \qquad D(r) = r(r-1) + a_0 r + b_0 = 0.$$

Ayant pris pour r une racine de cette équation, on peut choisir c_0 arbitrairement; nous prendrons par exemple $c_0 = 1$. Le coefficient de x^{r+p} après la substitution est de même

$$c_p[(r+p)(r+p-1) + a_0(r+p) + b_0] + F = c_p D(r+p) + F,$$

F étant un polynome à coefficients entiers en $c_0, c_1 \ldots, c_{p-1}, a_0, a_1, \ldots, a_p, b_0, b_1, \ldots, b_p$. Faisant successivement $p = 1, 2, 3, \ldots, n, \ldots$ on pourra calculer de proche en proche les coefficients successifs, $c_1, c_2, \ldots, c_n, \ldots$, à moins que $D(r+p)$ ne soit nul pour une valeur positive de l'entier p, c'est-à-dire à moins que l'équation (74) n'admette une seconde racine r' égale à la première r, augmentée d'un nombre entier positif. Laissant ce cas de côté, nous obtiendrons une intégrale particulière représentée par une série de la forme (73), et dont la convergence sera démontrée un peu plus loin. Si l'équation $D(r) = 0$ admet deux racines distinctes r, r', dont la différence n'est pas un nombre entier, la méthode précédente permet d'obtenir deux intégrales distinctes, et l'intégrale générale est représentée dans le domaine de l'origine par la formule

$$(75) \qquad y = C_1 x^r \varphi(x) + C_2 x^{r'} \psi(x),$$

$\varphi(x)$ et $\psi(x)$ étant deux fonctions holomorphes qui ne s'annulent pas pour $x = 0$.

Il n'en est plus de même si les deux racines de l'équation (74) sont égales ou si leur différence est un nombre entier. Soient r et $r-p$ ces deux racines, p étant un nombre entier positif ou nul. Nous pouvons toujours obtenir une première intégrale de la forme $y_1 = x^r \varphi(x)$. Une seconde intégrale y_2 est donnée par la formule générale (23), qui devient ici

$$y_2 = x^r \varphi(x) \int \frac{dx}{x^{2r}[\varphi(x)]^2} e^{\int \left(\frac{a_0}{x} + a_1 + a_2 x + \ldots\right) dx}.$$

la somme des racines de l'équation (74), ou $1 - a_0$, est égale dans ce cas à $2r - p$: on a donc $a_0 = p + 1 - 2r$ et, par suite,

$$e^{-\int \left(\frac{a_0}{x} + a_1 + a_2 x + \dots \right) dx} = x^{2r-(p+1)} S(x),$$

$S(x)$ étant une fonction holomorphe dans le domaine de l'origine et non nulle pour $x = 0$. La seconde intégrale y_2 a donc comme expression

$$y_2 = x^r \varphi(x) \int \frac{T(x)\, dx}{x^{p+1}},$$

$T(x)$ étant une fonction holomorphe, différente de zéro pour $x = 0$.

Soit A le coefficient de x^p dans $T(x)$; nous voyons encore que l'intégrale y_2 est de la forme

$$y_2 = x^r \varphi(x) \left[A \operatorname{Log} x + \frac{\varphi_1(x)}{x^p} \right] = x^{r-p} \psi(x) + A x^r \varphi(x) \operatorname{Log} x,$$

$\psi(x)$ désignant une nouvelle fonction holomorphe dans le domaine de l'origine. Ce résultat est bien conforme à la théorie générale. Comme cas particulier, il peut se faire qu'on ait $A = 0$: l'intégrale générale ne renferme pas alors de logarithme dans le domaine de l'origine. Mais il est à remarquer que cette circonstance ne se présente jamais lorsque $p = 0$ [puisque $T(0)$ n'est pas nul], c'est-à-dire lorsque l'équation (74) a une racine double ([1]).

Il ne nous reste plus, pour compléter la démonstration, qu'à démontrer la convergence de la série (73) obtenue en prenant pour r une racine de l'équation (74), lorsque la seconde racine r' n'est pas égale à r augmentée d'un nombre entier positif. On peut, pour simplifier la démonstration, supposer que $r = 0$ et que la seconde racine r' n'est pas égale à un nombre entier positif; en effet, quand on pose $y = x^\mu z$, l'équation analogue à $D(r) = 0$ pour l'équation linéaire en z admet les racines de

---

([1]) Supposons que les fonctions $P(x)$ et $Q(x)$ dans l'équation (72) soient des fonctions *paires* de x, et que la différence des racines de $D(r) = 0$ soit *un nombre entier impair* $2n + 1$; dans ce cas le terme logarithmique disparaît toujours dans l'intégrale y_2. En effet, si l'on prend pour variable indépendante $t = x^2$, l'équation (72) est remplacée par une équation de même forme

$$(72') \qquad 4 t^2 \frac{d^2 y}{dt^2} + 2 t \left[1 + P(\sqrt{t}) \right] \frac{dy}{dt} + Q(\sqrt{t}) y = 0.$$

et les racines de l'équation analogue à $D(r) = 0$ sont, il est aisé de le vérifier, les moitiés des racines de $D(r) = 0$. Leur différence n'étant pas un nombre entier il s'ensuit que l'intégrale générale de l'équation $(72')$ ne renferme pas de terme logarithmique dans le domaine de l'origine. Il en est donc de même pour l'équation (72).

l'équation (74) diminuées de μ. Nous supposerons donc qu'on a fait tout d'abord une transformation de cette espèce, de façon que l'équation (74) admette la racine $r = 0$, la seconde racine n'étant pas un entier positif. Il faut pour cela que b_0 soit nul, et en modifiant un peu les notations, nous écrirons l'équation (72) de la façon suivante, en divisant tous les termes par x,

$$(76) \qquad xy'' + a_0 y' = xy'(a_1 + a_2 x + \ldots) + y(b_1 + b_2 x + \ldots),$$

les coefficients a_1, b_1, a_2, … n'étant plus les mêmes que tout à l'heure. Tout revient à montrer que cette équation (76) admet une intégrale holomorphe dans le domaine de l'origine, ne s'annulant pas pour $x = 0$, pourvu que $1 - a_0$ ne soit pas un nombre entier positif. Or, si l'on cherche à satisfaire *formellement* à cette équation par une série telle que

$$(77) \qquad y = 1 + c_1 x + \ldots + c_n x^n + \ldots;$$

on obtient, pour déterminer les coefficients de proche en proche, des relations de la forme

$$(78) \quad \begin{cases} nc_n \left\{ n - 1 + a_0 \right\} = P_n \left\{ a_1, a_2, \ldots, b_1, b_2, \ldots, b_n, c_1, c_2, \ldots, c_{n-1} \right\} \\ \qquad\qquad (n = 1, 2, \ldots), \end{cases}$$

P_n étant un polynome dont tous les coefficients sont des nombres réels et positifs. Par hypothèse, le coefficient $n - 1 + a_0$ ne s'annule pour aucune valeur entière et positive de n ; nous pouvons donc déterminer un nombre positif μ tel qu'on ait, pour toute valeur entière et positive de n, $|n - 1 + a_0| > \mu(n + 1)$, puisque le rapport $\dfrac{n - 1 + a_0}{n + 1}$ tend vers l'unité lorsque n augmente indéfiniment. Remplaçons, d'autre part, les coefficients de xy' et de y dans le second membre de l'équation (76) par des fonctions majorantes, et considérons l'équation auxiliaire

$$(79) \quad \mu(x Y'' + 2 Y') = x Y'(A_1 + A_2 x + \ldots) + Y(B_1 + B_2 x + \ldots).$$

En cherchant à satisfaire à cette nouvelle équation par une série de la forme

$$(80) \qquad Y = 1 + C_1 x + \ldots + C_n x^n + \ldots,$$

on est conduit aux relations analogues aux relations (78) :

$$(81) \quad n\mu C_n(n + 1) = P_n(A_1, A_2, \ldots, B_1, B_2, \ldots, C_1, \ldots, C_{n-1}).$$

Si nous comparons les formules qui donnent les valeurs des coefficients c_n et C_n,

$$c_n = \frac{P_n(a_1, a_2, \ldots, b_1, b_2, \ldots, c_1, \ldots, c_{n-1})}{n(n - 1 + a_0)}, \qquad C_n = \frac{P_n(A_1, A_2, \ldots, C_{n-1})}{n\mu(n + 1)},$$

les conditions $A_i \geqq |a_i|$, $B_i \geqq |b_i|$, $n - 1 + a_0| > \mu(n+1)$ montrent de proche en proche qu'on a

$$|c_1| < C_1 \qquad |c_2| < C_2, \qquad \ldots, \qquad |c_n| < C_n,$$

et il suffira d'établir la convergence de la série auxiliaire (80) ou de montrer que l'équation (79) admet une intégrale holomorphe dans le domaine de l'origine, ne s'annulant pas pour $x = 0$. Si l'on prend pour les fonctions majorantes une expression telle que $\dfrac{M}{1 - \dfrac{r}{r}}$, l'équation auxiliaire

(79) s'écrit

$$\frac{x\,Y'' + 2\,Y'}{x\,Y' + Y} = \frac{M}{\mu}\,\frac{1}{1 - \dfrac{x}{r}};$$

on en déduit, après une première intégration,

$$x\,Y' + Y = C\left(1 - \frac{x}{r}\right)^{-\frac{Mr}{\mu}}$$

et ensuite

$$x\,Y = C\int_0^x \left(1 - \frac{x}{r}\right)^{-\frac{Mr}{\mu}} dx + C'.$$

Il n'y a qu'à prendre $C' = 0$, $C = 1$ pour avoir une intégrale holomorphe dans le domaine de l'origine, ne s'annulant pas pour $x = 0$.

Extension au cas général. — La démonstration du théorème de Fuchs dans le cas général peut se faire d'après les mêmes principes, en montrant que, s'il est vrai pour une équation d'ordre $n - 1$, il est encore vrai pour une équation d'ordre n.

Si l'équation (71) admet n intégrales particulières se partageant en un certain nombre de groupes de la forme (70), elle admet au moins une intégrale particulière de la forme $(x - a)^r \varphi(x - a)$, $\varphi(x - a)$ étant une fonction holomorphe dans le domaine du point a, et qui n'est pas nulle pour $x = a$. La substitution $y = (x - a)^r \varphi(x - a)u$ conduira à une équation linéaire en u, admettant l'intégrale particulière $u = 1$; la dérivée u' satisfait donc à une équation linéaire et homogène d'ordre $n - 1$. Le théorème étant admis pour une équation linéaire d'ordre $n - 1$, cette équation en u' est de la forme de Fuchs; il en est évidemment de même de l'équation en u et, par suite, de l'équation en y.

Inversement, considérons une équation de la forme (71), où $a = 0$. On satisfait formellement à cette équation par une série de la forme

$$y = c_0 x^r + c_1 x^{r+1} + \ldots \qquad (c_0 \neq 0):$$

en prenant pour r une racine de l'*équation déterminante fondamentale*

$$(82) \quad D(r) = r(r-1)\ldots(r-n+1)$$
$$+ P_1(o)\,r(r-1)\ldots(r-n+2) + \ldots + P_n(o) = o,$$

telle qu'aucune autre racine de la même équation ne soit égale à celle-là, augmentée d'un nombre entier positif. Pour démontrer la convergence de cette série, on verra, par un artifice analogue à celui qui a été employé pour $n = 2$, qu'il suffit de prouver qu'une équation linéaire de la forme

$$\frac{d^n}{dx^n}(x^{n-1}\,Y) = \frac{M}{1 - \dfrac{x}{r}}\,\frac{d^{n-1}}{dx^{n-1}}(x^{n-1}\,Y)$$

admet une intégrale holomorphe dans le domaine de l'origine ne s'annulant pas pour $x = o$. Or cette équation admet l'intégrale particulière (nᵒˢ 379 et 401)

$$Y = \frac{1}{(n-2)!\,x^{n-1}} \int_0^x (x-t)^{n-2}\left(1 - \frac{t}{r}\right)^{-Mr} dt$$

qui satisfait bien à cette condition. Si l'équation (82) admet n racines distinctes $r_1, r_2, \ldots, r_n$, telles qu'aucune des différences $r_i - r_k$ ne soit égale à un nombre entier, l'intégrale générale de l'équation linéaire est de la forme

$$y = C_1 x^{r_1} \varphi_1(x) + C_2 x^{r_2} \varphi_2(x) + \ldots + C_n x^{r_n} \varphi_n(x),$$

$\varphi_1, \varphi_2, \ldots, \varphi_n$ étant holomorphes dans le domaine du point $x = o$. Si l'équation (82) admet des racines égales, ou, plus généralement, des racines telles que quelques-unes des différences $r_i - r_k$ soient des nombres entiers, ces racines se partagent en un certain nombre de groupes, la différence de deux racines quelconques d'un même groupe étant un nombre entier, tandis que la différence de deux racines de groupes différents n'est jamais un nombre entier. Soit r la racine à plus grande partie réelle de l'un de ces groupes ; nous venons de voir que l'équation (71) admet une intégrale particulière de la forme $x^r \varphi(x)$, $\varphi(x)$ étant une fonction holomorphe dans le domaine de l'origine, et telle que $\varphi(o)$ ne soit pas nul. En posant $y = x^r \varphi(x)\,u$, puis $\dfrac{du}{dx} = v$, on est conduit à une équation différentielle linéaire d'ordre $n-1$ en v, qui est encore de la forme de Fuchs. Le théorème étant admis pour une équation d'ordre $n-1$, cette équation en v admet $n-1$ intégrales particulières distinctes de la forme

$$v = x^\alpha [\psi_0(x) + \psi_1(x)\,\mathrm{Log}\,x + \ldots + \psi_q(x)(\mathrm{Log}\,x)^q],$$

$\psi_0, \psi_1, \ldots, \psi_q$ étant des fonctions holomorphes pour $x = o$. Si α n'est pas un nombre entier, on voit aisément, par une suite d'intégrations par parties, que $\int v\,dx$ est une expression de même espèce que v. Si α est un nombre entier $\int c\,dx$ contient en outre un terme logarithmique

$$C(\operatorname{Log} x)^{q+1},$$

C étant un coefficient constant. Le théorème de Fuchs est donc vrai aussi pour une équation d'ordre n[1].

413. Équation de Gauss. — Appliquons la méthode générale à l'équation

$$(83) \qquad x(1-x)y'' + [\gamma - (\alpha+\beta+1)x]y' - \alpha\beta y = 0,$$

où α, β, γ sont des constantes. Les points singuliers à distance finie sont $x=0$ et $x=1$. L'équation déterminante relative au point $x=0$ est $r(r+\gamma-1)=0$ et admet les deux racines $r=0$, $r=1-\gamma$. Si γ n'est ni nul ni égal à un nombre entier négatif, il résulte de la théorie précédente que l'équation admet une intégrale holomorphe dans le domaine de l'origine. Pour déterminer cette intégrale, substituons dans l'équation la série

$$y = 1 + c_1 x + \ldots + c_n x^n + \ldots$$

et égalons à zéro le coefficient de x^{n-1}; nous obtenons une relation de récurrence entre deux coefficients consécutifs

$$n(\gamma+n-1)c_n = (\alpha+n-1)(\beta+n-1)c_{n-1},$$

ce qui nous donne pour l'intégrale holomorphe la série

$$F(\alpha, \beta, \gamma, x) = 1 + \frac{\alpha.\beta}{1.\gamma}x + \frac{\alpha(\alpha+1)\beta(\beta+1)}{1.2.\gamma(\gamma+1)}x^2 + \ldots,$$

ou *série hypergéométrique*, qui est convergente dans le cercle Γ_0 de rayon *un* ayant pour centre l'origine. Pour avoir une seconde intégrale, faisons la transformation $y = x^{1-\gamma}z$, ce qui conduit à une équation de même forme

$$(84) \qquad x(1-x)z'' + [2-\gamma-(\alpha+\beta+3-2\gamma)x]z'$$
$$- (\alpha+1-\gamma)(\beta+1-\gamma)z = 0,$$

ne différant de la première qu'en ce que α, β, γ sont remplacées respectivement par $\alpha+1-\gamma$, $\beta+1-\gamma$, $2-\gamma$. Si $2-\gamma$ n'est pas nul, ni égal à un nombre entier négatif, l'équation (83) admet donc la seconde intégrale $x^{1-\gamma}F(\alpha+1-\gamma, \beta+1-\gamma, 2-\gamma, x)$, et lorsque γ n'est pas un nombre entier l'intégrale générale est représentée dans le cercle Γ_0 par la formule

$$(85) \qquad y = C_1 F(\alpha, \beta, \gamma, x) + C_2 x^{1-\gamma} F(\alpha+1-\gamma, \beta+1-\gamma, 2-\gamma, x).$$

---

[1] Pour plus de détails, *voir* les Mémoires de Fuchs dans le *Journal de Crelle* ou la Thèse de Jules Tannery (*Annales de l'École Normale*, 2ᵉ série. t. IV, 1875).

Lorsque γ est un nombre entier, la différence de deux racines de l'équation déterminante est nulle ou égale à un nombre entier, et l'intégrale contient en général un terme logarithmique dans le domaine de l'origine. Nous étudierons seulement le cas où $\gamma = 1$; les deux intégrales

$$F(\alpha, \beta, \gamma, x), \qquad x^{1-\gamma} F(\alpha + 1 - \gamma, \beta + 1 - \gamma, 2 - \gamma, x)$$

se réduisent alors à une seule $F(\alpha, \beta, 1, x)$.

Pour trouver une seconde intégrale, supposons d'abord γ un peu différent de l'unité $\gamma = 1 - h$, h étant très petit : l'équation (83) admet les deux intégrales

$$F(\alpha, \beta, 1 - h, x), \quad x^h F(\alpha + h, \beta + h, 1 + h, x),$$

et par suite la fraction

$$\frac{x^h F(\alpha + h, \beta + h, 1 + h, x) - F(\alpha, \beta, 1 - h, x)}{h}$$

est aussi une intégrale. Lorsque h tend vers zéro, ce rapport a pour limite la dérivée du numérateur par rapport à h, où l'on aurait fait $h = 0$. La dérivée du facteur x^h nous donne un terme logarithmique qui, pour $h = 0$, se réduit à $F(\alpha, \beta, 1, x) \operatorname{Log} x$. Pour avoir la dérivée, par rapport à h, d'un coefficient quelconque dans les deux séries tel que le coefficient

$$\frac{(\alpha + h)(\alpha + h + 1)\dots(\alpha + h + n - 1)(\beta + h)(\beta + h + 1)\dots(\beta + h + n - 1)}{1.2\dots n(1 + h)(2 + h)\dots(n + h)},$$

il est commode de calculer d'abord la dérivée logarithmique. On trouve ainsi une nouvelle intégrale qui a pour expression

$$(86) \quad \psi_1(x) = F(\alpha, \beta, 1, x) \operatorname{Log} x$$
$$+ \Sigma A_n \frac{\alpha(\alpha + 1)\dots(\alpha + n - 1)\beta(\beta + 1)\dots(\beta + n - 1)}{(1.2\dots n)^2} x^n,$$

où l'on a posé

$$A_n = \frac{1}{\alpha} + \frac{1}{\alpha + 1} + \dots + \frac{1}{\alpha + n - 1} + \frac{1}{\beta} + \dots + \frac{1}{\beta + n - 1}$$
$$- 2\left(1 + \frac{1}{2} + \dots + \frac{1}{n}\right).$$

On pourrait étudier de la même façon les intégrales de l'équation de Gauss dans le domaine du point $x = 1$, mais il suffit simplement de remarquer que, quand on remplace x par $1 - x$, l'équation ne change pas de forme ; seulement γ est remplacé par $\alpha + \beta + 1 - \gamma$. L'intégrale générale est donc représentée, dans le cercle Γ_1 de rayon *un* décrit du point $x = 1$

pour centre, par la formule

$$y = C_1 \, F(\alpha, \beta, \alpha + \beta + 1 - \gamma, 1 - x)$$
$$+ C_2 (1 - x)^{\gamma - \alpha - \beta} \, F(\gamma - \alpha, \gamma - \beta, \gamma + 1 - \alpha - \beta, 1 - x),$$

pourvu que $\gamma - \alpha - \beta$ ne soit pas un nombre entier.

Afin d'étudier les intégrales pour les valeurs de x de module très grand, on pose $x = \dfrac{1}{t}$, et l'on est ramené à étudier les intégrales d'une nouvelle équation linéaire dans le voisinage de l'origine. Les intégrales de cette équation sont également régulières dans le domaine de l'origine, et les racines de l'équation déterminante sont précisément α et β. Si l'on pose à la fois $x = \dfrac{1}{t}$, $y = t^\alpha z$, l'équation obtenue est encore de la forme (83), mais β est remplacé par $\alpha + 1 - \gamma$, et γ par $\alpha + 1 - \beta$. L'équation de Gauss admet donc l'intégrale

$$x^{-\alpha} \, F\left(\alpha, \, \alpha + 1 - \gamma, \, \alpha + 1 - \beta, \, \frac{1}{x}\right);$$

par raison de symétrie elle admet aussi l'intégrale qui se déduit de celle-là en permutant α et β, et l'intégrale générale est représentée à l'extérieur du cercle Γ_0 par la formule

$$y = C_1 x^{-\alpha} \, F\left(\alpha, \, \alpha + 1 - \gamma, \, \alpha + 1 - \beta, \, \frac{1}{x}\right)$$
$$+ C_2 x^{-\beta} \, F\left(\beta + 1 - \gamma, \, \beta, \, \beta + 1 - \alpha, \, \frac{1}{x}\right),$$

pourvu que $\alpha - \beta$ ne soit pas un nombre entier.

Remarque. — Toute équation linéaire de la forme

$$(87) \qquad (x - a)(x - b) y'' + (lx + m) y' + n y = 0,$$

où a, b, l, m, n sont des constantes quelconques $(a \neq b)$, se ramène à l'équation de Gauss par le changement de variable $x = a + (b - a)t$. Pour identifier l'équation obtenue

$$(88) \qquad t(1 - t) \frac{d^2 y}{dt^2} - \left(\frac{la + m}{b - a} + lt\right) \frac{dy}{dt} - n y = 0$$

avec l'équation (83), il suffit en effet de poser $\gamma = -\dfrac{la + m}{b - a}$, et de déterminer α et β par les deux conditions $\alpha + \beta + 1 = l$, $\alpha\beta = n$.

414. Équation de Bessel. — Considérons en particulier l'équation

$$(89) \qquad x(1 - kx) y'' + (c - bx) y' - a y = 0$$

qui admet les deux points singuliers $x = 0$, $x = \frac{1}{k}$, et que l'on peut ramener à l'équation de Gauss par le changement de variable $kx = t$. Si l'on fait tendre le paramètre k vers zéro, tandis que a, b, c tendent vers des limites finies, A, B, C, le point singulier $x = \frac{1}{k}$ s'éloigne indéfiniment, et l'on obtient à la limite une équation linéaire

$$(90) \qquad xy'' + (C - Bx)y' - Ay = 0,$$

n'ayant que le seul point singulier $x = 0$ à distance finie. Si B n'est pas nul, en remplaçant Bx par x, on est ramené à une équation de même forme où $B = 1$. Si $B = 0$, et A différent de zéro, on peut de même supposer $A = 1$. En définitive, l'équation (90) peut être ramenée à l'une des deux formes ci-dessous :

$$(91) \qquad xy'' + (\gamma - x)y' - \alpha y = 0,$$
$$(92) \qquad xy'' + \gamma y' - y = 0.$$

En étudiant les intégrales de ces deux équations dans le domaine de l'origine, comme on l'a fait pour l'équation de Gauss, on est amené à introduire les deux séries

$$G(\alpha, \gamma, x) = 1 + \frac{\alpha}{1.\gamma} x + \frac{\alpha(\alpha+1)}{1.2.\gamma(\gamma+1)} x^2 + \ldots,$$

$$J(\gamma, x) = 1 + \frac{1}{\gamma} x + \frac{1}{1.2.\gamma(\gamma+1)} x^2 + \ldots,$$

que l'on peut considérer comme des dégénérescences de la série hypergéométrique. Si l'on remplace, dans $F(\alpha, \beta, \gamma, x)$, la variable x par kx et β par $\frac{1}{k}$, le coefficient de x^n dans $F\left(\alpha, \frac{1}{k}, \gamma, kx\right)$ a pour limite le coefficient de x^n dans $G(\alpha, \gamma, x)$, lorsque k tend vers zéro. De même, le coefficient de x^n dans $F\left(\frac{1}{k}, \frac{1}{k}, \gamma, k^2 x\right)$ a pour limite le coefficient de x^n dans $J(\gamma, x)$ lorsque k tend vers zéro.

Lorsque γ n'est pas un nombre entier, l'intégrale générale de l'équation (91) est donnée par la formule

$$(93) \qquad y = C_1 G(\alpha, \gamma, x) + C_2 x^{1-\gamma} G(\alpha+1-\gamma, 2-\gamma, x),$$

et de même l'intégrale générale de l'équation (72) est

$$(94) \qquad y = C_1 J(\gamma, x) + C_2 x^{1-\gamma} J(2-\gamma, x),$$

et ces formules sont valables dans toute l'étendue du plan. Si γ est un nombre entier, l'intégrale générale de l'équation (72) renferme toujours un terme logarithmique. Par exemple, si $\gamma = 1$, on obtiendra une intégrale différente de $J(1, x)$ en cherchant la limite pour $h = 0$ du rapport

$$\frac{x^h J(1 + h, x) - J(1 - h, x)}{h},$$

ce qui donne, pour expression de l'intégrale générale,

$$y = C_1 J(1, x) + C_2 \left[J(1, x) \operatorname{Log} x - 2 \sum_1^{+\infty} \left(1 + \frac{1}{2} + \ldots + \frac{1}{n} \right) \frac{x^n}{(1.2\ldots n)^2} \right].$$

On peut ramener à l'équation (92) une équation linéaire qui se présente dans un grand nombre de questions de Physique mathématique. Posons dans l'équation (92) $x = -\dfrac{t^2}{4}$; en remplaçant γ par $n + 1$, l'équation obtenue est identique à l'équation déjà étudiée (n° 408),

$$(95) \qquad t \frac{d^2 y}{dt^2} + (2n + 1) \frac{dy}{dt} + ty = 0;$$

si dans cette nouvelle équation on pose encore $y = t^{-n} z$, on obtient une nouvelle forme de l'équation de Bessel

$$(96) \qquad t^2 \frac{d^2 z}{dt^2} + t \frac{dz}{dt} + (t^2 - n^2) z = 0.$$

Les trois équations (92), (95), (96), où $\gamma = n + 1$, sont donc absolument équivalentes l'une à l'autre. Si n n'est pas un nombre entier, l'intégrale générale de l'équation de Bessel (96) est d'après cela

$$z = C_1 t^n J \left(n + 1, -\frac{t^2}{4} \right) + C_2 t^{-n} J \left(1 - n, -\frac{t^2}{4} \right).$$

On a démontré plus haut (n° 408) que si n est la moitié d'un nombre *impair* l'intégrale générale de l'équation (95) s'exprime au moyen de transcendantes élémentaires. La transcendante $J(\gamma, x)$ se ramène donc à la fonction exponentielle lorsque γ est la moitié d'un nombre impair.

Remarque. — L'équation étudiée par Riccati

$$(97) \qquad \frac{du}{dx} + A u^2 - B x^m = 0,$$

où A, B, m sont des constantes données, peut aussi se ramener à l'une des équations équivalentes (92), (95), (96). On a vu plus haut en effet (n° 402) que l'intégrale générale de l'équation (97) est $\dfrac{1}{A} \dfrac{z'}{z}$, z étant l'intégrale générale de l'équation linéaire

$$(98) \qquad \frac{d^2 z}{dx^2} - AB x^m z = 0.$$

Si dans cette dernière équation on fait le changement de variable $x = \lambda t^{\mu}$, λ et μ étant deux coefficients indéterminés, elle devient

$$(99) \qquad t\frac{d^2 z}{dt^2} - (\mu - 1)\frac{dz}{dt} - AB\lambda^{m+2}\mu^2 t^{(m+2)\mu - 1} z = 0:$$

pour qu'elle soit identique à l'équation (95), il suffira de prendre $\mu = \dfrac{2}{m+2}$, et de déterminer λ par la condition $AB\lambda^{m+2}\mu^2 = -1$. La valeur correspondante de n est $-\dfrac{\mu}{2}$ ou $-\dfrac{1}{m+2}$. On peut donc exprimer en termes finis l'intégrale générale de l'équation de Riccati (97) toutes les fois que $\dfrac{1}{m+2}$ est la moitié d'un nombre impair positif ou négatif $2i+1$, c'est-à-dire toutes les fois que m est égal à $\dfrac{-4i}{1+2i}$, i désignant un nombre entier positif ou négatif.

415. Équations de M. E. Picard. — Étant donnée une équation différentielle linéaire à coefficients méromorphes, on peut reconnaître, d'après la méthode de M. Fuchs, si l'intégrale générale est elle-même une fonction méromorphe. Il faut et il suffit pour cela : 1° que les intégrales soient régulières dans le domaine de chacun des points singuliers; 2° que toutes les racines de l'équation déterminante, relative à l'un quelconque de ces points singuliers, soient des nombres entiers ; enfin que tous les termes logarithmiques disparaissent dans l'expression de l'intégrale générale au voisinage d'un point singulier.

Supposons toutes ces conditions remplies. L'intégrale générale est alors une fonction uniforme méromorphe dans tout le plan. Si les coefficients de l'équation sont des fonctions rationnelles, les points singuliers a_1, $a_2, \ldots, a_n$ sont en nombre limité. Pour que l'intégrale générale soit une fonction rationnelle, il suffira que l'équation obtenue en posant $x = \dfrac{1}{t}$ ait elle-même toutes ses intégrales régulières dans le domaine du point $t = 0$, car l'intégrale générale étant uniforme ne peut renfermer de terme logarithmique ni de puissance fractionnaire de t. Lorsque cette dernière condition est remplie, on peut obtenir l'intégrale générale par un calcul d'identification. En effet, soient $-m_i$ la plus petite racine de l'équation déterminante relative au point $x = a_i$ et N la plus petite racine de l'équation déterminante relative au point $t = 0$ pour l'équation transformée. Il est clair que le produit d'une intégrale quelconque y par

$$(x - a_1)^{m_1}(x - a_2)^{m_2}\ldots(x - a_n)^{m_n}$$

est une fonction rationnelle n'ayant plus aucun pôle à distance finie, c'est-à-dire un polynome $P(x)$, dont le degré est au plus égal à

$$m_1 + m_2 + \ldots + m_n - N.$$

Connaissant une limite supérieure du degré de ce polynome, il suffira, pour déterminer les coefficients, de remplacer y par une expression telle que $P(x)\Pi(x-a_i)^{-m_i}$, où $P(x)$ est le polynome le plus général de ce degré, dans le premier membre de l'équation proposée, et d'écrire que le résultat est identiquement nul.

M. Émile Picard a fait connaître un autre cas très important où l'intégrale générale s'exprime au moyen de transcendantes classiques : *Lorsque l'intégrale générale d'une équation différentielle linéaire et homogène, dont les coefficients sont des fonctions elliptiques de la variable indépendante (admettant les mêmes périodes), est une fonction méromorphe, ce te intégrale s'exprime au moyen de transcendantes de la théorie des fonctions elliptiques.*

Pour simplifier l'écriture, je développerai la démonstration pour une équation du second ordre seulement. Soient $f_1(x)$, $f_2(x)$ deux intégrales distinctes d'une équation linéaire et homogène $y''+p(x)y'+q(x)y=0$, où $p(x)$ et $q(x)$ sont des fonctions elliptiques de périodes 2ω et $2\omega'$. Par hypothèse, $f_1(x)$ et $f_2(x)$ sont des fonctions uniformes méromorphes. L'équation proposée ne changeant pas quand on remplace x par $x+2\omega$, $f_1(x+2\omega)$ et $f_2(x+2\omega)$ sont aussi des intégrales, et l'on a les relations

$$(100) \quad f_1(x+2\omega) = a f_1(x) + b f_2(x), \quad f_2(x+2\omega) = c f_1(x) + d f_2(x),$$

a, b, c, d étant des coefficients constants dont le déterminant $ad-bc$ n'est pas nul ; car si l'on avait $ad-bc=0$, on en déduirait entre $f_1(x+2\omega)$ et $f_2(x+2\omega)$ une relation de la forme $C_1 f_1(x+2\omega)+C_2 f_2(x+2\omega)=0$, C_1 et C_2 étant des coefficients constants dont l'un au moins est différent de zéro, ce qui est impossible puisque f_1 et f_2 sont deux intégrales distinctes. Pour la même raison, on a un autre système de relations

$$(101) \quad f_1(x+2\omega') = a' f_1(x) + b' f_2(x), \quad f_2(x+2\omega') = c' f_1(x) + d' f_2(x),$$

a', b', c', d' étant des coefficients constants, et $a'd'-b'c'$ n'étant pas nul. Cherchons comme au n° 409 une intégrale $\varphi(x)=\lambda f_1(x)+\mu f_2(x)$ telle que $\varphi(x+2\omega)=s\varphi(x)$. Nous avons pour déterminer λ, μ, s les deux équations

$$\lambda(a-s)+\mu c = 0, \quad \lambda b + \mu(d-s) = 0,$$

d'où l'on déduit pour s l'équation du second degré

$$F(s) = s^2 - (a+d)s + ad - bc = 0$$

Si cette équation a deux racines distinctes s_1, s_2, il existe deux intégrales distinctes $\varphi_1(x)$, $\varphi_2(x)$ telles que l'on ait

$$(102) \quad \varphi_1(x+2\omega) = s_1 \varphi_1(x), \quad \varphi_2(x+2\omega) = s_2 \varphi_2(x),$$

et les relations (101) sont remplacées par deux relations de même forme

$$(103) \quad \varphi_1(x+2\omega') = k \varphi_1(x) + l \varphi_2(x), \quad \varphi_2(x+2\omega') = m \varphi_1(x) + n \varphi_2(x).$$

Cela posé, nous pouvons, au moyen des relations (102) et (103), obtenir deux expressions différentes pour $\varphi_1(x+2\omega+2\omega')$ et $\varphi_2(x+2\omega+2\omega')$.

Nous avons d'une part

$$\varphi_1(x+2\omega+2\omega') = s_1\,\varphi_1(x+2\omega) = s_1 k\,\varphi_1(x) + s_1 l\,\varphi_2(x);$$

nous pouvons, en procédant dans l'ordre inverse, écrire aussi

$$\varphi_1(x+2\omega+2\omega') = k\,\varphi_1(x+2\omega) + l\,\varphi_1(x+2\omega) = k s_1\,\varphi_1(x) + l s_2\,\varphi_2(x).$$

Ces deux expressions devant être identiques, on a $l = 0$, puisque $s_1 - s_2$ n'est pas nul, et l'on prouverait de même que l'on a $m = 0$, en prenant les deux expressions de $\varphi_2(x+2\omega+2\omega')$. Les intégrales $\varphi_1(x)$, $\varphi_2(x)$ sont donc des fonctions méromorphes qui se reproduisent multipliées par un facteur constant quand la variable x augmente d'une période ; ce sont des fonctions *doublement périodiques de seconde espèce*. Toute fonction méromorphe $\varphi(x)$ jouissant de cette propriété s'exprime au moyen des transcendantes p, ζ, σ, car la dérivée logarithmique $\dfrac{\varphi'(x)}{\varphi(x)}$ est une fonction elliptique. et nous avons vu que l'intégration n'introduit aucune transcendante nouvelle (n° 326). On peut, du reste, le démontrer sans aucune intégration. Soit $\varphi(x)$ une fonction méromorphe telle que l'on ait

$$\varphi(x+2\omega) = \mu\,\varphi(x), \qquad \varphi(x+2\omega') = \mu'\,\varphi(x);$$

considérons la fonction auxiliaire $\psi(x) = e^{\rho x}\,\dfrac{\sigma(x-a)}{\sigma x}$, a et ρ étant deux constantes quelconques. D'après les propriétés de la fonction σ (n° 323) on a

$$\psi(x+2\omega) = e^{2\omega\rho - 2\eta a}\,\psi(x), \qquad \psi(x+2\omega') = e^{2\omega'\rho - 2\eta'a}\,\psi(x).$$

Pour que la quotient $\dfrac{\varphi(x)}{\psi(x)}$ soit une fonction elliptique, il suffit que l'on ait

$$2\omega\rho - 2a\eta = \operatorname{Log}\mu, \qquad 2\omega'\rho - 2a\eta' = \operatorname{Log}\mu',$$

relations qui déterminent ρ et a [*voir* p. 186, formule (32)]. On remarquera que l'on peut prendre $a = 0$ si $\operatorname{Log}\mu$ et $\operatorname{Log}\mu'$ sont proportionnels aux périodes correspondantes 2ω, $2\omega'$.

Arrivons au cas où l'équation $F(s) = 0$ a une racine double s. On peut trouver deux intégrales distinctes $\varphi_1(x)$, $\varphi_2(x)$ telles que l'on ait n° (410)

$$(104) \quad \varphi_1(x+2\omega) = s\,\varphi_1(x), \qquad \varphi_2(x+2\omega) = s\,\varphi_2(x) + C\,\varphi_1(x);$$

si $C = 0$, toutes les intégrales de l'équation, et en particulier $f_1(x)$ et $f_2(x)$, sont multipliées par s lorsque x augmente de 2ω. On cherchera alors une combinaison $\lambda f_1(x) + \mu f_2(x)$ qui se reproduise multipliée par s' lorsque x augmente de $2\omega'$. On trouvera ainsi, en partant des formules (103), deux intégrales distinctes $\varphi_1(x)$, $\varphi_2(x)$. telles que l'on ait

$$\varphi_1(x+2\omega') = s_1'\,\varphi_1(x), \qquad \varphi_2(x+2\omega') = s_2'\,\varphi_2(x)$$

ou

$$\varphi_1(x + 2\omega') = s'\varphi_1(x), \qquad \varphi_2(x + 2\omega') = s'\varphi_2(x) + C'\varphi_1(x),$$

C' n'étant pas nul. Dans le premier cas, les intégrales $\varphi_1(x)$, $\varphi_2(x)$ sont encore des fonctions doublement périodiques de seconde espèce. Dans le second cas, l'intégrale $\varphi_1(x)$ seule est une fonction doublement périodique de deuxième espèce. Quant à l'intégrale $\varphi_2(x)$, le rapport $\dfrac{\varphi_2(x)}{\varphi_1(x)}$ augmente d'une constante C' lorsque x augmente de $2\omega'$ et ne change pas lorsque x augmente de 2ω. Or la fonction $A\zeta x + Bx$, où A et B sont deux coefficients constants, possède la même propriété pourvu que l'on ait

$$2A\eta + 2B\omega = 0, \qquad 2A\eta' + 2B\omega' = C'.$$

La différence $\dfrac{\varphi_2}{\varphi_1} - A\zeta x - Bx$ est donc une fonction elliptique.

Lorsque le coefficient C n'est pas nul dans les formules (104), on a entre les intégrales $\varphi_1(x)$, $\varphi_2(x)$, $\varphi_1(x + 2\omega')$, $\varphi_2(x + 2\omega')$ des relations de la forme (103), et l'on peut encore en déduire deux expressions différentes pour $\varphi_1(x + 2\omega + 2\omega')$ et $\varphi_2(x + 2\omega + 2\omega')$. En écrivant qu'elles sont identiques, on obtient les conditions $l = 0$, $k = n$. L'intégrale $\varphi_1(x)$ est encore doublement périodique de seconde espèce. Quant à l'intégrale $\varphi_2(x)$, on a les deux relations

$$\frac{\varphi_2(x + 2\omega)}{\varphi_1(x + 2\omega)} = \frac{\varphi_2(x)}{\varphi_1(x)} + \frac{C}{s}, \qquad \frac{\varphi_2(x + 2\omega')}{\varphi_1(x + 2\omega')} = \frac{\varphi_2(x)}{\varphi_1(x)} - \frac{m}{k}.$$

Déterminons comme tout à l'heure les deux coefficients A et B de façon que l'on ait $2A\eta + 2B\omega = \dfrac{C}{s}$, $2A\eta' + 2B\omega' = -\dfrac{m}{k}$; la différence

$$\frac{\varphi_2(x)}{\varphi_1(x)} - A\zeta x - Bx$$

est encore une fonction elliptique. On voit donc que l'intégrale générale est dans tous les cas réductible aux seules transcendantes $e^x, px, \zeta x, \sigma x$.

Prenons par exemple *l'équation de Lamé*

$$(105) \qquad \frac{d^2 y}{dx^2} - [n(n+1)px + h]y = 0.$$

dont l'intégration effectuée par M. Hermite a été le point de départ de la théorie précédente (n est un nombre entier, h une constante arbitraire). L'intégrale générale de cette équation est une fonction méromorphe. En effet, les seuls points singuliers sont l'origine et les points $2m\omega + 2m'\omega'$. Dans le domaine de l'origine, les intégrales sont régulières, et les racines de l'équation déterminante sont $r' = -n$, $r'' = n + 1$. Leur différence est un nombre entier impair, et le coefficient de y est une fonction paire;

donc l'expression de l'intégrale générale ne renferme pas de terme logarithmique (*voir* la note de la page 479).

416. Équations à coefficients périodiques. — On rencontre, dans d'importantes questions de Mécanique, des équations linéaires à coefficients périodiques, dont nous indiquerons rapidement les principales propriétés. Soit

$$(106) \qquad \frac{d^n y}{dt^n} + p_1 \frac{d^{n-1} y}{dt^{n-1}} + \ldots + p_n y = 0$$

une équation linéaire dont les coefficients sont des fonctions continues de la variable réelle t, admettant une période ω, que nous pouvons toujours supposer *positive*. Si les intégrales $y_1(t)$, $y_2(t)$, $\ldots$ $y_n(t)$ forment un système fondamental, il est clair que $y_1(t + \omega), y_2(t + \omega), \ldots, y_n(t + \omega)$ sont aussi des intégrales de l'équation (106), puisque cette équation ne change pas quand on change t en $t + \omega$, et l'on a par conséquent n relations

$$(107) \quad y_i(t + \omega) = a_{i1} y_1(t) + a_{i2} y_2(t) + \ldots + a_{in} y_n(t) \quad (i = 1, 2, \ldots, n).$$

Le déterminant H des coefficients a_{ik} est différent de zéro; on voit, en effet, en reprenant le raisonnement de la page 469, que ce déterminant a pour valeur

$$(108) \qquad H = e^{-\int_0^\omega p_1\, dt}$$

Les formules (107) définissent une substitution linéaire à coefficients constants, dont le déterminant n'est pas nul. Nous sommes donc conduits à une étude tout à fait pareille à celle qui a été faite en détail aux n^{os} **409-411**. Au lieu de faire décrire à la variable complexe x un circuit dans le sens direct autour d'un point singulier a, la variable t décrit un segment de l'axe réel, de longueur ω. Il résulte de cette étude que l'on peut toujours choisir un système fondamental d'intégrales de façon que les formules (107) se réduisent à une forme canonique simple. La formation effective de ce système dépend avant tout de la résolution de *l'équation caractéristique*

$$(109) \qquad F(s) = \begin{vmatrix} a_{11} - s & a_{12} & \ldots & a_{1n} \\ a_{21} & a_{22} - s & \ldots & a_{2n} \\ \ldots & \ldots\ldots & \ldots & \ldots \\ a_{n1} & a_{n2} & \ldots & a_{nn} - s \end{vmatrix} = 0.$$

dont toutes les racines sont différentes de zéro, puisque leur produit est égal au déterminant H, dont on vient d'écrire la valeur. Si les n racines de cette équation sont distinctes, il existe un système fondamental d'intégrales telles que les formules (107) prennent la forme

$$(110) \qquad y_1(t + \omega) = s_1 y_1(t), \qquad \ldots, \qquad y_n(t + \omega) = s_n y_n(t).$$

Lorsque l'équation (109) a des racines multiples, on peut toujours trouver un système fondamental d'intégrales se décomposant en un certain nombre de groupes, les p intégrales y_1, y_2, ..., y_p d'un même groupe satisfaisant à des relations de la forme

$$(111) \quad \left\{ \begin{aligned} &y_1(t + \omega) = s y_1(t), \\ &y_2(t + \omega) = s[y_2(t) + y_1(t)], \\ &\dots\dots\dots\dots\dots\dots\dots\dots\dots\dots, \\ &y_p(t + \omega) = s[y_p(t) + y_{p-1}(t)]. \end{aligned} \right.$$

Pour trouver les expressions de ces intégrales, cherchons d'abord la forme générale d'une fonction uniforme et continue $f(t)$, telle que l'on ait $f(t + \omega) = s f(t)$, le facteur s n'étant pas nul. Soit α une détermination de $\dfrac{1}{\omega} \operatorname{Log} s$; il est clair que le produit $f(t) e^{-\alpha t}$ admet la période ω, et par suite $f(t)$ est de la forme $f(t) = e^{\alpha t} \varphi(t)$, $\varphi(t)$ étant une fonction continue de période ω. Cela posé, si s_i est une racine de l'équation caractéristique, nous poserons $\alpha_i = \dfrac{1}{\omega} \operatorname{Log} s_i$; les constantes α_i, qui ne sont déterminées qu'à des multiples près de $\dfrac{2\pi\sqrt{-1}}{\omega}$, sont les *exposants caractéristiques*. Les parties réelles de ces exposants, qui sont déterminées sans ambiguïté, sont les *nombres caractéristiques*. Lorsque l'équation (109) a n racines distinctes s_1, s_2, ..., s_n, l'équation (106) admet donc n intégrales particulières distinctes de la forme

$$(112) \quad y_1 = e^{\alpha_1 t} \varphi_1(t), \qquad y_2 = e^{\alpha_2 t} \varphi_2(t), \qquad \dots, \qquad y_n = e^{\alpha_n t} \varphi_n(t),$$

α_1, α_2, ..., α_n étant les exposants caractéristiques, et φ_1, φ_2, ..., φ_n des fonctions continues de période ω.

Dans le cas général, il nous suffit évidemment d'avoir les expressions des intégrales d'un groupe vérifiant les relations (111). Or, si l'on pose, dans ces relations, $y_i = e^{\alpha t} z_i$, α étant égal à $\dfrac{1}{\omega} \operatorname{Log} s$, elles deviennent

$$(111') \quad \left\{ \begin{aligned} &z_1(t + \omega) = z_1(t), \\ &z_2(t + \omega) = z_2(t) + z_1(t), \\ &\dots\dots\dots\dots\dots\dots\dots\dots\dots\dots, \\ &z_p(t + \omega) = z_p(t) + z_{p-1}(t). \end{aligned} \right.$$

Lorsque t augmente de ω, la variable $\tau = \dfrac{t}{\omega}$ augmente de l'unité, et, en prenant τ pour nouvelle variable, nous sommes ramenés à un problème résolu plus haut (n° **411**). Posons

$$P_i(t) = \frac{t(t - \omega)\dots(t - i\omega + \omega)}{\omega^i i!} \qquad (i = 1, 2, \dots, p);$$

les expressions générales des fonctions $y_1, y_2, \ldots, y_p$ sont les suivantes :

$$(113) \quad \left\{ \begin{array}{l} y_1 = e^{\alpha t}\varphi_1(t), \qquad y_2 = e^{\alpha t}[P_1(t)\varphi_1(t) + \varphi_2(t)], \qquad \ldots, \\ y_i(t) = e^{\alpha t}[P_{i-1}(t)\varphi_1(t) + P_{i-2}(t)\varphi_2(t) + \ldots + P_1(t)\varphi_{i-1}(t) + \varphi_i(t)] \\ \qquad\qquad (i = 1, 2, \ldots, p), \end{array} \right.$$

$\varphi_1, \varphi_2, \ldots, \varphi_p$ étant des fonctions continues de période ω, dont la première $\varphi_1(t)$ n'est pas nulle. On peut remarquer encore ici, comme au n° **411**, que toutes ces intégrales peuvent se déduire de la dernière du groupe. En effet, $z_{p-1}(t)$ est égal à la différence $z_p(t + \omega) - z_p(t)$; on a de même $z_{p-2}(t) = z_{p-1}(t + \omega) - z_{p-1}(t)$, et ainsi de suite. Nous pouvons donc encore écrire les formules (113)

$$(114) \quad \left\{ \begin{array}{l} y_p(t) = e^{\alpha t} z_p(t), \\ y_{p-1}(t) = e^{\alpha t}\Delta_1(z_p), \\ y_{p-2}(t) = e^{\alpha t}\Delta_2(z_p), \\ \ldots\ldots\ldots\ldots\ldots\ldots, \\ y_1(t) = e^{\alpha t}\Delta_{p-1}(z_p), \end{array} \right.$$

$\Delta_1(z_p), \Delta_2(z_p), \ldots$ désignant les différences successives de $z_p(t)$ quand on change t en $t + \omega$. Observons que $z_p(t)$ est un polynome en t de degré $p-1$ dont les coefficients sont des fonctions périodiques de t; les différences successives $\Delta_1(z_p), \Delta_2(z_p), \ldots$ sont des polynomes de même espèce de degrés décroissants, la $p^{\text{ième}}$ différence étant nulle. Désignons par $Dz_p, D^2 z_p, \ldots,$ $D^i z_p$ les dérivées successives de z_p prises par rapport à t, en considérant les coefficients de ce polynome comme des constantes. D'après la théorie des différences, on sait que les différences successives $\Delta_1(z_p), \Delta_2(z_p), \ldots$ sont des combinaisons linéaires *à coefficients numériques* des dérivées $Dz_p,$ $D^2 z_p, \ldots, D^i z_p$, et réciproquement ([1]). On peut donc remplacer le système d'intégrales (114) par le système équivalent

$$(115) \quad \left\{ \begin{array}{l} Y_p(t) = e^{\alpha t} z_p(t), \\ Y_{p-1}(t) = e^{\alpha t} D z_p, \\ Y_{p-2}(t) = e^{\alpha t} D^2 z_p, \\ \ldots\ldots\ldots\ldots\ldots\ldots, \\ Y_1(t) = e^{\alpha t} D^{p-1} z_p. \end{array} \right.$$

([1]) Sans avoir recours à cette théorie, on peut remarquer que la formule de Taylor donne de proche en proche

$$\Delta_i(z_p) = z^i D^i z_p + \ldots,$$

les termes non écrits ne renfermant que les dérivées $D^{i-1}, \ldots$. On peut donc inversement exprimer les dérivées $D^i z_p$ comme fonctions linéaires des différences $\Delta_1, \Delta_2, \ldots$.

Remarque I. — Les intégrales du groupe (113), correspondant à l'exposant caractéristique α, tendent toutes vers zéro lorsque t croît indéfiniment par valeurs positives, pourvu que la partie réelle de α soit *négative* et dans ce cas seulement. Pour que toutes les intégrales de l'équation (106) tendent vers zéro lorsque t croît indéfiniment, il faut et il suffit, par conséquent, que tous les *nombres caractéristiques soient négatifs*, ou, ce qui revient au même, que toutes les racines de l'équation (109) aient leurs modules *inférieurs à l'unité*.

Remarque II. — Soit s une racine réelle et positive de l'équation (109); il est naturel de prendre pour α la détermination arithmétique de $\frac{1}{\omega}\log s$. Si les coefficients de l'équation (106) sont réels, il en sera évidemment de même des intégrales y_1, y_2, ..., y_p du groupe (113) et par suite des fonctions périodiques $\varphi_1(t)$, $\varphi_2(t)$, ... Soient $s = \lambda + \mu\sqrt{-1}$ une racine d'ordre p de l'équation (109), où $\mu \neq 0$, et $\alpha = \alpha' + \alpha''\sqrt{-1}$ une détermination correspondante de l'exposant α. Au groupe d'intégrales (113) on peut ajouter un groupe conjugué qu'on obtiendra en remplaçant α par $\alpha' - \alpha''\sqrt{-1}$, et les fonctions $\varphi_i(t)$ par les fonctions conjuguées. Il est clair qu'en combinant linéairement ces $2p$ intégrales deux à deux on en déduira un système de $2p$ intégrales réelles.

Enfin supposons que s soit une racine réelle et *négative;* on peut écrire la valeur de $\alpha = \alpha' + \pi\sqrt{-1}$, et à cette racine correspond une intégrale particulière de la forme

$$y = e^{\alpha' t}\big(\cos\pi t + \sqrt{-1}\sin\pi t\big)\,|\psi_1(t) + \sqrt{-1}\,\psi_2(t)|,$$

les fonctions ψ_1 et ψ_2 étant périodiques et réelles. Si les coefficients de (106) sont réels, il est clair que la partie réelle et le coefficient de $\sqrt{-1}$ doivent satisfaire séparément à l'équation linéaire. On opérerait de même avec les autres intégrales du groupe (113) si p est > 1.

Du reste, le cas où s est réel et négatif se ramène au cas où s est réel et positif, en considérant la période 2ω au lieu de la période ω. Il est clair en effet que si une intégrale est multipliée par s quand on change t en $t + \omega$, elle sera multipliée par s^2 quand on changera t en $t + 2\omega$.

Remarque III. — Lorsque les coefficients p_i sont des fonctions analytiques de la variable complexe $t = t' + t''\sqrt{-1}$, holomorphes dans la bande R comprise entre les deux parallèles à l'axe réel $t'' = \pm h$, les intégrales de l'équation (106) sont des fonctions holomorphes dans la même bande.

Les raisonnements qui ont été faits en supposant que la variable t se mouvait sur l'axe réel s'appliquent sans modification au cas où cette variable se meut dans la bande R, et par suite les fonctions $\varphi_i(t)$, qui figurent dans les formules (113), sont des fonctions périodiques holomorphes dans la bande R. Elles peuvent donc être développées en séries ordonnées suivant les sinus et cosinus des multiples de l'arc $\dfrac{2\pi t}{\omega}$ (n° 316).

417. Exposants caractéristiques. — La recherche des exposants caractéristiques est en général très difficile (^{1}). La résolution de ce problème se ramène évidemment à la détermination des coefficients a_{ik} qui figurent dans les formules (107). Ce problème est lui-même équivalent au suivant : connaissant les valeurs initiales, pour $t = t_0$, de n intégrales $y_1, y_2, \ldots, y_n$ et de leurs $(n-1)$ premières dérivées, trouver les valeurs de ces intégrales et de leurs dérivées pour $t = t_0 + \omega$. Les coefficients a_{ik} s'obtiennent alors par la résolution de n systèmes d'équations linéaires

$$(116)\quad \begin{cases} y_i(t_0 + \omega) = a_{i1}y_1(t_0) + a_{i2}y_2(t_0) + \ldots + a_{in}y_n(t_0); \\ y^{(p)}(t_0 + \omega) = a_{i1}y_1^{(p)}(t_0) + \ldots\ldots\ldots\ldots + a_{in}y_n^{(p)}(t_0) \\ \qquad [p = 1, 2, \ldots, (n-1);\ i = 1, 2, \ldots, n]. \end{cases}$$

On ne peut en général résoudre ce dernier problème que par l'emploi de méthodes générales, par exemple par des approximations successives. Imaginons qu'on remplace p_i par λp_i dans l'équation (106), λ désignant un paramètre variable, et qu'on développe suivant les puissances de λ l'intégrale de cette équation qui prend, ainsi que ses $(n-1)$ premières dérivées, des valeurs données à l'avance, indépendantes de λ, pour $t = t_0$,

$$(117)\qquad y = f_0(t) + \lambda f_1(t) + \ldots + \lambda^n f_n(t) + \ldots;$$

$f_0(t)$ est un polynome en t, de degré $n-1$ au plus, que l'on peut écrire immédiatement d'après les conditions initiales. Quant aux coefficients suivants $f_1(t), f_2(t), \ldots$, en substituant la valeur de y dans (106), on voit qu'ils seront déterminés, de proche en proche, par des relations de la forme

$$\frac{d^n f_i}{dt^n} = \Phi[t, f_1(t), f_1'(t), \ldots],$$

dont les seconds membres ne dépendent que des fonctions $f_1, f_2, \ldots, f_{i-1}$ et de leurs dérivées, et ces coefficients doivent en outre s'annuler, ainsi que leurs $n-1$ premières dérivées, pour $t = t_0$. Ces coefficients s'obtiennent donc par des quadratures, et nous avons remarqué (n° 389) que la série

---

(^{1}) Lorsque les coefficients p_i sont des fonctions analytiques entières de la variable complexe t, le changement de variable $e^{\frac{2\pi t i}{\omega}} = x$ remplace l'équation proposée par une équation linéaire dont les coefficients sont uniformes dans le domaine de l'origine, et l'on est ramené à étudier la loi de permutation des intégrales quand la variable x décrit un lacet autour de l'origine. Mais l'équation ainsi obtenue n'est pas en général de la forme de Fuchs.

obtenue est convergente quel que soit λ. Si l'on fait $\lambda = 1$ dans la relation (117) et dans celles qui s'en déduisent par dérivations, on aura le développement de l'intégrale considérée et de ses dérivées en séries convergentes pour toutes les valeurs réelles de t. On peut donc obtenir de cette façon les quantités $y_i(t_0 + \omega)$, $y_i^{(p)}(t_0 + \omega)$ qui figurent dans les formules (116), et par suite déterminer les coefficients a_{ik} [1].

Exemple. — Prenons par exemple l'équation

$$(118) \qquad \frac{d^2 y}{dt^2} = p(t)y,$$

où $p(t)$ est une fonction continue de t, de période ω. Le produit des racines de l'équation caractéristique est ici égal à *un*, d'après la formule (108). Cette équation est donc de la forme

$$(119) \qquad s^2 - As + 1 = 0.$$

Pour déterminer le coefficient A, désignons par $f(t)$ et $\varphi(t)$ les intégrales de l'équation (118) satisfaisant aux conditions initiales $f(0) = 1$, $f'(0) = 0$, $\varphi(0) = 0$, $\varphi'(0) = 1$. Des relations

$$f(t + \omega) = a_{11} f(t) + a_{12} \varphi(t),$$
$$\varphi(t + \omega) = a_{21} f(t) + a_{22} \varphi(t),$$
$$\varphi'(t + \omega) = a_{21} f'(t) + a_{22} \varphi'(t)$$

on tire, en faisant $t = 0$, $a_{11} = f(\omega)$, $a_{22} = \varphi'(\omega)$. Or, l'équation caractéristique est, dans ce cas particulier,

$$(a_{11} - s)(a_{22} - s) - a_{12} a_{21} = 0,$$

et par suite on a $A = a_{11} + a_{22} = f(\omega) + \varphi'(\omega)$.

Remplaçons $p(t)$ par $\lambda p(t)$; les développements des intégrales $f(t)$, $\varphi(t)$ sont de la forme

$$f(t) = 1 + \lambda f_1(t) + \ldots + \lambda^n f_n(t) + \ldots.$$
$$\varphi(t) = t + \lambda \varphi_2(t) + \ldots + \lambda^n \varphi_n(t) + \ldots,$$

les fonctions f_n et φ_n étant nulles, ainsi que f'_n et φ'_n pour $t = 0$. En substituant ces développements dans les deux membres de l'équation (118), où l'on a remplacé p par λp, on obtient les relations

$$\frac{d^2 f_n}{dt^2} = p(t) f_{n-1}(t),$$

$$\frac{d^2 \varphi_n}{dt^2} = p(t) \varphi_{n-1}(t),$$

---

[1] Si on laisse au paramètre λ une valeur quelconque, il résulte du procédé de calcul employé que les coefficients a_{ik}, et par suite les coefficients de l'équation caractéristique, sont des *fonctions entières* de ce paramètre.

d'où l'on tire les relations de récurrence

$$f_n(t) = \int_0^{t} dt \int_0^{t} p(t) f_{n-1}(t)\, dt, \qquad \varphi_n(t) = \int_0^{t} dt \int_0^{t} p(t) \varphi_{n-1}(t)\, dt,$$

permettant de calculer de proche en proche toutes ces fonctions en partant de $f_0(t) = 1$, $\varphi_0(t) = t$. On déduit de là

$$(120) \qquad\qquad A = 2 + \sum_{n=1}^{+\infty} [f_n(\omega) + \varphi'_n(\omega)].$$

Si la fonction $p(t)$ n'est jamais négative, on voit immédiatement que toutes les fonctions $f_n(t)$, $\varphi_n(t)$, $\varphi'_n(t)$ sont positives pour $t > 0$. On a donc $A > 2$, et l'équation (119) a deux racines réelles et positives, l'une plus grande, l'autre plus petite que l'unité. La conclusion est beaucoup moins évidente dans les autres cas. Lorsque $p(t)$ ne prend jamais de valeur positive, il résulte d'une étude approfondie de M. Liapounoff ([1]) que la valeur absolue de A est inférieure à 2, si la valeur absolue de $\omega \int_0^{\omega} p\, dt$ est inférieure ou égale à 4. L'équation (119) a dans ce cas deux racines imaginaires conjuguées, dont les modules sont égaux à *un*.

IV. — SYSTÈMES D'ÉQUATIONS LINÉAIRES.

418. Propriétés générales. — La plupart des théorèmes établis pour une équation linéaire s'étendent sans difficulté aux systèmes d'équations linéaires à plusieurs fonctions inconnues. On peut toujours supposer, sans restreindre la généralité, que ces équations sont du premier ordre (n° 383) : c'est ce que nous ferons dans les paragraphes suivants. Soient $y_1, y_2, \ldots, y_n$ les n fonctions inconnues, et x la variable indépendante. Il résulte d'un théorème général (n° 399) que les intégrales n'admettent pas d'autres points singuliers que ceux des coefficients. Si l'on se donne les valeurs initiales $y_1^0, y_2^0, \ldots, y_n^0$ pour une valeur x_0 différente des points singuliers, on peut poursuivre le prolongement analytique de ces

---

([1]) LIAPOUNOFF, *Problème général de la stabilité du mouvement* (*Annales de la Faculté des Sciences de Toulouse*, 2ᵉ série, t. IX, p. 403). Sur la théorie générale des équations linéaires à coefficients périodiques, on pourra étudier, outre le Mémoire précédent, le Mémoire de M. Floquet (*Annales de l'École Normale supérieure*, 1883), et l'Ouvrage de M. Poincaré, *Les Méthodes nouvelles de la Mécanique céleste* (t. I, Chap. IV).

intégrales tout le long d'un chemin quelconque issu du point x_0 et ne passant par aucun de ces points singuliers, qui sont connus *a priori*.

Nous supposerons, uniquement pour simplifier l'écriture, que l'on a un système de trois équations à trois inconnues. Considérons d'abord le système de trois équations homogènes

$$
(121) \qquad
\begin{cases}
\dfrac{dy}{dx} + a\,y + b\,z + c\,u = 0, \\[2mm]
\dfrac{dz}{dx} + a_1 y + b_1 z + c_1 u = 0, \\[2mm]
\dfrac{du}{dx} + a_2 y + b_2 z + c_2 u = 0,
\end{cases}
$$

où a, b, c, ... sont des fonctions de la même variable x. Si l'on connaît un système particulier d'intégrales (y_1, z_1, u_1), les fonctions $(C y_1, C z_1, C u_1)$ forment aussi un système d'intégrales, quelle que soit la constante C. De même, si l'on connaît deux systèmes particuliers d'intégrales (y_1, z_1, u_1) et (y_2, z_2, u_2), on peut en déduire un nouveau système d'intégrales dépendant de deux constantes arbitraires $(C_1 y_1 + C_2 y_2,\ C_1 z_1 + C_2 z_2,\ C_1 u_1 + C_2 u_2)$. Enfin, si l'on connaît trois systèmes particuliers d'intégrales

$$(y_1, z_1, u_1), \quad (y_2, z_2, u_2), \quad (y_3, z_3, u_3),$$

les formules

$$
(122) \qquad
\begin{cases}
y = C_1 y_1 + C_2 y_2 + C_3 y_3, \qquad z = C_1 z_1 + C_2 z_2 + C_3 z_3, \\[2mm]
\qquad u = C_1 u_1 + C_2 u_2 + C_3 u_3
\end{cases}
$$

représentent aussi un système d'intégrales, quelles que soient les contantes C_1, C_2, C_3. Pour pouvoir affirmer que ces formules (122) représentent bien l'intégrale générale du système (121), il faut encore être assuré que l'on peut disposer des constantes C_1, C_2, C_3 de façon que, pour une valeur donnée x_0 de x différente d'un point singulier, y, z, u prennent des valeurs *quelconques* données à l'avance y_0, z_0, u_0. Pour qu'il en soit ainsi, il faut et il suffit que le déterminant formé avec les neuf fonctions y_i, z_i, $u_i (i = 1, 2, 3)$

$$
\Delta =
\begin{vmatrix}
y_1 & z_1 & u_1 \\
y_2 & z_2 & u_2 \\
y_3 & z_3 & u_3
\end{vmatrix}
$$

ne soit pas identiquement nul. Nous dirons encore que l'ensemble des trois systèmes particuliers d'intégrales forme dans ce cas un *système fondamental*.

Lorsque Δ est identiquement nul, les trois systèmes particuliers d'intégrales se réduisent à deux, ou même à un seul. Supposons d'abord que tous les mineurs du premier ordre de Δ ne sont pas nuls à la fois, par exemple que le mineur $\delta = y_1 z_2 - y_2 z_1$ n'est pas nul identiquement. Soit A une région du plan ou δ ne s'annule pas; nous déterminerons deux fonctions auxiliaires K_1 et K_2, holomorphes dans l'aire A, de telle façon que l'on ait

$$(123) \qquad y_3 = K_1 y_1 + K_2 y_2, \qquad z_3 = K_1 z_1 + K_2 z_2,$$

et, le déterminant Δ étant nul, ces fonctions K_1 et K_2 satisfont aussi à la relation

$$(124) \qquad u_3 = K_1 u_1 + K_2 u_2.$$

Si l'on remplace, dans les deux premières équations du système (121), y, z et u par les expressions précédentes de y_3, z_3, u_3 en observant que (y_1, z_1, u_1) et (y_2, z_2, u_2) forment deux systèmes particuliers d'intégrales, il reste, tout calcul fait,

$$y_1 K'_1 + y_2 K'_2 = 0, \qquad z_1 K'_1 + z_2 K'_2 = 0,$$

d'où l'on tire $K'_1 = K'_2 = 0$. Les fonctions K_1 et K_2 sont donc des constantes, et les relations (123) et (124) subsistent dans tout le domaine d'existence des fonctions y_i, z_i, u_i, Il s'ensuit que le système d'intégrales (y_3, z_3, u_3) est une combinaison des deux autres.

Si tous les mineurs du premier ordre de Δ sont identiquement nuls, les trois systèmes d'intégrales se ramènent à un seul. Comme tous les éléments de Δ ne peuvent être nuls à la fois, supposons y_1 différent de zéro, et posons $y_2 = K y_1$; des relations $y_1 z_2 - z_1 y_2 = 0$, $y_1 u_2 - y_2 u_1 = 0$, on déduit que l'on a aussi $z_2 = K z_1$, $u_2 = K u_1$. En remplaçant y, z, u par $K y_1$, $K z_1$, $K u_1$ respectivement dans la première des équations (121), il reste $y_1 K' = 0$; K est donc constant, et le système (y_2, z_2, u_2) ne diffère du système (y_1, z_1, u_1) que par un facteur constant. On verrait de même que le troisième système d'intégrales est identique au premier. Il est à remarquer que y_1, y_2, y_3 ne sont pas forcément linéairement indépendantes; par exemple, une ou deux de ces fonctions peuvent être nulles, mais elles ne peuvent l'être toutes les trois.

La valeur du déterminant Δ peut se calculer comme il suit : la dérivée Δ est la somme de trois déterminants

$$\Delta' = \begin{vmatrix} y'_1 & z_1 & u_1 \\ y'_2 & z_2 & u_2 \\ y'_3 & z_3 & u_3 \end{vmatrix} + \begin{vmatrix} y_1 & z'_1 & u_1 \\ y_2 & z'_2 & u_2 \\ y_3 & z'_3 & u_3 \end{vmatrix} + \begin{vmatrix} y_1 & z_1 & u'_1 \\ y_2 & z_2 & u'_2 \\ y_3 & z_3 & u'_3 \end{vmatrix}$$

en remplaçant les dérivées y'_i, z'_i, u'_i par leurs expressions tirées des équations (121) elles-mêmes, ces trois déterminants se réduisent respectivement à $-a\Delta$, $-b_1\Delta$, $-c_2\Delta$. On a donc la relation $\Delta' = -(a + b_1 + c_2)\Delta$, et par suite

$$(125) \qquad \Delta(x) = \Delta(x_0)\, e^{-\int_{x_0}^{x} (a + b_1 + c_2)\,dx}$$

Quand on connaît l'intégrale générale du système homogène (121), on peut en déduire par des quadratures l'intégrale générale du système avec des seconds membres

$$(126) \qquad \begin{cases} \dfrac{dy}{dx} + ay + bz + cu = f_1(x), \\[2mm] \dfrac{dz}{dx} + a_1 y + b_1 z + c_1 u = f_2(x), \\[2mm] \dfrac{du}{dx} + a_2 y + b_2 z + c_2 u = f_3(x). \end{cases}$$

Si nous faisons en effet le changement de variables défini par les formules (122), C_1, C_2, C_3 étant considérées comme les nouvelles fonctions inconnues, le système (126) est remplacé par le suivant :

$$(127) \qquad \begin{cases} y_1 \dfrac{dC_1}{dx} + y_2 \dfrac{dC_2}{dx} + y_3 \dfrac{dC_3}{dx} = f_1(x), \\[2mm] z_1 \dfrac{dC_1}{dx} + z_2 \dfrac{dC_2}{dx} + z_3 \dfrac{dC_3}{dx} = f_2(x), \\[2mm] u_1 \dfrac{dC_1}{dx} + u_2 \dfrac{dC_2}{dx} + u_3 \dfrac{dC_3}{dx} = f_3(x), \end{cases}$$

qui s'intègre par des quadratures, car on en déduit

$$\frac{dC_i}{dx} = X_i \qquad (i = 1, 2, 3).$$

Observons aussi que cette transformation est inutile toutes les fois que l'on peut déterminer directement un système particulier d'intégrales (Y, Z, U) des équations (126). Pour avoir l'intégrale générale de ces équations, il suffira d'ajouter respectivement Y, Z. U aux seconds membres des formules (122) qui représentent l'intégrale générale du système (121) sans seconds membres ([1]).

---

[1] On peut aussi employer une méthode analogue à celle de Cauchy (n° 401). Soient $y = \varphi_i(x, \alpha)$, $z = \psi_i(x, \alpha)$, $u = \pi_i(x, \alpha)$ $(i = 1, 2, 3)$ trois systèmes

Quand on connaît *un* ou *deux* systèmes particuliers d'intégrales des équations (121), on peut abaisser d'une ou deux unités l'ordre du système. Supposons d'abord que l'on connaisse un seul système d'intégrales (y_1, z_1, u_1), la fonction y_1 n'étant pas nulle. Le changement de fonctions inconnues

$$y = y_1 Y, \qquad z = z_1 Y + Z, \qquad u = u_1 Y + U$$

conduit à un système linéaire de même forme qui doit admettre le système particulier d'intégrales $Y = 1$, $Z = 0$, $U = 0$. Il faut pour cela que les coefficients de Y soient nuls dans ces nouvelles équations. On trouve, en effet, en faisant le calcul, que le nouveau système est

$$(128) \quad \begin{cases} y_1 \dfrac{dY}{dx} + b\, Z + c\, U = 0, \\[2mm] \dfrac{dZ}{dx} + z_1 \dfrac{dY}{dx} + b_1 Z + c_1 U = 0, \\[2mm] \dfrac{dU}{dx} + u_1 \dfrac{dY}{dx} + b_2 Z + c_2 U = 0. \end{cases}$$

Si l'on remplace, dans les deux dernières équations, $\dfrac{dY}{dx}$ par sa valeur déduite de la première, on obtient un système de deux équations linéaires et homogènes à *deux* inconnues Z et U. Ce système étant intégré, on aura ensuite Y par une quadrature

---

d'intégrales des équations sans second membre (121), satisfaisant respectivement aux conditions initiales

$$\begin{aligned} \varphi_1(\alpha, \alpha) &= 1, & \psi_1(\alpha, \alpha) &= 0, & \pi_1(\alpha, \alpha) &= 0, \\ \varphi_2(\alpha, \alpha) &= 0, & \psi_2(\alpha, \alpha) &= 1, & \pi_2(\alpha, \alpha) &= 0, \\ \varphi_3(\alpha, \alpha) &= 0, & \psi_3(\alpha, \alpha) &= 0, & \pi_3(\alpha, \alpha) &= 1. \end{aligned}$$

On vérifie immédiatement que les fonctions

$$Y = \int_{x_0}^{x} [f_1(\alpha)\, \varphi_1(x, \alpha) + f_2(\alpha)\, \varphi_2(x, \alpha) + f_3(\alpha)\, \varphi_3(x, \alpha)]\, d\alpha,$$

$$Z = \int_{x_0}^{x} [f_1(\alpha)\, \psi_1(x, \alpha) + f_2(\alpha)\, \psi_2(x, \alpha) + f_3(\alpha)\, \psi_3(x, \alpha)]\, d\alpha,$$

$$U = \int_{x_0}^{x} [f_1(\alpha)\, \pi_1(x, \alpha) + f_2(\alpha)\, \pi_2(x, \alpha) + f_3(\alpha)\, \pi_3(x, \alpha)]\, d\alpha$$

forment un système d'intégrales des équations avec seconds membres (126).

En appliquant la méthode du texte au système linéaire équivalent à une équation linéaire d'ordre n, on obtient la méthode de Lagrange (n° 401).

Supposons encore que l'on connaisse deux systèmes *distincts* d'intégrales (y_1, z_1, u_1), (y_2, z_2, u_2). Les trois déterminants $y_1 z_2 - y_2 z_1$, $y_1 u_2 - y_2 u_1$, $z_1 u_2 - z_2 u_1$ ne pouvant être nuls à la fois, comme on vient de le montrer tout à l'heure, supposons $y_1 z_2 - z_1 y_2$ différent de zéro. La transformation

$$y = y_1 Y + y_2 Z, \qquad z = z_1 Y + z_2 Z, \qquad u = u_1 Y + u_2 Z + U,$$

où Y, Z, U sont les nouvelles inconnues, conduit à un système linéaire de même forme admettant les deux systèmes particuliers d'intégrales $(Y_1 = 1, \ Z_1 = U_1 = 0)$, $(Y_2 = 0, \ Z_2 = 1, \ U_2 = 0)$. Les coefficients de Y et de Z dans les équations du nouveau système doivent donc être nuls, et ce nouveau système est de la forme

$$\frac{dY}{dx} + AU = 0, \qquad \frac{dZ}{dx} + A_1 U = 0, \qquad \frac{dU}{dx} + A_2 U = 0,$$

comme on le vérifie aisément. Il est clair que ce système s'intègre par des quadratures, la dernière équation ne renfermant que U.

Les raisonnements qui précèdent s'étendent aux systèmes de n équations linéaires à n inconnues. Pour avoir l'intégrale générale d'un pareil système sans seconds membres, il suffit de connaître n systèmes particuliers d'intégrales, formant un système fondamental. Si l'on connaît p systèmes distincts d'intégrales $(p < n)$, l'intégration se ramène à celle d'un système de même forme à $n - p$ inconnues et à des quadratures. Enfin l'intégrale générale d'un système avec seconds membres s'obtient par des quadratures quand on connaît l'intégrale générale du même système sans seconds membres.

419. Systèmes adjoints. — Étant donné un système linéaire et homogène à n inconnues

$$(129) \quad \frac{dy_i}{dx} = a_{i1} y_1 + \ldots + a_{ik} y_k + \ldots + a_{in} y_n \qquad (i, k = 1, 2, \ldots, n),$$

le système linéaire

$$(130) \qquad \frac{dY_i}{dx} = - a_{1i} Y_1 - \ldots - a_{ki} Y_k - \ldots - a_{ni} Y_n,$$

qui se déduit du premier en remplaçant y_i par Y_i, et en changeant les lignes en colonnes dans le déterminant formé par les coefficients a_{ik}, après avoir changé les signes, est dit *adjoint* au premier. Il est évident, d'après ce mode de formation, qu'il y a *réciprocité* entre les deux systèmes.

L'intégration de l'un des systèmes (129), (130) *entraine celle de l'autre.* Soient en effet $(y_1, y_2, \ldots y_n)$ et $(Y_1, Y_2, \ldots, Y_n)$ deux systèmes particuliers d'intégrales quelconques des deux systèmes adjoints. D'après les relations (129) et (130), on a

$$\frac{d}{dx}(Y_1 y_1 + Y_2 y_2 + \ldots + Y_n y_n) = \sum_i Y_i (a_{i1} y_1 + \ldots + a_{ik} y_k + \ldots + a_{in} y_n)$$
$$+ \sum_i y_i (-a_{1i} Y_1 - \ldots - a_{ki} Y_k - \ldots - a_{ni} Y_n).$$

Si l'on permute les indices i et k dans la seconde somme, on voit immédiatement que le coefficient de $Y_i y_k$ dans le second membre est

$$a_{ik} - a_{ik} = 0,$$

et ce second membre est identiquement nul. On a donc, entre les deux systèmes particuliers d'intégrales, la relation

$$(131) \qquad\qquad Y_1 y_1 + Y_2 y_2 + \ldots + Y_n y_n = C,$$

C désignant une constante. La connaissance d'un système particulier d'intégrales $(Y_1, Y_2, \ldots, Y_n)$ des équations (130) fournit donc une intégrale première du système (129), qui est *linéaire* par rapport aux fonctions inconnues $y_1, y_2, \ldots, y_n$.

Si l'on connait l'intégrale générale du système adjoint (130), l'intégrale générale du système proposé (129) est représentée par n relations de la forme (131), où l'on prend successivement, pour $Y_1, Y_2, \ldots, Y_n$, n systèmes distincts d'intégrales des équations (130).

On a étudié d'une façon particulière les systèmes linéaires qui sont identiques à leur adjoint. Pour qu'il en soit ainsi, il faut et il suffit que le déterminant des a_{ik} soit un déterminant symétrique gauche, c'est-à-dire que l'on ait $a_{ik} + a_{ki} = 0$, quels que soient i et k, et par conséquent $a_{ii} = 0$. Si $(y_1, y_2, \ldots, y_n)$ et $(z_1, z_2, \ldots, z_n)$ sont deux systèmes particuliers d'intégrales, la relation (131) devient

$$y_1 z_1 + y_2 z_2 + \ldots + y_n z_n = \text{const.};$$

si les deux systèmes d'intégrales sont identiques, on a donc aussi

$$y_1^2 + y_2^2 + \ldots + y_n^2 = \text{const.}$$

L'intégration d'un système linéaire du troisième ordre identique à son adjoint se ramène à l'intégration d'une équation de Riccati (n° 369). L'intégration d'un système du quatrième ordre de cette espèce se ramène à l'intégration de *deux* équations de Riccati (*voir* Exercice 15, p. 520).

420. Systèmes linéaires à coefficients constants. On intègre
un système d'équations linéaires à coefficients constants

$$(132) \quad \begin{cases} \dfrac{dy_1}{dx} + a_{11}y_1 + a_{12}y_2 + \ldots + a_{1n}y_n = 0, \\[2mm] \dfrac{dy_2}{dx} + a_{21}y_1 + a_{22}y_2 + \ldots + a_{2n}y_n = 0, \\[2mm] \ldots\ldots\ldots\ldots\ldots\ldots\ldots\ldots\ldots\ldots\ldots\ldots, \\[2mm] \dfrac{dy_n}{dx} + a_{n1}y_1 + a_{n2}y_2 + \ldots + a_{nn}y_n = 0, \end{cases}$$

en cherchant des systèmes particuliers d'intégrales de la forme

$$(133) \quad y_1 = \alpha_1 e^{rx}, \quad y_2 = \alpha_2 e^{rx}, \quad \ldots, \quad y_n = \alpha_n e^{rx},$$

$\alpha_1, \alpha_2, \ldots, \alpha_n, r$, étant des coefficients constants à déterminer. On
est ainsi conduit à n équations de condition

$$(134) \quad \begin{cases} (a_{11} + r)\alpha_1 + a_{12}\alpha_2 + \ldots + a_{1n}\alpha_n = 0, \\[1mm] a_{21}\alpha_1 + (a_{22} + r)\alpha_2 + \ldots + a_{2n}\alpha_n = 0, \\[1mm] \ldots\ldots\ldots\ldots\ \ldots\ldots\ldots\ldots\ldots\ldots\ldots\ldots, \\[1mm] a_{n1}\alpha_1 + a_{n2}\alpha_2 + \ldots + (a_{nn} + r)\alpha_n = 0, \end{cases}$$

qui doivent être vérifiées par des valeurs $\alpha_1, \alpha_2, \ldots, \alpha_n$ non toutes
nulles. La constante r doit donc être racine de l'équation caractéristique

$$(135) \quad F(r) = \begin{vmatrix} a_{11} + r & a_{12} & \ldots & a_{1n} \\ a_{21} & a_{22} + r & \ldots & a_{2n} \\ \ldots & \ldots\ldots & \ldots & \ldots \\ a_{n1} & a_{n2} & \ldots & a_{nn} + r \end{vmatrix} = 0;$$

inversement à toute racine r de cette équation correspond au
moins un système de solutions non toutes nulles des équa-
tions (134) en $\alpha_1, \ldots, \alpha_n$, et par suite un système d'intégrales de
la forme (133) des équations (132). Si l'équation caractéristique
a n racines distinctes $r_1, r_2, \ldots, r_n$, on obtient de cette façon
n systèmes particuliers d'intégrales. *Ces systèmes sont distincts;*
en effet, s'il n'étaient pas distincts, on en déduirait une relation
de la forme

$$C_1 e^{r_1 x} + C_2 e^{r_2 x} + \ldots + C_n e^{r_n x} = 0,$$

$C_1, C_2, \ldots, C_n$ étant des coefficients constants dont l'un au moins
n'est pas nul, et l'on a vu qu'une telle relation est impossible
(n° 405).

Si r_1 est une racine multiple d'ordre p de l'équation caractéristique, les équations (132) admettent p systèmes distincts d'intégrales de la forme

$$y_1 = e^{r_1 x} P_1(x), \qquad y_2 = e^{r_1 x} P_2(x), \qquad \ldots, \qquad y_n = e^{r_1 x} P_n(x),$$

$P_1, P_2, \ldots, P_n$ *étant des polynomes de degré $p - 1$ au plus qui dépendent de p constantes arbitraires.*

Le théorème étant établi pour $p = 1$, il suffit de montrer que, s'il est vrai pour une racine d'ordre $p - 1$, il est encore vrai pour une racine d'ordre p.

On peut supposer pour la démonstration que l'on a $r_1 = 0$; en effet, si l'on remplace y_i par $e^{r_1 x} z_i$, les coefficients a_{ik} $(i \neq k)$ ne changent pas, tandis que a_{ii} est remplacé par $a_{ii} + r_1$. L'équation caractéristique du nouveau systeme est donc $F(r + r_1) = 0$ et admet $r = 0$ pour racine multiple d'ordre p. Nous supposerons que l'on a fait cette transformation préliminaire. Les équations (132) admettent alors un système particulier d'intégrales

$$y_1 = \alpha_1, \quad , y_2 = \alpha_2, \qquad \ldots, \qquad y_n = \alpha_n;$$

$\alpha_1, \alpha_2, \ldots, \alpha_n$ étant des constantes non toutes nulles. Admettons, pour fixer les idées, que α_1 ne soit pas nul; on peut alors supposer $\alpha_1 = 1$. En faisant le changement d'inconnues

$$y_1 = Y_1, \qquad y_2 = \alpha_2 Y_1 + Y_2, \qquad \ldots, \qquad y_n = \alpha_n Y_1 + Y_n,$$

on est conduit à un nouveau système d'équations linéaires à coefficients constants qui admet la solution $Y_1 = 1$, $Y_2 = 0$, ..., $Y_n = 0$,

$$(136) \quad \begin{cases} \dfrac{dY_1}{dx} + A_{12} Y_2 + \ldots + A_{1n} Y_n = 0, \\[2mm] \dfrac{dY_2}{dx} + A_{22} Y_2 + \ldots + A_{2n} Y_n = 0, \\[2mm] \ldots\ldots\ldots\ldots\ldots\ldots\ldots\ldots\ldots\ldots\ldots \\[2mm] \dfrac{dY_n}{dx} + A_{n2} Y_2 + \ldots + A_{nn} Y_n = 0, \end{cases}$$

dont les nouveaux coefficients ont les valeurs suivantes :

$$A_{12} = a_{12}, \qquad \ldots, \qquad A_{1n} = a_{1n},$$
$$A_{i2} = a_{i2} - \alpha_i a_{12}, \qquad \ldots, \qquad A_{in} = a_{in} - \alpha_i a_{1n} \qquad \text{pour} \qquad i > 1.$$

L'équation caractéristique du nouveau système

$$F_1(r) = \begin{vmatrix} r & a_{12} & a_{13} & \ldots & a_{1n} \\ 0 & a_{22} - \alpha_2 a_{12} + r & a_{23} - \alpha_2 a_{13} & \ldots & a_{2n} - \alpha_2 a_{1n} \\ 0 & a_{32} - \alpha_3 a_{12} & a_{33} - \alpha_3 a_{13} + r & \ldots & a_{3n} - \alpha_3 a_{1n} \\ \cdot & \ldots\ldots\ldots & \ldots\ldots\ldots & \ldots & \ldots\ldots\ldots \\ 0 & a_{n2} - \alpha_n a_{12} & a_{n3} - \alpha_n a_{13} & \ldots & a_{nn} - \alpha_n a_{1n} + r \end{vmatrix} = 0$$

est identique à l'équation caractéristique $F(r) = 0$ du premier système.

En effet, si l'on ajoute aux éléments de la $i^{\text{ième}}$ ligne $(i > 1)$, ceux de la première ligne multipliés par α_i, l'équation $F_1(r) = 0$ devient

$$F_1(r) = \begin{vmatrix} r & a_{12} & a_{13} & \ldots & a_{1n} \\ \alpha_2 r & a_{22} + r & a_{23} & \ldots & a_{2n} \\ \alpha_3 r & a_{32} & a_{33} + r & \ldots & a_{3n} \\ \ldots & \ldots & \ldots\ldots & \ldots & \ldots \\ \alpha_n r & a_{n2} & a_{n3} & \ldots & a_{nn} + r \end{vmatrix} = 0;$$

si l'on retranche ensuite des éléments de la première colonne ceux de la deuxième multipliés par α_2, ceux de la troisième multipliés par α_3, ..., ceux de la $n^{\text{ième}}$ multipliés par α_n, on retrouve la première colonne du déterminant $F(r)$, en tenant compte des relations

$$a_{i1} + a_{i2}\alpha_2 + \ldots + a_{in}\alpha_n = 0 \qquad (i = 1, 2, \ldots, n).$$

On a donc identiquement $F_1(r) = F(r)$ [1] et par suite l'équa-

---

[1] D'une façon générale, si l'on effectue sur les inconnues une substitution linéaire quelconque à coefficients constants

$$y_i = b_{i1} Y_1 + b_{i2} Y_2 + \ldots + b_{in} Y_n \qquad (i = 1, 2, \ldots, n)$$

le déterminant des b_{ik} n'étant pas nul, le système (132) est remplacé par un nouveau système linéaire à coefficients constants (n° 421)

$$\frac{dY_i}{dx} + A_{i1} Y_1 + \ldots + A_{in} Y_n = 0 \qquad (i = 1, 2, \ldots, n).$$

Soit $\Phi(r)$ le déterminant caractéristique du nouveau système ; on a, *quels que soient les coefficients* b_{ik}, $\Phi(r) = F(r)$.

La propriété est évidente, d'après la signification des racines de l'équation $F(r) = 0$, lorsque les n racines de cette équation sont distinctes, c'est-à-dire lorsque les coefficients a_{ik} du système (132) ne vérifient pas la relation

$$(\alpha) \qquad\qquad D(a_{11}, a_{12}, \ldots, a_{nn}) = 0$$

qui exprime que $F(r) = 0$ a deux racines égales. On en déduit que la propriété est

tion de degré $n - 1$.

$$(137) \qquad F_2(r) = \begin{vmatrix} A_{22} + r & A_{23} & \dots & A_{2n} \\ A_{32} & A_{33} + r & \dots & A_{3n} \\ \dots & \dots & \dots & \dots \\ A_{n2} & A_{n3} & \dots & A_{nn} + r \end{vmatrix} = o,$$

admet la racine $r = o$ au degré $p - 1$ de multiplicité. Or l'équation $F_2(r) = o$ est l'équation caractéristique pour le système obtenu en supprimant la première équation du système transformé (136). Le théorème étant admis pour une racine d'ordre $p - 1$, ce système auxiliaire admet un système d'intégrales particulières

$$Y_2 = Q_2(x), \qquad \dots, \qquad Y_n = Q_n(x),$$

Q_1, Q_2, $\dots$, Q_p étant des polynomes de degré $p - 2$ au plus, qui dépendent linéairement de $p - 1$ constantes arbitraires. En remplaçant Y_2, $\dots$, Y_n par Q_2, $\dots$, Q_n respectivement dans la première des équations (136), on en déduit

$$(138) \qquad Y_1 = C_1 - A_{12} \int Q_2(x)\, dx - \dots - A_{1n} \int Q_n(x)\, dx,$$

C_1 étant une nouvelle constante arbitraire. Les intégrales correspondantes du système (132) sont de la forme

$$(139) \qquad y_1 = P_1(x), \qquad y_2 = P_2(x), \qquad \dots, \qquad y_n = P_n(x),$$

P_1, P_2, $\dots$, P_n étant des polynomes de degré $p - 1$ au plus qui dépendent linéairement de p constantes arbitraires. Le théorème est donc général.

Pour le calcul effectif de ces intégrales, les transformations précédentes sont inutiles. Si r_1 est une racine multiple d'ordre p de $F(r) = o$, on posera

$$y_1 = e^{r_1 x} P_1(x), \qquad \dots, \qquad y_n = e^{r_1 x} P_n(x),$$

---

générale par un raisonnement très souvent employé dans les questions du même genre. Soient $f_p(a_{11}, \dots, a_{nn})$ le coefficient de r^p dans $F(r)$, et $\varphi_p(a_{11}, \dots, a_{nn})$ le coefficient de r^p dans $\Phi(r)$. On a l'égalité $f_p(r) = \varphi_p(r)$ toutes les fois que les coefficients $a_{11}, \dots, a_{nn}$ ne vérifient pas la relation (α). Or ceci ne peut avoir lieu que si l'on a identiquement $f_p = \varphi_p$; en effet, f_p et φ_p sont des polynomes entiers en $a_{11}, a_{12}, \dots, a_{nn}$ qui ne peuvent être égaux pour tous les systèmes de valeurs de $a_{11}, a_{12}, \dots, a_{nn}$ qui ne vérifient pas la relation (α), que s'ils sont identiques.

$P_1, \ldots, P_n$ étant des polynomes de degré $p - 1$ à coefficients indéterminés. En substituant dans les équations proposées, et en écrivant qu'elles sont vérifiées, on obtiendra un certain nombre de relations entre ces coefficients qui permettront de les exprimer tous au moyen de p d'entre eux restant arbitraires.

Chaque racine de $F(r) = 0$ fournissant autant de systèmes d'intégrales qu'il y a d'unités dans son ordre de multiplicité, on aura bien en tout n systèmes d'intégrales, et l'on démontrera comme plus haut qu'ils sont distincts.

421. Réduction à une forme canonique. — Tout système linéaire à coefficients constants peut être ramené à une forme canonique simple dont l'intégration est immédiate.

Écrivons ce système sous la forme un peu différente

$$(140) \quad \begin{cases} y'_1 = a_{11} y_1 + a_{12} y_2 + \ldots + a_{1n} y_n, \\ y'_2 = a_{21} y_1 + a_{22} y_2 + \ldots + a_{2n} y_n, \\ \dots\dots\dots\dots\dots\dots\dots\dots\dots\dots\dots\dots, \\ y'_n = a_{n1} y_1 + a_{n2} y_2 + \ldots + a_{nn} y_n, \end{cases}$$

y'_i étant mis à la place de $\dfrac{dy_i}{dx}$. Si l'on prend n inconnues $Y_1, Y_2, \ldots Y_n$, qui soient des fonctions linéaires à coefficients constants de $y_1, y_2, \ldots, y_n$,

$$(141) \quad Y_i = b_{i1} y_1 + \ldots + b_{in} y_n \quad (i = 1, 2, \ldots, n),$$

les b_{ik} étant des constantes dont le déterminant est différent de zéro, le système (140) est remplacé par un système de même forme

$$(142) \quad \begin{cases} Y'_1 = A_{11} Y_1 + A_{12} Y_2 + \ldots + A_{1n} Y_n, \\ Y'_2 = A_{21} Y_1 + A_{22} Y_2 + \ldots + A_{2n} Y_n, \\ \dots\dots\dots\dots\dots\dots\dots\dots\dots\dots\dots\dots, \\ Y'_n = A_{n1} Y_1 + A_{n2} Y_2 + \ldots + A_{nn} Y_n, \end{cases}$$

que l'on obtiendra en remplaçant, dans l'expression de Y'_i,

$$Y'_i = b_{i1} y'_1 + \ldots + b_{in} y'_n = b_{i1}(a_{11} y_1 + \ldots + a_{1n} y_n) + \ldots$$
$$+ b_{in}(a_{n1} y_1 + \ldots + a_{nn} y_n),$$

les fonctions $y_1, y_2, \ldots, y_n$ par leurs valeurs tirées des formules (141). Or, si l'on considérait les formules (140) comme définissant une substitution linéaire effectuée sur les variables $y_1, y_1, \ldots, y_n$, et $Y_1, Y_2, \ldots, Y_n$ comme n nouvelles variables, les calculs précédents sont précisément ceux qu'il faudrait effectuer pour trouver la nouvelle substitution linéaire sur les variables $Y_1, Y_2, \ldots, Y_n$, qui correspond à la substitution linéaire (140) : et nous avons vu qu'en choisissant convenablement les variables Y_i (n° 410) on peut ramener toute substitution linéaire à une forme canonique simple[1]. Dans cette forme canonique, les variables se partagent en un certain nombre de groupes distincts, la substitution que subissent les p variables $Y_1, Y_2, \ldots, Y_p$ d'un même groupe étant de la forme

$$(143) \quad Y'_1 = s Y_1, \qquad Y'_2 = s(Y_1 + Y_2), \qquad \ldots, \qquad Y'_p = s(Y_{p-1} + Y_p).$$

On peut donc toujours, par un changement d'inconnues convenable de la forme (141), ramener l'intégration du système (140) à l'intégration d'un certain nombre de systèmes de la forme (143), où $Y'_i = \dfrac{dY_i}{dx}$. L'intégration de ce système est immédiate, mais il est préférable d'employer une forme canonique un peu différente. Posons pour cela $Y_i = s^i z_i$ ($s \neq 0$); le système (143) devient

$$(144) \quad \frac{dz_1}{dx} = s z_1, \qquad \frac{dz_2}{dx} = s z_2 + z_1, \qquad \ldots, \qquad \frac{dz_p}{dx} = s z_p + z_{p-1}.$$

Cette nouvelle forme canonique se conserve quand on multiplie toutes les fonctions inconnues par un facteur $e^{\lambda x}$, sauf le changement de s en $s + \lambda$, et s'applique encore au cas où l'équation caractéristique aurait une racine nulle.

L'intégrale générale du système (144) est représentée par les formules

$$z_i e^{-sx} = C_1 \frac{x^{i-1}}{(i-1)!} + C_2 \frac{x^{i-2}}{(i-2)!} + \ldots + C_{i-1} x + C_i \qquad (i = 1, 2, \ldots, p)$$

ou par les formules équivalentes, obtenues en résolvant par rapport aux constantes C_i,

$$(145) \quad z_1 e^{-sx} = C_1, \quad (z_2 - x z_1) e^{-sx} = C_2, \quad \left(z_3 - x z_2 + \frac{x^2}{1 \cdot 2} z_1 \right) e^{-sx} = C_3,$$

$$\left[z_i - x z_{i-1} + \frac{x^2}{1 \cdot 2} z_{i-2} + \ldots + (-1)^{i-1} \frac{x^{i-1}}{(i-1)!} z_1 \right] e^{-sx} = C_i \qquad (i = 1, 2, \ldots, p).$$

422. Équation de Jacobi. — Reprenons un système de trois

équations linéaires à coefficients constants, que nous écrirons

$$(146) \quad \begin{cases} \dfrac{dx}{dt} = a\,x + b\,y + c\,z, \\[2mm] \dfrac{dy}{dt} = a_1 x + b_1 y + c_1 z, \\[2mm] \dfrac{dz}{dt} = a_2 x + b_2 y + c_2 z. \end{cases}$$

t désignant la variable indépendante. Ajoutons ces trois équations, après les avoir multipliées respectivement par $y\,dz - z\,dy$, $z\,dx - x\,dz$, $x\,dy - y\,dx$; la relation obtenue

$$(147) \qquad (ax + by + cz)(y\,dz - z\,dy)$$
$$+ (a_1 x + b_1 y + c_1 z)(z\,dx - x\,dz)$$
$$+ (a_2 x + b_2 y + c_2 z)(x\,dy - y\,dx) = 0$$

est homogène en x, y, z et peut par conséquent être remplacée par une relation entre $\dfrac{x}{z}$ et $\dfrac{y}{z}$. Si l'on pose en effet $x = X\,z$, $y = Y\,z$, cette relation devient, en divisant par z^3,

$$(148) \quad -(aX + bY + c)\,dY + (a_1 X + b_1 Y + c_1)\,dX$$
$$+ (a_2 X + b_2 Y + c_2)(X\,dY - Y\,dX) = 0.$$

et nous retrouvons l'équation de Jacobi (p. 321 et 346).

Soient $x = f(t)$, $y = \varphi(t)$, $z = \psi(t)$ un système d'intégrales des équations (146). Lorsque t varie, le point dont les coordonnées homogènes sont x, y, z $\left(\text{et dont les coordonnées cartésiennes}\right.$ sont $\left. X = \dfrac{x}{z},\ Y = \dfrac{y}{z}\right)$ décrit une courbe plane Γ qui est, d'après ce calcul, une courbe intégrale de l'équation de Jacobi (148). L'intégration de l'équation de Jacobi se ramène donc à l'intégration du système (146), c'est-à-dire à la résolution d'une équation du troisième degré, comme on l'a déjà reconnu.

Si l'équation caractéristique a trois racines distinctes s_1, s_2, s_3, l'intégrale générale du système (146) est, d'après le paragraphe précédent, de la forme

$$(1) \qquad P\,e^{-s_1 t} = C_1, \qquad Q\,e^{-s_2 t} = C_2, \qquad R\,e^{-s_3 t} = C_3,$$

P, Q, R étant trois fonctions linéaires et homogènes de x, y, z. On en déduit aisément une combinaison homogène et de degré zéro ne renfermant plus la variable t,

$$(\alpha) \qquad P^{s_3-s_2}\,Q^{s_1-s_3}\,R^{s_2-s_1} = K,$$

et nous retrouvons bien la formule déjà obtenue par une autre méthode.

On peut aussi traiter très facilement les cas où l'équation caractéristique a une racine double ou une racine triple. Nous n'avons qu'à supposer que les formules représentant l'intégrale générale forment deux groupes ou un seul groupe. Dans le premier cas, ces formules sont de la forme

$$(\mathrm{II}) \qquad P\,e^{-s_1 t} = C_1, \qquad (Q - tP)\,e^{-s_1 t} = C_2, \qquad R\,e^{-s_3 t} = C_3$$

et, dans le second cas, de la forme

$$(\mathrm{III}) \quad P\,e^{-s_1 t} = C_1, \qquad (Q - tP)\,e^{-s_1 t} = C_2 \qquad \left(R - tQ + \frac{t^2}{2}P\right)e^{-s_1 t} = C_3,$$

P, Q, R désignant toujours trois fonctions linéaires et homogènes en x, y, z. Des formules (II) on déduit la combinaison homogène de degré zéro, indépendante de t,

$$(\beta) \qquad \frac{R}{P}\,e^{(s_1-s_3)\frac{Q}{P}} = K,$$

et des formules (III) la combinaison

$$(\gamma) \qquad \frac{2\,PR - Q^2}{P^2} = K.$$

Les relations (α), (β), (γ) représentent les trois formes possibles pour l'intégrale générale de l'équation de Jacobi.

423. Systèmes à coefficients périodiques. — Considérons, pour fixer les idées, un système de trois équations tel que les équations (146) dont les coefficients a, b, c, ... sont des fonctions continues de la variable t, admettant la période $\omega > 0$.

Soient (x_1, y_1, z_1), (x_2, y_2, z_2), (x_3, y_3, z_3) trois systèmes distincts d'intégrales; les fonctions

$$X_i(t) = x_i(t + \omega), \qquad Y_i(t) = y_i(t + \omega), \qquad Z_i(t) = z_i(t + \omega)$$

forment aussi un système d'intégrales, et l'on a par conséquent trois groupes de relations de la forme (n° 418)

$$(149) \qquad \begin{cases} X_i = a_{i1} x_1 + a_{i2} x_2 + a_{i3} x_3 \\ Y_i = a_{i1} y_1 + a_{i2} y_2 + a_{i3} y_3 \qquad (i = 1, 2, 3), \\ Z_i = a_{i1} z_1 + a_{i2} z_2 + a_{i3} z_3 \end{cases}$$

les a_{ik} étant des coefficients constants dont le déterminant H n'est pas nul. On a en effet la relation

$$\begin{vmatrix} X_1 & Y_1 & Z_1 \\ X_2 & Y_2 & Z_2 \\ X_3 & Y_3 & Z_3 \end{vmatrix} = H \begin{vmatrix} x_1 & y_1 & z_1 \\ x_2 & y_2 & z_2 \\ x_3 & y_3 & z_3 \end{vmatrix},$$

qui donne, en se reportant à la formule (125), et en raisonnant comme on l'a déjà fait plusieurs fois (n⁰ˢ 400 et 418), la valeur de H

$$(150) \qquad H = e^{\int_0^\omega (a + b_1 + c_2)\, dt}$$

Lorsque la variable t augmente de la période ω, les trois fonctions $x_1(t)$, $x_2(t)$, $x_3(t)$ subissent donc une substitution linéaire, à déterminant différent de zéro, définie par les formules

$$(151) \qquad \begin{cases} X_1 = a_{11} x_1 + a_{12} x_2 + a_{13} x_3, \\ X_2 = a_{21} x_1 + a_{22} x_2 + a_{23} x_3, \\ X_3 = a_{31} x_1 + a_{32} x_2 + a_{33} x_3, \end{cases}$$

et les deux autres systèmes de fonctions (y_1, y_2, y_3), (z_1, z_2, z_3) subissent la même transformation. Or nous savons qu'il est possible de remplacer les trois intégrales x_1, x_2, x_3 par trois combinaisons linéaires distinctes à coefficients constants de façon que les formules (151) qui définissent la nouvelle substitution linéaire prennent une forme canonique simple. En prenant les mêmes combinaisons linéaires des fonctions (y_1, y_2, y_3) et (z_1, z_2, z_3), on obtiendra trois systèmes de fonctions, qui sont transformées par une même substitution linéaire de forme canonique lorsque t se change en $t + \omega$.

Le raisonnement est évidemment général et s'applique à tout système linéaire et homogène à n inconnues à coefficients périodiques. Soient y_1, y_2, ..., y_n les n fonctions inconnues; on peut déterminer n systèmes distincts d'intégrales $(y_{1i}, y_{2i}, ..., y_{ni})$ $(i = 1, 2, ... n)$ tels que les n fonctions $y_{k1}, y_{k2}, ..., y_{kn}$ subissent une substitution linéaire de forme canonique lorsque t se change en $t + \omega$, cette substitution linéaire étant la même, quel que soit l'indice k. Les conséquences sont les mêmes que celles qui ont été développées plus haut (n⁰ 416); toutes les intégrales s'expriment par des produits d'exponentielles de la forme $e^{\alpha t}$ par des fonctions périodiques de t, ou, plus généralement par des polynomes en t dont les coefficients sont des fonctions continues périodiques de t. Soient

$$y_{11} = e^{\alpha t} z_1, \qquad y_{21} = e^{\alpha t} z_2, \qquad \dots \qquad y_{n1} = e^{\alpha t} z_n$$

un système particulier d'intégrales, où $z_1, z_2, ..., z_n$ sont des polynomes en t à coefficients périodiques, dont l'un $au\ moins$ est de degré p, aucun d'eux n'étant de degré supérieur à p. De ce système d'intégrales on peut en déduire $(p-1)$ autres de la forme

$$y_{12} = e^{\alpha t}\,\mathrm{D}z_1, \qquad y_{22} = e^{\alpha t}\,\mathrm{D}z_2, \qquad \ldots, \qquad y_{n2} = e^{\alpha t}\,\mathrm{D}z_n,$$

$$\ldots\ldots\ldots\ldots\ldots, \qquad \ldots\ldots\ldots\ldots\ldots, \qquad \ldots, \qquad \ldots\ldots\ldots\ldots\ldots,$$

$$y_{1p} = e^{\alpha t}\,\mathrm{D}^{p-1}z_1, \qquad y_{2p} = e^{\alpha t}\,\mathrm{D}^{p-1}z_2, \qquad \ldots, \qquad y_{np} = e^{\alpha t}\,\mathrm{D}^{p-1}z_n,$$

les dérivées $\mathrm{D}^i z_k$ étant prises en regardant comme constants les coefficients périodiques des puissances de t (n° 416). Tous les systèmes d'intégrales des équations proposées peuvent ainsi se déduire d'un certain nombre d'entre eux. La formation effective de ces intégrales, dont nous connaissons seulement la forme analytique, dépend avant tout de la résolution d'une équation algébrique d'ordre n qu'on appelle encore l'*équation caractéristique* du système. Les coefficients de cette équation ne peuvent en général s'obtenir que par approximation, comme dans le cas d'une équation d'ordre n (n° 417).

424. Systèmes réductibles. — Étant donné un système d'équations linéaires et homogènes tel que le système (140), dont les coefficients sont des fonctions réelles, continues et bornées de la variable réelle t pour toutes les valeurs de cette variable supérieures à une certaine limite t_0, supposons qn'on applique à ce système une transformation de la forme

$$(152) \qquad z_i = b_{i1}y_1 + b_{i2}y_2 + \ldots + b_{in}y_n \qquad (i=1, 2, \ldots, n),$$

les coefficients b_{ik} satisfaisant aux conditions suivantes : 1° ce sont des fonctions réelles, continues et bornées de la variable t pour $t > t_0$; 2° elles admettent des dérivées satisfaisant à la même condition ; 3° l'inverse du déterminant des b_{ik} est borné. Si l'on prend pour nouvelles inconnues les fonctions z_i, il est clair que le système (140) est remplacé par un système linéaire de même espèce que le premier. Nous avons en effet

$$\frac{dz_i}{dt} = b'_{i1}y_1 + b_{i1}y'_1 + \ldots,$$

où, en remplaçant $y'_1, y'_2, \ldots, y'_n$ par leurs expressions tirées des équations (140) elles-mêmes,

$$\frac{dz_i}{dt} = c_{i1}y_1 + c_{i2}y_2 + \ldots + c_{in}y_n,$$

les coefficients c_{ik} jouissent des mêmes propriétés que les coefficients a_{ik}. Il suffira maintenant de remplacer dans ces dernières formules $y_1, y_2, \ldots, y_n$ par leurs expressions en fonction des nouvelles inconnues $z_1, z_2, \ldots z_n$, tirées des formules (152).

S'il est possible de choisir les coefficients b_{ik} de la transformation de façon que le nouveau système soit un système *à coefficients constants*, M. Liapounoff (*voir* le Mémoire déjà cité, p. 498) dit que le système est *réductible*.

Tout système dont les coefficients sont des fonctions continues, réelles et périodiques, de même période ω, est réductible.

Considérons en effet le système adjoint, qui est aussi un système à coefficients périodiques. Soient s une racine de l'équation caractéristique et α l'exposant caractéristique correspondant. Nous supposerons, pour prendre le cas le plus général, qu'à cet exposant α correspond un groupe de p systèmes particuliers d'intégrales de la forme considérée tout à l'heure. Ce groupe fournira donc (n° 419) p intégrales premières linéaires du système proposé, qui seront de la forme

$$e^{\alpha t}(z_1 y_1 + z_2 y_2 + \ldots + z_n y_n) = C_1,$$
$$e^{\alpha t}(y_1 \, D z_1 + y_2 \, D z_2 + \ldots + y_n \, D z_n) = C_2,$$
$$\ldots\ldots\ldots\ldots\ldots\ldots\ldots\ldots\ldots\ldots\ldots\ldots,$$
$$e^{\alpha t}(y_1 \, D^{p-1} z_1 + y_2 \, D^{p-1} z_2 + \ldots + y_n \, D^{p-1} z_n) = C_p,$$

$z_1, z_2, \ldots, z_n$ étant des polynomes en t, de degré $p-1$ au plus, à coefficients périodiques, et les dérivées D^i étant prises en considérant ces coefficients comme constants. On peut encore écrire ces intégrales premières, en ordonnant par rapport à t.

$$(153) \quad \begin{cases} e^{\alpha t}\left[\dfrac{t^{p-1}}{(p-1)!} Y_1 - \dfrac{t^{p-2}}{(p-2)!} Y_2 + \ldots + (-1)^{p-1} Y_p\right] = C_1, \\[2ex] e^{\alpha t}\left[\dfrac{t^{p-2}}{(p-2)!} Y_1 - \dfrac{t^{p-3}}{(p-3)!} Y_2 + \ldots\right] = C_2, \\[2ex] \ldots\ldots\ldots\ldots\ldots\ldots\ldots\ldots\ldots\ldots\ldots\ldots, \\[1ex] e^{\alpha t} Y_1 = C_p, \end{cases}$$

$Y_1, Y_2, \ldots, Y_p$ étant des combinaisons linéaires *distinctes* à coefficients périodiques de $y_1, y_2, \ldots, y_p$; en effet, s'il n'en était pas ainsi, on déduirait des formules (153) une relation entre les constantes *arbitraires* C_1, $C_2, \ldots, C_p$ et la variable t. Si l'on prend les combinaisons linéaires Y_1, $Y_2, \ldots, Y_p$ pour inconnues, les formules (153) représentent précisément l'intégrale générale du système d'équations linéaires (n° 421)

$$(154) \quad \frac{dY_1}{dt} = -\alpha Y_1, \quad \frac{dY_2}{dt} = -\alpha Y_2 + Y_1, \quad \ldots, \quad \frac{dY_p}{dt} = -\alpha Y_p + Y_p \ldots$$

En opérant de même avec tous les groupes d'intégrales premières fournies par les groupes d'intégrales du système adjoint, on voit que le système proposé se change en un système linéaire à coefficients constants au moyen d'une transformation de la forme

$$(155) \quad Y_i = \varphi_{i1} y_1 + \varphi_{i2} y_2 + \ldots + \varphi_{in} y_n,$$

les coefficients φ_{ik} étant des fonctions périodiques de période ω.

L'inverse du déterminant des φ_{ik} est *borné* pour $t > t_0$: il suffit de montrer que ce déterminant D ne peut s'annuler pour $t > t_0$. Or, si l'on considère n systèmes distincts d'intégrales $(y_{i1}, \ldots, y_{in})$ du premier système et les n systèmes correspondants $(Y_{i1}, \ldots, Y_{in})$ du système transformé; le déterminant D est égal au quotient du déterminant des Y_{ik} par le déterminant des y_{ik}, et nous savons que ces deux derniers ont des valeurs finies différentes de zéro pour toute valeur finie de t; la valeur absolue de D reste donc supérieure à un certain minimum positif entre t_0 et $t_0 + \omega$.

Pour achever la démonstration, nous pouvons supposer que l'équation caractéristique du système adjoint n'a pas de racines réelles et négatives, car il suffit (n° 416) de considérer la période 2ω au lieu de la période ω pour remplacer cette racine par son carré. Si l'équation caractéristique n'a que des racines réelles et positives, on peut évidemment supposer réelles toutes les fonctions φ_{ik} qui figurent dans les formules (155) et cette transformation satisfait bien à toutes les conditions voulues. D'ailleurs tous les exposants caractéristiques sont réels, et le système transformé est à coefficients réels. Mais si l'équation caractéristique du système adjoint a des racines imaginaires conjuguées, à chaque groupe de p combinaisons linéaires telles que $Y_1, Y_2, \ldots, Y_p$ où figurent des imaginaires, on peut associer le groupe formé par les imaginaires conjuguées, et en combinant deux à deux ces nouvelles inconnues, il est clair qu'on arrivera aussi à un système à coefficients constants réels par une transformation de la forme voulue à coefficients réels.

EXERCICES.

---

1. Intégrer les équations linéaires

$$y^{(\text{IV})} - 2y'' + y = A\,e^x + B\,e^{-x} + C\sin x + D\cos x,$$
$$y^{(\text{v})} + y'' = x,$$
$$y''' - y'' + y' - y = 2\,e^x - 4\cos x,$$
$$y''' - 3y' + 2y = (ax + b)\,e^x + c\,e^{2x},$$
$$x^2 y''' - 9xy'' + 9y' = 1 + 2x + 3x^2\,\text{Log}\,x,$$
$$x^2 y'' - 2xy' + 2y = x^2 + px + q,$$
$$x^3 y''' - 3x^2 y'' + 7xy - 8y = x^3 - 2x,$$
$$x^2 y'' - 3xy' + 4y = x^2 + \int_0^x \frac{dx}{\sqrt{1 + x^4}},$$
$$x^3 y''' - 9x^2 y'' + 37xy' - 64y = x^4[a + b\,\text{Log}\,x + c(\text{Log}\,x)^2],$$
$$x^2 y'' + 2xy' - 2y = x\cos x - \sin x,$$
$$x^2 y'' + 3xy' + y = f(x).$$

Si $f(x)$ est holomorphe dans le domaine de l'origine, démontrer que cette dernière équation admet une intégrale particulière holomorphe dans le même domaine.

2. Intégrer les systèmes d'équations linéaires

(α)
$$\frac{dy}{dt} - \frac{dz}{dt} + x = 0, \qquad \frac{dz}{dt} - \frac{dx}{dt} + y = 0, \qquad \frac{dx}{dt} - \frac{dy}{dt} + z = 0;$$

(β)
$$\frac{d^2 x}{dt^2} + 5x + y = \cos 2t, \qquad \frac{d^2 y}{dt^2} - x + 3y = 0;$$

(γ)
$$\begin{cases} \dfrac{d^2 y}{dx^2} - 5\dfrac{dy}{dx} + \dfrac{dz}{dx} + 13y + 20z = e^x, \\[2mm] \dfrac{d^2 z}{dx^2} + \dfrac{dy}{dx} + 3\dfrac{dz}{dx} + 2y + 3z = e^{-x}; \end{cases}$$

(δ)
$$\frac{dx}{dt} + y - z = 0, \qquad \frac{dy}{dt} - z = 0, \qquad \frac{dz}{dt} + x - z = 0;$$

(ε)
$$\frac{dx}{dt} + x - y = 0, \qquad \frac{dy}{dt} + y - 4z = 0, \qquad \frac{dz}{dt} + 4z - x = 0:$$

(ϑ)
$$\begin{cases} \dfrac{dy}{dx} - 3y + 8z - 4u = 0, \qquad \dfrac{dz}{dx} + y - 5z + 2u = 0, \\[2mm] \dfrac{du}{dx} + 3y - 14z + 6u = 0 \cdot \end{cases}$$

(ζ)
$$\begin{cases} y' - (\lambda + 1)y - 2z + 2(1 - \lambda)u = 0, \\ z' + \lambda y + z + 2(\lambda - 1)u = 0, \\ u' + \lambda y + 2(\lambda - 1)u = 0. \end{cases}$$

3. Trouver l'intégrale générale de l'equation

$$(2x + 1)y'' + (4x - 2)y' - 8y = (6x^2 + x - 3)e^x,$$

sachant que l'équation sans second membre admet une intégrale particulière de la forme e^{mx}, m étant un coefficient constant.

[Licence : Caen, 1884.]

4. Démontrer que l'équation différentielle

$$(x^2 - 1)y'' = n(n + 1)y,$$

où n est un nombre entier positif, admet pour intégrale un polynome $P(x)$. En déduire que la même équation admet une seconde intégrale

$$P \operatorname{Log}\left(\frac{x + 1}{x - 1}\right) + Q,$$

où Q est aussi un polynome.

[Licence : Paris, 1890.]

5. L'équation différentielle linéaire

$$xy'' - (x + \mu + \nu)y' + \mu y = 0,$$

où μ et ν sont deux nombres entiers positifs, admet pour intégrale un polynome $y_1 = \mathrm{P}(x)$. En déduire qu'elle admet une seconde intégrale $y_2 = e^x \mathrm{Q}(x)$, où $\mathrm{Q}(x)$ est aussi un polynome.

[Licence : Paris, 1903.]

6. On demande la condition nécessaire et suffisante pour que l'équation linéaire $y'' + py' + qy = 0$ admette deux intégrales distinctes y_1, y_2, liées par la relation $y_1 y_2 = 1$. En supposant que l'on ait $p = -\dfrac{1}{x}$, on demande de trouver le coefficient q, et l'intégrale générale.

[Licence : Paris, 1902.]

7. Déduire la formule (23) de la page 446 de la formule (11) qui donne l'expression du déterminant $\Delta(y_1, y_2, \ldots, y_n)$.

8. L'équation de Bessel

$$xy'' + 2(m+1)y' + xy = 0$$

admet pour intégrale particulière la fonction représentée par l'intégrale définie

$$y_1 = \int_0^1 (1 - z^2)^m \cos xz \, dz,$$

pourvu que la partie réelle de m soit supérieure à -1. Lorsque m est un nombre entier positif, cette intégrale est de la forme (voir t. I, p. 284)

$$2.4.6\ldots 2m(\mathrm{U}\sin x + \mathrm{V}\cos x),$$

U et V étant des polynomes en $\dfrac{1}{x}$ dont tous les coefficients sont des nombres entiers, et l'intégrale générale est

$$y = \mathrm{C}(\mathrm{U}\sin x + \mathrm{V}\cos x) + \mathrm{C}'(\mathrm{V}\sin x - \mathrm{U}\cos x).$$

[Hermite.)

9. L'intégration du système d'équations linéaires.

$$\frac{dy}{dx} + ay + bz = 0, \qquad \frac{dz}{dx} + a_1 y + b_1 z = 0,$$

où a, b, a_1, b_1 sont des fonctions quelconques de x, se ramène, en posant $y = tz$, à l'intégration de l'équation de Riccati

$$\frac{dt}{dx} + b + (a - b_1)t - a_1 t^2 = 0$$

et au calcul de $\displaystyle\int (a + b_1)\,dx$ (voir la note de la page 448).

10. Le rapport z de deux intégrales distinctes de l'équation linéaire

$$y'' + py' + qy = 0$$

satisfait à l'équation différentielle du troisième ordre

$$\frac{z'''}{z'} - \frac{3}{2}\left(\frac{z''}{z'}\right)^2 = 2\,q - \frac{1}{2}\,p^2 - p'.$$

11. Étant donnée l'équation différentielle

$$(E) \qquad\qquad x(y'' - y') - a\,y = 0,$$

où a est constant, on demande comment il faut choisir le chemin d'intégration L pour que la fonction $y(x)$ représentée par l'intégrale définie

$$y(x) = \int_{(L)} e^{zx}\,z^{a-1}(z-1)^{-a-1}\,dz$$

soit une intégrale particulière de (E). Démontrer que l'équation (E) admet une intégrale particulière, qui s'exprime sans aucun signe de quadrature, lorsque a est un nombre entier. En déduire l'intégrale générale, et l'exprimer au moyen du plus petit nombre de transcendantes possible.

[*Licence*: Paris, juillet 1908.]

12. Déterminer les deux fonctions $P(t)$ et $Q(t)$ de façon que la fonction y représentée par la formule

$$y = (x - a)\int_b^x f(t)\,P(t)\,dt + (x - b)\int_a^x f(t)\,Q(t)\,dt$$

soit une intégrale de l'équation différentielle $y'' = f(x)$, pour toutes les formes possibles de la fonction $f(x)$.

[*Licence* : Paris, octobre 1907.]

13. L'intégrale générale de l'équation linéaire

$$xy'' + [n + x\,P(x)]\,y' + x^{n+1}\,Q(x)\,y = 0,$$

où $P(x)$ et $Q(x)$ sont holomorphes dans le domaine de l'origine, est uniforme dans ce domaine (n est un nombre entier supérieur à l'unité).

14*. Toute équation de la forme

$$x^{n-p}\frac{d^n y}{dx^n} + x^{n-p-1}Q_1(x)\frac{d^{n-1}y}{dx^{n-1}} + \dots$$
$$+ x\,Q_{n-p-1}(x)\frac{d^{p+1}y}{dx^{p+1}} + Q_{n-p}(x)\frac{d^p y}{dx^p} + \dots + Q_n(x)\,y = 0,$$

où Q_1, Q_2, ..., Q_n sont des fonctions holomorphes dans le domaine de l'origine, admet une intégrale holomorphe dans ce domaine, dont la valeur, ainsi que celles de ses $p-1$ premières dérivées, peuvent être choisies arbitrairement pour $x = 0$, pourvu que l'équation

$$(r-p)\ldots(r-n+1) + Q_1(0)(r-p)\ldots(r-n+2) + \ldots + Q_{n-p}(0) = 0$$

n'admette pour racine aucun nombre entier supérieur à $p-1$.

[E. Goursat, *Annales de l'École Normale*, 1883, p. 265.]

R. Par un artifice analogue à celui qui a été employé au n° **412**, on est ramené à démontrer la proposition pour une équation de la forme

$$\frac{d^p u}{dx^p} = \frac{M}{1 - \dfrac{x}{r}}\left(\frac{d^{p-1}u}{dx^{p-1}} + \ldots + \frac{du}{dx} + u\right),$$

où l'on a posé

$$u = y + xy' + \ldots + x^{n-p}\frac{d^{n-p}y}{dx^{n-p}}.$$

15*. Soit Σ un système de quatre équations linéaires identique à son adjoint (p. 490).

$$(E)\quad \frac{dy_k}{dx} = a_{k1}y_1 + a_{k2}y_2 + a_{k3}y_3 + a_{k4}y_4 \quad (k=1, 2, 3, 4)\quad a_{kh}+a_{hk}=0.$$

Ce système admet l'intégrale première $y_1^2 + y_2^2 + y_3^2 + y_4^2 = C$. Si l'on suppose $C = 0$, on satisfait à la relation précédente en posant

$$y_1 = \rho(\eta - \xi), \quad y_2 = \rho(1 + \xi\eta), \quad y_3 = \rho i(1 - \xi\eta), \quad y_4 = \rho i(\eta + \xi),$$

et en portant ces expressions de y_1, y_2, y_3, y_4 dans les équations (E), on obtient le système de trois équations

$$2\frac{\rho'}{\rho} = (a_{21} + ia_{13})(\eta - \xi) + 2ia_{23} + (a_{34} + ia_{24})(\eta + \xi),$$

$$2\eta' = (a_{12} + a_{43})(1 + \eta^2) + i(a_{13} + a_{24})(1 - \eta^2) + 2i(a_{32} + a_{14})\eta,$$

$$2\xi' = (a_{21} + a_{43})(1 + \xi^2) + i(a_{31} + a_{24})(1 - \xi^2) + 2i(a_{32} + a_{41})\xi,$$

dont les deux dernières sont des équations de Riccati. Soient $\eta = f(x, C_1)$, $\xi = \varphi(x, C_2)$ les intégrales générales de ces deux équations ; l'intégrale générale de l'équation en ρ est donnée par la formule

$$\rho^2\frac{\partial f}{\partial C_1}\frac{\partial \varphi}{\partial C_2} = C_3.$$

[E. Goursat, *Comptes rendus*, t. 106, p. 187, et t. 148, p. 612.]

16. Démontrer la relation, où le premier membre renferme n signes $\displaystyle\int$,

$$\int_{x_0}^{x}\varphi'(x)\,dx\int_{x_0}^{x}\varphi'(x)\,dx\int\ldots\int_{x_0}^{x}\varphi'(x)\,dx\int_{x_0}^{x}f(x)\,dx$$

$$= \frac{1}{(n-1)!}\int_{x_0}^{x}[\varphi(x) - \varphi(y)]^{n-1}f(y)\,dy,$$

en prouvant que les deux membres sont des intégrales particulières d'une équation différentielle linéaire d'ordre n, satisfaisant aux mêmes conditions initiales (*cf.* p. 35a).

17*. Démontrer que l'intégrale $\varphi(x, \alpha)$ de l'équation linéaire $F(y) = o$ (p. 443), considérée comme fonction de la variable α, est une intégrale de l'équation adjointe $G(z) = o$, où l'on aurait remplacé x par α.

R. On observe que l'intégrale de l'équation $F(y) = o$ qui prend, ainsi que ses $(n-1)$ premières dérivées, les mêmes valeurs qu'une fonction $\pi(x)$ et ses $(n-1)$ premières dérivées pour $x = x_0$, a pour expression

$$y = \pi(x) - \int_{x_0}^{x} F(z)\,\varphi(x, \alpha)\,d\alpha,$$

où l'on a posé $z = \pi(\alpha)$. L'intégrale qui est au second membre ne doit dépendre que de $\pi(x)$, $\pi(x_0)$, $\pi'(x_0)$, ..., $\pi^{(n-1)}(x_0)$. Or on peut écrire aussi (n° 404)

$$\int_{x_0}^{x} F(z)\,\varphi(x, \alpha)\,d\alpha = \left\{ \Psi[z, \varphi(x, \alpha)] \right\} \Big|_{\alpha = x_0}^{\alpha = x} - \int_{x_0}^{x} z\,G[\varphi(x, \alpha)]\,d\alpha,$$

et il est clair que la condition précédente n'est remplie, quel que soit $\pi(x)$, que si l'on a $G[\varphi(x, \alpha)] = o$. On en déduit aisément que les fonctions $\varphi_i(x)$ définies par les équations (A) (note de la page 444) forment un système fondamental d'intégrales de l'équation adjointe.

CHAPITRE XXI.

ÉQUATIONS DIFFÉRENTIELLES NON LINÉAIRES.

I. — VALEURS INITIALES EXCEPTIONNELLES.

La démonstration par laquelle on a prouvé l'existence des fonctions intégrales prenant des valeurs initiales données suppose essentiellement que les seconds membres du système d'équations proposé sont holomorphes dans le voisinage de ces valeurs initiales (n° 383). Nous allons examiner, en nous bornant à une seule équation, quelques cas simples où cette condition n'est pas remplie.

425. Cas où le coefficient différentiel devient infini. — Considérons une équation du premier ordre,

$$(1) \qquad \frac{dy}{dx} = f(x, y),$$

où le second membre $f(x, y)$ devient infini pour le couple de valeurs $x = x_0$, $y = y_0$, de telle façon que l'inverse

$$f_1(x, y) = \frac{1}{f(x, y)}$$

soit holomorphe dans le voisinage de ce système de valeurs. Nous pouvons encore écrire l'équation précédente

$$(2) \qquad \frac{dx}{dy} = \frac{1}{f(x, y)} = f_1(x, y),$$

en regardant y comme la variable indépendante et x comme la fonction inconnue. Mais, le second membre $f_1(x, y)$ étant holomorphe par hypothèse pour $x = x_0$, $y = y_0$, le théorème de Cauchy s'applique à l'équation (2). Il existe une intégrale, *et une seule*, qui tend vers x_0 lorsque y tend vers y_0, et cette intégrale est holomorphe dans le domaine du point y_0. Le développement en série entière de $x - x_0$ suivant les puissances de $y - y_0$ commence forcément par un terme qui est au moins du second degré, puisque $\dfrac{dx}{dy}$ ou $f_1(x, y)$ est nul pour $x = x_0$, $y = y_0$ [sans quoi $f(x, y)$ serait aussi holomorphe]. Soit

$$(3) \quad x - x_0 = A_m(y - y_0)^m + A_{m+1}(y - y_0)^{m+1} + \ldots \quad (m \geq 2,\ A_m \neq 0)$$

ce développement; de la formule (3) on déduit inversement un développement de $y - y_0$ suivant les puissances de $(x - x_0)^{\frac{1}{m}}$ (n° 356)

$$(4) \quad y - y_0 = a_1(x - x_0)^{\frac{1}{m}} + a_2(x - x_0)^{\frac{2}{m}} + \ldots \quad (a_1 \neq 0);$$

l'équation (1) *admet donc encore une intégrale, et une seule, tendant vers* y_0 *lorsque* x *tend vers* x_0, *et le point* x_0 *est un point critique algébrique pour cette intégrale* [1].

426. Cas où le coefficient différentiel est indéterminé. — La discussion complète de tous les cas où le coefficient différentiel devient indéterminé est beaucoup plus compliquée. Prenons d'abord l'équation étudiée par Briot et Bouquet [2]

$$(5) \quad xy' - by = a_{10}x + a_{20}x^2 + a_{11}xy + a_{02}y^2 + \ldots = \varphi(x, y),$$

où le second membre est holomorphe dans le domaine du point $x = y = 0$, et proposons-nous de rechercher s'il existe une intégrale holomorphe s'annulant avec x. A cet effet, substituons à la place de y, dans les deux membres de l'équation (5), une série entière

$$(6) \qquad y = c_1 x + c_2 x^2 + \ldots + c_n x^n + \ldots;$$

---

[1] En langage géométrique, on peut dire aussi que, par le point (x_0, y_0), il passe une *courbe intégrale*, et une seule, sur laquelle le point (x_0, y_0) est un point ordinaire, et la tangente en ce point est la droite $x = x_0$. L'énoncé du théorème suppose que la fonction $f_1(x, y)$ ne s'annule pas pour $x = x_0$, quel que soit y; dans ce cas, en effet, l'intégrale de l'équation (2) qui prend la valeur x_0 pour $y = y_0$ se réduit a $x = x_0$ et l'équation (1) n'admet pas d'intégrale tendant vers y_0 lorsque x tend vers x_0.

[2] *Journal de l'École Polytechnique*, t. XXI, 1856.

après la substitution, le coefficient de x^n dans le premier membre est $(n - b)c_n$, tandis que le coefficient de x^n dans le second membre est un polynome

$$P_n(a_{10}, a_{20}, \ldots, a_{0n}; c_1, \ldots, c_{n-1})$$

dont tous les coefficients sont des nombres entiers positifs, et qui ne renferme que les coefficients $c_1, \ldots, c_{n-1}$, et les coefficients a_{ik}. On obtient donc, pour déterminer de proche en proche les coefficients de la série (6), une relation de récurrence

$$(7) \quad (n - b)c_n = P_n(a_{10}, a_{20}, \ldots, a_{0n}; c_1, c_2, \ldots, c_{n-1}) \quad (n = 1, 2, \ldots),$$

qui permet de calculer successivement tous ces coefficients, *pourvu que b ne soit pas égal à un nombre entier positif*. Écartons d'abord cette hypothèse; la relation (7) nous donne

$$c_1 = \frac{a_{10}}{1 - b}, \qquad c_2 = \frac{a_{20} + a_{11}c_1 + a_{02}c_1^2}{2 - b}, \qquad \ldots,$$

et ainsi de suite. La somme de la série (6) représente certainement une intégrale de l'équation (5) s'annulant avec x, pourvu que cette série entière admette un rayon de convergence différent de zéro. En effet, les opérations par lesquelles nous avons déterminé les coefficients de cette série sont alors légitimes (I, n° **183**).

Pour démontrer la convergence de cette série, observons d'abord que, lorsque l'on donne à n toutes les valeurs entières $1, 2, \ldots$, jusqu'à l'infini, la fraction $\frac{1}{n - b}$, qui ne peut devenir infinie, tend vers zéro. Le module de cette fraction a donc un certain maximum $\frac{1}{B}$, et l'on a, quel que soit le nombre entier n, $\left|\frac{1}{n - b}\right| \leqq \frac{1}{B}$. Soit d'autre part

$$\Phi(x, Y) = A_{10}x + A_{20}x^2 + A_{11}xY + A_{02}Y^2 + \ldots + A_{ik}x^iY^k + \ldots$$

une fonction majorante pour $\varphi(x, y)$ ne présentant pas de terme constant ni de terme en Y; on peut prendre, par exemple, une fonction de la forme

$$\Phi(x, Y) = \frac{M}{\left(1 - \frac{x}{r}\right)\left(1 - \frac{Y}{\rho}\right)} - M - M\frac{Y}{\rho}.$$

mais il n'est pas nécessaire de préciser davantage pour la suite du raisonnement. L'équation auxiliaire

$$(8) \qquad BY = \Phi(x, Y)$$

admet, d'après le théorème général sur les fonctions implicites (I, n° 184), une racine holomorphe s'annulant avec x. Soit

$$(9) \qquad Y = C_1 x + C_2 x^2 + \ldots + C_n x^n + \ldots$$

le développement en série entière de cette racine. Pour calculer les coefficients C_i, on peut substituer à la place de Y ce développement dans les deux membres de la relation (8), ce qui fournit la relation de récurrence

$$(10) \qquad BC_n = P_n(A_{10}, A_{20}, \ldots, A_{0n}; C_1, C_2, \ldots, C_{n-1}),$$

P_n étant le polynome qui figure dans la relation (7), où l'on aurait remplacé a_{ik} par A_{ik} et c_i par C_i.

Mais on a, d'après la façon même dont on a choisi la constante B et la fonction $\Phi(x, Y)$, les inégalités

$$|a_{ik}| \leqq A_{ik}, \qquad \frac{1}{|n-b|} \leqq \frac{1}{B}.$$

Il s'ensuit que, si l'on a

$$|c_1| < C_1, \qquad |c_2| < C_2, \qquad \ldots, \qquad |c_{n-1}| < C_{n-1},$$

on aura aussi $|c_n| < C_n$, puisque tous les coefficients du polynome P_n sont des nombres entiers positifs. Or, on a $|a_{10}| \leqq A_{10}$, et, par suite, $|c_1| < C_1$; en raisonnant de proche en proche, on en conclut que la série (9) est majorante pour la série (6) : celle-ci est donc convergente dans le domaine de l'origine. En résumé, *lorsque le coefficient b de y dans l'équation (5) n'est pas égal à un nombre entier positif, cette équation admet une intégrale holomorphe, et une seule, s'annulant avec x.*

Pour achever l'étude des intégrales holomorphes s'annulant avec x, il faut encore examiner le cas où b est egal à un nombre entier positif. Supposons d'abord $b = 1$; la première des relations (7) se réduit à $a_{10} = 0$. Si a_{10} n'est pas nul, il n'y a donc pas d'intégrale holomorphe répondant à la question. Si a_{10} est nul, en posant $y = \lambda x$, on est conduit à une équation

$$(11) \qquad \lambda' = \psi(x, \lambda) = a_{20} + a_{11}\lambda + a_{02}\lambda^2 + \ldots,$$

la fonction $\psi(x, \lambda)$ étant holomorphe pourvu que l'on ait $|x| < r, |\lambda| < \Lambda$, r et Λ étant deux nombres positifs convenablement choisis. Or cette équation (11) admet une infinité d'intégrales holomorphes dans le domaine de l'origine, car on peut choisir arbitrairement la valeur λ_0 de λ pour $x = 0$ pourvu que l'on ait $|\lambda_0| < \Lambda$. Dans ce cas, l'équation (5) admet donc une infinité d'intégrales holomorphes s'annulant avec x.

Lorsque b est égal à un nombre entier plus grand que l'unité, le coefficient de x dans le développement d'une intégrale holomorphe s'annulant pour $x = 0$ doit être égal à $\dfrac{a_{10}}{1-b}$, et la transformation $y = \dfrac{a_{10}}{1-b} x + \lambda x$ conduit à une équation de même forme, où le coefficient de λ est égal à $1 - b$,

$$x\lambda' - (b - 1)\lambda = a'_{10} x + a'_{20} x^2 + a'_{11}\lambda x + \ldots;$$

par une suite de transformations analogues, on sera donc ramené au cas qui vient d'être traité. Par conséquent, lorsque le coefficient b est égal à un nombre entier positif, l'équation (5) n'admet aucune intégrale holomorphe s'annulant avec x, ou elle en admet une infinité.

Briot et Bouquet ont recherché aussi s'il existait des intégrales non holomorphes tendant vers zéro avec x et démontré que l'équation (5) admet une infinité d'intégrales de cette espèce, lorsque la partie réelle de b est positive [1]. On peut établir aisément ce théorème au moyen de la méthode des approximations successives. Nous remarquerons d'abord que, si la partie réelle de b est positive, on peut, sans diminuer la généralité, supposer cette partie réelle $\mathfrak{R}(b) > 1$. Si en effet on fait le changement de variable $x = x'^n$, n étant un nombre entier positif, l'équation (5) est remplacée par une équation de même forme où b est remplacé par nb. Nous admettrons donc que l'on a $\mathfrak{R}(b) > 1$, et que b n'est pas un nombre entier. L'équation (5) admet, comme on vient de le démontrer, une intégrale holomorphe y_1, nulle pour $x = 0$, et en posant $y = y_1 + u$, l'équation (5) devient

$$x u' - bu = \varphi(x, y_1 + u) - \varphi(x, y_1) = u\psi(x, u).$$

La fonction $\varphi(x, y)$ ne renfermant pas de terme en y, la fonction $\psi(x, u)$ ne renfermera pas de terme constant, et l'on peut encore écrire l'équation précédente

$$x u' - bu = u[\alpha x + \beta u + \ldots].$$

Posons encore $u = \lambda x^b$, en désignant par λ la nouvelle fonction inconnue;

---

[1] On vérifie facilement ce théorème lorsque b est égal à l'inverse $\dfrac{1}{n}$ d'un nombre entier positif. En effet, en posant $x = x'^n (n > 1)$, on est conduit à une équation $x' \dfrac{dy}{dx'} - y = f(x', y)$, ou le second membre n'admet aucun terme de degré inférieur à n, et qui, d'après ce qu'on vient de voir, admet une infinité d'intégrales holomorphes en x', s'annulant pour $x' = 0$.

l'équation prend la forme

$$(12) \qquad \lambda' = \lambda[\alpha + \beta\lambda x^{b-1} + \ldots] = F(\lambda, x, x^{b-1}),$$

F désignant une série entière par rapport aux trois variables λ, x, x^{b-1}. Dans le plan de la variable x menons par l'origine deux demi-droites d'arguments ω_0 et ω_1 ($\omega_0 < \omega_1 < \omega_0 + 2\pi$) et considérons le secteur circulaire A limité par ces deux droites et un arc de cercle de rayon r décrit de l'origine pour centre. Lorsque x reste à l'intérieur de A et que d'autre part $|\lambda|$ reste inférieur à un nombre positif l, la fonction $F(\lambda, x, x^{b-1})$ est holomorphe ([1]), pourvu que les deux nombres r et l soient assez petits. Joignons l'origine à un point quelconque x du secteur A par un segment de ligne droite, et imaginons qu'on prenne pour valeur initiale de λ une valeur arbitraire λ_0, de module inférieur à l. On peut appliquer à l'équation (12) la méthode des approximations successives (n° 390) qui consiste à prendre successivement les intégrales

$$\lambda_1 = \lambda_0 + \int_0^x F(\lambda_0, x, x^{b-1})\,dx, \qquad \lambda_2 = \lambda_0 + \int_0^x F(\lambda_1, x, x^{b-1})\,dx,$$

et d'une manière générale

$$\lambda_n = \lambda_0 + \int_0^x F(\lambda_{n-1}, x, x^{b-1})\,dx,$$

toutes ces intégrales étant prises suivant la ligne droite. Les hypothèses fondamentales pour la validité de la démonstration sont encore réalisées ici; toutes les fonctions $\lambda_1(x)$, $\lambda_2(x)$, ... sont holomorphes dans le secteur A, et la fonction $\lambda_n(x)$ tend vers une limite $\Lambda(x)$ pourvu que le rayon r ait été pris assez petit. L'équation (12) admet donc une intégrale holomorphe dans le secteur A tendant vers la valeur λ_0 lorsque x tend vers zéro, et par suite l'équation (5) admet une infinité d'intégrales non holomorphes dans le voisinage de l'origine, tendant vers zéro lorsque le point x se rapproche de l'origine, et dépendant d'un paramètre arbitraire λ_0; ce qui démontre le théorème de Briot et Bouquet.

La condition que la partie réelle de $b - 1$ soit positive est essentielle; en effet, lorsque x se rapproche de l'origine en restant dans le secteur A, son argument reste compris entre ω_0 et ω_1, et son module tend vers zéro. Soit $x = \rho e^{i\omega}$, $b - 1 = \mu + \nu i$; on a

$$(13) \qquad x^{b-1} = e^{(\mu + \nu i)(\log\rho + i\omega)} = e^{\mu\log\rho - \nu\omega}\, e^{i(\nu\log\rho + \mu\omega)},$$

et lorsque ρ tend vers zéro, ω restant compris entre les deux limites ω_0

---

et ω_1, $\mu \log \rho - \nu\omega$ augmente indéfiniment en valeur absolue en restant négatif et le module de x^{b-1} tend vers zéro. On voit au contraire que, si la partie réelle de $b - 1$ est négative, le module de x^{b-1} augmente indéfiniment lorsque x tend vers zéro en restant dans le secteur A. La fonction $F(\lambda, x, x^{b-1})$ n'est pas continue à l'origine, et la démonstration précédente ne s'applique plus.

D'après Briot et Bouquet, lorsque la partie réelle de b est négative, l'équation (5) n'admet pas d'autre intégrale que l'intégrale holomorphe s'annulant pour $x = 0$. Mais leur démonstration, qui est très analogue à celle de la note de la page 369, suppose que la variable x tend vers l'origine suivant un chemin de longueur finie, avec une tangente déterminée à l'origine, et la conclusion a besoin d'être précisée. Pour donner une idée de la difficulté de la question, considérons la fonction x^b en supposant que la partie réelle μ de b est *négative* tandis que le coefficient ν de i est *différent de zéro*; le module de x^b est égal à $e^{\mu \log \rho - \nu\omega}$. Si nous faisons décrire à la variable x une courbe se rapprochant indéfiniment de l'origine, $\mu \log \rho$ tend bien vers $+\infty$; mais si l'on fait croître en même temps l'argument ω en valeur absolue de telle façon que la différence $\mu \log \rho - \nu\omega$ soit négative et croisse indéfiniment en valeur absolue, le module de x^b tendra vers zéro en même temps que $|x|$. Si $\nu > 0$, il suffira de faire décrire par exemple à la variable x la spirale logarithmique ayant pour équation $\rho = e^{\frac{\nu\omega}{2\mu}}$, car nous avons alors $|x^b| = e^{-\frac{\nu\omega}{2}}$, et, lorsque l'argument ω tend vers $+\infty$, $|x| = \rho$ et $|x^b|$ tendent en même temps vers zéro.

Lorsque la partie réelle de b est négative, sans que la partie réelle de $\dfrac{b}{i}$ soit nulle, il résulte des recherches de MM. Picard et Poincaré sur ce sujet que l'équation (5) admet une infinité d'intégrales non holomorphes, dépendant d'une constante arbitraire, et tendant vers zéro lorsque l'on fait décrire à la variable x un chemin tel que le précédent le long duquel $|x^b|$ tend vers zéro. La contradiction entre ce résultat et le théorème énoncé par Briot et Bouquet n'est qu'apparente, puisqu'on se place dans les deux cas dans des conditions tout à fait différentes. Remarquons en particulier que, lorsque la variable x ne prend que des valeurs réelles, elle ne peut tourner une infinité de fois autour de l'origine, et par suite il n'y a pas d'autre intégrale que l'intégrale holomorphe tendant vers zéro avec x si la partie réelle de b est négative.

Les résultats de cette discussion sont faciles à vérifier sur l'équation élémentaire $xy' = ax + by$, dont l'intégrale générale est $y = \dfrac{ax}{1-b} + Cx^b$, si $b - 1$ n'est pas nul, et $y = ax \operatorname{Log} x + Cx$, si $b = 1$.

427. Nous donnerons seulement quelques indications sur le cas général d'une équation de la forme

$$(14) \qquad \frac{dy}{dx} = \frac{ax + by + cx^2 + 2dxy + ey^2 + \ldots}{a'x + b'y + c'x^2 + 2d'xy + e'y^2 + \ldots} = \frac{Y}{X},$$

X et Y étant des séries entières convergentes tant que l'on a

$$|x| < r, \qquad |y| < r.$$

Nous supposons, ce qui ne restreint pas la généralité, que $\dfrac{dy}{dx}$ devient indéterminé pour le système de valeurs $x = y = 0$. Posons dans cette équation $y = vx$; elle devient

$$(15) \qquad x\frac{dv}{dx} = \frac{a + bv - v(a' + b'v) + x\varphi(x, v)}{a' + b'v + x\psi(x, v)},$$

$\varphi(x, v)$ et $\psi(x, v)$ étant deux séries entières qui sont convergentes pourvu que l'on ait à la fois $|x| < r$, $|vx| < r$. Si l'équation (14) admet une intégrale holomorphe s'annulant avec x, le coefficient de x dans le développement de cette intégrale est nécessairement racine de l'équation

$$(16) \qquad a + bv - v(a' + b'v) = 0,$$

puisque le premier membre de l'équation (15) est nul pour $x = 0$. Soit v_1 une racine de l'équation (16). Si nous posons $v = v_1 + u$, les deux fonctions

$$\varphi(x, v_1 + u), \quad \psi(x, v_1 + u)$$

sont encore régulières dans le voisinage des valeurs $x = 0$, $u = 0$, et l'équation (15) est remplacée par une équation de la forme déjà étudiée

$$(17) \qquad x\frac{du}{dx} = A u + B x + \ldots,$$

pourvu que v_1 n'annule pas $a' + b'v$. Comme l'équation (16) est, en général, du second degré, on voit que l'on peut ramener l'équation (14) à la forme (5) de deux façons différentes et, par suite, qu'il y a en général deux intégrales holomorphes et deux seulement s'annulant pour $x = 0$. Mais ces conclusions ne s'appliquent qu'aux circonstances les plus générales où les coefficients a, b, a', b' ne satisfont à aucune relation particulière.

La recherche générale des intégrales, holomorphes ou non, de l'équation (14), qui tendent vers zéro lorsque x tend vers zéro (X et Y étant deux fonctions régulières qui s'annulent pour $x = y = 0$), a fait l'objet, depuis le Mémoire de Briot et Bouquet, d'un grand nombre de travaux. Quoiqu'on ait pu traiter des cas de plus en plus étendus, la question n'est pas encore épuisée. Je signalerai seulement une circonstance remarquable que nous n'avions pas rencontrée jusqu'à présent. Prenons l'équation

$$(18) \qquad x^2 \frac{dy}{dx} - b y = a x$$

et cherchons, comme plus haut, une intégrale holomorphe de cette équation qui soit nulle pour $x = 0$. En cherchant à déterminer les coefficients de la série (6) de façon qu'en la substituant dans l'équation (18) on arrive à une identité, on aboutit aux relations

$$a + bc_1 = 0, \qquad c_1 = bc_2, \qquad 2c_2 = bc_3, \qquad \ldots, \qquad nc_n = bc_{n+1}, \qquad \ldots,$$

d'où l'on tire

$$c_1 = -\frac{a}{b}, \qquad c_2 = -\frac{a}{b^2}, \qquad c_3 = -\frac{2a}{b^3}, \qquad \ldots, \qquad c_{n+1} = -\frac{1.2\ldots n.a}{b^{n+1}}.$$

On obtient bien ainsi une valeur unique pour chaque coefficient, mais *la série à laquelle on parvient est divergente sauf pour* $x = 0$. L'origine est un point singulier transcendant pour toutes les intégrales, comme on le vérifie par l'intégration directe. Le point $x = 0$ est de même un point singulier transcendant pour toutes les intégrales de l'équation $xy' + y^2 = 0$, et toutes ces intégrales tendent vers zéro avec $|x|$.

Quand on n'attribue aux variables x et y que des valeurs réelles et que l'on cherche à *construire* les courbes intégrales de l'équation (14) (X et Y étant, par exemple, deux polynomes entiers en x et y), il est très important de connaître la forme de ces courbes intégrales dans le voisinage d'un point commun aux deux courbes $X = 0$, $Y = 0$. Nous allons étudier, à ce point de vue, l'équation simple

$$(19) \qquad \frac{dy}{dx} = \frac{a\,x + b\,y}{a'\,x + b'\,y},$$

qui s'intègre par un procédé élémentaire (n° **364**) en posant $y = tx$. On intègre d'une façon plus symétrique, en remplaçant l'équation (19) par le système

$$(20) \qquad \frac{dx}{a'\,x + b'\,y} = \frac{dy}{a\,x + b\,y} = dt,$$

t étant une variable auxiliaire introduite pour la symétrie. On a vu plus haut (n° 421) que ce système peut être ramené à une forme canonique simple en remplaçant x et y par deux combinaisons linéaires et homogènes X et Y de ces variables. L'équation caractéristique est ici

$$s^2 - (a' + b)s + ba' - ab' = 0,$$

et ne peut avoir de racine nulle, puisqu'on suppose que $ab' - ba'$ n'est pas nul. Cela posé, plusieurs cas sont à distinguer suivant la nature de ces racines :

1° Si l'équation caractéristique a deux racines réelles distinctes s_1, s_2 on peut ramener le système (20) à la forme

$$\frac{dX}{s_1 X} = \frac{dY}{s_2 Y} = dt,$$

et l'équation proposée devient par conséquent

$$Y\, dX = \frac{s_1}{s_2} X\, dY.$$

L'intégrale générale est donnée par la formule

$$Y = C X^{\frac{s_2}{s_1}} :$$

si s_1 et s_2 sont du même signe, Y tend vers zéro en même temps que X. Toutes les courbes intégrales vont passer par l'origine qui est un *nœud*. Si $\frac{s_2}{s_1}$ est négatif, il n'existe que deux courbes intégrales passant par l'origine, les droites $X = 0$, $Y = 0$. L'origine est un *col*.

2° Lorsque l'équation caractéristique a deux racines imaginaires conjuguées $\alpha + \beta i$, $\alpha - \beta i$ ($\beta \neq 0$), on peut ramener le système (20) à la forme

$$\frac{d(X + iY)}{(\alpha + i\beta)(X + iY)} = \frac{d(X - iY)}{(\alpha - i\beta)(X - iY)} = dt,$$

X et Y étant des combinaisons linéaires et homogènes de x et y à *coefficients réels*. On peut encore écrire ces équations

$$\frac{dX}{\alpha X - \beta Y} = \frac{dY}{\beta X + \alpha Y} = dt,$$

d'où l'on déduit

$$\frac{X\, dX + Y\, dY}{\alpha (X^2 + Y^2)} = \frac{X\, dY - Y\, dX}{\beta (X^2 + Y^2)}.$$

L'intégrale générale de l'équation (19) est donc représentée par l'équation

$$\sqrt{X^2 + Y^2} = C\, e^{\frac{\alpha}{\beta} \arctan \frac{Y}{X}}.$$

Si α n'est pas nul, toutes ces courbes ont la forme de spirales se rapprochant indéfiniment de l'origine qui est un point asymptote. On dit que l'origine est un *foyer*.

Si α est nul, l'intégrale générale se compose de coniques concentriques. L'origine est dite un *centre*, mais ce cas doit être considéré comme exceptionnel. puisqu'il exige une condition d'égalité.

3° Si l'équation caractéristique a une racine double s, cette racine est réelle et différente de zéro, et le système (20) se ramène à la forme

$$\frac{d\mathrm{X}}{s\mathrm{X}} = \frac{d\mathrm{Y}}{s(\mathrm{X}+\mathrm{Y})} = dt.$$

L'équation (19) elle-même devient $\dfrac{d\mathrm{Y}}{d\mathrm{X}} = 1 + \dfrac{\mathrm{Y}}{\mathrm{X}}$, et l'intégrale générale est $\mathrm{Y} = \mathrm{CX} + \mathrm{X}\,\mathrm{Log}\,\mathrm{X}$. Pour construire les courbes intégrales, on peut exprimer X et Y au moyen d'une variable auxiliaire en posant $\mathrm{X} = e^{\theta}$, ce qui donne $\mathrm{Y} = \mathrm{C}\,e^{\theta} + \theta\,e^{\theta}$. Lorsque θ tend vers $-\infty$, X et Y et par suite x et y tendent vers zéro; l'origine est encore un foyer.

La classification précédente est due à H. Poincaré, qui a étendu la discussion aux équations de la forme générale (14) dont les coefficients sont réels.

II. — ÉTUDE DE QUELQUES ÉQUATIONS DU PREMIER ORDRE.

428. Points singuliers des intégrales. — Les développements en séries par lesquels on a établi l'existence des intégrales d'un système d'équations différentielles analytiques ne permettent de calculer ces intégrales qu'à l'intérieur du cercle de convergence. Mais la connaissance de ces développements suffit, comme on l'a remarqué d'une façon générale (n° 337), pour que ces fonctions soient *virtuellement* déterminées dans tout leur domaine d'existence. Considérons, pour fixer les idées, une équation différentielle algébrique du premier ordre

$$(21) \qquad \mathrm{F}(x, y, y') = 0,$$

F étant un polynome entier en x, y, y'. Soit (x_0, y_0) un système de valeurs tel que l'équation $\mathrm{F}(x_0, y_0, y') = 0$ ait une racine simple y_0'; lorsque x et y tendent respectivement vers x_0 et y_0, l'équation (21) admet une racine et une seule tendant vers y_0', et cette racine $y' = f(x, y)$ est une fonction régulière dans le voisinage des valeurs x_0, y_0. L'équation (21) admet donc une intégrale holomorphe se réduisant à y_0 pour $x = x_0$, et dont la dérivée prend aussi la valeur y_0' pour $x = x_0$. Cette intégrale n'est définie par un développement en série entière qu'à l'intérieur d'un cercle C_0, de centre x_0, dont le rayon est en général fini; mais cette fonction, dont on peut poursuivre le prolongement analytique en dehors du cercle C_0, satisfait à l'équation (21) dans tout son domaine d'existence. Remarquons qu'on peut se servir de l'équation (21) elle-même pour le calcul des coefficients des diverses séries que l'on emploie dans la méthode du prolongement analytique. Si en un point x_1 du cercle C_0 l'intégrale considérée est égale à y_1, sa dérivée est égale à l'une des racines y_1' de l'équation $F(x_1, y_1, y') = 0$, et l'on pourra en déduire les valeurs des autres dérivées au point x_1 par des dérivations successives.

Chaque équation différentielle du premier ordre définit ainsi une infinité de fonctions analytiques (dépendant d'une constante arbitraire); ce sont en général des fonctions transcendantes que l'on ne peut exprimer au moyen des transcendantes classiques, et il en est de même *a fortiori* des fonctions définies par des équations différentielles algébriques du second ordre ou d'ordre supérieur. L'étude des propriétés de ces transcendantes nouvelles et leur classification constituent l'objet de la théorie analytique des équations différentielles.

On peut encore, dans cette étude, poursuivre deux buts différents : on peut chercher des conditions nécessaires et suffisantes pour que des équations d'une forme déterminée puissent être intégrées au moyen de fonctions déjà connues, ou se proposer au contraire de découvrir des équations différentielles algébriques définissant des transcendantes irréductibles aux transcendantes classiques, et jouissant de quelque propriété remarquable, comme d'êtres uniformes, ou meromorphes, etc. Quel que soit l objet que l'on ait surtout en vue, la recherche des singularités possibles pour les fonctions intégrales est une question essentielle. Or, tandis que les points singuliers des intégrales d'une équation linéaire sont fixes, les points singuliers des intégrales d'une équation non linéaire varient en général avec les valeurs initiales. Par exemple, l'intégrale de l'équation $x + yy' = 0$ qui prend la valeur y_0 pour $x = 0$ est $y = \sqrt{y_0^2 - x^2}$; cette fonction admet les deux points critiques $+y_0$, $-y_0$ qui dépendent de la valeur initiale

De même, l'intégrale de l'équation $y' = y^2$ qui est égale à y_0 pour $x = 0$, ou $\dfrac{y_0}{1 - xy_0}$, admet le pôle $x = \dfrac{1}{y_0}$. Nous sommes donc conduits à distinguer deux classes de points singuliers pour une équation différentielle, les points singuliers *fixes* qui ne dépendent pas des valeurs initiales choisies (sans être nécessairement des points singuliers pour toutes les intégrales), et les points singuliers *mobiles*, pôles, points critiques, points essentiels ou coupures, qui dépendent des valeurs initiales. Une équation différentielle peut avoir à la fois des points singuliers des deux espèces.

429. Fonctions définies par une équation différentielle $y' = R(x, y)$. — Nous allons étudier en particulier l'équation différentielle

$$(22) \qquad \frac{dy}{dx} = R(x, y) = \frac{P(x, y)}{Q(x, y)},$$

où $P(x, y)$ et $Q(x, y)$ sont deux polynomes entiers en x et y, n'admettant pour diviseur commun aucun polynome de même espèce. Les deux équations $P(x, y) = 0$, $Q(x, y) = 0$ ont un certain nombre de systèmes de solutions (a_1, b_1), ..., (a_n, b_n); nous marquerons dans le plan des x les points $a_1, a_2, ..., a_n$.

La transformation $y = \dfrac{1}{z}$ conduit de l'équation (22) à une équation de même forme

$$(23) \qquad \frac{dz}{dx} = R_1(x, z) = \frac{P_1(x, z)}{Q_1(x, z)},$$

et les deux équations $P_1(x, z) = 0$, $Q_1(x, z) = 0$ ont encore un certain nombre de systèmes de solutions (a'_1, b'_1), ..., (a'_m, b'_m). Nous marquerons aussi dans le plan de la variable x les points a'_1, a'_2, ..., a'_m. Ces points a_i, a'_k sont en général des points singuliers pour quelques-unes des intégrales de l'équation (22), mais ils sont connus *a priori* : ce sont des points singuliers *fixes*.

Soit maintenant (x_0, y_0) un système quelconque de valeurs tel que $Q(x_0, y_0)$ ne soit pas nul. L'équation (22) admet une intégrale holomorphe dans le domaine du point x_0, prenant la valeur y_0 pour $x = x_0$. Imaginons que l'on fasse décrire à la variable x un chemin quelconque L issu du point x_0 et ne passant par aucun des points a_i, a'_k. On peut poursuivre le prolongement analytique de cette intégrale tout le long de L, tant qu'on ne rencontre aucun point singulier, mais il peut arriver que l'on soit arrêté par la présence d'un point singulier. Soit α le premier point singulier que l'on rencontre; l'intégrale considérée est holomorphe dans le voisinage de tout point X du chemin L compris entre x_0 et α, mais le cercle de convergence de la série entière qui la représente, et dont le centre est en X, ne renferme jamais le point α à l'intérieur, aussi petit que soit $|X - \alpha|$. L'équation $Q(\alpha, y) = 0$ admet un certain nombre de racines β_1, β_2, ..., β_N; nous marquerons les points β_i dans le plan de la variable y. L'équation $Q(\alpha, y) = 0$ n'a qu'un nombre fini de racines, car, pour qu'il en fût autrement, il faudrait que le polynome $Q(x, y)$ fût divisible par $(x - \alpha)$ et le point α serait compris parmi les points a_i, a'_k. Pour la même raison, les deux équations $P(\alpha, y) = 0$, $Q(\alpha, y) = 0$ n'ont aucune racine commune. Cela posé, plusieurs hypothèses sont à examiner. Soit Y la valeur de l'intégrale en X; nous ne pouvons supposer que Y tende vers une valeur finie β différente de β_1, β_2, ..., β_N, lorsque X tend vers α, car $R(x, y)$ est une fonction régulière pour $x = \alpha$, $y = \beta$. Or, d'après le théorème fondamental de Cauchy, il existe une seule intégrale tendant vers β lorsque x tend vers α, et cette intégrale est holomorphe au point α. Supposons en second lieu que Y tende vers la valeur β_i lorsque $|X - \alpha|$ tend vers zéro. La fonction $R(x, y)$ est infinie pour $x = \alpha$, $y = \beta_i$, mais son inverse est une fonction régulière, puisqu'on ne peut avoir $P(\alpha, \beta_i) = 0$. Nous avons vu plus haut (n° 425) que l'équation (22) admet une intégrale et une seule tendant vers β_i lorsque $|X - \alpha|$ tend vers zéro, et le point α est un point critique algébrique pour cette intégrale. De même, si $|Y|$ augmente indéfiniment lorsque $|X - \alpha|$ tend vers zéro, l'équation (23) admet une intégrale qui tend vers zéro en même temps que $|X - \alpha|$. On ne peut avoir à la fois $P_1(\alpha, 0) = 0$, $Q_1(\alpha, 0) = 0$, puisque le point α ne fait pas partie des points a'_k. Si $Q_1(\alpha, 0)$ n'est pas nul, z est holomorphe dans le domaine du point α, qui est un pôle pour l'intégrale considérée. Si $Q_1(\alpha, 0) = 0$, ce point α est un point critique algébrique pour z et par suite pour y.

Nous n'avons pas encore épuisé toutes les hypothèses; ne pourrait-il pas arriver en effet que Y ne tende vers aucune limite, sans que $|Y|$ augmente indéfiniment, lorsque $|X - \alpha|$ tend vers zéro?

M. Painlevé a démontré comme il suit que cela n'était pas possible, ce qu'on avait admis jusque-là sans preuve précise. Du point α comme centre avec un rayon très petit r décrivons un cercle C. Les racines de l'équation $Q(X, y) = o$ qui tendent respectivement vers $\beta_1, \beta_2, \ldots, \beta_N$ lorsque $|X - \alpha|$ tend vers zéro restent comprises respectivement à l'intérieur de cercles $\gamma_1, \gamma_2, \ldots, \gamma_N$ décrits des points $\beta_1, \beta_2, \ldots, \beta_N$ pour centres avec des rayons $\rho_1, \rho_2, \ldots, \rho_N$, et l'on peut prendre le rayon r assez petit pour que tous ces rayons ρ_i soient eux-mêmes plus petits que tout nombre donné ε. Considérons en même temps un cercle Γ de rayon très grand R, décrit dans le plan de la variable y de l'origine pour centre, et soit (E) la portion du plan des y extérieure aux cercles γ_i et intérieure au cercle Γ. Nous allons montrer que, lorsque $|X - \alpha|$ tend vers zéro, le point Y correspondant finit par rester constamment à l'intérieur de l'un des cercles γ_i ou à l'extérieur du cercle Γ. S'il n'en était pas ainsi, on trouverait toujours sur le chemin L des points X tels que $|X - \alpha|$ soit inférieur à tout nombre donné et pour lesquels Y serait dans la région (E). Or imaginons que l'on ait $|X - \alpha| < \dfrac{r}{2}$ par exemple, tandis que Y reste dans la région (E); *il y a un minimum positif pour le rayon du cercle de convergence de l'intégrale de l'équation* (22) *qui est égale á* Y *pour* $x = X$. En effet, il y a évidemment un maximum pour $|R(X, Y)|$ lorsque les points X, Y restent respectivement dans les domaines précédents, tandis qu'il y a un minimum positif pour les nombres a et b (*voir* n° 383). Soit η le minimum de rayon de ce cercle de convergence. On pourrait trouver par hypothèse sur le chemin L un point X' dont la distance au point α serait moindre que η et tel que le point correspondant Y' soit dans la région (E). Le cercle de convergence de la série qui représente l'intégrale, prenant la valeur Y' pour $x = X'$, ayant un rayon au moins égal à η, le point α serait à l'intérieur de ce cercle, ce qui est évidemment impossible puisque α est un point singulier.

Le point Y finit donc par rester constamment à l'intérieur de l'un des cercles γ_i ou à l'extérieur du cercle Γ lorsque $|X - \alpha|$ tend vers zéro. Comme le rayon ρ_i peut être pris aussi petit qu'on le veut, et le rayon R aussi grand qu'on le veut, cela revient à dire que Y tend vers l'une des valeurs β_i à moins que $|Y|$ n'augmente indéfiniment. Nous venons d'examiner ce qui arrive dans ces deux cas ; le point α est donc un pôle ou un point critique algébrique. On peut alors, en remplaçant la portion du chemin L voisine du point α par un arc de cercle de rayon infiniment petit décrit de ce point pour centre, éviter le point singulier, et l'on pourra continuer le prolongement analytique au delà, jusqu'à ce qu'on rencontre un nouveau point singulier. Nous allons montrer que, sur un chemin L *de longueur finie*, on ne trouve jamais qu'un nombre *fini* de pôles ou de points critiques algébriques. En effet, de chaque point a_i, a'_k comme centre décrivons dans le plan des x un cercle très petit, et décrivons en outre un cercle de rayon très grand ayant pour centre l'origine, de façon que tout le chemin L soit dans la région (E') du plan des x limitée par ces circonférences. Soit x_1 un point quelconque de (E') ; l'intégrale dont le module augmente indéfiniment, lorsque $|x - x_1|$ tend vers zéro, est égale à un polynome entier en $(x - x_1)^{-1}$, augmentée d'une série entière en $(x - x_1)$, convergente dans un cercle de rayon ρ_1. De même les diverses intégrales qui admettent le point x_1 comme point critique algébrique sont représentées par des séries ordonnées suivant les puissances fractionnaires de $x - x_1$; soit ρ_2 le plus petit des rayons de convergence de ces différentes séries. Il est clair que ces nombres ρ_1 et ρ_2 varient d'une manière continue avec la position du point x_1 (*voir* page 236) ; ils ont donc un minimum $\lambda > 0$, et la distance de deux points singuliers voisins sur le chemin L est forcément supérieure à λ ([1]). On ne peut donc

---

([1]) Il est à remarquer qu'une intégrale peut avoir une infinité de points critiques, et même en avoir une infinité dans le voisinage d'une valeur quelconque de x. Considérons, par exemple, l'équation

$$2 y y' = R(x).$$

où $R(x)$ est une fonction rationnelle, dont l'intégrale générale est

$$y^2 = y_0^2 + \int_{x_0}^{x} R(x)\,dx.$$

Supposons que l'intégrale définie $\int R(x)\,dx$ admette les quatre périodes 1, α, i, βi, α et β étant deux nombres réels irrationnels. A l'intérieur d'un cercle c décrit d'un point quelconque x_1 pour centre avec un rayon arbitraire, on démontre aisément (*voir* n° 304, *Remarque*) qu'on peut trouver une infinité de racines de y^2, en choisissant convenablement les chemins d'intégration, et chacune de ces racines est un point critique. Mais un chemin de longueur finie décrit par la variable n'en contient jamais une infinité.

rencontrer sur ce chemin qu'un nombre fini de pôles ou de points critiques algébriques. Par suite, *les seuls points singuliers mobiles des intégrales de l'équation* (22) *sont des pôles ou des points critiques algébriques.* Ces intégrales ne peuvent avoir de points singuliers essentiels mobiles, ni par conséquent de coupures.

Les raisonnements qui précèdent s'étendent sans difficulté aux équations de la forme (22), où $P(x, y)$, $Q(x, y)$ sont des polynomes entiers en y, dont les coefficients sont des fonctions analytiques de x. Il faut seulement adjoindre aux points a_i, a'_k, qui sont définis comme plus haut, les points singuliers de ces différents coefficients. Lorsque le chemin décrit par la variable x reste dans une aire ne renfermant aucun des points a_i. a'_k, ni aucun des points singuliers des coefficients des différentes puissances de y, les seuls points singuliers que puissent avoir les intégrales sont des pôles ou des points critiques algébriques.

Proposons-nous, comme application, de trouver les équations de la forme (22) n'admettant pas de *points critiques mobiles.* Il est nécessaire pour cela que le dénominateur ne renferme pas y. Soient, en effet, α une valeur quelconque de x, et β une valeur correspondante de y, telle que l'on ait $Q(\alpha, \beta) = o$, le numérateur $P(\alpha, \beta)$ n'étant pas nul. L'intégrale de l'équation (22), qui tend vers β lorsque $|x - \alpha|$ tend vers zéro, admet ce point comme point critique, et il est clair que ce n'est pas un point critique pour toutes les intégrales. L'équation proposée doit donc être de la forme

$$\frac{dy}{dx} = P_m y^m + P_{m-1} y^{m-1} + \ldots,$$

P_m, P_{m-1}, ... étant des fonctions de x. D'ailleurs l'équation obtenue en posant $y = \dfrac{1}{z}$ doit être de la même forme, ce qui exige que m ne soit pas supérieur à 2, et l'équation la plus générale répondant à la question est une équation de Riccati. Il est facile de vérifier que la condition est satisfaite pour une équation de Riccati; si nous prenons par exemple la formule (26) (n° **401**) qui représente l'intégrale générale, il est clair que cette intégrale ne peut avoir pour points singuliers, outre les points singuliers des fonctions y_1, y_2, que des pôles, provenant des racines du dénominateur $y_1 + C y_2$, pôles qui varient avec la constante C.

On peut également se proposer de déterminer les équations de la forme (22) dont les intégrales n'ont pas de *pôles mobiles*. Soient m et n les degrés de $P(x, y)$ et de $Q(x, y)$ par rapport à y; l'équation obtenue en posant $y = \dfrac{1}{z}$ est de la forme

$$(24) \qquad \frac{dz}{dx} = z^{n+2-m}\frac{P_1(x, z)}{Q_1(x, z)},$$

P_1 et Q_1 étant deux nouveaux polynomes en z. Soit $x = \alpha$ une valeur quelconque de x, ne faisant pas partie des points singuliers fixes. L'équation (24) admet une intégrale tendant vers zéro lorsque $|x - \alpha|$ tend vers zéro; il semble donc que l'équation (22) admet toujours une intégrale dont le module augmente indéfiniment lorsque $|x - \alpha|$ tend vers zéro, mais la conclusion est en défaut si l'intégrale en question de l'équation (24) se réduit à $z = 0$. Il faut et il suffit pour cela que l'on ait $m < n + 2$; c'est la condition pour qu'il n'y ait pas de pôles mobiles. *La seule équation qui n'ait aucune espèce de points singuliers mobiles est donc l'équation linéaire.*

Application. — Le résultat qui précède permet de reconnaître si l'intégrale générale d'une équation différentielle du premier ordre est une *fonction rationnelle de la constante d'intégration*, en choisissant convenablement cette constante. Soit

$$(A) \qquad y = R(x, C) = \frac{P(x, C)}{Q(x, C)}$$

une fonction rationnelle d'un paramètre C, les coefficients des deux polynomes en C, $P(x, C)$ et $Q(x, C)$, étant des fonctions quelconques de x. Il est clair que la dérivée y' est aussi une fonction rationnelle de C,

$$y' = K(x, C),$$

et l'élimination du paramètre C conduira à une relation

$$(E) \qquad F(y, y'; x) = 0,$$

F étant un polynome entier en y, y' dont les coefficients peuvent être des fonctions quelconques de x. D'après la façon même dont cette équation a été obtenue, quand on y regarde x comme un paramètre, elle est de genre zéro en y et y'.

Inversement, étant donnée une équation différentielle du premier ordre (E), dont le premier membre est un polynome entier en y et y', les coefficients étant des fonctions analytiques quelconques de x, pour qu'elle admette une intégrale générale de la forme (A), il faut d'abord qu'elle soit du genre zéro en y et y'. S'il en est ainsi, on peut exprimer y et y' par des fonctions rationnelles d'un paramètre u,

$$y = r(x, u), \qquad y' = r_1(x, u),$$

de telle façon que l'on ait inversement $u = s(x, y, y')$, les fonctions r et r_1 étant rationnelles en u, et s étant une fonction rationnelle de y, y'. L'équation différentielle proposée (E) est remplacée par l'équation

$$\frac{\partial r}{\partial x} + \frac{\partial r}{\partial u} \frac{du}{dx} = r_1(x, u),$$

qui est de la forme

$$(\mathrm{E_1}) \qquad\qquad \frac{du}{dx} = \mathrm{F}(x, u),$$

F étant une fonction rationnelle de u. Si l'intégrale générale de l'équation (E) est $y = \mathrm{R}(x, \mathrm{C})$, l'intégrale générale de l'équation (E$_1$) est d'après cela

$$u = s[x, \mathrm{R}(x, \mathrm{C}), \mathrm{R}'(x, \mathrm{C})],$$

c'est-à-dire une fonction rationnelle de C. Mais les seuls points singuliers d'une telle expression, qui varient avec C, sont évidemment des pôles. Il faut donc que les seuls points singuliers mobiles de l'équation (E$_1$) soient des pôles; par conséquent, l'équation (E$_1$) doit être une équation de Riccati [1].

Considérons par exemple l'équation

$$y'^2 = (\mathrm{P}y + \mathrm{Q})^2 (y - a)(y - b),$$

où P et Q sont des fonctions de x, a et b deux constantes. Cette relation est bien du genre *zéro* en y et y', et, pour exprimer y et y' par des fonctions rationnelles d'un paramètre, il suffit de poser $\dfrac{y-b}{y-a} = t^2$, ce qui donne ensuite

$$y'(1 - t^2)^2 = (b - a)[\mathrm{P}(bt - at^3) + \mathrm{Q}(t - t^2)],$$

et l'équation (E$_1$) est ici une équation de Riccati

$$2\frac{dt}{dx} = \mathrm{P}(b - at^2) + \mathrm{Q}(1 - t^2).$$

430. — Fonctions uniformes déduites de l'équation $y'^m = \mathrm{R}(y)$. — Nous allons encore étudier les intégrales de l'équation différentielle

$$(25) \qquad\qquad y'^m = \mathrm{R}(y) = \frac{\mathrm{P}(y)}{\mathrm{Q}(y)},$$

où m est un nombre entier positif, $\mathrm{P}(y)$ et $\mathrm{Q}(y)$ deux polynomes

---

[1] La réciproque est immédiate. Si (E$_1$) est une équation de Riccati, l'intégrale générale u est une fonction homographique d'une constante arbitraire C, et par suite $y = r(x, u)$ est une fonction *rationnelle* de C.

en y à coefficients constants et premiers entre eux, en nous proposant de déterminer toutes les équations de cette espèce dont l'intégrale générale est une fonction uniforme. Soient x_0 une valeur quelconque de x et y_0 une valeur arbitraire n'annulant aucun des polynomes $P(y)$, $Q(y)$. L'équation (25), où l'on remplace y par y_0, admet, en y', m racines distinctes. Choisissons une de ces racines y'_0; l'équation (25) admet une intégrale holomorphe dans le domaine du point x_0, prenant la valeur y_0 en ce point, et dont la dérivée est égale à y'_0 pour $x = x_0$. On peut poursuivre le prolongement analytique de cette intégrale tout le long d'un chemin quelconque issu du point x_0, tant que l'on ne rencontre pas de point singulier. Soient α le premier point singulier que l'on rencontre, X un point du chemin L compris entre x_0 et α, Y la valeur correspondante de l'intégrale au point X. Les raisonnements du précédent paragraphe, que l'on peut reprendre sans modification essentielle, prouvent que, lorsque $|X - \alpha|$ tend vers zéro, Y tend vers une racine de l'une des équations

$$P(y) = 0, \qquad Q(y) = 0,$$

ou bien $|Y|$ augmente indéfiniment, mais il ne peut pas arriver que Y ne tende vers aucune limite.

Nous allons examiner les différents cas possibles. Soit d'abord b une racine d'ordre q du dénominateur $Q(y) = 0$. On tire de l'équation (25)

$$(26) \qquad dx = (y - b)^{\frac{q}{m}}[c_0 + c_1(y - b) + \ldots] \, dy \qquad (c_0 \neq 0);$$

quand on fait décrire à y un chemin allant de y_0 à b dans le plan des y, x, partant de x_0, aboutit à un point à distance finie du plan des x, point que nous appellerons a. Inversement, lorsque x va de x_0 en a suivant ce chemin, y va de y_0 en b. En posant $y - b = t^m$, on déduit de l'équation (26) un développement de $x - a$ suivant les puissances de t commençant par un terme de degré $m + q$. Inversement, on aura pour t un développement suivant les puissances fractionnaires de $x - a$ commençant par un terme en $(x - a)^{\frac{1}{m+q}}$, et par suite un développement de $y - b$ de la forme

$$y - b = (x - a)^{\frac{m}{m+q}}\left[\alpha_0 + \alpha_1(x - a)^{\frac{1}{m+q}} + \ldots\right] \qquad (\alpha_0 \neq 0),$$

q étant positif, $m + q$ est $> m$, et le point $x = a$ est pour l'inté-grale considérée un point critique algébrique. Pour que l'intégrale générale de l'équation (25) soit une fonction uniforme, il faut donc que le polynome $Q(y)$ se réduise à une constante, ou que l'équation soit de la forme

$$(27) \qquad\qquad y'^m = P(y), $$

$P(y)$ étant un polynome. L'équation obtenue par la transforma-tion $y = \dfrac{1}{z}$, ou $z'^m = (-1)^m z^{2m} P\left(\dfrac{1}{z}\right)$ devant aussi être de la même forme, *le degré du polynome $P(y)$ ne peut être supé-rieur à $2m$.* Nous pouvons supposer pour achever la discussion que $P(y)$ est de degré $2m$. En effet, si $P(y)$ est de degré $2m - q$, en posant $y = a + \dfrac{1}{z}$, a n'étant pas racine de $P(y)$, on est conduit à l'équation

$$z'^m = (-1)^m [z^{2m} P(a) + z^{2m-1} P'(a) + \ldots],$$

où le second membre est un polynome de degré $2m$. Inversement, étant donnée une équation de la forme (27) où $P(y)$ est un poly-nome de degré $2m$, si b est une racine de ce polynome, la sub-stitution $y = b + \dfrac{1}{z}$ conduira à une équation en z de la même espèce, où le second membre sera un polynome de degré inférieur à $2m$.

Supposons, par conséquent, que $P(y)$ est un polynome de degré $2m$, et soit α le premier point singulier que l'on trouve sur le chemin L à partir de x_0. Si $|Y|$ augmente indéfiniment lorsque X tend vers α, l'équation en z, obtenue en posant $y = \dfrac{1}{z}$, admet une intégrale holomorphe qui est nulle pour $X = \alpha$; le point α est donc un pôle pour y. Reste à examiner le cas où Y tend vers une racine b de $P(y)$ lorsque X tend vers α. Ceci ne peut avoir lieu que si l'ordre de multiplicité de cette racine est inférieur à m. Supposons, en effet, que $P(y)$ soit divisible par $(y - b)^q$, q étant $\geqq m$. De l'équation (27) on tire, d'après les conditions initiales,

$$X - x_0 = \int_{y_0}^{Y} \frac{\varphi(y)\, dy}{(y - b)^{\frac{q}{m}}},$$

$\varphi(y)$ étant régulière dans le domaine du point b, et l'on voit que $|X|$ augmente indéfiniment lorsque Y tend vers b. Il faut donc que l'on ait $q < m$; l'équation proposée peut s'écrire encore

$$(28) \qquad dx = (y - b)^{-\frac{q}{m}}[c_0 + c_1(y - b) + \ldots] \, dy \qquad (c_0 \neq 0),$$

et l'on en tire, pour $x - \alpha$, un développement suivant les puissances de $(y - b)^{\frac{1}{m}}$, commençant par un terme de degré $m - q$. Inversement, on en tirera. pour $y - b$, un développement suivant des puissances fractionnaires de $x - \alpha$ commençant par un terme en $(x - \alpha)^{\frac{m}{m-q}}$. Le point α est donc, en général, un point critique algébrique. Pour que ce soit un point ordinaire, il faut que $\dfrac{m}{m-q}$ soit un nombre entier i, ou que l'on ait $q = m\left(1 - \dfrac{1}{i}\right)$, i étant un nombre entier supérieur à *un*. Cette condition est d'ailleurs suffisante, car on déduit alors de l'équation (28) un développement

$$x - \alpha = k_1(y - b)^{\frac{1}{i}} + k_2(y - b)^{\frac{1}{i}+1} + \ldots \qquad (k_1 \neq 0),$$

et inversement, on aura pour $(y - b)^{\frac{1}{i}}$ un développement suivant les puissances entières de $x - \alpha$.

Pour que les intégrales de l'équation (27), où $P(y)$ est un polynome de degré $2m$, n'admettent pas de points critiques, il faut et il suffit, d'après cela, que *l'ordre de multiplicité de toute racine de* $P(y) = 0$ *soit égal ou supérieur à m, ou soit de la forme* $m\left(1 - \dfrac{1}{i}\right)$, i étant un nombre entier supérieur à l'unité. Lorsque toutes ces conditions sont remplies, l'intégrale générale de l'équation (27) est une fonction uniforme dont les points singuliers à distance finie ne peuvent être que des pôles.

Pour achever la discussion nous distinguerons plusieurs cas :

Premier cas. — Il y a *un* facteur binome dans $P(y)$ dont l'exposant est supérieur à m (il ne peut évidemment y en avoir qu'un). S'il y a, en outre, p facteurs linéaires distincts de celui-là, la somme des exposants de ces facteurs est inférieure à m,

$$m\left(1 - \frac{1}{i_1}\right) + \ldots + m\left(1 - \frac{1}{i_p}\right) < m.$$

On en tire $p - 1 < \frac{1}{i_1} + \ldots + \frac{1}{i_p}$ et, comme i_1, i_2, …, i_p sont plus grands que l'unité, $p - 1 < \frac{p}{2}$, ou $p < 2$. On a donc $p = 1$, et l'équation (27) peut s'écrire, en extrayant les racines $m^{\text{ièmes}}$ des deux membres,

$$(\text{I}) \qquad\qquad y' = \mathrm{A}(y - a)^{1 + \frac{1}{i}}(y - b)^{1 - \frac{1}{i}};$$

le cas où $i = 1$ ne doit pas être exclu, car il correspond à une hypothèse qui n'a pas été examinée, celle d'un seul facteur linéaire dans $\mathrm{P}(y)$.

Deuxième cas. — L'équation $\mathrm{P}(y) = 0$ admet une racine d'ordre m de multiplicité. Si elle en admet deux, l'équation (27) devient, en extrayant les racines $m^{\text{ièmes}}$ des deux membres,

$$(\text{II}) \qquad\qquad y' = \mathrm{A}(y - a)\,(y - b).$$

Si l'équation $\mathrm{P}(y) = 0$ n'admet qu'une racine d'ordre m de multiplicité, elle en admet $p\,(p \geqq 2)$ dont l'ordre de multiplicité est inférieur à m, et l'on a une relation de la forme

$$m\left(1 - \frac{1}{i_1}\right) + \ldots + m\left(1 - \frac{1}{i_p}\right) = m$$

ou $p - 1 = \frac{1}{i_1} + \ldots + \frac{1}{i_p} \leqq \frac{p}{2}$, d'où l'on tire $p \leqq 2$. Comme p est supérieur à l'unité on a forcément $p = 2$, $i_1 = i_2 = 2$; le nombre m est un nombre pair et l'équation (27) se ramène à la forme

$$(\text{III}) \qquad\qquad y'^2 = \mathrm{A}(y - a)^2(y - b)\,(y - c),$$

a, b, c étant trois nombres différents.

Troisième cas. — L'équation $\mathrm{P}(y) = 0$ n'admet que des racines dont l'ordre de multiplicité est inférieur à m. Soit p le nombre de ces racines; la somme des ordres de multiplicité étant $2m$, on a une relation de la forme

$$m\left(1-\frac{1}{i_1}\right)+m\left(1-\frac{1}{i_2}\right)+\ldots+m\left(1-\frac{1}{i_p}\right)=2m,$$

ou $p-2=\frac{1}{i_1}+\ldots+\frac{1}{i_p}\leqq\frac{p}{2}$. On en tire $p\leqq 4$, et, comme p est supérieur à 2, on ne peut avoir que $p=4$ ou $p=3$. Si $p=4$, la somme $\frac{1}{i_1}+\frac{1}{i_2}+\frac{1}{i_3}+\frac{1}{i_4}$ doit être égale à 2 ; chacun des dénominateurs étant au moins égal à 2, on a nécessairement

$$i_1=i_2=i_3=i_4=2.$$

Si $p=3$, il s'agit de trouver trois nombres entiers i_1, i_2, i_3, supérieurs à l'unité, tels que la somme de leurs inverses soit égale à 1. Si aucun de ces nombres n'est égal à 2, chacun d'eux est forcément égal à 3. Si l'un d'eux $i_1=2$, la somme des inverses des deux autres doit être $\frac{1}{2}$; s'ils sont égaux, chacun d'eux est égal à 4. S'ils sont inégaux, le plus petit doit être inférieur à 4 ; il est donc égal à 3, et le plus grand est alors égal à 6. On n'a donc en tout que quatre combinaisons possibles et l'équation (27) peut être ramenée à l'une des formes suivantes :

(IV) $y'^2=A(y-a)(y-b)(y-c)(y-d),$

(V) $y'^3=A(y-a)^2(y-b)^2(y-c)^2,$

(VI) $y'^4=A(y-a)^3(y-b)^3(y-c)^2,$

(VII $v'^6=A(y-a)^5(y-b)^4(y-c)^3,$

a, b, c, d étant des nombres différents. Toutes les équations (27), où $P(y)$ est un polynome de degré $2m$, et dont l'intégrale générale est une fonction uniforme, ont l'une des formes que l'on vient d'obtenir. Inversement toute intégrale de l'une quelconque de ces équations est une fonction uniforme, puisque, sur un chemin quelconque décrit par la variable, on ne peut rencontrer d'autres points singuliers que des pôles.

Aux différents types que nous venons d'énumérer, il convient d'ajouter, pour avoir toutes les équations de la forme (25) dont l'intégrale générale est uniforme, les types que l'on obtient par une transformation telle que $y-\alpha=\frac{1}{z}$, α étant une racine du polynome $P(y)$. Les nouvelles formes auxquelles on parvient sont les suivantes :

$$(\mathrm{I})' \qquad\qquad y' = \mathrm{A}(y - a)^{1 - \frac{1}{i}},$$

$$(\mathrm{I})'' \qquad\qquad y' = \mathrm{A}(y - a)^{1 + \frac{1}{i}},$$

$$(\mathrm{II})' \qquad\qquad y' = \mathrm{A}(y - a),$$

$$(\mathrm{III})' \qquad\qquad y'^2 = \mathrm{A}(y - a)^2(y - b),$$

$$(\mathrm{III})'' \qquad\qquad y'^2 = \mathrm{A}(y - b)(y - c),$$

$$(\mathrm{IV})' \qquad\qquad y'^2 = \mathrm{A}(y - a)(y - b)(y - c),$$

$$(\mathrm{V})' \qquad\qquad y'^3 = \mathrm{A}(y - a)^2(y - b)^2,$$

$$(\mathrm{VI})' \qquad\qquad y'^4 = \mathrm{A}(y - a)^3(y - b)^3,$$

$$(\mathrm{VI})'' \qquad\qquad y'^4 = \mathrm{A}(y - a)^3(y - b)^2,$$

$$(\mathrm{VII})' \qquad\qquad y'^6 = \mathrm{A}(y - a)^5(y - b)^4,$$

$$(\mathrm{VII})'' \qquad\qquad y'^6 = \mathrm{A}(y - a)^5(y - b)^3,$$

$$(\mathrm{VII})''' \qquad\qquad y'^6 = \mathrm{A}(y - a)^4(y - b)^3,$$

Les équations (I), (I)', (I)'', qui se ramènent l'une à l'autre, ont pour intégrale générale une fonction rationnelle, comme on le voit immédiatement sur l'équation (I)' par exemple. Les équations (II), (II)', (III), (III)', (III)'' ont pour intégrale générale une fonction simplement périodique; le calcul est immédiat. Enfin l'intégrale générale des équations (IV) et (IV)' est une fonction elliptique. Il ne reste donc, comme types nouveaux d'équations différentielles de la forme (25) dont l'intégrale générale est uniforme, que les équations (V), (VI), (VII), et celles qui s'y ramènent. Ces équations se partagent en trois groupes, et il suffit d'intégrer une équation de chacun des groupes, par exemple les équations (V)', (VI)'', (VII)'''.

Si dans l'équation (VI)'' on pose $y = a + z^2$, l'équation devient, en extrayant les racines carrées des deux membres,

$$4 z'^2 = \mathrm{A}^{\frac{1}{2}} z(z^2 + a - b),$$

et l'intégrale générale de l'équation en z est une fonction elliptique. De même, si dans l'équation (VII)''' on pose $y = a + z^3$, l'équation devient, en extrayant les racines cubiques des deux membres,

$$9 z'^2 = \mathrm{A}^{\frac{1}{3}}(z^3 + a - b),$$

et nous retrouvons une équation de la forme (IV)'.

Pour intégrer l'équation $(V)'$, nous remarquerons que cette relation entre y et y' est du premier genre. On peut donc exprimer rationnellement y et y' au moyen des coordonnées d'un point d'une cubique, ou au moyen d'un paramètre t et de la racine carrée d'un polynome du troisième degré. Si l'on pose en effet $y' = A\,t^2$, on tire de l'équation $(V)'$

$$y = \frac{a+b}{2} + \frac{1}{2}\sqrt{(a-b)^2 + 4A\,t^3},$$

et la relation $dy = y'\,dx$ conduit à la nouvelle équation

$$3\,\frac{dt}{dx} = \sqrt{(a-b)^2 + 4A\,t^3},$$

dont l'intégrale générale $t = f(x + C)$ est une fonction elliptique. On en déduit pour l'intégrale générale de l'équation $(VI)'$

$$y = \frac{a+b}{2} + \frac{3}{2}f'(x + C).$$

L'intégrale générale de toute équation de la forme (25), lorsqu'elle est une fonction uniforme, est donc soit une fonction rationnelle de x ou de l'exponentielle e^{ax}, soit une fonction elliptique.

En dehors des cas qui viennent d'être énumérés, l'intégrale générale de l'équation (25) n'est jamais une fonction uniforme. Par exemple, *la fonction inverse d'une intégrale hyperelliptique de première espèce ne peut être une fonction uniforme.* Considérons en effet un polynome $P(y)$ premier avec sa dérivée et de degré supérieur à 4; l'équation différentielle $y'^2 = P(y)$ ne peut admettre d'intégrale uniforme. Soient (x_0, y_0) les valeurs initiales, des deux variables x et y; lorsque $|y|$ augmente indéfiniment x tend vers une valeur finie α, et inversement, lorsque x va de x_0 en α, $|y|$ augmente indéfiniment. Le point $x = \alpha$ est un point critique algébrique, nous venons de le voir, pour l'intégrale de l'équation $z'^2 = z^4 P\left(\frac{1}{z}\right)$ qui tend vers zéro lorsque x tend vers α puisque le degré de $P(z)$ est supérieur à 4 (¹).

(¹) Dans un de leurs Mémoires, Briot et Bouquet s'étaient proposé de déterminer toutes les équations $F(y, y') = 0$, où F est un polynome, dont l'intégrale générale est une fonction uniforme (*Journal de l'École Polytechnique*, t. XXI). Des conditions trouvées par eux, M. Hermite a déduit que la relation entre y

431. Existence des fonctions elliptiques déduites de l'équation d'Euler. — Les raisonnements du précédent paragraphe prouvent, en particulier, que l'intégrale générale de l'équation $y'^2 = R(y)$. où $R(y)$ est un polynome du troisième ou du quatrième degré, premier avec sa dérivée, est une fonction uniforme méromorphe dans tout le plan. D'autre part, la fonction inverse, qui est une intégrale elliptique de première espèce, admet deux périodes dont le rapport est imaginaire (n° 307). Cette fonction uniforme est donc doublement périodique, et nous démontrons ainsi l'existence des fonctions elliptiques par le calcul intégral seulement. La démonstration précédente de l'uniformité de la fonction inverse de l'intégrale elliptique de première espèce est distincte de celle qui a été donnée plus haut (n° 329), où nous faisons appel aux propriétés de la fonction $p\,u$. Nous montrerons encore en quelques mots comment on peut prendre pour point de départ de la théorie l'intégration de l'équation d'Euler, ce qui pourra donner une idée de la marche suivie par les inventeurs.

Considérons d'abord l'équation différentielle

$$(29) \qquad \frac{dx}{\sqrt{1-x^2}} + \frac{dy}{\sqrt{1-y^2}} = 0,$$

dont l'intégrale générale est $x\sqrt{1-y^2} + y\sqrt{1-x^2} = C$ (n° 375). Il est clair que cette intégrale générale est donnée aussi par l'équation

$$\arc \sin x + \arc \sin y = C',$$

et par suite que l'on a une relation de la forme

$$\arc \sin x + \arc \sin y = F\left(x\sqrt{1-y^2} + y\sqrt{1-x^2}\right);$$

---

et y' est du genre zéro ou un (*Cours lithographié de l'École Polytechnique* 1873), de sorte qu'on peut appliquer pour l'intégration la méthode du n° 372. Si la relation est du genre zéro, on peut exprimer y et y' par des fonctions rationnelles d'un paramètre t; la variable x, qui s'obtient par une quadrature, doit être égale à une fonction homographique de t, $x = \dfrac{at+b}{ct+d}$, ou au logarithme d'une fonction de cette espèce $x = A \operatorname{Log}\left(\dfrac{at+b}{ct+d}\right)$, pour que l'intégrale de l'équation proposée soit une fonction uniforme. Si la relation est du genre un, on peut exprimer y et y' par des fonctions elliptiques d'un paramètre u, et $\dfrac{dx}{du} = \dfrac{1}{y'}\dfrac{dy}{du}$ doit se réduire à une constante (*voir* les 6 derniers exemples de la page 228; chap. XV). Le problème de Briot et Bouquet a été généralisé par M. Fuchs, qui a formé les conditions nécessaires et suffisantes pour que l'intégrale générale d'une équation du premier ordre $F(x, y, y') = 0$, algébrique en y et y', n'admette que des points critiques fixes. M. Poincaré a montré depuis que lorsque ces conditions sont remplies, on est ramené à des quadratures ou à des équations de Riccati (*Acta mathematica*, t. VII).

pour déterminer la fonction F, supposons $y = 0$; nous avons, en définitive,

$$(30) \qquad \arcsin x + \arcsin y = \arcsin\left(x\sqrt{1-y^2} + y\sqrt{1-x^2}\right).$$

Cette relation est équivalente à la formule d'addition. Prenons, en effet, deux arcs u et v déterminés par les conditions

$$x = \sin u, \qquad \sqrt{1-x^2} = \cos u, \qquad y = \sin v, \qquad \sqrt{1-y^2} = \cos v,$$

les radicaux étant pris avec les mêmes valeurs que dans les formules précédentes. La relation (30) donne

$$x\sqrt{1-y^2} + y\sqrt{1-x^2} = \sin(u+v)$$

ou

$$\sin(u+v) = \sin u \cos v + \sin v \cos u.$$

Mais ce serait méconnaître la portée de cette remarque que de n'y voir qu'une démonstration ingénieuse de la formule d'addition pour $\sin x$. Nous allons montrer, au contraire, comment on pourrait en déduire très simplement l'existence d'une fonction uniforme *entière* satisfaisant à l'équation différentielle

$$(31) \qquad\qquad\qquad y'^2 = 1 - y^2,$$

et se réduisant à zéro pour $x = 0$, tandis que y' est égal à $+1$ pour $x = 0$. Le théorème général de Cauchy prouve bien qu'il existe une fonction analytique $\varphi(x)$ satisfaisant à ces conditions et holomorphe dans le domaine de l'origine, mais ne fait pas connaître le rayon de convergence de la série entière qui représente $\varphi(x)$. Soit R ce rayon de convergence ; le cercle C de rayon R, ayant pour centre l'origine, est le plus grand cercle décrit de l'origine à l'intérieur duquel $\varphi(x)$ est holomorphe. La dérivée $\varphi'(x)$ est holomorphe dans le même cercle, et l'on a $\varphi'^2(x) = 1 - \varphi^2(x)$. Cela posé, reprenons l'équation (29), et faisons-y le changement de variables $x = \varphi(u)$, $y = \varphi(v)$, u et v étant les deux nouvelles variables et φ la fonction qui vient d'être définie ; si l'on choisit les déterminations des radicaux d'une façon convenable, nous avons aussi $\sqrt{1-x^2} = \varphi'(u)$, $\sqrt{1-y^2} = \varphi'(v)$, et l'équation (29) devient $du + dv = 0$. L'intégrale générale de cette équation peut donc s'écrire sous deux formes différentes :

$$u + v = C, \qquad x\sqrt{1-y^2} + y\sqrt{1-x^2} = C',$$

ou

$$\varphi(u)\varphi'(v) + \varphi'(u)\varphi(v) = C'.$$

On en déduit, comme tout à l'heure, que l'on a une relation entre $u + v$ et $\varphi(u)\varphi'(v) + \varphi'(u)\varphi(v)$; on achève de la déterminer en faisant $v = 0$, ce qui donne

$$(32) \qquad\qquad \varphi(u+v) = \varphi(u)\varphi'(v) + \varphi'(u)\varphi(v).$$

Cette relation est vérifiée pourvu que l'on ait $|u| < R, |v| < R, |u+v| < R,$

ce qui aura lieu certainement si l'on a $|u| < \dfrac{R}{2}$, $|v| < \dfrac{R}{2}$. Supposons $v = u$, et $|u| < \dfrac{R}{2}$; l'équation (32) devient

$$(33) \qquad \varphi(2u) = 2\varphi(u)\,\varphi'(u).$$

Soit $\varphi_1(u)$ la fonction $2\varphi\left(\dfrac{u}{2}\right)\varphi'\left(\dfrac{u}{2}\right)$; cette fonction $\varphi_1(u)$ est holomorphe dans le cercle de rayon $2R$ décrit de l'origine comme centre, et d'après la relation (33) elle est *identique* à la fonction holomorphe $\varphi(u)$ dans le cercle C de rayon R. Ces deux fonctions $\varphi(u)$, $\varphi_1(u)$ ne forment donc qu'une même fonction analytique, qui est holomorphe en dehors du cercle C. Il est donc impossible que le rayon R de ce cercle ait une valeur finie; par suite, la fonction $\varphi(u)$ est une *fonction entière* de u.

Considérons maintenant l'équation différentielle

$$(34) \qquad y'^2 = (1 - y^2)(1 - k^2 y^2),$$

en adoptant pour le second membre la forme normale de Legendre, et proposons-nous d'étudier l'intégrale $\lambda(x)$ de cette équation qui est nulle pour $x = 0$, sa dérivée étant égale à $+1$. Cette fonction $\lambda(x)$ est holomorphe dans le domaine de l'origine. Soient C le plus grand cercle décrit de l'origine pour centre à l'intérieur duquel la fonction $\lambda(x)$ est méromorphe, et R le rayon de ce cercle. Si le point singulier de $\lambda(x)$ le plus voisin de l'origine n'était pas un pôle, on prendrait pour C le cercle passant par ce point singulier, et la fonction $\lambda(x)$ serait alors holomorphe dans ce cercle. Cela posé, reprenons l'équation d'Euler

$$(35) \qquad \frac{dx_1}{\sqrt{(1 - x_1^2)(1 - k^2 x_1^2)}} + \frac{dx_2}{\sqrt{(1 - x_2^2)(1 - k^2 x_2^2)}} = 0,$$

dont l'intégrale générale peut s'écrire, en multipliant les deux termes de la formule (66) (p. 343) par la quantité conjuguée du dénominateur, et supprimant le facteur commun $x_1^2 - x_2^2$,

$$(36) \qquad \frac{x_2\sqrt{(1 - x_1^2)(1 - k^2 x_1^2)} + x_1\sqrt{(1 - x_2^2)(1 - k^2 x_2^2)}}{1 - k^2 x_1^2 x_2^2} = C.$$

D'autre part, en choisissant convenablement le signe des radicaux, le changement de variables $x_1 = \lambda(u)$, $x_2 = \lambda(v)$ conduit de l'équation (35) à l'équation $du + dv = 0$, dont l'intégrale générale est $u + v = C'$. Faisons la même substitution dans la formule (36); nous avons donc une relation de la forme

$$\frac{\lambda(u)\lambda'(v) + \lambda(v)\lambda'(u)}{1 - k^2\lambda^2(u)\lambda^2(v)} = F(u + v),$$

et nous déterminerons encore la forme de la fonction F en supposant $v = 0$, ce qui donne $F(u) = \lambda(u)$, et l'on a en définitive la relation

$$(37) \qquad \lambda(u+v) = \frac{\lambda(u)\lambda'(v) + \lambda(v)\lambda'(u)}{1 - k^2\lambda^2(u)\lambda^2(v)}.$$

En supposant $v = u$, il vient enfin

$$(38) \qquad \lambda(2u) = \frac{2\lambda(u)\lambda'(u)}{1 - k^2\lambda^4(u)},$$

formule qui a lieu pourvu que l'on ait $|u| < \dfrac{R}{2}$. Cela étant, considérons la fonction

$$\Phi(u) = \frac{2\lambda\left(\dfrac{u}{2}\right)\lambda'\left(\dfrac{u}{2}\right)}{1 - k^2\lambda^4\left(\dfrac{u}{2}\right)};$$

cette fonction est méromorphe dans le cercle de rayon $2R$ décrit de l'origine pour centre, puisqu'elle est le quotient de deux fonctions méromorphes dans ce cercle. D'ailleurs, elle coïncide avec $\lambda(u)$ à l'intérieur de C, d'après la relation (38). Les deux fonctions $\lambda(u)$ et $\Phi(u)$ forment donc une seule fonction analytique, et $\lambda(u)$ est méromorphe dans un cercle plus grand que C. Il est donc impossible de supposer que le rayon R de ce cercle ait une valeur finie, et par suite la fonction $\lambda(u)$ est méromorphe dans tout le plan.

La formule (37) constitue la formule d'addition des arguments pour la fonction $\lambda(u)$. Lorsque k tend vers zéro, on retrouve à la limite la formule d'addition pour $\sin u$. La fonction $\sin u$ peut, en effet, être considérée comme une dégénérescence de $\lambda(u)$, obtenue en faisant tendre k vers zéro.

432. Équations d'ordre supérieur. — L'étude des propriétés des fonctions définies par les équations différentielles d'ordre supérieur présente des difficultés bien plus grandes que celles que l'on rencontre pour les équations du premier ordre. Ces difficultés tiennent en grande partie à la présence possible de singularités essentielles mobiles. Ces singularités peuvent être en même temps des points essentiels et des points critiques transcendants, comme dans l'exemple suivant dû à M. Painlevé. La fonction

$$(39) \qquad y = p[\mathrm{Log}(Ax + B); g_2, g_3],$$

où A et B sont deux constantes arbitraires, est l'intégrale générale de l'équation du second ordre

$$(40) \qquad y'' = y'^2\left(\frac{6y^2 - \dfrac{g_2}{2}}{4y^3 - g_2 y - g_3} - \frac{1}{\sqrt{4y^3 - g_2 y - g_3}}\right).$$

Dans le voisinage de toute valeur de x, différente de $-\dfrac{B}{A}$, cette fonction (39) est holomorphe ou méromorphe.

Lorsque x tourne autour du point $-\dfrac{B}{A}$, la fonction admet une infinité de valeurs différentes, pourvu que $2\,i\,\pi$ ne soit pas une partie aliquote d'une période de la fonction $p(u; g_2, g_3)$. D'autre part, lorsque la variable x décrit une courbe de forme quelconque telle que $|Ax+B|$ tende vers zéro, le point qui représente la quantité $u = \mathrm{Log}(Ax+B)$ décrit une courbe avec une branche infinie ; cette courbe traverse donc une infinité de parallélogrammes de périodes de la fonction pu et par suite y ne tend vers aucune limite, finie ou infinie. Ainsi, quoique l'intégrale générale de l'équation (40) ne présente ni points critiques fixes, ni *points critiques algébriques mobiles*, on ne peut en conclure qu'elle est uniforme. Ceci tient à la présence d'un point critique transcendant mobile, le point $x = -\dfrac{B}{A}$.

A partir des équations du troisième ordre, les points singuliers transcendants mobiles peuvent former des lignes. Il est facile de comprendre comment une fonction analytique admettant des coupures peut n'avoir aucun point critique dans tout son domaine d'existence, sans être pour cela uniforme. Considérons, par exemple, une fonction analytique $f(x)$ holomorphe dans la couronne comprise entre deux cercles C et C' décrits du point a pour centre, et admettant C et C' comme coupures essentielles (n° 344). La fonction $F(x) = f(x) + \mathrm{Log}(x-a)$ admet encore les lignes C et C' comme coupures ; elle est holomorphe dans le voisinage de tout point compris entre C et C', et cependant elle admet une infinité de déterminations pour toute valeur de x dans ce domaine.

Ces difficultés ont longtemps arrêté les géomètres. Ce n'est qu'à la fin du XIXe siècle que M. Painlevé a obtenu des équations différentielles algébriques du second ordre, qui s'intègrent au moyen de transcendantes uniformes essentiellement nouvelles. Parmi les équations de M. Painlevé, je citerai seulement l'équation

$$y'' = \alpha y^2 + \beta x,$$

où α et β sont des constantes ($\alpha\beta \neq 0$), dont l'intégrale générale est une transcendante méromorphe (¹) (*Bulletin de la Société mathém.*,

---

(¹) Il est facile, en partant des équations linéaires, de former des systèmes d'équations différentielles qui généralisent l'équation de Riccati, et dont les intégrales n'ont pas d'autres points singuliers mobiles que des pôles. Étant donné, par exemple, un système de trois équations linéaires du premier ordre

$$(\alpha) \quad y'+ay+bz+cu = 0, \quad z'+a_1y+b_1z+c_1u = 0, \quad u'+a_2y+b_2z+c_2u = 0,$$

si l'on pose $y = uY$, $z = uZ$, Y et Z sont les intégrales du système d'équations

$$(\beta) \quad Y'+aY+bZ+c-Y(a_2Y+b_2Z+c_2) = 0,$$
$$Z'+a_1Y+b_1Z+c_1-Z(a_2Y+b_2Z+c_2) = 0,$$

et il est clair que les seuls points singuliers mobiles des intégrales sont des pôles.

t. XXVIII (1900), p. 201-261, et *Acta mathematica*, t. XXV (1902), p. 1-86. *Voir* aussi : P. Boutroux, *Acta math.*, t. XXVIII (1904), p. 97-224, et *Annales sc. de l'Éc. Normale supérieure*, 3ᵉ série, t. XXX (1913), p. 255-375, et t. XXXI (1914), p. 99-159 ; B. Gambier, *Acta math.*, t. XXXIII (1910), p. 1-55 ; J. Chazy, *Ibid.*, t. XXXIV (1911), p. 317-385 ; R. Garnier, *Annales sc. de l'École Normale supérieure*, 3ᵉ série, t. XXIX (1912), p. 1-126, et t. XXXIV, (1917), p. 239-353).

III. — INTÉGRALES SINGULIÈRES.

433. Intégrale singulière d'une équation du premier ordre. — On a déjà remarqué à plusieurs reprises (n°s 371 et 375) qu'une équation différentielle du premier ordre peut admettre certaines intégrales qu'il serait impossible d'obtenir en donnant une valeur particulière à la constante arbitraire qui figure dans l'intégrale générale. Ce résultat paraît en contradiction avec le théorème établi plus haut (n° 387), d'où nous avons déduit une définition précise de l'intégrale générale. Ceci nous amène à reprendre le théoreme fondamental de Cauchy, en examinant de plus près si les hypothèses comprises dans l'énoncé sont nécessairement vérifiées pour toutes les intégrales. Considérons, pour fixer les idées, une équation du premier ordre

$$(41) \qquad F(x, y; y') = 0,$$

F étant un polynome entier indécomposable en x, y, y', de degré m en y'. A tout système de valeurs (x_0, y_0) l'équation

$$(41\ bis) \qquad F(x_0, y_0, y') = 0$$

fait correspondre en général m valeurs distinctes et finies y'_1, $y'_2, \ldots, y'_m$ pour y'. Plaçons-nous d'abord dans cette hypothèse.

Mais il est à remarquer que ce n'est pas le système d'équations différentielles le plus général de la forme

$$(\gamma) \qquad Y' = R(x, Y, Z), \quad Z' = R_1(x, Y, Z),$$

R et R_1 étant des fonctions rationnelles de Y et de Z, qui jouissent de cette propriété. En effet, soient $Y = \varphi(Y_1, Z_1)$, $Z = \psi(Y_1, Z_1)$ des formules définissant une *transformation de Cremona*, de telle sorte qu'on puisse en tirer inversement $Y_1 = \varphi_1(Y, Z)$, $Z_1 = \psi_1(Y, Z)$, $\varphi, \psi, \varphi_1, \psi_1$ étant des fonctions rationnelles. Si l'on applique cette transformation au système (β), on est conduit à un système jouissant de la même propriété, qui sera bien de la forme (γ), mais non pas en général de la forme (β).

Lorsque $|x - x_0|$ et $|y - y_0|$ tendent vers zéro, les m racines de l'équation (41) tendent respectivement vers y'_1, y'_2, ..., y'_m, et chacune d'elles est une fonction holomorphe dans le domaine du point (x_0, y_0). La racine qui tend vers y'_i par exemple est représentée par un développement en série entière

$$(42) \qquad y' = y'_i + a_i(x - x_0) + \beta_i(y - y_0) + \dots;$$

on peut appliquer le théorème de Cauchy à l'équation (42), et l'on en conclut que cette équation admet une intégrale et une seule tendant vers y_0 lorsque $|x - x_0|$ tend vers zéro. Cette intégrale est holomorphe, et le développement de $y - y_0$ commence par le terme $y'_i(x - x_0)$. A chaque racine de l'équation $(41\ bis)$ correspond ainsi une intégrale.

L'équation différentielle (41) admet donc m intégrales, et m seulement, prenant la valeur y_0 pour $x = x_0$, et ces m intégrales sont holomorphes dans le domaine du point x_0. En langage géométrique, on peut dire encore que, par le point M_0 du plan, de coordonnées (x_0, y_0), passent m courbes intégrales, avec m tangentes distinctes, le point M_0 étant un point ordinaire sur chacune d'elles. D'ailleurs, toutes les intégrales de l'équation (42) qui, pour $x = x_0$, prennent une valeur voisine de y_0 satisfont à une relation de la forme $\Phi(x, y; x_0, y_0 + C) = 0$ (387), et l'intégrale considérée correspond à la valeur $C = 0$ de la constante arbitraire.

Si, pour $x = x_0$, $y = y_0$, une racine de l'équation $(41\ bis)$ est infinie, il suffira de regarder inversement y comme la variable indépendante et x comme la fonction inconnue. L'équation (41) est remplacée par une équation de même forme $F_1(x, y, x'_y) = 0$, qui, pour $x = x_0$, $y = y_0$, admet une racine nulle $x' = 0$. Si c'est une racine simple, on en déduit pour $x - x_0$ un développement suivant les puissances de $y - y_0$ commençant par un terme du second degré au moins. Inversement, le point x_0 est un point critique algébrique pour l'intégrale qui tend vers y_0 lorsque $|x - x_0|$ tend vers zéro $(n° 357)$. Par le point (x_0, y_0) il passe une courbe intégrale dont la tangente est la droite $x = x_0$.

Les coordonnées (x_0, y_0) d'un point pour lequel l'équation (41) a une racine multiple satisfont à la relation

$$(43) \qquad\qquad R(x, y) = 0.$$

obtenue en éliminant y' entre les deux relations $F = 0$, $\dfrac{\partial F}{\partial y'} = 0$.
L'équation (43) représente une certaine courbe (γ),   pour tout
point de cette courbe l'équation (41) admet une ou plusieurs
racines multiples. Soient (x_0, y_0) les coordonnées d'un point
ordinaire M_0 pris sur cette courbe algébrique ; nous supposerons,
pour rester dans le cas le plus simple possible, que l'équation

$$F(x_0, y_0, y') = 0$$

admet une racine double y'_0 ayant une valeur finie ; si cette racine
double était infinie, il suffirait de permuter x et y pour être
ramené au cas où elle est nulle. Lorsque $|x - x_0|$ et $|y - y_0|$
sont très petits, l'équation (41) admet deux racines qui diffèrent
très peu de y'_0 ; ces deux racines ne sont pas, en général, des fonctions holomorphes des variables x et y dans le domaine du
point (x_0, y_0), mais leur somme et leur produit sont des fonctions
holomorphes ([1]), de sorte que ces deux racines de l'équation (41),
qui tendent vers y'_0 lorsque $|x - x_0|$ et $|y - y_0|$ tendent vers
zéro, sont aussi racines d'une équation du second degré

$$(44) \qquad y'^2 - 2\,P(x, y)y' + Q(x, y) = 0,$$

$P(x, y)$ et $Q(x, y)$ étant deux fonctions holomorphes dans le
voisinage de x_0, y_0. On tire de l'équation (44)

$$(45) \qquad y' = P(x, y) \pm \sqrt{P^2(x, y) - Q(x, y)},$$

et les deux racines sont égales pour tous les points de la courbe (γ_1)
qui a pour équation $P^2 - Q = 0$; cette courbe (γ_1) fait nécessairement partie de la courbe (γ), et, comme elle passe au
point (x_0, y_0), elle se confond avec (γ) dans le voisinage de ce
point. Pour étudier la courbe intégrale correspondante, nous
supposerons qu'on a transporté l'origine au point M_0, ce qui
revient à poser $x_0 = y_0 = 0$.

L'origine étant un point simple ([2]) de la courbe (γ), si l'on a choisi

---

([1]) Ces propriétés s'établissent de la même façon que les théorèmes correspondants, relatifs aux fonctions implicites d'une seule variable (n° 355).

([2]) Lorsque la courbe (γ) comprend une courbe double (γ_1), $P^2 - Q$ est divisible par un facteur carré parfait qui, égalé à zéro, donne l'équation de cette
courbe double. Par tout point de γ_1 passent deux courbes intégrales tangentes
l'une à l'autre, sans avoir aucune singularité en ce point (*cf.* l'exemple 4°, p. 562).

les axes de coordonnées de façon que la tangente à l'origine ne soit pas l'axe Oy lui-même, l'équation $P^2 - Q = 0$ admet une racine holomorphe $y = y_1(x)$ tendant vers zéro lorsque x tend vers zéro.

En général, le coefficient angulaire de la tangente à la courbe (γ) à l'origine est différent de la racine double $y_0 = P(o, o)$ de l'équation (45) pour $x = y = o$; admettons d'abord ce point, qui est à peu près évident, et sur lequel on reviendra un peu plus loin. Cela étant, posons dans l'équation (45) $y = y_1 + z$; elle devient

$$y_1' + z' = P(x, y_1 + z) \pm \sqrt{z\,\Phi(x, z)},$$

$\Phi(x, z)$ étant une série entière en x et z. Il est clair en effet que z doit être en facteur sous le radical après la substitution $y = y_1 + z$, puisque y_1 est racine de l'équation $P^2 - Q = o$. Si nous ordonnons $\Phi(x, z)$ suivant les puissances de z, nous avons un développement de la forme

$$\psi_0(x) + z\,\psi_1(x) + z^2\,\psi_2(x) + \ldots,$$

ψ_0, ψ_1, ψ_2 étant des fonctions régulières de x dans le voisinage de l'origine. La fonction $\psi_0(x)$ ne peut être nulle pour $x = o$, car le développement de $z\Phi(x, z)$ ne renfermerait pas de termes du premier degré en x, z, et, par suite, le développement de $P^2 - Q$ ne renfermerait pas de terme du premier degré en x, y, contrairement à l'hypothèse. De même, si nous remplaçons y_1 par son développement dans la différence $P(x, y_1 + z) - y_1'$, nous avons, en ordonnant suivant les puissances de z,

$$P(x, y_1 + z) - y_1' = \varphi_0(x) + z\,\varphi_1(x) + \ldots,$$

la première fonction $\varphi_0(x)$ n'étant pas nulle pour $x = o$, puisque par hypothèse la dérivée y_1' est différente de $P(o, o)$ pour l'origine. L'équation (45) est donc remplacée par une équation de la forme

$$(46) \qquad z' = \varphi_0(x) + z\,\varphi_1(x) + \ldots \pm \sqrt{z}\,\sqrt{\psi_0(x) + z\,\psi_1(x) + \ldots},$$

les fonctions $\varphi_0(x)$ et $\psi_0(x)$ n'étant pas nulles pour $x = o$.

Posons dans cette équation $z = u^2$; il vient, en adoptant d'abord une détermination du radical qui est au second membre,

$$(47) \qquad 2u\,\frac{du}{dx} = \varphi_0(x) + u^2\,\varphi_1(x) + \ldots + u\,\sqrt{\psi_0(x) + u^2\,\psi_1(x) + \ldots}.$$

Le second membre est holomorphe dans le domaine du point $x=0$, $u=0$, puisque $\psi_0(0)$ n'est pas nul, et ce second membre n'est pas nul pour $x=0$, $u=0$, puisque $\varphi_0(0)$ n'est pas nul. Le coefficient différentiel $\frac{du}{dx}$ est infini pour $x=u=0$. L'équation (47) admet donc une intégrale et une seule tendant vers zéro lorsque x tend vers zéro (n° 425), et l'origine est un point critique algébrique pour cette intégrale.

L'équation proposée (44) admet donc une intégrale $y=y_1+u^2$ tendant vers zéro lorsque x tend vers zéro ; si l'on adoptait pour le radical la détermination opposée dans l'équation (47), cela reviendrait à changer u en $-u$ dans cette équation, et l'on obtient la même fonction y_1+u^2. L'origine est un point critique algébrique pour cette intégrale. Soient a_0 le terme indépendant de x et de u dans le développement du second membre de l'équation (47) et b_0 le coefficient de u dans ce même développement. Le développement de x suivant les puissances de u commençant par un terme en u^2, inversement le développement de u sera de la forme (n° 425) $u=c_1 x^{\frac{1}{2}}+c_2 x+\ldots$ En substituant dans les deux membres de l'équation (47) on trouve qu'il faut prendre $c_1=\sqrt{a_0}$, $c_2=\dfrac{b_0}{3\sqrt{a_0}}$, et le développement de y_1+u^2 renferme un terme en $x^{\frac{3}{2}}$. L'origine est donc un point de rebroussement pour la courbe intégrale qui passe en ce point, et nous pouvons dire encore que *la courbe* (γ), *représentée par l'équation* (43), *est*, EN GÉNÉRAL, *le lieu des points de rebroussement des courbes intégrales.*

Par un point de la courbe (γ) il passe donc en général une courbe intégrale ayant un rebroussement de première espèce en ce point, la tangente de rebroussement ayant pour coefficient angulaire la racine double y_0'. Si l'équation (41) est de degré supérieur à 2, il passe par le même point d'autres courbes intégrales, correspondant aux racines simples de l'équation $F(x_0, y_0, y')=0$, sur lesquelles ce point est un point ordinaire.

La discussion est tout à fait différente lorsque, pour tout point (x_0, y_0) de la courbe (γ), la racine double correspondante y_0' de l'équation (41) est égale au coefficient angulaire de la tangente à la courbe (γ) en ce point. Dans ce cas, nous voyons d'abord que cette courbe (γ) est une courbe intégrale de l'équation (41).

De plus, c'est une intégrale qui échappe complètement au théorème fondamental de Cauchy, quel que soit le point que l'on choisisse sur cette courbe pour fixer les valeurs initiales de x et de y. Si l'on prend en effet le point (x_0, y_0), l'équation

$$F(x, y, y') = 0$$

admet deux racines tendant vers y_0' lorsque $|x - x_0|$ et $|y - y_0|$ tendent vers zéro, mais ces deux racines ne sont pas en général des fonctions régulières des variables x et y dans le voisinage des valeurs x_0 et y_0, et nous ne pouvons appliquer le théorème de Cauchy. On dit que l'intégrale ainsi obtenue est une *intégrale singulière*. La recherche des intégrales singulières n'offre théoriquement aucune difficulté, puisqu'il suffit évidemment d'examiner si la courbe représentée par l'équation (43) satisfait à l'équation différentielle (41), ce qui n'exige qu'un calcul d'élimination. Il peut arriver que cette équation (43) représente deux courbes distinctes, dont l'une est une intégrale singulière et l'autre le lieu des points de rebroussement des courbes intégrales.

Lorsque la courbe (γ) est une intégrale singulière, par chaque point de cette courbe il passe en général une autre courbe intégrale tangente à (γ). Prenons pour origine un point quelconque de (γ); nous connaissons *a priori* une intégrale y_1 de l'équation (46), c'est l'intégrale singulière pour laquelle on a à la fois

$$(48) \qquad y_1' = P(x, y_1), \qquad P^2(x, y_1) = Q(x, y_1).$$

En posant comme plus haut $y = y_1 + z$, l'équation prend encore la forme (46), mais dans ce cas la fonction $\varphi_0(x)$ est nulle, puisque $z = 0$ doit être une intégrale de cette nouvelle équation. Les autres hypothèses étant conservées, la fonction $\psi_0(x)$ n'est pas nulle pour $x = 0$, et, si l'on pose ensuite $z = u^2$ dans l'équation (46), on est conduit à une équation dont tous les termes sont divisibles par u. En divisant par u, il reste une équation différentielle

$$(49) \quad 2u' = u[\varphi_1(x) + u^2 \varphi_2(x) + \ldots] \pm \sqrt{\psi_0(x) + u^2 \psi_1(x) + \ldots}$$

à laquelle on peut appliquer le théorème général de Cauchy. La fonction $\psi_0(x)$ n'étant pas nulle pour $x = 0$, les deux déterminations du radical sont holomorphes pour $x = 0$, $u = 0$. L'équation (49) admet donc deux intégrales holomorphes dans le domaine de l'ori-

gine, s'annulant pour $x = o$, et l'on voit aisément que ces deux
intégrales se déduisent l'une de l'autre en changeant u en $- u$.
L'équation en y admet donc une autre courbe intégrale

$$y = y_1 + u^2,$$

qui est tangente à l'origine à la courbe (γ). Mais il y a une différence essentielle entre ces deux intégrales. En effet, on peut appliquer les théorèmes généraux du n° **387** à l'équation (49), et l'intégrale de cette équation qui est nulle pour $x = o$ appartient à
une famille d'intégrales dépendant d'une constante arbitraire.
Il en est donc de même de l'intégrale qui est tangente à l'origine
à l'intégrale singulière, tandis que l'intégrale singulière est elle
même, en général, une solution *isolée;* on s'explique aisément ce
fait, puisqu'on ne peut appliquer à cette intégrale les raisonnements qui prouvent l'existence d'une intégrale générale (n° **382**),
dont on pourrait la déduire en donnant une valeur particulière
à la constante qui y figure.

. L'intégrale singulière est donc en général l'enveloppe des autres
courbes intégrales. Lagrange avait déjà remarqué que l'enveloppe
des courbes représentées par l'intégrale générale d'une équation
différentielle du premier ordre est aussi une intégrale de la même
équation, ce qui est à peu près évident puisqu'en un point quelconque de la courbe enveloppe le coefficient angulaire de la tangente est le même pour la courbe enveloppe et pour l'enveloppée.
On peut retrouver aussi de cette façon la règle qui permet de
déduire l'intégrale singulière de l'équation différentielle elle-
même. En effet, prenons d'abord un point M très voisin de l'enveloppe; par ce point M passent deux courbes intégrales très voisines et les coefficients angulaires des tangentes à ces deux
courbes sont eux-mêmes très peu différents. Lorsque le point M
vient sur l'enveloppe, ces tangentes viennent se confondre à la
limite et l'équation (41) admet une racine double en y'. (*Voir*
t. I, n° **198**, p. 507.)

En résumé, nous voyons que, pour une équation du premier
ordre, il peut se présenter deux cas tout à fait distincts, suivant
que la courbe (γ) est un lieu de points de rebroussement pour
les courbes intégrales ou une intégrale singulière. Il est naturel
de se demander lequel de ces deux cas doit être considéré comme

le cas *normal*. Un peu d'attention suffit pour montrer que c'est le premier. En effet, la courbe (γ) est aussi l'enveloppe des courbes représentées par l'équation $F(x, y, a) = o$, où a est le paramètre variable. Si l'équation différentielle (41) admettait une intégrale singulière, quel que fût le polynome F, on serait conduit à énoncer un résultat dont l'absurdité est manifeste : à savoir que, en chaque point de l'enveloppe d'une famille de courbes algébriques, le coefficient angulaire de la tangente est égal à la valeur du paramètre correspondant à l'enveloppée tangente en ce point. Si cette condition est vérifiée par une famille de courbes, il suffit de changer le paramètre (en posant par exemple $a = a' + \varepsilon$) pour que la condition cesse d'être vérifiée. On voit donc que, si l'on part d'une équation du premier ordre où les coefficients de F sont pris au hasard (et non d'une équation fournie par l'élimination d'une constante arbitraire), les cas où il existe une intégrale singulière doivent être considérés comme *exceptionnels*. Si ce résultat a pu jadis sembler paradoxal à quelques mathématiciens, cela tient sans doute à ce qu'on avait surtout étudié, jusqu'aux travaux de Cauchy, des équations dont l'intégrale générale se compose de courbes algébriques. Comme une famille de courbes algébriques admet en général une courbe enveloppe, il paraissait tout naturel d'étendre la conclusion aux courbes intégrales d'une équation différentielle quelconque du premier ordre ; cette induction, nous venons de le voir, n'était pas justifiée (¹). Du reste, même dans la cas où une famille de courbes planes dépendant d'un paramètre variable admet une enveloppe, la méthode qui permet de trouver cette enveloppe donne aussi, on l'a observé (1, n⁰ˢ 198 et 199), le lieu des points singuliers.

(¹) Dans la théorie des enveloppes, on suppose implicitement que dans le voisinage d'un système de solutions x_0, y_0, a_0 des deux équations $f(x, y, a) = o$, $\frac{\partial f}{\partial a} = o$, les fonctions f et $\frac{\partial f}{\partial a}$ sont continues ainsi que leurs dérivées partielles, de façon qu'on puisse appliquer aux fonctions x et y de a définies par ces deux équations les raisonnements qu'on applique aux fonctions implicites. Or, étant donnée une équation différentielle du premier ordre, nous savons bien qu'elle admet une infinité d'intégrales, dépendant d'une constante arbitraire, et représentées dans un certain domaine par une équation $\varphi(x, y, C) = o$, mais rien ne prouve *a priori* que cette fonction $\varphi(x, y, C)$ satisfait aux conditions que nous venons de rappeler. Nous pouvons même affirmer qu'il n'en est pas généralement ainsi.

434. Exemples. Remarques diverses. — 1° Prenons l'équation

$$(50) \qquad y'^2 + 2xy' - y = 0.$$

Les deux valeurs de y' sont égales pour tous les points de la parabole $y + x^2 = 0$, et la racine double est égale à $-x$, tandis que le coefficient angulaire de la tangente à la parabole est $-2x$. Cette courbe n'est donc pas une intégrale singulière ; nous allons vérifier que c'est le lieu des points de rebroussement des courbes intégrales. L'équation (50) est une équation de Lagrange ; en lui appliquant la méthode générale (n° 370), on trouve que les coordonnées x et y d'un point d'une courbe intégrale s'expriment au moyen d'un paramètre p par les formules

$$(51) \qquad x = \frac{C}{p^2} - \frac{2p}{3}, \qquad y = \frac{2C}{p} - \frac{p^2}{3}.$$

Ce sont des courbes unicursales du 4ᵉ degré ; pour les valeurs du paramètre qui sont racines de l'équation $p^3 + 3C = 0$, on a $\frac{dx}{dp} = \frac{dy}{dp} = 0$. Chacune de ces courbes a donc trois points de rebroussement, et l'on obtiendra le lieu de ces points en éliminant p et C entre les équations (51) et la relation $p^3 = -3C$, ce qui donne bien la parabole $y + x^2 = 0$.

2° Reprenons l'équation d'Euler $X y'^2 = Y$; les deux valeurs de y' sont égales pour tout point de l'une des huit droites représentées par l'équation $XY = 0$. Ces huit droites sont des solutions singulières, et forment bien l'enveloppe des courbes représentées par l'intégrale générale.

3° On peut employer la méthode suivante pour rechercher s'il existe des intégrales singulières. D'après ce que nous avons vu, une telle intégrale, si elle existe, satisfait aux équations

$$F(x, y, y') = 0, \qquad \frac{\partial F}{\partial y'} = 0,$$

et par suite aussi à la relation $\frac{\partial F}{\partial x} + \frac{\partial F}{\partial y} y' = 0$ obtenue en différentiant la première. Réciproquement, supposons que pour tous les points d'une courbe (γ) les trois équations

$$(52) \qquad F(x, y, m) = 0, \qquad \frac{\partial F}{\partial m} = 0, \qquad \frac{\partial F}{\partial x} + \frac{\partial F}{\partial y} m = 0$$

aient une solution commune en m. Le long de la courbe (γ), x, y et m sont trois fonctions d'une seule variable vérifiant les relations (52). On a donc entre leurs différentielles la relation

$$\frac{\partial F}{\partial x}\, dx + \frac{\partial F}{\partial y}\, dy + \frac{\partial F}{\partial m}\, dm = 0,$$

qui devient, en tenant compte des relations (52) elles-mêmes,

$$\frac{\partial F}{\partial y}\left(m - \frac{dy}{dx} \right) = 0.$$

Si $\dfrac{\partial F}{\partial y}$ n'est pas nul en tous les points de la courbe (γ), on a donc $y' = m$ et cette courbe est une intégrale singulière $(^1)$. Si $\dfrac{\partial F}{\partial y} = 0$, on doit avoir aussi $\dfrac{\partial F}{\partial x} = 0$, et une vérification directe est nécessaire pour reconnaître si la courbe (γ) est une intégrale.

Cette remarque s'applique en particulier à l'équation de Clairaut

$$F(x, y, y') = f(y', y - xy') = 0.$$

En posant pour abréger $u = y - xy'$, les trois équations qui doivent être compatibles sont ici

$$f(y', y - xy') = 0, \qquad \frac{\partial f}{\partial y'} - x\,\frac{\partial f}{\partial u} = 0, \qquad \frac{\partial f}{\partial u}(-y') + y'\,\frac{\partial f}{\partial u} = 0,$$

et se réduisent à deux équations seulement. Il y a donc une intégrale singulière obtenue en éliminant y' entre ces deux relations.

4° Considérons l'équation

$$x^2 + y^2 - 2x(x + yy') + \frac{1}{m^2}(x + yy')^2 + K = 0,$$

dont l'intégrale générale se compose des cercles doublement tangents à la conique

$$x^2(1 - m^2) + y^2 + K = 0,$$

et ayant leur centre sur l'axe des x. Cette conique est une solution singulière. Mais en outre, pour tout point de l'axe des x, les deux valeurs de y' deviennent infinies. Cependant cette droite n'est pas un lieu de points de rebroussement ; par un point quelconque il passe deux courbes intégrales tangentes l'une à l'autre, la tangente commune étant parallèle à l'axe des y.

$(^1)$ *Voir* un article de G. **Darboux** dans le *Bulletin des Sciences mathématiques*, t. IV, 1873, p. 158-176.

5° Pour qu'une intégrale C soit une intégrale singulière, il ne suffit pas que pour tous les points de cette courbe l'équation (41) ait une racine double ; il faut encore que cette racine double soit précisément le coefficient angulaire de la tangente à C. Considérons, par exemple, les cissoïdes représentées par l'équation $(y - 2a)^2(x - a) - r^3 = 0$; la droite $x = 0$ est le lieu des points de rebroussement de ces courbes, et c'est aussi une intégrale particulière obtenue en supposant $a = 0$. Pour tout point de cette intégrale l'équation différentielle correspondante admet la racine double $y' = 0$, et une racine infinie. Ce n'est donc pas une intégrale singulière.

6° Soit S une surface présentant des régions où elle est convexe, et des régions où elle est à courbures opposées. Ces régions sont séparées par une courbe Γ, lieu des points paraboliques, en tous les points de laquelle l'équation différentielle des lignes asymptotiques (I, n° 237, p. 604)

$$\mathrm{D}\, du^2 + 2\,\mathrm{D}'\, du\, dv + \mathrm{D}''\, dv^2 = 0$$

a une racine double en $\dfrac{dv}{du}$; cette racine double fournit la direction de la tangente asymptotique unique. Si la tangente à Γ ne se confond pas avec cette tangente asymptotique (ce qui est le cas général), la courbe Γ est le lieu des points de rebroussement des lignes asymptotiques. Mais si la tangente asymptotique en chaque point M de Γ se confond avec la tangente à Γ, cette courbe est l'enveloppe des lignes asymptotiques. Dans ce cas, cette courbe Γ est à la fois une ligne asymptotique et une ligne de courbure, puisque la tangente est aussi un axe de l'indicatrice. Les normales à la surface S le long de Γ forment donc une surface développable, et, comme la normale à S est la binormale à la courbe Γ, il s'ensuit que Γ est une courbe plane (I, n° 245), et la surface considérée S est tangente au plan P de la courbe Γ tout le long de cette courbe.

Prenons par exemple une surface de révolution. Pour que l'un des rayons de courbure principaux en un point M de cette surface soit infini, il faut que le rayon de courbure de la méridienne soit infini ou que la tangente à cette méridienne soit perpendiculaire à l'axe.

Dans le premier cas, la courbe Γ est un parallèle dont chaque point est un point d'inflexion pour la méridienne, la tangente asymptotique est perpendiculaire à la tangente Γ, et ce parallèle est un lieu de points de rebroussement pour les lignes asymptotiques. Au contraire, dans le second cas, la courbe Γ est un parallèle en tous les points duquel la surface est tangente au plan de ce parallèle, comme dans un tore ; c'est aussi l'enveloppe des lignes asymptotiques.

Tous ces résultats sont faciles à vérifier directement sur l'équation différentielle en coordonnées polaires des lignes asymptotiques.

435. Interprétation géométrique. — On peut présenter la discussion précédente sous une forme un peu différente, que nous indiquerons rapidement ; nous continuerons à employer le langage de la géométrie, quoique les raisonnements s'étendent sans difficulté au domaine des variables complexes.

On a déjà fait observer (n° 369) que l'intégration d'une équation différentielle du premier ordre $F(x, y, y') = 0$ revient à la détermination des courbes Γ situées sur la surface S ayant pour équation

$$(53) \qquad\qquad F(x, y, z) = 0,$$

et telles que l'on ait aussi $dy - z\,dx = 0$. La projection c sur le plan des xy d'une courbe Γ de la surface S satisfaisant aux conditions précédentes est une courbe intégrale de l'équation différentielle proposée, et réciproquement. Nous supposerons pour la discussion que cette surface S n'a pas d'autres singularités que des courbes doubles suivant lesquelles se croisent deux nappes de la surface avec des plans tangents distincts. Au lieu d'étudier les courbes c du plan des xy, nous allons étudier les courbes Γ de la surface S.

Considérons d'abord un point $M_0(x_0, y_0, z_0)$ non situé sur une courbe double, et où le plan tangent n'est pas parallèle à l'axe des z. La tangente à la courbe Γ qui passe en M_0 est située dans le plan tangent en ce point

$$(54) \qquad (X - x_0)\left(\frac{\partial F}{\partial x}\right)_0 + (Y - y_0)\left(\frac{\partial F}{\partial y}\right)_0 + (Z - z_0)\left(\frac{\partial F}{\partial z}\right)_0 = 0,$$

et aussi, puisque l'on doit avoir $dy - z\,dx = 0$, dans le plan

$$(55) \qquad\qquad Y - y_0 - z_0(X - x_0) = 0.$$

Ces deux plans sont distincts puisque $\left(\frac{\partial F}{\partial z}\right)_0$ n'est pas nul, et se coupent par conséquent suivant une droite *non parallèle à* Oz. Par le point M_0 il passe donc une courbe Γ et une seule, dont la tangente n'est pas parallèle à l'axe des z ; la projection c de cette courbe sur le plan des xy passe au point m_0 projection de M_0, et m_0 est un point ordinaire pour c. Si le point M_0 appartient à une courbe double de S, le raisonnement précédent s'applique à chacune des deux nappes pourvu qu'aucun des plans tangents en M_0 ne soit parallèle à Oz ; par le point M_0 il passe donc deux courbes Γ, correspondant aux deux nappes de la surface S. Il reste à examiner ce qui arrive lorsque le point M_0 est situé sur la courbe D de S, lieu des points pour lesquels on a à la fois $F = 0$, $\frac{\partial F}{\partial z} = 0$. Nous supposerons que cette courbe D n'est pas une courbe double ; c'est alors le lieu des points de S où le plan tangent est parallèle à Oz, et l'une au moins des dérivées partielles $\frac{\partial F}{\partial x}$, $\frac{\partial F}{\partial y}$ est différente de zéro au point M_0. Les deux plans (54) et (55) sont alors parallèles à l'axe des z, et leur intersection est parallèle à Oz, à moins que ces deux plans ne se confondent, c'est-à-dire à moins que l'on ait

$$(56) \qquad \left(\frac{\partial F}{\partial x}\right)_0 + z_0 \left(\frac{\partial F}{\partial y}\right)_0 = 0.$$

Écartons d'abord le cas où cela aurait lieu. La tangente à la courbe Γ qui passe en M_0 est parallèle à Oz, mais cette courbe elle-même ne présente aucune singularité au point M_0. Pour nous en assurer, nous remplacerons le système des deux équations

$$(57) \qquad F(x, y, z) = 0, \qquad dy = z\, dx$$

par le système des deux équations simultanées

$$(58) \qquad \frac{dx}{\dfrac{\partial F}{\partial z}} = \frac{dy}{z\,\dfrac{\partial F}{\partial z}} = \frac{-dz}{\dfrac{\partial F}{\partial x} + z\,\dfrac{\partial F}{\partial y}},$$

avec les conditions initiales $x = x_0$, $y = y_0$, $z = z_0$. Les deux systèmes sont équivalents; on tire en effet des équations (58) la combinaison intégrable $dF = 0$, et par suite $F(x, y, z) = F(x_0, y_0, z_0) = 0$.

Or $\left(\dfrac{\partial F}{\partial x}\right)_0 + z_0 \left(\dfrac{\partial F}{\partial y}\right)_0$ n'étant pas nul par hypothèse, on tire des équations (58) des développements de $x - x_0$ et de $y - y_0$ suivant les puissances de $z - z_0$ commençant par des termes du second degré au moins

$$x - x_0 = \alpha_2(z - z_0)^2 + \ldots, \qquad y - y_0 = \beta_2(z - z_0)^2 + \ldots.$$

Le point M_0 est donc un point ordinaire pour la courbe Γ qui passe en ce point, mais le point m_0, projection de M_0 sur le plan xOy, est un point de rebroussement (en général de première espèce) pour la courbe c projection de Γ. Ceci tient du reste à une propriété générale facile à vérifier, à savoir que la projection d'une courbe gauche sur un plan, parallèlement à la tangente en un point M de cette courbe, a un rebroussement au point m, projection de M (I, *Exercice* 13, p. 587). Soit d la projection sur le plan des xy de la courbe D; nous retrouvons le résultat établi plus haut : la courbe d est le lieu des points de rebroussement des courbes intégrales c. La méthode précédente a l'avantage de nous montrer comment cette singularité disparaît quand on passe du plan à la surface S.

Le résultat est tout différent lorsque la relation (56) est vérifiée en tous les points de la courbe D. Les deux plans (54) et (55) sont alors confondus; nous sommes dans le cas où il existe une intégrale singulière. Par tout point de D il passe alors en général deux courbes Γ, la courbe D elle-même, et une seconde courbe dont la projection sur le plan des xy est tangente à l'intégrale singulière D.

436. Intégrales singulières des systèmes d'équations différentielles.
— La théorie des intégrales singulières s'étend aux systèmes d'équations

différentielles du premier ordre et, par suite, aux équations d'ordre supérieur. Nous étudierons seulement un système de deux équations du premier ordre (ce qui comprend le cas d'une seule équation du second ordre), en suivant une marche inverse de la précédente, c'est-à-dire en considérant tout d'abord un système obtenu par l'élimination des constantes [1].

Soient

$$(59) \qquad F(x, y, z; a, b) = 0, \qquad \Phi(x, y, z; a, b) = 0$$

les équations d'une famille de courbes planes ou gauches Γ, dépendant de deux paramètres arbitraires a et b; c'est ce qu'on appelle aussi une *congruence* de courbes. Nous pouvons supposer, pour fixer les idées, que les fonctions F et Φ sont des polynomes; les courbes de la congruence sont alors algébriques. Nous allons d'abord généraliser les théorèmes établis pour les congruences de droites (I, n° 230, p. 579). Si l'on établit entre a et b une relation de forme arbitraire $b = \varphi(a)$, on obtient une infinité de courbes Γ dépendant d'un seul paramètre variable a. En général, ces courbes n'admettent pas de courbe enveloppe; pour qu'il y ait une enveloppe, il faut en effet que les quatre équations (59) et (60) admettent un système de solutions communes en x, y, z (I, 205, p. 519).

$$(60) \qquad \frac{\partial F}{\partial a} + \frac{\partial F}{\partial b}\frac{db}{da} = 0, \qquad \frac{\partial \Phi}{\partial a} + \frac{\partial \Phi}{\partial b}\frac{db}{da} = 0.$$

L'élimination de x, y, z entre ces quatre équations conduit à une relation entre a, b et $\dfrac{db}{da}$,

$$(61) \qquad \Pi\left(a, b, \frac{db}{da}\right) = 0,$$

c'est-à-dire à une équation différentielle du premier ordre. Si l'on a pris pour $b = \varphi(a)$ une intégrale de cette équation, les courbes Γ engendrent une surface Σ, et sont tangentes à une courbe C située sur Σ : nous appellerons encore cette courbe C l'*arête de rebroussement* de Σ. Si l'équation (61) est de degré m en $\dfrac{db}{da}$, toute courbe Γ de la congruence appartient en général à m surfaces analogues à Σ, et, sur chacune de ces surfaces, elle touche l'arête de rebroussement correspondante en un point déterminé. Il existe ainsi, sur chaque courbe Γ de la congruence, m points particuliers remarquables, qu'on appelle les *points focaux*. Ces points focaux peuvent être obtenus sans avoir intégré l'équation (61); il suffit en effet de résoudre les quatre équations (59) et (60) par rapport à x, y, z, $\dfrac{db}{da}$. On trouve d'abord la relation (61) qui donne $\dfrac{db}{da}$, et, en élimi-

---

[1] Voir mon Mémoire *Sur les solutions singulières des équations différentielles simultanées* (*American Journal of Mathematics*, vol. XI).

nant $\dfrac{db}{da}$ entre les deux équations (60), on a une nouvelle relation

$$(62) \qquad \frac{D(F, \Phi)}{D(a, b)} = \frac{\partial F}{\partial a} \frac{\partial \Phi}{\partial b} - \frac{\partial F}{\partial b} \frac{\partial \Phi}{\partial a} = 0,$$

qui, jointe aux deux équations (59) de la courbe Γ, permet de calculer les coordonnées des points focaux.

Le lieu des points focaux est la *surface focale* de la congruence; on obtient l'équation de cette surface en éliminant a et b entre les trois relations (59) et (62). La surface focale est aussi le lieu des arêtes de rebroussement C des surfaces Σ. En effet, un point quelconque de la courbe C est un point focal pour la courbe de la congruence qui est tangente à C en ce point. Il s'ensuit que toute courbe Γ de la congruence est tangente aux m nappes de la surface focale aux m points focaux correspondants, puisqu'en chacun de ces points elle est tangente à une courbe C située sur cette surface focale. Toutes ces propriétés offrent la plus grande analogie avec les propriétés des congruences de droites. En général, si les polynomes F et Φ sont quelconques, les m nappes de la surface focale sont représentées par une équation unique, mais il peut aussi arriver que cette équation se décompose en plusieurs équations distinctes. Dans certains cas particuliers il peut aussi se faire que quelques-unes des nappes de la surface focale se réduisent à des courbes; les arêtes de rebroussement C correspondantes se réduisent alors à un point.

Voici la conclusion que l'on peut déduire de ces propriétés relativement aux équations différentielles. Les courbes Γ sont des courbes intégrales d'un système d'équations différentielles que l'on obtient en éliminant les constantes a et b entre les équations (59) et les équations obtenues en les différentiant

$$(63) \qquad \frac{\partial F}{\partial x} + \frac{\partial F}{\partial y} y' + \frac{\partial F}{\partial z} z' = 0, \qquad \frac{\partial \Phi}{\partial x} + \frac{\partial \Phi}{\partial y} y' + \frac{\partial \Phi}{\partial z} z' = 0.$$

Soit

$$(64) \qquad \mathcal{F}(x, y, z, y', z') = 0, \qquad \mathcal{F}_1(x, y, z, y', z') = 0$$

le système d'équations différentielles ainsi obtenu. Les formules (59) représentent l'intégrale générale de ce système, puisqu'on peut disposer par hypothèse des constantes a et b de façon que la courbe Γ passe par un point quelconque de l'espace, de coordonnées x_0, y_0, z_0; si par ce point il passe n courbes Γ, les équations (59) déterminent n systèmes de valeurs pour a et b. Les équations (63) déterminent ensuite y' et z', et l'on voit que, pour le point (x_0, y_0, z_0), les équations (64) déterminent n systèmes de valeurs pour y' et z'. Mais les arêtes de rebroussement C sont aussi des courbes intégrales des équations (64), puisqu'en un point de C les valeurs de x, y, z, y', z' sont les mêmes pour C et pour la courbe Γ tangente à C en ce point. Les équations (64) admettent donc, en dehors des courbes Γ.

une infinité d'autres intégrales non comprises dans les formules (59), et
que l'on obtiendra en intégrant l'équation du premier ordre (61) : ce sont
des *intégrales singulières* du système.

A y regarder de près, on voit que l'existence des surfaces focales n'exige
pas en réalité que les courbes Γ soient algébriques. Il suffit que, dans le
voisinage d'un système de solutions $(x_0, y_0, z_0, a_0, b_0)$ des trois équations

$$(65) \qquad F(x, y, z, a, b) = 0, \qquad \Phi(x, y, z, a, b) = 0, \qquad \frac{D(F, \Phi)}{D(a, b)} = 0,$$

les fonctions implicites x, y, z des paramètres a et b, définies par ces trois
équations, qui se réduisent à x_0, y_0, z_0 pour $a = a_0$, $b = b_0$, soient continues et admettent des dérivées continues dans le voisinage. Soient en
effet

$$(66) \qquad x = f_1(a, b), \qquad y = f_2(a, b), \qquad z = f_3(a, b)$$

ces trois fonctions; la nappe de la surface focale qui passe par le point de
coordonnées (x_0, y_0, z_0) est représentée dans le voisinage de ce point par
les formules (66), les paramètres a et b ayant des valeurs voisines de a_0
et de b_0. Il est facile d'en déduire l'équation du plan tangent à la surface
focale. En effet, lorsque le point x, y, z décrit une courbe quelconque sur
cette surface, x, y, z, a, b sont des fonctions d'une seule variable indépendante qui satisfont aux équations (65) et dont les différentielles vérifient par conséquent les deux relations

$$\frac{\partial F}{\partial x} \delta x + \frac{\partial F}{\partial y} \delta y + \frac{\partial F}{\partial z} \delta z + \frac{\partial F}{\partial a} \delta a + \frac{\partial F}{\partial b} \delta b = 0,$$

$$\frac{\partial \Phi}{\partial x} \delta x + \frac{\partial \Phi}{\partial y} \delta y + \frac{\partial \Phi}{\partial z} \delta z + \frac{\partial \Phi}{\partial a} \delta a + \frac{\partial \Phi}{\partial b} \delta b = 0;$$

en tenant compte de la dernière des équations (65), on peut éliminer δa
et δb, ce qui conduit à la nouvelle relation

$$(67) \qquad \frac{D(F, \Phi)}{D(x, b)} \delta x + \frac{D(F, \Phi)}{D(y, b)} \delta y + \frac{D(F, \Phi)}{D(z, b)} \delta z = 0,$$

il suffit d'y remplacer δx, δy, δz par $X - x_0$, $Y - y_0$, $Z - z_0$ respectivement pour avoir l'équation du plan tangent à la surface focale; on vérifie
aisément que ce plan passe par la tangente à la courbe Γ. Les propriétés
de la surface focale supposent donc seulement que l'on peut appliquer aux
équations (65) la théorie des fonctions implicites, et en particulier que les
fonctions F, Φ sont continues ainsi que leurs dérivées partielles dans le
voisinage d'un système de solutions x_0, y_0, z_0, a_0, b_0. Il en est bien ainsi
lorsque F et Φ sont des polynomes, mais il est clair qu'il en est de même
pour beaucoup d'autres fonctions. Remarquons aussi que, si les courbes Γ
ont des points singuliers, le lieu de ces points singuliers fait partie de la

surface focale. On le démontre comme la proposition analogue relative
aux courbes planes (I, n° 198, p. 507).

Examinons maintenant la question d'un point de vue opposé. Étant
donné un système de deux équations différentielles du premier ordre, tel
que le système (64), proposons-nous de reconnaître si ce système admet
des intégrales singulières; nous supposerons que $\mathcal{F}$ et $\mathcal{F}_1$ sont des polynomes.
Soit M_0 un point quelconque de l'espace, de coordonnées (x_0, y_0, z_0);
quand on remplace x, y, z par x_0, y_0, z_0 respectivement dans les équations (64), elles admettent en général un certain nombre de systèmes de
solutions. Soit y_0', z_0' un de ces systèmes; nous admettrons d'abord que,
pour ce système de solutions, le jacobien $\dfrac{D(\mathcal{F}, \mathcal{F}_1)}{D(y', z')}$ n'est pas nul. Des
équations (64) on tire alors pour y' et z' des fonctions régulières dans le
domaine du point (x_0, y_0, z_0),

$$y' = y_0' + \alpha(x - x_0) + \ldots, \qquad z' = z_0' + \alpha_1(x - x_0) + \ldots,$$

qui se réduisent à y_0' et z_0' respectivement pour $x = x_0$, $y = y_0$, $z = z_0$.
Les équations (64) admettent donc une courbe intégrale passant au
point M_0 et tangente à la droite qui a pour équations $Y - y_0 = y_0'(X - x_0)$,
$Z - z_0 = z_0'(X - x_0)$, et de plus (n° 387) cette courbe fait partie d'une
famille d'intégrales dépendant de deux paramètres arbitraires. Il n'en est
plus de même si l'on a $\dfrac{D(\mathcal{F}, \mathcal{F}_1)}{D(y_0', z_0')} = 0$; ceci ne peut avoir lieu que si les
coordonnées (x_0, y_0, z_0) vérifient la relation

$$(68) \qquad\qquad R(x, y, z) = 0,$$

obtenue en éliminant y' et z' entre les trois équations

$$(69) \qquad\qquad \mathcal{F} = 0, \qquad \mathcal{F}_1 = 0, \qquad \dfrac{D(\mathcal{F}, \mathcal{F}_1)}{D(y', z')} = 0.$$

Cette équation (68) représente une surface S, et, d'après ce que nous
venons de voir, toute courbe intégrale, qui n'est pas située sur la surface S, ne peut être une intégrale singulière.

Si le point M_0 est sur la surface S, les trois équations (69) ont pour
ce point un système de solutions communes, $y' = y_0'$, $z' = z_0'$. Lorsque la
droite D représentée par les équations

$$(70) \qquad\qquad \dfrac{X - x_0}{1} = \dfrac{Y - y_0}{y_0'} = \dfrac{Z - z_0}{z_0'}$$

n'est pas tangente à S (ce qui est le cas général), il y a bien une courbe
intégrale passant au point M_0 et tangente à la droite D, et l'on a démontré
que le point M_0 est en général un point de rebroussement de cette courbe.
Ce qui est essentiel pour nous, c'est que cette intégrale ne peut être sur
la surface S, puisque sa tangente n'est pas dans le plan tangent. Pour qu'il

y ait des intégrales singulières. il faut donc qu'en chaque point de S la droite D correspondante soit située dans le plan tangent à la surface. Cette condition est suffisante, car par chaque point de S il passe alors une courbe située sur cette surface et tangente à la droite D. Ces courbes sont déterminées par une équation différentielle du premier ordre, et ce sont bien des intégrales singulières, car en chacun de leurs points les valeurs de y' et de z' forment un système *multiple* de solutions des équations (64).

Exemples. — 1° Considérons le système d'équations simultanées

$$(71) \qquad y - xy' = 0. \qquad x^2 z'^2 = x^2 + y^2 - 1.$$

Les deux valeurs de z' sont égales pour tous les points du cylindre $x^2 + y^2 - 1 = 0$, et la direction correspondante à cette racine double est la perpendiculaire abaissée du point (x, y) sur l'axe des z. Cette direction n'étant pas située dans le plan tangent au cylindre, il ne peut y avoir d'intégrales singulières. On vérifie aisément sur cet exemple que le cylindre est le lieu des points de rebroussement des courbes intégrales, car l'intégrale générale du système (71) est représentée par les formules

$$y = C_1 x, \qquad z = \sqrt{x^2 + y^2 - 1} - \operatorname{arc\,tang}\sqrt{x^2 + y^2 - 1} + C_2.$$

2° Tout système d'équations différentielles de la forme

$$(72) \quad F(y - xy', z - xz', y', z') = 0, \qquad \Phi(y - xy', z - xz', y', z') = 0,$$

qui peut être considéré comme généralisant l'équation de Clairaut, s'intègre aisément en observant que l'on déduit des relations précédentes

$$\left(\frac{\partial F}{\partial y'} - x\frac{\partial F}{\partial u}\right)y'' + \left(\frac{\partial F}{\partial z'} - x\frac{\partial F}{\partial v}\right)z'' = 0,$$

$$\left(\frac{\partial \Phi}{\partial y'} - x\frac{\partial \Phi}{\partial u}\right)y'' + \left(\frac{\partial \Phi}{\partial z'} - x\frac{\partial \Phi}{\partial v}\right)z'' = 0,$$

où $u = y - xy'$, $v = z - xz'$. On peut satisfaire à ces dernières équations en prenant $y'' = 0$, $z'' = 0$, ou en supposant que l'on a

$$(73) \quad \left(\frac{\partial F}{\partial y'} - x\frac{\partial F}{\partial u}\right)\left(\frac{\partial \Phi}{\partial z'} - x\frac{\partial \Phi}{\partial v}\right) - \left(\frac{\partial F}{\partial z'} - x\frac{\partial F}{\partial v}\right)\left(\frac{\partial \Phi}{\partial y'} - x\frac{\partial \Phi}{\partial u}\right) = 0.$$

Dans la première hypothèse, y' et z' sont des constantes a et b, et l'on voit ainsi que les courbes qui forment l'intégrale générale sont *les droites de la congruence* représentée par les deux équations

$$F(y - ax, z - bx, a, b) = 0. \qquad \Phi(y - ax, z - bx, a, b) = 0.$$

Il y aussi des intégrales singulières, puisque les droites de la congruence sont tangentes aux deux nappes d'une surface focale; ces intégrales singulières sont les arêtes de rebroussement des développables de la congruence, et s'obtiennent par l'intégration d'une équation différentielle du premier ordre. On obtiendra l'équation de la surface focale en éliminant y' et z' entre les relations (72) et (73).

EXERCICES.

---

1. Examiner si les équations différentielles suivantes admettent des solutions singulières :

$$y'^2 + \left(x + \frac{x^3}{2}\right)y' - (1 + x^2)y - \frac{x^4}{16} = 0.$$

[SERRET.]

$$xy^2y'^2 - y^3y' + a^2x = 0.$$

[SCHLÖMILCH.]

$$y'^2 - 2x\sqrt{y}\,y' + 4y\sqrt{y} = 0.$$

[BOOLE.]

$$(xy' - y)^2 - 2xy(1 + y'^2) = 0.$$

[HOÜEL.]

$$2xy(1 + y'^2) - (xy' + y)^2 = 0$$

[MOIGNO.]

2*. L'équation $H(x, y) = 0$, obtenue en éliminant y' entre les deux relations $F(x, y, y') = 0$, $\dfrac{\partial F}{\partial x} + \dfrac{\partial F}{\partial y}\,y' = 0$, représente le lieu des points d'inflexion des courbes intégrales.

En déduire le théorème du n° 433, sur le lieu des points de rebroussement des courbes intégrales, au moyen d'une transformation par polaires réciproques.

[DARBOUX, *Bulletin des Sciences mathématiques*, t. IV; 1873.]

3. Déterminer les intégrales singulières du système d'équations différentielles

$$y = xy - y'^2 + z', \qquad z = z'x + y'z'. \qquad \text{[SERRET.]}$$

4. Examiner si l'équation différentielle du second ordre

$$(1 + x^2)y'^2 - \left(2xy' + \frac{x^2}{2}\right)y'' + y'^2 + xy' - y = 0$$

admet des intégrales singulières, et trouver ces intégrales.

[LAGRANGE. *Œuvres*, t. X, p. 233.]

[On remplace cette équation par un système de deux équations premier ordre.]

5*. Etant donnée une équation différentielle du second ordre

$$F(x, y, y', y'') = 0,$$

en éliminant y'' entre cette équation et la relation $\dfrac{\partial F}{\partial y'^2} = 0$, on obtient une équation différentielle du premier ordre $P(x, y, y') = 0$, dont les intégrales possèdent *en général* la propriété suivante : Par chaque point M d'une de ces courbes intégrales C, il passe une courbe intégrale de l'équation F $= 0$, ayant un rebroussement de seconde espèce en M et la tangente en ce point à la courbe C pour tangente de rebroussement.

[*American Journal of Mathematics*, vol. XI, p. 364.]

6. Établir les propriétés de e^x, en partant de l'intégrale générale de l'équation différentielle $\dfrac{dx}{x} + \dfrac{dy}{y} = 0$, mise sous la forme algébrique $xy = C$.

Même question pour la fonction $\tan g\, x$, en cherchant d'abord l'intégrale générale sous forme algébrique de l'équation différentielle

$$\frac{dx}{1 + x^2} + \frac{dy}{1 + y^2} = 0.$$

7*. Soit $y' = R(x, y)$, où $R(x, y)$ est une fonction rationnelle de y dont les coefficients sont des fonctions analytiques de x, une équation différentielle du premier ordre admettant une intégrale générale de la forme

$$(1) \qquad \frac{\varphi_0(x) y^n + \varphi_1(x) y^{n-1} + \ldots + \varphi_n(x)}{\psi_0(x) y^n + \psi_1(x) y^{n-1} + \ldots + \psi_n(x)} = F(x, y) = C.$$

Démontrer que cette équation peut se ramener à une équation de Riccati par une substitution de la forme $u = R_1(x, y)$, R_1 étant une fonction rationnelle de y.   [PAINLEVÉ.]

R. On remarque que l'équation (1) peut s'écrire

$$y^n + [A_1(x) + B_1(x)u] y^{n-1} + \ldots + [A_{n-1}(x) + B_{n-1}(x)u] y + u = 0,$$

où $u = \dfrac{\varphi_n - C\psi_n}{\varphi_0 - C\psi_0}$, et l'on démontre que u satisfait à une équation de Riccati, tandis que les fonctions A_i, B_i sont déterminées.

8. Quand on cherche à déterminer la fonction $f(\alpha)$ de façon que l'enveloppe de la droite $x\cos\alpha + y\sin\alpha = f(\alpha)$ soit une courbe donnée C, on est conduit à une équation différentielle dont l'intégrale générale est $f(\alpha) = a\cos\alpha + b\sin\alpha$, a et b étant les coordonnées d'un point quelconque de la courbe C. La véritable solution est fournie par l'intégrale singulière.

CHAPITRE XXII.

ÉQUATIONS AUX DÉRIVÉES PARTIELLES DU PREMIER ORDRE.

Dans ce Chapitre, consacré à la théorie des équations aux dérivées partielles du premier ordre, on a surtout en vue de ramener l'intégration d'une équation de cette forme à l'intégration d'un système d'équations différentielles ordinaires. Quoique cette réduction ne puisse être, dans bien des cas, d'aucune utilité pratique, elle n'en offre pas moins un grand intérêt théorique, car elle permet de se rendre compte du degré de difficulté du problème. Bien que tous les raisonnements n'exigent pas que les intégrales considérées soient analytiques, c'est à celles-là que nous nous limiterons, à moins de mention expresse.

I. — ÉQUATIONS LINÉAIRES DU PREMIER ORDRE.

437. Méthode générale. — Nous avons déjà vu que l'intégration de l'équation homogène

$$(1) \qquad X_1 \frac{\partial f}{\partial x_1} + X_2 \frac{\partial f}{\partial x_2} + \ldots + X_n \frac{\partial f}{\partial x_n} = 0,$$

où $X_1, X_2, \ldots, X_n$ sont des fonctions de $x_1, x_2, \ldots, x_n$, et l'intégration du système d'équations différentielles

$$(2) \qquad \frac{dx_1}{X_1} = \frac{dx_2}{X_2} = \ldots = \frac{dx_n}{X_n}$$

sont deux problèmes équivalents (n° 392). Si $f_1, f_2, \ldots, f_{n-1}$ sont $(n-1)$ intégrales premières distinctes du système (2), l'intégrale générale de l'équation (1) est une fonction arbitraire

$$\Phi(f_1, f_2, \ldots, f_{n-1})$$

de ces $(n-1)$ intégrales.

On peut obtenir comme il suit l'intégrale satisfaisant à la condition de Cauchy. Supposons les coefficients X_i holomorphes dans le domaine d'un système particulier de valeurs x_1^0, x_2^0, ..., x_n^0, le premier coefficient $(X_1)_0$ n'étant pas nul. L'équation (1) étant résolue par rapport à $\frac{\partial f}{\partial x_1}$, on peut lui appliquer le théorème général (n° 386); il existe donc une intégrale holomorphe dans le domaine considéré, se réduisant, pour $x_1 = x_1^0$, à une fonction holomorphe donnée $\varphi(x_2, x_3, ..., x_n)$ des $(n-1)$ variables $x_2, ..., x_n$. Pour obtenir cette intégrale, écrivons le système (2) sous la forme

$$(3) \qquad \frac{dx_2}{dx_1} = \frac{X_2}{X_1}, \qquad ..., \qquad \frac{dx_n}{dx_1} = \frac{X_n}{X_1};$$

les seconds membres étant holomorphes dans le voisinage du système de valeurs x_1^0, x_2^0, ..., x_n^0, il existe un système d'intégrales holomorphes se réduisant pour $x_1 = x_1^0$ à des valeurs données C_2, C_3, ..., C_n pourvu que les modules $|C_i - x_i^0|$ soient inférieurs à une certaine limite, et ces intégrales sont des fonctions holomorphes de x_1 et des paramètres C_2, C_3, ..., C_n (n° 387), qui sont représentées par des développements de la forme

$$(4) \quad x_i = C_i + (x_1 - x_1^0) P_i(x_1, C_2, C_3, ..., C_n) \qquad (i = 2, 3, ..., n).$$

En résolvant ces $(n-1)$ équations par rapport aux C_i, on obtient un système de $(n-1)$ intégrales premières des équations (2), représentées par des développements

$$(5) \quad C_i = x_i + (x_1 - x_1^0) Q_i(x_1, x_2, ..., x_n) \qquad (i = 2, 3, ..., n),$$

les Q_i étant des fonctions holomorphes. Il est clair que la fonction $\varphi(C_2, C_3, ..., C_n)$ de ces $(n-1)$ intégrales premières est holomorphe dans le domaine du point $(x_1^0, ..., x_n^0)$, et se réduit à $\varphi(x_2, x_3, ..., x_n)$ pour $x = x_1^0$.

Considérons maintenant une équation linéaire quelconque

$$(6) \qquad P_1 \frac{\partial z}{\partial x_1} + P_2 \frac{\partial z}{\partial x_2} + ... + P_n \frac{\partial z}{\partial x_n} - R = 0,$$

où P_1, P_2, ..., P_n, R peuvent dépendre à la fois des variables indépendantes x_1, x_2, ..., x_n, et de la fonction inconnue z. Or ramène cette équation à la forme (1) au moyen d'un artifice très souvent employé dans l'étude des équations aux dérivées partielles. Au lieu de chercher à obtenir directement la fonction inconnue z, on cherche à la définir par une équation non résolue

$$(7) \qquad V(z, x_1, x_2, \ldots, x_n) = 0,$$

la fonction V des $(n+1)$ variables $z, x_1, x_2, \ldots, x_n$ étant maintenant la fonction inconnue. De cette relation on déduit en différentiant

$$\frac{\partial V}{\partial x_1} + \frac{\partial V}{\partial z}\frac{\partial z}{\partial x_1} = 0, \qquad \ldots, \qquad \frac{\partial V}{\partial x_n} + \frac{\partial V}{\partial z}\frac{\partial z}{\partial x_n} = 0,$$

et, en remplaçant $\dfrac{\partial z}{\partial x_1}, \ldots, \dfrac{\partial z}{\partial x_n}$ par les valeurs tirées des relations précédentes dans l'équation (6), elle devient

$$(8) \qquad F(V) = P_1\frac{\partial V}{\partial x_1} + \ldots + P_n\frac{\partial V}{\partial x_n} + R\frac{\partial V}{\partial z} = 0.$$

La nouvelle équation est de la forme (1), et son intégration est équivalente à celle du système

$$(9) \qquad \frac{dx_1}{P_1} = \frac{dx_2}{P_2} = \ldots = \frac{dx_n}{P_n} = \frac{dz}{R};$$

nous pouvons donc énoncer la proposition suivante : *Si u_1, u_2, $\ldots$, u_n sont n intégrales premières distinctes du système* (9), *toute fonction z des n variables x_1, x_2, $\ldots$, x_n, définie par une relation de la forme*

$$(10) \qquad \Phi(u_1, u_2, \ldots, u_n) = 0,$$

où Φ désigne une fonction arbitraire de $u_1, u_2, \ldots, u_n$, est une intégrale de l'équation (6).

On ne peut en conclure que l'on obtient ainsi toutes les intégrales de l'équation (6). En effet, pour que la fonction implicite définie par la relation (7) soit une intégrale, il n'est pas nécessaire que l'on ait identiquement $F(V) = 0$; il suffit que la condition $F(V) = 0$ soit une conséquence de l'équation $V = 0$. Si, par exemple, on prend pour V une intégrale d'une équation de la forme $F(V) = KV$, K désignant un facteur constant différent de zéro, la relation $V = 0$ définit bien une intégrale de l'équation (6). Il y a donc lieu d'examiner si la relation (10) peut donner toutes les intégrales de l'équation proposée. Pour établir qu'il en est bien ainsi, sauf dans des cas exceptionnels qui seront précisés, imaginons que, dans les n fonctions u_1, u_2, ..., u_n, on remplace z par une intégrale de l'équation (6); les résultats obtenus sont des fonctions U_1, U_2, ..., U_n des n variables x_1, x_2, ..., x_n. Si nous démontrons que le jacobien de ces n fonctions est identiquement nul, il sera prouvé par là même que l'on a une relation

$$\psi(U_1, \ldots, U_n) = 0,$$

et par suite que l'intégrale considérée satisfait à une relation de la forme (10), où la fonction arbitraire Φ aurait été remplacée par ψ. Calculons ce jacobien :

$$\Delta = \begin{vmatrix} \dfrac{\partial u_1}{\partial x_1} + p_1 \dfrac{\partial u_1}{\partial z} & \dfrac{\partial u_1}{\partial x_2} + p_2 \dfrac{\partial u_1}{\partial z} & \cdots & \dfrac{\partial u_1}{\partial x_n} + p_n \dfrac{\partial u_1}{\partial z} \\ \cdots\cdots\cdots & \cdots\cdots\cdots & \cdots & \cdots\cdots\cdots \\ \dfrac{\partial u_n}{\partial x_1} + p_1 \dfrac{\partial u_n}{\partial z} & \cdots\cdots\cdots & \cdots & \dfrac{\partial u_n}{\partial x_n} + p_n \dfrac{\partial u_n}{\partial z} \end{vmatrix}, \qquad p_i = \dfrac{\partial z}{\partial x_i}.$$

Le développement de ce déterminant donne, en tenant compte des déterminants partiels qui ont deux colonnes identiques,

$$(11) \quad \Delta = \frac{D(u_1, u_2, \ldots, u_n)}{D(x_1, x_2, \ldots, x_n)} + \sum_{i=1}^{i=n} p_i \frac{D(u_1, u_2, \ldots, u_n)}{D(x_1, \ldots, x_{i-1}, z, x_{i+1}, \ldots, x_n)}.$$

Mais u_1, u_2, ..., u_n étant n intégrales premières du système (9), on a

$$P_1 \frac{\partial u_i}{\partial x_1} + P_2 \frac{\partial u_i}{\partial x_2} + \ldots + P_n \frac{\partial u_i}{\partial x_n} + R \frac{\partial u_i}{\partial z} = 0 \qquad (i = 1, 2, \ldots, n),$$

et l'on en tire, d'après la théorie des équations linéaires et homogènes,

$$(12) \quad \frac{R}{\dfrac{D(u_1, u_2, \ldots, u_n)}{D(x_1, x_2, \ldots, x_n)}} = \frac{- P_i}{\dfrac{D(u_1, u_2, \ldots, u_n)}{D(x_1, \ldots, x_{i-1}, z, x_{i+1}, \ldots, x_n)}} = M$$
$$(i = 1, 2, \ldots, n),$$

M étant une fonction de x_1, x_2, ..., x_n, z, que l'on peut toujours calculer quand on connaît les intégrales premières u_1, u_2. ..., u_n. En portant les valeurs des déterminants déduites des équations (12) dans la relation (11), il vient

$$(12\ bis) \qquad M\Delta = R - P_1 p_1 - P_2 p_2 - \ldots - P_n p_n.$$

Si z est une intégrale de l'équation (6), le second membre est nul, et par suite cette intégrale satisfait à l'une des deux conditions $\Delta = 0$, ou $M = 0$. Dans le premier cas, comme nous venons de le démontrer, cette intégrale est définie par une relation de la forme (10). Quant à la relation $M = 0$, elle ne peut définir qu'une ou plusieurs fonctions implicites parfaitement déterminées. On voit donc qu'en dehors de certaines intégrales exceptionnelles, ne dépendant d'aucune constante arbitraire, toutes les intégrales de l'équation (6) satisfont à une relation de la forme (10). Nous dirons désormais que la relation (10) représente l'*intégrale générale* de l'équation (6).

Pour voir si une intégrale peut satisfaire à la relation $M = 0$, considérons un point quelconque de cette intégrale $(x_1^0, x_2^0, \ldots, x_n^0, z_0)$ et supposons que tous les cœfficients $P_1, P_2, \ldots, P_n, R$ sont holomorphes dans le voisinage de ce système de valeurs sans être nuls à la fois pour $x_i = x_i^0$, $z = z_0$. Admettons par exemple que P_1 n'est pas nul pour ce système de valeurs. On peut alors résoudre l'équation (8) par rapport à $\dfrac{\partial V}{\partial x_1}$, et, en appliquant les théorèmes de Cauchy (n° 386), on voit que l'on peut prendre pour $u_1, u_2, \ldots, u_n$ des fonctions holomorphes dans le domaine de ce système de valeurs. Or l'une des équations (12) peut s'écrire

$$- P_1 = M \, \frac{D(u_1, u_2, \ldots, u_n)}{D(z, x_2, \ldots, x_n)} \, ;$$

le déterminant qui est au second membre étant holomorphe, et P_1 n'étant pas nul pour $x_i = x_i^0$, $z = z_0$, il s'ensuit que ce système de valeurs ne peut annuler M. Comme le point $(x_1^0, \ldots, x_n^0, z_0)$ est un point quelconque de l'intégrale considérée, on voit qu'il ne peut exister d'intégrale satisfaisant à la relation $M = 0$ que dans les deux cas suivants :

1° Il existe une fonction $V(x_1, x_2, \ldots, x_n, z)$ telle que tout système de valeurs des variables x_i, z, annulant la fonction V, annule aussi $P_1, P_2, \ldots,$ P_n et R. Tous ces coefficients sont alors divisibles par un même facteur, et il est clair qu'en égalant ce facteur à zéro, l'on obtient une intégrale. Ce cas banal n'offre pas d'intérêt.

2° Le raisonnement serait encore en défaut si l'intégrale définie par la relation $V = 0$ était telle que, dans le voisinage de tout système de valeurs satisfaisant à cette relation, quelques-uns des coefficients P_i, R cessent d'être holomorphes. Ce cas peut en effet se présenter, comme on l'établira un peu plus loin (n° 439, p. 585).

438. Interprétation géométrique. — La méthode générale qui précède est susceptible d'une interprétation géométrique simple dans le cas de l'équation à trois variables, que nous écrirons avec les notations habituelles,

$$(13) \qquad Pp + Qq = R, \qquad p = \frac{\partial z}{\partial x}, \qquad q = \frac{\partial z}{\partial y},$$

P, Q, R étant des fonctions des trois variables x, y, z. Soit S une *surface intégrale* quelconque; l'équation du plan tangent à cette surface étant

$$Z - z = p(X - x) + q(Y - y),$$

la relation (13) exprime que ce plan tangent passe par la droite D représentée par les équations

$$(14) \qquad \frac{X - x}{P} = \frac{Y - y}{Q} = \frac{Z - z}{R},$$

de sorte que le problème de l'intégration de cette équation (13) peut être posé de la façon suivante, si l'on emploie le langage géométrique :

A chaque point M *de l'espace, de coordonnées* (x, y, z), *on fait correspondre une droite* D *issue de ce point, représentée par les équations* (14). *Déterminer une surface* S *telle que le plan tangent à cette surface* S *en chacun de ses points passe par la droite* D *relative à ce point.*

Si l'on connaît toutes les surfaces jouissant de cette propriété, on a par là même l'intégrale générale de l'équation linéaire. Les trois fonctions P, Q, R déterminent la loi suivant laquelle la droite D se déplace quand on fait varier le point M; ces trois fonctions sont le plus souvent des fonctions analytiques de x, y, z, mais il suffit pour le raisonnement qu'elles vérifient les conditions énoncées dans l'étude des équations différentielles (n⁰ˢ 388 et suiv.).

L'énoncé précédent nous conduit à chercher les courbes Γ qui, en chacun de leurs points, sont tangentes à la droite D correspondante; nous les appellerons *courbes caractéristiques*. Nous allons montrer d'abord que *toute surface intégrale est engendrée par des courbes caractéristiques*. Considérons en effet une telle surface S; en chaque point M de cette surface, la droite D correspondante est située dans le plan tangent. Nous pouvons donc nous proposer de déterminer les courbes de cette surface qui, en chacun de leur points, sont tangentes à la droite D correspondante. Ces courbes s'obtiendront par l'intégration d'une équation différentielle du premier ordre (n° 378); par chaque point de S il passe donc en général une courbe et une seule, située tout entière sur cette surface, et jouissant de la propriété énoncée. Il est clair que ces courbes sont des caractéristiques, ce qui démontre la proposition. La réciproque est à peu près évidente : si une surface est un lieu de caractéristiques, le plan tangent en un point quelconque de cette surface contient la tangente à la caractéristique située sur la surface qui passe par ce point, c'est-à-dire la droite D. Le problème proposé est donc ramené à la détermination des courbes caractéristiques.

Les équations différentielles de ces courbes sont, d'après leur définition même,

$$(15) \qquad \frac{dx}{P} = \frac{dy}{Q} = \frac{dz}{R};$$

par chaque point de l'espace il passe donc en général une caractéristique et une seule, tangente à la droite D correspondante. Supposons que l'on ait intégré ces équations (15) et soient u et v deux intégrales premières distinctes de ce système; l'intégrale générale est représentée par les formules

$$(16) \qquad u(x, y, z) = a, \qquad v(x, y, z) = b,$$

a et b étant deux constantes arbitraires. Les caractéristiques, qui dépendent de deux paramètres, forment donc une *congruence* (*voir* p. 566). Pour obtenir une surface engendrée par les courbes de cette congruence, on doit établir entre les deux paramètres a et b une relation de forme arbitraire, soit $\varphi(a, b) = 0$, et la surface intégrale correspondante a pour équation $\varphi(u, v) = 0$. C'est bien le résultat que fournit la méthode générale du paragraphe précédent, car u et v sont ici deux intégrales distinctes de l'équation

$$P \frac{\partial u}{\partial x} + Q \frac{\partial u}{\partial y} + R \frac{\partial u}{\partial z} = 0.$$

Exemples. — 1° Soit l'équation $px + qy = mz$. Les équations différentielles des caractéristiques

$$\frac{dx}{x} = \frac{dy}{y} = \frac{dz}{mz}$$

admettent les deux intégrales premières $\dfrac{y}{x} = a$, $\dfrac{z}{x^m} = b$, et l'équation générale des surfaces intégrales est $z = x^m f\left(\dfrac{y}{x}\right)$. Si $m = 1$, les caractéristiques sont des droites passant par l'origine, et les surfaces intégrales sont des cônes ayant leur sommet à l'origine. Si $m = 0$, les caractéristiques sont des droites parallèles au plan des xy et rencontrant l'axe Oz; les surfaces intégrales sont des surfaces conoïdes.

$2°$ Soit l'équation $py - qx + a = 0$. Les équations différentielles des caractéristiques

$$\frac{dx}{y} = \frac{dy}{-x} = \frac{dz}{-a}$$

admettent les deux combinaisons intégrables

$$x\,dx + y\,dy = 0, \qquad dz - a\,\frac{x\,dy - y\,dx}{x^2 + y^2} = 0,$$

et les caractéristiques sont représentées par les formules

$$x^2 + y^2 = C_1, \qquad z - a \text{ arc tang } \frac{y}{x} = C_2.$$

Ce sont des hélices de pas $2\pi a$ situées sur des cylindres de révolution ayant Oz pour axe, et l'intégrale générale se compose de surfaces hélicoïdes (les axes de coordonnées étant supposés rectangulaires). Dans le cas particulier où $a = 0$, les caractéristiques sont des cercles ayant leur centre sur Oz, et dont le plan est parallèle au plan des xy. Les surfaces intégrales sont des surfaces de révolution autour de Oz.

$3°$ *Trajectoires orthogonales.* — Soit

$$(17) \qquad\qquad F(x, y, z) = C$$

l'équation d'une famille de surfaces Σ, dépendant d'un paramètre arbitraire C, de telle façon que par tout point de l'espace (ou tout au moins d'une portion de l'espace) il passe une de ces surfaces et une seule. Proposons-nous de trouver une autre surface S, représentée par l'équation

$$z = \varphi(x, y),$$

qui coupe orthogonalement en chacun de ses points la surface Σ passant par ce point. Les paramètres directeurs des normales aux deux surfaces étant respectivement $\dfrac{\partial F}{\partial x}$, $\dfrac{\partial F}{\partial y}$, $\dfrac{\partial F}{\partial z}$ pour Σ et p, q, -1 pour S, la condition d'orthogonalité conduit à l'équation linéaire

$$(18) \qquad\qquad p\,\frac{\partial F}{\partial x} + q\,\frac{\partial F}{\partial y} - \frac{\partial F}{\partial z} = 0.$$

Les courbes caractéristiques, dont les équations différentielles sont

$$(19) \qquad \frac{dx}{\dfrac{\partial F}{\partial x}} = \frac{dy}{\dfrac{\partial F}{\partial y}} = \frac{dz}{\dfrac{\partial F}{\partial z}},$$

sont des courbes qui, en chacun de leurs points, admettent pour tangente la normale à la surface Σ passant par ce point.

Supposons par exemple que l'on ait $F(x, y, z) = z f(x, y)$, la fonction $f(x, y)$ étant homogène et de degré m. Les équations différentielles des caractéristiques sont ici

$$\frac{dx}{f'_x} = \frac{dy}{f'_y} = \frac{z\, dz}{f};$$

en tenant compte de la relation d'Euler, on a la combinaison intégrable

$$x\, dx + y\, dy - m z\, dz = 0,$$

d'où l'on tire l'intégrale première $x^2 + y^2 - m z^2 = a$. D'autre part, $\dfrac{dy}{dx}$ est une fonction homogène et de degré zéro des variables x, y ; on aura donc une nouvelle intégrale première par une quadrature (n° 364).

4° Il est quelquefois possible de déterminer les courbes caractéristiques sans aucun calcul, d'après leur définition géométrique. Soit, par exemple, à déterminer les surfaces S telles que *le plan tangent en un point quelconque* M *de l'une de ces surfaces rencontre une droite fixe* Δ *en un point* T *également distant du point* M *et d'un point fixe* O *de la droite* Δ. Soit M un point de l'espace; il existe sur la droite Δ un point T, et un seul, tel que $TO = TM$, et ce point est à l'intersection de Δ avec le plan mené perpendiculairement au segment OM en son milieu. Soit D la droite passant par les deux points M et T ; le plan tangent à toute surface répondant à l'énoncé passant au point M contient donc cette droite D, et par suite ces surfaces s'obtiennent par l'intégration d'une équation linéaire. Les tangentes aux courbes caractéristiques rencontrant toutes la droite Δ, ces courbes sont des courbes planes, situées dans des plans passant par Δ. Les caractéristiques situées dans un de ces plans sont les courbes intégrales d'une équation différentielle du premier ordre, et l'on voit aisément, d'après la propriété qui les définit, que ce sont des cercles tangents en O à la droite Δ. Les surfaces cherchées sont donc engendrées par des cercles tangents en O à la droite Δ.

On peut disposer de la fonction arbitraire $\varphi(u, v)$ de façon que la surface intégrale passe par une courbe donnée Γ ; on obtiendra cette surface en prenant le lieu des caractéristiques passant par les différents points de cette courbe. Si Γ est représentée par le système de deux équations

$$(20) \qquad \Phi(x, y, z) = 0, \qquad \Phi_1(x, y, z) = 0,$$

tout revient à rechercher la relation qu'il faut établir entre les deux paramètres a et b pour qu'une caractéristique rencontre la courbe Γ. Il est clair qu'on obtiendra cette relation en éliminant x, y, z entre les deux équations (20) et les équations $u = a$, $v = b$ de la caractéristique. Le problème n'admet qu'une solution, à moins que la courbe Γ ne soit elle-même une caractéristique. Dans ce cas singulier, il suffit, pour avoir une surface intégrale passant par Γ, de considérer la surface engendrée par une famille de caractéristiques, dépendant d'un paramètre arbitraire, et dont fait partie la courbe Γ.

439. Congruences caractéristiques. — A toute équation linéaire de la forme (13) correspond une *congruence caractéristique* formée par les courbes caractéristiques de cette équation. Inversement, toute congruence de courbes, c'est-à-dire toute famille de courbes dépendant de deux paramètres arbitraires a est b, est la congruence caractéristique d'une équation de la forme (13) [1]. Supposons en effet les équations qui définissent cette congruence résolues par rapport aux deux paramètres a et b,

$$u(x, y, z) = a, \qquad v(x, y, z) = b;$$

toute surface S, engendrée par les courbes de cette congruence associées suivant une loi arbitraire, est représentée par une équation telle que $v = \pi(u)$, et l'on en déduit, en prenant les dérivées partielles par rapport à x et y,

$$\frac{\partial v}{\partial x} + \frac{\partial v}{\partial z} p = \pi'(u)\left(\frac{\partial u}{\partial x} + \frac{\partial u}{\partial z} p\right), \qquad \frac{\partial v}{\partial y} + \frac{\partial v}{\partial z} q = \pi'(u)\left(\frac{\partial u}{\partial y} + \frac{\partial u}{\partial z} q\right).$$

L'élimination de $\pi'(u)$ conduit à une équation linéaire

$$\frac{D(u, v)}{D(z, y)} p + \frac{D(u, v)}{D(x, z)} q + \frac{D(u, v)}{D(x, y)} = 0,$$

dont la congruence donnée est évidemment la congruence caractéristique.

---

[1] Nous supposerons en outre que par un point quelconque de l'espace (ou d'une portion de l'espace) il passe une de ces courbes, ce qui n'aurait pas lieu si elles étaient situées sur une même surface.

Considérons maintenant le cas général d'une congruence définie par deux équations de forme quelconque

$$(21) \qquad U(x, y, z, a, b) = 0, \qquad V(x, y, z, a, b) = 0$$

Si l'on établit entre les deux paramètres a et b une relation de forme arbitraire $\varphi(a, b) = 0$, on aura l'équation d'une surface S engendrée par les courbes Γ de la congruence en éliminant a et b entre les équations (21) et la relation $\varphi = 0$. Toutes ces surfaces satisfont encore, quelle que soit la fonction φ, à une même équation aux dérivées partielles du premier ordre. Pour obtenir cette équation, on peut procéder comme il suit. Les trois équations

$$(22) \qquad U = 0, \qquad V = 0, \qquad \varphi(a, b) = 0$$

définissent trois fonctions implicites z, a, b, des variables indépendantes x et y, et, la dernière ne renfermant que a et b, on a par conséquent

$$(23) \qquad \frac{D(a, b)}{D(x, y)} = 0.$$

D'autre part, si l'on différentie les deux premières équations (22) par rapport à x et à y, on peut déduire des relations obtenues les expressions de $\dfrac{\partial a}{\partial x}$, $\dfrac{\partial b}{\partial x}$, $\dfrac{\partial a}{\partial y}$, $\dfrac{\partial b}{\partial y}$ au moyen de x, y, z, p, q, a, b, et, en remplaçant ces dérivées par leurs valeurs dans le déterminant (23), on arrive à une nouvelle relation

$$\Phi(x, y, z, p, q, a, b) = 0$$

Il n'y aura plus qu'à éliminer a et b entre cette relation et les deux relations (21) pour parvenir à une équation ne renfermant que x, y, z, p, q,

$$(24) \qquad F(x, y, z, p, q) = 0,$$

et qui s'applique à toutes les surfaces engendrées par les courbes de la congruence. Il serait aisé de vérifier, d'après la façon même dont cette équation a été obtenue, qu'elle se décompose en un système d'équations linéaires en p et q ; mais cela résulte aussi de sa signification. Supposons, pour fixer les idées, que par un point M de l'espace il passe m courbes de la congruence, et soient D_1, D_2, ..., D_m les m tangentes à ces courbes au point M. Toute surface engendrée par les courbes de la congruence et passant au point M doit contenir une des m courbes de cette congruence qui passent au point M, et par conséquent le plan tangent au point M doit passer par une des droites D_1, D_2, ..., D_m. Soient P_i, Q_i, R_i les paramètres directeurs de la droite D_i. Toute surface engendrée par les courbes de la congruence doit donc satisfaire à l'une des m équations

$$(25) \qquad E_i = P_i p + Q_i q — R_i = o \qquad (i = 1, 2, ..., m),$$

et le premier membre de l'équation (24) est identique à un facteur près, indépendant de p et de q, au produit des m facteurs linéaires E_1, E_2, ..., E_m. Remarquons d'ailleurs qu'il sera impossible en général de séparer analytiquement ces m facteurs.

Certains problèmes de géométrie peuvent également conduire à des équations aux dérivées partielles du premier ordre qui se décomposent en un produit de facteurs linéaires. Reprenons, par exemple, le problème des trajectoires orthogonales, en considérant une famille de surfaces, dont l'équation $F(x, y, z, C) = o$ renferme le paramètre arbitraire C au degré m. Pour obtenir l'équation aux dérivées partielles des surfaces qui les coupent orthogonalement, il faut encore éliminer C entre la relation $F = o$ et la condition

$$p \frac{\partial F}{\partial x} + q \frac{\partial F}{\partial y} — \frac{\partial F}{\partial z} = o.$$

Par un point M de l'espace il passe, par hypothèse, m surfaces de la famille considérée; soient D_1, D_2, ..., D_m les normales à ces m surfaces. Le plan tangent à une surface orthogonale passant en M doit renfermer une de ces droites; l'équation aux dérivées partielles se décompose donc en un système de m équations linéaires en p et q.

Inversement toute équation de cette espèce fait correspondre à chaque point de l'espace m droites D_1, D_2, ..., D_m, et elle exprime que le plan tangent à une surface intégrale renferme une de ces droites. Si nous appelons *caractéristique* toute courbe telle qu'en chacun de ses points elle soit tangente à l'une des m droites correspondantes, les raisonnements qui ont été employés plus haut montrent encore que toute surface intégrale est un lieu de caractéristiques. Pour obtenir les équations différentielles de ces courbes, il n'est pas nécessaire d'effectuer la décomposition du premier membre de l'équation en facteurs linéaires. En effet, en exprimant que ce premier membre est divisible par le facteur $Pp + Qq - R$, on arrive à des équations de condition homogènes en P, Q, R, qui, pour chaque point (x, y, z), fournissent m systèmes de valeurs pour les rapports mutuels de ces coefficients. En remplaçant dans ces conditions P, Q, R par les quantités proportionnelles dx, dy, dz, on obtient les équations différentielles des caractéristiques, et l'intégration de l'équation aux dérivées partielles est encore ramenée à l'intégration d'un système d'équations différentielles ordinaires.

La théorie précédente explique très simplement comment une équation linéaire (13) peut avoir des intégrales qui ne sont pas comprises dans l'intégrale générale. Considérons une équation aux dérivées partielles

$$(26) \qquad F(x, y, z, p, q) = 0$$

dont le premier membre est le produit d'un certain nombres de facteurs linéaires en p et q, non analytiquement distincts, et soient

$$(27) \qquad \Phi\left(x, y, z, \frac{dy}{dx}, \frac{dz}{dx}\right) = 0, \qquad \Psi\left(x, y, z, \frac{dy}{dx}, \frac{dz}{dx}\right) = 0$$

les équations différentielles des caractéristiques de ce système.

Les courbes, qui représentent l'intégrale générale de ce système, forment une congruence, qui est la congruence caractéristique de l'équation (26), et l'intégrale générale se compose des surfaces engendrées par les courbes de cette congruence associées suivant une loi arbitraire.

Mais il peut se faire que les équations (27) admettent des intégrales singulières; c'est ce qui aura lieu si la congruence caractéristique admet une surface focale (Σ).

Par chaque point de cette surface il passe alors une courbe de la congruence caractéristique tangente à cette surface; le plan tangent à Σ contient donc une des droites D_i relative au point de contact, et par suite (Σ) est une surface intégrale de l'équation (26). D'ailleurs, elle ne fait pas partie, au moins en général, des surfaces qui forment l'intégrale générale : c'est une *intégrale singulière*.

Soit, par exemple, l'équation

$$(28) \qquad p(x^2 - z^2) + q(xy \pm z\sqrt{x^2 + y^2 - z^2}) = 0,$$

qui équivaut en réalité à deux équations linéaires. On peut écrire les équations différentielles des caractéristiques

$$\frac{dz}{dx} = 0, \qquad \left(y - x\frac{dy}{dx}\right)^2 = z^2\left[1 + \left(\frac{dy}{dx}\right)^2\right].$$

L'intégration est immédiate, et la congruence caractéristique est formée par les lignes droites

$$z = C, \qquad y = C_1 x \pm z \sqrt{1 + C_1^2},$$

qui sont parallèles au plan des xy, et tangentes au cône $x^2 + y^2 = z^2$. L'intégrale générale est composée des surfaces conoïdes engendrées par ces droites, et il y a une intégrale singulière, le cône lui-même.

Le coefficient de q dans l'équation (28) n'est pas holomorphe dans le voisinage d'un point quelconque (x_0, y_0, z_0) de ce cône; ce qui confirme une remarque antérieure (n° 437).

II. — ÉQUATIONS AUX DIFFÉRENTIELLES TOTALES.

440. Étude de l'équation $dz = A\,dx + B\,dy$. — L'existence des intégrales d'un système *complètement intégrable* d'équations aux différentielles totales a été établie plus haut (n° 385). L'intégration d'un pareil système se ramène à l'intégration de plusieurs systèmes d'équations différentielles ordinaires, à une seule variable indépendante. La méthode, que nous allons développer dans le cas le plus simple, s'étend d'elle-même au cas général.

Soit l'équation

$$(29) \qquad dz = A(x, y, z)\,dx + B(x, y, z)\,dy,$$

où z est une fonction à déterminer des deux variables indépendantes x et y. Cette équation est équivalente à deux relations distinctes :

$$(30) \qquad \frac{\partial z}{\partial x} = A(x, y, z), \qquad \frac{\partial z}{\partial y} = B(x, y, z).$$

Toute intégrale commune à ces deux équations satisfait donc aussi aux deux nouvelles équations

$$\frac{\partial^2 z}{\partial x\,\partial y} = \frac{\partial A}{\partial y} + \frac{\partial A}{\partial z} B, \qquad \frac{\partial^2 z}{\partial y\,\partial x} = \frac{\partial B}{\partial x} + \frac{\partial B}{\partial z} A,$$

et par suite à la relation

$$(31) \qquad \frac{\partial A}{\partial y} + \frac{\partial A}{\partial z} B = \frac{\partial B}{\partial x} + \frac{\partial B}{\partial z} A.$$

Si cette relation ne se réduit pas à une identité, les intégrales de l'équation proposée (29) ne peuvent être prises que parmi les fonctions implicites définies par l'équation (31) ; on peut donc toujours reconnaître, par des calculs d'élimination, si les équations (30) ont une intégrale commune. Par exemple, l'équation.

$$dz = z\,dx + (z^2 + a^2)\,dy$$

admet l'intégrale $z = 0$ si $a = 0$, et n'admet pas d'intégrales si a n'est pas nul. Mais, pour que ces équations admettent une infinité d'intégrales dépendant d'une constante arbitraire, il est nécessaire que la relation (31) soit vérifiée identiquement. S'il en est ainsi, l'équation (20) est dite *complètement intégrable*.

La condition d'intégrabilité (31) est un *invariant* relativement à tout changement de la fonction inconnue $z = F(x, y, u)$ où u est la nouvelle inconnue. Quelle que soit la fonction F, l'équation (29) est remplacée par une nouvelle équation de même forme

$$du = A_1(x, y, u)\,dx + B_1(x, y, u)\,dy,$$

pour laquelle la condition d'intégrabilité est encore vérifiée.

En effet la nouvelle équation peut s'écrire

$$(32)\quad \frac{\partial F}{\partial x}\,dx + \frac{\partial F}{\partial y}\,dy + \frac{\partial F}{\partial u}\,du = A(x, y, z)\,dx + B(x, y, z)\,dy,$$

et se décompose en deux équations distinctes

$$(33)\quad \begin{cases} \dfrac{\partial F}{\partial x} + \dfrac{\partial F}{\partial u}\,\dfrac{\partial u}{\partial x} = A(x, y, z), \\[2ex] \dfrac{\partial F}{\partial y} + \dfrac{\partial F}{\partial u}\,\dfrac{\partial u}{\partial y} = B(x, y, z), \end{cases}$$

où l'on suppose z remplacé par $F(x, y, u)$ dans A et B.

On pourrait en déduire les expressions de $\dfrac{\partial u}{\partial x}$ et de $\dfrac{\partial u}{\partial y}$, mais, pour démontrer que l'équation (32) est complètement intégrable, il suffit de vérifier que l'expression de $\dfrac{\partial^2 u}{\partial x\,\partial y}$ tirée de la première des équations (33) est identique à l'expression de $\dfrac{\partial^2 u}{\partial y\,\partial x}$ tirée de la seconde. En différentiant par rapport à y la première équation (33), il vient

$$\frac{\partial^2 F}{\partial x\,\partial y} + \frac{\partial^2 F}{\partial x\,\partial u}\,\frac{\partial u}{\partial y} + \frac{\partial^2 F}{\partial y\,\partial u}\,\frac{\partial u}{\partial x} + \frac{\partial^2 F}{\partial u^2}\,\frac{\partial u}{\partial x}\,\frac{\partial u}{\partial y} + \frac{\partial F}{\partial u}\,\frac{\partial^2 u}{\partial x\,\partial y}$$

$$= \frac{\partial A}{\partial y} + \frac{\partial A}{\partial z}\left\{\frac{\partial F}{\partial y} + \frac{\partial F}{\partial u}\,\frac{\partial u}{\partial y}\right\} = \frac{\partial A}{\partial y} + \frac{\partial A}{\partial z}\,B.$$

En différentiant la seconde équation (33) par rapport à x, le premier membre de la nouvelle relation obtenue ne diffère du premier membre de la relation précédente qu'en ce que la dérivée $\dfrac{\partial^2 u}{\partial x\,\partial y}$ a été remplacée par $\dfrac{\partial^2 u}{\partial y\,\partial x}$, et le nouveau second membre est $\dfrac{\partial B}{\partial x} + \dfrac{\partial B}{\partial z}$ A. La condition (31) étant vérifiée identiquement, on a bien $\dfrac{\partial^2 u}{\partial x\,\partial y} = \dfrac{\partial^2 u}{\partial y\,\partial x}$, ce qui prouve bien que la condition d'intégrabilité est vérifiée aussi pour l'équation (32).

Cela posé, soit $z = \varphi(x, y, C)$ l'intégrale générale de la première des équations (30), où l'on regarde y comme un paramètre, C étant la constante d'intégration. Cette fonction φ satisfait à la relation $\dfrac{\partial \varphi}{\partial x} = A(x, y, \varphi)$, et si l'on fait le changement d'inconnue $z = \varphi(x, y, u)$ dans l'équation (29) elle devient

$$(34) \qquad \frac{\partial \varphi}{\partial u}\, du = \left[B(x, y, \varphi) - \frac{\partial \varphi}{\partial y} \right] dy,$$

équation qui est équivalente aux deux relations

$$\frac{\partial u}{\partial x} = 0, \qquad \frac{\partial u}{\partial y} = \frac{B(x, y, \varphi) - \dfrac{\partial \varphi}{\partial y}}{\dfrac{\partial \varphi}{\partial u}} = R(x, y, u).$$

D'après la propriété générale qui vient d'être démontrée, ce système doit encore satisfaire à la condition d'intégrabilité qui est ici $\dfrac{\partial R}{\partial x} = 0$. On est donc conduit, pour déterminer la nouvelle inconnue u, à un système de la forme

$$(35) \qquad \frac{\partial u}{\partial x} = 0, \qquad \frac{\partial u}{\partial y} = R(y, u),$$

dont l'intégrale générale est identique à l'intégrale générale de la seconde équation $u = \psi(y, C)$, C étant une constante indépendante à la fois de x et de y. Il suffira de remplacer u par $\psi(y, C)$ dans la fonction $\varphi(x, y, u)$ pour avoir l'intégrale de l'équation complètement intégrable (29), et nous voyons que *l'intégration de cette équation se ramène à l'intégration de deux équations différentielles ordinaires* (34) *et* (35).

Exemple. — Soit l'équation aux différentielles totales

$$(36) \qquad dz = \frac{1+yz}{1+xy}\,dx + \frac{x(z-x)}{1+xy}\,dy,$$

qui est équivalente au système

$$(36') \qquad \frac{\partial z}{\partial x} = \frac{1+yz}{1+xy}, \qquad \frac{\partial z}{\partial y} = \frac{x(z-x)}{1+xy}.$$

La condition d'intégrablité est vérifiée, et la première des équations $(36')$, qui est linéaire en z et $\dfrac{\partial z}{\partial x}$, admet pour intégrale générale

$$z = -\frac{1}{y} + u(y)(1+xy),$$

$u(y)$ étant une fonction arbitraire de y. En portant cette valeur de z dans la deuxième, il vient $\dfrac{du}{dy} + \dfrac{1}{y^2} = 0$, et l'on en tire $u(y) = \dfrac{1}{y} + C$. L'intégrale générale de l'équation (36) est donc, C désignant une constante arbitraire,

$$(37) \qquad z = x + C(1+xy).$$

Le problème précédent peut aussi être interprété géométriquement. Pour faciliter le langage, nous appellerons encore *surface intégrale* toute surface représentée par une équation $z = f(x,y)$, la fonction $f(x,y)$ étant une intégrale de l'équation (29). Les deux conditions (30), ou

$$p = A(x,y,z), \qquad q = B(x,y,z),$$

expriment que le plan tangent à la surface intégrale S en un point (x,y,z) de cette surface coïncide avec le plan P ayant pour équation

$$(38) \qquad Z - z = A(X - x) + B(Y - y),$$

de sorte que le problème de l'intégration de l'équation (29) est équivalent au problème de géométrie suivant :

A tout point (x,y,z) de l'espace on fait correspondre le plan P passant par ce point, qui est représenté par l'équation (38). Trouver les surfaces S dont le plan tangent en chaque point (x,y,z) est le plan P correspondant à ce point.

L'énoncé est analogue à celui du n° 438. Mais, dans le cas actuel, le problème n'est pas toujours possible. Lorsque la condition d'intégrabilité (31) est vérifiée, il existe en général une intégrale et une seule de l'équation (29) prenant une valeur donnée z_0 pour un système de valeurs données (x_0, y_0) des variables x, y. Par tout point de l'espace il passe donc en général une surface intégrale et une seule.

Considérons par exemple une famille de courbes gauches Γ, dépendant de deux paramètres arbitraires a et b, représentées par un système de deux équations

$$(39) \qquad u(x, y, z) = a, \qquad v(x, y, z) = b,$$

de telle sorte que par tout point de l'espace (ou d'une région de l'espace) il passe une courbe de cette famille et une seule. Il n'existe pas toujours une famille de surfaces S admettant ces courbes Γ pour trajectoires orthogonales. En effet, le plan tangent à la surface S passant par un point doit coïncider avec le plan normal à la courbe Γ passant par le même point. Nous sommes donc conduits à un cas particulier du problème précédent, ce qui prouve qu'une congruence de courbes donnée arbitrairement n'est pas formée en général par les trajectoires orthogonales d'une famille de surfaces. Le plan tangent à la surface S passant au point (x, y, z) doit être perpendiculaire aux plans tangents aux deux surfaces (39) qui passent par la tangente à la courbe Γ. On a donc les deux conditions

$$\frac{\partial u}{\partial x} p + \frac{\partial u}{\partial y} q - \frac{\partial u}{\partial z} = 0, \qquad \frac{\partial v}{\partial x} p + \frac{\partial v}{\partial y} q - \frac{\partial v}{\partial z} = 0.$$

en supposant les axes de coordonnées rectangulaires. On déduit de ces équations les valeurs de p et de q,

$$p = A(x, y, z), \qquad q = B(x, y, z),$$

et la condition (31) doit être vérifiée identiquement pour que le problème soit possible.

Prenons par exemple la famille de courbes

$$X = aZ, \qquad Y = bZ,$$

X, Y, Z désignant des fonctions des variables x, y, z respectivement. La méthode précédente donne les valeurs suivantes de p et de q,

$$p = -\frac{XZ'}{X'Z}, \qquad q = -\frac{YZ'}{Y'Z},$$

et l'équation aux différentielles totales peut s'écrire

$$\frac{Z\,dz}{Z'} + \frac{X\,dx}{X'} + \frac{Y\,dy}{Y'} = 0.$$

Il est clair que cette équation est complètement intégrable, et l'intégrale générale s'obtient par des quadratures

$$\int \frac{Z}{Z'}\,dz + \int \frac{X}{X'}\,dx + \int \frac{Y}{Y'}\,dy = C.$$

441. Méthode de Mayer. — La méthode précédente exige deux intégrations successives ; on peut remplacer ces deux intégrations par une seule, en opérant comme il suit. Supposons, pour fixer les idées, les coefficients $A(x, y, z)$ et $B(x, y, z)$ holomorphes dans le domaine du point (x_0, y_0, z_0) ; il existe alors une surface intégrale et une seule S_0 passant par le point (x_0, y_0, z_0), lorsque la condition (31) est satisfaite. La méthode de Mayer, pour obtenir cette surface, revient à déterminer d'abord les sections faites dans cette surface par des plans parallèles à Oz passant par le point (x_0, y_0, z_0). Soit Γ la section de S_0 par le plan

$$(40) \qquad\qquad y - y_0 = m(x - x_0),$$

où m a une valeur donnée ; le long de cette courbe Γ, on a $dy = m\,dx$, et, en remplaçant y et dy par les valeurs précédentes dans l'équation (29), on obtient la relation

$$(41) \qquad dz = \Big\{ A[x, y_0 + m(x - x_0), z] + m\,B[x, y_0 + m(x - x_0), z] \Big\}\,dx,$$

qui est vérifiée aussi tout le long de la courbe Γ. Mais cette relation ne renferme que les deux variables x et z ; c'est une équation différentielle du premier ordre, dont l'intégration fera connaître la courbe Γ. Soit

$$(42) \qquad\qquad z = \varphi(x; x_0, y_0, z_0, m)$$

l'intégrale de cette équation qui se réduit à z_0 pour $x = x_0$. La courbe Γ est représentée par le système des deux équations (40) et (42) ; la surface cherchée S_0 étant le lieu de la courbe Γ quand on fait varier le paramètre m, l'équation de cette surface s'obtiendra en éliminant m entre les équations (40) et (42) ; il suffit pour cela de remplacer m par $\dfrac{y - y_0}{x - x_0}$ dans l'équation (42). Cette méthode offre une analogie évidente avec celle qui a été indiquée pour l'intégration des différentielles totales

$P(x, y) \, dx + Q(x, y) \, dy$ (I, p. 375). On pourrait encore la généraliser en remplaçant les plans parallèles à Oz par des cylindres ayant leurs génératrices parallèles à Oz et passant au point donné (x_0, y_0, z_0).

Reprenons par exemple l'équation (36), et supposons $x_0 = y_0 = 0$. En posant $y = mx$, $dy = m \, dx$, cette équation devient

$$\frac{dz}{dx} = \frac{2 m x z}{1 + m x^2} + \frac{1 - m x^2}{1 + m x^2} :$$

c'est une équation linéaire dont l'intégration n'offre aucune difficulté, et l'intégrale qui, pour $x = 0$ se réduit à z_0, a pour expression

$$z = x + z_0 (1 + m x^2).$$

La surface S_0 a donc pour équation $z = x + z_0 (1 + xy)$, et nous retrouvons le résultat obtenu par la première méthode.

442. Étude de l'équation $P \, dx + Q \, dy + R \, dz = 0$. — Le problème de l'intégration d'une équation aux différentielles totales peut être posé sous une forme plus générale et plus symétrique.

Soient $P(x, y, z)$, $Q(x, y, z)$, $R(x, y, z)$ trois fonctions des variables x, y, z; intégrer l'équation

$$(43) \qquad P(x, y, z) \, dx + Q(x, y, z) \, dy + R(x, y, z) \, dz = 0,$$

c'est trouver *une* relation $F(x, y, z) = 0$ entre x, y, z, qui entraîne entre ces trois variables et leurs différentielles dx, dy, dz la relation proposée. Si la fonction F contient la variable z, on peut y regarder x et y comme deux variables indépendantes et z comme une fonction de ces deux variables, et l'on voit que cette fonction doit satisfaire à l'équation

$$dz = - \frac{P}{R} \, dx - \frac{Q}{R} \, dy,$$

qui est de la forme (29). La condition d'intégrabilité (31) devient, en remplaçant A par $-\frac{P}{R}$ et B par $-\frac{Q}{R}$, et en développant les calculs,

$$(44) \qquad P \left(\frac{\partial Q}{\partial z} - \frac{\partial R}{\partial y} \right) + Q \left(\frac{\partial R}{\partial x} - \frac{\partial P}{\partial z} \right) + R \left(\frac{\partial P}{\partial y} - \frac{\partial Q}{\partial x} \right) = 0.$$

Cette condition reste la même quand on permute circulairement x, y, z et P, Q, R; on l'aurait donc obtenue aussi si, au lieu de regarder z comme la fonction inconnue, on avait pris l'une des

variables x ou y pour inconnue. Le problème de l'intégration de
l'équation (43) ne diffère donc pas au fond du problème déjà
traité; mais, en écrivant ainsi une équation aux différentielles
totales, il n'est pas nécessaire de spécifier quelles sont les variables
indépendantes choisies.

La condition (44) intervient dans une question qui offre un lien
étroit avec la précédente. Étant donnée une expression

$$P(x, y)\,dx + Q(x, y)\,dy,$$

nous avons vu (n°ˢ 373 et 387) qu'il existe toujours une infinité
de facteurs $\mu(x, y)$ tels que le produit $\mu(P\,dx + Q\,dy)$ soit la
différentielle totale d'une fonction des deux variables x, y. Quand
on passe de deux à trois variables, il n'en est plus ainsi en général.
Considérons en effet trois fonctions P, Q, R des variables x, y, z;
pour que le produit $\mu(P\,dx + Q\,dy + R\,dz)$ soit une différentielle exacte, le facteur $\mu(x, y, z)$ doit satisfaire aux trois conditions

$$\frac{\partial(\mu Q)}{\partial z} = \frac{\partial(\mu R)}{\partial y}, \qquad \frac{\partial(\mu R)}{\partial x} = \frac{\partial(\mu P)}{\partial z}, \qquad \frac{\partial(\mu P)}{\partial y} = \frac{\partial(\mu Q)}{\partial x}.$$

Si l'on ajoute ces trois équations, après les avoir multipliées
par P, Q, R, on retrouve, en divisant par μ, la condition d'intégrabilité (44). Cette condition est donc *nécessaire* pour que le
trinome $P\,dx + Q\,dy + R\,dz$ admette un facteur intégrant. Elle
est aussi *suffisante*. En effet, si elle est vérifiée, l'équation (43)
est complètement intégrable. Soit

$$(45) \qquad\qquad F(x, y, z) = C$$

l'intégrale générale de cette équation. Les valeurs de $\dfrac{\partial z}{\partial x}$ et de $\dfrac{\partial z}{\partial y}$
déduites de l'équation (45) doivent être identiques aux valeurs $-\dfrac{P}{R}$
et $-\dfrac{Q}{R}$ tirées de l'équation (43), puisqu'on peut disposer de la
constante arbitraire C de façon que la surface intégrale passe par
un point quelconque de l'espace. Il faut pour cela que l'on ait

$$\frac{F'_x}{P} = \frac{F'_y}{Q} = \frac{F'_z}{R} = \mu,$$

ou $dF = \mu(P\,dx + Q\,dy + R\,dz)$; le facteur μ, qui est égal à la

valeur commune des rapports précédents, est donc un facteur intégrant. En reprenant les raisonnements du n° **373**, on verrait de
même qu'il existe une infinité de facteurs intégrants, qui sont de
la forme $\mu\pi(F)$, π étant une fonction arbitraire

La condition d'intégrabilité (44) est un *invariant*, relativement à tout
changement de variables. Considérons en effet une transformation définie
par les formules

$$(46) \qquad x = f(u, v, w), \qquad y = \varphi(u, v, w, \qquad z = \psi(u, v, w),$$

le jacobien des fonctions f, φ, ψ par rapport à u, v, w n'étant pas nul
identiquement. Le trinome $P\,dx + O\,dy + R\,dz$ se change en une expression de même forme $P_1\,du + Q_1\,dv + R_1\,dw$, P_1, Q_1, R_1 étant des fonctions de u, v, w. Cela posé, si la relation (44) est vérifiée, la relation analogue

$$(47) \qquad P_1\left(\frac{\partial Q_1}{\partial w} - \frac{\partial R_1}{\partial v}\right) + Q_1\left(\frac{\partial R_1}{\partial u} - \frac{\partial P_1}{\partial w}\right) + R_1\left(\frac{\partial P_1}{\partial v} - \frac{\partial Q_1}{\partial u}\right) = 0$$

est aussi vérifiée identiquement. On pourrait s'en assurer par un calcul
direct (I, Chap. III, p. 160, *Ex.* 19), mais cela résulte aussi de la signification de cette condition. En effet, si la relation (44) est vérifiée, il existe
deux fonctions $\mu(x, y, z)$ et $F(x, y, z)$ telles que l'on ait

$$\mu(P\,dx + Q\,dy + R\,dz) = dF.$$

Si l'on effectue le changement de variables défini par les formules (46),
les fonctions μ et F se changent en deux fonctions $\mu_1(u, v, w)$, $F_1(u, v, w)$
des nouvelles variables, et l'on a identiquement $dF = dF_1$. L'identité précédente devient donc

$$\mu_1(P_1\,du + Q_1\,dv + R_1\,dw) = dF_1$$

et par suite le trinome $P_1\,du + Q_1\,dv + R_1\,dw$ admet un facteur intégrant:
ce qui montre que P_1, Q_1, R_1 satisfont aussi à la relation (47).

Cette remarque permet de présenter la méthode d'intégration du n° **440**
sous une forme plus générale. Supposons en effet que, par un changement
de variables, on ait mis le trinome $P\,dx + Q\,dy + R\,dz$ sous forme d'un
binome $P_1\,du + Q_1\,dv$, ne renfermant plus que deux différentielles du et dv.
Dans la relation (47), on doit supposer $R_1 = 0$, et cette relation se réduit
à $P_1\dfrac{\partial Q_1}{\partial w} = Q_1\dfrac{\partial P_1}{\partial w}$, ce qui montre que le rapport des deux coefficients P_1
et Q_1 est indépendant de w. L'intégration de l'équation aux différentielles
totales proposée est donc ramenée à l'intégration d'une équation de la
forme $dv + \pi(u, v)\,du = 0$, c'est-à-dire d'une équation différentielle ordinaire.

Tout trinome tel que $P\,dx + Q\,dy + R\,dz$ peut être ramené à un
binome $P_1\,du + Q_1\,dv$ d'une infinité de manières. On peut par exemple

procéder comme il suit. On détermine d'abord deux fonctions $\mu(x, y, z)$ et $F(x, y, z)$, telles que l'on ait, quels que soient dx et dy,

$$\frac{\partial F}{\partial x} dx + \frac{\partial F}{\partial y} dy = \mu [P(x, y, z) dx + Q(x, y, z) dy];$$

cela revient en réalité à intégrer l'équation différentielle $P\, dx + Q\, dy = 0$, z étant considérée comme un paramètre. On écrit encore l'équation précédente

$$dF + \left(\mu R - \frac{\partial F}{\partial z} \right) dz = \mu (P\, dx + Q\, dy + R\, dz),$$

et si l'on prend un nouveau système de variables indépendantes, $F(x, y, z)$ et z étant deux de ces variables, on voit que $P\, dx + Q\, dy + R\, dz$ est bien remplacé par une expression où ne figurent plus que les deux différentielles dF et dz. Ce procédé peut être varié de bien des façons. Il est clair, par exemple, que l'on peut commencer par intégrer l'une ou l'autre des deux équations

$$Q\, dy + R\, dz = 0, \qquad P\, dx + R\, dz = 0;$$

cette dernière méthode est en réalité identique à la méthode du n° **440**.

On peut aussi rattacher à la remarque qui précède une élégante méthode d'intégration due à M. Joseph Bertrand. L'équation (43) étant supposée complètement intégrable, on commence par intégrer l'équation linéaire aux dérivées partielles

$$(48) \quad X(f) = \left(\frac{\partial Q}{\partial z} - \frac{\partial R}{\partial y} \right) \frac{\partial f}{\partial x} + \left(\frac{\partial R}{\partial x} - \frac{\partial P}{\partial z} \right) \frac{\partial f}{\partial y} + \left(\frac{\partial P}{\partial y} - \frac{\partial Q}{\partial x} \right) \frac{\partial f}{\partial z} = 0.$$

Soient u et v deux intégrales distinctes; entre les deux relations

$$X(u) = 0, \qquad X(v) = 0,$$

et la condition d'intégrabilité (44), on peut éliminer les trois différences

$$\frac{\partial Q}{\partial z} - \frac{\partial R}{\partial y}, \quad \frac{\partial R}{\partial x} - \frac{\partial P}{\partial z}, \quad \frac{\partial P}{\partial y} - \frac{\partial Q}{\partial x},$$

ce qui conduit à l'égalité

$$\begin{vmatrix} \dfrac{\partial u}{\partial x} & \dfrac{\partial u}{\partial y} & \dfrac{\partial u}{\partial z} \\[1.2em] \dfrac{\partial v}{\partial x} & \dfrac{\partial v}{\partial y} & \dfrac{\partial v}{\partial z} \\[1.2em] P & Q & R \end{vmatrix} = 0.$$

Il existe donc deux fonctions λ et μ telles que l'on ait à la fois

$$(49) \quad P = \lambda \frac{\partial u}{\partial x} + \mu \frac{\partial v}{\partial x}, \qquad Q = \lambda \frac{\partial u}{\partial y} + \mu \frac{\partial v}{\partial y}, \qquad R = \lambda \frac{\partial u}{\partial z} + \mu \frac{\partial v}{\partial z},$$

et nous pouvons écrire l'équation proposée

$$\lambda\,du + \mu\,dv = 0.$$

Or, nous avons vu que le rapport $\dfrac{\lambda}{\mu}$ ne doit dépendre que des variables u, v, et l'on est ramené à une équation différentielle entre u et v [1].

Cette méthode paraît plus compliquée que la précédente puisque l'intégration de l'équation (48) exige d'abord l'intégration d'un système de deux équations différentielles du premier ordre. Mais elle est plus symétrique et peut être avantageuse lorsque l'équation proposée est elle-même symétrique en x, y, z. Considérons par exemple l'équation

$$(y^2 + yz + z^2)\,dx + (z^2 + zx + x^2)\,dy + (x^2 + xy + y^2)\,dz = 0.$$

La condition (44) est vérifiée et l'équation linéaire (48) est ici

$$(z - y)\frac{\partial f}{\partial x} + (x - z)\frac{\partial f}{\partial y} + (y - x)\frac{\partial f}{\partial z} = 0;$$

le système d'équations différentielles correspondant

$$\frac{dx}{z - y} = \frac{dy}{x - z} = \frac{dz}{y - x}$$

---

[1] La méthode de J. Bertrand a une interprétation géométrique très simple. Les axes de coordonnées étant supposés rectangulaires, soit V le vecteur de composantes P, Q, R ayant pour origine le point x, y, z. Toute surface intégrale S passant par un point M (x, y, z) de l'espace est normale au vecteur V ayant son origine en ce point, et réciproquement toute surface normale en chacun de ses points au vecteur V correspondant est une surface intégrale de l'équation (43). Considérons en même temps le *vecteur tourbillon* $\mathfrak{G}$ d'origine x, y, z dont les projections sur les axes sont $\dfrac{\partial Q}{\partial z} - \dfrac{\partial R}{\partial y}$, $\dfrac{\partial R}{\partial x} - \dfrac{\partial P}{\partial z}$, $\dfrac{\partial P}{\partial y} - \dfrac{\partial Q}{\partial x}$; une *ligne de tourbillon* est une ligne dont la tangente en chaque point est confondue avec la ligne d'action du vecteur tourbillon issu de ce point, et une *surface de tourbillon* Σ est une surface engendrée par des lignes de tourbillon, ou dont le plan tangent en chaque point contient le vecteur tourbillon (n° 438). Cela posé, la condition d'intégrabilité (44) exprime que *le vecteur* (P, Q, R) *et le vecteur tourbillon* $\mathfrak{G}$ *issus d'un même point de l'espace sont rectangulaires*. Si cette condition est vérifiée, il est évident que les surfaces cherchées S sont aussi des surfaces de tourbillon. La méthode de J. Bertrand consiste précisément à déterminer d'abord les surfaces de tourbillon les plus générales, puis à choisir la fonction arbitraire dont dépendent ces surfaces Σ de façon qu'elles soient normales en chaque point au vecteur (P, Q, R).

Cette interprétation permet aussi de retrouver très aisément la condition d'intégrabilité. Il est évident, en effet, que les surfaces S peuvent être définies par la propriété suivante : l'intégrale $I = \displaystyle\int P\,dx + Q\,dy + R\,dz$, prise le long d'une ligne quelconque, fermée ou non, située sur S, est nulle. Les surfaces de tourbillon Σ, de leur côté, sont des surfaces telles que la même intégrale, prise le long

donne facilement les deux combinaisons intégrables

$$d(x + y + z) = 0, \qquad x\, dx + y\, dy + z\, dz = 0.$$

Nous pouvons donc prendre

$$u = x + y + z, \qquad v = x^2 + y^2 + z^2,$$

et les valeurs des facteurs λ et μ tirées des relations (49) sont

$$\lambda = x^2 + y^2 + z^2 + xy + yz + zx = \frac{u^2 + v}{2}, \qquad \mu = -\frac{x + y + z}{2} = -\frac{u}{2}.$$

L'équation transformée en u et v est donc

$$(u^2 + v)\, du - u\, dv = 0,$$

ou

$$du = \frac{u\, dv - v\, du}{u^2} = d\left(\frac{v}{u}\right)$$

L'intégrale générale est donc $u - \dfrac{v}{u} = C$, ou, en revenant aux variables x, y, z,

$$\frac{xy + yz + zx}{x + y + z} = C.$$

---

d'une ligne *fermée* quelconque située sur Σ, est nulle. En effet, d'après la formule de Stokes, pour qu'il en soit ainsi, il faut et il suffit (I, n° 132, p. 338) qu'on ait, en chaque point de Σ,

$$\left(\frac{\partial Q}{\partial z} - \frac{\partial R}{\partial y}\right)\cos\alpha + \left(\frac{\partial R}{\partial x} - \frac{\partial P}{\partial z}\right)\cos\beta + \left(\frac{\partial P}{\partial y} - \frac{\partial Q}{\partial x}\right)\cos\gamma = 0,$$

α, β, γ étant les cosinus directeurs de la normale, et cette relation exprime que la ligne d'action du vecteur tourbillon $\mathfrak{G}$ est dans le plan tangent à la surface. Cela étant, il est clair que toute surface S est aussi une surface de tourbillon. Si donc il passe une surface S par tout point de l'espace, la condition (44) doit être vérifiée identiquement, puisque le plan tangent à S est normal au vecteur (P, Q, R).

Réciproquement, si cette condition est vérifiée, l'équation (43) est complètement intégrable. Soient M_0 un point quelconque de l'espace, C_0 une courbe issue de ce point satisfaisant à la condition $P\, dx + Q\, dy + R\, dz = 0$; on peut par exemple se donner $y = f(x)$ et z est déterminée par une équation du premier ordre. *La surface de tourbillon Σ passant par C_0 est aussi une surface* S. Soient en effet MM' un arc de courbe situé sur Σ, M m et M' m' les courbes de tourbillon issues de ces deux points, m et m' les points de rencontre de ces courbes avec C_0. L'intégrale $\int P\, dx + Q\, dy + R\, dz$ prise le long du contour fermé MM' $m\, m'$ M est nulle, puisque Σ est une surface de tourbillon. L'intégrale le long de mm' est nulle d'après la façon dont on a choisi C_0: il en est de même des intégrales le long des courbes de tourbillon M m, M' m', d'après la condition (44). L'intégrale le long de MM' est donc nulle aussi, quel que soit l'arc MM' de Σ, et par suite cette surface est aussi une surface S.

443. Les parenthèses (u, v) et les crochets $|u, v|$. — Une
équation aux différentielles totales équivaut en réalité à deux
équations simultanées $p = \mathrm{A}(x, y, z)$, $q = \mathrm{B}(x, y, z)$. Considérons maintenant deux équations de forme quelconque

$$(5\mathrm{o}) \qquad \mathrm{F}(x, y, z, p, q) = 0, \qquad \Phi(x, y, z, p, q) = 0,$$

entre les deux variables indépendantes x et y, une fonction inconnue z et ses deux dérivées partielles p et q.

Si l'on peut résoudre ces deux relations par rapport à p et à q,
on est ramené aux deux équations $p = f(x, y, z)$, $q = \varphi(x, y, z)$,
de la forme qui a été étudiée, et l'on pourra examiner si ces deux
relations sont compatibles. Mais on peut reconnaître si la condition d'intégrabilité est vérifiée sans qu'il soit nécessaire d'avoir
d'abord résolu les équations $(5\mathrm{o})$ par rapport à p et à q; il suffit
d'appliquer les règles qui permettent de calculer les dérivées des
fonctions implicites. Considérons en effet les relations $(5\mathrm{o})$ comme
définissant deux fonctions implicites $p = f(x, y, z)$, $q = \varphi(x, y, z)$
des trois variables x, y, z. En différentiant par rapport à x, il
vient

$$\frac{\partial \mathrm{F}}{\partial x} + \frac{\partial \mathrm{F}}{\partial p}\frac{\partial p}{\partial x} + \frac{\partial \mathrm{F}}{\partial q}\frac{\partial q}{\partial x} = 0, \qquad \frac{\partial \Phi}{\partial x} + \frac{\partial \Phi}{\partial p}\frac{\partial p}{\partial x} + \frac{\partial \Phi}{\partial q}\frac{\partial q}{\partial x} = 0,$$

et par suite

$$\frac{\mathrm{D}(\mathrm{F}, \Phi)}{\mathrm{D}(p, q)}\frac{\partial q}{\partial x} + \frac{\mathrm{D}(\mathrm{F}, \Phi)}{\mathrm{D}(p, x)} = 0.$$

On trouve de même

$$\frac{\mathrm{D}(\mathrm{F}, \Phi)}{\mathrm{D}(p, q)}\frac{\partial p}{\partial y} + \frac{\mathrm{D}(\mathrm{F}, \Phi)}{\mathrm{D}(y, q)} = 0, \qquad \frac{\mathrm{D}(\mathrm{F}, \Phi)}{\mathrm{D}(p, q)}\frac{\partial p}{\partial z} + \frac{\mathrm{D}(\mathrm{F}, \Phi)}{\mathrm{D}(z, q)} = 0,$$

$$\frac{\mathrm{D}(\mathrm{F}, \Phi)}{\mathrm{D}(p, q)}\frac{\partial q}{\partial z} + \frac{\mathrm{D}(\mathrm{F}, \Phi)}{\mathrm{D}(p, z)} = 0.$$

En portant les valeurs de $\dfrac{\partial p}{\partial y}$, $\dfrac{\partial p}{\partial z}$, $\dfrac{\partial q}{\partial x}$, $\dfrac{\partial q}{\partial z}$ dans la condition d'intégrabilité

$$\frac{\partial p}{\partial y} + \frac{\partial p}{\partial z} q = \frac{\partial q}{\partial x} + \frac{\partial q}{\partial z} p,$$

cette condition développée devient

$$\frac{\partial \mathrm{F}}{\partial p}\left(\frac{\partial \Phi}{\partial x} + p\frac{\partial \Phi}{\partial z}\right) + \frac{\partial \mathrm{F}}{\partial q}\left(\frac{\partial \Phi}{\partial y} + q\frac{\partial \Phi}{\partial z}\right)$$

$$- \frac{\partial \Phi}{\partial p}\left(\frac{\partial \mathrm{F}}{\partial x} + p\frac{\partial \mathrm{F}}{\partial z}\right) - \frac{\partial \Phi}{\partial q}\left(\frac{\partial \mathrm{F}}{\partial y} + q\frac{\partial \mathrm{F}}{\partial z}\right) = 0.$$

Posons, d'une façon générale, u et v étant des fonctions de x, y, z, p, q,

$$\frac{d}{dx} = \frac{\partial}{\partial x} + p\,\frac{\partial}{\partial z}, \qquad \frac{d}{dy} = \frac{\partial}{\partial y} + q\,\frac{\partial}{\partial z};$$

$$[u, v] = \frac{\partial u}{\partial p}\frac{dv}{dx} - \frac{\partial v}{\partial p}\frac{du}{dx} + \frac{\partial u}{\partial q}\frac{dv}{dy} - \frac{\partial v}{\partial q}\frac{du}{dy};$$

l'expression $[u, v]$ est appelée un *crochet* et la condition précédente peut alors s'écrire, sous forme abrégée,

$$(51) \qquad\qquad\qquad [F, \Phi] = o.$$

Pour que les deux équations (50) forment un système complètement intégrable, il faut d'abord que ces deux équations puissent être résolues par rapport à p et à q, c'est-à-dire qu'on ne puisse pas en déduire une relation entre x, y, z indépendante de p et de q, et de plus que la condition $[F. \Phi] = o$ soit une conséquence des deux relations (50). Si le crochet $[F, \Phi]$ est nul identiquement, les deux équations $F = a$, $\Phi = b$ forment un système complètement intégrable, quelles que soient les constantes a et b. Si la relation $[F, \Phi] = o$ est une conséquence de la seule équation $F = o$, sans qu'il soit nécessaire de tenir compte de la seconde relation $\Phi = o$, les deux équations $F = o$, $\Phi = b$ forment un système complètement intégrable quelle que soit la constante b.

Lorsque les deux fonctions F et Φ ne renferment pas z, l'expression du crochet $[F, \Phi]$ se simplifie. On appelle *parenthèse* (u, v) l'expression suivante, où u et v sont des fonctions quelconques de x, y, p, q :

$$(u, v) = \frac{\partial u}{\partial p}\frac{\partial v}{\partial x} - \frac{\partial v}{\partial p}\frac{\partial u}{\partial x} + \frac{\partial u}{\partial q}\frac{\partial v}{\partial y} - \frac{\partial v}{\partial q}\frac{\partial u}{\partial y}.$$

La condition pour que les deux équations

$$F(x, y, p, q) = o, \qquad \Phi(x, y, p, q) = o$$

soient compatibles est d'après cela que l'on ait

$$(F, \Phi) = o,$$

soit identiquement, soit en tenant compte de ces relations elles-mêmes.

III. — ÉQUATIONS DU PREMIER ORDRE A TROIS VARIABLES.

444. Intégrales complètes. — Nous allons maintenant nous occuper de l'intégration d'une équation aux dérivées partielles du premier ordre, de forme quelconque, mais avec deux variables indépendantes seulement. Lagrange a obtenu sur ce sujet des résultats très importants que nous allons d'abord exposer. Soit

$$(52) \qquad F(x, y, z, p, q) = 0$$

l'équation proposée; le résultat fondamental obtenu par Lagrange est le suivant : si l'on connaît une famille d'intégrales, dépendant de *deux* paramètres arbitraires, on peut en déduire toutes les autres intégrales par des différentiations et des éliminations. Soit en effet

$$(53) \qquad V(x, y, z, a, b) = 0$$

une relation renfermant deux constantes a et b, et définissant, quelles que soient les valeurs attribuées à ces constantes, une intégrale de l'équation (52). De cette relation on déduit les valeurs des dérivées partielles p et q de cette intégrale

$$(54) \qquad \frac{\partial V}{\partial x} + p\,\frac{\partial V}{\partial z} = 0, \qquad \frac{\partial V}{\partial y} + q\,\frac{\partial V}{\partial z} = 0.$$

Par hypothèse, la fonction z satisfait toujours à l'équation (52), quels que soient a et b; l'élimination des deux paramètres a et b entre les trois relations (53) et (54) conduira donc à l'équation (52) et à *celle-là seulement* [1]. Il s'ensuit que cette équation (52) exprime la condition nécessaire et suffisante pour que les trois équations (53) et (54) soient vérifiées par un système de trois fonctions z, a, b des deux variables x et y, p et q désignant les dérivées partielles de z. Le problème de l'intégration de l'équation unique (52) est donc équivalent au problème suivant :

---

[1] En effet, si l'élimination de a et de b conduisait à une autre relation $\Phi(x, y, z, p, q) = 0$, différente de $F = 0$, les deux équations simultanées $F = 0$, $\Phi = 0$ admettraient une intégrale commune $V = 0$, dépendant de deux constantes arbitraires a et b, ce qui est impossible (n° 440). L'intégrale considérée ne dépendrait donc en réalité que d'un *seul* paramètre.

Trouver trois fonctions z, a, b des deux variables indépendantes x et y, satisfaisant aux trois équations (53) *et* (54).

Si $z = f_1(x, y)$, $a = f_2(x, y)$, $b = f_3(x, y)$ forment un système de solutions de ces trois équations, la fonction $f_1(x, y)$ satisfait aussi à l'équation (52), qui est une conséquence de ces trois relations. Inversement, si $f_1(x, y)$ est une intégrale de l'équation (52), les trois relations (53) et (54) sont compatibles quand on y remplace z par $f_1(x, y)$, p et q par les dérivées partielles de $f_1(x, y)$. On en déduira donc pour a et b deux autres fonctions $a = f_2(x, y)$, $b = f_3(x, y)$, qui forment avec $f_1(x, y)$ un système de solutions des relations (53) et (54) ([1]).

Le nouveau problème, quoique d'une apparence plus compliquée que le premier, se résout aisément. En effet, si l'on différentie la relation (53) par rapport à x et à y, en considérant maintenant z, a, b comme des fonctions inconnues de x et de y, les relations obtenues se réduisent, en tenant compte des équations (54), aux deux suivantes :

$$(55) \qquad \frac{\partial V}{\partial a}\frac{\partial a}{\partial x} + \frac{\partial V}{\partial b}\frac{\partial b}{\partial x} = 0, \qquad \frac{\partial V}{\partial a}\frac{\partial a}{\partial y} + \frac{\partial V}{\partial b}\frac{\partial b}{\partial y} = 0,$$

et le système formé par les équations (53 et (55) est équivalent au système formé par les équations (53) et (54).

On voit immédiatement que l'on satisfait à ce système en prenant pour les fonctions inconnues a et b deux constantes quelconques. Nous retrouvons ainsi pour z l'intégrale connue *a priori*, que Lagrange appelle *intégrale complète*. Pour traiter la question d'une façon générale, remarquons que les équations (55) sont linéaires et homogènes en $\dfrac{\partial V}{\partial a}$, $\dfrac{\partial V}{\partial b}$. On satisfait donc au système des trois équations (53) et (55) en posant

$$(56) \qquad V = 0, \qquad \frac{\partial V}{\partial a} = 0, \qquad \frac{\partial V}{\partial b} = 0.$$

Si ces trois équations sont compatibles, elles définissent trois fonc-

---

tions z, a, b des deux variables x et y. L'intégrale $z = f_1(x. y)$ de l'équation (52) ainsi obtenue ne dépend d'aucun paramètre arbitraire; on l'appelle aujourd'hui l'*intégrale singulière*.

Si $\frac{\partial V}{\partial a}$ et $\frac{\partial V}{\partial b}$ ne sont pas nuls à la fois, on doit avoir, d'après les équations (55),

$$\frac{D(a, b)}{D(x, y)} = 0,$$

ce qui prouve qu'il existe entre les fonctions a et b au moins une relation indépendante de x et de y. S'il existe deux relations de cette espèce, a et b se réduisent à des constantes; nous retrouvons l'intégrale complète. S'il existe une seule relation entre a et b, l'une au moins des fonctions a et b ne se réduit pas à une constante. Supposons que ce soit a; nous pouvons alors écrire la relation entre a et b

$$(57) \qquad\qquad b = \varphi(a),$$

et les deux formules (55) deviennent

$$\frac{\partial a}{\partial x}\left[\frac{\partial V}{\partial a} + \frac{\partial V}{\partial b}\varphi'(a)\right] = 0, \qquad \frac{\partial a}{\partial y}\left[\frac{\partial V}{\partial a} + \frac{\partial V}{\partial b}\varphi'(a)\right] = 0.$$

Comme a n'est pas constant par hypothèse, ces deux relations se réduisent à une seule, et les trois équations

$$(58) \quad V(x, y, z. a, b) = 0, \qquad b = \varphi(a), \qquad \frac{\partial V}{\partial a} + \frac{\partial V}{\partial b}\varphi'(a) = 0$$

définissent un nouveau système de solutions des équations (53) et (54). En particulier, la fonction $z = f_1(x, y)$ ainsi obtenue est une intégrale de l'équation proposée (52); cette intégrale dépend évidemment de la fonction arbitraire $\varphi(a)$; nous l'appellerons l'*intégrale générale*.

Pour avoir la relation entre x, y, z, il faudrait éliminer le paramètre arbitraire a entre les deux équations

$$(58\ bis) \quad V[x, y, z, a, \varphi(a)] = 0, \qquad \frac{\partial V}{\partial a} + \frac{\partial V}{\partial \varphi(a)}\varphi'(a) = 0;$$

cette élimination ne peut être faite que si l'on a choisi la fonction $\varphi(a)$, mais les équations $(58\ bis)$ permettent toujours d'exprimer deux des coordonnées d'un point d'une surface intégrale en fonction de la troisième coordonnée et du paramètre a.

La méthode précédente se rattache très simplement à la théorie des surfaces enveloppes. Considérons, en effet, la famille de surfaces S dépendant de deux constantes a et b, qui forment l'intégrale complète (53). Si l'on établit entre les deux paramètres a et b une relation de forme arbitraire $b = \varphi(a)$, on obtient une famille de surfaces ne dépendant plus que d'un paramètre arbitraire a, et l'enveloppe de cette famille de surfaces s'obtient précisément en éliminant a entre les deux équations (58 *bis*). Le procédé qui permet de déduire l'intégrale générale de l'intégrale complète consiste donc à prendre l'enveloppe d'une suite simplement infinie d'intégrales complètes, obtenue en établissant entre les deux paramètres a et b une relation de forme arbitraire. L'intégrale singulière s'obtient de même en prenant l'enveloppe de toutes les intégrales complètes, quand on fait varier les deux paramètres a et b de toutes les manières possibles (¹) (I, n° 202).

Il semblerait, d'après ce qui précède, que l'on doit distinguer trois catégories d'intégrales : l'intégrale complète, l'intégrale générale et l'intégrale singulière. Mais la théorie même de Lagrange prouve qu'il existe une infinité d'intégrales complètes. Si, en effet, on établit entre les deux paramètres a et b une relation d'une forme déterminée $b = \pi(a, a', b')$, renfermant deux constantes a' et b', l'intégrale générale correspondante dépendra de ces deux constantes a' et b', et pourra jouer le rôle d'intégrale complète. L'ancienne intégrale complète sera maintenant comprise dans l'intégrale générale, et correspondra à la relation $b = \pi(a, a', b')$ établie entre les deux paramètres a' et b'. Il n'y a donc pas de distinction essentielle entre l'intégrale générale et l'intégrale com-

---

(¹) On a vu plus haut (n° 433) combien sont délicates toutes ces considérations fondées sur la théorie des enveloppes dans l'étude des équations différentielles. Toutes les difficultés signalées dans l'étude des solutions singulières d'une équation différentielle du premier ordre se retrouvent pour les équations aux dérivées partielles du premier ordre, et l'on est arrivé à une conclusion identique : une équation aux dérivées partielles du premier ordre, donnée *a priori*, n'admet pas d'une façon normale d'intégrale singulière. Cette conclusion n'est pas en contradiction avec les raisonnements du texte, car nous avons admis qu'on pouvait appliquer au système des trois équations (56) la théorie des fonctions implicites, et les conclusions ne sont exactes qu'autant que cette condition est satisfaite [*voir* le Mémoire de G. DARBOUX, *Sur les solutions singulières des équations aux dérivées partielles du premier ordre* (*Mémoires des Savants étrangers*, t. XXVII)].

plète. Au contraire, l'intégrale singulière, d'après sa signification géométrique, ne dépend pas du choix de l'intégrale complète.

Exemples. — 1° Soit l'équation de Clairaut généralisée

$$z = px + qy + f(p, q);$$

on vérifie aisément qu'elle admet l'intégrale complète

$$z = ax + by + f(a, b).$$

Cette intégrale complète se compose d'une famille de plans dépendant de deux paramètres arbitraires a et b; ces plans enveloppent une surface non développable Σ, qui est l'intégrale singulière de l'équation proposée. Pour avoir l'intégrale générale, nous devons établir entre a et b une relation de forme arbitraire, soit $b = \varphi(a)$, et chercher l'enveloppe du plan ainsi obtenu; cette enveloppe, qui est représentée par le système des deux équations

$$z = ax + y\varphi(a) + f[a, \varphi(a)], \quad x + y\varphi'(a) + \frac{\partial f}{\partial a} + \frac{\partial f}{\partial \varphi(a)}\varphi'(a) = 0,$$

est une surface développable tangente à la surface Σ tout le long d'une courbe Γ, et l'on peut évidemment choisir la fonction arbitraire $\varphi(a)$ de façon que la courbe de contact Γ soit une courbe donnée à l'avance de Σ.

2° Soit encore l'équation

$$q = f(p),$$

qui admet l'intégrale complète

$$z = ax + f(a)y + b.$$

Cette équation représente encore un plan, et l'intégrale générale, qui est donnée par le système des deux équations

$$(59) \qquad z = ax + yf(a) + \varphi(a), \qquad 0 = x + yf'(a) + \varphi'(a),$$

se compose de surfaces développables, que l'on peut définir géométriquement d'une façon très simple. En effet, si, par un point fixe de l'espace, l'origine par exemple, on mène des plans parallèles aux plans qui forment l'intégrale complète, ces plans ne dépendent que d'un paramètre variable a, et enveloppent par conséquent un cône (T) ayant son sommet à l'origine. L'arête de rebroussement de la surface développable (59) a donc son plan osculateur qui reste constamment parallèle à un plan tangent au cône (T), et par suite les génératrices de cette surface sont parallèles aux génératrices du même cône (I, n° **217**, p. 549).

' Les équations (56), qui déterminent l'intégrale singulière, sont dans ce cas incompatibles, car la dernière se réduit à $1 = 0$. Il n'y a donc pas d'intégrale singulière.

3° Considérons une famille de sphères de rayon donné R, dont le centre reste dans un plan fixe. Ces sphères dépendent bien de deux paramètres arbitraires, et, si nous prenons un système d'axes rectangulaires avec le plan fixe pour plan des xy, elles sont représentées par l'équation

$$(x - a)^2 + (y - b)^2 + z^2 - R^2 = 0.$$

L'équation aux dérivées partielles correspondante s'obtient en éliminant a et b entre cette équation et les deux suivantes

$$x - a + pz = 0, \qquad y - b + qz = 0,$$

ce qui donne la relation

$$(1 + p^2 + q^2)z^2 - R^2 = 0,$$

dont la signification géométrique est la suivante : elle exprime que la portion de normale, comprise entre un point quelconque de la surface et le plan des xy, est constante et égale à R. L'intégrale générale est une surface canal, enveloppe d'une sphère de rayon R dont le centre décrit une courbe arbitraire dans le plan des xy. Il y a une intégrale singulière formée des deux plans $z = \pm R$. Il est évident que ces deux plans sont tangents à toutes les autres surfaces intégrales.

445. Méthode de Lagrange et Charpit. — En résumé, pour pouvoir déterminer toutes les intégrales d'une équation du premier ordre,

$$(60) \qquad\qquad F(x, y, z, p, q) = 0,$$

il suffit de connaître une intégrale complète, c'est-à-dire une intégrale dépendant de deux constantes arbitraires. Pour déterminer une intégrale complète, supposons que, par un moyen quelconque, on ait obtenu une autre fonction $\Phi(x, y, z, p, q)$ telle que les deux équations

$$(61) \qquad F = o, \qquad \Phi = a$$

puissent être résolues par rapport à p et q et forment un système complètement intégrable, quelle que soit la valeur de la constante a. S'il en est ainsi, en résolvant les deux équations précédentes par rapport à p et à q, et en portant ces valeurs de p et de q dans l'équation $dz = p\,dx + q\,dy$, on obtient une équation aux différentielles totales complètement intégrable

$$(62) \qquad dz = f(x, y, z, a)\,dx + \varphi(x, y, z, a)\,dy.$$

L'intégration de cette équation introduit une nouvelle constante arbitraire b, et nous avons ainsi une intégrale de l'équation proposée, dépendant de deux constantes arbitraires a et b. Inversement si la relation (53) définit une intégrale complète, on déduit des équations (53) et (54) $a = \Phi(x, y, z, p, q)$ et les deux équations $F = o$, $\Phi = a$ forment, quel que soit a, un système complètement intégrable.

La méthode d'intégration de Lagrange et Charpit consiste précisément à adjoindre à l'équation $F = o$ une autre équation $\Phi = a$ telle que le système (61) formé par ces deux équations soit complètement intégrable. Il faut et il suffit pour cela (n° **443**) que l'on ait $[F, \Phi] = o$, équation que l'on peut écrire

$$(63) \quad P\frac{\partial\Phi}{\partial x} + Q\frac{\partial\Phi}{\partial y} + (Pp + Qq)\frac{\partial\Phi}{\partial z} - (X + pZ)\frac{\partial\Phi}{\partial p} - (Y + qZ)\frac{\partial\Phi}{\partial q} = o,$$

en posant, pour abréger l'écriture,

$$X = \frac{\partial F}{\partial x}, \qquad Y = \frac{\partial F}{\partial y}, \qquad Z = \frac{\partial F}{\partial z}, \qquad P = \frac{\partial F}{\partial p}, \qquad Q = \frac{\partial F}{\partial q}.$$

La fonction auxiliaire $\Phi(x, y, z, p, q)$ doit donc satisfaire à une équation *linéaire* aux dérivées partielles à cinq variables indépendantes. L'intégration de cette équation linéaire se ramène à son tour à celle du système d'équations différentielles ordinaires

$$(64) \qquad \frac{dx}{P} = \frac{dy}{Q} = \frac{dz}{Pp + Qq} = \frac{-dp}{X + pZ} = \frac{-dq}{Y + qZ};$$

mais, pour l'objet que nous avons en vue, il n'est pas nécessaire d'avoir obtenu l'intégrale générale de ce système (64); il suffit de connaître une intégrale première de ce système $\Phi = a$, telle que l'on puisse résoudre les deux équations $F = o$, $\Phi = a$ par rapport à p et à q.

Nous pouvons donc énoncer la règle générale suivante :

Pour avoir une intégrale complète de l'équation $(6o)$, *on cherche d'abord une intégrale première* $\Phi = a$ *du système auxiliaire* (64) $\left[\text{telle que le jacobien } \dfrac{D(F, \Phi)}{D(p, q)} \text{ ne soit pas nul} \right]$, *puis on résout les deux équations* $F = o$, $\Phi = a$ *par rapport à p et à q. En portant les expressions obtenues pour p et q dans l'équation* $dz = p\,dx + q\,dy$, *on arrive à une équation complètement intégrable aux différentielles totales. L'intégrale générale de cette équation renferme une seconde constante arbitraire b; c'est une intégrale complète de l'équation* $(6o)$.

On connaît *a priori* une intégrale de l'équation (63), la fonction F elle-même. Cette intégrale ne peut nous être d'aucune utilité à elle seule, mais cela nous montre que l'intégration du système (64) se ramène à l'intégration d'un système de *trois* équations différentielles du premier ordre. La difficulté du problème est ainsi précisée.

Lorsque la fonction F ne dépend pas de la fonction inconnue z, on peut supposer aussi que la fonction Φ ne dépend pas de z, et la condition pour que le système (61) soit complètement intégrable est alors

$$(F, \Phi) = o$$

ou

$(63\ bis)$
$$P \frac{\partial \Phi}{\partial x} + Q \frac{\partial \Phi}{\partial y} - X \frac{\partial \Phi}{\partial p} - Y \frac{\partial \Phi}{\partial q} = o;$$

le système auxiliaire (64) devient de même

$(64\ bis)$
$$\frac{dx}{P} = \frac{dy}{Q} = \frac{-dp}{X} = \frac{-dq}{Y}.$$

Si l'on connaît une intégrale première $\Phi = a$ de ce système telle que $\dfrac{D(F, \Phi)}{D(p, q)}$ ne soit pas nul, on est conduit à une équation aux différentielles totales de la forme

$$dz = f(x, y, a)\, dx + \varphi(x, y, a)\, dy,$$

qui s'intègre par une quadrature. La difficulté de la seconde partie du problème est donc diminuée dans ce cas. Il en est de même pour la première partie, car on connaît encore une intégrale première $F = C$ du système (64 *bis*); on peut donc remplacer ce système par un système de *deux* équations différentielles du premier ordre.

Exemples. — 1° Considérons une équation ne renfermant que l'une des trois variables x, y, z, par exemple la variable y, telle que $F(y, p, q) = 0$. On a ici $X = Z = 0$, et par suite les équations (64) admettent la combinaison intégrable $dp = 0$. Les deux équations $F(y, p, q) = 0$, $p = a$ forment donc un système complètement intégrable; ce qu'il est aisé de vérifier, car, si l'on résout l'équation proposée par rapport à q, l'équation aux différentielles totales à intégrer prend la forme

$$dz = a\, dx + f(y, a)\, dy,$$

et l'on a une intégrale complète par une quadrature

$$z = a x + \int f(y, a)\, dy + b.$$

2° Une équation de la forme $F(z, p, q) = 0$ peut se ramener à la forme précédente en prenant y et z pour variables indépendantes, mais on peut se dispenser de ce changement de variables. On a ici en effet $X = Y = 0$ et les équations (64) donnent l'égalité

$$\frac{dp}{p} = \frac{dq}{q},$$

et par suite l'intégrale première $q = ap$. Des deux équations

$$q = ap, \qquad F(z, p, q) = 0,$$

on tire ensuite

$$p = f(z, a), \qquad q = a f(z, a),$$

et l'équation aux différentielles totales

$$dz = f(z, a)(dx + a\, dy)$$

s'intègre par une quadrature

$$\int \frac{dz}{f(z, a)} = x + a y + b.$$

Soit par exemple l'équation $pq - z = o$. En lui adjoignant la relation $q = ap$, on en tire $p = \sqrt{\dfrac{z}{a}}$, $q = a\sqrt{\dfrac{z}{a}}$,

$$dz = \sqrt{\frac{z}{a}}\,(dx + a\,dy),$$

et l'on a l'intégrale complète

$$4az = (x + ay + b)^2$$

formée de cylindres paraboliques tangents au plan des xy tout le long d'une génératrice. Le plan des xy est une intégrale singulière.

Les équations (64), dans le cas où $F = pq - z$, admettent aussi l'intégrale première $p - y = a$. En partant de cette intégrale, on est conduit à l'équation aux différentielles totales

$$dz = (y + a)\,dx + \frac{z\,dy}{y + a}$$

que l'on peut écrire aussi $dx = d\left(\dfrac{z}{y + a}\right)$, ce qui fournit une nouvelle intégrale complète $z = (y + a)(x + b)$, formée de paraboloïdes tangents au plan des xy.

3° Soit une équation de la forme $f(x, p) - f_1(y, q) = o$. Les équations différentielles (64 *bis*)

$$\frac{dx}{\dfrac{\partial f}{\partial p}} = \frac{dy}{-\dfrac{\partial f_1}{\partial q}} = \frac{-dp}{\dfrac{\partial f}{\partial x}} = \frac{dq}{\dfrac{\partial f_1}{\partial y}}$$

admettent l'intégrale première $f(x, p) = a$. Si l'on adjoint cette équation à l'équation proposée, on tire des deux relations

$$f(x, p) = a \qquad f_1(y, q) = a,$$

les valeurs de p et de q, $p = \varphi(x, a)$, $q = \varphi_1(y, a)$ et l'équation aux différentielles totales

$$dz = \varphi(x, a)\,dx + \varphi_1(y, a)\,dy$$

s'intègre par deux quadratures

$$z = \int \varphi(x, a)\,dx + \int \varphi_1(y, a)\,dy + b.$$

Lorsqu'une équation du premier ordre est de la forme précédente, on dit que *les variables sont séparées*. Soit par exemple l'équation

$$pq - xy = o;$$

nous pouvons aussi l'écrire $\dfrac{p}{x} = \dfrac{y}{q}$. En égalant ces deux rapports à une constante a, nous obtenons l'équation aux différentielles totales

$$dz = a x \, dx + \frac{y}{a} \, dy,$$

et par suite l'intégrale complète $z = \dfrac{a x^2}{2} + \dfrac{y^2}{2 a} + b$.

4° Proposons-nous de trouver les fonctions $F(x, y, p, q)$ telles que les équations (64) admettent l'intégrale première $py - qx = a$. Il faut et il suffit pour cela que la relation $p \, dy + y \, dp - q \, dx - x \, dq = 0$ soit une conséquence des relations (64 *bis*), c'est-à-dire que la fonction F soit elle-même une intégrale de l'équation linéaire

$$p \frac{\partial F}{\partial q} - y \frac{\partial F}{\partial x} + x \frac{\partial F}{\partial y} - q \frac{\partial F}{\partial p} = 0.$$

Le système d'équations différentielles correspondantes

$$\frac{dx}{-y} = \frac{dy}{x} = \frac{dp}{-q} = \frac{dq}{p}$$

admet les trois intégrales premières

$$x^2 + y^2 = C, \qquad p^2 + q^2 = C', \qquad py - qx = C''$$

et la fonction F est donc de la forme $F(py - qx,\ x^2 + y^2,\ p^2 + q^2)$. La recherche d'une intégrale complète de l'équation $F = 0$ est ramenée à l'intégration de deux équations simultanées de la forme

$$p^2 + q^2 = f(x^2 + y^2,\ py - qx), \qquad py - qx = a.$$

En tenant compte de l'identité

$$(p^2 + q^2)(x^2 + y^2) = (py - qx)^2 + (px + qy)^2,$$

on déduit des deux équations précédentes

$$p x + q y = \sqrt{(x^2 + y^2) f(x^2 + y^2,\ a) - a^2} = \varphi(x^2 + y^2,\ a),$$

ce qui nous donne les valeurs suivantes de p et de q :

$$p = \frac{a y + x \varphi(x^2 + y^2,\ a)}{x^2 + y^2}, \qquad q = \frac{- a x + y \varphi(x^2 + y^2,\ a)}{x^2 + y^2},$$

et l'on a une intégrale complète par une quadrature

$$z = - a \arctan\left(\frac{y}{x}\right) + \int \frac{\varphi(u,\ a)}{2 u} \, du + b.$$

où $u = x^2 + y^2$.

5° Il est quelquefois possible de trouver *a priori*, par des considérations géométriques, certaines combinaisons intégrables des équations différentielles (64). Supposons, par exemple, que l'on veuille obtenir les surfaces S dont le plan tangent en un point quelconque M coupe sous un angle constant V le plan passant par M et par Oz. Il est clair que, si une surface S répond à la question, toutes les surfaces qu'on déduira de celle-là en lui imprimant un mouvement hélicoïdal autour de Oz, le pas des hélices étant égal à h, répondront aussi à la question, et par conséquent la surface enveloppe Σ sera aussi une intégrale de la même équation. Or cette enveloppe Σ est évidemment une surface hélicoïdale de pas h; comme on peut la déplacer d'une longueur quelconque parallèlement à Oz, il s'ensuit que l'équation aux dérivées partielles du problème et l'équation aux dérivées partielles des surfaces hélicoïdes $py - qx = a$ (n° 438) admettent, quel que soit a, une infinité d'intégrales communes dépendant d'une constante arbitraire. Par conséquent, les équations différentielles (64) admettent l'intégrale première $py - qx = a$, et l'on aura une intégrale complète par une quadrature.

Remarque. — Il est à remarquer qu'il n'est pas nécessaire que la relation (63) soit vérifiée identiquement pour que le système (64) soit complètement intégrable; il suffit qu'elle soit vérifiée en tenant compte de la relation F = o elle-même. On peut quelquefois se servir de cette circonstance dans la recherche de la fonction Φ. En effet, trouver une combinaison intégrable des équations (64) revient au fond à trouver cinq fonctions λ_x, λ_y, λ_z, λ_p, λ_q, des variables x, y, z, p, q, telles que

$$\lambda_x\,dx + \lambda_y\,dy + \lambda_z\,dz + \lambda_p\,dp + \lambda_q\,dq$$

soit une différentielle exacte $d\Phi$ et que l'on ait en outre

$$P\lambda_x + Q\lambda_y + (Pp + Qq)\lambda_z - (X + pZ)\lambda_p - (Y + qZ)\lambda_q = o.$$

Si cette dernière relation n'est vérifiée qu'en tenant compte de l'équation F = o, la fonction Φ n'est plus à proprement parler une intégrale première du système (64). Cependant, les multiplicateurs λ_x, λ_y, ... étant égaux aux dérivées partielles de Φ, les deux équations F = o, $\Phi = a$ forment encore un système complètement intégrable, car l'équation (63) est alors une conséquence de F = o ([1]). Une remarque analogue s'applique au système (64 *bis*).

([1]) Lorsque l'équation F = o peut être résolue par rapport à l'une des variables x, y, z, p, q, on peut supposer que la fonction Φ ne renferme pas cette variable, et elle ne figure pas non plus dans les coefficients X, Y, Z, P, Q. Pour fixer les idées, prenons une équation de la forme

$$p + f(x, y, z, q) = o;$$

pour en trouver une intégrale complète, il suffit de lui adjoindre une autre

446. Problème de Cauchy. — Étant donnée une équation

$$(65) \qquad p = f(x, y, z, q),$$

dont le second membre est holomorphe dans le voisinage d'un système de valeurs (x_0, y_0, z_0, q_0), et une fonction $\varphi(y)$ holomorphe dans le domaine du point y_0, telle que l'on ait $\varphi(y_0) = z_0$, $\varphi'(y_0) = q_0$, on a démontré plus haut (n° 386) que cette équation admet une intégrale holomorphe dans le domaine du point (x_0, y_0) et se réduisant à la fonction donnée $\varphi(y)$, pour $x = x_0$. Soit C la courbe plane représentée par les deux équations $x = x_0$, $z = \varphi(y)$: en langage géométrique, le résultat qui vient d'être rappelé peut s'énoncer comme il suit : *il existe une surface intégrale analytique de l'équation* (65), *et une seule, passant par la courbe* C.

Nous pouvons généraliser cet énoncé. Considérons d'abord une équation de forme quelconque

$$(66) \qquad F(x, y, z, p, q) = 0,$$

et proposons-nous encore de déterminer une surface intégrale passant par une courbe plane telle que C, située dans un plan $x = x_0$ parallèle au plan des yz. Soit $z = \varphi(y)$ l'équation du cylindre projetant C parallèlement à Ox. La fonction φ étant holomorphe dans le domaine du point y_0, l'équation

$$(67) \qquad F(x_0, y_0, z_0, p, q_0) = 0,$$

équation $\varphi(x, y, z, q) = a$, formant avec la première un système complètement intégrable. La condition $[p + f, \varphi] = 0$ devient ici

$$\frac{\partial \varphi}{\partial x} + \frac{\partial f}{\partial q}\frac{\partial \varphi}{\partial y} + \left(q\,\frac{\partial f}{\partial q} - f\right)\frac{\partial \varphi}{\partial z} - \left(\frac{\partial f}{\partial y} + q\,\frac{\partial f}{\partial z}\right)\frac{\partial \varphi}{\partial q} = 0,$$

et la lettre p n'y figure pas.

Plus généralement, supposons qu'on puisse satisfaire à la relation $F = 0$ en posant

$$p = f(x, y, z, \lambda), \qquad q = \varphi(x, y, z, \lambda),$$

λ désignant un paramètre auxiliaire. Il suffit de remplacer λ par une fonction de x, y, z telle que l'équation $dz = f\,dx + \varphi\,dy$ soit complètement intégrable, ce qui conduit encore à une équation linéaire pour déterminer $\lambda(x, y, z)$:

$$\frac{\partial f}{\partial y} + \frac{\partial f}{\partial z}\varphi + \frac{\partial f}{\partial \lambda}\left(\frac{\partial \lambda}{\partial y} + \frac{\partial \lambda}{\partial z}\varphi\right) = \frac{\partial \varphi}{\partial x} + \frac{\partial \varphi}{\partial z}f + \frac{\partial \varphi}{\partial \lambda}\left(\frac{\partial \lambda}{\partial x} + \frac{\partial \lambda}{\partial z}f\right).$$

(ANTOMARI, *Bulletin de la Société mathématique*, t. **XIX**, p. 154.)

où $z_0 = \varphi(y_0)$, $q_0 = \varphi'(y_0)$, et où l'on regarde p comme l'inconnue, admet un certain nombre de racines. Soit p_0 l'une d'elles. Si la fonction F est holomorphe dans le voisinage du système de valeurs $(x_0, y_0, z_0, p_0, q_0)$, et si en outre la dérivée partielle $\left(\dfrac{\partial F}{\partial p}\right)_0$ n'est pas nulle pour ce système de valeurs, l'équation (66) admet une racine $p = f(x, y, z, q)$ qui est holomorphe dans le voisinage des valeurs x_0, y_0, z_0, q_0 (I, n° 184), et nous sommes ramenés à une équation de la forme (65), ce qui montre bien que l'équation (66) admet une surface intégrale passant par C. Le raisonnement prouve même que cette équation admet m surfaces intégrales répondant à la question si l'équation (67) est de degré m par rapport à p. Il n'y a d'exception possible que si l'une des racines de l'équation (67) satisfait en même temps à la relation $\dfrac{\partial F}{\partial p} = 0$, en tous les points de C, puisque x_0, y_0, z_0 sont les coordonnées d'un point quelconque de cette courbe.

Considérons enfin une courbe quelconque Γ, représentée par un système de deux équations

$$(68) \qquad\qquad x = \lambda(y), \qquad z = \mu(y),$$

et soit à déterminer une surface intégrale de l'équation (66) passant par Γ. Ce problème peut à son tour se ramener au précédent au moyen d'un changement de variables. Si l'on pose en effet

$$x = X + \lambda(Y), \qquad y = Y,$$

la relation $dz = p\,dx + q\,dy$ devient

$$dz = p\,dX + p\,\lambda'(Y)\,dY + q\,dY,$$

et l'on en tire

$$p = \frac{dz}{dX}, \qquad p\,\lambda'(Y) + q = \frac{dz}{dY};$$

l'équation (66) est alors remplacée par la suivante

$$(66\ bis) \qquad F\left[X + \lambda(Y),\ Y,\ z,\ \frac{\partial z}{\partial X},\ \frac{\partial z}{\partial Y} - \lambda'(Y)\frac{\partial z}{\partial X}\right] = 0,$$

et nous aurons à rechercher une intégrale de cette nouvelle équation se réduisant à $\mu(Y)$ pour $X = 0$. Nous voyons donc qu'en général *une surface intégrale d'une équation du premier ordre*

*est déterminée si l'on se donne une courbe située sur cette sur-
face.* Il peut y avoir plusieurs surfaces intégrales répondant a
la question, si l'équation analogue à (67) a plusieurs racines distinctes, de même qu'une équation différentielle du premier ordre
et de degré m en y' admet en général m courbes intégrales passant
par un point donné. Nous reviendrons plus loin sur le cas exceptionnel, où les raisonnements sont en défaut.

On a donné le nom de *problème de Cauchy* au problème qui
consiste à déterminer une surface intégrale d'une équation aux
dérivées partielles du premier ordre, passant par une courbe
donnée. Le choix de ce nom a pour but de rappeler le lien étroit
qui unit ce problème au théorème général de Cauchy, comme on
vient de l'expliquer. Nous allons montrer maintenant comment on
peut résoudre le problème de Cauchy par des calculs d'élimination,
quand on connaît une intégrale complète, ce qui nous fournira
une vérification des résultats précédents.

Une intégrale complète $V(x, y, z, a, b) = o$ étant connue,
soit Γ une courbe dont les coordonnées sont exprimées en fonction d'un paramètre λ par les formules

$$(69) \qquad x = f(\lambda), \qquad y = g(\lambda), \qquad z = h(\lambda).$$

Si cette courbe Γ est située sur une surface intégrale Σ de l'équation (66), par chaque point M de Γ passe une intégrale complète
tangente à Σ, et par suite tangente à la courbe Γ. Les valeurs des
paramètres a et b correspondant à cette intégrale complète sont
des fonctions de λ déterminées par les deux conditions

$$(70) \quad V(f, g, h, a, b) = o, \qquad \frac{\partial V}{\partial x} f'(\lambda) + \frac{\partial V}{\partial y} g'(\lambda) + \frac{\partial V}{\partial z} h'(\lambda) = o,$$

dont la signification est évidente, et que l'on peut écrire, sous
forme abrégée,

$$(71) \qquad U(\lambda) = o, \qquad \frac{\partial U}{\partial \lambda} = o,$$

en posant $U(\lambda) = V[f(\lambda), g(\lambda), h(\lambda), a, b]$. Soient $a(\lambda), b(\lambda)$
les deux fonctions ainsi obtenues. L'intégrale cherchée Σ est
l'enveloppe de l'intégrale complète $V[x, y, z, a(\lambda), b(\lambda)] = o$,
quand on fait varier le paramètre λ, et le procédé peut s'énoncer
géométriquement comme il suit : *On prend l'enveloppe des intégrales complètes qui sont tangentes à la courbe* Γ.

Il paraît évident que cette construction géométrique doit conduire à une surface passant par la courbe Γ, ce qu'il est du reste aisé de vérifier par le calcul. En effet, en prenant la dérivée par rapport à λ du premier membre de la première équation (70), et tenant compte de la seconde, on voit que les fonctions $a(\lambda)$, $b(\lambda)$ vérifient aussi la relation

$$(72) \qquad \frac{\partial V}{\partial a} a'(\lambda) + \frac{\partial V}{\partial b} b'(\lambda) = 0.$$

Or cette équation, où l'on aurait remplacé f, g, h par x, y, z, jointe à la relation $V(x, y, z, a, b) = 0$, représente la courbe caractéristique suivant laquelle l'intégrale complète S touche son enveloppe Σ. La relation (72) exprime donc que cette caractéristique passe par le point m de Γ de coordonnées $x = f(\lambda)$, $y = g(\lambda)$, $z = h(\lambda)$.

Remarque. — Les équations (70) peuvent avoir plusieurs systèmes de solutions distinctes en a et en b. Il passe alors plusieurs intégrales par la courbe Γ. En particulier, il peut arriver que ces équations admettent un système de solutions indépendantes de x, $a = a_0$, $b = b_0$. La relation $V(f, g, h, a_0, b_0) = 0$ est alors vérifiée quel que soit λ, et par suite la courbe Γ est située sur l'intégrale complète $V(x, y, z, a_0, b_0) = 0$. La réciproque s'établit de la même façon.

Un examen plus approfondi de la solution du problème de Cauchy exigerait la discussion complète du système (70) à deux inconnues a et b. Cette discussion sera reprise plus loin, après l'étude des caractéristiques (n° 447).

Exemple. — Soit à trouver l'intégrale de $pq = xy$ se réduisant à $\varphi(y)$ pour $x = x_0$ en partant de l'intégrale $z = \dfrac{a x^2}{2} + \dfrac{y^2}{2a} + b$.

L'équation $\varphi(y) = \dfrac{a x_0^2}{2} + \dfrac{y^2}{2a} + b$ doit avoir une racine double qui vérifie aussi $\varphi'(y) = \dfrac{y}{a}$.

On en tire, en remplaçant y par u,

$$a = \frac{u}{\varphi'(u)}, \qquad b = \varphi(u) - \frac{u x_0^2}{2\varphi'(u)} + \frac{u^2 \varphi'(u)}{2u}$$

et l'on est ramené à chercher l'enveloppe de l'intégrale

$$z = \varphi(u) + \frac{u}{2\varphi'(u)}(x^2 - x_0^2) + \frac{\varphi'(u)}{2u}(y^2 - u^2)$$

lorsque u varie

En différentiant par rapport à u, il reste, après suppression du facteur $\varphi'(u) - u\varphi''(u)$, la relation $u^2(x^2 - x_0^2) = \varphi'^2(u)(y^2 - u^2)$. Dans le cas particulier où l'on a $\varphi'(u) - u\varphi''(u) = 0$, $\varphi(u)$ est de la forme $\varphi(u) = \alpha u^2 + \beta$ et la courbe donnée est située sur l'intégrale complète

$$(73) \qquad z = \alpha y^2 + \frac{1}{4\alpha}(x^2 - x_0^2) + \beta.$$

On vérifie sur cet exemple la loi générale indiquée plus haut. Toutes les fois que la courbe donnée Γ est située sur une intégrale complète $V(x, y, z, a_0, b_0) = 0$, les deux équations $U = 0$, $\dfrac{\partial U}{\partial \lambda} = 0$ sont vérifiées en prenant pour a et b des valeurs indépendantes de λ, $a = a_0$, $b = b_0$.

447. Caractéristiques. Méthodes de Cauchy.

— La méthode de Cauchy est indépendante de la théorie de l'intégrale complète ; nous l'exposerons sous forme géométrique. Pour cela, cherchons d'abord la signification d'une équation aux dérivées partielles non linéaire

$$(74) \qquad F(x, y, z, p, q) = 0.$$

Les coefficients angulaires du plan tangent à une surface intégrale S passant par un point donné (x, y, z) de l'espace sont liés par la relation précédente. Ce plan tangent ne peut donc être un plan quelconque passant par le point (x, y, z) ; puisque la position de ce plan ne dépend que d'un seul paramètre arbitraire, il enveloppe en général un cône (T) ayant son sommet au point (x, y, z), et l'équation (74) exprime que *le plan tangent en un point quelconque M de l'espace à toute surface intégrale S passant par ce point est aussi tangent à un certain cône* (T) *ayant son sommet en ce point.*

Le cône (T) dépend naturellement de la fonction F, et aussi de la position de son sommet. Pour avoir l'équation du cône (T) de sommet (x, y, z), il faut, d'après sa définition, chercher l'enveloppe du plan

$$(75) \qquad Z - z = p(X - x) + q(Y - y),$$

les paramètres p et q étant liés par la relation (74). On doit pour cela éliminer p et q entre ces deux équations et la nouvelle relation (I, n° 198, *Remarque*)

$$(76) \qquad (Y - y)\frac{\partial F}{\partial p} - (X - x)\frac{\partial F}{\partial q} = 0.$$

Les deux équations (75) et (76) représentent la caractéristique, c'est-à-dire la génératrice de contact du plan tangent avec le cône (T). Si l'on suppose les axes de coordonnées rectangulaires, on a immédiatement l'équation du cône (N), supplémentaire du cône (T), qui est engendré par les normales aux diverses surfaces intégrales passant par le point M. Les équations de la normale étant en effet

$$X - x + p(Z - z) = 0, \qquad Y - y + q(Z - z) = 0,$$

on obtient, en éliminant p et q, l'équation du cône (N)

$$(77) \qquad F\left(x, y, z, -\frac{X-x}{Z-z}, -\frac{Y-y}{Z-z}\right) = 0.$$

Lorsque l'équation proposée (74) est linéaire en p et q, le cône (N) est un plan, et le cône (T) se réduit à une droite Δ. Nous avons vu (n° **438**) que l'intégration se ramène dans ce cas à la recherche des courbes qui sont tangentes en chacun de leurs points à la droite Δ correspondante. On est conduit à la méthode de Cauchy en étendant ce procédé aux équations non linéaires.

Soit S une surface intégrale, représentée par l'équation

$$z = f(x, y).$$

En chaque point M de cette surface, le plan tangent est aussi tangent au cône (T) suivant une génératrice (G). Nous appellerons courbe *caractéristique* toute courbe C de la surface S qui, en chacun de ses points, est tangente à la génératrice G correspondante. Par chaque point de S (exception faite pour les points singuliers, s'il en existe), il passe une courbe de cette espèce et une seule. Le nom de *caractéristiques* donné à ces courbes sera justifié plus loin (n° **448**). Nous allons d'abord montrer, ce qui est la clef de la méthode de Cauchy, que ces courbes peuvent être déterminées par un système d'équations différentielles ordinaires, sans qu'il soit nécessaire de connaître la fonction $f(x, y)$. Nous savons d'abord que la tangente à la courbe C coïncide avec la droite G représentée par les deux équations (75) et (76), que l'on peut encore écrire

$$\frac{X - x}{P} = \frac{Y - y}{Q} = \frac{Z - z}{Pp + Qq},$$

avec les notations du n° 445. Le long d'une caractéristique x, y, z, p, q sont des fonctions d'une seule variable indépendante, et nous pouvons déjà écrire entre les différentielles dx, dy, dz les relations

$$(78) \qquad \frac{dx}{P} = \frac{dy}{Q} = \frac{dz}{Pp + Qq} = du,$$

u étant une variable auxiliaire fictive, qui est introduite uniquement pour plus de symétrie dans les raisonnenents. Le long de cette courbe C, on a aussi

$$dp = r\,dx + s\,dy, \qquad dq = s\,dx + t\,dy,$$

r, s, t étant les dérivées du second ordre de la fonction $f(x, y)$. D'autre part, puisque $z = f(x, y)$ est une intégrale de l'équation proposée (74), les dérivées partielles r, s, t satisfont aussi aux deux relations

$$X + pZ + Pr + Qs = o, \qquad Y + qZ + Ps + Qt = o.$$

obtenues en différentiant cette équation par rapport à x et par rapport à y. En remplaçant, dans dp et dq, les différentielles dx et dy par $P\,du$ et $Q\,du$, il vient

$$dp = (Pr + Qs)\,du, \qquad dq = (Ps + Qt)\,du.$$

c'est-à-dire, d'après les relations précédentes,

$$dp = -(X + pZ)\,du, \qquad dq = -(Y + qZ)\,du.$$

En ajoutant ces équations aux équations (78), nous parvenons à un système d'équations différentielles ordinaires

$$(79) \qquad \frac{dx}{P} = \frac{dy}{Q} = \frac{dz}{Pp + Qq} = \frac{-dp}{X + pZ} = \frac{-dq}{Y + qZ} = du,$$

qui est identique au système (64) auquel on est conduit avec la méthode de Lagrange.

Ce système d'équations différentielles est absolument indépendant de l'intégrale considérée. On en déduit les conclusions suivantes. Soient (x_0, y_0, z_0) les coordonnées d'un point M_0 de S, p_0 et q_0 les coefficients angulaires du plan tangent en ce point. Si la fonction F est holomorphe dans le voisinage de ce système de valeurs, et si tous les dénominateurs des rapports (79) ne sont pas nuls à la fois pour x_0, y_0, z_0, p_0, q_0, les équations (79) admettent un système d'intégrales et un seul prenant les valeurs x_0, y_0, z_0, p_0, q_0 pour $u = 0$. Il s'ensuit que *si deux surfaces intégrales sont tangentes en un point* (x_0, y_0, z_0), *elles sont tangentes tout le long d'une courbe caractéristique commune passant par ce point*. Pour la commodité du langage nous appellerons *élément* tout système de valeurs attribuées aux cinq variables x, y, z, p, q; un élément se compose, si l'on veut, de l'ensemble d'un point de coordonnées (x, y, z) et du plan de coefficients angulaires p, q, passant par ce point. Tout le long d'une courbe caractéristique, x, y, z, p et q sont des fonctions d'une variable indépendante u. A chaque point d'une courbe caractéristique correspond donc un élément composé de ce point et du plan de coefficients angulaires, p, q, passant par ce point. Mais on a, d'après les équations (79), $\dfrac{dz}{du} = p \dfrac{dx}{du} + q \dfrac{dy}{du}$, de sorte que ce plan contient la tangente à la courbe au point (x, y, z). Lorsque le point (x, y, z) décrit la courbe caractéristique, le plan correspondant enveloppe **une** surface développable passant par cette courbe ; c'est la *développable caractéristique*. A chaque courbe caractéristique correspond ainsi une développable caractéristique passant par cette courbe, et nous appellerons désormais *caractéristique* l'ensemble de la courbe et de la développable, ou la courbe seule, quand il n'y aura aucune ambiguïté à craindre. Une caractéristique se compose, d'après cela, d'une infinité d'éléments, dépendant d'une variable indépendante, les variations infiniment petites de x, y, z, p, q étant liés par les relations (79). Une caractéristique est donc complètement définie si l'on se donne un de ses éléments, et le théorème énoncé tout à l'heure peut encore s'énoncer sous la forme suivante absolument équivalente :

Si deux surfaces intégrales ont un élément commun, elles ont en commun tous les éléments de la caractéristique issue de cet élément.

Les caractéristiques dépendent de *trois* paramètres arbitraires. En effet, une caractéristique est déterminée si l'on se donne les coordonnées $(x_0, y_0, z_0, p_0, q_0)$ d'un de ses éléments ; on peut regarder l'une de ces coordonnées, x_0 par exemple, comme ayant une valeur numérique donnée, et, d'autre part, d'après la définition même des caractéristiques, on a, entre les coordonnées d'un élément quelconque, la relation $F(x_0, y_0, z_0, p_0, q_0) = 0$. Il reste donc seulement trois paramètres arbitraires.

Pour déterminer ces caractéristiques, remarquons d'abord que les équations (79) admettent l'intégrale première $F = \text{const.}$, de sorte que si $F(x, y, z, p, q)$ est nul pour les coordonnées $(x_0, y_0, z_0, p_0, q_0)$ de l'élément initial, F est nul tout le long de la caractéristique issue de cet élément, ce qu'il était aisé de prévoir d'après la façon même dont on a obtenu les équations (79). Pour trouver les caractéristiques de l'équation proposée, on peut donc adjoindre au système (79) la relation $F = 0$ elle-même, ce qui ramène ce système à un système de trois équations différentielles du premier ordre.

Supposons qu'on ait obtenu les équations en termes finis des caractéristiques; soient, pour fixer les idées,

$$(80) \quad \begin{cases} y = f_1(x, x_0, y_0, z_0, p_0, q_0), & z = f_2(x, x_0, y_0, z_0, p_0, q_0), \\ p = f_3(x, x_0, y_0, z_0, p_0, q_0), & q = f_4(x, x_0, y_0, z_0, p_0, q_0) \end{cases}$$

les équations de la caractéristique issue de l'élément

$$(x_0, y_0, z_0, p_0, q_0).$$

Les deux premières équations (80) représentent la courbe caractéristique elle-même, et toute surface intégrale, étant un lieu de courbes caractéristiques, s'obtiendra en supposant que x_0, y_0, z_0, p_0, q_0 sont fonctions d'un paramètre auxiliaire v. Nous sommes donc conduits à rechercher comment on doit prendre ces cinq fonctions de v, pour que la surface engendrée par les courbes caractéristiques soit une surface intégrale. Pour traiter cette question d'une façon plus symétrique, nous introduirons avec G. Darboux la variable auxiliaire u.

Soient :

$$(81) \quad \begin{cases} x = \varphi_1(u, x_0, y_0, z_0, p_0, q_0), \\ y = \varphi_2(u, x_0, y_0, z_0, p_0, q_0), \\ z = \varphi_3(u, x_0, y_0, z_0, p_0, q_0); \end{cases}$$

$$(82) \quad \begin{cases} p = \varphi_4(u, x_0, y_0, z_0, p_0, q_0), \\ q = \varphi_5(u, x_0, y_0, z_0, p_0, q_0) \end{cases}$$

les formules qui représentent les intégrales du système (79) prenant pour $u = 0$ les valeurs x_0, y_0, z_0, p_0, q_0 respectivement. Quand on remplace dans ces formules x_0, y_0, z_0, p_0, q_0 par des fonctions d'une seconde variable auxiliaire v, les équations (81) représentent en général une surface S, u et v étant regardées comme deux variables indépendantes. Pour que cette surface S soit une surface intégrale, dont les courbes $v = $ const. soient les caractéristiques, il faut que les formules (82) donnent précisément les coefficients angulaires du plan tangent à cette surface, et en outre que l'on ait, en tout point de S, la relation $F = 0$ Les cinq fonctions x, y, z, p, q des deux variables u et v doivent donc satisfaire aux trois conditions

$$(83) \qquad F(x, y, z, p, q) = 0,$$

$$(84) \qquad \frac{\partial z}{\partial u} - p \frac{\partial x}{\partial u} - q \frac{\partial y}{\partial u} = 0,$$

$$(85) \qquad \frac{\partial z}{\partial v} - p \frac{\partial x}{\partial v} - q \frac{\partial y}{\partial v} = 0.$$

Les cinq fonctions φ_i étant des intégrales du système (79), on a, comme on l'a déjà remarqué, $F(x, y, z, p, q) = F(x_0, y_0, z_0, p_0, q_0)$ et par suite la relation (83) sera satisfaite pourvu que l'on ait

$$(86) \qquad F(x_0, y_0, z_0, p_0, q_0) = 0.$$

La relation (84) est satisfaite d'elle-même, car c'est une conséquence des équations différentielles (79). Quant à la condition (85), Cauchy la transforme comme il suit.

En désignant par H le premier membre de cette relation, nous avons, en différentiant par rapport a u

$$\frac{\partial H}{\partial u} = \frac{\partial^2 z}{\partial u \, \partial v} - p \frac{\partial^2 x}{\partial u \, \partial v} - q \frac{\partial^2 y}{\partial u \, \partial v} - \frac{\partial x}{\partial v} \frac{\partial p}{\partial u} - \frac{\partial y}{\partial v} \frac{\partial q}{\partial u}.$$

D'autre part, en différentiant par rapport à v la relation (84), nous avons aussi

$$0 = \frac{\partial^2 z}{\partial u \, \partial v} - p \frac{\partial^2 x}{\partial u \, \partial v} - q \frac{\partial^2 y}{\partial u \, \partial v} - \frac{\partial p}{\partial v} \frac{\partial x}{\partial u} - \frac{\partial q}{\partial v} \frac{\partial y}{\partial u}.$$

En retranchant membre à membre, il vient encore

$$\frac{\partial H}{\partial u} = \frac{\partial p}{\partial v} \frac{\partial x}{\partial u} + \frac{\partial q}{\partial v} \frac{\partial y}{\partial u} - \frac{\partial x}{\partial v} \frac{\partial p}{\partial u} - \frac{\partial y}{\partial v} \frac{\partial q}{\partial u},$$

ou, en remplaçant les dérivées par rapport à u par leurs valeurs tirées des formules (79),

$$\frac{\partial H}{\partial u} = X\frac{\partial x}{\partial v} + Y\frac{\partial y}{\partial v} + P\frac{\partial p}{\partial v} + Q\frac{\partial q}{\partial v} + Z\left(p\frac{\partial x}{\partial v} + q\frac{\partial y}{\partial v}\right).$$

Nous effectuerons une dernière transformation en observant que les cinq fonctions x, y, z, p, q de v satisfont à la relation

$$F(x, y, z, p, q) = 0,$$

et que, par suite, on a aussi

$$X\frac{\partial x}{\partial v} + Y\frac{\partial y}{\partial v} + Z\frac{\partial z}{\partial v} + P\frac{\partial p}{\partial v} + Q\frac{\partial q}{\partial v} = 0;$$

la valeur précédente de $\frac{\partial H}{\partial u}$ peut donc s'écrire

$$(87) \qquad \frac{\partial H}{\partial u} = Z\left(p\frac{\partial x}{\partial v} + q\frac{\partial y}{\partial v} - \frac{\partial z}{\partial v}\right) = -ZH.$$

On tire de cette relation la valeur suivante de H.

$$(88) \qquad H = H_0\, e^{-\int_0^u Z\, du},$$

H_0 désignant la valeur de H pour $u = 0$, c'est-à-dire quand x, y, z, p, q se réduisent respectivement à x_0, y_0, z_0, p_0, q_0. La fonction F, et par suite la dérivée partielle Z étant supposées holomorphes dans le voisinage des valeurs x_0, y_0, p_0, q_0, pour que H soit nul, il faut et il suffit que H_0 soit nul, c'est-à-dire que l'on ait $\frac{\partial z_0}{\partial v} = p_0\frac{\partial x_0}{\partial v} + q_0\frac{\partial y_0}{\partial v}$.

En résumé, *pour obtenir une surface intégrale* (¹), *il suffit*

(¹) Le raisonnement suppose toutefois que les dénominateurs P, Q, X + pZ, Y + qZ ne sont pas tous nuls pour les valeurs initiales x_0, y_0, z_0, p_0, q_0. Dans ce cas, les formules (81) et (82) se réduisent à $x = x_0$, $y = y_0$, $z = z_0$, $p = p_0$, $q = q_0$, tandis que, si l'on supprime la variable auxiliaire u, les équations (79) peuvent admettre des intégrales prenant les valeurs initiales données (n° 393, *Remarque I*). Les intégrales de l'équation proposée qui satisfont en même temps aux quatre équations

$$P = 0, \qquad Q = 0, \qquad X + pZ = 0, \qquad Y + qZ = 0$$

échappent donc à la méthode générale. De telles intégrales, s'il y en a, sont des

de remplacer, dans les formules (80) *ou* (81), x_0, y_0, z_0, p_0, q_0
*par des fonctions d'une variable auxiliaire v, satisfaisant aux
deux conditions.*

$$(89) \qquad F(x_0, y_0, z_0, p_0, q_0) = 0, \qquad \frac{dz_0}{dv} = p_0 \frac{dx_0}{dv} + q_0 \frac{dy_0}{dv}.$$

La méthode conduit très facilement à la solution du problème
de Cauchy. En effet, si l'on veut déterminer une surface intégrale
passant par une courbe donnée Γ, on peut prendre pour x_0, y_0, z_0
les coordonnées d'un point de cette courbe supposées exprimées
en fonction d'un paramètre variable v, et les équations (89) déterminent p_0 et q_0. La solution peut aussi s'énoncer en langage
géométrique; en effet, la première des relations (89) exprime
que le plan de coefficients angulaires p_0, q_0, passant par le
point (x_0, y_0, z_0), est tangent au cône (T) ayant son sommet en
ce point, et la seconde exprime que ce plan passe par la tangente
à la courbe Γ. La marche à suivre peut donc être formulée ainsi :
Par la tangente à la courbe Γ en un point M *de cette courbe, on*

---

intégrales *singulières* : il n'en existe pas d'une façon normale pour une équation
donnée *a priori*, et non formée par l'élimination des constantes.

On peut encore préciser les raisonnements de façon à bien mettre en évidence
les hypothèses nécessaires pour la validité des conclusions. Nous supposons tout
d'abord que la fonction $F(x, y, z, p, q)$ est une fonction *analytique* de x, y,
z, p, q. Pour montrer que toute intégrale $z = f(x, y)$ est un lieu de caractéristiques, il n'est pas nécessaire de supposer que cette intégrale est analytique; il
suffit d'admettre qu'elle a des dérivées continues du second ordre r, s, t, puisque
ces dérivées interviennent seules dans la démonstration. Les caractéristiques,
étant définies par un système d'équations différentielles analytiques, sont nécessairement des courbes analytiques et, par suite, sur toute intégrale, analytique
ou non, il existe une famille de courbes analytiques, les caractéristiques. Les
fonctions φ_1, φ_2, ..., φ_5, qui représentent l'intégrale générale des équations (79), sont
des fonctions analytiques de u et des valeurs initiales x_0, y_0, z_0, p_0, q_0 (n° 387).
Pour que les calculs qui suivent et leur conclusion soient rigoureux, il suffit que
ces valeurs initiales soient des fonctions continues d'un paramètre v, admettant
des dérivées continues, mais il n'est pas nécessaire qu'elles soient des fonctions
analytiques de v.

Ceci est bien d'accord avec la méthode de la variation des constantes. Si l'intégrale complète $V(x, y, z, a, b)$ est une fonction analytique de ses arguments,
il en sera de même de $F(x, y, z, p, q)$, mais rien n'exige dans la suite du raisonnement que la fonction arbitraire $b = \varphi(a)$ soit une fonction analytique de a.
Une remarque analogue s'applique à l'intégrale générale d'une équation linéaire.
Pour plus de détails sur ce sujet, voir E.-R. HEDRICK, *Ueber den analy-
tischen Character der Lösungen von Differentialgleichungen* (*Inaugural-Dis-
sertation, Göttingen*, 1901).

fait passer un plan tangent au cône (T) *de sommet* M; *soit* C *la caractéristique issue de l'élément ainsi déterminé : la surface engendrée par cette caractéristique, lorsque le point* M *décrit la courbe* Γ, *est une surface intégrale passant par cette courbe* Γ.

Il y aura autant de surfaces répondant à la question qu'on peut mener de plans tangents au cône (T), par une tangente à la courbe Γ. Il est clair qu'on doit associer les plans tangents formant une suite continue.

Considérons d'abord le cas général où la tangente à la courbe Γ n'est pas une génératrice du cône (T); p_0 et q_0 étant les coefficients angulaires du plan tangent au cône (T), les cosinus directeurs de la génératrice de contact sont proportionnels à P_0, Q_0, $P_0 p_0 + Q_0 q_0$ [formules (75) et (76)]. La différence $P_0 \frac{\partial y_0}{\partial v} - Q_0 \frac{\partial x_0}{\partial v}$ n'est donc pas nulle, et par suite les valeurs de p_0 et de q_0 tirées des relations (89) sont des fonctions holomorphes de v, dans le voisinage du point considéré de Γ. D'un autre côté, on peut résoudre les deux premières équations (81) par rapport à u et à v, car le déterminant fonctionnel $\frac{\partial x}{\partial u} \frac{\partial y}{\partial v} - \frac{\partial y}{\partial u} \frac{\partial x}{\partial v}$ se réduit pour $u = 0$ à $\left(\frac{\partial x}{\partial u}\right)_0 \frac{\partial y_0}{\partial v} - \left(\frac{\partial y}{\partial u}\right)_0 \frac{\partial x_0}{\partial v}$, c'est-à-dire à $P_0 \frac{\partial y_0}{\partial v} - Q_0 \frac{\partial x_0}{\partial v}$. En portant les valeurs de u et de v dans la troisième formule (81), on voit que z est une fonction holomorphe de x et de y dans le voisinage du point considéré (*voir* n° 446).

Lorsque la tangente à la courbe Γ se confond avec la génératrice de contact du plan de coefficients angulaires p_0, q_0 avec le cône (T) en *un point particulier* de cette courbe, ce point est en général un point singulier pour l'intégrale correspondante. Lorsque cela a lieu en *tous les points de* Γ, nous avons deux cas à distinguer suivant que la courbe Γ est une courbe caractéristique, ou non.

Si la courbe Γ est une courbe caractéristique, elle est tangente en chacun de ses points à une génératrice G du cône (T) ayant ce point pour sommet, et la développable caractéristique est l'enveloppe du plan tangent au cône (T) suivant la génératrice G, lorsque le sommet M décrit Γ. La courbe caractéristique issue de chacun des éléments ainsi déterminés se confond avec la courbe Γ elle-même, et les formules (81) ne définissent pas une surface. Mais il est clair que dans ce cas le problème est indéterminé. Soient en effet M un point de Γ, P le plan tangent au cône (T) de sommet M suivant la tangente G à Γ, et Γ' une autre courbe passant

par M dont la tangente en M soit une droite du plan P différente de G.
D'après ce que nous venons de démontrer, une surface intégrale passant
par Γ′ renferme la courbe Γ.

Si l'équation proposée (74) n'est pas linéaire en p et q, comme nous le
supposons, la courbe Γ peut être tangente en chacun de ses points à une
génératrice G du cône (T) correspondant, sans être une caractéristique.
Les courbes les plus générales jouissant de cette propriété dépendent en
effet d'une *fonction arbitraire*. Soit

$$\Phi\left(x, y, z; \frac{Y-y}{X-x}, \frac{Z-z}{X-x}\right) = 0$$

l'équation du cône (T) de sommet (x, y, z). Pour qu'une courbe Γ soit
tangente en chacun de ses points à une génératrice de (T), les coordonnées x, y, z d'un point de cette courbe doivent être des fonctions d'une
variable v satisfaisant à la condition

$$(90) \qquad \Phi\left(x, y, z; \frac{dy}{dx}, \frac{dz}{dx}\right) = 0.$$

Si l'on prend par exemple x pour variable indépendante, on peut choisir
arbitrairement $y = f(x)$, et en remplaçant y par $f(x)$ dans la relation
précédente on a une équation différentielle du premier ordre pour déterminer z en fonction de x. On appelle *courbe intégrale* toute courbe satisfaisant à la condition (90), sans être une courbe caractéristique.

Cela posé, supposons que la courbe Γ, pour laquelle on veut résoudre
le problème de Cauchy, soit une courbe intégrale. De chaque point M de Γ
part une courbe caractéristique tangente à Γ, et il résulte du calcul fait
plus haut que la surface S engendrée par ces caractéristiques est une surface intégrale; il suffit en effet de prendre pour x_0, y_0, z_0 les coordonnées d'un point de Γ et pour p_0, q_0 les coefficients angulaires du plan
tangent au cône (T) le long de la tangente à Γ. Mais cette courbe Γ est
une ligne singulière de la surface S. En effet, s'il n'en était pas ainsi, les
dérivées r, s, t auraient des valeurs finies en un point de Γ et, comme on
a déjà $Q_0\, dx_0 = P_0\, dy_0$, les calculs faits à la page 618 pour établir les
équations (79) s'appliqueraient sans modification, et l'on en conclurait que
la courbe Γ est une caractéristique, ce qui est contraire à l'hypothèse.
Cette courbe Γ, qui est l'enveloppe des caractéristiques de la surface S, est
analogue à l'arête de rebroussement d'une surface développable.

Remarque. — La méthode de Cauchy donne aussi facilement
une intégrale complète. On satisfait en effet aux conditions (89)
en posant $x_0 = a$, $y_0 = b$, $z_0 = c$, a, b, c étant trois constantes
quelconques, p_0 et q_0 étant liés par la relation $F(a, b, c, p_0, q_0) = 0$.
La surface intégrale ainsi obtenue est le lieu des courbes caractéristiques issues du point (a, b, c), qui est évidemment un point

conique pour cette surface. Si l'on regarde une des coordonnées a, b, c comme une constante numérique, on a une intégrale complète.

Exemples. — 1° Prenons l'équation traitée par Cauchy $pq - xy = 0$; les équations différentielles des caractéristiques peuvent s'écrire, en tenant compte de l'équation elle-même,

$$p\,dx = q\,dy = \frac{dz}{2} = x\,dp = y\,dq.$$

On en tire successivement les combinaisons intégrables

$$\frac{dp}{p} = \frac{dx}{x}, \qquad \frac{dq}{q} = \frac{dy}{y}, \qquad dz = \frac{p}{x}\,2\,x\,dx = \frac{q}{y}\,2\,y\,dy,$$

et la caractéristique issue de l'élément $(x_0, y_0, z_0, p_0, q_0)$ est représentée par les formules

$$\frac{p}{p_0} = \frac{x}{x_0}, \qquad \frac{q}{q_0} = \frac{y}{y_0}, \qquad z - z_0 = \frac{p_0}{x_0}(x^2 - x_0^2) = \frac{q_0}{y_0}(y^2 - y_0^2).$$

x_0, y_0, p_0, q_0 étant liées par la relation $p_0 q_0 = x_0 y_0$. Pour avoir l'intégrale qui, pour $x = x_0$, se réduit à $\varphi(y)$, nous poserons, conformément à la méthode générale, $y_0 = u$, $z_0 = \varphi(u)$, et les équations (89) donnent ici

$$q_0 = \varphi'(u), \qquad p_0 = \frac{x_0 u}{\varphi'(u)}.$$

L'intégrale demandée est donc représentée par le système des deux équations simultanées

$$z - \varphi(u) = \frac{u}{\varphi'(u)}(x^2 - x_0^2) = \frac{\varphi'(u)}{u}(y^2 - u^2),$$

qui définissent u et z comme fonctions de x et de y. Ces deux équations peuvent être remplacées par les suivantes :

$$[z - \varphi(u)]^2 = (x^2 - x_0^2)(y^2 - u^2), \qquad [z - \varphi(u)]\varphi'(u) = u(x^2 - x_0^2),$$

dont la seconde se déduit de la première en différentiant par rapport au paramètre u. On aura l'intégrale cherchée en éliminant u, et nous pouvons observer que ce résultat est bien d'accord avec la théorie de Lagrange (*cf.* n° 446, p. 605).

2° Reprenons l'équation de la page 605

$$(1 + p^2 + q^2)\,z^2 - R^2 = 0,$$

qui exprime que la longueur du segment de normale limité au plan des xy est égal à R. Pour avoir le cône des normales (N) relatif à un point M de l'espace, il suffira donc de décrire du point M pour centre une sphère de rayon R, et de prendre le cône de révolution du sommet M passant par le cercle d'intersection du plan des xy avec cette sphère. Le cône (T) est le cône de révolution de sommet M, supplémentaire du premier. Nous connaissons ici une intégrale complète, les sphères de rayon R ayant leur centre dans le plan des xy; les courbes caractéristiques, intersection de deux sphères infiniment voisines (*voir* n° 448), sont donc des cercles de rayon R, dont les plans sont parallèles à l'axe des z et dont les centres sont dans le plan des xy. Toute courbe intégrale, nous l'avons vu, peut être considérée comme l'enveloppe des courbes caractéristiques situées sur une surface intégrale. Ces courbes sont donc représentées par le système des trois équations

$$(x - a)^2 + [y - \varphi(a)]^2 + z^2 - R^2 = o$$
$$x - a + [y - \varphi(a)] \varphi'(a) = o,$$
$$1 + \varphi'^2(a) + \varphi(a)\varphi''(a) - y\varphi''(a) = o,$$

la fonction $\varphi(a)$ étant arbitraire.

448. Les caractéristiques déduites d'une intégrale complète. — La notion de caractéristique peut se déduire, d'une façon très naturelle, de la théorie de Lagrange. Nous avons vu, en effet, que, si V = o est une intégrale complète de l'équation du premier ordre proposée, on obtient une surface intégrale en éliminant a entre les deux relations

$$(91) \qquad V[x, y, z, a, \varphi(a)] = o, \qquad \frac{\partial V}{\partial a} + \frac{\partial V}{\partial \varphi(a)} \varphi'(a) = o,$$

$\varphi(a)$ étant une fonction arbitraire. Lorsque l'on donne au paramètre a une valeur constante, ces deux équations représentent une courbe, dont le lieu est la surface intégrale. Les équations de cette courbe sont de la forme

$$(92) \qquad V(x, y, z, a, b) = o, \qquad \frac{\partial V}{\partial a} + \frac{\partial V}{\partial b} c = o,$$

a, b, c étant des paramètres arbitraires. Ces courbes forment un *complexe*, et nous voyons que les surfaces intégrales sont engendrées par les courbes de ce complexe, associées suivant une loi convenable. Le nom de *caractéristiques* donné à ces courbes s'explique de lui-même, puisque ce sont les courbes de contact de l'intégrale complète avec son enveloppe. Les développables caractéristiques s'introduisent tout aussi naturellement. Considérons une courbe caractéristique correspondant aux valeurs a_0, b_0, c_0 des paramètres a, b, c; toutes les surfaces intégrales obtenues au moyen de fonctions φ, telles que l'on ait $b_0 = \varphi(a_0)$, $c_0 = \varphi'(a_0)$, passent par cette courbe et sont tangentes entre elles tout le long de cette courbe, car les valeurs de p et de q qui, pour un point quelconque d'une surface intégrale, sont données par les formules

$$(93) \qquad \frac{\partial V}{\partial x} + p \frac{\partial V}{\partial z} = 0, \qquad \frac{\partial V}{\partial y} + q \frac{\partial V}{\partial z} = 0,$$

sont les mêmes pour toutes ces surfaces. Il est donc naturel d'associer à chaque courbe caractéristique une développable caractéristique passant par cette courbe. Les quatre équations (92) et (93) permettent d'exprimer quatre des variables x, y, z, p, q au moyen de l'une d'elles et des trois constantes arbitraires a, b, c. Pour démontrer l'identité des multiplicités ainsi définies avec les caractéristiques déduites de la méthode de Cauchy, supposons que l'intégrale complète soit représentée par une équation de la forme $z = \Phi(x, y, a, b)$. Les équations (92) et (93) deviennent

$$(94) \qquad z = \Phi(x, y, a, b), \qquad \frac{\partial \Phi}{\partial a} + \frac{\partial \Phi}{\partial b} c = 0,$$

$$(95) \qquad p = \frac{\partial \Phi}{\partial x}, \qquad q = \frac{\partial \Phi}{\partial y}.$$

Les relations (94) et (95) permettent d'exprimer les cinq variables (x, y, z, p, q) au moyen de l'une d'elles (x par exemple), et des trois constantes arbitraires a, b, c. Tout revient à démontrer que ces fonctions satisfont aux équations différentielles (64). La fonction $\Phi(x, y, a, b)$ étant une intégrale complète de l'équation $F = 0$, on a déjà entre ces fonctions les deux relations

$$(96) \qquad F(x, y, z, p, q) = 0, \qquad dz = p\,dx + q\,dy.$$

D'autre part, on déduit de la seconde des équations (94)

$$(97) \qquad \left(\frac{\partial^2 \Phi}{\partial a\,\partial x} + c \frac{\partial^2 \Phi}{\partial b\,\partial x} \right) dx + \left(\frac{\partial^2 \Phi}{\partial a\,\partial y} + c \frac{\partial^2 \Phi}{\partial b\,\partial y} \right) dy = 0.$$

Or, si l'on différentie par rapport aux constantes a et b l'identité

$$F\left(x, y, \Phi, \frac{\partial \Phi}{\partial x}, \frac{\partial \Phi}{\partial y} \right) = 0,$$

il vient

$$Z \frac{\partial \Phi}{\partial a} + P \frac{\partial^2 \Phi}{\partial a\,\partial x} + Q \frac{\partial^2 \Phi}{\partial a\,\partial y} = 0,$$

$$Z \frac{\partial \Phi}{\partial b} + P \frac{\partial^2 \Phi}{\partial b\,\partial x} + Q \frac{\partial^2 \Phi}{\partial b\,\partial y} = 0,$$

et par suite, en éliminant Z,

$$(98) \qquad P \left(\frac{\partial^2 \Phi}{\partial a\,\partial x} + c \frac{\partial^2 \Phi}{\partial b\,\partial x} \right) + Q \left(\frac{\partial^2 \Phi}{\partial a\,\partial y} + c \frac{\partial^2 \Phi}{\partial b\,\partial y} \right) = 0.$$

La comparaison des deux relations (97) et (98) prouve que l'on a $\dfrac{dx}{P} = \dfrac{dy}{Q}$.

Les dernières équations (64) s'établissent comme au n° 447, en rapprochant les relations

$$dp = \frac{\partial^2 \Phi}{\partial x^2}\, dx + \frac{\partial^2 \Phi}{\partial x\, \partial y}\, dy, \qquad dq = \frac{\partial^2 \Phi}{\partial x\, \partial y}\, dx + \frac{\partial^2 \Phi}{\partial y^2}\, dy,$$

déduites des équations (95) des relations

$$X + Z\frac{\partial \Phi}{\partial x} + P\,\frac{\partial^2 \Phi}{\partial x^2} + Q\,\frac{\partial^2 \Phi}{\partial x\, \partial y} = 0,$$

$$Y + Z\frac{\partial \Phi}{\partial y} + P\,\frac{\partial^2 \Phi}{\partial x\, \partial y} + Q\,\frac{\partial^2 \Phi}{\partial y^2} = 0,$$

obtenues en différentiant l'identité $F\left(x, y, \Phi; \dfrac{\partial \Phi}{\partial x}, \dfrac{\partial \Phi}{\partial y}\right) = 0$, par rapport aux variables x et y.

Remarque. — La théorie de l'intégrale complète s'applique aussi bien aux équations linéaires qu'aux équations non linéaires. Il semble, au contraire, à première vue, que la méthode de Cauchy se présente d'une façon tout à fait différente pour les équations linéaires et pour les équations non linéaires. En effet, les caractéristiques d'une équation linéaire, ou d'une équation qui se décompose en plusieurs équations linéaires, forment une congruence et non un complexe. Mais, si l'on associe à chaque courbe caractéristique une développable caractéristique, l'anomalie disparaît. Chaque courbe caractéristique appartient en effet à une infinité de développables caractéristiques dépendant d'une constante arbitraire, de sorte que cet ensemble dépend bien de trois constantes arbitraires. Reprenons par exemple l'équation des surfaces coniques $px + qy - z = 0$. L'équation $z = ax + by$ représente une intégrale complète formée de plans P passant par l'origine. Les courbes caractéristiques sont des droites passant par l'origine, et les développables caractéristiques sont les plans P eux-mêmes. On obtiendra donc une caractéristique en associant à une droite passant par l'origine un plan passant par cette droite; cet ensemble dépend bien de trois constantes arbitraires.

449. Extension de la méthode de Cauchy. — La méthode de Cauchy s'étend sans difficulté à une équation à un nombre quelconque de variables indépendantes

$$(99) \qquad F(x_1, x_2, \ldots, x_n, z; p_1, p_2, \ldots p_n) = 0, \qquad p_i = \frac{\partial z}{\partial x_i}.$$

Soit $z = \Phi(x_1, x_2, \ldots, x_n)$ une intégrale quelconque de l'équation (99); nous appellerons *élément* de cette intégrale l'ensemble d'un système de valeurs particulières $x_1^0, x_2^0, \ldots, x_n^0$ des variables indépendantes et des valeurs correspondantes $z^0, p_1^0, \ldots, p_n^0$ de la fonction Φ et de ses dérivées partielles. Supposons qu'on fasse varier les éléments de l'intégrale à partir de certaines valeurs initiales x_i^0, z^0, p_i^0, de façon à satisfaire constamment aux équations différentielles

$$(100) \qquad \frac{dx_1}{\mathrm{P}_1} = \frac{dx_2}{\mathrm{P}_2} = \ldots = \frac{dx_n}{\mathrm{P}_n},$$

où l'on a posé (n° **445**)

$$\mathrm{X}_i = \frac{\partial \mathrm{F}}{\partial x_i}, \qquad \mathrm{P}_k = \frac{\partial \mathrm{F}}{\partial p_k}, \qquad \mathrm{Z} = \frac{\partial \mathrm{F}}{\partial z}.$$

Il est clair que ces équations déterminent complètement une famille de courbes (ou multiplicités à une dimension) sur chaque intégrale. En effet, si z est connue en fonction de x_1, x_2, ..., x_n, il en est de même des dérivées partielles p_i et par suite des fonctions P_i. Ces relations (100) forment donc un système de $(n-1)$ équations différentielles du premier ordre entre les n variables $(x_1, x_2, \ldots, x_n)$. D'après la théorie des équations différentielles, par chaque point de la surface intégrale, il passe en général une de ces multiplicités et une seule. Si à chaque point $(x_1, x_2, \ldots, x_n, z)$ de l'une de ces multiplicités on associe les valeurs correspondantes de p_1, p_2, ..., p_n, on a une suite simplement infinie d'éléments, qu'on appelle encore *caractéristique*. Nous allons montrer que, sans connaître l'expression de la fonction z, on peut ajouter aux relations (100) d'autres équations différentielles permettant de définir complètement la variation des variables x_i, z, p_k le long d'une caractéristique.

Partons d'un élément de l'intégrale (x_i^0, z^0, p_k^0) et considérons la caractéristique issue de cet élément. Le long de cette caractéristique, les variables x_i, z, p_k sont des fonctions d'une seule variable indépendante vérifiant la relation $\mathrm{F} = 0$, et dont les différentielles satisfont aux équations (100) et en outre aux équations

$$dz = p_1\,dx_1 + \ldots + p_n\,dx_n,$$

$$dp_i = p_{i1}\,dx_1 + \ldots + p_{in}\,dx_n, \qquad p_{ik} = \frac{\partial^2 z}{\partial x_i\,\partial x_k} \qquad (i = 1, 2, \ldots, n),$$

qui résultent de la définition. En différentiant la relation $\mathrm{F} = 0$, par rapport à la variable x_i, il vient

$$\mathrm{X}_i + p_i\mathrm{Z} + \mathrm{P}_1 p_{i1} + \ldots + \mathrm{P}_n p_{in} = 0;$$

désignons par du la valeur commune des rapports (100) et remplaçons dans la formule précédente P_i par $\dfrac{dx_i}{du}$; nous trouvons

$$(X_i + p_i Z)\, du + p_{i1}\, dx_1 + \ldots + p_{in}\, dx_n = 0,$$

c'est-à-dire

$$(X_i + p_i Z)\, du + dp_i = 0.$$

Ceci nous montre que les éléments d'une intégrale satisfont, tout le long d'une caractéristique, au système d'équations différentielles

$$(101)\quad \frac{dx_i}{P_i} = \frac{dz}{P_1 p_1 + \ldots + P_n p_n} = \frac{-\,dp_k}{X_k + Z p_k} = du \qquad (i,\, k = 1, 2, \ldots, n).$$

Ces équations ne dépendent pas de la fonction Φ et, par suite, on peut déterminer les éléments successifs d'une caractéristique, pourvu que l'on connaisse un seul élément $(x_i^0,\ z^0,\ p_k^0)$. On en conclut, comme plus haut (n° 447), que, *si deux intégrales ont un élément commun, elles ont en commun tous les éléments de la caractéristique issue de cet élément.*

Si les dénominateurs des équations (101) restent finis et ne sont pas tous nuls pour les valeurs initiales, ce que nous supposerons, on tirera de ces équations

$$(102)\quad x_i = f_i(u,\, x_i^0,\, z^0,\, p_k^0),\quad p_k = \varphi_k(u,\, x_i^0,\, z^0,\, p_k^0),\quad z = \psi(u,\, x_i^0,\, z^0,\, p_k^0),$$

x_i^0, z^0, p_k^0 désignant les valeurs initiales correspondant à la valeur initiale $u = 0$ de la variable auxiliaire u; les fonctions f_i, φ_k, ψ sont des fonctions continues de u et des valeurs initiales, admettant des dérivées, au moins entre certaines limites.

Puisque chaque intégrale est un lieu de caractéristiques, il est clair que toute intégrale sera représentée par les formules (102), où x_i^0, z^0, p_k^0 doivent être des fonctions de $n - 1$ variables indépendantes, de façon que ces formules représentent bien une multiplicité à n dimensions. Mais il faut en outre que ces $2n + 1$ fonctions x_i, z, p_k de n variables indépendantes vérifient les relations

$$(103)\quad \begin{cases} F(x_i,\, z,\, p_k) = F(x_1,\, \ldots,\, x_n,\, z;\, p_1,\, \ldots,\, p_n) = 0, \\[4pt] dz - p_1\, dx_1 - p_2\, dx_2 - \ldots - p_n\, dx_n = 0. \end{cases}$$

Comme les équations différentielles (101) admettent la combinaison intégrale $dF = o$, il suffira qu'on ait $F(x_i^0, z^0, p_k^0) = o$ pour que la première des relations ($io3$) soit vérifiée. D'autre part, on a aussi, d'après les équations ($io1$),

$$\frac{dz}{du} = p_1 \frac{dx_1}{du} + \ldots + p_n \frac{dx_n}{du}.$$

Les valeurs initiales x_i^0, z^0, p_k^0 étant fonctions de $n - 1$ variables indépendantes $v_1, v_2, \ldots, v_{n-1}$, il faudra qu'on ait aussi

$$U = \delta z - p_1 \, \delta x_1 - \ldots - p_n \, \delta x_n = o,$$

la lettre δ désignant les différentielles correspondant à des accroissements arbitraires $\delta v_1, \ldots, \delta v_{n-1}$ de ces variables. En procédant comme dans le cas de $n = 2$, nous avons successivement

$$dU = d\,\delta z - p_1\,d\,\delta x_1 - \ldots - p_n\,d\,\delta x_n - dp_1\,\delta x_1 - \ldots - dp_n\,\delta x_n,$$
$$dz = p_1\,dx_1 + \ldots + p_n\,dx_n,$$
$$\delta\,dz = p_1\,\delta\,dx_1 + \ldots + p_n\,\delta\,dx_n + \delta p_1\,dx_1 + \ldots + \delta p_n\,dx_n$$

et, comme on peut intervertir l'ordre des opérations d et δ,

$$dU = \sum_{i=1}^{n} \left\{ \delta p_i\,dx_i - dp_i\,\delta x_i \right\},$$
$$= \sum_{i=1}^{n} \left\{ P_i\,\delta p_i + (X_i + p_i Z)\,\delta x_i \right\}\,du;$$

puisque z, x_i, p_k vérifient l'équation $F = o$, on aura

$$\sum_i (P_i\,\delta p_i + X_i\,\delta x_i) = - Z\,\delta z$$

et, par suite,

$$dU = - ZU\,du.$$

On en conclut l'expression suivante de U

$$U = U_0\,e^{-\int_o^u Z\,du}$$

Pour que U soit nul, il faut et il suffit que U_0 soit nul, c'est-à-dire qu'on ait

$$\delta z^0 - p_1^0\,\delta x_1^0 - \ldots - p_n^0\,\delta x_n^0 = o.$$

En résumé, *pour que les formules* ($io2$) *représentent une*

intégrale, il faut et il suffit que les valeurs initiales (x_i^0, z^0, p_k^0)
soient des fonctions de $n-1$ *variables indépendantes satisfai-*
sant identiquement aux conditions

$$(104) \qquad\qquad F(x_i^0, z^0, p_k^0) = 0,$$

$$(105) \qquad \delta z^0 - p_1^0\, \delta x_1^0 - p_2^0\, \delta x_2^0 - \ldots - p_n^0\, \delta x_n^0 = 0.$$

Tout système de $2n+1$ fonctions (x_i^0, z^0, p_n^0) de $n-1$ variables
vérifiant ces conditions définit une multiplicité à $(n-1)$ dimensions d'éléments; on peut dire encore que toute intégrale de
l'équation $F = 0$ est engendrée par les caractéristiques issues des
divers éléments d'une multiplicité de cette espèce.

En particulier, si l'on veut avoir l'intégrale de Cauchy, qui
pour $x_i = x_i^0$ se réduit à une fonction donnée $\Phi(x_2, \ldots, x_n)$, on
prendra $x_2^0, x_3^0, \ldots, x_n^0$ pour variables indépendantes (x_1^0 étant
supposé constant) et la relation (105) donne les valeurs de
$z^0, p_2^0, \ldots, p_n^0$,

$$z^0 = \Phi(x_2^0, \ldots, x_n^0), \qquad p_2^0 = \frac{\partial \Phi}{\partial x_2^0}, \qquad \ldots, \qquad p_n^0 = \frac{\partial \Phi}{\partial x_n^0}.$$

La valeur de p_1^0 se tirera de la relation (104); si P_1^0 n'est pas nul,
ainsi que nous devons le supposer pour que le théorème général
d'existence soit applicable (I, n° 184, p. 466), p_1^0 sera une fonction
holomorphe de $x_2^0, \ldots, x_n^0$ dans un certain domaine, et les équations (102) donneront pour z, x_i, p_k des fonctions holomorphes
de $u, x_2^0, \ldots, x_n^0$. D'ailleurs, le jacobien

$$\frac{D(x_1, x_2, \ldots, x_n)}{D(u, x_2^0, \ldots, x_n^0)}$$

n'est pas nul, car il se réduit à P_1^0 pour $u = 0$. On pourra donc
résoudre les n premières équations (102) par rapport à u,
$x_2^0, \ldots, x_n^0$, et en portant ces expressions dans la dernière, on
obtiendra pour z une fonction holomorphe des variables x_1,
$x_2, \ldots, x_n$.

Remarque. — Il peut se faire que l'application de la règle générale
précédente ne conduise pas à une intégrale. Par exemple, il pourrait se
faire que la multiplicité d'éléments définie par les formules (102) ne dépende
pas en réalité de n paramètres arbitraires. C'est ce qui arriverait si la multiplicité formée par les éléments (x_i^0, z^0, p_k^0) se composait de caractéristiques; dans ce cas, en effet, la multiplicité définie par les formules (102)
se confondrait avec la multiplicité des éléments (x_i^0, z^0, p_k^0).

Ce cas étant écarté, il peut aussi arriver que l'élimination des paramètres u, v_1, ..., v_{n-1} entre les équations (102) conduise à *plusieurs* relations distinctes entre les variables x_1, ..., x_n, z. Pour ne pas rejeter de pareilles solutions, on convient avec Sophus Lie d'élargir la définition de l'intégrale et d'appeler *intégrale* de l'équation $F = o$ tout système de ∞^n éléments (x_i, z, p_k) vérifiant les relations

$$(106) \qquad F(x_i, z, p_k) = o, \qquad dz = p_1\, dx_1 + \ldots + p_n\, dx_n.$$

IV. — ÉQUATIONS SIMULTANÉES [1].

450. Systèmes linéaires et homogènes. — Considérons un système de q équations linéaires et homogènes à une inconnue f

$$(107) \quad \begin{cases} X_1(f) = a_{11}\dfrac{\partial f}{\partial x_1} + a_{21}\dfrac{\partial f}{\partial x_2} + \ldots + a_{n1}\dfrac{\partial f}{\partial x_n} = o, \\[2mm] X_2(f) = a_{12}\dfrac{\partial f}{\partial x_1} + a_{22}\dfrac{\partial f}{\partial x_2} + \ldots + a_{n2}\dfrac{\partial f}{\partial x_n} = o, \\[2mm] \cdots\cdots\cdots\cdots\cdots\cdots\cdots\cdots\cdots\cdots\cdots\cdots \\[2mm] X_q(f) = a_{1q}\dfrac{\partial f}{\partial x_1} + a_{2q}\dfrac{\partial f}{\partial x_2} + \ldots + a_{nq}\dfrac{\partial f}{\partial x_n} = o, \end{cases}$$

dont les coefficients a_{ik} sont des fonctions des n variables indépendantes x_1, x_2, ..., x_n, et ne renferment pas la fonction inconnue f. Les q équations (107) sont dites *indépendantes* s'il n'existe aucune relation identique de la forme

$$\lambda_1 X_1(f) + \ldots + \lambda_q X_q(f) = o,$$

où λ_1, λ_2, ..., λ_q sont des fonctions de x_1, x_2, ..., x_n *non toutes nulles*. Il est clair que tout système de q équations non indépendantes peut être remplacé par un système de q' équations indépendantes $(q' < q)$, équivalent au premier, et qu'un système ne peut renfermer plus de n équations indépendantes.

Nous pouvons donc toujours supposer les q équations (107) indépendantes et $q \leqq n$.

Si $q = n$, les équations (107) étant indépendantes, le déterminant des coefficients a_{ik} n'est pas nul, et ces équations n'admettent pas d'autre intégrale commune que la solution banale $f = C$, que

---

[1] Je me borne à indiquer dans leurs traits essentiels les principales méthodes. Pour une exposition plus détaillée, je renverrai le lecteur à mon Ouvrage *Sur l'intégration des équations aux dérivées partielles du premier ordre.*

nous négligerons dans la suite. Si q est inférieur à n, on peut toujours trouver les intégrales communes aux équations (107) par des intégrations successives. En effet, supposons que l'on ait intégré l'une de ces équations, la première par exemple, et soient y_1, y_2, ..., y_{n-1} un système de $n-1$ intégrales distinctes.

Soit, de plus, y_n une autre fonction telle que le jacobien $\dfrac{D(y_1, y_2, ..., y_n)}{D(x_1, x_2, ..., x_n)}$ ne soit pas nul ; nous pouvons prendre $y_1, y_2, ..., y_n$ pour nouvelles variables indépendantes, et, par ce changement de variables, l'équation $X_1(f) = 0$ devient $\dfrac{\partial f}{\partial y_n} = 0$, tandis que l'équation $X_i(f) = 0$ $(i > 1)$ est remplacée par une équation de même forme, où l'on peut supprimer le terme en $\dfrac{\partial f}{\partial y_n}$,

$$Y_i(f) = b_{1i} \frac{\partial f}{\partial y_1} + \ldots + b_{n-1,i} \frac{\partial f}{\partial y_{n-1}} = 0,$$

les coefficients b_{ki} étant fonctions de $y_1, y_2, ..., y_n$. Si l'on suppose les coefficients b_{ki} ordonnés suivant les puissances de y_n, cette équation peut s'écrire sous la forme

$$Y_i(f) = \left(c_{1i} \frac{\partial f}{\partial y_1} + \ldots + c_{n-1,i} \frac{\partial f}{\partial y_{n-1}} \right) + y_n \left(c'_{1i} \frac{\partial f}{\partial y_1} + \ldots + c'_{n-1,i} \frac{\partial f}{\partial y_{n-1}} \right) + y_n^2(\ldots) + \ldots,$$

les coefficients c_{1i}, c'_{1i}, ... étant indépendants de y_n. Puisque la fonction inconnue f doit être indépendante de y_n, cette fonction doit satisfaire à toutes les équations linéaires qu'on obtient en égalant à zéro les coefficients des diverses puissances de y_n. Imaginons que l'on opère de cette façon avec toutes les équations $X_i(f) = 0$ $(i > 1)$. Si le système formé par toutes les équations indépendantes que l'on obtient ainsi contient $n-1$ équations, on n'a pas d'autre solution que $f = C$. Sinon, le système se composera de r équations linéaires $(r < n-1)$.

On pourra opérer de la même façon sur une équation du nouveau système, et ainsi de suite. Comme à chaque opération le nombre des variables indépendantes diminue d'une unité, on finira par reconnaître que le système proposé n'admet pas d'autre solution que $f = C$, ou bien on sera ramené à un système formé d'une seule équation linéaire.

Cette méthode, qui peut être d'une application commode dans certains cas, est évidemment très imparfaite au point de vue théorique, puisqu'elle ne permet pas de reconnaître *a priori* si les équations (107) admettent des intégrales communes autres que $f = C$. Nous allons montrer que ce problème peut être résolu sans aucune intégration.

Soit f une intégrale commune des équations (107); cette fonction satisfaisant aux deux relations $X_i(f) = 0$, $X_k(f) = 0$, ou i et k sont deux quelconques des indices $1, 2, \ldots, q$, on a aussi

$$X_i[X_k(f)] = X_i(0) = 0,$$
$$X_k[X_i(f)] = X_k(0) = 0$$

et par suite,

$$X_i[X_k(f)] - X_k[X_i(f)] = 0$$

On a déjà remarqué que cette nouvelle équation ne renferme que les dérivées du premier ordre (n° **398**), et qu'elle peut s'écrire

$$X_i[X_k(f)] - X_k[X_i(f)] = \sum_{h=1}^{n} \big\{ X_i(a_{hk}) - X_k(a_{hi}) \big\} \frac{\partial f}{\partial x_h} = 0.$$

Imaginons qu'on forme toutes les équations telles que la précédente, qu'on obtient en combinant deux quelconques des équations proposées; ces équations admettent toutes les intégrales du système (107). Désignons par

$$X_{q+1}(f) = 0, \qquad X_{q+2}(f) = 0, \qquad \ldots, \qquad X_{q+s}(f) = 0$$

toutes celles de ces nouvelles équations qui sont indépendantes entre elles et qui forment avec les équations (107) un système

$$(108) \quad X_1(f) = 0, \quad \ldots, \quad X_q(f) = 0, \quad X_{q+1}(f) = 0, \quad \ldots, \quad X_{q+s}(f) = 0$$

d'équations indépendantes. Si $q + s = n$, le système (108), et par suite le système (107), n'admet que la solution $f = C$. Si $q + s < n$, on recommencera sur le système (108) les opérations faites sur le premier système, et ainsi de suite. En continuant de la sorte, on arrivera finalement, soit à un système de n équations indépendantes, et alors le système (107) n'admet que la solution $f = C$, soit à un système de r équations indépendantes, où $r < n$, et tel que toutes les combinaisons $X_i[X_k(f)] - X_k[X_i(f)]$ soient des combinaisons linéaires de $X_1(f)$, ..., $X_r(f)$. Un tel système a été appelé par Clebsch *système complet*.

On voit donc, en résumé, que *la recherche des intégrales d'un système de la forme* (107) *se ramène à l'intégration d'un système complet*.

On peut remarquer que tout système de n équations linéaires indépendantes est un système complet, ce qui permet de dire que tout système linéaire se ramène à un système complet.

451. Systèmes complets. — La théorie des systèmes complets repose sur les propriétés suivantes :

1° *Tout système complet se change en un système complet par un changement de variables.*

Soient $x_i = \varphi_i(y_1, y_2, ..., y_n)$ $(i = 1, 2, ..., n)$ des formules définissant un changement de variables, telles qu'on puisse inversement exprimer $y_1, y_2, ..., y_n$ au moyen des anciennes variables $x_1, ..., x_n$. Tout symbole tel que $X(f) = a_1 \dfrac{\partial f}{\partial x_1} + ... + a_n \dfrac{\partial f}{\partial x_n}$, où $a_1, a_2, ..., a_n$ sont des fonctions de $x_1, x_2, ..., x_n$, se change en une expression de même forme $Y(f) = b_1 \dfrac{\partial f}{\partial y_1} + ... + b_n \dfrac{\partial f}{\partial y_n}$, où $b_1, b_2, ..., b_n$ sont des fonctions de $y_1, y_2, ..., y_n$, de telle sorte que l'on aura identiquement $X(f) = Y(f)$, f désignant dans le premier membre une fonction quelconque de $x_1, x_2, ..., x_n$, et dans $Y(f)$ la même fonction étant exprimée au moyen des variables $y_1, y_2, ..., y_n$. Cela étant, soit

$$(109) \qquad X_1(f) = 0, \quad ..., \quad X_r(f) = 0,$$

un système complet. Après le changement de variables considéré, ce système est remplacé par le suivant

$$(110) \qquad Y_1(f) = 0, \quad ..., \quad Y_r(f) = 0$$

où l'on a identiquement $X(f) = Y_i(f)$, en tenant compte des formules de transformation. *Ce nouveau système est aussi un système complet.* En effet, puisque l'on a identiquement

$$X_i(f) = Y_i(f), \qquad X_k(f) = Y_k(f),$$

quelle que soit la fonction f, on a aussi

$$X_i[X_k(f)] = Y_i[X_k(f)] \quad Y_i[Y_k(f)],$$
$$X_k[X_i(f)] = Y_k[X_i(f)] = {}^\lambda \{Y_i(f)$$

et, par suite,

$$X_i[X_k(f)] - X_k[X_i(f)] = Y_i[Y_k(f)] - Y_k[Y_i(f)].$$

Puisque par hypothèse le système (109) est complet, on a, quels que soient les indices i et k,

$$X_i[X_k(f)] - X_k[X_i(f)] = \lambda_1 X_1(f) + \ldots + \lambda_r X_r(f);$$

après le changement de variables, on aura donc aussi

$$Y_i[Y_k(f)] - Y_k[Y_i(f)] = \lambda'_1 Y_1(f) + \ldots + \lambda'_r Y_r(f),$$

en désignant par $\lambda'_1, \ldots, \lambda'_r$ ce que deviennent $\lambda_1, \ldots, \lambda_r$, quand on y remplace $x_1, x_2, \ldots, x_n$ par leurs expressions au moyen de $y_1, \ldots, y_n$. Le nouveau système (110) est donc bien un système complet.

2° *Tout système équivalent à un système complet est aussi un système complet.*

Un système de r équations linéaires et homogènes en $\dfrac{df}{dx_i}$.

$$(109) \qquad Z_1(f) = 0, \quad \ldots, \quad Z_r(f) = 0$$

est dit *équivalent* au système (109) si l'on a r identités de la forme

$$Z_k(f) = A_{1k} X_1(f) + A_{2k} X_2(f) + \ldots + A_{rk} X_r(f) \qquad (k = 1, 2, \ldots, r),$$

les coefficients A_{ik} étant des fonctions de $x_1, x_2, \ldots, x_n$, dont le déterminant n'est pas nul. On peut alors inversement exprimer linéairement $X_1(f), \ldots, X_r(f)$ au moyen de $Z_1(f), \ldots, Z_r(f)$ et le nom de *systèmes équivalents* s'explique de lui-même. Cela posé, la différence $Z_i[Z_k(f)] - Z_k[Z_i(f)]$ peut s'écrire

$$\sum_{h=1}^{r} A_{hi} X_h \left[\sum_{l=1}^{r} A_{lk} X_l(f) \right] - \sum_{l=1}^{r} A_{lk} X_l \left[\sum_{h=1}^{r} A_{hi} X_h(f) \right];$$

elle est donc égale à une somme de termes de la forme

$$A_{hi} A_{lk} \big[X_h[X_l(f)] - X_l[X_h(f)] \big]$$
$$+ A_{hi} X_h(A_{lk}) X_l(f) - A_{lk} X_l(A_{hi}) X_h(f).$$

Si le système (109) est complet, cette différence sera donc une fonction linéaire de $X_1(f), \ldots, X_r(f)$, puisque toutes les différences $X_h[X_i(f)] - X_i[X_h(f)]$ sont, par hypothèse, des fonctions linéaires de $X_1(f), \ldots, X_r(f)$. Les deux systèmes (109) et (109)$'$ étant équivalents, toutes les différences $Z_i[Z_k(f)] - Z_k[Z_i(f)]$ s'expriment donc linéairement au moyen de $Z_1(f), Z_2(f), \ldots, Z_r(f)$.

Il est clair que tout système complet peut être remplacé d'une infinité de manières par un système equivalent. On dit que le sys-tème complet (109) est *un système jacobien* si toutes les expressions $X_i[X_k(f)] - X_k[X_i(f)]$ sont identiquement nulles. Nous allons montrer que *tout système complet est équivalent à un système jacobien.*

Les *r* équations (109) étant par hypothèse indépendantes, nous pouvons résoudre ces *r* équations par rapport à *r* dérivées de *f*, par rapport aux dérivées $\dfrac{\partial f}{\partial x_1}, \ldots, \dfrac{\partial f}{\partial x_r}$, par exemple. Le système ainsi obtenu,

$$(\text{111})\quad\begin{cases} Z_1(f) = \dfrac{\partial f}{\partial x_1} + b_{11}\dfrac{\partial f}{\partial x_{r+1}} + \ldots + b_{1,n-r}\dfrac{\partial f}{\partial x_n} = 0, \\[2mm] Z_2(f) = \dfrac{\partial f}{\partial x_2} + b_{21}\dfrac{\partial f}{\partial x_{r+1}} + \ldots + b_{2,n-r}\dfrac{\partial f}{\partial x_n} = 0, \\[2mm] \cdots\cdots\cdots\cdots\cdots\cdots\cdots\cdots\cdots\cdots \\[2mm] Z_r(f) = \dfrac{\partial f}{\partial x_r} + b_{r1}\dfrac{\partial f}{\partial x_{r+1}} + \ldots + b_{r,n-r}\dfrac{\partial f}{\partial x_n} = 0, \end{cases}$$

étant équivalent au système (109), est aussi un système complet. Or, si nous formons les expressions $Z_i[Z_k(f)] - Z_k[Z_i(f)]$, il est évident que les dérivées $\dfrac{\partial f}{\partial x_{r+1}}, \ldots, \dfrac{\partial f}{\partial x_n}$ y figureront seules, et par conséquent les nouvelles équations $Z_i[Z_k(f)] - Z_k[Z_i(f)] = 0$ ne peuvent être des combinaisons linéaires des équations (111) que si les premiers membres sont identiquement nuls. Le système (111) est donc un système jacobien.

Le raisonnement prouve que tout système complet de la forme spéciale (111) est un système jacobien, mais il est clair qu'un sys-tème jacobien n'est pas nécessairement de cette forme.

3° *Tout système complet de r équations à n variables indé-pendantes peut être ramené, par l'intégration de l'une des équations de ce système, à un système complet de $r-1$ équa-tions à $n-1$ variables indépendantes.*

Supposons que l'on ait intégré l'une des équations du système, par exemple l'équation $X_1(f) = 0$, et que l'on prenne, comme au numéro précédent, un nouveau système de variables indépendantes $(y_1, y_2, \ldots, y_n)$ choisies de telle façon que $y_2, y_3, \ldots, y_n$ soient $n-1$ intégrales de $X_1(f) = 0$. Le système (109) est remplacé par un nouveau système complet dont la première équation se réduit à $\frac{\partial f}{\partial y_1} = 0$. En résolvant les $n-1$ équations restantes par rapport aux $r-1$ dérivées $\frac{\partial f}{\partial y_2}, \ldots, \frac{\partial f}{\partial y_r}$ par exemple, nous devons obtenir un système complet

$$(112) \quad \begin{cases} Y_1(f) = \dfrac{\partial f}{\partial y_1} = 0, \\[2mm] Y_2(f) = \dfrac{\partial f}{\partial y_2} + c_{21}\dfrac{\partial f}{\partial y_{r+1}} + \ldots + c_{2,n-r}\dfrac{\partial f}{\partial y_n} = 0, \\[2mm] \cdots\cdots\cdots\cdots\cdots\cdots\cdots\cdots\cdots\cdots\cdots\cdots \\[2mm] Y_r(f) = \dfrac{\partial f}{\partial y_r} + c_{r1}\dfrac{\partial f}{\partial y_{r+1}} + \ldots + c_{r,n-r}\dfrac{\partial f}{\partial y_n} = 0, \end{cases}$$

qui est de la forme spéciale (111), et qui par conséquent est un système jacobien. Or on a

$$Y_1[Y_i(f)] - Y_i[Y_1(f)] = \frac{\partial c_{i1}}{\partial y_1}\frac{\partial f}{\partial y_{r+1}} + \ldots + \frac{\partial c_{i,n-r}}{\partial y_1}\frac{\partial f}{\partial y_n},$$

et, puisque cette expression doit être identiquement nulle, on voit que les coefficients c_{ik} du nouveau système sont indépendants de la variable y_1. D'ailleurs on a aussi identiquement, pour $i > 1, k > 1$,

$$Y_i[Y_k(f)] - Y_k[Y_i(f)] = 0$$

et par suite les $r-1$ équations

$$(113) \quad Y_2(f) = 0, \quad Y_3(f) = 0, \quad \ldots, \quad Y_r(f) = 0$$

forment un système jacobien de $r-1$ équations à $n-1$ variables indépendantes $y_2, y_3, \ldots, y_n$, ce qui démontre la proposition.

Le système (113) peut à son tour se ramener à un système complet de $r-2$ équations à $n-2$ variables indépendantes, et ainsi de suite. En continuant de la sorte, on finira par ramener le système complet proposé à UNE équation linéaire à $n-r+1$ variables indépendantes. On en conclut que *tout système complet de r équations à n variables indépendantes admet $n-r$ intégrales distinctes, et l'intégrale générale du système est une fonction arbitraire de ces $n-r$ intégrales particulières.*

Les raisonnements précédents montrent aussi quelles sont les intégrations à effectuer pour obtenir ces intégrales. Il est clair d'ailleurs que l'application de cette méthode peut se faire de bien des façons. On peut en effet remplacer le système complet proposé par tout autre système équivalent, et commencer par intégrer l'une quelconque des équations du nouveau système. Par exemple, si l'on remplace le système complet par un système jacobien de la forme (111), on connaît déjà $r-1$ intégrales particulières $x_2, \ldots, x_r$ de l'équation $Z_1(f) = 0$, et il suffira d'intégrer un système de $n-r$ équations différentielles pour avoir l'intégrale générale. Pour tout ce qui concerne les autres méthodes d'intégration des systèmes complets, nous renverrons le lecteur aux Traités spéciaux.

Exemple. — Soit à intégrer le système

$$(114) \begin{cases} X_1(f) = \dfrac{\partial f}{\partial x_1} + (x_2 + x_4 - 3x_1)\dfrac{\partial f}{\partial x_3} + (x_3 + x_1 x_2 + x_1 x_4)\dfrac{\partial f}{\partial x_4} = 0, \\[2mm] X_2(f) = \dfrac{\partial f}{\partial x_2} + (x_3 x_4 - x_2)\dfrac{\partial f}{\partial x_4} + (x_1 x_3 x_4 + x_2 - x_1 x_2)\dfrac{\partial f}{\partial x_3} = 0. \end{cases}$$

En formant la combinaison $X_1[X_2(f)] - X_2[X_1(f)]$, on est conduit à ajouter aux équations données une équation nouvelle $\dfrac{\partial f}{\partial x_3} + x_1\dfrac{\partial f}{\partial x_4} = 0$ et le système des trois équations ainsi obtenues est équivalent au système

$$(115) \quad \frac{\partial f}{\partial x_1} + (x_2 + 3x_1^2)\frac{\partial f}{\partial x_4} = 0, \quad \frac{\partial f}{\partial x_2} + x_2\frac{\partial f}{\partial x_4} = 0, \quad \frac{\partial f}{\partial x_3} + x_1\frac{\partial f}{\partial x_4} = 0,$$

qui est un système jacobien. Le système (114) n'admet donc qu'une intégrale distincte. L'intégrale générale de la dernière équation du système (115) est une fonction arbitraire de x_1, x_2 et de $x_4 - x_1 x_3$. Si l'on prend pour variables indépendantes x_1, x_2, x_3 et $u = x_4 - x_1 x_3$, toute fonction $f(x_1, x_2, x_3, x_4)$ se change en une fonction $\varphi(x_1, x_2, x_3, u)$ et le système (115) est remplacé par le suivant :

$$(116) \quad \frac{\partial \varphi}{\partial x_1} + 3x_1^2\frac{\partial \varphi}{\partial u} = 0, \quad \frac{\partial \varphi}{\partial x_2} + x_2\frac{\partial \varphi}{\partial u} = 0, \quad \frac{\partial \varphi}{\partial x_3} = 0.$$

Les deux premières équations (116) forment un nouveau système jacobien de deux équations à trois variables indépendantes x_1, x_2 et u. L'intégrale générale de la seconde est une fonction arbitraire de x_1 et de $u - \dfrac{x_2^2}{2}$. Prenons de nouveau pour variables indépendantes x_1, x_2 et $u - \dfrac{x_2^2}{2} = v$; toute fonction $\varphi(x_1, x_2, u)$ se change en une fonction $\psi(x_1, x_2, v)$, et les deux premières équations (116) deviennent

$$\frac{\partial \psi}{\partial x_1} + 3\,x_1^2 \frac{\partial \psi}{\partial v} = 0, \qquad \frac{\partial \psi}{\partial x_2} = 0.$$

L'intégrale générale de la première est une fonction arbitraire de $v - x_1^3$ et, par suite, en revenant aux variables primitives, on voit que l'intégrale générale du système (114) est une fonction arbitraire de

$$x_4 - x_1 x_3 - \frac{x_2^2}{2} - x_1^3.$$

452. Généralisation de la théorie des intégrales complètes. — Considérons une équation

$$(117) \qquad \mathrm{V}(x_1, x_2, \ldots, x_n, z\,;\, a_1, a_2, \ldots, a_{n-r+1}) = 0,$$

définissant une fonction z des n variables indépendantes x_1, x_2, ..., x_n, qui dépend en outre de $(n - r + 1)$ paramètres arbitraires $a_1, a_2, \ldots, a_{n-r+1}$. Si l'on suppose que l'on ait attribué à ces paramètres des valeurs déterminées, l'élimination de ces paramètres entre la relation (117) et les relations obtenues en différentiant

$$(118) \qquad \frac{\partial \mathrm{V}}{\partial x_i} + p_i \frac{\partial \mathrm{V}}{\partial z} = 0, \qquad p_i = \frac{\partial z}{\partial x_i} \qquad (i = 1, 2, \ldots, n)$$

conduira *en général* à r relations distinctes seulement entre $z, x_1, \ldots, x_n, p_1, \ldots, p_n$,

$$(119) \quad \mathrm{F}_1(x_1, \ldots, x_n, z, p_1, \ldots, p_n) = 0, \qquad \mathrm{F}_2 = 0, \qquad \ldots, \qquad \mathrm{F}_r = 0.$$

En nous bornant à ce cas, qui est le cas général, nous dirons comme plus haut (n° **444**) que la fonction z définie par la relation (117) est une *intégrale complète* du système d'équations aux dérivées partielles (119), et nous allons montrer que, dans ce cas encore, la connaissance d'une intégrale complète du système (119) permet de trouver toutes les autres intégrales. En effet, les équations (119) provenant de l'élimination de $a_1, a_2, \ldots, a_{n-r+1}$ entre les équations (117) et (118), la recherche d'une intégrale commune à ces r équations (119) revient à la recherche d'un système de fonctions $z, a_1, \ldots, a_{n-r+1}$ des variables $x_1, \ldots, x_n$ satisfaisant aux équations (117) et (118). On peut évidemment remplacer le système des équations (117) et (118) par le système des équations (117) et (120) :

$$(120) \qquad \frac{\partial V}{\partial a_1} da_1 + \frac{\partial V}{\partial a_2} da_2 + \ldots + \frac{\partial V}{\partial a_{n-r+1}} da_{n-r+1} = 0,$$

cette dernière équation étant obtenue en différentiant l'équation (117) et tenant compte des équations (118). On peut satisfaire aux équations (117) et (120) de diverses manières :

1° En supposant que a_1, a_2, ..., a_{n-r+1} sont des constantes, ce qui donne précisément l'intégrale complète ;

2° En posant

$$V = 0, \qquad \frac{\partial V}{\partial a_1} = 0, \qquad \ldots, \qquad \frac{\partial V}{\partial a_{n-r+1}} = 0.$$

L'élimination de a_1, a_2, ..., a_{n-r+1} entre ces équations fournit, si elle est possible, une intégrale qui ne contient aucune arbitraire, et que l'on appelle encore *intégrale singulière* ;

3° Si tous les coefficients $\frac{\partial V}{\partial a_i}$ ne sont pas nuls à la fois, il existe au moins une relation entre les fonctions cherchées $a_1, a_2, ..., a_{n-r+1}$ des variables x_i (I, n° 52). Supposons qu'il y ait k relations distinctes entre ces fonctions et k seulement,

$$(121) \quad f_1(a_1, a_2, ..., a_{n-r+1}) = 0, \quad \ldots, \quad f_k(a_1, a_2, \ldots, a_{n-r+1}) = 0;$$

la relation (120) devant être une conséquence des relations $df_i = 0 \, (i = 1, 2, ..., k)$, il existe k coefficients $\lambda_1, \lambda_2, ..., \lambda_k$ tels que l'on ait identiquement

$$\frac{\partial V}{\partial a_1} da_1 + \ldots + \frac{\partial V}{\partial a_{n-r+1}} da_{n-r+1} = \lambda_1 df_1 + \ldots + \lambda_k df_k.$$

Cette relation est équivalente à $n - r + 1$ relations distinctes

$$(122) \quad \begin{cases} \dfrac{\partial V}{\partial a_1} = \lambda_1 \dfrac{\partial f_1}{\partial a_1} + \ldots + \lambda_k \dfrac{\partial f_k}{\partial a_1}, \\ \ldots\ldots\ldots\ldots\ldots\ldots\ldots\ldots\ldots\ldots\ldots \\ \dfrac{\partial V}{\partial a_{n-r+1}} = \lambda_1 \dfrac{\partial f_1}{\partial a_{n-r+1}} + \ldots + \lambda_k \dfrac{\partial f_k}{\partial a_{n-r+1}}. \end{cases}$$

L'élimination de a_1, a_2, ..., a_{n-r+1}, λ_1, λ_2, ..., λ_k entre les équations (117), (121) et (122) conduira en général à une seule relation entre x_1, x_2, ..., x_n et z, et par suite à une intégrale commune des équations (119), qui dépend des fonctions arbitraires choisies. L'ensemble des intégrales ainsi obtenues, en faisant varier le nombre k de 1 à $n - r$, et en prenant arbitrairement les fonctions $f_1, f_2, \ldots, f_k$, constitue *l'intégrale générale* du système (119). On peut remarquer que l'intégrale complète s'obtiendrait en supposant $k = n - r + 1$.

Si $r = 1$, le système (118) se réduit à une équation unique.

Inversement, étant donnée une équation quelconque du premier ordre $F(x_i, z; p_k) = 0$, il résulte des théorèmes généraux d'existence qu'elle admet toujours une infinité d'intégrales dépendant d'autant de paramètres arbitraires qu'on le voudra, et par conséquent une infinité d'intégrales complètes. La méthode précédente, qui n'est que la généralisation de celle du n° **444**, permet de trouver toutes les autres intégrales de l'équation $F = 0$, quand on en connaît une intégrale complète.

Si $r > 1$, le système (119) n'est pas le plus général de son espèce, car un système de r équations du premier ordre à une seule fonction inconnue n'admet pas nécessairement d'intégrales. Nous allons montrer, dans les paragraphes suivants, comment on reconnaît si un pareil système est compatible, et comment on trouve les intégrales, quand elles existent.

453. Systèmes en involution. — Soit

$$(123) \quad F_1(x_1, x_2, \ldots, x_n; p_1, p_2, \ldots, p_n) = 0, \quad F_2 = 0, \quad \ldots, \quad F_r = 0$$

un système de r équations aux dérivées partielles du premier ordre, ne renfermant pas la fonction inconnue z ; on peut toujours ramener le cas général à ce cas particulier par l'artifice déjà employé au n° 437. La recherche d'une intégrale commune aux r équations (123) est équivalente au problème suivant : *Trouver* n *fonctions* $p_i = \varphi_i(x_1, \ldots, x_n)$ *satisfaisant aux relations* (123) *et aux conditions* $\dfrac{\partial p_i}{\partial x_k} = \dfrac{\partial p_k}{\partial x_i}$.

Si l'on connaît un système de n fonctions $\varphi_i(x_1, \ldots, x_n)$ satisfaisant à ces conditions, on en déduira, par des quadratures, une intégrale des équations (123), dépendant d'une constante arbitraire.

Soient F et H deux fonctions quelconques des $2n$ variables

x_i, p_k : nous poserons (*voir* n° 443)

$$(F, H) = \sum_{i=1}^{n} \left(\frac{\partial F}{\partial p_i} \frac{\partial H}{\partial x_i} - \frac{\partial H}{\partial p_i} \frac{\partial F}{\partial x_i} \right);$$

l'expression (F, H) est une parenthèse de Poisson. Cela posé, nous avons la proposition suivante : *Si les deux équations* $F = o$, $H = o$ *ont une intégrale commune, cette intégrale satisfait aussi à l'équation* $(F, H) = o$.

Supposons en effet que p_1, p_2, ..., p_n soient des fonctions des n variables x_1, ..., x_n satisfaisant aux deux équations $F = o$, $H = o$, et aux conditions $\frac{\partial p_i}{\partial x_k} = \frac{\partial p_k}{\partial x_i}$. En différentiant la relation $F = o$ par rapport à x_i, il vient

$$\frac{\partial F}{\partial x_i} + \sum_{k=1}^{n} \frac{\partial F}{\partial p_k} \frac{\partial p_k}{\partial x_i} = o;$$

multiplions cette équation par $\frac{\partial H}{\partial p_i}$ et ajoutons toutes les équations analogues, nous trouvons

$$\sum_{i=1}^{i=n} \frac{\partial F}{\partial x_i} \frac{\partial H}{\partial p_i} + \sum_{i=1}^{i=n} \sum_{k=1}^{k=n} \frac{\partial H}{\partial p_i} \frac{\partial F}{\partial p_k} \frac{\partial p_k}{\partial x_i} = o.$$

Permutons les lettres F et H et remarquons que dans la somme double on peut permuter les indices i et k, nous avons encore

$$\sum_{i=1}^{i=n} \frac{\partial H}{\partial x_i} \frac{\partial F}{\partial p_i} + \sum_{i=1}^{i=n} \sum_{k=1}^{k=n} \frac{\partial F}{\partial p_k} \frac{\partial H}{\partial p_i} \frac{\partial p_i}{\partial x_k} = o.$$

Par suite, en retranchant membre à membre, il vient

$$(124) \qquad (F, H) + \sum_{i=1}^{n} \sum_{k=1}^{n} \frac{\partial F}{\partial p_k} \frac{\partial H}{\partial p_i} \left(\frac{\partial p_i}{\partial x_k} - \frac{\partial p_k}{\partial x_i} \right) = o.$$

Si p_1, ..., p_n sont les dérivées partielles d'une même fonction, on a, quels que soient les indices i et k, $\frac{\partial p_i}{\partial x_k} = \frac{\partial p_k}{\partial x_i}$, et par suite $(F, H) = o$.

Cette proposition renferme comme cas particulier celle qui a été démontrée plus haut (n° 451) pour les équations linéaires et homogènes en $p_1, \ldots, p_n$ et l'on peut en déduire des conséquences analogues. Nous voyons en effet que toute intégrale des équations (123) est aussi une intégrale de toutes les équations $(F_\alpha, F_\beta) = 0$, que l'on peut former en combinant deux à deux ces équations (123). On pourra donc adjoindre au système proposé celles de ces équations qui forment avec elles un système d'équations distinctes et, en continuant de la sorte, on arrivera nécessairement soit à un système d'équations distinctes en nombre supérieur à n qui, par suite, n'admet pas en général d'intégrales, soit à un système de m équations $(m \leqq n)$, tel que toutes les équations $(F_\alpha, F_\beta) = 0$ soient vérifiées identiquement, ou soient des conséquences algébriques des précédentes.

De pareils systèmes sont analogues aux systèmes complets. On peut toujours s'arranger de façon à constater que les équations proposées sont incompatibles, ou à être ramené à un système tel que toutes les parenthèses (F_α, F_β) soient identiquement nulles. En effet, supposons qu'on ait résolu les r équations (123) par rapport à r des variables $p_1, \ldots, p_n$, ce qui doit toujours être possible, car sans cela l'élimination de $p_1, \ldots, p_n$ entre ces r équations conduirait à une relation entre les variables $x_1, \ldots, x_n$, et le système proposé serait évidemment incompatible. Soit

$$(125) \quad p_1 - f_1(p_{r+1}, \ldots, p_n; x_1, \ldots, x_n) = 0, \quad \ldots, \quad p_r - f_r(\ldots) = 0$$

le système équivalent ainsi obtenu. Les parenthèses

$$(p_\alpha - f_\alpha, \quad p_\beta - f_\beta)$$

ne renferment aucune des variables $p_1, \ldots, p_r$; les équations obtenues en égalant à zéro ces parenthèses ne peuvent donc pas être des conséquences des premières, et fournissent de nouvelles équations si les parenthèses ne sont pas identiquement nulles.

En résolvant ces nouvelles équations par rapport à certaines des dérivées $p_{r+1}, \ldots, p_n$, et en continuant de la sorte, nous arriverons finalement, soit à constater l'impossibilité du problème, soit à former un système de m équations du premier ordre $(m \leqq n)$

$$(126) \quad F_1 = 0, \quad \ldots, \quad F_m = 0,$$

tel que toutes les parenthèses (F_α, F_β) soient identiquement nulles. De pareils systèmes, qui sont analogues aux systèmes linéaires jacobiens, sont appelés *systèmes en involution*. La recherche des intégrales communes d'un système d'équations du premier ordre se ramène donc à l'intégration d'un système en involution.

Cette intégration est immédiate si $m = n$ ainsi qu'il résulte de la proposition suivante : *Soient* F_1, F_2, ..., F_n *des fonctions des* $2n$ *variables* x_i, p_k, *telles que toutes les parenthèses* (F_α, F_β) *soient identiquement nulles et que le jacobien* $\Delta = \dfrac{D\,(F_1, ..., F_n)}{D\,(p_1, ..., p_n)}$ *ne soit pas nul. Si l'on résout les* n *équations*

$$(127) \qquad F_1 = a_1, \qquad F_2 = a_2, \qquad ..., \qquad F_n = a_n,$$

où a_1, a_2, ..., a_n *sont des constantes quelconques, par rapport à* $p_1, p_2, ..., p_n$, *l'expression ainsi obtenue* $p_1\,dx_1 + ... + p_n\,dx_n$ *est une différentielle exacte.*

On aura, en effet,

$$(F_\alpha - a_\alpha, F_\beta - a_\beta) = (F_\alpha, F_\beta) = 0,$$

et, d'après le calcul qui vient d'être fait, les n fonctions p_1, p_2, ..., p_n des variables x_1, x_2, ..., x_n, définies par les n équations (127), doivent vérifier toutes les relations

$$\sum_{i=1}^{i=n} \sum_{k=1}^{k=n} \frac{\partial F_\alpha}{\partial p_i} \frac{\partial F_\beta}{\partial p_k} \left(\frac{\partial p_k}{\partial x_i} - \frac{\partial p_i}{\partial x_k} \right) = 0 \qquad (\alpha, \beta = 1, 2, ..., n).$$

Prenons les n relations de cette espèce où l'indice β conserve la même valeur ; elles peuvent s'écrire

$$\sum_{i=1}^{n} \frac{\partial F_\alpha}{\partial p_i} \sum_{k=1}^{n} \frac{\partial F_\beta}{\partial p_k} \left(\frac{\partial p_k}{\partial x_i} - \frac{\partial p_i}{\partial x_k} \right) = 0.$$

Si l'on prend pour inconnues les n expressions

$$\sum_{k=1}^{n} \frac{\partial F_\beta}{\partial p_k} \left(\frac{\partial p_k}{\partial x_i} - \frac{\partial p_i}{\partial x_k} \right) \qquad (i = 1, 2, ..., n),$$

le déterminant des coefficients de ces inconnues est précisément le déterminant Δ qui, par hypothèse, n'est pas nul identiquement.

On aura donc, quels que soient les indices i et β,

$$\sum_{k=1}^{n} \frac{\partial F_\beta}{\partial p_k} \left(\frac{\partial p_k}{\partial x_i} - \frac{\partial p_i}{\partial x_k} \right) = 0.$$

En prenant les n équations de cette espèce où l'indice i a une valeur déterminée, on démontrera de même que l'on a $\dfrac{\partial p_i}{\partial x_k} = \dfrac{\partial p_k}{\partial x_i}$; ce qui démontre la proposition.

La fonction

$$(128) \quad z = \Phi(x_1, \ldots, x_n; a_1, \ldots, a_{n+1}) = \int (p_1 \, dx_1 + \ldots + p_n \, dx_n) + a_{n+1},$$

où a_{n+1} est une nouvelle constante arbitraire, représente l'intégrale générale du système en involution (127). Si l'on regarde les r constantes $a_1, a_2, \ldots, a_r$ comme ayant des valeurs déterminées, les constantes $a_{r+1}, \ldots, a_{n+1}$ restant arbitraires, la formule (128) représente une intégrale complète du système en involution formé par les r premières équations (127). C'est une véritable intégrale complète, car, d'après la façon même dont on a obtenu la fonction Φ, les équations

$$p_1 = \frac{\partial \Phi}{\partial x_1}, \quad \ldots, \quad p_n = \frac{\partial \Phi}{\partial x_n}$$

forment un système équivalent au système (127), et les seules relations distinctes, indépendantes de $a_{r+1}, \ldots, a_n$ que l'on puisse en déduire, sont évidemment les r premières équations de ce système.

454. Méthode de Jacobi. — Étant donné un système en involution de r équations $(r < n)$,

$$(129) \quad F_1(x_1, \ldots, x_n; p_1, \ldots, p_n) = a_1, \quad \ldots, \quad F_r(x_1, \ldots, p_n) = a_r,$$

où les constantes $a_1, \ldots, a_r$ ont des valeurs déterminées, pour obtenir une intégrale complète de ce système, il suffira de lui adjoindre $n - r$ fonctions nouvelles $F_{r+1}, \ldots, F_n$, telles que le jacobien $\dfrac{D(F_1, \ldots, F_n)}{D(x_1, \ldots, x_n)}$ ne soit pas nul, et telles que le nouveau système

$$(130) \quad F_1 = a_1, \quad \ldots, \quad F_r = a_r, \quad F_{r+1} = a_{r+1}, \quad \ldots, \quad F_n = a_n$$

soit lui-même en involution. L'intégrale générale de ce système (130) sera en effet, nous venons de le voir, une intégrale
complète du système (129). Lorsque $r = 1$, cette méthode n'est
que l'extension de la méthode de Lagrange et Charpit à une
équation à n variables.

La méthode employée par Jacobi pour résoudre ce problème
repose sur une identité célèbre due à Poisson. Soient f, φ, ψ trois
fonctions quelconques des $2n$ variables x_i, p_k; *on a identiquement la relation*

$$(131) \qquad ((f, \varphi), \psi) + ((\varphi, \psi), f) + ((\psi, f), \varphi) = 0.$$

En effet, chaque terme du premier membre est le produit d'une
dérivée partielle du second ordre par deux dérivées partielles du
premier ordre. Pour démontrer qu'il est nul il suffira donc de
prouver qu'il ne renferme aucune dérivée du second ordre de la
fonction f, par exemple, puisque les trois fonctions f, φ, ψ
y figurent d'une façon symétrique. Les termes contenant les
dérivées du second ordre de f ne peuvent provenir que de
$((f, \varphi), \psi) + ((\psi, f), \varphi) = (\psi, (\varphi, f)) - (\varphi, (\psi, f))$. Remarquons
que (φ, f) et (ψ, f) sont deux expressions linéaires et homogènes
par rapport aux dérivées de f; si nous posons

$$(\varphi, f) = X(f), \qquad (\psi, f) = Y(f),$$

l'expression précédente s'écrira $Y[X(f)] - X[Y(f)]$, et nous
avons vu (n° 450) que cette expression ne renferme aucune dérivée
seconde de f. Il en résulte que tous les termes du premier membre
de la formule (131) se détruisent deux à deux.

Cela posé, pour intégrer le système en involution (129), on
cherchera d'abord une fonction distincte de F_1, ..., F_r, satisfaisant aux r équations linéaires et homogènes par rapport aux
dérivées de la fonction inconnue Φ

$$(132) \qquad (F_1, \Phi) = 0, \quad (F_2, \Phi) = 0, \quad ..., \quad (F_r, \Phi) = 0.$$

Ces r équations forment un système jacobien. Posons en effet
$X_i(\Phi) = (F_i, \Phi)$; l'identité de Poisson

$$((F_\alpha, F_\beta), \Phi) + ((F_\beta, \Phi), F_\alpha) + ((\Phi, F_\alpha), F_\beta) = 0$$

devient ici, puisque $(F_\alpha, F_\beta) = o$,

$$X_\alpha[X_\beta(\Phi)] - X_\beta[X_\alpha(\Phi)] = o.$$

Soit F_{r+1} une intégrale de ce système jacobien, qui forme avec $F_1, \ldots, F_r$ un système de fonctions distinctes de $p_1, \ldots, p_n$; on cherchera ensuite une intégrale du nouveau système jacobien de $r+1$ équations

$$(F_1, \Phi) = o, \quad \ldots, \quad (F_{r+1}, \Phi) = o$$

qui soit distincte de $F_1, \ldots, F_{r+1}$ en tant que fonctions des p_i, et l'on continuera de la sorte. Enfin, quand on aura trouvé une intégrale du dernier système jacobien

$$(F_1, \Phi) = o, \quad \ldots, \quad (F_{n-1}, \Phi) = o,$$

on obtiendra, comme on l'a vu plus haut, une intégrale complète du système proposé par une quadrature.

V. — GÉNÉRALITÉS SUR LES ÉQUATIONS D'ORDRE SUPÉRIEUR.

455. Élimination des fonctions arbitraires. -- L'étude des équations aux dérivées partielles du premier ordre à une seule fonction inconnue nous a conduit aux conclusions suivantes : 1° l'intégration d'une équation de cette forme se ramène à l'intégration d'un système d'équations différentielles ordinaires; 2° toutes les intégrales de cette équation sont représentées par un ou plusieurs systèmes de formules où figurent explicitement une ou plusieurs fonctions arbitraires et leurs dérivées.

Ces propriétés ne s'étendent pas aux équations aux dérivées partielles les plus générales d'ordre supérieur au premier. Le problème de l'intégration d'une telle équation ne peut, en général, se ramener à l'intégration d'un système d'équations différentielles ordinaires. On peut cependant généraliser sans difficulté la méthode d'élimination des fonctions arbitraires qui conduit à une équation aux dérivées partielles du premier ordre (n° 439 et 444), mais les équations d'ordre supérieur auxquelles on parvient de cette façon ne forment qu'une classe très particulière. Ainsi, nous avons vu que l'intégrale générale d'une équation linéaire à deux variables indépendantes $Pp + Qq = R$ s'obtient en associant suivant une loi arbitraire les courbes d'une congruence. Prenons maintenant une famille de courbes Γ dépendant de $n+1$ paramètres arbitraires $a_1, a_2, \ldots, a_{n+1}$ $(n > 1)$

$$(133) \quad F(x, y, z, a_1, \ldots, a_{n+1}) = 0, \qquad \Phi(x, y, z, a_1, \ldots, a_{n+1}) = 0;$$

si l'on établit, entre ces $n+1$ paramètres, n *relations de forme arbitraire*, on obtient un ensemble de courbes Γ ne dépendant plus que d'un paramètre. Ces courbes engendrent une surface S, et toutes ces surfaces S satisfont, quelles que soient les n relations établies entre les $n+1$ paramètres, à une équation aux dérivées partielles d'ordre n qui est dite l'*équation aux dérivées partielles de la famille de surfaces S*. Pour le démontrer, remarquons qu'au lieu d'établir n relations entre les paramètres a_i, il revient au même de prendre pour ces paramètres des fonctions arbitraires $a_i(\lambda)$ d'une variable auxiliaire λ. Les deux équations (133) définissent alors deux fonctions implicites $z = f(x, y)$, $\lambda = \varphi(x, y)$; il s'agit d'établir que la fonction $z = f(x, y)$ vérifie une équation aux dérivées partielles d'ordre n, indépendante de la forme des fonctions arbitraires $a_i(\lambda)$. En différentiant la première des équations (133) par rapport à x et par rapport à y, on obtient les **deux** relations

$$\frac{\partial F}{\partial x} + \frac{\partial F}{\partial z} p + \left[\frac{\partial F}{\partial a_1} a_1'(\lambda) + \ldots + \frac{\partial F}{\partial a_{n+1}} a_{n+1}'(\lambda) \right] \lambda_x' = 0,$$

$$\frac{\partial F}{\partial y} + \frac{\partial F}{\partial z} q + \left[\frac{\partial F}{\partial a_1} a_1'(\lambda) + \ldots + \frac{\partial F}{\partial a_{n+1}} a_{n+1}'(\lambda) \right] \lambda_y' = 0,$$

d'où l'on tire

$$\frac{\lambda_y'}{\lambda_x'} = \frac{\dfrac{\partial F}{\partial y} + \dfrac{\partial F}{\partial z} q}{\dfrac{\partial F}{\partial x} + \dfrac{\partial F}{\partial z} p}.$$

De la seconde des équations (133) on tire de même une expression du rapport $\lambda_y' : \lambda_x'$, qui se déduit de la précédente en y remplaçant F par Φ, et en égalant ces deux expressions on ajoute aux équations (133) une nouvelle équation renfermant $x, y, z, p, q, a_1, a_2, \ldots, a_{n+1}$

$$(134) \qquad \Psi_1(x, y, z, p, q, a_1, a_2, \ldots, a_{n+1}) = 0.$$

En opérant sur cette nouvelle équation comme sur l'équation $F = o$, on en tire une expression de $\lambda'_y : \lambda'_x$ dépendant de x, y, z, p, q, r, s, t, a_1, ..., a_{n+1}, et en l'égalant à une des expressions déjà calculées du même rapport, on obtient une nouvelle relation renfermant les dérivées du second ordre de z,

$$(135) \qquad \Psi_2(x, y, z, p, q, r, s, t, a_1, a_2, ..., a_{n+1}) = o.$$

Après n opérations analogues, on ajoute au système (133) un système de n relations renfermant a_1, a_2, ..., a_{n+1}, x, y, z, et les dérivées de z jusqu'à l'ordre n. L'élimination de a_1, a_2, ..., a_{n+1} entre ces $n + 2$ équations conduira en général à une équation et à une seule entre x, y, z et les dérivées partielles de z jusqu'à l'ordre n. C'est l'équation aux dérivées partielles des surfaces engendrées par les courbes Γ.

Exemples. — 1° Si les courbes Γ sont les droites parallèles au plan des xy, les équations (133) sont

$$z = a_1, \qquad y = a_2 x + a_3.$$

En appliquant la méthode générale, supposons que a_1, a_2, a_3 soient des fonctions d'un paramètre λ. Des deux équations précédentes on tire pour le rapport $\lambda'_x : \lambda'_y$ les deux valeurs $\dfrac{p}{q}$ et $- a_2$, ce qui conduit à la relation $\dfrac{p}{q} + a_2 = o$.

En différentiant de même cette relation par rapport à x et par rapport à y, et divisant membre à membre, il vient

$$\frac{\lambda'_y}{\lambda'_x} = \frac{pt - qs}{ps - qr};$$

en égalant cette valeur du rapport à l'expression $\dfrac{p}{q}$ déjà obtenue, on retrouve l'équation aux dérivées partielles des surfaces réglées qui admettent le plan des xy pour plan directeur (I, p. 92)

$$q^2 r - 2pqs + p^2 t = o.$$

2° Supposons que les courbes Γ soient des droites quelconques. Les équations (133) peuvent s'écrire dans ce cas

$$x = a_1 z + a_2, \qquad y = a_3 z + a_4;$$

en appliquant la méthode générale on en tire successivement

$$\frac{\lambda'_y}{\lambda'_x} = \frac{a_1 q}{a_1 p - 1} = \frac{a_3 q - 1}{a_3 p} = - \frac{a_1}{a_3}$$

et, par suite, $a_1 p + a_2 q - 1 = 0$. De cette nouvelle équation on tire ensuite

$$\frac{\lambda'_y}{\lambda'_x} = \frac{a_1 s + a_2 t}{a_1 r + a_2 s} = -\frac{a_1}{a_2},$$

ou

(A) $$a_1^2 r + 2 a_1 a_2 s + a_2^2 t = 0.$$

Cette dernière donne à son tour

$$\frac{\lambda'_y}{\lambda'_x} = \frac{a_1^2 p_{21} + 2 a_1 a_2 p_{12} + a_2^2 p_{03}}{a_1^2 p_{30} + 2 a_1 a_2 p_{21} + a_2^2 p_{12}} = -\frac{a_1}{a_2}, \qquad p_{ih} = \frac{\partial^{i+h} z}{\partial x^i \partial y^h},$$

ou, en chassant les dénominateurs;

(B) $$a_1^3 p_{30} + 3 a_1^2 a_2 p_{21} + 3 a_1 a_2^2 p_{12} + a_2^3 p_{03} = 0.$$

En éliminant le rapport $\dfrac{a_1}{a_2}$ entre les relations (A) et (B), on obtiendra l'équation aux dérivées partielles des surfaces *réglées*. On voit que cette équation ne renferme que les dérivées du second et du troisième ordre; d'après la façon même dont on l'obtient, elle exprime qu'en chaque point de la surface, une des tangentes asymptotiques a un contact du troisième ordre avec la surface (I, n° 213).

3° Prenons les courbes planes Γ représentées par les deux équations

$$z = f(x, y, a_1, \ldots, a_n), \qquad y = a_{n+1}.$$

Au lieu d'appliquer la méthode générale, supposons que $a_1, a_2, \ldots, a_n$ soient des fonctions du dernier paramètre a_{n+1}. La surface S engendrée par ces courbes Γ a pour équation

$$z = f[x, y, \varphi_1(y), \ldots, \varphi_n(y)],$$

$\varphi_1, \ldots, \varphi_n$ étant des fonctions arbitraires de y. L'élimination de ces n fonctions entre la relation précédente et les relations qui donnent $\dfrac{\partial z}{\partial x}$, $\dfrac{\partial^2 z}{\partial x^2}, \ldots, \dfrac{\partial^n z}{\partial x^n}$ conduira à une équation aux dérivées partielles d'ordre n,

(136) $$\frac{\partial^n z}{\partial x_n} = F\left(x, y, \frac{\partial z}{\partial x}, \ldots, \frac{\partial^{n-1} z}{\partial x^{n-1}}\right).$$

où ne figurent que des dérivées prises par rapport à x.

Inversement, toute équation aux dérivées partielles de cette espèce peut être intégrée comme une équation différentielle ordinaire renfermant un paramètre. Si $z = f(x, y, C_1, C_2, \ldots, C_n)$ est l'intégrale générale de cette équation différentielle, il suffira d'y remplacer $C_1, C_2, \ldots, C_n$ par des fonctions arbitraires de y pour avoir l'intégrale générale de la même équation, considérée comme une équation aux dérivées partielles à deux variables indépendantes x et y.

L'intégrale générale d'une équation aux dérivées partielles du premier ordre de forme quelconque, à deux variables indépendantes, s'obtient en prenant l'enveloppe d'une famille de surfaces à deux paramètres, quand on établit entre ces deux paramètres une relation de forme arbitraire (n° **444**). Pour généraliser ce résultat, considérons une famille de surfaces Σ dépendant de $n+1$ paramètres $(n > 1)$

$$(137) \qquad F(x, y, z, a_1, a_2, \ldots, a_{n+1}) = 0;$$

si l'on établit entre ces $n + 1$ paramètres n relations de forme arbitraire ou, ce qui revient au même, si l'on remplace $a_1, a_2, \ldots, a_{n+1}$ par des fonctions arbitraires d'une variable auxiliaire λ, on a une famille de surfaces Σ, dépendant d'un seul paramètre. L'enveloppe de cette famille de surfaces est une surface S qui satisfait à une équation aux dérivées partielles d'ordre n, indépendante de la forme des fonctions arbitraires $a_i(\lambda)$. En effet, on obtiendrait l'équation de cette surface, en éliminant λ entre les deux équations (137) et (138)

$$(138) \qquad \frac{\partial F}{\partial a_1} a_1'(\lambda) + \ldots + \frac{\partial F}{\partial a_{n+1}} a_{n+1}'(\lambda) = 0.$$

Mais on peut aussi considérer ces deux équations comme définissant deux fonctions $z = f(x, y)$ et $\lambda = \varphi(x, y)$ des deux variables x et y. Les dérivées partielles p et q sont données par les deux équations (I, n° **39**)

$$(139) \qquad \frac{\partial F}{\partial x} + \frac{\partial F}{\partial z} p = 0, \qquad \frac{\partial F}{\partial y} + \frac{\partial F}{\partial z} q = 0.$$

En appliquant à ce système (139) la même méthode qu'au système (133), on peut lui adjoindre de proche en proche $n-1$ relations nouvelles entre $a_1, a_2, \ldots, a_{n+1}, x, y, z$, et les dérivées partielles de z d'ordre 2, 3, $\ldots$, n. L'élimination de $a_1, a_2, \ldots, a_{n+1}$ entre ces $n-1$ équations et les équations (137) et (139) conduira en général à une seule relation indépendante de $a_1, a_2, \ldots, a_{n+1}$, où figureront x, y, z, et les dérivées partielles de z jusqu'à l'ordre n.

Exemple. — Si la surface Σ est un plan, on retrouve l'équation des surfaces développables $rt - s^2 = 0$. Si la surface Σ est une sphère de rayon constant R, les équations (137) et (139) deviennent

$$(140) \quad \begin{cases} (x-a_1)^2+(y-a_2)^2+(z-a_3)^2-R^2=0, \\ x-a_1+(z-a_3)p=0, \qquad y-a_2+(z-a_3)q=0. \end{cases}$$

Supposons que a_1, a_2, a_3 soient fonctions d'un paramètre λ; en égalant les valeurs du rapport $\lambda_y : \lambda_x$, tirées des deux dernières équations (140), on obtient la relation

$$(141) \quad (rt-s^2)(z-a_3)^2$$
$$-[(1+p^2)t+(1+q^2)r-2pqs](z-a_3)+1+p^2+q^2=0.$$

On aura l'équation cherchée en éliminant a_1, a_2, a_3 entre (140) et (141). Des premières on tire $z-a_3 = \dfrac{R}{\sqrt{1+p^2+q^2}}$ et, en remplaçant $z-a_3$ par cette valeur dans (141), on obtient l'équation aux dérivées partielles des *surfaces-canaux*

$$(142) \quad (rt-s^2)R^2$$
$$-[(1+p^2)t+(1+q^2)r-2pqs]R\sqrt{1+p^2+q^2}+(1+p^2+q^2)^2=0.$$

La signification géométrique est facile à vérifier; elle exprime que l'un des rayons de courbure principaux de la surface est égal à R (I, n° 236).

Remarque. — Étant donnée une fonction de plusieurs variables qui dépend d'une ou de plusieurs fonctions arbitraires, il n'est pas toujours possible, comme dans les deux cas qui viennent d'être examinés, d'en déduire une relation, *et une seule*, entre les variables indépendantes, la fonction z et ses dérivées partielles jusqu'à un ordre déterminé, cette relation étant indépendante de la forme des fonctions arbitraires. Considérons par exemple une fonction $z = F(x, y, X, Y)$, F étant une fonction déterminée des quatre arguments qui y figurent, X et Y étant des fonctions arbitraires des variables x et y respectivement. Les cinq dérivées p, q, r, s, t du premier et du second ordre dépendent de X, X', X'', Y, Y', Y'', et il est en général impossible d'éliminer ces six quantités entre les six équations. Mais si l'on pousse jusqu'aux dérivées du troisième ordre, on a en tout *dix* relations renfermant *huit* arbitraires, X, X', X'', X''', Y, Y', Y'', Y''', et l'élimination conduira à un système de *deux* équations du troisième ordre [1].

---

[1] *Voir* HERMITE, *Cours d'Analyse de l'École Polytechnique*, 1873, p. 215-229 (*Œuvres*, t. II, 1908, p. 501-515).

456. Théorème général d'existence. — La démonstration donnée pour un système d'équations aux dérivées partielles du premier ordre (n° 386) s'étend sans peine aux systèmes plus généraux de la forme normale étudiés par Mme de Kowalewski ([1]),

$$(143)\quad\begin{cases}\dfrac{\partial^{r_1} z_1}{\partial x_1^{r_1}} = F_1(x_1, x_2, \ldots, x_n;\ z_1, z_2, \ldots, z_p, \ldots),\\[2mm]\dfrac{\partial^{r_2} z_2}{\partial x_1^{r_2}} = F_2(x_1, x_2, \ldots, x_n;\ z_1, z_2, \ldots, z_p, \ldots),\\[1mm]\cdots\cdots\cdots\cdots\cdots\cdots\cdots\cdots\cdots\cdots\cdots\cdots\cdots,\\[1mm]\dfrac{\partial^{r_p} z_p}{\partial x_1^{r_p}} = F_p(x_1, x_2, \ldots, x_n;\ z_1, z_2, \ldots, z_p, \ldots),\end{cases}$$

dont les seconds membres renferment les variables indépendantes $x_1, x_2, \ldots, x_n$, les fonctions inconnues $z_1, \ldots, z_p$, les dérivées partielles de z_1 jusqu'à l'ordre r_1 inclusivement, les dérivées partielles de z_2 jusqu'à l'ordre r_2, ..., et ainsi de suite; de plus, aucune des dérivées $\dfrac{\partial^{r_1} z_1}{\partial x_1^{r_1}}, \dfrac{\partial^{r_2} z_2}{\partial x_1^{r_2}}, \ldots, \dfrac{\partial^{r_p} z_p}{\partial x_1^{r_p}}$ ne figure dans ces fonctions F_i. Le théorème général s'énonce ainsi :

Les quantités $x_1, x_2, \ldots, x_n, z_1, z_2, \ldots, z_p, \dfrac{\partial^{\alpha_1 + \alpha_2 + \ldots + \alpha_n} z_i}{\partial x_1^{\alpha_1} \partial x_2^{\alpha_2} \ldots \partial x_n^{\alpha_n}},$ *qui figurent dans les fonctions* F_i, *étant regardées comme des variables indépendantes, soient*

$$a_1, a_2, \ldots, a_n;\ b_1, b_2, \ldots, b_p, b^i_{\alpha_1, \alpha_2, \ldots, \alpha_n}$$

un système quelconque de valeurs de ces variables dans le voisinage duquel les fonctions F_i *sont holomorphes. Soient, d'autre part,*

$$(144)\quad\begin{cases}\varphi_1, \varphi_1^1, \varphi_1^2, \ldots, \varphi_1^{r_1-1},\\[1mm]\varphi_2, \varphi_2^1, \varphi_2^2, \ldots, \varphi_2^{r_2-1},\\[1mm]\cdots\cdots\cdots\cdots\cdots\cdots\cdots,\\[1mm]\varphi_p, \varphi_p^1, \varphi_p^2, \ldots, \varphi_p^{r_p-1}\end{cases}$$

des fonctions des $n-1$ *variables* $x_2, x_3, \ldots, x_n$ *régulières au*

([1]) *Journal de Crelle*, t. LXXX. Dans sa démonstration, Mme de Kowalewski ramène le cas général au cas d'un système linéaire du premier ordre, tandis qu'il nous suffit de ramener le cas général au cas d'un système du premier ordre de forme quelconque.

voisinage du point $a_2, \ldots, a_n$, et telles que l'on ait

$$\varphi_i = b_i, \qquad \frac{\partial^{\alpha_2 + \ldots + \alpha_n} \varphi_i^{\alpha_1}}{\partial x_2^{\alpha_2} \ldots \partial x_n^{\alpha_n}} = b^i_{\alpha_1, \alpha_2, \ldots, \alpha_n},$$

pour $x_2 = a_2, \ldots, x_n = a_n$. Les équations (143) *admettent un système d'intégrales et un seul, holomorphes dans le domaine du point* $(a_1, a_2, \ldots, a_n)$, *et telles que l'on ait, pour $x_1 = a_1$,*

$$z_i = \varphi_i, \qquad \frac{\partial z_i}{\partial x_1} = \varphi_i^1, \qquad \ldots, \qquad \frac{\partial^{r_i - 1} z_i}{\partial x_1^{r_i - 1}} = \varphi_i^{r_i - 1} \qquad (i = 1, 2, \ldots, p).$$

Pour le démontrer, nous observons d'abord que les équations (143), et celles que l'on en déduit par des différentiations successives, permettent d'exprimer toutes les dérivées partielles des fonctions inconnues au moyen des variables, des fonctions inconnues et des dérivées partielles $\dfrac{\partial^{\alpha_1 + \ldots + \alpha_n} z_i}{\partial x_1^{\alpha_1} \ldots \partial x_n^{\alpha_n}}$, où α_1 est inférieur à r_1 pour $i = 1$, à r_2 pour $i = 2$, ..., à r_p pour $i = p$. On le reconnaît de proche en proche par un raisonnement tout pareil à celui du n° 386. Or les conditions initiales font connaître immédiatement les valeurs numériques pour $x_1 = a_1, \ldots, x_n = a_n$, des dérivées au moyen desquelles s'expriment toutes les autres; on peut donc calculer, par les seules opérations d'addition et de multiplication, les coefficients des développements en séries entières des intégrales, dont on veut prouver l'existence, au moyen des coefficients des développements des fonctions F_i et des fonctions du Tableau (144).

Pour achever la démonstration, il reste à établir la convergence des séries entières ainsi obtenues, pourvu que les modules des différences $x_i - a_i$ soient assez petits. Cette convergence a été démontrée plus haut lorsque tous les nombres $r_1, r_2, \ldots, r_p$ sont égaux à l'unité. On ramène le cas général à ce cas particulier en considérant comme inconnues les fonctions $z_1, \ldots, z_p$ et leurs dérivées partielles jusqu'à celles d'ordre $r_i - 1$ inclusivement pour z_i $(i = 1, 2, \ldots, p)$.

Posons

$$\frac{\partial^{\alpha_1 + \alpha_2 + \ldots + \alpha_n} z_i}{\partial x_1^{\alpha_1} \partial x_2^{\alpha_2} \ldots \partial x_n^{\alpha_n}} = z^i_{\alpha_1, \alpha_2, \ldots, \alpha_n}, \qquad z^i_{0, 0, \ldots, 0} = z_i.$$

Les seconds membres des équations (143) renferment les

variables $x_1, \ldots, x_n$, les fonctions $z_1, \ldots, z_p$ et les nouvelles inconnues, et certaines dérivées du premier ordre de ces nouvelles inconnues. Mais, par hypothese, les dérivées d'ordre r_i de la fonction z_i qui peuvent y figurer sont différentes de la dérivée $z^i_{r_i, 0, 0, \ldots, 0}$; l'un des nombres $\alpha_2, \alpha_3, \ldots, \alpha_n$ est donc différent de zero. Si l'on a par exemple $\alpha_2 > 0$, on peut remplacer

$$z^i_{\alpha_1, \alpha_2, \ldots, \alpha_n} \quad \text{par} \quad \frac{\partial z^i_{\alpha_1, \alpha_2 - 1, \alpha_3, \ldots, \alpha_n}}{\partial x_2},$$

lorsque $\alpha_1 + \alpha_2 + \ldots + \alpha_n = r_i$, et de même pour les autres. On peut donc écrire les équations proposées (143) sous la forme équivalente

$$(145) \quad \frac{\partial z^i_{r_1 - 1, 0, 0, \ldots, 0}}{\partial x_1} = \Phi_i(x_1, \ldots, x_n; z_1, \ldots, z_p, \ldots) \quad (i = 1, 2, \ldots, p),$$

les seconds membres ne contenant que les variables et les inconnues avec quelques-unes des dérivées partielles du premier ordre, prises par rapport à l'une des variables $x_2, \ldots, x_n$. A ces équations il faut joindre celles qui donnent les dérivées par rapport à x_1 des nouvelles inconnues, autres que celles qui sont déjà écrites. Si l'on a $\alpha_1 + \alpha_2 + \ldots + \alpha_n \leqq r_i - 2$, on peut écrire immédiatement

$$(146) \quad \frac{\partial z^i_{\alpha_1, \alpha_2, \ldots, \alpha_n}}{\partial x_1} = z^i_{\alpha_1 + 1, \alpha_2, \ldots, \alpha_n},$$

et l'on a $\alpha_1 + 1 + \alpha_2 + \ldots + \alpha_n \leqq r_i - 1$, de sorte que le second membre est une des fonctions inconnues. Si l'on a

$$\alpha_1 + \alpha_2 + \ldots + \alpha_n = r_i - 1,$$

nous devons supposer $\alpha_1 < r_i - 1$, et par suite l'un au moins des nombres $\alpha_2, \ldots, \alpha_n$ est différent de zéro. Si par exemple on a $\alpha_2 > 0$, on écrira

$$(147) \quad \frac{\partial z^i_{\alpha_1, \alpha_2, \ldots, \alpha_n}}{\partial x_1} = \frac{\partial z^i_{\alpha_1 + 1, \alpha_2 - 1, \ldots, \alpha_n}}{\partial x_2},$$

et le second membre est la dérivée par rapport à x_2 de l'une des inconnues auxiliaires. Les équations (145), (146) et (147) forment un système normal d'équations du premier ordre. Les conditions initiales auxquelles doivent satisfaire les intégrales de ce nouveau système résultent immédiatement des conditions initiales imposées aux intégrales du système primitif, et il est clair que les séries entières obtenues pour les intégrales z_1, z_2, ..., z_p du nouveau système seront identiques aux séries entières obtenues pour les intégrales du système proposé. Ces séries sont donc convergentes (*voir* n° 386) dans le domaine du point $(a_1, a_2, ..., a_n)$.

Par exemple l'équation du second ordre $r = f(x, y, z, p, q, s, t)$ peut être remplacée par un système de trois équations du premier ordre de forme normale

$$\frac{\partial z}{\partial x} = p, \qquad \frac{\partial p}{\partial x} = f\left(x, y, z, p, q, \frac{\partial p}{\partial x}, \frac{\partial q}{\partial y}\right), \qquad \frac{\partial q}{\partial x} = \frac{\partial p}{\partial y}.$$

Si l'on doit avoir pour $x = x_0$, $z = \varphi(y)$, $\dfrac{dz}{dx} = \psi(y)$, les intégrales du système auxiliaire doivent se réduire respectivement, pour $x = x_0$, aux fonctions $\varphi(y)$, $\psi(y)$, $\varphi'(y)$.

Ce théorème général ne fournit pas de réponse à toutes les questions que l'on peut se proposer sur l'existence des intégrales d'un système quelconque d'équations aux dérivées partielles, car il ne s'applique qu'aux systèmes de la forme normale considérée. Les systèmes les plus généraux ont été l'objet d'un grand nombre de travaux dont les plus récents, dus à MM. Tresse, Riquier, Delassus, ont conduit à la solution générale de la question suivante : Étant donné un système de m équations aux dérivées partielles d'ordre quelconque, à un nombre quelconques de variables indépendantes et de fonctions inconnues, reconnaître si ce système admet des intégrales et, dans le cas de l'affirmative, préciser les arbitraires (constantes ou fonctions) dont dépendent les intégrales ([1]).

En résumé, toute équation aux dérivées partielles d'ordre quelconque, dont le premier membre est une fonction analytique de ses arguments, admet une infinité d'intégrales analytiques, mais nous ne pouvons pas affirmer, en général, comme pour les équations différentielles (n° 387), que toutes les intégrales sont des fonctions analytiques des variables indépendantes. On a vu plus

---

([1]) Les recherches de M. Riquier ont été réunies par lui dans son Ouvrage *Sur les systèmes d'équations aux dérivées partielles* (1910).

haut (p. 622, note) qu'il n'en est pas ainsi pour une équation du premier ordre ; il est du reste aisé de s'en convaincre par des exemples élémentaires tels que l'équation $p = 0$, dont l'intégrale générale est une fonction *quelconque* de y.

Les méthodes du calcul des limites ne s'appliquent pas aux équations non analytiques. Considérons par exemple l'équation

$$(148) \qquad p + q f(x, y) = 0,$$

ou $f(x, y)$ est une fonction continue, non analytique, satisfaisant à la condition de Lipschitz relativement à y. On a démontré plus haut (n°s 388-391) que l'équation différentielle

$$\frac{dy}{dx} = f(x, y)$$

admet une infinité d'intégrales, dépendant d'une constante arbitraire C. Pour en conclure, comme au n° 392, l'existence d'une intégrale de l'équation (148), il faudrait avoir démontré que toutes ces intégrales sont définies par une relation $\varphi(x, y) = C$, la fonction φ admettant des dérivées continues du premier ordre. On reviendra sur cette question dans le Tome suivant.

EXERCICES.

---

1. Étant donnés un système de trois axes rectangulaires Ox, Oy, Oz et une droite Δ parallèle à Ox dans le plan des xy, d'un point quelconque M de l'espace on abaisse la perpendiculaire MP sur Δ et la perpendiculaire MQ sur Oz. On demande l'équation générale des surfaces S telles que le plan tangent en un point quelconque M de l'une de ces surfaces passe par le milieu de la droite PQ correspondante. Trouver de même les surfaces S telles que le plan tangent en un point quelconque M de l'une d'elles soit parallèle à la droite PQ correspondante, et démontrer qu'il existe une infinité de surfaces développables de cette espèce, dépendant de deux constantes arbitraires.

2. Trouver l'équation générale des surfaces qui coupent à angle droit les sphères représentées par l'équation

$$x^2 + y^2 + z^2 + 2 a z = 0,$$

où a est un paramètre variable.

Déduire du résultat obtenu quelques systèmes formés de trois familles
de surfaces orthogonales.

3. Trouver l'équation aux dérivées partielles des surfaces décrites par
une droite qui se meut en rencontrant une droite fixe sous un angle donné.
Intégrer cette équation aux dérivées partielles.

[Licence; Paris, juillet 1873.]

4. Étant donnés un plan P et un point O dans le plan, trouver l'équation
générale de toutes les surfaces telles que si, par un point quelconque m
de l'une d'elles, on mène la normale mn qui rencontre en n le plan P, puis
la perpendiculaire mp à ce plan, l'aire du triangle Onp soit égale à une
constante donnée.   [Licence; Paris, novembre 1871.]

5. Même question, en supposant que l'angle $\widehat{nOp}$ est constant.

[Licence; Rennes, 1883.]

6. Déterminer toutes les surfaces qui satisfont à la condition

$$Op \times mn = \lambda \overline{Om}^2,$$

dans laquelle λ désigne une constante donnée, O l'origine des coordonnées,
m un point quelconque de l'une de ces surfaces, p le pied de la perpendi-
laire abaissée de O sur le plan tangent en m, et n la trace de la normale
sur le plan xOy.   [Licence; Paris, 1875.]

7. Trouver l'équation générale des surfaces telles que si, par un point m
de l'une d'elles, on mène la normale mn terminée au plan des xy, la longueur mn soit égale à la distance On.   [Licence; Poitiers, 1883.]

8. On demande les surfaces intégrales de l'équation

$$xy^2 p + x^2 y q = z(x^2 + y^2);$$

déterminer la fonction arbitraire de façon que les caractéristiques forment
une famille de lignes asymptotiques des surfaces intégrales, et trouver les
trajectoires orthogonales des surfaces ainsi obtenues.

[Licence; Paris, juillet 1904.]

9. On considère une famille de courbes gauches (Γ) représentées par les
deux équations

$$x^2 + 2y^2 = a z^2, \qquad x^2 + y^2 + z^2 = b z,$$

où a et b sont deux paramètres variables.

1° Démontrer que ces courbes sont les trajectoires orthogonales d'une
famille de surfaces (S) à un paramètre;
2° Trouver les lignes de courbures de ces surfaces (S);

3° Montrer que ces surfaces font partie d'un système triple orthogonal et trouver les deux autres familles de ce système.

[*Licence;* Paris, juillet 1901.]

10. Former l'équation aux dérivées partielles admettant l'intégrale complète $y^2(x^2 - a) = (z + b)^2$, et intégrer cette équation.

11. Déterminer les surfaces telles que le segment mn de la normale compris entre la surface et le point d'intersection n avec un plan fixe P, se projette sur ce plan P suivant un segment de longueur constante.

12. Soit n le point où la normale en m à une surface rencontre le plan des xy. Trouver les surfaces telles que la droite On soit parallèle au plan tangent en m.   [*Licence;* Poitiers, juillet 1884.]

13. On demande de déterminer les surfaces qui coupent sous un angle donné V tous les plans passant par une droite fixe. Montrer que les caractéristiques sont des lignes de courbure des surfaces intégrales.

14. Les courbes intégrales de l'équation aux dérivées partielles qui admet l'intégrale complète

$$(1 - a^2)x + k(1 + a^2)z + 2ay + b = 0,$$

où a et b sont deux constantes arbitraires, satisfont à la relation

$$dx^2 + dy^2 = k^2 dz^2.$$

15*. Toute courbe intégrale d'une équation aux dérivées partielles $F(x, y, z, p, q) = 0$, tangente en un point M à une génératrice G du cône (T) de sommet M, a un contact du second ordre avec toute surface intégrale tangente en M au plan tangent au cône (T) suivant la génératrice G.   [Sophus Lie.]

16. D'un point M d'une surface S on abaisse une perpendiculaire MP sur un axe fixe OO', puis du point P une perpendiculaire PN sur la normale en M à la surface S. On demande de déterminer les surfaces S telles que la longueur MN soit égale à une longueur constante donnée a.

Étudier en particulier les surfaces S qui sont des surfaces hélicoïdes ayant OO' pour axe.   [*Licence;* Paris, octobre 1908.]

17. On demande la forme générale des fonctions $F(x, y, z, p, q)$, telles que les équations différentielles des caractéristiques de l'équation $F = 0$ admettent la combinaison intégrable $d\left(\dfrac{q}{p}\right) = 0$.

Application. — Déterminer les surfaces S telles que la distance d'un point quelconque M de l'une d'elles au plan des xy soit égale à la distance du point O au plan tangent à cette surface au point M.

18. Étant donnée l'équation aux dérivées partielles

(1) $Pp + Qq = Rz^2 + Sz + T,$

où P, Q, R, S, T ne dépendent que des variables x et y, démontrer que le rapport anharmonique u de quatre intégrales particulières quelconques de l'équation (1) vérifie l'équation

$$\mathrm{P}\,\frac{\partial u}{\partial x} + \mathrm{Q}\,\frac{\partial u}{\partial y} = 0.$$

Connaissant quatre intégrales particulières z_1, z_2, z_3, z_4 de l'équation (1), peut-on en déduire l'intégrale générale?

19. *Surfaces parallèles.* — Soit $\theta(x, y, z)$ une intégrale de l'équation

(E)
$$\left(\frac{\partial\theta}{\partial x}\right)^2 + \left(\frac{\partial\theta}{\partial y}\right)^2 + \left(\frac{\partial\theta}{\partial z}\right)^2 = 1;$$

démontrer que l'équation $\theta(x, y, z) = \mathrm{C}$ représente, en coordonnées rectangulaires, une famille de surfaces parallèles.

R. On observe que l'équation (E) admet l'intégrale complète

$$\theta = \sqrt{(x-a)^2 + (y-b)^2 + (z-c)^2}$$

et l'intégrale générale s'obtient en cherchant l'enveloppe de la sphère de rayon θ dont le centre décrit une surface ou une courbe. Il est clair qu'en faisant varier le rayon θ, on obtient une famille de surfaces parallèles.

Réciproquement, pour que l'équation $u(x, y, z) = \mathrm{C}$ représente une famille de surfaces parallèles, il faut et il suffit (Ex. 10, p. 361) que $u(x, y, z)$ vérifie une équation de la forme

$$\left(\frac{\partial u}{\partial x}\right)^2 + \left(\frac{\partial u}{\partial y}\right)^2 + \left(\frac{\partial u}{\partial z}\right)^2 = \varphi(u),$$

que l'on ramène à la forme (E) en posant $\theta = \psi(u)$.

20. Pour que l'expression $dz + \mathrm{A}\,dx + \mathrm{B}\,dy$ admette un facteur intégrant indépendant de z, il faut et il suffit qu'elle soit de la forme $dz + z\,d\varphi + e^{-\varphi}\,d\psi$, φ et ψ étant des fonctions de x et de y.

21. Appliquer la méthode de J. Bertrand (p. 595) à l'équation $\mathrm{P}\,dx + \mathrm{Q}\,dy + \mathrm{R}\,dz = 0$, où P, Q, R sont des fonctions linéaires de x, y, z satisfaisant à la condition d'intégrabilité.

22*. Étant donné un système *complètement intégrable* de la forme

$$dz = p\,dx + q\,dy,$$
$$dp = (a_1 p + a_2 q + a_3 z)\,dx + (c_1 p + c_2 q + c_3 z)\,dy,$$
$$dq = (c_1 p + c_2 q + c_3 z)\,dx + (b_1 p + b_2 q + b_3 z)\,dy,$$

où a_i, b_i, c_i sont des fonctions de x et de y, l'intégrale générale est de la forme $z = \mathrm{C}_1 z_1 + \mathrm{C}_2 z_2 + \mathrm{C}_3 z_3$, z_1, z_2, z_3 étant trois intégrales linéairement distinctes, et $\mathrm{C}_1, \mathrm{C}_2, \mathrm{C}_3$ des constantes arbitraires [1].

---

[1] APPELL, *Journal de Liouville*, 3ᵉ série, t. VIII, p. 192.

23. Trouver les conditions nécessaires et suffisantes pour que les équations $r = f_1(x, y)$, $s = f_2(x, y)$, $t = f_3(x, y)$ soient compatibles.

Application. — Trouver à quelle condition doivent satisfaire les fonctions $A(x, y)$, $B(x, y)$, $C(x, y)$ pour que les courbes intégrales de l'équation différentielle $A\,dx^2 + 2B\,dx\,dy + C\,dy^2 = o$ soient les projections sur le plan des xy des deux familles de lignes asymptotiques d'une surface.

24. Intégrer le système

$$(x - a)(px + qy - 2z) = (z - c)(p - x),$$
$$(y - b)(px + qy - 2z) = (z - c)(q - y),$$

où a, b, c sont des constantes (*Concours d'Agrégation*, 1899).

25. Soit S la surface enveloppe des sphères Σ représentées, en coordonnées rectangulaires, par l'équation

$$(x - \alpha)^2 + (y - \beta)^2 + z^2 = R^2,$$

où α et β sont deux paramètres variables, R une fonction $f(\alpha, \beta)$ de ces deux paramètres.

$1°$ En un point M où la sphère Σ correspondant aux valeurs α, β des paramètres touche la surface enveloppe S, on mène la normale qui rencontre les plans de coordonnées $z = o$, $x = o$, $y = o$ aux points A, B, C respectivement. On demande d'exprimer les segments $\overline{AB}$, $\overline{AC}$ au moyen de R, $\dfrac{\partial R}{\partial \alpha}$, $\dfrac{\partial R}{\partial \beta}$, en prenant comme direction positive celle qui va du point A au point M sur la normale.

$2°$ Démontrer que l'on peut toujours déterminer *par une quadrature* toutes les surfaces S telles qu'il existe entre les segments $\overline{AB}$, $\overline{AC}$ et R une relation de forme arbitraire $F(R, \overline{AB}, \overline{AC}) = o$.

$3°$ On demande à quelle condition doivent satisfaire les deux fonctions $\varphi(R)$, $\psi(R)$ pour qu'il existe une surface S telle que l'on ait

$$\overline{AB} = \varphi(R), \qquad \overline{AC} = \psi(R).$$

$4°$ Déterminer en particulier les surfaces S pour lesquelles on a

$$\overline{AC} = R + a, \qquad \overline{AB} = m(R + a),$$

a et m étant des constantes, et indiquer une génération géométrique de ces surfaces. [*Licence;* Paris, juillet 1922.]

NOTE

SUR LES SUITES DE FONCTIONS ANALYTIQUES [1]

Le théorème fondamental de Weierstrass (n° 290) a été l'origine d'un grand nombre de travaux sur les suites de fonctions analytiques; nous allons indiquer dans cette Note quelques-uns des résultats les plus importants qui ont été obtenus sur ce sujet. Ainsi qu'on l'a déjà remarqué d'une façon générale (I, n° 5), il revient au même d'étudier les suites de fonctions analytiques ou les séries dont tous les termes sont des fonctions analytiques. Nous énoncerons le plus souvent les théorèmes pour des suites, mais il n'y aurait aucune difficulté à les énoncer pour des séries.

1. Généralités. — Les domaines D, dont il sera question dans cette Note, sont supposés à distance finie et limités par une ou plusieurs

[1] Mémoires à consulter :

A. — Stieltjes, Recherches sur les fractions continues (*Annales de Toulouse*, t. VIII, 1894. — Correspondance d'Hermite et de Stieltjes, t. II, p. 368, lettres n°⁵ 399 et 400).

B. — Vitali, Sopra le serie di funzioni analitiche (*Rendiconti del R. Ist. Lombardo*, 2ᵉ série, t. XXXVI, 1903, p. 772; *Annali di matematica*, 3ᵉ série, t. X, 1904, p. 73).

C. — Blaschke, Eine Erweiterung des Satzes von Vitali über Folgen analytischer Funktionen (*Berichte der Math.-Physik. Classe Sächsischen Gesellschaft der Wiss. zu Leipzig*, Bd LXVII, 1915, p. 194-200).

D. — Ostrowski, Ueber vollständige Gebiete gleichmassige Konvergenz von Folgen analytischer Funktionen (*Abhandlungen aus den Math. Seminär der Hamburgischen Universität*, Band I, Heft 3-4).

E. — Caratheodory et Landau, Beiträge zur Konvergenz von Funktionenfolgen (*Sitzungsberichte der K. Preussischen Akad. der Wissenschaften*, 1911, p. 587-613).

F. — Montel, Sur les familles de fonctions analytiques qui admettent des valeurs exceptionnelles dans un domaine (*Annales de l'École Normale*, 1912, p. 529).

G. — Montel, Sur les familles quasi normales de fonctions holomorphes (*Mémoires de l'Académie de Bruxelles*, 2ᵉ série, t. VI, 1921, p. 1).

H. — Montel, Sur la représentation conforme (*Journal de Mathématiques*, 7ᵉ série, t. III, 1917, p. 25).

J. — Montel, Leçons sur les séries de polynomes (Paris, Gauthier-Villars, 1910). *Voir* en particulier Chap. I, p. 16, et Chap. V, p. 108-126.

courbes (¹) fermées ne se coupant pas entre elles, l'une de ces courbes renfermant toutes les autres à l'intérieur. Un pareil domaine est *connexe*, ou d'un *seul tenant*, c'est-à-dire que deux points quelconques du domaine peuvent être joints par un trait continu (une ligne brisée par exemple) situé tout entier dans ce domaine. Si D est limité par une seule courbe fermée, deux traits continus joignant deux points quelconques A et B de D peuvent être ramenés l'un à l'autre par une déformation continue, en restant dans ce domaine, qui est dit *simplement connexe*. Il n'en est plus de même (n° 281) si le domaine D est limité par une courbe fermée C, et une ou plusieurs courbes fermées C', C", ... intérieures à C. Ce domaine est dit alors à connexion multiple.

Remarquons encore les propriétés suivantes, qui pourraient être prises pour définitions pour des domaines plus généraux que ceux qui sont considérés ici. Si un point M du plan est à l'intérieur d'un domaine D, tel que ceux qui viennent d'être définis, un cercle de centre M et de rayon ρ a tous ses points à l'intérieur du domaine D pourvu que ρ soit assez petit. Au contraire, si un point M est *extérieur* au domaine, c'est-à-dire s'il n'appartient ni à ce domaine ni à aucune des courbes qui le limitent, un cercle de centre M et de rayon ρ est tout entier extérieur à D, pourvu que ρ soit assez petit. Enfin, si le point M est situé sur une des courbes qui limitent D, tout cercle de centre M a des points intérieurs à D et des points extérieurs, aussi petit que soit le rayon. Il y a lieu de faire encore une distinction suivant que l'on considère les points de la frontière comme faisant partie du domaine, ou non. Dans le premier cas, le domaine est dit *fermé*, et dans le second cas il est dit *ouvert*. Une propriété qui appartient à tous les points d'un domaine fermé appartient évidemment à tous les points du domaine ouvert, mais la réciproque n'est pas toujours vraie. Par exemple, l'ensemble des points pour lesquels on a $|z| < R$ est un domaine ouvert, tandis que l'ensemble des points pour lesquels on a $|z| \leqq R$ est un domaine fermé.

Soit D' un domaine fermé *intérieur* à un domaine D. On peut tracer dans D un nombre *fini* de cercles intérieurs à D et tels que tout point de D' soit intérieur à l'un au moins de ces cercles. Soit en effet δ le minimum de la distance d'un point de la frontière de D à un point de la frontière de D'. Imaginons un carrelage du plan en carrés de côté $\dfrac{\delta}{2}$, et soit N le nombre de ces carrés qui sont en entier ou en partie à l'intérieur de D'. Prenons dans chacun de ces carrés un point intérieur à D', et de chacun de ces points décrivons un cercle de rayon δ. Tous ces cercles sont intérieurs à D, et chacun d'eux contient le carré correspondant où est son centre. Il

---

(¹) Nous supposerons encore, pour fixer les idées, que chacune de ces courbes se compose d'un nombre fini d'arcs *simples*, sans que cette hypothèse soit d'ailleurs nécessaire pour les raisonnements. Un arc simple est représenté par deux équations $x = f(t)$, $y = g(t)$, où $f(t)$ et $g(t)$ sont des fonctions continues, ainsi que $f'(t)$, $g'(t)$

est clair d'après cela que tout point du domaine D' et de sa frontière est situé dans l'un au moins de ces cercles.

Remarquons encore que si une suite de fonctions est uniformément convergente dans n domaines $D_1, D_2, \ldots, D_n$, elle est aussi uniformément convergente dans le domaine D composé des points qui appartiennent au moins à l'un de ces domaines.

2. Théorème de Weierstrass. — Nous allons d'abord reprendre la démonstration de ce théorème (n° 290) pour compléter certains points. Il peut évidemment s'énoncer ainsi :

Toute suite de fonctions holomorphes uniformément convergente dans tout domaine D' intérieur à un domaine D a pour limite une fonction $F(z)$ holomorphe dans D, et la dérivée $f_n^{(p)}(z)$ a pour limite, quel que soit p, la dérivée $F^{(p)}(z)$, lorsque n augmente indéfiniment

Il est aisé de compléter la proposition en montrant que *la suite des dérivées d'ordre p des termes de la suite donnée converge uniformément dans tout domaine D' intérieur à D.*

En effet, étant donné un domaine D' intérieur à D, on peut, et d'une infinité de manières, trouver un autre domaine D" intérieur à D et contenant D'. Soient C" la frontière de D" et δ la plus courte distance d'un point de C" à un point de la frontière C' de D'. En un point x intérieur à D', on a

$$F^{(p)}(x) - f_n^{(p)}(x) = \frac{p!}{2\pi i} \int_{C'} \frac{F(z) - f_n(z)}{(z-x)^{n+1}}\, dz;$$

la courbe C" étant dans le domaine D, la différence $F(z) - f_n(z)$ tend uniformément vers zéro le long de cette courbe, et l'on peut trouver un nombre entier N tel que pour toutes les valeurs de $n \geq N$ on ait, en tout point de C", l'inégalité $|F(z) - f_n(z)| < \varepsilon$. D'autre part, tout le long de C" on a $|z - x| > \delta$; en désignant par L la longueur de C", on a donc, pour toutes les valeurs de $n \geq N$,

$$\left| F^{(p)}(x) - f_n^{(p)}(x) \right| < \frac{p!\,L}{2\pi \delta^{p+1}},$$

ce qui prouve bien la proposition énoncée.

Pour peu que l'on réfléchisse à cette démonstration, on s'aperçoit aisément que l'hypothèse de la convergence uniforme sur le contour d'intégration intervient seule, et par conséquent le théorème peut encore être énoncé sous une forme plus générale :

Si une suite de fonctions holomorphes dans un domaine (D)

$$(1) \qquad f_1(z), f_2(z), \ldots, f_n(z), \ldots$$

converge uniformément le long d'une courbe fermée C' intérieure à D, *cette suite est aussi convergente à l'intérieur de* C', *et sa limite est une fonction holomorphe dans ce domaine* D'.

Nous allons maintenant examiner un cas un peu plus général. Soit $f(z)$ une fonction holomorphe dans un domaine D que nous supposerons, pour fixer les idées, limité par une seule courbe fermée C. Considérons un point particulier z de la courbe C et un point x de D voisin de z. Lorsque le point x se rapproche du point z d'une façon quelconque, en restant dans le domaine D, il peut se faire que $f(x)$ ne tende vers aucune limite ou tende vers une limite finie Si en chaque point z de C il y a une limite pour $f(x)$, cette limite est une fonction de la position de z sur C, que nous fixerons par son abscisse curviligne s comptée à partir d'une origine fixe, dans le sens direct par exemple. La limite qui vient d'être définie est alors une fonction $g(s)$ définie en tout point de C et périodique. Lorsque cette fonction $g(s)$ de la variable s est elle-même continue, nous dirons que $f(z)$ est continue sur le contour C. Cela étant, admettons que les fonctions de la suite (1) soient holomorphes dans le domaine *simplement connexe* D limité par la courbe fermée C et prennent sur C des valeurs formant une nouvelle suite de fonctions continues de s

$$(2) \qquad\qquad g_1(s), \ g_2(s), \ \ldots, g_n(s), \ \ldots$$

Nous ne supposons rien sur l'existence des fonctions $f_n(x)$ à l'extérieur de la courbe C, qui peut être, pour quelques-unes de ces fonctions, et même pour toutes, une coupure naturelle.

Si la suite (2) *est uniformément convergente sur* C, *la suite* (1) *est uniformément convergente dans tout le domaine* D, *y compris sa frontière.*

Supposons en effet que l'on ait $|g_{n+p}(s) - g_n(s)| < \varepsilon$, en tout point de C, dès que l'on a $n \geq N$. Si x est un point quelconque du domaine D, on sait que le module de la fonction holomorphe $g_{n+p}(x) - g_n(x)$ est inférieur à la valeur maximum de ce module sur la frontière de D (n° 286). On aura donc aussi, en tout point du domaine D, $|g_{n+p}(x) - g_n(x)| < \varepsilon$, dès que l'on aura $n \geq N$. La proposition énoncée est une conséquence immédiate des inégalités que l'on vient d'écrire. On en conclut que la limite $F(x)$ de $f_n(x)$ est une fonction holomorphe de x dans le domaine D, et de plus que la limite de $F(x)$ lorsque x tend vers un point de C d'abscisse s est égale à la limite $G(s)$ de $g_n(s)$ en ce point, puisque la convergence uniforme a lieu dans le domaine *fermé* D. Quant à la suite formée par les dérivées d'ordre p des fonctions $f_n(x)$, on peut seulement affirmer qu'elle est uniformément convergente dans tout domaine D' intérieur à D.

3. **Domaine de convergence uniforme.** — Lorsque les fonctions $f_n(z)$ sont des fonctions *entières* de z, *tout domaine connexe, où la suite* (1) *est uniformément convergente, est simplement connexe.*

Soit en effet C′ une courbe fermée sans point double située dans le domaine D où la suite (1) est uniformément convergente. Cette suite est en particulier uniformément convergente sur la courbe C′ elle-même, et, comme les fonctions $f_n(z)$ sont holomorphes dans le domaine D′ intérieur à C′, il s'ensuit que la série (1) est aussi uniformément convergente dans ce domaine D′. Il est donc impossible que le domaine de convergence uniforme d'une suite de fonctions entières se compose de la portion du plan limitée par une courbe fermée C et une ou plusieurs autres courbes fermées intérieures à C.

Plus généralement, si le domaine de convergence uniforme d'une suite de fonctions holomorphes est limité par une courbe C et une ou plusieurs courbes intérieures à C, il est impossible que toutes les fonctions $f_n(z)$ soient holomorphes dans tout le domaine intérieur à C. Par exemple, si le domaine de convergence uniforme est une couronne circulaire limitée par deux cercles concentriques c et C de rayon r et R ($r < $ R), il est impossible que toutes les fonctions $f_n(z)$ soient holomorphes à l'intérieur de c. Si F(z) est une fonction holomorphe dans ce domaine, ayant des singularités à l'intérieur de c, on ne pourra la représenter par la somme d'une série uniformément convergente qu'en prenant pour termes de cette série des fonctions ayant aussi des points singuliers à l'intérieur de c. C'est ce qui arrive en particulier pour la série de Laurent, que l'on peut écrire de façon que chaque terme de la série ait un pôle au centre des deux cercles.

Nous avons vu des exemples de séries à termes rationnels et uniformément convergentes dans des domaines séparés (n° 289). On peut former aisément des séries de fonctions entières jouissant de la même propriété. Considérons par exemple une série entière $a_0 + a_1 z + \ldots + a_n z^n + \ldots$ dont

le rayon de convergence r est inférieur à $\dfrac{1}{4}$. Si l'on pose $z = x(1-x)$, la

région de convergence de la série transformée se compose de deux domaines séparés limités par les deux ovales d'une lemniscate.

4. Théorème de Stieltjes. — Noyau de convergence uniforme. — Dans les paragraphes suivants, nous allons d'abord étudier les *suites bornées* de fonctions holomorphes. Nous dirons pour abréger qu'une suite de fonctions $f_n(z)$, holomorphes dans un domaine D, est bornée dans ce domaine s'il existe un nombre M, indépendant de z et de n, tel que l'inégalité $|f_n(z)| < $ M soit vérifiée, quel que soit n, en tout point z intérieur à D. Nous dirons de même qu'une suite de fonctions holomorphes dans D a un *noyau de convergence uniforme* dans ce domaine, s'il existe un domaine Δ, intérieur à D, dans lequel cette suite est uniformément convergente.

Le théorème de Weierstrass a été étendu par Stieltjes, qui a démontré la proposition suivante (¹) :

(^{1}), *Voir* Mémoires A (note de la page 665).

*Toute suite bornée de fonctions holomorphes dans un domaine D,
ayant un noyau de convergence uniforme dans ce domaine, est uni
formément convergente dans tout domaine D' intérieur à D.*

Soit x_0 un point intérieur au noyau de convergence uniforme Δ; de ce
point comme centre décrivons deux circonférences, c et C, de rayon r et R
respectivement ($r < R$), c étant intérieur à Δ, et C intérieur à D. Par
hypothèse, la suite (1) converge uniformément dans Δ, et par suite $f_n(x)$ a
pour limite une fonction $F(x)$ holomorphe dans ce domaine. Soient

$$f_n(x) = a_0^{(n)} + a_1^{(n)}(x - x_0) + \ldots + a_p^{(n)}(x - x_0)^p + \ldots,$$
$$F(x) = c_0 + c_1(x - x_0) + \ldots + c_p(x - x_0)^p + \ldots,$$

les développements tayloriens de ces deux fonctions dans le domaine du
point x_0, dont le premier est convergent dans le cercle C, et le second à
l'intérieur du cercle c, et sur la circonférence elle-même. En appliquant à
la différence $F(x) - f_n(x)$ la formule classique du n° 286, il vient

$$c_p - a_p^{(n)} = \frac{1}{2i\pi} \int_c \frac{F(z) - f_n(z)}{(z - x_0)^{p+1}} dz;$$

la différence $F(z) - f_n(z)$ tendant uniformément vers zéro le long de c,
l'intégrale qui est au second membre tend vers zéro lorsque n augmente
indéfiniment et l'on a

$$(9) \qquad c_p = \lim_{n = \infty} a_p^{(n)}, \qquad (n = 0, 1, 2, \ldots, \infty).$$

D'autre part, si M est une limite supérieure du module des fonctions $f_n(x)$
dans le domaine D, on a aussi

$$(10) \qquad |a_p^{(n)}| < \frac{M}{R^p}$$

et par suite, les coefficients c_p vérifient les mêmes inégalités

$$(10') \qquad |c_p| \leq \frac{M}{R^p}$$

de sorte que la fonction $F(x)$ est holomorphe dans le cercle C comme les
fonctions $f_n(z)$ elles-mêmes. Pour prouver que la relation $F(x) = \lim f_n(x)$
est vraie dans tout ce cercle, considérons un cercle C_0 de rayon ρ, intérieur
et concentrique au premier. Nous allons montrer que la suite des fonctions $f_n(x)$ converge uniformément vers $F(x)$ dans ce domaine, et il nous
suffit pour cela de montrer que la différence $F(x) - f_n(x)$ tend uniformément vers zéro le long de la circonférence C_0. Cette différence est représentée par le développement de Taylor

$$(11) \qquad F(x) - f_n(x) = c_0 - a_0^{(n)} + (c_1 - a_1^{(n)})(x - x_0) + \ldots$$
$$+ (c_p - a_p^{(n)})(x - x_0)^p$$
$$+ (c_{p+1} - a_{p+1}^{(n)})(x - x_0)^{p+1} \ldots$$

Le module de la somme de la série formée par les termes à partir du terme en $(x - x_0)^{p+1}$ est inférieur, d'après les inégalités (9) et (10), à

$$2\,\mathrm{M}\left\{\frac{\rho^{p+1}}{\mathrm{R}^{p+1}} + \frac{\rho^{p+2}}{\mathrm{R}^{p+2}} + \ldots\right\} = 2\,\mathrm{M}\left(\frac{\rho}{\mathrm{R}}\right)^{p+1}\frac{\mathrm{R}}{\mathrm{R} - \rho}$$

Nous choisirons d'abord le nombre p de façon que ce module soit inférieur à $\dfrac{\varepsilon}{2}$, ε étant un nombre positif donné à l'avance, ce qui est possible puisque $\rho < \mathrm{R}$. Le nombre p ayant été choisi de cette façon, soit η le plus grand des modules des différences $c_0 - a_0^n$, $c_1 - a_1^{(n)}$, ..., $c_p - a_p^{(n)}$; le module du polynome écrit au second membre de la formule (11) est inférieur à $\eta(1 + \rho + \rho^2 + \ldots + \rho^p)$, et puisque η tend vers zéro lorsque n augmente indéfiniment, il existe un nombre N tel que l'on ait

$$\eta(1 + \rho + \rho^2 + \ldots + \rho^p) < \frac{\varepsilon}{2} \qquad (\text{pour } n \geqq \mathrm{N}).$$

On aura donc, pour les mêmes valeurs de n, $|\,\mathrm{F}(x) - f_n(x)\,| < \varepsilon$ tout le long du cercle $\mathrm{C_0}$; la suite (1) converge donc uniformement sur le cercle $\mathrm{C_0}$ et par suite à l'intérieur du cercle. On peut evidemment prendre pour x_0 un point quelconque intérieur au noyau de convergence Δ, et pour $\mathrm{C_0}$ un cercle quelconque de centre x_0 intérieur à D, puisqu'on peut toujours trouver un autre cercle concentrique au premier et de rayon plus grand, qui soit lui-même à l'intérieur de D. Nous arrivons donc au résultat suivant : *la suite* (1) *est uniformément convergente dans tout cercle* $\mathrm{C_0}$ *intérieur à D ayant pour centre un point quelconque* x_0 *intérieur à* Δ.

Le cercle $\mathrm{C_0}$ est donc lui-même un noyau de convergence uniforme pour la suite (1), et si d'un point quelconque x_1 intérieur à $\mathrm{C_0}$, pris pour centre, on décrit un cercle $\mathrm{C_1}$ intérieur à D, la suite (1) est encore uniformément convergente dans ce nouveau cercle. Étant donné un point quelconque X intérieur à D, il est clair qu'au bout d'un nombre fini d'opérations de ce genre on arrivera à un cercle renfermant X et où la suite (1) est uniformément convergente (*cf.* n° 334). *La suite considérée est donc uniformément convergente dans tout cercle intérieur au domaine* D.

Soit maintenant D' un domaine quelconque intérieur à D. On a démontré plus haut (n° 1) que l'on pourrait trouver un nombre fini de cercles $\mathrm{C_1}$, $\mathrm{C_2}$, ..., $\mathrm{C_m}$, intérieurs à D et tels que tout point de D' appartienne au moins à l'un de ces cercles. La suite (1), étant uniformément convergente dans chacun de ces cercles, est donc uniformément convergente dans D'. Il suffit de faire remarquer que la conclusion subsiste, si, au lieu de supposer que la suite (1) est bornée dans tout le domaine D, on suppose seulement qu'elle est bornée dant tout domaine intérieur à D.

Les suites considérées jouissent par conséquent dans le domaine D de toutes les propriétés qui découlent du théorème de Weierstrass.

5. Théorème de Vitali. — Le résultat de Stieltjes a été beaucoup généralisé par Vitali, auquel est dû l'important théorème suivant :

Si une suite bornée de fonctions holomorphes dans un domaine D *converge en une infinité de points intérieurs à* D, *et si ces points de convergence ont au moins un point limite intérieur à* D, *la suite converge uniformément dans tout domaine* D' *intérieur à* D [1].

Soit x_0 un point limite intérieur à D de l'ensemble des points de convergence, de télle sorte que, dans tout cercle de centre x_0 et de rayon arbitraire, il y a toujours une infinité de points de convergence de la suite. Considérons d'autre part un cercle C de centre x_0 et de rayon R. intérieur à D, et soit M une limite supérieure du module des fonctions de la suite dans D. Le développement taylorien de l'une quelconque des fonctions $f_n(x)$

$$f_n(x) = a_0^{(n)} + a_1^{(n)}(x - x_0) + \ldots + a_p^{(n)}(x - x_0)^p + \ldots$$

est convergent dans le cercle C, et l'on a toujours les inégalités (10) écrites plus haut.

Un point essentiel dans la démonstration consiste à prouver que le coefficient $a_0^{(n)}$ tend vers une limite lorsque n augmente indéfiniment, ce qui était facile avec l'hypothèse de Stieltjes, mais la méthode employée dans ce cas ne s'applique plus ici. Soit x un point quelconque intérieur à C; nous avons

$$f_{n+p}(x) - f_n(x) = a_0^{(n+p)} - a_0^{(n)}$$
$$+ [a_1^{(n+p)} - a_1^{(n)}](x - x_0) + [a_2^{(n+p)} - a_2^{(n)}](x - x_0)^2 + \ldots$$

Si le module de la différence $x - x_0$ est inférieur à r, le module de la série du second membre, après suppression du terme constant, est, d'après les inégalités (10), inférieur à

$$2\,M\left[\frac{r}{R} + \left(\frac{r}{R}\right)^2 + \ldots\right] = 2\,M\,\frac{r}{R - r}.$$

Choisissons le nombre r de façon que $\dfrac{M\,r}{R - r}$ soit $< \dfrac{\varepsilon}{4}$, où ε est un nombre positif choisi arbitrairement; nous voyons que, si le module de $x - x_0$ est inférieur au nombre r ainsi déterminé. nous aurons *a fortiori*

$$|\, a_0^{(n+p)} - a_0^{(n)}\,| < |f_{n+p}(x) - f_n(x)| + \frac{\varepsilon}{2}.$$

Par hypothèse, il existe à l'intérieur du cercle de rayon r, décrit de x_0 comme centre, une infinité de points de convergence de la suite. Prenons

---

[1] *Voir* Mémoire B, p. 665. La démonstration donnée ici est due à M. Ernst Lindelöf, *Bulletin de la Société mathématique*, t. XLI, 1913. p. 171.

pour x un de ces points de convergence; il existe alors un nombre N tel que l'on ait, pour ce point x,

$$| f_{n+p}(x) - f_n(x) | < \frac{\varepsilon}{2}, \qquad \text{pour } n \geqq N;$$

on aura donc aussi, pour ces mêmes valeurs de n,

$$| a_0^{(n+p)} - a_0^{(n)} | < \varepsilon,$$

ce qui prouve (I, n° 5) |que $a_0^{(n)}$ a une limite c_0 lorsque n augmente indéfiniment.

Nous démontrerons ensuite par récurrence qu'il en est de même des coefficients suivants $c_1^{(n)}$, $c_2^{(n)}$, ...,

Supposons la propriété établie pour les p premiers coefficients

$$\lim a_0^{(n)} = c_0, \qquad \lim a_1^{(n)} = c_1, \qquad \ldots, \qquad \lim a_{p-1}^{(n)} = c_{p-1};$$

pour établir que le coefficient $c_p^{(n)}$ a aussi une limite pour n infini, considérons la suite auxiliaire formée par les fonctions

$$\varphi_n(x) = a_p^{(n)} + a_{p+1}^{(n)}(x - x_0) + \ldots$$
$$= \frac{f_n(x) - a_0^{(n)} - a_1^{(n)}(x - x_0) - \ldots - a_{p-1}^{(n)}(x - x_0)^{p-1}}{(x - x_0)^p}.$$

Ces fonctions sont évidemment holomorphes dans le cercle C et bornées dans tout cercle concentrique et intérieur à C, d'après les inégalités (10). De plus, cette suite admet les mêmes points de convergence que la première; en effet, si x est un point de convergence de la première suite, le polynome

$$a_0^{(n)} + a_1^{(n)}(x - x_0) + \ldots + a_{p-1}^{(n)}(x - x_0)^{p-1}$$

a pour limite $c_0 + c_1(x - x_0) + \ldots + c_{p-1}(x - x_0)^{p-1}$ lorsque n augmente indéfiniment. La suite des fonctions $\varphi_n(x)$ jouit donc des mêmes propriétés que la suite des fonctions $f_n(x)$ et par conséquent le coefficient $a_p^{(n)}$ a une limite c_p lorsque n augmente indéfiniment, et nous avons en général

$$\lim_{n = \infty} a_p^{(n)} = c_p, \qquad (p = 0, 1, 2, \ldots, \infty).$$

Ces coefficients c_p vérifient encore les inégalités (11)', de sorte que la série entière

$$F(x) = c_0 + c_1(x - x_0) + \ldots + c_p(x - x_0)^p + \ldots$$

est convergente dans le cercle C, et représente une fonction holomorphe dans ce cercle. La démonstration s'achève ensuite comme au paragraphe précédent, en montrant que la différence $F(x) - f_n(x)$ tend uniformément vers zéro dans un cercle C_0 concentrique et intérieur à C. Ce cercle C_0 est donc un noyau de convergence uniforme pour la suite considérée, et l'on en tire la même conclusion que tout à l'heure, c'est-à-dire que cette suite est uniformément convergente dans tout domaine D intérieur à D. On pourrait encore évidemment remplacer l'hypothèse que la suite est bornée dans le domaine D par l'hypothèse plus générale qu'elle est bornée dans tout domaine intérieur à D.

Remarque. — Il résulte aussi du théorème de Vitali que toute suite bornée de fonctions holomorphes dans un domaine D est uniformément convergente dans tout domaine D' intérieur à D, si cette suite est convergente le long d'un arc de courbe intérieur à D, ou dans un domaine Δ intérieur à D.

6. Suites normales. — Nous allons maintenant nous placer dans des conditions plus générales. Considérons une suite bornée quelconque

$$(1) \qquad f_1(z), \quad f_2(z), \quad \ldots, \quad f_n(z), \quad \ldots$$

de fonctions holomorphes à l'intérieur d'un domaine D.

D'après un théorème fondamental dû à M. Montel (G), *on peut toujours extraire de la suite* (1) *une suite partielle qui converge uniformément dans tout domaine* D' *intérieur à* D.

Soient x_0 un point intérieur à D, C un cercle de centre x_0 et de rayon R intérieur à D, les développements tayloriens des fonctions f_n

$$f_n(x) = a_0^{(n)} + a_1^{(n)}(x - x_0) + \ldots + a_p^{(n)}(x - x_0)^p + \ldots$$

sont tous convergents dans ce cercle C, et l'on a les inégalités

$$(10) \qquad | a_p^{(n)} | < \frac{M}{R^p},$$

quels que soient n et p, M ayant la même signification que plus haut. En particulier, les modules des coefficients $a_0^{(n)}$ sont tous inférieurs à M, les points d'affixes $a_0^{(n)}$ sont donc situés dans un cercle de rayon M, et cet ensemble a au moins un point limite. On peut donc trouver un nombre A_0, et une suite de nombres entiers croissants n_1, n'_1, n''_1 tels que la suite

$$(\alpha_0) \qquad a_0^{n_1}, \quad a_0^{n'_1}, \quad a_0^{n''_1}, \quad \ldots$$

converge vers A_0. De même, les modules des termes de la suite

$$a_1^{n_1}, \quad a_1^{n'_1}, \quad a_1^{n''_1}, \quad \ldots$$

sont inférieurs à $\frac{M}{R}$; on peut donc, de cette suite des a_1^n, extraire une suite

$$(\alpha_1) \qquad a_1^{n_1}, \quad a_1^{n_2}, \quad a_1^{n'_2}, \quad a_1^{n''_2},$$

convergeant vers une limite A_1. De même, de la suite

$$a_1^{n_1}, \quad a_2^{n_1}, \quad a_2^{n_2'}, \quad a_2^{n_3''}, \quad \ldots,$$

on peut extraire une suite

$$(\alpha_2) \qquad a_1^{n_1}, \quad a_2^{n_2}, \quad a_2^{n_3}, \quad a_2^{n_4'}, \quad \ldots$$

ayant une limite A_2. etc. En continuant ainsi, on définit une suite de nombres entiers croissants $n_1, n_2, \ldots, n_q, \ldots$ tels que la suite

$$(\beta) \qquad a_p^{n_1}, \quad a_p^{n_2}, \quad \ldots, \quad a_p^{n_q}, \quad \ldots$$

ait pour limite un nombre A_p, pour toute valeur de p, lorsque q augmente indéfiniment. En effet, pour $p = o$, les termes de la suite (β), qui font partie des termes de la suite (α_0), ont pour limite A_0; pour $p = 1$, les termes de la suite (β) ont pour limite A_1, puisqu'ils font partie de la suite (α_1), et ainsi de suite. D'ailleurs, les inégalités (10) conduisent, en faisant croitre indéfiniment le nombre n_q, aux inégalités

$$|A_p| < \frac{M}{R^p}.$$

Considérons maintenant la fonction

$$F(z) = A_0 + A_1(z - x_0) + \ldots + A_p(z - x_0)^p + \ldots$$

qui est holomorphe dans le cercle C, et la suite partielle

$$(1)' \qquad f_{n_1}(z), \quad f_{n_2}(z), \quad \ldots, \quad f_{n_q}(z), \quad \ldots$$

extraite de la suite primitive (1), et qui est bornée dans le domaine D. Le raisonnement du n° 5 (p. 673) s'applique mot pour mot, et prouve que la différence $F(z) - f_n(z)$ tend uniformément vers zéro dans tout cercle C_n concentrique et intérieur à C. La suite partielle $(1)'$ possède donc un noyau de convergence uniforme dans D, et par suite elle converge uniformément dans tout domaine D' intérieur à D.

Toute suite partielle dont tous les termes appartiennent à la suite (1) jouit des mêmes propriétés que cette suite elle-même et par suite on peut en extraire une suite partielle convergeant dans D. Si l'on appelle, avec M. Montel, *suite normale* de fonctions toute suite telle que toute suite partielle extraite de celle-là admette au moins une fonction limite, nous pouvons énoncer cette proposition : *Toute suite bornée de fonctions holomorphes dans un domaine D est une suite normale.*

De toute suite bornée de cette espèce nous pouvons déduire, d'après le théorème précédent, une infinité de suites partielles convergentes. Si la première suite est elle-même convergente dans le domaine D, il est clair que toutes les suites partielles extraites de cette suite seront convergentes et auront la même limite.

Inversement, *si toutes les suites partielles convergentes que l'on peut déduire de la suite* (1) *ont la même limite, la suite* (1) *est elle-même convergente.*

Soit en effet $\varphi(z)$ la limite d'une suite partielle convergente tirée de la suite (1), supposée non convergente, et soit x un point tel que $f_n(x)$ ne tende pas vers $\varphi(x)$ lorsque n croît indéfiniment. Il existe alors un nombre positif ε tel que l'inégalité $|f_n(x) - \varphi(x)| > \varepsilon$ est vérifiée pour une infinité de valeurs de n. Soient n_1, $n_2, \ldots$, $n_p, \ldots$ une suite croissante de nombres positifs tel que l'on ait

$$|f_{n_1}(x) - \varphi(x)| > \varepsilon, \qquad |f_{n_2}(x) - \varphi(x)| > \varepsilon.$$

L'ensemble des points $f_{n_1}(x)$, $f_{n_2}(x), \ldots$ a donc au moins un point limite $A \neq \varphi(x)$, et l'on pourra extraire de la suite $f_{n_1}, f_{n_2}, \ldots, f_{n_p}$ une suite partielle convergente dont la limite pour $z = x$ sera différente de $\varphi(x)$. Il existerait donc deux suites partielles extraites de (1) ayant des limites différentes.

Pour prouver que la suite bornée (1) est convergente, il suffira donc de montrer que deux suites convergentes extraites de la suite (1) ne peuvent avoir des limites différentes. Supposons en particulier que la suite (1) converge en un ensemble de points E à l'intérieur de D. Toutes les suites partielles convergentes tirées de (1) auront la même limite en tous les points de E. Si deux de ces suites partielles n'ont pas la même limite, leur différence sera une fonction holomorphe dans D, nulle en tous les points de E. Pour démontrer que la suite ($\overline{1}$) est convergente dans (D), il suffira donc de montrer *qu'il n'existe pas de fonction holomorphe dans* D, *sauf* $f(z) = 0$, *nulle en tous les points de l'ensemble* E.

Ce résultat est bien d'accord avec le théorème de Vitali, car l'ensemble E admet par hypothèse un point limite intérieur à D, et une fonction holomorphe dans ce domaine ne peut admettre une infinité de zéros dans le voisinage de ce point.

La propriété précédente a été utilisée par Blaschke lorsque la suite bornée (1) est convergente en une infinité de points du domaine D, ayant un point limite sur la frontière, et par Montel lorsque cette suite est convergente en tous les points d'un arc de la frontière (Mémoires C et H).

7. Suites convergentes non bornées.

— Considérons maintenant une suite non bornée (1) de fonctions holomorphes dans un domaine D, que nous supposerons, pour fixer les idées, simplement connexe; tout domaine à connexion multiple pouvant être décomposé en domaines simplement connexes, on ne diminue pas la généralité en faisant cette hypothèse. Nous établirons d'abord la propriété fondamentale suivante :

Si la suite (1) *est convergente dans un domaine* D, *on peut trouver un domaine* Δ *intérieur à* D *où cette suite est bornée.*

En effet, la suite (1) n'étant pas bornée par hypothèse, on peut trouver dans D un point M_1 où l'une des fonctions de la suite a un module supérieur à *un*. Soit f_{n_1} cette fonction; puisqu'elle est continue, il existe un domaine D_1 intérieur à D, entourant le point M_1, en tous les points duquel on a $|f_{n_1}| > 1$. Considérons alors la suite

$$f_{n_1}, \quad f_{n_1+1}, \quad \ldots, \quad f_{n_1+p}, \quad \ldots$$

Si cette suite n'est pas bornée dans D_1, on peut trouver un point M_2 dans ce domaine, où l'une des fonctions f_{n_2} de la nouvelle suite a un module supérieur à 2, et par suite un domaine D_2 intérieur à D_1 où l'on a $|f_{n_2}| > 2$. On peut répéter la même opération sur la suite

$$f_{n_2}, \quad f_{n_2+1}, \quad \ldots, \quad f_{n_2+p}, \quad \ldots,$$

et ainsi de suite. En continuant ainsi, on arrivera à un domaine D_p, intérieur à D, à l'intérieur duquel toutes les fonctions de la suite (1), à partir de l'une d'elles, auront leur module inférieur à un nombre entier p, et la suite (1) sera bornée dans ce domaine. En effet, si cette suite d'opérations pouvait être continuée indéfiniment, les domaines successifs $D_1, D_2, \ldots, D_p$ dont chacun est intérieur au précédent auraient au moins un point commun P, intérieur à D et l'on aurait en ce point $|f_{n_p}| > p$, quel que soit p. La suite (1) ne pourrait donc être convergente au point P.

Il résulte de cette proposition que, si une suite de fonctions holomorphes dans un domaine D est convergente dans ce domaine, sans être bornée, dans chaque domaine D' intérieur à D, aussi petit qu'il soit, on peut trouver un autre domaine où la suite est bornée, et où sa limite $F(x)$ représente une fonction holomorphe. Mais il peut se faire que le domaine D puisse être décomposé en une infinité de domaines partiels où la limite de la suite (1) représente des fonctions analytiques tout à fait différentes. On en trouvera des exemples très simples dans le Livre de M. Montel (p. 110-112).

Un point x_0 du domaine D est dit *régulier* s'il est possible de trouver un cercle de centre x_0 et de rayon $\rho > 0$ à l'intérieur duquel la suite (1) converge uniformément.

Soit r la borne supérieure des nombres positifs ρ satisfaisant à cette condition; ce nombre r est analogue au rayon de convergence d'une série entière. Il résulte immédiatement de la définition que tous les points dont la distance à un point régulier x_0 est inférieure au nombre r sont aussi des points réguliers, et l'on démontre facilement, par un raisonnement analogue à celui du n° 335, que ce nombre r varie d'une manière continue avec la position du centre.

Soit γ une courbe fermée située dans D, limitant un domaine δ à l'intérieur duquel toutes les fonctions f_n sont holomorphes. *Si tous les points de cette courbe γ sont des points réguliers, il en est de même de tous les points du domaine δ.* Soient en effet s l'abscisse curviligne d'un point de γ

et r le nombre positif correspondant ; ce nombre r est une fonction continue de s qui admet un minimum *positif* r_0, lorsqu'on décrit la courbe γ. Il est donc possible de trouver un nombre *fini* de cercles de rayon r_0, ayant leurs centres sur γ, et balayant une aire annulaire A, à l'intérieur de laquelle se trouve γ. La suite (1), étant uniformément convergente dans chacun de ces cercles, est uniformément convergente dans la région A, et par suite tout le long de γ. Elle est donc aussi uniformément convergente dans le domaine δ intérieur à γ, et tous les points de ce domaine sont des points réguliers.

Un point non régulier est dit *point irrégulier*. Lorsque la suite (1) ne converge pas uniformément dans le domaine D, ce domaine renferme des points irréguliers, et l'on ne peut affirmer que la limite $F(x)$ de la suite (1) soit une fonction holomorphe dans le domaine d'un point irrégulier.

Nous indiquerons en terminant quelques propriétés de l'ensemble E de ces points irréguliers. D'après le théorème démontré au début de ce paragraphe, ces points irréguliers ne peuvent remplir une aire, si petite soit-elle. Il résulte plus généralement de ce théorème que dans tout domaine D' intérieur à D on peut trouver un autre domaine δ ne renfermant aucun point de E. C'est ce qu'on exprime en disant que l'ensemble E est *non dense* dans D.

L'ensemble E ne peut avoir de points isolés. En effet, si x_0 était un point irrégulier isolé, on pourrait l'entourer d'une circonférence de centre x_0 dont tous les points seraient réguliers, et tous les points intérieurs, nous venons de le voir, sont aussi des points réguliers. D'autre part, tout point limite de l'ensemble E appartient aussi à E, car un point régulier ne peut renfermer dans son voisinage une infinité de points irréguliers. L'ensemble E coïncide donc avec son ensemble dérivé E'; c'est un ensemble *parfait*.

Cet ensemble est *continu;* toute courbe fermée γ entourant un point irrégulier contient aussi des points irréguliers pour la même raison que tout à l'heure. Cet ensemble est *d'un seul tenant avec la frontière de* D. En effet, si l'on pouvait renfermer tous ces points irréguliers à l'intérieur d'une courbe fermée C ne contenant que des points réguliers, on serait encore conduit à une contradiction.

Le lecteur trouvera dans les Mémoires cités plus haut d'autres théorèmes importants, dont l'exposé n'a pu trouver place dans cette courte Note. Je le renvoie en particulier aux travaux de M. P. Montel, auquel je dois la plupart des renseignements bibliographiques qui précèdent.

TABLE DES MATIÈRES.

CHAPITRE XIII.

FONCTIONS ÉLÉMENTAIRES D'UNE VARIABLE COMPLEXE

CHAPITRE XIV.

THÉORIE GÉNÉRALE DES FONCTIONS ANALYTIQUES D'APRÈS CAUCHY.

CHAPITRE XV

FONCTIONS UNIFORMES.

CHAPITRE XVI.

LE PROLONGEMENT ANALYTIQUE.

CHAPITRE XIX.

THÉORÈMES D'EXISTENCE.

CHAPITRE XX.

ÉQUATIONS DIFFÉRENTIELLES LINÉAIRES.

CHAPITRE XXI.

ÉQUATIONS DIFFÉRENTIELLES NON LINÉAIRES.

PARIS. — IMPRIMERIE GAUTHIER-VILLARS ET Cⁱⁱ

71633   Quai des Grands-Augustins, 55.

9 782329 559254